1 MONTH OF
FREE
READING

at

www.ForgottenBooks.com

By purchasing this book you are eligible for one month membership to ForgottenBooks.com, giving you unlimited access to our entire collection of over 1,000,000 titles via our web site and mobile apps.

To claim your free month visit:
www.forgottenbooks.com/free1211834

ISBN 978-0-428-45957-4
PIBN 11211834

For support please visit www.forgottenbooks.com

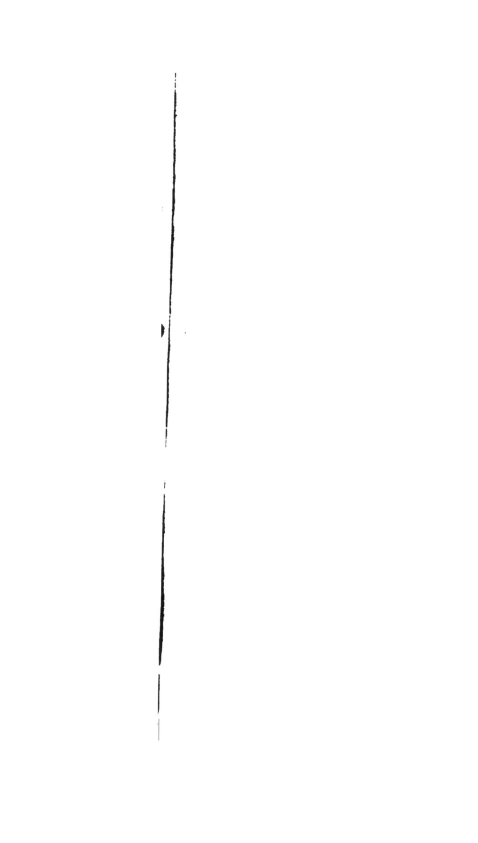

ATTI

DELLA

REALE ACCADEMIA DEI LINCEI

ANNO CCXCVI.

1899

SERIE QUINTA

RENDICONTI

Classe di scienze fisiche, matematiche e naturali.

VOLUME VIII.

1° Semestre

ROMA

TIPOGRAFIA DELLA R. ACCADEMIA DEI LINCEI

PROPRIETÀ DEL CAV. V. SALVIUCCI

1899

Classe di scienze fisiche, matematiche e naturali.

Seduta dell' 8 gennaio 1899.

E. BELTRAMI Presidente.

MEMORIE E NOTE
DI SOCI O PRESENTATE DA SOCI

Astronomia. — *Sulla distribuzione in latitudine dei fenomeni solari osservati al R. Osservatorio del Collegio Romano durante il 2° e 3° trimestre del 1898.* Nota del Socio P. TACCHINI.

'Ho l'onore di presentare all'Accademia i risultati ottenuti sulla frequenza relativa dei diversi fenomeni solari in ciascuna zona di 10 gradi durante il 2° e 3° trimestre del 1898.

Latitudine	2° trimestre 1898			3° trimestre 1898		
	Protuberanze	Facole	Macchie	Protuberanze	Facole	Macchie
90 + 80	0,000			0,004		
80 + 70	0,012			0,000		
70 + 60	0,012			0.015		
60 + 50	0,055	0,000		0,008		
50 + 40	0,025 } 0,418	0,004		0,042 } 0,312	0,013	
40 + 30	0,086	0,026 } 0,373		0,068	0,055	
30 + 20	0,068	0,053		0,027	0,103 } 0,450	
20 + 10	0,068	0,117	0,192 } 0,341	0,061	0,121	0,118 } 0,441
10 . 0	0,002	0,173	0,149	0,087	0,158	0,323
0 — 10	0,062	0,244	0,106 } 0,659	0,084	0,190	0,265 } 0,559
10 — 20	0,098	0,233	0,553	0,167	0,155	0,294
20 — 30	0,147	0,109		0,095	0,121 } 0,550	
30 — 40	0,098	0,026 } 0,627		0,087	0,063	
40 — 50	0,092 } 0,582	0,011		0,160 } 0.688	0,021	
50 — 60	0,049	0,004		0,046		
60 — 70	0,012			0,015		
70 — 80	0,012			0,019		
80 — 90	0,012			0,015		

Come nel 1° trimestre, così nel 2° e 3° tutti i fenomeni solari furono molto più frequenti nell'emisfero australe. Le macchie si mantennero pure nella zona equatoriale ($\pm$ 20°), le facole si estesero fino a $\pm$ 60° e le protuberanze figurarono in tutte le zone. Per ciò che riguarda le eruzioni, due sole furono osservate nei giorni 20 agosto e 15 settembre alla latitudine — 14° e — 20° assai deboli.

Astronomia. — *Osservazioni del pianetino ED 1898 fatte all'equatoriale di $0^m.25$.* Nota del Corrispondente E. MILLOSEVICH.

Dopo la presentazione della mia Nota nella seduta del 4 dicembre 1898 si aggiunsero 3 nuovi pianeti, due dei quali, EB ed EC 1898, furono trovati in una lastra fotografica al Lick Observatory fin dal 13 ottobre; e l'ultimo, ED 1898, venne scoperto da Charlois coll'euriscopio fotografico di Nizza.

Di quest'ultimo pianeta ho potuto fare le seguenti posizioni:

1898 Dic.	11	$8^h38^m49^s$ RCR.	α app.:	$4^h38^m57^s.31$ (9.480n);	δ app.:	$+22°\ 3'53''5$ (0.549)
"	"	12	6 29 1	"	"	: 4 38 6 99 (9.651n);	"	: $+21\ 59\ 15\ 0$ (0.666)
"	"	13	6 12 42	"	"	: 4 87 12 87 (9.658n);	"	: $+21\ 54\ 7\ 0$ (0.678)
"	"	16	9 14 28	"	"	: 4 34 27 08 (9.293n);	"	: $+21\ 38\ 8\ 0$ (0.525)
"	"	18	9 37 9	"	"	: 4 32 44 30 (9.126n);	"	: $+21\ 29\ 3\ 8$ (0.499)
"	"	22	9 11 12	"	"	: 4 29 35 69 (9.168n);	"	: $+21\ 8\ 30\ 9$ (0.508)

Matematica. — *Sulle equazioni a derivate parziali del 2° ordine.* Memoria del Socio U. DINI.

Questo lavoro sarà pubblicato nei volumi delle Memorie.

Matematica. — *Sulle funzioni reali d'una variabile.* Nota del Corrispondente CARLO SOMIGLIANA.

Un problema d'idrostatica, che indicherò più innanzi, e la cui soluzione, quantunque abbastanza semplice, sfugge, a mio credere, agli ordinari procedimenti del calcolo infinitesimale, mi ha condotto ad alcune considerazioni, le quali possono forse essere di qualche interesse anche dal punto di vista puramente analitico.

§ 1. Dato un certo numero finito di numeri reali disposti in ordine qualunque

(1) $$a_1, a_2, \ldots a_n$$

noi possiamo sempre disporli in un nuovo ordine

(1') $$a'_1, a'_2, \ldots a'_n$$

in modo che sia $a'_i \leq a'_{i+1}$ ($i = 1, 2, \ldots n - 1$). Diciamo allora che i numeri a_i sono disposti in serie crescente. Questa disposizione si può sempre fare in modo unico, quando i numeri dati sono tutti differenti. Potrà esservi qualche arbitrarietà quando alcune delle a_i siano uguali fra loro. Questa arbitrarietà però non ha influenza sui valori delle a'_i che competono ai posti $1.2, \ldots n$, per cui la serie dei *valori* (1') è sempre·unica.

Sia data ora una funzione $f(x)$ reale, ad un valore, sempre finita in un certo intervallo finito da $x = a$, ad $x = b$. Noi possiamo immaginare nello stesso intervallo infinite funzioni, sempre crescenti, le quali variino dal limite inferiore m al limite superiore M dei valori che la $f(x)$ assume nell'intervallo (a, b). Ora fra queste, date certe condizioni, ne esiste una, la quale ha, rispetto alla funzione data, proprietà analoghe a quella della serie (1') rispetto alla serie (1), e può quindi, in certo modo, considerarsi come rappresentante la serie ordinata crescente degli infiniti valori della funzione data. Questa funzione si presenta spontaneamente nella soluzione del problema d'idrostatica, che indicherò.

Dividiamo l'intervallo (a, b) in un numero qualunque n di intervalli parziali, che indicheremo con $\delta_1, \delta_2, \ldots \delta_n$, e siano $x_1, x_2, \ldots x_n$ valori della variabile indipendente scelti arbitrariamente in ciascuno di questi intervalli; a questi corrisponderanno i valori

$$f(x_1), f(x_2), \ldots, f(x_n)$$

della funzione. Costruiamo poi una nuova funzione $f_n(x)$, fissando che essa sia costante in ciascuno degli intervalli δ_i, ed abbia precisamente il valore $f(x_i)$ in tutto δ_i.

Ordiniamo poi gli intervalli δ_i, supposti invariabilmente connessi coi rispettivi valori $f(x_i)$, in una nuova serie $\delta'_1, \delta'_2, \ldots \delta'_n$, in modo che i corrispondenti valori

$$f(x'_1), f(x'_2), \ldots, f(x'_n)$$

vengano a costituire una serie crescente, per la quale cioè si abbia $f(x'_i) \leq f(x'_{i+1})$; e indichiamo con $\varphi_n(x)$ la nuova funzione così ottenuta (¹).

È chiaro che se noi supponiamo che il numero degli intervalli δ_i cresca indefinitamente, secondo una legge qualsiasi, ma in modo che, da un certo valore di n in poi, tutti gli intervalli stessi si riducano minori di una quantità prefissata arbitrariamente piccola, la funzione $f_n(x)$ tenderà, in generale almeno, a riprodurre la funzione data, cioè sarà

$$f(x) = \lim_{n=\infty} f_n(x).$$

(¹) Nei punti di separazione fra due intervalli δ_i, δ_{i+1} la f_n e la φ_n hanno una singolarità che può essere considerata come una mancanza di valore in quei punti. Per le considerazioni che seguono non vi è bisogno di determinare tali valori; però, volendo, si potrebbe fissare che le due funzioni assumano, come valore, la media dei due valori che esse hanno rispettivamente in δ_i e δ_{i+1}.

Ora noi dimostreremo che, sotto certe condizioni, anche la $\varphi_n(x)$ tende a costituire una nuova funzione, indipendente dalla legge di divisione dell'intervallo (a , b) e dalla scelta dei valori $x_1 , x_2 , \ldots x_n$ negli intervalli parziali. Questa funzione, quando esista, per la legge stessa di formazione, sarà sempre crescente, nel significato già usato, in tutto l'intervallo (a , b), e noi la chiameremo la *ordinata* di $f(x)$, indicandola con $Of(x)$; per cui sarà

$$Of(x) = \lim_{n=\infty} \varphi_n(x).$$

Dalla definizione risulta immediatamente una proprietà fondamentale della $Of(x)$. Per ogni divisione dell'intervallo (a , b) in intervalli parziali si ha infatti

$$\sum_{i=1}^{n} f(x_i)\,\delta_i = \sum_{i=1}^{n} f(x'_i)\,\delta'_i$$

quindi al limite sarà

(2) $$\int_a^b f(x)\,dx = \int_a^b Of(x)\,dx.$$

Si vede subito quale sia la proprietà delle serie (1) (1') che corrisponde a questa delle funzioni $f(x) , Of(x)$.

§ 2. Supponiamo che la funzione data $f(x)$ sia continua ed escludiamo che possa essere costante in alcun tratto finito di (a , b).

Sia A uno qualunque dei valori che essa assume; a questo valore corrisponderà un gruppo di punti x_A, che chiameremo G_A, pei quali si ha

$$f(x_A) = A.$$

Questo gruppo potrà essere finito od infinito. Nell'intervallo compreso fra due punti x_A consecutivi, a cagione della continuità, la $f(x)$ assumerà valori o tutti maggiori, o tutti minori di A; e lo stesso avverrà nei due intervalli estremi compresi fra a e b ed il primo e l'ultimo rispettivamente dei punti x_A, se a e b non appartengono al gruppo G_A. Per cui mediante il gruppo G_A noi possiamo immaginare l'intervallo (a , b) diviso in due categorie di intervalli: l'una costituita da tutti gli intervalli, compresi fra due punti consecutivi x_A, nei quali $f(x)$ prende valori inferiori ad A, l'altra costituita dagli intervalli nei quali $f(x)$ prende valori maggiori di A.

Le somme delle lunghezze degli intervalli di ciascuna categoria sono sempre finite e determinate. Infatti nessuna delle due può superare $b - a$, ed entrambe sono composte di elementi tutti positivi. Indicando allora con l_A la somma degli intervalli nei quali $f(x) < A$, e con L_A quella degli intervalli nei quali $f(x) > A$, avremo

$$l_A + L_A = b - a.$$

Da queste considerazioni risulta che, colle ipotesi stabilite, ad ognuno dei valori A compresi fra il minimo valore m assunto dalla funzione ed il massimo M (non esclusi questi valori estremi) corrisponde *un* valore determinato $a + l_\lambda$ (oppure $b — L_\lambda$) della x compreso nell' intervallo (a, b).

Possiamo inoltre dimostrare che questa corrispondenza è biunivoca, cioè che per essa ad ogni valore della x non può corrispondere più di un valore della funzione, ossia che indicando con A' un altro valore della funzione, differente da A, non può essere

$$l_{\lambda'} = l_\lambda .$$

Difatti supponiamo, per fissare le idee, che sia A' $>$ A. La funzione $f(x)$ non può assumere il valore A' in alcuno degli intervalli che compongono l_λ; lo dovrà quindi assumere almeno in uno degli intervalli che compongono L_λ. Ora se fosse $l_\lambda = l_{\lambda'}$, sarebbe anche $L_{\lambda'} = L_\lambda$, cioè $f(x)$ in tutti gli intervalli che compongono L_λ supererebbe A', e non potrebbe quindi assumere in tutto (a, b) alcuno dei valori compresi fra A ed A'; il che è contrario ad una delle proprietà fondamentali delle funzioni continue.

Da questo ragionamento segue che se A' $>$ A, dovrà essere anche

$$l_{\lambda'} > l_\lambda \quad \text{e quindi} \quad L_{\lambda'} < L_\lambda .$$

Possiamo dunque concludere che *esiste una funzione $\Gamma(x)$ ad un valore e sempre crescente nell' intervallo (a, b), che varia da m ad M, e che può essere definita dalla relazione*

$$\Gamma(a + l_\lambda) = f(x_\lambda)$$

o, ciò che è lo stesso, dalla relazione

$$\Gamma(b — L_\lambda) = f(x_\lambda).$$

Questa funzione è anche necessariamente continua. Difatti, se presentasse una discontinuità, essendo essa sempre crescente, questa non potrebbe consistere che in un salto da un valore A ad un altro A', che ne differisce di una quantità finita. Ma ciò è in contraddizione colla proprietà, già invocata, della funzione $f(x)$, per la quale essa deve assumere tutti i valori da m ad M.

Le considerazioni precedenti possono essere facilmente estese a funzioni più generali della $f(x)$ da noi studiata. Senza entrare in troppi particolari, osserveremo che ciò può farsi:

1°) per le funzioni continue che abbiano un numero finito di tratti di invariabilità. Questi tratti si riprodurranno allora inalterati nella $\Gamma(x)$;

2°) per le funzioni aventi un numero finito di discontinuità ordinarie, quando il valore della funzione in questi punti di discontinuità o manca, o è compreso fra i due valori limiti che la funzione assume a destra ed a sinistra di essi. In questi casi la $\Gamma(x)$ potrà presentare delle discontinuità analoghe.

§ 3. Ritorniamo ora alla questione enunciata nel § 1. La funzione $\Gamma(x)$ coincide, in generale, colla funzione, di cui ci siamo proposti di provare l'esistenza; cioè si ha

$$\lim_{n=\infty} \varphi_n(x) = \Gamma(x).$$

Noi ci limiteremo, per ora, a dimostrare tale coincidenza per le funzioni che, oltre a soddisfare alle condizioni del paragrafo precedente, non fanno nell'intervallo dato che un numero finito di oscillazioni. Ciò del resto è sufficiente per le applicazioni che di queste proprietà si possono fare a problemi fisici.

Escludiamo ancora che vi possauo essere nella $f(x)$ tratti di invariabilità o discontinuità. Per una tale funzione il gruppo G_A, qualunque sia il valore A, è composto di un numero finito di punti. Nell'intervallo compreso fra due consecutivi di questi punti x'_A, x''_A, se $f(x)$ è superiore ad A avrà almeno un massimo, e potrà avere anche dei minimi, i quali supereranno tutti A di una certa quantità finita ω.

Ciò posto, dato un numero positivo τ abbastanza piccolo perchè sia

$$0 < \tau < \omega,$$

si potrà sempre trovare. a cagione della continuità di $f(x)$, nell'intorno a destra del punto x'_A, un punto $x'_A + \eta$, nel quale sia $f(x) = A + \tau$, mentre nell'intervallo $(x'_A, x'_A + \eta)$ la $f(x)$ è sempre minore di questo valore.

Analogamente nell'intorno a sinistra del punto x''_A si potrà sempre trovare un punto $x''_A - \varepsilon$ nel quale $f(x) = A + \tau$, mentre nell'intervallo $(x''_A - \varepsilon, x''_A)$ la $f(x)$ è sempre minore di questo valore.

L'intervallo (x'_A, x''_A) resterà così diviso nei tre intervalli seguenti:

$$
\begin{aligned}
(x'_A \quad , x'_A + \eta) & \quad \text{nel quale} \quad f(x) < A + \tau \\
(x'_A + \eta, x''_A - \varepsilon) & \quad \text{»} \quad\quad f(x) > A + \tau \\
(x''_A - \varepsilon, x''_A) & \quad \text{»} \quad\quad f(x) < A + \tau
\end{aligned}
$$

mentre negli estremi di quegli intervalli si ha

$$
\begin{aligned}
f(x'_A) \quad &= f(x''_A) \quad = A \\
f(x'_A + \eta) &= f(x''_A - \varepsilon) = A + \tau
\end{aligned}
$$

Similmente si può procedere se in (x'_A, x''_A) la $f(x)$ è inferiore ad A. Si potrà in questo caso, dato un numero σ abbastanza piccolo, dividere l'intervallo stesso nei tre intervalli

$$
\begin{aligned}
(x'_A \quad , x'_A + \eta) & \quad \text{nel quale} \quad f(x) > A - \sigma \\
(x'_A + \eta, x''_A - \varepsilon) & \quad \text{»} \quad\quad f(x) < A - \sigma \\
(x''_A - \varepsilon, x''_A) & \quad \text{»} \quad\quad f(x) > A - \sigma
\end{aligned}
$$

mentre negli estremi si ha

$$f(x'_\text{A}) \qquad = f(x''_\text{A}) \qquad = \text{A}$$
$$f(x'_\text{A} + \eta) = f(x''_\text{A} - \varepsilon) = \text{A} - \sigma$$

Determinando così i numeri η ed ε per ciascuno degli intervalli $(x'_\text{A},\ x''_\text{A})$, ed anche per gli estremi (a, x_A), (x_A, b), potremo escludere dall'intervallo (a, b) tutti i punti x_A mediante dei piccoli intervalli $(x_\text{A} - \varepsilon, x_\text{A} + \eta)$ tali che i valori di $f(x)$ in questi stessi intervalli sono compresi fra $\text{A} - \sigma$ ed $\text{A} + \tau$, mentre in ciascuno dei rimanenti la $f(x)$ o è sempre minore di $\text{A} - \sigma$, o è sempre maggiore di $\text{A} + \tau$. È chiaro poi che quando σ e τ si avvicinano allo zero, anche tutti i numeri ε ed η devono pure tendere a zero.

Supponiamo ora fissata una legge qualsiasi di divisione dell'intervallo (a, b) in intervalli parziali tendenti a zero; sia δ_1, δ_2, ... δ_n una di queste divisioni e consideriamo la corrispondente funzione $\varphi_n(x)$ del § 1.

Per ogni valore A della $f(x)$ e per ogni numero σ e τ soddisfacente alle condizioni precedenti, noi possiamo sempre supporre n abbastanza grande, perchè tutti gli intervalli δ_i, nei quali cadono punti x_A siano *per intero* contenuti negli intervalli $(x_\text{A} - \varepsilon, x_\text{A} + \eta)$, cioè in modo che nessuno dei loro estremi coincida cogli estremi di questi.

Immaginiamo dapprima soppressi nella $f(x)$ gli intervalli $(x_\text{A} - \varepsilon, x_\text{A} + \eta)$, e, fissato per ogni intervallo δ_i, o porzione di intervallo δ_i rimanente, un valore $f(x_i)$ di $f(x)$, noi potremo dividere tutti questi intervalli in due gruppi, l'uno composto di tutti quelli nei quali $f(x_i) \leq \text{A} - \sigma$, l'altro di quelli nei quali $f(x_i) > \text{A} + \tau$.

Indicando con $\sum \delta'_i$ la somma dei primi, e con $\sum \delta''_i$ la somma dei secondi, avremo

$$\sum \delta'_i = l_{\text{A}-\sigma} \qquad \sum \delta''_i = \text{L}_{\text{A}+\tau}$$

e poichè (§ 2)

$$l_{\text{A}-\sigma} < l_\text{A} \qquad \text{L}_{\text{A}+\tau} < \text{L}_\text{A}$$

sarà

$$\sum \delta'_i < l_\text{A} \qquad \sum \delta''_i < \text{L}_\text{A} .$$

D'altra parte, indicando con $\sum \delta'''_i$ la somma degli intervalli che abbiamo trascurato, si ha

$$\sum \delta'_i + \sum \delta''_i + \sum \delta'''_i = b - a ,$$

e quindi, poichè $\sum \delta'''_i$ può rendersi piccola ad arbitrio, possiamo concludere che $\sum \delta'_i$, e $\sum \delta''_i$, per σ e τ abbastanza piccoli, differiranno rispettivamente da l_A ed L_A tanto poco quanto si vuole.

Ora immaginiamo di ordinare nell'intervallo (a, b) a partire da a gli intervalli δ_i' secondo la serie crescente dei valori in essi fissati per $f(x)$; e gli intervalli δ_i'' secondo la serie decrescente analoga a partire da b.

Da ciò che precede risulta che facendo crescere indefinitamente n ed impiccolire σ e τ, noi possiamo fare in modo che il valore massimo della prima serie ed il minimo della seconda vengano a coincidere nel punto $a + l_A$ (o $b - L_A$) col valore A.

Ma anche i valori di φ_n collo stesso procedimento dovranno in $a + l_A$ assumere al limite il valore A; difatti nell'intervallo compreso fra $a + l_{A-\sigma}$ e $b - L_{A+\tau}$ i valori di φ_n sono compresi fra due limiti i quali, per n abbastanza grande, differiscono da $A - \sigma$ ed $A + \tau$ di quantità piccole ad arbitrio.

Dunque possiamo concludere che, colle condizioni poste, la funzione *ordinata* $Of(x)$ esiste ed è identica alla $\Gamma(x)$.

Per brevità non insisteremo sulla estensione, abbastanza facile, di questo risultato ai casi in cui $f(x)$ soddisfa alle condizioni enunciate alla fine del § 2.

§ 4. Non sembra facile assegnare regole generali per calcolare la funzione *ordinata* di una data funzione, specialmente partendo dalla sua definizione. Talvolta può essere molto più opportuno ricorrere invece alla costruzione della funzione $\Gamma(x)$, come ora mostreremo con qualche esempio.

α) Se la funzione $f(x)$ nell'intervallo (a, b) è sempre decrescente, è evidente che la sua ordinata sarà $f(a + b - x)$.

β) Sia la $f(x)$ composta di due rami simmetrici rispetto al punto $\dfrac{b-a}{2}$, cioè soddisfaccia alla relazione

$$f\left(\frac{b-a}{2} + x\right) = f\left(\frac{b-a}{2} - x\right)$$

e di più fra $x = a$ ed $x = \dfrac{b-a}{2}$ sia $f(x)$ sempre crescente, per cui fra $\dfrac{b-a}{2}$ e b sarà sempre decrescente.

Sia α un valore di x compreso fra a e $\dfrac{b-a}{2}$ e sia $f(\alpha) = A$. La funzione assumerà valori inferiori ad A fra a ed α e fra $b - \alpha$ e b, dunque avremo $l_A = 2\alpha$ e perciò

$$Of(x) = f\left(\frac{x}{2}\right).$$

Se invece la $f(x)$ fosse dapprima decrescente fra a e $\dfrac{b-a}{2}$ poi crescente, si avrebbe

$$Of(x) = f\left(\frac{a+b-x}{2}\right).$$

Conclusioni simili si possono ottenere quando la funzione è composta di un numero qualunque di rami congruenti o simmetrici, nei quali essa è sempre crescente o decrescente.

γ) Possiamo considerare il procedimento che serve a formare la funzione φ_n sotto un punto di vista un po' più generale, supponendo di moltiplicare tutti i valori di $f(x)$ per una costante μ, e di moltiplicare tutti gli intervalli δ_i per un'altra costante λ. La funzione che così si ottiene invece della $Of(x)$ sarà $\mu \, Of\left(\dfrac{x}{\lambda}\right)$ e risulterà determinata nell'intervallo $(a\lambda, b\lambda)$. Indicando questa funzione con $O_{\lambda,\mu} \, f(x)$ avremo

$$O_{\lambda,\mu} \, f(x) = \mu \, Of\left(\frac{x}{\lambda}\right)$$

e. come risulta immediatamente dalla definizione,

$$(3) \qquad \int_{a\lambda}^{b\lambda} O_{\lambda,\mu} \, f(x) \, dx = \lambda\mu \int_a^b f(x) \, dx \, .$$

Questa formola, un po' più generale della (2), può essere utile pel calcolo di alcuni integrali definiti.

Sia, per darne un esempio semplicissimo, nell'intervallo $(0,2)$

$$f(x) = + \sqrt{1 - (x - 1)^2}$$

funzione geometricamente rappresentata dalla semicirconferenza di raggio 1, col centro nel punto $x = 1$ e passante per l'origine. La sua ordinata $Of(x)$ è in questo caso $f\left(\dfrac{x}{2}\right)$ ed è rappresentata dall'arco di quadrante ellittico di semiassi $2, 1$. La funzione $O_{\frac{\lambda}{2},\mu} \, f(x)$ sarà invece

$$O_{\frac{\lambda}{2},\mu} = + \mu \sqrt{1 - \left(\frac{x}{\lambda} - 1\right)^2}$$

rappresentata da un arco di quadrante ellittico di semiassi λ, μ. Dalla (3), supposta nota l'area $\dfrac{1}{2}\pi$ del semicerchio di raggio 1, ricaviamo allora subito l'area $\dfrac{\pi}{4}\lambda\mu$ del quadrante ellittico.

§ 5. Ecco finalmente il problema idrostatico di cui ho parlato in principio.

Se in un vaso a sezione orizzontale costante abbiamo diversi liquidi di densità differente, non solubili l'uno nell'altro, e soggetti all'azione della gravità, essi potranno restare in equilibrio instabile essendo disposti in modo qualunque l'uno sopra l'altro, quando le loro superficie di separazione e la superficie libera siano orizzontali. Però se una causa qualunque turba questo equilibrio, i liquidi assumeranno la disposizione d'equilibrio stabile, per la quale le loro densità devono formare una serie crescente dall'alto al basso.

Supponiamo ora di avere un liquido la cui densità varia con continuità dall'uno all'altro de' suoi strati orizzontali secondo una legge qualsiasi, come sarebbe ad es. un liquido omogeneo nel quale la temperatura variasse colla distanza dalla superficie libera. Il liquido si troverà, in generale, in condizione d'equilibrio instabile.

Ora, se cause esterne turbano tali condizioni, noi possiamo domandarci quale sarà la distribuzione della densità, che si avrà nel liquido, quando esso si sarà ridotto allo stato di equilibrio stabile, ammesso che ogni elemento liquido conservi la sua densità ed il suo volume nel passaggio da uno stato all'altro.

Se $f(x)$ è la funzione rappresentante la densità iniziale, x essendo la distanza dalla superficie libera, si vede subito che quella finale deve essere data, conservando le notazioni del § 1, da

$$\lim_{n=\infty} \varphi_n(x)$$

e quindi dalla ordinata della funzione $f(x)$.

La relazione (2) rappresenta in questo caso la conservazione della massa.

Fisica. — *Due scariche derivate da un condensatore.* Nota del Socio A. Ròiti.

1. Tutto era disposto simmetricamente rispetto al condensatore C_2 (fig. 1) le cui armature comunicavano con due coppie di eliche formate con filo di rame grosso circa 2 mm., nudo ed assicurato a tre regoli di ebanite. Mediante pozzetti di mercurio le estremità delle eliche maggiori erano collegate cogli elettrodi d'un tubo di Röntgen, e quelle delle eliche minori con uno spinterometro. La carica arrivava al condensatore da una macchina elettroforica passando per i fili secondarî di due grandi rocchetti di Ruhmkorff. La macchina era mandata da un motorino idraulico ed era collegata con un tachimetro ed un freno opportuno per mantenerne costante la velocità.

Scostando i poli della macchina, scoccavano le scintille allo spinterometro, oppure s'illuminava il tubo, secondo che questo era *duro* o *tenero* e che le palline erano più o meno vicine fra loro. Ma in generale le due scariche non avvenivano simultaneamente.

Per ciò bisognava regolare le impedenze dei due rami derivati impegnando fra le varie spire delle eliche i fili di rame AA', BB' e così, facendo variare gradatamente l'autoinduzione di un ramo, quello per esempio contenente lo spinterometro, mentre rimaneva costante l'altro ramo, si arrivava ad un punto cui corrispondeva, per una data lunghezza della scintilla,

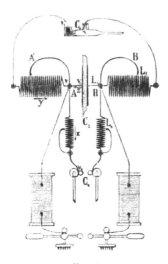

Fig. 1.

un massimo d'intensità dei raggi X emessi dal tubo, quale era accusata dall'attinometro a prisma fluorescente ([1]).

Una volta stabilite queste condizioni pel massimo, se si permutava il tubo collo spinterometro e si lasciava inalterato tutto il resto, le scintille scoccavano; ma il tubo rimaneva oscuro.

2. Affinchè si manifestasse il massimo per un altro valore dell'autoinduzione nel ramo del tubo, bisognava spostare i fili impegnati nelle eliche del ramo ove scoccavano le scintille, per modo che il rapporto delle due autoinduzioni riuscisse presso che costante.

3. Cambiando poi il condensatore, cambiava il valore di questo rapporto in maniera che, come prima approssimazione, si poteva ritenere che l'autoinduzione nel ramo del tubo dovesse mantenersi proporzionale al prodotto dell'autoinduzione nell'altro ramo per la capacità del condensatore.

4. Il massimo d'emissione dei raggi X aumentava colla lunghezza della scintilla, colla capacità del condensatore ed in generale col valore assoluto delle due autoinduzioni.

([1]) *Criptocrosi.* Memorie dell'Accademia, serie 5ª, vol. II, pag. 135. — *Un attinometro pei raggi X.* L'Elettricista, anno V, n. 9.

Invertendo, con acconcio commutatore la corrente di carica, il tubo seguitava ad emettere i raggi di Röntgen, la qual cosa sta a provare che la scarica nel tubo era oscillante. E noterò che il più delle volte l'emissione era maggiore quando l'anticatodo comunicava coll'armatura negativa. che quando comunicava colla positiva. Questa e molte altre singolarità presentava il tubo di Röntgen; ma qui non voglio indugiarmivi, mirando piuttosto a chiarire le condizioni del sistema elettrico oscillante.

5. Messo in disparte il tubo di Röntgen, si colloca uno spinterometro in ciascuno dei rami derivati, e i due spinterometri sono uguali fra loro. Stabilito poi il rapporto delle due autoinduzioni per cui l'emissione dei raggi X risultava massima, si osserva che le scintille scoccano simultaneamente nei due rami anche quando la distanza esplosiva in quello di maggior impedenza è molto maggiore che nell'altro, fino ad un massimo.

Questa distanza esplosiva massima, a differenza della massima emissione degli X. non dipende sensibilmente dal valore assoluto delle due autoinduzioni; ma aumenta anch'essa colla capacità del condensatore, ed aumenta, com'è naturale, colla lunghezza dell'altra scintilla.

6. Mi sono industriato a spiegare questi fenomeni colla solita teoria mettendo in conto la capacità del condensatore, e le autoinduzioni e le resistenze dei due rami; ma mi sono persuaso che nè la soluzione approssimativa data al problema dal prof. A. Garbasso (¹), nè un'altra soluzione più rigorosa favoritami dal prof. V. Volterra (²) sono a ciò sufficienti.

7. Quindi mi sono accertato che la resistenza dei rami derivati esercita un'influenza secondaria sull'andamento del fenomeno, poichè il rapporto delle autoinduzioni che determina il massimo rimane presso che inalterato per distanze esplosive diverse e per tubi di Röntgen molto varî.

D'altro canto ho riscontrato che fissando a tergo delle palline scaricatrici due dischi metallici in maniera che le scintille scoccassero fra di essi e perpendicolarmente al loro piano, il fenomeno poteva esserne alterato notevolmente. Mentre i dischi aggiunti allo spinterometro del ramo avente minor induzione non producevano effetti apprezzabili, li producevano marcatissimi se aggiunti all'altro spinterometro, e cioè riducevano meno lontano dall'unità il rapporto delle due autoinduzioni determinante il massimo, e facevano diminuire il valore di questo massimo.

8. Siffatte osservazioni mettono in evidenza la necessità di non trascurare, come si suol fare in casi consimili, le capacità dei rami scaricatori ed autorizzano, per una spiegazione approssimativa, a trascurarne le resistenze. Quindi il problema si può porre considerando un sistema di tre condensa-

(¹) *Come si faccia la scarica d'un condensatore, quando ad essa si offrono due vie.* Nuovo Cimento, serie IV, tomo VI, pag. 15.

(²) Ringrazio anche qui il prof. V. Volterra dell'aiuto prestatomi nell'eseguire i calcoli che seguono.

tori simmetrici di capacità c_0, c_1, c_2, simmetricamente riuniti in parallelo fra due punti A, B mediante conduttori aventi autoinduzioni L_0, L_1, L_2 e disposti in modo che l'induzione muta sia trascurabile; indi supponendo che la differenza di potenziale fra A e B si faccia gradatamente aumentare fin che scocchi la scintilla fra le armature del condensatore avente il dielettrico più debole.

Sia c_0 questo condensatore rappresentante lo spinterometro che, essendo disposto per la minor distanza esplosiva, chiameremo *primario*; sia c_1 il condensatore rappresentante l'altro spinterometro che chiameremo secondario e le cui palline supporremo per ora abbastanza discoste perchè non vi scocchi la scintilla, e sia c_2 la capacità del condensatore vero e proprio, e quindi molto maggiore di c_1 e c_0 fino a che non avvenga la scarica.

Ma iuiziandosi la prima scintilla, è come se le armature del condensatore primario fossero poste in corto circuito, e però la sua capacità c_0 acquistasse un valore infinito per conservarlo durante tutto il processo. E sarà facile introdurre nelle formole questa condizione quando si sia trovata la soluzione pel caso generale che le tre capacità abbiano valori finiti, che siano dati i valori iniziali delle differenze di potenziale sulle armature dei tre condensatori e che le intensità iniziali delle tre correnti sieno nulle.

9. Indicate con v_0, v_1, v_2, v le differenze di potenziale al tempo t dei tre condensatori e dei due punti di derivazione e con L_0, L_1, L_2 i coefficienti d'autoinduzione dei tre rami che guidano le correnti x, y, z, dovrà essere:

$$(1) \qquad x = c_0 \frac{dv_0}{dt}, \quad -y = c_1 \frac{dv_1}{dt}, \quad -z = c_2 \frac{dv_2}{dt}$$

$$(2) \qquad L_0 \frac{dx}{dt} = v - v_0, \quad -L_1 \frac{dy}{dt} = v - v_1, \quad -L_2 \frac{dz}{dt} = v - v_2$$

$$(3) \qquad x = y + z$$

Eliminando le x, y, z, fra le (1) e (2), si ottiene:

$$(4) \qquad c_0 L_0 \frac{d^2 v_0}{dt^2} + v_0 = v, \quad c_1 L_1 \frac{d^2 v_1}{dt^2} + v_1 = v, \quad c_2 L_2 \frac{d^2 v_2}{dt^2} + v_2 = v$$

le quali, essendo soddisfatta la condizione (3), cioè:

$$(5) \qquad c_0 \frac{dv_0}{dt} + c_1 \frac{dv_1}{dt} + c_2 \frac{dv_2}{dt} = 0.$$

dànno:

$$(6) \qquad \frac{v_0}{L_0} + \frac{v_1}{L_1} + \frac{v_2}{L_2} = v \left(\frac{1}{L_0} + \frac{1}{L_1} + \frac{1}{L_2} \right)$$

Ponendo poi:

$$v_0 = A \cos \alpha t \qquad v_1 = B \cos \alpha t \qquad v_2 = C \cos \alpha t$$
$$\beta_0 = 1 - L_0 c_0 \alpha^2 \qquad \beta_1 = 1 - L_1 c_1 \alpha^2 \qquad \beta_2 = 1 - L_2 c_2 \alpha^2$$

le (4) diventano:

(7)
$$\beta_0 A = \beta_1 B = \beta_2 C = \frac{v}{\cos \alpha t}$$

e la (6) equivale alla condizione:

$$L_0 L_1 \beta_0 \beta_1 + L_1 L_2 \beta_1 \beta_2 + L_2 L_0 \beta_2 \beta_0 = \beta_0 \beta_1 \beta_2 (L_0 L_1 + L_1 L_2 + L_2 L_0)$$

che sarà soddisfatta se per α^2 si prenderà una radice dell'equazione:

(8)
$$a\lambda^3 - b\lambda^2 + c\lambda = 0$$

dove è:

$$a = c_0 c_1 c_2 (L_0 L_1 + L_1 L_2 + L_2 L_0)$$
$$b = c_0 c_1 (L_0 + L_1) + c_1 c_2 (L_1 + L_2) + c_2 c_0 (L_2 + L_0)$$
$$c = c_0 + c_1 + c_2.$$

Quindi, posto:

$$\alpha'^2 = \lambda' = \frac{b + \sqrt{}}{2a} \qquad \alpha''^2 = \lambda'' = \frac{b + \sqrt{}}{2a} \qquad \alpha'''^2 = \lambda''' = 0$$

e per le (7):

$$A = H \beta_1 \beta_2 \qquad B = H \beta_2 \beta_0 \qquad C = H \beta_0 \beta_1$$

risulterà:

$$v_0 = H' \beta'_1 \beta'_2 \cos \alpha' t + H'' \beta''_1 \beta''_2 \cos \alpha'' t + H'''$$
$$v_1 = H' \beta'_2 \beta'_0 \cos \alpha' t + H'' \beta''_2 \beta''_0 \cos \alpha'' t + H'''$$
$$v_2 = H' \beta'_0 \beta'_1 \cos \alpha' t + H'' \beta''_0 \beta''_1 \cos \alpha'' t + H'''$$

e le H si dedurranno dai valori u_0 , u_1 , u_2 che saranno attribuiti a v_0 , v_1 , v_2 per $t = 0$.

Facendo poi $c_0 = \infty$, si otterrà:

(9)
$$\begin{cases} v_0 = u_0 \\ v_1 = u_0 + \dfrac{u_1 - u_0}{2} (\cos \alpha' t + \cos \alpha'' t) + \\ \quad + \dfrac{(u_0 - u_1)(L_0 c_1 + L_1 c_1 - L_2 c_2) + (u_0 + u_1 - 2u_2)L_0 c_2}{2\sqrt{b^2 - 4ac}} (\cos \alpha' t - \cos \alpha'' t). \end{cases}$$

10. Avendo trascurato la resistenza della scintilla primaria, bisognerà che sia $u_0 = 0$, e se si considera il caso particolare che gli altri due condensatori ricevano la carica mentre sono riuniti in batteria, si potrà porre $u_1 = u_2 = \varDelta$, indicata con $\varDelta$ la differenza di potenziale necessaria affinchè scocchi la prima scintilla primaria.

In tal caso, ponendo:

(10)
$$K = \frac{c_1(L_0 + L_1) + c_2(L_0 - L_2)}{\sqrt{b^2 - 4ac}}$$

ove è:

$$a = c_1 c_2 (L_0 L_1 + L_1 L_2 + L_2 L_0), \quad b = c_1(L_0 + L_1) + c_2(L_0 + L_2), \quad c = 1$$

risulterà:

$$\frac{v_1}{\Delta} = \frac{\cos \alpha'' t + \cos \alpha' t}{2} + K \frac{\cos \alpha'' t - \cos \alpha' t}{2}$$

od anche:

$$(11) \qquad \frac{v_1}{\Delta} = \frac{K+1}{2} \cos \alpha'' t - \frac{K-1}{2} \cos \alpha' t .$$

La quale ci mostra che per ogni scintilla primaria, la variazione della differenza di potenziale allo spinterometro secondario è composta di due oscillazioni semplici che hanno le frequenze $\frac{\alpha'}{2\pi}$ e $\frac{\alpha''}{2\pi}$, e le ampiezze $(K-1)\Delta$ e $(K+1)\Delta$, e che si trovano in opposizione di fase al tempo $t=0$.

11. Gli spostamenti massimi dell'oscillazione risultante saranno certamente compresi fra $+K$ e $-K$, e per conseguenza il valore di K determinerà la lunghezza della scintilla secondaria.

Ciò posto, osserveremo che K, al variare di L_0, assume il valor massimo:

$$(12) \qquad K_m = \sqrt{\frac{L_1 + L_2}{L_0 + L_2}} = \sqrt{\frac{c_2 + c_1}{c_1}}$$

quando è verificata la condizione:

$$(13) \qquad (c_1 + c_2) L_0 + c_2 L_2 - c_1 L_1 = 0$$

il che equivale a dire che devono avere lo stesso periodo di vibrazione i due circuiti semplici formati dal ramo contenente il condensatore, e da uno degli altri due rami, giacchè i periodi proprî di questi due circuiti sono:

$$\sqrt{c_0 (L_0 + L_2)} \qquad e \qquad \sqrt{\frac{c_1 c_2}{c_1 + c_2} (L_1 + L_2)}$$

12. Intanto la (12) rende ragione del fatto che la scintilla massima, che si produce nel ramo secondario, aumenta insieme colla capacità c_2 del condensatore (§ 5), e diminuisce (§ 7) al crescere della capacità c_1 dello spinterometro, ed inoltre che dipende dal rapporto delle induzioni ma è indipendente (§ 5) dal loro valore assoluto.

Nel caso che sia trascurabile, com'era nelle esperienze, l'autoinduzione L_2 dei fili che vanno dai punti di derivazione A, B alle armature del condensatore, la cui capacità c_2 sia grande rispetto alla capacità delle porzioni di eliche escluse dai fili AA', BB', la condizione (13) pel massimo di K si può porre sotto la forma:

$$(14) \qquad \frac{c_2 L_0}{L_1 - L_0} = \text{costante}$$

la quale, se si riflette che L_0 era sempre piccola confronto ad L_1, viene a giustificare la legge sperimentale di proporzionalità approssimativa enunciata al § 3.

13. Per indicare come ho condotto queste determinazioni, dirò che coll'apparato del prof. M. Wien [1] ho potuto costruirmi la curva dell'autoinduzione L_1 corrispondente alle varie disposizioni dei fili AA', BB' impegnati fra le spire delle eliche di maggior diametro, cioè di 12 cm. Le eliche minori, che avevano il diametro di cm. 4,5, le ho potute confrontare nella loro totalità colle precedenti; ma le autoinduzioni L_0 proprie di poche spire, le ho dovute ammettere proporzionali alle ordinate corrispondenti allo stesso numero di spire sulla curva relativa alle eliche maggiori.

I condensatori erano tutti costruiti con una medesima lastra di vetro, avevano le armature circolari di stagnola, e le loro capacità c_2 sono state calcolate colla formula:

$$C = \frac{c_2}{D} = \frac{10^{-20}}{9}\left[\frac{r^2}{4d} + \frac{r}{4\pi}\left(2 + \log\frac{16\pi r}{ed}\right)\right]$$

Per verificare la (14) ho eseguito i calcoli sopra una qualunque delle serie di osservazioni fatte tenendo costante il numero delle spire attive nel ramo contenente un tubo di Röntgen, e cercando per tentativi il numero delle spire che doveva lasciar libere nel ramo dello spinterometro affinchè i raggi X acquistassero l'intensità massima. Ed i risultati sono inscritti nella seguente tabella dall'ultima colonna della quale si vede che le oscillazioni intorno al valor medio sono compatibili cogli errori probabili in tal genere di determinazioni.

r cm.	d cm.	$10^{20}C$	$10^{-5}L_1$	$10^{-5}L_0$	$\frac{10^{20}\,CL_0}{L_1 - L_0}$	δ
16	0,16	11,25		0,0041	0,121	$+10$
10	0,19	3,93	0,383	0,0100	0,105	$-\,6$
6	0,20	1,37		0,0300	0,116	$+\,5$
		11,25		0,0065	0,102	$-\,9$
		3,93	0,725	0,0210	0,117	$+\,6$
		1,37		0,0523	0,107	$-\,4$
					Media 0,111	

14. In appresso ho dato all'apparecchio una disposizione migliore che è rappresentata nella fig. 2. — Ai due lati del condensatore piano C_2 ed in comunicazione colle sue armature si trovano due recipienti d'ottone entro i quali possono più o meno introdursi le eliche secondarie, ed essere fissate

[1] Wied. Ann. Bd. 57, pag. 249.

da un bottone A, o B, in maniera da far variare le spire attive senza alterare la capacità c_2. L'estremità superiore di queste eliche è saldata ad una asticella che scorre a sfregamento e può nascondersi per intero entro

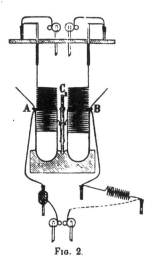

Fɪɢ. 2.

un cannello d'ottone, il quale superiormente comunica in modo invariabile con un pozzetto dello spinterometro secondario o del tubo di· Röntgen.

Al bottone A, o B, fa capo o direttamente e col mezzo d'un pozzetto una delle eliche primarie (che nella figura per chiarezza sono state abbassate dal piano orizzontale passante per AB, e quella comunicante con B è stata abbattuta) e fanno pure capo i fili adduttori della carica, essendomi accertato che non monta fissarli quivi anzi che alle palline dello spinterometro primario.

Con questa disposizione e con un condensatore circolare del diametro di 30 cm., avente gli orli della stagnola ricoperti da un grosso strato di mastice isolante, ho ottenuto delle scintille secondarie fino a dodici volte più lunghe delle primarie.

15. Ma piuttosto che ad ottenere lunghe scintille, l'ho impiegata a verificare un altro punto della teoria svolta più sopra, e cioè a vedere se e quanto il valore del rapporto $\frac{v_1}{d}$ dedotto dalle due distanze esplosive s'avvicini (§ 10) al valor massimo K_m. Conveniva dunque che rimanessi nei limiti delle tabelle che recano le differenze di potenziale corrispondenti alle varie distanze esplosive fra palline di diametro dato.

Perciò ho scelto la distanza esplosiva primaria di cm. 0,2 fra palline di 2 cm. e facendo variare via via di una unità il numero delle spire, ho notato le varie distanze cui doveva condurre colla vite micrometrica due sfere di 5 cm. affinchè cominciassero a scoccare in successione regolare le scintille secondarie. Così ho trovato in media di parecchie osservazioni ben concordanti, che la massima distanza esplosiva era di cm. 1,15.

Ora, secondo il prof. A. Heydweiller ([1]), a scintille di cm. 0.2 fra sfere del diametro di 2 cm. corrisponde una differenza di potenziale come 27, ed a scintille di cm. 1,15 fra sfere di 5 cm. corrisponde 123,2, per cui:

$$\frac{v_1}{\varDelta} = \frac{123,2}{27} = 4,56.$$

D'altra parte, con un condensatore avente la capacità calcolata

$$c_2 = 6,66 \times 10^{-20} \frac{\text{sec.}^2}{\text{cm.}}$$

e con un'autoinduzione secondaria $L_1 = 0,725 \times 10^6$ era richiesta per la massima distanza esplosiva l'autoinduzione primaria $L_0 = 0,031 \times 10^6$, per cui facendo $L_2 = 0$ nella (12), risulta:

$$K_m = \sqrt{\frac{L_1}{L_0}} = 4,90 .$$

Il disaccordo non arriva al 7 per 100, ed è molto minore di quello che si può aspettare da determinazioni di questo genere, tanto più se si pensa che l'aver trascurata L_2 porta ad aver aumentato un pochino il valore di K, e che il riscaldamento dell'aria fra le palline primarie tende ad abbassare il valore di $\frac{v_1}{\varDelta}$.

Le scintille si succedevano rapidissimamente perchè in queste ultime esperienze il condensatore era caricato da una macchina di Töpler con 36 dischi che ho fatto costruire dal sig. Silvio Lavacchini, meccanico del R. Istituto di studî superiori, su disegno gentilmente procuratomi dal prof. W. Voigt.

Ringrazio anche il dott. Guido Ercolini per l'assistenza prestatami nel fare le osservazioni.

([1]) Wied. Ann. Bd. 48, pag 285.

Zoologia medica. — *Ulteriori ricerche sul ciclo dei parassiti malarici umani nel corpo del zanzarone.* Nota preliminare di B. GRASSI, A. BIGNAMI e G. BASTIANELLI.

Continuando nello studio del ciclo evolutivo dei parassiti della malaria nel corpo dell'*Anopheles claviger Fabr.* (zanzarone), abbiamo seguito due vie. Abbiamo, cioè, esaminato un gran numero di zanzaroni presi in vita libera nelle camere e nelle capanne, ove dormivano uomini affetti da febbri malariche; in questi zanzaroni venivano osservati vari stadi di sviluppo del parassita. Da tale studio, vista la quantità del materiale adoperato, potevamo aspettarci, come avvenne di fatto, risultati notevoli. Contemporaneamente erano studiati i zanzaroni, raccolti nelle stalle e nei pollai, i quali, nutrendosi di sangue di uccelli e di mamiferi domestici, potevano servire fino ad un certo punto come controllo delle osservazioni precedenti.

L'altra via fu di seguire lo sviluppo dei parassiti in *Anopheles*, dai quali si facevano pungere in giorni ed ore determinate i malarici dell'ospedale. Venivano sezionati sistematicamente giorno per giorno e così si seguiva lo sviluppo regolare del parassita, mentre in altri zanzaroni che non avevano punto uomini malarici ed erano tenuti nelle stesse condizioni non si osservavano i parassiti in discorso.

Anche con questo metodo le nostre osservazioni sono state portate sopra un gran numero di individui.

La comparazione dei risultati ottenuti per le due vie diverse doveva servire alla ricostruzione del ciclo evolutivo dell'emosporidio della malaria umana.

Gli *Anopheles* sono stazionari circa dal principio di novembre nelle abitazioni, nelle stalle e nei pollai, senza uscir fuori tranne in casi eccezionali [1]. Ciò si verifica anche in Lombardia, dove questa stazionarietà dura dal principio di settembre. I zanzaroni nella campagna Romana seguitarono a pungere, mentre in Lombardia le loro punture andarono diradandosi di molto.

In queste condizioni le femmine [2] stazionarie nelle abitazioni di persone malariche dovevano infettarsi molto, e quelle dimoranti nelle stalle e nei pollai, dovevano mantenersi almeno in gran maggioranza non infette. Ciò inducevamo dal fatto che quando i zanzaroni erano abbondantissimi, era difficile trovarne di infetti, tanto che uno di noi, il Grassi, non ebbe a vederne uno solo in tante dissezioni che fece a Locate Triulzi. Conformemente alla nostra induzione, la

[1] Nelle case si trovano però quasi soltanto femmine. Gli ovari si mantengono molto arretrati nello sviluppo nella gran maggioranza dei casi. Le femmine si cibano di sangue: una volta sola ne trovammo una che avea nell'intestino granuli di clorofilla.

[2] Si noti che le femmine continuano a nutrirsi (ad intervallo di circa 2 giorni, se stanno alla temperatura di 30° circa) senza che gli ovari maturino.

percentuale di zanzaroni infetti raccolti in certe abitazioni di malarici andò crescendo fino a raggiungere il 75 %, mentre non abbiamo ancora trovato alcun zanzarone infetto (¹) fra quelli presi in una stalla o in un pollaio; ma ciò deve anche mettersi in rapporto colla circostanza che il zanzarone infetto si libera dei parassiti (vedi più sotto).

Come si è detto, negli *Anopheles* catturati nelle abitazioni abbiamo potuto vedere tutte le fasi di sviluppo dell'emosporidio. Per brevità di descrizione riportiamo insieme i risultati di queste osservazioni con quelli ottenuti dalle culture metodiche.

Le colture erano fatte mettendo immediatamente dopo la puntura il zanzarone in stufa alla temperatura di 30°. Una serie di osservazioni datanti dai primi di novembre ci fa sospettare che alla temperatura di 14-15° (temperatura ambiente) nelle prime ore dopo la puntura, non si possa avere lo sviluppo dell'emosporidio.

Uno sviluppo si ha certamente tenendo i zanzaroni a temperatura di 20-22°, ma procede più lentamente che non a 30°, e l'esame degli insetti diventa più difficile perchè si liberano più lentamente del sangue. Sicchè i nostri risultati rispetto al tempo, a cui si riferiscono le singole fasi dopo la puntura, sono quelli che si ottengono tenendo l'*Anopheles* a 30° in stufa.

Per le febbri estivo-autunnali, abbiamo già detto in una Nota precedente che le forme della fase semilunare dell'uomo si sviluppano ulteriormente nel zanzarone.

Perchè lo sviluppo delle semilune abbia luogo, è necessario che esse siano mature; solo quando esaminando il sangue si riscontrano forme della fase semilunare che si trasformano rapidamente in corpi rotondi e si flagellano, si hanno risultati positivi: si può dire che quando queste forme sono completamente mature, se ne ottiene uno sviluppo regolare, nell'ospite nuovo.

Quale sia il modo di penetrazione della semiluna nelle pareti dell'intestino medio e quali fasi percorra prima di penetrarvi, non è argomento di questa Nota: ce ne occuperemo in un prossimo lavoro.

Dopo 2 giorni si vedono nell'intestino medio tra le fibre muscolari dei corpi subrotondi, od ovoidi, o più di rado rotondi, forniti di capsula (emosporidio in via di sviluppo).

Il pigmento si riconosce identico a quello delle semilune: esso sta vicino alla periferia in ammassi piuttosto grossi: di frequente appare disposto in due file parallele; a metà della lunghezza di ogni fila stanno le masse più grosse. A fresco il corpo dell'emosporidio è molto trasparente. con accenno di vacuoli.

(¹) Si eccettua il reperto delle spore (corpi bruni) di cui appresso.

Dopo 4 giorni i parassiti sono aumentati di volume, l'aspetto vacuolare è più evidente: il pigmento sembra in minore quantità ed è qua e là disperso.

Dopo 6 giorni i parassiti sono enormemente cresciuti di volume: stanno nello spessore dell'intestino medio, facendo ernia, ciò che era già cominciato allo stadio precedente, nella cavità del celoma, dalla quale apparentemente li separa una tunica esterna anista dell'intestino medio. Si vedono bene anche coi piccoli ingrandimenti. Vi si distinguono moltissimi corpiccioli: il pigmento è diminuito: si notano inoltre dei corpuscoli splendenti d'aspetto adiposo, che in parte esistevano già in stadi precedenti.

Dopo 7 giorni il parassita contiene un enorme numero di filamenti disposti a raggi attorno a parecchi centri: i filamenti sono lunghi circa 14 μ. e sono estremamente sottili. In alcuni individui si distingue con nettezza una massa chiara omogenea, in altri se ne distinguono due-tre, in altri infine non si riesce a vederne. Esiste ancora il pigmento: esso sta nelle masse chiare or ora indicate. Da questi parassiti schiacciati escono fuori i filamenti.

Se le singole forme fin qui descritte vengono studiate con i metodi citologici, è facile persuadersi che siamo davanti ad uno sporozoo, di cui seguiamo le varie fasi fino alla maturazione. Il processo trova riscontro in molte altre forme di sporozoi e consiste essenzialmente nell'aumento di volume accompagnato da incapsulamento e da moltiplicazione del nucleo che finisce (sesto giorno) a trovarsi diviso in numerosissimi nuclei piccolissimi, attorno ai quali si dispone un po' di protoplasma (sporoblasti senza capsula), lasciando dei residui di segmentazione (*nucleus de reliquat*).

Gli sporoblasti si trasformano direttamente in altrettanti sporozoiti, molto delicati, filiformi, ad estremità assottigliate, lunghi circa 14 μ.

Lo sporozoo maturo (settimo giorno) è appunto costituito da una capsula sottile, da innumerevoli sporozoiti e dai residui di segmentazione.

Nei giorni successivi si trovano aderenti ancora all'intestino le capsule rotte e afflosciate, e vicino ad esse gli sporozoiti: essi si disperdono per tutto il celoma. Più tardi si rinvengono accumulati in enorme numero soltanto nei tuboli componenti le glandole salivari: qui stanno, o dentro le cellule, o nel lume da queste delimitato.

In questo stadio si possono trovare ancora nell'intestino le capsule, o i residui di queste, ma in qualche individuo non si trova più nulla. È lecito ammettere che in quest'ultimo caso le capsule siano state riassorbite.

Gli sporozoiti quando sono ancora nella capsula appaiono immobili, così pure nelle glandole salivari: in un caso però, mentre erano dispersi in varie parti del corpo, li abbiamo veduti mobili.

Per le terzane comuni (*primaverili*) le nostre osservazioni sono meno avanzate: fino ad ora abbiamo seguito lo sviluppo dell'Emosporidio soltanto fino al 5° giorno. Lo studio della terzana presenta maggiori difficoltà perchè le forme mature e non sporulanti, che sono quelle che si sviluppano nell'*Anopheles*, non si trovano nel sangue in così gran numero come le forme semilunari: sicchè il reperto nel zanzarone è senza confronto più scarso.

Gli Emosporidi della terzana si distinguono nel corpo dell'*Anopheles* da quelli delle febbri estivo-autunnali almeno per gli stadi che abbiamo finora osservati. Il corpo dell'Emosporidio è più pallido, meno rifrangente ed un poco più grande ad uguale stadio di sviluppo; il pigmento è assai più scarso e più fino.

Naturalmente negli *Anopheles* che hanno punto parecchie volte si rinvengono uno accanto all'altro i differenti stadî di sviluppo: ciò vale tanto per la terzana primaverile quanto per le febbri estivo-autunnali.

In rari casi (zanzaroni presi nelle abitazioni dei malarici e nelle stalle) abbiamo riscontrato dei corpi speciali che meritano tutta la nostra attenzione.

Questi corpi sono di forma e di lunghezza varie: alcuni a forma di salsiccia, più lunghi di uno sporozoite e con strozzamenti, altri lunghi circa la metà di uno sporozoite, ovalari, dritti o curvi. Essi hanno una membrana robusta di color giallobruno e contengono un corpo paragonabile ad uno sporozoite, evidente sopratutto nelle forme corte. Si possono seguire i varî stadî di sviluppo della membrana. I corpi in discorso si trovano in mezzo a masse granulose senza capsula, o incapsulate.

Evidentemente si tratta di spore, quali si riscontrano in altri sporozoi. Come si sviluppino, non abbiamo potuto finora precisarlo.

Talvolta colpisce straordinariamente l'irregolarità loro, la quale può essere tale da far pensare a processi degenerativi.

Rivolgiamo l'attenzione alle glandole salivari di molti *Anopheles*, che hanno punto malarici da parecchio tempo. Nelle glandole salivari si vede *con molta frequenza* che le cellule invece di presentarsi ialine, hanno un contenuto che descriveremo con qualche particolare.

Talvolta tutta la cellula è riempita da corpicciuoli apparentemente rotondi, subrotondi o lievemente allungati, ammassati; di altre cellule essi occupano solo la parte centrale. Talvolta in un tubulo si trovano poche cellule contenenti questi corpicciuoli, ma più spesso uno o più tubuli ne sono ripieni. Se si schiaccia la glandola, fuoriescono dalle cellule suddette corpicciuoli fusiformi, molto più corti degli sporozoiti, più tozzi e forniti di nucleo. In qualche caso abbiamo veduto nella stessa cellula in mezzo a questi corpicciuoli corti dei filamenti, che si riconoscevano facilmente essere gli sporozoiti ordinarî, provenienti dalle capsule apertesi nel celoma. In un caso questi sporozoiti furono veduti al microscopio accorciarsi e prendere la forma dei corpicciuoli più corti ora descritti.

Accanto alle cellule contenenti questi corpi, se ne trovano altre contenenti una grossa massa, generalmente rotonda, talvolta curva, quasi a sembrare una semiluna, ovvero varie masse simili, più piccole, d'aspetto jalino.

Questo reperto è stato osservato : 1.) negli *Anopheles* provenienti dalle abitazioni e sezionati a periodi più o meno lontani dalla puntura; 2) negli *Anopheles* che avevano prodotto una terzana primaverile circa un mese prima.

In complesso da quanto finora abbiamo veduto risulta che, mentre il reperto di sporozoiti uguali a quelli delle capsule intestinali è andato diminuendo man mano che ci allontanavamo dal periodo in cui il zanzarone presentava i parassiti maturi nelle pareti intestinali, al contrario è andato aumentando il reperto dei corpi jalini descritti sopra.

Tutti questi fatti si possono spiegare ritenendo che gli sporozoiti non espulsi dalle glandole salivali vadano incontro ad un processo regressivo, si modifichino nella forma e nell'aspetto e finiscano per esser digeriti.

Le osservazioni fin qui riportate permettono di ricostruire il ciclo di vita degli Emosporidi umani nel corpo dell'*Anopheles claviger* : esso trova in gran parte riscontro in quello osservato da Ross per il *proteosoma* degli uccelli nel *grey mosquito*.

Tra le fibre della tunica muscolare dell'intestino medio, specialmente nei tre quarti posteriori di questo, i parassiti malarici si sviluppano ulteriormente.

Tale sviluppo si è constatato, sino ad ora, per i parassiti delle febbri estivo-autunnali e per quelli della terzana comune. Ma non tutte le forme di questi due parassiti sono capaci di svilupparsi nell'ospite nuovo. Per le febbri est.-aut. lo sviluppo si verifica quando vi sono nel sangue del paziente semilune adulte capaci di mutarsi in flagellati: per la terzana quando vi sono grossi corpi pigmentati sterili, già descritti da varî osservatori, che possono flagellarsi: cioè lo sviluppo si verifica quando vi sono nel sangue quelle forme che il Grassi e il Dionisi giudicano gameti. Come si è veduto, le prime fasi di vita nell'intestino del zanzarone presentano aspetto alquanto differente a seconda che provengono dalle semilune, o dai corpi pigmentati della terzana, tanto che è possibile, se non facile, la diagnosi differenziale tra le due forme.

L'emosporidio cresce piuttosto lentamente e presto si circonda di una capsula. Sulla rapidità dello sviluppo pare abbia importanza la temperatura dell'ambiente e forse anche la possibilità, in cui si trova il zanzarone di nutrirsi, o no di nuovo. Di mano in mano che lo sviluppo procede, il parassita fa sporgenza nella cavità del celoma. Esso raggiunge il diametro di circa 70 μ.

Mentre avviene questo progressivo aumento di volume, nell'interno del parassita si producono quegl'intimi mutamenti di struttura che conducono alla sporulazione (sporoblasti nudi che si trasformano direttamente in sporozoiti). Ad un certo punto la capsula si rompe e gli sporozoiti si disperdono nel celoma.

In uno stadio più avanzato gli sporozoiti si trovano raccolti entro le cellule delle glandole salivari, alcune delle quali ne possono contenere un numero grandissimo. Dalle cellule vengono eliminati nel lume dei tuboli glandolari, dove qualche volta si possono vedere in tale abbondanza che lo riempiono in gran parte. Così si capisce come, quando l' *Anopheles* punge di nuovo l' uomo, possa infettarlo.

Questo passaggio dall' uomo all' *Anopheles* e da questo di nuovo all' uomo, viene *completamente* dimostrato dalle osservazioni e dagli esperimenti e costituisce il risultato più sicuro delle nostre ricerche.

L'emosporidio presenta un altro ciclo di vita nel corpo del zanzarone, la cui destinazione non è ancora chiarita. Mentre la grandissima maggioranza dei parassiti forma sporozoiti, alcuni terminano con la formazione delle spore giallo-brune descritte sopra.

Queste ultime sono state riscontrate da noi soltanto in rari esemplari. La grossa membrana, di cui sono provviste, fa pensare con fondamento che siano dotate di grande resistenza agli agenti esterni. Certamente colla morte delle zanzare possono passare nell' acqua.

Due ipotesi si possono fare sulla loro ulteriore evoluzione. Esse sono destinate o ad infettare la prole (soltanto?), o direttamente l' uomo che le ingoia coll' acqua.

Contro quest' ultima ipotesi stanno tutti i fatti epidemiologici, che sono stati invocati contro la così detta *teoria dell'acqua*: Bignami e Bastianelli ritengono più che inverosimile il concetto che l'uomo possa infettarsi bevendo le acque dei luoghi palustri. Ma non vogliamo qui entrare in questa discussione, che è stata fatta lungamente in vari scritti recenti.

Malgrado però tutto, nuovi esperimenti sono stati iniziati per vedere se l' ingestione di queste *spore* possa produrre la febbre malarica nell' uomo e ne attendiamo i risultati.

La prima ipotesi include l' idea della infezione ereditaria delle zanzare: include, cioè, il concetto che l' infezione sporozoica possa passare dalle zanzare alla nuova generazione. A favore di questa ipotesi sta, innanzi tutto, l' analogia della febbre del Texas, nella quale il passaggio dell' infezione dalla zecca madre ai figli è dimostrato: stanno inoltre, secondo due di noi, Bignami e Bastianelli, alcuni fatti epidemiologici che sarebbe difficile spiegare altrimenti. Ad esempio, come si potrebbe spiegare l' insorgere, nella campagna di Roma, dei primi casi di febbre estivo-autunnale sulla fine di Giugno o in principio di Luglio, mentre nella primavera malati con semilune non si trovano affatto? Si potrebbe forse osservare che si trovino eccezionalmente. Ma, ammesso anche il fatto eccezionale, come spiegare con esso il fatto costante, a cui si è sopra accennato? Tutto ciò porterebbe di necessità ad ammettere l'infezione ereditaria delle zanzare ([1]), se la difficoltà di spiegare un fatto potesse valere come argomento sufficiente a farne ammettere un altro.

Ma, volendo rimanere nei limiti dei fatti osservati, dobbiamo, per ora, lasciare la questione insoluta. Aggiungiamo soltanto, che tutte le ricerche fatte sulle uova di zanzaroni infetti non ci hanno permesso, sino ad ora, di rilevarvi alcun corpo parassitario: la qual cosa ci allontana dall'ipotesi, che l'infezione ereditaria delle zanzare, se pure avviene, si faccia direttamente dentro le uova.

E però propendiamo per l'idea che l'infezione della prole avvenga per ingestione delle spore da parte delle larve.

Conchiudendo possiamo affermare:

1° Gli Emosporodi della malaria (i fatti sopraesposti e quelli già noti dal punto di vista zoologico permettono di mantenere la famiglia degli *Emosporidi* o *Emamebini*, che si voglia dire), percorrono nell'uomo il ben noto ciclo di vita caratterizzato dalla lunga durata della fase ameboide e dalla mancanza di stadi incapsulati: in questo ciclo si riproducono un numero indeterminato di volte, ma danno anche luogo a forme che per l'uomo restano sterili (gameti di Grassi e Dionisi) ([2]).

Queste ultime pervenendo nell'intestino dell'*Anopheles claviger* Fabr. ([3]) allo stato d'insetto perfetto, si sviluppano come sporozoi tipici sino a formare un numero enorme di sporozoiti che accumolandosi nelle glandole salivari ritornano nell'uomo all'atto della puntura. Possono invece percorrere un altro ciclo di vita, che dà luogo alla formazione di spore.

2°. Lo sviluppo degli Emosporidii malarici nel corpo del zanzarone è dimostrato per il parassita delle febbri estivo-autunnali e per quello della terzana ordinaria ([4]).

3. Mentre è dimostrato il passaggio diretto degli emosporidi dall'uomo al zanzarone e da questo di nuovo all'uomo, il passaggio dalle zanzare alla prole è verosimile, ma in linea di fatto include una questione che resta ancora da studiare.

Aggiunte ulteriori. — Nelle larve di certi Culicidi la parete dell'intestino medio presenta degli Sporozoi: avremo presto occasione di stabilire se essi abbiano rapporti cogli Emosporidi.

([1]) L. Pfeiffer ha trovato in una larva di *Culex* una *Glugea*, che potrebbe appartenere al ciclo evolutivo degli emosporidi.

([2]) La sede di formazione delle semilune è il midollo osseo (Marchiafava e scolari): si può pensare che lo stesso accada per le forme analoghe delle febbri primaverili.

([3]) Sinonimi: *Anopheles maculipennis* Meig. e *Zanzarone*.

([4]) Ciò non esclude naturalmente che possa verificarsi anche in altre specie di ditteri.

I zanzaroni in certe località presentano spesso le spore, di cui si parla nella Nota.

Nelle uova molto sviluppate di alcuni zanzaroni abbiamo trovato numerosissimi corpi, che potrebbero interpretarsi come spore degli Emosporidi umani.

Abbiamo ottenuto un altro caso di terzana comune colle punture di soli sette zanzaroni.

Matematica. — *Sulla convergenza delle frazioni continue algebriche.* Nota del dott. ETTORE BORTOLOTTI, presentata dal Socio V. CERRUTI.

Se indichiamo con x il punto generico di un insieme infinito ed ordinato Γ, e rappresentiamo con $t = \varrho e^{i\vartheta}$ un punto qualunque, del piano della variabile complessa, essendo date $n+1$ funzioni arbitrarie:

$$a_{0,x}(t), a_{1,x}(t), \ldots, a_{n,x}(t),$$

delle due variabili x, t, dalla forma lineare alle differenze:

$$A(y) = a_{0,x}(t)y_{x+n} + a_{1,x}(t)y_{x+n-1} + \cdots + a_{n,x}(t)y_x,$$

si possono imaginare generate infinite specie di algoritmi di cui, nel caso di forme del 2° ordine, il più semplice ed importante è quello delle frazioni continue.

Le condizioni di convergenza di quegli algoritmi sono ancora poco note; il solo ad occuparsene, e per certi speciali algoritmi detti « *generalizzati delle frazioni continue* », fu il prof. Pincherle ([1]) il quale peraltro ha sempre ammesso che, in ogni punto t, di un determinato intorno, convergano regolarmente verso limiti unici, le successioni:

$$a_{s,0}(t), a_{s,1}(t), a_{s,2}(t), \ldots$$
$$(s = 0, 1, \ldots n)$$

Per gli algoritmi periodici, a mo' d'esempio, non si saprebbe applicare alcun criterio di convergenza, e nemmeno si saprebbe rispondere alla domanda: *se la frazione continua algebrica* PERIODICA:

$$a_0(t) + \cfrac{b_1(t)}{a_1(t) + \cfrac{b_2(t)}{a_2(t) + \cdots}}$$

possa, in qualche caso, definire una funzione analitica della t.

([1]) Sarebbe troppo lungo ricordare tutti gli importanti lavori del Pincherle su questo argomento; citerò, p. es.: *Contributo alla generalizzazione delle frazioni continue* (Mem. Acc. di Bologna, a. 1894).

Poichè gli algoritmi periodici sono particolarmente importanti per la rappresentazione approssimata delle funzioni algebriche ([1]), così mi sono occupato di stabilire delle condizioni sufficienti per la loro convergenza, ed ho brevemente esposto il metodo ed i principali risultamenti, in una nota che è in corso di stampa. Qui tratterò, con maggior larghezza, il caso più semplice ed ovvio delle frazioni continue; ma il ragionamento sarà condotto per modo che risulti manifesta la possibilità della generalizzazione ad algoritmi di ordine superiore.

1. Sia la forma alle differenze

$$(1) \qquad \Delta(y) = y_{x+2} + a_x y_{x+1} + b_x y_x ,$$

e sia φ_x un suo integrale. Si avrà identicamente:

$$(2) \qquad \frac{\varphi_{x+2}}{\varphi_{x+1}} = a_x + b_x \frac{\varphi_x}{\varphi_{x+1}} .$$

Se, in un determinato punto x_0, sono soddisfatte le condizioni:

$$(3) \qquad \left| \frac{\varphi_{x_0+1}}{\varphi_{x_0}} \right| > 1$$

$$(4) \qquad |a_{x_0}| > |b_{x_0}| + 1 + \eta ,$$

con η quantità positiva, sarà ancora:

$$(5) \qquad |a_{x_0}| + |b_{x_0}| > \left| \frac{\varphi_{x_0+2}}{\varphi_{x_0+1}} \right| > 1 + \eta .$$

Se poi, la condizione espressa dalla (4), è soddisfatta in tutti i punti dell'insieme ordinato Γ, che vengono dopo x_0, si avrà costantemente:

$$\left| \frac{\varphi_{x+1}}{\varphi_x} \right| > 1 + \eta ,$$

e *la successione dei valori assoluti che la* φ *prende nei punti del campo* Γ, *tenderà all'infinito sempre crescendo.*

2. Sieno ora $a_x , b_x ,$ funzioni razionali ed intere della variabile complessa t:

$$(7) \qquad \begin{cases} a_x = a_{0,x} t^r + a_{1,x} t^{r-1} + \cdots + a_r \\ b_x = b_{1,x} t^{r-1} + b_{2,x} t^{r-2} + \cdots + b_r , \end{cases}$$

supponiamo inoltre che $a_{0,x}$ sia sempre diversa dallo zero e, che così, il grado di $a_x(t)$ sia superiore a quello di $b_x(t)$.

([1]) Cfr. *Sulla generalizzazione delle frazioni continue algebriche periodiche* (Rend. Circolo Mat. di Palermo, tomo VI); *Un contributo alla teoria delle forme lineari alle differenze,* § V (Annali di Mat. 1895).

La condizione (4) prenderà la forma:

$$|a_{0,x}\, t^r + \cdots + a_{r,x}| > |b_{1,x}\, t^{r-1} + \cdots + b_{r,n}| + 1 + \eta\,,$$

e sarà certamente soddisfatta se:

$$(8) \qquad |a_{0,x}|\,\varrho^r > |a_{1,x} + b_{1,x}|\varrho^{r-1} + \cdots + |a_{r,x} + b_{r,x}| + 1 + \eta\,.$$

Poniamo che esista, diverso dallo zero, il limite inferiore α delle $|a_{0,x}|$, ed esistano anche, finiti e determinati, i limiti superiori A_0, A_1, ... A_r, dei moduli: $|a_{0,x}|$, $|a_{1,x} + b_{1,x}|$, ... , $|a_{r,x} + b_{r,x}|$.

La condizione (8) sarà, a più forte ragione, soddisfatta se:

$$\alpha\varrho^r > A_1\varrho^{r-1} + \cdots + A_r + 1 + \eta\,.$$

Quest'ultima però è certamente soddisfatta per tutti i punti $t = \varrho e^{i\vartheta}$. che sono esterni al cerchio (R_1), dove sono racchiuse tutte le radici della equazione, a coefficienti reali:

$$(9) \qquad \alpha\varrho^r - A_1\varrho^{r-1} - \cdots - A_r - 1 - \eta = 0\,;$$

ed allora per tutti i punti situati fuori di questo cerchio, o sulla circonferenza, si avrà la limitazione:

$$A_0\varrho^r + A_1\varrho^{r-1} + \cdots + A_r > \left|\frac{\varphi_{x+1}(t)}{\varphi_x(t)}\right| > 1 + \eta\,.$$

Cioè: *Se $\varphi_x(t)$ è un integrale della* A(y) *che in due punti consecutivi* x_0, $x_0 + 1$. *dell'insieme* Γ, *e per un determinato valore* $t_0 = \varrho_0 e^{i\vartheta_0}$. *assume valori crescenti, in modulo*,

$$|\varphi_{x_0+1}(t_0)| > |\varphi_{x_0}(t_0)|\,,$$

la successione:
$$|\varphi_x(t)|\,,|\varphi_{x+1}(t)|\,,|\varphi_{x+2}(t)|\,,\,...$$

tende all'infinito, sempre crescendo, per ogni punto t *situato fuori di un cerchio* (R_1) *che contenga nel suo interno il punto* t_0 *e tutte le radici della equazione numerica* (9).

In particolare: *Nessuna delle funzioni* $\varphi_{x_0}(t)$, $\varphi_{x_0+1}(t)$, ... *può aver radici situate fuori del cerchio* (R_1).

3. È facile determinare anche un cerchio (R_μ) tale che, per tutti i punti situati fuori di questo cerchio, o sulla sua circonferenza, sia:

$$\left|\frac{a_x}{b_x}\right| > \mu\,,$$

in qualunque modo il numero positivo μ sia stato scelto.

Basterà infatti determinare un limite superiore dei moduli delle radici della equazione numerica:

$$\begin{cases} \alpha\varrho^r - B_1\varrho^{r-1} - \cdots - B_r = 0 \\ B_s = \lim \text{ sup. di } |a_{s,x} + \mu b_{s,x}|\,, \end{cases}$$

per avere il raggio di quel cerchio.

È chiaro altresì che, fuori del cerchio che contiene tutte le radici della equazione numerica:

$$\alpha\varrho^r - A_1\varrho^{r-1} - \ldots - A_r - \mu = 0\,,$$

si ha costantemente

(11)
$$\left|\frac{\varphi_{x+1}(t)}{\varphi_x(t)}\right| > \mu\,.$$

Prendendo quello dei due cerchi che ha maggior raggio e chiamandolo ancora (R_μ) avremo che: *fuori di un tale cerchio, e sulla sua circonferenza, sono costantemente soddisfatte le due relazioni*:

(12)
$$\begin{cases} \left|\dfrac{a_x(t)}{b_x(t)}\right| > \mu \\ \left|\dfrac{\varphi_{x+1}(t)}{\varphi_x(t)}\right| > \mu \end{cases}$$

4. Mantenendo, per i coefficienti della $A(y)$ e per il suo integrale $\varphi_x(t)$, le condizioni ammesse nei numeri precedenti, indichiamo ora con $\psi_x(t)$ un altro integrale della $A(y)$, del quale ammetteremo soltanto che *le sue espressioni, che potremo chiamare iniziali, $\psi_{x_0}(t)$, $\psi_{x_0+1}(t)$, sieno tali che esista un limite superiore finito M per i valori assoluti della differenza finita*:

(13)
$$\left|\varDelta\,\frac{\psi_{x_0}(t)}{\varphi_{x_0}(t)}\right| = \left|\frac{\psi_{x_0+1}(t)}{\varphi_{x_0+1}(t)} - \frac{\psi_{x_0}(t)}{\varphi_{x_0}(t)}\right|$$

Dico che allora *la espressione $\dfrac{\psi_x(t)}{\varphi_x(t)}$, per ogni punto t esterno ad un cerchio di raggio determinato, al crescere indefinito di x, tende ad un limite finito e determinato $U(t)$; e che questo è funzione analitica della t regolare fuori di quel cerchio.*

Ed infatti, si ha identicamente:

(14)
$$\frac{\psi_x(t)}{\varphi_x(t)} = \frac{\psi_{x_0}(t)}{\varphi_{x_0}(t)} + \sum_{n=1}^{x-x_0} u_n$$

$$u_n = \frac{\psi_{x_0+n}(t)}{\varphi_{x_0+n}(t)} - \frac{\psi_{x_0+n-1}(t)}{\varphi_{x_0+n-1}(t)}\,,$$

(15)
$$u_n = \frac{D_{x_0+n}}{\varphi_{x_0+n}(t)\,\varphi_{x_0+n-1}(t)}\,, \qquad D_{x_0+n} = \left|\begin{matrix}\psi_{x_0+n} & \varphi_{x_0+n} \\ \psi_{x_0+n-1} & \varphi_{x_0+n-1}\end{matrix}\right|$$

Facilmente si scorge che:

(16)
$$D_{x_0+n} = - b_{x_0+n-1}\,D_{x_0+n-1}\,;$$

e perciò:

$$\frac{u_n}{u_{n-1}} = - b_{x_0+n-2}\cdot\frac{\varphi_{x_0+n-1}(t)}{\varphi_{x_0+n}(t)}\cdot\frac{\varphi_{x_0+n-2}(t)}{\varphi_{x_0+n-1}(t)}\,.$$

Siccome però:

$$\left|\frac{\varphi_{x+1}(t)}{\varphi_x(t)}\right| > |a_x| - |b_x| > 1 + \eta \,,$$

così avremo:

(17)
$$\left|\frac{u_n}{u_{n-1}}\right| < \frac{|b_{x_0+n-2}|}{|a_{x_0+n-2}| - |b_{x_0+n-2}|} \,;$$

e, fuori dal cerchio (R_μ), sarà

(18)
$$\left|\frac{u_n}{u_{n-1}}\right| < \frac{1}{\mu - 1} \,.$$

Basta solo che sia $\mu = 2 + \eta$ per essere certi della convergenza della serie:

$$\sum_{n=1}^{\infty} u_n \,,$$

cioè della esistenza del limite

$$\lim_{x=\infty} \frac{\psi_x(t)}{\varphi_x(t)} = U(t)$$

per ogni punto t situato fuori del cerchio R_μ o sulla sua circonferenza.

Dico inoltre che, *per i punti di una stessa circonferenza (R_μ), la frazione $\dfrac{\psi_x(t)}{\varphi_x(t)}$, tende uniformemente al limite $U(t)$.*

Ed infatti:

$$\left| U(t) - \frac{\psi_x(t)}{\varphi_x(t)} \right| = \left| \sum_{n=x-x_0}^{\infty} \frac{D_{x_0+n}}{\varphi_{x_0+n}\,\varphi_{x_0+n-1}} \right| < \left| \frac{D_{x_0}}{\varphi_{x_0+1}\,\varphi_{x_0}} \right| \sum_{n=x-x_0}^{\infty} \left(\frac{1}{\mu-1} \right)^n \,,$$

cioè:

$$\left| U(t) - \frac{\psi_x(t)}{\varphi_x(t)} \right| < \left| \frac{D_{x_0}}{\varphi_{x_0+1}(t)\cdot \varphi_{x_0}(t)} \right| \frac{1}{\mu-2} \left(\frac{1}{\mu-1} \right)^{x-x_0-1}$$

Ma:

$$\left| \frac{D_{x_0}}{\varphi_{x_0+1}(t)\,\varphi_{x_0}(t)} \right| = \left| \frac{\psi_{x_0+1}(t)}{\varphi_{x_0+1}(t)} - \frac{\psi_{x_0}(t)}{\varphi_{x_0}(t)} \right| = \left| \varDelta\, \frac{\psi_{x_0}}{\varphi_{x_0}} \right| \,;$$

e questa espressione ammette, per ipotesi, un limite superiore M per tutti i punti esterni ad (R_1); dunque in fine:

(19)
$$\left| U(t) - \frac{\psi_x(t)}{\varphi_x(t)} \right| < M \frac{1}{\mu-2} \cdot \left(\frac{1}{\mu-1} \right)^{x-x_0-1} \,.$$

Si scorge di qui che, per ogni valor fissato di μ, si può scegliere x abbastanza grande perchè, in tutti i punti t, situati fuori del cerchio (R_μ), o sulla circonferenza, sia

$$\left| U(t) - \frac{\psi_x(t)}{\varphi_x(t)} \right| < \varepsilon$$

essendo ε piccola a piacere.

Rimane così dimostrata la convergenza uniforme della $\frac{\psi_x(t)}{\varphi_x(t)}$ verso la $U(t)$ lungo ogni circonferenza (R_μ), se $\mu > 2$.

Per un noto teorema, dovuto a Weierstrass, potremo dunque concludere che $U(t)$ *è una funzione analitica di t regolare fuori del cerchio* (R_2).

5. Tutte le condizioni richieste per le $\varphi_x(t)$, $\psi_x(t)$ sono certamente soddisfatte dai numeratori e dai denominatori della ridotta di ordine x nella frazione continua:

$$(20) \qquad a_0(t) + \cfrac{b_1(t)}{a_1(t) + \cfrac{b_2(t)}{a_2(t) + \cdots}}.$$

Quando dunque il grado di una qualunque della $a_x(t)$ non sia superato da quello della $b_x(t)$ corrispondente, ed esistano limiti superiori finiti per i valori assoluti delle somme dei coefficienti di potenze simili di t nei due polinomi $a(t), b(t)$; e, di più, i valori assoluti dei coefficienti della massima potenza di t in $a_x(t)$, non abbiano limite inferiore nullo, si può asserire che la frazione continua (20) converge fuori di un cerchio di raggio determinato e rappresenta una funzione analitica della t, regolare fuori di quel cerchio.

Si noti che l'esistenza di quei limiti superiori, ed inferiori finiti, è posta fuor d'ogni dubbio quando i coefficienti $a_{k,x}$, $b_{k,x}$ delle potenze di t nei due polinomi $a_x(t)$, $b_x(t)$, non abbiano che un numero finito di valori diversi in tutto il campo Γ; così in particolare: *Una frazione continua periodica algebrica (20) è sicuramente convergente fuori di un dato cerchio, e definisce una funzione analitica, alla sola condizione che il grado di ogni $b_x(t)$ sia inferiore di quello della $a_x(t)$ corrispondente.*

Così *le frazioni continue, più spesso considerate* [1]

$$(21) \qquad a_{0,0}t + a_{1,0} + \cfrac{b_1}{a_{1,0}t + a_{1,1} + \cfrac{b_2}{a_{2,0}t + a_{2,1} + \cdots}}$$

nelle quali le b_x sono supposte costanti rispetto a t, e le a_x sono lineari nella t, convergono sicuramente fuori di un dato cerchio, quando sono periodiche.

Matematica. — *Sulla rappresentazione approssimata di funzioni algebriche per mezzo di funzioni razionali.* Nota di E. Bortolotti, presentata dal Socio Cerruti.

Questa Nota sarà pubblicata nel prossimo fascicolo.

---

[1] Possé, *Sur quelques applications des fractions continues algébriques*, St Petersbourg 1886; Heine, *Handbuch der Kugelfunctionen* (t. I, cap. V.).

Fisica terrestre. — *La gravità sul Monte Bianco.* Nota di P. Pizzetti, presentata dal Socio Blaserna.

1. Nei *Comptes rendus* dell'Accademia delle scienze di Francia ([1]) sono dati i risultati delle misurazioni della gravità fatte, mediante l'apparecchio Sterneck, sulla sommità del Monte Bianco e in alcuni punti del versante francese di questa montagna. Intendo qui di raffrontare i valori osservati dal sig. Hansky con quelli teorici che si deducono dalla nota formola di Helmert. Il confronto, per sè interessante, mi ha dato gradita occasione di applicare molto comodamente un metodo grafico, pel calcolo delle anomalie della gravità, da me esposto nel 1893 negli *Atti della società ligustica di scienze naturali e geografiche* ([2]). Ho limitati i miei calcoli alle due stazioni: vetta del Monte Bianco e Chamonix.

Occorrerebbe naturalmente poter calcolare la componente verticale della attrazione esercitata dalla massa montuosa sui punti di stazione. Ed è superfluo dire che un tal calcolo non può farsi, per ora, con precisione, per più ragioni, e prima di tutto perchè manca una carta abbastanza minuta del colosso alpino. In attesa tuttavia della carta 1:20000 che sta eseguendosi dai fratelli Vallot, ho creduto di poter fare il calcolo, almeno all'ingrosso, valendomi della carta 1:100000 del nostro Istituto geografico militare, e completando alla meglio le indicazioni, scarseggianti per la regione francese, coi dati che ho potuto dedurre dalla bella carta della Svizzera di Keller ([3]).

2. Sia G la gravità media, R il raggio medio terrestre, H l'altezza della stazione sul livello del mare, g la gravità osservata. Allora

$$(1) \qquad g' = g + \frac{2G}{R} H$$

è la gravità ridotta al livello del mare, se si fa astrazione dall'effetto della massa continentale sopraelevata al Geoide nella regione che si studia. Per confrontare la gravità così ridotta col valore dato dalla formola teorica occorre ancora sottrarre alla g' la componente verticale della attrazione esercitata dalla detta massa. Se il terreno intorno al punto di stazione è pres-

---

([1]) Hansky, *Sur la détermination de la pesanteur au sommet du Mont Blanc, à Chamonix et à Meudon.* C. R. Seduta del 5 dicembre 1898, tome CXVII, n. 23.

([2]) Vol. IV, fasc. 8°.

([3]) *Keller's zweite Reisekarte der Schweiz, 1:440000* (Zurigo 1880?).

sapoco orizzontale e se la densità θ della roccia si ritiene costante, questa attrazione è, per approssimazione, espressa da

$$(2) \qquad A = \frac{3}{2} \frac{G}{R} \frac{\theta}{\theta_m} H$$

dove θ_m è la media densità terrestre. Se invece la superficie del terreno non può ritenersi con sufficiente approssimazione, orizzontale, allora bisogna sottrarre alle quantità A la attrazione esercitata, secondo la verticale, da una massa ideale di densità θ, la quale si estenda dalla superficie del terreno fino al piano orizzontale del punto P di stazione. Supposta divisa la proiezione orizzontale della superficie in tanti settori, di vertice P e di ampiezza angolare β, si attribuisca una unica quota media h a tutti i punti della superficie che, in un dato settore, si trovano alla stessa distanza orizzontale r da P. Allora la attrazione locale sarà espressa, invece che dalla (2), da

$$(3) \qquad A' = \frac{3}{2} \frac{G}{R} \frac{\theta}{\theta_m} \left\{ H - \sum \frac{\beta}{2\pi} \int_0^a \left(1 - \frac{r}{\sqrt{r^2 + h^2}} \right) dr \right\} .$$

La quota h (variabile con r) si intende contata dal piano orizzontale di P. La sommatoria $\sum$ si riferisce ai varii settori, e il limite a è la massima distanza da P, alla quale si reputa necessario spingere la esplorazione del terreno intorno a P per tener conto di tutti gli elementi *apprezzabili* dalla attrazione locale. Tenuto conto della grossolana approssimazione alla quale si mira in tal sorta di calcoli, è sufficiente in pratica dare ad a un valore di 30 o 40 chilometri al più.

Il metodo grafico da me suggerito e impiegato consiste:

1° nel rilevare il *profilo medio* di ogni settore, ossia determinare un certo numero di valori di h per corrispondenti valori di r;

2° *trasformare* questi profili coll'aiuto di un sistema di *curve* [1], a ciascuna delle quali corrisponde un certo valore del parametro r; il punto (h, r) del profilo *primitivo* ha, nel profilo *trasformato*, la ordinata h e si trova sulla curva di parametro r;

3° misurare, col planimetro, l'area α (che intendiamo espressa in cm^2) racchiusa dal profilo trasformato. Ciò fatto la (3) si trasforma in questa:

$$(4) \qquad A' = \frac{3}{2} \frac{G}{R} \frac{\theta}{\theta_m} \left(H - \frac{10 \cdot \beta}{2\pi} \sum \alpha \right),$$

supposto, per semplicità, che tutti i settori abbiamo uguale apertura. Che se l'apertura è diversa e se di più, per maggiore generalità, si suppone diversa, pei varii settori, anche la densità media θ, allora alla (4) è da sostituire la

$$(5) \qquad A' = \frac{3}{2} \frac{G}{R} \left\{ \frac{H}{\theta_m} \sum \frac{\theta \beta}{2\pi} - \frac{10}{\theta_m} \sum \frac{\alpha \beta \theta}{2\pi} \right\} .$$

3. Riserbandomi di pubblicare altrove per esteso i profili e gli altri particolari del calcolo, mi limito a dare qui i risultati.

a) Per la stazione *Vetta* del Monte Bianco ho posto $\beta = 45°$, e agli otto settori ho dato come linee mediane quelle di azimut $22° ^1/_2$, $67° ^1/_2$, ecc. (azimut contati da Nord verso Ovest).

Disegnati alla meglio i profili della superficie del terreno *secondo queste linee mediane* ed eseguita la *trasformazione*, come ho detto, le aree dei profili trasformati sono risultate ordinatamente:

53.8   59,7   140,8   121.1   126,5   125,9   128,6   136,3 cm²

$$\sum \alpha = 883,7 , \qquad \frac{\beta}{2\pi} \sum \alpha = \frac{1}{8} \sum \alpha = 110,5 .$$

Attesa la estrema irregolarità della superficie studiata, ho ritenuto opportuno controllare all'ingrosso questo risultato così: Disegnati sulla carta, intorno al vertice come centro, i circoli di raggi corrispondenti alle distanze di 1^{km}, 2^{km}, 3^{km} ecc. e percorrendo successivamente le varie circonferenze, ho cercato di valutare la quota media lungo ognuna di esse. Ho ottenuto [1] (trascurando le diecine di metri) per

$r =$ 1,   2,   3,   4,   5,   8,   10,   20,   40 km.
$h_m =$ 400, 800, 1200, 1400, 2000, 2300, 2800, 2800, 3800 metri

ascisse ed ordinate di un profilo medio complessivo, che ho *trasformato*, come sopra. L'area trasformata risultò di

$$105,5 \text{ cm}^2$$

che è assai poco differente dalla media 110,5 delle aree dei profili singoli.

Per la stazione *Vetta* abbiamo $H = 4807$ e la gravità osservata è $g = 9,79472$. La gravità ridotta al livello del mare colla formula (1) è

$$g' = 9,80954 .$$

La gravità calcolata colla formola di Helmert

$$\gamma = 9^m,7800 \left\{ 1 + 0,005310 \text{ sen}^2 \varphi \right\}$$

sarebbe invece, per $\varphi = 45°50'$:

$$\gamma = 9,80672$$

e quindi $$g' - \gamma = 0^m,00282.$$

Questa differenza, assai notevole, dimostra come non si possa qui ammettere ciò che in altri casi si è invece verificato, voglio dire una *com-*

---

[1] Queste quote medie sono state ottenute *senza consultare i singoli profili* già disegnati.

pleta o quasi completa compensazione fra l'attrazione positiva delle masse montuose visibili e quella negativa di supposte deficienze interiori. L'attrazione locale 0^m,00282 è molto sensibile. Se valendoci delle formole (4), ricerchiamo *quale densità media si debba attribuire alla massa sovrincombente al geoide nella regione qui studiata* affinchè si abbia

$$A' = 0,00282 ,$$

osservando che $\log \dfrac{3}{2} \dfrac{G}{R} = 4,36342 - 10$ e che

$$H - \frac{10\,\beta}{2\pi} \sum \alpha = 3702^m$$

otteniamo

$$\frac{\theta}{\theta_m} = 0,330$$

e quindi $\theta = 1,8$ circa.

b) Stazione di *Chamonix*. Anche qui ho preso: $\beta = 45°$, prendendo però per le linee mediane dei settori quelle di azimut 45°, 90°, . . . 345°, 0°. Per le aree trasformate α, ho ottenuti i valori:

13,0   44,2   77,4   44,4   8,5   19,0   53,4   64,6 cm² ,

$$\frac{\beta}{2\pi} \sum \alpha = \frac{1}{8} \sum \alpha = 40,6.$$

D'altra parte la gravità osservata è

$$g = 9,80394.$$

L'altezza è H == 1050, e quindi la gravità al livello del mare

$$g' = 9,80729.$$

Colla formola di Helmert invece per $\varphi = 45°,55$, si ha

$$\gamma = 9,80680,$$

quindi $g' - \gamma = 0,00049.$

Calcolando, come nel caso precedente, la densità media θ che, in base alla formola (4), corrisponde al valore $A' = 0,00049$ si trova

$$H - \frac{10\,\beta}{2\pi} - \alpha = 644^m$$

e quindi $\dfrac{\theta}{\theta_m} = 0,329$; $\theta = 1,8$ circa, con una notevole concordanza col risultato ottenuto nella stazione di *Vetta*.

4. Pur tenendo conto della piccola densità di quella parte della massa montuosa che è occupata dai ghiacciaj e dalla neve, è tuttavia necessario ammettere che la densità media delle roccie accessibili sia notevolmente supe-

riore a 1,8. Siamo dunque condotti anche qui ad ammettere che vi siano a grandi profondità delle deficienze o attenuazioni di massa le quali compensino, benchè solo in piccola parte, l'attrazione della massa apparente.

Per poter rappresentare *materialmente*, come è utile di fare in queste ricerche, queste deficienze mediante uno strato indefinito di densità negativa di un certo spessore, occorre introdurre nella (5) quei valori di θ che le esplorazioni geologiche indicano come più probabili, e quindi vedere quale differenza ancora si manifesta fra la gravità corretta

$$ g + 2\frac{GH}{R} - A' $$

e il valore teorico γ. Di questo paragone intendo occuparmi in una prossima Nota.

Fisica. — *Sulle modificazioni che la luce subisce attraversando alcuni vapori metallici in un campo magnetico.* Nota del prof. D. MACALUSO e del dott. O. M. CORBINO, presentata dal Socio BLASERNA.

In una Nota precedente ([1]) abbiamo esposto i risultati di alcune esperienze, dalle quali si dedusse che se ad un fascio di luce polarizzata rettilineamente si fanno attraversare, nella direzione delle linee di forza di un campo magnetico, dei vapori incandescenti di sodio o di litio che in questo si trovano, il piano di polarizzazione delle radiazioni, le cui lunghezze d'onda sono immediatamente vicine a quelle corrispondenti alle righe di assorbimento, subisce una rotazione tanto maggiore quanto più piccola è la distanza sullo spettro tra i posti occupati da quelle radiazioni ed i bordi di ciascuna delle due righe in parola.

Quantunque i fenomeni da noi studiati potessero facilmente così spiegarsi, ammettendo cioè che sian dovuti a semplici rotazioni del piano di polarizzazione iniziale, pure ci è nato il dubbio che la vibrazione rettilinea primitiva avesse potuto, oltre che mutare di direzione, subire anche una deformazione, piccola però certamente nel caso in cui il fenomeno erasi potuto studiare nei suoi particolari, quando cioè le linee primitive di assorbimento erano molto larghe. Ed infatti se tale deformazione (trasformazione della retta in ellisse) fosse stata notevole, se cioè il rapporto dell'asse minore al maggiore della supposta ellisse non fosse stato molto inferiore ad uno, i contrasti tra le bande oscure e luminose viste nell'esperienze surriferite avrebbero dovuto essere minori, cioè nel posto delle linee oscure avrebbe dovuto aversi una semplice diminuzione di luce.

([1]) Rend. d. R. Acc. d. Lincei, vol. VII, serie 5ª, pag. 293.

Per risolvere il nostro dubbio ci siamo serviti di un compensatore di Babinet.

Gli spigoli del doppio cuneo di quarzo che lo costituisce erano disposti normali alle linee verticali del reticolo ed a 45° dalle sezioni principali dei nicol che erano paralleli tra loro.

Si regolava dapprima l'oculare e la lente cilindrica in modo che si vedessero nettamente nel campo luminoso le righe di Fraunhofer e due grossi rigoni orizzontali oscuri. Ciascuno di questi corrispondeva, come si sa, a quella parte del fascio luminoso che aveva attraversato il doppio cuneo in un posto tale che le due metà (polarizzate in piani ortogonali) nelle quali quei raggi si dividevano, avessero acquistato, l'una rapporto all'altra, una differenza di fase eguale a π.

A corrente magnetizzante interrotta perciò vedevansi le righe di assorbimento in esame tagliate normalmente dai rigoni oscuri.

Eccitando il campo, come era da aspettarsi, comparivano lungo i rigoni oscuri, ed a questi normali, delle righe o bande, alternativamente luminose ed oscure, distribuite esattamente come quelle che si avevano nelle esperienze a nicol incrociati, descritte nella Nota precedente (vedi fig. *a* della Nota stessa). Lungo una linea poi interposta, a egual distanza dai due rigoni, e che chiameremo linea neutra, comparivano delle altre bande, distribuite come quelle che si avevano nell'esperienze a nicol paralleli (vedi fig. *c* della Nota precedente). Ciò sarebbe conforme alla supposta rotazione dei piani di polarizzazione, poichè il compensatore, pei posti corrispondenti ai rigoni equivale ad una lamina mezza onda, e per quelli della linea neutra ad una lamina monorifrangente.

Però i punti di mezzo di queste bande non erano esattamente sull'asse delle linee orizzontali considerate, nè su una retta a queste parallele, ma spostati verticalmente e in senso opposto dai due lati di ogni riga di assorbimento. Questi spostamenti si invertivano con l'inversione del campo magnetico; era anzi questo il metodo più sicuro per poterli apprezzare con sicurezza, essendo del resto molto piccoli, specialmente se le righe di assorbimento erano assai slargate. Col diminuire della larghezza di queste righe, al diminuire della quantità del vapore metallico nella fiamma, mentre, come si è visto in altre esperienze, le linee laterali si restringevano e, per così dire, si addossavano alla riga centrale, il loro spostamento, nel senso parallelo alle righe di assorbimento ed inverso dai due lati di queste, cresceva, in modo che quando non era più possibile col nostro oculare di vedere separate le linee laterali oscure dalla centrale, questa presentava l'aspetto di una linea serpeggiante, nella quale i punti di inflessione erano sulla linea neutra e sui rigoni.

Per una data larghezza della riga di assorbimento, il piccolo spostamento in parola andava rapidamente diminuendo col crescere della distanza delle linee chiare ed oscure dall'asse della corrispondente riga: anzi non era sicuramente apprezzabile, tanto sui rigoni che sulla linea neutra, che per le più vicine linee fiancheggianti quelle di assorbimento.

La discussione di questi e di altri particolari del fenomeno porta alla conseguenza che la luce dai due lati di ciascuna linea di assorbimento è polarizzata ellitticamente, che le ellissi sono già molto appiattite a piccolissima distanza da ciascun bordo della riga centrale, che il rapporto dell'asse minore al maggiore tende rapidamente a zero e che il senso della rotazione della particella luminosa è opposto dai due lati delle righe e si inverte con l'inversione del campo. Un opportuno esame ci ha poi confermato quel che era da aspettarsi, dietro le esperienze del Zeemann e anche del Konig, che il senso di rotazione delle particelle luminose è lo stesso di quello della corrente magnetizzante per il bordo meno refrangibile ed inverso per l'altro bordo.

Queste apparenze del resto sono conformi ai risultati che si hanno, ripetendo con una fiamma che dia larghe righe di assorbimento, quelle esperienze che il Konig (¹) fece con fiamme contenenti poco sodio, in modo da avere righe sottili.

Sostituendo infatti nella nostra disposizione sperimentale il compensatore Babinet con una doppia mica Bravais quarto d'onda, con la linea di separazione delle due miche normale alle striature del reticolo, di ogni riga di assorbimento, la quale è senza il campo diritta e continua, la metà superiore si sposta, eccitando il campo, in un senso. e la metà inferiore di quantità uguale in senso opposto; e questo spostamento tanto nell'una che nell'altra metà avviene anche per le sfumature che accompagnano l'intera riga. Ne segue che lungo una stessa retta, parallela alla riga di assorbimento, si hanno, come la doppia mica ci rivela, due raggi circolari inversi di diversa intensità. Questi raggi all'uscita dal vapore attivo. ricomponendosi debbono dar luogo, come si sa, ad un raggio ellittico, nel quale l'eccentricità dell'ellisse deve essere tanto più piccola quanto meno il rapporto delle intensità dei due circolari è diverso da uno; ed il movimento della particella vibrante si fa nello stesso senso che nel raggio di maggiore intensità.

Poichè dai due lati di ogni riga di assorbimento, sotto l'influenza del campo, i moti rotatori corrispondenti al circolare di maggiore intensità sono inversi, anche inversi dai due lati di ogni riga devono essere i moti ellittici risultanti sopra considerati.

Dalle surriferite esperienze e da quelle esposte nella Nota precedente si ricava:

1°. Che se un raggio di luce circolare attraversa del vapore di sodio o di litio incandescente che si trovi in un campo magnetico, e se il periodo delle sue vibrazioni *differisce pochissimo* da quello proprio del vapore stesso

_____
(¹) Wied. Ann Bd. 62, S. 240, 1897.

senza l'azione del campo, esso si propagherà con velocità diversa a seconda del senso della rotazione della particella luminosa: e precisamente con velocità maggiore se questa rotazione va nel senso della corrente magnetizzante e con velocità minore se questa rotazione è inversa.

2°. La differenza tra questi due valori della velocità diminuisce rapidamente al crescere della differenza fra i suddetti periodi di vibrazione e non cambia di segno col cambiare di segno di questa differenza.

3°. Il raggio circolare suddetto nell'attraversare il vapore metallico è anche diversamente assorbito, a seconda del senso di rotazione della particella luminosa. Se il periodo di vibrazione del raggio incidente è minore di quello proprio del vapore assorbente, viene assorbito di preferenza il raggio la cui vibrazione circolare va nello stesso senso delle corrente magnetizzante. L'inverso avviene se il periodo del raggio incidente è invece maggiore.

Questo è conforme alle esperienze dello Zeeman e del Konig.

Fisica terrestre. — *Sopra un nuovo tipo di sismoscopio*. Nota di G. AGAMENNONE, presentata dal Socio TACCHINI.

Ho avuto già l'occasione d'intrattenere più volte questa Accademia sopra diversi strumenti sismici da me ideati in quest'ultimi anni. Ma si è trattato sempre di strumenti più o meno costosi e complicati, che dovendo servire all'analisi più o meno completa dei terremoti non possono essere affidati che ad osservatori geodinamici di 1° o tutto al più di 2° ordine, sotto la direzione cioè di persone esperte nel maneggio di simili apparecchi.

Oggi credo opportuno di far conoscere il mio *sismoscopio elettrico a doppio effetto*, che tanto per la sua semplicità, quanto per il suo modicissimo prezzo, potrebbe essere destinato con vantaggio alle stazioni sismiche di 3° ordine, quelle appunto più numerose e dove non sempre si può contare su persone abbastanza familiari con tal genere di strumenti.

La prima idea di questo sismoscopio mi venne sulla fine del 1894, quando dovendosi far costruire, tra gli altri strumenti sismici, anche qualche sismoscopio per l'osservatorio di Costantinopoli, passai in rivista la numerosa falange di quelli fino ad ora costruiti od ideati. Desiderando arrestarmi ad un tipo di strumento che riunisse alla più grande sensibilità anche la massima economia, esclusi tutti quelli che fornivano anche qualche criterio sulla direzione ed intensità del movimento sismico, sembrandomi sufficiente, per le ragioni esposte, che in una stazione di 3° ordine il sismoscopio si limitasse, come l'indica il suo nome, ad indicare soltanto l'avvenimento e l'ora d'una scossa. Tra i restanti sismoscopi mi parve abbastanza buono l'avvisatore a sfera del *Cecchi*, dal quale il Brassart doveva in appresso derivare il suo avvisatore a *dischetto*, ma senza paragone meno soddisfacente del primo, per le ragioni già altre volte esposte.

Orbene, il mio sismoscopio consiste precisamente nell'accoppiamento di due avvisatori *Cecchi*, di cui l'uno, conservando il peso in basso, oscilla piuttosto rapidamente, mentre l'altro è dotato d'un periodo alquanto più lungo d'oscillazione, per essere costituito da un'asticina d'acciaio un po' più grossa e per essere il peso portato in questa fino alla massima altezza. Se ora si fa in modo che l'estremità superiore della prima asticina possa venire a ritrovarsi ad una piccolissima distanza da quella della seconda, e di più si colleghino le due asticine coi due poli d'una batteria elettrica, si capisce come in seguito al movimento di uno dei due avvisatori, e tanto meglio di tutti e due alla volta, si stabilisca un contatto elettrico, destinato a far agire l'orologio sismoscopico o qualsiasi altro apparecchio. Un sismoscopio costituito, come il mio, dalla riunione di due asticine, dotate d'un ritmo d'oscillazione abbastanza diverso, riunisce in sè molta probabilità di funzionare per svariate specie di movimento del suolo, avuto riguardo al periodo più o meno breve delle onde sismiche [1]. Già il Bovieri [2] aveva voluto trarre profitto da questo principio, costruendo un sismoscopio mediante tre asticine oscillanti con diverso ritmo e disposte sulla stessa base secondo i vertici d'un triangolo equilatero. Ma quanto l'idea era buona, altrettanto difettosa e anche dispendiosa era la disposizione adottata, per poter fare agire elettricamente lo strumento. Infatti al di sopra delle tre asticine si disponeva in posizione orizzontale un telarino a triangolo equilatero, di fina lamina metallica, i cui tre vertici s'appoggiavano alle tre estremità superiori delle stesse asticine. Questo telarino doveva cadere quando, per la vibrazione anche di una sola delle tre asticine, fosse venuto a mancare uno dei tre punti di appoggio. Ognun capisce come la sovrapposizione di questo telarino, per quanto leggerissimo, bastasse in occasione di terremoti debolissimi per impedire alle asticine d'entrare in sensibile oscillazione e perciò a l'istrumento di funzionare.

Nella descrizione del 1° modello del mio sismoscopio io stesso avevo discussa l'opportunità dell'utilizzare parecchie asticine, vibranti più o meno rapidamente; ma ritengo anche oggi che vi sia convenienza ad arrestarsi a due soli ritmi d'oscillazione, considerato che il voler utilizzare ritmi inter-

[1] Lo stesso principio, qui utilizzato per registrare le scosse ondulatorie, può servire alla costruzione d'un sismoscopio doppiamente sensibile, destinato a rivelare la componente verticale del movimento. Basterebbe infatti tanto nel comune avvisatore *Brassart* per le scosse sussultorie, quanto nella parte sussultoria del microsismografo *Cecchi* ed in quella identica del microsismoscopio *Guzzanti* (Boll. della Soc. Sism. It., vol. I, 1895, pag. 149), rendere mobile anche lo scodellino di mercurio sospendendolo ad una molla a spirale, tale da farlo oscillare con un ritmo assai diverso dal periodo d'oscillazione inerente alla punta di platino, destinata a toccare il mercurio.

[2] Ing. Francesco Bovieri, *Sopra un nuovo sismoscopio* (sismoscopio a triangolo). Atti dell'Acc. Pontificia de' Nuovi Lincei, tom. XLVI, 1892-93, pag. 45.

medî non può essere forse nella pratica che d'un vantaggio ben limitato. Infatti, siccome i periodi estremi d'oscillazione, che si possono facilmente realizzare in un sismoscopio, non possono variare che entro limiti assai ristretti, si capisce come al passaggio d'onde sismiche dotate anche d'un ritmo intermedio, esse possano ancora fare entrare in sufficiente oscillazione o l'una o l'altra delle due asticine e forse tutte due alla volta. Di più si abbia presente il maggior costo del sismoscopio e la maggiore difficoltà del maneggio che esigerebbe l'impiego di numerose asticine vibranti [1].

Il 1° modello del mio sismoscopio fu costruito per l'osservatorio di Costantinopoli, dove fece ottima prova [2]. Un 2° modello, alquanto migliorato, fu fatto costruire nel 1897, al mio ritorno da Costantinopoli, dal prof. P. Tacchini per essere distribuito ad alcune stazioni di 3° ordine della rete sismica italiana [3]. In seguito all'esperienza fatta durante un triennio con i due precedenti modelli, nella 2ª metà del 1898 credetti d'apportare ancora altre notevoli migliorìe, pur restando inalterato il principio dello strumento; ed è così che è nato il 3° modello rappresentato nell'annessa figura, e del quale dò qui sotto una breve descrizione [4].

Sopra una base in ghisa di forma rotonda sono fissate verticalmente due asticine cilindriche d'acciaio: l'una sottile F gravata, piuttosto in basso, di una lente di piombo L, e che perciò oscilla rapidamente; l'altra F' di maggior diametro, destinata ad oscillare alquanto più lentamente, a causa d'un'altra consimile lente di piombo L' posta alla sua estremità superiore. A questa 2ª massa di piombo è fissata lateralmente una piastrina di platino d nella quale è praticato un piccolo forellino, destinato a ricevere nel suo centro, senza toccarla, la punta, pure di platino, dell'asticina a ritmo ·rapido. Siccome le due asticine sono isolate elettricamente dalla base e comunicano con

[1] Questo mio modo di vedere sembra non sia condiviso dal dott. Cancani, il quale ha fatto costruire recentemente il suo *sismoscopio ad effetto multiplo* (Boll. della Soc. Sism. It., vol. IV, 1898, pag. 68), nel quale si utilizzano i diversi ritmi d'oscillazione di ben 7 asticine.

[2] G. Agamennone, *Sismoscopio elettrico a doppio effetto*. (Boll. della Soc. Sism. It, vol. III, 1897, pag. 37).

[3] Id., *Alcune modificazioni al sismoscopio elettrico a doppio effetto e istruzioni per l'installazione ed il funzionamento del medesimo.* Ibidem, pag. 157. È precisamente questo 2° modello che ha figurato nella mostra dell'Uff. Centr. di Met. e Geodinamica all'Esposizione nazionale di Torino del 1898.

[4] Questo 3° modello, malgrado le migliorìe introdotte, non viene a costare più d'una quarantina di lire italiane, comprese le spese d'imballaggio. Il costruttore ne è stato, sotto la mia direzione, il meccanico dell'Ufficio Centr. di Meteorologia e Geodinamica in Roma, sig. L. Fascianelli, il quale m'ha secondato mirabilmente affinchè lo strumento riuscisse anche elegante ed il più economico possibile. Diversi esemplari di questo sismoscopio sono stati già acquistati, oltre che dall'Uff. Centr. di Met. e Geod., nelle Indie inglesi ed olandesi, in Inghilterra, in Bulgaria, ecc.

i due morsetti *a* e *b*, si capisce come facendo fare capo a quest'ultimi i due poli d'una batteria, la corrente elettrica non possa stabilirsi se non nel caso che in seguito all'oscillazione dell'una o dell'altra delle due asticine, e tanto meglio se di entrambe alla volta, vi sia contatto tra la punta di platino ed il forellino che la circonda. La base dell'istrumento è munita

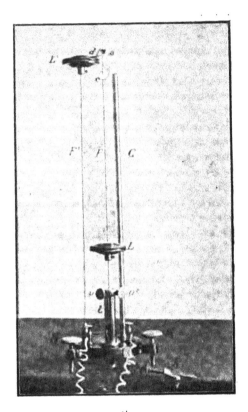

¹/₄

di due viti di livello *R* ed *S* che permettono di rendere verticale l'asticina di maggior diametro, la quale, gravata com'è in alto dalla lente di piombo *L'*, potrebbe altrimenti piegarsi sensibilmente da una parte o dall'altra. Per rendere poi agevole l'operazione del centramento della punta di platino entro il forellino, l'asticina di minor diametro *F* è saldata in basso all'estremità superiore d'un grosso filo d'acciaio, che alla sua volta è fissato alla base dello strumento ed è circondato da un tubo *t* di ottone. Quest'ultimo termina in alto con un anello e due viti orizzontali *v* e *v'* ad angolo retto tra loro le quali sono destinate a spingere in un senso o nell'altro l'estremità superiore del grosso filo di acciaio, e per conseguenza a spostare la punta di platino secondo due direzioni tra loro ortogonali. Tenuto conto che la sovrapposta asticina è circa 5 volte più lunga del pezzo di acciaio e che perciò lo spostamento delle viti *v* e *v'* moltiplica in egual misura quello che si produce alla punta di platino, naturalmente il passo di dette viti è assai piccolo (meno di $^1/_2$ millimetro), affinchè il centramento possa ottenersi in modo graduale fino al punto voluto. Questa nuova disposizione permette di ottenere il centramento in un modo assai più rapido di quello usato nei due precedenti modelli di sismoscopio, specialmente perchè non si ha più bisogno di perturbare ogni volta la massa di piombo *L'* che porta il forellino. Nonostante questo grande vantaggio, si è creduto ancora di conservare la colonna *C*, allo scopo di poggiarvi la mano quando si voglia smorzare le oscillazioni dell'una o dell'altra massa.

Un'altra innovazione, benchè di minor conto, consiste nell'aver praticato nella piastrina *d*, fissata alla massa *L'*, tre forellini di diverso diametro, invece d'uno solo; e ciò allo scopo di far variare a piacere la sensibilità dello strumento, a seconda delle condizioni più o meno favorevoli di tranquillità del locale in cui l'installazione dev'esser fatta. Se sotto questo punto di vista l'installazione è ottima, egli è chiaro potersi fare uso del più piccolo forellino, in modo che lo spazio, che intercede tra la punta di platino ed il bordo interno del foro, si riduca soltanto a qualche decimo di millimetro.

Per facilitare poi il centramento — anche se a causa della collocazione speciale, lo strumento non potesse essere guardato dall'alto in basso — al di sopra della piastrina, in cui sono praticati i forellini, vi è uno specchietto *s* inclinato a 45°, il quale permette di guardare in direzione orizzontale e di vedere così i forellini come se fossero praticati nella lastrina *d* tenuta verticalmente. E siccome poco al di sotto della punta di platino si trova fissato sull'asticina *F* un dischetto di carta bianca *c*, opportunamente inclinato per essere bene illuminato da una sorgente di luce, ne risulta che ogni forellino si vede entro lo specchio come un dischetto luminoso e la punta di platino figura entro uno di essi come un dischetto nero d'un diametro un po' più piccolo e che deve appunto essere reso concentrico al primo, manovrando con delicatezza le due viti di rettifica *v* e *v'*.

Come si potrà capire facilmente, il sismoscopio è d'una sensibilità tanto maggiore quanto minore è il forellino adoperato, poichè basta allora la più piccola oscillazione o della punta di platino, o del forellino, perchè il contatto elettrico abbia luogo. Per questa ragione non solo bisogna installare lo strumento in un edificio solido, e preferibilmente a pianterreno e meglio ancora in un sotterraneo, il più possibilmente lontano da vie frequentate o da altre cause disturbatrici, ma conviene inoltre proteggerlo con una campana di vetro, o qualche altro acconcio riparo, dall'agitazione dell'aria, dalla polvere e dalla molestia eventuale d'animali. Lo strumento, com'è costruito, può funzionare bene anche in un locale umidissimo, poichè le parti più delicate sono verniciate o nichelate e, quel che più importa, il contatto elettrico si fa tra superficie di platino; ma senza dubbio il sismoscopio sarà ancor meglio preservato col tempo se, sotto la custodia che lo protegge, si ponga eziandio qualche sostanza essiccante.

Lo strumento deve essere fissato solidamente ad una mensola di marmo o di ferro, incastrata ad un muro maestro mediante una chiavarda *h*, ed i fili elettrici che fanno capo ai morsetti *a* e *b* potranno attraversare entro un secondo foro la mensola stessa, oppure passare nascosti sotto una banda circolare di grossa stoffa, su cui dovrà poggiare la custodia dello strumento.

I fili elettrici fanno poi capo all'orologio sismoscopico, il quale può essere collocato a quella distanza che si vuole dallo strumento e possibilmente in un locale asciutto, affinchè l'orologio non abbia a risentire i danni dell'umidità. È anche buono che l'orologio sia posto in un sito frequentato, affinchè dal ritrovarsi arrestato o in marcia, secondo che prima era in azione oppure fermo sulle XII, si possa senza troppo ritardo sapere che il sismoscopio ha funzionato, anche nel caso che si voglia fare a meno d'una suoneria elettrica, comandata dallo stesso orologio sismoscopico, e ad azione continua od intermittente.

Fisica terrestre. — *Nuovo sismometrografo a registrazione veloce-continua.* Nota del dott. ADOLFO CANCANI, presentata dal Socio TACCHINI.

I varî sismometrografi a due velocità costruiti già da molti anni nel Giappone, e da poco tempo in Italia, rappresentano evidentemente un ripiego, una via di accomodamento, nella soluzione del problema della registrazione completa di un diagramma sismico in tutti i suoi particolari.

Difatti, fino ad ora si è ragionato nel seguente modo: per ottenere un diagramma perfetto in tutti i suoi particolari occorrerebbe dare alla zona su cui avviene la registrazione una velocità di svolgimento permanentemente assai grande, di parecchi metri all'ora; e siccome il maneggio e il consumo di tanta carta implicherebbero, nella pratica, difficoltà grande, spesa e fastidio non sopportabili, è necessario ricorrere all'espediente di dare alla zona di registrazione una velocità abitualmente moderata, e scegliere tra i tanti congegni conosciutissimi e più o meno antichi, usati dagli orologiai e dagl'ingegneri, uno qualunque che meglio si presti a far cambiare bruscamente la velocità ordinaria della zona in altra di valore venti o trenta volte maggiore.

È evidente come questa soluzione fin qui adottata, in base al ragionamento sopra esposto, risolva il problema soltanto a metà, e lo risolva nella parte meno importante. Ed infatti quando per effetto del movimento stesso del terreno, in una fase più o meno avanzata di questo movimento, scatta la grande velocità, non solo è già trascorsa la parte più interessante del diagramma, cioè la fase iniziale dei tremiti preliminari, ma la direzione stessa delle componenti registrate sulla zona, è, come si sa dai sismologi, ben cambiata da quella primitiva, corrispondente fedelmente alla provenienza della scossa.

Ho adunque pensato ad una soluzione completa del problema sopra esposto, e sono riuscito a trovarla con l'apparecchio costruito nell'Osservatorio Geodinamico di Rocca di Papa, della cui disposizione dò qui brevemente un cenno, riservandomi a darne quanto prima una descrizione particolareggiata ed esporre i risultati ottenuti nel *Bollettino della Società sismologica italiana*.

Ho già dimostrato ([1]) come il metodo di registrazione con fili di vetro su carta affumicata sia, sotto ogni riguardo, superiore a tutti gli altri; questo per ciò è stato da me preferito.

La registrazione si effettua per mezzo di due stili tubulari di vetro schiacciati conici che corrispondono alle due componenti N-S ed E-W e che terminano in due fili capillari pure di vetro, che colla loro estremità toccano una zona di carta laccata e affumicata di 14 cm. di larghezza. L'amplificazione degli stili è di 1 a 50. Le loro dimensioni sono: 60 cm. di lunghezza, un cm. di larghezza ad una estremità, un mm. all'altra. La zona è chiusa in sè stessa, è lunga m. 1,80, si ricambia ogni 12 ore, e corre con la velocità di 6 m. all'ora.

Il cilindro destinato a porre in moto la zona è di 16 cm. di diametro, è comandato da un comune roteggio a peso, con regolatore a ventole, ed è sostenuto da un asse su cui è tracciata una vite del passo di 0,33 mm. In tal modo viene impresso alla zona uno spostamento laterale di 1 mm. ad ogni suo giro. Nelle 12 ore viene così tracciata per ciascuna componente un'elica di 40 giri, di 72 m. di lunghezza e di 1 mm. di passo. Quest'elica occupa quindi solamente 4 cm. di larghezza della zona.

I tracciati delle due componenti occupano adunque alla fine delle 12 ore, 8 cm. di larghezza, rimanendo 3 striscie, due marginali e una centrale di 2 cm. di larghezza, libere per le escursioni degli stili. Questi sono disposti in modo che, uscendo dalla zona possono liberamente rientrarvi, possono sovrapporsi senza urtarsi e rimanere sempre liberi nelle loro oscillazioni, anche quando vengono sollevati automaticamente all'estremità per il tracciamento dell'ora.

---

[1] A. Cancani, *Sopra i vari sistemi di registrazione nella sismologia*. Bollettino della Società sismologica italiana, vol. IV, pag. 78.

Quando l'asse e il cilindro portatore della zona, al termine delle 12 ore hanno compiuto la loro corsa, si riconducono facilmente d'un tratto nella posizione iniziale. A tale scopo i cuscinetti metallici su cui appoggia l'asse del cilindro si aprono a cerniera, si solleva l'asse, si trasporta lateralmente nella posizione iniziale e si richiudono.

L'affumicatura di due zone, l'una per il giorno, l'altra per la notte, non richiede più di 5 minuti di tempo, la spesa giornaliera della carta laccata ed il fissaggio con alcool e gomma lacca non supererebbe i 30 centesimi se ogni giorno si volessero fissare le zone; ma siccome ciò non occorre di fare che una o due volte per settimana, la spesa giornaliera non supera i 10 centesimi.

Il metodo di registrare le ore, da me prescelto, consiste nel sollevare per pochi secondi ad ogni quarto d'ora i fili di vetro registratori. Le ore sono distinte da una interruzione alquanto più lunga di quella corrispondente ai quarti.

L'apparecchio registratore sopra descritto, è stato da me applicato ad un pendolo di 7 m. di lunghezza e di 100 kg. di massa. I movimenti di nutazione vengono in questa impediti con una sospensione a 3 fili partenti dal fulcro.

Con tali disposizioni vengono soddisfatte tutte le esigenze pratiche e scientifiche per la soluzione del problema proposto.

Mi riservo di far conoscere all'Accademia i risultati forniti dall'apparecchio, quando avrò da esso raccolto un conveniente numero di diagrammi.

Fisica terrestre. — *Periodicità dei terremoti adriatico-marchigiani e loro velocità di propagazione a piccole distanze.* Nota del dott. ADOLFO CANCANI, presentata dal Socio TACCHINI.

Geologia. — *Il Raibliano del monte Iudica nella provincia di Catania.* Nota di BIONDO NELLI, presentata dal Corrispondente DE STEFANI.

Geologia. — *Le roccie trachitiche degli Astroni nei Campi Flegrei.* Nota di LUIGI PAMPALONI, presentata dal Corrispondente DE STEFANI.

Chimica. — *Stereoisomeria delle desmotroposantonine e degli acidi santonosi.* Nota preliminare di A. ANDREOCCI, presentata dal Socio S. CANNIZZARO.

Queste Note saranno pubblicate nel prossimo fascicolo.

RELAZIONI DI COMMISSIONI

Il Segretario TOMMASI-CRUDELI legge, a nome dei Soci TARAMELLI, rel., e CAPELLINI, una relazione colla quale si propone la inserzione nei volumi delle Memorie, d' un lavoro del dott. G. DE ANGELIS D'OSSAT avente per titolo: *Seconda contribuzione allo studio della fauna fossile paleozoica delle Alpi Carniche. — Fossili del Siluriano superiore e del Devoniano.*

Le conclusioni della Commissione esaminatrice, poste ai voti dal Presidente, sono approvate dalla Classe, salvo le consuete riserve.

PERSONALE ACCADEMICO

Il Presidente BELTRAMI dà il doloroso annuncio della perdita fatta dalla Classe nella persona del Socio nazionale TEODORO CARUEL, mancato ai vivi il 4 dicembre 1898; apparteneva il defunto Socio all' Accademia, sino dal 1° gennaio 1880.

PRESENTAZIONE DI LIBRI

Il Segretario TOMMASI-CRUDELI presenta le pubblicazioni giunte in dono, segnalando quelle inviate dai Soci COSSA e TARAMELLI.

Il Presidente BELTRAMI presenta una pubblicazione del Corrispondente E. CESÀRO e accompagna la presentazione colle seguenti parole:

« I nuovi *Elementi di Calcolo infinitesimale* del prof. Ernesto Cesàro posseggono in grado eminente i pregi d' ogni altra pubblicazione di questo valoroso Collega, fra cui una grande limpidezza di concetto e d' espressione ed una straordinaria abbondanza di applicazioni e di esempi svariatissimi, attinti con isquisito accorgimento alle fonti più elette e svolti con ammirabile eleganza. La mole del libro non è tale naturalmente da poterne fare un trattato completo sulla materia, ed a misura che ci si addentra nei capitoli più elevati del calcolo integrale e della dottrina delle equazioni differenziali l' esposizione, senza nulla perdere della sua nitidezza, si va necessariamente facendo più mingherlina e più rudimentale: ma per queste parti possono ampiamente supplire i maggiori trattati già noti, mentre meno opportunamente questi servirebbero ad introdurre i discenti nelle dottrine fondamentali, le quali trovano invece nel libro del Cesàro uno svolgimento più che sufficiente per chi non debba ricorrere, o non si proponga di ricorrere che più tardi, ai classici *Fondamenti* del Dini ».

CONCORSI A PREMI

Il Segretario TOMMASI-CRUDELI dà comunicazione degli elenchi dei lavori presentati per prender parte ai concorsi scaduti col 31 dicembre 1898.

Elenco dei lavori presentati per concorrere al premio di S. M. il Re
per la *Minerologia* e *Geologia*.
(Premio L. 10,000 — Scadenza 31 dicembre 1898)

1. ALBERTI GIUSEPPE. *La geologia postoligocenica del Veronese* (ms.).
2. AMIGHETTI ALESSIO. *Una gemma subalpina. Escursioni autunnali e conversazioni sulla geologia applicata al lago di Iseo* (st.).
3. D'ACHIARDI GIOVANNI. *Contributo di mineralogia italiana:* a) *Le Tormaline del granito Elbano,* p. I e II (st.). — b) *Indice di rifrazione delle Tormaline elbane* (st.). — c) *Il granato dell' Affaccata nell' isola d' Elba* (st.). — d) *Auricalcite di Campiglia Marittima e Valdaspra* (st.). — e) *Le andesiti augitico-oliviniche di Torralba (Sardegna)* (st.). — f) *Note di mineralogia toscana* (st.). — g) *Di alcune forme cristalline della Calcite di Montecatini in Val di Cecina* (st.). — h) *Osservazioni sulle Tormaline dell' isola del Giglio* (st.) — i) *Anomalie ottiche dell'Analcima di Montecatini in Val di Cecina* (st.). — k) *Sul contegno ottico della Fluorina di Gerfalco e del Giglio* (st.). — l) *Due esempi di metamorfismo di contatto (Urali-Elba)* (st.). — m) *Note di mineralogia italiana,* I, II (st.). — n) *I quarzi delle gessaie toscane* (st.).
4. DE GREGORIO ANTONIO. 1) *Fauna eocenica di Roncà* (st.). — 2) *Catalogo alfabetico sinonimico e bibliografico di tutti i pettini lisci e sublisci viventi e terziari del mondo* (st.).
5. DE LORENZO GIUSEPPE. 1) *Osservazioni geologiche nei dintorni di Lagonegro in Basilicata* (st.). 2) *Avanzi morenici di un antico ghiacciaio del monte Sirino* (st.). — 3) *Sul trias dei dintorni di Lagonegro in Basilicata* (st.). — 4) *Per la geologia della penisola di Sorrento* (in collabor. con Bassani) (st.). — 5) *Fossili nelle argille sabbiose postplioceniche della Basilicata* (st.). — 6) *La fauna bentho-nektonica della pietra leccese* (st.). — 7) *Il postpliocene morenico del gruppo del Sirino in Basilicata* (st.) — 8) *Sulla geologia dei dintorni di Lagonegro* (st.). — 9) *Le montagne mesozoiche di Lagonegro* (st.). — 10) *Osservazioni geologiche sul tronco ferroviario Casalbuono-Lagonegro* (st.). — 11) *Osservazioni geologiche nell'Appennino della Basilicata meridionale* (st.). — 12) *Lava pahoehoe effluita il 24 maggio 1895 dal cono terminale del Vesuvio* (st.). — 13) *Efflusso*

di lava dal gran cono del Vesuvio cominciato il 3 luglio 1895 (st.). — 14) *Sulla probabile esistenza d'un antico circo glaciale nel gruppo del Volturino* (st.). — 15) *Studî di geologia nell' Appennino meridionale* (st.). — 16) *Per la geologia della Calabria settentrionale* (con Böse) (st.). — 17) *Fossili del trias medio di Lagonegro* (st.). — 18) *Cenni geologico-agrari sulla Basilicata* (st.). — 19) *Guida geologica dei dintorni di Lagonegro in Basilicata* (st.). — 20) *I grandi laghi pleistocenici delle falde del Vulture* (st.).

6. LOTTI BERNARDINO. *Geologia della Toscana* (ms.).

7. SPEZIA GIORGIO. 1) *La pressione nell'azione dell'acqua sull'apo-fillite e sul vetro* (st.). — 2) *La pressione nell'azione dell'acqua sul quarzo* (st.). — 3) *Sul metamorfismo delle roccie* (st.). — 4) *Contribuzione di geologia chimica. Esperienze sul quarzo* (st.). — 5) *Id. Esperienze sul quarzo e sull'opale* (st.).

8. VIOLA CARLO. *Miscellanea cristallografica* (ms.).

Elenco dei lavori presentati per concorrere al premio straordinario di S. M. il Re per la *Matematica.*

(Tema: *Perfezionare in qualche punto importante lo studio del moto di un corpo solido.* — Premio L. 5000. — Scadenza 31 Dicembre 1898).

1. FILOMUSO ONORIO. *Nuovo studio sul moto di un corpo solido* (ms.).

2. GALLO ADOLFO. 1) *Teoria circa il moto di un corpo solo solido (di forma costante)* (ms.). — 2) *Nuova teoria del moto locale* (st.).

Elenco dei lavori presentati per concorrere ai premi del Ministero della P. I. per le *Scienze matematiche.*

(Due premi del valore complessivo di L. 3400 — Scadenza 31 dicembre 1898).

1. AMODEO FEDERICO. 1) *Curve aggiunte e serie specializzate* (st.). — 2) *Curve k-gonali di 1ª e di 2ª specie* (st.). — 3) *Curve k-gonali di s^esima specie* (st.). — 4) *Sistemi lineari di curve algebriche di genere massimo ad intersezioni variabili collineari* (st.). — 5) *Spazio normale e genere massimo delle curve di ordine m, k-gonali, di specie s* (st.). — 6) *Sulla introduzione alla geometria proiettiva* (st.).

2. BERNARDI GIUSEPPE. *I due teoremi sull'estrazione abbreviata della radice quadrata e della radice cubica contenuti nell' introduzione delle Tavole dei quadrati e dei cubi dei numeri interi da 1 a 1000, esposti con dimostrazioni interamente rifatte e notevolmente migliorate* (ms.).

3. Bortolotti Ettore. 1) *Un contributo alla teoria delle forme lineari alle differenze* (st.). — 2) *Sui determinanti di funzioni nel calcolo alle differenze finite* (st.). — 3) *La forma aggiunta di una data forma lineare alle differenze* (st.). — 4) *Le forme lineari alle differenze equivalenti alle loro aggiunte.* Nota 1ª (st.). — 5) *Idem.* Nota 2ª (st.). — 6) *Sul teorema di moltiplicazione delle operazioni funzionali distributive a determinazione unica* (st.). — 7) *Sulla generalizzazione della proprietà del determinante Wronskiano* (st.). — 8) *Le operazioni equivalenti alle loro aggiunte* (st.) — 9) *Introduzione e sviluppo del concetto di numero nella analisi algebrica* (st.). — 10) *Sulla convergenza degli algoritmi periodici e sulla risoluzione approssimata delle equazioni algebriche* (ms.). — 11) *Sulla convergenza delle frazioni continue algebriche* (ms.). — 12) *Sulla rappresentazione approssimata di funzioni algebriche per mezzo di funzioni razionali* (ms.). — 13) *Sulla variazione annua della temperatura nel clima di Roma.* Nota 1ª (st.). — 14) *Idem.* Nota 2ª (st.). — 15) *Sulla relazione fra il carattere termico di una stagione e quello delle stagioni seguenti* (st.).

4. Delitala Giuseppe. 1) *Un problema sulle triangolazioni e relativa compensazione* (st.). — 2) *Deviazioni e loro applicazioni* (st.). — 3) *Azimut e coordinate piane* (st.). — 4) *Il problema di Snellius ampliato in generale* (ms.). — 5) *Della compensazione nel problema di Snellius ampliato* (ms.). — 6) *Del segmento d'errore proporzionale nelle condizioni di chiusura delle poligonali.* (ms.). — *Influenza degli errori angolari nei problemi di Pothenot e di Snellius ampliato* (ms.). — 8) *Contributo allo studio del problema di Pothenot* (st.). — 9) *Addizione allo studio del problema di Pothenot* (ms.). — 10) *Formule definitive di risoluzione del problema di Pothenot* (ms.). — 11) *Il correlativo del teorema di Stewart* (ms.). — 12) *La risoluzione del tetragono piano* (ms.). — 13) *Delle trasformazioni lineari nel piano* (ms.).

5. Palatini Francesco. 1) *Sulle soluzioni, che soddisfano al problema geometrico, delle equazioni di condizione delle trasformazioni cremoniane delle figure piane* (st.). — 2) *Sistemi omaloidici e varietà di ordine* n *e dimensione* $i+1$ *immerse in uno spazio lineare di* $n+i$ *dimensioni* (ms.). — 3) *Linee contenute nelle rigate di ordine* n *immerse nello spazio lineare di* $n+1$ *dimensioni* (ms.). — 4) *Osservazioni sulle corrispondenze univoche fra i gruppi di* h *punti del piano ed i punti dello spazio lineare di* $2h$ *dimensioni* (st.). — 5) *Alcune proprietà del sistema di superficie di ordine* r *passanti per gli spigoli di un* $(r+1)$ — *edro completo, e alcuni teoremi sulle superficie algebriche in relazione con la teoria delle polari* (ms.). — 6) *Osservazioni sulla Nota* « *Pro fusione* » *del prof. De Amicis* (st.). — 7) *Una lezione sulla teoria della similitudine* (st.). — 8) *Sopra una serie di segni positivi e negativi* (ms.). — 9) *Una definizione*

di poligono convesso (st.). — 10) *Sulla polisezione dell'angolo* (ms.). In collaborazione con Ferruccio Mariantoni.

6. PIRONDINI GEMINIANO. 1) *Alcune proprietà della sviluppante di cerchio* (st.). — 2) *Una questione geometrica* (st.). — 3) *Sur les trajectoires isogonales des génératrices d'une surface développable* (st.). — 4) *Quelques propriétés des surfaces moulures* (st.). — 5) *Projection orthogonale sur une surface de révolution* (st.). — 6) *Sur le cylindre orthogonal à quelques surfaces* (st.). — 7) *Projezione stereografica e sua applicazione allo studio di alcune linee sferiche* (ms.). — 8) *Une nouvelle méthode élémentaire pour étudier les lignes planes, et son application à la spirale logarithmique* (ms.). — 9) *Sur quelques lignes liées à l'hélice cylindrique* (ms.). — 10) *Una corrispondenza particolare fra i punti di due linee piane* (ms.). — 11) *Alcune proprietà delle normali di un elicoide e di una superficie di rivoluzione* (ms.). — 12) *Alcune proprietà delle coniche* (ms.).

Elenco dei lavori presentati per concorrere al premio Carpi
per il biennio 1897-98 — *Fisica-matematica*.
(Premio L. 900. — Scadenza 31 Dicembre 1898).

CANOVETTO C. 1) *Sulla direzione degli areostati. Impiego del metallo e di un nuovo motore. Teoria termodinamica di detto motore.* — 2) *Sulla resistenza dell'aria e sulla forma di solido di minor resistenza.*

CORRISPONDENZA

Il Segretario TOMMASI-CRUDELI dà conto della corrispondenza relativa al cambio degli Atti.

Ringraziano per le pubblicazioni ricevute:

La R. Accademia di scienze ed arti di Barcellona; la R. Accademia di scienze e lettere di Copenaghen; l'Accademia di scienze naturali di Filadelfia; la Società geologica di Sydney; la Società di scienze naturali di Emden; il R. Osservatorio di Edinburgo.

Annunciano l'invio delle proprie pubblicazioni:

L'Accademia delle scienze di Cracovia; la Società zoologica di Londra; le Università di Rostock e di Erlangen; l'Istituto Teyler di Harlem.

Amodeo F. — Spazio normale e genere massimo delle curve di ordine *m*, *k*-gonali, di specie *s*. Napoli, 1898. 8°.

Angelitti F. — Le stelle che cadono e le stelle che salgono. Firenze, 1898. 4°.

Baggi V. — Trattato elementare di geometria pratica. Disp. 60. Torino, 1898. 8°.

Barth J. — Norrönaskaller. Crania antiqua in parte orientali Norvegiae meridionalis inventa. Ud. af G. A. Guldberg. Christiania, 1896. 8°.

Bazin H. — Expériences nouvelles sur l'écoulement en deversoir exécutées à Dijon de 1886 à 1895. Paris, 1898. 8°.

Cesáro E. — Elementi di calcolo infinitesimale con numerose applicazioni geometriche. Napoli, 1899. 8°.

Choffat P. — Recueil d'études paléontologiques sur la faune crétacique du Portugal. Vol. I. Espèces nouvelles ou peu connues. 2° sér. Lisbonne, 1898. 4°.

Cossa A. — Il Conte Amedeo Avogadro di Quaregna. Milano, 1898. 8°.

De Lorenzo G. — Ancòra del Vesuvio ai tempi di Strabone. Roma, 1898. 8°.

Festskrift til Hs. Maj. Kong. Oscar II ved Regjerings-Jubilaeet den 18ᵈᵉ september 1897 fra det k. norske Frederiks Universitet. Bd. I-II. Christiania, 1897. 8°.

Fregni G. — Di altre celebri iscrizioni etrusche incise in simboli ed in figure etrusche. Modena, 1898. 8°.

Ganfini C. — Un caso di gravidanza gemellare mostruosa. Genova, 1898. 8°.

Grön K. — Studier over gummös (« tertiaer ») Syfilis. Kristiania, 1897. 8°.

Gruss G. — Základové theoretické Astronomie. I. v Praze, 1897. 8°.

Lachi P. — Contributo alla conoscenza delle anomalie di sviluppo dell'embrione umano. — Inclusione della vescicola ombelicale nel sacco amniotico. Genova, 1898. 8°.

Lussana S. — A proposito di un metodo sensibile e comodo per la misura delle quantità di calore. Firenze, 1898. 8°.

Id. — Influenza della temperatura sul coefficiente di trasporto degli ioni. Venezia, 1898. 8°.

Manzari A. — Il termine forza in rapporto all'energia ginetica ed alla statica. Napoli, 1899. 8°.

Norman J. M. — Norges arktiske Flora. I. II. Kristiania, 1894-95. 8°.

Raddi A. — Lo stato attuale della spiaggia ligure di Chiavari ed i mezzi per la sua difesa. Chiavari, 1898. 8°.

Salazar A. E. — Kálkulos sobre las Kañerías de Agua. Santiago, 1898. 8°.

Sars G. O. — Fauna Norvegiae Bd. I. Phyllocarida og Phillopoda. Christiania, 1896. 4°.

Sauvage H. E. — Vertébrés fossiles du Portugal. Lisbonne, 1897-98. 4°.

Schiött. P. O. — Samlede Philologiske Afhandlinger. Christiania, 1896. 8°.

Steenstrup J. J. S. — Spolia atlantica. Kolossale Blaeksprutter fra det nordlige Atlanterhav. Kiöbenhaven, 1898. 4°.

Taramelli T. — Considerazioni a proposito della teoria dello Schardt sulle regioni esotiche delle Prealpi. Milano, 1898. 8°.

Id. — Del deposito lignitico di Leffe in provincia di Bergamo. Roma, 1898. 8°.

Uchermann V. — De Dövstumme i Norge. Bd. I-II (con atlante). Kristiania, 1892-97. 8°.

P. B.

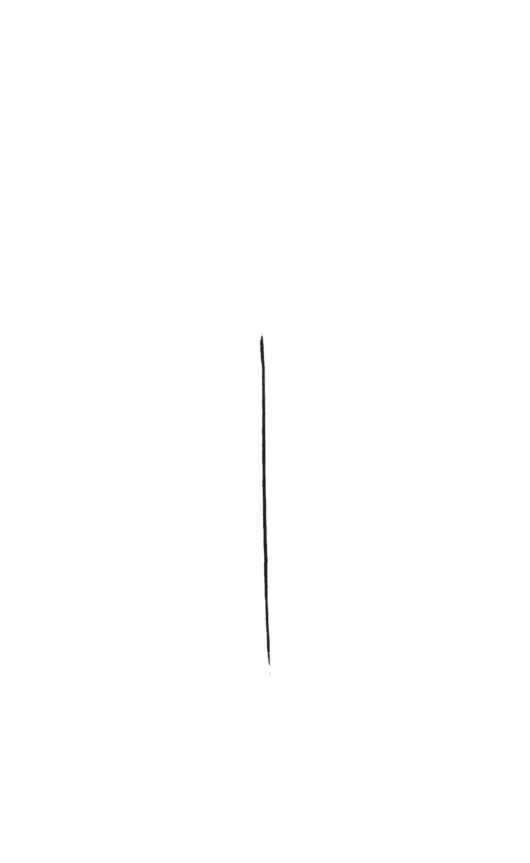

RENDICONTI

DELLE SEDUTE

DELLA REALE ACCADEMIA DEI LINCEI

Classe di scienze fisiche, matematiche e naturali.

Seduta del 22 gennaio 1899.

A. MESSEDAGLIA Vicepresidente.

MEMORIE E NOTE
DI SOCI O PRESENTATE DA SOCI

Matematica. — *Dimostrazione semplice della sviluppabilità in serie di Fourier di una funzione finita e ad un solo valore.* Nota del Socio straniero V. VOIGT.

Questa Nota sarà pubblicata nel prossimo fascicolo.

Matematica. — *Sulla rappresentazione approssimata di funzioni algebriche per mezzo di funzioni razionali.* Nota di E. BORTOLOTTI, presentata dal Socio CERRUTI.

Il metodo che ha dato Bernoulli, per il calcolo approssimato della radice reale di modulo massimo di una equazione numerica, è di facilissima applicazione, ed avrebbe grande utilità pratica quando si avesse modo di verificare, a priori, l'esistenza di una radice di modulo massimo e si conoscessero i limiti dell'errore.

Dimostrerò ora che: vi sono equazioni algebriche per le quali, fuori di un cerchio di raggio determinato, esiste sempre una radice di modulo massimo, e che questa può, col metodo di Bernoulli, essere rappresentata da frazioni razionali, sempre più approssimate alla radice stessa; nel senso che gli sviluppi in serie di potenze di $\frac{1}{t}$, di questa e di quelle, hanno un numero, sempre crescente, di termini comuni.

Proverò ancora che: la successione di quelle frazioni razionali tende alla radice in modo uniforme lungo circonferenze concentriche; e troverò, nel senso superiormente indicato, i limiti degli errori.

Poichè la presente comunicazione fa seguito ad una Nota « *Sulla convergenza delle frazioni continue algebriche* », presentata insieme con questa all'Accademia, non parlerò quì che di equazioni del 2° grado; ma i risultamenti saranno immediatamente estendibili anche ad equazioni di grado superiore, ciò che del resto ho dimostrato in una Nota preventiva, che è in corso di stampa coi tipi di G. Civelli in Bologna.

Per classi, abbastanza estese, di equazioni alle quali non sarebbe applicabile il metodo di Bernoulli, troverò un altro metodo, altrettanto facile e rapido, di risoluzione approssimata.

Farò poi risaltare le relazioni fra questo metodo e quello, esposto dal Lagrange, che dà lo sviluppo di una irrazionale numerica del 2° grado, in frazione continua periodica.

Darò ancora una dimostrazione, molto semplice, del teorema di Lagrange, ed in fine, estenderò al calcolo della radice quadra approssimata di un polinomio razionale, alcuni metodi dati fino ad ora solo per le radici quadrate dei numeri.

1. Sia la forma alle differenze:

$$(1) \qquad A(y) = y_{x+2} + \sum_{h=0}^{r} a_h t^{r-h} \cdot y_{x+1} + \sum_{k=1}^{r} b_k t^{r-k} \cdot y_x$$

e supponiamo che i coefficienti a_h, b_k, sieno tutti costanti rispetto ad x.

In questo caso, se $\psi_x(t)$ è integrale di $A(y)$, lo è anche $\psi_{x+1}(t)$; ed allora, se in un punto x_0 è: $|\psi_{x_0}| < |\psi_{x_0+1}|$, per quanto è stato dimostrato al n. 4 della Nota precedente, *il limite, per x che tende all'infinito, del rapporto $\dfrac{\psi_{x+1}(t)}{\psi_x(t)}$ sarà una funzione analitica della t, regolare fuori di un cerchio di raggio determinato.* Posso ora aggiungere che, *fuori di quel cerchio, rappresenta la radice di modulo massimo della equazione algebrica*:

$$(2) \qquad X^2 + a(t) X + b(t) = 0$$

$$a(t) = \sum_{h=0}^{r} a_h t^{r-h} \ , \quad b(t) = \sum_{k=1}^{r} b_k t^{r-k}.$$

Ed invero, se α, β sono le radici, in ordine di modulo non crescente, si ha identicamente (¹):

$$(3) \qquad \psi_x = k_1 \alpha^x + k_2 \beta^x$$

(¹) Cfr. Lagrange, Opere, t. I, pag. 24: *Sur l'intégration* . . .

con k_1 e k_2 costanti rispetto ad x. Di qui:

$$(4) \qquad \frac{\psi_{x+1}}{\psi_x} = \frac{k_1 \alpha^{x+1} + k_2 \beta^{x+1}}{k_1 \alpha^x + k_2 \beta^x} = \alpha \, \frac{k_1 + k_2 \left(\dfrac{\beta}{\alpha}\right)^{x+1}}{k_1 + k_2 \left(\dfrac{\beta}{\alpha}\right)^x} \, .$$

Ma, dalla condizione:

$$(5) \qquad |a| > \mu \, |b|$$

che, per qualunque μ, sappiamo (Nota preced. n. 3) esser soddisfatta fuori di un cerchio determinato (R_μ), si ha:

$$|\alpha| + |\beta| > \mu \, |\alpha| \cdot |\beta| \, ;$$

ed in conseguenza

$$(6) \qquad \left| \frac{\beta}{\alpha} \right| < \frac{1}{\mu - 1} \, .$$

Basta dunque che sia $\mu = 2 + \eta$ perchè si possa dedurre che: *in tutti i punti fuori del cerchio* (R_μ) *esiste una radice di modulo massimo*; e, in conseguenza delle (6) e (4), sarà:

$$(7) \qquad \lim_{x = \infty} \frac{\psi_{x+1}(t)}{\psi_x(t)} = \alpha(t) \, .$$

Convengono in questo risultamento il citato teorema di Bernoulli ed un noto teorema di Poincaré [1].

2. Se alla ψ_x si attribuiscono i valori iniziali:

$$- \psi_0 = 1 \, , \quad - \psi_1 = a(t) \, , \quad - \psi_2 = a^2(t) + b \, \ldots$$

cioè: se si prende per ψ_x il numeratore della ridotta di ordine x nella frazione continua:

$$(8) \qquad - a(t) - \cfrac{b(t)}{a(t) - \cfrac{b(t)}{a(t) - \cdots}} \, ;$$

ricordando quanto si è visto al n. 4 della Nota precedente, avremo:

$$(9) \qquad \left| \alpha - \frac{\psi_{x+1}(t)}{\psi_x(t)} \right| < \left| \frac{b(t)}{a(t)} \right| \sum_{n=x}^{\infty} \left\{ \frac{|b(t)|}{|a(t)| - |b(t)|} \right\}^n$$

$$< \left| \frac{b(t)}{a(t)} \right| \frac{|b(t)|^x}{(|a(t)| - |b(t)|)^{x-1}} \, \frac{1}{|a(t)| - 2 \, |b(t)|} \, .$$

[1] American Journal, t. VII.

Se poniamo che il grado di $a(t)$ superi quello di $b(t)$ per ν unità, il secondo membro risulta del grado $-\nu(x+1)$ in t; d'altra parte ψ_x è il denominatore della ridotta di cui il numeratore è ψ_{x+1}; concludiamo dunque:

La frazione continua (8), *per tutti i punti situati fuori di un cerchio determinato* (R_2), *quando il grado di* $a(t)$ *sia di* ν *unità* ($\nu \geqq 1$) *superiore a quello di* $b(t)$, *converge verso la radice* α *di modulo massimo della equazione algebrica* $X^2 + a(t)\,X + b(t) = 0$.

La ridotta di indice x *di questa frazione continua, sviluppata in serie di potenze di* $\dfrac{1}{t}$, *ha tutti i suoi termini, fino a quello di ordine* $-\nu(x+1)$, *coincidenti con lo sviluppo di* $\alpha(t)$.

3. L'equazione:

$$(10) \qquad a(t)\,X^2 + b(t)\,X - c(t) = 0\,,$$

mediante la sostituzione $X = \dfrac{Y}{a(t)}$, si trasforma nell'altra

$$(11) \qquad Y^2 + b(t)\,Y - a(t)\,.\,c(t) = 0\,.$$

Se il grado di $b(t)$ non è superiore a quello di $a(t)\,.\,c(t)$, non si potrà applicare, con sicurezza, il metodo esposto ai numeri precedenti. L'equazione si può risolvere, per altro, con un metodo altrettanto rapido di approssimazione e per qualunque grado di $b(t)$, *ogni qualvolta il prodotto* $a\,.\,c$ *sia di grado pari*.

Si ponga infatti $b = b_1 - b_2$, con che l'equazione (10) diventa

$$aX^2 + b_1 X = b_2 X + c\,;$$

indicando con y una radice, si avrà identicamente:

$$(12) \qquad y = \frac{b_2 y + c}{ay + b_1} = \frac{b_2}{a} + \frac{c - \dfrac{b_1\,b_2}{a}}{ay + b_1}$$

e di qui:

$$(13) \qquad ay = b_2 + \cfrac{ac - b_1\,b_2}{b_1 + b_2 + \cfrac{ac - b_1\,b_2}{b_1 + b_2 + \cdots}}\,.$$

Basterà, ora, che le b_1 e b_2 sieno determinate in modo che il grado di $b_1 + b_2$, rispetto a t, sia superiore a quello di $ac - b_1\,b_2$, perchè si possa asserire che la frazione continua al secondo membro tende uniformemente alla radice α di modulo massimo della equazione:

$$(14) \qquad X^2 + (b_1 + b_2)\,X + (ac - b_1 b_2) = 0\,.$$

Si avrà poi una delle radici della data, ponendo:

$$y = \frac{b_2 + \alpha}{a}\,.$$

Questo metodo sarà tanto più rapido, quanto maggiore è la differenza fra il grado di $b_1 + b_2$ e quello di ac.

Se il grado di ac è $2n$, posto che sia $b = \sum\limits_{h=0}^{m} b_h \, t^{m-h}$, basterà fare :

$$(15)\; b_1 = \sum_{h=0}^{m} \frac{1}{2}(c_h + b_h)t^{m-h} + \sum_{k=0}^{n-m-1} c_k t^{n-k}\,,\quad b_2 = \sum_{h=0}^{m} \frac{1}{2}(c_h - b_h)t^{m-h} + \sum_{k=0}^{n-m-1} c_k t^{n-k}$$

e disporre delle $n + 1$ indeterminate $c_0, c_1 \ldots c_n$, per modo da fare annullare gli $n + 1$ coefficienti dei termini più elevati della differenza $ac - b_1 b_2$, per ridurre questa ad essere di grado $n - 1$ al più, mentre $b_1 + b_2$ è di grado n.

4. Mi propongo ora di vedere in quale relazione sieno le frazioni approssimate, che si ottengono col metodo esposto dianzi, con le ridotte della frazione continua periodica, in cui una irrazionale del 2° grado si svilupperebbe col metodo di Lagrange.

Supponendo che il grado di ciascuna delle b sia superiore a quello della a_x corrispondente, consideriamo la frazione periodica

$$(16)\qquad y = a_0 + \cfrac{b_1}{a_1 + \cdots \atop \qquad + a_{p-1} + \cfrac{b_0}{y}}$$

D'onde :

$$(17)\qquad Q_{p-1} y^2 + (b_0 Q_{p-2} - P_{p-1}) y - b_0 P_{p-2} = 0\,.$$

Ora, sviluppando, col metodo esposto ai numeri precedenti, una delle radici y della equazione (17), si avrebbe :

$$Q_{p-1} y = P_{p-1} + \cfrac{-\,b_0(Q_{p-1}P_{p-2} - P_{p-1}Q_{p-2})}{b_0 Q_{p-2} + P_{p-1} + \cfrac{b_0(Q_{p-1}P_{p-2} - P_{p-1}Q_{p-2})}{b_0 Q_{p-2} + P_{p-1} + \cdots}}$$

od anche :

$$(18)\quad \left\{ Q_{p-1} y = P_{p-1} + \cfrac{(-1)^p b_0 . b_1 \ldots b_{p-1}}{b_0 Q_{p-2} + P_{p-1} + \cfrac{(-1)^p b_0 . b_1 \ldots b_{p-1}}{b_0 Q_{p-2} + P_{p-1} + \cdots}}\right. .$$

Si consideri però che i numeratori ed i denominatori delle ridotte della (16) sono anche integrali della forma a coefficienti costanti [1]:

$$(19)\qquad \varphi_{x+2p} = (-1)^p b_0 b_1 - b_{p-1}\varphi_x + (b_0 Q_{p-2} + P_{p-1})\varphi_{x+p}\,;$$

e che si potrebbero in forza di ciò, calcolare le ridotte di p in p, senza pas-

[1] Cfr. il mio *Contributo alla teoria delle forme lineari alle differenze*, § V (Annali di Matematica 1895).

sare per le intermedie. Questo risultamento però è immediatamente conseguito applicando il metodo che ho esposto ai numeri precedenti, perchè la frazione continua (18) è appunto quella che sarebbe generata dalla forma (19).

Sostanzialmente dunque il metodo esposto consiste nel trasformare linearmente la radice cercata in una quantità sviluppabile in frazione continua, tale che la legge di formazione per ridotte consecutive sia costante; e sia quella medesima che si avrebbe, per ridotte congrue al modulo p, nello sviluppo della radice cercata.

5. Si abbia una equazione numerica:

$$(20) \qquad ax^2 + 2bx - c = 0.$$

Dico che nello sviluppo:

$$ax = b_2 + \cfrac{ac - b_1 b_2}{b_1 + b_2 + \cfrac{ac - b_1 b_2}{b_1 + b_2 + \cdots}},$$

si può sempre supporre $ac - b_1 b_2 = 1$.

Ed infatti, dalle due: $b_1 - b_2 = 2b$, $b_1 b_2 = ac - 1$ si ricava:

$$(21) \qquad b_1 = b + \sqrt{b^2 + ac - 1} \qquad b_2 = -b + \sqrt{b^2 + ac - 1}.$$

Poichè si ottiene una equazione equivalente alla data sostituendo ad a, b, c, numeri proporzionali $a' = ua$, $b' = ub$, $c' = uc$; la questione può ridursi a quella di determinare u in guisa, che la quantità $\sqrt{u^2 b^2 + u^2 ac - 1}$ sia un quadrato perfetto. Si giunge così all'equazione Pelliana:

$$(22) \qquad u^2(b^2 - ac) - t^2 = 1$$

la cui soluzione non offre difficoltà.

6. Le formule trovate, al numero precedente, ci mettono sulla strada per dare una facile dimostrazione del teorema, dovuto a Lagrange, che: *un irrazionale di 2° grado si sviluppa in frazione continua periodica* [1].

Sia infatti y radice della (20), onde

$$(23) \qquad y = S(y) = \frac{b_2 y + c}{ay + b_1} \;,\; \text{con} \begin{vmatrix} b_2 & c \\ a & b_1 \end{vmatrix} = -1.$$

Sia X il quoziente completo di ordine n nello sviluppo di y in frazione continua; avremo:

$$(24) \qquad y = T(X) = \frac{P_n X + P_{n-1}}{Q_n X + Q_{n-1}}.$$

[1] Quella data da Emma Bortolotti nel tomo IX dei Rendiconti del Circolo Matematico di Palermo, non è immediatamente applicabile ad equazioni numeriche.

Da cui

(25)
$$X = T^{-1} ST(X) = \frac{AX + B}{CX + D}$$

(26)
$$\begin{cases} A = Q_{n-1} Q_n \left(a \frac{P_{n-1}}{Q_{n-1}} \frac{P_n}{Q_n} + b_1 \frac{P_{n-1}}{Q_{n-1}} - b_2 \frac{P_n}{Q_n} - c \right) \\[2mm] B = Q^2_{n-1} \left(a \frac{P^2_{n-1}}{Q^2_{n-1}} + (b_1 - b_2) \frac{P_{n-1}}{Q_{n-1}} - c \right) \\[2mm] C = - Q^2_n \left(a \frac{P^2_n}{Q^2_n} + (b_1 - b_2) \frac{P_n}{Q_n} - c \right) \\[2mm] D = - Q_{n-1} Q_n \left(a \frac{P_{n-1}}{Q_{n-1}} \frac{P_n}{Q_n} + b_1 \frac{P_n}{Q_n} - b_2 \frac{P_{n-1}}{Q_{n-1}} - c \right) \end{cases}$$

I trinomi fra parentesi, nelle espressioni di B e di C, hanno segni contrarî perchè $\frac{P_{n-1}}{Q_{n-1}}$ e $\frac{P_n}{Q_n}$ comprendono una radice; i due numeri B e C, hanno dunque lo stesso segno.

Si ha poi

$$\frac{A}{B} = \frac{Q_n}{Q_{n-1}} \left(1 + \frac{a \frac{P_{n-1}}{Q_{n-1}} - b_2}{a \frac{P^2_{n-1}}{Q^2_{n-1}} + (b_1 - b_2) \frac{P_{n-1}}{Q_{n-1}} - c} \quad \frac{(-1)^n}{Q_n Q_{n-1}} \right).$$

Per una nota proprietà delle ridotte, $(-1)^n$ ed il trinomio a denominatore hanno il medesimo segno; si ha poi, dalle (21): $y > \frac{b_2}{a}$; dunque, se n è abbastanza grande; $a \frac{P_{n-1}}{Q_{n-1}} > b_2$; dunque $A > B$.

Analoga dimostrazione può farsi per C e D. I quattro numeri A, B, C, D sono dunque tutti positivi. Si ha poi: $AD - BC = \pm 1$. Cioè *i numeri* $\frac{A}{C}$ e $\frac{B}{D}$ *sono ridotte consecutive nello sviluppo di* X *in frazione continua.*

La formula (24) ci dimostra allora che X *è un quoziente completo nello sviluppo di* X *stesso in frazione continua.*

7. Come applicazione dei metodi generali dati ai numeri precedenti, *si cerchi la radice quadrata di un polinomio intero di grado pari* A.

Dovendo risolvere l'equazione

(27)
$$X^2 - A = 0,$$

faremo: $b_h = 0$ ($h = 1 . 2 ...$) nelle formule (15), e troveremo così un polinomio b di grado n tale che la differenza $A - b^2$ sarà di grado $n - 1$ al più. La formula (13) si trasformerà allora nella seguente:

(28)
$$X = b + \frac{A - b^2}{2b + \cfrac{A - b^2}{2b + \cdots}};$$

analoga a quella trovata da Cataldi ([1]) per il caso che A sia un numero intero.

8. Si consideri l'operazione iterativa

$$(29) \qquad a_n = \frac{1}{2}\left(a_{n-1} + \frac{A}{a_{n-1}}\right).$$

Posto che esista il $\lim_{n=\infty} a_n = y$, sarà ([2])

$$y = \frac{1}{2}\left(y + \frac{A}{y}\right), \quad \text{cioè } y^2 = A.$$

Nella applicazione successiva della (29) consiste il metodo dato da Leonardo Pisano ([3]) per la estrazione approssimata di radice.

È noto però che se si fa $a_1 = b$, (b essendo la radice a meno di una unità, e, nel caso dei polinomi, l'espressione calcolata al numero precedente), si ha che a_n non differisce dalla ridotta $(2n-1)^{\text{esima}}$ della frazione continua (28) ([4]). La convergenza delle a_n è dunque messa fuor di dubbio ed il metodo di Fibonacci si può applicare anche a polinomi di grado pari.

9. Finalmente, si possono ripetere le medesime considerazioni per la formula ([5]):

$$(30) \qquad P_{n-1} - Q_{n-1}\sqrt{A} = (P_0 - Q_0\sqrt{A})^n.$$

Matematica. — *Sull'integrazione dell'equazione differenziale* $\Delta^2\Delta^2 = 0$. Nota dell'ing. E. ALMANSI, presentata dal Corrispondente VOLTERRA.

Fisica. — *Ricerche sul fenomeno residuo nei tubi a rarefazione elevata.* Nota di ALESSANDRO SANDRUCCI, presentata dal Socio BLASERNA.

Le precedenti due Note saranno pubblicate nel prossimo fascicolo.

([1]) *Trattato ‖ del modo brevissimo ‖ di trovare la radice quadra delli numeri* ‖ di Pietro Antonio Cataldi, lettore delle scienze matematiche nello studio di Bologna; in Bologna MDCXIII (pag. 144). Fa meraviglia che il Günther nella sua *Storia dello sviluppo delle frazioni continue* non voglia riguardare il Cataldi come il *solo* scopritore di quel l'algoritmo, mentre cita le *Deliciae Physico-mathematicae* di Schwenter, stampata nel MDCLI, ed attribuisce quella scoperta anche a lord Brounker nato 7 anni dopo la pubblicazione del libro di Cataldi.

([2]) Cfr. Farkas, *Sur les fonctions itératives*, Journal de Math. a. 1884.

([3]) *Liber Abbaci*, Roma MDCCCLVII, pag. 353, 355.

([4]) Serret, *Algèbre*, t. I, pag. 76; Moret-Blanc, Nouvelles Ann., t. XII.

([5]) Serret, loc. cit.; Frattini, *Intorno al calcolo approssimato delle radici quadrate*. (Periodico di Mat, tom. XIII, 1898).

Fisica terrestre. — *La gravità sul Monte Bianco.* Nota II di P. PIZZETTI, presentata dal Socio BLASERNA.

1. *Vetta.* — Quella parte della massa del Monte Bianco, che occorre considerare nello studio della attrazione locale, è principalmente costituita dalle roccie seguenti:

Protogino, gneiss, micascisti, calcescisti, calcare ceroide, calcari compatti, scisti ardesiaci e carboniosi.

Non occorre, per il nostro assunto, tener conto del modo di distribuzione e della varia estensione planimetrica di queste roccie. Giacchè le densità di esse non sono molto diverse; se si fa astrazione da talune varietà, che sul Monte Bianco figurano solo in proporzioni limitatissime, le densità si possono ritenere comprese fra 2,60 e 2,80. Attribuiremo a tutto il massiccio una densità di 2,65 *non superiore*, secondo ogni probabilità, alla densità media delle roccie visibili alla superficie della montagna.

Posto pertanto $\theta = 2,65$ nella formula

$$B' = \frac{3}{2} \frac{G}{R} \frac{\theta}{\theta_m} \left(H - \frac{10\,\beta}{2\,\pi} \sum \alpha \right)$$

e ricordando i dati numerici della Nota precedente, otteniamo, per la stazione *Vetta*, la componente verticale della attrazione misurata da

$$B' = 0^m,00404.$$

La gravità ridotta al livello del mare e diminuita della attrazione della montagna sarebbe quindi

$$g' - B' = 9^m,80550$$

che, paragonata col valore teorico

$$\gamma = 9^m,80672$$

offre una differenza di $\qquad -0^m,00122.$

Invece non tenendo conto affatto della attrazione della montagna, abbiamo trovato $g' - \gamma = 0,00282$. *La attrazione apparente della massa montuosa* (0,00404) *è dunque solo in parte* (per meno di $^1/_3$) *compensata da probabili deficienze interiori di massa*, che possiamo materialmente rappresentare, nel modo consueto, come segue:

Uno strato orizzontale indefinito di densità $\theta = 2,65$, il quale eserciti sopra un punto esterno una attrazione misurata da $0^m,00122$, deve avere una altezza h prossimamente data dalla equazione

$$0^m,00122 = \frac{2}{3} \frac{G}{R} \frac{\theta}{\theta_m} h$$

donde $\qquad\qquad\qquad h =: 1116^m$

La *deficienza* trovata può dunque materialmente rappresentarsi con un vuoto interiore secondo uno strato orizzontale indefinito di 1116 metri di spessore.

2. Ma a questo risultato dovrebbe tuttavia farsi una correzione. Abbiamo, per semplicità di calcolo, attribuito a tutto il volume della montagna (quale ci è risultato dal rilievo sulla carta) la densità 2,65, senza tener conto che una parte di quel volume è occupato da neve e da ghiaccio. La cupola stessa del monte è un ammasso di ghiaccio e neve, la regione immediatamente circostante è in gran parte occupata dai serbatoi di nevischio che alimentano le correnti di ghiaccio, e più lontano (benchè per aree relativamente limitate) si estendono queste giganteschе colate di ghiaccio.

Non è facile tener conto di questi giacimenti glaciali, nel calcolo dell'attrazione locale, attesa la scarsità di dati intorno allo spessore di essi.

Riguardo alla vetta, essa è formata da una specie di cresta nevosa quasi orizzontale della lunghezza di 100^m circa in direzione Est-Ovest. Il sig. ingegnere Imbert, per incarico avuto dall'Eiffel, fece praticare attraverso ad essa, nel 1891, una galleria di circa 52^m di lunghezza e all'altezza di 12^m sotto al vertice, allo scopo di vedere se fosse possibile fondare sulla roccia la capanna dell'osservatorio progettato (e poi fatto costruire sul ghiaccio, come tutti sanno) dal Jannsen. Questa galleria non incontrò in alcun punto la roccia. Lo stesso sig. Imbert osservava, nella sua interessante relazione ([1]). come le roccie emergenti, più vicine alla vetta, fossero allora: a Sud-Est un piccolo greppo (*la Tournette*) sporgente dalla neve di 20^{cm} circa, a distanza orizzontale di 162^m dalla vetta e 50^m più basso di questa; a Nord la punta detta *les Petits Mulets* (200^m di distanza orizzontale e 110^m più basso della vetta). Per trovare roccie scoperte di grande estensione, bisogna arrivare ai G^s. *Rochers Rouges* (600^m di distanza orizzontale verso Nord e 300^m sotto la vetta), ovvero alla *Tournette* (300^m di distanza orizzontale verso Ovest e 140^m di verticale).

([1]) *Travaux de sondage au Mont-Blanc exécutés pour le compte de M.^r l'ingénieur G. Eiffel etc. par X. Imbert* (Annales de l'Obs. météor. du Mont-Blanc publiés sous la direction de J. Vallot, 1° vol. 1893). Altri particolari topografici interessanti si trovano nella: *Note sur la constitution pétrographique des régions centrales du Massif du Mont-Blanc,* par M. Duparc e J. Vallot (Annales de l'Obs. etc., 2° vol. 1896).

Il sig. J. Vallot benemerito fondatore e direttore dell'osservatorio del *Rocher des Bosses* (altezza 4359^m), il quale, avendo da più anni dedicato studî indefessi e gran parte della propria vita al Monte Bianco, ha acquistato una competenza affatto speciale intorno a quella regione, riassume le proprie idee riguardo alla parte superiore di essa col dire ([1]) essere « estremamente probabile che la calotta del Monte Bianco non si trovi sopra una punta rocciosa nascosta, e che lo spessore dei ghiacci sia ivi di una *cinquantina* di metri » (*sessanta* secondo De Lapparent).

Riguardo alla profondità dei depositi dai quali hanno origine i torrenti di ghiaccio, non vi sono, a nostra conoscenza, dati sicuri. L'aspetto delle roccie emergenti, la presenza di grandi crepacci, dei quali alcuno pare arrivi alla profondità di 80 o 100 metri, fanno supporre che quelle roccie appartengano il più delle volte a vere *guglie* quasi a picco (p. es. il *Rocher des G.de Mulets* è un'enorme piramide di 200^m di altezza a pendenza ripidissima verso Ovest e quasi verticale verso Est) ([2]). Ed è oltremodo probabile che quelle guglie sorgano da enormi e profondi valloni costantemente occupati da ghiaccio, il quale avrebbe così in qualche punto lo spessore di varie centinaja di metri.

Rispetto allo spessore delle correnti di ghiaccio del Monte Bianco, sono a nostra conoscenza questi due dati. Per la *Mer de Glace* 150^m secondo De Lapparent ([3]); pel *ghiacciajo del Miage* 200^m secondo Baretti ([4]). Ma questi numeri si riferiscono, suppongo, alle bocche dei ghiacciai dove lo spessore deve esser minore che nelle sezioni superiori.

Per farci un'idea del quanto la presenza del ghiaccio possa alterare il risultato numerico da noi ottenuto, ammettiamo di poter sostituire lo strato variabile della massa gelata con uno strato uniforme indefinito di 100^m di altezza e di densità 0,75. Dovremo sottrarre all'attrazione calcolata B', quella di uno strato indefinito di altezza 100^m e densità $2,65 - 0,75 = 1,90$. Un tale strato può idealmente sostituirsi con un altro di densità 2,65 e altezza uguale a

$$100^m \frac{1,90}{2,65} = 72^m \text{ circa.}$$

La deficienza di 1116^m sopra trovata andrebbe così scemata di 72^m. Questo calcolo di correzione basa sopra un dato troppo arbitrario per poter ad esso attribuire un valore definitivo, ma è sufficiente per darci una idea dell'ordine di grandezza della cercata correzione.

3. Abbiamo già osservato nella Nota precedente come i dati topografici a nostra disposizione non fossero sufficienti per permetterci di valutare con

---

([1]) Revue scientifique, 1891, 2° sem., pag. 354.
([2]) Vedi *Note pétrographique* etc, già citata, pag. 150.
([3]) *Traité de Géologie.*
([4]) Memorie Accad. Torino. Tomo XXXII, 1880.

molta precisione la attrazione locale. Nella costruzione dei profili verticali, dedotte dalla carta tutte le possibili quote, abbiamo supposto che il terreno scendesse *uniformemente* fra due punti di noto livello. Ora in molte regioni, e specialmente in prossimità della vetta, vi hanno delle rapide cadute, non tenendo conto delle quali noi abbiamo in realtà esagerata la grandezza della attrazione locale. Riteniamo che, sotto un tal punto di vista, le aree α dei nostri profili trasformati possano in media essere affette da un errore negativo, non maggiore (in valore assoluto) di 6 o 7 cm.².

Lo spessore (1116^m) dello strato fittizio deficiente potrebbe sotto questo punto di vista, richiedere una diminuzione di 60 o 70 metri.

4. *Chamonix.* — Non ci è possibile, per ora, fare con qualche precisione il calcolo relativo a Chamonix, non conoscendo l'altezza precisa alla quale è stata fatta la determinazione di gravità dal sig. Hansky. Se adottiamo la quota dell'osservatorio del sig. Vallot ([1])

$$H = 1088^m$$

otteniamo $\qquad g' = 9,80729 \quad , \quad H - \dfrac{10\,\beta}{2\,\pi} \sum \alpha = 680 .$

Attribuendo a θ come precedentemente il valore 2,65 si avrebbe

$$B' = 0^m,00074 .$$

Invece $g' - \gamma = 0^m,00049$. Si avrebbe dunque una deficienza di $0^m,00025$ nella gravità; deficienza corrispondente ad uno strato fittizio di circa 250^m di spessore.

5. Concludendo: la gravità osservata sulla vetta del Monte Bianco dimostra come l'attrazione del Monte non sia che in piccola parte compensata da deficienze interiori di massa. Tali deficienze non possono essere di molto inferiori a quelle rappresentate da uno strato di 1000^m di altezza. Per la stazione di Chamonix invece la deficienza *sembra* essere molto minore.

Sarebbe ora oltremodo interessante che delle misure di gravità fossero eseguite nel versante italiano, nell'alta valle della Dora Baltea. Ed altrettanto importante sarebbe estendere, per largo spazio, tali misurazioni nelle regioni più basse che scendono dalle Alpi Graje e Pennine. In tal guisa sarebbe possibile decidere se sia veramente lecito trascurare in questa regione (come tacitamente abbiamo fatto qui) lo scostamento fra il Geoide e quell'Ellissoide pel quale vale la formula di Helmert che dà i valori di γ.

---

[1] Nella Nota precedente è avvenuta una svista. Si è posto H = 1050^m, calcolando tuttavia g' colla quota 1088^m. Fatte le correzioni, ossia posto ovunque H = 1088, il valore di θ calcolato in quella Nota (paragrafo 4°) risulta 1,7 invece che 1,8.

Fisica. — *Ricerche sull' inclinazione magnetica col mezzo della distribuzione del magnetismo libero nei vasi fittili antichi.* Nota del dott. G. FOLGHERAITER, presentata dal Socio BLASERNA.

In una mia recente pubblicazione [1] ho iniziato lo studio sopra la distribuzione del magnetismo nei vasi rinvenuti nelle tombe etrusche di Narce, Falerii, Chiusi ed Orvieto allo scopo di determinare l' inclinazione magnetica all'epoca, in cui quei vasi furono cotti.

I risultati di queste ricerche inaspettati e molto diversi da quelli, che in base allo studio delle variazioni dell' inclinazione magnetica negli ultimi tempi si prevedono per il futuro, mi spinsero a cercare una conferma prendendo in esame vasi antichi di altri tempi e di altre regioni.

Coll'appoggio del prof. Blaserna ho avuto facilmente il permesso dai Direttori dei varî Musei nazionali di esaminare i vasi delle diverse collezioni, e di più mi vennero dal Ministero della P. Istruzione concessi dei sussidî per recarmi in varie regioni d' Italia. In tal modo ho potuto studiare la raccolta delle matrici e delle tazze del Museo d'Arezzo, che risalgono alla prima metà del I secolo a. Cr., la ricca raccolta dei vasi greci di Apulia e Campania nel Museo archeologico di Firenze, le raccolte di vasi dell'ultimo periodo di Pompei e dei vasi attici e d'Apulia nel Museo di Napoli, la raccolta dei vasi provenienti dagli scavi delle Necropoli del Fusco e di Megara Hyblaea esistente nel Museo nazionale di Siracusa ed infine la raccolta dei vasi moderni (del 1600) siciliani nel Museo di Palermo [2].

Come altra volta esposi, il metodo di misura si basa sulla determinazione dell'azione magnetica, che i varî oggetti esercitano su di un piccolo ago calamitato liberamente sospeso, quando a questo vengano avvicinati in determinate condizioni diversi punti della periferia della loro base e della bocca. Le precauzioni usate, la disposizione dei vasi e l'apparecchio stesso di misura sono quelli già descritti ed adoperati nelle antecedenti ricerche [3].

Il concetto, che mi ha guidato alla determinazione dell'inclinazione magnetica all'epoca della fabbricazione dei vasi antichi, è il seguente: Se si colloca un cilindro di argilla in una data posizione, e si arroventa, il

---

[1] *Ricerche sull' inclinazione magnetica all'epoca etrusca;* vedi questi Rendiconti, vol. V, 2° sem. 1896, pag. 293.

[2] Devo ringraziare vivamente i signori Direttori dei varî Musei da me visitati per le cordiali cure avute nel rendere facile il mio còmpito, sia col darmi degli utili schiarimenti sulle questioni archeologiche che mi potevano interessare, sia col mettere a mia completa disposizione il materiale da studiare.

[3] Vedi questi Rendiconti, vol. V, 2° sem. 1896, pag. 130.

campo magnetico terrestre orienta durante il raffreddamento le sostanze magnetiche, che per azione chimica si sono formate ad alta temperatura, e l'asse magnetico del cilindro deve per conseguenza risultare parallelo alla direzione della forza magnetizzante. Si tratta quindi di dedurre dalla distribuzione del magnetismo libero alla periferia delle sue due basi, la direzione del suo asse magnetico. A tale scopo si suppone, che il campo terrestre vi produca per induzione due calamitazioni sovrapposte, una dovuta alla sua componente orizzontale, l'altra alla componente verticale. Se il piano passante per i due diametri ab ed $a'b'$ del cilindro rappresenta la *sezione normale*, ossia la sezione che durante la cottura si trovava nel piano del meridiano magnetico, e se $n\,s$ è la direzione del campo terrestre, nei punti a e b', ove le due calamitazioni indotte hanno eguale polarità, si trovano due massimi d'intensità magnetica, e nei punti a' e b, ove le due calamitazioni hanno polarità opposta, si hanno due minimi. Col mezzo di questi valori si può quindi separare l'effetto delle due componenti e calcolare la direzione della loro risultante (asse magnetico).

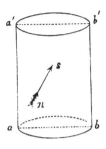

Fig. 1.

Però l'esperienza dimostra, che nella generalità dei casi calcolando in questo modo la direzione dell'asse magnetico, essa non è eguale alla direzione del campo magnetizzante, ma si hanno delle notevoli divergenze, che raggiungono 10° e più, a seconda della posizione data al cilindro durante il periodo di riscaldamento e raffreddamento ed a seconda delle sue dimensioni.

La ragione delle divergenze trovate [1] sta principalmente nel fatto, che quando si avvicina all'intensimetro uno dei quattro punti summenzionati, non si misura soltanto l'effetto del magnetismo libero in esso contenuto, ma l'ago risente complessivamente l'azione magnetica di tutti i punti dell'oggetto. Sperimentalmente non si può combattere totalmente questo inconveniente, perchè occorrerebbe a tal uopo fare un ago infinitamente piccolo ed avvicinarlo a distanza infinitesima dal punto da esplorare.

Ho tentato di fare una prima correzione supponendo, che tutto il magnetismo del cilindro sia riunito nei 4 punti di massima e minima intensità magnetica; se in tale ipotesi si sottrae dall'intensità magnetica, che si ottiene, quando si avvicina all'ago uno dei quattro punti, quella dovuta agli altri tre, si dovrebbe avere l'azione esercitata unicamente dal punto più avvicinato. Però anche con questa riduzione ottenni delle notevoli divergenze tra la direzione, così dedotta, dell'asse magnetico nei cilindri e la direzione del campo magnetizzante; il che indica, che una correzione fatta in tal modo è insufficiente [2].

[1] Vedi questi Rendiconti, vol. V, 2° sem. 1896, pag. 133.
[2] Vedi questi Rendiconti, vol. V, 2° sem. 1896, pag. 199.

Ora ho cercato di risolvere la questione tenendo in considerazione non solo l'azione dei quattro punti della sezione normale, ma quella di tutti i punti del cilindro esaminati (12 per ciascuna base), ed in tal modo sono riuscito ad ottenere dei risultati abbastanza soddisfacenti. Il calcolo si riduce a due operazioni distinte: la prima ha lo scopo di determinare separatamente l'effetto dovuto alle due componenti verticale ed orizzontale del magnetismo. Colla seconda si determina l'azione dovuta al magnetismo libero in un determinato punto calcolando l'azione di tutti gli altri ventitrè punti esaminati.

1°. Per effetto del magnetismo indotto dalla componente verticale, si ha una distribuzione magnetica uniforme in tutti i punti della periferia delle due basi, sicchè l'ago dell'intensimetro subirebbe per questa sola azione, se potesse essere isolata, una deviazione costante qualunque sia il punto delle due periferie ad esso avvicinato (salvo ben s'intende il senso della deviazione, perchè alla base inferiore si ha magnetismo nord ed alla base superiore magnetismo sud).

Per l'induzione dovuta alla componente orizzontale del magnetismo terrestre alla periferia di ciascuno dei circoli, di cui è costituito il cilindro, la distribuzione del magnetismo libero deve essere simmetrica rispetto alla sezione normale, nello stesso modo come se si avessero due calamite lineari perfette ed eguali, ripiegate a semicerchio ed unite per i loro poli omonimi. Ma la natura della funzione, che rappresenta questa distribuzione, è complicatissima, quando si debba tenere conto di tutte le calamite lineari, che costituiscono la superficie del cilindro, ed anche per una calamita rettilinea e lineare il problema non è solubile senza ricorrere a delle ipotesi più o meno incerte. Nel caso mio però si sa, che per causa della simmetria i valori dell'intensità magnetica corrispondenti agli angoli $\varphi = \dfrac{\pi}{2}$ e $\varphi = \dfrac{3\pi}{2}$ devono ridursi a zero, e che per $\varphi = 0$ e $\varphi = \pi$ devono assumere dei valori eguali e di segno contrario. E siccome, oltre essere simmetrica, la funzione i è periodica, e torna al suo valore iniziale per un aumento di 2π di φ, così essa viene rappresentata da una serie, che progredisce secondo i coseni dei multipli di φ. Se per semplicità conserviamo in prima approssimazione i due primi termini della serie, avremo:

$$i = K + K' \cos \varphi.$$

Questa relazione vale anche quando si tiene conto dell'azione dovuta alla componente verticale del magnetismo indotto. In tal caso cambia solo il valore della costante K.

Ora siccome furono fatte su ciascuna periferia delle due basi 12 misure d'intensità, in punti posti tra loro a distanza di 30°, così si hanno per ciascuna base di ogni cilindro 12 equazioni, dalle quali si possono ricavare i valori di K e K'. Chiamando $i_1, i_2, \ldots i_{12}$ le intensità magnetiche dei diversi punti, partendo da quello di massima intensità, si ha alla base inferiore:

per

$$\varphi = 0 \qquad\qquad i_1 = K + K'$$

$$\varphi = \frac{\pi}{6} \text{ e } \left(2\pi - \frac{\pi}{6}\right) \qquad \begin{cases} i_2 = K + K' \cos 30 \\ i_{12} = K + K' \cos 30 \end{cases}$$

$$\vdots \qquad\qquad\qquad \vdots$$

$$\varphi = \frac{5\pi}{6} \text{ e } \frac{7\pi}{6} \qquad \begin{cases} i_6 = K - K' \cos 30 \\ i_8 = K - K' \cos 30 \end{cases}$$

$$\varphi = \pi \qquad\qquad\quad i_7 = K - K'$$

Sommando membro a membro tutte le equazioni si eliminano evidentemente i termini contenenti K', e quindi si ha:

$$K = \frac{\Sigma i}{12}$$

Se si cambia il segno nelle equazioni, che hanno il coseno negativo, e si somma membro a membro, si elimina K e si ottiene:

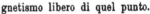

$$K' = \frac{i_1 + i_2 + i_3 + i_{11} + i_{12} - (i_5 + i_6 + i_7 + i_8 + i_9)}{2\,(1 + 2\cos 30° + 2\cos 60°)}$$

In modo analogo si ricavano i valori di K e K' dalle intensità magnetiche nei 12 punti della base superiore.

Nel calcolo dell'inclinazione dell'asse magnetico ho preso per valore di K e K' la media dei due valori assoluti ottenuti in tal modo sulle due basi.

2°. La seconda parte del calcolo consiste nel determinare dall'intensità magnetica, che si misura in un determinato punto, e che è dovuta all'azione complessiva di tutto il cilindro, l'intensità che dipende unicamente dal magnetismo libero di quel punto.

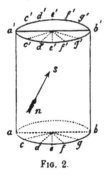

Fig. 2.

Prendiamo ad esempio il punto a ove l'azione complessiva misurata è data da $i = K + K'$. Chiamando con v la quantità di magnetismo libero in quel punto indotto dalla componente verticale del campo terrestre, h quello dovuto alla componente orizzontale, e con $a, b, c, \ldots a', b', c', \ldots$ delle costanti numeriche, che dipendono dalle dimensioni dell'ago dell'intensimetro e dalla sua distanza e posizione rispetto ai corrispondenti punti $a, b, c, \ldots a', b', c', \ldots$ del cilindro, in cui furono fatte le misure ([1]), si ha:

([1]) Sia r il raggio della base del cilindro, ed l la distanza della stessa dall'ago, e supponiamo che questo per le sue piccole dimensioni agisca come una coppia per potere

$$i = a\,(v + h) + 2\,c\,(v + h \cos 30°) + 2\,d\,(v + h \cos 60°) + 2\,e\,v$$
$$+ 2\,f\,(v - h \cos 60°) + 2\,g\,(v - h \cos 30°) + b\,(v - h)$$
$$- a'\,(v - h) - 2\,c'\,(v - h \cos 30°) - 2\,d'\,(v - h \cos 60°) - 2\,e'\,v$$
$$- 2\,f'\,(v + h \cos 60°) - 2\,g'\,(v + h \cos 30° - b'\,(v + h).$$

Raccogliendo e mettendo

$$A = a + 2\,c + 2\,d + 2\,e + 2\,f + 2\,g + b$$
$$A' = a' + 2\,c' + 2\,d' + 2\,e' + 2\,f' + 2\,g' + b'$$
$$B = a + d - b - f + (c - g)\,\sqrt{3}$$
$$B' = a' + d' - b' - f' + (c' - g')\,\sqrt{3}$$

si ottiene $\quad i = K + K' = (A - A')\,v + (B + B')\,h$ $\qquad$ 1)

In modo analogo se si avvicina all'ago dell'intensimetro il punto b, ove l'azione complessiva è data da $i_7 = K - K'$, e si tengono in considerazione le azioni degli altri punti del cilindro si ottiene:

$$i_7 = K - K' = (A - A')\,v - (B + B')\,h \qquad 2)$$

Dalle due equazioni 1) e 2) si ricava, che la tangente dell'angolo d'inclinazione della risultante di v ed h è data da

$$\frac{v}{h} = \frac{B + B'}{A - A'} \cdot \frac{K}{K'} \qquad 3)$$

Per assicurarmi che coll'applicazione di quest'equazione la direzione della risultante dei due magnetismi indotti v ed h in un cilindro è eguale alla direzione della forza magnetizzante, ho ripreso in esame le misure fatte sugli oggetti da me preparati e cotti or son tre anni, ed ho rifatto i calcoli dell'inclinazione dell'asse magnetico. Or bene, per cilindri discretamente lunghi si trovano delle divergenze abbastanza piccole tra le due direzioni; ma la cosa non è così per cilindri ed altri oggetti molto corti. Se però nel calcolare le costanti A' e B' si tiene conto solo del magnetismo dei punti a' e b', le due direzioni risultano pressochè parallele sia per cilindri di qualsiasi dimensione, sia per vasi di argilla di altre forme. La concordanza è ancora maggiore, se si introduce una lieve modificazione anche nel calcolo della costante B, supponendo che sia nullo l'effetto del magnetismo libero dovuto alla componente orizzontale nei punti d ed f prossimi alla sua linea neutra (¹).

---

trascurare la sua lunghezza. Tenendo conto della posizione, nella quale si colloca l'oggetto rispetto all'ago, l'azione esercitata nella direzione dell'asse dall'unità di magnetismo posto in un punto della periferia, che disti dell'angolo φ dall'origine, è data da

$$\frac{1}{l^3 \left\{ 1 + 4\,\dfrac{r^2}{l^2}\, \text{sen}^2\, \dfrac{\varphi}{2} \right\}^{3/2}}$$

che esprime il valore delle costanti $a, b, c, \ldots a', b', c', \ldots$

(¹) Modificato in tal modo il valore delle costanti, la formola 3) acquista un carattere in parte empirico.

A questo proposito credo opportuno riassumere nelle seguenti tabelle i risultati ottenuti con tali restrizioni, per mostrare entro quali limiti si può, dalla distribuzione del magnetismo indotto, conoscere la direzione del campo magnetizzante.

La tabella I riguarda cilindri di diametro a press' a poco eguale ma di altezze diverse; nella 2ª e 3ª colonna sono date rispettivamente le loro altezze e diametri; nella 4ª l'inclinazione dell'asse magnetico, calcolata semplicemente in base all'intensità magnetica misurata nei quattro punti della sezione normale; nella 5ª l'inclinazione dell'asse magnetico, quando si tenga conto dell'azione del magnetismo libero distribuito nei cilindri nel modo sopra esposto; nella 6ª colonna finalmente è data la differenza tra i valori della 5ª colonna e l'inclinazione del campo magnetizzante (57° 40').

TABELLA I.

I	II	III	IV	V	VI
Cilindro N. 1	mm. 22.7	mm. 60 5	62° 32′	56° 7′	— 1° 33′
" " 2	" 24.0	" 61.2	63 0	56 15	— 1 24
" " 3	" 27.5	" 59.5	64 20	57 54	— 0 14
" " 4	" 28.0	" 58.5	66 25	58 5	— 0 25
" " 5	" 41.0	" 59.0	67 55	58 51	— 1 11
" " 6	" 51.8	" 60.0	67 50	56 36	— 1 4
" " 7	" 55.0	" 58.0	67 40	56 59	— 0 41
" " 8	" 92.5	" 58.0	69 89	57 21	— 0 19
" " 9	" 104.5	" 57.4	69 50	58 12	— 0 32
" " 10	" 117.0	" 58.0	69 50	55 34	— 2 6

La II tabella riguarda una serie di cilindri tutti a press' a poco della stessa altezza ma di diametro diverso. Le varie colonne hanno lo stesso significato che nella tabella I.

TABELLA II.

I	II	III	IV	V	VI
Cilindro A	mm. 104.5	mm. 57.4	69° 50′	58° 12′	— 0° 32′
" B	" 100.0	" 71.5	65 10	58 45	— 1 5
" C	" 107.5	" 73.5	63 50	57 24	— 0 16
" D	" 105.2	" 86.1	62 55	56 1	— 1 39
" E	" 98.5	" 91.7	62 40	58 49	— 1 9
" F	" 106.0	" 92.9	62 30	58 14	— 0 24
" G	" 104.0	" 111.0	62 17	56 8	— 1 32

La seguente tabella riassume i risultati avuti quando alcuni dei cilindri della tabella I furono collocati nel forno su d'un piano inclinato. La prima riga dà l'inclinazione α del campo magnetizzante rispetto alla base dei cilindri; nelle altre righe è riportata la corrispondente inclinazione dell'asse magnetico dei medesimi calcolata colle norme sopra esposte.

TABELLA III.

	α = 0°	α = 23°	α = 40°	α = 57° 40′	α = 76°	α = 90°
Cilindro N. 5	1° 45′			58° 51′		90° 14′
" " 6	0 5		41° 9′	56 36		89 21
" " 7	1 31	21° 26′	37 44	56 59	76° 25′	89 51
" " 8	1 4	22 47	39 51	57 21	77 7	88 20
" " 10	0 11	22 42	38 13	55 34	74 15	88 12

La tabella seguente riguarda alcuni oggetti della tabella 2ª, ed ha lo stesso significato della precedente.

TABELLA IV.

Cilindro		$\alpha = 0°$	$\alpha = 23°$	$\alpha = 39°$	$\alpha = 57° \, 40'$	$\alpha = 76°$	$\alpha = 90°$
Cilindro	A	0° 55'	23° 32'	40° 9'	58° 12'	75° 56'	89° 50'
"	C	0 34	22 28	39 16	57 24	74 38	89 2
"	F	— 0 12	24 30	40 46	58 14	75 57	90· 13
"	G	0 16	23 0	37 48	56 8	76 5	88 50

Riassumo finalmente nella seguente tabella i risultati avuti per i vasi da fiori ed anfore da me preparati e cotti. Le diverse colonne hanno lo stesso significato che nelle tabelle I e II. Solo nella colonna 3ª vengono dati i diametri della base e della bocca dei vari oggetti. La maggior parte di essi venne cotta due o più volte ora col fondo ora colla bocca in basso; di più a qualche vaso venne poscia levata la corona o il fondo o le anse, e quindi fu ricotto.

TABELLA V.

	I	II	III	IV	V	VI
Vaso da fiori N. 1 diritto	mm. 145	mm. 100	mm. 150	62° 52'	56° 34'	— 1° 6'
" " rovesciato . .	" "	" "	" "	61 58	55 32	— 2 8
" " diritto	" "	" "	" "	64 4	57 55	+ 0 15
" " senza fondo .	" "	" "	" "	64 42	58 38	+ 0 58
" N. 2 diritto	" 145	" 98	" 162	61 59	58 22	+ 0 42
" " rovesciato . .	" "	" "	" "	61 24	57 6	— 0 34
" " senza corona .	" 119.5	" 98	" 142	62 9	58 4	+ 0 24
" N. 3 senza corona .	" "	" "	" "	62 15	58 11	+ 0 31
" " rovesciato . .	" "	" "	" "	62 46	58 45	+ 1 5
" N. 4 diritto	" 133.5	" 86	" 154	61 32	57 39	— 0) 1
Anfora N. 1 diritta	" 163.5	" 85	" 108	62 43	55 50	-- 1 50
" " senza anse .	" "	" "	" "	62 56	56 5	— 1 35
" " rovesciata	" "	" "	" "	65 19	58 50	+ 1 10
" N. 2 diritta	" 163	" 87	" 106	63 41	56 56	— 0 44
" " rovesciata	" "	" "	" "	65 5	58 40	+ 1 0

Se dunque le costanti A' e B' sono calcolate tenendo conto solo dell' intensità magnetica trovata nei punti a' e b' della sezione normale, e la costante B è dedotta supponendo nullo il magnetismo libero, dovuto alla componente orizzontale, dei punti d ed f, l'errore che si commette nella determinazione della direzione del campo magnetizzante raramente supera 1° 30', qualunque sia la disposizione data durante la cottura agli oggetti, siano essi cilindri, vasi conici od anfore a forma sferoidale. Questo risultato devesi ritenere come molto soddisfacente, sebbene siano state usate tutte cautele ed attenzioni tanto nel dare forma simmetrica agli oggetti come nel disporli entro il forno nella voluta posizione.

Per il calcolo dell' inclinazione magnetica nelle varie epoche dedotta in base alla distribuzione del magnetismo libero dei vasi greci, etruschi, ecc., che esistono nei nostri Musei, ho applicato senz'altro il metodo sopra esposto: giacchè parecchi di questi vasi, come le matrici e le urne cinerarie di Arezzo, hanno la forma di cono tronco, altri, come i vasi di Pompei, hanno forma sferoidale. È un po' più complessa la forma delle anfore greche, ma all'epoca della loro fabbricazione l'inclinazione magnetica era molto piccola, ed in questo caso la distribuzione del magnetismo libero su tutto un vaso è tale, che la sua influenza si fa risentire poco nella determinazione di $\frac{v}{h}$ e diviene nulla per $v = 0$. Vasi di forma complicata e non simmetrici attorno ad un asse, non ne ho mai tenuti in considerazione.

A prima vista sembrerebbe, che si possa eliminare qualsiasi dubbio sul valore dell'inclinazione magnetica in una data epoca fabbricando ora dei vasi di forma e dimensioni eguali a quelle dei vasi antichi studiati, e cercando con successivi tentativi in quale modo essi devono essere, durante la cottura, orientati rispetto alla direzione del campo magnetico terrestre, affinchè la distribuzione del magnetismo divenga in essi eguale a quella trovata nei vasi antichi. Un simile procedimento però sarebbe troppo lungo e difficile, e non darebbe in fine, a mio credere, dei risultati molto più sicuri di quelli, che si ottengono applicando un coefficiente di correzione. Per convincersene basta osservare la tabella V, dalla quale risulta, che uno stesso oggetto portato successivamente due o tre volte ad alta temperatura non dà mai lo stesso valore per l'inclinazione del campo, quantunque il suo asse di figura sia stato sempre verticale.

Fisica terrestre. — *Periodicità dei terremoti adriatico-marchigiani e loro velocità di propagazione a piccole distanze.* Nota del dott. ADOLFO CANCANI, presentata dal Socio TACCHINI.

Il 21 settembre 1897 un terremoto avente il suo epicentro nell'Adriatico, a 20 km. dalla costa tra Fano e Sinigallia, scuoteva fortemente e danneggiava le città ed i dintorni di Jesi, Pesaro, Sinigallia ed Ancona.

Non intendo nella presente Nota di fare uno studio particolareggiato di quel fenomeno sismico, poichè questo verrà quanto prima pubblicato nel Bollettino della Società sismologica italiana, ma soltanto di porre in rilievo due risultati cui sono giunto in quello studio e che mi sembrano degni di qualche considerazione.

Il primo consiste in un periodo abbastanza spiccato secondo il quale si sono succeduti i più intensi terremoti conosciuti, che coll'epicentro nell'Adriatico abbiano colpito la costa delle Marche e delle Romagne; l'altro in una buona determinazione, che fui in grado di fare, in occasione dello studio predetto, della velocità di propagazione delle onde sismiche per piccole distanze.

Già il Vannucci nel suo *Discorso istorico-filosofico sul terremoto che colpì la città di Rimini nel 1786* asseriva che la Romagna in ogni secolo è fatta bersaglio di qualche disastroso terremoto, ma quell'autore non fa che un semplice vago accenno. Ho voluto perciò compulsare i varî cataloghi per vedere se si fosse potuto scoprire un qualche cenno di periodicità. La conclusione a cui sono arrivato è che, almeno per i disastrosi, esiste realmente un periodo secolare abbastanza distinto. Riferisco infatti nella seguente tabella tutti i terremoti più forti, che colpirono le coste della Romagna e delle Marche, che si trovano registrati nei varî cataloghi.

Terremoti della costa di Romagna e delle Marche.

Intervalli	Date	Intervalli	Località	Intensità	Gradi della Scala sismica
	873	. . .	Ancona		
102					
	(975)?	. . .	?	?	
103					
	(1078)?	. . .	?	?	
102					
	1180	. . .	Rimini		
99					
	1279 }	26	Romagna	disastroso	10
109	1302-08 }		Ancona, Rimini	rovinoso	
	1387-88 }	14.5	Forlì	fortissimo	8
95.5	1402 }		Forlì	rovinoso	
	1483 }	21.5	Romagna	disastroso	10
100	1504-05 }		Forlì	fortissimo	
	1582-84 }	33	Rimini	forte	
89	1613-19 }		Rimini, Forlì	fortissimo	
	1672 }	29	Pesaro, Ancona	disastroso	10
114	1701 }		Romagna	fortissimo	
	1786 }	15	Rimini	disastroso	10
86.5	1801 }		Romagna	forte	
	1870-75 }	23	Urbino, Ancona	rovinoso	9
	1897 }		Sinigallia	forte	7
Med. 100.0		Med. 23.1		Med. 9.1	M. 8.0

Dall'esame di questa tabella si scorge come la costa di Romagna e delle Marche venga scossa a periodi di 100 ± 14 anni da terremoti d'intensità media 9,1 della scala De-Rossi-Forel, e che a questi succedono con intervallo piuttosto variabile, cioè di 23 ± 10 anni, altri terremoti d'intensità media 8,0 della medesima scala.

Se l'intervallo a cui succedono gli ultimi ai primi è soggetto ad una variazione grande rispetto alla grandezza dell'intervallo medesimo, non così può dirsi del periodo secolare con cui si seguono i maggiori terremoti.

Il terremoto dell' 873 trovasi citato nell' elenco dei più celebri terremoti di Francesco Angelo Grimaldi (¹). Le lacune delle serie dall' 873 ad oggi sarebbero adunque soltanto due, l' una intorno al 975, l' altra intorno al 1078. Per la scarsezza di notizie relative ad epoche così remote non c'è da rimanere meravigliati di queste lacune; è piuttosto da ritenere probabile che possano venire colmate col progredire delle ricerche sismiche. Faccio notare a tal proposito che nei cataloghi del Mallet sono notati due terremoti a Laibach, l' uno nel 1077, l' altro nel 1081. È da ritenere come probabile che l' origine di questi sia stata nell' Adriatico, e che, mentre sono venute in luce quelle monche notizie relative a Laibach, siano ancora nascoste quelle relative a ciò che avvenne allora sulle coste della Romagna e delle Marche. Quando queste venissero in luce e ne risultasse un epicentro subadriatico, non rimarrebbe che una sola lacuna.

Tra tutti i più forti terremoti che colpirono la costa di Romagna e delle Marche, e che ho ritrovati nei cataloghi del Mallet, del Mercalli, del Grimaldi, del Fuchs, del Goiran, negli scritti di sismologia del Serpieri, e nelle Monografie dell' Astolfi e del Vannucci, uno rovinoso, ed uno solo, non rientra nel periodo secolare, cioè quello del 24 aprile 1741 che colpì la costa delle Marche.

Faccio ora un cenno della velocità di propagazione con cui si propagarono le onde sismiche a piccole distanze, il 21 settembre 1897.

Sebbene moltissimi calcoli di velocità di propagazione delle onde sismiche siano stati fatti per grandi distanze, tuttavia pochi se ne hanno che si riferiscano a distanze piccole, e quei pochi hanno condotto quasi sempre a risultati incerti. La difficoltà di avere in una regione ristretta un certo numero di ore del passaggio delle ondulazioni sismiche, sia per mezzo di strumenti, sia per l' osservazione diretta delle persone, e sopratutto la difficoltà di averle colla precisione che si richiede, sono le ragioni per cui su questa questione rimane ancora molto a discutere.

Fra i tanti dati orarî raccolti dall' Ufficio centrale di Meteorologia e Geodinamica, alcuni ve ne sono che meritano la massima fiducia, e sono quattro di stazioni prossime all' epicentro, e nove di stazioni situate a differenti maggiori distanze. I quattro sono dei due osservatorî di Pesaro e di Urbino, e dei due semafori del Monte Conero e del Monte Cappuccini presso Ancona. Gli osservatorî di Pesaro e Urbino hanno fornito l' ora determinata con la migliore accuratezza che per essi si potesse, ed i semafori l' ora indicata dall' orologio dell' ufficio, orologio che viene tutti i giorni telegraficamente regolato con l' ora di Roma. Le altre nove stazioni poi di Firenze, Ferrara,

(¹) Quest' elenco è unito alla monografia che ha per titolo: *De novo et ingenti in universa provincia Umbriae et Aprutij citerioris terraemotu, congeminatus nuncius.*

Padova, Trieste, Roma, Rocca di Papa, Ischia, Lubiana, Utrecht, hanno tutte più o meno direttamente il tempo campione da osservatorî astronomici.

Presento qui in una tabella i risultati ottenuti. Le ore si riferiscono al principio del movimento.

Località	Distanze dall' epicentro in chilom.	Ore del principio della scossa			Velocità in chilometri a secondo	Velocità in chilometri a minuto
		h.	m.	.		
Pesaro.	30	13	57	15	—	—
Semaforo M. Cappuccini	35	13	58		—	–
Semaforo M. Conero . .	38	13	58		—	—
Urbino	60	13	58		—	—
Firenze	165	14	0	13	0.86	52.8
Ferrara	165	14	0	0	0.95	57.0
Padova	195	14	0	2	1.16	69.6
Trieste	205	14	0	6	1.20	72.0
Roma	240	14	0	5	1.46	87.6
Rocca di Papa	250	13	59	55	1.66	99.6
Lubiana	250	14	0	3	1.56	93.6
Ischia	355	14	0	25	2.01	120.6
Utrecht	1050	14	2	30	3.62	217.2

Da questa tabella si vede come la velocità sempre piccola, in confronto di quella che si ottiene per grandi distanze, vada crescendo col propagarsi del moto ondulatorio del terreno.

I valori sopra esposti sono del medesimo ordine di grandezza di quelli avuti in terremoti artificiali, dal generale Abbot colle esplosioni di 145000 kg. di miscuglio esplosivo e di 25000 kg. di dinamite, dal Mallet coll' esplosione di diverse cariche di polvere varianti da 1000 a 6000 kg.; dal Fouqué e dal Lèvy con esplosioni di cariche di dinamite varianti da 4 ad 8 kg.; e dal Milne con la caduta da diverse altezze di pesi variabili da 800 a 1000 kg. ([1]).

Le differenze in più od in meno, fra i varî valori sono dovute, come è ben dimostrato dai predetti autori, alle intensità degli impulsi iniziali, e sopra tutto alla varia costituzione dei terreni attraversati dalle ondulazioni sismiche.

([1]) Milne, *Seismology*. London, 1898, pag. 98.

Chimica. — *Stereoisomeria delle desmotroposantonine e degli acidi santonosi* [1]. Nota preliminare di A. ANDREOCCI, presentata dal Socio S. CANNIZZARO.

La costituzione chimica delle demotroposantonine e quella degli acidi santonosi, già dimostrate e confermate, permettono di prevedere, secondo la teoria di Van't Hoff e Le Bel, il numero delle possibili modificazioni stereoisomere relative, e di porre in rilievo qualche relazione dipendente dalla configurazione nello spazio. Tanto più che ora, colle due nuove desmotroposantonine [2], per ciascuno dei quattro noti acidi santonosi esiste una corrispondente forma desmotropica, o fenolica, della santonina.

Colla presente Nota preliminare intendo iniziare lo studio della stereoisomeria di queste sostanze, e quantunque preveda le grandi difficoltà che presenta l'argomento, pure confido che un giorno le desmotroposantonine e gli acidi santonosi potranno offrire un esempio evidente d'isomeria ottica per le sostanze cicliche a più carboni asimmetrici.

Prima parlerò di alcune ricerche aventi lo scopo di stabilire se veramente nel gruppo della santonina esistono modificazioni attive risultanti dall'unione di due isomeri ottici non antipodi, cioè quelle modificazioni che io previdi e chiamai *racemi parziali*.

Io ritenni che l'acido desmotroposantonoso e la desmotroposantonina (fus. a 260°) se da un lato per il rispettivo numero di carboni asimmetrici e per quello limitato degli isomeri conosciuti, trovavano, come lo trovano ancora, un posto fra le modificazioni isomeriche attive prevedibili dalla teoria, dall'altro canto, per alcuni fatti che allora enumerai, non esclusi la possibilità che le dette sostanze possano, come i racemi, risultare dall'unione di due stereoisomeri, però per compensazione dell'attività ottica di un solo dei carboni asimmetrici in essi contenuti [3].

Più tardi il Dott. L. Francesconi per spiegare l'isomeria di due acidi tricarbossili $C^{10} H^{16} O^6$, derivati da successive trasformazioni dell'acido santonico, indicò per *racemo attivo* uno dei due isomeri [4].

---

[1] Lavoro eseguito nel Laboratorio di chimica farmaceutica di Catania.

[2] A. Andreocci e P. Bertolo, *Sopra due altre desmotroposantonine.* (R. Acc. dei Lincei. Rend. 1898, serie 5ª, vol. VII, 2° sem., pag. 318).

[3] A. Andreocci, *Sui quattro acidi santonosi e sopra due nuove santonine.* R. Acc. dei Lincei, Atti della classe di Scienze fisiche ecc., 1895, serie 5ª, vol. II. — *Sopra i quattro acidi santonosi.* Gazz. chim. ital., 1895, vol. 1°, pag. 558.

[4] L. Francesconi, R. Acc. Lincei, Rendiconti 1896, serie 5ª, vol. V, 2° semestre, pag. 220.

Ora ottengo un nuovo individuo cristallino per fusione e successiva cristallizzazione dall'alcool, o per semplice cristallizzazione, della miscela di due acetildesmotroposantonine $C^{15} H^{17} O^2$–$O.C^2 H^3 O$, stereoisomere, cristallizzate in prismi sottili, od in aghi, solubili colla stessa facilità nei solventi organici, però una destrogira e fusibile a 156° [1] e l'altra levogira e fusibile a 154° [2], e non appartenenti alla medesima coppia di antipodi, anche per la diversa intensità del loro potere rotatorio.

L'acetil derivato doppio che risulta da questa miscela è invece cristallizzato in grossi prismi lucenti, fonde a 142° ed è meno solubile in acido acetico dei suoi componenti.

È levogiro ed ha un potere rotatorio specifico corrispondente alla metà della somma algebrica di quello dei due acetil derivati che lo compongono, come risulta dalle seguenti osservazioni, fatte alla medesima temperatura, adoperando come solvente l'acido acetico glaciale.

	Concentrazione della soluzione per % (in vol.)	Potere rotatorio specifico per $(\alpha)_D^{24°}$
Acetil derivato fusibile a 154° (levogiro)	10,00	− 119.0
Acetil derivato fusibile a 156° (destrogiro)	10,00	+ 93.6
Acetil derivato fusibile a 142° (doppio e levogiro) . .	7,76	− 12.8

Inoltre l'acetil derivato doppio sciolto in acido acetico diluito e trattato a caldo con una piccola quantità di acido solforico, per distacco dell'acetile, genera la miscela delle due desmotroposantonine dalle quali provengono i due acetilderivati componenti.

La detta miscela è facilmente separabile per cristallizzazione dall'alcool o dall'acido acetico; si depone prima la desmotroposantonina destrogira, fusibile a 260°, che è meno solubile [3] e poi l'altra levogira fusibile e 194° [4]. Invece la racemo acetildesmotroposantonina inattiva [5], fusibile e 146°, risultante dall'unione delle due acetildesmotroposantonine antipode e fusibili a 154° [6], decomposta sia con idrato potassico [7] e sia, come più tardi ho voluto ripetere, con acido solforico in soluzione acetica, genera la racemo desmotro-

---

[1] A. Andreocci, Gazz. chim. ital., 1893, vol. II, pag. 475.

[2] A. Andreocci e P. Bertolo, R. Acc. dei Lincei, Rendiconti 1898, serie 5ª, vol. VII, 2° sem., pag. 318.

[3] A. Andreocci, Gazz. chim. ital., 1893, vol. II, pag. 469.

[4] A. Andreocci e P. Bertolo, loco citato.

[5] La soluzione di questo racemo in acido acetico glaciale e con una concentrazione al 10.328 per % (in vol.) è inattiva.

[6] A. Andreocci e P. Bertolo, loco citato.

[7] A. Andreocci e P. Bertolo, loco citato.

posantonina fusibile a 198°, che non si sdoppia per cristallizzazione dall' alcool, o dall' acido acetico.

Prescindendo dal fatto che l'acetildesmotroposantonina, fusibile a 142° è in soluzione attiva sul piano dolla luce polarizzata, io ritengo che questo composto cristallograficamente non sia nè la miscela di due semplici forme, e nemmeno sia analogo ai pseudoracemi, definiti recentemente da Kipping e Pope (¹) come individui che hanno la stessa forma cristallina dei componenti e che fondono alla stessa temperatura di questi, quando sotto il punto di fusione non si trasformano in racemi. Piuttosto mi sembra che il detto acetilderivato doppio e attivo deve essere considerato per un *racemo parziale*, perchè, al pari dei racemi, risulta dalla fusione di quantità equimolecolari di due isomeri ottici, che quantunque non siano della medesima coppia di antipodi, pure deviano il piano della luce polarizzata in senso contrario e si rassomigliano perfettamente in alcune proprietà; inoltre, come i racemi, si distingue dai suoi componenti per l'apparenza cristallina del tutto diversa ed anche per il punto di fusione e la solubilità.

L'esistenza di questo derivato acetilico doppio e attivo, anche se cristallograficamente non potrà considerarsi per un racemo, merita attenzione perchè ci mostra che sono possibili nel gruppo della santonina, delle forme *doppie attive* ben definite, oltre le *doppie inattive* che generalmente si prevedono dalla teoria (²).

Però con ciò oggi non intendo voler dimostrare che quei derivati della santonina da me ritenuti, con molta riserva, anche per racemi parziali, lo sono realmente, nè tanto meno voglio sostenere che la forma doppia attiva può generarsi in tutti i casi prevedibili e trasmettersi, come la racemia, ad una serie di termini ottenuti per successive modificazioni intorno ai carbonî asimmetrici. Anzi la formazione dell'acetildesmotroposantonina doppia e attiva, risultante da due isomeri ottici così simili, e la sua scissione in due desmotroposantonine, fa supporre che tal genere di forme doppie sia un caso poco frequente.

Io confido che cristallograficamente si potrà decidere se una data sostanza attiva ed a più carbonî asimmetrici, quando non è noto il suo rispettivo antipode, è una forma doppia, o semplice.

Intanto io seguiterò a considerare l'acido desmotroposantonoso, la desmotroposantonina (fus. a 260°) ed i loro derivati come forme semplici, finchè non sarà dimostrato il contrario, anche per rendere momentaneamente più

(¹) *Ueber Racemie und Pseudoracemie* (Zeitschrift für Krystallographie und Mineralogie von P. Groth. B. XXX, H. V, S. 443).

(²) Mi riservo di ritornare su questo argomento, quando potrò corredarlo della parte cristallografica e di altre ricerche sul miscuglio e non equimolecolare, dei due componenti, che costituiscono l'acetildesmotroposantonina fusibile a 142°, cristallizzato frazionatamente in vari solventi.

facile il còmpito, che mi son proposto di svolgere relativamente alla stereoisomeria delle desmotroposantonine e degli acidi santonosi.

———————

La costituzione delle desmotroposantonine,

$$
\begin{array}{c}
CH^3 \\
| \\
C \quad CH^2 \\
HC \diagup \quad C \\
\quad \quad \diagup \quad CH^2 \!\!-\!\! O \\
HO.C \diagdown \quad \quad \quad CH\text{-}CH\text{-}CO\,, \\
C \quad C \quad CH^2 \quad | \\
| \quad \quad CH^2 \quad CH^3 \\
CH^3
\end{array}
$$

contenendo tre carbonî asimmetrici e non simili, fa prevedere 8 isomeri ottici
attivi, formanti 4 coppie di antipodi e le rispettive 4 modificazioni racemiche sdoppiabili.

Siccome nella riduzione delle desmotroposantonine il carbonio asimmetrico legato all'ossigeno lattonico, si trasforma in metilene, così avremo un
numero più limitato d'isomeri per gli acidi santonosi,

$$
\begin{array}{c}
CH^3 \\
| \\
C \quad CH^2 \\
HC \diagup \quad C \\
\quad \quad \diagup \quad CH^2 \\
HO.C \diagdown \quad \quad \quad CH.CH.CO^2H\,, \\
C \quad C \quad CH^2 \quad | \\
| \quad \quad CH^2 \quad CH^3 \\
CH^3
\end{array}
$$

corrispondendo a 2 carbonî asimmetrici, 4 isomeri attivi, formanti due coppie
di antipodi, e 2 modificazioni racemiche sdoppiabili.

Come si vede in teoria, il numero degli acidi santonosi possibili è la
metà di quello delle possibili desmotroposantonine.

Invero se dei tre carbonî asimmetrici delle desmotroposantonine, si rappresentano con A e B, quelli che si conservano tali negli acidi santonosi;
con C quello che invece diviene simmetrico, e se si ritiene A più attivo
di B; e se con i segni + e — si indica il senso della deviazione (destra
o sinistra) che ogni aggruppamento asimmetrico esercita isolatamente sul
piano della luce polarizzata, sembrerebbe dal seguente quadro, che ogni acido
santonoso dovesse derivare dalle due desmotroposantonine verticalmente so-
vrastanti. Cosa che non può per ora asserirsi, perchè per ognuno dei tre acidi
santonosi attivi si conosce soltanto una corrispondente desmotroposantonina,

che è poi di segno contrario, ed inoltre non si sa se i carbonî A e B conservano negli acidi santonosi il segno che avevano nelle corrispondenti desmotroposantonine.

Quadro delle possibili modificazioni isomeriche attive delle desmotroposantonine e degli acidi santonosi.

	Modificazioni aventi il carbonio A dello stesso segno del carbonio B			Modificazioni aventi il carbonio A di segno contrario al carbonio B		
	1	**2**		**5**	**6**	
Desmotroposantonine.	I coppia $\begin{cases} +A \\ -B \\ +C \end{cases}$	$\begin{cases} -A \\ -B \\ -C \end{cases}$		III coppia $\begin{cases} +A \\ -B \\ +C \end{cases}$	$\begin{cases} -A \\ +B \\ -C \end{cases}$	
	3	**4**		**7**	**8**	
	II coppia $\begin{cases} +A \\ +B \\ -C \end{cases}$	$\begin{cases} -A \\ -B \\ +C \end{cases}$		IV coppia $\begin{cases} +A \\ -B \\ -C \end{cases}$	$\begin{cases} -A \\ +B \\ +C \end{cases}$	
	1	**2**		**3**	**4**	
Acidi santonosi. . .	I coppia $\begin{cases} +A \\ +B \end{cases}$	$\begin{cases} -A \\ -B \end{cases}$	II coppia $\begin{cases} +A \\ -B \end{cases}$	$\begin{cases} -A \\ +B \end{cases}$		

Si conoscono i seguenti acidi santonosi:

Acido destrosantonoso (fus. a 180°) con potere rot. spec. in alcool, per $(\alpha)_D$ di $+ 74°.8$

Acido levosantonoso (fus. a 180°) con potere rot. spec. in alcool per $(\alpha)_D$ di $- 74°.4$.

Acido racemosantonoso (fus. a 153°).

Acido desmotroposantonoso (fus. a 175°) con potere rot. spec. in alcool, $(\alpha)_D$ di $- 53°.3$.

Gli acidi santonosi destro e levo, essendo identici in tutte le proprietà, eccettuato il senso col quale deviano il piano della luce polarizzata, ed avendo un potere rotatorio maggiore dell'acido desmotroposantonoso, devono corrispondere alle modificazioni 1 e 2, che nel quadro formano la Iª coppia di acidi santonosi antipodi, cioè quelle che hanno il carbonio A dello stesso segno del carbonio B. L'acido racemo santonoso, che dai due detti acidi deriva, naturalmente è la modificazione inattiva sdoppiabile di questa stessa coppia di antipodi.

L'acido desmotroposantonoso sarebbe l'unico rappresentante della IIª coppia di antipodi, cioè corrisponderebbe alla modificazione 4, che ha il carbonio A di segno contrario al carbonio B, nella quale prevale l'attività di A, che abbiamo supposto maggiore di quello del carbonio B.

Quindi per completare la serie degli acidi santonosi stereoisomeri relativi mancherebbe l'acido destro desmotroposantonoso, corrispondente alla modificazione 3, ed il rispettivo racemo.

Si conoscono le seguenti desmotroposantonine:

Levodesmotroposantonina (fus. a 194°) con $(\alpha)_D = a - 139°.0$
Isodesmotroposantonina (fus. a 189°.90) con $(\alpha)_D = a + 128°.8$.
Racemo desmotroposantonina (fus. a 198°).
Desmotroposantonina (fus. a 260°) con $(\alpha)_D = a + 110°.3$.

Dalla I^a deriva l'acido destrosantonoso (fus. a 180°); dalla II^a l'acido levosantonoso (fus. a 180°); dalla terza l'acido racemosantonoso (fuc. a 153°) e dalla IV^a l'acido desmotroposantonoso (fus. a 175°).

Non è ancora il caso di precisare a quale delle 8 modificazioni attive possibili corrisponde ciascuna delle tre desmotroposantonine attive; poichè mancano molti termini e sopratutto è necessario di stabilire se l'isodesmotroposantonina è l'antipode della levodesmotroposantonina, oppure questi due isomeri appartengono a due coppie di antipodi. In favore della prima supposizione abbiamo i seguenti fatti: 1°. I due isomeri per riduzione conducono a due acidi santonosi antipodi; 2° per azione del joduro di etile e dell'alcoolato sodico danno due etil desmotroposantonine antipodi; 3° coll'anidride acetica formano due acetil derivati antipodi, il di cui racemo saponificato conduce ad una desmotroposantonina inattiva. Invece in favore della seconda supposizione abbiamo, come è già stato notato, che fra le due desmotroposantonine esistono differenze, invero piccole: nel punto di fusione, nell'apparenza cristallina e nell'intensità del potere rotatorio.

Sperando di potere decidere questa questione, ho voluto riottenere le due desmotroposantonine dai loro acetilderivati, ricristallizzati più volte dall'acido acetico glaciale (ove sono molto solubili) per averli perfettamente puri; ed ho creduto conveniente per distaccare l'acetile di non usare l'idrato potassico che apre anche il legame lattonico, ma invece impiegare una piccola quantità di acido solforico in soluzione idroacetica (¹); acciocchè l'idrolisi avvenga nel modo più blando, possibilmente senza determinare lo spo-

---

(¹) Alla soluzione di 1 p. di acetilderivato in 8 p. di acido acetico glaciale e bollente, poi diluita con 16 p. di acqua e riscaldata all'ebollizione, si aggiunge 1 p. di acido solforico (90 %) diluito con p. 2 di acqua e p. 2 di acido acetico glaciale. Si continua a fare bollire per alcuni minuti. Per raffreddamento si depone la più gran parte della desmotroposantonina prodotta, ed il rimanente si può separare per neutralizzazione del liquido con carbonato sodico.

stamento dei gruppi intorno ai carbonî asimmetrici, che per l'appunto fanno tutti parte dell'anello lattonico.

Anche usando queste precauzioni, ho riottenuto le desmotroposantonine coi loro punti di fusione primitivi; cioè quella destrogira, che viene dall'acetil isodesmotroposantonina, fonde a 189-90° e l'altra levogira, che proviene dall'acetil levodesmotroposantonina, fonde a 194-95°. Per cui si potrebbe supporre che le due desmotroposantonine non appartengono alla medesima coppia di antipodi, quantunque generino due acetil-derivati e dai medesimi si riottengono che sono, eccettuato il senso del potere rotatorio, assolutamente identici in tutte le proprietà. Però intendo pronunciarmi in proposito quando avrò potuto rideterminare il potere rotatorio delle due desmotroposantonine ad una temperatura superiore a quella dell'ambiente usando un tubo molto lungo per compensare la piccola solubilità di queste sostanze nei solventi, e quando le mie conclusioni saranno anche confermate dallo studio cristallografico.

Geologia. — *Le roccie trachitiche degli Astroni nei Campi Flegrei. I. Roccie del cratere scoriaceo centrale.* Nota di LUIGI PAMPALONI, presentata dal Corrispondente DE STEFANI.

Le roccie trachitiche, degli Astroni nei Campi Flegrei, sono state generalmente poco studiate. Per opera dello Scacchi ([1]) e del Rosenbusch ([2]) primieramente, ed ultimamente dell'ing. Dell'Erba ([3]) si conoscono alcuni caratteri riguardanti in special modo l'intima costituzione di quelle fra esse appartenenti alla corrente laterale, ma il campo di studio per tali ricerche rimane ancora abbastanza esteso.

In questi ultimi tempi mi furono dal sig. prof. C. De Stefani dati ad esaminare alcuni campioni di roccie della suddetta località, ed oggi appunto mi accingo ad esporre quelle conclusioni che ho potuto ritrarre.

Gli esemplari comunicatimi, appartengono in parte alla corrente lavica laterale, che si vede sotto i tufi nel lato orientale del cratere esplosivo, ed in parte al cratere scoriaceo centrale, e di queste alcune varietà sono più compatte, altre sono completamente bollose. Comincerò il mio studio da quelle del cratere centrale.

Varietà più compatta. — Il colore di questa roccia è bruno intenso, quasi nero. Esternamente è poco compatta, porosa e scoriacea, mentre all'interno si dimostra un poco più compatta e cristallina. La sua struttura è irregolare. Sparsi nella massa si trovano dei bei cristalli bianchi, opachi,

---

([1]) *Memorie geologiche sulla Campania*, Napoli 1849, pag. 236.
([2]) *Mikrosk. Physiogr. d. Mineralien und Gesteine*, Stuttgart 1892, ed. III, vol. II, pag. 750-766.
([3]) *Sanidinite sodalito-pirossenica di S. Elmo*, pag. 183.

vetrosi, di forma tabulare e di grandezza variabile (feldispati), altri pure tabulari, piccoli, lucenti (biotite), altri infine assai minuti, di color verde scuro (augite).

Le sezioni di detta roccia, esaminate per trasparenza, presentano una massa grigia nella quale si trovano sporadiche alcune plaghe incolore, a contorno generalmente netto, dovute a sezioni di cristalli di feldispato, altre più piccole nere, in forma generalmente quadratica, dovute a magnetite, altre poche giallo-scure, trasparenti, allungate, listiformi di biotite, altre infine colorate in verde, di augite.

Sotto il microscopio polarizzante si scorge abbondantissima la massa vetrosa, colorata in bruno giallastro da innumerevali globuliti scuri e da particelle di ematite o di limonite. Con un maggiore ingrandimento questa massa si risolve in tanti microliti prevalentemente feldispatici, i quali per essere allineati l'uno di fianco all'altro in diverse serie e sistemi più o meno paralleli fra loro, rivelano la struttura fluidale della massa. Questi microliti sono aciculari, allungati; qualche volta, bensì raramente, sono fra loro raggruppati in foggie diverse, talora incurvandosi, talora disponendosi in forme più o meno arborescenti ed in fasci irradianti con quella speciale struttura chiamata da Washington [1] « keraunoide ». Essi ordinariamente misurano in lunghezza circa 7 centesimi di millimetro. Aggiungerò di più che molti di essi sono di sanidina, altri di plagioclasio. Non accennerò per ora ai caratteri che differenziano gli uni dagli altri, riserbandomi d' intrattenermi estesamente sopra questo punto, allorchè tratterò dei feldispati come minerali di prima consolidazione. I piccoli aciculi troncati ed i bastoncelli di augite generalmente allungati si riconoscono facilmente per il loro colore verde più o meno chiaro, e per la loro estinzione. Inoltre numerosissime lacune, talora più grandi, talora più piccole, corrispondenti a sezioni di pori gassosi, rendono l'aspetto della roccia ancora meno omogeneo; notevolissimo poi è il fatto che molto spesso la polvere bruna di limonite riveste i bordi interni di dette lacune.

Nelle sezioni della roccia appariscono appunto in alcuni tratti delle piccole plaghe più vivamente colorate in bruno che non nel rimanente. Ora queste plaghe non sono altro che sezioni tangenziali di pori gassosi, non nella loro cavità, ma nel loro rivestimento limonitico. Circa poi alla presenza di questa grande quantità di limonite nei pori della roccia, mi pare che si debba ricercare la spiegazione nell' idratazione della magnetite, o forse in fenomeni attinenti alle globuliti scure che inquinano la massa. Infatti l'acqua penetrando nei pori della roccia quando questa era ancora ad elevata temperatura, può avere trasformato la magnetite in ossido idrato. Una tale fre-

[1] *Italian petrological Sketches*, I (Journal of Geology, n. 5, July-August 1896, Chicago. Press.).

quenza di limonite avvalora la supposizione che il minerale di ferro sparso nella massa sia magnetite e non ferro titanato come si potrebbe anche supporre.

Tutto ciò circa i microliti sparsi nella massa fondamentale. Relativamente poi ai cristalli di prima consolidazione, abbiamo in primo luogo abbondante la magnetite sotto forma di minutissimi globuli e cristalletti generalmente quadratici. Poche masse informi di color rosso aranciato indicano invece trattarsi di ematite.

Le plaghe incolore sparse qua e là sono dovuto alcune a *feldispati monoclini*, altre a *feldispati triclini*.

Dei primi è la *sanidina* che si rivela, facilmente riconoscibilé pel suo colore bianco sporco, per la sua estinzione che in quasi tutti i cristalli da me esaminati varia dai 4° ai 9°, e solamente in due cristalli è giunta ad un massimo di 12°. Questa estinzione in parecchi cristalli non avviene uniformemente, ma essi presentano delle linee di estinzione che si spostano verso destra o verso sinistra col girare della preparazione. I colori d'interferenza non molto vivaci passano dal bianco pel grigio all'azzurro; i cristalli, hanno un contorno di solito regolare, alcuni però assumono ai loro bordi un apparenza frangiata. Le linee di sfaldatura sono parallele fra loro e parallele ai lati più lunghi, qualche volta tagliate ad angolo da altre linee di sfaldatura. Vi abbondano le inclusioni, specialmente di magnetite che in qualche cristallo si trova parzialmente trasformata in limonite, di augite, di apatite e di vetro, e generalmente queste inclusioni sono ordinate secondo date linee. Frequenti assai sono i geminati secondo la legge di Manebach (001).

Fra i feldispati triclini è un poco più difficile la distinzione, se si tratta cioè di feldispati più ricchi in sodio, o di feldispati più ricchi in calcio; generalmente i cristalli ne sono allungati, a contorno assai irregolare per frequenti corrosioni, privi di pleocroismo, pure essi con poco rilievo. I loro colori d'interferenza sono in generale vivaci, massimamente nelle varietà più ricche di calcio, di cui specialmente abbonda la roccia. In questi ultimi l'estinzione dei colori avviene a 36°-37°, e questa cifra indica che il minerale in questione è nella serie più alta fra i calciferi, è cioè *Anortite*. Fra questi cristalli di anortite ve ne sono alcuni con marcata struttura polisintetica, per cui i grossi cristalli di anortite sembrano, a nicol incrociati, costituiti da tante liste parallele, diversamente illuminate e colorate. Ho riscontrato un unico cristallo tagliato parallelamente alla base, il quale presenta un accenno di struttura zonale. Anche in questi cristalli abbondano le inclusioni, specialmente di augite e di magnetite.

Però i cristalli di anortite non sono gli unici fra i plagioclasi che si trovano nella roccia; anche la serie dei feldispati più ricchi in sodio è rappresentata, ma non così abbondantemente come l'altra dei più ricchi in calcio. Questi feldispati sodiferi, per avere un angolo molto piccolo appartengono con molta probabilità al gruppo dell' *Oligoclasio*. Frequentissime sono le geminazioni fra cui principali quella dell'albite moltiplicatamente ripetuta e del periclino. Circa poi la diffusione dei feldispati nella roccia, dirò che la media dei cristalli di plagioclasio è data da circa l' 80 % per l'anortite ed il 30 % per l'oligoclasio. Finalmente non rara è qualche compenetrazione di sanidina nel plagioclasio e specialmente nell'anortite.

I cristalli di *Pirosseno* pure essi abbondanti nella roccia, si riconoscono facilmente pel loro colore verde-scuro, lo scarsissimo pleocroismo, il poco rilievo, la debolissima sagrinatura, e principalmente l' angolo d' estinzione abbastanza grande (40° circa), che varia di poco a seconda della maggiore o minore purezza dei campioni. I colori d'interferenza sono vivaci, specie nelle varietà più scure, e passano dal giallo al rosso o dal rosso all' azzurro. Questi cristalli di pirosseno presentano due serie di linee di sfaldatura ad angolo pressochè retto, e la loro estinzione avviene, come sopra ho detto, ad angolo di 40° dalla zona di allungamento. Il loro contorno è generalmente poco netto, essendo i bordi del minerale frequentemente coperti da magnetite, la quale poi vi si riscontra come inclusione, unita al plagioclasio ed all'apatite. In alcuni cristalli di augite l'esame a nicol incrociati ci dà una chiara idea della distribuzione zonale del minerale attorno ad un nucleo centrale. Le varie zone sono in generale uniformemente colorate; in qualche caso però le parti periferiche possono assumere un colore più cupo di quelle centrali; per contro il pleocroismo è costante in ogni parte del minerale, mentre i colori di interferenza variano col variare delle zone. Frequenti sono i geminati.

L'augite adunque è l'unica varietà di pirosseno che io abbia riscontrato. Il Rosenbusch (¹) oltre che nelle trachiti di Cuma, aveva indicato l'akmite e la aegirina anche per quelle degli Astroni, reperibili ora sotto forma di minuti cristalli sparsi nella massa, ora sotto forma di tante zone periferiche includenti un nucleo centrale di augite; però il pleocroismo di queste sostanze così forte rispetto a quello dell'augite, e l'angolo di estinzione intermedio fra questa e l'anfibolo, mi avrebbero dato, qualora vi fossero state, indizio sicuro per il loro completo riconoscimento.

Al pirosseno tien dietro l'anfibolo, di color verde chiaro, nella scala però del giallo. Ha anch'esso colori d'interferenza vivacissimi, più che nell'augite, da cui inoltre si distingue e per un marcatissimo pleocroismo, e per l'angolo di estinzione assai minore in quanto che non supera i 15°.

Un unico cristallo a sezione quadratica incoloro, io potei riconoscere per *Sodalite*, mentre più frequente è l'hauyna. Questa si presenta in cristalli che variano per gradi dal turchino cielo al celeste pallido, ora a contorni ben netti, ora smussati ai lati, ora in forma di veri e propri globuli.

(¹) Loc. cit., pag. 750.

Questi cristalli in parte si comportano come monometrici, sono cioè isotropi, in parte sembrano comportarsi anisotropicamente, vale a dire, a nicol incrociati non si estinguono completamente, ma la luce passa lungo certe date linee corrispondenti a punti ove si trovano le inclusioni. Queste sono abbondanti e di due specie, le une di magnetite si distinguono anche con un ingrandimento abbastanza debole, le altre gassose, generalmente arrotondate e piccolissime, hanno bisogno di un forte ingrandimento per potere esser vedute. Ora appunto a queste inclusioni si deve, secondo gli Autori, la comparsa dell'ora accennata anomalia ottica. Il Rosenbusch ([1]) descrive il fenomeno, e dice che in prossimità delle inclusioni gassose comparisce una locale doppia rifrazione, per cui, a nicol incrociati, si ha la croce nera caratteristica detta « Croce di Brewster ». L'Autore sopra citato attribuisce la comparsa di un tal fenomeno alla pressione esercitata dal gas racchiuso nei pori gassosi.

Un ultimo minerale è la *Biotite* di color bruno più o meno intenso, generalmente in laminette allungate, fittamente striate nel senso della loro lunghezza, a fortissimo pleocroismo e rilievo molto marcato.

Varietà più scoriacea, bruna. — Le differenze fra questa roccia e quella precedentemente descritta consistono essenzialmente nei caratteri macroscopici. Gli elementi cristallini visibili ad occhio nudo, cioè le plaghe lineari di feldispato, le listerelle nere, lucenti di biotite, ed i cristalletti verdi di augite e di orneblenda, sono meno abbondanti, e non raggiungono quasi mai la grandezza di quelli della varietà più compatta. D'altra parte l'orientazione secondo date linee della maggior parte di questi elementi rende visibile anche ad occhio nudo la struttura fluidale della roccia. Il suo colore è nell'insieme bruno cenerino, quindi un po' più chiaro di quello della roccia precedente. La porosità e la poca compattezza della massa dánno ad essa un aspetto scoriaceo oltremodo visibile. Ho provato a fare di questa roccia alcune sezioni per esaminarle al microscopio, ma si disgregano completamente sotto l'azione dello smeriglio anche il più fino; perciò ho dovuto contentarmi di esaminare sotto il microscopio la polvere. Da questo esame ho potuto riscontrare che i suoi costituenti sono i medesimi di quella descritta antecedentemente. La parte vetrosa è abbondantissima; minore è, relativamente alla roccia precedente, il numero dei feldispati monoclini, quasi uguale quello dei triclini, il cui angolo d'estinzione è sempre molto grande, superiore cioè ai 30°, e quindi riferibili tutti ad anortite. Ho potuto notare quattro cristalletti molto piccoli, quadratici, appartenenti al sistema monometrico, misuranti forse 3 centesimi di millimetro, di sodalite, mentre non ho riscontrata la presenza dell'hauyna. Il pirosseno è sempre molto abbondante, come pure la botite, un po' meno l'anfibolo, mentre invece la magnetite e la limonite

([1]) Loc., cit., vol. I, pag. 324-325.

sono in quantità oltremodo grande, così da esser considerati come gli elementi più diffusi e più abbondanti nella roccia.

Varietà molto scoriacea, cinereo chiara. — Questa è somigliantissima alla precedente, sotto tutti gli aspetti, sia macroscopico, sia microscopico. Solo il suo colore è un poco più chiaro, e ciò è dovuto alla presenza di una minor quantità tanto di magnetite quanto di limonite. Anche di questa roccia ho esaminate soltanto le polveri, e l'unica differenza apprezzabile fra essa e le altre due è data dalla completa assenza della sodalite e dell'hauyna. Ciò forse è spiegabile, considerata la piccola quantità e la poca diffusione del minerale. Credo però che anche questa roccia non ne sia priva, e che il non averla riscontrata dipenda esclusivamente dal non aver potuto fare un esame completo di essa.

Geologia. — *Il Raibliano del monte Iudica nella provincia di Catania.* Nota di BINDO NELLI, presentata dal Corrispondente DE STEFANI.

I fossili di questo terreno erano conosciuti già da antico tempo. Fin dal 1840 (Calcara, *Monografia dei gen. Claus e Bulimo coll'aggiunta di alcune nuove specie di conchiglie siciliane*) e dal 1845 (Calc., *Cenno sui molluschi viventi e fossili della Sicilia*), il Calcara aveva descritto e figurato due Ammoniti delle quali una sembra essere il *Trachyceras Aon* Münst., come provenienti dal calcario secondario di Catenanova. Posteriormente l'illustre G. G. Gemmellaro in una sua Memoria (*Sopra taluni organismi fossili del Turoniano e nummulitico di Iudica*, Catania, 1860), descriveva altri, fossili del monte Iudica come provenienti dal Turoniano.

Pochi anni sono il prof. Olinto Marinelli raccoglieva nei terreni di monte Scalpello e S. Nicoletta nella medesima zona geologica dei monti Iudica, Torcisi e Catenanova i fossili dei quali darò ora alcuni cenni preliminari:

Trachyceras plicatum Calc. = *Tr. affine.* Parona (*Studio monografico della fauna raibliana di Lombardia* [1889]). — Specie propria anche del Raibl. lombardo. — Debbo notare che nel calcario secondario di Catenanova è descritto dal Calcara l'*Ammonites Scordiae,* il quale sembra corrispondere perfettamente al *Tr. Aon* Münst.

Trachyceras n. sp.

Avicula gea d'Orb.

Comune a S. Cassiano e negli strati a *Cardita*, nel Raibliano di Lombardia e nella Punta delle Pietre Nere in provincia di Foggia.

Cassianella gryphaeata Münst.

Nel Raibliano di Lombardia e a S. Cassiano.

Cassianella decussata Münst.

Nel Raibliano di Lombardia e a S. Cassiano.

Posidonomya sp. ind. forse identica ad una specie descritta dal Parona.

Halobia lucana De-Lorenzo.

Nei dintorni di Lagonegro in Basilicata.

Halobia sicula Gemm.

Nei calcari a noduli di selce del Trias della parte occidentale della Sicilia, pei dintorni di Lagonegro.

Leda Biondii (Gemmellaro) = *Leda percaudata* Gümbel.

Comune nel Raibliano della Lombardia, nella Punta delle Pietre Nere e nell' Infralias della Spezia e altrove.

Myophoria vestita Alberti.

Negli strati di Gansingen (Argovia), nella parte superiore degli strati di Raibl nelle Alpi (*Torer Schichten*), in quelli di Heilingenkreuz e nei calcari di Opponitz. È anche comune nella parte superiore del Trias dell' Andalusia e nella Punta delle Pietre Nere.

Myophoria Goldfussi Alberti.

Nel Trias delle Alpi.

Trigonodus n. sp.

Lucina Gornensis Parona.

Nel Raibliano di Gorno in Valseriana in Lombardia.

Coenothyris 3 n. sp.

Gli strati con selce ad *Halobia,* come risulterà dalla descrizione geologica che farà il prof. O. Marinelli, si alternano in mezzo agli schisti ed alle brecciole calcaree contenenti gli altri fossili ed appartengono alla medesima età di questi. I fossili da me indicati, gran parte dei quali sono già stati descritti dal Di-Stefano nella Punta delle Pietre Nere in provincia di Foggia, rispondono pure perfettamente a quelli descritti dal Parona nel Raibliano di Lombardia. Per ciò questi terreni, compreso gli strati ad *Halobia,* rispondono al Raibl., cioè alla zona a *T. Aon,* e si conferma anche l' attribuzione al Raibliano già stabilita dal Di-Stefano per gli strati delle Pietre Nere. È probabile che rispondano al Raibliano anche una parte degli strati ad *Halobia* della Basilicata descritti dal De-Lorenzo come una gran parte di quelli della Sicilia occidentale e quelli indicati nelle vicinanze di Alghero in Sardegna.

Se alla scoperta di questi strati raibliani nei monti di Iudica aggiungiamo quella degli strati titonici, i cui fossili ho altrove indicato, fatta nello stesso luogo dal prof. Olinto Marinelli, possiamo farci un concetto dell' importanza delle scoperte messe in luce dal giovane geologo in questa regione della Sicilia, le cui più antiche notizie dei valenti geologi siciliani si erano recentemente perdute.

P. B.

RENDICONTI

DELLA REALE ACCADEMIA DEI LINCEI

Classe di scienze fisiche, matematiche e naturali.

Seduta del 5 febbraio 1899.

E. BELTRAMI Presidente.

MEMORIE E NOTE
DI SOCI O PRESENTATE DA SOCI

Matematica. — *Dimostrazione semplice della sviluppabilità in serie di Fourier di una funzione angolare finita e ad un sol valore.* Nota del Socio straniero W. VOIGT.

È nota la dimostrazione di Laplace ([1]) della sviluppabilità secondo funzioni sferiche di una funzione della direzione uscente da un punto fisso; essa riposa sopra una proprietà della funzione potenziale Newtoniana di uno sferoide omogeneo, infinitamente poco differente da una sfera. Questa proprietà è espressa dall'equazione:

$$(1) \qquad \overline{V} + 2a\,\overline{\frac{\partial V}{\partial r}} + \frac{4\pi}{3}a^2 = 0\,,$$

in cui V indica la funzione potenziale dello sferoide, a il raggio di una sfera ad esso infinitamente vicina, r la distanza dal centro della sfera, e le quantità sopralineate si riferiscono alla superficie dello sferoide; la densità della massa contenuta nello sferoide è posta eguale all'unità.

Il processo dimostrativo consiste nel porre il raggio R dello sferoide sotto la forma

$$(2) \qquad R = a(1 + \varepsilon F)\,,$$

in cui F denota una funzione qualsiasi, ma finita e ad un sol valore, della direzione uscente dal centro della sfera, ed ε una costante infinitesima, e nello

([1]) *Mécanique céleste*, II, cap. 3, n. 10.

RENDICONTI. 1899, Vol. VIII, 1° Sem.   13

sviluppare poscia, nell'espressione di V, il valore reciproco della distanza fra un elemento di massa dello sferoide ed il punto variabile secondo potenze decrescenti di *r*. Con ciò l'equazione di sopra si riduce immediatamente ad un'espressione della funzione F in una serie che procede per funzioni sferiche.

Nasce ora spontanea l'idea di seguire nel caso del piano e del potenziale logaritmico la medesima via tenuta da Laplace per lo spazio e per il potenziale Newtoniano, al fine di giungere così ad una dimostrazione semplice — ed in ogni caso non inutile dal punto di vista didattico — della sviluppabilità di una funzione angolare in serie di Fourier. Se non che si cade per questa via nella difficoltà che la formola di Laplace può bensì, come ha dimostrato l'autore stesso, venire estesa a potenziali elementari, che sieno proporzionali a qualsiasi potenza della distanza, ma non è applicabile al potenziale logaritmico. Mi propongo ora di mostrare che per quest'ultimo vale una relazione di carattere un poco diverso, la quale permette nel piano la medesima applicazione, che viene offerta dalla relazione di Laplace nello spazio.

A questo scopo consideriamo un'area occupata da materia di densità ϱ, il cui contorno differisca infinitamente poco da una circonferenza di raggio a (circonferenza contigua) in modo che il raggio vettore che va ad esso venga rappresentato dalla formola (2) col medesimo significato dei simboli che vi compaiono. Allora la funzione potenziale logaritmica di quell'area materiale sopra di un punto esterno alla distanza r dal centro della circonferenza può venire considerata come la somma delle funzioni potenziali del cerchio e della striscia infinitamente sottile che rimane, ove si immagini tolto il cerchio stesso e che avrà densità ora positiva ora negativa, ossia si potrà porre:

$$(3) \qquad V = - \pi \varrho \, a^2 \log n \, (r^2) - \varepsilon \varrho \, a \int F \log n \, (e^2) \, ds \, ,$$

in cui *ds* denota l'elemento lineare della circonferenza contigua, ed *e* la sua distanza dal punto variabile; infatti la striscia essendo infinitamente sottile, può venire sostituita da una distribuzione lineare. La (3) vale per qualsiasi posizione del centro del cerchio *a*, semprechè il suo contorno si scosti infinitamente poco dal contorno effettivo del disco.

Nel seguito noi attribuiremo però un valore invariabile al raggio *a* e per il momento anche una posizione speciale *c'* al centro, in modo che la circonferenza contigua tagli il raggio vettore *r* nel medesimo punto, ove lo taglia il contorno del disco. Nella figura la circonferenza a tratto continuo corrisponde alla posizione qualsiasi del centro *c*, quella punteggiata alla posizione ora specializzata del centro *c'*; *p* indica il punto variabile, e mentre la distanza *cp* è eguale ad *r*, la distanza *c'p* è indicata con *r'*. In tali ipotesi si ha pure:

$$(4) \qquad V = - \pi \varrho \, a^2 \log n \, (r'^2) - \varepsilon \varrho \, a \int F' \log n \, (e'^2) \, ds \, ,$$

in cui F' è l'espressione corrispondente ad F, per il centro c', ed

$$e'^2 = a^2 + r'^2 - 2ar' \cos \vartheta' \, .$$

Per mezzo di una derivazione rispetto ad r', che corrisponde ad uno spostamento del punto p parallelamente ad r', ovvero ad r, si ottiene dalla (4):

(5) $$\frac{\partial V}{\partial r'} = -\frac{2\pi\varrho a^2}{r'} - 2\varrho\varepsilon a \int F' \frac{r' - a \cos \vartheta'}{e'^2} \, ds \, .$$

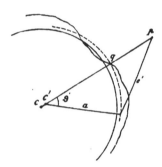

All'incontro col derivare rispetto ad a, tenendo costante sia $\pi a^2 \varrho$, sia $a\varrho F' ds$ — ciò che corrisponde ad una dilatazione omogenea del disco, rimanendo costante la massa, a partire dal centro c' e del valore $\frac{da}{a}$ — si ottiene:

(6) $$\frac{\partial V}{\partial a} = -2\varepsilon\varrho a \int F' \frac{a - r' \cos \vartheta'}{e'^2} \, ds \, .$$

Se ora si fa muovere il punto p sopra r' sino a cadere in q, nell'intersezione col contorno del disco, si ha $r' = a$ e le due equazioni precedenti danno per differenza:

(7) $$\overline{\frac{\partial V}{\partial r'}} - \overline{\frac{\partial V}{\partial a}} + 2\pi\varrho a = 0 \, .$$

Adesso potremo scambiare $\frac{\partial V}{\partial r'}$ con $\frac{\partial V}{\partial r}$, poichè le direzioni di r ed r' coincidono fra di loro, ed inoltre potremo, senza errore sensibile, considerare $\frac{\partial V}{\partial a}$ come l'effetto di una dilatazione omogenea a partire dal centro c, giacchè questa differisce da quella, che abbiamo prima considerata, solo per uno spostamento parallelo ad r e di valore $(cc')\frac{da}{a}$, che è infinitesimo del secondo ordine. In questo modo la formola è indipendente da ogni ipotesi speciale sulla posizione del centro c', e sussiste per una posizione qualsiasi c. Cosicchè otteniamo finalmente:

$$(8) \qquad \overline{\frac{\partial V}{\partial r}} - \overline{\frac{\partial V}{\partial a}} + 2\pi a \varrho = 0,$$

donde il teorema che per un punto sul contorno del disco di densità ϱ, la componente $\overline{\dfrac{\partial V}{\partial r}}$ della forza verso il centro del cerchio contiguo, più la variazione $\overline{\dfrac{\partial V}{\partial a}}$ della funzione potenziale per una contrazione omogenea del disco rispetto al centro c del cerchio contiguo è eguale al raggio a del cerchio moltiplicato per $2\pi\varrho$ e preso col segno negativo.

Per maggior chiarezza e per evitare ambiguità preferiamo parlare di contrazione anzichè, come prima, di dilatazione, la quale ultima farebbe entrare il punto p nell'interno del disco. Infatti tutta la nostra deduzione riguarda la funzione potenziale su di un punto p esterno, e se per la deformazione p dovesse penetrare nell'interno del disco, V sarebbe sempre dato dalla stessa funzione, cioè dovrebbe interpretarsi come la continuazione analitica della funzione potenziale esterna e non già come la funzione potenziale sopra un punto interno.

Sostituiamo ora nell'equazione di partenza (3) in luogo di $\log n \, (e^2)$ la nota serie:

$$\log n \, (e^2) = \log n \, (r^2) - 2 \sum_{1}^{\infty} \frac{1}{h} \left(\frac{a}{r}\right)^h \cos h \, (\varphi - \psi),$$

in cui φ indica l'angolo di r con una direzione fissa, e ψ l'angolo con questa del raggio a diretto verso ds. F è da considerarsi ora in (3) come funzione di ψ, e V come funzione di r e φ. Ponendo per brevità:

$$(9) \qquad \frac{2}{\pi} \int_{0}^{2\pi} F(\psi) \cos h \, (\varphi - \psi) \, d\psi = G_h(\varphi),$$

V prende la forma:

$$(10) \quad V = -\left(1 + \frac{1}{2}\, \varepsilon \, G_0(\varphi)\right) \pi \varrho \, a^2 \log n \, (r^2) + \pi \varepsilon \varrho \, a^2 \sum_{1}^{\infty} \frac{1}{h}\left(\frac{a}{r}\right)^h G_h(\varphi).$$

Ne segue immediatamente:

$$(11) \quad \frac{\partial V}{\partial r} = -\left(1 + \frac{1}{2}\, \varepsilon \, G_0(\varphi)\right) \frac{2\pi\varrho \, a^2}{r} - \pi \varepsilon \varrho \, a \sum_{1}^{\infty} \left(\frac{a}{r}\right)^{h+1} G_h(\varphi).$$

Inoltre poichè nella derivazione rispetto ad a deve rimanere costante sia la massa $\pi\varrho a^2$ del cerchio contiguo, sia la massa di ogni parte della striscia di contorno, vicina all' elemento ds, cioè $\varrho\, a\, F\, ds = \varrho\, a^2\, F(\psi)\, d\psi$, e quindi sarà pure costante $\varrho\, a^2\, G_h(\varphi)$, avremo :

(12) $$\frac{\partial V}{\partial a} = -\,\pi\,\varepsilon\,\varrho\,a \sum_{1}^{\infty} \left(\frac{a}{r}\right)^h G_h(\varphi)\,.$$

Per ottenere il valore di $\overline{\dfrac{\partial V}{\partial r}}$ e di $\overline{\dfrac{\partial V}{\partial a}}$, bisognerebbe ora porre in (11) e (12) $r = a(1 + \varepsilon F(\varphi))$; ma notando che a causa della piccolezza di ε si può scambiare r con a nei termini proporzionali ad ε, e porre nei termini non proporzionali ad ε

$$\frac{1}{r} = \frac{1}{a}\,(1 - \varepsilon\, F(\varphi))\,,$$

l' equazione (8) si riduce senz' altro a :

(13) $$F(\varphi) = \frac{1}{2}\, G_0(\varphi) + \sum G_h(\varphi)\,,$$

ed esprime appunto la sviluppabilità della funzione V essenzialmente finita e ad un sol valore in una serie, i cui termini seguono la legge contenuta nella (9). La presente dimostrazione regge per tutte le funzioni F, per le quali la funzione V definita dalla (8) ha un significato determinato, quindi p. e. anche per funzioni, che presentino sulla circonferenza un numero finito di discontinuità; ma perde la sua validità, quando quella formola non ha senso, come avverrebbe p. e. per funzioni oscillanti infinite volte, per le quali non è d'altronde valido, come è noto, lo sviluppo in serie di Fourier.

Astronomia. — *Sulle macchie e facole solari osservate al R. Osservatorio del Collegio Romano nell'ultimo trimestre del 1898.* Nota del Socio P. TACCHINI.

Presento all'Accademia i risultati delle osservazioni delle macchie e facole eseguite nel 4° trimestre del 1898. La stagione fu favorevole per questo genere di osservazioni, anzi può dirsi molto favorevole come nell'ultimo trimestre dell'anno precedente. Ecco i risultati ottenuti:

4° trimestre 1898.

Mesi	Numero dei giorni di osservazione	Frequenza delle macchie	Frequenza dei fori	Frequenza delle M.+F	Frequenza dei giorni senza M.+F	Frequenza dei giorni con soli fori	Frequenza dei gruppi di macchie	Media settimanale delle macchie	Media settimanale delle facole
Ottobre . . .	30	3,20	11,37	14,57	0,00	0,23	2,97	52,20	115,33
Novembre. .	23	3,22	9,04	12,26	0,04	0,00	2,83	22,91	70,00
Dicembre. .	25	1,04	1,80	2,84	0,32	0,04	0,96	13,92	61,60
Trimestre	78	2,51	7,62	10,13	0,12	0,10	2,28	31,30	84,74

.Il fenomeno delle macchie presenta un massimo secondario nel mese di Ottobre ed un minimo in Dicembre. Nel complesso i risultati sono poco diversi da quelli ottenuti per il trimestre precedente. Noteremo che il minimo di Luglio è paragonabile a quello del Dicembre, per modo che nel secondo semestre 1898 si ha il fatto di un massimo nei mesi di Settembre e Ottobre, cioè nel mezzo del periodo che separa i due minimi. Anche le facole, come le macchie, presentano nel 4° trimestre una progressiva diminuzione. Le osservazioni furono eseguite in 36 giornate dal sig. Vezzani, in 24 dall'assistente sig. Tringali, in 17 da me ed una volta dal prof. Palazzo.

Matematica. — *Una formula generale per l' integrazione delle equazioni differenziali lineari a coefficienti variabili.* Nota del Socio U. DINI.

Questa Nota sarà pubblicata nel prossimo fascicolo.

Anatomia vegetale. — *Sulla presenza e sulla forma degli stomi nel Cynomorium coccineum* L. Nota del Corrisp. R. PIROTTA e del dott. B. LONGO.

Lo studio anatomico ed embriologico del sistema riproduttivo del *Cynomorium coccineum*, una delle più singolari fanerogame parassite della regione mediterranea, ci ha fatto conoscere parecchi fatti interessanti, che pur riservandoci di esporre particolareggiatamente più tardi, ci sembrano tuttavia meritevoli di essere brevemente illustrati.

La presente Nota riguarda gli stomi di questa pianta. Unger aveva già da tempo affermato in generale per i parassiti del gruppo al quale generalmente si ascrive il *Cynomorium*, che l' epidermide loro non presenta stomi non soltanto sullo scapo fiorale, ma nemmeno sulle brattee e sul perianzio, cioè sulle parti morfologicamente da ascriversi al filloma. La stessa cosa dissero Göppert, Griffith, Hooker, Baillon, Engler. Weddell poi recisamente lo afferma per il *Cynomorium* da lui fatto soggetto di uno studio accurato ([1]).

Ora noi abbiamo trovati gli stomi sulle brattee primarie e secondarie dell' intiorescenza e perfino, nei fiori staminiferi, oltrechè sullo stesso stame anche su quella sorta di appendice di esso interpretata sia come il rappresentante dello stilo — *stilodio* — di un pistillo atrofizzato (Hooker), sia

---

([1]) Weddell H. A., *Mémoire sur le Cynomorium coccineum*. Archives du Museum, t. X, pag. 285.

all' opposto, come il rappresentante di uno stame — s t a m i n o d i o — (Caruel).

Nè il loro numero è sempre piccolo. Anzi, specialmente sulle brattee primarie, formano talora dei gruppi più o meno numerosi. Essi sono ordinariamente più o meno infossati.

Le cellule di chiusura di questi stomi sono sempre ricche di amido, cosicchè, in preparati inclusi in balsamo del Canadà, il loro citoplasma appare completamente alveolato e le alveolature sono occupate da granelli di amido.

La forma degli stomi del *Cynomorium* non è sempre la stessa: insieme alle forme normali ne abbiamo trovate delle altre interessantissime, che dalla forma normale più o meno grandemente si allontanano. Le figure, che qui riportiamo, ne rappresentano i tipi più interessanti (¹).

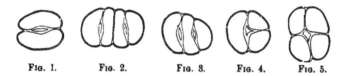

FIG. 1.   FIG. 2.   FIG. 3.   FIG. 4.   FIG. 5.

La forma più comune è quella disegnata nella fig. 1. Lo stoma è costituito, come al solito, da due cellule di chiusura.

Altre volte si trovano degli stomi appaiati (g e m i n a t i) sia sotto la forma rappresentata dalla fig. 2, sia disposti in altro modo.

Però, oltre a queste forme normali, come abbiamo detto, ne abbiamo riscontrate anche delle altre anormali e interessantissime, le più tipiche delle quali sono illustrate dalle fig. 3, 4 e 5, tralasciando, per ora, di trattare di altre forme di stomi, o intermedie tra queste, ovvero che più o meno se ne allontanano per l' anomalia presentata.

La figura 3 ci mostra due stomi collaterali, costituiti solamente da tre cellule di chiusura; nella figura 4 abbiamo rappresentato uno stoma a formare il quale entrano tre cellule di chiusura, e nella figura 5 un altro stoma costituito da quattro cellule di chiusura. Negli ultimi due casi cioè, il canale stomatico è limitato non già da due cellule, come è il caso ordinario, bensì da tre o da quattro cellule stomatiche.

Il materiale da noi fino ad ora studiato non ci ha ancora permesso di osservare lo sviluppo di queste forme anormali di stomi del *Cynomorium*. Ci pare tuttavia abbastanza facile interpretarne il modo di origine.

La formazione dei due stomi rappresentati nella figura 3 si dovrà attribuire al fatto che, avvenuta la divisione della cellula madre dello stoma per

---

(¹) Tutte le figure rappresentano stomi di brattee primarie ingranditi 265 volte.

formare le due cellule di chiusura, una di queste si sia tornata a segmen-
tare in modo da venire a costituire, staccando collateralmente a sè stessa
un' altra cellula di chiusura, un nuovo stoma.

L' origine dello stoma rappresentato dalla figura 4 dovrà pure attribuirsi
a ciò, che, dopo la divisione della cellula madre dello stoma nelle due cellule di chiusura, una di queste (quella di destra nel caso rappresentato) si
è divisa alla sua volta con una parete normale alla prima divisione della
cellula madre.

Infine l' origine dello stoma rappresentato nella figura 5 dovrà attribuirsi
al fatto che dopo che la cellula madre dello stoma si è divisa nel modo ordinario per formare le due cellule di chiusura, queste alla loro volta si sono
segmentate in direzione normale a quella della prima divisione.

Biologia. — *Sopra la proliferazione delle cellule epiteliali
del follicolo ovarico e la nutrizione e la divisione dei blastomeri
nell' uovo delle talpe.* Nota del Socio TODARO.

Questa Nota sarà pubblicata nel prossimo fascicolo.

Zoologia medica. — *Resoconto degli studi fatti sulla malaria
durante il mese di gennaio* da B. GRASSI, A. BIGNAMI e G. BA-
STIANELLI.

1. In una Nota precedente abbiamo riferito i due culicidi, su cui Ross
avrebbe ottenuto risultato positivo per l'uomo all'*Anopheles claviger (dappled-
winged mosquitos)* con probabilità e al *Culex pipiens (grey mosquito)* con
certezza; il secondo era stato determinato con esemplari forniti da Manson,
il primo invece in base alla descrizione di Ross da lui stesso dichiarata
not very careful. Successivamente Ross ebbe la bontà di spedirci un esemplare del *dappled-winged mosquito* e molti esemplari di *grey mosquito.*
Mentre possiamo confermare che quest'ultima specie non è per noi distinguibile dal *Culex pipiens,* dobbiamo riconoscere che il *dappled-winged mosquito,*
benchè appartenga al genere *Anopheles,* è ben differente dall'*Anopheles claviger*
ed ha invece un'enorme somiglianza coll'*Anopheles pictus.* Questa specie
era stata da noi antecedentemente dichiarata sospetta, avendo riguardo
alla relativa sua abbondanza in alcuni paesi malarici delle provincie meridionali, dove l'*Anopheles claviger* invece sembra relativamente scarso.
Precisamente queste località sono Grassano sulla linea Potenza-Metaponto,
Torre-Cerchiara sulla linea Metaponto-Sibari. Abbiamo perciò fatto la caccia
agli *Anopheles pictus* e, siccome essi non svernano nelle case, siamo andati

a cercarli nelle grotte. Finalmente abbiamo potuto procurarcene cinque esemplari: evidentemente da tempo non avevano succhiato sangue tanto che facilmente s'attaccarono, il giorno 27 gennaio, in Basilicata stessa, dove furono trovati, ad un uomo che qualche giorno prima aveva avuto febbre supposta malarica. Tre morirono nelle prime ventiquattro ore dopo che si erano così cibati; un quarto morì il 2 febbraio senza aver più voluto nutrirsi; tutti e quattro diedero risultato negativo. Il quinto invece che aveva punto il 29 e il 31 gennaio nell'Ospedale di Santo Spirito un individuo infetto di semilune presentò nelle pareti dell'intestino le solite capsule in via di sviluppo e precisamente ne presentò tre, una più piccola e due più grandi, la prima probabilmente derivante dal succhiamento del 31 e le altre due da quello del 29. Gli *Anopheles claviger* tenuti per controllo nelle stesse condizioni di nutrizione e di temperatura diedero tutti reperto positivo, meno due. In essi il numero delle capsule era però molto maggiore, ciò che devesi in parte certamente alla maggior quantità di sangue che succhiano.

Resta quindi dimostrato che anche l'*Anopheles pictus* propaga i parassiti della malaria. Leggendo attentamente gli scritti di Ross si rileva che egli ha sperimentato con mosquito *dappled-winged* di due sorta, grandi *(large)* e piccoli *(small)*, e in amendue trovò le capsule caratteristiche: l'esemplare speditoci è molto verosimilmente uno *small dappled-winged mosquito*. Ciò notiamo perchè anche da noi esistono *small* e *large dappled-winged mosquitos*, cioè individui grandi e piccoli.

In base agli esemplari che noi possediamo siamo autorizzati a ritenere che siano in realtà due specie differenti non soltanto per le dimensioni, ma anche per i disegni delle ali e dei palpi. Ci affrettiamo a soggiungere che i cinque esemplari di cui sopra si parla appartenevano tutti alla forma piccola. La forma grande è stata finora rinvenuta da uno di noi in autunno avanzato in Lombardia (non molto rara), nelle paludi di Ravenna (un esemplare), nella campagna romana (un esemplare) e a Grassano (un esemplare) (¹). .

(¹) Accenno sommariamente alcuni caratteri differenziali.

1°. *Forma piccola dell'India* = *Anopheles subpictus* (Grassi). Lunghezza totale circa 7 mm. Palpi ingrossati. Giuntura del penultimo articolo coll'antipenultimo bianca. Distinzione dell'ultimo articolo dal penultimo non facile a rilevarsi. Considerandoli come un articolo doppio, si può dire che, se si tace la giuntura bianca coll'antipenultimo articolo, questo articolo doppio è oscuro nella metà prossimale, bianco in quella distale. Il margine anteriore delle ali è spiccatamente indicato da una linea spezzata oscura nella quale si distinguono facilmente quattro tratti o macchie lineari, che si vogliamo dire, appunto di colore oscuro.

2°. *Forma piccola d'Italia* = *Anopheles pictus* (Loew). Distinguesi per la lunghezza totale un po' maggiore (circa 9 mm.), per i palpi relativamente sottili e perchè l'articolo che abbiamo considerato doppio, tralasciando la giuntura bianca coll'antipenultimo articolo, è oscuro per circa i due terzi prossimali e il terzo bianco distale presenta

Dopo questi fatti la necessità di sperimentare anche colla forma grande e cogli *A. bifurcatus* e *nigripes* diventa evidente, ciò che speriamo di fare tra qualche giorno.

In una lettera al dott. Charles, Ross ci fa sapere che gli *Anopheles* con cui ha sperimentato provenivano da diretto allevamento, mentre il *grey-mosquito* da cui credette d' aver ottenuto risultato positivo da un uomo infetto di terzana comune, quasi certamente doveva essere invece infetto di Proteosoma.

Soggiungeremo che molte volte abbiamo avuto occasione di esaminare *Culex pipiens* raccolti in camere dove degevano malarici: non li trovammo mai infetti, mentre lo erano molte volte gli *A. claviger* coi quali convivevano. Abbiamo invece veduto infettarsi i *C. pipiens* che avevano succhiato sangue di passeri ricco di gameti.

2. Molte circostanze facevano ritenere che anche il parassita della quartana dovesse svilupparsi nell'*A. claviger*. I risultati però furono sempre negativi, ciò che ci spiegavamo colla constatata mancanza di forme che si flagellassero nel sangue degli individui, che venivano punti dai zanzaroni.

Finalmente in un zanzarone nutritosi su una donna, la quale era affetta da quartana da diciotto mesi e presentava nel sangue un enorme numero di parassiti tra cui rarissimi gameti, abbiamo trovato due capsule aventi il pigmento caratteristico del parassita quartanario. Queste capsule erano arretrate nello sviluppo più di quanto si sarebbe aspettato, e infatti esse erano provenienti da sangue succhiato da tre giorni e avevano dimensioni corrispondenti presso a poco a quelli delle capsule di due giorni provenienti da semilune.

---

più, o, meno evidente un piccolo tratto oscuro verso la sua parte di mezzo. Ali non distinguibili con sicurezza, per quanto ho veduto, da quelle della forma precedente.

3°. *Forma grande d' Italia* = A n o p h e l e s p s e u d o p i c t u s (Grassi). Distinguesi per la lunghezza totale ancora maggiore (11 mm. circa), per i palpi relativamente ingrossati e per l'articolo che abbiamo considerato doppio, nel quale l'oscuro predomina moltissimo sul bianco, sicchè, oltre alla giuntura bianca coll'antipenultimo articolo e oltre all'estremo distale bianco, presenta soltanto un anello bianco più vicino all'estremità distale che a quella prossimale. La linea oscura al margine anteriore delle ali è meno nettamente interrotta sicchè soltanto due o al più tre tratti sono facilmente rilevabili. Gli spazi tra i tratti sono molto più angusti.

Resta da vedere se le forme grandi di Malans e di Grassano siano tutte riferibili all'*A. pseudopictus.*

Non so decidere se la descrizione del Ficalbi si riferisca al *pictus* o allo *pseudopictus*. Sia perchè mi basava su questa descrizione, sia perchè di quella forma ch' io denomino *pictus* non possedeva che cattivi esemplari, nelle Note antecedenti denominai *pictus* anche quella forma che qui denomino *pseudopictus*.

I *pictus* di Ficalbi provenivano dalla foresta di Tombolo presso Pisa (luogo malarico).

B. GRASSI.

Il reperto sopra riportato, benchè unico, viene da noi ritenuto positivo perchè il zanzarone suddetto da circa un mese si trovava in laboratorio e non aveva mai succhiato altro che sangue di individui sani: anche il sangue della donna era stato a lungo esaminato e aveva confermato la diagnosi, già evidente in base al decorso della febbre, di quartana classica.

3. Un individuo non malarico venne sottoposto alla puntura di tre zanzaroni che da dieci giorni avevano succhiato sangue di un [1] individuo con febbri estivo-autunnali, semilunare: dall'esame di altri zanzaroni trovantisi nelle stesse condizioni si poteva arguire che i tre zanzaroni in discorso dovevano presentare gli sporozoiti nelle ghiandole salivari, sporozoiti provenienti dalle semilune dell'individuo suddetto.

Nell'individuo non malarico punto, ripetiamo, dai tre zanzaroni suddetti si sviluppò dopo 12-13 giorni d'incubazione un'infezione grave estivo-autunnale. I tre zanzaroni subito dopo la puntura vennero esaminati e si trovarono nell'intestino capsule contenenti sporozoiti, alcune delle quali rotte e nelle glandole salivari di due di essi numerosissime cellule ripiene di sporozoiti. Questo esperimento dà perciò il ciclo completo, quale abbiamo descritto nella nostra Nota precedente.

Non fa d'uopo dire che si tennero zanzaroni di confronto per escludere qualunque errore.

4. Durante il mese di gennaio i casi di nuove infezioni malariche nella campagna Romana furono molto rari. Conformemente si trovarono rarissimamente zanzaroni infetti in natura, nessuno colle capsule fornite di sporozoiti, pochi cogli sporozoiti nelle ghiandole salivari.

5. Le sezioni in serie dei zanzaroni ci hanno fatto riscontrare spore in abbondanza in via di assumere color bruno intorno alla parete del vaso dorsale. Le spore nelle uova caratterizzate dalla presenza di otto corpicciuoli che giudichiamo sporozoiti, non sono rare; non è difficile di trovare infette soltanto alcune uova. Lo studio delle larve di *Anopheles* già cominciato, ci permetterà fra breve di stabilire quali rapporti abbiano queste spore coi parassiti malarici.

6. Durante il mese di gennaio non abbiamo trovato alcuna larva di *Anopheles claviger* in nessuna parte d'Italia, così pure facevano totalmente difetto i maschi; le femmine però avevano già la spermateca ripiena di spermatozoi. Evidentemente, adunque, sverna soltanto la femmina feconda. Essa sta nascosta nelle abitazioni, nelle stalle, nei pollai e nell'Italia media e meridionale si ripara, benchè meno frequentemente, anche nelle grotte. In Lombardia abbiamo trovato l'*Anopheles claviger* soltanto nelle abitazioni e non mai sotto quei ponticelli, che ne albergavano migliaia nei mesi autunnali.

[1] Questo come gli altri malati su cui si è sperimentato si sono offerti spontaneamente e, avvenuta l'infezione, sono stati subito curati e guariti colla chinina.

Nel Canton Grigioni (Malans: località lievissimamente malarica) il sig. Engel ci raccolse in una cantina parecchi *Anopheles* tra cui anche uno molto prossimo, se non uguale, allo *pseudopictus*; gli altri appartenevano alla specie *A. claviger*; a quest'ultima spécie appartengono altri *Anopheles* provenienti dalla Germania settentrionale, dove però non trovammo chi si prestasse a raccogliercene direttamente degli esemplari.

Nella stanza riscaldata, nella quale alleviamo le zanzare, assistemmo alla deposizione delle uova di *Anopheles claviger*. Questo culicide deposita le uova in parecchi nastrini galleggianti di tre, quattro, venti uova e non costruisce la ben nota barchetta del *C. pipiens*.

Il *C. pipiens* sverna, oltre che nelle case, nell'Italia media e meridionale, a gran preferenza, nelle grotte dove si trova anche qualche maschio.

7. Nella stanza in discorso vi sono moltissimi zanzaroni che da circa due mesi non hanno succhiato sangue malarico. Nell'ultimo mese hanno punto moltissime volte senza produrre alcuna infezione malarica: ciò che era del resto presumibile dopo i fatti esposti nella Nota precedente, e ciò che trova la sua giustificazione nella mancanza di sporozoiti dentro le ghiandole salivari degli individui che si sezionarono (¹).

Mentre correggiamo le bozze della presente Nota ci perviene il Resoconto della *Spedizione di Koch in Italia per lo studio della malaria*. Esso porta la data del 17 novembre, ma è uscito soltanto il 2 febbraio: *more solito*, i nostri lavori non sono citati. Noi qui non ne moviamo special lamento, perchè viviamo nella fiducia che il mondo scientifico ci farà ragione.

I preparati dimostranti i fatti esposti nelle nostre Note preliminari sono visibili, a chi s'interessa, nell'ospedale di S. Spirito e nel Laboratorio di Anatomia comparata dell'Università di Roma.

Matematica. — *Sull'integrazione dell'equazione differenziale* $\varDelta^2\varDelta^2 = 0$. Nota dell'ing. E. ALMANSI, presentata dal Corrispondente VOLTERRA.

1. In questa Nota espongo succintamente un metodo d'integrazione dell'equazione differenziale $\varDelta^2\varDelta^2 = 0$, che permette di ottenere, in un'area piana semplicemente connessa, la funzione bi-armonica da determinarsi, espressa per mezzo d'integrali definiti, quando al contorno si conosca il valore della funzione stessa, e della sua derivata rispetto alla normale interna. Il metodo è applicabile ad un'estesa classe di aree (²).

(¹) Sui tagli si vede con certezza che un tubolo ghiandolare presenta un secreto differente da quello degli altri.

(²) In una Memoria di prossima pubblicazione verrà esposto per disteso il procedimento che qui riassumo.

2. Considero da prima un caso particolare. Il contorno dell'area data σ', i cui punti suppongo riferiti ad un sistema di coordinate ortogonali x', y', si ottenga facendo variare fra 0 e 2π il parametro θ nelle due equazioni:

$$x' = \cos\theta + a\cos 2\theta,$$
$$y' = \operatorname{sen}\theta + a\operatorname{sen} 2\theta,$$

ove a è una costante, in valore assoluto minore di $\frac{1}{2}$.

Sia U' la funzione bi-armonica, che si tratta di determinare. Questa funzione potremo sempre rappresentarla con due funzioni armoniche u_0', u_1', mediante la formula:

$$U' = u_0' + x'u_1' \quad (^1).$$

Facciamo ora la rappresentazione conforme dell'area σ', sul cerchio σ, di raggio 1, appartenente al piano (xy). Perciò basterà porre:

$$x' = r\cos\theta + ar^2\cos 2\theta, \qquad \begin{cases} r = \sqrt{x^2 + y^2} \\ \theta = \operatorname{arc\,tag}\dfrac{y}{x}, \end{cases}$$
$$y' = r\operatorname{sen}\theta + ar^2\operatorname{sen} 2\theta,$$

ovvero:

$$x' = x + a(x^2 - y^2),$$
$$y' = y + 2axy,$$

come si verifica immediatamente.

Diciamo U, u_0, u_1, le funzioni U', u_0', u_1', espresse mediante le variabili x, y. Sarà:

(1) $$U = u_0 + \{x + a(x^2 - y^2)\}\, u_1.$$

Le funzioni $u_0(x, y)$, $u_1(x, y)$, sono ancora armoniche. Ne segue che la funzione $U(x, y)$ è tri-armonica. Essa infatti è la somma della funzione armonica u_0, e di una funzione tri-armonica ottenuta moltiplicando la funzione armonica u_1, per la funzione razionale intera del 2° grado $x + a(x^2 - y^2)$.

Potremo dunque rappresentarla con tre funzioni armoniche v_0, v_1, v_2, ponendo:

(2) $$U = v_0 + (r^2 - 1)\, v_1 + (r^2 - 1)^2\, v_2.$$

(¹) Questa, ed altre proprietà delle funzioni poli-armoniche, di cui mi valgo più avanti, si trovano dimostrate, con qualche restrizione, che però può eliminarsi, nella mia Memoria: *Sull' integrazione dell' equazione differenziale $\Delta^m = 0$. Annali di matematica, tomo II, serie III, a. 1898.

Sulla circonferenza del cerchio σ noi conosciamo la funzione U, e la sua derivata normale $\dfrac{\partial U}{\partial \nu}$. Sia $U = \varphi$, $\dfrac{\partial U}{\partial \nu} = \psi$. Per l'equazione (1), sarà:

$$[v_0]_{r=1} = , \quad \left[\frac{\partial v_0}{\partial \nu} - 2v_1\right]_{r=1} = \psi .$$

Queste formule permettono di determinare in tutto il cerchio σ le due funzioni armoniche v_0, v_1: dopo di che, non avremo più da occuparci delle condizioni al contorno.

Ottenute le funzioni v_0, v_1, uguagliamo i due secondi membri delle equazioni (1) e (2):

$$u_0 + \}x + a(x^2 - y^2)\{ \, u_1 = v_0 + (r^2 - 1) v_1 + (r^2 - 1)^2 v_2 .$$

Su questa equazione eseguiamo l'operazione $\varDelta^2$. E poniamo inoltre:

$$\frac{\partial u_1}{\partial x} = x \frac{\partial w}{\partial x} + y \frac{\partial w}{\partial y} + c_1 ,$$

$$\frac{\partial u_1}{\partial y} = x \frac{\partial w}{\partial y} - y \frac{\partial w}{\partial x} + c_2 ,$$

essendo w una nuova funzione armonica, c, c_1, c_2 due costanti: ciò che può sempre farsi. Si otterrà:

$$r^2 . 2a \left[\frac{\partial w}{\partial x} - w_1\right] + \left[r \frac{\partial w}{\partial r} - w_2\right] = 0 ,$$

Ma, in un' area piana che contiene l'origine delle coordinate, perchè una funzione bi-armonica $r^2 u + v$, espressa mediante le due funzioni armoniche u, v, possa essere identicamente nulla, è necessario che siano nulle le due funzioni armoniche. Sarà dunque:

$$(3) \qquad \frac{\partial w}{\partial x} = w_1 , \quad r \frac{\partial w}{\partial r} = w_2 ,$$

da cui, eliminando la w, si ricava:

$$(4) \qquad w_1 + r \frac{\partial w_1}{\partial r} = \frac{\partial w_2}{\partial x} ,$$

equazione in cui comparisce una sola funzione incognita, la v_2.

Sostituendo a w_1, w_2 le loro espressioni, e ponendo:

$$x_1 = x + 2a , \quad y_1 = y , \quad r_1 = \sqrt{x_1^2 + y_1^2} ,$$
$$v_3 = v_2 + r_1 \frac{\partial v_2}{\partial r_1} - a \frac{\partial v_1}{\partial x_1} + \frac{1}{2} a^2 c_1 ,$$

l'equazione (4) può scriversi:

$$2v_3 + r_1 \frac{\partial v_3}{\partial r_1} = 0 \,,$$

da cui, la funzione v_3 essendo armonica, e l'origine delle coordinate x_1, y_1, cadendo entro il cerchio, si deduce: $v_3 = 0$; vale a dire

$$v_2 + r_1 \frac{\partial v_2}{\partial r_1} = a \frac{\partial v_1}{\partial x_1} - \frac{1}{2} a^2 c_1 \,.$$

L'unica funzione armonica che verifica questa equazione, è quella espressa dalla formula:

$$v_2 = \frac{a}{r_1} \int_0^{r_1} \frac{\partial v_1}{\partial x_1} \, dr_1 - \frac{1}{2} a^2 c_1 \,.$$

dove le w_1, w_2, sono funzioni armoniche, date dalle formule:

$$w_1 = \frac{2}{a} \left\{ 2v_2 - r \frac{\partial v_2}{\partial r} \right\},$$

$$w_2 = -4 \left\{ v_2 + r \frac{\partial v_2}{\partial r} \right\} + 2 \left\{ v_1 + r \frac{\partial v_1}{\partial r} \right\} - 2a(c_1 x - c_2 y) + c_1 \,.$$

Le quantità in parentesi sono pure funzioni armoniche.

Il valore della costante c_1, che ancora non conosciamo, si determina osservando che, per la seconda delle formule (3), la funzione w_2 deve annullarsi nell'origine delle coordinate x, y. Tenendo conto di questa condizione, si trova: $c_1 = \frac{2}{1 - 2a^2} (v_1)_1$, in cui $(v_1)_1$ rappresenta il valore della funzione v_1 nella origine delle coordinate x_1, y_1.

Così avremo determinato tutte e tre le funzioni che compariscono nella formula (2). E il problema sarà risoluto.

3. Un procedimento analogo, che però condurrà, in generale, a considerare nel piano (xy) una funzione poli-armonica U, d'un ordine superiore al terzo, si potrà applicare tutte le volte che la rappresentazione conforme dell'area σ' sul cerchio σ, si fa colle formule:

$$x' = \sum r^n (a_n \cos n\theta + b_n \operatorname{sen} n\theta) \,,$$

$$y' = \sum r^n (a_n \operatorname{sen} n\theta - b_n \cos n\theta) \,,$$

ove s'intende che l'indice n assume un numero finito di valori, uguali per l'una e per l'altra formula.

Con un metodo analogo si potrà anche integrare nell'area σ' l'equazione differenziale, più generale, $\varDelta^{2n} = 0$, conoscendosi al contorno il valore della funzione e delle sue derivate rispetto alla normale interna, d'ordine $1, 2, \ldots$ $n - 1$.

Matematica. — *Contributo alla geometria delle masse.* Nota dell'ing. A. Ciappi, presentata dal Socio V. Cerruti.

Questa Nota sarà pubblicata nel prossimo fascicolo.

Fisica. — *Ricerche sul fenomeno residuo nei tubi a rarefazione elevata.* Nota di Alessandro Sandrucci, presentata dal Socio Blaserna.

Chiamerò fenomeno residuo, indicandolo per brevità con la notazione F. R, il fenomeno da me osservato nei tubi del Crookes, per cui il catodo prosegue ad emettere raggi catodici dopo cessata l'azione eccitatrice del tubo e da me considerato, forse un po'prematuramente, come un argomento in favore della teoria di Goldstein su la immaterialità dei raggi catodici (¹).

Essendomi stato osservato che nel fenomeno avrebbe potuto aver parte essenziale o totale il rocchetto eccitatore, poichè la relazione dei miei esperimenti lasciava il dubbio che io non avessi staccato il rocchetto dal tubo durante l'azione del campo magnetico (e in realtà era vero), ho voluto iniziare una serie di esperienze per chiarir questo punto e più che altro ricercare se il F.R si producesse anche cogli effluvî unipolari, applicati in precedenza ad un bello studio sui gas rarefatti dal prof. A. Battelli (²).

Le esperienze che ora riferirò mi hanno condotto a stabilire che il F.R non dipende da una azione susseguente nell'apparecchio eccitatore; che si produce con intensità e durata molto amplificate sotto l'azione di certi effluvî unipolari; che dipende dai tubi adoperati e forse dal grado di vuoto in essi esistente e risente l'influenza di cause esterne, come cariche elettrostatiche ecc. Il macchinario da me adoperato è stato anche questa volta quello già descritto in lavori precedenti. Nelle ricerche cogli effluvî unipolari ho tenuto sempre il rocchetto ben isolato dal suolo e isolato anche il polo del rocchetto non attivante il tubo. Ho riscontrato che il F.R persiste nell'*effluvio bipolare* quando si separa il tubo dall'eccitatore nel medesimo istante che il funzionamento di questo viene interrotto: ma descriverò in seguito solo il modo di sperimentare in questo senso coll'*effluvio unipolare positivo*, perchè i fenomeni in tal caso si sono presentati molto più cospicui e duraturi.

(¹) V. mia Nota, *Fosforescenza del vetro ed emissione di raggi catodici* ecc. N. Cimento, serie 4ᵃ, vol. VI, novembre 1897.

(²) N. Cimento, serie 4ᵃ, vol. VII, febbraio 1898.

Effluvio unipolare doppio. — Ambedue gli elettrodi di ogni tubo sono riuniti al polo funzionante. Il campo magnetico rivela in tutti e quattro i tubi emissione contemporanea di normalcatodici da ambedue gli elettrodi. La luminosità dei tubi per tutti è maggiore coll'effluvio (+) che col (—). Il n. 1 e il n. 4 non danno F.R: il n. 3 col solo effluvio (+) in modo appena visibile ed il n. 2 ben sensibile e per l'elettrodo concavo terminale della durata di 1″, per il piano $<1''$.

Effluvio unipolare semplice. — Un solo elettrodo dei tubi riunito ad un polo del rocchetto. Avendo i tubi elettrodi differenti di forma e di grandezza, sperimento tenendo successivamente ogni elettrodo unito al rocchetto e l'altro isolato o in contatto col suolo. Nè coll'effluvio (+) nè col (—) in nessuno dei 4 casi possibili il tubo n. 1 mi ha dato F.R. L'elettrodo che non·è collegato al rocchetto non emette normalcatodici se non quando è al suolo e l'effluvio eccitatore è (+), nel qual caso l'aspetto del tubo è identico a quello comune *bipolare,* ma affievolito: e in generale gli elettrodi a punta emettono molto meno catodici di quello a disco.

Il n. 4 coll'effluvio (+) e l'elettrodo *piano* impegnato col rocchetto (isolato il semicilindrico) dà F.R seguente i normali spostamenti magnetici e di più una luminosità residua che riempie tutto il tubo come una nebbia e sotto l'azione magnetica si ritira verso l'elettrodo come fanno i catodici del F.R, che dura 2″-3″.

È notevole che la figura di concentrazione dei catodici del F.R, oltre venire a formarsi proprio là dove formasi quella simile, ma più intensa, nel funzionamento del rocchetto, tremola leggermente, come tremola questa forse per oscillazioni dell'elettrodo: il che conferma, se ancora ce n'è bisogno, che il F.R è dato da un vero proseguimento di emissione di normalcatodici da parte dell'elettrodo.

Il n. 2 con l'effluvio (—) in nessuno dei casi possibili, relativi ai due elettrodi, produce F.R: lo sviluppa invece così intenso col (+) che ne approfitto per verificare la supposta dipendenza del fenomeno dal rocchetto. Colloco il tubo periforme col diametro maggiore verticale e l'elettrodo *concavo* (terminale) in basso: da questo parte un filo di rame che pesca in un pozzetto di mercurio, nel quale pesca pure il reoforo del rocchetto eccitatore. Uno spinterometro colle palline tenute molto distanti fra loro, è collocato fra i due poli del rocchetto. Funzionando questo, il tubo si illumina con uniformità e fluorescenza verdognola meno intensa dell'ordinaria (effluvio bipolare). Dal centro dell'elettrodo funzionante parte un pennello molto visibile di luce meno verdognola, energicamente respinta dal dito e da qualunque conduttore al suolo avvicinato al tubo.

Questa però non è causa della fluorescenza antielettrodica. Interrotto il funzionamento del rocchetto, rimane nella regione antielettrodica sensibile fluorescenza col medesimo aspetto di quando il tubo funziona: sul principio è continua, poi vacillante. Creando subito il campo magnetico, disposto in modo da concentrare vicino all'elettrodo i catodici normali allorchè il rocchetto funziona, la fluorescenza residua lascia istantaneamente la cupola per portarsi presso l'elettrodo, formando una striscia, lunga circa 4 centim., larga ½, luminosa in verde intenso: ed è pronta a ritornare alla cima del tubo quando cessi l'azione magnetica e viceversa parecchie volte (sin più di 10). Notevole è che una tale striscia di concentrazione, appena comincia l'azione del magnete si mostra assai più lunga che dopo qualche secondo e, seguitando, non solo si affievolisce nello splendore, ma *va raccorciandosi dalla parte antielettrodica* (¹). Questa striscia, che dimostra con singolare evidenza il F.R, può durare a vedersi in certi casi fino per 70″.

Con la disposizione indicata ha potuto verificare che:

1° Il F.R persiste quando, cessata la scarica del rocchetto, si chiude contemporaneamente collo spinterometro il secondario di esso: e non ne risente modificazione alcuna.

2° Persiste anche bene intenso quando scoccano, durante il funzionamento del rocchetto, scintille allo spinterometro.

3° Persiste quando si stacchi non molto bruscamente il filo di rame dall'anellino dell'elettrodo, sia colle mani, sia con un isolante; quando si tolga dal pozzetto di mercurio il reoforo del rocchetto, e quando si ponga il mercurio al suolo con un filo conduttore.

4° Cessa però subito se, nello staccare il filo dall'anellino, si tocchi con esso la parete del tubo.

Allorquando uno degli elettrodi è al suolo, se è il *piano* non si ha traccia di F.R da nessuna parte: se è il *concavo* si ha produzione di F.R anche da parte di questo (come di normalcatodici) e con intensità maggiore che per parte dell'altro: la durata però è breve per ambedue, non superando 3″ con forte corrente primaria. Notevole che la striscia che si dipinge in verde sul vetro *sembra come venir deviata sempre più* dal principio alla fine del fenomeno.

Sono passato quindi a ricercare l'influenza di alcune condizioni esterne sulla produzione, sull'aspetto, sulla durata del F.R. Ecco fra le molte prove sin'ora tentate, quelle che mi han dato risultati più sicuri ed interessanti.

Influenza sul F.R della natura del tubo (grado di vuoto?) e dell'elettrodo funzionante. — Il tubo n. 2 (che ha una distanza esplosiva equivalente di $^m/_m$ 27) con corrente di 9 ¾ ampères nel primario del rocchetto, mi ha dato una durata massima del F.R di 70″; in identiche condizioni il n. 3 (dist. esplos. $^m/_m$ 30) una durata di soli 28″. Pare che nello stesso tubo l'elettrodo *minore* e *piano* dia una durata più grande di F.R. Ma in questa

---

(¹) Si potrebbe spiegare un tal fatto ammettendo che nel fascio di raggi residui non tutti siano con eguale intensità deviati dal magnete, e che i primi a scomparire o ad affievolirsi siano i mono deviabili.

parte le mie ricerche sono ancora incomplete: mi riserbo di studiare ulteriormente su tubi appositamente costruiti l'influenza del grado di vuoto, della grandezza, forma e posizione reciproca degli elettrodi ecc.

Influenza di una corrente primaria variabile nel rocchetto. — Si osserva spesso, circa a metà della durata del F.R, come un risveglio di intensità nella fluorescenza spostata dal magnete che passa presto e dopo il quale essa rapidamente declina: sempre il fenomeno termina con intermittenze, cioè sparizioni ed apparizioni della striscia fluorescente. Ho ricercato l'influenza che può avere su queste, come sulla durata del F.R, il valore della corrente primaria.

I. Esperienza (tubo n. 2): effluvio (+). Elettrodo *concavo* funzionante, piano isolato;

Intensità della corrente amp.	Durata di FR	Osservazioni
4 1/2	0″	Il tubo si illumina debolmente: vi sono però normalcatodici discreti.
6	29″	F.R in principio continuo: poi intermittenze frequenti e quindi lente.
6 3/4	40″	Idem.
7 1/2	48″	Continuo prima: quindi a lampi rapidi, poi di nuovo continuo, quindi a lampi più rari.
8 1/4	50″	Continuo: poi a lampi sempre più rari, accompagnati, come in tutti i casi, da progressiva diminuzione d'intensità.
9	58″	Idem.
9 3/4	55″	Idem.

II. Esperienza. Elettrodo *piano* funzionante, concavo isolato:

Intensità della corrente amp.	Durata del F.R	Osservazioni
4 1/2	28″	A lampi poco frequenti.
6	35″	Idem.
6 3/4	46″	A lampi prima poco frequenti, poi ancor meno.
7 1/2	57″	Per una metà della durata continuo e per l'altra con intermittenze larghe.
8 1/4	54″	Sempre con intermittenze rapide e poi più lente.
9	62″	Prima continuo e poi a lampi rari.
9 3/4	70″	Prima continuo: poi a lampi sempre più rari: gli ultimi distano fra loro anche 5″.

Influenza di una distanza esplosiva in serie col tubo. — Lo spinterometro inserito nel reofero tra il polo del rocchetto e il tubo (n. 2), determina un intervallo di scintilla variabile a piacere. Si intende che gli esperimenti sono stati fatti tutti coll'effluvio unipolare (+) perchè coll'effluvio (—) non è mai comparso F.R.

Effluvio unipolare doppio. 1° caso. — La scintilla trovasi sul reoforo che va all'elettrodo *concavo*.

Lunghezza di scintilla m|m	Durata del F.R	
	elettrodo concavo	elettrodo piano
0	$1''$	$< 1''$
1	$0''$	$0''$
2	$< 1''$	brevissima
3	$< 1''$	$> 1''$
4	non passa scintilla	$> 2''$

Per il *concavo* è ben abbondante la produzione dei normalcatodici ma diminuisce notevolmente col crescere della lunghezza di scintilla, mentre le traccie di F.R ricompariscono quando questa aumenta.

2° caso. Scintilla sul reoforo che va al *piano*:

Lunghezza di scintilla m|m	Durata del F.R		Osservazioni
	concavo	piano	
0	$0''$	$< 1''$	Senza intermittenze.
1	$0''$	$< 1''$	Con »
2	traccie non sempre	$1''$	»
3	$0''$	$3''$	» » frequenti.
4	$1''$ non sempre	$2''$	» »

Effluvio unipolare semplice. 1° caso. — Elettrodo *concavo* funzionante, piano isolato:

Lunghezza di scintilla m|m	Durata del F.R	Osservazioni
0	$40''$	Intermittenze a distanze quasi uguali e di $1''$ circa.
1	$35''$	» » più piccole.
2	$27''$	» » ancora minori.
3	$32''$	Le intermittenze cominciano $2''-3''$ dopo cominciato F.R e si fanno sempre più frequenti verso la fine.
4	$22''$	Idem.

2° caso. — Elettrodo *piano* funzionante, concavo isolato:

Lunghezza di scintilla m|m.	Durata del F.R	Osservazioni
0	$45''$	Intermittenze con *aumento* del periodo di esse verso la fine.
1	$37''$	Idem.
2	$33''$	Idem.
3	$26''$	Intermittenze con *diminuzione* del periodo.
4	$15''$	Idem.

Influenza del campo magnetico. — Diminuendo l'intensità del campo fino a ridurla metà non si nota variazione nella durata e negli altri caratteri del F.R, tenuto conto di tutto, quando non vi è scintilla e quando vi è fino alla lunghezza massima ecc.

Influenza della inserzione di una capacità fra il tubo e il rocchetto. — Con effluvio (+) e la presenza di una capacità un po' notevole, i tubi funzionano stentatamente, cioè con luminosità debole, balzellante e intermittente e pochissima fluorescenza dalla parete; ma il F.R *perdura assai vivo*, subendo le solite intermittenze a periodo di circa 1". Diminuendo la capacità il tubo funziona meglio, *si accresce la durata del F.R* e le intermittenze hanno un periodo più breve.

Influenza di conduttori isolati o no, a contatto col tubo o ad esso vicini, o caricati elettrostaticamente. — Col tubo n. 3 ho sperimentato incollandovi leggermente intorno, in un piano normale all'asse maggiore e distante 6 centim. da quello dell'elettrodo funzionante (terminale), una fascia di stagnola larga 1 ½ centim. Ecco in varî casi i risultati più sicuri.

1° *Fascia isolata.* — Il F.R non subisce mutazione. Se però, mentre si produce, si tocca col dito la fascia, scocca una piccola scintilla rumorosa ed il F.R *sparisce immediatamente*. Se, interrotta la scarica del rocchetto, si tocca prima col dito la fascia e poi si fa agire il magnete, *non comparisce* F.R.

2° *Idem e unita a notevole capacità.* — Si illumina il tubo, comparisce F.R e rimane immutato quando la fascia si separi dalla capacità.

3° *Idem e inserzione di scintilla nel reoforo.*

Lunghezza di scintilla m|m.	Durata del F.R	Osservazioni
0	9"	Senza intermittenze.
1	6"	Con "
2	4"	Senza -
3	3"-4"	Con "
4	3"	Quasi senza intermittenze.

Tolta, subito dopo, la fascia, si trova:

Lunghezza di scintilla m|m.	Durata del F.R	Osservazioni
0	10"-11	Senza intermittenze.
1	9"	Con "
2	6"	Leggerissime intermittenze
3	6"	Senza intermittenze.
4	4"	" "

4° caso. *Fascia al suolo.* — Il tubo non si illumina e solo si ha vivace fiocco crepitante dall'anellino dell'elettrodo che funziona.

Sul tubo n. 2, tenuto verticale come è detto in antecedenza, ho sperimentato mediante due anelli circolari di ottone ben regolari, scorrevoli e fissabili a varie altezze lungo un'asta verticale, in tutto simili a quelli che servono per sostenere le capsule sulle fiamme. Uno più ampio, circondando il tubo, poteva toccarlo in una sezione distante dell'elettrodo funzionante centim. 9,5 e parallela al piano di esso, l'altro minore in una sezione distante soli cent. 3. Per dare a questi anelli una carica elettrostatica mi sono servito di una Winter di mediocre potenza.

Anello maggiore. — 1° caso: anello in contatto col tubo ed isolato.

Il tubo si illumina ottimamente. Il pennello elettrodico assiale del tubo, dopo avere oltrepassato il piano dell'anello, *piegasi brusco in linea curva e va ad incontrare la parete;* quivi non produce aumento di fluorescenza e il punto in cui l'incontra dipende anche dàlla posizione di conduttori vicini, dai quali il pennello viene come respinto.

Gli incontri colla parete si fanno però in ogni caso alla medesima distanza dall'elettrodo. Il F.R è di intensità discreta e dura circa 7″. Dando all'anello una carica elettrostatica (+), il F.R subisce le seguenti modificazioni :

a) *si fa più intenso, ampio luminoso, conservando però il suo aspetto solito.*

b) *dura, a quanto pare, indefinitamente col funzionare della macchina.*

c) *segue nella intensità perfettamente le medesime vicende seguite dal funzionamento della macchina elettrostatica.*

Se, interrotto il rocchetto e attivato immediatamente il magnete, si attende che il F.R sia finito, cioè scomparsa la striscia di fluoresc. verde sulla parete di vetro e qualunque luminosità del tubo, e quindi si dà all'anello la carica (+), *il tubo si illumina di nuovo e ricomincia il F.R.*

Questo può ripetersi parecchie volte. Se però il tubo è lasciato molto a lungo in riposo, *la carica non provoca nulla.* Se, inattiva la macchina e agendo il rocchetto, il tubo stenta ad illuminarsi, la carica lo eccita subito.

Dando all'anello carica (—) il F.R cessa immediatamente e il tubo si oscura : ma, seguitando a caricare, riappare la luminosità, bensì con aspetto nuovo; è più una luminosità del gas interno che delle pareti, come se queste respingessero il gas verso il mezzo del tubo. La luminosità è color lavanda-violaceo e sente l'azione del campo magnetico, spostandosi in specie vicino all'elettrodo.

2° caso. — Anello in contatto col tubo e col suolo.

La luminosità del tubo è più intensa che nel caso precedente, come più intensa è la luminosità del pennello elettrodico.

Questo si allarga a nappa all'estremo e rende perfettamente l'immagine di uno zampillo liquido che, uscendo dall'elettrodo come da un tubo cilindrico, si innalzi verticale e compatto e in cima venga a piegarsi in basso e disperdersi in goccie. Interrotto il funzionamento del rocchetto rimane ancora luminoso il tubo, specie nelle vicinanze dell'anello, e si vede ancora traccia del pennello elettrodico nei pressi dell'elettrodo. Il F.R *si fa più vivace, netto, marcato e fisso: dura 25″.*

3° caso. — Anello distante 3 $^m/_m$ dalla parete e isolato.

L'illuminazione è poco diversa da quando non c'è l'anello: F.R dura 10″. Dando carica (+) dura 15″-18″, ma non prosegue a mantenersi.

4° caso. — Idem e al suolo.

Scoccano scintilline fra l'anello e il vetro. La luce interna è irregolare, la violacea assai agitata, ripiegata e saltellante. Il F.R dura 8″. Abbassando l'anello e quindi aumentando la distanza dal vetro, la durata passa a 5″ e 4″, cioè come quando non c'è l'anello.

Anello minore (casi identici ai precedenti).

1° Il tubo *non si illumina*: ma dando all'anello una carica (+) si illumina precisamente come coll'anello più grande, e rimane illuminato finchè funziona la macchina per poi subito spegnersi e così seguitando. Il F.R viene continuato a lungo dalla carica *ma non indefinitamente.* Se si dà una carica (—), il tubo comincia coll'illuminarsi ma poi si spegne ed il F.R non si produce che per breve tempo.

2° Non si illumina mai.

3° Sul principio non si illumina, poi comincia ad illuminarsi intermittentemente ed irregolarmente. F.R appena sensibile e fugace.

4° Come nel caso precedente: però il tubo si illumina meglio ed il F.R è un po' più saliente.

Ognuno vede come, cercando di interpretare i risultati ottenuti, in ispecie gli ultimi esposti, si potrebbe ricavarne alcune conclusioni di un certo interesse e un po' di luce sull'origine e sulla natura del F.R. Ritengo però dal canto mio più opportuno attendere i risultati delle prove coi tubi speciali, evacuabili a piacere, già iniziate alcuni mesi or sono, forzatamente interrotte, e che mi accingo a proseguire e condurre a termine.

Fisica. — *Sulla relazione tra il fenomeno di Zeemann e la rotazione magnetica anomala del piano di polarizzazione della luce.* Nota del prof. DAMIANO MACALUSO e del dott. ORSO MARIO CORBINO, presentata dal Socio BLASERNA.

In un interessante lavoro teorico [1], presentato all'Accademia di Gottinga nell'ultimo ottobre, il prof. W. Voigt ha richiamato l'attenzione dei fisici sulla reciproca dipendenza che esiste tra il fenomeno di Faraday e quello di Zeemann. Servendosi di formole generali che esprimono le condizioni del movimento vibratorio dell'etere nell'interno dei corpi ponderabili dotati di assorbimento elettivo e sottoposti all'azione di un campo magnetico, egli ha potuto prevedere una serie di fenomeni magneto-ottici caratteristici, qualcuno dei quali noi simultaneamente abbiamo trovato con l'esperienza ed indipendentemente da ogni teoria [2].

Per dare alle sue considerazioni la massima generalità possibile, il Voigt non ha voluto legarle a nessuna ipotesi sul meccanismo del fenomeno, servendosi di un modo *neutrale*, com'egli lo chiama, di rappresentazione, e limitandosi a ricercare tra un dato numero di grandezze vettoriali tali relazioni che possano rappresentare i fatti osservati.

Già prima del Voigt l'intima relazione tra i fenomeni Faraday e Zeemann era stata messa in rilievo tanto dal Becquerel [3] che dal Fitzgerald [4]. Questi mette a base delle sue considerazioni le moderne teorie della dispersione che connettono la velocità di propagazione e la frequenza di vibrazione delle onde luminose; ed il Becquerel, con delle ipotesi speciali intorno all'influenza dei vortici magnetici sulle vibrazioni luminose, ne deduce la spiegazione tanto del fenomeno di Zeemann che di quello di Faraday.

La teoria del Becquerel è di accordo con le nostre esperienze sopra citate, qualora si tenga conto della dispersione anomala dei vapori di sodio e di litio, la quale osservata la prima volta pel sodio dal Kundt [5] e con metodi più esatti dimostrata in seguito dal Winkelmann [6], è stata ora ritrovata con nuovi particolari dallo stesso Becquerel [7].

---

[1] Nachrich. der K. Gesells. der Wissensch. zu Göttingen. Math. phys. Klasse Heft. 3. 1898.

[2] L'Elettricista, anno 7°, pag. 223, ottobre 1898. Rend. Lincei, ser. 5ª. vol. VII, pag. 223, 1898, e vol. VIII, pag. 38, 1899.

[3] Comp. Rend. CXXV, pag. 678, 1897.

[4] Proc. Roy. Soc. 63, pag. 31, 1898.

[5] Wied. Ann. Bd. 10, pag. 321, 1880.

[6] Wied. Ann. Bd. 32, pag. 439, 1887.

[7] Comp. Rend. CXXVII, pag. 899, 1898; CXXVIII, pag. 145. 1899.

Alcune conseguenze però della teoria di quest'ultimo non vanno d'accordo coi particolari delle esperienze sull'effetto Zeemann, non essendo conformi ai risultati sperimentali le sue previsioni circa l'azione del campo sulle diverse righe di una stessa sostanza.

Anche noi abbiamo tentato la ricerca di una relazione semplice, o meglio di una reciproca dipendenza tra i due fenomeni, mettendoci nell'ordine di idee del Fitzgerald ; e, fondandoci sopra una ipotesi di evidente verosimiglianza, siamo venuti alla conclusione che i fatti da noi osservati sono una conseguenza necessaria del fenomeno Zeemann, che quindi devono sempre e solamente osservarsi nel caso di righe che presentano quel fenomeno e che perciò da qualunque teoria che spieghi questo restano anch'essi interpretati.

Le considerazioni che ci hanno condotto a tale risultato formano l'oggetto della presente Nota.

Un fascio di luce bianca si propaghi attraverso il nucleo forato di un'elettrocalamita, fra i poli della quale si trovi una sorgente luminosa che presenti l'effetto Zeemann.

Se la luce incidente è naturale, o comunque polarizzata, a campo non eccitato si vede, con uno spettroscopio qualsiasi, al posto di ogni linea di emissione della sorgente, una linea di assorbimento.

Eccitando il campo, se lo spettroscopio è abbastanza dispersivo, si osserva il noto effetto Zeemann per assorbimento, il quale effetto, nel caso che la luce incidente sia circolare, consiste in uno spostamento delle righe verso il violetto o verso il rosso, secondo che il senso della vibrazione incidente è lo stesso od opposto di quello della corrente magnetizzante. Questo spostamento è piccolissimo con i campi generalmente impiegati. Per le righe del sodio, p. es., la variazione della lunghezza d'onda è dell'ordine di 1/40000 della lunghezza d'onda primitiva. Inoltre, come risulterebbe da alcune nostre osservazioni, la distribuzione dell'intensità nella banda di assorbimento spostata non sembra differire per nulla da quella che si ha nella banda di assorbimento primitiva.

Intanto, come la teoria della dispersione anomala ci apprende, e l'esperienza (nei casi in cui è stata fatta) ha confermato, in vicinanza di ogni riga di assorbimento l'indice di rifrazione n cresce rapidamente andando dall'estremo rosso dello spettro verso la linea stessa, mentre decresce rapidamente venendovi dallo estremo violetto. Cosicchè, rappresentando graficamente l'andamento dei valori di n in funzione di quelli della lunghezza di onda λ, si ha una curva che scende rapidamente sino a un minimo in vicinanza del bordo più rifrangibile della riga, sale con un punto d'inflessione nell'interno di questa, per tornare a ridiscendere, anche rapidamente, fuori ed in vicinanza dell'altro bordo, con curvature opposte dai due lati della riga medesima.

Or poichè eccitando il campo la riga di assorbimento della luce circolare incidente, spostandosi di pochissimo nello spettro, mantiene inalterato per tutto il resto il suo aspetto, e poichè i valori dell'indice di rifrazione e della velocità di propagazione della luce nei corpi sono intimamente legati a quelli dell'assorbimento, noi ammetteremo, ed è questa la sola ipotesi che facciamo, che insieme alla riga di assorbimento si sposti, di una quantità eguale e senza alcuna deformazione, la curva degli indici di rifrazione.

Ciò posto sia per un dato mezzo, quando il campo non è eccitato,

$$n = f(\lambda)$$

l'equazione della curva suddetta, sull'andamento della quale per ora possiamo non precisar nulla. Sia inoltre δ il valore dello spostamento della riga. per luce incidente circolare, dovuto all'effetto Zeemann. Per luce circolare di senso opposto a quello di prima la curva si sposterà di δ in senso opposto, essendo le due righe di assorbimento per luce naturale simmetricamente disposte rispetto a quella che si aveva senza l'azione del campo.

Per la nostra ipotesi la curva (1) si sposterà senza deformazione di una lunghezza eguale a δ nel senso delle λ decrescenti se la vibrazione della luce circolare incidente si compie nel senso della corrente magnetizzante, e nel senso delle λ crescenti se la vibrazione si compie in senso opposto.

Supponiamo, per fissare le idee, che la corrente sia destrorsa. Per la luce destrogira la curva degli indici avrà l'equazione

$$n_1 = f(\lambda + \delta)$$

e per la levogira

$$n_2 = f(\lambda - \delta).$$

Sviluppando in serie di Taylor e tenendo presente che per la piccolezza di δ potranno trascurarsi i termini contenenti δ con esponente superiore a 2, si ha

$$n_1 = f(\lambda) + \delta \frac{dn}{d\lambda} + \frac{1}{2}\delta^2 \frac{d^2n}{d\lambda^2}$$

$$n_2 = f(\lambda) - \delta \frac{dn}{d\lambda} + \frac{1}{2}\delta^2 \frac{d^2n}{d\lambda^2}.$$

Se la luce incidente è polarizzata rettilineamente, dopo attraversato uno spessore l del mezzo, il piano di polarizzazione sarà girato nel senso destorso di

$$\varrho = \frac{\pi l}{\lambda}(n_2 - n_1) = -\frac{2\pi l}{\lambda}\frac{dn}{d\lambda}\delta.$$

E se si tien conto delle esperienze, dalle quali risulta che δ è proporzionale alla intensità H del campo,

$$\varrho = -\frac{2A\pi l}{\lambda}\frac{dn}{d\lambda}H$$

dove A è una costante *diversa da riga a riga*.

Questa formola è di accordo coi risultati delle esperienze.

Che la rotazione ϱ nel caso dei vapori di sodio e di litio sia proporzionale a $\frac{dn}{d\lambda}$ risulta dalle ricerche del Becquerel ([1]).

Dippiù, data la forma generale della curva di dispersione, forma di cui sopra è parola, fuori la banda l'espressione $\frac{dn}{d\lambda}$ è sempre negativa ed in valore assoluto crescente da entrambi i lati dall'esterno verso i bordi della banda stessa. In corrispondenza di ciò, come da noi fu osservato, la rotazione avviene nel senso della corrente magnetizzante ed è sempre crescente dallo esterno verso i bordi suddetti. La proporzionalità in fine di ϱ ad H l'abbiamo verificata con alcune recenti misure, con le quali abbiamo potuto constatare che al crescere dell'intensità del campo cresce nello stesso rapporto per tutti i posti dello spettro la rotazione, fin dove, per l'accrescimento dell'effetto Zeemann conseguente all'accrescimento dell'intensità del campo, la rotazione poteva essere misurata ([2]).

È da notarsi inoltre che la formola (2) è molto simile a quella cui perviene il Becquerel con la sua teoria sopracitata. Però nella (2) è contenuta la costante A che dà la misura dell'effetto Zeemann per ogni riga, e che, come risulta da esperienze note, è diversa anche per righe della stessa sostanza. Anche nella formola del Becquerel è contenuta una costante di proporzionalità, la quale esprime la velocità di rotazione dei vortici magnetici, e che perciò deve essere la stessa, almeno per le righe del medesimo corpo. Ne segue che, secondo la (2), se una delle righe di assorbimento del corpo non presenta l'effetto Zeemann, e il caso si avvera, essa non presenterà il fenomeno da noi osservato dapprima con le righe del sodio e del litio e più recentemente con quelle di alcuni altri corpi, quando anco i valori di $\frac{dn}{d\lambda}$ siano molto grandi per le radiazioni corrispondenti ai posti vi-

([1]) Compt. Rend. CXXVII, pag. 899; CXXVIII, pag. 145.

([2]) Nella Nota sopracitata, accennando ad alcune esperienze qualitative preliminari, si disse che al crescere dell'intensità del campo le linee luminose ed oscure prodottesi per la presenza di quello, si slargano. A questo bisogna aggiungere che ogni riga corrispondente ad una data rotazione, non ostante tale slargamento (simultaneo ad un allontanamento dal bordo della banda) rimane meno larga di quella alla quale spostandosi si è sostituita.

cini alla riga stessa; e ciò contrariamente a quanto si prevederebbe con la teoria del Becquerel.

Per il modo come è stata dedotta, la (2) è solo applicabile ai corpi che presentano in modo sensibile l'effetto Zeemann. Molti sono però i corpi dotati della proprietà di far girare sotto l'azione di un campo magnetico il piano di polarizzazione della luce che li attraversa, senza presentare righe di assorbimento nella parte visibile dello spettro.

Nella teoria della dispersione di Helmholtz, come si sa, viene ammesso che tali corpi diano righe di assorbimento nello spettro invisibile, e con tale ipotesi si possono ad essi applicare le formule dedotte da quella teoria. Or supponendo, come fa anche il Fitzgerald, che queste tali linee invisibili presentino anch'esse il fenomeno Zeemann, si avrebbe, per luce circolare secondo l'ipotesi da noi sopra enunciata, uno spostamento della curva degli indici e per conseguenza per luce polarizzata rettilineamente una rotazione del piano di polarizzazione espressa dalla (2), proporzionale perciò, come in molti casi risulta anche dall'esperienza ([1]), al valore di $\frac{dn}{d\lambda}$.

Ma, oltre che per questi corpi, lo studio della dispersione rotatoria magnetica è stato fatto anche per alcune sostanze che danno bande di assorbimento nello spettro visibile. Per esse il Cotton ([2]) non è riuscito, anche con metodi sensibili, a trovare un'azione del magnetismo sull'assorbimento dei raggi circolari. Alle sue esperienze perciò non è applicabile la (1), ed in corrispondenza di ciò la curva di dispersione rotatoria magnetica di questi corpi in vicinanza delle righe di assorbimento è del tutto diversa nel suo andamento generale, da quella trovata sperimentalmente per i corpi che presentano l'effetto Zeemann. Per questi infatti, come si è visto, i valori della rotazione crescono da entrambi i lati dall'esterno verso i bordi della banda, come crescono i valori di $\frac{dn}{d\lambda}$ nella curva di dispersione anomala, mentre dalle sue esperienze il Cotton ricava che « esaminando le diverse radiazioni andando dal rosso al « violetto ed avvicinandosi ad una banda di assorbimento la curva di disper-« sione (rotatoria magnetica) si modifica: le sue ordinate crescono più rapi-« damente che nella regione in cui il liquido è trasparente, in modo che la « curva ottenuta passa al di sopra di quella che si avrebbe se il liquido fosse « trasparente.....; se si osserva ciò che avviene all'altro limite di una banda « di assorbimento partendo dal violetto e andando verso il rosso le ordinate « decrescono rapidamente e la curva passa *al di sotto* di quel che si trove-« rebbe se non intervenisse l'assorbimento ».

([1]) Becquerel, Compt. Rend. CXXV, pag. 679.

([2]) Éclairage électrique, n. 20-31, 1896. Ann. de chim. et de phys., Série VII, t. 8, pag. 347, 1896.

Questo differenzia notevolmente i risultati sperimentali del Cotton da quelli da noi ottenuti: per cui se le esperienze del primo presentano delle analogie con le nostre, pure a noi sembra che tra le une e le altre ci siano delle differenze molto notevoli che non permettono fra esse un avvicinamento troppo intimo; come anche non ci pare che le esperienze del Cotton siano, come dice il Becquerel, una conferma della sua teoria, secondo la quale i valori della rotazione magnetica dovrebbero essere proporzionali a $\frac{dn}{d\lambda}$. Data infatti la forma della curva di dispersione anomala, poichè in essa i valori della $\frac{dn}{d\lambda}$ sono sempre crescenti dall'esterno verso i bordi della banda, anche crescenti dovrebbero essere quelli della rotazione, il che non è stato trovato nelle esperienze del Cotton. Vi sarebbe accordo solo nel caso che per i corpi da quest'ultimo studiati, in vicinanza delle bande di assorbimento, la curva degli indici, contrariamente a quanto è stato trovato per tutte le altre sostanze, non presenti dai due lati di ciascuna banda curvature opposte.

Fisica. — *Ricerche sull' inclinazione magnetica nel I secolo a. Cr. e nel I secolo dell' Èra volgare, calcolata da vasi fittili di Arezzo e Pompei* ([1]). Nota del dott. G. FOLGHERAITER, presentata dal Socio BLASERNA.

AREZZO. Il civico Museo di Arezzo possiede una raccolta assai importante di vasi appartenenti tutti ad una stessa epoca, bene determinata dalla marca di fabbrica, che portano impressa. In una delle sale del Museo sono disposti tutti i vasi rossi e le matrici, che vennero in luce nel 1883 ([2]), mentre si facevano i fondamenti di una fabbrica in aggiunta agli Asili d' infanzia: in essi domina il nome di Marco Perennio o dei suoi servi, ed appartengono alla prima metà del I secolo a. Cr. Alla stessa epoca appartengono pure le altre collezioni di vasi rossi provenienti da scavi diversi e donate al Museo da varî oblatori.

Degli oggetti scoperti nel 1883 potei utilizzare per le mie ricerche 14 matrici, delle quali però una sola era sana e completa. Della raccolta donata dal comm. Gamurrini potei esaminare un'urna cineraria perfettamente conservata e 5 matrici; della raccolta donata dal Ministero della P. Istruzione una matrice, di quella donata dal cav. V. Funghini una matrice, e finalmente dell'antica raccolta di proprietà del Museo esaminai le 5 urne cinerarie aretine, che sono assai bene conservate. In complesso ho quindi

([1]) Vedi questo volume pag. 69.

([2]) Atti della R. Accad. dei Lincei, Memorie della Classe Scienze morali ecc., serie 3ª, vol. XI, 1882-83, pag. 451.

determinato la distribuzione del magnetismo in 6 urne cinerarie ed in 21 matrici.

Delle 6 urne cinerarie 5 hanno forma eguale: sono leggermente coniche colla base più ristretta della bocca. La sesta (n. 82) è di forma sferoidale. Le loro dimensioni sono le seguenti:

Urna donata dal Gamurrini $a =$ mm. 167, $b =$ mm. 196, $h =$ mm. 213
» . n. 81   »   195   »   218   »   203
» 82   »   81   »   117   »   189
» 83   »   195   »   205   »   222
» 84   »   175   »   230   »   166
» » 86   »   195   »   210   »   248

dove a e b rappresentano rispettivamente il diametro della base e della bocca, ed h l'altezza dell'urna.

Nella seguente tabella sono riportate le intensità magnetiche ([1]) delle urne nei quattro punti della sezione normale, nei punti cioè dove si hanno i valori massimi e minimi, eguali rispettivamente a $K + K'$ e $K - K'$. L'ultima colonna dà l'inclinazione magnetica calcolata con questi valori, supposto che le urne siano rimaste durante la cottura col loro asse verticale.

TABELLA I.

	Base		Bocca		Inclinazione magnetica
	$K + K'$	$K - K'$	$K + K'$	$K - K'$	
Urna Gamurrini	+ 0° 43′,4	+ 0° 15′,4	− 0° 15′,7	− 0° 5′,6	62° 18′
» N. 81	+ 0 45,7	+ 0 9,3	− 0 16,0	− 0 4,8	56 46
» » 82	− 1 32,0	− 0 28.6	+ 1 83,7	+ 0 55,2	63 59
» » 83	+ 2 27,7	+ 0 28,9	− 1 22,3	− 0 24,4	56 44
» » 84	− 0 13,2	− 0 1,5	+ 0 11,4	+ 0 7,7	64 47
» » 86	+ 0 21,0	+ 0 9,7	− 0 10,5	− 0 1,7	63 43

Da questa tabella risulta, che il valore dell'inclinazione magnetica è compreso tra un minimo di 56° 44′ ed un massimo di 64° 47′. La grande differenza tra questi due valori estremi non deve punto produrre meraviglia, nè essere attribuita ad incertezza del metodo di misura. La distribuzione del magnetismo, anche se prodotta dall'azione dello stesso campo, non può essere eguale nelle diverse urne che alla condizione, che il loro asse geometrico abbia avuto durante la cottura la stessa direzione. Ora anche tenendo conto, che il vasaio deve avere avuto la massima cura nel collocare i suoi vasi nella posizione più stabile poggiandoli colla loro base sul fondo della fornace o sopra altri vasi, questa condizione non può essere in pratica soddisfatta rigorosamente. Può darsi, che il fondo stesso della fornace non sia stato un piano orizzontale, ma una superficie leggermente concava o convessa,

([1]) Le intensità magnetiche vengono espresse mediante gli angoli di deflessione, che subisce l'ago dell'intensimetro in seguito all'avvicinamento dei varî punti di un oggetto.

che i singoli vasi non abbiano base e bocca fra loro parallele, e che infine le deformazioni quasi inevitabili dovute all' ineguale restringimento dell'argilla durante la cottura abbiano dato luogo a dei piccoli spostamenti dalla posizione primitiva dei vasi. Per tutte queste cause è possibile, che alcuni di essi abbiano avuto il loro asse inclinato di alcuni gradi rispetto a quello di altri vasi.

Non si può pretendere quindi di avere dei risultati più concordanti, anche quando si abbia la certezza, che i vasi siano stati cotti assieme nella stessa fornace, e bisogna accontentarsi di assumere come valore dell' inclinazione magnetica la media dei valori ottenuti, che nel nostro caso è 61° 23'.

Delle 21 matrici sulle quali feci le misure, solo due erano sane e complete; tutte le altre sono restaurate e generalmente anche incomplete. Non ne ho potuto però tenere in considerazione che 13, perchè le altre 8 mi diedero una distribuzione del magnetismo anormale; ne trovai fra queste ultime perfino di quelle, in cui il massimo e minimo della base erano disposti sopra un diametro ad angolo retto con quello, su cui si trovavano il massimo e minimo della bocca: non può essere stato soltanto il campo magnetico terrestre, che ha orientato in esse il magnetismo, ma è intervenuta qualche altra azione, che ora non sarebbe possibile precisare.

Le matrici non hanno un numero progressivo d' inventario, per cui sono costretto a dare delle indicazioni speciali per distinguerle una dall' altra. La loro forma è sempre di cono tronco, che si apre dalla base verso la bocca. Esse sono:

1. Matrice completa, spaccata secondo una generatrice e restaurata nel mezzo della base; proviene dagli scavi del 1883. Il diametro della base $a =$ mm. 95, il diametro della bocca $b =$ mm. 200, l' altezza $h =$ mm. 98.

2. Matrice restaurata, manca qualche pezzettino; provenienza idem; $a =$ mm. 90, $b =$ mm. 180, $h =$ mm. 72.

3. Matrice completa in 4 pezzi, provenienza idem; $a =$ mm. 65, $b =$ mm. 135, $h =$ mm. 84.

4. Matrice molto alta, restaurata, mancano varî pezzetti, provenienza idem; $a =$ mm. 75, $b =$ mm. 110, $h =$ mm. 120.

5. Matrice in molti frantumi, mancano dei pezzetti, provenienza idem; $a =$ mm. 62, $b =$ mm. 138, $h =$ mm. 90.

6. Matrice assai grande, in molti frantumi, mancano dei pezzetti, provenienza idem; $a =$ mm. 98, $b =$ mm. 212, $h =$ mm. 120.

7. Matrice sana, provenienza idem; $a =$ mm. 90, $b =$ mm. 160, $h =$ mm. 76.

8. Matrice restaurata, quasi completa, provenienza idem; $a =$ mm. 66, $b =$ mm. 134, $h =$ mm. 95.

9. Matrice ad ornato in due soli pezzi, completa, provenienza idem; $a =$ mm. 75, $b =$ mm. 130, $h =$ mm. 55.

10. Grande matrice a figure, restaurata, mancano alcuni pezzetti fra cui il mezzo della base, appartiene alla raccolta Gamurrini; $a =$ mm. 125, $b =$ mm. 200, $h =$ mm. 90.

11. Matrice a figure, completa ed in grandi frammenti, della raccolta Gamurrini; $a =$ mm. 99, $b =$ mm. 156, $h =$ mm. 95.

12. Matrice ad ornato in un sol pezzo, manca una parte della bocca; dalla raccolta Gamurrini; $a =$ mm. 70, $b =$ mm. 160, $h =$ mm. 85.

13. Matrice ad ornato, restaurata ma completa, della raccolta Funghini; $a =$ mm. 96, $b =$ mm. 189, $h =$ mm. 80.

Nella seguente tabella sono riportati i valori dell'intensità magnetica delle matrici nei quattro punti della sezione normale, e l'inclinazione del campo magnetico terrestre calcolata in base a questi valori.

TABELLA II.

Matrici	Base		Bocca		Inclinazione magnetica
	K ← K'	K − K'	K ← K'	K − K'	
N.° 1	− 0° 12',0	− 0° 7',3	+ 0° 35',0	+ 0° 12',5	66° 22'
" 2	− 0 20,4	− 0 8,7	+ 0 2,8	+ 0 2,2	28 45
" 3	− 3 16,3	− 1 35,4	+ 2 1,	+ 0 54,7	64 35
" 4	− 1 26,5	− 0 14,2	+ 0 0,	+ 0 31,0	56 25
" 5	− 2 22,2	− 1 0,4	+ 1 7,	+ 0 20,5	59 16
" 6	− 2 40,2	− 0 48,8	+ 1 8,	+ 0 31,2	59 4
" 7	+ 1 57,5	+ 0 5,6	− 2 4,	− 0 8,8	39 0
" 8	+ 5 13,1	+ 2 13,3	− 3 1,	− 0 19,4	56 16
" 9	− 3 48,7	− 1 51,6	+ 2 1,	+ 0 55,9	64 45
" 10	− 1 9,0	+ 0 29,9	− 0 2,	− 0 8,7	65 17
" 11	− 0 18,0	− 0 5,1	+ 0 7,	+ 0 11,6	62 40
" 12	− 1 18,5	− 0 15,6	+ 0 6,	+ 0 18,4	57 39
" 13	− 1 24,1	+ 0 32,8	− 0 3,	− 0 2,9	59 16

Se si escludono i valori trovati per le due matrici 2 e 7, l'inclinazione magnetica è compresa tra un minimo di 56° 16' ed un massimo di 66° 22'. Dalla distribuzione del magnetismo indotto nelle due matrici 2 e 7 l'inclinazione del campo magnetico terrestre risulterebbe invece assai più piccola ed in disaccordo con quella trovata per le urne cinerarie. Probabilmente questi due vasi furono appoggiati alla superficie laterale di altri vasi per utilizzare lo spazio nella parte alta della fornace. Quest'ipotesi potrebbe essere accettata sia per la forma conica, sia per l'altezza relativamente piccola di queste due matrici rispetto a quella delle altre. Altre cause della discordanza non ne saprei trovare, perchè la distribuzione del magnetismo fu trovata in esse assai regolare. Lasciando da parte questi due vasi, si ottiene come valore medio dell'inclinazione magnetica 61° 3' molto d'accordo con quello trovato col mezzo delle urne cinerarie.

Dall'esame delle tabelle I e II si vede, che la base dei varî oggetti esaminati ha una polarità magnetica ora nord ora sud. Ciò dipende naturalmente dal fatto, che accanto ad un vaso diritto ne fu collocato uno rovesciato, come si usa anche al presente. Resterebbe quindi il dubbio, se l'inclinazione magnetica era a quell'epoca boreale come al presente o australe. Posso però rispondere con certezza a questa questione, perchè, come già altra volta accennai ([1]), ebbi occasione di esaminare la parte inferiore di una fornace dell'epoca, sepolta nella cantina del palazzo Occhini di Arezzo, nella quale si trovavano ancora avanzi di vasi colla sigla di M. Perennio. Ebbi il permesso di staccare dalle pareti un masso, che per l'azione del calore era stato ridotto in scoria potentemente magnetizzata; lo ridussi grossolanamente alla forma di cilindro, e così potei constatare, che la parte superiore del masso possedeva magnetismo sud e quella inferiore magnetismo nord.

L'inclinazione magnetica quindi nella prima metà del I secolo a. Cr. era boreale come al presente, ed il suo valore era a press'a poco eguale all'attuale o forse un po' maggiore, giacchè, come risulta dalla Carta magnetica d'Italia ([2]), ora in Arezzo essa è circa 59° 40' (epoca 1892,0).

Pompei. Nel Museo nazionale di Napoli esiste una copiosa raccolta di vasi fittili trovati negli scavi di Pompei; tra essi ho scelto per le mie ricerche quei vasi, dei quali si può stabilire con una certa sicurezza l'epoca ed il luogo della fabbricazione. Per questo motivo ho preso in esame oggetti d'uso domestico continuato come vasi per la conservazione di sostanze alimentari, tazze per bere o per altri scopi trovate nelle abitazioni. È assai probabile, che oggetti così comuni e di poco costo appartengano all'industria locale o di paesi assai vicini, come Nola, e che la loro fabbricazione risalga a pochissimi anni prima della distruzione di Pompei.

Ho lasciato da parte tutti i vasi di qualsiasi forma scoperti nelle tombe, e di più quelli che per il loro uso domestico potevano avere subìto delle modificazioni nella distribuzione del loro magnetismo, come i tegami ed i forni, che col loro fondo o lateralmente venivano esposti al fuoco.

Quando nell'ottobre 1897 visitai il Museo di Napoli si trovavano esposti nella collezione fittile pompeiana soltanto cinque oggetti ([3]) adatti per le mie

---

[1] Vedi questi Rendiconti, vol. VI, 1° sem. 1897, pag. 69, nota 2ª.

[2] Annali dell'Ufficio centrale meteorologico e geodinamico italiano, serie II, vol. XIV, parte 1ª. 1892, tav. VIII.

[3] In realtà vi erano pure 4 anfore, ma queste avevano la loro superficie in gran parte annerita, segno manifesto che esse furono adoperate per la cottura delle vivande. Le volli esaminare egualmente, e trovai una distribuzione del magnetismo molto diversa da anfora ad anfora. L'inclinazione dell'asse magnetico fu trovato:

per l'anfora n. 309 eguale a 57° 50'
" " " 311 " 26° 41'
" " " 338 " 51° 8'
" " senza n. " 12° 2'.

Ora siccome è costume di porre questi recipienti d'argilla per la cottura delle vivande, non al di sopra ma accanto al fuoco, è naturale che la superficie esposta direttamente all'azione della fiamma è portata ad una temperatura notevolmente più alta del resto

ricerche; erano delle grandi tazze, *orciuoli*, colla bocca un po' svasata e muniti di un'ansa; ma nel magazzino ne trovai altre 22 e di più rinvenni 12 vasi per conservare gli alimenti: sicchè in complesso di oggetti di Pompei ne ho esaminati 39.

Tutti gli orciuoli sono perfettamente della stessa forma, e quasi tutti benissimo conservati. Sono assai poco diversi tra loro in grandezza, come si vede dal seguente specchietto, nel quale sono dati i limiti, entro i quali variano le loro dimensioni.

Diametro massimo della base   mm. 63, minimo mm. 61

      »   »   bocca   » 124   »   » 119

Altezza   »   » 161   »   » 152

Nella seguente tabella riporto le intensità magnetiche trovate nei 4 punti della sezione normale ed il valore dell'inclinazione magnetica da esse dedotto. Nella 1ª colonna è dato il numero, col quale sono contradistinti gli orciuoli esposti nel Museo, mentre colle lettere dell'alfabeto sono notati gli altri orciuoli trovati nel magazzino.

TABELLA III.

	Base		Bocca		Inclina-zione magnetica
	K + K'	K — K'	K + K'	K — K'	
a	+ 0° 36',9	+ 0° 17',1	— 0° 18',8	— 0° 7',5	62° 7'
b	0 42,9	20,7	20,6	6,9	62 8
c	0 38,8	19,6	21,7	6,9	62 21
d	0 53,4	15,8	29,4	20,4	62 57
e	0 40,5	17,3	13,2	6,6	63 5
f	0 43,3	22,8	21,6	6,7	63 36
g	0 35,9	20,1	25,7	8,4	63 59
h	0 44,1	23,2	22,9	8,3	64 31
i	0 27,2	15,4	21,6	8,5	65 35
k	0 38,4	20,9	21,1	8,7	65 58
l	0 34,6	19,0	28,7	12,6	66 12
210	0 51,3	25,2	18,5	10,5	66 32
m	0 26,8	17,3	18,3	6,1	66 53
n	0 27,4	15,8	21,8	9,5	66 54
o	0 29,9	18,3	23,1	9,1	67 10
p	1 26,0	39,2	45,1	29,9	67 33
206	0 44,0	22,8	19,2	11,5	68 32
233	0 35,7	20,5	19,3	10,1	69 20
q	0 48,6	28,4	27,3	16,0	70 41
r	0 31,2	18,7	19,5	11,3	71 1
s	0 29,4	19,8	21,9	9,8	71 29
t	0 40,6	27,5	30,1	14,9	71 35
211	0 34,1	21,8	16,5	9,0	71 58
u	0 31,4	20,8	27,2	14,2	72 2

della superficie, che riceve il calore molto lentamente per la poca conducibilità dell'argilla. Ha quindi luogo un'induzione delle parti del vaso meno riscaldate e dotate perciò di maggior forza coercitiva sulle parti più calde. Questa è probabilmente la causa delle discordanze trovate.

— 127 —

Dall'esame della tabella si vede, che l'inclinazione magnetica calcolata dalla distribuzione del magnetismo negli orciuoli ([1]) varia da un minimo di 62° 7' ad un massimo di 72° 2'. Il valore medio è 66° 50', notevolmente superiore a quello trovato per i vasi di Arezzo.

Ad eguale risultato si arriva anche dalla distribuzione del magnetismo nei vasi per conservare gli alimenti: questi hanno una forma sferoidale, colla bocca molto svasata, e generalmente sono sprovvisti di anse. Se si eccettuano il vaso e', che è alto mm. 275, e l'anforetta g' le cui dimensioni sono $a = $ mm. 78, $b = $ mm. 114, $h = $ mm. 217, per tutti gli altri le dimensioni variano entro questi limiti:

Diametro della base a massimo   mm.   74, minimo mm.   63
»   »   bocca b »   » 143   »   » 136
Altezza h »   » 188   »   » 178.

Nella seguente tabella sono segnate le intensità magnetiche nei punti della sezione normale e l'inclinazione magnetica, che da esse si ricava.

TABELLA IV.

	Base		Bocca		Inclinazione magnetica
	K + K'	K — K'	K + K'	K — K'	
a'	+ 0° 5',5	+ 0° 2',4	— 0° 3',7	— 0° 1',4	C2° 13'
b'	+ 1 3,1	+ 0 24,8	— 0 32,7	— 0 14.1	62 21
c'	+ 0 7,8	+ 0 3,7	— 0 4,6	— 0 1,8	65 20
d'	+ 1 36,4	— 0 52,1	— 1 1,9	— 0 21,5	65 35
e'	+ 0 38,8	+ 0 28,7	— 0 46,7	— 0 11,4	65 54
f'	+ 0 11,8	+ 0 8,3	— 0 17,9	— 0 6,8	67 8
g'	— 2 2,0	— 1 2,2	+ 1 43,1	+ 0 55,2	67 31
h'	+ 0 8,4	+ 0 5,8	— 0 8,4	— 0 3,1	69 1
i'	+ 0 21,4	+ 0 12,8	— 0 9,8	— 0 5,5	71 59
l'	+ 0 22,3	+ 0 4,1	— 0 4,0	— 0 0,3	48 20

Per la distribuzione del magnetismo libero in questi vasi ([2]), eccettuato l', l'inclinazione magnetica varia entro gli stessi limiti dati dalla tabella III, ed anche la media, che è 66° 20', corrisponde bene con quella data dagli orciuoli.

([1]) I tre orciuoli che non compariscono nella tabella, hanno una distribuzione irregolare del magnetismo: il n. 208 ha uno dei massimi spostato di 90° dal piano verticale che contiene gli altri 3 punti; in un altro orciuolo d'un colore rosso vivo, che lo distingue da tutti gli altri vasi della stessa forma, l'intensità magnetica in luogo di variare regolarmente da punto a punto conserva lo stesso valore per circa un terzo della periferia della bocca: il terzo orciuolo ha la bocca ovale.

([2]) Dei due vasi non riportati nella tabella uno di fattura molto rozza e molto più pesante degli altri probabilmente ha dei punti conseguenti, perchè alla periferia della bocca mostra una polarità nord, che varia regolarmente da punto a punto, ed alla base ha pure polarità nord, e solo in pochi punti di essa mostra una debole polarità sud. L'altro ha la bocca deformata in seguito alla cottura.

Dalle mie misure risulterebbe quindi, che in Pompei, o meglio nei luoghi di fabbricazione dei vasi pompeiani, l'inclinazione magnetica poco prima della distruzione della città era all'incirca 66°, 5.

Questo valore è a press'a poco 5° maggiore di quello avuto per l'epoca di fabbricazione dei vasi aretini; e se si ammette, che anche allora come al presente in Italia l'inclinazione magnetica sia andata diminuendo da nord a sud, la differenza d'inclinazione magnetica tra la prima metà del I secolo a. Cr. e la seconda metà del I secolo dell'Èra volgare dovrebbe essere stata ancora più pronunciata.

Però qui devo richiamare alla mente, che Pompei ed i paesi circostanti, che le fornivano le stoviglie, erano alle falde o poco distanti dal Vesuvio, e che le regioni vulcaniche sono più o meno perturbate per la presenza dei materiali magnetici eruttati. Ma anche se si arrivasse a stabilire con precisione le località, ove furono cotti i vasi antichi, noi non saremmo in grado di conoscere l'entità delle perturbazioni magnetiche ivi esistenti avanti l'eruzione del 79 (¹), perchè le numerose eruzioni avvenute negli ultimi 18 secoli possono avere modificate profondamente le proprietà magnetiche del terreno.

Nel mettere quindi a confronto i risultati avuti dai vasi di Pompei con quelli avuti dai vasi aretini non bisogna perciò dimenticarsi, che la prima località poteva essere soggetta a delle sensibili perturbazioni, che ora noi non siamo in grado di precisare. Ma se vogliamo fare astrazione da questa causa d'incertezza, e ci contentiamo di giudicare delle perturbazioni allora esistenti da quelle, che si trovano al presente, possiamo asserire che esse erano piuttosto deboli. Di fatto se sulla Carta magnetica d'Italia, già citata, si tira una linea passante per Napoli e parallela all'isoclina 57°, essa attraversa Montevergine presso Avellino, località non perturbata, nella quale furono fatte dal prof. Palazzo le misure magnetiche nel 1891. L'inclinazione magnetica in quella stazione era 56° 48′ (epoca 1891, 5) (²): ora il valore dell'inclinazione magnetica in Napoli (Capodimonte) per l'epoca 1891, 0 è precisamente 56° 48′ (³). La concordanza perfetta dei due valori indicherebbe, che le roccie vulcaniche, sulle quali trovasi l'Osservatorio magnetico di Napoli, non esercitano un'azione perturbatrice sensibile sulle misure magnetotelluriche.

Indirettamente ho pure io constatato, che tale azione a Napoli è poco sensibile. Nell'ottobre del 1897 raccolsi dei pezzi di tufo dalle cave poste

(¹) Che anche prima del 79 abbiano avuto luogo delle eruzioni vulcaniche, e che la regione vesuviana sia stata magneticamente perturbata, lo prova ad evidenza il fatto, che dalle pareti dell'anfiteatro di Pompei furono dal Melloni levati dei massi di lava dotati di magnetismo permanente. Vedi: *Ricerche intorno al magnetismo delle roccie*. R. Acc. delle Scienze di Napoli, vol I, 1853.

(²) Annali dell'Ufficio centrale meteor. e geodinamico italiano, serie 2ª, vol. XIV, parte 1ª, 1892, pag. 74.

(³) Calendario dell'Osservatorio al Collegio Romano. anno XII, 1891, pag. 5.

nel Vallone delle Fontanelle e dalla roccia, sulla quale è edificato il Castel S. Elmo; li esaminai al mio intensimetro e non ottenni deviazione alcuna. Però trovai delle sensibili azioni avvicinando all'istrumento i pezzi di lava presi dalle cave di S. Giorgio a Cremano e di Torre del Greco, ed i pezzi staccati dalla corrente fangosa, che ha sepolto la città di Ercolano. Tali azioni sono però molto più deboli di quelle, che si trovano nelle roccie vulcaniche del Lazio.

Se volessimo ammettere addirittura come trascurabili le perturbazioni prodotte sull'inclinazione dalle roccie eruttate dal Vesuvio, il valore di questo elemento magnetico sarebbe cresciuto di circa 8° dalla prima metà del I secolo a. Cr. sino all'anno 79 dell'Éra volgare, ossia nel corso di un secolo e mezzo (perchè la differenza d'inclinazione tra Arezzo e Pompei è circa 3°).

Ora siccome sappiamo da misure dirette, che l'inclinazione magnetica a Parigi è diminuita di circa 10° dal 1671 al presente, ossia nel periodo di 2 secoli e un quarto, così si scorge, che le sue variazioni circa 20 secoli fa non potevano essere molto diverse da quelle, che sono attualmente, e che mentre l'inclinazione *segue ora il ramo discendente della curva*, allora *seguiva il ramo ascendente* tendendo verso un massimo, dal quale forse non era molto lontana all'epoca della distruzione di Pompei.

Per quanto riguarda l'intensità del campo magnetico terrestre all'epoca della fabbricazione dei vasi aretini e pompeiani nulla si può dire di positivo. Evidentemente la questione verrebbe decisa facilmente, se si avesse la certezza, che un vaso cotto successivamente parecchie volte nello stesso campo mostrasse la stessa intensità magnetica; in tal caso basterebbe prendere un vaso aretino o pompeiano, rimetterlo al forno e determinare l'intensità magnetica, che il campo magnetico terrestre vi produce, e trovare il rapporto con quella prodotta dal magnetismo terrestre di 20 secoli fa. Ma tanto dalle mie esperienze, quanto dall'esame delle tabelle sopra riportate risulta, che sia cuocendo assieme nella stessa fornace vasi di eguale grandezza e forma, sia ripetendo la cottura parecchie volte sullo stesso vaso, l'intensità di magnetizzazione non è costante. Di fatto per gli orciuoli *b, d, e, f, h, l, n, o,* 206 (vedi tabella III) eguali fra loro in forma e grandezza, le intensità magnetiche totali calcolate dall'intensità di una delle componenti del magnetismo indotto e dall'inclinazione della risultante) sono rispettivamente

$$0°\,45',4 \qquad 1°\,6',8 \qquad 0°\,43',5 \qquad 0°\,52',7 \qquad 0°\,54',6$$
$$0°\,39',9 \qquad 0°\,51',8 \qquad 0°\,40',5 \qquad 0°\,43',6 \qquad 0°\,52',4$$

Per il cilindro 8 (vedi pag. 74 di questo volume) cotto 6 volte in diverse orientazioni l'intensità magnetica totale fu trovata successivamente

$$0°\,23',4 \qquad 0°\,25',6 \qquad 0°\,51,3 \qquad 0°\,25',7 \qquad 0°\,29',5 \qquad 0°\,50',7.$$

Forse ripetendo la cottura di un grande numero di vasi antichi di eguale grandezza e per parecchie volte si potrebbe giungere ad ottenere un valore di questo elemento magnetico non molto lontano dal vero.

Fisica. — *Sui battimenti luminosi e sull' impossibilità di produrli ricorrendo al fenomeno di Zeemann.* Nota del dott. O. M. COR-BINO, presentata dal Socio BLASERNA.

Fisica. — *Sulla dissociazione dell' ipoazotide* ([1]). Nota del dott. A. POCHETTINO, presentata dal Socio BLASERNA.

Fisica terrestre. — *Sopra un sistema di doppia registrazione negli strumenti sismici.* Nota di G. AGAMENNONE, presentata dal Socio TACCHINI.

Chimica. — *Azione delle ammine o delle ammidi sull' acenoftenchinone.* Nota di G. AMPOLA e V. RECCHI, presentata dal Socio PATERNÒ.

Chimica. — *Sopra alcuni nitrosoindoli.* Nota di A. ANGELI e M. SPICA, presentata dal Socio G. CIAMICIAN.

Le Note precedenti saranno pubblicate nel prossimo fascicolo.

Chimica. — *Sostituzione di più atomi di idrogeno del benzolo per opera del mercurio.* Nota preventiva di LEONE PESCI, presentata dal Socio G. CIAMICIAN.

Dreher ed Otto ([1]) prepararono, or sono molti anni, l'idrossido ed i sali di *mercuriofenile* $(C_6H_5Hg)'$ e recentemente O. Dimroth ([2]) ottenne l'acetato di questo radicale seguendo un processo simile a quello che, da molto tempo, io pratico nella preparazione dei composti organo-mercurici derivati dalle amine aromatiche; valendosi cioè dell'acetato mercurico che fece direttamente reagire sul benzolo ([3]).

([1]) Ber. II, 549, J. f. pr. Chem. I, 179.
([2]) Ber. XXXI, 2154.
([3]) In altro luogo (Chem. Zeit. XXIII, 58) ho già espresso la mia soddisfazione per questa ed altre simili reazioni ottenute da quel Chimico; ed ho detto come tale soddisfa-

Avendo di recente ([1]) constatato che fondendo l'acetanilide colle debite proporzioni di acetato mercurico si possono sostituire due atomi di idrogeno benzenico con altrettanti atomi di quel metallo, pensai di tentare la sostituzione di più atomi di idrogeno anche nel semplice benzolo, per opera del mercurio, operando sul mercuriodifenile in modo analogo.

Ho ottenuto così tre nuovi composti e cioè gli acetati di *dimercuriobenzolo, trimercuriobenzolo* e *tetramercuriobenzolo.*

Acetato di dimercuriobenzolo $C_6H_4Hg_2 (C_2H_3O_2)_2$. Una miscela composta di gr. 2,5 di mercuriodifenile e gr. 9,5 di acetato mercurico puro fu scaldata al bagno d'olio. La massa fuse verso 120°: portata a 150° svolse acido acetico, divenne rapidamente pastosa ed aumentò poi progressivamente di consistenza così da farsi in breve tempo solida. Il prodotto fu fatto cristallizzare ripetutamente dall'acido acetico diluito bollente. Si ottenne in forma di mammelloni microscopici alquanto solubili nell'alcol e nel benzolo bollenti, insolubili nell'acqua. Esposto all'azione del calore si scompose verso 230° senza fondere. Si sciolse facilmente nell'acetato di ammonio ammoniacale e ne precipitò inalterato per aggiunta di acido acetico. Trattato con iposolfito di sodio si sciolse completamente, formando un liquido il quale dimostrò di non contenere mercurio ionizzabile. Difatti per azione dell'idrogeno solforato e dei solfuri alcalini non si formò in questo liquido solfuro mercurico, ma invece un precipitato bianco che non ho peranco studiato. Evidentemente adunque il mercurio contenuto in questo composto e tutto nucleare. Seccato sopra l'acido solforico diede all'analisi i risultati seguenti:

I gr. 0,6048 di sostanza fornirono gr. 0,4733 di HgS
II gr. 0,3149   »   »   » 0,2465   »
III gr. 0,3265   »   »   » 0,2560   »

	calcolato	trovato		
		I	II	III
Hg °/₀	67,34	67,48	67,48	67,59

Idrossido di dimercuriobenzolo $C_6H_4Hg_2 (OH)_2$. Si preparò aggiungendo idrossido di potassio all'acetato molto diviso, stemperato nell'acqua e lasciando la massa a sè per circa ventiquattro ore. È una polvere bianca composta di mammelloni microscopici, insolubili nei solventi ordinarî. Possiede reazione alcalina. Esposta all'azione del calore non fonde, ma scaldata a tem-

---

zione mi provenga dal convincimento che siano state le pubblicazioni mie e quelle dei miei allievi che lo hanno indotto a questo genere di ricerche. Le quali gli hanno dato occasione di preparare importanti composti, confermando quanto io aveva già dal 1897 (Zeit. f. anorg. Chem. XV, 210) affermato e dimostrato e cioè che i radicali negativi degli acidi esistenti nei sali di mercurio, possono separare idrogeno dal benzene sostituendogli il metallo e producendo contemporaneamente gli acidi rispettivi.

([1]) Chem. Zeit., loc. cit.

peratura molto elevata, deflagra vivamente lasciando un carbone molto leggero:
gr. 0,3900 di sostanza seccata sopra l'acido solforico, formano gr. 0,3571 di HgS

calcolato		trovato
Hg % 78,43	.	78,93

È molto verosimile che il mercurio nel dimercuriobenzolo occupi i posti 1, e 4.

Acetato di trimercuriobenzolo $C_6H_3Hg_3(C_2H_3O_2)_3$. Una miscela composta di gr. 3,5 di mercuriodifenile e gr. 16 di acetato mercurico venne scaldata a fusione e portata rapidamente a 150-160°. Si svolse acido acetico ed il prodotto in breve spazio di tempo, si fece solido. Si polverizzò, si trattò con uno sciolto di acetato d'ammonio ammoniacale, nel quale tutto si sciolse all'infuori di una piccola quantità di materia color grigio scuro. Si filtrò ed al liquido, leggermente giallo, si aggiunse acido acetico diluito fino a precipitato persistente, che si separò mediante nuova filtrazione. Il liquido così purificato era scolorito ed addizionato di acido acetico concentrato, fornì un precipitato bianco composto di piccolissimi mammelloni microscopici, poco solubili nell'acido acetico diluito bollente, insolubili nei veicoli ordinarî. Questo prodotto esposto all'azione del calore si decompose, a temperatura molto elevata, senza fondere. Trattato con iposolfito di sodio si comportò come l'acetato di dimercuriobenzolo. All'analisi diede le cifre seguenti:

I gr. 0,4320 di sostanza fornirono gr. 0,3533 di HgS
II gr. 0,4116   »   »   » 0,3364   »

calcolato	trovato	
	I	II
Hg % 70,42	70,50	70,46

Idrossido di trimercuriobenzolo $C_6H_3Hg_3(OH)_3$. È una materia polverosa composta di mammelloni piccolissimi insolubili nei veicoli ordinarî. Non fonde, ma scaldata a temperatura elevata sulla lamina di platino si scompone con viva deflagrazione:

I gr. 0,4770 di sostanza fornirono gr. 0,4563 di HgS
II gr. 0,4711   »   »   » 0,4524   »

calcolato	trovato	
	I	II
Hg % 82,64	82,47	82,78

Riguardo ai posti occupati dal mercurio in queste combinazioni, accettando per il dimercuriobenzolo la costituzione sopra accennata, mi credo autorizzato ad ammettere che siano i seguenti: 1, 2, e 4; cioè che si tratti del trimercuriobenzolo assimetrico. Il mio supposto ha fondamento principale sui fatti osservati nello studio dei composti organo-mercurici derivati dalle paratoluidine (¹).

Acetato di tetramercuriobenzolo $C_6H_2Hg_4$ $(C_2H_3O_2)_4$. Fu preparato da una miscela di 2 gr. di mercuriodifenile e 13 gr. di acetato mercurico, operando come fu detto per l'acetato di trimercuriobenzolo. È un prodotto polveroso bianco. È insolubile in tutti gli ordinarî solventi. Per opera del calore si scompone senza fondere. Coll'iposolfito di sodio si comporta come gli acetati precedenti:

I gr. 0,4633 di sostanza fornirono gr. 0,3856 di HgS
II gr. 0,6097 » » » 0,5073 »
III gr. 0,4948 » » » 0,4138 »

calcolato		trovato	
	I	II	III
Hg % 72,07	71,75	71,73	71,96

Idrossido di tetramercuriobenzolo $C_6H_2Hg_4$ $(OH)_4$. È una polvere amorfa di color giallo chiaro. È insolubile nei solventi ordinarî : ha reazione alcalina. A forte temperatura deflagra vivamente.

gr. 0,7335 di sostanza fornirono gr. 0,7242 di HgS

calcolato	trovato
Hg % 84,93	85,10

È molto probabile che la costituzione del tetramercuriobenzolo sia simmetrica.

Ho fatto reagire il mercuriodifenile con grandissime quantità di acetato, mercurico facilitando la fusione delle miscele mediante l'aggiunta di piccole quantità di acido acetico, ma non ho ottenuto che acetato di tetramercuriobenzolo.

Lo studio di questi composti sarà da me continuato.

Geologia. — *Le roccie trachitiche degli Astroni nei Campi Flegrei*. II. *Esemplari della corrente laterale*. Nota del dott. LUIGI PAMPALONI, presentata dal Socio DE STEFANI.

Varietà grigia. — Questa si distingue nettamente dalle altre prime descritte, in quanto che mentre quest'ultime sono veri e proprî vetrofiri trachitici, la roccia in questione invece può essere considerata come una roccia trachitica ipocristallina; però i suoi costituenti, salvo piccolissime varianti, sono identici agli altri della varietà bollosa del cratere centrale.

(¹) Zeits. f. anorg. Chem. XVII, 276, Gazz. chim. XXVIII, f. 101.

Fisica. — *Sui battimenti luminosi e sull' impossibilità di produrli ricorrendo al fenomeno di Zeemann.* Nota del dott. O. M. CORBINO, presentata dal Socio BLASERNA.

Fisica. — *Sulla dissociazione dell' ipoazotide* ([1]). Nota del dott. A. POCHETTINO, presentata dal Socio BLASERNA.

Fisica terrestre. — *Sopra un sistema di doppia registrazione negli strumenti sismici.* Nota di G. AGAMENNONE, presentata dal Socio TACCHINI.

Chimica. — *Azione delle ammine o delle ammidi sull' acenoftenchinone.* Nota di G. AMPOLA e V. RECCHI, presentata dal Socio PATERNÒ.

Chimica. — *Sopra alcuni nitrosoindoli.* Nota di A. ANGELI e M. SPICA, presentata dal Socio G. CIAMICIAN.

Le Note precedenti saranno pubblicate nel prossimo fascicolo.

Chimica. — *Sostituzione di più atomi di idrogeno del benzolo per opera del mercurio.* Nota preventiva di LEONE PESCI, presentata dal Socio G. CIAMICIAN.

Dreher ed Otto ([1]) prepararono, or sono molti anni, l'idrossido ed i sali di *mercuriofenile* $(C_6H_5Hg)'$ e recentemente O. Dimroth ([2]) ottenne l'acetato di questo radicale seguendo un processo simile a quello che, da molto tempo, io pratico nella preparazione dei composti organo-mercurici derivati dalle amine aromatiche; valendosi cioè dell'acetato mercurico che fece direttamente reagire sul benzolo ([3]).

([1]) Ber. II, 549, J. f. pr. Chem. I, 179.
([2]) Ber. XXXI, 2154.
([3]) In altro luogo (Chem. Zeit. XXIII, 58) ho già espresso la mia soddisfazione per questa ed altre simili reazioni ottenute da quel Chimico; ed ho detto come tale soddisfa-

Avendo di recente ([1]) constatato che fondendo l'acetanilide colle debite proporzioni di acetato mercurico si possono sostituire due atomi di idrogeno benzenico con altrettanti atomi di quel metallo, pensai di tentare la sostituzione di più atomi di idrogeno anche nel semplice benzolo, per opera del mercurio, operando sul mercuriodifenile in modo analogo.

Ho ottenuto così tre nuovi composti e cioè gli acetati di *dimercuriobenzolo, trimercuriobenzolo e tetramercuriobenzolo.*

Acetato di dimercuriobenzolo $C_6H_4Hg_2$ $(C_2H_3O_2)_2$. Una miscela composta di gr. 2,5 di mercuriodifenile e gr. 9,5 di acetato mercurico puro fu scaldata al bagno d'olio. La massa fuse verso 120°: portata a 150° svolse acido acetico, divenne rapidamente pastosa ed aumentò poi progressivamente di consistenza così da farsi in breve tempo solida. Il prodotto fu fatto cristallizzare ripetutamente dall'acido acetico diluito bollente. Si ottenne in forma di mammelloni microscopici alquanto solubili nell'alcol e nel benzolo bollenti, insolubili nell'acqua. Esposto all'azione del calore si scompose verso 230° senza fondere. Si sciolse facilmente nell'acetato di ammonio ammoniacale e ne precipitò inalterato per aggiunta di acido acetico. Trattato con iposolfito di sodio si sciolse completamente, formando un liquido il quale dimostrò di non contenere mercurio ionizzabile. Difatti per azione dell'idrogeno solforato e dei solfuri alcalini non si formò in questo liquido solfuro mercurico, ma invece un precipitato bianco che non ho peranco studiato. Evidentemente adunque il mercurio contenuto in questo composto e tutto nucleare. Seccato sopra l'acido solforico diede all'analisi i risultati seguenti:

I gr. 0,6048 di sostanza fornirono gr. 0,4733 di HgS
II gr. 0,3149   "   "   " 0,2465   "
III gr. 0,3265   "   "   " 0,2560   "

calcolato		trovato	
	I	II	III
Hg °/₀ 67,34	67,48	67,48	67,59

Idrossido di dimercuriobenzolo $C_6H_4Hg_2$ (OH)$_2$. Si preparò aggiungendo idrossido di potassio all'acetato molto diviso, stemperato nell'acqua e lasciando la massa a sè per circa ventiquattro ore. È una polvere bianca composta di mammelloni microscopici, insolubili nei solventi ordinari. Possiede reazione alcalina. Esposta all'azione del calore non fonde, ma scaldata a tem-

---

zione mi provenga dal convincimento che siano state le pubblicazioni mie e quelle dei miei allievi che lo hanno indotto a questo genere di ricerche. Le quali gli hanno dato occasione di preparare importanti composti, confermando quanto io aveva già dal 1897 (Zeit. f. anorg. Chem. XV, 210) affermato e dimostrato e cioè che i radicali negativi degli acidi esistenti nei sali di mercurio, possono separare idrogeno dal benzene sostituendogli il metallo e producendo contemporaneamente gli acidi rispettivi.

([1]) Chem. Zeit., loc. cit.

Fisica. — *Sui battimenti luminosi e sull' impossibilità di produrli ricorrendo al fenomeno di Zeemann.* Nota del dott. O. M. CORBINO, presentata dal Socio BLASERNA.

Fisica. — *Sulla dissociazione dell' ipoazotide* ([1]). Nota del dott. A. POCHETTINO, presentata dal Socio BLASERNA.

Fisica terrestre. — *Sopra un sistema di doppia registrazione negli strumenti sismici.* Nota di G. AGAMENNONE, presentata dal Socio TACCHINI.

Chimica. — *Azione delle ammine o delle ammidi sull'acenoftenchinone.* Nota di G. AMPOLA e V. RECCHI, presentata dal Socio PATERNÒ.

Chimica. — *Sopra alcuni nitrosoindoli.* Nota di A. ANGELI e M. SPICA, presentata dal Socio G. CIAMICIAN.

Le Note precedenti saranno pubblicate nel prossimo fascicolo.

Chimica. — *Sostituzione di più atomi di idrogeno del benzolo per opera del mercurio.* Nota preventiva di LEONE PESCI, presentata dal Socio G. CIAMICIAN.

Dreher ed Otto ([1]) prepararono, or sono molti anni, l'idrossido ed i sali di *mercuriofenile* (C_6H_5Hg') e recentemente O. Dimroth ([2]) ottenne l'acetato di questo radicale seguendo un processo simile a quello che, da molto tempo, io pratico nella preparazione dei composti organo-mercurici derivati dalle amine aromatiche; valendosi cioè dell'acetato mercurico che fece direttamente reagire sul benzolo ([3]).

[1] Ber. II, 549, J. f. pr. Chem. I, 179.
[2] Ber. XXXI, 2154.
[3] In altro luogo (Chem. Zeit. XXIII, 58) ho già espresso la mia soddisfazione per questa ed altre simili reazioni ottenute da quel Chimico; ed ho detto come tale soddisfa-

Avendo di recente ([1]) constatato che fondendo l'acetanilide colle debite proporzioni di acetato mercurico si possono sostituire due atomi di idrogeno benzenico con altrettanti atomi di quel metallo, pensai di tentare la sostituzione di più atomi di idrogeno anche nel semplice benzolo, per opera del mercurio, operando sul mercuriodifenile in modo analogo.

Ho ottenuto così tre nuovi composti e cioè gli acetati di *dimercuriobenzolo, trimercuriobenzolo* e *tetramercuriobenzolo*.

Acetato di dimercuriobenzolo $C_6H_4Hg_2 (C_2H_3O_2)_2$. Una miscela composta di gr. 2,5 di mercuriodifenile e gr. 9,5 di acetato mercurico puro fu scaldata al bagno d'olio. La massa fuse verso 120°: portata a 150° svolse acido acetico, divenne rapidamente pastosa ed aumentò poi progressivamente di consistenza così da farsi in breve tempo solida. Il prodotto fu fatto cristallizzare ripetutamente dall'acido acetico diluito bollente. Si ottenne in forma di mammelloni microscopici alquanto solubili nell'alcol e nel benzolo bollenti, insolubili nell'acqua. Esposto all'azione del calore si scompose verso 230° senza fondere. Si sciolse facilmente nell'acetato di ammonio ammoniacale e ne precipitò inalterato per aggiunta di acido acetico. Trattato con iposolfito di sodio si sciolse completamente, formando un liquido il quale dimostrò di non contenere mercurio ionizzabile. Difatti per azione dell'idrogeno solforato e dei solfuri alcalini non si formò in questo liquido solfuro mercurico, ma invece un precipitato bianco che non ho peranco studiato. Evidentemente adunque il mercurio contenuto in questo composto e tutto nucleare. Seccato sopra l'acido solforico diede all'analisi i risultati seguenti :

I gr. 0,6048 di sostanza fornirono gr. 0,4733 di HgS
II gr. 0,3149   »   »   » 0,2465   »
III gr. 0,3265   »   »   » 0,2560   »

calcolato		trovato	
	I	II	III
Hg % 67,34	67,48	67,48	67,59

Idrossido di dimercuriobenzolo $C_6H_4Hg_2 (OH)_2$. Si preparò aggiungendo idrossido di potassio all'acetato molto diviso, stemperato nell'acqua e lasciando la massa a sè per circa ventiquattro ore. È una polvere bianca composta di mammelloni microscopici, insolubili nei solventi ordinarî. Possiede reazione alcalina. Esposta all'azione del calore non fonde, ma scaldata a tem-

---

zione mi provenga dal convincimento che siano state le pubblicazioni mie e quelle dei miei allievi che lo hanno indotto a questo genere di ricerche. Le quali gli hanno dato occasione di preparare importanti composti, confermando quanto io aveva già dal 1897 (Zeit. f. anorg. Chem. XV, 210) affermato e dimostrato e cioè che i radicali negativi degli acidi esistenti nei sali di mercurio, possono separare idrogeno dal benzene sostituendogli il metallo e producendo contemporaneamente gli acidi rispettivi.

([1]) Chem. Zeit., loc. cit.

Fisica. — *Sui battimenti luminosi e sull' impossibilità di produrli ricorrendo al fenomeno di Zeemann.* Nota del dott. O. M. Cor-BINO, presentata dal Socio Blaserna.

Fisica. — *Sulla dissociazione dell' ipoazotide* ([1]). Nota del dott. A. Pochettino, presentata dal Socio Blaserna.

Fisica terrestre. — *Sopra un sistema di doppia registrazione negli strumenti sismici.* Nota di G. Agamennone, presentata dal Socio Tacchini.

Chimica. — *Azione delle ammine o delle ammidi sull'acenoftenchinone.* Nota di G. Ampola e V. Recchi, presentata dal Socio Paternò.

Chimica. — *Sopra alcuni nitrosoindoli.* Nota di A. Angeli e M. Spica, presentata dal Socio G. Ciamician.

Le Note precedenti saranno pubblicate nel prossimo fascicolo.

Chimica. — *Sostituzione di più atomi di idrogeno del benzolo per opera del mercurio.* Nota preventiva di Leone Pesci, presentata dal Socio G. Ciamician.

Dreher ed Otto ([1]) prepararono, or sono molti anni, l'idrossido ed i sali di *mercuriofenile* (C_6H_5Hg)' e recentemente O. Dimroth ([2]) ottenne l'acetato di questo radicale seguendo un processo simile a quello che, da molto tempo, io pratico nella preparazione dei composti organo-mercurici derivati dalle amine aromatiche; valendosi cioè dell'acetato mercurico che fece direttamente reagire sul benzolo ([3]).

([1]) Ber. II, 549, J. f. pr. Chem. I, 179.

([2]) Ber. XXXI, 2154.

([3]) In altro luogo (Chem. Zeit. XXIII, 58) ho già espresso la mia soddisfazione per questa ed altre simili reazioni ottenute da quel Chimico; ed ho detto come tale soddisfa-

Avendo di recente (^{1}) constatato che fondendo l'acetanilide colle debite proporzioni di acetato mercurico si possono sostituire due atomi di idrogeno benzenico con altrettanti atomi di quel metallo, pensai di tentare la sostituzione di più atomi di idrogeno anche nel semplice benzolo, per opera del mercurio, operando sul mercuriodifenile in modo analogo.

Ho ottenuto così tre nuovi composti e cioè gli acetati di *dimercuriobenzolo, trimercuriobenzolo e tetramercuriobenzolo.*

Acetato di dimercuriobenzolo $C_6H_4Hg_2$ $(C_2H_3O_2)_2$. Una miscela composta di gr. 2,5 di mercuriodifenile e gr. 9,5 di acetato mercurico puro fu scaldata al bagno d'olio. La massa fuse verso 120°: portata a 150° svolse acido acetico, divenne rapidamente pastosa ed aumentò poi progressivamente di consistenza così da farsi in breve tempo solida. Il prodotto fu fatto cristallizzare ripetutamente dall'acido acetico diluito bollente. Si ottenne in forma di mammelloni microscopici alquanto solubili nell'alcol e nel benzolo bollenti, insolubili nell'acqua. Esposto all'azione del calore si scompose verso 230° senza fondere. Si sciolse facilmente nell'acetato di ammonio ammoniacale e ne precipitò inalterato per aggiunta di acido acetico. Trattato con iposolfito di sodio si sciolse completamente, formando un liquido il quale dimostrò di non contenere mercurio ionizzabile. Difatti per azione dell'idrogeno solforato e dei solfuri alcalini non si formò in questo liquido solfuro mercurico, ma invece un precipitato bianco che non ho peranco studiato. Evidentemente adunque il mercurio contenuto in questo composto e tutto nucleare. Seccato sopra l'acido solforico diede all'analisi i risultati seguenti:

I gr. 0,6048 di sostanza fornirono gr. 0,4733 di HgS
II gr. 0,3149 » » » 0,2465 »
III gr. 0,3265 » » » 0,2560 »

	calcolato	trovato		
		I	II	III
Hg %	67,34	67,48	67,48	67,59

Idrossido di dimercuriobenzolo $C_6H_4Hg_2$ $(OH)_2$. Si preparò aggiungendo idrossido di potassio all'acetato molto diviso, stemperato nell'acqua e lasciando la massa a sè per circa ventiquattro ore. È una polvere bianca composta di mammelloni microscopici, insolubili nei solventi ordinarî. Possiede reazione alcalina. Esposta all'azione del calore non fonde, ma scaldata a tem-

---

zione mi provenga dal convincimento che siano state le pubblicazioni mie e quelle dei miei allievi che lo hanno indotto a questo genere di ricerche. Le quali gli hanno dato occasione di preparare importanti composti, confermando quanto io aveva già dal 1897 (Zeit. f. anorg. Chem. XV, 210) affermato e dimostrato e cioè che i radicali negativi degli acidi esistenti nei sali di mercurio, possono separare idrogeno dal benzene sostituendogli il metallo e producendo contemporaneamente gli acidi rispettivi.

(^{1}) Chem. Zeit., loc. cit.

Annunciano l' invio delle proprie pubblicazioni:

L' Istituto Teyler di Harlem; le Università di Utrecht e di Francoforte s. M; l' Osservatorio di Leida.

OPERE PERVENUTE IN DONO ALL'ACCADEMIA
presentate nella seduta dell' 5 febbraio 1899.

Bassani F. — Parole pronunciate nell' adunanza inaugurale della Società Geologica italiana in Lagonegro il 5 settembre 1898. Roma, 1898. 8°.

Id. — Di una piccola bocca apertasi nel fondo della Solfatara. Napoli, 1898. 8°.

Baggi V. — Trattato elementare completo di geometria pratica. Disp. 60. Torino, 1898. 8°.

Beiträge zur Palaeontologischen Kenntniss des böhm. Mittelgebirges. — 1. *Laube G. C.* Amphibienreste aus dem Diatomeceenschiefer von Sulloditz im böhmisch. Mittelgebirge. — 2. *Engelhardt H.* Die Tertiaerflora von Berand im böhm. Mittelgebirge.

Loria G. — La storia della Matematica come anello di congiunzione fra l' insegnamento secondario e l' insegnamento universitario. S. l. 1898. 8°.

Luca G. de M.ᵢ de — Che cosa è la temperatura dei corpi ed il calorico che la produce. Molfetta, 1897. 8°.

Id. — Della ragione del diverso calorico specifico dei varî corpi e conseguenze importanti che ne derivano. Molfetta, 1899. 8°.

Nestler A. — Die Blasenzellen von Antithammion Plumula (Ellis) Thur. und Antithammion cruciatum (Ag.) Näg. Kiel, 1898. 4°.

Sars G. O. — An account of the Crustacea of Norvay. Vol. II. Isopoda, p. XI. XII. Bergen, 1898. 8°.

Schiffner V. — Conspectus hepaticarum Archipelagi Indici. Batavia, 1898. 8°.

Snyder M. B. — Report of the Harvard Astrophysical Conference. August 1898. Lancaster, 1898. 8°.

Tommasina Th. — Sur un curieux phénomène d' adhérence des limailles métalliques sous l'action du courant électrique. Paris, 1898. 4°.

P. B.

RENDICONTI

DELLE SEDUTE

DELLA REALE ACCADEMIA DEI LINCEI

Classe di scienze fisiche, matematiche e naturali.

Seduta del 19 febbraio 1899.

A. MESSEDAGLIA Vicepresidente.

MEMORIE E NOTE
DI SOCI O PRESENTATE DA SOCI

Matematica. — *Sulla teoria della deformazione delle superficie di rivoluzione.* Nota del Socio LUIGI BIANCHI.

§ 1. In una recente comunicazione all'Accademia delle Scienze di Parigi (¹) il sig. Guichard ha enunciato alcuni risultati relativi alla teoria della deformazione delle quadriche di rotazione, la cui estrema importanza non può essere sfuggita a quanti si occupano di geometria differenziale.

Cercando di dimostrare questi teoremi, io mi sono collocato da un punto di vista più generale, che mi ha dato, insieme alle dimostrazioni dei teoremi di Guichard, altri nuovi risultati dei quali rileverò specialmente quelli che si collegano alla teoria della trasformazione delle superficie pseudosferiche. Per bene intendere il problema che tratto e risolvo nella presente Nota conviene ricordare un risultato fondamentale, dovuto a Beltrami (²), relativo ai sistemi di raggi normali ad una serie di superficie parallele ed uscenti dai punti di una superficie qualsiasi S, alla quale i raggi stessi si immaginano invariabilmente connessi in tutte le deformazioni per flessione della S. Si sa allora che se, in una speciale configurazione della S, si immaginano i raggi emananti dai suoi punti terminati ad una delle superficie Σ ortogonali, il luogo dei medesimi estremi, dopo una deformazione qualsiasi della S, non cessa mai di essere una superficie ortogonale ai raggi.

Ciò ricordato, il problema che vogliamo qui trattare è un caso particolare del seguente: *Per quali superficie S accadrà che il luogo Σ dei detti estremi rimanga in qualsiasi deformazione della S una superficie W, i cui raggi principali di curvatura siano legati costantemente dalla medesima relazione?*

(¹) Comptes Rendus, 23 Janvier 1899, n.° 4.
(²) V. le mie: *Lezioni di geometria differenziale*, pag. 257.

Un caso ben noto in cui la detta proprietà si verifica è quello fornito dal celebre teorema di Weingarten (^{1}), quando cioè la S è applicabile sopra una superficie di rotazione e i raggi sono le tangenti alle deformate dei meridiani.

Nella presente Nota, allo scopo di stabilire i teoremi di Guichard e gli altri, di cui sopra è fatto cenno, mi limiterò per altro a trattare un caso particolare del problema enunciato. Supporrò che la superficie S sia applicabile sopra una superficie di rotazione e i raggi emananti da ogni punto della superficie siano normali alle deformate dei paralleli ed in conseguenza, per la condizione che i raggi formino un sistema normale, sia costante l'angolo d'inclinazione dei raggi sulla superficie lungo ogni deformata di un parallelo (^{2}). Supposte verificate queste condizioni, domandiamo: *È possibile determinare la superficie S in guisa che la superficie Σ luogo degli estremi dei segmenti, trasportati dalla S in ogni sua flessione, rimanga sempre una superficie d'area minima, ovvero una superficie a curvatura costante?*

La risposta è fornita completamente dai teoremi seguenti:

A) *Affinchè la Σ resti costantemente ad area minima è necessario e sufficiente che la S sia applicabile sul paraboloide di rotazione ed, in questa speciale configurazione della S, i raggi emanino dal fuoco ovvero dal punto all'infinito dell'asse; le lunghezze dei segmenti intercetti fra S e Σ eguaglino i corrispondenti raggi focali.*

B) *La superficie Σ resta a curvatura costante positiva allora e allora soltanto quando la S è applicabile sull'ellissoide allungato di rotazione ovvero sull'iperboloide di rotazione a due falde e i raggi emanano, in questa speciale configurazione di S, dall'uno o dall'altro dei due fuochi.*

C) *La superficie Σ resta a curvatura costante negativa solo quando la curva meridiana della superficie di rotazione, su cui la S è applicabile, è la curva esponenziale*

$$r = e^z,$$

ovvero la catenaria accorciata

$$r = m \cosh z \qquad (m < 1),$$

o in fine la curva

$$r = m \operatorname{senh} z;$$

ogni volta si hanno due diversi sistemi di raggi, che soddisfano alla questione, e nascono l'uno dall'altro per riflessione sulla superficie S.

I teoremi A) B), quando già si supponga la S applicabile sulla corrispondente quadrica di rotazione, dànno appunto i risultati di Guichard.

Quanto alle proposizioni contenute nel teorema C) esse stanno in relazione colla teoria della trasformazione delle superficie pseudosferiche; ma per ora non ne ho approfondito che un caso particolare, di cui sarà discorso più avanti.

(^{1}) V. *Lezioni* ecc., pag. 238.
(^{2}) Quando la S è conformata a superficie di rotazione i raggi emananti dai punti di un parallelo debbono quindi concorrere in un punto dell'asse.

§ 2. Per dimostrare i teoremi enunciati procederemo nel modo seguente. Sulla superficie S prendiamo a linee coordinate $u = $ cost., $v = $ cost. rispettivamente lè deformate dei paralleli e dei meridiani, onde si avrà per l'elemento lineare

(1) $$ds^2 = du^2 + r^2\, dv^2 \qquad (r = \varphi(u)).$$

Siano poi D , D′, D″ i coefficienti della 2ª forma fondamentale [1], i quali saranno legati dalla equazione di Gauss

(2) $$\frac{DD'' - D'^2}{r} = -\cdot r'',$$

indicando come faremo in seguito cogli accenti le derivate di funzioni della sola u; inoltre D , D′, D″ saranno legati dalle equazioni differenziali di Codazzi

(3) $$\begin{cases} \dfrac{\partial}{\partial v}(rD) = \dfrac{\partial}{\partial u}(rD') \\[2mm] \dfrac{\partial}{\partial u}\left(\dfrac{D''}{r}\right) = \dfrac{\partial}{\partial v}\left(\dfrac{D'}{r}\right) + Dr'. \end{cases}$$

Indichiamo poi con

$$(X_1 \ Y_1 \ Z_1)$$
$$(X_2 \ Y_2 \ Z_2)$$
$$(X_3 \ Y_3 \ Z_3)$$

i coseni di direzione della terna ortogonale formata: 1°) dalla tangente alla linea $u = $ cost.; 2°) dalla tangente alla $v = $ cost.; 3°) dalla normale alla superficie. Avremo allora le note formole fondamentali

(4) $$\frac{\partial x}{\partial u} = X_2 , \qquad \frac{\partial x}{\partial v} = rX_1$$

(5) $$\begin{cases} \dfrac{\partial X_1}{\partial u} = \dfrac{D'}{r}X_3 , & \dfrac{\partial X_2}{\partial u} = DX_3 , & \dfrac{\partial X_3}{\partial u} = -DX_2 - \dfrac{D'}{r}X_1 \\[2mm] \dfrac{\partial X_1}{\partial v} = -r'X_2 + \dfrac{D''}{r}X_3, & \dfrac{\partial X_2}{\partial v} = r'X_1 + D'X_3, & \dfrac{\partial X_3}{\partial v} = -\dfrac{D''}{r}X_1 - D'X_2, \end{cases}$$

colle analoghe per $y , z , Y_i , Z_i (i = 1 , 2 , 3)$.

Consideriamo ora il raggio che emana dal punto (x , y , z) di S ed è normale alla direzione (X_1 , Y_1 , Z_1) e sia σ l'angolo d'inclinazione di questo raggio sulla superficie, ove, per ipotesi, sarà σ funzione della sola u. I coseni di direzione

$$X , Y , Z$$

di detto raggio saranno dati manifestamente dalle formole

(6) $$\begin{cases} X = \cos\sigma\, X_2 + \operatorname{sen}\sigma\, X_3 \\ Y = \cos\sigma\, Y_2 + \operatorname{sen}\sigma\, Y_3 \\ Z = \cos\sigma\, Z_2 + \operatorname{sen}\sigma\, Z_3 \end{cases}$$

[1] V. *Lezioni*, cap. IV.

Costruiamo ora per il sistema di raggi· le quantità fondamentali di Kummer (¹):

$$E, F, G, e, f, f', g.$$

Per questo derivando le (6). otteniamo per le (5)

$$(7) \begin{cases} \dfrac{\partial X}{\partial u} = -\dfrac{D'}{r} \operatorname{sen} \sigma \, X_1 - \operatorname{sen} \sigma (D + \sigma') X_2 + \cos \sigma (D + \sigma') X_3 \\[2mm] \dfrac{\partial X}{\partial v} = \left(r' \cos \sigma - \dfrac{D'' \operatorname{sen} \sigma}{r} \right) X_1 - D' \operatorname{sen} \sigma \, X_2 + D' \cos \sigma \, X_3 , \end{cases}$$

onde seguono le formole:

$$(8) \begin{cases} E = (D+\sigma')^2 + \dfrac{D'^2}{r^2} \operatorname{sen}^2\sigma , \quad F = D'(D+\sigma') - \dfrac{D'}{r}\operatorname{sen}\sigma\left(r'\cos\sigma - \dfrac{D''\operatorname{sen}\sigma}{r}\right), \\[2mm] G = D'^2 + \left(r'\cos\sigma - \dfrac{D''\operatorname{sen}\sigma}{r}\right)^2, \quad e = -\operatorname{sen}\sigma(D+\sigma'), \; f{=}f'{=}-D'\operatorname{sen}\sigma, \\[2mm] \hspace{5cm} g = r\left(r'\cos\sigma - \dfrac{D''\operatorname{sen}\sigma}{r}\right). \end{cases}$$

L'essere $f = f'$ significa che la congruenza è normale, come già sapevamo, e poichè si ha

$$U = \sum X \frac{\partial x}{\partial u} = \cos \sigma , \quad V = \sum X \frac{\partial x}{\partial v} = 0 ,$$

le coordinate $\bar{x}, \bar{y}, \bar{z}$ di un punto mobile sopra una delle superficie $\sum$ normali ai raggi saranno dati (²) dalle formole

$$(8^*) \qquad \bar{x} = x + t X, \; \bar{y} = y + t Y, \; \bar{z} = z + t Z,$$

ove si è posto

$$9) \qquad t = C - \int \cos \sigma \, du ,$$

con C costante arbitraria. Ora per determinare le ascisse ϱ_1, ϱ_2 dei due fuochi abbiamo l'equazione di 2° grado

$$(10) \quad (EG - F^2)\varrho^2 + [gE - (f + f') F + eG]\varrho + eg - ff' = 0 ,$$

le cui radici sono appunto ϱ_1, ϱ_2. Pei valori dei coefficienti di questa equazione troviamo subito dalle (8):

$$(11) \begin{cases} EG - F^2 = \left\{ (D+\sigma')\left(r'\cos\sigma - \dfrac{D''\operatorname{sen}\sigma}{r}\right) + \dfrac{D'^2}{r}\operatorname{sen}\sigma\right\}^2 \\[3mm] gE - (f+f')F + eG = D'^2\operatorname{sen}\sigma(D+\sigma') - \operatorname{sen}\sigma(D+\sigma')\left(r'\cos\sigma - \dfrac{D''\operatorname{sen}\sigma}{r}\right)^2 + \\[3mm] \quad + (D+\sigma')^2 r\left(r'\cos\sigma - \dfrac{D''\operatorname{sen}\sigma}{r}\right) - \dfrac{D'^2}{r}\operatorname{sen}^2\sigma\left(r'\cos\sigma - \dfrac{D''\operatorname{sen}\sigma}{r}\right) \\[3mm] eg - ff' = -r\operatorname{sen}\sigma(D+\sigma')\left(r'\cos\sigma - \dfrac{D''\operatorname{sen}\sigma}{r}\right) - D'^2\operatorname{sen}^2\sigma . \end{cases}$$

(¹) V. *Lezioni*, ecc., capo X.
(²) *Id.*, pag. 256.

§ 3. Stabilite queste formole fondamentali, passiamo alla nostra ricerca e supponiamo dapprima che la superficie $\sum$ normale ai raggi data dalla (8*) si mantenga, in tutte le flessioni della S, *superficie d'area minima*. Siccome i suoi raggi principali di curvatura sono dati da

$$r_1 = \varrho_1 - t , \quad r_2 = \varrho_2 - t ,$$

dovremo avere

$$\varrho_1 + \varrho_2 = 2t ,$$

ossia

(12) $$2t(EG - F^2) + gE - (f + f') F + eG = 0 .$$

In questa sostituiamo per $EG - F^2$, $gE - (f + f') F + eG$ i valori (11), dai quali mediante l'equazione (2) di Gauss eliminiamo D''. Resta così una relazione in termini finiti fra D, D' e siccome la supponiamo verificata in tutte le flessioni della S, si vede facilmente che deve essere identicamente verificata. Ed infatti, durante le flessioni di S, le quantità D, D' sono unicamente legate dalle due equazioni a derivate parziali del 1° ordine (3), dalle quali pensiamo eliminato D'' per mezzo della (2); una relazione costante in termini finiti fra D, D' lascerebbe sussistere, al massimo, nella totalità delle flessioni una sola funzione arbitraria. Facendo effettivamente nella (12) la detta sostituzione, moltiplicando l'equazione per D^2 ed eliminando D'', troviamo:

$$2t\Big\{ D + \sigma' \Big)\Big(Dr' \cos\sigma - \frac{D'^2}{r}\operatorname{sen}\sigma + r''\operatorname{sen}\sigma \Big) + \frac{DD'^2}{r}\operatorname{sen}\sigma \Big\}^2 + D^2 D'^2 \operatorname{sen}\sigma (D + \sigma') -$$

$$- \operatorname{sen}\sigma(D + \sigma')\Big(Dr'\cos\sigma - \frac{D'^2}{r}\operatorname{sen}\sigma + r''\operatorname{sen}\sigma \Big)^2 +$$

$$+ rD(D + \sigma')^2 \Big(Dr'\cos\sigma - \frac{D'^2}{r}\operatorname{sen}\sigma + r''\operatorname{sen}\sigma \Big) -$$

$$- \frac{DD'^2}{r}\operatorname{sen}^2\sigma\Big(Dr'\cos\sigma - \frac{D'^2}{r}\operatorname{sen}\sigma + r''\operatorname{sen}\sigma \Big) = 0 .$$

Pongasi ora per brevità

$$Dr'\cos\sigma - \frac{D'^2}{r}\operatorname{sen}\sigma + r''\operatorname{sen}\sigma = A$$

e se ne tragga D'^2 in funzione di D e A colla formula

$$\frac{D^2\operatorname{sen}\sigma}{r} = Dr'\cos\sigma + r''\operatorname{sen}\sigma - A ;$$

la precedente diviene:

$$2t \{ D^2 r'\cos\sigma + Dr''\operatorname{sen}\sigma + \sigma' A\}^2 + rD^2(D + \sigma')(Dr'\cos\sigma + r''\operatorname{sen}\sigma - A)$$
$$- \operatorname{sen}\sigma(D + \sigma')A^2 + rD(D + \sigma')^2 A - \operatorname{sen}\sigma DA(Dr'\cos\sigma + r''\operatorname{sen}\sigma - A) = 0 ,$$

che deve risultare *identica* in D e A. Ne seguono le condizioni necessarie e sufficienti

(13) $$2t\sigma' = \operatorname{sen}\sigma$$

(14) $$2tr'\cos\sigma + r = 0$$

(15) $$2tr''\operatorname{sen}\sigma + r\sigma' = 0$$

(16) $$4tr'\sigma'\cos\sigma + r\sigma' - r'\operatorname{sen}\sigma\cos\sigma = 0$$

Noi escludiamo la soluzione $\sigma' = 0$ perchè allora la (13) darebbe $\sigma = 0$ e, il sistema di raggi essendo quello delle tangenti alle deformate dei meridiani, saremmo ricondotti al teorema, già sopra citato, di Weingarten [1]. Eliminando $2t$ dalle (14 (15) per mezzo della (13), otteniamo le due equa-

(14*) $$r\sigma' + r' \operatorname{sen} \sigma \cos \sigma = 0$$

(15*) $$\operatorname{sen}^2 \sigma r'' + r\sigma'^2 = 0$$

e le (16), (17) si riducono a queste medesime.

Resta dunque, se sarà possibile. di determinare σ, r, t in funzione di u in guisa da soddisfare le (13), (14*), (15*) e inoltre l'equazione

(18) $$t' + \cos \sigma = 0,$$

che segue per derivazione dalla (9).

Ora dalla (14*) si ha intanto

(19) $$r = c \cot \sigma,$$

essendo c una costante. Sostituendo nella (15*), otteniamo per σ l'equazione differenziale

$$\sigma'' = 3 \cot \sigma \, \sigma'^2,$$

dalla cui integrazione segue

(20) $$\sigma' = k \operatorname{sen}^3 \sigma,$$

indicando k una nuova costante. Dopo di ciò la (13) diventa

(21) $$2t = \frac{1}{k \operatorname{sen}^3 \sigma}$$

e la (18) è identicamente soddisfatta.

Il nostro problema ammette dunque certamente soluzioni; queste si ottengono prendendo per σ un integrale della (20) indi assumendo r dalla (19) e t dalla (21). Si tratta ora di vedere quale sarà la superficie di rotazione corrispondente. A tale scopo deduciamo dalla (20)

$$du = \frac{d\sigma}{k \operatorname{sen}^3 \sigma}$$

e dalla (19)

$$dr = -\frac{c d\sigma}{\operatorname{sen}^2 \sigma},$$

indi

$$du^2 = \frac{1}{k^2 c^2}\left(1 + \frac{r^2}{c^2}\right) dr^2.$$

L'elemento lineare della superficie di rotazione è adunque

$$ds^2 = \frac{1}{k^2 c^2}\left(1 + \frac{r^2}{c^2}\right) dr^2 + r^2 \, dv^2.$$

La costante c è affatto in nostro arbitrio [2]; prendiamo per semplicità

$$c = \pm \frac{1}{k}$$

[1] La stessa cosa intendiamo nelle ricerche dei paragrafi seguenti senza che lo ripetiamo.

[2] Cangiando la costante c si viene soltanto a sostituire alla superficie di rotazione un'altra sua deformata di rotazione.

ed avremo

$$ds^2 = (1 + k^2 r^2)\, dr^2 + r^2\, dv^2 \,.$$

Questo elemento lineare appartiene al paraboloide di rotazione, la cui parabola meridiana ha per equazione

$$z = \frac{kr^2}{2} \,.$$

La formola (19) dà poi per l'inclinazione dei raggi sulla tangente alla parabola

$$\operatorname{tg} \sigma = \pm \frac{1}{kr} \,,$$

ciò che dimostra che i raggi emanano dal fuoco ovvero sono paralleli all'asse. Si osservi in fine che il valore di t tratto dalla (21):

$$t = \frac{1}{2k} (1 + k^2 r^2)$$

eguaglia appunto la lunghezza del raggio focale. Così è completamente dimostrato il nostro teorema A).

§ 4. Supponiamo ora invece che la superficie Σ rimanga sempre, nelle infinite flessioni di S, a curvatura costante $\dfrac{1}{A}$. Dovremo avere in tal caso

$$(\varrho_1 - t)(\varrho_2 - t) = A$$

ovvero

$$(t^2 - A) - t(\varrho_1 + \varrho_2) + \varrho_1 \varrho_2 = 0$$

che, per la (10), diviene:

$$(t^2 - A)(EG - F^2) + t \{ gE - (f + f')\, F + eG \} + eg - ff' = 0.$$

Sostituendo pei coefficienti i valori (11) e procedendo del resto in modo del tutto simile come sopra, troviamo per le funzioni incognite σ, r, t le equazioni seguenti:

$$(22) \qquad (t^2 - A)\, \sigma' = t \operatorname{sen} \sigma$$
$$(23) \qquad 2(t^2 - A)\, \sigma' r' \cos \sigma + r t \sigma' - t r' \operatorname{sen} \sigma \cos \sigma = 0$$
$$(24) \qquad 2(t^2 - A)\, \sigma' \operatorname{sen} \sigma r'' + r t \sigma'^2 - t \operatorname{sen}^2 \sigma r'' - r \operatorname{sen} \sigma \sigma' = 0$$
$$(25) \qquad (t^2 - A)\, r' \cos \sigma + rt = 0$$
$$(26) \qquad (t^2 - A) \operatorname{sen} \sigma r'' + r t \sigma' - r \operatorname{sen} \sigma = 0 \,,$$

alle quali aggiungendo la solita

$$(27) \qquad t' + \cos \sigma = 0 \,,$$

avremo tutte le condizioni necessarie e sufficienti perchè sussista la voluta proprietà. Ora, in forza della (22), le (23) (24) diventano rispettivamente

$$(23^\star) \qquad r \sigma' + \operatorname{sen} \sigma \cos \sigma\, r'' = 0$$
$$(24^\star) \qquad t \operatorname{sen}^2 \sigma r'' + r t \sigma'^2 - r \sigma' \operatorname{sen} \sigma = 0$$

e le (25) (26) si riducono esse stesse a queste.

Restano dunque soltanto da soddisfarsi le (22), (23*), (24*), (27). Intanto la (23*) ci dà ancora

(28) $$r = c \cot \sigma,$$

indi la (24*) diventa

(29) $$t = \frac{\sigma' \cos \sigma}{3 \cot \sigma . \sigma'^2 - \sigma''}.$$

Sostituendo nella (27), troviamo per σ l'equazione differenziale

$$\frac{d}{du} \log (3 \cot \sigma . \sigma'^2 - \sigma'') = \frac{d}{du} \log(\operatorname{sen}^3 \sigma \cos \sigma),$$

da cui integrando risulta

(30) $$3 \cot \sigma . \sigma - \sigma'' = h \operatorname{sen}^3 \sigma \cos \sigma, \quad \text{essendo } h \text{ una costante.}$$

La (29) si cangia quindi nell'altra

(31) $$t = \frac{\sigma'}{h \operatorname{sen}^3 \sigma}$$

e la (22) ci dà allora per σ l'equazione differenziale del 1° ordine

(32) $$\frac{\sigma'^2}{h^2 \operatorname{sen}^6 \sigma} = A + \frac{1}{h \operatorname{sen}^2 \sigma},$$

che trae seco, come conseguenza differenziale, la (30).

Restando A affatto arbitraria, il nostro problema ammette dunque sempre soluzioni, che si ottengono prendendo per σ un integrale della (32), indi assumendo r dalla (28) e t dalla (31).

§ 5. Vogliamo ora esaminare quale è la superficie di rotazione corrispondente, nella qual cosa resta, come sopra, a nostra disposizione la costante c. Dalla (32) ricaviamo

$$du^2 = \frac{d\sigma^2}{h \operatorname{sen}^4 \sigma (1 + hA \operatorname{sen}^2 \sigma)}$$

e quindi per l'elemento lineare della superficie di rotazione

$$ds^2 = \frac{d\sigma^2}{h \operatorname{sen}^4 \sigma (1 + hA \operatorname{sen}^2 \sigma)} + c^2 \cot^2 \sigma \, dv^2.$$

Per determinare la curva meridiana

$$z = \psi(r)$$

abbiamo la equazione

$$1 + \psi'^2(r) = \frac{1 + \dfrac{r^2}{c^2}}{k^2 h \left(1 + hA + \dfrac{r^2}{c^2}\right)},$$

ossia

(33) $$\psi'^2(r) = \frac{(1 - c^2 h)\left(1 + \dfrac{r^2}{c^2}\right) - h^2 c^2 A}{c^2 h \left(1 + hA + \dfrac{r^2}{c^2}\right)}.$$

Separiamo ora i due casi di $A > 0$ ovvero $A < 0$. Trattando in questo paragrafo il primo caso, poniamo, ciò che non altera la generalità, $A = 1$, onde

$$\psi'^2(r) = \frac{1 - c^2 h(h+1) + \dfrac{1 - c^2 h}{c^2} r^2}{c^2 h(h+1) + h r^2}.$$

Volendo superficie *reali*, occorrerà che sia $h(h+1) > 0$, chè altrimenti risulterebbe $\psi'^2(r)$ negativo. Ora disponiamo di c ponendo

$$c^2 = \frac{1}{h(h+1)},$$

indi

$$\psi'(r) = \frac{hr}{\sqrt{1 + h r^2}}$$

e però

$$z = \psi(r) = \sqrt{1 + h r^2},$$

ossia

$$z^2 - h r^2 = 1.$$

Ora se $h < 0$, pongasi $h = -\dfrac{1}{a^2}$ e a causa di $h(h+1) > 0$ sarà $a < 1$; la curva meridiana sarà in tal caso l'ellisse

$$z^2 + \frac{r^2}{a^2} = 1$$

e l'asse di rotazione sarà l'asse maggiore di lunghezza $= 2$.

Quando h sia positivo pongasi $h = \dfrac{1}{a^2}$ e si avrà per curva meridiana l'iperbole

$$z^2 - \frac{r^2}{a^2} = 1,$$

l'asse trasverso, di lunghezza $= 2$, coincidendo coll'asse di rotazione. Le formole

$$\operatorname{tg} \sigma = \frac{c}{r} = \pm \frac{1}{\sqrt{h(h+1)} \cdot r}$$

dimostrano poi che i raggi emanano dall'uno o dall'altro dei due fuochi. Il nostro teorema B) è così completamente dimostrato.

§ 6. Veniamo ora al caso della curvatura negativa e facciamo senz'altro $A = -1$. La (33) diventa

$$\psi'^2(r) = \frac{1 - c^2 h + c^2 h^2 + \dfrac{1 - c^2 h}{c^2} r^2}{c^2 h(1 - h) + h r^2},$$

dove, per avere curve reali, dovrà supporsi h positivo, come risulta anche del resto dalla (32). Poniamo

$$h = a^2, \quad c = \pm \frac{1}{a}$$

ed avremo

$$\psi'(r) = \frac{a}{\sqrt{1 - a^2 + a^2 r^2}} \, .$$

Distinguiamo ora secondo che $a = 1$, ovvero $a \neq 1$.

1°. Per $a = 1$ la curva meridiana è la curva esponenziale

(α) $$r = e^z.$$

Le formole

$$\operatorname{tg} \sigma = \pm \frac{1}{r} \, , \quad t = r$$

dimostrano che i raggi emananti dai punti della superficie sono i raggi stessi dei paralleli, ovvero i loro riflessi, e i segmenti intercetti fra S e Σ hanno lunghezza eguale al raggio del parallelo ([1]). Possiamo quindi enunciare il teorema seguente:

Nella superficie S *di rotazione attorno all'asse* z *che ha per meridiano la curva esponenziale* $r = e^z$ *si immaginino disposti su tutti i raggi dei paralleli altrettanti segmenti terminati alla* S *ed al centro rispettivo; si fletta comunque la* S *che seco trasporti i detti segmenti invariabilmente connessi, ai loro punti di partenza da* S *, alla* S *medesima. Dopo la deformazione il luogo degli estremi liberi dei segmenti sarà una superficie pseudosferica normale ai segmenti ed una seconda superficie pseudosferica si otterrà riflettendo i segmenti stessi sulla superficie e prendendo il luogo dei termini dei segmenti riflessi.*

2°. Sia $a \neq 1$. Allora per equazione della curva meridiana troviamo

(β) $$r = \frac{\sqrt{a^2 - 1}}{a} \cosh z, \quad \text{se } a > 1$$

(γ) $$r = \frac{\sqrt{1 - a^2}}{a} \operatorname{senh} z, \quad \text{se } a < 1.$$

La curva (β) deriva evidentemente dalla catenaria comune accorciando tutte le ordinate normalmente alla direttrice in un rapporto costante e può dirsi la *catenaria accorciata*.

A ciascuna delle ∞^1 superficie di rotazione con curve meridiane (β) o (γ) si coordinano due sistemi di raggi, riflessi l'uno dell'altro, che trasportati dalla relativa superficie, in qualsiasi sua deformazione, dànno sempre luogo alle normali di due superficie pseudosferiche.

([1]) Si osservi che se la S ha la forma di rotazione, una delle due superficie pseudosferiche derivate è l'ordinaria pseudosfera mentre l'altra si riduce all'asse di rotazione.

§ 7. Limitandoci per ora ad esaminare il caso della superficie esponenziale di rotazione, vediamo in qual modo dipendono fra loro le due superficie pseudosferiche che si ottengono, secondo il paragrafo precedente, da ogni sua deformata S. Siano Σ', Σ'' queste due superficie pseudosferiche e sia Σ la superficie complementare di S rispetto alle geodetiche deformate dei meridiani, cioè la seconda falda focale della congruenza delle tangenti a queste geodetiche. Dalle mie antiche ricerche risulta che anche la Σ è una superficie pseudosferica e con semplici considerazioni geometriche si può stabilire che *le due superficie pseudosferiche Σ', Σ'' sono ambedue complementari della Σ.*

Inversamente sussiste il teorema:

Prese due superficie pseudosferiche Σ', Σ'' complementari di una medesima Σ le normali a Σ', Σ'' in due punti corrispondenti (normali che giacciono nel medesimo piano tangente di Σ) si incontrano in un punto P; *il luogo di questo punto* P *è una superficie applicabile sulla superficie esponenziale di rotazione e le due superficie* S, Σ *sono complementari l'una dell'altra.*

Queste singolari proprietà della superficie esponenziale di rotazione dànno luogo bensì, come si vede, ad un modo di trasformazione delle superficie pseudosferiche, che coincide peraltro colla trasformazione complementare.

Rimane ora da vedere se le analoghe proprietà delle altre superficie di rotazione dei tipi (β) (γ) dànno luogo ad altri modi di trasformazione delle superficie pseudosferiche, ovvero riconducono a trasformazioni già note. La prima ipotesi sembra la più probabile, ma se anche sussistesse la seconda il risultato non cesserebbe di presentare un certo interesse poichè ci darebbe modo di trovare infinite deformate per flessione delle superficie di rotazione dei tipi (β) e (γ).

La decisione di questa e di molte altre questioni che naturalmente si collegano ai teoremi della presente Nota deve rimanere riservata ad ulteriori ricerche.

AGGIUNTA.

Dopo la presentazione della presente Nota ho cominciato alcune ricerche più generali che, nel caso delle superficie minime danno il seguente teorema più generale del teorema A): *Se da ciascun punto* M *di una superficie* S *parte un segmento* MM' *ed il luogo degli estremi* M' *è una superficie minima ortogonale ai raggi, la condizione necessaria e sufficiente perchè la medesima proprietà si conservi in tutte le flessioni della* S, *alla quale i segmenti* MM' *si immaginano invariabilmente collegati, è che la* S *sia applicabile sul paraboloide di rivoluzione ed, eseguita questa applicazione, i segmenti* MM' *concorrano nel fuoco, ovvero si dispongano parallelamente all'asse, avendo ciascuno lunghezza eguale al corrispondente raggio focale.*

Matematica. — *Di un' equazione funzionale simbolica e di alcune sue conseguenze.* Nota del Corrispondente S. PINCHERLE.

Sono note alcune trasformazioni usate nella teoria delle equazioni differenziali lineari per ridurre certe classi di tali equazioni a tipi integrabili. Sono particolarmente importanti le trasformazioni di Laplace e di Eulero (¹), la prima delle quali ha guidato in modo così notevole, per opera specialmente del Poincaré (²), alla conoscenza delle equazioni ad integrali irregolari. Queste trasformazioni sono operazioni funzionali distributive, definite da certe loro proprietà caratteristiche cui si può dare la forma di equazioni funzionali simboliche, e dalle quali si deducono in modo assai semplice, le ulteriori proprietà delle operazioni medesime (³). Delle due operazioni citate, la operazione di Laplace è di gran lunga quella il cui comportamento appare più strano: essa ha di fronte all'operazione di Eulero un carattere che si potrebbe dire di trascendenza, ed il dott. Amaldi, nella citata sua Nota, ha riscontrato due determinazioni, o come egli si esprime con giusto criterio di analogia, due *rami* di questa operazione, rami il cui legame fra di loro non appare a prima giunta evidente. In quanto all'operazione di Eulero, essa non differisce in sostanza da quella di derivazione ad indice qualunque, intuita dal Leibniz, introdotta nella scienza dal Liouville e studiata da numerosi autori (⁴), sebbene piuttosto con intendimento di pura curiosità che in vista di possibili applicazioni; nè credo che ne sia stata notata l'identità, cui ora accennava, con l'operazione di Eulero, così feconda invece di applicazioni, gran parte delle quali risalgono a noti lavori dell'Heine (⁵).

Nella presente Nota, studio un'equazione simbolica generale che contiene come casi particolari quelle cui soddisfano le citate due operazioni. Ricerco quale è la multiplicità di determinazioni dell'operazione definita da una tale equazione; trovo lo sviluppo in serie della soluzione generale dell'equazione stessa, e faccio infine l'applicazione ai due casi speciali di cui si è discorso, e a qualche altro caso particolare notevole. Oltre all'interesse

---

(¹) Su queste trasformazioni, v. Schlesinger, *Handbuch der Lineardiff. Gleichungen*, Bd I, Abschn. VII, Kap. 4 e Bd. II, Abschn. XII. Nella stessa opera (indice) si trova una estesa bibliografia dell'argomento.

(²) Americ. Journ. der Math., T. VII e Acta Math., T. VIII.

(³) V. Amaldi, *Sulla trasformazione di Laplace*, Rendiconti della R. Accad. dei Lincei, serie 5ª, T. VII, agosto 1898; e una mia lettera allo Schlesinger, Journ. fur die r. und ang. Mathematik, Bd. 119, s. 347.

(⁴) Riemann, Holmgren, Spitzer, Oltramare, Bourlet ed altri.

(⁵) Nei T. LX, LXI e LXII del Journ. für die r. und ang. Mathematik.

intrinseco che presenta l'equazione di cui si occupa questo lavoro, mi pare
che essa ne offra anche uno di indole generale, poichè essa porge l'occasione
di trasportare in una regione più vasta, ed in cui le possibili combinazioni
sono straordinariamente moltiplicate, quelle considerazioni e quei metodi —
compreso quello tanto semplice e fecondo dei coefficienti indeterminati — che
sembravano esclusivi della teoria delle funzioni analitiche.

1. Sia X il simbolo di un'operazione funzionale distributiva, X' la sua
derivata funzionale ([1]), cioè, essendo φ una funzione analitica arbitraria,

$$X'(\varphi) = X(x\varphi) - xX(\varphi).$$

Mi propongo di studiare l'operazione definita dall'equazione simbolica

(1) $$FX' = GX,$$

essendo F e G due espressioni (o forme) differenziali lineari, di ordine qualunque m, quest'ordine potendosi senza restrizione supporre uguale per entrambi. Essendo D il simbolo solito della derivazione ordinaria, sarà dunque

$$F = \alpha_0 D^m + \alpha_1 D^{m-1} + \cdots + \alpha_{m-1} D + \alpha_m D^0,$$
$$G = \beta_0 D^m + \beta_1 D^{m-1} + \cdots + \beta_{m-1} D + \beta_m D^0.$$

2. Cerchiamo quale relazione passi fra due operazioni X, Y soddisfacenti alla stessa equazione (1). Poniamo $Y = XK$, dove K è una nuova operazione; verrà ([2]), denotando cogli accenti le derivazioni funzionali:

$$FX'K + FXK' = GXK.$$

Ma dalla (1) si ha, qualunque sia la funzione su cui si opera:

$$FX'K = GXK,$$

onde segue, per ogni funzione soggetta alle operazioni indicate:

$$FXK' = 0, \quad \text{onde } K' = 0,$$

e quindi ([3]) K è la semplice operazione di moltiplicazione.

Se dunque $X(\varphi)$, applicata alla funzione arbitraria φ, soddisfa all'equazione (1), anche $X(\mu\varphi)$, considerata come operazione applicata alla stessa
funzione, soddisfa alla medesima equazione.

3. Essendo μ una funzione analitica qualsivoglia, indichiamo con α una
serie ordinata per le potenze crescenti di x. In questa serie si può con-

[1] Vedi il mio *Mémoire sur le calcul fonctionnel distributif*, Math. Annal., Bd. XLIX,
1897. In ciò che segue, quel lavoro verrà citato colla lettera *M* seguita dal numero del
paragrafo. Come in quella memoria, le maiuscole romane indicano operazioni distributive,
le minuscole greche indicano funzioni, le minuscole romane indicano numeri, reali o complessi.

[2] *M*, § 58.
[3] *M*, § 60, a).

siderare l'*intensità* della convergenza, riguardando come più intensamente convergente quella serie che ha raggio di convergenza maggiore, e a parità di raggio, quella serie che una operazione A definita da $A(x^n) = a_n x^n$ muta in serie avente maggiore raggio di convergenza [1]. Una funzione della forma $\alpha\mu$ si potrà dire allora tanto più *prossima* a μ quanto più sarà intensamente convergente la serie α; le più prossime, in questo senso, saranno le $x\mu$, $(a + bx)\mu$, $(a + bx + cx^2)\mu$, ...; poi le $\alpha\mu$ in cui α è trascendente intera, ecc.

L'insieme delle funzioni $\alpha\mu$ dove le α sono tutte le serie di potenze convergenti più intensamente di una serie data α, costituisce ciò che chiamerò un *intorno* della funzione μ; a questo intorno appartengono certamente tutte le funzioni $x^n\mu$ e le loro combinazioni lineari in numero finito. Ho già considerato simili intorni al § 64 del ricordato *Mémoire* [2].

4. Ora, per ogni operazione distributiva X vale, come ho dimostrato [3], in un intorno conveniente di una funzione μ, lo sviluppo (analogo alla serie di Taylor nella teoria delle funzioni) in serie assolutamente ed uniformemente convergente:

$$(2) \quad X(\varphi\mu) = X(\mu)\,\varphi + X'(\mu)\,\varphi' + \frac{1}{1 \cdot 2}\,X''(\mu)\,\varphi'' + \cdots \frac{1}{n!}\,X^{(n)}(\mu)\,\varphi^{(n)} + \cdots,$$

dove si è posto $\varphi' = D\varphi$, $\varphi'' = D^2\varphi$, ecc.

Se la X deve soddisfare alla equazione (1), questa equazione stessa, derivata successivamente, ci fornisce i coefficienti dello sviluppo (2); si ha infatti, derivando funzionalmente la (1) [4]:

$$FX'' = (G - F')\,X' + G'X,$$
$$FX''' = (G - 2F')\,X'' + (2G' - F'')\,X' + G''X,$$

e in generale, indicando con (n_m) l' $m + 1^{simo}$ coefficiente della potenza n^{sima} del binomio:

$$(3) \quad FX^{(n+1)} = (G - nF')\,X^{(n)} + (nG' - (n_2)\,F'')\,X^{(n-1)} + \cdots$$
$$\cdots ((n_{m-1})\,G^{(m-1)} - (n_m)\,F^{(m)})\,X^{(n-m+1)} + (n_m)\,G^{(m)}X^{(n-m)}\ [5].$$

Questa è una relazione ricorrente che permette di determinare successivamente le funzioni $X'(\mu)$, $X''(\mu)$, ... restando arbitraria la sola $X(\mu)$, che indicheremo con λ_0. Ma la determinazione delle successive $X^{(n)}(\mu)$ mediante

[1] Questo concetto verrà più ampiamente svolto e discusso in un prossimo lavoro.

[2] Cfr. Rendiconti del Circ. Mat. di Palermo, T. XI: *Sulle serie procedenti secondo le derivate successive* ecc., § 4.

[3] *M.*, § 61.

[4] *M.*, § 58.

[5] Si noti l'analogia di forma fra questa e l'equazione ipergeometrica generalizzata od equazione di Pochhammer. Nonostante la diversità dei simboli, la (3) si può ridurre a quella equazione differenziale particolarizzando opportunamente i simboli stessi

la (3) (che è, rispetto ad esse, un'equazione lineare mista differenziale e alle differenze) non è univoca, come si vede facilmente. Infatti dalla (1) deduciamo

$$X'(\mu) = F^{-1}GX(\mu) ,$$

ossia $X'(\mu) = F^{-1}G\lambda_0$; in altri termini, la $X'(\mu)$ si ottiene da λ_0 mediante la risoluzione di un'equazione differenziale lineare non omogenea di cui F è il primo membro; essa è quindi determinata all'infuori di una funzione ω_1 contenente linearmente m costanti arbitrarie, funzione che è l'integrale generale dell'equazione omogenea $F = 0$. In particolare, se λ_0 ed i coefficienti di G sono funzioni analitiche regolari nell'intorno di $x = 0$, si può prendere come una delle determinazioni di $X'(\mu)$ l'integrale principale λ_1 [1] dell'equazione non omogenea, e si avrà per determinazione generale

$$X'(\mu) = \lambda_1 + \omega_1 .$$

Analogamente, determinata che sia $X'(\mu)$, la $X''(\mu)$ resterà determinata mediante una analoga equazione differenziale lineare non omogenea, avente per primo membro F, e così via, per modo che $X^{(m)}(\mu)$ conterrà linearmente nm costanti arbitrarie.

5. Come si vede, indicando con $\lambda_0 , \lambda_1 , \lambda_2 , \ldots$ una serie di speciali determinazioni delle $X(\mu) , X'(\mu) , X''(\mu) , \ldots$, dove λ_0 è arbitraria, se ne deduce che la determinazione generale delle medesime è

$$\lambda_0 , \; \lambda_1 + \omega_1 , \; \lambda_2 + \omega_2 , \ldots ,$$

dove le $\omega_1 , \omega_2 , \ldots$ soddisfano alla stessa equazione ricorrente (3), colla determinazione iniziale $\omega_0 = 0$; cioè esse sono date dal sistema:

$$
\begin{cases}
F(\omega_1) = 0 , \\
F(\omega_2) = (G - F') \omega_1 \\
\cdots \cdots \cdots \cdots \\
F(\omega_{n+1}) = (G - nF') \omega_n + (nG' - (n_2) F'') \omega_{n-1} + \cdots + (n_m) G^{(m)} \omega_{n-m} .
\end{cases}
$$

È da notare che la risoluzione dell'equazione mista (3), che fornisce le successive $X^{(m)}(\mu)$, richiede l'aggiunzione dei soli campi di trascendenza che provengono dall'integrazione successiva di equazioni aventi F per primo membro.

6. Abbiamo dunque imparato a determinare l'espressione analitica dell'operazione definita dall'equazione (1), sotto forma di uno sviluppo in serie ordinato per le derivate successive della funzione arbitraria, e convergente assolutamente ed uniformemente in un intorno della funzione data μ. Per $\varphi = 1$, quello sviluppo dà $X(\mu) = \lambda_0$; pertanto, ad una funzione arbitraria

---

[1] *Hauptintegral* degli autori tedeschi. Per la sua determinazione, v. *M.*, §§ 110 e segg.

μ l'operazione X può fare corrispondere una funzione pure arbitraria λ_0. Ciò è analogo a quanto accade, nella teoria delle funzioni, per le equazioni differenziali del prim'ordine: se $y = \varphi(x)$ è l'integrale generale di una simile equazione, si può fissare ad arbitrio il valore y_0 di y che corrisponde ad un dato valore x_0 di x.

7. Dirò *ramo* dell'operazione X l'insieme delle sue determinazioni per le quali ad una funzione data μ corrisponde una funzione parimente data λ_0. Siano X_1, X_2 due simili determinazioni: posto $X_3 = X_2 - X_1$, si avrà

$$(4) \qquad X_3(\mu\varphi) = \omega_1\varphi' + \frac{\omega_2}{1\cdot 2}\varphi'' + \cdots + \frac{\omega_n}{n!}\varphi^{(n)} + \cdots;$$

la X_3 è un ramo dell'operazione che ammette come radice la funzione data μ.

In particolare, si può considerare quel ramo di X che fa corrispondere ad una costante una costante: $X(1) = 1$. Si ottiene allora lo sviluppo, valido nell'intorno della costante

$$X(\varphi) = \varphi + \lambda_1\varphi' + \frac{1}{1\cdot 2}\lambda_2\varphi'' + \cdots,$$

dove $\lambda_1, \lambda_2, \lambda_3, \ldots$ è la successione di funzioni determinata, all'infuori delle additive $\omega_1, \omega_2, \ldots$, dal sistema (3) colla condizione iniziale $\lambda_0 = 1$. Fissata la determinazione di ogni λ_n, resta fissata quella delle $X(x^n) = \xi_n$, legate colle λ_n da

$$(5) \qquad \xi_n = \lambda_n + n\,x\,\lambda_{n-1} + (n_2)\,x^2\lambda_{n-2} + \cdots + nx^{n-1}\lambda_1 + x^n.$$

8. Applichiamo la teoria generale svolta nelle poche righe precedenti ad alcune equazioni particolari della forma (1), e consideriamo dapprima il caso in cui la forma differenziale lineare F che figura nel primo membro della (1) si riduce all'ordine zero, nel quale caso non ha più luogo la moltiplicità di determinazioni delle λ_n dall'equazione mista differenziale e alle differenze (3), poichè questa moltiplicità è dovuta, come si è visto, alla determinazione molteplice della F^{-1}.

L'equazione (1) si riduce, in questo caso, a

$$(6) \qquad X' = GX;$$

il sistema ricorrente (3) è dato da

$$(7) \qquad \begin{cases} \lambda_1 = G\lambda_0, \\ \lambda_2 = G\lambda_1 + G'\lambda_0 \\ \cdot\ \cdot\ \cdot\ \cdot\ \cdot\ \cdot\ \cdot\ \cdot \\ \lambda_{n+1} = G\lambda_n + nG'\lambda_{n-1} + \cdots (n_{m-1})\,G^{(m-1)}\lambda_{n-m+1} + (n_m)\,G^m\lambda_{n-m}; \end{cases}$$

le λ_n sono determinate senza ambiguità quando sia fissata la λ_0. Talchè, quando sia stabilito il ramo della X che si considera mediante la posizione

$X(\mu) = \lambda_0$, lo sviluppo in serie (2) resta fissato senza ambiguità nei suoi coefficienti; in questo caso, la determinazione delle λ_m non richiede l'aggiunzione di alcun campo di trascendenza a quello di λ_0 e dei coefficienti di G.

9. Supponiamo che un'operazione X, soddisfacente alla equazione (6), ammetta una radice μ. Sarà allora $\lambda_0 = 0$, e quindi, per le (7), tutte le $\lambda_1, \lambda_2, \ldots$ saranno identicamente nulle. Essendo dunque $X'(\mu) = 0$, $X''(\mu) = 0, \ldots$, sarà $X(x\mu) = 0$, $X(x^2\mu) = 0, \ldots$, e quindi le funzioni μ, $x\mu$, $x^2\mu$, $\ldots$ e tutte le loro combinazioni lineari, saranno radici di X, la quale ammetterà pertanto uno spazio lineare di radici formato da tutti gli elementi di un intorno di μ. Manca in tale caso, per $X(\varphi\mu)$, uno sviluppo in serie della forma (2); questo fatto si può esprimere dicendo che l'operazione X è *singolare* nell'intorno di μ, o che μ è un *elemento singolare* di X.

In particolare, sostituendo ad $X(\varphi)$ il ramo $X(\mu\varphi) = X_1(\varphi)$, questo ammette come radice $\varphi = 1$, $\varphi = x$, $\varphi = x^2$, $\ldots$, e quindi tutto un intorno S della costante; la costante è, in questo caso, una singolarità di X_1.

10. Mostriamo però come sia possibile di ottenere come segue un'espressione analitica per X_1 anche quando essa è singolare nell'intorno della costante. All'uopo, si indichi con σ una funzione che non sia radice di X_1, e si consideri, essendo α un elemento di S:

$$X_1(\alpha) = X_1\left(\frac{\alpha\sigma}{\sigma}\right);$$

questa si sviluppa (M, § 63) in

$$X_1(\alpha) = X_1(\sigma)\frac{\alpha}{\sigma} + X_1'(\sigma)\, D\frac{\alpha}{\sigma} + \frac{1}{1.2}X''_1(\sigma)\, D^2\frac{\alpha}{\sigma} + \cdots;$$

ora

$$D\frac{\alpha}{\sigma} = \frac{1}{\sigma}\left(\alpha' - \frac{\sigma'}{\sigma}\alpha\right)$$

ed indicando con $E(\alpha)$ la forma di prim'ordine

$$\alpha' - \frac{\sigma'}{\sigma}\alpha,$$

viene, come si verifica immediatamente:

$$D\frac{\alpha}{\sigma} = \frac{1}{\sigma}E(\alpha), \quad D^2\frac{\alpha}{\sigma} = \frac{1}{\sigma}E^2(\alpha), \quad \ldots D^n\frac{\alpha}{\sigma} = \frac{1}{\sigma}E^n(\alpha).$$

Si ottiene così lo sviluppo:

$$(8) \qquad X_1(\alpha) = \frac{1}{\sigma}\left(X_1(\sigma)\,\alpha + X'_1(\sigma)\,E\alpha + \frac{1}{1.2}X''_1(\sigma)\,E^2\alpha + \cdots\right),$$

in cui le $X'_1(\sigma)$, $X''_1(\sigma)$, ... sono determinate univocamente dalle (7) mediante $X_1(\sigma)$, che per ipotesi non è zero; lo sviluppo così ottenuto è valido in un intorno della funzione σ.

11. Consideriamo, per fare una prima applicazione particolare, l'equazione della forma (6)

$$X' = \beta X \,,$$

dove β è una funzione analitica regolare nell'intorno di $x = 0$. Le equazioni (7) danno allora

$$\lambda_1 = \beta\lambda_0 \,,\ \lambda_2 = \beta\lambda_1 \,,\ ... \,,$$

onde

$$\lambda_n = \lambda_0 \beta^n \,,$$

e lo sviluppo di X è

$$(9) \qquad X(\varphi) = \lambda_0 \sum_{n=0}^{\infty} \frac{1}{n!} \beta^n \varphi^{(n)} \,.$$

Indichiamo con a il massimo valore assoluto di $\beta(x)$ entro il cerchio (r) di centro $x = 0$ e di raggio r; sia poi S l'intorno della costante costituito dalle serie di potenze convergenti in cerchi di centro $x = 0$ e di raggi superiori ad a. Essendo φ un elemento di S, ed $a + r'$ il suo raggio di convergenza, sarà per ogni x preso entro il minore dei due cerchi (r), (r'):

$$|x| + |\beta(x)| < a + r' \,,$$

e quindi, entro quel cerchio, $X(\varphi) = \varphi(x + \beta(x))$. Il ramo della operazione X dato dalla serie (9) non è dunque altro che il risultato, moltiplicato per λ_0, della sostituzione di $x + \beta(x)$ al posto di x in ogni elemento di S.

Se, in particolare, β si riduce ad una costante a — p. es. positiva — il ramo X ora trovato non è altro che $\lambda_0\varphi(x + a)$. Questo ramo non si applicherebbe a certe funzioni, ad esempio ad una funzione σ che non si potesse continuare fuori di un cerchio di centro $x = 0$ e di raggio $\leq a$. Per ottenere un ramo di operazione soddisfacente all'equazione $X' = aX$ e valido intorno a σ, basta procedere come nel § 10; si ottiene così un ramo X_1 definito da $X_1(\sigma) = 1$, ed il cui sviluppo, valido in un intorno di σ, sarà

$$X_1(\varphi) = \sum \frac{1}{n!} E^n\varphi \,,$$

dove, come dianzi, la $E\varphi$ è la forma differenziale lineare di prim'ordine

$$\varphi' - \frac{\sigma'}{\sigma}\,\varphi \,.$$

12. Un caso particolare dell'equazione (6), più interessante del precedente, si ottiene facendo $G = D - x$. L'equazione simbolica che ne nasce, cioè:

(10)
$$X' = (D - x)\, X\,,$$

è quella cui soddisfa la trasformazione di Laplace [1].

Relativamente a quest'equazione, le equazioni ricorrenti (7) prendono la forma:

$$\begin{cases} \lambda_1 = (D - x)\, \lambda_0 \\ \lambda_2 = (D - x)\, \lambda_1 + \lambda_0 \\ \cdots\cdots\cdots\cdots\cdots\cdots \\ \lambda_{n+1} = (D - x)\, \lambda_n + n\lambda_{n-1}\,. \end{cases}$$

L'integrazione di questo sistema si eseguisce senza difficoltà, e si trova

(11)
$$\lambda_n = \lambda_0^{(n)} - nx\lambda_0^{(n-1)} + (n_2)\, x^2 \lambda_0^{(n-2)} - \cdots + (-1)^n\, x^n\, \lambda_0\,;$$

questo risultato si ha immediatamente per i primi valori dell'indice, e si dimostra poi in generale, deducendosi dall'equazione ricorrente che se la (11) vale per l'indice n, varrà anche per l'indice successivo $n + 1$. Il ramo dell'operazione X, definita (univocamente) da $X(\mu) = \lambda_0$, è dunque dato in un intorno di μ, da

(12)
$$X(\mu\varphi) = \lambda_0\varphi +$$

$$+ (\lambda'_0 - x\lambda_0)\, \varphi' + \cdots + \frac{1}{n!}\,(\lambda_0^{(n)} - nx\lambda_0^{(n-1)} + \cdots (-1)^n\, x^n\lambda_0)\, \varphi^{(n)} + \cdots.$$

Si faccia in particolare $\lambda_0 = e^{ax}$; viene:

$$e^{-ax}\, X(\mu\varphi) = \varphi + (a - x)\, \varphi' + \cdots \frac{(a - x)^n}{n!}\, \varphi^{(n)} + \cdots,$$

che per le funzioni di un intorno di μ assai facile a determinarsi, non è altro che $\varphi(a)$.

Facendo $X(1) = \dfrac{1}{x}$, si ha un ramo dell'operazione in discorso dato da

$$X(\varphi) = \frac{1}{x}\, \varphi - \left(\frac{1}{x^2} + 1\right)\varphi' + \left(\frac{1}{x^3} + \frac{1}{x} + \frac{x}{1.2}\right)\varphi'' - \cdots,$$

da cui risulta

$$X(x) = -\frac{1}{x^2}\,, \quad X(x^2) = \frac{1.2}{x^3}\,, \ldots;$$

---

[1] Infatti, la (10) non è altro che l'equazione *a*) della citata Nota dell'Amaldi, cioè una delle equazioni di definizione della trasformazione di Laplace.

ed è questo il ramo della trasformazione di Laplace considerato al § 4 della citata Nota del dott. Amaldi.

Sarebbe interessante di vedere qaule è la condizione affinchè un ramo dell'operazione X definita dalla (10) soddisfi alla seconda equazione di definizione della trasformazione di Laplace: $XD = -xX$; ma non è qui il luogo di insistere su ciò.

13. Veniamo ora ad alcune applicazioni in cui la F dell'equazione (1) non si riduca all'ordine zero, e consideriamo per prima l'equazione, cui soddisfa la trasformazione di Eulero e la derivazione d'indice qualunque s:

(13)
$$DX' = sX .$$

L'equazione ricorrente (3) si riduce in questo caso a

$$DX_n = (s - n + 1) X_{n-1} ,$$

da cui, fatto $X(\mu) = \lambda_0$, $X_n(\mu) = \lambda_n$, viene

$$\lambda_n = s(s - 1) \dots (s - n + 1) D^n \lambda_0 .$$

Si ha così, per il ramo della X determinato dalla condizione $X(\mu) = \lambda_0$, e per un intorno della funzione μ:

$$X(\mu\varphi) = \sum_{n=0}^{\infty} (s_n) D^{-n} \lambda_0 . \varphi^{(n)} .$$

Volendo aggiungere per un ramo dell'operazione definita da (13), la condizione di essere commutabile colla derivazione, si soddisferanno le condizioni perchè X sia derivata d'indice s. Ciò si può ottenere nel modo indicato al § 108 del *Mémoire* .

14. Il sig. Borel, nelle sue recenti ed interessanti ricerche sulle serie del Taylor [1], ha fatto uso di un'operazione distributiva che egli definisce per le potenze intere e positive di x, e quindi per l'intorno della costante, mediante le uguaglianze:

$$X(s) = 1 , \quad X(x^n) = \frac{x^n}{n!} .$$

Questa operazione gode manifestamente, per ogni serie di potenze φ intere e positive di x, della proprietà:

$$DX(x\varphi) = X(\varphi) ,$$

che si può anche scrivere

(14)
$$DX' + xDX = 0 ,$$

poichè dalla definizione della derivazione funzionale si deduce

$$DX' = DX(x\varphi) - xDX(\varphi) - X(\varphi) .$$

[1] Acta Mathematica, T. XX, pag. 243.

Si può dunque assumere l'equazione simbolica (14) come definizione di un'operazione; l'operazione di Borel sarà quel ramo dell'operazione così definita, che è individuata dalla condizione $X(1) = 1$.

Ora l'equazione mista differenziale e alle differenze (3) si riduce, nel caso dell'equazione (14), e posto $X(\mu) = \lambda_0$, $X^{(n)}(\mu) = \lambda_n$, alla forma:

$$D\lambda_{n+1} = -(xD + n)\lambda_n - nx\lambda_{n-1},$$

ossia

(15) $$\lambda'_{n+1} + n\lambda_n + x(\lambda'_n + n\lambda_{n-1}) = 0.$$

Questa si integra senza difficoltà; si ha infatti

$$\lambda_1 = D^{-1}\lambda_0 - x\lambda_0,$$

onde per sostituzione, ed applicazione dell'integrazione per parti [1]

$$\lambda_2 = D^{-2}\lambda_0 - 2xD^{-1}\lambda_0 + x^2\lambda_0,$$

e in generale, col solito passaggio da n ad $n+1$:

$$\lambda_n = D^{-n}\lambda_0 - nxD^{-(n-1)}\lambda_0 + (n_2)\, x^2 D^{-(n-2)}\lambda_0 - \cdots + (-1)^n\, x^n \lambda_0.$$

Talchè, definendo un'operazione mediante l'equazione simbolica (14), il ramo di questa operazione individuato da $X(\mu) = \lambda_0$ è determinato, nell'intorno della funzione μ, dallo sviluppo

(16) $$X(\mu\varphi) = \sum_{n=0}^{\infty} \frac{1}{n!} (D^{-n}\lambda_0 - nxD^{-(n-1)}\lambda_0 + (n_2)x^2 D^{-(n-2)}\lambda_0 \ldots + (-1)^n x^n\lambda_0)D^n\varphi.$$

La determinazione non è però univoca, essendovi nei coefficienti le costanti che vi si introducono linearmente colle quadrature eseguite su λ_0.

Si noti che, dalla (16), segue:

$$X(\mu) = \lambda_0, \quad X(x\mu) = D^{-1}\lambda_0, \quad \ldots X(x^n\mu) = D^{-n}\lambda_0.$$

Il ramo dell'operazione X determinato da $X(1) = 1$ e prendendo inoltre, nelle quadrature $D^{-1}s$, $D^{-2}s$, ... l'estremo inferiore in $x = 0$, coincide coll'operazione di Borel.

15. Per ultima, consideriamo l'operazione definita dall'equazione simbolica (non omogenea in X)

(17) $$DX' = 1,$$

la quale, sebbene non rientri nel tipo (1), vi si avvicina però assai. Se poniamo anche qui

$$X(\mu) = \lambda_0, \quad X^{(n)}(\mu) = \lambda_n$$

[1] Vale a dire, in generale, della formula (17) del § 89 del *Mémoire*.

e sviluppiamo $X(\mu\varphi)$ secondo la formula (2), viene che le $X^{(n)}(\mu)$ si determinano immediatamente dalla (17), che derivata funzionalmente dà :

$$X' + DX'' = 0 \,,\, \dots nX^{(n)} + DX^{(n+1)} = 0 \,,$$

e quindi, poichè $DX'(\mu) = \mu$, onde $\lambda_1 = D^{-1}\mu$, viene

$$\lambda_2 = -\,D^{-2}\mu \,,\; \lambda_3 = 2D^{-3}\mu \,,\, \dots \lambda_n = (-1)^{n-1}(n-1)!\, D^{-n}\mu \,.$$

Si ha così lo sviluppo

$$(18)\quad X(\mu\varphi) = \lambda_0\varphi + D^{-1}\mu \cdot \varphi' - \frac{1}{2}\,D^{-2}\mu \cdot \varphi'' + \cdots + \frac{(-1)^{n-1}}{n}D^{-n}\mu.\varphi^{(n)} + \cdots$$

Qui la funzione λ_0 è affatto arbitaria, e sono pure arbitrarie le costanti che nascono dalla determinazione delle quadrature applicate a μ. Da notarsi il ramo dell'operazione X determinato da $X(1) = 0$, cioè

$$(19)\quad X(\varphi) = D^{-1}1 \cdot \varphi' - \frac{1}{2}\,D^{-2}1 \cdot \varphi'' + \cdots + \frac{(-1)^{n-1}}{n}\,D^{-n}1 \cdot \varphi^{(n)} + \cdots .$$

Se applichiamo questa operazione alla funzione $\dfrac{1}{1-x}$, ed assumiamo per le quadrature l'estremo inferiore $x = 0$, si ottiene, con un calcolo facile,

$$(20)\qquad\qquad X\left(\frac{1}{1-x}\right) = -\frac{1}{1-x}\log(1-x) \,.$$

Colle medesime determinazioni, si trova

$$X(x^m) = \left(m - \frac{1}{2}\,(m_2) + \frac{1}{3}\,(m_3) - \cdots + \frac{(-1)^{m-1}}{m}\right)x^m \,,$$

e dal confronto colla (20), si ha la formula di calcolo combinatorio

$$m - \frac{1}{2}\,(m_2) + \frac{1}{3}\,(m_3) - \cdots + \frac{(-1)^{m-1}}{m} = 1 + \frac{1}{2} + \frac{1}{3} + \cdots + \frac{1}{m} \,.$$

Si noti che l'operazione definita in quest'ultimo paragrafo ammette un ramo commutabile colla derivazione, e che soddisfa all'equazione simbolica $e^x = D$, per cui esso potrebbe indicarsi simbolicamente con $\log D$. Questo ramo dà l'operazione infinitesima generatrice del gruppo ad un parametro delle operazioni D^t.

Matematica. — *Contributo alla geometria delle masse.* Nota dell'ing. A. CIAPPI, presentata dal Socio V. CERRUTI.

I.

1. Consideriamo un sistema di masse $m_1\ m_2 \ldots m_n$ di segno qualunque distribuite in un piano π e occupanti su esso rispettivamente il posto dei punti $P_1\ P_2 \ldots P_n$. Supponiamo per ora $\Sigma m \neq 0$.

Essendo a e b due rette arbitrarie di π indichiamo con $y_1\ y_2 \ldots y_n$ le distanze dei punti $P_1\ P_2 \ldots P_n$ dalla retta a valutate ortogonalmente o secondo una direzione arbitraria, per es. quella di b; e indichiamo con $x_1\ x_2 \ldots x_n$ le distanze degli stessi punti dalla retta b valutate pure ortogonalmente o secondo una direzione arbitraria, per es. quella di a.

2. S'intende per *momento statico* del dato sistema di masse rispetto alla retta b, la somma

$$\Sigma mx$$

estesa a tutte le masse del sistema; e per *momento di 2° grado* rispetto alle due rette a e b, la somma

$$\Sigma mxy$$

essa pure estesa a tutte le masse del sistema.

Tanto il momento statico quanto il momento di 2° grado si dicono *normali* se le distanze sono valutate ortogonalmente, e si dicono *obliqui* se esse sono valutate obliquamente.

Per fissare le idee noi supporremo che dette distanze sieno valutate secondo le direzioni di a e di b.

3. Dei punti P affetti da coefficienti uguali o proporzionali alle masse m, troviamo il baricentro O e diciamo $X_0\ Y_0$ le sue distanze da b e da a. Poscia determiniamo separatamente i momenti statici di tutte le masse m rispetto alla retta b, e ritenendo i punti P affetti da coefficienti uguali o proporzionali a questi momenti statici, troviamo il loro baricentro B che chiamasi *centro di 2° grado* o *centro relativo* alla retta b, perchè esso è unico, resta invariato qualunque sia la direzione assunta per computare le distanze x e dipende esclusivamente dalla posizione della retta b. Indichiamo con Y_b la distanza di B dalla retta a.

In modo analogo troviamo il centro A relativo alla retta a e chiamiamo X_a la sua distanza dalla retta b.

4. Per un noto teorema sui momenti statici, si ha allora

(1)
$$\Sigma mxy = Y_b.\Sigma mx = Y_b.X_0.\Sigma m$$

e così pure

(2) $\qquad \Sigma mxy = X_a . \Sigma my = X_a . Y_0 . \Sigma m$

conseguentemente

(3) $\qquad Y_b . X_0 = X_a . Y_0$

5. Supponiamo ora che nessuna delle due rette a e b passi pel baricentro O del sistema, cioè che sieno X_0 e Y_0 diversi da zero, mentre la retta a passi per B, cioè sia $Y_b = 0$; dalla (3) risulta allora

$$X_a = 0$$

e quindi il centro A relativo ad a sta sopra b.

Le due rette o assi a e b diconsi allora *coniugati* e rispetto ad essi è evidentemente

$$\Sigma mxy = 0 .$$

Pertanto tutte le rette passanti per B hanno i centri relativi situati su b e così tutti i punti di una retta a hanno per assi relativi rette che inviluppano il punto A.

6. Onde è che il dato sistema di masse genera una corrispondenza reciproca tra i punti e le rette del piano π, ossia un sistema polare, la cui conica fondamentale, anche se imaginaria, ha per centro un punto reale e reali le coppie di diametri coniugati; e gode sempre della proprietà che rispetto ad essa un asse e il centro relativo sono polare e polo.

7. Ciò premesso prendiamo in esame due assi a e b *non coniugati*, ma di cui il primo passi per O.

Poichè $Y_0 = 0$ ed evidentemente $X_a = \infty$, risulta dalla (2)

$$\Sigma mxy = \infty . 0 . \Sigma m$$

vale a dire il momento di 2° grado si presenta sotto forma indeterminata; ma dalla (1) si ha

$$\Sigma mxy = Y_b . X_0 . \Sigma m$$

e così l'indeterminatezza è tolta.

8. Considerando però due assi a e b *non coniugati* entrambi passanti per O, allora mentre è $\Sigma mxy \neq 0$, sono $X_0 = Y_0 = 0$ e $Y_b = \infty$, $X_a = \infty$, quindi tanto dalla (1) quanto dalla (2) si ha

$$\Sigma mxy = \infty . 0 . \Sigma m .$$

In tal caso non si saprebbe togliere l'indeterminatezza senza ricorrere al teorema seguente:

Il momento di 2° grado di un sistema di masse distribuite in un piano, rispetto a due assi non coniugati di cui uno passi pel baricentro del sistema e l'altro si sposti comunque purchè parallelamente a sè stesso, è costante.

Infatti, sia O il baricentro del sistema (centro della conica fondamentale); dei due assi non coniugati a e b, incontrantisi in M', l'asse a passi per O, e sia B il centro relativo a b. Condotta da B la parallela a b fino ad incontrare in M l'asse a, risulta $\overline{BM} = Y_b$, e poichè $\overline{OM'} = X_0$, si ha per la (1)

$$(4) \qquad \Sigma mxy = \overline{BM} . \overline{OM'} . \Sigma m .$$

Inoltre tracciata la retta BO, di cui diremo B' il punto d'incontro con b, abbiamo in BO il diametro della conica fondamentale coniugato alla direzione di b, ossia abbiamo il luogo del centro relativo all'asse b quando b si sposta parallelamente a sè stesso.

Ora collo spostarsi di b parallelamente a se stesso, si ha sul diametro OB oltre alla punteggiata B...... l'altra punteggiata B'...... accoppiata colla prima in involuzione; e contemporaneamente sull'asse a restano individuate due altre punteggiate M...... e M'...... pure accoppiate in involuzione con lo stesso centro in O. Pertanto risulta

$$(5) \qquad \overline{OM} . \overline{OM'} = \text{costante}$$

e poichè dal triangolo OBM si ha

$$\frac{\overline{OM}}{\overline{BM}} = \text{costante} = \mu$$

da cui

$$\overline{OM} = \mu . \overline{BM}$$

sostituendo nella (5) si ottiene

$$\overline{BM} . \overline{OM'} = \text{costante}$$

e perciò dalla (4)

$$\Sigma mxy = \text{costante}$$

come volevasi dimostrare.

In conseguenza di ciò per trovare il momento di 2° grado rispetto a due assi a e b *non coniugati* ed entrambi *passanti* per O, basta condurre un terzo asse b_1 parallelo a b, rilevare la sua distanza X_0 da O, trovare il suo centro relativo B_1 e la distanza Y_{b_1} di questo da a e infine calcolare il prodotto $X_0 . Y_{b_1} . \Sigma m$.

II.

9. Passiamo ora a considerare il caso di $\Sigma m = 0$, cioè il caso in cui il dato sistema di masse $m_1 \ m_2 \ldots m_n$, che diremo S, possa immaginarsi costituito da due sistemi S_1 e S_2 tali che la somma delle masse di S_1, che indicheremo con $\Sigma m'$, sia uguale e di segno contrario alla somma delle masse di S_2, che indicheremo con $\Sigma m''$.

Cercati separatamente i baricentri O_1 e O_2 dei due sistemi S_1 e S_2, può darsi:

    1° che O_1 sia distinto da O_2

    2° che O_1 sia sovrapposto ad O_2.

Nel primo caso il sistema S ha per baricentro il punto all'infinito della congiungente $O_1 O_2$; il suo momento statico rispetto a tutte le rette di un fascio qualunque di raggi paralleli è costante; la conica direttrice della polarità è una parabola, e il teorema sussiste ancora e può dimostrarsi anche direttamente in maniera assai semplice.

Nel secondo caso il sistema S è privo di baricentro; il suo momento statico rispetto ad un'asse qualunque del piano è nullo; la conica inviluppo fondamentale della polarità degenera in una coppia di punti appartenenti alla retta all'infinito del piano, e il teorema non solo sussiste ancora, ma diviene più generale.

Sia infatti O la posizione comune ai due baricentri O_1 e O_2. Considerando un asse qualunque a troviamone i centri relativi A' e A'' nei due sistemi di masse S_1 e S_2. Il centro relativo ad a nel sistema S sarà evidentemente il baricentro dei due punti A' e A'' affetti da coefficienti uguali o proporzionali ai momenti statici di S_1 e S_2 rispetto ad a; ma poichè tali momenti statici sono uguali e di senso contrario, segue che il detto centro è il punto all'infinito della congiungente A'A'' e pertanto è A'A'' la direzione coniugata ad a. Conseguentemente il centro relativo ad un'asse qualunque del piano sta sulla retta all'infinito di questo, e tale retta all'infinito può considerarsi come asse relativo ad un punto qualsivoglia del piano.

Tracciamo un altro asse qualunque b non coniugato ad a. Uniamo A' e A'' fra di loro e con O e diciamo M' e M'' le intersezioni di OA' e OA'' con a; tiriamo per A' e A'' le parallele ad a fino ad incontrare in C e D l'asse b; e infine conduciamo per O e A'' le parallele a b fino ad incontrare a in M e A'C in A.

Il momento di 2° grado del sistema S rispetto ai due assi a e b è espresso allora da

(6) $\Sigma mxy = \overline{OM} . \Sigma m' . \overline{A'C} - \overline{OM} . \Sigma m'' . \overline{A''D} = \overline{OM} . \overline{A'A} . \Sigma m'$.

Ora restando fisso a, comunque si sposti b, purchè parallelamente a sè stesso, la distanza $\overline{A'A}$ rimane invariata come la $\overline{OM}$, e perciò

$$\Sigma mxy = \text{costante}$$

onde:

se un sistema di masse distribuite in un piano è privo di baricentro, il suo momento di 2° grado rispetto a due assi qualsivogliano non coniugati di cui uno resti fisso e l'altro si sposti comunque purchè parallelamente a sè stesso, è costante.

10. Ma vi ha di più. Si rileva per cose note, essere

(7) $$\overline{OM'} \cdot \overline{OA'} = \text{costante} = c_1$$

e inoltre, osservando che con lo spostarsi di a parallelamente a sè stesso i suoi centri relativi A' e A'' si spostano sulle congiungenti OA' e OA'' conservandosi allineati col punto all'infinito della $A'A''$, si vede facilmente che il punto A scorre sulla congiungente OA e che quindi

$$\frac{\overline{A'A}}{\overline{OA'}} = \text{costante} = c_2$$

da cui

$$\overline{A'A} = c_2 \cdot \overline{OA'}$$

e ancora, dal triangolo MOM',

$$\frac{\overline{OM}}{\overline{OM'}} = \text{costante} = c_3$$

da cui

$$\overline{OM} = c_3 \cdot \overline{OM'}$$

onde sostituendo nella (6)

$$\Sigma mxy = c_3 \cdot \overline{OM'} \cdot c_2 \cdot \overline{OA'} \cdot \Sigma m'$$

e pertanto dalla (7)

$$\Sigma mxy = c_1 \cdot c_2 \cdot c_3 \cdot \Sigma m' = \text{costante}.$$

Di qui il teorema più generale:
quando il sistema S *è privo di baricentro, il suo momento di 2° grado rispetto a due assi qualsivogliano non coniugati è costante comunque entrambi si spostino, purchè parallelamente a sè stessi.*

11. Se $a \equiv b$, il momento di 2° grado diviene *momento d'inerzia*, e il teorema precedente dà luogo alla notevole proposizione:
se un sistema di masse distribuite in un piano è privo di baricentro, il suo momento d'inerzia rispetto ad ogni retta di un fascio qualunque di rette parallele è costante [1].

III.

12. Tutte le proprietà precedentemente dimostrate possono estendersi con abbastanza facilità ad un sistema di masse $m_1 \, m_2 \, \ldots \, m_n$ che occupino rispettivamente la posizione dei punti $P_1 \, P_2 \, \ldots \, P_n$ comunque situati nello spazio.

---

[1] In particolare, il momento d'inerzia è nullo rispetto a tutte le rette che hanno o l'una o l'altra delle due direzioni individuate dalle tangenti comuni alle coniche fondamentali delle polarità generate dai due sistemi S_1 e S_2.

Indicheremo ancora con S il dato sistema di masse e supporremo in primo luogo $\Sigma m \neq 0$.

Consideriamo due piani qualsiansi α e β e chiamiamo con y_1 y_2 .... y_n le distanze dei punti P_1 P_2 ... P_n da α computate normalmente o secondo una direzione arbitraria; e così indichiamo con x_1 x_2 ... x_n le distanze analoghe da β computate normalmente o secondo una direzione arbitraria.

13. S' intende per *momento statico* del sistema S rispetto al piano α la somma

$$\Sigma my$$

estesa a tutte le masse del sistema; e per *momento di 2° grado* di S rispetto ai due piani α e β la somma

$$\Sigma mxy$$

estesa a tutte le masse di S .

Anche in tal caso si distinguono i momenti in *normali* ed *obliqui*, a seconda che le distanze sieno computate normalmente od obliquamente.

Per fissare le idee noi valuteremo le distanze x e y parallelamente alle intersezioni dei piani α e β con un terzo piano arbitrario che diremo γ.

14. Dei punti P affetti da coefficienti uguali o proporzionali alle rispettive masse m , troviamo il baricentro O , centro del sistema S , e diciamone X_0 Y_0 le distanze da β e da α .

Determinati poi i singoli momenti statici delle masse m rispetto al piano β , riteniamo i punti P affetti da coefficienti uguali o proporzionali a tali momenti statici e troviamone il baricentro B che dicesi *centro di 2° grado* o *centro relativo* al piano β , perchè è unico e non dipende che dalla posizione del piano β . Diciamo Y_β la sua distanza da α .

Analogamente determinati i momenti statici delle masse m rispetto al piano α , troviamo il centro A relativo ad α e diciamone X_α la distanza da β .

15. Per essere

(8) $$\Sigma mxy = Y_\beta . X_0 . \Sigma m = X_\alpha . Y_0 . \Sigma m$$

e quindi

$$Y_\beta . X_0 = X_\alpha . Y_0$$

risulta che se B sta su α , A si trova su β : tali piani si dicono allora *coniugati* e rispetto ad essi il momento di 2° grado è evidentemente nullo.

Di più segue che tutti i piani passanti per B hanno i centri relativi situati su α , e pertanto il centro relativo ad un piano è l' inviluppo di tutti i suoi piani coniugati.

16. Il sistema S individua quindi una corrispondenza reciproca tra i punti e i piani dello spazio, ossia un sistema polare la cui quadrica fondamentale, reale o imaginaria, ha sempre il centro reale coincidente con O e reali le coppie di piani e diametri coniugati. Rispetto a tale quadrica è

evidente che un piano ed il suo centro relativo si comportano come piano polare e polo; e quindi la congiungente AO è il diametro della quadrica coniugato ai piani paralleli ad α, cioè è il luogo dei centri relativi a tutti i piani paralleli ad α.

17. Ciò premesso consideriamo due piani arbitrarî α e β non coniugati di cui α passi per O.

Essendo B il centro relativo a β uniamo B con O e per questa congiungente conduciamo il piano che contiene la direzione coniugata ad α. Assumeremo questo piano come piano γ.

Chiamando allora B' la traccia di BO su β e B'' il punto in cui il piano γ incontra la retta $\overline{\alpha\beta}$, saranno B'B'' e B''O le intersezioni di γ coi piani β e α. Condotta da B la parallela a B'B'', diciamo B''' il punto ove essa incontra la B''O. Il momento di 2° grado del sistema S rispetto ai due piani α e β, è espresso allora, per la prima della (8), da

$$) \qquad \Sigma mxy = \overline{BB''} . \overline{OB''} . \Sigma m$$

Ora, comunque si sposti il piano β, purchè parallelamente a sè stesso, i punti B .... e B' .... della congiungente BO descrivono due punteggiate in involuzione di cui O è il centro; e così sulla B''O vengono generate le punteggiate B'''. .·. e B''. ... pure in involuzione con centro in O; onde risulta

$$(10) \qquad \overline{OB'''} . \overline{OB''} = \text{costante} = c_1$$

ma del triangolo OB'''B si ha

$$\frac{\overline{OB'''}}{\overline{BB'''}} = \text{costante} = c_2$$

da cui

$$\overline{OB'''} = c_2 . \overline{BB'''}$$

quindi dalla (10)

$$\overline{BB'''} . \overline{OB''} = \text{costante} = c_3$$

e dalla (9)

$$\Sigma mxy = c_3 . \Sigma m = \text{costante}$$

onde il teorema:

è costante il momento di 2° grado di un sistema di masse, comunque distribuite nello spazio, rispetto a due piani non coniugati di cui uno passi pel baricentro del sistema e l'altro si sposti comunque purchè parallelamente a sè stesso.

IV.

18. Passiamo ora a considerare il caso che sia $\Sigma m = 0$, e indichiamo con S_1 e S_2 i due sistemi parziali che costituiscono il sistema S.

Se il baricentro O_1 del sistema S_1 ($\Sigma m'$) è diverso da quello O_2 del sistema S_2 ($\Sigma m''$), il baricentro del sistema complessivo S è a distanza infinita sulla congiungente $O_1 O_2$; il momento statico di S rispetto ad ogni piano di un fascio qualunque di piani parelleli è costante; la quadrica fondamentale della polarità è un paraboloide ad una falda, e il precedente teorema risulta evidente.

Se poi $O_1 \equiv O_2$ il sistema S è privo di baricentro; il suo momento statico rispetto ad un piano qualunque dello spazio è nullo; la quadrica inviluppo fondamentale della polarità degenera in una conica situata sul piano all'infinito dello spazio, ossia il centro relativo ad un piano generico α è il punto all'infinito della congiungente $A'A''$ essendo A' e A'' i centri relativi ad α rispettivamente nei due sistemi S_1 e S_2, e un punto qualunque dello spazio può esser considerato come centro di 2° grado del piano all'infinito.

Considerando un altro piano generico β non coniugato ad α, e assunto il piano $OA'A''$ come piano γ, uniamo A' e A'' con O e diciamo M' e M'' le tracce di queste congiungenti sul piano α, talchè sia $M'M''$ l'intersezione $\overline{\alpha\gamma}$; inoltre per A' e A'' sul piano γ conduciamo le parallele ad $M'M''$ e diciamo C e D le loro tracce su β, talchè sia CD l'intersezione $\overline{\gamma\beta}$; e infine sempre su γ tiriamo per A'' e O le parallele a CD fino ad incontrare rispettivamente $A'C$ in A e $M'M''$ in M.

Il momento di 2° grado del sistema S rispetto ai due piani α e β è espresso da

$$(11) \quad \Sigma mxy = \overline{OM} . \Sigma m' . \overline{A'C} - \overline{OM} . \Sigma m'' . \overline{A''D} = \overline{OM} . \overline{A'A} . \Sigma m'.$$

Ora se α rimane fisso e β si sposta parallelamente a sè stesso, non solo il segmento $\overline{OM}$ resta invariato, ma anche la distanza $\overline{A'A}$; perciò

$$\Sigma mxy = \text{costante}$$

e quindi:

in un sistema di masse privo di baricentro, è costante il momento di 2° grado rispetto a due piani qualsivogliano non coniugati, di cui uno resti fisso e l'altro si sposti comunque purchè parallelamente a sè stesso.

19. Inoltre, se si tiene fisso β e si fa spostare parallelamente a sè stesso il piano α, risulta

$$\overline{OM} . \overline{A'A} = \text{costante},$$

onde, più in generale:

il momento di 2° grado di un sistema di masse privo di baricentro è costante rispetto a due piani qualsivogliano α e β non coniugati, comunque questi si spostino purchè parallelamente a sè stessi.

20. Se $\alpha \equiv \beta$ il momento di 2° grado diviene momento d'inerzia e pertanto si ha la proposizione seguente:

il momento d'inerzia di un sistema di masse privo di baricentro è costante rispetto ad ogni piano di un fascio qualunque di piani paralleli [1].

---

[1] In particolare il momento d'inerzia è nullo rispetto a tutti i piani che hanno una qualunque delle infinite giaciture individuate dai piani tangenti comuni alle due quadriche fondamentali delle polarità generate dai due sistemi S_1 e S_2.

Matematica. — *Sulle congruenze di curve.* — Nota di T. Levi-Civita, presentata dal Socio Beltrami.

Matematica. — *Sulle equazioni a coppia di integrali ortogonali.* Nota di T. Levi-Civita, presentata dal Socio Beltrami.

Matematica. — *Sulle deformazioni infinitesime della superficie negli spazî a curvatura costante.* Nota di Guido Fubini, presentata dal Socio Luigi Bianchi.

Queste Note saranno pubblicate nel prossimo fascicolo.

Fisica. — *Sui battimenti luminosi e sull'impossibilità di produrli ricorrendo al fenomeno di Zeemann.* Nota del dott. O. M. Corbino, presentata dal Socio Blaserna.

1. Il prof. Righi[1] ebbe per il primo a considerare la possibilità dell'interferenza di due raggi luminosi di diverso periodo, realizzando il fenomeno analogo a quello dei battimenti sonori. Egli dedusse prima con semplici considerazioni analitiche che se si fa pervenire su uno schermo la luce proveniente da due sorgenti a vibrazioni parallele e di diverso periodo, si produce un sistema di frange che si muovono perpendicolarmente alla loro direzione, nel senso di allontanarsi dalla sorgente che compie un numero maggiore di vibrazioni[2], e in modo tale che passano per un punto dello schermo tante frange luminose a ogni minuto secondo quanta è la differenza tra i numeri di vibrazioni delle due sorgenti.

L'esperienza non è realizzabile ricorrendo a due radiazioni diverse dello spettro, prima perchè esse sono completamente indipendenti nelle brusche perturbazioni di fase che subisce la vibrazione, e poi perchè ricorrendo a due radiazioni anche tanto vicine che la loro distanza nello spettro sia eguale a $1/_{514}$ della distanza delle due righe del sodio, si avrebbero ancora 1000

[1] Effettivamente nella Memoria del Righi è detto che le frange si debbono spostare nel senso di *avvicinarsi* alla sorgente che ha un numero maggiore di vibrazioni. Si tratta però di uno scambio di dicitura come si deduce dal ragionamento, e come mi confermò, dietro mia domanda, l'illustre Professore, il quale m'autorizzò a riferire questa correzione da fare al testo della sua Memoria.

[2] Mem. Acc. Bologna. Serie 4ª, tomo IV, gennaio 1888, Journal de Physique, pag. 437, 1888.

milioni di battimenti per secondo, cioè passerebbero nell' istesso tempo 1000 milioni di frange per un punto dello schermo.

L' esperienza fu invece realizzata (¹) cinque anni dopo, producendo due immagini coniugate di una stessa sorgente, e alterando il numero di vibrazioni della luce emessa da una di essa per il passaggio attraverso un polarizzatore in rotazione, con delle disposizioni sperimentali più o meno complicate.

2. Una volta messa innanzi l' idea dell' interferenza tra raggi luminosi di diverso periodo, non è difficile ideare delle esperienze semplicissime o interpretarne delle antiche come realizzanti il fenomeno dei battimenti.

Così è noto che, spostando uno degli specchi di Fresnel parallelamente a sè stesso, si genera uno spostamento delle frange da essi prodotte: l' esperienza fu fatta per la prima volta da Fizeau e Foucault.

È facile il riconoscere in questa esperienza la realizzazione del fenomeno dei battimenti. Infatti per il moto di uno degli specchi viene alterato, in conseguenza del principio di Döppler, il periodo della luce da esso riflessa ; sullo schermo interferiscono quindi raggi di diverso periodo, producendosi conseguentemente il fenomeno delle frange in moto.

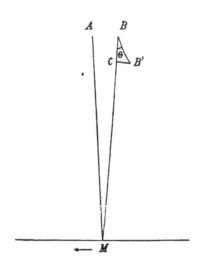

Se A e B sono le due immagini date dagli specchi e uno di questi subisce un certo spostamento parallelamente a sè stesso, la immagine corrispondente, per es. B, subirà uno spostamento doppio BB', nella stessa direzione, avvicinandosi a un punto M dello schermo di una lunghezza

$$BC = BB' \cos\theta$$

(¹) Mem. Acc. Bologna, serie 3ª, t. VIII, nov. 1877. Appendice.

Il numero di vibrazioni apparente di B si sarà accresciuto, per il principio di Döppler, di $\frac{BC}{\lambda}$ e altrettante frange passeranno per il punto M, nel senso della freccia, in virtù dell'enunciato del Righi.

Ora questo numero è appunto quello che si suol dedurre nei trattati[1] considerando la posizione delle frange al principio e alla fine del movimento. Però che si tratti di un vero fenomeno di battimenti è dimostrato dal fatto che le frange *persistono* durante il moto dello specchio, quando, cioè, sullo schermo effettivamente interferiscono raggi di diverso periodo.

Del resto questa esperienza non è, in fondo, che una variante di quella del Righi. L'alterazione del periodo di una delle due luci interferenti che nell'esperienza del Righi era ottenuta con la rotazione di polarizzatori o di lamine di miche, si produce qui in modo semplicissimo col moto dello specchio. Anche lì ciascuna esperienza poteva essere spiegata considerando quale dovesse essere la posizione delle frange per ciascuna posizione successiva del polarizzatore girante. « Ma — come osserva il prof. Righi — mentre in questa maniera la « spiegazione è quasi sempre più lunga e difficile, essa è « ancora meno razionale, poichè effettivamente quando i raggi di lunghezza « d'onda modificata sono stati separati, essi hanno una esistenza reale, e un « prisma deve certamente rifrangerli in ragione di questa nuova lunghezza « d'onda ».

Analogamente si può considerare come un'esperienza di battimenti lo spostamento degli anelli di Newton al variare della distanza delle due superficie tra cui essi si producono.

Così siano essi prodotti per interferenza della luce riflessa dalla superficie A con quella riflessa dalla superficie B; si osserverà uno spostamento di

frange quando varia la distanza AB. Ora questa può variare o per uno spostamento di A, o per uno spostamento di B; in entrambi i casi si altera per il principio di Döppler il periodo della luce riflessa da una delle superfici, l'interferenza avviene tra luci di diverso periodo e si produce quindi il fenomeno del movimento delle frange. Anche in questo caso si può calcolare con questo processo lo spostamento delle frange, e si trova lo stesso numero cui si perviene per altra via.

---

[1] Mascart, *Traité d'Optique*, t. I, p. 175.

Altrettanto dicasi dello spostamento di frange che si osserva in alcuni refrattometri, per es. in quello di Michelson, per il movimento di uno specchio.

3. Ma l'esperienza più semplice che realizza il fenomeno dei battimenti luminosi in modo perfettamente analogo ai battimenti sonori è quella notissima per cui, esaminando con un nicol la luce emergente da un altro nicol lentamente girante, si osservano delle intermittenze di luce e di oscurità. Infatti la luce emergente dal nicol girante è cinematicamente equivalente alla sovrapposizione di due fasci di luce circolare capaci di interferire e di diverso numero di vibrazioni.

Il nicol analizzatore lascia passare due componenti rettilinee che sono anch'esse di diverso periodo e che producono il fenomeno dei battimenti.

L'interposizione adunque di un nicol sul tragitto di un fascio di luce a piano di polarizzazione girante produce al di là il fenomeno dei battimenti.

4. Risulta allora evidente, come può desumersi da una mia precedente Nota (²), la risposta a un quesito postosi dal prof. Righi (¹), se cioè sia possibile produrre il fenomeno dei battimenti ricorrendo alle alterazioni di periodo causate da un campo magnetico su una sorgente che si trovi in esso.

Infatti, secondo l'interpretazione del Cornu, il campo trasforma ciascuna delle due vibrazioni ortogonali indipendenti da cui era costituita la luce primitiva in una vibrazione continua girante, e le due vibrazioni, durante la rotazione, si mantengono a 90° l'una dall'altra. Se di quelle componenti ne esistesse una sola, cioè se la luce emessa dalla sorgente fuori del campo fosse già polarizzata in un piano determinato, per il semplice impiego di un nicol si otterrebbero i battimenti luminosi che potrebbero far constatare le più lievi tracce dell'effetto Zeemann; ma finchè la sorgente senza il campo manda luce naturale, il fenomeno dei battimenti sarà inosservabile, poichè alla primitiva componente rotante si sovrappone sempre l'altra che si mantiene a 90° dalla prima. Si ritrova così la condizione cui per via analitica giunge il Righi, che cioè perchè si possano avere battimenti o frange in moto è necessario che la luce emessa dalla sorgente fuori del campo non sia luce naturale.

5. Questa condizione, come bene osserva l'illustre professore, è praticamente irrealizzabile. Però è facile vedere che si può modificare l'esperienza in modo da eliminare l'effetto dell'altra componente disturbatrice.

Osserviamo la luce emessa dalla sorgente non in direzione delle linee di forza ma in direzione perpendicolare. La primitiva riga spettrale viene ordinariamente trasformata, per il fenomeno di Zeemann, in un *triplet* le cui componenti esterne sono polarizzate nel senso delle linee di forza, l'interna perpendicolarmente alle linee di forza stesse. Con un nicol avente la sezione principale

(¹) Rend. Lincei, serie 5ª, vol. VII, aprile 1898.
(²) Rend. Lincei, vol. VII, fasc. 11°, giugno 1898.

parallela alle linee di forza potremo arrestare la componente interna; rimarranno le due esterne che corrispondono, secondo il Cornu, a una componente della luce primitiva alterata dal campo e trasformata in due vibrazioni parallele interferibili e di diverso periodo. Esse produrranno il fenomeno dei battimenti, e quindi, osservando con un nicol la luce emessa dalla sorgente nel campo, se l'alterazione del periodo è convenientemente piccola, si dovrebbero avere delle intermittenze di luce e di oscurità.

Come si vede così è eliminato l'effetto dell'altra componente che rendeva impossibile il fenomeno dei battimenti con luce parallela alle linee di forza del campo. Ma si potranno osservare le previste intermittenze di luce e di oscurità?

Nei primi tentativi, eseguiti qualche tempo fa, di realizzar l'esperienza mi sorse un dubbio che esposi in nota nel lavoro citato. Tutto ciò infatti vale, io osservavo, finchè si tien conto di una *sola* particella luminosa: ma se si considera che la sorgente è costituita di un numero infinito di particelle che vibrano indipendentemente l'una dall'altra, i massimi e i minimi dovuti alle diverse particelle non saranno coincidenti e daranno quindi, attraverso a un nicol, luce di intensità media costante.

Questa stessa osservazione si può ripetere per l'esperienza progettata dal Righi, e concluderne che la condizione trovata per aver frange in moto, che cioè le due componenti della luce primitiva non siano eguali, è bensì necessaria ma è lungi dall'esser sufficiente, poichè si incorre in una difficoltà ben più grave e insormontabile, inerente alla costituzione stessa delle sorgenti luminose.

È facile rintracciare la necessità di ricorrere a una sola particella vibrante anche nel ragionamento analitico del prof. Righi.

È chiaro infatti come, ogni volta che si producono fenomeni di interferenza, ci si metta sempre in tali condizioni che i diversi sistemi di frange dovute ai vari punti della sorgente siano coincidenti. È perciò che nell'esperienza di Young, in quelle degli specchi e del biprisma di Fresnel ecc., si ricorre a una fenditura strettissima convenientemente orientata; è perciò che le frangie spariscono appena la fenditura sia troppo larga.

Ora, finchè la posizione dei massimi e dei minimi luminosi dipende dalla differenza di cammino che i raggi interferenti acquistano fuori dalla sorgente, è possibile dare a questa una forma tale che quei massimi e minimi coincidano. Ma quando la posizione dei massimi e minimi dipende dalla fase propria della particella, essendo le vibrazioni delle diverse particelle completamente indipendenti, non si possono avere massimi e minimi che ricorrendo a una particella sola. L'esperienza dei battimenti riesce nelle disposizioni sperimentali ottiche del Righi e nelle altre sopra esposte, solo perchè l'alterazione del periodo avviene fuori della sorgente, allo stesso istante per tutte le particelle. Credo adunque si possa concludere che la produzione dei battimenti luminosi, ricorrendo al fenomeno di Zeemann, è impossibile.

Fisica. — *Ricerche sull' inclinazione magnetica durante il periodo di fabbricazione dei vasi fittili greci* ([1]). Nota del dott. G. FOLGHERAITER, presentata dal Socio BLASERNA.

Fra le ricche collezioni di vasi greci, che esistono nei Musei archeologici d'Italia, meritano di essere collocate in prima linea: quella di Firenze per i vasi attici e corinzii, quella di Napoli per i vasi attici e quella di Siracusa per i vasi corinzii. Per concessione avuta dai Direttori di questi tre Musei ho potuto compiere lo studio della distribuzione del magnetismo su una lunga serie di questi vasi, ed ora nella presente Nota esporrò i risultati, ai quali sono giunto riguardo all' inclinazione magnetica durante il periodo di fabbricazione dei vasi attici.

Generalmente i vasi attici vengono per la tecnica e per la cronologia divisi in due gruppi: in vasi a figure rosse su fondo nero ed in vasi a figure nere su fondo rosso. I primi hanno avuto secondo gli archeologi un secolo di vita, e precisamente la loro fabbricazione avrebbe avuto principio al cominciare del V secolo a. Cr., e sarebbe cessata alla fine di esso. I secondi sono per lo più giudicati più antichi, e si attribuiscono al secolo VI a. Cr.; ma secondo la classificazione esistente nel Museo archeologico di Firenze essi possono risalire fino alla metà del VII secolo a. Cr., e scendono fino alla fine del V secolo abbracciando così un periodo di circa 250 anni.

Fra le svariate specie di vasi, che la ceramica greca ha prodotto, ho scelto per le mie ricerche quasi esclusivamente le anfore ad anse basse (o per essere più esatto, quelle anfore le cui anse incominciano alla base del collo, e vanno a terminare al ventre), per la ragione, che si può avvicinare all' intensimetro egualmente bene sia la periferia della loro base, sia quella della bocca. I vasi di questa forma furono esaminati quasi tutti, e lasciai da parte solo quelli troppo grandi per la difficoltà nel maneggiarli, e perchè non era provveduto di adatto sostegno per collocarli avanti all'intensimetro. Anche gli oinochoai a forma ovoidale, a bocca rotonda e ad ansa bassa furono da me esaminati, perchè non presentavano alcun impedimento al loro completo studio. Volli ancora prendere in esame i bellissimi oinochoai a bocca trilobata e ad ansa molto elevata, esistenti nel Museo di Firenze all'unico scopo però di potere stabilire, se all'epoca in cui essi furono fabbricati, l'inclinazione magnetica era in Grecia boreale od australe.

1. VASI A FIGURE ROSSE SU FONDO NERO. Nel Museo nazionale di Napoli esistono bellissime anfore attiche a figure rosse su fondo nero molto eleganti, poco panciute e con piede elevato ([2]). Io ne esaminai 36, che ave-

---

([1]) Vedi pag. 121 di questo volume.
([2]) Nell'ottobre 1897 tutti questi vasi si trovavano raccolti nelle vetrine 52, 53 e 54.

vano press' a poco eguale grandezza, come si vede dal seguente specchietto, che dà i limiti, entro i quali variano le loro dimensioni.

Diametro della base massimo mm. 98 minimo mm. 78

»   » bocca »   » 153   »   » 140

Altezza   »   » 375   »   » 310

Fa eccezione solo il vaso n.° 1351, che ha la base del diametro di mm. 140.

Nella seguente tabella riassumo i risultati avuti: nella 1ª colonna sono riportati i numeri d'inventario delle anfore esaminate, nelle successive colonne sono notati i valori di K + K' e di K — K', delle intensità magnetiche cioè nei quattro punti della sezione normale di ciascun'anfora. Nell'ultima colonna è data l'inclinazione magnetica calcolata in base a questi valori, come è stato esposto in una Nota antecedente (¹). Resta sempre sottinteso, che le conclusioni non hanno valore che alla condizione, che le anfore siano state collocate nella fornace col loro asse geometrico verticale.

TABELLA I.

	Base		Bocca		Inclinazione magnetica
	K + K'	K — K'	K + K'	K — K'	
n° 1357	+ 0° 46',9	— 0° 41',4	— 0° 16',0	+ 0° 21',3	0° 3'
1354	+ 2 22,0	— 2 8,8	— 1 25,8	+ 1 43,1	0 30
1353	+ 1 25,3	— 1 0,1	— 1 3,6	+ 1 21,0	1 9
1364	+ 1 21,6	— 1 3,5	— 1 56,3	+ 2 4,5	1 10
1298	+ 1 0,9	— 0 57,5	— 0 36,2	+ 0 45,9	1 26
1363	+ 1 52,1	— 1 42,2	— 1 39,2	+ 1 35,5	1 32
1296	+ 1 54,4	— 1 51,3	— 1 30,6	+ 1 52,7	2 4
1291	+ 1 2,9	— 1 0,7	— 0 10,4	+ 0 25,4	3 43
1301	— 3 30,9	+ 3 6,7	+ 1 26,2	— 0 50,8	5 6
1289	+ 0 45,1	— 0 18,6	— 2 24,7	+ 2 2,8	6 47
1293	+ 1 13,0	— 0 38,2	— 1 22,2	+ 1 17,3	6 48
1329	— 1 30,6	+ 1 14,6	+ 1 42,0	— 1 7,5	7 13
1295	— 2 30,5	+ 1 53,4	+ 1 14,9	— 0 49,9	7 34
1287	+ 1 44,3	— 0 50,4	— 1 48,0	+ 1 29,2	9 28
1351	— 1 40,8	+ 1 16,3	+ 2 29,2	— 1 28,8	10 12
1365	— 1 2,3	+ 0 47,9	+ 1 28,2	— 0 44,9	10 56
1284	+ 1 43,4	— 0 34,4	— 1 48,2	+ 1 21,7	12 39
1355	— 2 0,9	+ 1 6,1	+ 2 12,5	— 1 17,0	12 45
1359	+ 1 25,5	— 0 25,5	— 1 57,9	+ 1 25,5	13 15
1325	— 1 29,2	+ 0 58,8	+ 1 26,6	— 0 38,4	13 35
1302	— 3 3,1	+ 1 31,7	+ 0 56,6	— 0 32,6	14 29
1326	— 1 57,3	— 0 43,2	— 3 25,4	+ 1 51,3	16 2
1297	— 0 19,7	+ 0 11,6	+ 1 12,1	— 0 30,0	16 47
1286	— 0 28,0	+ 0 20,7	1 3,6	— 0 28,9	16 52
1366	— 3 15,9	+ 1 21,4	+ 2 12,2	— 1 5,5	16 58
1283	— 1 15,2	+ 0 42,7	+ 1 57,9	— 0 42,5	17 22
1349	+ 1 58,3	— 0 35,4	— 0 53,3	+ 0 36,4	18 11
1290	+ 2 45,5	— 0 45,5	— 1 33,2	+ 0 59,6	18 54
1350	+ 0 38,5	— 0 7,6	— 0 35,0	+ 0 20,8	19 28
1358	— 1 26,0	+ 0 19,1	+ 1 33,7	— 0 11,6	29 59
1330	+ 2 16,5	+ 0 39,8	— 1 26,2	— 0 13,3	53 30

(¹) Vedi questo volume pag. 71.

Se si esaminano i valori dell' inclinazione magnetica, si scorge, che l'ultimo corrispondente alla distribuzione del magnetismo libero nell' anfora 1330 si stacca in modo deciso dagli altri : il che mostra, che il vaso o non fu cotto coll' asse geometrico verticale, o non appartiene al periodo di fabbricazione dei vasi greci. Anche l'anfora 1358 dà per l'inclinazione magnetica un valore molto grande, ed ammesso che sia stata cotta in posizione verticale, essa dovrebbe appartenere ad un' epoca più tarda ([1]).

Ma anche escludendo questi due vasi, i limiti entro i quali l'inclinazione magnetica varia, sono assai estesi, 19°,5. La discordanza tra i singoli valori può dipendere da diverse cause : o i vasi sono stati collocati nella fornace inclinati ; o hanno avuto luogo delle induzioni accidentali, che hanno mascherato l'azione del magnetismo terrestre ; o effettivamente ha avuto luogo una variazione grande nell'inclinazione magnetica durante il periodo di fabbricazione di questa specie di vasi. Io sono lontano dal credere, che le divergenze dipendano dalla posizione troppo inclinata data ai vasi durante la cottura, perchè come i vasai greci si sono mostrati perfetti artefici nel formare e modellare i vasi, così non si può fare a meno di ammettere, che essi abbiano usato la massima cura nel collocare i prodotti della loro arte in una posizione assai stabile entro la fornace, affinchè non avvenissero degli spostamenti capaci di produrre rotture o deformazioni. Tutto al più si può concedere, che per causa della posizione non perfettamente verticale le divergenze nel valore dell'inclinazione siano comprese entro i limiti trovati per i vasi d'Arezzo e di Pompei. D'altra parte la distribuzione del magnetismo assai regolare nelle anfore greche ci obbliga ad escludere l'ipotesi, che induzioni magnetiche, prodotte da cause accidentali, abbiano mascherata o modificata quella del campo magnetico terrestre.

Per spiegare la poca concordanza tra i valori ottenuti restano allora queste due ipotesi : o la variazione secolare dell'inclinazione magnetica durante il V secolo a. Cr. è stata realmente assai notevole, o il periodo entro il quale gli archeologi limitano la fabbricazione dei vasi attici a figure rosse su fondo nero, deve venire un po' allargato. Per ora però lasciamo impregiudicata la questione, che verrà ripresa dopo avere esaminato i risultati avuti dai vasi a figure nere su fondo rosso.

Per calcolare il valore medio dell'inclinazione magnetica durante il periodo di fabbricazione dei vasi a figure rosse, bisognerebbe sapere, se i singoli valori ottenuti sono tutti positivi o no, ossia in altri termini se l'equatore magnetico è passato o no al nord della Grecia. Uno sguardo alla polarità

([1]) Nella tabella compariscono soltanto 31 anfore, perchè le altre 5 hanno mostrato una distribuzione alquanto irregolare del magnetismo : i nn. 1285, 1327, 1328 e 1356 posseggono due massimi e due minimi alla periferia della bocca, il n. 1352 ha il massimo della bocca spostato di 60° dal piano della sezione normale. Per questo motivo essi non furono presi in considerazione.

magnetica della base dei vasi esaminati ci mostra, che su di essa prevale
ora il magnetismo nord ora il sud; ma devo far notare, che le anfore possono
essere state collocate nella fornace indifferentemente sia colla loro base in
basso, sia colla loro bocca, perchè non vi è alcuna ragione tecnica, per la
quale si possa escludere piuttosto l'una che l'altra posizione: anzi è probabile, che per utilizzare lo spazio i vasai abbiano collocato accanto ad un vaso
diritto uno capovolto, come si usa anche al presente. Però dalle ricerche, che
verrò in seguito esponendo, fatte su oinochoai ad ansa elevata (e che per
conseguenza sono stati cotti diritti) attribuiti al V secolo a Cr. risulta
chiaramente, che la polarità prevalente alla loro base è positiva. Sicchè se
le anfore a figure rosse appartengono allo stesso periodo, anche l'inclinazione
magnetica dedotta dalla distribuzione del loro magnetismo si deve considerare
come positiva, ed in tal caso il suo valore medio risulta eguale a $9° 45'$. Se
poi si volesse ammettere, che al principio del periodo, al quale tali vasi
vengono attribuiti, l'inclinazione magnetica fosse stata australe, il valore
medio risulterebbe ancora minore.

2. VASI ATTICI A FIGURE NERE SU FONDO ROSSO. Di questa specie di
vasi se ne trova una bellissima collezione nel Museo archeologico di Firenze,
ed un piccolo numero nei Musei di Siracusa e di Napoli.

Nella seguente tabella riporto i risultati avuti dall'esame delle anfore
e degli oinochoai a bocca circolare e ad ansa bassa trovati nel Museo di
Firenze [1]. Nella 2ª colonna è segnata l'epoca probabile della loro fabbricazione, come risulta dalle targhette apposte alle varie vetrine, in cui essi
si trovano raccolti. Gli oggetti esaminati furono 35, ma tre di essi furono
lasciati a parte perchè hanno mostrato una distribuzione irregolare del magnetismo [2].

[1] Tutti questi vasi sono riuniti nelle vetrine IV — X.
[2] Essi sono: l'anfora n. 1807 bellissima, intera ed assai grande; ma i punti di
massima e minima intensità magnetica non si trovano sopra due diametri, ma sopra due
corde; di più tre di questi punti hanno polarità nord ed uno solo polarità sud. L'anfora
n. 1852 perfettamente conservata ed assai grande ha alla bocca una distribuzione irrego-
larissima del magnetismo con 3 massimi e 3 minimi. Il terzo è un'anfora senza numero
attribuita al periodo 550-450, intera e molto grande, che ha tre dei punti della sezione
normale con polarità nord ed uno solo con polarità sud.

TABELLA II.

	Epoca a. Cr.	Base		Bocca		Inclinazione magnetica
		K + K'	K — K'	K + K'	K — K'	
Anfora senza n.	650-600	+2° 23',6	— 1° 55',6	— 1° 56',3	+2° 8',9	1° 32'
" n. 1841	"	— 0 45,2	+0 40,9	+1 52,6	— 1 37,2	3 17
" " 1800	"	— 3 56,6	+3 52,4	+4 0,4	— 2 38.6	4 43
" " 1845	"	— 1 30,1	+0 44,3	+1 0,9	— 0 16,7	19 42
" " 1817	"	+0 10,2	— 0 9,6	— 0 3,0	+0 31,4	22 20
" " 1804	550	— 0 42,7	+0 35,0	+0 37,3	— 0 17,2	8 52
" senza n.	"	— 1 21,8	+1 15,7	+1 30,9	— 0 44,7	9 33
" n. 1815	»	+1 6,1	— 0 34,2	— 0 35,2	+0 24,4	11 13
" " 1662	550-450	+1 53,7	— 1 18,9	— 1 11,0	+1 38,9	1 0
" senza n.	"	+0 59,6	— 0 43,5	— 0 40,0	+0 47,3	2 14
Oinochoe n. 2120	"	— 2 22,5	— 1 35,0	— 2 37,7	+2 36,1	3 40
" " 2113	"	+2 9,4	— 1 15,2	— 2 13,5	+2 8,7	5 13
Anfora " 2072	"	— 1 47,0	+1 26,3	+1 19,3	— 0 43,8	8 51
" " 1641	"	+1 41,9	— 0 50.3	— 1 24,4	+1 18,7	9 6
Oinochoe " 1894	"	+0 38,6	— 0 32,2	— 0 28,3	+0 30,1	14 23
Anfora " 1812	"	— 2 4,8	+1 15,9	+1 25,4	— 0 31,9	16 5
Oinochoe " 2118	"	— 2 18,8	+0 3,5	+1 16,2	— 1 25,3	16 45
Anfora senza n.	"	— 1 14,1	+0 43,0	+1 17,5	— 0 7,6	22 57
" n. 1869	"	— 1 47,1	+0 40,3	+2 33,5	— 0 21,9	28 55
" " 1712	"	+4 29,7	+1 20,2	— 3 15,3	— 1 26,8	61 39
" " 1802	550-400	+0 52,5	— 0 37,2	— 0 38,4	+0 44,3	2 15
" " 1815	"	+1 15,5	+0 1,4	— 1 6,9	— 0 15,9	49 35

I vasi di questa tabella sono per grandezza assai diversi tra loro. Vi è una serie di anfore assai grandi (quelle che corrispondono ai nn. 1641, 1662, 1812, 1815, 1841, 1869), la cui altezza varia tra 410 e 440 mm. con un diametro alla base tra 150 e 160 mm., e col diametro della bocca ancora maggiore: i quattro oinochoai sono i vasi più piccoli: hanno un' altezza di circa 227 mm. col diametro alla base di circa mm. 84 e col diametro alla bocca di mm. 90. Gli altri vasi hanno dimensioni intermedie, ma in generale la loro base è molto ampia.

I vasi greci a figure nere su fondo rosso trovati nel Museo di Napoli sono 6. Anch'essi sono anfore, ma meno grandi di quelle del Museo di Firenze. La loro altezza varia tra un minimo di 240 mm. ed un massimo di 320 mm.; il diametro della base è compreso tra 85 e 112 mm. e quello della bocca tra 115 e 163 mm. I risultati avuti sono riuniti nella seguente tabella, ove le varie colonne hanno lo stesso significato che nelle tabelle antecedenti.

TABELLA III.

	Base		Bocca		Inclinazione magnetica
	K + K'	K — K'	K + K'	K — K'	
n° 919	+1° 0',2	— 0° 41',5	— 0° 30',9	+0° 46',4	0° 52'
892	+0 41,3	— 0 38,2	— 0 11,8	+0 25,8	4 15
896	+0 49,8	— 0 46,3	— 0 20,7	+0 43,3	5 54
889	+0 23,7	— 0 14,6	— 0 8,1	+0 26,2	6 1
910	+1 55,3	— 0 45,8	— 1 0,3	+0 38,9	15 5
895	+0 51,1	+0 20,0	— 0 22,3	— 0 2,7	54 30

Nel Museo nazionale di Siracusa vi sono pure alcuni vasi a figure nere su fondo rosso: alcuni di essi provengono dalle tombe greche di Megara Hyblaea ([1]), città che sorgeva sopra il terrazzo, che viene ora attraversato dalla linea ferroviaria Catania-Siracusa a circa 800 m. a sud della stazione di Lumidoro. Sono anfore molto grandi con base e bocca ampie ([2]). Altre anfore provengono dalla Necropoli del Fusco presso Siracusa: una di queste (n. 6027) è completamente nera ([3]) e viene attribuita al VI secolo a. Cr.; altre due della stessa epoca (nn. 12589 e 12590) che hanno un'altezza di appena 20 cm. sono rosse a cordonature nere ([4]). Evvi pure un' anfora abbastanza grande di provenienza incerta.

La seguente tabella riassume i risultati avuti.

TABELLA IV.

Provenienza	n°	Base		Bocca		Inclinazione magnetica
		K + K′	K − K′	K + K′	K − K′	
Megara Hyblaea	7617	+ 1° 10′,4	− 0°38′,1	− 0° 22′,9	+ 0°36′,2	5° 11′
"	11619	+ 0 39, 4	− 0 37, 4	− 0 34, 3	+ 1 12. 1	9 57
"	10088	+ 0 17, 2	− 0 7, 2	− 0 15, 7	+ 0 9, 6	16 8
Siracusa	12590	+ 2 31, 3	− 2 10, 1	− 1 3, 6	+ 1 29, 1	0 24
"	6027	− 4 4, 4	+ 3 4, 9	+ 3 0, 2	− 1 58, 8	7 50
"	12589	+ 1 0, 9	− 0 13, 1	− 1 5, 1	+ 1 11, 9	7 55
incerta	8763	− 1 14, 2	− 0 17, 4	+ 1 43, 5	+ 0 34, 0	56 26

([1]) Per potere meglio giudicare dell'età di questi vasi, riporto qui alcune notizie sulle vicende di guerra di questa città. Megara Hyblaea fondata dai Dori probabilmente verso l'anno 728 a. Cr. fu distrutta totalmente da Gelone I, tiranno di Siracusa verso l'anno 482 a. Cr. Nell'inverno dell'anno 415 al 414 i Siracusani per difendersi contro gli Ateniesi dopo avere fortificato i lati deboli della loro città, muuirono di difesa anche certe località esterne, e fra queste compare anche Megara. Quest'ultima località fu dagli Ateniesi attaccata invano. Ancora nell'anno 309 a. Cr. Megara era una piccola fortezza, perchè Diodoro Siculo parla di un combattimento avvenuto tra i Cartaginesi ed i Siracusani nelle acque di Megara. I Siracusani avuta la peggio si salvarono a nuoto, e parte della loro flotta fu salvata dal presidio uscito dalla fortezza.

Megara assieme ad altre città della Sicilia tentò tra gli anni 214-210 di ribellarsi contro i Romani, ma fu fieramente punita, e di essa Livio ricorda, che nel 214 *Marcellus.... Megara vi capta diruit at diripuit ad reliquorum ac maxime Syracusanorum terrorem.* Da allora Megara diventò un povero e piccolo centro di campagna.

Vedi P. Orsi, *Megara Hyblaea* parte 1ª, *Monumenti antichi* pubblicati por cura della R. Acc. dei Lincei, vol. I, pag. 689, 1890.

([2]) Due di queste anfore non compariscono nella tabella 4ª, perchè hanno una distribuzione irregolare del magnetismo. Quella proveniente dalla tomba 778 (n. 11889) è mancante nel ventre, e se si esamina la sezione, si trova che l'argilla non è compatta ed omogenea, ma stratificata tanto da sembrare uno schisto. L'anfora n. 12063 della tomba 971 presenta alla bocca due massimi e due minimi, e di più in tre punti della sezione normale ha polarità nord ed in uno solo polarità sud.

([3]) Cavallari, *Sugli scavi eseguiti nella Necropoli del Fusco presso Siracusa*. Atti della R. Acc. dei Lincei. Mem. Classe scienze morali ecc., serie 4ª, vol. I, 1884-85, pag. 198.

([4]) Orsi, *Scavi eseguiti nella Necropoli del Fusco, nel dicembre 1892 e gennaio 1893.* Atti della R. Acc. dei Lincei, serie 5ª, vol. J, 1893, *Notizie degli scavi*, pag. 464.

In complesso si hanno dunque 35 vasi attici a figure nere su fondo rosso, tutti della stessa forma: ma tra essi se ne trovano quattro con distribuzione del magnetismo tale, per cui bisognerebbe ammettere un' inclinazione del campo magnetico terrestre marcatamente diversa da quella, che ha agito sugli altri 31 vasi: e di quelli, credo, non si può tenere alcun conto (¹).

Merita speciale attenzione la tabella 2ª, nella quale i vasi sono divisi secondo l'epoca, a cui vengono dagli archeologi assegnati. Si vede, che al periodo più antico sono attribuite tre anfore, per la magnetizzazione delle quali l'inclinazione magnetica doveva essere in media circa 3°, ma poi vengono assegnate allo stesso periodo altre due anfore, per le quali l'inclinazione magnetica avrebbe dovuto essere circa 21°. Se si tiene presente, che esse hanno una grandezza abbastanza considerevole, che sono provvedute di ampia base, che la loro fattura è assai accurata, e che infine la distribuzione del loro magnetismo è assai regolare, quell'aggruppamento non è spiegabile, perchè non si può ammettere, nè che la variazione dell'inclinazione magnetica in un periodo di tempo tanto breve sia stata così grande, nè che discordanze così accentuate siano dovute alla posizione, in cui furono collocate le anfore durante la cottura.

Ma un altro ostacolo si oppone qui alla interpretazione dei risultati avuti. Se si avesse la certezza, che l'inclinazione magnetica in Grecia è sempre stata boreale, e si tiene presente, che il suo valore nel I secolo a. Cr. era press'a poco eguale all'attuale, i vasi coll'asse magnetico più inclinato si dovrebbero ritenere in generale come posteriori a quelli, in cui l'asse magnetico è meno inclinato; ma, come verrà in seguito esposto, nel VII secolo a. Cr. l'inclinazione magnetica era con tutta probabilità australe, e quindi i vasi coll'asse magnetico più inclinato potrebbero anche essere più antichi. Naturalmente sia nell'uno che nell'altro caso quelle cinque anfore non dovrebbero restare classificate nello stesso periodo di tempo.

Al periodo 550-450 anni a. Cr. sono ascritti dei vasi, parte dei quali andrebbero bene d'accordo per la distribuzione del loro magnetismo coi vasi attribuiti al cuore del VI secolo, ma un'altra parte dovrebbe appartenere ad un'epoca anteriore; anche il vaso 1802 dell'ultimo periodo troverebbe il suo posto tra anfore più antiche.

I vasi delle tabelle 3ª e 4ª sono giudicati del VI secolo, a. Cr., ed in generale indicano, che l'inclinazione magnetica era assai piccola.

(¹) Sarebbe il caso di dubitare, che i quattro vasi siano dovuti all'opera di qualche abile artefice moderno o del I secolo a. Cr., riuscito a rivaleggiare nella ceramica cogli antichi vasai, perchè la distribuzione del magnetismo corrisponde a quella dei vasi aretini ed a quella che verrebbe prodotta, se i vasi venissero fabbricati al presente. Io faccio notare la coincidenza senza entrare in merito della cosa, perchè affatto profano in Archeologia.

Le conclusioni, che per ora, secondo me, si possono tirare dallo studio esposto sono:

1. Dalla distribuzione del magnetismo libero in molti dei vasi a figure nere su fondo rosso, che in parte si fanno risalire al VII secolo, ed in parte si attribuiscono al VI e perfino al V secolo a. Cr., risulta che vi fu un'epoca in cui l'inclinazione magnetica in Grecia era assai prossima a zero. Quest'epoca non può essere ancora ben precisata, ma forse non si è lontani dal vero, se si colloca tra il VII ed il VI secolo. Anche dalla distribuzione del magnetismo libero in molti dei vasi a figure rosse si arriva alla conclusione, che l'inclinazione era scesa quasi a zero.

2. Alla fine del periodo di fabbricazione dei vasi greci, ossia verso il 400 a. Cr. l'inclinazione magnetica aveva già raggiunto il valore di circa 20°: se si eccettuano i pochi vasi, che hanno mostrato una distribuzione del magnetismo eguale a quella, che avrebbero se fossero fabbricati ai nostri giorni, due sole anfore darebbero un valore un po' maggiore.

Fisica. — *Sulla dissociazione dell'ipoazotide* [1]. Nota del dott. A. Pochettino, presentata dal Socio Blaserna.

Come osserva il Duhem nel suo *Traité de Mécanique chimique,* le ricerche sperimentali sulla determinazione delle costanti fisiche delle combinazioni gassose dissociabili sono fin qui, anche riguardo all'ipoazotide che pure è il corpo più facile e più interessante a studiarsi, poco numerose.

Quello che si è fatto in questo campo, riguarda solo la densità di tali combinazioni; anzi, rispetto a questa costante, le ricerche teoriche e sperimentali hanno, almeno per l'ipoazotide, quasi esaurito l'argomento. La ricerca più importante è quella teorica del Gibbs [2]; questi, basandosi sul criterio fondamentale di riguardare una combinazione gassosa dissociabile come una mescolanza in proporzioni variabili di due gas poco discosti dallo stato perfetto e polimeri uno dell'altro, ha assegnata una formola che dà la legge delle variazioni della densità del gas ipoazotico al variare della temperatura e della pressione, formola splendidamente confermata dalle numerose ed accurate esperienze di Mitscherlich, Troost, Deville, Wauklyn, Playfair e finalmente di E. ed L. Natanson [3].

Ma oltre la densità presenta un interesse grandissimo la questione del rapporto k dei calori specifici, poichè la conoscenza dell'andamento di questo rapporto permetterà di vagliare le ipotesi fatte sulla causa dei cambiamenti di densità dell'ipoazotide colla temperatura. Giacchè, sebbene la teoria di

[1] Lavoro eseguito nell'Istituto fisico di Roma.
[2] Americ. Journ. XVIII, pag. 277, 1879.
[3] Wied. Ann. XXVII, pag. 606, 1886.

Gibbs sia in modo mirabile conforme ai dati sperimentali, non tutti sono d'accordo con lui sull'origine di queste variazioni di densità: alcuni per esempio per spiegare il lavoro eccezionale che vien rivelato da questa variazione anormale delle densità ricorrono ai lavori interni, che nell'ipoazotide sarebbero grandissimi; questi lavori si eserciterebbero sia tra le varie molecole, sia nell'interno di ognuna di esse, senza però mutarne il numero ([1]).

Io mi sono quindi proposto di determinare l'andamento dei valori di k al crescere della temperatura e quindi della dissociazione.

Già i signori E. ed L. Natanson nelle loro ricerche sulle variazioni della densità dell'ipoazotide a temperatura costante e a pressione variabile, ebbero occasione di constatare che al crescere della dissociazione il rapporto k cresce, fatto la cui spiegazione segue immediatamente dal criterio fondamentale del Gibbs, giacchè all'NO_2, per la teoria cinetica dei gas, deve naturalmente corrispondere un valore di k maggiore che non all'N_2O_4 la cui molecola è di una costituzione più complicata. Per raggiungere un grado di dissociazione maggiore (i Natanson si fermarono al 50 % di dissociazione) ho pensato di operare non già a temperatura costante, ma a pressione costante, il che, nel caso mio, importava anche una minore complicazione degli apparecchi.

La misura di k venne eseguita col noto metodo della determinazione della velocità del suono. Il primo elemento quindi necessario alle mie misure era la densità del gas. Per questo mi son servito delle tabelle di Natanson e di Troost e Deville, per le temperature intermedie mi valsi della formula data dal Gibbs per la densità di una combinazione gassosa dissociabile, ossia:

$$\log_{10} \frac{(D_2 - D)^2}{2(D - D_1)} \, p = A + \frac{B}{a} \log_{10}(t + 273) - \frac{C}{t + 273},$$

dove A B a C sono costanti dipendenti dal gas che si considera, D D_1 D_2 sono rispettivamente le densità del miscuglio e dei due componenti (nel caso nostro NO_2 ed N_2O_4), p la pressione in atmosfere e t la temperatura in gradi centigradi. Pel caso speciale dell'ipoazotide il Gibbs assegna la formola:

$$\log_{10} \frac{(3{,}178 - D)^2}{2(D - 1{,}589)} \, p = 9{,}47056 - \frac{3118{,}6}{t + 273}$$

ossia ([2]):

$$D = 3{,}178 + \theta - \sqrt{\theta(3{,}178 + \theta)},$$

dove:

$$\theta = 9{,}47056 - \frac{3118{,}6}{t + 273} \log p.$$

Avrei potuto mediante la disposizione ideata dai signori Natanson determinare io stesso questa densità, ma, date le cure che ho poste onde avere ipoazotide

([1]) Ann. Chim. et Phys. 1882, vol. 30, pag. 383.

([2]) Gibbs, *Thermodynamische Studien*, 1892, pag. 209.

la più pura possibile, la completa fiducia che le ripetute verifiche sperimentali inducono ad avere nella formola di Gibbs, almeno nei limiti di temperatura in cui ho operato io e più di tutto la poca entità relativa che un errore (quali sono le divergenze fra i dati sperimentali e teorici) nel valore della densità porta sul valore di k, mi hanno indotto a non complicare l'apparecchio e a limitarmi alla sola misura del rapporto k ammettendo nota la densità.

L' ipoazotide veniva preparata in gran quantità per mezzo del nitrato di piombo previamente dissecato con cura, e dopo aver lasciato sfuggire i primi prodotti, veniva raccolta liquida nei soliti tubi per liquefare i gas, tenuti entro una miscela frigorifera, per eliminare l'ossigeno proveniente anch' esso dalla dissociazione del nitrato di piombo. Il gas ipoazotico veniva quindi distillato con cura almeno due volte, per eliminare ogni possibile traccia di altro composto più stabile che si sarebbe potuto formare per l'azione dell'umidità dell'aria sull' ipoazotide. Ottenevo così un liquido color ambra chiaro, limpidissimo che durante il corso delle esperienze conservavo in appositi tubi muniti di due rubinetti.

La velocità di propagazione del suono nel gas veniva fatta con un apparecchio analogo a quello usato dal Kundt e dal Wüllner ecc. La disposizione sperimentale è data senz' altro dal seguente schema:

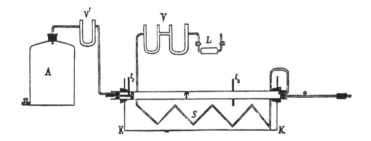

Dal tubo L contenente l' ipoazotide liquida, il gas svolgentesi veniva, mediante l'aspiratore A, dapprima tratto in due tubi V ad U ripieni di anidride fosforica e poscia in un serpentino S immerso in un bagno d'olio contenuto entro una cassetta metallica K previamente portato alla temperatura t alla quale si voleva sperimentare, temperatura che si leggeva mediante il termometro t_2; dal serpentino quindi il gas penetrava nel tubo di Kundt T parimenti immerso nel bagno, donde poi mediante apposita condotta finiva nell'aspiratore A; l'umidità che da questo sarebbe potuta penetrare nel tubo T veniva allontanata mediante un altro tubo ad anidride fosforica V'. Finalmente la temperatura vera del gas nel tubo T al momento dell' esperienza determinavasi mediante un altro termometro t_1

introdotto in esso in modo che il bulbo fosse completamente immerso nel gas, solo quando i due termometri t_1 e t_2 segnavano a un dipresso la medesima temperatura. Tutte le giunture vennero ricoperte di mastice al minio, in modo da assicurare una tenuta quasi perfetta, di più nella conduttura vennero accuratamente evitati, per quanto era possibile, dei tratti di caoutschouc affinchè non avvenissero ostruzioni nei tubi causa l'azione dell'ipoazotide sulla gomma. La generazione delle onde stazionarie nel tubo T avveniva nel modo noto mediante le vibrazioni longitudinali di un'asta a di vetro tenuta fissa in un punto della sua lunghezza con una morsa di legno M. La polvere adoperata per livellarle era di silice insolubile ottenuta facendo bollire del silicato di potassio con acido cloridrico e tirando a secco due o tre volte. Il risultato pestato accuratamente e setacciato in modo da avere una polvere quasi impalpabile, veniva prima di essere introdotto nel tubo T fortemente disseccato in una stufetta.

La formola che dalla lunghezza d'onda del suono prodotto dall'asta nell'ipoazotide e nell'aria, dà il valore di k è la seguente:

$$K = 1{,}4053 \frac{l^2}{l_1^2} \cdot \frac{\delta}{\delta_1} \cdot \frac{1 + \alpha\, t_1}{1 + \alpha\, t},$$

dove l, δ, t ed $l_1\, \delta_1\, t_1$ sono rispettivamente la semilunghezza d'onda, la densità e la temperatura nel gas e nell'aria, e $1{,}4053$ è il valore di k per l'aria.

Per la misura delle lunghezze d'onda usavo una disposizione a mo' di comparatore, e ogni serie di onde veniva misurata tre o quattro volte nei due sensi secondo la formola assegnata da Kundt:

$$l = \frac{n\, L_1 + (n-2)\, L_2 + (n-4)\, L_3 + \cdots}{n^2 + (n-2)^2 + (n-4)^2 + \cdots}$$

dove :

l indica la lunghezza d'onda cercata;

L_1 la distanza che separa la prima e l'ultima onda, corrispondente a n onde;

L_2 quella che separa la seconda dalla penultima, corrispondente ad $n-2$ onde e così via.

Le differenze fra la media così calcolata e le singole onde raggiungono quasi mezzo millimetro, e ciò dipende, come è noto, dal fatto che i limiti delle onde non sono uniformemente ben definiti, ma misurando varie onde col metodo dato da Kundt, quando si abbia cura di cercare di ottenere solo dei mucchietti di polvere ai nodi, si riesce ad ottenere una grandissima precisione. Usando varie precauzioni, che qui sarebbe lungo ed inutile ripetere, sono riuscito ad ottenere invece delle solite figure di Kundt dei semplici piccolissimi mucchietti di polvere con qualche archetto al più intorno, in tal modo la posizione esatta del nodo si poteva avere con grande facilità e sicurezza.

Non mi rimane ora altro che riferire i risultati ottenuti che io dispongo nella seguente tabella, dove a $l\,l\,l_1\,t_1\,k$ attribuisco i significati già detti e con $\varDelta$ indico la densità del gas a t° rispetto all'aria.

Ho aggiunto anche una colonna che dà il valore della percentuale 9 $^0/_0$ della dissociazione alle varie temperature, ottenuto dalla densità $\varDelta$ mediante la formola:

$$ q = \frac{3{,}178 - \varDelta}{\varDelta}, $$

dove, come si sa, 3,178 è la densità dell'N_2O_4 rispetto all'aria, calcolata dalla sua formola molecolare, e una colonna che mi dà il valore di k quale lo si deduce con la regola dei miscugli, supponendo il gas come un miscuglio di N_2O_4 e NO_2 nelle proporzioni date dalla colonna che riporta i valori di q.

t°	$\varDelta$	l	l_1	t_1	9 $^0/_0$	K osserv.	K calcol.	Differenze
4,2	2,964	38,555	73.181	6,8	7,22	1,167	1,169	+ 0,002
8,0	2.925	38,746	73,300	13.0	8,65	1,169	1,172	+ 0,003
11,3	2.891	39,593	73,383	13,1	9,92	1,172	1,173	+ 0,001
16,2	2,818	40,308	73,125	9,4	12,77	1,175	1,177	+ 0,002
21,0	2,764	41,331	73,133	6,5	14,98	1,179	1,180	+ 0,001
26,7	2,650	42,656	73,000	7,0	19,92	1,198	1,187	— 0,011
35,2	2,526	44,492	73,000	7,3	25,81	1,201	1,195	— 0,006
39,8	2,453	45,576	73,490	12,0	29,55	1,208	1,200	— 0,008
44,0	2,368	46,868	73,430	13,4	34,49	1,219	1,209	— 0,010
49,6	2,256	48,912	73,230	8,0	40,87	1,232	1,217	— 0,015
60,0	2,065	52,167	73,000	7,2	53,90	1,247	1,235	— 0,012
66,0	1,991	53,956	73,270	7,4	59,62	1,255	1,243	— 0,012
70,0	1,920	55,439	73,300	7,0	65,47	1,260	1,251	— 0,009
75,7	1,851	57,240	78,470	6,6	71,69	1,266	1,260	— 0,006
80,6	1,801	58,372	73,270	7,0	76,46	1,272	1,266	— 0,006
85,0	1,755	59,222	73,000	8,2	81,08	1,275	1,273	— 0,002
90,0	1,728	60,393	73,124	7,5	83,91	1,280	1,277	— 0,003
95,0	1,699	61,428	73,181	7,0	87,05	1,280	1,281	+ 0,001
100,1	1,676	62,289	73,300	8,0	89,62	1,281	1,285	+ 0,004
105,0	1,658	63,058	73,500	10,0	91,67	1,284	1,288	+ 0,004
111,3	1,641	64,023	73,600	10,0	93,66	1,288	1,291	+ 0,003
114,0	1,635	64,065	73,000	10,0	94,37	1.289	1,292	+ 0,003
121,5	1,622	65,161	73,620	12,0	95,93	1,290	1,294	+ 0,004
125,0	1,612	65,328	73,000	10,0	97,15	1,290	1,297	+ 0,007
130,0	1,610	66 341	73,600	12,1	97,39	1,300	1,297	+ 0,003
135,0	1,607	66,154	72,920	12,0	97,76	1,298	1,297	+ 0,001
140,0	1,604	67,005	73,600	11,6	98,13	1,300	—	—
145,0	1,602	67,457	73,300	12,0	98,37	1,300	—	—
150,0	1,600	67,889	73,400	12,0	98,62	1,296	—	—

Dall'ispezione di questa tabella risulta che il valore di K cresce al crescere della temperatura t e quindi della dissociazione q, variando fra i due valori 1,17 e 1,30 corrispondenti rispettivamente a gas di costituzione esatomica (N_2O_4) e triatomica (NO_2). Gli andamenti dei valori osservati e dei valori calcolati secondo la regola dei miscugli, sebbene nella regione di massima variazione della dissociazione presentino un po' di divergenza, sono del resto in abbastanza notevole accordo. Quelle divergenze potranno attribuirsi o ad una leggiera deviazione dalle leggi di cui abbiamo precedentemente parlato, o forse ad una dissociazione temporanea parziale prodotta nel gas dal propagarsi stesso delle onde sonore. Ad ogni modo potremo concludere che l'andamento del valore di k al crescere della temperatura, e la piccolezza delle divergenze fra i valori di k osservati e calcolati, sono da considerarsi come una riprova che nell'ipoazotide avviene realmente una dissociazione nel modo previsto da Gibbs, ossia una scissione successiva delle molecole della forma N_2O_4 in molecole della forma NO_2, scissione svelata dalle grandi variazioni di densità, e che quindi queste, come giustamente osservano E. ed L. Natanson, non devono attribuirsi come molti hanno creduto a una eccezionale deviazione di questo gas dalle leggi di Boyle e Gay-Lussac.

Fisica. — *Sulla teoria del contatto.* Nota I di Quirino Majorana, presentata dal Socio Blaserna.

L'esperienza fondamentale di Volta, quella cioè che dimostra che due metalli eterogenei, posti in contatto metallico, si caricano a potenziali differenti, viene insegnata ordinariamente col dire: Si abbia un condensatore formato da due dischi piani isolati, l'uno di zinco e l'altro di rame; pongansi i due dischi in comunicazione metallica, e si renda la capacità del condensatore massima, avvicinando i due dischi; si interrompa la comunicazione metallica; allontanando lo zinco dal rame si trova quello carico positivamente, questo negativamente. La spiegazione, che si dà del fenomeno, si fonda sull'ammettere che, al punto di contatto dei due metalli, esiste una *forza elettromotrice di contatto*, la quale ha per effetto di tenere i due dischi sempre agli stessi potenziali elettrici, indipendentemente dalla loro capacità; capacità che nell'esperienza predetta si fa prima crescere, coll'avvicinare, poi decrescere, coll'allontanare i due metalli.

Tutti i metalli possono disporsi secondo un ordine ben determinato, in guisa che un termine della serie sia sempre positivo rispetto ad un termine seguente.

Helmholtz, nella sua *Erhaltung der Kraft* ([1]), fa una considerazione che io ripeto con altre parole: Si suppongano pezzi metallici di qualsiasi forma, natura e numero in comunicazione col suolo, e in determinate posizioni. Essi sono allora elettricamente, nel cosidetto *stato neutro*. Per il principio della conservazione dell'energia, quando si pongano in comunicazione diretta due qualunque di essi pezzi metallici, dopo aver soppresso le relative comunica-

([1]) H. Helmholtz, *Ueber die Erhaltung der Kraft*, Ostwald's Klassiker der exak. Wiss., p. 34.

zioni col suolo, non si può generare alcun movimento di elettricità, a meno
di cambiare la posizione di quei pezzi, alterando così le due capacità elettriche. Infatti, se così non fosse, basterebbe porre alternativamente in comunicazione metallica due di quei pezzi metallici fra di loro e col suolo, ed
avere ogni volta un moto di elettricità, il che non è possibile perchè lo stabilire comunicazioni metalliche non costituisce *lavoro*.

Sviluppando l'idea di Helmholtz si arriva quindi alla conseguenza che
anche i metalli, posti in comunicazione col suolo, sono ricoperti da uno strato
elettrico di potenziale differente da metallo a metallo. Infatti anche ponendo
una comunicazione metallica tra due qualunque di essi non si altera la distribuzione elettrica del sistema, e, secondo l'enunciato di Volta, due metalli riuniti metallicamente sono a potenziali differenti.

Sperimentalmente si ha dunque:

a) Un elettrometro (che è anch'esso costituito da pezzi metallici) non
accusa alcuna carica elettrica se, dopo essere stato posto al suolo, vien legato
con uno degli elementi di una coppia secca rame-zinco. Ciò se non si producono in questa operazione, dei cambiamenti nei valori delle capacità di ciascun
conduttore.

b) Se si vuole studiare l'elettricità liberata dalla forza elettromotrice
di contatto, occorre produrre delle variazioni di capacità nel sistema dei due
metalli eterogenei.

Le precedenti considerazioni fanno vedere che per solito, didatticamente,
non si espone chiaro e semplice il concetto fondamentale del fenomeno scoperto da Volta. Si pone il fatto della riunione metallica dei due metalli
come essenziale, e il principiante crede spesso che, qualora questa non sia
stata fatta, i due metalli, dopo essere stati posti al suolo, posseggono lo
stesso potenziale.

Benchè sia certo che metalli posti in comunicazione, siano a differenti
potenziali elettrici, pure l'idea che questa differenza sia dovuta ad una reale
forza elettromotrice al contatto, non è ammessa con accordo generale dai
fisici moderni. Anzi ancor stando coi più, coloro cioè che ammettono quella
forza, devesi riconoscere che essa è qualcosa di diverso dalla forza elettromotrice che esiste in una coppia voltaica. Da questa può, quando che si voglia,
raccogliersi elettricità libera, e ciò senza compiere lavoro esteriore, ma lasciando che avvenga l'azione chimica; una coppia metallica non può fornire
elettricità che quando si alteri la capacità del sistema; e a far ciò occorre
del lavoro per vincere le attrazioni elettriche dei varî strati che ricoprono i
metalli.

Per legge naturale non esiste alcun corpo che, posto in comunicazione
con uno degli elementi di una coppia secca rame-zinco, possa togliergli la
più piccola quantità di elettricità; ciò è dovuto al fatto che la nuova forza

elettromotrice di contatto che si aggiunge è tale da soddisfare a questa condizione. E questo fatto, espresso in altre parole, dà la legge fissata da Volta, dei *contatti successivi*.

Che i fenomeni elettrici che si osservano toccando due pezzi metallici e variandone la mutua capacità, non si possano con assoluta certezza attribuire completamente alla ammessa forza elettromotrice di contatto, è stato riconosciuto dai più abili sperimentatori. Pellat [1], ad esempio, che ci ha fornito le misure più precise, servendosi del solito artificio di variar la capacità dei due conduttori eterogenei, al fine di generare delle cariche mobili, misura quale sarebbe la f. e. m. al contatto, che. ammesso che esista, darebbe luogo alla formazione di quelle cariche. Ma quando si tratta di affermare se veramente il contatto è sede di quella forza, è preoccupato dalla esistenza del mezzo atmosferico in cui le esperienze son fatte, e così si esprime:

« Due metalli differenti riuniti metallicamente [2], sono ricoperti nello « stato di equilibrio, da strati elettrici a potenziali ineguali.... È *estre-* « *mamente probabile* che la differenza di potenziale osservata tra gli strati « elettrici che ricoprono due metalli riuniti metallicamente, rappresenti anche « la differenza di potenziale che esiste tra quei metalli ». È estremamente probabile, e cioè non è assolutamente certo. L'osservazione dunque di cariche elettriche alle superficie dei metalli, potrebbe avere altra spiegazione all'infuori di quella della forza elettromotrice di contatto.

Non intendo rifar qui la storia dei sostenitori della teoria chimica; ma mi pare interessante rilevare che anche oggi vi è qualcuno che ammette qualcosa di simile. Voglio parlare del Lodge [3]. Secondo questo fisico il fenomeno sarebbe molto complicato, e terrebbe alle seguenti proposizioni:

Una sostanza immersa in un mezzo qualunque *tende* ad esercitare sopra di esso un'azione chimica (meno che essa ne sia effettivamente attaccata). Questa *tendenza* porta la sostanza ad un potenziale differente dal mezzo in cui essa è immersa. Questo potenziale è positivo se l'elemento attivo [4] del mezzo è elettropositivo, negativo nel caso contrario. In aggiunta a questa forza di contatto tra la sostanza e il mezzo, dovuta all'azione chimica potenziale, ve ne è un'altra che è indipendente dalle proprietà chimiche, che risiede al contatto di due metalli, e che, sovrapposta alla prima, costituisce complessivamente ciò che si chiama *effetto Volta*.

[1] H. Pellat, *Différences de potentiel des couches électriques qui recouvrent deux métaux en contact.* Ann. de Chimie et de Physique, V, 24, p. 1-136, 1881.

[2] Basterebbe dire che sono stati scaricati al suolo.

[3] O. Lodge, *On the Seat of the Electrom. Forces in the Voltaic Cell.* Report of the British Association, Montreal, august-september 1884, p. 464-529. Vedi anche Phil. Magazine, 1885 e seg.

[4] Nel caso ordinario questo elemento attivo sarebbe l'ossigeno.

È facile rilevare da quale idea sia stato dominato Lodge nel dare questa spiegazione. Maxwell pel primo ha affermato che la sola via diretta per misurare la f. e. m. di contatto è l'effetto Peltier. Se A e B sono i due metalli, tra di essi esiste la f. e. m. A/B. Una corrente elettrica di intensità I che passa da A in B, e in una seconda esperienza da B in A sviluppa, in tempi eguali, quantità diverse di calore Q_1 e Q_2. E si ha

$$Q_1 - Q_2 = 2KI \, (A/B)$$

dove K è l'inverso dell'eq. meccanico del calore. Con questa relazione si possono ricavare i valori di A/B per i diversi metalli. Ma essi sono completamente in disaccordo con quelli che si misurano elettrostaticamente, sia per la loro grandezza che per l'ordine [1]. Se dunque le f. e. m. al contatto di due metalli fosse simile a quella che si ha in una pila, si dovrebbe ottenere l'effetto Peltier nel caso del contalto secco, in una misura ben diversa. E Pellat conclude dal suo importante lavoro, che non esiste alcun rapporto tra la differenza di potenziale al contatto di due metalli e la f. e. m. misurata dall'effetto Peltier. Non volendo uscir troppo dall'oggetto di questa pubblicazione, non insisto su ciò, e non rifaccio quindi i ragionamenti che Clausius ed altri autorevoli, hanno fatto per conciliare quell'enorme divergenza sperimentale. Del resto con tali ragionamenti si resta solo nel campo delle ipotesi, e non vi è alcun fatto sperimentale che li confermi [2].

Ritornando a Lodge, questi ha voluto ammettere che realmente esista la f. e. m. termoelettrica al contatto di due metalli, come la si calcola dal fenomeno Peltier, e sostiene che la differenza con i valori elettrostatici è dovuta alla *tendenza a combinazione chimica* dei metalli, con l'ossigeno circostante. Ma l'ipotesi di Lodge viene combattuta da lord Kelvin [3]. In opposizione ad essa, questi domanda: Quale è l'efficacia dell'ossigeno nel caso in cui le lastre del condensatore sono completamente verniciate? Quale

[1] Pellat, lavoro citato.

[2] Non voglio lasciare l'argomento senza riportare le seguenti autorevoli parole di lord Kelvin (Phil. Mag., luglio 1898, p. 102).

« Molti scrittori recenti (forse seguendo Maxwell, forse indipendentemente)..... hanno « assunto che l'effetto Peltier è l'equivalente termico della f. e. m. alla giunzione di due « metalli. In conseguenza è nata molta confusione sul riguardo della elettricità di con-« tatto e della sua relazione colle correnti termoelettriche, che ha offuscato le idee di « professori e studenti. In fatto si sa che la f. e. m. termoelettrica è enormemente più pic-« cola dell'elettrostatica. Il vero è che la f. e. m. di Volta si trova o si misura in metalli « alla stessa temperatura, ed è rappresentata in volt senza riguardo alla temperatura. Se « essa varia con la temperatura le sue *variazioni* sono indicate in *frazione di volt per* « *grado*. D'altro canto la f. e. m. termoelettrica dipende essenzialmente dalla differenza « di temperatura, e viene essenzialmente riferita al *grado termometrico* come p. e. in fra-« zione di volt per grado ».

[3] Kelvin, lavoro citato.

l'efficacia negli esperimenti di Erskine-Murray (¹) nei quali i dischi di zinco e di rame vengono graffiati e puliti dentro la paraffina fusa, in guisa da toglier loro qualsiasi traccia di atmosfera aderente? E nel caso degli esperimenti di Bottomley ed altri, nei quali le lastre di zinco e di rame sono tenute nel vuoto più alto che si possa raggiungere?

L'ipotesi di Lodge non è dunque accettata generalmente, ma in ogni modo essa fa vedere che, sull'interpretazione del fenomeno Volta, non esiste ancora grande accordo.

Per le ricerche che esporrò in seguito mi occorre ricordare i lavori di Exner (²). Le idee di questo fisico che è un fautore di una teoria chimica dei fenomeni di elettricità di contatto, non hanno trovato sostenitori come al tempo di De La Rive, forse anche perchè egli, con troppa vivacità, confutava le ricerche di Volta, asserendo l'esistenza di fatti che, contrariano la giustezza della teoria del contatto. Realmente molte delle affermazioni .di Exner, sono fondate sopra esperienze che appoggiano la teoria del contatto, la qualcosa non era riconosciuta dall'autore. La teoria di Exner si basa esclusivamente sull'ammettere che i metalli si ricoprono, se immersi nell'aria, di strati sottilissimi di ossidi. Questi strati sarebbero, per il fatto stesso della loro formazione, elettrizzati, e manterrebbero le loro cariche permanentemente perchè isolanti. Tutti i fenomeni che si osservano e che sono spiegati dalla teoria del contatto sarebbero semplici effetti di induzione elettrostatica dovuta ai detti strati.

Numerose sono state le critiche che si sono fatte a tale asserto; ma ciò non pertanto si debbono ad Exner delle esperienze che, rettamente interpretate, oltre ad appoggiare la teoria del contatto fanno vedere che il suolo si debba ritenere come un corpo della serie di Volta (³).

In conseguenza della generale ostilità con cui sono state accolte le idee di Exner, talune interessanti esperienze da lui esposte, non sono state prese in grande considerazione. Una di esse diversamente condotta si ritroverà nelle pagine seguenti.

Lo scopo di questa Nota e di altre che presenterò in seguito, è di esporre talune esperienze che illustrano la teoria del contatto, e che si basano prin-

(¹) Erskine Murray, *On Volta Electricity of Metals.* Phil. Mag., v. 45, p. 398, 1898.
(²) Tutti i lavori di F. Exner sono nei Sitzb. der Wien. Akad. der Wissensch., e sono riportati sopra il Carl's repert. e sui Wied. Ann. tra gli anni 1877 e 1887.
(³) Per la critica delle esperienze di Exner vedi: Beetz, W. A, v. 12, pag. 290; Hoorweg, W. A. v. 11, pag. 133 e v. 12, pag. 90; Julius, W. A. v. 13, pag. 276; Schulze-Berge W. A. v. 15, pag. 440, e v. 12, pag. 307; Von Zahn, *Untersuch. üb. Contact. elek.,* Lipsia, Teubner, 1882; Ayrton e Perry, Phil. Mag. 1881, pag. 43; Lodge, lavoro citato; Stoletow, Journ. de Physique, II, v. 1, pag. 57; Uljanin, W. A. v. 30, pag. 699; Hallwachs W. A. v. 32, pag. 64; Wiedemann, *Elektricität,* vol. II, ult. ediz., pag. 990 e seg.

cipalmente sulla estensione del principio di Volta, estensione che ho esposto precedentemente.

Consideriamo due dischi, uno di rame e l'altro di zinco. Poniamoli in comunicazione col suolo e successivamente isoliamoli. Essi assumono per quel che si è visto, una determinata differenza di potenziale. Questa differenza secondo recenti determinazioni può variare con lo stato superficiale dei due metalli tra 0,7 e 1,02 volt; ed il rame è negativo rispetto allo zinco.

I due dischi sieno ad una distanza tale, che tra di essi non possa esercitarsi alcuna sensibile induzione. Si avvicinino allora di molto, tenendoli paralleli e coassiali. A causa della mutua induzione che viene così ad agire, la densità elettrica delle loro superficie affacciate viene ad essere accresciuta, e sulle facce esterne si formano due strati di elettricità libera, positiva sul rame, negativa sullo zinco. Ora se stabiliamo di nuovo le comunicazioni dei due dischi col suolo, questi strati esterni di elettricità si disperderanno attraverso i conduttori adoperati.

Se riportiamo i due dischi nelle primitive posizioni, la densità elettrica superficiale delle facce interne, tornerà a diminuire, e una quantità di elettricità (da ciascun disco) al disopra di quella che tollererebbe qualsiasi forza elettromotrice di contatto, sfuggirà attraverso i conduttori nel suolo. Questa quantità di elettricità è esattamente eguale, ma di segno contrario, a quella che si è liberata nell'atto dell'avvicinamento. Se dopo aver avvicinato i due dischi, anzichè scaricarli al suolo, si pongono in comunicazione metallica, si ottiene ancora lo stesso risultato, perchè la f. e. m. di contatto impedisce la neutralizzazione delle cariche positive dello zinco e delle negative del rame, ma non ostacola che le cariche libere formatesi all'atto del l'avvicinamento si annullino. E solo ciò avviene anche quando si pongono i dischi al suolo, perchè anche così ai punti di contatto esistono forze elettromotrici.

Tutto ciò costituisce semplici conseguenze della teoria del contatto e si può enunciare colle seguenti leggi:

a) Conduttori eterogenei (non eletrolitici) posti in comunicazione col suolo, assumono potenziali differenti e dipendenti dalla natura di ciascun conduttore.

b) Tutte le volte che due conduttori eterogenei, dopo essere stati scaricati al suolo vengono avvicinati, senza essere portati al contatto, acquistano cariche libere di elettricità, che possono essere tolte mediante un conduttore qualsiasi (non elettrolitico) posto in comunicazione col suolo, o isolato, ma in questo caso di capacità grandissima rispetto a quella dei conduttori su cui si esperimenta.

Queste *cariche di avvicinamento* sono di segno contrario a quelle che si ottengono nella ordinaria esperienza di Volta; talchè zinco che si avvicina a rame si carica *negativamente*, rame che si avvicina a zinco si carica *positivamente* ([1]).

c) Tutte le volte che due conduttori eterogenei (abbastanza vicini fra di loro) si allontanano, dopo di essere stati scaricati al suolo, acquistano delle cariche per le quali vale anche ciò che è stato detto in *b).*

Le *cariche di allontanamento* sono quelle che si ottengono nella ordinaria esperienza di Volta, e sono esattamente eguali e di segno contrario a quelle di avvicinamento precedentemente studiate, qualora gli spostamenti dei dischi, nelle due esperienze, sieno gli stessi ma fatti in senso inverso.

La verifica delle asserzioni suesposte, si può a rigore ricavare da talune esperienze di Exner; benchè questo fisico concludesse dai fenomeni da lui osservati, per la inesattezza della teoria del contatto, e da essi togliesse criterî in appoggio alla sua teoria degli *strati superficiali di ossidi elettrizzati.*

Io ho voluto procedere mediante le seguenti esperienze alla detta verifica. In esse adopero un elettrometro di Hankel modificato ([2]). La foglia d'oro è sostituita da un sottilissimo filo di quarzo argentato. Con ciò si hanno varî vantaggi: *a)* L'istrumento ha una capacità elettrica assolutamente trascurabile; *b)* col microscopio si punta molto meglio il filo di quarzo che la foglia d'oro; *c)* si può avere una maggiore stabilità del punto zero, e nello stesso tempo una maggiore sensibilità.

Due dischi paralleli ed isolati, uno di ottone dorato e l'altro di zinco, scrupolosamente spianati e puliti al tornio, di circa 15 cm. di diametro sono posti alla distanza di pochi centimetri. Mediante un movimento a vite possono avvicinarsi l'uno all'altro sino a $^1/_2$ millimetro circa, senza che avvenga alcun contatto. Pongasi il disco di ottone dorato in comunicazione col suolo. e il disco di zinco in comunicazione col suolo e col filo di quarzo argentato dell'elettrometro, che è caricato da 50 elementi Daniell. Togliendo la comunicazione dello zinco col suolo, non si osserva alcuna deviazione se non esistono cause perturbatrici. E allora, avvicinando lentamente, per mezzo delle viti, lo zinco al disco dorato, si osserva una piccola deviazione che va crescendo, durante il movimento dei due dischi, specie quando essi si sono di molto avvicinati. Quando essi sono ad $^1/_2$ mm. di distanza,

([1]) Avverto che ho adottato questo linguaggio per brevità, ma a rigore non è esatto. Infatti: una lastra di zinco che si avvicina ad una di rame, se è unita con un elettrometro dà indicazione di carica negativa; e quindi per brevità si può dire che lo zinco si viene a caricare negativamente, ma realmente non si è formata solo la carica negativa; un eguale strato positivo resta vincolato al disco fintanto che rimane nella sua posizione. Col dire dunque: zinco carico negativamente, intendo: zinco unito con un elettrometro, dà indicazione negativa.

([2]) M. E. Mallby, *Meth. zur Bestimm. grosser elektrolytischer Widerstände.* Zeitsch. für Physik. Chemie. v. 18, pag. 133.

il filo di quarzo si è spostato nella scala del microscopio per — 2,5 divisioni (la sensibilità dell'istrumento è di circa 3,5 divisioni per volt). Rimanendo i due dischi in questa posizione, il filo di quarzo rimane anch'esso permanentemente deviato dallo zero. Ma se scostiamo di nuovo i due dischi esso vi ritorna esattamente. Basta all'uopo che la loro distanza sia divenuta solo 2 o 3 centimetri. Se, dopo aver avvicinato i due dischi, tocchiamo per un istante lo zinco con un filo comunicante col suolo o con una grossa capacità isolata, l'elettrometro ritorna a zero, e allontanando i due dischi si ottiene una larga deviazione positiva del filo di quarzo, talvolta sino a 22 parti della scala. Le due cariche che così si sono ottenute, negativa nel primo caso, positiva nel secondo. sono eguali, perchè se non si ha cura di riportare a zero il filo di quarzo, annullando la piccola deviazione di — 2,5 divisioni, non si ottiene alcuna deviazione positiva. La spiegazione del fatto che la carica di avvicinamento viene accusata da una piccola deviazione, e quella di allontanamento da una molto più grande, benchè esse sieno eguali, deve ricercarsi nella considerazione dei differenti valori che ha la capacità del sistema nei due casi. La carica di avvicinamento si ottiene al crescere delle capacità, giacchè il disco di zinco si avvicina al disco di rame che è ad un potenziale differente. La carica di allontanamento si ottiene nel moto inverso, quando cioè la capacità diminuisce. Le due cariche dunque, benchè eguali, sono indicate dall'elettrometro da deviazioni molto differenti, perchè essendo distribuite sopra capacità di diverso valore, sono a potenziali differenti.

È chiaro che le deviazioni osservate cambiano solo di segno ma non di valore assoluto se invece di porre al suolo il disco dorato, si pone al suolo lo zinco e si lega il primo con l'elettrometro, ripetendo le stesse operazioni.

Chi ripete l'esperimento di Volta non osserva per solito la carica di avvicinamento o perchè essa produce solo una piccola deviazione dell'ago dell'elettrometro, o perchè la comunicazione di uno dei metalli con l'elettrometro viene stabilita solo dopo averlo portato in contatto con l'altro metallo. L'esperienza di Exner di scaricare alternativamente i dischi di zinco e di rame dopo averli avvicinati, si riporta a quella che ho indicato, e la dimostrazione che essa sia contraria alla teoria del contatto, non ha valore come hanno fatto notare Julius, Pellat, Ayrton e Perry, ecc.

Noterò infine che nel fare l'esperienza descritta, mi sono assicurato della inesistenza di cause perturbatrici che potessero mascherare il fenomeno. Così se nelle condizioni in cui mi son posto, si ripete l'esperienza con dischi di egual natura, non si ottiene alcuna sensibile deviazione, perchè allora, benchè ciascuno di essi sia carico a determinato potenziale, essendo i due potenziali eguali la variazione di capacità del sistema è piccola (al massimo da 1 a 2).

Ripetendo l'esperienza con dischi di egual natura, ma portando uno di essi ad un potenziale più elevato dell'altro che resta unito con l'elettrometro, (mediante uno shunt fatto sul circuito di una pila), si ottengono le stesse deviazioni dell'ago dell'elettrometro, se la differenza di potenziale dei due dischi è di 0,8 — 0,9 volt. Questo valore rappresenta dunque la forza elettromotrice di contatto della coppia zinco-oro adoperata.

Fisica. — *Verifica del principio dell'equivalenza termodinamica per un conduttore bimetallico.* Nota di Paolo Straneo, presentata dal Socio Blaserna.

In due Note precedenti [1] ho dedotte le espressioni delle temperature stazionaria e variabile di un conduttore lineare composto di due metalli, le cui estremità sono mantenute costantemente alla temperatura assunta come zero. Ora farò uso dell'espressione della temperatura stazionaria per dedurre un metodo di verifica del principio dell'equivalenza. Mi pare che questa ricerca possa presentare qualche interesse, non solo perchè è desiderabile che un principio esperimentale, quale è quello dell'equivalenza, venga verificato per tutte le forme di trasformazione di energia in calore, ma anche perchè dimostra che i fenomeni termoelettrici procedono con tale regolarità da poter venire studiati esperimentalmente sulla base dei risultati analitici.

Ricordiamo che nel caso speciale in cui le variazioni delle temperature che intervengono nel conduttore si limitino a pochi gradi, noi potremo assumere come costanti i coefficienti di conducibilità interna ed esterna e di resistenza elettrica relativi ai due metalli, che come precedentemente indicheremo con k_1, h_1, ω_1 e k_2, h_2, ω_2; e che inoltre noi potremo trascurare l'effetto Thomson. Poniamo nell'asse del conduttore composto dei due fili di lunghezza l_1 ed l_2 l'asse delle ascisse x_1 e x_2, ed assumiamo come origine delle x_1 l'estremità del primo filo e come origine delle x_2 il punto di contatto dei due fili. Allora le temperature stazionarie U_1 ed U_2 saranno date dalle formule:

$$U_1 = C_1 + A_1 e^{\lambda_1 x_1} + B_1 e^{-\lambda_1 x_1}, \quad U_2 = C_2 + A_2 e^{\lambda_2 x_2} + B_2 e^{-\lambda_2 x_2};$$

ove si pose:

$$C_1 = i^2 \frac{\omega_1}{J q h_1 p}, \quad C_2 = i^2 \frac{\omega_2}{J q h_2 p}$$

$$\lambda_1 = \sqrt{\frac{h_1 p}{k_1 q}}, \quad \lambda_2 = \sqrt{\frac{h_2 p}{k_2 q}},$$

indicando con i l'intensità della corrente che attraversa il conduttore, con p e q il perimetro e la sezione uguale per i due fili, con P il coefficiente del-

[1] Vedi questi Rendiconti, vol. VII, 1° sem., pag. 346; 2° sem, pag. 206.

l'effetto Peltier fra i due metalli alla temperatura media in cui si esperimenta e finalmente con J l'equivalente meccanico della caloria. Le costanti A_1, B_1, A_2, B_2 saranno poi le radici del seguente sistema di equazioni di primo grado:

$$C_1 + A_1 + B_1 = 0$$

$$C_2 + A_2\, e^{\lambda_2 l_2} + B_2\, e^{-\lambda_2 l_2} = 0$$

$$C_1 + A_1\, e^{\lambda_1 l_1} + B_1\, e^{-\lambda_1 l_1} = C_2 + A_2 + B_2$$

$$\lambda_1 k_1 (A_1\, e^{\lambda_1 l_1} - B_1\, e^{-\lambda_1 l_1}) - \lambda_2 k_2 (A_2 + B_2) = P\, \frac{i}{q}.$$

La quantità di calore Q' che il conduttore considerato perde nell'unità di tempo per conducibilità interna dalle estremità mantenute alla temperatura zero è evidentemente:

$$Q' = q \left\{ k_1 \left(\frac{dU_1}{dx_1} \right)_0 + k_2 \left(\frac{dU_2}{dx_2} \right)_{l_2} \right\}.$$

La quantità di calore Q'' che esso perde per conducibilità esterna dalla superficie circondata dall'aria è:

$$Q'' = p \left\{ h_1 \int_0^{l_1} U_1\, dx_1 + h_2 \int_0^{l_2} U_2\, dx_2 \right\}.$$

Sostituendo per U_1 ed U_2 i loro valori, eseguendo le derivazioni e le integrazioni e sommando le quantità Q' e Q'' si avrà la quantità totale di calore Q che il conduttore perde nell'unità di tempo.

$$Q = Q' + Q'' = q \left\{ \lambda_1 k_1 (A_1 - B_1) + \lambda_2 k_2 (A_2\, e^{\lambda_2 l_2} - B_2\, e^{-\lambda_2 l_2}) \right\}$$
$$+ p \left\{ h_1 \left[C_1 l_1 + \frac{A_1}{\lambda_1} (e^{\lambda_1 l_1} - 1) - \frac{B_1}{\lambda_1} (e^{-\lambda_1 l_1} - 1) \right] \right.$$
$$\left. + h_2 \left[C_2 l_2 + \frac{A_2}{\lambda_2} (e^{\lambda_2 l_2} - 1) - \frac{B_2}{\lambda_2} (e^{-\lambda_2 l_2} - 1) \right] \right\}.$$

Trovandosi il conduttore in uno stato termico stazionario per il principio dell'equivalenza, l'energia calorifica da esso emessa dovrà essere eguale all'energia elettrica da esso dissipata. La prima è misurata dal prodotto JQ, la seconda dal prodotto dell'intensità della corrente nella differenza di potenziale alle estremità del conduttore; indicando questo prodotto con $i\Delta p$ si avrà:

$$i \Delta p = JQ.$$

Questa è l'equazione che si tratta di verificare esperimentalmente. Essa contiene i valori di p, q, i, l_1 ed l_2 che sono direttamente misurabili e dei coefficienti k_1, k_2, h_1, h_2, P, ω_1 ed ω_2. Questi ultimi si devono determinare esperimentalmente con metodi specialmente convenienti al caso particolare che ci occupa.

Determinazione dei coefficienti k_1, k_2, h_1 ed h_2. I movimenti di calore prodotti dagli effetti della corrente elettrica differiscono assai da quelli che si studiano nella teoria ordinaria del calore. Infatti, mentre generalmente i flussi calorifici si considerano provocati da variazioni delle temperature alle superficie dei corpi, nel nostro conduttore invece dobbiamo distinguere due differenti svolgimenti di calore, di cui il primo avviene in ogni punto del conduttore, è sempre positivo e non varia quando si inverta la corrente; mentre il secondo avviene nella superficie di contatto dei due fili e cambia il segno colla direzione della corrente. Noi non possiamo quindi *a priori* affermare che per la determinazione dei coefficienti di conducibilità termica possiamo far uso dei metodi e delle formole ordinarî, ma dovremo in ogni singolo caso considerare rigorosamente le speciali condizioni del nostro problema.

Invertendo periodicamente la corrente nel conduttore, la temperatura tenderà a divenire per ogni punto di esso una funzione periodica del tempo. Vediamo ora se la conoscenza di questa funzione per diversi punti del conduttore ci può condurre alla deduzione dei coefficienti voluti. Indichiamo con u_1' ed u_2' le temperature che si avrebbero nelle due parti del conduttore nel caso ideale in cui l'effetto Peltier fosse nullo; con u_1'' ed u_2'' quelle che si avrebbero se la resistenza fosse nulla. Le temperature reali u_1 ed u_2 saranno rispettivamente:

$$u_1 = u_1' + u_1'' \quad , \quad u_2 = u_2' + u_2''.$$

Siccome invertendo la corrente solo la u_1'' e la u_2'' mutano segno, potremo indicare gli stati stazionarî cui tendono le temperature u_1 ed u_2 per le due differenti direzioni della corrente con:

$$\overset{+}{U}_1 = U_1' + U_1'' , \qquad\qquad \overset{+}{U}_2 = U_2' + U_2'' ,$$

$$\overline{U}_1 = U_1' - U_1'' , \qquad\qquad \overline{U}_2 = U_2' - U_2'' ;$$

da cui si deduce:

$$U_1' = \frac{\overset{+}{U}_1 + \overline{U}_1}{2} \qquad . \qquad U_2' = \frac{\overset{+}{U}_2 + \overline{U}_2}{2}.$$

Le funzioni U_1' ed U_2' si possono quindi determinare esperimentalmente dall'osservazione delle $\overset{+}{U}_1$, $\overset{+}{U}_2$, $\overline{U}_1$ ed $\overline{U}_2$.

Per la loro definizione le U_1 ed U_2' devono soddisfare le equazioni differenziali:

$$(1) \quad \frac{d^2 U_1'}{dx_1^2} - \frac{h_1 p}{k_1 q} U_1' + \frac{i^2 \omega_1}{q^2 k_1 J} = 0 \; , \quad \frac{d^2 U_2'}{dx_2^2} - \frac{h_2 p}{k_2 q} U_2' + \frac{i^2 \omega_2}{q^2 k_2 J} = 0 \; ;$$

le cui condizioni, assumendo provvisoriamente l'origine tanto delle x_1 quanto delle x_2, nel punto di contatto dei due fili, prenderanno la forma:

$$
(1') \qquad
\begin{aligned}
&(U_1')_{x_1=l_1} = (U_2')_{x_2=l_2} = 0 \\
&(U_1')_{x_1=0} = (U_2')_{x_2=0} = \frac{\overset{+}{U}_c + \overset{-}{U}_c}{2},
\end{aligned}
$$

indicando con $\overset{+}{U}_c$ ed $\overset{-}{U}_c$ le temperature reali stazionarie al contatto dei due fili per le differenti direzioni della corrente.

Ora supponiamo che per un lungo spazio di tempo si sia periodicamente invertita la corrente. La temperatura al contatto dei due fili sarà divenuta con grande approssimazione una funzione periodica oscillante intorno alla temperatura che in esso si avrebbe se l'effetto Peltier fosse nullo, cioè intorno alla temperatura $\dfrac{\overset{+}{U}_c + \overset{-}{U}_c}{2}$. In ogni altro punto si avrà una funzione periodica dello stesso periodo T oscillante intorno al valore che assume in quel punto la funzione U_1', o rispettivamente la U_2'.

Le equazioni delle temperature u_1 ed u_2 sarebbero allora:

$$
(2) \qquad
\begin{aligned}
\frac{\partial u_1}{\partial t} &= \frac{k_1}{c_1 \varrho_1} \frac{\partial^2 u_1}{\partial x_1^2} - \frac{h_1 p}{q \varrho_1 c_1} u_1 + \frac{i^2 \omega_1}{c_1 \varrho_1 q^2 J} \ ; \\
\frac{\partial u_2}{\partial t} &= \frac{k_2}{c_2 \varrho_2} \frac{\partial^2 u_2}{\partial x_2^2} - \frac{h_2 p}{q \varrho_2 c_2} u_2 + \frac{i^2 \omega_2}{c_2 \varrho_2 q^2 J} \ .
\end{aligned}
$$

Per determinare le costanti di integrazione avremo le condizioni:

$$
(u_1)_{x_1=l_1} = (u_2)_{x_2=l_2} = 0 \ , \ \text{per ogni } t \ ;
$$

$$
(2') \quad (u_1)_{x_1=0} = (u_2)_{x_2=0} = \frac{\overset{+}{U}_c + \overset{-}{U}_c}{2} + \varrho_0 + \sum_{n=1}^{n=\infty} \varrho_n \operatorname{sen}\!\left(\frac{2n\pi}{T} t + \alpha_n\right), \ \text{per ogni } t \ ;
$$

ed inoltre la condizione che per ogni x_1, od x_2 le u_1 ed u_2 siano funzioni periodiche del tempo, aventi il periodo T.

Le parti delle u_1 ed u_2, che non variano quando si inverte la corrente, devono avere raggiunto il loro stato stazionario prima che le u_1 ed u_2 siano divenute periodiche. Poniamo quindi:

$$
u_1 = U_1' + u_1'' \ , \quad u_2 = U_2' + u_2'' \ .
$$

Ciascuna delle equazioni (2) si potrà così scindere in due parti, di cui le prime non saranno altro che le equazioni (1) e le seconde saranno:

$$
(3) \qquad \frac{\partial u_1''}{\partial t} = \frac{k_1}{c_1 \varrho_1} \frac{\partial^2 u_1''}{\partial x_1^2} - \frac{h_1 p}{q \varrho_1 c_1} u_1'' \ ; \quad \frac{\partial u_2''}{\partial t} = \frac{k_2}{c_2 \varrho_2} \frac{\partial^2 u_2''}{\partial x_2^2} - \frac{h_2 p}{q \varrho_2 c_2} u_2'' \ .
$$

Stabilendo inoltre che le condizioni in cui devono soddisfare le prime siano le (1'), avremo per le (3) le seguenti condizioni:

$$(u_1'')_{x_1=l_1} = (u_2'')_{x_2=l_2} = 0 \,, \text{ per ogni tempo.}$$

(3') $(u_1'')_{x_1=0} = (u_2'')_{x_2=0} = \varrho_0 + \sum_{n=0}^{n=\infty} \varrho_n \operatorname{sen}\left(\frac{2n\pi}{T} t + \alpha_n\right)$, per ogni tempo.

Per la completa determinazione degli integrali delle (3) dobbiamo ancora aggiungere che le u_1'' ed u_2'' debbono essere funzioni periodiche, aventi il periodo T per ogni x_1 ed x_2.

Le parti della temperatura variabili col tempo soddisfano quindi equazioni e condizioni che rientrano completamente nei tipi ordinarî, che si incontrano nella teoria del flusso lineare del calore. Noi possiamo quindi proporci di determinare i coefficienti voluti dalla propagazione della variazione periodica della temperatura al contatto dei due fili, prescindendo dalla considerazione della corrente elettrica e dei suoi effetti termici.

Siccome ora le due equazioni e le condizioni relative alle due parti del conduttore non differiscono che per gli indici *uno* e *due*, noi possiamo limitarci a considerarne una di esse, omettendo gli indici. Dovremo quindi integrare l'equazione:

(4) $$\frac{\partial u}{\partial t} = \frac{k}{c\varrho} \frac{\partial^2 u}{\partial x^2} - \frac{hp}{q\varrho c} u$$

colle condizioni:

(4') $\qquad (u)_{x=l} = 0$, per ogni t;

(4'') $\qquad (u)_{x=0} = \varrho_0 + \sum_{n=0}^{n=\infty} \varrho_n \operatorname{sen}\left(\frac{2n\pi}{T} t + \alpha_n\right)$, per ogni t;

(4''') $\qquad u = V_0 + \sum_{n=0}^{n=\infty} v \operatorname{sen}\left(\frac{2n\pi}{T} t + \xi_n\right)$, per ogni x e t,

in cui le ξ_n possono essere funzione di x.

Col noto metodo di Eulero si giunge al seguente integrale generale che soddisfa pure la condizione (4'''):

$$u = M_0 e^{-\tau_0 x} + \sum_{n=1}^{n=\infty} M_n e^{-\tau_n x} \operatorname{sen}\left(\frac{2n\pi}{T} t + \beta_n - \vartheta_n x\right)$$

$$+ N_0 e^{+\tau_0 x} + \sum_{n=1}^{n=\infty} N_n e^{+\tau_n x} \operatorname{sen}\left(\frac{2n\pi}{T} t + \gamma_n + \vartheta_n x\right)$$

in cui le M_n, N_n, β_n e γ_n sono costanti arbitrarie che si devono determinare in modo che siano soddisfatte le condizioni (4') e (4''); le η_n e ϑ_n sono:

$$\eta_{\prime n} = \sqrt{\left\{ \sqrt{\frac{p^2 h^2}{4q^2 h^2} + \frac{\pi^2 c^2 \varrho^2 n^2}{k^2 T^2}} + \frac{ph}{2qk}\right\}},$$

$$\vartheta_n = \sqrt{\left\{ \sqrt{\frac{p^2 h^2}{4q^2 k^2} + \frac{\pi^2 c^2 \varrho^2 n^2}{k^2 T^2}} - \frac{ph}{2qk}\right\}}.$$

Come Ångström ([1]) per il caso di un filo indefinito, limitiamo le nostre ricerche agli armonici di periodo T, cioè ai termini corrispondenti ad $n = 1$ e per semplicità omettiamo l'indice. Senza diminuire la generalità noi possiamo evidentemente porre $\alpha_1 = 0$; la condizione per $x = 0$ diverrà così:

$$u = \varrho \; \text{sen} \; \frac{2\pi t}{T}.$$

Le (4') e (4'') ci daranno allora le seguenti equazioni colle quali potremo determinare M, N, β e γ in funzione di η, ϑ e l:

$$\text{M}e^{-\eta l}\cos(\beta - \vartheta l) + \text{N}e^{\eta l}\cos(\gamma + \vartheta l) = 0\,,$$
$$\text{M}e^{-\eta l}\,\text{sen}(\beta - \vartheta l) + \text{N}e^{\eta l}\,\text{sen}(\gamma + \vartheta l) = 0\,,$$
$$\text{M} \,\text{sen}\,\beta + \text{N}\,\text{sen}\,\gamma = 0\,,$$
$$\text{M}\cos\beta + \text{N}\cos\gamma = 1\,.$$

Osservando quindi l'andamento periodico della temperatura nel punto $x = 0$, e calcolando dalle osservazioni col metodo di Bessel il primo armonico verremo a conoscere la somma:

$$\text{M}\,\text{sen}\left(\frac{2\pi t}{T} + \beta\right) + \text{N}\,\text{sen}\left(\frac{2\pi t}{T} + \gamma\right).$$

Eseguendo sul punto x' la stessa osservazione e lo stesso calcolo conosceremo la somma:

$$\text{M}e^{-\eta x'}\,\text{sen}\left(\frac{2\pi t}{T} + \beta - \vartheta x'\right) + \text{N}e^{\eta x'}\,\text{sen}\left(\frac{2\pi t}{T} + \beta + \vartheta x'\right).$$

Avremo così due equazioni da cui potremo con metodi di successive approssimazioni dedurre le due incognite η e ϑ e quindi le k ed h.

Determinazione dei coefficienti ω_1, ω_2 *e* P *e verifica del valore di* J. L'osservazione della temperatura stazionaria per le due direzioni della corrente nel punto di contatto dei due fili ci conduce ad un'equazione che contiene le incognite P, ω_1, ω_2 ed J ([2]). La stessa osservazione in due altri punti qualsiasi, per esempio nei punti x_1' ed x_2' ci conduce a due altre equazioni

([1]) Ångström, Annalen der Physik und Chemie, Band 114.
([2]) Vedi questi Rendiconti, vol. VII, 1° sem., pag. 353.

delle stesse incognite, cioè a due valori della U_1' ed U_2. Queste tre equazioni unitarcente alla:

$$JQ = i\varDelta p\,,$$

che si tratta di verificare, ci permettono di calcolare le incognite ω_1, ω_2, P ed J.

Mi riservo di comunicare nel prossimo fascicolo come furono realizzate esperimentalmente le condizioni supposte, come vennero eseguite le misure ed a quali risultati numerici si potè giungere.

Fisica. — *Sulla dipendenza tra il fenomeno di Zeemann e le altre modificazioni che la luce subisce dai vapori metallici in un campo magnetico.* Nota del dott. ORSO MARIO CORBINO, presentata dal Socio BLASERNA.

Fisica. — *Sui raggi catodici, sui raggi Röntgen e sulle dimensioni e la densità degli atomi.* Nota II di G. GUGLIELMO, presentata dal Socio BLASERNA.

Fisica. — *Sul ripiegamento dei raggi Röntgen dietro gli ostacoli.* Nota dei dott. R. MALAGOLI e C. BONACINI, presentata dal Socio BLASERNA.

Queste Note saranno pubblicate nel prossimo fascicolo.

Fisica terrestre. — *Sopra un sistema di doppia registrazione negli strumenti sismici.* Nota di G. AGAMENNONE, presentata dal Socio TACCHINI.

Una recente Nota del dott. A. Cancani sopra la registrazione, da lui chiamata *veloce-continua* [1], mi fa decidere a dare fin da ora un cenno di altri sistemi di registrazione sismica da me da poco adottati.

Si sa quanto beneficio la sismologia abbia ritirato dall'adozione della registrazione continua; ed è pur noto come i bisogni sempre più crescenti della sismometria abbian fatto sì che la velocità di scorrimento della carta bianca od affumicata sia andata sempre aumentando, non solo per la massima

[1] Rend. della R. Acc. dei Lincei, ser. 5ª, vol. VIII, pag. 46, seduta dell'8 gennaio 1899.

esattezza nelle ore, ma eziandio per l'analisi più particolareggiata dei movimenti del suolo. Già fin dal 1894 il Cancani, partigiano allora d'una velocità unica e moderata, propose e più tardi adottò nei nuovi strumenti di Rocca di Papa una velocità oraria di 60^{cm}, lusingandosi che con ciò si sarebbero ottenuti ottimi risultati ([1]). Negli ultimi modelli del suo microsismografo, il prof. Vicentini ha creduto perfino di raddoppiare detta cifra. Dal canto mio, ho sempre ritenuto che anche con siffatte enormi velocità non sarebbe mai possibile un'analisi rigorosa e proficua dei movimenti sismici, sovratutto quando trattisi d'onde rapidissime, il cui periodo oscillatorio può alle volte raggiungere una frazione piccolissima di minuto secondo. Anche ammesso, grazie alla niditezza dei tracciati su carta affumicata ed alla massima velocità adottata dal Vicentini (2^{cm} al minuto) che si arrivasse a percepire tutte le oscillazioni più rapide che potessero figurare in un sismogramma, mi pare che saremmo sempre lontani dal poterle bene studiare e per conseguenza nell'impossibilità di risolvere l'importantissimo problema del determinare ad ogni istante la direzione e l'intensità del moto sismico.

È per queste ragioni che ispirandomi all'eccellente idea del Gray, io ho cercato fin dal 1889 di realizzare un meccanismo pratico, semplice e poco costoso, il quale da sè s'incaricasse d'accrescere notevolmente la velocità della carta soltanto al principiare e per tutta la durata d'ogni scossa; mentre quando il suolo resta tranquillo si fa economia della zona di carta, e questa scorre allora con velocità assai minore e precisamente quanto basti per la determinazione precisa del tempo. Un siffatto meccanismo, ch'io ho chiamato *registratore di terremoti a doppia velocità*, è stato già da me descritto in questi stessi Rendiconti ([2]) ed è stato in seguito applicato a varî strumenti del Collegio Romano, i quali scrivono tutti ad inchiostro, mediante pennine bilicate, su carta bianca. I sismogrammi da me ottenuti fino ad oggi sono già abbastanza numerosi e costituiscono la migliore prova dei servigî che può rendere un tale meccanismo ([3]).

L'esperienza di ben 5 anni ha provato come non siano troppo da temersi alcune obbiezioni, fatte al mio registratore, circa la probabilità che nei terremoti di lunga durata le pennine vengano a mancare d'inchiostro o si esaurisca la provvista di carta annessa all'apparecchio. Del resto, al 1° scatto del registratore che fa scorrere rapidamente la zona, non manca di porsi in azione una suoneria elettrica, destinata appunto a chiamare l'osservatore,

---

([1]) Ibid., ser. 5ª, vol. III, pag. 551, seduta del 2 giugno 1894.

([2]) Ibid., ser. 5ª, vol. I, pag. 247, seduta del 2 ottobre 1892.

([3]) Due tra questi sismogrammi si trovano riprodotti in due Note del ch. prof. Tacchini, inserite in questi Rendiconti: Ser. 5ª, vol. III, p. 275 e vol. VI, p. 243. Altri sismogrammi hanno figurato all'Esposizione di Torino del 1898 nella mostra dell'Uff. Centr. di Met. e Geod.

affinchè corra presso lo strumento o per aggiungere inchiostro, o rinnovare il rotolo di carta, o rimontare il peso motore, o provvedere infine a qualunque altro bisogno. Si sa che un apparecchio così costoso e completo non può generalmente trovar posto che in un osservatorio di 1° ordine, dove tanto di giorno che di notte deve sempre trovarsi una persoŋa per la sorveglianza degli strumenti in caso di terremoto. Ma quand'anche sia grave l'inconveniente dell'insufficienza dell'inchiostro in un terremoto di lunga durata, non si può forse sperare che da oggi a l'indomani si possa ideare un sistema di registrazione ad inchiostro meglio rispondente allo scopo, oppure trovare un nuovo metodo d'iscrizione, per es. a base elettro-chimica, od in mancanza di meglio ricorrere alla stessa registrazione su carta affumicata che per effetto del registratore a doppia velocità avanzi d'ordinario lentamente e si metta a correre solo al prodursi d'una scossa?

Dunque mi pare che pur prescindendo dal sistema prescelto per ottenere il tracciato, la convenienza dell'adozione del registratore a doppia velocità sia fuori di causa. Che se io ho cercato d'arrestarmi alla registrazione ad inchiostro, l'ho fatto per molte ragioni, già di per se stesse ovvie e che qui tralascio d'enumerare.

In quanto all'altra obbiezione che, in occasione cioè di lentissimi e deboli moti del suolo, si avrebbero sulla carta, svolgentesi a grande velocità, ondulazioni talmente lunghe ed appiattite che nulla di esatto se ne potesse ricavare, mi pare che, anche ammesso l'inconveniente lamentato, non sia il caso di dover rinunciare per esso a tutti gli altri innumerevoli benefizî inerenti al registratore a doppia velocità (¹).

Comunque sia, per attenuare l'inconveniente del possibile esaurimento dell'inchiostro — in occasione di prolungati terremoti e quando nel tempo stesso faccia disgraziatamente difetto il pronto arrivo dell'osservatore — il ch. prof. comm. P. Tacchini ha pensato se non fosse il caso di trarre un ulteriore profitto dal prolungamento degli stili, quale è già adottato negli strumenti sismici forniti dal registratore a doppia velocità, e precisamente per ottenere una seconda registrazione che serva di controllo o di complemento. L'idea era buona ed io ho cercato di realizzarla nel sismometrografo esposto dall'Uff.

(¹) Ma tale obbiezione mi sembra altresì di poco valore, poiché se l'ampiezza di tali ondulazioni è così insignificante, allora gli stili, in seguito ai loro microscopici movimenti non sarebbero più in istato di provocare lo scatto della grande velocità, ed in questo caso le ondulazioni lentissime sarebbero distintamente registrate a piccola velocità. Che se invece l'escursione degli stili può raggiungere una frazione non troppo piccola di millimetro e perciò sufficiente a provocare la corsa rapida della carta, allora io non vedo perchè con un pò di buona volontà non si possano riconoscere le ondulazioni in questione e misurarne il periodo, tanto più se le linee relative alle varie componenti si trovano assai vicine tra loro, allo scopo di lasciare la più grande latitudine possibile all'escursione delle penne sulla carta, ciò che permette di percepire meglio i punti culminanti delle sinusoidi per quanto appiattite esse siano.

Centr. di Met. e Geod. all' Esposizione di Torino del 1898 e che ivi funzionò benissimo in occasione di alcune scosse. In questo strumento, all' estremità dei prolungamenti degli stili vi sono anche degli aghi destinati a scrivere sopra una zona di carta affumicata, chiusa in se stessa ed a cavalcioni su d'un cilindro orizzontale, il quale è collegato, mediante un cordoncino di rimando, allo stesso registratore a doppia velocità fissato sul davanti dello strumento. Finchè il suolo è tranquillo e la carta bianca si svolge lentamente sotto le penne ad inchiostro, la carta affumicata resta invece immobile; ma se in seguito ad un contatto elettrico, tra uno degli stili e la rispettiva asticina verticale, scatta il registratore a doppia velocità, allora tanto la carta bianca quanto quella affumicata cominciano subito a scorrere rapidamente in ragione d'una quindicina di metri all' ora e si ottiene così un doppio sismogramma, l'uno ad inchiostro, l'altro sul nerofumo. Quando, dopo un paio di minuti, cessata la grande velocità, la carta affumicata riprende la sua abituale immobilità, quella bianca invece si rimette al passo, e così di seguito per quanti altri scatti potessero verificarsi sia durante una stessa scossa di lunga durata, sia per scosse diverse. Con tale disposizione ognun vede come la registrazione rapida de' moti sismici sia assicurata sulla carta affumicata nel caso, non impossibile, che una delle pennine cessi di scrivere sulla carta bianca per mancanza d'inchiostro o per qualsiasi altra causa.

Naturalmente ad impedire che i tracciati si sovrappongano sulla carta affumicata, l'asse di rotazione del cilindro motore è tagliato a vite in modo che la carta vada spostandosi poco a poco lateralmente, man mano che essa corre sotto gli stili dello strumento, precisamente come dipoi ha fatto il Cancani nel suo *registratore veloce-continuo*. Di più, ad impedire che l'inerzia e l'attrito del meccanismo, che soprassiede al movimento della carta affumicata, possano ostacolare il buon funzionamento del registratore a doppia velocità, al quale è collegato, la rotazione del cilindro motore della carta affumicata è facilitata da un apposito pesetto pendente da una funicella, la quale è avvolta sull' asse stesso del cilindro.

L'innovazione applicata al sismometrografo di Torino mi ha fatto dipoi pensare se forse non convenisse addirittura, senza aumentare il costo dell'apparecchio, separare la grande dalla piccola velocità, vale a dire far scrivere uno stesso strumento, mediante il sistema da me adottato degli stili prolungati, sopra due registratori indipendenti, l'uno dotato d'una zona di carta che si svolge invariabilmente con moderata velocità, l'altro fornito d'una striscia di carta affumicata, destinata a correre soltanto al sopraggiungere d'ogni scossa.

Quest'idea io ho potuto realizzare in un nuovo strumento che si sta costruendo per la Stazione sismica sperimentale del Collegio Romano, ed io qui prendo l'occasione per ringraziare il prof. comm. Tacchini, direttore dell'Uff. Centr. di Met. e Geod. per i mezzi necessari che mi ha concessi.

Sul davanti dello strumento gli stili scrivono, al solito ad inchiostro, sopra una zona di carta bianca larga 13^{cm} e che si svolge da un grosso rotolo di provvista con una velocità oraria di 40^{cm}, cioè in ragione di un buon decimo di millimetro per ogni secondo di tempo ([1]). Dalla parte opposta, i prolungamenti degli stili scrivono, mediante aghetti bilicati, sopra una striscia di carta affumicata, chiusa in se stessa e posta a cavalcioni sopra il solito cilindro orizzontale, rilegato ad un congegno del tutto analogo alla parte del *registratore a doppia velocità* che soprassiede allo svolgimento rapido della carta. Questo meccanismo, d'un'estrema semplicità e che è posto di fianco al cilindro motore della carta affumicata, permette a piacere a quest'ultima o di entrare in rapido scorrimento e di perdurarvi fino all'esaurimento completo di tutta la corsa, oppure di correre soltanto allorchè l'instrumento resti perturbato, vale a dire ogni volta che l'escursione degli stili sia capace di provocare lo scatto del meccanismo, mediante il ben noto contatto elettrico. Si potrebbe ancora, secondo un'ingegnosa riflessione fatta in proposito dal prof. comm. Tacchini, applicare un sistema misto che permettesse d'utilizzare gli scatti successivi del meccanismo, finchè si trattasse di scosse relativamente brevi; e solo nel caso che il numero di detti scatti sorpassasse un dato limite — ciò che indicherebbe che molto probabilmente s'ha da fare con un terremoto di lunghissima durata — la carta affumicata seguitasse liberamente a scorrere fino alla fine della sua corsa. In tal modo si farebbe a meno d'ulteriori scatti e non si farebbe più dipendere da nulla il buon esito della registrazione. Dirò anzi che il sig. Direttore ha l'intenzione di far eseguire il meccanismo che permetta di raggiungere lo scopo ora accennato ([2]).

([1]) L'iscrizione automatica del tempo è fatta sulla zona di minuto in minuto con segni speciali per le ore e mezze ore, mediante un collegamento elettrico con un buon cronometro di marina. Per evitare poi gli errori di parallasse, del pari che ho già praticato in altri strumenti, è la carta stessa che ad ogni minuto e per un breve istante si sposta lateralmente al di sotto delle penne per 2-3 decimi di millimetro al più, in modo che le linee presentino per tal fatto altrettanti microscopici puntini senza che per questo gli stili siano menomamente perturbati. Oltre a ciò, vi è una penna apposita che traccia, pure di minuto in minuto, dei segni ben più visibili ad uno dei bordi della zona e serve specialmente per mettere bene in evidenza i segni delle ore e mezze ore.

([2]) Nell'un caso e nell'altro si è in grado di poter conoscere esattamente l'ora d'ogni fase dei sismogrammi tracciati sul nerofumo; in quanto che, accanto agli aghi degli stili ve n'è un altro, che è intercalato nello stesso circuito elettrico, relativo all'iscrizione del del tempo sulla zona di carta bianca. Questo ago ausiliario mentre fa dei segni inutilizzati finchè la striscia affumicata è immobile, invece traccia distintamente i minuti, le ore e le mezzo ore per tutta la durata della corsa della medesima. Inoltre, affine d'avere un punto di partenza per il computo delle ore sul sismogramma, ad ogni scatto del meccanismo, cioè al primo istante che la carta affumicata si pone in movimento, una pennina ad inchiostro lascia espressamente un tratto sull'altro bordo della zona di carta bianca, ciò che permette di calcolare l'ora con tutta esattezza.

Questo sistema, che ho chiamato di doppia registrazione, se da un lato ha l'inconveniente di diminuire un po' la sensibilità dello strumento a causa dell'attrito raddoppiato, ma sempre debolissimo, che ne deriva agli stili, d'altra parte presenta il grande vantaggio di fornire con tutta sicurezza e con un solo strumento anche la registrazione particolareggiata dei fenomeni sismici. Infatti la velocità oraria della carta affumicata è calcolata per lo meno di 15 metri e può essere a piacere accresciuta aumentando il peso motore, per essere questo ora indipendente da quello annesso al meccanismo d'orologeria, che fa svolgere la carta bianca con velocità moderata.

Oltracciò, quando lo strumento resta tranquillo per mancanza di scosse, la manutenzione ne è semplicissima ed assai sbrigativa, per il fatto stesso che la registrazione principale si fa ad inchiostro e la carta affumicata resta intatta fin tanto che non avvenga un terremoto. È solo in tale eventualità che l'osservatore deve darsi la pena di fissare il sismogramma ottenuto sul nerofumo e procedere all'affumicatura della striscia di ricambio.

La zona affumicata, nel nuovo strumento del Collegio Romano, ha una lunghezza di circa 3 metri ed una larghezza di 22^{cm}, mentre il cilindro motore è largo 30, ciò che permette di poter contare sopra una distinta registrazione a grande velocità anche per più di un'ora di seguito, senza che i tracciati si confondano troppo fra di loro, ammesso pure che si trovino in parte sovrapposti ([1]). Se poi la durata del terremoto fosse ancor più lunga, l'osservatore accorso presso lo strumento, in seguito ad avviso dell'apposita suoneria, può prolungare la registrazione a grande velocità, rimpiazzando la 1ª striscia di carta affumicata con una 2^a ed occorrendo anche con una 3^a, tenute già pronte per la sostituzione.

La sola obbiezione un po' seria, a mio modo di vedere, che può farsi all'adozione sia del registratore unico a doppia velocità, sia dei due registratori separati annessi ad uno stesso strumento che io sto provando attualmente, è che non si può ottenere la corsa rapida della carta, bianca od affumicata, se non quando il movimento degli stili sia sufficiente per produrre il contatto elettrico che determina appunto lo scatto della grande velocità. Certo che se lo strumento è collocato in un luogo adatto e non è sensibilmente influenzato da perturbazioni esogene, la distanza, che impedisce il contatto elettrico, può essere ridotta ad una frazione piccolissima di millimetro; ed in tal caso si può star sicuri che la corsa rapida della carta affumicata non può ritar-

---

([1]) Per lo spostamento laterale e graduale della carta affumicata, mi sono attenuto questa volta all'ingegnoso artifizio ideato dal dott. Pacher, quello cioè di tendere in basso la carta mediante un rullo orizzontale con l'asse di rotazione che fa un certo angolo con quello del cilindro motore. Per impedire poi che la carta, quando fosse giunta al limite del suo spostamento laterale, potesse deteriorarsi al bordo col seguitare a scorrere, basta limitare convenientemente la discesa del peso motore, in modo che il movimento della carta cessi quando non vi sia più posto per un'ulteriore registrazione.

dare di troppo al verificarsi d'una scossa, specie se lo strumento abbia una forte moltiplicazione. E siccome l'ora del principio e delle altre fasi tanto dei primissimi quanto degli ultimi tremiti d'una scossa, riconoscibili senza dubbio anche sulla zona di carta a piccola velocità, si può calcolare con precisione, non resterebbe dunque che a lamentare la mancanza di registrazione rapida sia dei tremiti precedenti il movimento un po' più sensibile — quello appunto che deve iniziare lo scorrimento della carta affumicata — sia degli ultimi tremiti che precedono il ritorno del suolo al suo abituale riposo. Ma se si pensi alla difficoltà di poter analizzare, anche se registrati a grande velocità, questi movimenti così insignificanti, mi pare che nel complesso si potrebbe restare soddisfatti di tutti gli elementi forniti proficuamente da uno dei varî sistemi di registrazione sopra descritti.

Il Cancani col proporre di far scorrere rapidamente, giorno e notte, la carta affumicata sotto gli stili dello strumento, avrebbe cercato di colmare anche la lacuna da noi ora accennata. Ma se il problema è in se stesso indubitamente importante ed a prima vista seducente, credo però che sia ancora ben lontano dall'essere risoluto in modo pratico col *registratore veloce-continuo* del Cancani. Anzitutto la velocità ivi adottata (di 6 metri all'ora, corrispondente a 10^{cm} al minuto soltanto) è del tutto insufficiente per un'analisi completa de' moti rapidissimi, e pe' quali forse neppure basterà la velocità più che doppia adottata ne' miei strumenti. In secondo luogo il Cancani considera il solo caso di due stili, mentre l'adozione d'un terzo per la componente verticale non può ormai essere rimandata più a lungo. Di più egli cerca di fare a meno d'un quarto ago, destinato a segnare il tempo, seguitandosi da lui ad adottare l'artifizio di far sollevare a dati intervalli gli stessi stili, per produrre altrettante interruzioni nel tracciato. Ma se questo artifizio è ancor tollerabile allorchè i segni orari avvengano, sia pure ad ogni quarto d'ora, come ha adottato ora il Cancani nel nuovo strumento, invece d'una volta all'ora, credo che non possa più sostenersi quando si dovesse introdurre, in seguito alle moderne esigenze, l'iscrizione del tempo ad ogni minuto, ciò che potrebbe perturbare troppo lo strumento. D'altronde, colla velocità oraria di 6 metri, i segni dei quarti d'ora si troverebbero sulla carta alla distanza enorme di un metro e mezzo l'uno dall'altro, e si allontanerebbero anche del doppio nel caso che si dovesse, come di giusto, duplicare almeno l'anzidetta velocità. Oltracciò, il margine lasciato all'escursione massima d'ogni stilo mi sembra troppo piccolo (appena 2^{cm}), specie se si tratti d'uno strumento a grande moliplicazione. Infine, e questo è l'insegnamento ancor più grave, lo spostamento laterale della stricia di carta ad ogni intero giro della stessa mi sembra troppo insignificante (1^{mm}), perchè non si debba con ragione temere — specie in occasione d'un terremoto un po' lungo e intenso — che si confondano maledettamente gli uni cogli altri i numerosi tracciati d'ogni stilo quasi interamente sovrapposti, sopratutto se vicini, e quindi si corra rischio di non trovare più la corrispondenza del tracciato d'uno stilo con quello dell'altro, ciò che impedirebbe l'analisi del sismogramma. S'aggiunga a tutto ciò la noia di dovere immancabilmente mattina e sera cambiare la carta affumicata e fissare i tracciati ottenuti sul nerofumo, in ragione di due al giorno.

Per le considerazioni esposte mi pare dunque che, volendo praticamente risolvere l'arduo problema affrontato con tanto zelo ed intelligenza dal Cancani, bisognerebbe ricorrere non ad una striscia di carta affumicata larga 14^{cm} soltanto, quale è stato da lui adottata, ma ad una striscia per lo meno della larghezza di un metro!

Certo che umanamente parlando tutto è possibile, quando non si badi nè a spesa nè a complicazioni; ma io mi domando se veramente sia proprio indispensabile di voler spingere le cose a tal punto, dal movimento che con l'uno o l'altro dei sistemi di registrazione sopra esposti siamo al caso di poter risolvere ben più semplicemente tutti i problemi più interessanti della sismologia.

Chimica. — *Azione delle ammine e delle ammidi sull'acenaften-chinone* [1]. Nota dei prof. G. AMPOLA e V. RECCHI, presentata dal Socio PATERNÒ.

L'acenaftene, sottoposto all'azione del miscuglio cromico, si trasforma per la maggior parte in acido 1-8 naftalico; ma una piccola porzione dà origine nel tempo stesso ad altri prodotti secondarî, i quali si ottengono in maggior copia compiendo l'ossidazione a bassa temperatura.

Graebe e Gfeller [2] nel 1892 volsero i loro studî e le loro ricerche a determinare la natura di questi prodotti, e riuscirono a separare da essi un chinone corrispondente alla formula

$$C_{12} \ H_6 \ O_2$$

al quale dettero il nome di *acenaftenchinone*.

La reazione è semplice:

$$C_{10} \ H_6 \Big\langle{\overset{CH_2}{\underset{CH_2}{\mid}}} + 2O^2 = 2H_2O + C_{10} \ H_6 \Big\langle{\overset{CO}{\underset{CO}{\mid}}}$$

Questo corpo pertanto, anzi che la funzione *chinonica*, che è speciale per la serie ciclica, dovrà possedere una doppia funzione chetonica: ed essendo

---

[1] Lavoro eseguito nell'Istituto chimico della R. Università di Roma.

[2] Berich. 25, pag. 653.

i due gruppi chetonici uniti agli atomi di carbonio 1.8, dovrà il suo comportamento essere quello di un vero e proprio *α-dichetone*.

Alcune esperienze di Graebe e Gfeller confermarono ciò; ed infatti per azione della fenilidrazina sull'acenaftenchinone essi ottennero un idrazone ed un osazone.

Ma è noto che la reazione più caratteristica, per questa specie di corpi, indicata da Hinnsberg e König come quella che può fornire un particolar metodo di riconoscimento degli α-dichetoni, si ha allorquando essi vengono messi a reagire con le ortodiammine aromatiche. Si formano in tal caso, per condensazione, composti del tipo della chinossalina ([1])

$$ \begin{array}{c} R - CO \\ | \\ R - CO \end{array} + \begin{array}{c} H_2 N \\ \diagup \\ H_2 N \end{array} R = 2H_2 O + \begin{array}{c} R - C = N \\ | \\ R - C = N \end{array} R $$

Azione dell'ortofenilendiammina sull'acenaftenchinone.

Si sciolsero pertanto a caldo, nella quantità necessaria di acido acetico glaciale, gr. 5 di acenaftenchinone; vi si aggiunse, in proporzione equimolecolare, cloridrato di ortofenilendiammina, e si pose a bollire in apparecchio a ricadere, per circa tre ore.

Il liquido, dapprima giallo, poi coloratosi intensamente in rosso, lasciò precipitare per aggiunta di acqua, fiocchi bianchi e leggeri di una sostanza che, raccolta e lavata con molta acqua, venne depurata per successive cristallizzazioni dall'acido acetico e dall'alcool.

Si trovò risultare dalla condensazione di una molecola di ortofenilendiammina con una di acenaftenchinone:

$$ C_{10} H_6 (CO)_2 + (H_2 N)_2 C_6 H_4 = 2H_2 O + C_{10} H_6 (CN)_2 C_6 H_4 . $$

Dall'analisi infatti si ebbero i seguenti risultati:

I. gr. 0,1943 di sostanza, fornirono gr. 0,6048 di CO_2 e gr. 0,0728 di H_2O;
II. gr. 0,1716 di sostanza, fornirono gr. 0,5340 di CO_2 e gr. 0,0650 di H_2O;
III. gr. 0,2179 di sostanza, dettero c. c. 21,7 di azoto, misurati alla temperatura di 22° e alla pressione di mm. 748.

	calcolato p % per $C_{18} H_{10} N_2$	trovato I.	II.	III.
C	85,03	84,88	84,87	—
H	3,94	4,16	4,20	—
N	11,03	—	—	11,09

([1]) Berich. 17, pag. 318.

Si è dunque ottenuta l'*acenaftenfenoparadiazina*, od *α-α-naftochinos-salina*. La sua costituzione, dedotta dal modo di formazione, è rappresentata dalla formula

È una sostanza perfettamente bianca, se pura, che fonde a 234° ed a temperatura superiore sublima in aghi. È solubile negli ordinari solventi da cui cristallizza in aghi sottili, spesso riuniti in foglietto splendenti o in piccole sfere; solubilissima poi nel cloroformio, anche a freddo. Gli acidi minerali la sciolgono facilmente, se concentrati, colorandosi l'acido solforico in giallo, l'acido cloridrico in rosso. Per aggiunta di acqua riprecipita inalterata.

Come la formula lascia prevedere questo nuovo composto è una base, ed il comportamento e la composizione de' suoi sali, mostrano che è una base debole e monoacida. L'acido cloridrico infatti e l'acido picrico si sommano ad essa, molecola a molecola; mentre due molecole della base si combinano con una di cloruro platinico, nel cloroplatinato. Tutti questi sali sono poco stabili e facilmente decomposti dall'acqua.

Cloridrato. — Si ottenne sciogliendo l'*α-α-naftochinossalina* in acido cloridrico concentrato e caldo. Col raffreddamento si depose una sostanza intensamente colorata in giallo, che venne cristallizzata dall'acido cloridrico diluito, asciugata fra carta, e infine seccata nel vuoto, su acido solforico.

Questo sale risulta dall'addizione di una molecola di acido cloridrico ad una di acenaftenfenoparadiazina : infatti

gr. 0,2172 di sostanza diedero all'analisi gr 0,1058 di AgCl ; per cui si ha

	calcolato °/₀ per $C_{18} H_{10} N_2 . HCl$	trovato
Cl	12,22	12,06

L'acqua e i solventi acquosi lo decompongono con grande facilità; anche lasciato all'aria si altera, perdendo a poco a poco il suo acido cloridrico, che si elimina rapidamente col riscaldamento.

Picrato. — Fatta a caldo una soluzione concentrata della base in acido acetico glaciale, vi si aggiunse, in leggero eccesso, acido picrico in soluzione acetica e si fece bollire. Col raffreddamento si separò una sostanza cristallina gialla, che venne purificata per cristallizzazioni ripetute dall'acido acetico e dalla benzina. Si ebbe così il picrato in lunghi aghi, fusibili a 188°.

Risulta dall'addizione di una molecola di acido picrico ad una della base.

All' analisi infatti:

gr. 0,1700 di sostanza dettero c. c. 20,6 di azoto misurati alla temperatura di 12° ed alla pressione di mm. 768 : donde

	calcolato % per $C_{18} H_{10} N_2 . C_6 H_2(NO_2)_3 OH$	trovato
N	14.49	14,54

Si scioglie poco nell'etere, meglio in benzolo, molto in acido acetico glaciale. Trattato con acqua facilmente si scompone.

Cloroplatinato. — Fu preparato sciogliendo la base in acido cloridrico diluito ed aggiungendo poi una soluzione acquosa di cloruro platinico. Si vide tosto formarsi un precipitato giallo, pesante, che fu cristallizzato dall'alcool assoluto.

Questo sale si presenta in cristalli piccolissimi, lucenti, di color giallo ranciato. Fonde a temperatura molto elevata, decomponendosi. È insolubile in benzina, etere e acido acetico. L'acqua, anche a freddo, lo decompone mettendo in libertà la base.

Risulta dall'addizione di una molecola di acido cloroplatinico a due molecole di α-α-naftochinossalina.

Infatti all'analisi :

gr. 0 1812 di sostanza fornirono gr. 0,0384 di platino ; per cui

	calcolato % per $(C_{18} H_{10} N_2)_2 H_2 Pt Cl_6$	trovato
Pt	21,19	21,19

. Le chinossaline possono dare per l'azione del sodio ed alcool prodotti di riduzione di- o tetra-idrogenati.

Così Hinnsberg ([1]) ebbe dalla difenilchinossalina la diidrodifenilchinossalina e la tetraidrodifenilchinossalina in due forme stereoisomere.

Non essendo riusciti in alcun modo ad ottenere simili prodotti dall'α-α-naftochinossalina, forse per la facilità con cui, ossidandosi, tornavano a dare la base inalterata, abbiamo sottoposta questa all'azione del bromo.

Gr. 5 della base vennero disciolti a freddo nella quantità necessaria di cloroformio, ed alla soluzione si aggiunse a poco a poco del bromo sino a leggiero eccesso, agitando continuamente. Si separò dal liquido una sostanza gialla, pesante, che venne depurata per cristallizzazioni dall'acido acetico glaciale.

Questo derivato si presenta in forme minute e lucenti ; è poco solubile in etere e in cloroformio ; molto nell'acido acetico bollente. Riscaldato a 100° perde il bromo, e rimane libera la base, fusibile a 234°. L'acqua, i solventi

([1]) Berich. 24, pag. 2181.

acquosi, gli alcali, lo decompongono facilmente, distaccando il bromo; anche per l'azione dello zinco e acido acetico si torna ad ottenere la base.

I risultati analitici dimostrarono che a ciascuna molecola di questa si erano sommati due atomi di bromo e che perciò erasi ottenuta la *α-α-nafto-dibromochinossalina*.

Infatti:

gr. 0,1303 di sostanza fornirono gr. 0,1187 di AgBr: donde

	calcolato % per $C_{12} H_{10} N_2 Br_2$	trovato
Br	38,64	38,80

Azione dell'etilendiammina sull'acenaftenchinone.

Gli *α*-dichetoni, nello stesso modo che con le ortodiammine aromatiche, possono condensarsi con alcune diammine grasse, come l'etilendiammina, per dare composti che non sono più del tipo della chinossalina, ma contengono ancora il nucleo diazinico, e sono da riguardarsi come derivati della diidro-pirazina.

Si sciolsero pertanto a caldo in acido acetico glaciale gr. 6 di acenaftenchinone e vi si aggiunsero a poco a poco gr. 4 di etilendiammina priva di acqua e si fece bollire a ricadere per circa un'ora. Il liquido, coloratosi in rosso bruno, venne versato in molta acqua e lasciato a sè per una giornata.

Dopo questo tempo, si raccolsero per filtrazione circa due grammi di una sostanza biancastra, d'aspetto cristallino, che fu depurata, sciogliendola in poco alcool caldo, aggiungendo poi acqua egualmente calda, sino a leggero intorbidamento, e quindi lasciando raffreddare. Si ottenne così il nuovo prodotto cristallizzato in aghetti lunghi e sottili, leggermente colorati in giallo.

Fonde a 143° ed a temperatura più elevata sublima; è solubile negli ordinarî solventi, solubilissima poi in alcool, etere, cloroformio, anche a freddo; gli acidi minerali la sciolgono anch'essi bene; ma è insolubile nell'acqua e negli alcali.

L'analisi mostrò trattarsi di un prodotto di condensazione tra una molecola di acenaftenchinone ed una di etilendiammina, secondo l'equazione

$$C_{10} H_6 (CO)_2 + (H_2 N)_2 C_2 H_4 = 2 H_2 O + C_{10} H_6 (CN)_2 C_2 H_4 .$$

Infatti:

I. gr. 0,1528 di sostanza, dettero gr. 0,4570 di CO_2 e gr. 0,0672 di H_2O;

II. gr. 0,1104 di sostanza, dettero gr. 0,3296 di CO_2 e gr. 0,0470 di H_2O;

III. gr. 0,1644 di sostanza fornirono c. c. 19,5 di azoto misurati alla temperatura di 20° ed alla pressione di mm. 754.

	calcolato % per $C_{14} H_{10} N_2$	trovato I.	II.	III.
C	81,55	81,56	81,42	—
H	4,86	4,88	4,73	—
N	13,59	—	—	13,47

Si è dunque ottenuta la *diidroacenaftenparadiazina,* a cui, come si deduce dal suo modo di formazione, spetta la formula

A somiglianza dell'α-α-naftochinossalina anche questa sostanza ha il comportamento di una base debole e monoacida.

Picrato. — Si forma allorquando si aggiunge ad una soluzione alcolica della base acido picrico sciolto egualmente in alcool, e si fa bollire per qualche minuto. Col raffreddamento il sale si depone in bellissime laminette di color giallo ranciato. Cristallizza assai bene dall'alcool e fonde a 210°.

Risulta dall'addizione di una molecola di trinitrofenolo con una molecola di diidroacenaftenparadiazina.

Infatti:

gr. 0,2026 di sostanza, fornirono c. c. 28,8 di azoto, misurati alla temperatura di 22° ed alla pressione di mm. 754. Quindi:

	calcolato % per $C_{14}H_{10}N_2 - C_6H_2(NO_2)_3 OH$	trovato
N	16,10	16,52

Cloroplatinato. — In una soluzione di diidroacenaftenparadiazina nell'acido cloridrico diluito, si versò una soluzione acquosa di cloruro di platino; il precipitato giallo prontamente formatosi, fu lavato con alcool e cristallizzato poi dall'acido acetico. Si ebbe così il cloroplatinato in piccoli cristalli, gialli, assai poco solubili nell'alcool, e che, scaldati sulla lamina di platino, bruciano prima di fondere. L'acqua decompone questo sale con grande facilità.

Risulta dalla combinazione di due molecole della base con una di acido cloroplatinico.

Infatti:

gr. 0,1804 di sostanza, diedero all'analisi gr. 0,0426 di Pt, per cui si ha:

	calcolato % per $(C_{14}H_{10}N_2)_2 H_2 Pt Cl_6$	trovato
Pt	23,63	23,61

Anche su questa base, fu invano tentata la riduzione per mezzo del sodio ed alcool. Se ne ebbe invece facilmente un bromoderivato, operando come nel caso dell'α-α-naftochinossalina. Esso si depose dalla soluzione cloroformica in forme nettamente cristalline di color giallo.

Due atomi di bromo si sono sommati a ciascuna molecola della base.

All'analisi infatti:

gr. 0,1960 di sostanza, fornirono gr. 0,1996 di AgBr. Quindi:

	calcolato % per $C_{14}H_{10}N_2Br_2$	trovato
Br	47,71	47,39

Questa *diidrodibromoacenaftenparadiazina* è una composto instabilissimo che non solamente l'acqua, i solventi acquosi e gli alcali decompongono mettendo in libertà la base, ma che perde il bromo anche per il riscaldamento o per la semplice esposizione all'aria.

Se si scioglie nell'etere acetico e si fa bollire, si vedono tosto formarsi in seno al liquido numerosi cristalli gialli che raccolti su filtro, lavati e seccati non si alterano, tenuti a 100° anche lungo tempo, e mostrano un punto di fusione assai elevato. Nelle acque madri si riscontra una notevole quantità di acido bromidrico.

Questa nuova sostanza è solubile in alcool ed in acido acetico diluito. Bollita con acqua non si decompone; trattata a caldo con una soluzione diluita di potassa, perde il bromo e dà la base inalterata.

All'analisi si ebbero i seguenti risultati:

I. gr. 0,2576 di sostanza, fornirono (metodo Carius) gr. 0,1679 di AgBr;
II. gr. 0,2102 di sostanza, dettero (metodo Fohlard) gr. 0,1368 di AgBr.

	calcolato % per $C_{14}H_9N_2Br$	trovato	
		I.	II.
Br	27,98	27,73	27,68

È dunque un monobromoderivato, il quale merita d'essere studiato ulteriormente.

Azione dell'Urea sull'acenaftenchinone.

Il comportamento dell'acenaftenchinone con le diammine, comprova come abbiamo visto, la sua natura di vero α-dichetone. Restava a vedere quale azione esso spiegasse verso composti contenenti ancora due gruppi ammidici, ma uniti ad un residuo acido; cioè verso le ammidi, tra cui si scelse la diammide carbonica.

Studî analoghi fatti già da Franchimont e Klobbie sul diacetile ([1]); poi da Angeli sul benzile ([2]) e infine da Grimaldi, il quale fece numerose esperienze sia con i chinoni propriamente detti, sia con i dichetoni ([3]); avevano

---

([1]) Rec. trav. chim, 7, pag. 251.
([2]) Gazz. chim. ital., XIX, pag. 563.
([3]) Gazz. chim. ital., XXVII, pag. 228.

dimostrato come tanto le sostanze a funzione chinonica, quanto quelle a doppia funzione chetonica, possono reagire con l'urea, sostituendo gli atomi d'idrogeno uniti all'azoto e dando luogo alla formazione di composti che da Franchimont vennero designati col nome di *Ureine*.

Però, mentre gli α-dichetoni si combinano con una o con due molecole di urea, per dare rispettivamente le mono e le di- ureine, dai chinoni non si riuscì ad avere che le monoureine; il che è ragionevole attribuire alla diversa posizione dei carbonili.

Le esperienze da noi fatte, si accordano pienamente con queste osservazioni.

Monoureina. — Posti insieme c. c. 100 di alcool e gr. 1 di acenaftenchinone ridotto in fina polvere, si riscaldò sino all'ebollizione e si aggiunsero quindi gr. 5 di urea e gr. 8 di acetato sodico fuso. Continuando a far bollire, il liquido diventò limpido e quasi incoloro; filtrammo rapidamente e lasciammo raffreddare. Si depose tosto in laminette bianche, lucenti, una sostanza che venne depurata con successivi lavaggi, prima con acqua, poi con alcool bollente.

Risulta dalla condensazione di una molecola di urea con una molecola di acenaftenchinone:

$$C_{10}H_6\underset{CO}{\overset{CO}{\Big\langle}} + \underset{H_2N}{\overset{H_2N}{\Big\rangle}}CO = H_2O + C_{10}H_6\Big\langle \underset{C}{\overset{HN}{\underset{\smile}{}}}\underset{HN}{\overset{}{\Big\rangle}}\underset{CO}{\overset{CO}{}}$$

Infatti :

I. gr. 0,2784 di sostanza, dettero gr. 0,7080 di CO_2 e gr. 0,1098 di H_2O ;

II. gr. 0,1582 di sostanza, dettero gr. 0,3999 di CO_2 e gr. 0,0610 di H_2O ;

III. gr. 0,2552 di sostanza, fornirono c. c. 26,8 di azoto misurati alla temperatura di 12° ed alla pressione di mm. 757. Quindi:

	calcolato % per $C_{13}H_8N_2O_2$	trovato I.	II.	III.
C	69,64	69,36	68,89	—
H	3,58	4,34	4,28	—
N	12,50	—	—	12,41

Questo nuovo composto fonde a 210°; è insolubile in tutti i solventi ordinari, per cui la sua depurazione riesce molto difficile. Bollito con acqua si scinde in urea ed acenaftenchinone. Gli alcali non lo alterano, ma gli acidi minerali ed anche l'acido acetico, lo scompongono facilmente, mettendo in libertà il chinone.

Abbiamo cercato di sostituire gl'idrogeni immidici con residui acetilici o nitrici, ma non si ottenne che il mono o il bi-derivato dell'acenaftenchinone; come pure cercammo di far reagire il gruppo chetonico rimasto, con la fenilidrazina; ma non si potè ottenere che il mono o il bi-idrazone dell'acenaftenchinone stesso.

Diureina. — Gr. 3 di acenaftenchinone e gr. 9 di urea, mescolati insieme, furono scaldati in bagno d'olio a circa 270°. È necessario un forte eccesso d'urea, perchè a temperatura così elevata gran parte di essa si scompone prima di reagire. La massa fuse con abbondante sviluppo di acqua e di ammoniaca; poi, cessato questo sviluppo, si rapprese in una sostanza bruna che fu finamente polverizzata e quindi trattata molte volte con acqua e alcool bollente allo scopo di asportare il chinone rimasto inalterato e l'acido cianurico formatosi per la decomposizione dell'urea.

Il nuovo composto, colorato in rosso bruno, fonde ad elevata temperatura, decomponendosi; è pochissimo solubile in acido acetico, insolubile negli altri solventi. Si scioglie però nell'acido solforico concentrato, colorandolo in rosso, e nell'acido nitrico, colorandolo in giallo; per aggiunta di acqua riprecipita inalterato.

Risulta dalla condensazione di una molecola di acenaftenchinone con due molecole di urea:

$$C_{10} H_6 \begin{matrix} CO \\ CO \end{matrix} + \begin{matrix} (H_2 N)_2 = CO \\ (H_2 N)_2 = CO \end{matrix} = 2H_2 O + C_{10} H_6 \begin{matrix} C \begin{matrix} HN \\ HN \end{matrix} CO \\ C \begin{matrix} HN \\ HN \end{matrix} CO \end{matrix}$$

Infatti:

I. gr. 0,1612 di sostanza, dettero gr. 0,3704 di CO_2 e gr. 0,0526 di H_2O;

II. gr. 0,2123 di sostanza dettero gr. 0,4892 di CO_2 e gr. 0,0739 di H_2O;

III. gr. 0,2210 di sostanza, fornirono c. c. 41,2 di azoto, misurati alla temperatura di 22° ed alla pressione di mm. 762.

	calcolato % per $C_{14} H_{10} N_4 O_2$	trovato I.	II.	III.
C	63,15	62,66	62,83	—
H	3,75	3,62	3,67	—
N	21,05	—	—	21,17

Questa sostanza non può naturalmente aver proprietà basiche, ma contiene quattro atomi di idrogeno sostituibili da radicali acidi. Fu sottoposta perciò all'azione dell'acido nitrico e di miscugli di acido nitrico e solforico; ma solamente operando in tubi chiusi, e dopo lungo riscaldamento si riuscì ad ottenere un nitroderivato in cui due atomi d'idrogeno erano stati sostituiti da residui nitrici.

Franchimont e Angeli, nelle ricerche sovraccennate, pervennero ad uguale risultato, ottenendo sempre biderivati per quanto variassero le condizioni dell'esperienza.

La dinitrodiureina fu dunque preparata ponendo gr. uno di chinone e c. c. 50 circa di acido nitrico concentrato (d = 1,52) ed esente di vapori nitrosi, in tubo chiuso che venne riscaldato per otto ore a 100°-110°. Versando il tutto in acqua, dopo lungo tempo, si depositò una polvere cristallina, sottilissima, gialla, che fu depurata sciogliendola parecchie volte in acido acetico e riprecipitando con acqua. A 300° ancora non fonde, riscaldato sulla lamina di platino deflagra vivamente; è assai solubile nell'acido acetico e nell'alcool, ma si rifiuta di cristallizzare.

All'analisi

gr. 0,1222 di sostanza, dettero c. c. 25,2 di azoto misurati alla temperatura di 19° ed alla pressione di mm. 750: cioè

	calcolato % $C_{14} H_8 N_6 O_6$	trovato
N	23,59	23,38

E poichè tanto Franchimont per la dinitrodimetilacetilendiureina, quanto Angeli per la diacetildifenilacetilendiureina, dimostrarono che i due residui acidi sono uniti a due atomi di azoto appartenenti alla stessa molecola di urea, ci sembrò giusto, per ragioni di analogia, attribuire a questa dinitro-diureina la formula seguente:

Chimica. — *Sopra alcuni nitrosoindoli.* Nota di A. ANGELI e M. SPICA, presentata dal Socio G. CIAMICIAN.

È noto che la maggior parte degli indoli reagiscono facilmente con l'acido nitroso, per dare prodotti la cui natura varia a seconda dell'indolo impiegato. Quei derivati dell'indolo i quali contengono radicali alcoolici in posizione β oppure in $\alpha \beta$ sembra diano vere nitrosoammine. Queste sostanze danno la reazione di Liebermann ed i mezzi riducenti le trasformano con facilità negli indoli primitivi.

Gli indoli α-sostituiti invece, per azione dell'acido nitroso, danno origine a prodotti di natura affatto diversa. Così l'α-fenilindolo fornisce una sostanza colorata in giallo, che non dà la reazione di Liebermann e che per riduzione si trasforma nell'ammina, corrispondente, cui viene attribuita la struttura:

$$C_6H_4 \diamondsuit \overset{\overset{\displaystyle NH_2}{|}{C}}{\underset{NH}{}} C.C_6H_5 \ .$$

Per tale ragione viene ammesso che al nitroso-α-fenilindolo spetti la costituzione

$$C_6H_4 \diamondsuit \overset{\overset{\displaystyle NO}{|}{C}}{\underset{NH}{}} C.C_6H_5 \ ,$$

secondo la quale si dovrebbe considerare come un composto contenente l'aggruppamento — C.NO, caratteristico dei veri nitrosoderivati.

Tale formola di struttura a noi sembra poco verosimile. È noto infatti in seguito alle ricerche di V. Meyer, Piloty e sopratutto di A. von Baeyer che tutti i veri nitrosoderivati sono colorati in verde od in azzurro allo stato solido oppure quando sono fusi od in soluzione. Il nitrosoindolo in parola invece è giallo e dà soluzioni del pari colorato in giallo; si scioglie negli alcali con intensa colorazione aranciata e dà con tutta facilità un derivato acetilico. Inoltre esso non reagisce con l'idrossilammina. Questa sostanza è un ottimo reattivo per i veri nitrosoderivati; essa trasforma i nitrosoderivati aromatici, come ha trovato Bamberger, in derivati diazoici. Ed ancora tre anni or sono uno di noi, assieme al dott. Boeris, aveva osservato che anche le vere nitrosammine, per azione dell'idrossilammina, rigenerano immediatamente le ammine primitive con sviluppo di protossido di azoto.

È quindi assai improbabile che il nitrosofenilindolo. che non viene modificato dall'idrossilammina, contenga nella sua molecola il residuo nitrosilico unito ad un atomo di carbonio.

Per tali ragioni noi crediamo che esso possieda una struttura diversa da quella che gli viene attribuita, e che molto probabilmente esso sia da considerarsi come l'ossima

$$C_6H_4 \diamondsuit \overset{\overset{\displaystyle NOH}{C}}{\underset{N}{}} C.C_6H_5 \ ,$$

(1) Lavoro eseguito nel Laboratorio di chimica farmaceutica della R. Università di Palermo.

corrispondente al chetone

$$C_6H_4 \underset{N}{\overset{CO}{\diamond}} C . C_6H_5 .$$

Tale formola darebbe completamente ragione del suo comportamento e spiegherebbe anche le analogie che questa sostanza presenta con le chinonossime, che del pari una volta venivano riguardate come nitrosofenoli. Anche il modo con cui si formano molto probabilmente è analogo: nel caso dei fenoli si formerà dapprima l'etere nitroso, che poi si trasformerà nella chinonossima:

Nel caso degli indoli dapprima si formerà la nitrosammina:

Nei nitrosofenoli e nei β-nitrosoindoli con tutta probabilità sono contenuti rispettivamente gli aggruppamenti

$$— C(NOH) — C = C —$$
$$— C(NOH) — C = N —$$

che fanno parte di catene, chiuse.

Questa reazione presenta un nuovo esempio delle grandi analogie di comportamento che passano fra i fenoli ed i derivati pirrolici: analogie che per la prima volta vennero poste in rilievo dalle ricerche del Prof. Ciamician e dei suoi allievi.

In una prossima comunicazione descriveremo le esperienze che si riferiscono a questa Nota preliminare.

P. B.

RENDICONTI

DELLE SEDUTE

DELLA REALE ACCADEMIA DEI LINCEI

Classe di scienze fisiche, matematiche e naturali.

Seduta del 5 marzo 1899.

E. BELTRAMI Presidente.

MEMORIE E NOTE
DI SOCI O PRESENTATE DA SOCI

Astronomia. — *Sulle protuberanze solari osservate al R. Osservatorio del Collegio Romano durante il 4° trimestre del 1898 e loro distribuzione in latitudine.* Nota del Socio P. TACCHINI.

La stagione non fu molto favorevole a questo genere di osservazioni, specialmente nel mese di Novembre. I risultati statistici soliti, sono contenuti nel seguente specchietto:

4° trimestre 1898.

MESI	Numero dei giorni di osservazione	Medio numero delle protuberanze per giorno	Media altezza per giorno	Estensione media	Media delle massime altezze	Massima altezza osservata
Ottobre . . .	21	4,05	29",7	1,1°	35",0	55"
Novembre. .	11	2,00	32,6	1,5	34,7	62
Dicembre . .	17	3,18	31,6	1,4	34,8	48
Trimestre	49	3,29	31,0	1,3	34,9	55

La frequenza delle protuberanze risulta pochissimo diversa da quella trovata per il precedente trimestre, e nel complesso il fenomeno delle protuberanze può considerarsi come stazionario rispetto alla precedente serie. Dobbiamo però avvertire, che le condizioni dell'aria furono quasi sempre poco buone.

Dalle latitudini calcolate per le 162 protuberanze osservate nel trimestre, ho ricavato le seguenti cifre per la frequenza relativa del fenomeno nelle diverse zone solari:

4° trimestre 1898.

Latitudine	Frequenza	
90 +- 80	0,024	
80 +- 70	0,024	
70 +- 60	0,012	
60 +- 50	0,006	
50 +- 40	0,041	0,367
40 +- 30	0,059	
30 +- 20	0,083	
20 +- 10	0,065	
10 . 0	0,053	
0 — 10	0,053	
10 — 20	0,189	
20 — 30	0,195	
30 — 40	0,059	
40 — 50	0,071	0,633
50 — 60	0,024	
60 — 70	0,024	
70 — 80	0,012	
80 — 90	0,006	

Le protuberanze solari furono più frequenti nelle zone australi come nel precedente trimestre, ed anche il *maximum* per zona avvenne nell'emisfero australe, cioè nella zona (— 10° — 30°). Le protuberanze figurano in tutte le zone con due massimi nelle zone ($\pm$ 20° $\pm$ 30°).

Astronomia. — *Osservazioni del nuovo pianetino EE 1899 fatte all'equatoriale di $0^m.25$ di apertura del R. Osservatorio del Collegio Romano.* Nota del Corrispondente E. MILLOSEVICH.

Dopo l'ultima mia Nota riguardante le osservazioni sul pianetino ED 1899, ad Heidelberga, coll'euriscopio fotografico, Wolf ne rinvenne altri quattro, l'ultimo peraltro deve essere molto probabilmente (224) Oceana; restano adunque tre di nuovi, almeno fino a calcoli sicuri. Di questi ho potuto osservare prima del plenilunio il pianetino EE, che ritrovai, anche dopo il lume lunare, senza aiuto di alcuna effemeride.

1899 Febb. 17 9^h45^m 8^s RCR. α app.: $9^h52^m45^s.40$ (9 410$_n$); δ app.: $+ 15°16'39''.9$ (0.621)
    »   » 18   9 34 15   »   » : 9 51 48 71 (9.426$_n$);   » : $+ 15$ 24 47 7 (0.628)
    »   » 19 11 4 13   »   » : 9 50 48 14 (8.978$_n$);   » : $+ 15$ 33 26 2 (0.594)
    »   » 28   9 11 36   »   » : 9 42 41 73 (9.354$_n$);   » : $+ 16$ 42 4 1 (0.598)
    » Marzo 2   9 29 11   »   » : 9 41 0 53 (9.245$_n$);   » : $+ 16$ 56 5 9 (0.585)

Colgo questa occasione per togliere di mezzo l'idea erronea, ma abbastanza diffusa, che possano essere classificati come nuovi, pianetini già trovati e con orbite difettose. Le costanti del piano, nel quale si muove un astro, risultano, salvo casi eccezionali, con sufficiente precisione anche da un'orbita circolare sulla base di due osservazioni, e coll'intervallo di 6 o 7 dì. Ordunque, o mancano i mezzi del tutto per fare un'orbita circolare, e allora la scoperta è come non avvenuta, e l'astro non ha classificazione di sorta; oppure vi è almeno un'orbita circolare, e questa basta per far rivolgere l'attenzione ad una eventuale identità. Se poi d'un astro si posseggono elementi ellittici, pur assai difettosi, e che perciò sia smarrito, allorquando occasionalmente lo si ritrovi, l'accertamento dell'identità diventa cosa ben più facile per altri caratteri orbitali (moto medio — eccentricità — orientamento dell'asse primario) che i due astri debbono avere in comune. Così ad es: il pianetino, che è smarrito da più lungo tempo, è (99) Dike. Sono 30 anni che è perduto; tuttavia si sa che la sua orbita era molto eccentrica e notabilmente inclinata (14°), che la longitudine del nodo era circa 42°, il moto medio circa 760'' e l'orientamento dell'asse primario (longitudine del perielio) circa 240°: ne abbiamo di troppo per accertare l'identità, quando occasionalmente lo si ritrovasse.

Matematica. — *Sopra le superficie a curvatura costante positiva*. Nota del Socio Luigi Bianchi.

1. Per le superficie a curvatura costante negativa (pseudosferiche) si conoscono, come è ben noto, metodi di trasformazione che, partendo da una superficie nota di questa classe, permettono di dedurne infinite nuove superficie, colla medesima curvatura, dipendenti da un numero, che si può far crescere ad arbitrio, di costanti arbitrarie ([1]). Ma i ripetuti tentativi dei geometri per costruire un'analoga teoria per le superficie a curvatura costante positiva erano rimasti fin qui senza successo. E le superficie note di questa classe si riducevano alle superficie di rotazione, alle elicoidali e a quelle con un sistema di linee di curvature piane o sferiche. Ora, continuando le ricerche della mia Nota precedente ([2]), sono stato finalmente condotto a conseguire la desiderata trasformazione, stabilendo il teorema:

Da ogni superficie Σ a curvatura costante positiva nota, integrando un'ordinaria equazione differenziale del 2º ordine, si deducono ∞^3 nuove superficie Σ' colla medesima curvatura; da ciascuna di queste si deducono,

---

([1]) V. Darboux, *Leçons III*, Chap. XII e le mie *Lezioni di geometria differenziale*, Cap. XVII.

([2]) Questi Rendiconti, seduta del 23 febbraio.

— 224 —

nel medesimo modo, ∞^3 nuove superficie della medesima classe e così via illimitatamente.

La circostanza che: *siffatte trasformazioni conservano le linee di curvatura ed i sistemi coniugati*, affatto analogamente come le note trasformazioni complementari e di Bäcklund delle superficie pseudosferiche accresce l'importanza del risultato conseguito. Ciò fa prevedere infatti che la trasformazione stessa, oltre che alle superficie a curvatura costante positiva isolate, potrà anche molto probabilmente applicarsi ai sistemi tripli ortogonali contenenti una serie di tali superficie, sistemi che erano rimasti fin qui inaccessibili alle trasformazioni.

2. Nella presente Nota preliminare mi limiterò ad enunciare i teoremi fondamentali, dai quali l'accennata trasformazione dipende, lasciando loro quella forma provvisoria che mi si è presentata in questi primi calcoli. Ma penso naturalmente che gli studî successivi dovranno dare al risultato una forma geometrica definitiva più semplice.

Sia dunque Σ una superficie a curvatura costante positiva K, e facciamo per semplicità K $= +1$. L'elemento lineare di Σ, riferito alle linee di curvatura u, v prende la nota forma [1]:

$$ds^2 = \operatorname{senh}^2 \theta\, du^2 + \cosh^2 \theta\, dv^2 \,,$$

dove θ è una soluzione dell'equazione a derivate parziali del secondo ordine

(a) $$\frac{\partial^2 \theta}{\partial u^2} + \frac{\partial^2 \theta}{\partial v^2} + \operatorname{senh} \theta \cosh \theta = 0.$$

Sopra la normale a Σ in ogni suo punto M si porti un segmento

$$T = MM' \,,$$

che, considerato come funzione di u, v, soddisfi al seguente sistema simultaneo di equazioni a derivate parziali, l'una del 1°, l'altra del 2° ordine, sistema che in forza della (a) è *illimitatamente integrabile* [2]:

(A) $$\begin{cases} \dfrac{1}{(\operatorname{senh}\theta + T\cosh\theta)^2}\left(\dfrac{\partial T}{\partial u}\right)^2 + \dfrac{1}{(\cosh\theta + T\operatorname{senh}\theta)^2}\left(\dfrac{\partial T}{\partial v}\right)^2 = cT^2 - (c+1) \\[3mm] \dfrac{\partial^2 T}{\partial u \partial v} = \left(\dfrac{\operatorname{senh}\theta}{\cosh\theta + T\operatorname{senh}\theta} + \dfrac{\cosh\theta}{\operatorname{senh}\theta + T\cosh\theta}\right)\dfrac{\partial T}{\partial u}\dfrac{\partial T}{\partial v} + \\[3mm] \quad + \dfrac{\operatorname{senh}\theta + T\cosh\theta}{\cosh\theta + T\operatorname{senh}\theta}\dfrac{\partial\theta}{\partial u}\dfrac{\partial T}{\partial v} + \dfrac{\cosh\theta + T\operatorname{senh}\theta}{\operatorname{senh}\theta + T\cosh\theta}\dfrac{\partial\theta}{\partial v}\dfrac{\partial T}{\partial u}. \end{cases}$$

[1] V. *Lezioni*, pag. 446.

[2] Questo sistema di equazioni cui deve soddisfare il segmento T fu da me ritrovato applicando le formole della Nota precedente e il teorema nuovamente conseguito che sulla superficie Σ normale ai raggi e sulla riflettente S si corrispondono i sistemi coniugati.

Nella prima formula (A) c indica una costante arbitraria che per altro, quando si assuma negativa, si supporrà (per restare a costruzioni geometriche reali) in valore assoluto > 1. L'integrale generale T del sistema (A) contiene, oltre c, due nuove costanti arbitrarie c', c''; scriviamo

$$T = T(u, v; c, c', c'').$$

Fissiamo ad arbitrio i valori delle tre costanti c, c', c'', sicchè il segmento

(b) $$MM' = T(u, v; c, c', c'')$$

avrà in ogni punto M di Σ un valore determinato. Ciò premesso, e supposto che non sia nè $\dfrac{\partial T}{\partial u} = 0$ nè $\dfrac{\partial T}{\partial v} = 0$, ecco i due teoremi fondamentali per la nostra trasformazione:

1° Sopra la normale in ogni punto M della superficie Σ a curvatura costante positiva $K = +1$ *si porti il segmento* MM' *definito dalla* (b); *il luogo degli estremi* M' *è una superficie* S *applicabile sull'ellissoide allungato di rotazione se* $c < 0$ *(cioè* $T^2 < 1$*), e invece sull'iperboloide di rotazione a due falde quando* $c > 0$ *(ovvero* $T^2 > 1$*); il semiasse maggiore nel primo caso e il semiasse trasverso nel secondo avendo una lunghezza* $= 1$.

2° Se i raggi MM' *si riflettono sulla superficie* S *e sopra ogni raggio riflesso si stacca, a partire da* M' *un segmento* M'N $=$ MM', *il luogo del punto N è una nuova superficie* Σ' *colla medesima curvatura* $K = +1$, *le cui normali sono i raggi stessi riflessi.*

E chiaro così come, per ogni terna di valori attribuiti alle tre costanti c, c', c'', si ottiene dalla Σ una nuova superficie Σ' applicabile sulla sfera. L'integrazione del sistema (A) che, pel noto teorema di Mayer, si riduce all'integrazione di un'equazione differenziale ordinaria del 2° ordine fa dunque nascere da Σ, conformemente a quanto si è asserito al n. 1, una *tripla infinità* di nuove superficie colla medesima curvatura. Per ciascuna delle nuove superficie ottenute si potrà manifestamente ripetere la medesima operazione e così via illimitatamente, dove è da osservarsi inoltre che delle nuove equazioni differenziali di 2° ordine da integrarsi è già nota una soluzione particolare, quella che corrisponde alla superficie riflettente.

È poi evidente che: *Il metodo stesso fa conoscere infinite deformate per flessione dell'ellissoide allungato e dell'iperboloide a due falde di rotazione.*

Osserverò ancora che teoremi perfettamente analoghi sussistono per le superficie pseudosferiche, dove, secondo quanto ho stabilito nella precedente Nota, varia soltanto la superficie riflettente, che può essere applicabile sopra tre distinti tipi di superficie di rotazione.

Resta per altro da esaminare se queste trasformazioni delle superficie pseudosferiche hanno relazione con quelle già prima note e quali.

3. Per dimostrare, almeno in un esempio, un'effettiva applicazione dei nuovi metodi, parto della semplice soluzione $\theta = 0$ della equazione fondamentale (a). Allora il sistema (A) diventa:

(B)
$$\begin{cases} \frac{1}{T^2}\left(\frac{\partial T}{\partial u}\right)^2 + \left(\frac{\partial T}{\partial v}\right)^2 = cT^2 - (c+1) \\ \frac{\partial^2 T}{\partial u\,\partial v} = \frac{1}{T}\frac{\partial T}{\partial u}\frac{\partial T}{\partial v}. \end{cases}$$

Dalla seconda integrata si ha

$$T = UV,$$

essendo U, V rispettivamente funzioni di u, v. Sostituendo questo valore nella prima, si ha

$$\frac{U'^2}{U^2} + U^2(V'^2 - cV^2) + (c+1) = 0;$$

questa si scinde nelle due

(C)
$$\begin{cases} V'^2 - cV^2 = b \\ \frac{U'^2}{U^2} + bU^2 + c + 1 = 0, \end{cases}$$

dove b è una nuova costante. Si osservi che $T = UV$ non si altera moltiplicando U per un fattore costante e dividendo V pel medesimo fattore, onde si vede che, senza alterare la generalità, si può moltiplicare b per un fattore quadrato qualsiasi. Così il numero delle costanti arbitrarie, che entrano nell'integrale generale T del sistema (B), è effettivamente di 3, conformemente alle osservazioni generali. Di più, nel caso particolare che stiamo ora esaminando, avviene che le due nuove costanti c', c'', additive in u, v rispettivamente, non hanno alcuna influenza sulla forma della superficie, il cangiare dei loro valori equivalendo soltanto a movimenti della superficie. Per integrare il sistema (C) si distingua secondo che c è negativa o positiva. Nel primo caso pongasi

(α) $$c = -\frac{1}{a^2}\,(a < 1), \quad b = \frac{1}{a^2}$$

e nel secondo

(β) $$c = \frac{1}{a^2} \quad b = -\frac{1}{a^2}$$

e si troverà rispettivamente [1]

---

[1] Per quanto si è detto al num. precedente, si escludono i casi in cui U o V siano costanti.

(α^*)
$$U = \frac{\sqrt{1-a^2}}{\cosh\left(\dfrac{u\sqrt{1-a^2}}{a}\right)}, \quad V = \mathrm{sen}\left(\frac{v}{u}\right)$$

(β^*)
$$U = \frac{\sqrt{a^2+1}}{\mathrm{sen}\left(\dfrac{u\sqrt{a^2-1}}{a}\right)}, \quad V = \cosh\left(\frac{v}{u}\right).$$

Partendo dal corrispondente valore di $T = UV$ e cangiando semplicemente i parametri u, v si ottengono come superficie riflettenti le due date dalle formole seguenti:

(α') $\bar{x} = \dfrac{\sqrt{1-a^2}}{\cosh u}\cos\left(\dfrac{au}{\sqrt{1-a^2}}\right)\mathrm{sen}\,v$, $\bar{y} = \dfrac{\sqrt{1-a^2}}{\cosh u}\,\mathrm{sen}\left(\dfrac{au}{\sqrt{1-a^2}}\right)\mathrm{sen}\,v$, $\bar{z} = av$

(β') $\bar{x} = \dfrac{\sqrt{a^2+1}}{\mathrm{sen}\,u}\cos\left(\dfrac{au}{\sqrt{1+a^2}}\right)\cosh v$, $\bar{y} = \dfrac{\sqrt{a^2+1}}{\mathrm{sen}\,u}\,\mathrm{sen}\left(\dfrac{au}{\sqrt{a^2+1}}\right)\cosh v$, $\bar{z} = av$.

La prima di esse è applicabile sull'ellissoide allungato di rotazione di semiasse maggiore $= 1$ e di semiasse minore $= a$; la seconda sull'iperboloide di rotazione a due falde di semiasse trasverso $= 1$ e di semiasse coniugato $= a$ [1].

Per le superficie a curvatura costante positiva $= +1$, normali ai raggi riflessi, si trovano poi nel primo caso le formole seguenti.

$$\begin{cases} x' = \dfrac{2a\sqrt{1-a^2}\,\mathrm{sen}\,v}{\cosh^2 u - (1-a^2)\,\mathrm{sen}^2 v}\left\{a\cosh u\cos\left(\dfrac{au}{\sqrt{1-a^2}}\right) - \sqrt{1-a^2}\,\mathrm{senh}\,u\,\mathrm{sen}\left(\dfrac{au}{\sqrt{1-a^2}}\right)\right\} \\[3mm] y' = \dfrac{2a\sqrt{1-a^2}\,\mathrm{sen}\,v}{\cosh^2 u - (1-a^2)\,\mathrm{sen}^2 v}\left\{a\cosh u\cos\left(\dfrac{au}{\sqrt{1-a^2}}\right) - \sqrt{1-a^2}\,\mathrm{senh}\,u\cos\left(\dfrac{au}{\sqrt{1-a^2}}\right)\right\} \\[3mm] z' = av - \dfrac{2a(1-a^2)\,\mathrm{sen}\,v\,\cos v}{\cosh^2 u - (1-a^2)\,\mathrm{sen}^2 v}, \end{cases}$$

e nel secondo caso le altre

$$\begin{cases} x' = \dfrac{2a\sqrt{a^2+1}\,\cosh v}{(a^2+1)\cosh^2 v - \mathrm{sen}^2 u}\left\{a\,\mathrm{sen}\,u\cos\left(\dfrac{au}{\sqrt{a^2+1}}\right) - \sqrt{a^2+1}\,\cos u\,\mathrm{sen}\left(\dfrac{au}{\sqrt{a^2+1}}\right)\right\} \\[3mm] y' = \dfrac{2a\sqrt{a^2+1}\,\cosh v}{(a^2+1)\cosh^2 v - \mathrm{sen}^2 u}\left\{a\,\mathrm{sen}\,u\,\mathrm{sen}\left(\dfrac{au}{\sqrt{a^2+1}}\right) - \sqrt{a^2+1}\,\cos u\cos\left(\dfrac{au}{\sqrt{a^2+1}}\right)\right\} \\[3mm] z' = av - \dfrac{2a(a^2+1)\,\mathrm{senh}\,v\,\cosh v}{(a^2+1)\cosh^2 v - \mathrm{sen}^2 v}. \end{cases}$$

[1] In coordinate cilindriche r, θ, z le equazioni di queste due superficie hanno la forma semplice

$$r\cosh\left(\frac{\theta\sqrt{1-a^2}}{a}\right) = \sqrt{1-a^2}\,\mathrm{sen}\left(\frac{z}{a}\right)$$

$$r\,\mathrm{sen}\left(\frac{\theta\sqrt{a^2+1}}{a}\right) = \sqrt{a^2+1}\,\mathrm{senh}\left(\frac{z}{a}\right). \qquad \bullet$$

Ambedue le volte le superficie corrispondenti, applicabili sulla sfera di raggio $= 1$, hanno le linee di curvatura $u = \text{cost}^{\text{te}}$ situate su piani per l'asse s e perciò le linee di curvatura dell'altro sistema sono sopra sfere col centro sul medesimo asse, ortogonali alla superficie. Esse appartengono alla classe di superficie di Enneper e precisamente a quel caso limite la cui esistenza, sfuggita ad Enneper, fu avvertita da Kuen ([1]). Aggiungiamo l'osservazione che se nelle ultime formole si suppone la costante $\dfrac{a}{\sqrt{a^2+1}}$ commensurabile: *Le linee di curvatura sferiche delle corrispondenti superficie a curvatura costante* $k = +1$ *sono curve algebriche razionali.*

Matematica. — *Sulle singolarità di una funzione che dipende da due funzioni date.* Nota del Corrispondente S. PINCHERLE.

Il recente teorema pubblicato dal sig. Hadamard nel T. XXII degli Acta Mathematica e che ha così vivamente destata l'attenzione degli analisti, ha suggerito al sig. Hurwitz ([1]) una osservazione assai interessante. Il sig. Hadamard dimostrava che date due funzioni

$$f(x) = \sum p_n x^n, \quad f_1(x) = \sum q_n x^n,$$

la funzione definita dalla serie

$$\gamma(x) = \sum a_n b_n x^n$$

ha singolarità nei soli punti i cui affissi sono il prodotto dell'affisso di una singolarità di $f(x)$ per quello di una singolarità di $f_1(x)$ ([2]); invece il sig. Hurwitz considera due funzioni $\alpha(x), \varphi(x)$ definite dalle serie

$$\alpha(x) = \sum \frac{a_n}{x^{n+1}}, \quad \varphi(x) = \sum \frac{k_n}{x^{n+1}}$$

e dimostra che la serie

$$(1) \quad \psi(x) = \sum \left(a_n k_0 + n a_{n-1} k_1 + \frac{n(n-1)}{1 . 2} a_{n-2} k_2 + \cdots + a_0 k_n \right) \frac{1}{x^{n+1}}$$

rappresenta una funzione avente singolarità nei soli punti i cui affissi sono la somma dell'affisso di una singolarità di $\alpha(x)$ con quello di una singolarità di $\varphi(x)$. Egli limita però la sua dimostrazione al caso che le singolarità di $\alpha(x)$ e $\beta(x)$, fuori del punto $x = 0$, siano poli del primo ordine.

([1]) Sitzungsberichte der Akademie zu München. 1884, Heft II.
([2]) Comptes rendus de l'Académie des Sciences, 6 février 1899.
([3]) Ed inoltre, se $\gamma(x)$ non è uniforme, eventualmente anche nel punto $x = 0$, come ha fatto osservare il sig. Borel (Bulletin de la Soc. Math. de France, T. XXVI, 1898.)

Ora, nello stesso modo che $\gamma(x)$ si ottiene da $f(x)$ ed $f_1(x)$ mediante una speciale operazione distributiva ([1]), così anche la funzione $\psi(x)$ è ottenuta da $\alpha(x)$, $\varphi(x)$ mediante un'operazione distributiva, dalla cui considerazione, senza che occorra ricorrere ad integrali curvilinei, è possibile di ottenere la dimostrazione del teorema del sig. Hurwitz, in un caso più generale di quello trattato dall'autore stesso nella citata Nota.

1. Sia $\alpha(x)$ una funzione uniforme, regolare nell'intorno di $x = \infty$ e nulla in questo punto, le cui singolarità siano rappresentate genericamente con u; sia

$$\alpha(x) = \sum \frac{a_n}{x^{n+1}}$$

nell'intorno di $x = \infty$. Costruisco la serie:

$$(2) \qquad A(\varphi) = \sum_{n=0}^{\infty} (-1)^n a_n \frac{\varphi^n(x)}{n!},$$

dove $\varphi(x)$ è una funzione analitica arbitraria e $\varphi^{(n)}(x)$ è la sua derivata n^{sima}. La serie (2) rappresenta un'operazione funzionale distributiva, e dalla sua forma si scorge subito che essa è *commutabile colla derivazione*.

2. Prendiamo come funzione $\varphi(x)$ una funzione uniforme, regolare nell'intorno di $x = \infty$, nulla in questo punto; siano v le sue singolarità; nell'intorno di $x = \infty$ si abbia

$$\varphi(x) = \sum \frac{k_n}{x^{n+1}}.$$

Si vede allora immediatamente che per valori di x abbastanza grandi in modulo, si ha

$$A(\varphi) = \psi(x) = \sum \left(a_n k_0 + n a_{n-1} k_1 + \frac{n(n-1)}{1.2} a_{n-2} k_2 + \cdots + a_0 k_n \right) \frac{1}{x^{n+1}};$$

l'operazione (2) ci dà dunque, per tali valori di x, la funzione considerata dal sig. Hurwitz.

3. Ma, poichè l'operazione A è commutabile colla derivazione, essa sarà pure commutabile coll'operazione funzionale

$$\theta^s = D^0 + sD + \frac{s^2}{1.2} D^2 + \cdots$$

che ha per effetto di mutare x in $x + s$. Si avrà dunque

$$\theta^s A(\varphi) = \psi(x+s) = \sum_{n=0}^{\infty} (-1)^n a_n \frac{\varphi^{(n)}(x+s)}{n!}$$

([1]) Borel, loc. cit. Su questa operazione, v. una mia Nota nei Rendiconti della R. Accademia delle scienze di Bologna (adunanza del 19 febbraio 1899).

e sviluppando le derivate di $\varphi(x)$, si ottiene, per valori abbastanza grandi in modulo della variabile x:

(3)
$$\theta^z A(\varphi) = \sum_{n=0}^{\infty} \alpha_n(z) \frac{\varphi^{(n)}(x)}{n!}$$

dove si è posto

$$\alpha_n(z) = \alpha_0 z^n - n a_1 z^{n-1} + \frac{n(n-1)}{1.2} a_2 z^{n-2} - \cdots + (-1)^n a_n.$$

Per $z = 0$, la (3) ricade nella (1).

Dalla (3) si ha poi, applicandola θ^{-z} e notando che $\theta^z A \theta^{-z} = A$:

(4)
$$A(\varphi) = \sum \alpha_n(z) \frac{\varphi^{(n)}(x-z)}{n!}.$$

4. La formula (4) dà una espressione dell'operazione (A), che avrà generalmente validità in un campo più esteso di quello della (2), potendosi in essa disporre dell'arbitraria z. Essa coincide colla (2) e colla (1) per valori di x abbastanza grandi, e quindi dà la continuazione analitica di $\psi(x)$.

5. Si tratta ora di trovare le condizioni di convergenza del secondo membro della (4); qui tornerà opportuno di fare uso della notazione, che ho spesso adoperata,

$$g_n \sim t^n,$$

per esprimere che la serie $\sum g_n x^n$ ammette come cerchio di convergenza quello di raggio t.

Se nella (4) poniamo, in luogo di $\varphi(x)$, la funzione $\frac{1}{x}$, si ottiene

$$A\left(\frac{1}{x}\right) = \sum (-1)^n \alpha_n(z) \frac{1}{(x-z)^{n+1}},$$

la quale, in forza della (1), non è altro che $\alpha(x)$. Ne risulta che, detto u_i il punto singolare di $\alpha(x)$ più lontano da z, si ha

(5)
$$\alpha_n(z) \sim |z - u_i|^n.$$

Inoltre, per le note condizioni di validità dello sviluppo di Taylor per le funzioni analitiche, si ha, essendo v_j quello dei punti v più prossimo ad $x - z$:

(6)
$$\frac{\varphi^{(n)}(x-z)}{n!} \sim \frac{1}{|x-z-v_j|^n}.$$

Dalle (5) e (6) si deduce per il secondo membro della (4) la condizione di convergenza assoluta ed uniforme espressa da

(7)
$$\left| \frac{z - u_i}{x - z - v_j} \right| < \varepsilon,$$

essendo ε un numero positivo e minore di uno. Da questa condizione si traggono varie conseguenze.

6. Supponiamo dapprima che $\alpha(x)$ abbia la sola singolarità isolata
per $x = u$. Fatto allora $z = u$, la condizione (7) si riduce ad

$$|x - (u + v_j)| > 0$$

e la $A(\varphi)$ assume l'espressione

$$(8) \qquad A(\varphi) = \sum \alpha_n(u) \frac{\varphi^{(n)}(x - u)}{n!} = \psi(x).$$

Questa espressione dimostra che le sole singolarità di $\psi(x)$ si hanno per
$x = u + v_j$ essendo v_j un punto singolare qualunque di $\varphi(x)$. Inoltre, poichè
$\alpha_n(u) \sim 0$, essa dà anche la *natura* di queste singolarità. In particolare,
se $\alpha(x)$ ha per $x = u$ un polo di ordine k^{mo}

$$\alpha(x) = \frac{b_1}{x - u} + \frac{b_2}{(x - u)^2} + \cdots + \frac{b_k}{(x - u)^k},$$

viene per $\psi(x)$ l'espressione:

$$\psi(x) = b_1 \varphi(x - u) + b_2 \varphi'(x - u) + \cdots + \frac{b_k}{k - 1!} \varphi^{(k-1)}(x - u).$$

7. Supponiamo poi che $\alpha(x)$ abbia m singolarità isolate nei punti $u_1, u_2 \ldots u_m$.
Si può porre allora

$$\alpha(x) = \sum_{i=1}^{m} \alpha_i(x), \quad \alpha_i(x) = \sum_{n=0}^{\infty} a_{in} \frac{1}{x^{n+1}},$$

dove $\alpha_i(x)$ è singolare come $\alpha(x)$ nel punto $x = u_i$, e regolare in ogni altro
punto del piano. Posto

$$\alpha_{in}(z) = a_{i0} z^n - n a_{i1} z^{n-1} + \frac{n(n-1)}{1 \cdot 2} a_{i2} z^{n-2} - \cdots + (-1)^n a_{in},$$

viene, poichè A è distributiva anche rispetto ad $\alpha(x)$:

$$(9) \qquad A(\varphi) = \sum_{i=1}^{m} \sum_{n=0}^{\infty} \alpha_{in}(u_i) \frac{\varphi^{(n)}(x - u_i)}{n!}$$

che, per essere $\alpha_{in}(u_i) \sim 0$, è singolare nei soli punti $u_i + v_j$. La formula (9)
dà inoltre la *natura* delle singolarità in questi punti.

8. In generale, fissato z, la curva limite del campo di convergenza
dello sviluppo (4) rispetto ad x è dato da

$$|z - u_i| = |x - z - v_j|.$$

Questo limite è una circonferenza di centro $z + v_j$ e di raggio $|z - u_i|$.
Essa passa dunque per il punto $x = u_i + v_j$. Variando z di pochissimo, il

nuovo limite di convergenza sarà dato da una seconda circonferenza passante per il medesimo punto. Ma siccome i limiti di convergenza sono caratterizzati in generale dall'esistenza, su di essi, di qualche singolarità della funzione $A(\varphi)$ che la serie rappresenta, così si scorge come i punti singolari siano appunto quelli della forma $u_i + v_j$.

9. È facile indicare la via per un'ampia generalizzazione. Abbiasi l'operazione distributiva $A(\varphi)$, che, applicata ad una funzione φ, dà l'espressione, valida in un'area T, di una seconda funzione ψ. Sia A permutabile colle operazioni distributive di un gruppo ad un parametro, S_s. Sarà allora

$$\psi = S_s A S_s^{-1},$$

e qui si potrà disporre del parametro s in modo che questa nuova espressione di ψ ne dia la continuazione analitica oltre all'area T. Inoltre, le condizioni di validità di quest'espressione potranno fare conoscere le singolarità di ψ, dipendentemente da quelle di φ. È questo il metodo applicato nella presente Nota per l'operazione di Hurwitz; il gruppo permutabile con A è qui θ^s la cui operazione infinitesima è D. Per l'operazione di Hadamard, il gruppo permutabile S_s è invece costituito dalla operazione che ha per effetto di sostituire xs ad x in una funzione arbitraria, e l'operazione infinitesima di questo gruppo è xD.

Chimica. — *Sulla costituzione dell' acido canforico* ([1]). Nota 9ª del Corrispondente L. Balbiano.

Nella Nota intitolata nello stesso modo della presente ed inserita nei Rendiconti di quest'Accademia ([2]), veniva alla conclusione « che si spiegano razionalmente, senza ricorrere ad ipotetiche trasposizioni molecolari, i prodotti di smembramento dell'acido canforico, da me ottenuti nell'ossidazione a temperatura ordinaria col permanganato potassico in soluzione alcalina, solo quando si adotti per quest'acido la formula di costituzione proposta dal Bredt ». Il prodotto principale di questa ossidazione è l'acido $C_8 H_{12} O_5$ di cui dimostrai la costituzione in modo sicuro, perchè, eliminate con fatti le possibilità che il quinto atomo di ossigeno fosse contenuto nella molecola sotto forma chetonica, lattonica ed ossidrilica, non rimase che la forma di ossido alchilico comprovata dal comportamento dell'acido colla p-bromofenilidrazina. Per riduzione coll'acido jodidrico ottenni dall'acido $C_8 H_{12} O_5$ l'acido α-$\beta\beta$-trimetilglutarico, del quale dedussi la costituzione dal formarsi all'ossidazione acido dimetilsuccinico assimetrico e dal passaggio dell'acido $C_8 H_{12} O_5$ all'acido trimetilsuccinico mediante una serie di trasformazioni semplici. Le

([1]) Lavoro eseguito nell'Istituto di chimica farmaceutica della R. Università di Roma.
([2]) Rend. Acc. Linc., vol. VI, 2° sem., pag. 2.

deduzioni analitiche da me fatte sul concatenamento degli 8 atomi di carbonio dell'acido $C_8H_{12}O_5$, venivano confermate pienamente alcune settimane fa colla sintesi dell'acido α-$\beta\beta$-trimetilglutarico fatta dal Perkin junior [1].

Dopo la pubblicazione della mia Nota citata, i signori L. Bouveault [2] e W H. Perkin jun. [3] proposero due altre formole per l'acido canforico, basandosi pure in parte sui fatti da me scoperti nello smembramento di quest'acido ed interpretandoli in modo diverso, producendo così una modificazione più o meno radicale della formola di Bredt. Mi sia permesso in questa Nota di avvalorare le mie deduzioni, fatte in accordo colla formola del Bredt, rendendo conto di due fatti che gettano nuova luce sul meccanismo dell'ossidazione dell'acido canforico.

Fin dal 1882 Tauber [4] notava che nell'ossidazione dell'acido canforico col permanganato di potassio a caldo non si trovava fra i prodotti di ossidazione l'acido ossalico, e scriveva precisamente così: « Von oxalsauren lassen sich merkwürdiger Weise nicht einmal spuren nachweisen ». Il Bamberger [5] che tentò quest'ossidazione, pure a caldo, scrive, che nel filtrato dall'ossido di manganese non si trova altro che acido canforico inalterato, quindi secondo lui quel po' di acido canforico ossidato si è convertito in anidride carbonica. Alla stessa conclusione venne il Bruhl [6]; egli scrive che nell'ossidazione a caldo non era stato possibile rintracciare altro composto eccetto che acido canforico inalterato. E pare anche che adoperando altri ossidanti, l'acido ossalico non si trovi fra i prodotti di ossidazione dell'acido canforico, perchè il Koenigs [7], avendo adoperato come ossidante il misto cromico, ottenne, oltre ad acido canforonico, acetico ed anidride carbonica, l'acido dimetilsuccinico e non parla affatto di produzione contemporanea di acido ossalico.

Il mio modo di ossidazione dell'acido canforico differenzia adunque essenzialmente nei risultati; si forma acido ossalico ed acido $C_8H_{12}O_5$ e tutti e due in quantità corrispondenti all'equazione

$$C_{10}H_{16}O_4 + 6O = C_2H_2O_4 + C_8H_{12}O_5 + H_2O.$$

Già nel 1893, al principio di questa serie di studî, determinavo le quantità rispettive di acido ossalico e di acido $C_8H_{12}O_5$ che si formano

[1] Journ. Chem. Soc. ⟨1899, pag. 61).

[2] Bul. Soc. chim., Paris, T. 17, ser. III, pag. 990.

[3] Proc. 1896, pag. 191.

[4] *Inaug, Diss. Ueber die Einwirkung von Kaliumpermanganat auf Japancamphen.* Breslau 1882.

[5] Berl. Ber. T. 23, pag. 217.

[6] Berl. Ber. T. 24, pag 3406.

[7] Berl. Ber. T. 26, p. 2337.

nell'ossidazione e da esperienze instituite allora deducevo, che sottoponendo all'ossidazione gr. 587 di acido canforico se ne riottennero gr. 273 inalterato e dai 314 gr. ossidati si ebbero gr. 37 di acido ossalico e gr. 78 di ac. $C_8H_{12}O_5$. Ora questi due numeri stanno appunto nel rapporto dei pesi molecolari dei due acidi, il che dimostra che per ogni molecola di ac. $C_8H_{12}O_5$ formatosi, nasce contemporaneamente una molecola di acido ossalico, cioè si verifica esattamente l'equazione soprascritta.

Per l'importanza del fatto ho ripetuto quest'estate l'esperienza ed ho ottenuto il seguente risultato:

Acido canforico sottoposto all'ossidazione . . . gr. 50
Acido canforico realmente ossidato. . . . . . » 20
Ossalato di calcio C_2O_4Ca, H_2O ottenuto . . . » 2,24
Sale di calcio $C_8H_{10}O_5Ca, 2H_2O$ ottenuto . . . » 3,627

Si verificò la purezza dei due sali di calcio colla determinazione dell'acqua di cristallizzazione.

Gr. 2,24 di ossalato di calcio secco a 100° perdettero a 210° gr. 0,2765 di acqua, ossia in 100 p.

	Trovato	Calcolato per C_2O_4Ca, H_2O
H_2O	12,34	12,32

Gr. 3,627 di sale $C_8H_{10}O_5Ca, 2H_2O$ perdettero a 160° gr. 0,510 di acqua

	Trovato	Calcolato
H_2O %	14,06	13,74

Ora a gr. 3,627 di sale di calcio $C_8H_{10}O_5Ca, 2H_2O$ corrispondono teoricamente gr. 2,02 di C_2O_4Ca, H_2O, mentre il trovato è gr. 2,24.

Il dosamento dei due sali si fa nel modo seguente. Le acque alcaline provenienti dalla filtrazione e dal lavaggio dell'ossido di manganese si concentrano a piccolo volume; si decompongono con acido cloridrico in leggero eccesso e si lasciano in riposo per separare la maggior parte dell'acido canforico inalterato, che si deposita cristallizzato. Il filtrato acquoso viene estratto tre volte con 5 volumi di etere. La parte acquosa si satura con ammoniaca, filtrata se è il caso, indi di nuovo acidificata con acido acetico e precipitato l'ossalato con soluzione al 30 % di cloruro di calcio. A questo ossalato si aggiunge la piccola quantità che è passata in soluzione nell'etere. Perciò il residuo sciropposo acido rimasto alla distillazione dell'etere viene neutralizzato esattamente con idrato potassico, indi addizionato di alcune goccie di soluzione al 30 % di cloruro di calcio, ed il piccolo precipitato formatosi si raccoglie sopra un filtro e si lava tre a quattro volte con poca acqua calda, indi si scioglie in acido cloridrico e la soluzione si neutralizza con ammoniaca, poi si acidifica con acido acetico e si precipita con cloruro di calcio. La soluzione primitiva colle acque di lavaggio si addiziona di un leggero eccesso di cloruro di calcio e si riscalda; dopo 24 ore si raccoglie cristallizzato il sale $C_8H_{10}O_5Ca$, $2H_2O$, che si depura per cristallizzazione dall'acqua bollente oppure ridisciogliendolo in acido acetico e saturando di nuovo colla quantità richiesta di carbonato sodico. Questo sale è tanto poco solubile nell'acqua fredda e l'acido libero viene estratto in modo così completo dalla soluzione acquosa coll'etere, che le perdite sono insignificanti.

La formazione contemporanea equimolecolare di acido ossalico e di ac. $C_8H_{12}O_5$ si spiega facilmente ammettendo la formola di costituzione dell'acido canforico data dal Bredt, e fino ad un certo punto anche con quella proposta dal Bouveault, ma non è spiegabile con quella suggerita nel 1896 ([1]) ed adottata esclusivamente in un lavoro recente dal Perkin junior ([2]) come appare evidente dai seguenti schemi:

I punti di apertura del nucleo pentametilenico dello schema del Perkin, per produrre acido ossalico, sono quelli segnati ed allora non si spiega la formazione contemporanea dell'acido $C_8H_{12}O_5$.

([1]) Proc. 1896, pag. 191.
([2]) Chem. Soc. Trans. 1898, pag. 796.

Il punto debole dell'argomentazione del Bouveault sta nell'affermare, senza avere prove sperimentali, che la formazione dell'acido $C_8H_{12}O_5$ debba essere preceduta da quella dell'acido α-$\beta\beta$-trimetilglutarico, il quale ossidandosi genererebbe il primo.

Ho voluto provare se il supposto del Bouveault potesse essere confermato dall'esperienza, non avendo mai trovato l'acido trimetilglutarico fra i prodotti di ossidazione dell'acido canforico.

Gr. 6,3 di acido trimetilglutarico vennero saturati esattamente con carbonato sodico, la soluzione diluita a 630 cm³, addizionata di gr. 8 di permanganato potassico (quantità corrispondente a 2 atomi di ossigeno) e resa alcalina con 5 cm³ di soluzione d'idrato potassico al 50 %. La miscela si mise a reagire alla temperatura dell'ambiente il 20 luglio; il 20 ottobre il liquido era colorato come in principio e si notava solo un leggerissimo deposito di ossidi di manganese. Si riscaldò la massa per 5 ore a bagno maria in piena ebollizione ed il liquido rimase fortemente colorato. Si scolorò con anidride solforosa, si concentrò e, dopo averlo acidificato con acido solforico, si estrasse ripetutamente con etere. L'acido estratto si rapprese in una massa cristallina e pesava gr. 6. Si neutralizzò con idrato sodico e si aggiunse alla soluzione un leggero eccesso di soluzione di cloruro di calcio al 30 %. Col riscaldamento si depositò la maggior parte del sale di calcio cristallino, che dette all'analisi il seguente risultato:

Gr. 0,3869 di sale secco all'aria perdettero a 160° gr. 0,069 di acqua e lasciarono alla calcinazione gr. 0,0847 di CaO.

In 100 p.

	Trovato	Calc. per $C_8H_{12}O_4Ca$, 2¹/₂ H_2O
H_2O	17,83	17,50
Ca	19,03	18,86

La concentrazione delle acque madri mi dette un'altra piccola quantità di sale che all'analisi dette:

$$H_2O\% \quad 14,9 \qquad\qquad Ca\% \quad 19,7$$

Questa porzione di sale conteneva con molta probabilità un po' di dimetilsuccinato di calcio, la cui composizione centesimale calcolata per la formola $C_6H_8O_4Ca$, H_2O sarebbe:

$$H_2O\% \quad 8,9 \qquad\qquad Ca\% \quad 21,73$$

L'acido estratto dalla prima porzione di sale di calcio cristallizza dall'acqua in piccoli prismetti aggruppati, fonde a 88-89° ed ha tutti i caratteri dell'acido α-$\beta\beta$-trimetilglutarico.

La supposizione del Bouveault non ha quindi nessuna base sperimentale.

Nella Nota succitata scriveva « che uno degli argomenti di base per adottare per l'acido canforico la formola di Bredt, era l'inattività ottica dell'acido $C_8 H_{12} O_5$, inattività dovuta alla formazione contemporanea dei due antipodi, effettuandosi l'azione dell'ossigeno su tutti e due gli atomi di carbonio assimetrici dell'acido canforico e rimanendo tali atomi nella molecola del nuovo composto. Infatti l'esperienza ci insegna che quando entra in reazione uno solo dei carboni assimetrici dell'acido canforico, il prodotto che si genera ha ancora potere rotatorio. Cito ad esempio la formazione dell'acido canforonico, che secondo le misure di Aschan ([1]) ha per potere rotatorio specifico $[\alpha]_j = -26°,9$.

Era quindi importante per il mio asserto la dimostrazione sperimentale che l'acido $C_8 H_{12} O_5$ è un racemo.

Ho tentato dapprima di ottenere un antipodo collo sviluppo del *Penicillium glaucum*, ma inutilmente, perchè questa muffa non si sviluppa bene, tanto in soluzioni al 4 o 5 %, come in soluzioni al 2-3 %₀. Ho cercato perciò di sdoppiarlo coi sali degli alcaloidi, e sono riuscito ad avere un acido destrogiro ed un'altro sinistrogiro, benchè non completamente libero del destrogiro, mediante il sale di chinina.

Gr. 34,8 di acido $C_8 H_{12} O_5$ si sciolsero in 25 cm³ di acqua calda e la soluzione si saturò con 70 gr. di chinina sciolta in 225 gr. di alcool a 99 % ed il tutto, per avere una soluzione completa a caldo, si addizionò di 50 cm³ di acqua. Col raffreddamento si ottenne una massa cristallina bianca formata da piccoli prismetti aggruppati. La quantità di cristalli depositatisi pesava, seccata nella stufa ad acqua, gr. 66. Fonde decomponendosi a 202-204°.

Questi cristalli si ricristallizzarono 8 volte dall'alcool a 80 % bollente fino ad averne gr. 45. Da gr. 34,8 di acido si devono ottenere gr. 95 di sale di chinina. Il punto di fusione dell'ultima porzione si era un po' elevato; fondeva a 205-206° con decomposizione.

L'analisi dette il seguente risultato:

	Trovato	Calc. per $C_8 H_{12} O_5 , C_{20} H_{24} N_2 O_2$
C	65,66	65,62
H_2	6,95	7,03
N	5,26	5,44

Si decompose il sale di chinina con un leggero eccesso di idrato potassico e dalla soluzione del sale potassico, filtrata dalla chinina, decomposta con acido cloridrico in leggero eccesso, si ebbe per estrazione con etere l'acido $C_8 H_{12} O_5$ libero.

([1]) Berl. Ber. T. 28, pag. 16.

L' analisi di quest' acido dette il seguente risultato :

	Trovato	Calcolato per $C_8H_{12}O_4$
C	50,78	51,06
H	6,36	6,38

Quest' acido è destrogiro. Infatti la soluzione acquosa al 13,116 % in tubo lungo 50 cm. devia a destra di 3°,6 e quindi

$$[\alpha]_D = + 5°,48'.$$

Le prime acque madri alcooliche si distillarono a metà volume, e dopo un riposo di due settimane alla temperatura dell' ambiente non si depositò più sostanza cristallina. Si decompose la soluzione con idrato potassico in leggero eccesso, si eliminò l'alcool a bagno maria ed il residuo si lavò con acqua. La soluzione acquosa concentrata e decomposta con acido cloridrico in eccesso ed estratta con etere, dette l' acido $C_8 H_{12} O_4$ libero, che essendo un po' colorato, si depurò convertendolo nel sale di calcio e rimettendolo in libertà da questo coll' acido cloridrico. Non si riuscì ad averlo perfettamente scolorito ; la soluzione era leggermente colorata in giallognolo.

L' analisi di quest' acido dette il seguente risultato:

	Trovato	Calcolato per $C_8H_{12}O_4$
C	50,80	51,06
H	6,34	6,38

Quest' acido è sinistrogiro. Infatti la soluzione acquosa all' 11,9334 % in tubo lungo 50 cm. devia a sinistra di 2° e quindi

$$[\alpha]_s = - 3°,35 .$$

La quantità scarsa del materiale, molto costoso e di difficile preparazione, m'impedì di operare un' ulteriore depurazione per avere l' antipodo sinistrogiro deviante dello stesso angolo del destrogiro.

Il punto di fusione dei due acidi è pressapoco lo stesso. La determinazione fatta comparativamente con termometro di Auschutz, dette :

per l' acido destrogiro . . . . . . 119°
per l' acido sinistrogiro . . . . . . 117-119°.

L' acido destrogiro cristallizza più facilmente dell'acido sinistrogiro, poichè quest' ultimo si conserva sciropposo per parecchi giorni ed alla fine si rappiglia in massa cristallina.

Dalle esperienze descritte risulta evidente che la formola di costituzione dell' acido canforico proposta dal Bredt è la sola che spieghi i fatti suesposti, cioè la formazione contemporanea di quantità equimolecolari di acido ossalico e di ac. $C_8 H_{12} O_5$, e nello stesso tempo stabilisce che l'inattività ottica dell'acido $C_8 H_{12} O_5$ è dovuta alla formazione contemporanea dei due antipodi.

Matematica. — *Sulle congruenze di curve.* — Nota di T. Levi-Civita, presentata dal Socio Beltrami.

Data nello spazio ordinario una congruenza [C] di curve *c*, fissiamo ad arbitrio un punto P (nell'intorno del quale la congruenza si comporti in modo regolare) e diciamo t_P la tangente, π_P il piano normale a *c* nel punto P.

Le tangenti *t* alle curve *c*, spiccate dai punti di π_P, costituiscono una congruenza rettilinea $[T_P]$, ed è ben chiaro che la natura di essa dipende esclusivamente dalla natura della congruenza fondamentale [C].

In particolare gli elementi metrici di prim'ordine (ascisse dei punti limiti, distanza focale, angolo dei piani focali, ecc.), che competono al raggio t_P, in quanto appartiene a $[T_P]$, si possono esprimere per mezzo dei coseni direttori della congruenza [C], relativi al punto P, e loro derivate prime.

L'impiego dei simboli di Ricci permette di attribuire a queste espressioni una forma assai semplice, da cui discendono alcune facili conseguenze.

Si ha in primo luogo che una congruenza [C] è o no normale assieme a $[T_P]$, o più esattamente, che, in un generico punto P, la condizione di normalità per la congruenza [C] equivale alla condizione di normalità della congruenza rettilinea $[T_P]$, e si può quindi enunciare dicendo che devono essere perpendicolari i piani focali, relativi al raggio t_P.

Ma più notevole è il caso, in cui sopra t_P coincidono i punti limiti.

Con naturale estensione dell'appellativo, usato per le congruenze rettilinee, diremo *isotrópe* le congruenze [C], per cui si presenta questa circostanza. Esse godono di due proprietà interessanti, che non credo siano state osservate, nemmeno per le congruenze rettilinee.

La prima proprietà si deduce immediatamente dalla definizione di isotropia, in base a un teorema del prof. Ricci, e consiste in ciò che ogni congruenza isotrópa [C] si può in infiniti modi risguardare come risultante dalle intersezioni di due famiglie ortogonali di superficie. In altri termini, la equazione lineare ed omogenea del prim'ordine, che ha per caratteristiche le curve *c*, possiede infinite coppie di integrali fra loro ortogonali.

La seconda proprietà è che le rette cicliche, passanti per i vari punti P, e appartenenti ai rispettivi piani π_P, costituiscono due congruenze coniugate (anzichè due complessi, come avverrebbe in generale). Ciò è quanto dire che *ogni congruenza isotrópa* (reale) *è ortogonale a due congruense rettilinee coniugate, costituite da rette cicliche, e reciprocamente.*

Di quà segue tosto la costruzione di tutte le congruenze isotrópe, e in pari tempo la espressione generale pei coefficienti A, B (supposti reali) delle equazioni $\dfrac{\partial u}{\partial z} = A \dfrac{\partial u}{\partial x} + B \dfrac{\partial u}{\partial y}$, che ammettono infinite coppie di integrali fra loro ortogonali.

1. Alla cogruenza data [C] associamone due altre [1] e [2], che costituiscano con essa una terna ortogonale. Per individuarla, ci varremo dei simboli ben noti del prof. Ricci (¹). Si designerà la [C] con [3] e in generale con $\lambda_{h/r}$, $(r = 1, 2, 3)$ il sistema coordinato covariante della congruenza [h], $(h = 1, 2, 3)$.

Lo spazio si intenderà riferito ad un sistema di coordinate curvilinee x_1, x_2, x_3, che ci riserviamo di far coincidere, quando giovi, colle ordinarie coordinate cartesiane ortogonali. Il supporle tali a priori non recherebbe alcuna maggiore semplificazione.

Sieno x_1, x_2, x_3 le coordinate di P, $x_1 + dx_1$, $x_2 + dx_2$, $x_3 + dx_3$ quelle di un generico punto Q, vicino a P in π_P.

Detto ds il segmento elementare PQ, $\varphi_1 = \varphi$, $\varphi_2 = \dfrac{\pi}{2} - \varphi$ gli angoli che esso forma colle direzioni positive delle linee 1, 2, passanti per P, $\lambda_{3/r} + \mu_r ds$ i valori delle $\lambda_{3/r}$ in Q, avremo, colle notazioni del calcolo differenziale assoluto:

$$dx_r = ds(\cos \varphi \lambda_1^{(r)} + \operatorname{sen} \varphi \lambda_2^{(r)}) = ds \sum_h^2 \cos \varphi_h \lambda_h^{(r)},$$

$$\mu_r = \sum_q^3 \lambda_{3/rq} \frac{dx_q}{ds} = \sum_q^3 \lambda_{3/rq} \sum_h^2 \cos \varphi_h \lambda_h^{(q)}. \qquad (r = 1, 2, 3)$$

(Per convincersene, basta notare che queste formule hanno carattere invariantivo e sussistono evidentemente in coordinate cartesiane ortogonali).

Introducendo gli invarianti γ, definiti dalla formula generale:

$$\gamma_{ljk} = \sum_{rs}^3 \lambda_{l/rs} \lambda_j^{(r)} \lambda_k^{(s)}, \quad (l, j, k = 1, 2, 3),$$

si ha:

$$\sum_q^3 \lambda_{3/rq} \lambda_h^{(q)} = \sum_i^3 \gamma_{3ih} \lambda_{i/r},$$

e quindi, ricordando che $\gamma_{33h} = 0$, l'espressione delle μ_r diviene:

$$(1) \qquad \mu_r = \sum_{ih}^2 \lambda_{i/r} \gamma_{3ih} \cos \varphi_h, \quad (r = 1, 2, 3),$$

(¹) Cfr. principalmente: *Dei sistemi di congruenze ortogonali in una varietà qualunque*, nelle Memorie di questa Accademia, 1896.

donde:

$$\mu^{(r)} = \sum_{1}^{2}{}_{ih}\, \lambda_i^{(r)}\, \gamma_{3ih}\cos\varphi_h \, ,$$

(2) $\dfrac{1}{\varrho^2} = \sum_{1}^{3}{}_r\, \mu_r\, \mu^{(r)} = \sum_{1}^{3}{}_{ikjh}\,\gamma_{3ih}\,\gamma_{3jk}\cos\varphi_h\cos\varphi_k \sum_{1}^{3}{}_r\,\lambda_{i/r}\,\lambda_j^{(r)} =$

$$\sum_{1}^{2}{}_{ihk}\,\gamma_{3ih}\gamma_{3\,k}\cos\varphi_h\cos\varphi_k = (\gamma_{311}^2+\gamma_{321}^2)\cos^2\varphi + 2(\gamma_{311}\gamma_{312}+\gamma_{321}\gamma_{322})\cos\varphi\,\mathrm{sen}\,\varphi +$$
$$(\gamma_{312}^2+\gamma_{322}^2)\,\mathrm{sen}^2\varphi\,.$$

Abbiamo designato $\sum_{1}^{3}{}_r\,\mu_r\mu^{(r)}$ con $\dfrac{1}{\varrho^2}$, supponendo implicitamente $\sum_{1}^{3}{}_r\mu_r\mu^{(r)}$ diverso da zero. L'ipotesi opposta equivale a $\mu_r = 0$, $(r = 1, 2, 3)$. La congruenza $[\mathrm{T_P}]$ si comporta allora, rispetto a t_P, come se fosse costituita da rette parallele; e non c'è nulla da aggiungere. Ecco perchè si può escludere a priori che $\sum_{1}^{3}{}_r\,\mu_r\,\mu^{(r)}$ si annulli.

In coordinate cartesiane, le $\lambda_{3/r}$ (o $\lambda_3^{(r)}$) sono i coseni direttori di t_P e le $\lambda_{3/r}+\mu_r\,ds$ (o $\lambda_3^{(r)}+\mu^{(r)}\,ds$) quelli di t_Q (la direzione positiva sopra le t corrispondendo a quella delle curve c). Diciamo ancora ν_r (o $\nu^{(r)}$) i coseni direttori della minima distanza dp fra t_P e t_Q; ψ l'angolo fra la direzione positiva di dp e quella della linea 1, relativa al punto P; α l'ascissa del piede di dp sopra t_P, contata a partire da P.

Colla solita convenzione di risguardare equivalenti gli indici, congrui fra loro rispetto al modulo 3, e notando che $\sum_{1}^{3}{}_r\,\lambda_{3/r}\,\mu^{(r)} = 0$, $\sqrt{a} = 1$ (a è il discriminante della forma fondamentale) potremo scrivere:

(3) $\qquad \nu^{(r)} = \varrho\,\dfrac{\lambda_{3/r+1}\,\mu_{r+2} - \lambda_{3/r+2}\,\mu_{r+1}}{\sqrt{a}}$, $\quad (r = 1, 2, 3)$,

e (¹)

(4) $\qquad dp\nu^{(r)} = ds\,\}\cos\varphi\,\lambda_1^{(r)} + \mathrm{sen}\,\varphi\,\lambda_2^{(r)} + \alpha\mu^{(r)}\{$, $\quad (r = 1, 2, 3)$,

le quali formule seguitano a sussistere in coordinate generali, purchè si risguardino anche le $\nu^{(r)}$ come elementi di un sistema contravariante.

Con facile trasformazione si trova:

(3') $\nu^{(r)} = \varrho\cos\varphi\}\gamma_{311}\lambda_2^{(r)} - \gamma_{321}\lambda_1^{(r)}\{ + \varrho\,\mathrm{sen}\,\varphi\}\gamma_{312}\lambda_1^{(r)} - \gamma_{322}\lambda_2^{(r)}\{$, $(r=1,2,3)$,

e da queste, moltiplicando successivamente per $\lambda_{1/r}$, $\lambda_{2/r}$ e sommando ciascuna volta rispetto ad r, ove si tenga conto che $\sum_{1}^{3}{}_r\,\nu^{(r)}\,\lambda_{1/r} = \cos\psi$, $\sum_{1}^{3}{}_r\,\nu^{(r)}\,\lambda_{2/r} = \mathrm{sen}\,\psi$:

(5) $\qquad \begin{cases} \cos\psi = -\varrho\}\gamma_{321}\cos\varphi + \gamma_{322}\,\mathrm{sen}\,\varphi\{ \\ \mathrm{sen}\,\psi = \varrho\}\gamma_{311}\cos\varphi + \gamma_{312}\,\mathrm{sen}\,\varphi\{. \end{cases}$

Poniamo:

(6) $$\Delta = \gamma_{311}\,\gamma_{322} - \gamma_{312}\,\gamma_{321}$$

ed osserviamo che Δ^2 è il discriminante di

$$\frac{1}{\varrho^2} = (\gamma^2_{311} + \gamma^2_{321})\cos^2\varphi + 2(\gamma_{311}\gamma_{312} + \gamma_{321}\gamma_{322})\cos\varphi\,\mathrm{sen}\varphi + (\gamma^2_{312} + \gamma^2_{322})\,\mathrm{sen}^2\varphi$$

e non può quindi annullarsi. Ne viene che le (5) sono certamente risolubili rispetto a $\varrho\cos\varphi$, $\varrho\,\mathrm{sen}\,\varphi$ e la effettiva risoluzione porge:

(5′)
$$\begin{cases} \varrho\cos\varphi = \dfrac{1}{\Delta}\{\gamma_{312}\cos\psi + \gamma_{322}\,\mathrm{sen}\,\psi\} \\[2mm] \varrho\,\mathrm{sen}\,\varphi = -\dfrac{1}{\Delta}\{\gamma_{311}\cos\psi + \gamma_{321}\,\mathrm{sen}\,\psi\}\,. \end{cases}$$

In causa delle (3), $\sum_1^3{}_r \nu^{(r)}\,\mu_r = 0$, e perciò, se si moltiplicano le (4) per μ_r e si somma, avendo riguardo alle (1), (2) e (5), risulta:

(7) $$\alpha = \varrho\,\mathrm{sen}\,(\varphi - \psi)\,.$$

A mezzo delle (5′), si può esprimere tutto per ψ e si ha, fra l'anomalìa ψ della minima distanza e la ascissa α del suo piede, la relazione:

$$\alpha = -\frac{1}{\Delta}\{\gamma_{311}\cos^2\psi + (\gamma_{312} + \gamma_{321})\cos\psi\,\mathrm{sen}\,\psi + \gamma_{322}\,\mathrm{sen}^2\psi\}\,,$$

cui, posto:

(8)
$$\begin{cases} \gamma_{311} - \gamma_{322} = \delta\cos\vartheta \\ \gamma_{312} + \gamma_{321} = \delta\,\mathrm{sen}\,\vartheta\,, \end{cases}$$

si attribuisce la forma:

(9) $$\alpha = -\frac{\gamma_{311} + \gamma_{322}}{2\Delta} - \frac{\delta}{2\Delta}\cos(2\psi + \vartheta)\,.$$

Di quà apparisce che i valori di α rimangono necessariamente compresi fra:

(10)
$$\begin{cases} \alpha_1 = -\dfrac{\gamma_{311} + \gamma_{322}}{2\Delta} - \dfrac{\delta}{2\Delta} \\[2mm] \alpha_2 = -\dfrac{\gamma_{311} + \gamma_{322}}{2\Delta} + \dfrac{\delta}{2\Delta}\,, \end{cases}$$

talchè α_1 e α_2 sono le ascisse dei punti limiti. I corrispondenti valori ψ_1 e ψ_2 di ψ (anomalìe dei piani principali) sono determinati, per δ diverso da zero, dalle equazioni:

$$2\psi_1 + \vartheta = \pi\,,$$
$$2\psi_2 + \vartheta = 0\,,$$

e differiscono quindi tra loro di un angolo retto.

Se si suppone che le linee 1 e 2 abbiano in ogni punto P le direzioni dei piani principali, ϑ è nullo e le (8) divengono:

$$(8')\qquad \begin{cases} \gamma_{311} - \gamma_{322} = \delta \\ \gamma_{312} + \gamma_{321} = 0 \,, \end{cases}$$

ossia [1] *le dette linee costituiscono il sistema canonico ortogonale rispetto alla congruenza* [3], *e* δ *è la differenza fra le due radici della equazione caratteristica della congruenza.*

Se t_2 incontra t_P, dovrà essere evidentemente (avuto riguardo al modo, con cui rimane fissata dalle (3) la direzione positiva sopra la normale) $\varphi = \psi + \dfrac{\pi}{2}$, e, per individuare ψ, si hanno dalle (5), le equazioni:

$$\begin{aligned}\cos\psi = \varrho\} & -\gamma_{322}\cos\psi + \gamma_{321}\,\text{sen}\,\psi\{ \\ \text{sen}\,\psi = \varrho\} & \gamma_{312}\cos\psi - \gamma_{311}\,\text{sen}\,\psi\{ \,,\end{aligned}$$

ovvero, eliminando ϱ, la:

$$(11)\qquad \gamma_{321}\,\text{tg}^2\psi + (\gamma_{311} - \gamma_{322})\,\text{tg}\,\psi - \gamma_{312} = 0.$$

Se invece si elimina ψ, si ottiene:

$$(12)\qquad \varDelta\varrho^2 + (\gamma_{311} + \gamma_{322})\varrho + 1 = 0 \,,$$

la quale equazione, risultando dalla (7) $\alpha = \varrho$, ha per radici le ascisse ϱ_1, ϱ_2 dei fuochi.

Dalle (10) e (12) si trae:

$$\alpha_1 + \alpha_2 = \varrho_1 + \varrho_2 = -\frac{\gamma_{311} + \gamma_{322}}{\varDelta} \,,$$

cioè i punti limiti e i fuochi hanno il medesimo punto di mezzo, ecc.

2. La condizione necessaria e sufficiente affinchè la nostra congruenza [3] sia normale, è data, come si sa, da $\gamma_{312} - \gamma_{321} = 0$, la quale, a tenore delle (11), (12) e (10), esprime che i piani focali sono ortogonali fra loro, od anche che i fuochi cadono nei punti limiti.

Se $\delta = 0$, i punti limiti coincidono e (semprechè ciò avvenga per ogni punto P del campo, che si considera) la congruenza [3] è a dirsi isotròpa.

La condizione di isotropia equivale a:

$$(8'')\qquad \begin{cases} \gamma_{311} - \gamma_{322} = 0 \\ \gamma_{312} + \gamma_{321} = 0 \,, \end{cases}$$

donde risulta [2] che la equazione caratteristica di [3] ha le radici eguali e

---

[1] Ricci, Mem. cit , pag. 31.
[2] Ricci, ibidem, e pag. 44.

quindi che, ad ogni integrale della equazione $\sum_r^3 \lambda_3^{(r)} \frac{\partial u}{\partial x_r} = 0$, ne corrisponde un secondo ortogonale.

3. Affinchè una generica congruenza:

(13) $$\frac{dx_1}{X^{(1)}} = \frac{dx_2}{X^{(2)}} = \frac{dx_3}{X^{(3)}}$$

consti di linee rette, è necessario e basta che le $\sum_1^3 {}_s X_{rs} X^{(s)}$ riescano proporzionali alle X_r, si abbia cioè, designando M un moltiplicatore arbitrario ([1]):

(14) $$\sum_1^3 {}_s X_{rs} X^{(s)} = M X_r , \quad (r = 1, 2, 3).$$

Ciò posto, io dico che, se [3] è una congruenza isotropa, e si suppone:

(15) $$X_r = \lambda_{1/r} \pm i \lambda_{2/r} , \quad (i = \sqrt{-1}, r = 1, 2, 3),$$

le (14) sono soddisfatte.

Si ha infatti:

(16) $$\sum_1^3 {}_s X_{rs} X^{(s)} = \sum_1^3 {}_s (\lambda_{1/rs} \pm i \lambda_{2/rs})(\lambda_1^{(s)} \pm i \lambda_2^{(s)}) =$$

$$\sum_1^3 {}_{hk}(\gamma_{1hk} \pm i\gamma_{2hk})\lambda_{h/r} \sum_1^3 {}_s (\lambda_1^{(s)} \pm i\lambda_2^{(s)})\lambda_{k/s} = \sum_1^3 {}_h \}(\gamma_{1h1} - \gamma_{2h2}) \pm i(\gamma_{2h1} + \gamma_{1h2})\lambda_{h/r} ,$$

e, siccome, in virtù delle (8″), il coefficiente di $\lambda_{3/r}$ si annulla, così segue tosto:

$$\sum_1^3 {}_r X_{rs} X^{(s)} = (\gamma_{122} + i\gamma_{211}) X_r , \quad (r = 1, 2, 3),$$

giusta l'asserto.

Se dunque nelle (13) si intendono attribuiti alle X i valori (15), si hanno due congruenze rettilinee immaginarie coniugate ed è ben chiaro che, per ogni punto P, i raggi corrispondenti delle due congruenze sono le rette cicliche situate in π_P.

Reciprocamente, data ad arbitrio una coppia di congruenze coniugate, costituite da rette cicliche, la congruenza [3], che rimane univocamente determinata, è isotropa. Infatti l'annullarsi del coefficiente di $\lambda_{3/r}$ nelle (16) porta per necessità le (8″).

4. Possiamo valerci della proprietà, testè dimostrata, per costruire tutte le congruenze isotrope.

([1]) La verifica è ovvia, se si tratta di coordinate cartesiane ortogonali. Il carattere invariantivo delle (14) ne assicura d'altra parte la validità, qualunque sia il sistema di riferimento.

Le coordinate x_1 , x_2 , x_3 essendo cartesiane ortogonali, si faccia:

$$\xi = x_1 + ix_2, \quad \eta = x_1 - ix_2, \quad \zeta = x_3,$$

$$\varXi = \frac{X^{(1)} + i\,X^{(2)}}{X^{(3)}}, \quad H = \frac{X^{(1)} - i\,X^{(2)}}{X^{(3)}}$$

(il che è sempre lecito, perchè una almeno delle X è diversa da zero). Le (13) divengono:

(13')
$$\frac{d\xi}{\varXi} = \frac{d\eta}{H} = d\zeta$$

e si vede subito che la congruenza sarà costituita da rette cicliche, purchè:

(17)
$$H = -\frac{1}{\varXi},$$

(18)
$$\frac{\partial \varXi}{\partial \xi} \varXi - \frac{\partial \varXi}{\partial \eta} \frac{1}{\varXi} + \frac{\partial \varXi}{\partial \zeta} = 0.$$

L'integrale generale di quest'ultima equazione è dato da:

$$f\left(\varXi, \ \xi - \varXi\zeta, \ \eta + \frac{\zeta}{\varXi}\right) = 0,$$

ossia, ripassando alle variabili x_1, x_2, x_3, da:

(18')
$$f\left(\varXi, \ x_1 + ix_2 - \varXi x_3, \ x_1 - ix_2 + \frac{x_3}{\varXi}\right) = 0,$$

dove f è simbolo di funzione arbitraria.

Noto $\varXi$, si ha H dalla (17) e, ponendo:

(19)
$$\varXi + H = \sigma_1 + i\tau_1, \quad \varXi - H = -\tau_2 + i\sigma_2$$

(con σ e τ funzioni reali) le congruenze di rette cicliche restano individuate da:

(20)
$$\frac{dx_1}{\sigma_1 + i\tau_1} = \frac{dx_2}{\sigma_2 + i\tau_2} = dx_3.$$

Lo scambio di i in $-i$ determina le congruenze coniugate:

(21)
$$\frac{dx_1}{\sigma_1 - i\tau_1} = \frac{dx_2}{\sigma_2 - i\tau_2} = dx_3$$

e le isotrópe devono risultare ortogonali alle (20), (21). Assumendole per es. sotto la forma:

$$\frac{dx_1}{A} = \frac{dx_2}{B} = -dx_3,$$

saranno A , B soluzioni del sistema:

$$A(\sigma_1 \pm i\tau_1) + B(\sigma_2 \pm i\tau_2) = 1 ,$$

da cui:

(22)
$$A = \frac{\tau_2}{\sigma_1\tau_2 - \sigma_2\tau_1} , \quad B = \frac{-\tau_1}{\sigma_1\tau_2 - \sigma_2\tau_1} .$$

Ne viene, scrivendo x , y , z per x_1 , x_2 , x_3:

Le equazioni $\dfrac{\partial u}{\partial z} = A \dfrac{\partial u}{\partial x} + B \dfrac{\partial u}{\partial y}$ *a coppie di integrali ortogonali sono tutte e soltanto quelle, in cui* A , B *hanno i valori* (22), *che si ricavano, per mezzo delle* (17) , (19) *da ogni soluzione* Ξ *della* (18').

Matematica. — *Sulle deformazioni infinitesime delle super-ficie negli spazî a curvatura costante.* Nota di GUIDO FUBINI, presentata dal Socio LUIGI BIANCHI.

L'argomento della presente Nota mi è stato proposto dal mio maestro prof. Luigi Bianchi, ritenendo egli che per le deformazioni infinitesime delle superficie flessibili e inestendibili negli spazî a curvatura costante dovesse valere un teorema del tutto analogo a quello che collega, nello spazio ordinario, lo studio di siffatte deformazioni alla teoria delle cosidette congruenze W [1]. Questa supposizione si troverà appunto confermata nelle pagine seguenti, dove deduco inoltre dal teorema fondamentale alcune conseguenze, che mi sembrano degne di nota.

L'elemento lineare di uno spazio ellittico è:

(1)
$$ds^2 = R^2(dx_0^2 + dx_1^2 + dx_2^2 + dx_3^2)$$

quando sia

(2)
$$1 = x_0^2 + x_1^2 + x_2^2 + x_3^2 .$$

Siano le (x), soddisfacenti alla (2), funzioni di due variabili u , v definenti una superficie S; sia S' una superficie infinitamente vicina applicabile sulla S e sia $(x_i + \varepsilon \overline{x_i})$ il punto della S' che corrisponde al punto generico (x_i) della S. Affinchè le $(x + \varepsilon \overline{x})$, a meno di infinitesimi d'ordine superiore, soddisfacciano alla (2), deve essere

(3)
$$\sum x_i \overline{x_i} = 0$$

e la condizione di applicabilità diventa:

(4)
$$\sum dx_i d\overline{x_i} = 0 .$$

---

[1] Bianchi, *Geometria differenziale* (cap. XII, pag. 300).

Senza procedere oltre nella risoluzione del sistema (3), (4) vediamone il significato geometrico: la (3) ci dice che i punti (x_i), $(\overline{x_i})$ sono coniugati rispetto all'assoluto; la (4) che i piani

(α)
$$dx_0\, X_0 + \cdots + dx_3\, X_3 = 0$$
e
(β)
$$d\,\overline{x_0}\,X_0 + \cdots d\,\overline{x_3}\,X_1 = 0$$

(dove con X_i indichiamo le coordinate correnti) sono normali; ora il piano (α) è il piano normale all'elemento della superficie S unente i punti x_i e $(x_i + dx_i)$ nel punto (x_i) perchè per la (2) si ha

$$\sum x_i\, dx_i = 0 \, .$$

Il piano (β) è pure normale alla retta unente il punto (x_i) al punto $(\overline{x_i} + d\,\overline{x_i})$, ma non passa per il punto $(\overline{x_i})$ a meno che non sia $\sum \overline{x_i}^2 = $ cost. o ciò che non toglie per nulla la generalità, che non sia

(5)
$$\sum \overline{x_i}^2 = 1 \, .$$

Ciò che dimostra una analogia e insieme una differenza da quanto avviene nello spazio euclideo. Di più se la (5) è soddisfatta, si può dare una altra interpretazione finita. Posto

$$x_i = X_i + \overline{X_i} \qquad \overline{x_i} = X_i - \overline{X_i}$$

abbiamo

(6)
$$\begin{cases} \sum X_i^2 = \sum \overline{X_i}^2 = \text{cost.} \\ \sum X_i\, \overline{X_i} = 0 \\ \sum dX_i^2 = \sum d\overline{X_i}^2 \, , \end{cases}$$

cosicchè la superficie luogo del punto (X_i) e quella luogo del punto $(\overline{X_i})$ sono *applicabili* e *punti corrispondenti sono coniugati rispetto all'assoluto;* viceversa da una tale coppia di superficie si deduce una deformazione della specie considerata e (diremo con modo improprio) due superficie che si corrispondono con ortogonalità d'elementi.

L'esistenza di tali deformazioni non può essere messa in dubbio; basta infatti porre

$$\overline{x_0} = - x_1\,; \quad \overline{x_1} = x_0\,; \quad \overline{x_2} = - x_3\,; \quad \overline{x_3} = x_2$$

perchè le (3), (4), (5) sieno soddisfatte. Vedremo poi un'altra curiosa proprietà di siffatte deformazioni.

Procediamo ora a dimostrare la proprietà fondamentale della teoria, cioè che *il problema delle deformazioni infinitesime delle superficie nello spazio euclideo e quello negli spazi a curvatura costante sono problemi affatto equivalenti.*

Faremo vedere come, interpretando (ciò che è evidentemente lecito) i rapporti $\dfrac{x_0}{x_3}$, $\dfrac{x_1}{x_3}$, $\dfrac{x_2}{x_3}$ come coordinate cartesiane ortogonali nello spazio euclideo, la superficie T di questo spazio, corrispondente alla S, ammette una deformazione infinitesima, in cui le componenti dello spostamento secondo i tre assi sono proporzionali a $\overline{x}_0$, $\overline{x}_1$, $\overline{x}_2$ col fattore di proporzionalità $\lambda = \dfrac{1}{x_3}$ a meno di un fattore costante. E sviluppando infatti

$$d(\lambda \overline{x}_0)\, d\left(\frac{x_0}{x_3}\right) + d(\lambda \overline{x}_1)\, d\left(\frac{x_1}{x_3}\right) + d(\lambda \overline{x}_2)\, d\left(\frac{x_2}{x_3}\right)$$

ricordando le (2), (3), (4) si riconosce che a meno di un fattore finito esso è uguale a

$$(d \log \lambda + d \log x_3) \sum \overline{x}_i\, dx_i$$

e si annulla quindi se λ è inversamente proporzionale a x_3, ciò che prova il nostro asserto.

E si noti che, dette x, y, z, le coordinate cartesiane succitate, avremo

$$x_0 = \frac{x}{\sqrt{1+x^2+y^2+z^2}}, \; x_1 = \frac{y}{\sqrt{1+x^2+y^2+z^2}}, \; x_2 = \frac{z}{\sqrt{1+x^2+y^2+z^2}},$$
$$x_3 = \frac{1}{\sqrt{1+x^2+y^2+z^2}}$$

insieme alle:

$$\overline{x}_0 = \frac{\overline{x}}{\sqrt{1+x^2+y^2+z^2}}, \; \overline{x}_1 = \frac{\overline{y}}{\sqrt{1+x^2+y^2+z^2}}, \; \overline{x}_2 = \frac{\overline{z}}{\sqrt{1+x^2+y^2+z^2}},$$
$$\overline{x}_3 = \frac{-(x\overline{x}+y\overline{y}+z\overline{z})}{\sqrt{1+x^2+y^2+z^2}}.$$

Da queste formule si deduce pure immediatamente che da una deformazione infinitesima della T si ricava una deformazione infinitesima della S.

Si osservi ora che nella rappresentazione ora considerata dello spazio non euclideo, l'ordine dei contatti e quindi anche le asintotiche delle superficie si conservano; e siccome $\overline{x}, \overline{y}, \overline{z}$ sono proporzionali a $\overline{x}_0, \overline{x}_1, \overline{x}_2$, si vede che nei due spazî si corrispondono le rette perpendicolari alla direzione degli spostamenti di due punti corrispondenti di S e T, poste nei rispettivi piani tangenti; donde risulta il teorema:

Se noi per ogni punto della S tiriamo la geodetica normale alla direzione dello spostamento, otteniamo una congruenza W; viceversa ogni tale congruenza si può ottenere in questa maniera.

La seconda falda focale Σ di questa congruenza W è l'inviluppo dei piani polari dei punti di $\overline{S}$ rispetto all'assoluto; quindi:

Le superficie $\overline{S}$ e Σ sono duali, ciò che non avviene per lo spazio euclideo. Di più poichè per la S e la Σ i problemi delle deformazioni infinitesime sono affatto equivalenti, perchè tali sono i problemi analoghi per le loro immagini nello spazio euclideo, e poichè una reciprocità muta una congruenza W in un'altra W, si ha che:

Il problema delle deformazioni infinitesime per la S e quello per la $\overline{S}$ sono in uno spazio a curvatura positiva costante affatto equivalenti.

Si ha poi, come è chiaro:

La seconda falda focale Σ della congruenza W generata da quella deformazione infinitesima della $\overline{S}$ che corrisponde alla considerata deformazione della S, è la reciproca di S rispetto l'assoluto.

Poichè il problema delle deformazioni infinitesime della superficie luogo del punto $(\overline{x}_i)$ in uno spazio a curvatura costante è equivalente al problema analogo per la superficie dello spazio euclideo, luogo del punto:

$$\left(x = \frac{\overline{x}_0}{\overline{x}_3} ,\ y = \frac{\overline{x}_1}{\overline{x}_3} ,\ z = \frac{\overline{x}_2}{\overline{x}_3} \right)$$

si ha che:

Date due superficie dello spazio euclideo T, $\overline{T}$, corrispondenti per ortogonalità d'elementi e detto (x, y, z) un punto generico della T e $(\overline{x}, \overline{y}, \overline{z})$ il punto corrispondente della $\overline{T}$, il problema delle deformazioni infinitesime della T e quello della superficie luogo del punto:

$$\left(x = \frac{\overline{x}}{x\overline{x} + y\overline{y} + z\overline{z}} ,\ y = \frac{\overline{y}}{x\overline{x} + y\overline{y} + z\overline{z}} ,\ z = \frac{\overline{z}}{x\overline{x} + y\overline{y} + z\overline{z}} \right) \quad .$$

sono equivalenti.

Osservazione 1ª. Il teorema, che per superficie collineari i problemi delle deformazioni infinitesime sono affatto equivalenti è ora messo in nuova luce dal fatto che ai movimenti degli spazî a curvatura costante corrispondono collineazioni dello spazio euclideo.

Osservazione 2ª. Molti dei teoremi su notati si generalizzano, ricordando che, a meno di quadrature, il problema delle deformazioni infinitesime a meno di infinitesimi del second'ordine e quello a meno d'infinitesimi dell'ordine n^{esimo} sono equivalenti.

Osservazione 3ª. Poichè la $\overline{S}$ è la duale della Σ e poichè quando la (5) è verificata la S e la $\overline{S}$ si corrispondono (diremo così, sebbene non correttamente) con ortogonalità di elementi, si ha la seguente curiosa proprietà delle deformazioni infinitesime per cui la (5) è verificata:

Le rette polari rispetto all'assoluto di due elementi s, σ corrispondenti della S e della Σ, incontrano il piano tangente a S(Σ) relativo al *punto iniziale di* s (*di* σ) *in due punti allineati col punto iniziale di* σ(*di* s).

Questa proprietà sussiste anche per le immagini della S e della Σ nello spazio euclideo; una superficie luogo del punto (x , y , z) ammette siffatte deformazioni; basta porre infatti, secondo l'esempio già citato per gli spazî a curvatura costante positiva

$$\bar{x} = -y , \ \bar{y} = x , \ \bar{z} = -1 .$$

Osservazione 4ª. Ad analoghe conclusioni si perviene nel caso degli spazî iperbolici, come è ben naturale.

Matematica. — *Osservazioni sopra alcune equazioni differenziali lineari.* Nota di G. Fano, presentata dal Socio Cremona.

Matematica. — *Contributo alla determinazione dei gruppi continui in uno spazio ad n dimensioni.* Nota del dott. P. Medolaghi, presentata dal Socio Cerruti.

Le precedenti due Note saranno pubblicate nel prossimo fascicolo.

Fisica. — *Sulla dipendenza tra il fenomeno di Zeemann e le altre modificazioni che la luce subisce dai vapori metallici in un campo magnetico.* Nota del dott. Orso Mario Corbino, presentata dal Socio Blaserna.

In una Nota recentemente pubblicata dal prof. Macaluso e da me, abbiamo fatto vedere che i fenomeni di polarizzazione rotatoria magnetica anomala da noi osservati potevano dedursi, con tutte le particolarità che li accompagnano, dal fenomeno di Zeeman, ammettendo che, nel caso di luce incidente circolare, la curva che rappresenta gli indici di rifrazione per le diverse lunghezze d'onda si sposti, per azione del campo, senza deformazione, di una lunghezza eguale allo spostamento della curva che rappresenta gli assorbimenti.

Mi propongo anzitutto di esaminare a che si riduce questa ipotesi che ci è stata necessaria per giungere alla formula

(1)
$$\varrho = -\frac{2\pi A l}{\lambda} \frac{dn}{d\lambda} H$$

ove ϱ indica la rotazione del piano di polarizzazione nel senso della corrente magnetizzante, l lo spessore attraversato del mezzo, n l'indice di rifrazione di questo per la luce che nel vuoto ha la lunghezza d'onda λ, H l'intensità del campo, e infine A una costante che misura l'effetto Zeemann per la riga considerata.

È facile vedere che la ipotesi suddetta è equivalente a quest'altra: che *le stesse costanti specifiche del mezzo da cui dipende l'assorbimento, determinino anche l'indice di rifrazione nei diversi posti dello spettro.*

Pensiamo infatti alla curva che rappresenta gli assorbimenti k in funzione del numero n di vibrazioni della luce incidente. L'assorbimento dipenderà, oltre che da n, da alcuni parametri caratteristici del mezzo $p_1 \, p_2 \ldots p_m$, il numero dei quali lascerò, per maggior generalità, indeterminato.

Ammettiamo che dei medesimi parametri sia funzione l'indice di rifrazione i, cosicchè si possa scrivere

(2) $$k = \varphi(n \, p_1 \, p_2 \ldots p_m)$$
(3) $$i = \psi(n \, p_1 \, p_2 \ldots p_m)$$

Si faccia subire al mezzo una particolare modificazione (per esempio l'azione di un campo magnetico) sul meccanismo della quale non è necessario precisar nulla; ed essa sia tale che la curva rappresentante gli assorbimenti di un raggio circolare sia identica a quella di prima, solo che sia spostata di una certa quantità δ nel senso delle n, per esempio, crescenti; cosicchè si abbia indicando con $p'_1 \, p'_2 \, p'_3 \ldots p'_m$ i parametri del mezzo modificato

$$k = \varphi(n \,, p_1 \, p_2 \ldots p_m) = \varphi(n - \delta \,, p'_1 \, p'_2 \ldots p'_m) .$$

Anche la curva rappresentante gli indici si sposterà di una quantità eguale, *senza deformarsi.*

E infatti deriviamo successivamente la (2) m volte rispetto ad n, avremo

$$k' = \varphi'_n \, (n \, p_1 \, p_2 \ldots p_m)$$
$$k'' = \varphi''_n \, (n \, p_1 \, p_2 \ldots p_m)$$
$$\cdots \cdots \cdots \cdots \cdots$$
$$k^{(m)} = \varphi_n^{(m)} \, (n \, p_1 \, p_2 \ldots p_m)$$

Se combiniamo queste m equazioni con le (2) e (3) potremo eliminare i parametri $p_1 \, p_2 \ldots p_m$ e la variabile n; otterremo così una equazione contenente i, k e le sue m derivate successive rispetto ad n, in modo che, risolvendola rispetto a i, si avrà

$$i = \mathrm{F}[k \,, k' \,, k'' \,, \ldots k^{(m)}] .$$

Questa relazione generalissima lega, in modo unico, per tutti i mezzi e per tutti i posti dello spettro, l'indice di rifrazione all'assorbimento e alle derivate successive di questo. Intanto la modificazione del mezzo primitivo è tale che, dopo di essa, la curva che dà le k si è soltanto spostata; e quindi ponendo $n - \delta$ al posto di n le k, k', k'', ecc., assumono gli stessi valori di prima. Risulta perciò evidente dall'ultima relazione che lo stesso avverrà per l'indice i.

Qualunque siano adunque le modificazioni che il magnetismo produce nel mezzo, le esperienze citate si possono semplicemente dedurre dal fenomeno Zeemann ammettendo che la curva di assorbimento per un raggio circolare sia all'infuori dello spostamento, identica a quella di prima; e che tanto l'indice di rifrazione che l'assorbimento di un mezzo dipendano dalle stesse costanti di questo, anzi, più rigorosamente, che tra le costanti che determinano l'assorbimento ci siano comprese tutte quelle che determinano l'indice di rifrazione.

2. La discussione della formola (1) può dare altri interessanti risultati, tenendo conto delle ipotesi che formano la base della teoria della dispersione anomala di Helmholtz. È noto ([1]) che in questa teoria si deducono per gli spostamenti delle particelle luminose le espressioni le quali rivelano che il movimento corrisponde a quello di un'onda progressivamente smorzata. Perchè le espressioni ottenute soddisfino alle equazioni differenziali del moto luminoso, si debbono verificare alcune condizioni tra le costanti del mezzo. Si deduce così che, se la luce incidente ha un numero n di vibrazioni poco diverso da quello ν di massimo assorbimento, in modo che si possa scrivere

$$n = \nu + \frac{\varepsilon}{2}$$

essendo ε una quantità assai piccola, si deve avere

$$\frac{1}{c^2} = \frac{1}{K}\left[\mu - \frac{P^2}{\nu^3}\frac{\mu\varepsilon}{\mu^2\varepsilon^2 + R^2}\right]$$

ove c rappresenta la velocità di propagazione della luce nel mezzo, K la costante di elasticità dell'etere, μ la densità delle particelle materiali che piglian parte al moto luminoso, P la costante di proporzionalità dell'azione reciproca tra le particelle di etere e quelle materiali allo spostamento relativo, R il coefficiente del termine esprimente l'attrito risentito dalle particelle materiali. Si ha infine per il numero di vibrazioni cui corrisponde il massimo assorbimento

$$\nu = \frac{H + P}{\mu}$$

rappresentando H il coefficente del termine esprimente la forza che tende a riportare le particelle luminose alla loro posizione di riposo.

([1]) Kirchhoff, Mathematische Optik, Leipzig, 1891, pag. 172.

$$\frac{\mu}{k} = \frac{1}{c_0}$$

estraendo la radice quadrata e tenendo presenti gli ordini di grandezza, in base alle ipotesi di Helmholtz, delle diverse quantità che vi compariscono, si ricava

(3)
$$\frac{1}{c} = \frac{1}{c_0}\left[1 - \frac{1}{2}\frac{P^2}{\nu^3}\frac{\mu\varepsilon}{\mu^2\varepsilon^2 + R^2}\right].$$

Ora se V_0 indica la velocità della luce nel vuoto e n l'indice di rifrazione si ha

$$n = \frac{V_0}{c}$$

da cui

$$\frac{dn}{d\lambda} = V_0\frac{d\frac{1}{c}}{d\lambda} = V_0\frac{d\frac{1}{c}}{d\varepsilon}\frac{d\varepsilon}{d\lambda}$$

d'altra parte

$$\frac{d\varepsilon}{d\lambda} = -2\frac{V_0}{\lambda^2}$$

quindi

$$\frac{dn}{d\lambda} = -2\frac{V_0^2}{\lambda^2}\frac{d\frac{1}{c}}{d\varepsilon}$$

Si ricava intanto dalla (3)

$$\frac{d\frac{1}{c}}{d\varepsilon} = -\frac{1}{2}\frac{P^2}{\nu^3 c_0}\frac{R^2 - \mu^2\varepsilon^2}{(R^2 + \mu^2\varepsilon^2)^2}.$$

Sostituendo nella (1) si ha finalmente per la rotazione

$$\varrho = -A\frac{2\pi}{V_0}\frac{P^2 l}{c_0}\frac{R^2 - \mu^2\varepsilon^2}{(R^2 + \mu^2\varepsilon^2)^2}H.$$

Si ritrova così il risultato sperimentale che il fenomeno è perfettamente simmetrico attorno alla banda, poichè ε comparisce con esponente pari e quindi dai due lati della banda, e a egual distanza da questa, cioè per due valori di ε eguali e di segno contrario, si avranno rotazioni eguali.

3. Considerazioni di simil genere si possono fare per venire alla spiegazione della doppia rifrazione dei vapori assorbenti normalmente alle linee di forza, scoperta dal Voigt.

Anche qui si può prender le mosse del fenomeno di Zeemann; esso ci apprende che se sulla fiamma si fa cadere un fascio di luce polarizzata perpendicolarmente alle linee di forza, si ha una riga di assorbimento identica alla primitiva; invece si hanno due righe di assorbimento spostate simmetricamente dai due lati della primitiva, se la luce è polarizzata nel senso delle linee di forza. Si ha allora

$$(4) \qquad\qquad V = \psi(n)$$

la curva che rappresenta, a campo non eccitato, la velocità di propagazione della luce nel mezzo in funzione del numero di vibrazioni. Per la luce polarizzata normalmente alle linee di forza avremo, quando si chiude la corrente, la stessa curva di assorbimento e quindi, per la ipotesi sopra enunciata, la stessa curva per gli indici; cosicchè indicando con V_1 la velocità della luce in questo caso, sarà

$$V_1 = \psi(n).$$

Invece, per la luce polarizzata nel senso delle linee di forza si modificheranno tanto la curva degli assorbimenti che quella delle velocità V_2; poniamo

$$V_2 = \varphi(n).$$

Quest'ultima curva avrà una forma dipendente dallo spostamento δ delle righe dovuto all'effetto Zeemann, cioè si potrà scrivere

$$V_2 = \varphi(n, \delta).$$

Sviluppiamo quest'ultima funzione in serie di Maclaurin rispetto a δ; avremo

$$(5) \qquad V_2 = \varphi(n, 0) + \delta \left[\frac{\partial \varphi}{\partial \delta} \right]_{\delta=0} + \frac{1}{2}\delta^2 \left[\frac{\partial^2 \varphi}{\partial \delta^2} \right]_{\delta=0} + \cdots.$$

Intanto questa funzione, per $\delta = 0$, cioè quando il campo è nullo, deve essere identica alla (4), cosicchè si deve avere

$$\varphi(n, 0) = \psi(n).$$

Ne viene che $\varphi(n, \delta)$ dovrà essere della forma

$$\varphi(n, \delta) = \psi(n) + \delta \varphi_1(n, \delta)$$

e che la (5) diventa

$$V_2 = \psi(n) + \delta \left[\frac{\partial \varphi}{\partial \delta} \right]_{\delta=0} + \frac{1}{2}\delta^2 \left[\frac{\partial^2 \varphi}{\partial \delta^2} \right]_{\delta=0} + \cdots.$$

Si vede così che i due raggi polarizzati ortogonalmente si propagheranno con velocità diverse V_1, V_2. Cosicchè se la luce incidente non è polarizzata in uno di questi due azimut principali (parallelamente o normalmente alle linee di forza), si manifesteranno fenomeni di doppia rifrazione. Anche questi sono quindi conseguenza necessaria del fenomeno di Zeemann.

Fisica. — *Sulla teoria del contatto*. Nota II di Quirino Majorana, presentata dal Socio Blaserna.

In una Nota che è stata pubblicata nel precedente Rendiconto, ho fatto
vedere che ampliando il principio di Volta, si arriva alla conclusione che
basta il semplice avvicinamento, o allontanamento di due pezzi metallici
eterogenei, per ottenere cariche elettriche libere. Come applicazione di questo
principio mi propongo di descrivere due apparecchi, i quali possono fornire,
quando vengano posti in rotazione, correnti elettriche continue. Queste correnti,
del resto debolissime, sono dovute appunto alla formazione e alla neutralizzazione di quelle cariche.

Un tamburo di legno o di ebanite T, girevole, è rivestito sulle sue
pareti cilindriche da due lamine isolate metalliche, l'una di zinco e l'altra
di rame (fig. 1). Ciascuna di queste lamine abbraccia il tamburo per poco meno
di 180°. Le due lamine di un commutatore, girevole e solidale col tamburo,
sono unite ciascuna con uno dei due metalli. Due spazzole appoggiano sopra
tal collettore come è indicato in figura. Il tamburo T è racchiuso da due

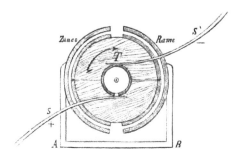

Fig. 1.

armature cilindriche, concentriche ad esso, e fisse sul sostegno; queste armature
sono in comunicazione metallica mediante la staffa AB.

Pongasi il tamburo in rotazione secondo la freccia, e consideriamo ciò
che avviene durante il primo mezzo giro. Lo zinco del tamburo si avvicina
al rame fisso e, per quel che si è visto, viene a caricarsi negativamente; il
rame invece si avvicina allo zinco fisso, esso dunque si carica positivamente.
Per conseguenza, un filo che riunisce le due spazzole S ed S', viene ad esser
traversato da una corrente diretta da S in S'. Dopo il primo mezzo giro il

giuoco si inverte, giacchè lo zinco del tamburo si allontana di nuovo dal rame fisso, mentre il rame si allontana dallo zinco fisso. Ma anche la posizione del collettore è cambiata, e per conseguenza la spazzola S è sempre positiva, e la S′ negativa.

Al girare del tamburo si può dunque raccogliere una corrente continua, sempre diretta nello stesso senso.

Sarebbe difficile calcolare a priori qual sia l'intensità di questa corrente; ciò dipendentemente dal fatto che non sarebbe facile determinare le capacità delle varie parti dell'apparecchio. Ma se le armature mobili e le fisse sono molto vicine, vale a dire se il diametro del tamburo differisce di pochissimo da quello interno delle armature fisse, si può fare il calcolo con buona approssimazione.

Consideriamo l'apparecchio nella posizione segnata in figura. Le cariche elettriche distribuite nel sistema, hanno allora un piccolo valore, giacchè le differenze di potenziale tra i pezzi metallici affacciati sono nulle; ma facciamo compire un mezzo giro al tamburo, se indichiamo con C la capacità di uno dei due condensatori che costituiscono l'apparecchio, sarà C(Zn/Cu) la quantità di elettricità che dal rame del tamburo è andata nello zinco dello stesso, supponendo le spazzole S ed S′ riunite da un filo. Con ciò ho ammesso che la capacità di ciascuna delle armature, indipendentemente dalla presenza delle altre, sia trascurabile. Al secondo mezzo giro questa quantità di elettricità ritorna indietro, e così di seguito.

Ora giacchè ho supposto che le armature di ciascuno dei due condensatori sieno vicinissime, indicando con e la loro mutua distanza e con S la superficie, potrà ammettersi che la capacità elettrica sia

$$C = \frac{S}{4\pi e} \text{ cm.,}$$ supposti S ed e espressi in cm.

Che espressa in farad è

$$\frac{S}{4\pi e} \frac{1}{9 \cdot 10^{11}}.$$

Moltiplicando questa capacità per la differenza di potenziale Zn/Cu, si avrà la quantità di elettricità che fluisce per ogni mezzo giro attraverso le spazzole, e se n è il numero dei giri al secondo del tamburo, sarà

$$I = \frac{Sn}{2\pi e} (Zn/Cu) \frac{1}{9 \cdot 10^{11}} \text{ amp.}$$

l'intensità della corrente che si ottiene.

Una corrente esattamente della stessa intensità, ma che è bruscamente alternante, si ottiene attraverso la congiuntura AB delle due armature fisse.

Ed è essenziale che questa congiuntura esista; in caso diverso lo scambio di elettricità tra le due armature mobili, avverrebbe in una misusa molto minore.

Nel nostro caso sperimentale la superficie S di una delle lamine è di 86 cmq.; la distanza tra le armature mobili e le fisse è di circa 1 mm. Se l'apparecchio fa 20 giri per minuto secondo, ponendo la forza elettromotrice di contatto tra zinco e rame eguale a 0,8 volt, si ha

$$I = \frac{86 \cdot 20 \cdot 0,8}{2\pi \cdot 0,1 \cdot 9 \cdot 10^{11}} = \text{amp. } 2,42 \cdot 10^{-9}.$$

È dunque un'intensità estremamente piccola.

Ma un galvanometro sensibilissimo, ad alta resistenza, e bene astatizzato, accusa una deviazione di 4 o 5 millimetri su di una scala alla distanza di 2 metri. Questa deviazione cambia di segno col cambiare del senso di rotazione del tamburo; e, determinata la sensibilità dell'istrumento, si riconosce facilmente che la grandezza di tale deviazione è quella che compete ad intensità così deboli come l'indicata. Inoltre, come è naturale, la deviazione è proporzionale alla velocità di rotazione e sparisce del tutto allontanando le armature fisse.

L'apparecchio descritto ha qualche analogia col duplicatore di Belli o col *replenisher* di W. Thomson. Ma ne differisce anzitutto per il fatto che esso è destinato a fornire una corrente elettrica, anzichè delle cariche statiche; lo studio delle intensità di queste correnti, ci dà un mezzo per la determinazione della forza elettromotrice di contatto dei due metalli adoperati. Differisce ancora dal replenisher per la costituzione dell'armatura girevole; nel caso attuale è costituita da metalli eterogenei; e l'intensità della corrente che si otterrebbe, se essa fosse costituita da un sol metallo, sarebbe soltanto la metà. Rivestendo infatti detta armatura di stagnola, il galvanometro accusa una deviazione solo di 2 o 3 millimetri.

Sarebbe difficile, se non del tutto impossibile, osservare la corrente che circola nelle armature fisse attraverso il sostegno AB della figura. Occorrerebbe all'uopo un elettrodinamometro di straordinaria sensibilità.

Nella determinazione dell'intensità della corrente che può fornire l'apparecchio descritto, non ho tenuto conto della resistenza del galvanometro; anzi ho detto che è bene che questo sia ad alta resistenza. Ciò perchè restano così aumentati il numero di ampèr-giri, e realmente non è a temere che questa resistenza, anche supposta di un migliaio di ohm, possa ancor diminuire l'intensità della corrente che si studia.

Ma al fine di render più agevole l'osservazione di correnti elettriche generate da movimenti relativi di pezzi metallici eterogenei, ho voluto procedere alla costruzione di altro apparecchio, che è solo un'ampliazione del precedente (fig. 2).

In questo la corrente elettrica vien raccolta nelle armature fisse e successivamente raddrizzata da un commutatore portato dall'asse girante delle mobili.

Queste sono costituite da una serie di dieci dischi, ciascuno dei quali è per metà di zinco e per metà di rame; nella posizione segnata in figura

Fig. 2.

tutti gli zinchi sono in alto e i *rami* in basso. Le armature fisse sono portate da due colonnine isolanti, e costituiscono pettini formati ciascuno da undici mezzi dischi di zinco o di rame comunicanti tra loro. Questi due pettini, quando sono entrambi messi in posto, lasciano liberamente girare la serie di dischi mobili senza che avvenga alcun contatto.

I pettini portano una spazzola ciascuno, che appoggia sopra un anello metallico dell'asse girevole, montato su ebanite. I due anelli comunicano alla lor volta, ciascuno con una lamina di un commutatore, il cui piano di divisione delle lamine, contiene anche le linee di saldatura dei due metalli che costituiscono le armature girevoli. Con ciò i due serrafili S ed S' raccolgono rispettivamente, quando il tamburo gira secondo la freccia, delle cariche positive e negative.

La maggiore intensità della corrente fornita da questo apparecchio non tiene ad altro che alla maggior superficie totale delle lamine.

Le armature mobili hanno complessivamente una superficie di 1327 cmq. di rame, ed altrettanti di zinco. La distanza che intercede tra un'armatura mobile, ed una fissa, è di 2,5 mm.

Sicchè supponendo che l'apparecchio faccia 20 giri al secondo e sia sempre 0,8 la f. e. m. di contatto tra zinco e rame, sarà

$$I = \frac{1327 \cdot 20 \cdot 0,8}{2\pi \cdot 0,25 \cdot 9 \cdot 10^{11}} = 1,5 \cdot 10^{-8}$$

E infatti la deviazione data dal galvanometro è notevolmente più grande che nel primo caso (6 o 7 volte).

Sono necessarie alcune osservazioni relative al buon andamento delle precedenti esperienze. Occorre anzitutto che sieno buone le condizioni superficiali dei varî pezzi metallici. Con ciò intendo che sia lo zinco pulito di fresco e possibilmente speculare o brunito. Se il rame non è in tali condizioni, ciò non nuoce all'esperienza, anzi, si ottengono deviazioni maggiori con pezzi di rame ossidati scaldandoli con una fiamma a gas (W. Thomson).

L'isolamento, ove occorre, deve esser fatto con ebanite. Pezzi di legno anche essiccati al forno, se adoperati nella costruzione di simili apparecchi dànno cattivo risultato, benchè lascino ancora osservare i fenomeni. È essenziale che la puleggia che serve ad imprimere movimento al tamburo sia di legno o meglio metallica; pulegge di ebanite, elettrizzandosi per lo strofinio della fune di trasmissione, mascherano talvolta completamente il fenomeno.

Usando tali cautele, non sono a temersi altre cause perturbatrici; azioni termoelettriche, od elettromagnetiche non possono intervenire, giacchè permanentemente il circuito del galvanometro resta aperto.

Gli apparecchi descritti, oltre a permettere la misura della f. e. m. di contatto di due metalli eterogenei, si prestano bene alla semplice dimostrazione della esistenza di tal forza, o per lo meno della esistenza di una differenza di potenziale tra i due metalli. Occorre solo disporre di un galvanometro di grande sensibilità. Consideriamo il primo di questi due apparecchi. L'espressione che ci dà l'intensità della corrente fornita, ha a denominatore il valore della distanza che intercede fra le armature fisse e le mobili. Volendo dunque aumentare quella intensità, basta diminuire quella distanza. Disgraziatamente non si può andare al di là di un certo limite, per ragioni meccaniche. Se tale distanza fosse ad esempio di $\frac{1}{100}$ di mm.. quell'intensità sarebbe 100 volte maggiore.

In ogni caso la corrente ottenuta è una trasformazione del lavoro occorso per vincere le azioni mutue delle cariche elettriche esistenti sulle varie parti dell'istrumento.

Fisica. — *Sullo smorzamento delle vibrazioni in un risonatore acustico.* Nota del dott. A. POCHETTINO, presentata dal Socio
BLASERNA.

Scopo della presente Nota è quello di esporre alcuni risultati ottenuti,
determinando il comportamento del coefficiente di smorzamento e del decremento logaritmico delle vibrazioni in un risonatore acustico in alcuni casi
particolari, e precisamente:

I. Quando si varî la forma dell'apertura del risonatore, lasciandone
invariata l'area;

II. Quando si munisca detta apertura di orli di varia grandezza;
giacchè in teoria pel calcolo di alcuni coefficienti e più precisamente di quella
costante c, chiamata conducibilità acustica dell'apertura, si suole ammettere
essere l'apertura del risonatore munita di un orlo piano infinitamente esteso,
il che in pratica non si verifica mai;

III. Quando si varî la distanza fra risonatore ed eccitatore.

Il metodo ch'io ho adoperato per determinare questo smorzamento è
quello del Leiberg (¹), che non è in fondo che una modificazione di quello
usato dal Bjerknes per determinare lo smorzamento nei risonatori elettrici,
e si basa sulla considerazione delle vibrazioni eccitate in un risonatore da
una sorgente sonora giacente fuori di esso. Ecco in poche parole in che consiste questo ragionamento.

Consideriamo un risonatore di volume variabile eccitato da una sorgente
esterna capace di compiere vibrazioni sinusoidali della forma F cos bt d'intensità costante (per es. la cassetta di risonanza di un diapason elettromagnetico convenientemente eccitato); l'equazione del movimento della massa
d'aria contenuta nel risonatore, attraverso l'apertura del medesimo sarà: (²)

(1)
$$\frac{1}{c}\frac{d^2 X}{dt^2} + K\frac{dX}{dt} + \frac{a^2}{v}X = F \cos bt,$$

dove $c = 2r$ se l'apertura del risonatore è circolare e di raggio r, e
$c = 2\sqrt{\alpha.\beta}\left(1 + \frac{e^4}{64} + \cdots\right)$ se l'apertura è ellittica di assi $\alpha\,\beta$ e di eccentricità e, X è la massa d'aria uscente dal risonatore in un dato istante, a è
la velocità di propagazione del suono nell'aria, v, è il volume del risonatore nell'istante che si considera, K è il coefficiente di smorzamento.

L'integrale generale della (1) ci rappresenta il movimento della massa
d'aria nel risonatore come la sovrapposizione di due movimenti, il primo

(¹) Bull. de la Soc. phys. chim. russe 1896.
(²) Rayleigh, *Théorie des Schalles*, § 311.

corrispondente al tono proprio del risonatore, il secondo corrispondente al tono eccitato in esso dalla sorgente esterna. Le vibrazioni di questo tono corrispondono a un' equazione della forma:

$$X = \frac{F \cos(bt + \alpha)}{\sqrt{\left(\frac{a^2}{v} - \frac{b^2}{c}\right)^2 + b^2 k^2}},$$

dove:

$$\alpha = \operatorname{arc\,tg} \frac{bk}{\dfrac{a^2}{v} - \dfrac{b^i}{c}}.$$

Facciamo ora variare il periodo di vibrazione del risonatore, mutandone per esempio le dimensioni e lasciando fisso tutto il resto, e invece della massa X d' aria uscente dal risonatore consideriamo la corrispondente variazione nella pressione esercitata sul fondo del risonatore; variazione periodica che sarà della forma $P\cos(bt + \alpha)$.

Se ora noi chiamiamo $p\,p_0$ le pressioni esercitantisi sul fondo rispettivamente quando il risonatore è in quiete e quando il risonatore è in moto avremo:

$$p_0 - p = P\cos(bt + \alpha),$$

donde ricavando P e tenendo presente che:

$$p - p_0 = -\frac{a^2 X}{v},$$

avremo:

$$P = \frac{a^2 F}{\sqrt{\left(a^2 - \frac{b^2 v}{c}\right)^2 + b^2 k^2 v^2}}.$$

Riguardando ora P come funzione della sola v, giacchè le altre quantità sono costanti, avremo come massimo di P:

$$P_M^2 = \frac{F^2 \dfrac{a^2}{c}}{k^2 v_0},$$

se con v_0 indicheremo il volume del risonatore cui corrisponde P_M. Allora avremo:

$$\frac{P^2}{P_M^2} = \frac{\dfrac{k^2 c^2}{b^2}}{\left(1 - \dfrac{v}{v_0}\right)^2 + \dfrac{k^2 c^2}{b^2}}$$

Avuta dalla (2) la K ossia il coefficiente di smorzamento si ottiene da questo il decremento logaritmico delle vibrazioni γ mediante note formole.

Per usare la (2) alla determinazione di K, la questione è ridotta alla determinazione dei rapporti $\frac{P_M}{P}$ e $\frac{v}{v_0}$. Il risonatore da me studiato è un risonatore cilindrico König dell'Ufficio del Corista internazionale, capace di dare a mezzo tiraggio il la_3. Lungo una generatrice del pezzo mobile venne incisa una graduazione in millimetri, mediante cui si faceva senz'altro la determinazione del rapporto $\frac{v}{v_0}$.

Per la determinazione del rapporto $\frac{P_M}{P}$ si usavano le indicazioni di un manometro a specchio, analogo a quello del Wien, incollato sul fondo del risonatore. Dallo specchietto di questo manometro veniva riflessa su una scala micrometrica nell'oculare di un cannocchiale l'immagine di un punto luminoso. Quando il risonatore era in quiete, sulla scala micrometrica si vedeva un punto luminoso che, quando il risonatore invece agiva, si mutava in una striscia di lunghezza proporzionale alla quantità P.

Il diapason, la cui cassetta di risonanza funzionava da sorgente esterna, era un la_3 elettromagnetico pure appartenente all'Ufficio del Corista internazionale, e veniva eccitato da un accumulatore mediante un circuito munito dell'interruttore acustico di Helmholtz, consistente in un altro diapason elettromagnetico rigorosamente identico al primo inserito nel circuito di questo.

L'uso del diapason interruttore e l'inserimento sulla scintilla d'interruzione di un opportuno condensatore, vennero impiegati affine di ottenere che l'intensità del tono della sorgente esterna fosse sensibilmente costante.

Le osservazioni si conducevano così:

Si dava al risonatore il tiraggio minimo e si osservava corrispondentemente la lunghezza della striscia luminosa prodotta dal vibrare dello specchietto del manometro, quindi si facevano variare le dimensioni del risonatore, finchè passato il massimo di risonanza si ritornava a una lunghezza della striscia luminosa eguale a quella iniziale. Per calcolare poi il coefficiente di smorzamento si portavano sull'asse delle ascisse i volumi del risonatore o meglio le sue successive lunghezze, e sulle ordinate le lunghezze della striscia luminosa di cui parlammo, lunghezze che sono proporzionali alle ampiezze delle vibrazioni corrispondentemente eccitate nel risonatore. Unendo i punti così ottenuti, si aveva una curva cosidetta di risonanza sulla quale si calcolava il coefficiente di smorzamento nel seguente modo:

Si notava il volume v_0 del risonatore cui corrispondeva l'ordinata massima P_M, e quindi si calcolavano sulla curva i due volumi v_1 e v_2 del risonatore corrispondentemente ai quali la quantità P assumeva il valore di $\frac{1}{4} P_M$; avevamo così due valori del coefficiente K, la cui media ci dava il valore cercato.

Riassumo qui nella seguente tabella i risultati ottenuti:

I. Adoperando il risonatore con foro circolare di $r = 23$ mm. successivamente senza orlo, con un orlo del diametro di 20 cm. (N. 1), con un orlo del diametro di 40 cm. (N. 2), e finalmente con un orlo del diametro di 80 cm. (N. 3);

II. Portando il risonatore successivamente alle distanze di 50, 93, 150 mm. dall'eccitatore;

III. Munendo il risonatore di un foro ellittico di assi $66\frac{1}{4} \times 32\frac{1}{4}$ mm.;

IV. Munendo il risonatore di un secondo foro ellittico di assi $50,4 \times 42$ mm.:

Foro circolare $r = 23$ mm.

Distanza fra risonatore ed eccitatore	Senza orlo	Con orlo n. 1	Con orlo n. 2	Con orlo n. 3
50 mm.	K = 2,72	2,58	2,29	1,53
93 »	» 1,69	1,55	1,46	1,37
150 »	» 1,61	1,35	1,27	1,20

Foro ellittico $66\frac{1}{4} \times 32\frac{1}{4}$

93 mm.	K = 1,84	1,51	1,47	1,25

Foro ellittico $50,4 \times 42$

93 mm.	K = 1,85	1,51	1,47	1,21

Dunque potremo concludere:

I. Crescendo il diametro dell'orlo, il coefficiente di smorzamento diminuisce, ossia in primo luogo il risonatore è più che mai capace di rinforzare un tono identico al proprio ed è meno sensibile pei toni che, pur essendo prossimi al medesimo, ne differissero un poco; in secondo luogo le vibrazioni nel risonatore (se una volta eccitata la sorgente esterna tacesse) durerebbero più a lungo. Corrispondentemente all'accrescimento del diametro dell'orlo, le curve di risonanza che si possono ottenere nel modo detto più sopra, presentano una singolarità che si può rilevare dal seguente disegno.

Esse si costipano, s'innalzano cioè e si restringono.

II. Anche col crescere la distanza fra eccitatore e risonatore, il coefficiente di smorzamento diminuisce e quindi si hanno le stesse conseguenze come al numero 1;

Senza orlo   Con orlo N. 1   Con orlo N. 2   Con orlo N. 3

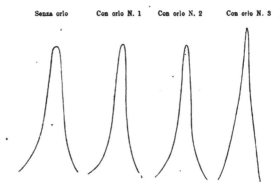

III. I coefficienti di smorzamento sono sensibilmente eguali per i due fori ellittici e in genere poco differenti dai corrispondenti pel foro circolare; anzi cogli orli N_1 e N_2 si può ritenere vi sia l'eguaglianza;

IV. Anche in questo risonatore, come già notò il Leiberg per i suoi, dalla piccolezza del coefficiente di smorzamento delle vibrazioni, si rileva come l'intervallo fra tono proprio e tono del massimo di risonanza sia poco differente da $\frac{885}{886}$ limite, secondo Helmholtz, della percettibilità.

Nota. — Mi sia permesso aggiungere poche parole intorno a un fatto degno di nota. Se si fa una serie di misure prima allungando il risonatore fino a una risonanza eguale all'iniziale e poi accorciandolo successivamente, si osserva che le lunghezze della striscia luminosa corrispondenti a uno stesso volume non sono eguali se ottenute prima allungando e poi accorciando il risonatore di modo che le due curve corrispondenti non si sovrappongono, ma si trovano spostate lateralmente una rispetto all'altra. Il ripetersi di questo fatto in tutte le misure, induce a credere si tratti di un fenomeno di elasticità susseguente della membrana e mi costrinse a prendere sempre la media dei due valori corrispondenti.

Fisica. — *Sull' aumento temporaneo e permanente dell' elasticità del marmo portato ad alte temperature.* Nota del dott. P. GAMBA, presentata dal Socio BLASERNA.

Ho avuta occasione in una mia Nota [1] di far osservare come il marmo sottoposto a temperature piuttosto elevate acquisti temporaneamente una maggiore flessibilità. Espongo ora qui di seguito i risultati di alcune esperienze fatte sopra lastrine che, cimentate da prima alla temperatura dell'ambiente, poi tenute per qualche tempo ad una temperatura elevata e raffreddate len-

[1] V. Nuovo Cimento, febbraio 1899.

tamente, venivano cimentate di nuovo alla stessa temperatura che la prima volta. Anche in questo caso i cicli descritti su ciascuna lastrina avevano gli stessi limiti prima e dopo e, come si è già visto, si riavevano le stesse deformazioni sempre, qualora fossero identiche le condizioni in cui le singole lastrine si trovavano. Per la prima volta le lastrine cimentate alla temperatura di 12° C. (temp. dell'ambiente) venivano collocate dentro una piccola stufa di rame ed ivi tenute per 3 ore alla temperatura di 100° C. Poi lentamente raffreddate, il giorno seguente tornavano ad essere cimentate come la prima volta, e si poteva subito notare un sensibile aumento nella flessibilità del corpo in esame; e cioè agli stessi pesi flettori venivano a corrispondere la 2ª volta deformazioni più grandi; come pure aumentavano le deformazioni residue. Però attesi alcuni giorni e tornando a cimentare le lastrine, si ritrovavano su esse le stesse deformazioni che la 1ª volta; cioè, dopo un certo tempo, veniva a scomparire gradatamente quello stato particolare causato dalla temperatura elevata.

Riporto nella tabella seguente i valori delle deformazioni medie per ciascun ciclo per ogni lastrina prima della cottura e dopo. Nella penultima colonna pongo le percentuali dell'aumento delle deformazioni, tenuto conto però del solo 1° ciclo, per le ragioni che ho già avuto occasione di esporre nella mia Nota precedente.

TABELLA I.

	Numero dei cicli	Temp. 12° C.	Temp. 100°	Rapporto	Dopo 15 giorni temp. 12°
Lastrina N. 1	1° ciclo	7,666	8,750	0,141	7,666
	2° "	7,437	8,562	—	7,437
" 2	1° "	12,500	14.300	0,144	12,500
	2° "	12,427	14,000	—	12,427
" 3	1° "	4,916	5,583	0,136	4,916
	2° "	4,593	5,400	—	4,593
" 4	1° "	11,000	12,550	0,141	11,000
	2° "	10,437	12,400	—	10,437

Rapporto medio: 0,1406.

Si nota subito che l'aumento percentuale è all'incirca costante, e le piccole variazioni si possono attribuire alle piccole disuguaglianze dello spessore delle lastrine. Non ho riportato, nè lo farò in seguito, i quadri che rappresentano le singole deformazioni rapporto a ciascun peso flettore, non presentando anomalie di sorta; solo è facile comprendere che alle maggiori deformazioni di ciascuna lastrina corrisponde sempre una maggiore deformazione residua, e quindi, qualora i cicli dovessero rappresentarsi graficamente, essi si troverebbero a maggiore distanza fra loro e spesso non s'incrocerebbero più.

Accertatomi delle maggiori deformazioni delle lastrine cotte, ho voluto osservare se questo fatto si ripeteva portando il corpo a temperatura più elevata. E perciò, poste altre lastrine già preparate, cimentate e ricondotte allo stato iniziale in un altro forno, venivano tenute per circa quattro ore alla temperatura di 200° C., poi raffreddate lentamente. Eseguendo su esse nuovamente dei cicli, si avevano, come si vede dalla tabella seguente, *deformazioni grandissime* rispetto alle precedenti, e cioè si notava un forte aumento nella flessibilità del marmo.

TABELLA II.

	Numero dei cicli	Temp. 12°	Temp. 200°	Rapp.	Dopo 15 giorni	Dopo 30 giorni
Lastrina N. 5	1° ciclo	7,500	29,499	3,930	27,750	26,374
	2° "	7,437	—	—	—	—
" " 6	1° "	7,791	25,500	3,270	24,249	23,100
	2° "	7,656	—	—	—	—
" " 7	1° "	4,500	13,998	3,110	12,498	11,749
	2° "	4,437	—	—	—	—
" " 2 (¹)	1° "	12,500	30,450	2,430	30,000	27,750
	2° "	12,427	—	—	—	—

Rapporto medio: 3,4366.

In questo caso non è stato neppure possibile, causa i grandi spostamenti dell'immagine della scala, eseguire i secondi cicli; ed è da notare come una delle lastrine già precedentemente tenuta alla temperatura di 100° C., presenti, rispetto alle altre mai riscaldate, una deformazione media assai più piccola. Inoltre, riportate le lastrine allo stato iniziale e ridescritte su esse dei cicli della stessa ampiezza, come la 1ª volta, anche dopo un tempo maggiore non si riavevano più le stesse deformazioni di prima della cottura. Ma si può notare una continua diminuzione nei valori medî di esse, per quanto non si possa asserire che le lastrine ritornino alla loro costituzione primitiva, giacchè si sa che il solo ripetersi delle operazioni su esse ne altera sensibilmente la flessibilità. Però questa flessibilità coll'uso delle lastrine abbiamo visto che aumenta sempre fino ad un certo limite, nel quale poi si mantiene costantemente; ora invece ci troviamo, malgrado ciò, ad una continua diminuzione; possiamo quindi credere che non venendo alterate in nessun modo le condizioni fisiche del corpo in esame, esso riacquisti dopo un tempo più o meno lungo le proprietà sue, che aveva prima della cottura.

Portato poi il corpo a temperatura ancora più elevata, a 300°, si vede dalla tabella che segue *un aumento ancora maggiore* nella sua flessibilità. Anche in questo caso dobbiamo limitarci a riportare soltanto il 1° ciclo per

(¹) Già riscaldata a 100° e ritornata nelle condizioni primitive (v. Tab. I).

ogni lastrina, non essendo stato possibile nelle nuove condizioni di esse descrivere i seguenti.

Di più non abbiamo oltrepassato questo limite di cottura, in quanto che si sa che circa i 350° comincia la decomposizione del marmo (¹) e quindi andando più oltre col riscaldamento, ci saremmo trovati di fronte ad una variazione chimica del corpo.

TABELLA III.

	Numero dei cicli	Temp. 12°	Temp. 300°	Rapporto	Dopo 7 giorni	Dopo 15 giorni	Dopo 30 giorni
Lastr. N. 8	1° ciclo	4,250	19,500	4,541	20,499	22,749	22,999
» » 9	1° »	8,666	15,249	4,157	15,624	16,000	16,248
» » 10	1° »	11,166	51,750	4,634	—	52,249	52,750
» » 1(¹)	1° »	7,666	31,625	4,125	32,748	33,749	33,999

Rapporto medio: 4,4440.

Da questa tabella si scorge subito che l'alterazione subita dalla lastrina rimane costante, e l'aumento che si nota nelle osservazioni successive fatte a lunghi intervalli di tempo può senz'altro attribuirsi al fatto già precedentemente accennato, che cioè provenga dall'uso ripetuto delle singole lastrine; tanto più poi possiamo ritenere costante l'aumento della flessibilità, che gli aumenti successivi vanno decrescendo e si può credere facilmente che, giunta ad un nuovo stato normale, cui già si è accennato, la lastrina non subirà ulteriori modificazioni, purchè non si alterino le condizioni fisiche del corpo in esame.

I risultati su esposti indicano un aumento graduale nella flessibilità delle lastrine coll'aumentare della temperatura, alla quale sono state esposte per una durata all'incirca costante in tutti e tre i casi. Ora si potrebbe domandare, se l'esposizione ad una data temperatura per il tempo relativamente breve, cui sono state tenute le lastrine, è sufficiente a modificare permanentemente ed al massimo grado le proprietà elastiche del corpo; oppure variando il tempo di esposizione alla stessa temperatura, varia pure il suo comportamento elastico. Dalla tabella seguente vedremo che esiste appunto questa variazione nel senso che le deformazioni aumentano colla durata della cottura, e che, quantunque questa sia stata fatta a soli 100°, pure gli effetti sono più duraturi, giacchè le lastrine non ritornano neppure nello stesso limite di tempo alle condizioni primitive.

(¹) V. Comptes rendus, vol. 64, pag. 603; M. H. Debray, *Recherches sur la dissociation.*

(²) Già riscaldata a 100° e ritornata alle condizioni primitive (v. Tab. I).

TABELLA IV.

Alla temp. di 100° C.	N. delle lastrine	Rapporto	Rapporto medio
Riscaldate per 3 h.	Lastrina N. 1	14,140	
	» » 2	14,400	0,14051
	» » 3	13,608	
Riscaldate per 5 h.	» » 11	56,400	
	» » 12	40,545	0,4967
	» » 14	52,075	
Riscaldate per 8 h.	» » 16	102,84	
	» » 17	118,60	1,0897
	» » 18	105,49	

Dando uno sguardo alle Tabelle II e III, si nota subito che le lastrine già una volta riscaldate presentano rispetto alle altre un minore aumento nella flessibilità. La tabella seguente confermerà quanto sopra; le lastrine tenute prima a 100° per cinque ore sono state poi portate a 250° per circa quattro ore e si vedrà che, quantunque la cottura a 100° avesse sensibilmente aumentata la loro flessibilità, pure esposte ai 250° avevano acquistato all'incirca soltanto quell'aumento, che altre lastrine, non mai cotte, avevano preso a 200° (v. Tab. II).

TABELLA V.

N. delle lastrine	Temp. 12°	Temp. 100°	Temp. 250°	Rapporto
Lastrina N. 14	4,000	6,083	16,875	3,2187
» » 15	6,083	9,166	27,000	3,4550
» » 19	10,166	16,000	40,999	3.1331

Rapporto medio: 3,2689.

Dai risultati su esposti non si può stabilire un criterio esatto sull'aumento della flessibilità del marmo coll'aumento della temperatura e della durata della cottura. Ad ogni modo resta assodato che quesso fatto esiste, e che la variazione delle proprietà elastiche di questo corpo è dipendente dalla temperatura e dal tempo di esposizione ad essa temperatura; che l'elasticità del corpo aumenta, in quanto che agli stessi pesi flettori corrispondono deformazioni maggiori, se il corpo è stato cotto, e quindi si avrebbe una diminuzione nel suo modulo di elasticità, al contrario di ciò che è stato trovato per i metalli [1] nei quali, anche se ricotti, il modulo di elasticità è stato trovato pressochè uguale. Ma un fatto simile a quello su esposto è stato esaminato dal Winckelmann sul vetro [2], che portato da prima a temperature vicine al suo punto di fusione e poi raffreddato, ha dato forti aumenti sul

[1] V. Rend. Accad. dei Lincei, M. Cantone, vol. II, 2° sem., pag. 302.
[2] Wiedemann's Annalen, T. LXIII, n. 13, 1897, pag. 117.

coefficiente di elasticità; però in questo caso dopo un tempo più o meno lungo, esso è tornato gradualmente allo stato primitivo, come il marmo esposto per poche ore ad una temperatura non molto vicina al suo punto di decomposizione.

È notevole intanto osservare l'enorme aumento nelle deformazioni delle lastrine tenute per un certo tempo ad un'alta temperatura, che giunge fino a quadruplicarsi per una breve esposizione a 300°; aumento che impedisce l'ulteriore studio dei cicli susseguenti e che renderebbe impossibile la determinazione del coefficiente di elasticità del corpo in esame, *date pure le grandi deformazioni residue corrispondenti al carico zero dopo compiuto il 1° ciclo.* Inoltre, la modificazione subita dal marmo dopo una cottura a temperatura piuttosto elevata è tale, che *una lastrina può agevolmente piegarsi a mano in modo evidente* e produce la sensazione di una lastra snodata; e la deformazione così prodotta rimane quasi intieramente, tanto che si potrebbe, aiutandola con deformazioni lente e successive incurvarla e farla rimanere in questa posizione.

Fisica. — *Ancora sull'inclinazione magnetica durante il periodo di fabbricazione dei vasi fittili greci* (¹). Nota del dott. G. FOLGHERAITER, presentata dal Socio BLASERNA.

Resta ora da risolvere la questione, se all'epoca e nel luogo di fabbricazione dei vasi greci esaminati l'inclinazione magnetica era boreale, come attualmente, o australe. Nella parte del mio studio finora esposta, tale questione non è stata toccata perchè, come fu già detto, non vi è alcun mezzo per stabilire, se oggetti sprovvisti di decorazioni attorno alla bocca, e con anse basse siano stati collocati durante la cottura diritti o capovolti. Io ho studiato anche vasi ad ansa elevata come gli oinochoai attici a figure nere su fondo rosso del Museo archeologico di Firenze, le brocche ed olpi corinzie dello stesso Museo e di quello di Siracusa. Questi vasi, a cagione delle parti salienti al di sopra del piano della bocca, non possono essere stati collocati nella fornace che diritti, e quindi dalla prevalenza alla loro base della polarità nord su quella sud o viceversa si può decidere, se l'inclinazione del campo terrestre, che li ha magnetizzati, era nord o sud.

Ma qui, se da una parte si ha una certa garanzia sulla posizione di cottura di questi oggetti, dall'altra si ha lo svantaggio, che essi non possono essere studiati che alla periferia della base. Ora se si dà uno sguardo ad una qualsiasi delle tabelle riportate nelle parti antecedenti di questo lavoro, si riscontra sempre una discordanza tra i valori delle intensità magnetiche alla periferia della base e quelli della bocca. Talvolta la discordanza si può spiegare colla differenza di diametro delle due periferie, e di fatto in generale

(¹) Vedi pag. 176 di questo volume.

si ha un' intensità maggiore, ove il diametro è minore, come lo mostra la tabella data per gli orciuoli di Pompei; ma non si possono conciliare tra loro i risultati avuti p. es. dai due vasi a figure rosse 1301 e 1289 (vedi tabella a pag. 177 di questo volume), che hanno press'a poco forma e dimensioni eguali, mentre l'intensità magnetica del primo è molto grande alla base e relativamente piccola alla bocca, e l'intensità magnetica del secondo si trova proprio nelle condizioni opposte.

Ma il peggio si è, che anche il rapporto $K : K'$ dedotto dall'intensità magnetica alla base è diverso, e talvolta anche notevolmente, da quello che si ricava dal magnetismo della bocca: ad esempio, se si prendono per il calcolo le intensità magnetiche della base dell'anfora n. 1284 nella stessa tabella, si ottiene come inclinazione dell'asse magnetico $21°50'$; se si calcolano invece le intensità magnetiche della sua bocca, si ottiene $5°19'$.

Ho già altra volta richiamato l'attenzione su questa anomalia ([1]), perchè essa si è prodotta anche nei cilindri cotti nel forno dell'Istituto fisico di Roma, ma ho pure in quell'occasione mostrato, che se per il calcolo dell'inclinazione dell'asse magnetico si prendono le medie dei valori della base e della bocca, l'effetto di tali irregolarità viene in generale eliminato. A mio credere esse sono dovute principalmente alle due seguenti cause:

Può darsi, che la suscettività magnetica non sia stata uniforme in tutta l'estensione dei vasi, e ciò potrebbe aver avuto luogo sia per la non perfetta simmetria nella distribuzione della materia attorno all'asse geometrico, sia per la diversa azione chimica (ossidante o riducente) della fiamma sui sali di ferro contenuti nell'argilla, e per conseguenza per la diversa quantità di sostanza magnetica prodotta nei varî punti della massa, sia in fine per la diversa temperatura alla quale sono state portate le diverse parti di uno stesso oggetto a seconda del cammino percorso dalla fiamma nell'interno della fornace.

La seconda causa sta nella disposizione adottata nel metodo di misura: l'ago dell'intensimetro viene a trovarsi sempre all'estremità più bassa di un diametro verticale della base o della bocca dei vasi. Per conseguenza si aggiunge sempre al magnetismo proprio del vaso il magnetismo temporaneo, di polarità nord, indotto dal campo magnetico terrestre. Alla periferia, che ha in prevalenza il magnetismo nord, si misura quindi un'azione maggiore, alla periferia opposta un'azione minore della vera, e per questa ragione non possono mai i valori dati dalla base essere eguali a quelli dati dalla bocca. Se però per il calcolo di K e K' si prende la media delle intensità magnetiche fornite dalle due superficie, l'azione del magnetismo indotto dalla Terra viene eliminata.

Ma nel nostro caso speciale, nel quale si esaminano appunto oggetti ad ansa elevata o con decorazioni attorno alla bocca, non si può studiare che la distribuzione del magnetismo alla loro base, e quindi questa causa di errore

[1] Vedi questi Rendiconti, serie 5ª, vol. V, 2° sem. 1896, pag. 205.

si fa più o meno sentire a seconda del loro coefficiente d'induzione, e non si deve quindi attribuire molta importanza ai valori numerici dell'inclinazione dell'asse magnetico ottenuti. Per questo motivo le ricerche su tali vasi hanno unicamente lo scopo di dedurre, quale delle due polarità magnetiche prevalga alla base, sicuri che se la polarità prevalente è sud, questa dovrebbe essere ancora maggiore, se si potesse togliere l'effetto dovuto al magnetismo temporaneo indotto dalla Terra durante la misura, mentre si troverebbe un valore minore, se la polarità magnetica prevalente è nord.

Nella tabella seguente riporto i risultati avuti dall'esame dei 14 oinochoai greci a figure nere su fondo rosso esistenti nel Museo archeologico di Firenze, classificati secondo l'epoca alla quale vengono attribuiti.

TABELLA V.

Numero	Epoca a. Cr.	Diametro della base	Altezza	Base K + K'	K − K'	Inclinazione zione magnetica
Acquisto Pacini . . .	650-600	mm. 70	mm. 190	− 1° 48',7	+ 1° 4' 5	− 9° 9'
n° 2096	"	" 90	" 265	− 1 49 8	+ 1 33 4	− 3 22
" 2097	"	" 90	" 265	+ 1 26 5	− 0 48 3	+ 11 37
" 2116	550	" 80	" 212	− 1 29 3	+ 0 59 6	-- 7 46
" 2115	"	" 95	" 218	+ 1 26 7	− 1 11 8	+ 4 2
" 2114	"	" 80	" 212	+ 1 15 5	− 0 59 3	-- 4 41
Corneto Tarquinia . .	"	" 80	" 202	+ 0 37 5	− 0 26 7	+ 6 32
n" 2117	"	" 70	" 190	+ 0 46 7	− 0 32 1	+ 6 41
" 2100	"	" 85	" 200	+ 0 44 9	− 0 1 7	+ 33 28
" 1891	550-450	" 80	" 205	+ 2 8 4	− 1 11 9	+ 11 11
" 2095	"	" 80	" 225	+ 2 43 8	− 0 39 8	+ 22 36
" 2111 . . . : .	"	" 95	" 220	+ 1 23 6	− 0 4 4	+ 33 56
" 2112	"	" 95	" 220	+ 1 7 6	+ 0 5 9	+ 41 48
" 1895	550-400	" 80	" 225	+ 0 48 1	− 0 6 4	+ 27 38

Si scorge, che negli oinochoai attribuiti ai due ultimi periodi la polarità magnetica prevalente alla base è decisamente nord ([1]); in quelli attribuiti all'epoca media 550 anni a. Cr. le due polarità sono poco diverse tra loro, sebbene ancora la positiva prevalga; solo nell'oinochoe 2116 prevale la polarità sud, ma questo vaso secondo il giudizio di competenti archeologi può bene appartenere anche ai primordi del secolo VI. Nel periodo più antico abbiamo due vasi, alla cui base prevale la polarità sud, ed un vaso, il n° 2097 (di stile ionico e forse di fabbrica ionica) in cui prevale la polarità nord; ma questo vaso può secondo competente giudizio scendere anche al secolo VI inoltrato.

([1]) Giacchè non è possibile conoscere, quale sia la distribuzione del magnetismo alla bocca di questi vasi, per calcolare l'inclinazione magnetica ho usato l'equazione 3) (vedi questo volume pag. 73), nella quale ho supposto, che A' e B' siano = 0. Questo modo di calcolare, quantunque non corrisponda alla realtà delle cose, non influisce punto sopra il segno della polarità prevalente alla base, ma può solo modificare un po' i valori dell'ultima colonna, ai quali del resto non posso dare, come già dissi, alcun peso.

Risulterebbe da ciò, che verso il 650 a. Cr. l'equatore magnetico passava al nord dell'Attica, che al principio del VI secolo attraversava questa regione, mentre più tardi verso il 550, si trovava al sud di essa.

Prendiamo ora in esame i vasi di Corinto.

Anche di questa celebre città esistono nei nostri Musei parecchi vasi, che si attribuiscono generalmente ai secoli VII e VI a. Cr.; io esaminai tutti quelli, che sono ora raccolti nei Musei archeologici di Firenze, Siracusa ed Arezzo.

Nel Museo di Firenze ho trovato:

due brocche a figure di animali, colla bocca a foglia d'edera, a base molto larga e manico a nastro elevato; :

tre oinochoai a figure di animali in parte restaurati;

due anfore (¹), una con guerrieri, l'altra con figure di animali;

un cratere;

Nel Museo di Siracusa ho trovato:

cinque grosse brocche protocorinzie, tre delle quali a disegni geometrici, la quarta a fregi bruni con animali e la quinta con fregi bruno-rossastri ed animali sulle spalle;

una grande olpe di squisitissima conservazione con bocca svasata e manico munito di rotelle.

Del Museo di Arezzo ho esaminato una grande olpe.

Se si eccettuano le due anfore di Firenze, tutti questi oggetti che portano alla bocca delle appendici elevate, od hanno l'ansa molto elevata, sono stati cotti con grandissima probabilità colla loro base in basso, ed anche questi ci possono quindi dare un indizio, se l'inclinazione del campo terrestre, che li ha magnetizzati, era boreale od australe.

Ecco i risultati avuti:

TABELLA VI.

Museo	Oggetto	Diametro della base	Altezza	Intensità		Inclinazione magnetica
				K + K'	K − K'	
Firenze . .	Oinochoe nº 1748	mm. 120	mm. 375	− 1° 52',4	+ 0° 58',9	− 14° 25'
" . .	" " 1749	" 115	" 335	− 1 12 9	+ 0 41 2	− 12 40
Arezzo . .	Olpe " 59	" 95	" 290	− 0 42 6	+ 0 32 8	− 5 31
Siracusa . .	" sepolcro 184	" 105	" 330	− 0 50 5	+ 0 42 8	− 3 59
Firenze . .	Cratere nº 1825	" 112,5	" 243	− 0 37 8	+ 0 37 6	− 0 9
Siracusa . .	Brocca sepolcro 1302	" 130	" 142	+ 1 7 3	− 0 53 7	+ 5 24
Firenze . .	" nº 758	" 140	" 170	+ 0 25 3	− 0 21 2	+ 7 12
Siracusa . .	" sepolcro 108	" 190	" 180	+ 1 14 8	− 0 52 5	+ 9 11
Firenze . .	Oinochoe nº 1896	" 87	" 200	+ 1 2 2	− 0 39 3	+ 9 12
Siracusa . .	Brocca sepolcro 204	" 200	" 140	+ 0 20 4	− 0 13 9	+ 10 4
" . .	" " 873	" 125	" 110	+ 0 36 6	− 0 20 8	+ 12 55
Firenze . .	" nº 1759	" 130	" 180	+ 0 25 3	− 0 8 1	+ 23 36
Siracusa . .	" sepolcro 344	" 200	" 135	+ 0 24 3	− 0 8 0	+ 25 16

(¹) Nella vetrina III dove sono collocati i vasi protocorinzi e corinzi si trova una terza anfora, perfettamente conservata (portante il n. 1831) che rassomiglia ai vasi di Corinto, e che si crede provenga da Tebe. L'inclinazione del suo asse magnetico fu trovata = 62°39'.

Le due anfore di Firenze (una delle quali, il n° 1814, ha il diametro della base di mm. 110, quello della bocca di mm. 135 e l'altezza di mm. 342, e l'altra, il n° 1833 ha le stesse quantità rispettivamente eguali a mm. 88, 112 e 248) hanno dato come valore dell'inclinazione magnetica 4° 18' e 0° 14'. Si ha una conferma, che l'inclinazione magnetica all'epoca della loro fabbricazione era assai prossima a zero, ma per la mancanza di appendici elevate sopra la bocca nulla si può decidere, se essa era boreale od australe.

Come si vede, anche i vasi di Corinto conducono alla conclusione, che nel VII secolo av. Cr. l'inclinazione magnetica era nella Grecia australe; ma essa passando per lo zero era divenuta boreale ancor prima, che cessasse la fabbricazione di tali vasi.

Per quanto tempo l'inclinazione magnetica sia rimasta australe, e quale valore abbia raggiunto, non è possibile conoscere almeno per ora. Io temo però che manchi il materiale necessario per risolvere l'importante questione, a meno che non si arrivi a trovare un carattere, che ci permetta di stabilire con sicurezza, se durante la cottura siano stati collocati diritti o rovesciati i vasi, che hanno perfettamente libera sia la periferia della base sia quella della bocca (¹).

Ed ora ritorniamo alle anfore attiche a figure nere. I vasi più antichi sono stati fatti assai probabilmente, quando l'inclinazione magnetica era in Grecia australe: ma quali sieno e quanti delle diverse serie da me esaminate non si può stabilire dalle misure magnetiche. Secondo la classificazione per epoche dei vasi esistenti nel Museo di Firenze dovrebbero essere soltanto quelli attribuiti al periodo 650-600 anni a. Cr., e si verrebbe in tal modo ad ammettere indirettamente, che l'inclinazione magnetica sia giunta porfino a — 20°. Ma potrebbe darsi, che qualcuna di quelle anfore appartenga

(¹) Sarebbe certo di grande giovamento per questo studio la scoperta di fornaci antiche, purchè venga stabilita l'epoca in cui esse hanno cessato di funzionare, e siano costruite di materiale magnetico dotato di grande forza coercitiva come le argille e molte roccie vulcaniche. Nelle mie escursioni visitai la fornace, che trovasi descritta nei cenni topografici dati dal Cavallari sulla città di Megara Hyblaea: « All'estremità occidentale del lato nord dell'antica città durante gli scavi del 1889 venne alla luce una grande fornace cilindrica del diametro di circa m. 5, addossata agli avanzi dell'antica muraglia di cinta, la quale dai frammenti dei laterizi in essa impiegati fa supporre di essere di un'epoca molto posteriore (alla distruzione della città) ». Vedi *Monumenti antichi* pubblicati per cura della R. Acc. dei Lincei, vol. I, 1890, pag. 728. Questa fornace è costruita con grossi blocchi di pietra bianca, assai comune nella provincia di Siracusa, rivestiti nella parte interna con un leggiero strato di cemento formato da laterizi sminuzzati. Staccai un pezzetto di pietra e la esaminai all'intensimetro. Ebbi una piccola deviazione, mentre eguale qualità di pietra raccolta a caso nei pressi della fornace non manifestò alcun segno di magnetizzazione: però anche questa dopo essere stata riscaldata ad elevata temperatura divenne debolmente magnetica. Questa è una prova, che realmente la fornace di Megara Hyblaea ha servito per cuocere. Non feci alcuna misura al posto allo scopo di conoscere la distribuzione del magnetismo, prima di tutto per l'incertezza che regna sull'epoca della sua costruzione e su quella in cui ha cessato di servire, ed in secondo luogo perchè non si ha un'idea sulla forza coercitiva di quella pietra calcareo-silicea.

ad epoca molto posteriore, e che viceversa qualche altro vaso attribuito ad epoche più recenti sia del periodo più antico. Anche per i vasi a figure nere esistenti nei Musei di Napoli e Siracusa evvi l'incertezza, se siano stati fabbricati, quando l'inclinazione era australe o boreale, e si comprende quindi, quanto sia inopportuno calcolare il valore numerico di quest'elemento magnetico per i singoli periodi, in cui viene suddiviso tutto il tempo, nel quale è durata la fabbricazione di quei vasi.

Quello che viene assodato da queste mie ricerche, e da quelle già esposte nella Nota antecedente si è:

1° Che nel periodo in cui s'incominciarono a fabbricare i vasi di Corinto e quelli attici a figure nere su fondo rosso, l'inclinazione magnetica in Grecia era australe (VII secolo a. Cr.).

2° Che poco tempo dopo, forse al principio del VI secolo (quando durava ancora la fabbricazione dei vasi corinzi), l'inclinazione magnetica era assai prossima a zero, e divenne poi boreale.

3° Che alla fine del periodo di fabbricazione dei vasi attici (400 anni a. Cr.) l'inclinazione magnetica boreale era vicina a 20°.

Sarebbe ora interessante il determinare l'inclinazione magnetica per una o più epoche frapposte tra il V e I secolo a. Cr. per conoscere la legge, secondo la quale essa ha variato in questo intervallo di tempo. A questo scopo mancano i vasi greci, che secondo gli archeologi hanno cessato col finire del V secolo a. Cr. Ma l'arte ceramica trasportata dalla Grecia all'Italia centrale e meridionale ha qui fiorito dal principio del IV fino alla fine del II secolo, e ne sono una prova i vasi campani, d'Apulia, etrusco-campani ed etruschi. Molti di questi vasi sono ammirabili per la perfezione delle forme, per le decorazioni e per la pittura quanto i vasi greci stessi.

Io potei esaminare le collezioni molto ricche dei Musei archeologici di Firenze e Napoli e del Museo di Villa Giulia a Roma ([1]); ma le mie ri-

([1]) Nel Museo di Napoli trovansi molte anfore di Apulia a figure rosse su fondo nero, parte delle quali vengono attribuite al secolo 450-450 a. Cr. e parte al secolo 350-250 a. Cr. Esse sono in generale molto grandi: salvo rare eccezioni hanno un'altezza, che varia tra 300 e 375 mm., con un diametro alla base tra 110 e 150 mm. e col diametro alla bocca tra 140 e 190 mm.

L'inclinazione magnetica dedotta dalla distribuzione del magnetismo nei singoli vasi risulterebbe:

Anfora	Epoca a. Cr.	Inclinazione magnetica	Anfora	Epoca a. Cr.	Inclinazione magnetica
n° 1526	450-350	0° 9'	n° 1567	350-250	12° 3'
1539	"	0 28	1621	"	12 15
1541	"	0 47	1536	"	13 59
1565	"	2 47	1622	"	16 36
1535	"	3 37	1616	"	17 0
1576	"	16 20	1620	"	19 9
1527	"	32 40	1625	"	39 37
1540	"	52 4	1623	"	48 50
1617	350-250	1 15	1624	"	53 25
1615	"	11 0	1579	"	58 7

cerche non portano alcuna luce sulla questione, che mi sono proposto di risolvere. La discussione dei risultati avuti non condurrebbe che ad una critica archeologica, giacchè o certi gruppi di vasi, che hanno una distribuzione del magnetismo press'a poco eguale, dovrebbero appartenere ad un'epoca molto anteriore a quella a cui vengono attribuiti, o a periodi di tempo relativamente brevi vengono assegnati vasi, nei quali la distribuzione del magnetismo è molto diversa.

Nel Museo archeologico di Firenze si trovano: parecchie anfore nolane attribuite al periodo 450-400 a. C., vasi policromi di fabbrica attica ed italiota attribuiti al periodo 400-300 a. Cr., vasi di Apulia, Lucania e Campania attribuiti al periodo 350-250 a. Cr., vasi policromi di Apulia e Campania attribuiti al periodo 300-200 anni a. Cr., vasi a decorazione policroma di fabbriche italiche (creduti di Brindisi) attribuiti al periodo 250-100 a. Cr., vasi italici così detti campano-etruschi, fatti ad imitazione della metallotecnica ed attribuiti essi pure al periodo 250-100 anni a. Cr.
I risultati sono i seguenti:

Oggetto			Epoca a. Cr.	Inclinazione magnetica	Oggetto			Epoca a. Cr.	Inclinazione magnetica
Anfora	n°	1931	450-350	13° 45′	Anfora	n°	1939	300-200	15° 35′
"	"	1927	"	14 30	Schifo	"	1116	250-100	44 40
"	"	1932	"	25 2	"	senza num.		"	50 54
Cratere	"	1948	"	30 19	"	n°	1115	"	53 24
Anfora	"	1930	"	36 45	Situla senza num.			"	59 17
"	"	1941	"	51 1	"	n°	1059	"	59 40
"	"	1919	350-250	7 25	"	"	1061	"	60 8
"	"	1938	"	22 35	Oinochoe	n°	1086	"	17 50
"	"	1917	"	25 56	"	"	1085	"	22 37
"	"	1936	300-200	0 0	Anfora	"	1239	"	46 48
"	"	1940	"	3 31	"	"	1057	"	55 8
"	"	1934	"	6 25					

Come si vede, dall'esame di queste due tabelle è impossibile determinare la legge, colla quale l'inclinazione magnetica ha variato dal 450 a. Cr. fino al 1° secolo. Solo per il periodo di quest'ultima tabella, che va da 250-100 anni a. Cr., vi è un discreto accordo, quando però si vogliano lasciare da parte i risultati avuti dai due oinochoai 1085 e 1086: risulterebbe in tal caso, che l'inclinazione magnetica media di questo periodo è stata 53°45′ in una regione compresa a press'a poco tra il 40° e 41° di latitudine, nella quale attualmente essa ha un valore compreso tra 55°30′ e 57°.
Nel Museo di Villa Giulia a Roma vi sono pure delle ricche raccolte di vasi etrusco-campani ed etruschi, ma la maggior parte di essi ha la forma di olpe bassa e grossa con ansa elevata e di oinochoe (col collo cosidetto a canna) pure coll'ansa elevata Ho esaminato molti di questi vasi, ed anche qui i risultati non vanno punto d'accordo tra loro: però siccome questi sono dedotti da misure fatte alla sola base degli oggetti, e quindi sono meno sicuri di quelli trovati per le anfore, così stimo inutile il riportarli.

Cristallografia. — *Sulla determinazione delle costanti ottiche nei cristalli.* Nota di C. VIOLA, presentata dal Socio BLASERNA.

È noto dai bei lavori di Liebisch ([1]) e Soret ([2]), quale via si può seguire per determinare gli indici principali di rifrazione in un cristallo, sia valendosi del metodo della riflessione totale, sia del metodo della deviazione minima. La determinazione degli assi di simmetria ottica e degli indici principali di rifrazione della luce riesce completa con due sezioni del cristallo perfettamente arbitrarie. E la determinazione ne è così completa, che mercè le dette costanti ottiche, riesce contemporaneamente determinato l'angolo, che fanno fra loro le due sezioni prese in modo arbitrario.

Dopo Soret, Lavenir ([3]) fece vedere in quale maniera sia praticamente determinabile l'orientazione e la grandezza dell'ellissoide di Fresnel con due sezioni del cristallo. In breve, si può dire, che Lavenir si limitò a determinare i massimi e i minimi per mezzo delle prime e seconde differenze nella variazione degli indici di rifrazione per raggi paralleli ad un piano, ciò che la teoria ammise come dato.

Su questa via lavorò Pulfrich ([4]) con ottimo successo. L'opera di Wallerant ([5]) non diversa in sostanza da quella di Pulfrich, ma indipendente, riuscirà forse più proficua, grazie al materiale ricchissimo, che col metodo di lui sarà messo a disposizione delle esperienze. Ultimamente C. Klein ([6]) ha portato un miglioramento notevole al riflettometro totale di Abbe-Pulfrich, mercè il quale l'ideale di ogni petrografo coscienzioso, che voglia dare alle sue determinazioni un grado di fiducia, sarà vicino a realizzarsi, non meno che col riflettometro applicato al microscopio di Wallerant, solo forse raggiungendo una precisione maggiore e in egual tempo.

([1]) Th. Liebisch, Zeitschrift für Krgstall. 1887, XII. 474. Ges. d. Wiss. zu Göttingen. Maggio 1888.

([2]) Ch. Soret, *Sur la mesure des indices de réfraction des cristaux à deux axes par l'observation des angles limites de réflexion totale sur deux faces quelconques.* Compt. rend. 1888, 107, 176-178 e 479-482.

Idem, *Sur l'application de réflexion totale à la mesure des indices de réfraction des cristaux à deux axes.* Arch. sc. ph. nat. Genève 1888. XX, 263-286.

([3]) A. Lavenir, *Sur la détermination de l'orientation optique dans un cristal quelconque.* Bullettin de la société franç. de miner. Tome XIV, 1891, 100.

([4]) C. Palfrich, *Das Totalreflectometer und das Refractometer für Chemiker* etc. Leipzig 1890.

([5]) Fréd. Wallerant, *Détermination des indices de réfraction des minéraux des roches.* Bull. de la soc. franç. de miner., 1897, Tome XX, pag. 234.

([6]) C. Klein, *Die Anwendung der Methode der Totalreflexion in der Petrographie.* Sitzber. der k. preus. Akad. der Wissenschaften. 1898, XXVI, 317.

Come dissi, è noto che la determinazione completa delle costanti ottiche di un cristallo non è possibile con una sola sezione (ammesso che questa non abbia una orientazione speciale), perchè con una sezione conosciuta della superficie d'onda, due superficie d'onda sono possibili, mentre datene due sezioni la detta superficie è pienamente e univocamente individuata. Ma questo ragionamento regge, e le conclusioni di Soret e di coloro, che lo hanno preceduto e anche di quelli che lo hanno seguito, sono giuste, finchè non si tenga conto dei piani di polarizzazione, che si possono determinare con sufficiente esattezza col prisma di Nicol. In una mia precedente pubblicazione (¹), richiamai l'attenzione su questa circostanza, che mi sembra importante, dappoichè gli istrumenti di precisione vanno diffondendosi anche fra i petrografi, nonchè fra i mineralogisti.

Tenendo conto dei piani di polarizzazione, le costanti ottiche di un qualunque cristallo sono determinabili pienamente con una sola sezione arbitraria.

La presente Nota serve per dimostrare questo principio, e il modo di applicarlo.

Chiameremo da ora in avanti con α, γ, β', β'', i due massimi e i due minimi, che si ottengono da una sezione di un cristallo in un riflettometro totale come p. e. quello di Liebisch, Abbe, Pulfrich o Abbe-Pulfrich, Wallerant ecc. α è l'indice minimo, γ è il massimo, e l'indice medio β è uno dei due β' e β''. I piani di polarizzazione dei raggi (in una qualsiasi sezione) corrispondenti ai valori di α, β, γ passano rispettivamente per gli assi principali a, b, c dell'ellissoide di Fresnel, e i piani a loro normali e passanti rispettivamente per i detti raggi, coincidono per conseguenza con i piani principali dell'ellissoide o piani di simmetria ottica. E facile disporre nell'apparecchio di Abbe, servendosi p. e. di qualche sezione di calcite o di quarzo, lo zero del Nicol in guisa che la lettura dia immediatamente l'angolo, che i piani principali dell'ellissoide fanno con la sezione del cristallo. Essendo questi piani fra loro normali, β sarà determinato per quel raggio corrisponspondente a β' o β'', il quale soddisfi a questa condizione; e poichè i piani di polarizzazione corrispondenti a β' e β'' fanno fra loro in generale un angolo grande, che in qualche caso speciale, si avvicina a 90°, ne viene che in tesi generale, e nella maggior parte dei casi, β riescirà determinato indipendentemente dagli errori, che derivano dal Nicol. Solamente se la sezione del cristallo fa un piccolissimo angolo col piano degli assi ottici, il problema diviene indeterminato perchè l'angolo, che fanno fra loro i raggi relativi a β' e β'' si avvicina a 90°, e insieme i piani di polarizzazione rispettivi si avvicinano a essere fra loro paralleli. In questo caso speciale, e solo in questo, influiscono gli errori, che si commettono nel cercare l'esatta posizione del

(¹) C. Viola, Zeitschrift für Krystallographie 1899, XXXI, fasc. 1°.

Nicol per ottenere la sparizione di una linea limite, e la visione distinta e massima dell'altra ([1]). Un esempio può essere più utile che ulteriori parole.

Ho un cristallo di *Albite* di Lakous, il quale mi servì già per altre esperienze, il cui risultato sarà pubblicato in un'altra Nota. Di questo cristallo feci fare una sezione bene levigata e piana, parallela prossimamente alla faccia (110). L'apparecchio per la riflessione totale di Abbe-Pulfrich è quello dell'istituto mineralogico di Monaco di Baviera. In seguito ripetei le esperienze con un analogo riflettometro totale nell'Istituto fisico dell'Università di Roma, che mi fu messo a disposizione dal prof. Blaserna.

Osservai e puntai le linee limiti di questa sezione per tutte le posizioni di 10° in 10° da 0° a 360°. Con le prime differenze ne sono risultati i luoghi dei massimi e dei minimi e la posizione del Nicol relativa a questi ultimi. La tabella seguente dà le medie di parecchie osservazioni ottenute con la luce di Na.

Cerchio orizzontale	Curva-limite interna		Curva-limite esterna	
	Cerchio verticale	Polarizzatore	Cerchio verticale	Polarizzatore
0°	54, 04, 05″	14°	54, 23, 44″	76°
10	54 02 30	—	54 26 30	·—
20	54 01 30	—	54 28 22	—
γ 35	—	—	54 29 25	60
40	54 00 00	—	--	—
α 53	53 59 45	82	54 28 20	58
60	53 59 53	—	54 27 05	—
70	54 00 18	—	54 24 54	—
80	54 01 12	—·	54 22 25	—
90	54 02 26	—	54 19 34	65
100	54 03 55	25	54 17 04	—
110	54 05 23	—	54 14 35	—
120	—	—	54 13 20	—
β' 129½	—	—·	54 12 58	79½
β'' 143	54 07 42	12	54 14 24	78
150	54 07 22	—	54 15 46	—
160	54 06 37	—	54 17 54	—
170	54 05 23	—	54 20 50	—
180	54 04 06	14	54 23 44	76

Ora portiamo in proiezione stereografica, essendo p il polo della sezione, i dati di questa tabella (vedi figura annessa), e facciamo il calcolo per le

([1]) L'apparizione dei tratti cuspidali nelle curve limiti, alla distanza angolare minore di 180°, ci mette in sull'avviso che il piano di sezione fa un piccolo angolo col piano degli assi ottici. Vedi a questo proposito i lavori di Soret e Palfrich sopra citati.

due ipotesi, cioè che l'indice medio di rifrazione della luce β sia ora eguale a β' e ora eguale a β''.

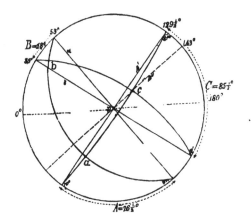

1ª Ipotesi: $\beta = \beta'$. — Gli angoli, che si ottengono dalla lettura, sono:

$$A = 129\tfrac{1}{4}° \quad -53 \quad = 76\tfrac{1}{4}°$$
$$B = 53 \quad\quad -35 \quad =: 18$$
$$C = 180 + 35 - 129\tfrac{1}{4} = 85\tfrac{1}{4}.$$

Chiamiamo con φ', φ'', φ''' gli angoli che il piano di sezione fa con i piani principali dell'ellissoide di Fresnel, e avremo le relazioni seguenti:

$$\operatorname{tag}^2 \varphi' = \frac{\cos A}{\cos B \cdot \cos C}$$
$$\operatorname{tag}^2 \varphi'' = \frac{\cos B}{\cos C \cdot \cos A}$$
$$\operatorname{tag}^2 \varphi''' = \frac{\cos C}{\cos C \cdot \cos A}$$

Ed eseguito il calcolo:

$$\varphi' = 60°,31',03''$$
$$\varphi'' = 82 \ \ 05 \ \ 57$$
$$\varphi''' = 30 \ \ 43 \ \ 48.$$

Le letture al cerchio del polarizzatore invece sono:

$$\varphi' = 60°$$
$$\varphi'' = 79, 30'$$
$$\varphi''' = 32.$$

2^a Ipotesi: $\beta = \beta''$. — Gli angoli che si ottengono dalla lettura, sono in questo caso:

$$A' = 143° \quad — 53° = 90°$$
$$B' = 53 \quad — 35 = 13$$
$$C' = 180 + 35 - 143 = 72 \, .$$

Chiamando analogamente con φ_1', φ_1'', φ_1''', gli angoli, che il piano di sezione fa con i piani principali dell'ellissoide, otterremo da analoghe relazioni:

$$\varphi' = 0°$$
$$\varphi'' = \varphi''' = 90 \, .$$

Mentre le letture al cerchio del polarizzatore sono:

$$\varphi' = 60°$$
$$\varphi'' = 12$$
$$\varphi''' = 32 \, .$$

Ognun vede che la seconda ipotesi deve essere scartata, e per conseguenza gli angoli limiti, che determinano i tre indici principali .dell'*albite* di Lakous, sono:

$$
\left.
\begin{array}{l}
53°,59',45'' \text{ per } \alpha \ (1,52905) \\
54 \ 29 \ 20 \quad » \quad \gamma \ (1,53858) \\
54 \ 12 \ 59 \quad » \quad \beta \ (1,53330)
\end{array}
\right\} \text{ per luce D} \, .
$$

Le costanti ottiche, cioè i tre indici α, β, γ *e i tre angoli* A, B, C *e di più l'angolo degli assi ottici sono dunque pienamente determinati con una sola sezione del cristallo, qualunque essa sia.* Questo risultato dimostrato ora, e per la prima volta, deve portare necessariamente un notevole contributo alla analisi ottica delle roccie, e alla conoscenza dei minerali, che le roccie contengono; ma porterà principalmente un progresso alla conoscenza dell'isomorfismo dei feldispati, che secondo qualche autore sarebbe scosso nel senso indicato dalla legge di Tschermak [1]. Fouqué fu costretto a determinare le costanti ottiche dei feldispati, pubblicate nel suo lavoro fondamentale, facendo eseguire sezioni speciali perpendicolari alle bisettrici (ognun sa con quante difficoltà e con esito non sempre sicuro), e scegliendo i migliori cristalli di cui disponeva. Oggi, a 10 anni di distanza, grazie ai riflettometri totali di precisione, la stessa determinazione di Fouqué è eseguibile sopra un materiale scadente, e facendo uso di una sola sezione levigata e piana, e condotta

---

[1] E. von Fedorow, *Universalmethode und Feldspathstudien.* III Abh. *Die Feldspäthe des Bogoslowk'schen Bergreviers.* Zeitschrift f. Krystall. 1898, XXXIX, 604. Idem *Ueber Isomorphismus.* Ibidem 1898, XXX, 17. Cfr. C. Viola, *Ueber Bestimmung und Isomorphismus der Feldspäthe.* Ibidem, 1898, XXX, 232.

in modo qualunque, e avente una grandezza, che può essere anche al disotto di un mm. quadr. Egli è però che la maggior parte dei piccoli cristalli, che sparsi si trovano a dovizia nelle roccie cristalline, viene ora a essere un materiale preziosissimo per la cristallografia, di cui un bell'esempio ci diede Wallerant.

In una prossima Nota comunicherò i risultati delle mie osservazioni, le quali io feci nell'istituto fisico di qui sull'Anortite del Vesuvio, che mi fu donata dal mio amico prof. E. Scacchi. Mi permetterò di dire due parole sui metodi di correzione da adottarsi al riflettometro totale di Abbe-Pulfrich, e sulle precauzioni che si devono usare, per raggiungere un errore nell'indice di rifrazione, il quale non superi alcune unità nella quinta decimale, e per far sì che questa precisione non sia illusoria.

Botanica. — *Sulla biologia del Cynamonium coccineum.* Nota preventiva del prof. P. BACCARINI e del dott. P. CANNAVELLA, presentata dal Corrispondente R. PIROTTA.

Questa Nota sarà pubblicata nel prossimo fascicolo.

PERSONALE ACCADEMICO

Il Presidente BELTRAMI dà annuncio della morte del Socio straniero SOPHUS LIE, colle seguenti parole:

« Debbo col più profondo dolore annunziare all'Accademia che il 18 febbraio u. s. moriva in Kristiania, nell'ancor fresca età di 56 anni, l'eminente geometra norvegese SOPHUS LIE, nostro Socio straniero dal 4 agosto 1892. L'Accademia nostra, informata della grave perdita da un telegramma del Presidente del Senato accademico norvegese, si faceva da questi rappresentare al servizio funebre.

« In Sophus Lie la scienza matematica contemporanea perde uno dei suoi più eccelsi campioni, anzi quello che, per la singolare genialità ed originalità dell'indirizzo e dei procedimenti, occupava nel mondo scientifico una posizione quasi del tutto eccezionale, così da poter essere, e non a torto, chiamato il Wagner della matematica.

« In Italia le sue belle ricerche, ormai cresciute alle proporzioni di veri e proprî nuovi corpi di dottrina, ebbero ed hanno numerosi e valenti e appassionati cultori, ed egli se ne compiaceva assai e ne sentiva sincera gratitudine per il nostro paese, il quale ha così doppio argomento di piangere la perdita immatura dell'illustre connazionale di Abel ».

Dopo il Presidente, sorge a parlare il Socio CREMONA:

« Per circa trent'anni sono stato in corrispondenza con Sophus Lie, ed ho ammirato il genio, con cui ha prodotto nella scienza un grande rivolgimento: nessun' altra sventura scientifica avrebbe potuto cagionarmi maggior dolore. Mentre da tanto tempo la produzione matematica era divisa in due correnti affatto distinte, l'analitica e la geometrica, egli le fuse insieme e portò nell'una e nell'altra tal luce, che ne rese evidente l'unità. Sino dal 1869 le sue ricerche geometriche lo avevano condotto alla nuova concezione dei gruppi di trasformazione. Di questi egli creò la teoria, e ad essa sottopose l' integrazione delle equazioni differenziali, ordinarie e parziali, la geometria projettiva, la geometria non euclidea, la geometria differenziale, la cinematica, la meccanica, la teoria degli invarianti così algebrici come differenziali. Le dottrine più svariate, i metodi più diversi diventarono per opera di lui casi particolari di un unico metodo generale, luminoso, irresistibile ».

Il Socio CREMONA legge poi una lettera del Lie, l'ultima ricevuta da lui, del 2 maggio 1898. In essa, dopo aver raccontato la sfortuna toccatagli in entrambi i suoi viaggi in Italia (1870 e 1898), il Lie espone i disegni da lui ideati, per promuovere onoranze al suo grande connazionale Abel.

Il Socio CREMONA finisce colle parole: « Dopo Abel, la Norvegia e la scienza hanno da piangere la perdita di un altro sommo geometra, degno di stare accanto al primo: Sophus Lie ».

E conclude col proporre che l'Accademia dei Lincei mandi le sue condoglianze alla vedova (sig.ª Anna Lie, nata Birch), alla Società delle scienze di Kristiania ed all' Università di Kristiania.

Questa proposta è approvata all'unanimità.

PRESENTAZIONE DI LIBRI

Il Segretario BLASERNA presenta le pubblicazioni giunte in dono, segnalando quelle inviate dai Socî GEMMELLARO e RICCÒ, e dai signori SINIGAGLIA, BRÜHL, DUFET e capitano CATTOLICA.

Il Socio CERRUTI fa omaggio dell'opera del prof. G. VIVANTI intitolata: *Cenni di calcolo infinitesimale* e ne parla.

CORRISPONDENZA

Il Segretario BLASERNA dà conto della corrispondenza relativa al cambio degli Atti.

Ringraziano per le pubblicazioni ricevute:

L'I. Accademia di scienze naturali di Halle a. S.; la R. Accademia di scienze ed arti di Barcellona; la Società di scienze naturali di Emden; le Società geologiche di Manchester e di Sydney; il Museo Britannico di Londra; la R. Scuola navale di Genova; l'Ufficio per la misura del grado, di Vienna.

OPERE PERVENUTE IN DONO ALL'ACCADEMIA
presentate nella seduta del 5 marzo 1899.

Arcidiacono S. — Principali fenomeni eruttivi avvenuti in Sicilia e nelle isole adiacenti nel semestre gennaio-giugno 1898. Modena, 1899. 8°.

Bonaventura L. — Cura dei catarri per le correnti continue etc. Milano, 1883. 8°.

Id. — Principi psicologici di elettroterapia. Cerignola, 1899. 8°.

Id. — Sulla cura della tisi. Napoli, 1891. 8°.

Denza F. — Meteorology of the italian Mountains. Chicago. S. a. 8°.

Dufet H. — Recueil de donnés numériques publié par la Société française de Physique. — Optique. 2° fasc. Paris, 1899. 8°.

Gemmellaro G. G. — La fauna dei calcari con fusulina della Valle del fiume Sosio. Fasc. III. IV. 1. Palermo, 1895-99. 4°.

Hjelt E, e Aschan O. — Die Kohlenwasserstoffe und ihre Derivate oder organische Chemie. (V. 2, u. VI. Th. d. Roscoe-Schorlemmer's Lehrbuch d. organ. Chemie). Braunschweig, 1896-98. 8°.

Leonardi Cattolica P. — Stazione astronomica a S. Cataldo di Bari. Genova, 1899. 4°.

Lomeni A. L. — Sopra un trattamento delle flemme. S. l. 1898. 8°.

Marro M. — Istruzione ed agricoltura. Roma, 1899. 8'.

Marro M., Nosotti I. e Cuboni G. — Tre conferenze agrarie. Roma, 1899. 8°.

Mascari A, — Histoire d'un group persistant de taches solaires. Bruxelles. 1898. 8°.

Id. — Sulla frequenza e distribuzione in latitudine delle macchie solari osservate nell'Osservatorio di Catania nel 1897. Roma, 1898. 4°.

Id. — Protuberanze solari osservate nel R. Osservatorio di Catania nel 1897. Memoria (In) di Teodoro Caruel. Firenze, 1899 8°.

Oddone E. — La misura relativa della gravità terrestre a Pavia. Milano, 1899. 8°.

Osservazioni e fotografie dell'eclisse parziale di Luna del 3 luglio 1898, fatte nel r. Osservatorio di Catania. Roma, 1898. 4°.

Riccò A. — Anomalie delle gravità nelle regioni etnee. Catania, 1898. 8.

Id. — Ciclone e caduta di polvere sciroccale nella notte del 6 marzo al 7 marzo 1898. Catania, 1898. 8°.

Id. — Continuazione della determinazione della gravità relativa in Calabria e nelle Eolie. Catania, 1898. 8°.

Id. — Controllo delle osservazioni di gravità fatte in Sicilia e Calabria. Catania, 1898. 8°.

Id. — La couronne solaire. Bruxelles, 1898. 8°.

Id. — Nuovo rilevamento topografico del cratere centrale dell'Etna. Modena. 1898. 8°.

Id. — Osservazioni sull'assorbimento atmosferico della luce fatte nell'Osservatorio etneo e nell'Osservatorio di Catania dai prof. Müller e Kempf.

Id. — Rilievo topografico e variazioni del cratere centrale dell'Etna. Catania, 1898, 8°.

Id. — Stato attuale della attività endogena nelle Eolie. Catania. 1898. 8°.

Id. — Temperatura nucleare dell'Osservatorio etneo ottenuta per differenza con le osservazioni fatte in Catania. Catania, 1898. 8°.

Id. — Terremoto etneo del 14 maggio 1898. Catania, 1898. 8°.

Riccò A. e *Eredia F.* — Temperatura media dell'Osservatorio di Catania e dell'osservatorio etneo, dedotta da 22 anni di osservazioni dell'osservatorio di Riposto. Catania, 1895. 8°.

Saija G. e *Eredia F.* — Risultato delle osservazioni meteorologiche del 1897 e 1898 fatta nel R. Osservatorio di Catania. Catania, 1898. 4°.

Sinigaglia F. — Application de la surschauffe aux machines à vapeur. Paris, 1898. 4°.

Studi sulla geografia naturale e civile dell'Italia. Roma. 1875. 4°.

Vivanti G. — Corso di calcolo infinitesimale. Messina, 1899. 8°.

P. B.

RENDICONTI

DELLA REALE ACCADEMIA DEI LINCEI

Classe di scienze fisiche, matematiche e naturali.

Seduta del 19 marzo 1899.

A. Messedaglia Vicepresidente.

MEMORIE E NOTE
DI SOCI O PRESENTATE DA SOCI

Matematica. — *Osservazioni sopra alcune equazioni diffe-renziali lineari.* Nota di G. Fano, presentata dal Socio Cremona.

1. Nella mia Nota: *Sulle equazioni differenziali lineari che apparten-gono alla stessa specie delle loro aggiunte* (¹) ho dimostrato, fra altro, che se $G(y) = 0$ e $G'(z) = 0$ sono due equazioni differenziali lineari di ordine n mutuamente aggiunte, e il gruppo di razionalità di $G(y) = 0$ si compone di sostituzioni lineari trasformanti in sè stessa una forma quadratica φ a coefficienti costanti e di discriminante non nullo, l'equazione $G'(z) = 0$ potrà trasformarsi nella stessa $G(y) = 0$ con una sostituzione

$$y = a_0 z + a_1 z' + \cdots + a_{n-1} z^{(n-1)}$$

dove le a sono funzioni della variabile indipendente x appartenenti al campo di razionalità definito dai coefficienti delle due equazioni proposte (e loro deri-vate) (²). E anzi, se l'equazione differenziale $G(y) = 0$ ha rispetto alla forma φ il rango $r \left(\geq 0, \ \leq \dfrac{n-1}{2} \right)$; vale a dire se, indicate con $y_1, y_2, \ldots y_n$ altrettante soluzioni distinte, opportunamente scelte, dell'equazione stessa, si ha identicamente $\varphi(y) = \varphi(y') = \cdots = \varphi(y^{(r-1)}) = 0$, ma $\varphi(y^{(r)}) \neq 0$,

---

(¹) Atti della R. Acc. di Torino, seduta del 26 febbraio 1899.

(²) Questa relazione fra le equazioni differenziali $G(x) = 0$ e $G'(z) = 0$ è anche reciproca; e queste due equazioni appartengono allora *alla stessa specie*.

Rendiconti. 1899, Vol. VIII, 1° Sem.   37

l' equazione $G'(z) = 0$ potrà trasformarsi nella $G(y) = 0$ con una sostituzione:

$$y = A(z) = a_0 z + a_1 z' + \cdots + a_{n-2r-1} \, z^{(n-2r-1)}$$

nella quale $a_{n-2r-1} \neq 0$.

È chiaro poi che, per $k \geq r$, le funzioni $\varphi(y^{(k)})$, benchè non identicamente nulle, saranno tuttavia razionalmente note; e ciò avverrà in particolare per la stessa $\varphi(y)$ ove sia $r = 0$ (e si scolgano in modo opportuno le soluzioni y_i).

Questa stessa proposizione si trova sostanzialmente enunciata (benchè non dimostrata) nella Nota di Halphen: *Sur les formes quadratiques dans la théorie des équations différentielles linéaires* ([1]). La condizione che la forma φ sia invariante rispetto a tutte le sostituzioni del gruppo di razionalità della data equazione non è da lui introdotta esplicitamente, ma può ritenersi tacitamente presupposta, poichè questa invarianza *formale* è conseguenza necessaria dell'essere $\varphi(y)$ razionalmente nota ([2]), o in particolare identicamente nulla ([3]), ogni qualvolta quest'ultima proprietà non sussista anche per altre forme quadratiche nelle soluzioni y_i. Però Halphen non fa alcun cenno della condizione che il discriminante della forma φ debba essere diverso da zero; condizione che a me è risultata invece essenziale, almeno finchè non si impongano a quel gruppo di razionalità delle condizioni ulteriori, tali da rendere invariante rispetto ad esso, oltre alla forma polare di φ, anche un'altra forma bilineare, di determinante non nullo. Credo perciò opportuno mostrare donde proviene questa apparente contradizione.

2. E comincio col richiamare un caso particolare di questa proposizione, considerato dallo stesso Halphen nella Memoria: *Sur les invariants des équations différentielles linéaires du quatrième ordre* ([4]), e per il quale egli ha anche determinata la corrispondente sostituzione $y = A(z)$. Si tratta del caso $n = 4, r = 1$, ossia di un'equazione differenziale lineare di 4° ordine, di cui quattro soluzioni distinte sono legate da una relazione quadratica omogenea a coefficienti costanti. Se questa relazione ha il discriminante nullo, essa può ridursi a contenere tre sole delle quattro soluzioni y_i, e può assumere quindi la forma:

$$y_1 \, y_3 - y_2^2 = 0.$$

L'equazione differenziale di 4° ordine $G(y) = 0$ ammetterà allora tutte le soluzioni $C_1 \, y_1 + C_2 \, y_2 + C_3 \, y_3$ di una certa equazione differenziale lineare

---

([1]) Compt. Rend. de l'Ac. d. sc., t. CI (1885); p. 664-66.

([2]) Ossia, nel linguaggio usato da Halphen, eguale a una nota funzione della variabile indipendente x.

([3]) In questo caso però la forma $\varphi(y)$ sarebbe soltanto invariante a meno di una costante moltiplicativa.

([4]) Acta math., vol. III (1883); p. 349 e seg.

di 3° ordine, che si potrà formare razionalmente, e che a sua volta dovrà essere soddisfatta dai quadrati di tutte le soluzioni di un'equazione differenziale lineare di 2° ordine (e inversamente). Se quest'ultima equazione la supponiamo ridotta alla forma:

$$y'' + py = 0$$

quell'equazione differenziale di 3° ordine sarà:

(1) $$y''' + 4py' + 2p'y = 0\,;$$

e l'equazione lineare più generale di 4° ordine che ammette tutte le soluzioni di quest'ultima equazione avrà allora la forma [1]:

$$(y' + qy)(y''' + 4py' + 2p'y) = 0$$

dove le espressioni fra parentesi devono considerarsi come simboli di operazioni (delle quali la prima è da eseguirsi sul risultato della seconda); quindi, per disteso:

(2) $$y^{\mathrm{IV}} + qy''' + 4py'' + (6p' + 4pq)\,y' + 2(p'' + p'q)\,y = 0.$$

L'equazione aggiunta di questa è:

(2') $$z^{\mathrm{IV}} - qz''' + (4p - 3q')z'' - (3q'' - 2p' + 4pq)z' - (q''' + 4pq' + 2p'q)z = 0.$$

Calcolando pertanto per quest'ultima equazione la sostituzione con cui Halphen afferma ch'essa si trasforma nella (2) (Mem. cit., p. 350), si trova:

(3) $$y = qz - z'\,.$$

E la funzione y così definita soddisfa bensì alla (2), ma soddisfa pure alla (1); essa non è quindi soluzione generale della (2), e la vera trasformata della (2') mediante la sostituzione (3) sarà pertanto la (1), e non già la (2). Ciò va d'accordo anche col fatto che la (2'), essendo aggiunta della (2), e potendo perciò rappresentarsi simbolicamente col prodotto:

$$(z''' + 4pz' + 2p'z)(z' - qz) = 0 \quad [2]$$

deve ammettere la soluzione (unica, a meno di una costante arbitraria moltiplicativa) dell'equazione differenziale di primo ordine $z' - qz = 0$, e deve

---

[1] Cfr. ad es. Schlesinger: *Handbuch der Theorie der linearen Differentialgleichungen*, vol. I, p. 45-46.

[2] Cfr. ad es. Schlesinger, op. e vol. cit., p. 59. Questi due fattori sono rispett. gli aggiunti (cambiati di segno e) in ordine invertito dei due con cui si compone il primo membro della (2). In particolare la forma di differenziale $y''' + 4py' + 2p'y$ coincide (a meno del segno) colla propria aggiunta.

quindi trasformarsi colla sostituzione (3) in un'equazione differenziale di ordine inferiore al proprio di un'unità ([1]).

In questo caso dunque l'equazione $G'(z) = 0$ aggiunta di $G(y) = 0$ si trasforma non già nella stessa $G(y) = 0$, ma in un'equazione di ordine inferiore (con coefficienti appartenenti allo stesso campo di razionalità), della quale $G(y) = 0$ ammette tutte le soluzioni; si trasforma cioè (come potremo dire brevemente) in un *divisore razionale* di $G(y) = 0$. È in questo senso pertanto che deve intendersi la proposizione già enunciata da Halphen (e da lui anche dimostrata per $n = 4$), nel caso in cui la forma φ abbia il discriminante nullo; sussiste cioè il teorema:

Se un'equazione differenziale lineare di ordine n è tale che sia formalmente invariante rispetto alle operazioni del suo gruppo di razionalità, e perciò anche razionalmente nota, una forma quadratica $\varphi(y)$, a coefficienti costanti, fra n sue soluzioni distinte; e si indica con $r\left(0 \leq r \leq \dfrac{n-1}{2}\right)$ il rango di essa rispetto a questa forma, l'equazione aggiunta di essa si trasformerà con una sostituzione razionale:

$$y = a_0 z + a_1 z' + \cdots + a_{n-2r-1} z^{(n-2r-1)}$$

in un divisore razionale della stessa equazione proposta, di ordine eguale alla caratteristica del discriminante della forma φ; e quindi nella stessa equazione proposta, se questo discriminante non è nullo.

Infatti, se il discriminante di φ ha la caratteristica m ($\leq n$; e > 2, non potendo φ spezzarsi nel prodotto di due forme lineari), noi potremo ridurre la forma stessa, con un'opportuna sostituzione lineare, a contenere soltanto m variabili (rispetto alle quali il suo discriminante sarà diverso da zero); e potremo allora scegliere le n soluzioni distinte y_i dell'equazione proposta $G(y) = 0$ in modo che m fra queste, ad es. le $y_1, y_2 \ldots y_m$, e le loro derivate di uno stesso ordine, rendano φ razionalmente nota, e eventualmente nulla. Il sistema lineare di soluzioni $C_1 y_1 + C_2 y_2 + \cdots + C_m y_m$ sarà allora invariante rispetto a tutte le sostituzioni del gruppo di razionalità dell'equazione proposta; e queste stesse soluzioni dovranno perciò soddisfare a un'equazione differenziale lineare di ordine m, $Q(y) = 0$, i cui coefficienti apparterranno ancora allo stesso campo di razionalità. La forma differenziale $G(y)$ si potrà quindi rappresentare simbolicamente con un prodotto:

$$G(y) = PQ(y)$$

essendo P un'opportuna forma differenziale lineare di ordine $n - m$, a coefficienti pure razionalmente noti. E se con G', P', Q' indichiamo le forme differenziali aggiunte rispett. di G, P, Q, avremo altresì:

$$G'(z) = Q'P'(z).$$

([1]) Schlesinger: op. cit., vol. II, p. 114.

Ora, il gruppo di razionalità dell'equazione differenziale $Q(y) = 0$ non è altro che l'insieme delle sostituzioni determinate sulle $y_1, y_2, \ldots y_m$ dal gruppo di razionalità di $G(y) = 0$; e poichè queste sostituzioni lasciano invariata (formalmente) la $\varphi(y_1 \ldots y_m)$ (che, come forma ad m variabili, ha il discriminante non nullo), così l'equazione $Q'(z) = 0$ aggiunta di $Q(y) = 0$ dovrà potersi trasformare in quest'ultima (in forza del risultato già ottenuto nella mia Nota cit.) con una sostituzione $y = A(z)$, nella quale le derivate di z compariranno soltanto fino all'ordine $m - 2r - 1$ incluso, se con r indichiamo il rango di $G(y) = 0$, e quindi anche di $Q(y) = 0$, rispetto alla forma φ. E siccome d'altra parte la sostituzione $\bar{z} = P'(z)$ trasforma evidentemente l'equazione $G'(z) = 0$, nella $Q'(\bar{z}) = 0$; così, mediante il prodotto di queste due operazioni, ossia ponendo:

$$y = AP'(z)$$

dove le derivate di z compariranno fino all'ordine $(m - 2r - 1) + (n - m) = n - 2r - 1$ incluso, noi potremo trasformare l'equazione $G'(z) = 0$, aggiunta di $G(y) = 0$, non già in quest'ultima equazione, ma nel suo divisore razionale di ordine $m, Q(y) = 0$.

Quest'equazione $Q(y) = 0$ appartiene anzi alla stessa specie della propria aggiunta (secondo la definizione contenuta nella mia Nota cit.): non così però la $G(y) = 0$.

3. Un ragionamento completamente analogo permette di concludere che *se un'equazione differenziale lineare di ordine n è tale che sia formalmente invariante rispetto alle operazioni del suo gruppo di razionalità, e perciò anche razionalmente nota, una forma bilineare alternante a coefficienti costanti fra n sue soluzioni distinte y_i e le loro derivate prime, e si indica pure con r il rango dell'equazione differenziale proposta rispetto a questa forma* ([1]), *l'equazione aggiunta della proposta si trasformerà con una sostituzione razionale:*

$$y = a_0 z + a_1 z' + \cdots + a_{n-2r-2} z^{(n-2r-2)}$$

(dove $a_{n-2r-2} \neq 0$) *in un divisore razionale di quest'ultima equazione, di ordine eguale alla caratteristica* (che è certo numero pari) *del determinante della forma alternante considerata.*

La dimostrazione è fondata anche qui sulla proprietà di questa forma alternante di potersi trasformare linearmente in un'altra di determinante non nullo, nella quale le variabili di ciascuna serie siano in numero eguale alla

---

caratteristica del determinante primitivo (e risultino altresì affette dai medesimi indici). In linguaggio geometrico, si tratta semplicemente della proprietà di una quadrica o di un complesso lineare di uno spazio S_{n-1}, i quali siano $n - m$ volte degeneri, di potersi ottenere come proiezioni di varietà omonime non degeneri di uno spazio S_{m-1} da uno spazio S_{n-m-1} (asse) non incidente a quest'ultimo.

Questi due teoremi non sono però invertibili; perchè se l'equazione $G'(z) = 0$ aggiunta di $G(y) = 0$ si trasforma con una sostituzione razionale $y = A(z)$ in un divisore razionale $Q(y) = 0$ della stessa $G(y) = 0$, questo non basta nemmeno per concludere che l'equazione differenziale $Q(y) = 0$ appartenga alla stessa specie della propria aggiunta, e si possano perciò applicare a quest'ultima equazione i risultati della mia Nota cit.

Sia infatti $S(y) = 0$ un'equazione differenziale dello stesso ordine m di $Q(y) = 0$, e tale che la sua aggiunta $S'(z) = 0$ appartenga alla stessa specie di $Q(y) = 0$, e si trasformi perciò in quest'ultima con una sostituzione razionale $y = A(z)$. Formiamo l'equazione differenziale lineare $G(y) = 0$ di ordine $2m$ che ammette tutte le soluzioni delle due equazioni $Q(y) = 0$ e $S(y) = 0$ (e che ha perciò per integrale generale la somma degli integrali generali di queste due equazioni). Avremo allora:

$$G(y) \equiv PQ(y) \equiv RS(y)$$

essendo P e R opportune forme differenziali di ordine m. E passando alle forme aggiunte:

$$G'(z) \equiv Q'P'(z) \equiv S'R'(z).$$

E poichè la sostituzione $y = A(z)$ trasforma $S'(z) = 0$ in $Q(y) = 0$, così la sostituzione $y = AR'(z)$ dovrà trasformare $G'(z) = 0$ nella stessa $Q(y) = 0$; e ciò senza che su quest'ultima equazione si sia fatta alcuna ipotesi particolare.

Si può domandare infine se un teorema analogo ai precedenti non sussista anche per il caso in cui le sostituzioni del gruppo di razionalità dell'equazione differenziale proposta trasformino in sè stessa una forma bilineare non simmetrica nè alternante, il cui determinante abbia una caratteristica $m < n$. Ma la risposta è negativa.

Infatti, se la forma bilineare $\sum c_{ik} \xi_i \eta_k$, il cui determinante supporremo avere la caratteristica $m < n$, è simmetrica o alternante, i due sistemi lineari di dimensione $m - 1$ determinati rispettivamente dalle forme $\sum_i c_{ik} \varrho_i$ e $\sum_k c_{ik} \varrho_k$ (dove, per maggior chiarezza, indichiamo le variabili con una nuova lettera ϱ) coincidono; mentre invece negli altri casi questi stessi sistemi lineari, pur potendo coincidere, sono in generale distinti. In ogni caso poi questi due sistemi lineari sono legati invariantivamente alla forma bilineare proposta. Da ciò si trae che, applicando alle due serie di variabili ξ_i e η_i una medesima sostituzione lineare, noi potremo bensì trasformare quest'ultima forma in un'altra contenente soltanto m delle nuove variabili $\bar{\xi}$ e altrettante delle $\bar{\eta}$, e avente rispetto a queste il determinante (di ordine m) non nullo; ma queste $\bar{\xi}$ e $\bar{\eta}$ non saranno affette in generale — ove la forma non sia simmetrica nè alternante — dai medesimi m indici; e noi non potremo perciò considerare la nuova forma come invariante rispetto a un gruppo di sostituzioni lineari, quale ad es. il gruppo di razionalità di un'equazione differenziale lineare, nè introdurre in essa le soluzioni y_i di quest'equazione e le loro derivate, se non considerando la forma stessa come tale rispetto a due serie di un numero $> m$ di variabili (in modo da comprendere tutti gli indici). E allora il suo determinante sarà ancora nullo, e non si potranno perciò applicare le considerazioni analoghe a quelle del n. 2.

A chi ha famigliarità con considerazioni geometriche, basterà d'altronde ch'io ricordi che una reciprocità di uno spazio S_{n-1} il cui determinante abbia la caratteristica $m \leq n - 1$ si riduce a una reciprocità non degenere tra due forme fondamentali di spazî aventi per sostegni rispettivi due S_{n-m-1}. Questi due spazî coincidono certo se la reciprocità è involutoria; ma negli altri casi sono in generale distinti; e soltanto quando essi coincidano, alla considerazione della reciprocità proposta si può sostituire (come a noi occorre, volendo estendere il teorema del n° 2) quella di un'analoga corrispondenza non degenere *in* uno spazio inferiore.

Matematica. — *Contributo alla determinazione dei gruppi continui in uno spazio ad n dimensioni.* Nota del dott. P. MEDO-LAGHI, presentata dal Socio CERRUTI.

Alcune antiche ricerche di Engel ed altre più recenti di Picard hanno mostrato la corrispondenza che c'è tra i gruppi finiti ed infiniti e certi speciali gruppi finiti.

Io mi ero proposto già da qualche tempo di adoperare questa corrispondenza come mezzo di ricerca nel problema della determinazione di tutti i gruppi di uno spazio ad n dimensioni. Presto mi accorsi che il metodo non avrebbe avuto che le apparenze della novità: in sostanza esso coincide col metodo basato sugli sviluppi in serie dei coefficienti delle trasformazioni infinitesime nell'intorno di un punto generico; ma *soltanto nella supposizione che le trasformazioni di ordine zero siano permutabili*, cioè riducibili alla forma: $p_1, \ldots p_n$.

Le considerazioni raccolte in questa Nota, mentre spiegano la ragione di tale differenza in due metodi egualmente generali, mostrano che in realtà a rappresentare l'insieme dei gruppi transitivi bastano quei gruppi che contengono le traslazioni.

1. Se la trasformazione $y_i = y_i(x_1 \dots x_n)$, $i = 1 \dots n$, lascia invariante la espressione differenziale quadratica

$$(1) \qquad \sum_{k,\nu}^{1\dots n} f_{k,\nu}(x_1 \dots x_n)\, dx_k\, dx_\nu$$

le funzioni y_i soddisfano alle condizioni:

$$(2) \qquad f_{i,\lambda}(x_1 \dots x_n) = \sum_{k,\nu} f_{k,\nu}(y_1 \dots y_n) \frac{\partial y_k}{\partial x_i} \frac{\partial y_\nu}{\partial x_\lambda} \quad i,\lambda = 1 \dots n.$$

Secondo la natura delle funzioni $f_{i,\nu}$ il sistema può essere completamente integrabile, o avere nell'integrale generale meno di $\dfrac{n(n+1)}{2}$ costanti, od anche ammettere la soluzione unica $y_i = x_i$; il supporre che sia completamente integrabile non basta a caratterizzare il gruppo dei movimenti, perchè è noto dai lavori di Lie sui fondamenti della geometria che questi movimenti sono riducibili a *due* diversi tipi: il gruppo dei movimenti euclidei:

$$(3) \qquad p_k \quad , \quad x_\mu p_k - x_k p_\mu \qquad k,\mu = 1 \dots n$$

e quello dei movimenti non euclidei:

$$(4) \qquad p_k - x_k \sum_{\tau=1}^n x_\tau p_\tau \quad , \quad x_\mu p_k - x_k p_\mu \qquad k,\mu = 1 \dots n.$$

Cercando d'altra parte la forma di Engel per le equazioni di definizione dei gruppi (3), (4), si trova che questa forma è *comune* ai due gruppi; essa è appunto la (2). Qui dunque le equazioni di definizione sotto la forma di Engel rappresentano due gruppi, uno dei quali contenente le traslazioni.

Sarebbe facile trovare altri casi consimili; mi limito ancora ad accennare il più caratteristico: quello dei gruppi transitivi ad n parametri nello spazio ad n dimensioni. Questi gruppi, che già per $n = 2$ appartengono a tipi diversi, hanno comuni le equazioni di definizione sotto la forma di Engel, la quale è:

$$\varphi_{k,i}(x_1, \dots x_n) = \sum_{\nu=1}^n \varphi_{k,\nu}(y_1 \dots y_n) \frac{\partial y_\nu}{\partial x_i} \qquad k,i = 1 \dots n.$$

Prendendo p. es.

$$\varphi_{k,i} = 0 \;(k \neq i) \quad , \quad \varphi_{k,k} = 1.$$

si ha il gruppo delle traslazioni:

$$\frac{\partial y_k}{\partial x_i} = 0 \quad , \quad \frac{\partial y_k}{\partial x_k} = 1.$$

e disponendo opportunamente delle $\varphi_{k,i}$ si otterrebbero tutti gli altri.

2. Dimostrerò ora per ogni caso che le equazioni di definizione, quando vengono assunte sotto la forma di Engel, rappresentano in generale gruppi diversi, e che tra questi ve ne è sempre uno almeno che contiene come sottogruppo il gruppo delle traslazioni.

Consideriamo successivamente i sistemi:

$$\text{G} \qquad \varpi_k(x) = I_k \left\{ \varpi_1(y), \dots \varpi_m(y); \frac{\partial y_1}{\partial x_1}, \dots \right\}$$

$$\text{S} \qquad \overline{\varpi}_k(x) = I_k \left\{ \varpi_1(y), \dots \varpi_m(y); \frac{\partial y_1}{\partial x_1}, \dots \right\}$$

$$\text{S}^{-1} \qquad \varpi_k(x) = I_k \left\{ \overline{\varpi}_1(y), \dots \overline{\varpi}_m(y); \frac{\partial y_1}{\partial x_1}, \dots \right\} \qquad k = 1 \dots m .$$

$$\Gamma \qquad \overline{\varpi}_k(x) = I_k \left\{ \overline{\varpi}_1(y), \dots \overline{\varpi}_m(y); \frac{\partial y_1}{\partial x_1}, \dots \right\}$$

in cui $\varpi(y)$, $\overline{\varpi}(y)$ stanno per brevità in luogo di $\varpi(y_1 \dots y_n)$, $\overline{\varpi}(y_1 \dots y_n)$, e le $\varpi, \overline{\varpi}$ sono due sistemi di funzioni determinate in modo che ciascuno dei sistemi G, Γ sia completamente integrabile. Le G siano le equazioni di definizione di un gruppo G; allora anche Γ è un gruppo, ed S, S^{-1} sono due schiere. Le proprietà delle funzioni I_k permettono facilmente di stabilire che la trasformazione più generale della schiera S si ottiene facendo seguire ad una trasformazione particolare della schiera stessa la trasformazione più generale del gruppo G, e che la schiera S^{-1} si compone di tutte le trasformazioni inverse a quelle di S. Combinando queste due osservazioni si arriva al risultato che la schiera S si compone di tutte le trasformazioni che trasformano il gruppo G in Γ. Condizione necessaria e sufficiente perchè i gruppi G e Γ siano simili è dunque la integrabilità del sistema S.

Grazie alla natura delle funzioni I_k, la condizione di integrabilità si può presentare sotto un aspetto invariantivo: consideriamo le $\varpi_1(x), \dots \varpi_m(x)$ come funzioni del punto nella varietà $x_1 \dots x_n$ (come sarebbero p. es. le $E(u,v), F(u,v), G(u,v)$ su una superficie di cui si conosce l'elemento lineare); le S possono allora considerarsi come le formole di trasformazione delle funzioni $\varpi_1(x), \dots \varpi_m(x)$ per un cambiamento di coordinate. A queste formole si potranno aggiungere quelle che rappresentano le trasformazioni delle derivate prime, seconde, ... delle funzioni $\varpi_1 \dots \varpi_m$; e si determineranno quelle espressioni formate con le ϖ e le loro derivate che restano invarianti per ogni cambiamento di coordinate.
Sia:

$$\alpha_1 \left(\varpi_1(x), \dots \varpi_m(x); \frac{\partial \varpi_1}{\partial x_1}, \dots \right)$$

$$\dots \dots \dots \dots \dots \dots$$

$$\alpha_r \left(\varpi_1(x), \dots \varpi_m(x); \frac{\partial \varpi_1}{\partial x_1}, \dots \right)$$

il sistema completo di questi invarianti.

Per riconoscere se il sistema S, (od S⁻¹), è integrabile, bisognerà calcolare anche le espressioni:

$$\alpha_1 \left(\overline{\varpi}(y) , \dots \overline{\varpi}(y) ; \frac{\partial \overline{\varpi}_1}{\partial y_1} , \dots \right), \dots$$

e vedere poi se il sistema:

$$(5) \begin{cases} \alpha_1 \left(\varpi_1(x) , \dots \varpi_m(x) ; \frac{\partial \varpi_1}{\partial x_1} , \dots \right) = \alpha_1 \left(\overline{\varpi}_1(y) , \dots \overline{\varpi}_m(y) ; \frac{\partial \overline{\varpi}_1}{\partial y_1} , \dots \right) \\ \dots \dots \dots \dots \dots \dots \dots \dots \dots \dots \\ \alpha_r \left(\varpi_1(x) , \dots \varpi_m(x) ; \frac{\partial \varpi_1}{\partial x_1} , \dots \right) = \alpha_r \left(\overline{\varpi}_1(y) , \dots \overline{\varpi}_m(y) ; \frac{\partial \overline{\varpi}_1}{\partial y_1} , \dots \right) \end{cases}$$

è compatibile.

Notiamo a questo punto che se il sistema S è integrabile, il suo integrale generale ha lo stesso grado di generalità (per quel che si è visto sulla natura delle soluzioni di S) dell'integrale di G; e che se G è transitivo, tra le sue equazioni di definizione non ve ne è nessuna di ordine zero. Non ve ne sarà dunque nessuna nemmeno nel sistema S, e poichè le equazioni (5) appartengono al sistema S e sono di ordine zero, esse devono ridursi a delle identità: ciò che, data la natura di quelle equazioni, non può avvenire altro che supponendo costanti gli invarianti $\alpha_1 \dots \alpha_m$.

Senza insistere maggiormente sulle condizioni di equivalenza di due gruppi, basta per lo scopo attuale osservare che le funzioni $\varpi_1(x), \dots \varpi_m(x)$ sono soggette soltanto alle condizioni:

$$(6) \begin{cases} \alpha_1 \left\{ \varpi_1(x) , \dots \varpi_m(x) ; \frac{\partial \varpi_1}{\varpi x_1} , \dots \right\} = \text{costante} \\ \dots \dots \dots \dots \dots \dots \dots \dots \dots \dots \\ \alpha_1 \left\{ \varpi_1(x) , \dots \varpi_m(x) ; \frac{\partial \varpi_1}{\partial x_1} , \dots \right\} = \text{costante} \end{cases}$$

È facile infatti riconoscere che inversamente ogni gruppo G le cui funzioni $\varpi_1(x) \dots \varpi_m(x)$ soddisfano alle (6) è transitivo e le sue equazioni G formano un sistema completamente integrabile. Alle condizioni (6) si soddisfa certamente prendendo per $\varpi_1 \dots \varpi_m$ delle costanti, nel qual caso il gruppo G contiene il sottogruppo delle traslazioni (¹); quindi tra i gruppi che vengono rappresentati da uno stesso sistema di Engel ve ne è certamente uno che contiene tutte le traslazioni.

3. Un gruppo qualunque si assume ordinariamente come rappresentante di una schiera infinita di gruppi; di tutti quelli cioè che si deducono dal dato con un cambiamento di variabili.

(¹) Comptes rendus; 25 aprile 1898.

Se si pensa che dato un gruppo è sempre possibile presentare le sue equazioni di definizione sotto la forma di Engel, sembrerà giustificato l'assumere quel gruppo come rappresentante di tutti quegli altri che hanno a comune con esso la stessa forma. E siccome tra questi vi è sempre, come si è visto precedentemente, un gruppo con le traslazioni si potrà ogni volta assumere come rappresentante appunto questo gruppo. Il problema della determinazione dei gruppi continui in uno spazio ad n dimensioni viene così considerevolmente semplificato.

Matematica. — *Sulle equazioni a coppie di integrali ortogonali.* Nota di T. LEVI-CIVITA, presentata dal Socio BELTRAMI.

Le equazioni

(E)
$$\frac{\partial u}{\partial z} = A \frac{\partial u}{\partial x} + B \frac{\partial u}{\partial y}$$

tali che, per ogni famiglia $f_1(x, y, z) = $ cost di superficie integrali, ne esiste un'altra ortogonale $f_2(x, y, z) = $ cost, sono tutte e soltanto quelle, le cui caratteristiche

$$\frac{dx}{A} = \frac{dy}{B} = -dz$$

godono della seguente proprietà:

Le rette cicliche, che, corrispondentemente ad ogni punto P dello spazio, giacciono nel piano π, normale in quel punto alla caratteristica, non esauriscono, come nel caso generale, il complesso ciclico, ma formano soltanto un sistema ∞^2, cioè due congruenze (coniugate, quando i coefficienti A e B sono reali).

Ho stabilito non è guari questo risultato con procedimento analitico [1]. Eccone una brevissima dimostrazione sintetica.

Sieno P e Q due punti generici dello spazio, π e χ i rispettivi piani normali alle caratteristiche. Per ogni famiglia $f(x, y, z) = $ cost di superficie integrali, diciamo ordinatamente a e b le intersezioni con π e χ dei piani tangenti α, β in P, Q.

Facendo variare la famiglia f, si viene a porre una corrispondenza fra le rette a del fascio (π, P) (così designamo il fascio, che appartiene al piano π ed ha P per centro) e le rette b del fascio (χ, Q). Per la natura della equazione (E), questa corrispondenza è tale che, ad una coppia qualunque di rette ortogonali del primo fascio, corrisponde nel secondo una coppia

---

[1] Cfr. la Nota precedente: *Sulle congruenze di curve.*

pure ortogonale, quindi alle rette cicliche i, i' di (π, P) rispettivamente le j, j' di (χ, Q).

Di quà risulta che quella particolare famiglia $\varphi(x, y, z) =$ cost di integrali della (E), il cui piano tangente α in P taglia π secondo i (famiglia che si può sempre costruire) interseca ogni altro piano χ secondo una retta j pure ciclica.

Si vede poi subito che α è un piano ciclico, cioè tangente al cono I^2, che proietta da P il cerchio immaginario all'infinito.

Infatti, per ciascuna coppia di integrali ortogonali di (E), i rispettivi piani tangenti in P sono coniugati rispetto ad I^2, perciò α risulta coniugato a sè stesso, ossia ciclico. Lo stesso evidentemente è a dirsi di ogni altro piano tangente alla superficie $\varphi(x, y, z) =$ cost.

Assumiamo ora il punto Q vicinissimo a P sopra i: A meno di infinitesimi d'ordine superiore, esso si può risguardare situato sopra la superficie $\varphi(x, y, z) =$ cost, che passa per P, e quindi il piano tangente β in Q contiene la retta PQ, cioè i. D'altra parte, per quanto s'è osservato, è questa l'unica retta ciclica, passante per Q e situata in β. Ne viene che la intersezione j di β con χ è la stessa retta i.

Dimostrato ciò per il punto Q di i, contiguo a P, si conclude con facile illazione che lo stesso vale per ogni punto Q della i.

In altri termini, la corrispondenza, che la considerazione delle superficie $\varphi(x, y, z) =$ cost stabilisce fra ogni punto P dello spazio e una delle due rette cicliche i del fascio (π, P) è tale che, ad ogni altro punto di i, corrisponde sempre la retta stessa.

Le i costituiscono dunque una congruenza (e così le i'), giusta l'asserto.

La reciproca è pur vera, come si riconosce in modo perfettamente analogo.

Fisica. — *Sul ripiegamento dei raggi Röntgen dietro gli ostacoli* [1]. Nota dei dott. R. MALAGOLI e C. BONACINI, presentata dal Socio BLASERNA.

1. L'idea di un ripiegamento dei raggi X dietro gli ostacoli sorse fino dalle prime ricerche fatte intorno ad essi.

In certe apparenze di penombre che vennero notate nelle imagini di fenditure o di reticoli, si vollero vedere delle vere frangie di diffrazione, e si cercò subito di dedurne valori per le lunghezze d'onda dei raggi X, od almeno dei limiti superiori [2].

Nello stesso tempo si ebbero numerose osservazioni dirette di un apparente ripiegamento dei nuovi raggi [3], essendosi constatato che essi manifestavano

[1] Lavoro eseguito nel R. Istituto tecnico di Modena.

[2] Cfr. lavori di Perrin, Sagnac, Calmette et Lhuillier, Gouy, Fomme, Kümmel, Precht, ecc.

[3] Ròiti, Rend. Lincei, marzo 1896; Villari (ibid); Righi, ecc.

le loro azioni anche nell'*ombra* degli ostacoli. Tale fenomeno fu rilevato sperimentando con tutti tre i metodi di ricerca relativi ai raggi Röntgen ; cioè il fotografico, il fluoroscopico, e l'elettroscopico : senonchè, in seguito alle belle ricerche del Righi ([1]), completate dal Villari e generalizzate poi dal Perrin ([2]), ecc., si dovette fare una riserva in merito al terzo metodo.

Poichè, difatti, per produrre effetti elettro-dispersivi non è necessario che i raggi X incidano direttamente sul corpo elettrizzato, ma basta che incontrino le linee di forza che ad esso fanno capo, è chiaro che il metodo elettroscopico non è adatto per ricerche che riguardano la propagazione rettilinea dei raggi X (se non quando il campo elettrico del conduttore scaricato sia chiuso), ed in particolare per le ricerche di cui parliamo.

L'interpretazione di tutti i fenomeni succitati, come conseguenze di una vera flessione dei raggi X, non si mantenne però a lungo : ma venne sostituendosi generalmente l'altra che li considera come effetti di penombra, dovuti alla forma ed estensione della sorgente, ed alla molteplicità dei luoghi di emissione. Tale idea, dapprima lanciata dal Ròiti ([3]), ripresa più tardi da altri, ed in particolare dal Sagnac ([4]), il quale un tempo però ([5]) era pel ripiegamento, veniva completamente sanzionata da una serie ordinata di ricerche, fatte in comparazione coi fenomeni luminosi, dall'Ercolini ([6]), ed indirettamente confermata dallo stesso ([7]) sui valori delle lunghezze d'onda ottenute dai diversi sperimentatori dei raggi X ([8]).

Ciò non escluse che i fenomeni di apparente ripiegamento dei raggi X venissero anche attribuiti ad una *disseminazione* di questi raggi da parte dell'aria ([9]); oppure, più tardi, ad una cripto-luminescenza di questa ([10]). E ciò crediamo, non tanto perchè si cercò da alcuni di provare che i raggi X manifestavano effetti entro l'*ombra geometrica* degli ostacoli ([11]), ma sopra-

([1]) Memorie dell'Accademia di Bologna, 31 maggio 1896.

([2]) Journal de Physique, agosto 1896.

([3]) Rendiconti Lincei, 1 marzo 1896.

([4]) Comptes rendus, 23 novembre 1896.

([5]) Comptes rendus, 31 marzo 1896.

([6]) *La pseudo-diffrazione dei raggi X*. Nuovo Cimento, aprile 1897.

([7]) Loc. cit.

([8]) Ci piace notare che la questione in discorso, in quanto si connetteva intimamente coll'altra di costruire una sorgente piccolissima di raggi X per avere imagini radiografiche a contorni netti, era stata implicitamente, se non risolta, già molto chiarita dalle ricerche del Colardeaux sul tubo *focus*, che porta il suo nome. (Eclairage électr., T. VIII, 18 luglio 1896).

([9]) Righi, Rend. Lincei, 3 maggio 1896 ; Villari, Rend. Lincei, 6 giugno 1896 ; Müller, Wied. Ann. N° 8, 1896, ecc.

([10]) Röntgen, 3ª Memoria, maggio 1897 ; Sagnac, Comptes rendus, 19 luglio 1897 ; Villard, Comptes rendus. 26 luglio 1897, ecc.

([11]) Buguet, Comptes rendus, 16 agosto 1897.

tutto perchè si cominciò a far sentire quella influenza delle diffusioni di ambiente, che noi, inascoltati, facevamo rilevare fino dall' aprile 1896 ([1]).

Comunque, un reale ripiegamento dei raggi X dietro gli ostacoli, pareva ormai generalmente escluso.

2. Ciò non pertanto, il prof. Villari, in una sua Nota dell'estate scorsa ([2]), dopo aver riferito ad alcune sue esperienze riguardanti le modalità delle ombre radiografiche, concludeva ancora « per una probabile ed estesa flessione dei raggi X nell' ombra generata da un corpo opaco che li intercetta ».

Egli collocava, ad interrompere il fascio dei raggi X, un disco di piombo, assai spesso, posto ad una certa distanza da una « lastra sensibile ben chiusa in una scatola di cartone nero », ed a meglio apprezzare le differenze di tono delle varie parti dell'ombra, collocava sullo strato sensibile delle striscie di piombo. Di queste poi, i raggi 'supposti flessi dovevano disegnare l'imagine nell'ombra del disco.

Poichè nelle nostre ricerche sulla diffusione dei raggi X ([4]) abbiamo dovuto, sia pure in via secondaria, interessarci di continuo a queste azioni indirette dei raggi stessi, dopo la Nota del Villari abbiamo voluto occuparci direttamente della questione.

Cominciammo perciò col ripetere le esperienze del Villari, nelle condizioni da lui descritte, confermando pienamente i suoi risultati. Un'altra serie di esperienze abbiamo poi fatto modificando ordinatamente le condizioni nel modo che diremo. E in seguito ai risultati ottenuti, ci è parso di poter considerare il fenomeno da un punto di vista più comprensivo di quello che non sia stato fatto fin qui.

3. Le azioni radiografiche (o criptoscopiche) che si osservano nell'ombra dei corpi opachi ai raggi X possono attribuirsi a più cause che giova distinguere :

a) Causa principale, prevalentissima, è senza dubbio l'estensione della sorgente che emette i raggi X (piastrina anticatodica nei focus), nonchè la molteplicità dei luoghi di emissione secondaria. Come abbiamo detto sopra, di ciò si hanno ormai prove le più sicure. Ci limitiamo quindi (soltanto a titolo di conferma) a riferire qui, che operando col dispositivo Villari, abbiamo visto l'ampiezza e l'entità delle penombre andar scemando man mano che si limitava il fascio degli X con diaframmi sempre più piccoli e, meglio ancora, con parecchi di essi a centri allineati.

Perciò riteniamo che le apparenze osservate dal Villari siano da attribuirsi *principalmente* a questa circostanza, dappoichè non è detto che egli abbia preso precauzioni in proposito.

([1]) Rendiconti Lincei, 26 aprile 1896.
([2]) *Le ombre dei raggi X studiate colla fotografia*, Rend. Lincei, 11 giugno 1898.
([3]) Rendiconti Lincei, 26 aprile 1896, 20 febbraio 1898, 8 aprile 1898.

b) Come causa secondaria, i cui effetti riescono sensibili solo attenuando l'influenza della causa *a)*, è da considerarsi la diffusione dei corpi circostanti allo strato sensibile che vengono colpiti direttamente dal fascio; ed in particolare dell'involucro dello strato stesso e del vetro su cui per avventura esso sia steso. Ed in ciò va naturalmente compresa non solo la diffusione di raggi X da parte di corpi del nostro tipo B [1], ma anche la trasformazione dovuta a corpi del tipo A.

Per mettere ora in rilievo questa circostanza, dopo limitato il più possibile il fascio agente, abbiamo fatto esperienze comparative esponendo una volta una lastra sensibile chiusa in una scatola di cartone, come faceva il Villari, e un'altra una pellicola nuda, secondo il nostro dispositivo, già descritto in altra occasione [2] che permette di eliminare l'azione di ogni diffusore di solido.

Fra queste due prove si nota subito una grande differenza; le tracce delle striscie di piombo a contatto dello strato, che nella prima si disegnano complete, cioè per tutta l'estensione dell'ombra del disco, nel secondo caso si riducono ad un accenno lungo il bordo dell'ombra di esso.

In tutte le esperienze del Villari questa circostanza dovette avere la sua influenza; ma gli effetti non potevano riuscire sensibili, neppure nelle esperienze appositamente istituite « per accrescere le supposte o possibili riflessioni degli X su corpi solidi » [3]; giacchè non solo la causa *a)* prevalente tendeva a mascherare ogni altro effetto secondario, ma tra la diffusione dei solidi doveva più di ogni altra farsi sentire quella che non mancava mai, dovuta cioè alla scatola.

c) Infine è da considerarsi l'azione diffondente dell'aria. Essa invero potrebbesi anche comprendere nelle diffusioni d'ambiente sopra citate; ma noi preferiamo distinguerla: 1° perchè i suoi effetti sono di un ordine di grandezza assai minori di quelli delle due precedenti, e si rendono quindi sensibili solo per pose lunghissime e quando si possa trascurare ogni altra azione diffondente. Ci permettiamo di richiamare qui la nostra esp. 4ª (Nota Iª *Sulla diffusione*, Rend. Lincei, 20 febbraio 1898), che non solo mostra l'esistenza, ma anche dà idea dell'*entità* della diffusione dell'aria, e che non è in alcun modo spiegabile con ripiegamento dei raggi X, in seguito al dispositivo adoperato. 2° perchè il suo effetto, che persiste anche sopprimendo entro certi limiti di distanza i corpi non gasosi, non può viceversa essere tolto che introducendo l'influenza di questi (a meno che non si operi con pose molto brevi).

Nelle esperienze del Villari, dove predominano le cause *a)* e *b)*, è quindi inutile invocare la causa *c)*. Ma nelle nostre prove dove la *b)* è del tutto

[1] Rendiconti Lincei, 3 aprile 1898.
[2] Esperienza 2ª, Nota del 20 febbraio 1898.
[3] Villari, loco citato, pag. 293.

soppressa, e la *a*) è ridotta il più possibile, non possiamo escludere un contributo della diffusione dell'aria in quei residui d'imagine delle striscie che, come dicevamo, non siamo riusciti a sopprimere. E del resto, tutti gli sperimentatori, in un modo o nell'altro, hanno riconosciuto un'influenza dell'aria nelle azioni radiografiche dei raggi X dietro gli ostacoli.

4. Da questa analisi delle circostanze che possono concorrere alla produzione di quei fenomeni che si vogliono ancora interpretare in base ad una flessione dei raggi X dietro gli ostacoli, ci sembra di poter concludere negativamente rapporto alla flessione stessa.

L'esperienza veramente decisiva in proposito, è vero, noi non l'abbiamo fatta: ma si pensi che per realizzarla, bisognerebbe teoricamente poter disporre: 1° di una sorgente puntiforme; 2° di un ambiente abbastanza ampio e completamente vuoto. Ed oltre a ciò bisognerebbe aver cura che l'ostacolo (a cui devesi pure attribuire un certo spessore) fosse limitato lateralmente da un tronco di cono, il cui vertice coincidesse colla sorgente, e che la pellicola sensibile fosse limitata entro il cono d'ombra: ciò ad evitare anche le diffusioni dovute ai corpi che prendono parte inevitabilmente alla esperienza.

5. Le ricerche del prof. Villari, dalle quali abbiamo preso le mosse, furono fatte con tubi *focus* e con tubi *Crookes a pera;* e le modalità dell'ombra si presentavano nei due casi alquanto diverse. Noi invece abbiamo fatto le ricerche precedenti usando solo tubi *focus.* Ma non riteniamo per questo, di dover fare delle riserve sulle nostre conclusioni, dappoichè le considerazioni relative alle cause *b*) e *c*) dell'apparente ripiegamento, non dipendono evidentemente dalla natura del tubo e, d'altra parte, le ricerche dell'Ercolini [1], fatte anche sui tubi Crookes, ci autorizzano a mandar buone per essi le considerazioni relative alla causa *a*).

6. A complemento di questa nostra Nota giudichiamo opportuno aggiungere qualche considerazione a proposito di una più recente pubblicazione del Villari [2], il cui argomento principale è in verità, affatto distinto da quello dell'altra, a cui ci siamo fin qui riferiti; ma che in linea secondaria si collega alla questione di cui trattiamo.

In questo suo lavoro l'A., dopo aver confermato con nuove esperienze la parte che spetta all'aria negli effetti dispersivi dei raggi X, riesce a spiegare in modo elegante certe anomalie che si verificano durante il periodo iniziale della scarica di un elettroscopio, e che egli stesso ed altri avevano già osservato senza darsene ragione soddisfacente.

Però, nel dare una spiegazione *completa* della scarica che producono i raggi X dietro gli ostacoli, egli richiama ancora l'intervento dei raggi « flessi o comunque diffusi ».

[1] Ercolini, loco citato.
[2] Rendiconti Lincei, 20 novembre 1898.

Ora, il metodo elettroscopico non essendo, per consenso dello stesso Villari, il più adatto per conclusioni relative a fenomeni in cui si tratti di propagazione rettilinea ([1]), non possiamo considerare questa sua insistenza nell'idea della flessione come un nuovo argomento che combatta le nostre osservazioni precedenti. Tanto più poi che nei raggi *comunque diffusi*, che egli ammette accompagnare i *flessi*, si può, secondo noi, trovare sufficiente spiegazione dei fatti osservati. S'intende che nei raggi diffusi noi comprenderemmo e quelli che si conservano ancora raggi X, ed i trasformati, come abbiamo già detto sopra.

Che le influenze degli uni e degli altri non siano sempre tali da trascurarsi, e si debba quindi di esse tener conto nello sperimentare coi raggi X, più di quanto non si faccia d'ordinario, non è questa la prima volta che noi cerchiamo di mettere in rilievo. Ci permettiamo d'insistere qui ancora, cogliendo occasione da una delle esperienze descritte dal prof. Villari, che egli interpreta attribuendo alla carta un potere specifico, mentre a noi sembra di poterla spiegare appunto col semplice intervento delle diffusioni.

La pallina di un elettroscopio (ben protetto da ogni altra azione) viene introdotta in un tubo cilindrico orizzontale, chiuso ad una estremità, così da trovarsi a poca distanza dal fondo. I raggi X penetrano nel tubo lungo l'asse, dall'estremità aperta. A parte i fenomeni iniziali, allorchè la scarica diventa regolare, si osserva che se il tubo è di carta, l'azione scaricatrice è più debole di quella che dà un eguale tubo di zinco ([1]). Ciò che si spiega, secondo noi, agevolmente, se si pensa alla grande trasparenza della carta, dall'A. riconosciuta « perfetta » (pag. 271), e se si pensa che i raggi trasformati dallo zinco, aventi, come è noto, un potere scaricatore, debbono accentuare ancora il distacco.

Il Villari poi esperimenta con due tubi di zinco uguali, tappezzati internamente, l'uno con carta, l'altro con sottile foglia di zinco per mantenere identico il vano d'entrambi. L'azione scaricatrice di quello che porta la carta è notevolmente minore di quella dell'altro. La ragione di questa differenza sembra a noi attribuibile al fatto, che mentre la carta è trasparente per i raggi diretti, lo è assai poco per quelli che ritornano, dopo subìta la trasformazione a contatto dello zinco che sta dietro.

Dall'esame dei tempi impiegati dalla foglia dell'elettroscopio per cadere di un grado e che il Villari espone, risulta altresì maggiore il potere scaricatore del tubo di zinco foderato di carta, che non quello del solo tubo di carta. Ed anche ciò si spiega facilmente, ricordando che è in parte trasparente ai raggi trasformati dallo zinco.

([1]) Rendiconti Lincei, 11 giugno 1898.
([2]) Nota 20 novembre 1898, pag. 270.

In base a queste spiegazioni si dovrebbero ottenere risultati ancora salienti usando, ad esempio, alluminio e zinco anzichè carta e zinco: dappoichè come tutti i corpi del tipo B cioè prevalentemente diffusori, l'alluminio che è molto trasparente per i raggi X incidenti è molto opaco per le radiazioni trasformate che provengono dallo zinco del tubo esterno.

Fisica. — *Sulla teoria del contatto* (¹) (*attrazione di metalli eterogenei*). Nota III di QUIRINO MAJORANA, presentata dal Socio BLASERNA.

Poichè secondo l'enunciato di Volta metalli eterogenei posti in comunicazione metallica sono a potenziali elettrici differenti, essi debbono, se convenientemente disposti, attirarsi.

Sperimentalmente non era stata peranco verificata l'esistenza di quest'attrazione; anzi Lord Kelvin, in un suo recente lavoro (²), è d'avviso che sarebbe estremamente difficile se non del tutto impossibile, di mostrare per mezzo di esperimento, l'attrazione di due dischi metallici eterogenei.

Realmente, se si rimane nel caso di due dischi piani e paralleli nell'aria, non si arriva a scorgere nessun fenomeno attrattivo; ma usando speciali accorgimenti si può nettamente constatare l'attrazione di pezzi metallici.

Scopo della presente Nota, è di accennare ad esperienze, rivolte alla constatazione dell'accennato fenomeno.

Anzitutto consideriamo due corpi metallici eterogenei; essi, dopo essere stati riuniti metallicamente, o dopo essere stati scaricati al suolo, sono a potenziali differenti. Gli strati elettrici che ricoprono i due metalli esercitano tra loro una forza che, in tesi generale, è attrattiva. La forza newtoniana che contemporaneamente agisce tra le due masse metalliche, sarà generalmente diversa dalla forza elettrica.

Nei casi sperimentali di cui dirò nella presente Nota, le attrazioni che ho constatato debbono essere interpretate come dovute alla forza elettrica;

.

(¹) Dopo la pubblicazione delle prime due Note *sulla teoria del contatto*, sono venuto a conoscenza, che il prof. Righi in una sua Memoria non recente (*Sull'azione dei coibenti nelle esperienze di elettricità di contatto*, Acc. dei XL, serie III, vol. II, pag. 15) già aveva riconosciuto, che avvicinando due pezzi metallici eterogenei, si ottengono cariche contrarie a quelle della esperienza di Volta. La pubblicazione del prof. Righi è antecedente alle esperienze di Exner, alle quali ho accennato nella 1ª nota.

(²) Phil. Mag. Luglio 1898, p. 104.

la forza newtoniana, agendo tra le piccole masse poste in vicinanza, è di un ordine di grandezza molto inferiore.

La disposizione sperimentale che mi ha dato i migliori risultati è la seguente :

Un filo di quarzo dello spessore di $^1/_{100}$ di mm. od anche meno e di 10 cm. di lunghezza, è argentato su tutta la sua superficie. La sua estremità superiore, successivamente ramata per piccol tratto, è saldata ad un fil di rame rigido, isolato.

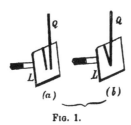

Fig. 1.

La estremità inferiore, molto ingrandita, è rappresentata in Q nella fig. 1 ; accanto ad essa trovasi una lastrina quadrata di zinco speculare, di 1 cm. di lato, che può venire accostata al fil di quarzo, mediante un finissimo movimento a vite. Tutto il sistema è chiuso ermeticamente dentro una scatola con pareti di vetro, dal di fuori della quale possono a volontà stabilirsi comunicazioni elettriche, sia col fil di quarzo che con la lastrina di zinco, e questa può spostarsi mediante la vite.

Con un microscopio, il cui asse ottico è normale al fil di quarzo, e poco inclinato sul piano della lastrina di zinco, si riesce facilmente ad osservare l'estremità Q, e la sua immagine riflessa dalla lastrina.

Il filo di quarzo deve essere alquanto inclinato sullo zinco, in guisa che quando è avvenuto il contatto, si osservi al microscopio un'immagine simile al (b), della fig. (1).

L'artificio indicato, di osservare oltre che il filo, la sua immagine, riesce utilissimo nello scoprire i piccoli movimenti di quello. Essi rimangono infatti pel nostro occhio, come raddoppiati. Le esperienze che descriverò in seguito possono ripetersi anche servendosi di un microscopio a proiezione; essi si rendono così visibili ad un intero uditorio ; in tal caso occorre non adoprare luce molto intensa, giacchè altrimenti il fil di quarzo subirebbe spostamenti dalla sua posizione di riposo, per le azioni calorifiche.

Pongansi ora il filo e la lastrina in comunicazione metallica tra loro, e col suolo. Quest'ultima operazione è necessaria, perchè non avvengano perturbazioni accidentali.

Osservando col microscopio il fil di quarzo, e lavorando lentissimamente colla vite, in guisa da avvicinar lo zinco, quando la distanza fra la punta Q e la sua immagine è di circa $^2/_{10}$ di millimetro, si osserva un moto brusco del filo di quarzo verso la lastrina; il filo di quarzo argentato è dunque attratto dallo zinco.

Che questa attrazione sia dovuta alla eterogeneità dei metalli è facilissimo constatare: Una lastrina di argento non attira il fil di quarzo argentato; l'attrazione c'è sempre, anzi è più marcata, sostituendo allo zinco l'alluminio; è facile osservarla col rame; è debolissima con l'oro. Dorando il filo argentato, questo rimane attratto debolmente da una lastrina di argento, niente da una

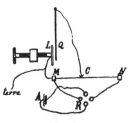

FIG. 2.

d'oro. Lastrine di altri metalli si comportano sensibilmente col filo dorato, come col filo argentato.

Ma al fine di studiare meglio il fenomeno, consideriamo il dispositivo della fig. 2. La lastrina L ed il filo Q sono riuniti ciascuno ai punti M e C di un filo di argentana MN, percorso dalla corrente di un accumulatore, di grande capacità e di vecchia carica. Se il filo MN è abbastanza resistente, l'accumulatore non si scarica sensibilmente durante l'esperienza e i due punti M ed N restano alla differenza di potenziale di circa 2 volt; la qual cosa vien verificata di tanto in tanto con un elettrometro. Il punto di attacco C è mobile su MN, così che si può variare a volontà la differenza di potenziale tra L e Q. Pongasi il commutatore R in guisa, che la corrente vada da N in M. Con ciò l'argento del filo di quarzo riceve una carica positiva; la lastrina di zinco non ne riceve nessuna, essendo il punto M al suolo. Regolando convenientemente la posizione del corsojo C, si può arrivare ad un valore tale del potenziale del filo argentato, per il quale non avviene più alcuna attrazione da parte dello zinco. Se lo zinco è ben pulito e speculare, ciò corrisponde ad una differenza di potenziale, tra i due punti M e C di 0,9 volt, circa.

Rovesciando il senso della corrente mediante il commutatore R, può agevolmente osservarsi che l'attrazione diventa molto più viva che eliminando l'accumulatore. Il filo di quarzo comincia visibilmente a piegarsi verso la lastrina di zinco, anche per distanze di circa ¼ mm.

Appare dunque manifesto, che l'attrazione sia dovuta alla differenza degli stati elettrici dei metalli adoperati. Eguagliando i potenziali dell'argento e dello zinco mediante una pila che abbia la stessa forza elettromotrice che quella esistente al loro contatto, l'attrazione sparisce, almeno sensibilmente. Secondo la teoria del Volta, ciò si potrebbe ottenere mediante una congiunzione elettrolitica del filo argentato e della lastrina, ma ciò equivale appunto ad adoperare la pila come si è fatto. Poichè il muovere la vite della lastrina L, genera delle scosse in tutto l'apparecchio, per quanto tutto venga costruito robustamente, si può procedere così, per meglio constatare l'attrazione: Si mandi la corrente dell'accumulatore A, da N in M. Essendo il corsojo C in tale posizione che la differenza di potenziale tra M e C sia di 0,9 volt, si avvicini sino a circa $^1/_{10}$ di mm. la lastrina al filo. Così non avviene attrazione, ma interrompendo la corrente, si osserva subito la caduta brusca del filo sullo zinco. Lasciando la corrente interrotta, e distaccando il filo dalla lastrina, in guisa che tra di essi esista una distanza di ¼ mm., non appena si invia la corrente, ma in guisa che da M vada in N, avviene ancora l'attrazione.

Dalle precedenti esperienze si deduce un metodo semplice e rapido per misurare la f. e. m. di contatto di due metalli, o meglio di un metallo qualunque, con l'argento; basta all'uopo osservare quale è la f. e. m. necessaria per annullare l'attrazione. Benchè il metodo non offre a prima vista una grande precisione, a causa, oltre che della piccolezza del fenomeno, della incertezza dello stato superficiale dell'argento che ricopre il filo, pure mi è stato facile ordinare così alcuni metalli:

Alluminio	+ 1,1 volt	Rame	+ 0,40
Zinco	+ 0,9	Argento	0,00
Ferro	+ 0,5	Oro	− 0,2
Ottone	+ 0,45		

È notevole il fatto che ho trovato costantemente l'oro alquanto più negativo dell'argento, mentre Pellat pone l'oro e l'argento quasi sullo stesso gradino della scala di Volta.

Lord Kelvin, dicendo dell'attrazione che dovrebbe sussistere fra due dischi metallici eterogenei, afferma che essa ha luogo quando essi sono riuniti metallicamente. Ora ciò, benchè sia esatto, non è praticamente sempre necessario. Supponiamo infatti, che i due dischi sieno uniti ciascuno ad una grande capacità metallica che sia stata scaricata al suolo, e successivamente isolata. È chiaro che allora l'attrazione deve poter avvenire egualmente, giacchè all' avvicinarsi dei due dischi, le due capacità forniscono a ciascuno di essi le quantità di elettricità necessarie per mantenerli agli stessi potenziali.

Nelle esperienze descritte avviene alcunchè di simile. Infatti l'attrazione della lastrina di zinco e del filo argentato avviene egualmente anche nel caso in cui essi sono isolati. E così dev'essere, giacchè le regioni attraentisi sono piccolissime di fronte al resto.

È assai difficile tentar di calcolare a priori qual sia il valore della forza attrattiva nel caso sperimentale descritto. Se si hanno invece due dischi eguali di area A, posti alla distanza D, piccola di fronte al diametro dei dischi, e tra i quali esiste la differenza di potenziale V, si dimostra facilmente che la loro forza attrattiva P è

$$P = \frac{V^2 A}{8\pi D^2}.$$

Per avere un'idea dell'ordine di grandezza delle forze con cui si ha da fare, supponiamo che del filo di quarzo e della lastrina agiscano, attiran-

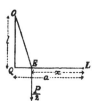

FIG. 3.

dosi, solo due elementi di superficie di area A ciascuno. Nella figura 3 è indicato in O Q il filo di quarzo; il punto L è quello della lastrina di zinco che immaginiamo come agente. In seguito all'attrazione il filo O Q viene in O E. Se P è il peso del filo di quarzo, l la sua lunghezza; se E L $= x$, Q L $= a$, la forza agente sull'estremo E secondo E L, è $\frac{P(a-x)}{2l}$. Ciò supponendo che il filo di quarzo sia rigido e fissato a cerniera sulla sua estremità superiore. Quella forza deve essere eguale, per l'equilibrio, alla attrazione delle due aree ipotetiche considerate e cioè

$$\frac{P(a-x)}{2l} = \frac{V^2 A}{8\pi x^2},$$

od anche

$$(a-x)x^2 = \frac{V^2 A l}{4\pi P}.$$

Affinchè possa sussistere questa equazione, occorre che il massimo valore che può prendere il primo membro, per un dato valore di a, al variare di x, sia maggiore del secondo membro che è costante; e cioè derivando rispetto ad x ed eguagliando a zero:

$$2x(a-x) - x^2 = 0 \text{, cioè } x = \frac{2a}{3}.$$

E allora deve essere

$$\frac{4a^3}{27} > \frac{V^2 A l}{4\pi P}.$$

Se invece eguagliamo i due membri si ha

$$a^3 = \frac{27}{16\,\pi} \cdot \frac{V^2 A l}{P}.$$

In tal caso la distanza a è quella che corrisponde all'istante in cui, avvicinando la lastrina al filo di quarzo, questo viene bruscamente a precipitarsi su quella.

Dalla precedente espressione si ha anche

$$A = \frac{16}{27}\,\pi\,\frac{a^3 \cdot P}{V^2 \cdot l}.$$

Con l'apparecchio da me adoperato si può ritenere che occorre portare la lastrina di zinco sino ad $^1/_{10}$ di millimetro di distanza dal filo di quarzo affinchè avvenga l'attrazione. Supponiamo dunque che nel caso ipotetico delle due aree di argento e zinco, si abbia egualmente lo stesso valore per quella distanza; sarà dunque $x = $ cm. 0,01, e quindi $a = \frac{3}{2}\,x = 0,015$ cm.

Sostituiamo nella espressione di A i valori delle quantità che vi rientrano, ricavati dall'apparecchio adoperato. Essi sono P = 0,032 *dine*; $l = $ 10 cm.; V = 0,9 volt = 0,003 Un. C. G. S. elettrost. Si ha dunque

$$A = \frac{16 \cdot \pi \cdot \overline{0,015}^3 \cdot 0,032}{27 \cdot \overline{0,003}^3 \cdot 10} = 0,22 \text{ mm.q.}$$

Il caso ideale delle due aree di argento e zinco, si potrebbe realizzare lasciando inalterate le condizioni di sensibilità del filo di quarzo, e servendoci di un dischetto di argento fissato alla estremità inferiore del filo, ed avente una superficie di solo 2 decimi circa di mm.q. A questo disco ne dovrebbe star di fronte un altro di zinco dello stesso diametro, mobile mediante una vite. La piccolezza delle aree di questi dischi, rende verosimile l'ipotesi che sieno aree dello stesso ordine di grandezza, quelle che mutuamente si attraggono nella esperienza descritta.

Giacchè l'esperienza ha dimostrato che metalli eterogenei si attirano, potrebbe sorgere l'idea che metalli omogenei, che sono quindi carichi allo stesso potenziale, debbano respingersi. Ora se si sostituisce nella esperienza precedente alla lastrina di zinco una di argento, non solo non si osserva attrazione alcuna, ma nemmeno alcuna sensibile repulsione. Si potrebbe obbiettare che le pareti della scatola in cui si fa l'esperimento, possono essere allo stesso potenziale del filo e della lastrina. Realmente anche se si rivestono di stagnola posta in comunicazione col suolo, non è osservabile alcuna repulsione. La spiegazione di ciò si ha pensando che gli elementi superficiali di argento del filo e della lastrina che sono in vicinanza, hanno una capacità elettrica che è poco differente da quella che avrebbero se fossero scostati. Mentre nel caso dell'attrazione, le quantità di elettricità esistenti sopra i due elementi vicini dei due metalli eterogenei, sono enormi in confronto di quelle che possederebbero se fossero scostati, nel caso dei due metalli eguali non si ha accrescimento nella distribuzione elettrica, anzi tendenza ad annullarsi dei valori delle due densità elettriche superficiali; e quindi nessuna reciproca azione.

Anche con bilance di torsione ho potuto constatare l'attrazione di metalli eterogenei. All'uopo riuscirono infruttuosi tentativi fatti operando nel-

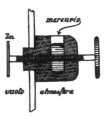

Fig. 4.

l'aria con dischetti metallici di cui uno fermo e verticale, e l'altro parallelo al primo, portato da un braccio orizzontale e sospeso ad un lungo filo metallico, od anche di quarzo. La difficoltà, in cui si incorre in simile esperienza, proviene dalla resistenza che incontra un disco ad avvicinarsi all'altro nello scacciare lo strato d'aria esistente tra i due. Dovetti dunque ricorrere ad esperienze eseguite nel vuoto. Dentro una cassetta di vetro è sospeso un piccolo braccio, portante ai suoi estremi due dischetti verticali di ottone dorato del diametro di due centimetri; uno di questi non ha che lo scopo di controbilanciare il peso dell'altro che è quello che serve. Un disco di zinco è portato da una vite che lavora su una madrevite di ebanite fissata con mastice in un foro praticato in una delle pareti verticali della scatola di vetro, e una chiusura a mercurio, come è indicato nella fig. 4, garantisce una buona tenuta, anche per vuoti molto spinti. Lavorando con la vite dal di fuori della scatola, si possono far combaciare i due dischi d'oro e di zinco.

Il braccio portante il disco dorato è sospeso ad un lungo filo metallico che è retto dentro un tubo verticale, anch'esso a tenuta d'aria. Uno specchio, portato dal sistema mobile, permette di osservarne i movimenti. Dal di fuori della cassetta possono stabilirsi comunicazioni metalliche sia col disco d'oro, che con quello di zinco.

Con questo apparecchio, quando il vuoto è molto spinto ($^1/_{500}$ di mm.), si possono ripetere le stesse esperienze che sono state descritte pel filo di quarzo argentato, senonchè occorre un tempo molto maggiore. Si ottiene infatti bruscamente l'attrazione del disco di zinco e di quello d'oro, quando questi non sono che ad una piccola frazione di millimetro di distanza. Questa attrazione può essere annullata od aumentata, mediante il collegamento dei due metalli coi poli di un conveniente elemento di pila.

Ma anche a pressione ordinaria, si può adoperare una bilancia di torsione. Occorre allora servirsi di un disco metallico verticale fermo e di un filo rigido formato dall'altro metallo e sospeso orizzontalmente. Anche qui, quando l'estremità del filo è abbastanza vicina al disco, resta bruscamente attratta, e non ha più luogo sensibilmente, l'inconveniente lamentato della resistenza offerta dall'aria pel caso di due dischi.

Ho voluto accennare a queste ultime disposizioni per far vedere come in isvariate guise si possano ripetere le esperienze descritte, ma debbo avvertire che il metodo più sicuro, e che, oltre ad essere di una grande semplicità, è di una evidenza rimarchevole, è sempre quello del filo di quarzo argentato.

Concludo notando che l'attrazione di metalli eterogenei, oltre a potersi dimostrare sperimentalmente abbastanza facilmente, fornisce un nuovo metodo, per la determinazione della forza elettromotrice di contatto. Questo metodo che in ogni caso è abbastanza rapido, può anch'essere suscettibile di alquanta precisione, se convenientemente adoperato, giacchè esso è metodo di riduzione a zero.

Fisica. — *Verifica del principio dell'equivalenza termodinamica per un conduttore bimetallico.* Nota di PAOLO STRANEO, presentata dal Socio BLASERNA.

Come applicazione del metodo da me svolto in una precedente Nota ([1]), mi permetto di comunicare i risultati di alcune misure da me eseguite nell'Istituto Fisico della R. Università di Roma.

([1]) Vedi questi Rendiconti pag. 106.

Il conduttore di cui mi servii, si componeva di due fili rettilinei, l'uno di *ferro* e l'altro di *nikel*, saldati a argento sul prolungamento l'uno dell'altro ed aventi ciascuno una lunghezza di 8 cm. ed un diametro di 4 mm. Le condizioni relative alle estremità ed all'aria ambiente venivano realizzate mediante semplicissimi recipienti, in cui circolava acqua alla temperatura costante assunta come zero. Le misure della temperatura si eseguivano servendosi di piccolissime pile termoelettriche, saldate nei punti del conduttore considerati dalla teoria, cioè al contatto dei due metalli ed in altri due punti distanti 2,5 cm. da esso, e di un galvanometro specialmente costruito per misure di piccole correnti variabili col tempo. L'intensità della corrente che attraversava il conduttore veniva determinata mediante un amperometro ordinario. Le differenze del potenziale alle estremità del conduttore venivano misurate da un galvanometro preventivamente calibrato.

Si misurarono dapprima le temperature stazionarie dei tre punti sopradetti per le due direzioni della corrente; indichiamole rispettivamente con $\overset{+}{u}_1$, $\overset{+}{u}_c$, $\overset{+}{u}_2$, e $\overset{-}{u}_1$, $\overset{-}{u}_c$ ed $\overset{-}{u}_2$, convenendo di usare il segno $+$ quando la corrente va dal ferro al nikel e viceversa.

Si determinarono inoltre le differenze di potenziale alle estremità del conduttore per le differenti direzioni della corrente; indichiamole con $\overset{+}{\mathit{\Delta p}}$ e $\overset{-}{\mathit{\Delta p}}$.

L'intensità della corrente i rimase sempre costante in valore assoluto quando veniva invertita; noi la indicheremo con $+ i$ e $- i$.

Dopo ciò, allo scopo di determinare i coefficienti k_1, k_2, h_1 ed h_2 che troviamo in tutte le formole di cui faremo uso, si invertì periodicamente per un certo in tervallo di tempo la corrente, sino che le variazioni della temperatura nei tre punti ove si trovavano le pile termoelettriche fossero divenute completamente periodiche, se ne osservarono gli andamenti e se ne determinarono i primi termini dei rispettivi sviluppi in serie di Fourier. Nel caso particolare che ci occupa, possiamo evitare il lungo calcolo numerico che richiederebbe la soluzione delle equazioni dedotte a pag. 201 della precedente Nota (¹). Infatti sostituendo nelle formole i valori approssimati dei coefficienti che si vogliono determinare ed i valori noti delle altre costanti, si vedrà immediatamente che la costante N è appena uguale a pochi millesimi della costante M e che quindi si potrà senza errore sensibile considerare uguale a zero. Allora evidentemente anche la β potrà porsi uguale a zero. Le quantità η_1 e ϑ_1 relative ai due metalli si potranno quindi dedurre col noto metodo di Ångstrom e con esse calcolare le costanti k_1, h_1 e rispettivamente k_2 ed h_2.

Le misure furono eseguite per due periodi di tempo differenti e cioè per T $= 240''$ e per T $= 300''$. I risultati sono riuniti nella seguente tabella:

(¹) Nella quarta equazione del sistema che determina M, N, β e γ in funzione di ϑ, η ed l, si deve sostituire alla cifra 1 il valore ϱ.

Ferro:	$c = 0,111$		$\varrho = 7,80$	
$T = 240$	$\eta = 0,295$	$\vartheta = 0,258$	$k = 0,148$	$h = 0,00030$
$T = 300$	$\eta = 0,268$	$\vartheta = 0,228$	$k = 0,147$	$h = 0,00028$

Nikel:	$c = 0,109$		$\varrho = 9,1$	
$T = 240$	$\eta = 0,365$	$\vartheta = 0,328$	$k = 0,112$	$h = 0,00033$
$T = 300$	$\eta = 0,326$	$\vartheta = 0,276$	$k = 0,110$	$h = 0,00034$

Il calcolo poi delle ω_1, ω_2, P ed J, quantunque numericamente assai complicato non presenta difficoltà essenziali; conviene procedere per successive approssimazioni. I risultati sono riuniti nella seguente tabella:

$i = 5$ Amp.	$\overset{+}{U}_1 = 7,84$	$\overline{U}_1 = -6,68$	$U'_1 = 0,58$	$\overset{+}{\varDelta p} = 6,25.10^6$	$\overline{\varDelta p} = -4,85.10^6$
	$\overset{+}{U}_0 = 12,86$	$\overline{U}_0 = -10,93$	$U'_0 = 0,71$	$\omega_1 = 9640$	$\omega_2 = 15930$
	$\overset{+}{U}_2 = 3,25$	$\overline{U}_2 = -2,06$	$U'_2 = 0,59$	$P = 0,0139$	$J = 3,95.10^7$

Le unità fondamentali alle quali si riferiscono queste cifre sono il centimetro, il grammo, il secondo ed il grado centigrado.

Conclusione. Dal complesso di queste ricerche si vede non solo come i fenomeni termoelettrici procedano regolarmente ed in perfetto accordo colle teorie, ma anche come essi possano venire studiati con sufficiente esattezza senza ricorrere a metodi calorimetrici, ma fondandosi su dirette misure di temperature. La determinazione del coefficiente dell'effetto Peltier col metodo esposto riesce certamente bene anche nel caso in cui i metodi fino ad ora usati divengono poco esatti, cioè quando i due metalli hanno una grande resistenza specifica ed un debole effetto Peltier, poichè con questo metodo, l'effetto Joule maschera pochissimo il fenomeno che si vuol studiare.

Chimica. — *Azione dell'etere diazoacetico sul pirrolo, n-metil-pirrolo ed alcuni indoli.* Nota di A. PICCININI, presentata dal Socio G. CIAMICIAN.

L'azione singolarmente interessante che l'etere diazoacetico esplica su alcuni idrocarburi aromatici e già da tempo descritta dal Buchner in diverse memorie [1], ha oggidì acquistato una grande importanza per la scoperta delle strettissime relazioni che legano i corpi dal Buchner ottenuti [2] coi prodotti di scomposizione degli alcaloidi dell' Erythroxylon Coca, studiati da Einhorn [3] assieme a Tahara, A. Friedländer e Willstätter. Ma non soltanto per questo i lavori suaccennati meritano considerazione; infatti per le belle ricerche di R. Willstätter [4] è ormai ampiamente dimostrata la esistenza di un nucleo derivante dal cicloeptano, nella maggior parte dei prodotti di scissione degli alcaloidi della Coca e quindi anche negli acidi del Buchner; perciò nella sintesi e nelle trasposizioni intramolecolari dell' acido pseudofenilacetico dal Buchner stesso studiate, noi possediamo un nuovo esempio di quei rari processi di allargamento di nucleo, che trovano nelle serie eterocicliche il loro riscontro colla sintesi delle piridine e chinoline dai pirroli e indoli per mezzo del cloroformio e analoghi.

L'azione dell'etere diazoacetico sul pirrolo e i suoi derivati meritava adunque di divenire oggetto di studio, onde stabilire se anche in questo caso avvenisse qualche fenomeno analogo a quelli sopracitati.

L'esperienza ha dato però risultati che non sono in accordo con quanto si è esposto sopra, e sembra anzi portare una nuova dimostrazione della singolare mobilità dell'idrogeno contenuto nel nucleo pirrolico.

Mentre col benzolo l'etere diazoacetico si combina in modo rappresentabile secondo lo schema:

[1] E. Buchner, Th. Curtius Berl. Ber. *18*, 2377; Buchner, Berl. Ber. *21*, 2637; *29*, 106; *30*, 632.

[2] Buchner, F. Lingg. Ber., *31*, 402 e 2247; Buchner, Jacobi Berl. Ber. *31*, 399; Buchner, Berl. Ber. *31*, 2004, 2241, 2247.

[3] Berl. Ber. *26*, 324, 1482; *27*, 2823; Ann. d. Ch. *280*, 96.

[4] R. Willstätter, Ber. *31*, 1546; *30*, 702; *31*, 1534, 2498, 2655.

nei corpi della serie pirrolica aventi idrogeno sostituibile si comporta in modo
da originare principalmente gli eteri degli acidi acetici corrispondenti.

Per esempio coll' n-metilpirrolo la reazione dà per prodotto principale
un' acido n-metilpirrilacetico, cosicchè si può rappresentare nel modo seguente:

$$C_4H_4NCH_3 + N_2CH.COOC_2H_5 = C_4H_3.CH_2COOC_2H_5.NCH_3 + N_2.$$

Così pure dagli indoli non completamente sostituiti si hanno i rispettivi
acidi indolacetici; fu anzi per mezzo di questi ultimi derivati che si potè
stabilire con certezza la costituzione dei prodotti in questione, mancando per
l'acido derivato dal metilpirrolo ogni termine di confronto.

Circa il modo con cui questi acidi acetici sostituiti si formano, nulla
si può dire di certo. Si può ammettere la formazione primordiale di un prodotto analogo per costituzione all'acido pseudofenilacetico, derivante dall'addizione del residuo dell'etere diazoacetico, al nucleo pirrolico con scioglimento
del doppio legame e sua successiva ricostituzione con passaggio di un idrogeno nucleare alla catena laterale, così:

Si può anche ammettere però che il derivato diazoico agisca semplicemente sul nucleo pirrolico come con tutte le sostanze fornite di idrogeno
facilmente sostituibile [2].

Assieme agli acidi ora citati si formano notevolissime quantità di materie
oleose dense, di difficile esame; siccome però questi prodotti oleosi si decompongono con grande facilità per riscaldamento svolgendo dei gas, così non è
escluso che in essi sien contenuti alcuni prodotti di costituzione analoga ai
derivati del diidropirazolo formatisi con un processo consimile a quello svolgentesi tra l'etere diazoacetico e gli eteri degli acidi grassi non saturi [3]; la
natura resinosa di questi corpi non ne permise però l'isolamento.

---

[1] È probabile che la catena laterale si trovi in posizione α, perchè in genere nel
pirrolo la sostituzione con radicali negativi si fa sempre in questo modo.

[2] Buchner, Berl. Ber. *18*, 2371; *27*, 3250.

[3] Buchner, Berl., Ber. *21*, 2637; *22*, 2165; *26*, 256; *27*, 868.

I.

n-metilpirrolo ed etere diazoacetico.

Gr. 10 di *n*-metilpirrolo si riscaldarono lentamente in bagno ad olio a 120° per alcune ore, fino a cessazione completa dello sviluppo gassoso. Terminata la reazione si separò dal prodotto, di aspetto oleoso e colorato in bruno, la porzione che bolle fino a 120° e che contiene precipuamente il metilpirrolo che non ha preso parte alla reazione. Si distillò quindi il rimanente fino a che il passaggio di sostanza si sospese da sè, il che suol succedere verso 240°. L'ultima porzione così ottenuta ha un odore disgustosissimo particolare; raggiunge il peso di gr. 3 e contiene l'etere dell'acido *metilpirrilacetico*. Operando nelle proporzioni indicate non si riesce però ad isolare l'etere stesso allo stato puro. Il distillato presenta infatti un punto di ebollizione del tutto incostante, anche dopo varie rettificazioni eseguite colla massima cura; la maggior parte di esso bolle tra 230°-240°.

Riusciti infruttuosi vari tentativi di isolamento dell'etere, si sottopose tutto il prodotto disponibile alla saponificazione. A questo scopo lo si fece bollire con acqua di barite in eccesso, fino a che l'olio insolubile non diminuì più. Durante questa operazione si formò una piccola quantità di un sale baritico insolubile anche a caldo, che si separò per filtrazione, dopo eliminazione della parte oleosa non saponificabile (*n-metilpirrolo*) per distillazione a vapore. La soluzione baritica, privata dell'eccesso di idrato di bario, dà per acidificazione con acido solforico diluito un acido molto solubile in acqua che si può estrarre con etere. Convenientemente purificato per cristallizzazione dall'etere di petrolio, si presenta in foglietto incolore, leggerissime, di splendore madreperlaceo, fondenti a 113-114°.

Analisi. — Gr. 0,1704 di sostanza diedero gr. 0,1022 di H_2O e gr. 0,3786 di CO_2.

In cento parti:

	trovato	calcolato per $C_4H_3.CH_2.COOH.NCH_3$
C	60,61	60,40
H	6,71	6,50

Il nuovo acido non dà la reazione, coll'isatina, dei composti pirrolici; fornisce però immediatamente e in modo intenso la colorazione del fuscello d'abete intriso di acido cloridrico. I suoi sali coi metalli alcalini e alcalino-terrosi sono solubilissimi in acqua e difficilmente cristallizzabili. Il sale d'argento è pochissimo solubile e si riduce spontaneamente, specialmente a caldo.

La costituzione di questo acido non fu determinata direttamente, ma solo per l'analogia che esso addimostra con quelli derivanti dagli indoli, che saranno più avanti descritti.

Pirrolo ed etere diazoacetico.

Sul pirrolo l'acido diazoacetico agisce in parte come metilante e quindi dà origine principalmente allo stesso acido proveniente dall' *n*-metilpirrolo. Contemporaneamente però si formano grandi quantità di materie resinose che rendono difficile l'esame dei prodotti della reazione. Separando la resina per diluzione della massa con etere, rimane sciolto in quest'ultimo una miscela di metilpirrolo e di altri prodotti oleosi, tra cui trovasi in quantità preponderante l'etere etilico dell' acido *n-metilpirrilacetico*. Saponificando il residuo della soluzione eterea nel modo sopradescritto, rimane come olio insaponificabile il metilpirrolo, che separasi distillando a vapore. Dalla soluzione baritica, per acidificazione con acido solforico ed estrazione con etere si ha un acido cristallizzato, che dopo alcune cristallizzazioni dall' etere petrolico fonde a 113-114° ed offre nelle reazioni e nella salificazione le stesse caratteristiche dell' acido *n*-metilpirrilacetico.

II.

N-metilindolo ed etere diazoacetico.

Riscaldando parti eguali di *n*-metilindolo ed etere diazoacetico, si osserva un lento svolgimento d'azoto già a 120°. Per avere una reazione completa occorre riscaldare sino a 200° e per parecchie ore. Dal prodotto della reazione si ha per saponificazione con potassa acquosa un acido in quantità notevole, non molto solubile a freddo nell'acqua; esso si separa facilmente con alcune estrazioni con etere e purificasi trasformandolo nel sale baritico che è molto solubile in acqua, mentre precipitansi così traccie di un sale insolubile derivante probabilmente da un'acido diazinsuccinico ([1]). L'acido indolico ricuperato nel solito modo dal sale baritico, si purifica per cristallizzazione da una miscela di benzolo ed etere petrolico. Si ha così l'acido puro in prismetti incolori fondenti a 128-129°. La sua composizione corrisponde a quella di un acido indolacetico metilato.

Analisi. — Gr. 0,1848 di sostanza diedero gr. 0,4738 di CO_2 e gr. 0,1012 di H_2O.

([1]) Curtius, Berl. Ber. *18*, 1302.

In cento parti :

	trovato	calcolato per $C_{11}H_{11}NO_2$
C	69,94	69,78
H	6,13	5,86

Sale argentico. — La soluzione neutra del sale ammoniacale dà con nitrato d' argento un precipitato microcristallino incoloro poco stabile a caldo, che raccolto e lavato con alcool ed etere diede all'analisi il risultato seguente:

gr. 0,2274 di sostanza lasciarono per calcinazione un residuo di gr. 0,0824 di argento metallico.

In cento parti:

	trovato	calcolato per $C_{11}H_{10}NO_2Ag$
Ag	36,24	36,45

Picrato. — Analogamente agli acidi indolcarbonici, il derivato sopra-descritto dà con acido picrico in soluzione benzolica un precipitato di aghetti sottili di colore rosso granato, fondenti a 173-174°.

n-β dimetilindolo dall' acido precedente. — La costituzione dell'acido derivante dall'*n*-metilindolo risulta dalla sua trasformazione quantitativa in *n-β*-dimetilindolo per riscaldamento tra 200-220°. In queste condizioni l'acido perde anidride carbonica senza ulteriori alterazioni; l'indolo risultante è quasi puro e dà in soluzione alcoolica un picrato cristallizzato in aghi porporini fondenti a 143-144°, che è identico al picrato dell'indolo preparato sinteti-camente dal metilfenilidrazone della propilaldeide ([1]).

All'acido in questione spetta quindi il nome di *n-metil-βindolacetico*.

Metilchetolo ed etere diazoacetico.

Riscaldando molto lentamente una miscela di α-metilindolo ed etere diazoacetico in parti eguali si ha svolgimento d'azoto, che cessa soltanto dopo alcune ore, quando la temperatura del bagno ad olio, che serve come mezzo di riscaldamento, ha raggiunto i 200°. Dal prodotto della reazione, con un trattamento consimile a quello sopra descritto, si ha un acido cristallizzabile identico a quello che ottiensi col metodo sintetico di E. Fischer, dal fenil-idrazone dell'acido levulinico ([2]); come il Fischer consiglia, la purificazione del prodotto si consegue nel miglior modo sciogliendolo in pochissimo acetone

([1]) E. Fischer e Degen, Ann. d. Ch. *236*, 163.
([2]) E. Fischer, Ann. d. Ch. *236*, 149.

e precipitandolo con precauzione per mezzo dell'etere petrolico. Si hanno così dei piccoli prismetti incolori fondenti, come il prodotto di Fischer, a 204° con leggero rammollimento verso 197°.

Analisi. — Gr. 0,2052 di sostanza diedero gr. 0,1091 di H_2O e gr. 0,5240 di CO_2.

In cento parti:

	trovato	Calcolato per. $C_{11}H_{11}NO_2$
H	5,95	5,86
C	69,66	69,78

L'acido *α-metil-βindolacetico*, ottenuto col metodo ora descritto, forma un nitroso derivato cristallino, giallo, che dà la reazione di Liebermann in modo singolare; anche in questo punto si manifesta l'identità sua coll'acido di Fischer.

Picrato. — Trattando l'acido descritto con acido picrico in soluzione benzolica, si hanno degli aghetti contorti e ramificati di colore rosso bruno fondenti a 193-194° contemporaneamente al picrato dell'acido ottenuto dal Fischer.

Chimica. — *Sulla preparazione di alcune idrazidi e sui loro prodotti di trasformazione.* Nota di GUIDO PELLIZZARI, presentata dal Corrispondente BALBIANO.

Questa Nota sarà pubblicata nel prossimo fascicolo.

Botanica. — *Sulla struttura e la biologia del Cynomorium coccineum* L. ([1]). Nota preventiva dei prof. P. BACCARINI e dott. P. CANNARELLA, presentata dal Corrispondente R. PIROTTA.

Le nostre ricerche intorno a questo interessante parassita hanno per oggetto di chiarire i punti ancora oscuri intorno alla sua biologia ed alla sua struttura.

Il Weddell descrisse per primo il processo di germogliazione dei semi del *Cynomorium* ed i suoi risultati sono poi stati accolti dagli autori po-

([1]) Lavoro eseguito nel R. Istituto Botanico dell'Università di Catania, 15 febbraio 1899.

steriori senza che, per quanto è a nostra conoscenza, abbiano subito un qualche controllo.

Ora sembra a noi non privo d'interesse il fare conoscere fin d'ora che i nostri tentativi di far germogliare dei semi di *Cynomorium* provenienti da Trapani e da Sassari hanno avuto fin qui esito negativo: di modo che possiamo concluderne che i semi delle due località sopraindicate non germogliano affatto; almeno in quelle stesse condizioni, nelle quali il Weddell ottenne la germogliazione dei semi dall'Algeria.

Non è questo il momento di fermarci sulle molteplici considerazioni alle quali il fatto potrebbe prestarsi: tuttavia dobbiamo aggiungere che il processo di moltiplicazione vegetativa (almeno per la stazione di Trapani) possiede a nostro avviso un'importanza molto più grande del processo di riproduzione per seme. Nessuno dei numerosi giovani stadii osservati ha mostrato mai un qualche carattere che permettesse di lasciarne riconoscere l'origine da un seme: ma tutti avevano origine invece da speciali tubercoli radicali, come sarà detto più sotto. Anche una visita fatta da uno di noi nel dicembre scorso alla classica località del Ronciglio, ha confermata questa nostra deduzione.

Un altro fatto che noi crediamo di avere confermato è questo: che cioè il *Cynomorium* è una pianta monocarpica; e non possiamo quindi convenire col Martelli sull'esistenza di un tallo intermatricale. I singoli ceppi di *Cyn.* si mantengono perfettamente isolati l'uno dall'altro, salvo nel caso che due o più ceppi si sviluppino a poca distanza sulla stessa radice oste. Allora, come è facile il comprendere, i processi corticali dei singoli auatorii s'incontrano e s'intrecciano fra loro: ma ciò non autorizza a parlare di un vero tallo intermatricale, alla maniera ad es. di quello della *Pilostyles*.

Le singole piantine non prendono mai origine dal tessuto del parassita che si distende entro le radici dell'oste: ma costantemente da appositi tubercoli i quali provengono dalle radici sviluppantisi, come è noto, sul rizoma e la parte più bassa dello stipite. Esse infatti quando incontrano colla loro regione di attivo accrescimento la radice di un oste adattato, s'ingrossano in quel punto, e si trasformano in piccoli tubercoli che aderiscono all'oste e vi si fissano.

- Il Weddell ha osservato forse pel primo queste formazioni: ma non ne ha dato una giusta interpretazione, avendole considerate come radici succiatori sussidiarie allo austorio principale: e non si è accorto che quando i tubercoli si sono innestati saldamente alla radice oste, si interrompe la loro connessione anatomica col rizoma o lo stipite dal quale derivano; e che, nel suo concetto, dovrebbero alimentare.

Una più esatta interpretazione del fenomeno ha più recentemente data il Martelli, le cui osservazioni noi possiamo, sotto questo punto di vista, confermare.

L'innesto del tubercolo sulla radice ha luogo lateralmente, o più di rado anche per la sua estremità. Nel primo caso l'austorio prende origine da una regione del parenchima del tubercolo prossima alla superficie, ed ha il significato morfologico di emergenza endogena alla maniera di quello di altri parassiti. Il suo asse, che sarà in seguito attraversato da un robusto cordone di xilema, va ad incontrare ad angolo retto il fascio procambiale della radice.

Il cono radicale preesistente alla formazione del tubercolo dà origine allora al germoglio, ed allo stipite primario della pianta. La trasformazione avviene con ciò che al di sopra del meristema apicale, nei piani cellulari più giovani e quindi più profondi della pileorizza, si forma per origine lisigenica una cavità, la quale un poco alla volta si estende verso la periferia e la base della radice; ed anche verso l'estremità terminale della pileorizza. Il cono vegetativo inizia la produzione delle prime foglie all'interno di questa cavità, la quale va ampliandosi, sino a che in seguito al progressivo assottigliarsi dei tessuti che ne formano la parete, questa ultima si lacera, ed il cono di vegetazione vestito di foglie viene all'aperto. Esiste quindi anche qui alla base del rizoma (per quanto poco appariscente) una vera e propria volva simile a quella di molte Balanoforee; ed il cono vegetativo del caule è di origine endogena. La differenza quindi segnalata sotto questo riguardo dall'Eichler tra il *Cynom.* e le *Balanoforee* viene a cadere; quantunque ne restino altre segnalate in ordine allo sviluppo che le varie parti dell'apparecchio vegetativo precedenti o susseguenti la comparsa del cono di vegetazione presentano, di fronte alle Balanoforee sopracitate.

Se l'individuo costituitosi in tal modo si trova innestato sopra una radice oste sottile, od anche su di una pianta che non gli offra un alimento conveniente, dal tubercolo si forma un solo stipite; ma se la radice oste è robusta e le condizioni di nutrizione son favorevoli, il tubercolo ingrossa, ed oltre al cono vegetativo sopraindicato forma altri coni avventizî, pel costituirsi di singoli meristemi apicali negli strati periferici del parenchima del tubercolo: coni che poi vengono all'aperto con un processo simile a quello indicato. Se il tubercolo si è fissato all'oste per la sua estremità; allora anche il meristema del germoglio primario si forma alla maniera dei coni avventizî ora indicati.

I germogli così formatisi, possono allungarsi orizzontalmente nel terreno per un tratto più o meno lungo, ma finiscono tutti col venire all'aperto terminando nella nota infiorescenza del *Cynomorium*. Essi per lo più non si ramificano, ma anche quando ciò avviene, i germogli hanno origine endogena e sono dei veri e proprî germogli avventizî.

Tanto nella parte sotterranea, quanto nella parte aerea, questi germogli portano delle squame e delle brattee della forma nota; sulle quali abbiamo anche noi ritrovati gli stomi già segnalati dal Pirotta e dal Longo. Essi mancano o sono rarissimi sulle squame inferiori del tratto orizzontale del caule:

ma divengono più frequenti nelle squame dello stipite e numerosissimi nelle brattee e bratteole fiorali.

Per quel che riguarda la struttura del tubercolo più d'una cosa è degna di nota: specialmente il suo ingrossare, oltrechè per accrescimento intercalare del parenchima, anche per lo sviluppo di un vero e proprio anello cambiale tra la parte floematica e xilematica del primitivo cordone vascolare assile del succiatoio.

Anche i fasci del rizoma e dello stipite fiorifero sono suscettibili di accrescimento: ma mentre quello dell'austorio poteva considerarsi (almeno sino ad un certo grado) come un fascio concentrico, questi (come del resto è noto) sono collaterali aperti e crescono notevolmente in spessore per l'attività d'un cambio interfasciale. Anche la somiglianza della struttura di questi stipiti con quella dei cauli delle Monocotiledoni è in gran parte soltanto apparente, e dovuta allo aspetto che la disposizione dei fasci presenta nelle sezioni trasverse. In realtà essi sono disposti su cerchie concentriche (salvo s'intende a tener conto dei frequenti fenomeni perturbatori) delle quali la più esterna è anche la più giovane, ed i singoli fasci di ciascuna cerchia si anastomosano tra loro e con quelli delle cerchie vicine, in modo da dare origine ad una ricca impalcatura vascolare.

Quantunque, come si è detto, i fasci periferici siano frequentemente più giovani di quelli profondi, non vi ha qui la formazione di una zona meristemale continua d'inspessimento alla maniera delle *Dracena* ed affini: ma invece singoli ed isolati gruppi di cellule parenchimatiche si organizzano in cordoni procambiali isolati, dai quali derivano poi i singoli fasci. La mancanza di un cambio interfasciale giustifica il loro isolamento.

Le primane vasali son date da stretti vasi spirali, anulati, ed anche trabecolati: gli altri elementi del legno da tracheidi cementati assieme da un ricco parenchima perivasale a membrane sottili cellulosiche, riccamente amilifero.

Il floema consta di cellule cambiformi e di vasi crivellati con cellule annesse. I tessuti meccanici mancano, e mancano ancora particolari guaine attorno ai fasci.

Anche nelle stesse radici, le quali sono generalmente a tipo *diarco* e non si ramificano mai, l'esistenza di un periciclo ci sembra molto discutibile: ma quivi, in compenso, alcuni degli elementi più esterni del floema assumono i caratteri di fibre, quantunque lo spessore delle loro pareti non diventi mai ragguardevole. Non abbiamo mai incontrati, nè nello stipite, nè nel rizoma, i cordoni meccanici segnalati dal Chatin.

Recentemente fu anche accennato alla presenza di Micorizze sulle radici e sul rizoma del *Cynomorium*: ma noi non possiamo confermare questo dato. La presenza di fili di micelio negli elementi periferici costantemente morti del rizoma, dei tubercoli ed anche delle radici deperenti, non è un dato sufficiente per concluderne in favore dall'esistenza di un apparecchio che ha un significato morfologico e fisiologico ben definito.

P. B.

RENDICONTI

DELLA REALE ACCADEMIA DEI LINCEI

Classe di scienze fisiche, matematiche e naturali.

Seduta del 9 aprile 1899.

E. Beltrami Presidente.

MEMORIE E NOTE
DI SOCI O PRESENTATE DA SOCI

Astronomia. — *Sulle macchie, facole e protuberanze solari osservate al R. Osservatorio del Collegio Romano durante il 1° trimestre del 1899.* Nota del Socio P. Tacchini.

Per l'osservazione delle macchie e facole la stagione fu favorevole in questo trimestre come nel precedente, risultando il numero dei giorni di osservazione pressochè il medesimo. Ecco i risultati ottenuti:

1° trimestre 1899.

Mesi	Numero dei giorni di osservazione	Frequenza delle macchie	Frequenza dei fori	Frequenza delle M+F	Frequenza dei giorni senza M+F	Frequenza dei giorni con soli fori	Frequenza dei gruppi di macchie	Media estensione delle macchie	Media estensione delle facole
Gennaio. . .	26	2,50	3,31	5,81	0,04	0,08	1,77	15,85	41,19
Febbraio . .	25	1,36	2,12	3,48	0,80	0,00	0,80	6,13	53,80
Marzo. . . .	24	1,75	3,75	5,50	0,08	0,21	1,38	22,71	34,32
Trimestre	75	1,88	3,05	4,93	0,20	0,09	1,32	15,04	43,46

Il fenomeno delle macchie andò dunque progressivamente diminuendo rispetto alle serie precedenti, con un minimo secondario marcatissimo nel mese di Febbraio, specialmente per ciò che riguarda il numero dei gruppi e la loro estensione. In corrispondenza della diminuzione delle macchie si accrebbe la frequenza dei giorni senza macchie e senza fori, ciò che caratterizza l'epoca del minimo di attività solare.

Per le protuberanze il numero dei giorni di osservazione fu minore, ed ecco i risultati, disposti nel solito modo:

1° trimestre 1899.

MESI	Numero dei giorni di osservazione	Medio numero delle protuberanze per giorno	Media altezza per giorno	Estensione media	Media delle massime altezze	Massima altezza osservata
Gennaio. . .	11	3,91	30",7	1,2°	34",6	50"
Febbraio . .	18	1,94	30,6	1,3	32,1	44
Marzo	19	2,16	28.8	0,9	29,6	40
Trimestre	48	2,48	29,9	1,1	31,7	50

Anche nel fenomeno delle protuberanze si verificò una diminuzione rispetto alla serie precedente, e il minimo secondario di frequenza del Febbraio si accorda con quello delle macchie. Devesi però notare che in questo trimestre, come nell'ultimo del 1898, le condizioni dell'aria furono quasi sempre poco favorevoli a questo genere di osservazioni.

Le osservazioni furono fatte da me in 30 giorni e in 18 dal sig. prof. Palazzo.

Astronomia. — *Sulla distribuzione in latitudine delle facole e macchie solari osservate all' Osservatorio del Collegio Romano nel 4° trimestre del 1898.* Nota del Socio P. TACCHINI.

Dalle latitudini calcolate per 86 gruppi di facole e 48 di macchie, ricavai le seguenti cifre per la frequenza relativa dei due fenomeni nelle diverse zone solari:

4° trimestre 1898.

Latitudine	Facole		Macchie	
40° + 30°	0,000			
30 + 20	0,013	0,360		
20 + 10	0,130		0,127	
10 . 0	0,217		0,327	0,454
0 — 10	0,248		0,200	
10 — 20	0,255	0,640	0,346	0,546
20 — 30	0,124			
30 — 40	0,013			

Le facole, come le protuberanze, furono più frequenti nelle zone australi, col massimo nella zona (0° — 20°). Le macchie furono pure più frequenti nelle zone australi e si trovano contenute fra i paralleli ± 20° come nel trimestre precedente. In questo trimestre dunque si ebbe una maggiore frequenza al sud dell'equatore per tutti i fenomeni solari. Nessuna eruzione fu osservata. Dobbiamo poi notare che il gruppo di macchie fra le latitudini di — 9°.3 e — 17°,5, calcolate colle osservazioni del 2 Ottobre, corrisponde a quello apparso in principio di Settembre, che tramontò intorno al 15 e che ricomparve il 30 per tramontare nuovamente il 12 di Ottobre: verso la fine poi di Ottobre vi era già all'est una macchia nella solita regione e il 31 il gruppo era compreso fra — 11°,8 e — 14°,9. È questo un bell' esempio della preesistenza di macchie in una regione limitata, considerando anche che siamo nel periodo della minore attività solare.

Astronomia. — *Osservazioni della nuova Cometa 1899 L Swift e del nuovo Pianeta Coggia EL 1899.* Nota del Corrispondente E. MILLOSEVICH.

Della nuova Cometa 1899 L Swift, la quale ora è immersa negli splendori del dì, e non potrà essere riosservata che al mattino nel maggio prossimo, feci le seguenti posizioni:

1899 marzo 6 7^h 2^m54^s RCR. α app.: 3^h39^m $1^s.26$ (9 446); δ app.: — 24° 43′ 0″.6 (0.830)
      ″ ″ 15   7 12 12 ″ ″ : 2 59 46 91 (9.575); ″ : — 13 8 30 9 (0.817)
      ″ ″ 17   7 7 11 ″ ″ : 2 52 54 31 (9.583); ″ : — 10 59 44 2 (0 808)
      ″ ″ 20   7 21 52 ″ ″ : 2 43 12 37 (9.614); ″ : — 8 0 8 7 (0.790)

La cometa era lucente, con nucleo di 6 a 7ma grandezza, e vedevasi con difficoltà ad occhio nudo.

Dopo la mia Nota riguardante le osservazioni del pianeta EE 1899 si scopersero, per mezzo della fotografia, i pianeti EF, EG, EI da Wolf e Schwassmann ad Heidelberga; EH, come aveva preveduto nella mia Nota precedente, era *Oceana*. EK ed EL vennero scoperti da Palisa a Vienna e da Coggia a Marsiglia col metodo diretto, ed EM fu trovato dallo scopritore di Eros col metodo fotografico. Ragioni varie non mi permisero che di osservare una sola volta EL ieri sera come segue:

Pianeta EL 1899 Gr. 11.5.

1899 Aprile 8 $8^h56^m45^s$ RCR. α app.: 12^h53^m $8^s.91$ (9.473^n); δ app.: — 5° 48′13″.3 (0.802)

Matematica. — *Sulla risoluzione delle equazioni di sesto grado.* Nota del Socio Straniero F. KLEIN.

(Estratto da una lettera al sig. CASTELNUOVO).

... Per quanto riguarda le equazioni di sesto grado, possiamo valerci ora del gruppo elegante di 360 collineazioni piane, che fu scoperto dal sig. Valentiner, e fu poi studiato a fondo, per la prima volta, dal sig. Wiman nel vol. 47 dei Mathematische Annalen.

Siano $x_1, x_2 \ldots x_6$ le radici della equazione di sesto grado. Si devono cercare tre funzioni z_1, z_2, z_3 di queste radici, i cui rapporti subiscano le sostituzioni del gruppo nominato, in corrispondenza alle permutazioni pari delle x. Quelle funzioni non possono però esser *razionali*, giacchè il gruppo delle 360 collineazioni piane non è oloedricamente isomorfo ad un gruppo di sostituzioni lineari, omogenee, ternarie, come fu già osservato dal sig. Wiman. Sta invece il fatto che il minimo gruppo isomorfo di sostituzioni lineari, omogenee, ternarie, che si può costruire, contiene il numero triplo di operazioni del gruppo di collineazioni; e precisamente alla collineazione identica corrispondono le tre sostituzioni.

$$(1) \qquad z'_1 = j^\nu z_1, \; z'_2 = j^\nu z_2, \; z'_3 = j^\nu z_3. \qquad (j = e^{\frac{2i\pi}{3}} ; \; \nu = 0, 1, 2)$$

Ora si domanda quale sia il modo più semplice per costruire tre funzioni *irrazionali* delle $x_1 \ldots x_6$, i cui rapporti si permutino in corrispondenza col nostro gruppo di collineazioni. A tal fine io propongo di ricorrere alla teoria delle curve piane del terzo ordine, e in particolare dei loro flessi. Infatti una forma cubica ternaria delle z_1, z_2, z_3, o delle variabili contragredienti w_1, w_2, w_3, non subisce alcuna alterazione in conseguenza delle sostituzioni (1), e quindi essa subisce solo 360 trasformazioni in corrispondenza alle 3.360 sostituzioni delle w_1, w_2, w_3. Segue che si possono subito formare delle funzioni razionali delle $x_1 \ldots x_6$, le quali, in corrispondenza colle sostituzioni pari delle x, subiscano le stesse sostituzioni lineari che le diverse espressioni di terzo grado nelle w_1, w_2, w_3. In altre parole: si può associare in modo covariante alle $x_1 \ldots x_6$ *una curva del terzo ordine del piano* z_1, z_2, z_3. Ciò fatto, si può scegliere uno dei nove flessi della cubica come punto covariante rispetto alle $x_1 \ldots x_6$. La determinazione di un tal flesso non esige, come è noto, altre irrazionalità che quelle esprimibili mediante radici cubiche e quadratiche. E così, col sussidio di irrazionalità accessorie, si perviene alla meta che si suole riguardare come elementare.

Fisica. — *Intorno alla questione della produzione di un campo magnetico, per opera di un raggio luminoso polarizzato circolarmente.* Nota del Socio Augusto Righi.

Il prof. Fitzgerald ha emesso recentemente l'opinione ([1]), che un raggio polarizzato circolarmente, passando attraverso un gas fortemente assorbente, possa renderlo magnetico in un grado apprezzabile, e cioè abbia a prodursi un fenomeno in certo modo reciproco di quello di Zeeman, ed annuncia che un suo assistente sta tentando il relativo esperimento.

Una tale ricerca non può considerarsi come nuova, giacchè io stesso fino dal 1883 feci senza frutto dei simili tentativi ([2]), dirigendo un raggio polarizzato circolarmente su varî corpi, assorbenti o no. Di più, come ha fatto notare il sig. Gray ([3]), altri tentativi infruttuosi furono da questo autore pubblicati nel 1890 ([4]).

Non conosco naturalmente quali siano le disposizioni sperimentali adottate nel laboratorio del sig. Fitzgerald, ma certo è che il ricorrere a quei vapori metallici coi quali si suol produrre il fenomeno di Zeeman, deve presentare grandi difficoltà pratiche.

Avendo avuto la fortuna di scoprire che esistono corpi assorbenti, i quali anche alla temperatura ordinaria producono il fenomeno inverso di Zeeman, quali il vapore di ipoazotide ([5]) e quello di bromo ([6]), ho pensato di valermene per tentare nuovamente di ottenere il fenomeno supposto. Ecco come ho disposto l'esperienza, la quale, posso dir fin d'ora, non ha dato miglior risultato di quelle fatte in precedenza.

Un tubetto di vetro del diametro di 1,6 c. e della lunghezza di 2,3 c. chiuso con vetri piani sottilissimi e pieno d'ipoazotide gassosa, è posto sul cammino d'un raggio solare orizzontale, condensato con una lente e polarizzato da un nicol. Fra il polarizzatore ed il tubo trovasi una doppia lamina quarto-d'onda, formata da due lamine poste nello stesso piano e congiunte secondo una linea verticale. Siccome il nicol è così orientato, da dare un

---

([1]) Nature, 5 january 1899, pag. 222.

([2]) V. la nota in fine della Memoria: *Ricerche sperimentali sul fenomeno di Hall particolarmente nel bismuto.* Mem. della R. Acc. di Bologna, 11 novembre 1883; N. Cimento, 8ª serie, t. XV (1884), pag. 144.

([3]) Nature, 16 february 1899, pag. 367.

([4]) Phil. Mag., december 1890, pag. 494.

([5]) Rend. della R. Acc. dei Lincei, 17 luglio 1898; Berl. Sitzber., 1898, pag. 600; Compt. Rend., t. CXXVII, pag. 216.

([6]) Rend. della R. Acc. dei Lincei, 18 dicembre 1898; Berl. Sitzber., 1898, pag. 893; Compt. Rend., t. CXXVIII, pag. 45.

raggio a vibrazioni verticali e le due lamine hanno le loro sezioni principali a 45° l'una a destra l'altra a sinistra della verticale, così basta spostare lateralmente la doppia lamina, in modo che la luce attraversi ora l'una
ora l'altra metà di essa, perchè il raggio che attraversa il gas assorbente
sia polarizzato circolarmente o in un senso o nel senso opposto.

Al disopra del tubetto si trova un leggiero sistema astatico, formato da
due piccoli aghi magnetici, sospeso ad un finissimo filo di quarzo, e munito
di un piccolo specchio per la lettura delle deviazioni. Per rendere poi quasi
completamente astatico il sistema sospeso, viene fissato in opportuna posizione una piccolissima asticella calamitata, la cui azione compensa quasi del
tutto l'azione residua del campo terrestre sul sistema stesso. L'inferiore
degli aghi sospesi trovasi a pochi millimetri dal tubo contenente il gas
assorbente, ed è diretto trasversalmente all'asse di questo, mentre l'ago
superiore dista dal tubo quasi 9 centimetri. In tal modo se il gas si magnetizza per opera del raggio luminoso, il sistema astatico deve deviare.

Fatta più volte l'esperienza non ho potuto osservare, in modo sicuro,
nessuna deviazione, sia nell'atto di spostare la doppia lamina quarto-d'onda
nel modo indicato, sia, lasciandola fissa, nell'atto di intercettare con un diaframma o di lasciar libero il raggio luminoso.

Per avere poi una idea dell'ordine di grandezza della magnetizzazione
cui poteva essere sensibile l'apparecchio, ho formato, mediante un filo di
rame, un anello intorno al tubo al disotto del sistema astatico, ed ho cercato qual'era l'intensità della corrente che doveva percorrerlo, perchè si ottenesse una deviazione corrispondente ad un millimetro della scala. Ho trovato per questa intensità il valore $14,10^{-7}$, in unità elettromagnetiche assolute. Ne risulta, in base alle dimensioni del tubo e del piccolo circuito, che
se l'intensità di magnetizzazione del gas fosse stata eguale a 10^{-6} in valore assoluto, essa avrebbe prodotto una deviazione di circa un millimetro
della scala.

Se dunque il gas si magnetizza sotto l'azione del raggio solare polarizzato circolarmente, l'intensità di magnetizzazione deve essere alquanto inferiore a 10^{-6} (C. G. S.).

Fisica terrestre. — *Sulle emanazioni terrestri italiane.* Memoria II : *Gas dei Campi Flegrei e del Vesuvio.* Memoria del Corrisp.
NASINI e dei dottori ANDERLINI e SALVADORI.

Questo lavoro sarà pubblicato nei volumi delle Memorie.

Zoologia. — *Sull'anatomia e sui costumi dell'Anopheles
claviger.* Nota del Socio G. B. GRASSI.

Questa Nota sarà pubblicata in un prossimo fascicolo.

Fisica. — *Sopra la forza elettromotrice di alcuni sistemi di pile a concentrazione e di pile Rame-Zinco con solventi organici.* Nota preliminare di ROBERTO SALVADORI, presentata dal Corrisp. NASINI.

Fisica terrestre. — *Confronti degli strumenti magnetici italiani con quelli degli osservatorî di Parc Saint-Maur e di Kew.* Nota di LUIGI PALAZZO, presentata dal Socio TACCHINI.

Chimica fisica. — *Di una modificazione al pimometro di Sprengel.* Nota di A. MINOZZI, presentata dal Corrisp. NASINI.

Queste Note saranno pubblicate in un prossimo fascicolo.

Chimica. — *Sulla preparazione di alcune idrazidi e sui loro prodotti di trasformazione* (¹). Nota di GUIDO PELLIZZARI, presentata dal Corrispondente BALBIANO.

Le idrazidi degli acidi organici furono ottenute da Curtius e dai suoi scolari partendo dall'idrato di idrazina (²) il quale si ha in commercio a prezzo molto elevato e in soluzione diluita, e per prepararlo si richiedono cure ed apparecchi speciali.

In seguito alle mie ricerche sulla sintesi dei composti triazolici (³) nonchè su quelli tetrazolinici (⁴), m'occorsero varie idrazidi e per alcune son riuscito ad ottenerle direttamente dal solfato di idrazina, che è il preparato che più comunemente si trova nei laboratorî, e qui rendo conto di tali metodi di formazione ed anche sommariamente di alcuni prodotti ottenuti dalle idrazidi per azione del calore.

Preparazione della dibenzoilidrazide. — Era stata ottenuta per azione prolungata dell'etere benzoico sopra il derivato monobenzoilico. Io sono riuscito

---

(¹) Lavoro eseguito nel laboratorio di chimica generale della R. Università di Genova.
(²) Journ. f. prakt. Chem. 50, pag. 275.
(³) Gazzetta chim. it. 1894, parte II, pag. 222 e 1896, parte II, pag. 413.
(⁴) Gazzetta chim. it. 1896, parte II, pag 430.

a prepararla dal solfato di idrazina in pochi minuti, pura e con rendimento quasi teorico, secondo la seguente equazione:

$$SO^4H^2, N^2H^4 + 4KOH + 2ClCO\,C^6H^5 =$$
$$= SO^4K^2 + 2KCl + 4H^2O + (C^6H^5CO)^2N^2H^2.$$

Il solfato di idrazina (1 mol.) si scioglie prima nella potassa diluita (4 mol.) quindi si aggiunge il cloruro di benzoile e si agita; così il prodotto si separa in grumi bianchi e il rendimento è del 90 %. Cristallizzata dall'alcool si ottiene in lamelle bianche fus. a 238°. Ottenuta dall'etere benzoico si purifica più difficilmente e perciò Curtius e Struve dettero per punto di fusione 233° ([1]). Col presente metodo si ottiene greggia fusibile già a 235°.

Trasformazione della dibenzoilidrazide in difenilbiazossolo. — Gr. 15 di dibenzoilidrazide furono scaldati a bagno di rena in un palloncino a distillazione verso 280° per 6 ore. Tolto il bulbo del termometro dalla miscela e tenuto nel vapore si seguitò a scaldare, finchè non si vide salire la temperatura rapidamente oltre i 300°. Distilla così un po' d'acqua, insieme a piccole quantità di materia oleosa di forte odore di mandorle amare. Nel palloncino rimane un liquido scuro che ancora caldo si versa in una capsula e si rapprende in una crosta verde, che fu sciolta in alcool e decolorata col carbone animale. Il prodotto principale che si ricava è il difenilbiazossolo che si separa in lamine splendenti fusibili a 140° e se ne ottennero circa 8 gr. Separai inoltre una piccolissima quantità di prodotto pochissimo solubile e nelle acque madri trovai circa mezzo grammo di difenil(3.5)triazolo, che separai sciogliendolo in potassa e riprecipitandolo coll'acido cloridrico. Il difenilbiazossolo era già stato ottenuto prima da Günter ([2]) e poi da Pinner ([3]) con reazioni assai differenti da questa. La reazione avvenuta consiste nella eliminazione di una molecola di acqua dalla dibenzoilidrazide, e l'interpretazione riesce chiarissima se si considera la dibenzoilidrazide secondo la sua formula ossidrilica:

dibenzoilidrazide   difenilbiazossolo

Questa reazione può certamente essere generalizzata per la produzione di altri biazossoli.

([1]) Journ. f. prakt. Chem. 50, pag. 299.
([2]) Berichte, 1889, pag. 592 e Annali di Liebig, 252, pag. 44.
([3]) Annali di Liebig, 297, pag. 221.

Il difenilbiazossolo bollito a lungo con acido cloridrico, dà acido benzoico e cloridrato di idrazina; colla potassa acquosa non si decompone, mentre colla potassa alcoolica si scinde e si ottiene il sale potassico della dibenzoilidrazide.

Preparazione della diacetilidrazide. — Per azione dell'etere acetico sull'idrato di idrazina era stata ottenuta la monoacetilidrazide. Per ottenere il derivato diacetilico, non ancora descritto, ho provato a scaldare la monoacetilidrazide a 180°, ma ottenni invece la dimetiltetrazolina; neppure si ottiene questo derivato diacetilico facendo agire l'etere acetico sopra il monoderivato, per molte ore a ricadere, oppure a 150° in autoclave. Sono riuscito nell'intento per azione dell'anidride acetica sopra la monacetilidrazide: la reazione avviene con sviluppo di calore e perciò è bene aggiungere l'anidride a poco a poco e fino a tanto che sia in piccolo eccesso. Il prodotto si cristallizza dall'alcool e si ottiene in aghi sottili fusibili a 140°. Se l'alcool è un po' acquoso allora si può avere con acqua di cristallizzazione in lamine incolore trasparenti, le quali fondono fra 80° e 100° e perdono l'acqua di cristallizzazione facilmente nella stufa, ed allora diventano opache e fondono a 140°.

Un metodo più comodo di preparazione della diacetilidrazide, consiste nel fare agire l'anidride acetica sopra una miscela di solfato di idrazina e acetato sodico secco secondo la seguente equazione:

$$SO^4 H^2, N^2 H^4 + 2CH^3 CO^2 Na + 2(CH^3 CO)^2 O =$$
$$= (CH^3 CO)^2 N^2 H^2 + SO^4 Na^2 + 4CH^3 CO^2 H$$

Gr. 20 di solfato di idrazina mescolati intimamente con gr. 25,2 di acetato sodico secco furono scaldati per un'ora a 100°, quindi a freddo, e a poco a poco si aggiunsero gr. 31,4 di anidride acetica; la quale reagisce energicamente. Poi si scalda ancora un poco a 100° e si estrae con alcool: la soluzione concentrata si tira a secco a b. m. per scacciare tutto l'acido acetico e lascia come residuo cristallino la diacetilidrazide. Il rendimento è teorico. Cristallizzata dall'alcool forte si ha in cristalli anidri fus. a 140°; dall'alcool acquoso si può ottenere cristallizzata in lamine trasparenti che contengono acqua.

gr. 0,8013 di diacetilidrazide in lamine trasparenti perderono gr. 0,1085 di acqua;

	trovato %	calc. $(CH_2 CO)_2 N_2 H_2 , H_2 O$
$H^2 O$	13,54	13,42

gr. 0,1782 di sostanza anidra dettero 38,2 cc. di azoto a 26° e 754 mm.;

	trovato %	calcolato
N	24,30	24,13

raggio a vibrazioni verticali e le due lamine hanno le loro sezioni principali a 45° l'una a destra l'altra a sinistra della verticale, così basta spostare lateralmente la doppia lamina, in modo che la luce attraversi ora l'una
ora l'altra metà di essa, perchè il raggio che attraversa il gas assorbente
sia polarizzato circolarmente o in un senso o nel senso opposto.

Al disopra del tubetto si trova un leggiero sistema astatico, formato da
due piccoli aghi magnetici, sospeso ad un finissimo filo di quarzo, e munito
di un piccolo specchio per la lettura delle deviazioni. Per rendere poi quasi
completamente astatico il sistema sospeso, viene fissata in opportuna posizione una piccolissima asticella calamitata, la cui azione compensa quasi del
tutto l'azione residua del campo terrestre sul sistema stesso. L'inferiore
degli aghi sospesi trovasi a pochi millimetri dal tubo contenente il gas
assorbente, ed è diretto trasversalmente all'asse di questo, mentre l'ago
superiore dista dal tubo quasi 9 centimetri. In tal modo se il gas si magnetizza per opera del raggio luminoso, il sistema astatico deve deviare.

Fatta più volte l'esperienza non ho potuto osservare, in modo sicuro,
nessuna deviazione, sia nell'atto di spostare la doppia lamina quarto-d'onda
nel modo indicato, sia, lasciandola fissa, nell'atto di intercettare con un diaframma o di lasciar libero il raggio luminoso.

Per avere poi una idea dell'ordine di grandezza della magnetizzazione
cui poteva essere sensibile l'apparecchio, ho formato, mediante un filo di
rame, un anello intorno al tubo al disotto del sistema astatico, ed ho cercato qual'era l'intensità della corrente che doveva percorrerlo, perchè si ottenesse una deviazione corrispondente ad un millimetro della scala. Ho trovato per questa intensità il valore $14,10^{-7}$, in unità elettromagnetiche assolute. Ne risulta, in base alle dimensioni del tubo e del piccolo circuito, che
se l'intensità di magnetizzazione del gas fosse stata eguale a 10^{-6} in valore assoluto, essa avrebbe prodotto una deviazione di circa un millimetro
della scala.

Se dunque il gas si magnetizza sotto l'azione del raggio solare polarizzato circolarmente, l'intensità di magnetizzazione deve essere alquanto inferiore a 10^{-6} (C. G. S.).

Fisica terrestre. — *Sulle emanazioni terrestri italiane.* Memoria II : *Gas dei Campi Flegrei e del Vesuvio.* Memoria del Corrisp.
Nasini e dei dottori Anderlini e Salvadori.

Questo lavoro sarà pubblicato nei volumi delle Memorie.

Zoologia. — *Sull'anatomia e sui costumi dell'Anopheles
claviger.* Nota del Socio G. B. Grassi.

Questa Nota sarà pubblicata in un prossimo fascicolo.

Fisica. — *Sopra la forza elettromotrice di alcuni sistemi di pile a concentrazione e di pile Rame-Zinco con solventi organici.* Nota preliminare di ROBERTO SALVADORI, presentata dal Corrisp. NASINI.

Fisica terrestre. — *Confronti degli strumenti magnetici italiani con quelli degli osservatorî di Parc Saint-Maur e di Kew.* Nota di LUIGI PALAZZO, presentata dal Socio TACCHINI.

Chimica fisica. — *Di una modificazione al pimometro di Sprengel.* Nota di A. MINOZZI, presentata dal Corrisp. NASINI.

Queste Note saranno pubblicate in un prossimo fascicolo.

Chimica. — *Sulla preparazione di alcune idrazidi e sui loro prodotti di trasformazione* ([1]). Nota di GUIDO PELLIZZARI, presentata dal Corrispondente BALBIANO.

Le idrazidi degli acidi organici furono ottenute da Curtius e dai suoi scolari partendo dall'idrato di idrazina ([2]) il quale si ha in commercio a prezzo molto elevato e in soluzione diluita, e per prepararlo si richiedono cure ed apparecchi speciali.

In seguito alle mie ricerche sulla sintesi dei composti triazolici ([3]) nonchè su quelli tetrazolinici ([4]), m'occorsero varie idrazidi e per alcune son riuscito ad ottenerle direttamente dal solfato di idrazina, che è il preparato che più comunemente si trova nei laboratorî, e qui rendo conto di tali metodi di formazione ed anche sommariamente di alcuni prodotti ottenuti dalle idrazidi per azione del calore.

Preparazione della dibenzoilidrazide. — Era stata ottenuta per azione prolungata dell'etere benzoico sopra il derivato monobenzoilico. Io sono riuscito

---

([1]) Lavoro eseguito nel laboratorio di chimica generale della R. Università di Genova.
([2]) Journ. f. prakt. Chem. 50, pag. 275.
([3]) Gazzetta chim. it. 1894, parte II, pag. 222 e 1896, parte II, pag. 413.
([4]) Gazzetta chim. it. 1896, parte II, pag 430.

raggio a vibrazioni verticali e le due lamine hanno le loro sezioni principali a 45° l'una a destra l'altra a sinistra della verticale, così basta spostare lateralmente la doppia lamina, in modo che la luce attraversi ora l'una ora l'altra metà di essa, perchè il raggio che attraversa il gas assorbente sia polarizzato circolarmente o in un senso o nel senso opposto.

Al disopra del tubetto si trova un leggiero sistema astatico, formato da due piccoli aghi magnetici, sospeso ad un finissimo filo di quarzo, e munito di un piccolo specchio per la lettura delle deviazioni. Per rendere poi quasi completamente astatico il sistema sospeso, viene fissato in opportuna posizione una piccolissima asticella calamitata, la cui azione compensa quasi del tutto l'azione residua del campo terrestre sul sistema stesso. L'inferiore degli aghi sospesi trovasi a pochi millimetri dal tubo contenente il gas assorbente, ed è diretto trasversalmente all'asse di questo, mentre l'ago superiore dista dal tubo quasi 9 centimetri. In tal modo se il gas si magnetizza per opera del raggio luminoso, il sistema astatico deve deviare.

Fatta più volte l'esperienza non ho potuto osservare, in modo sicuro, nessuna deviazione, sia nell'atto di spostare la doppia lamina quarto-d'onda nel modo indicato, sia, lasciandola fissa, nell'atto di intercettare con un diaframma o di lasciar libero il raggio luminoso.

Per avere poi una idea dell'ordine di grandezza della magnetizzazione cui poteva essere sensibile l'apparecchio, ho formato, mediante un filo di rame, un anello intorno al tubo al disotto del sistema astatico, ed ho cercato qual'era l'intensità della corrente che doveva percorrerlo, perchè si ottenesse una deviazione corrispondente ad un millimetro della scala. Ho trovato per questa intensità il valore $14,10^{-7}$, in unità elettromagnetiche assolute. Ne risulta, in base alle dimensioni del tubo e del piccolo circuito, che se l'intensità di magnetizzazione del gas fosse stata eguale a 10^{-6} in valore assoluto, essa avrebbe prodotto una deviazione di circa un millimetro della scala.

Se dunque il gas si magnetizza sotto l'azione del raggio solare polarizzato circolarmente, l'intensità di magnetizzazione deve essere alquanto inferiore a 10^{-6} (C. G. S.).

Fisica terrestre. — *Sulle emanazioni terrestri italiane.* Memoria II: *Gas dei Campi Flegrei e del Vesuvio.* Memoria del Corrisp. NASINI e dei dottori ANDERLINI e SALVADORI.

Questo lavoro sarà pubblicato nei volumi delle Memorie.

Zoologia. — *Sull'anatomia e sui costumi dell'Anopheles claviger.* Nota del Socio G. B. GRASSI.

Questa Nota sarà pubblicata in un prossimo fascicolo.

Fisica. — *Sopra la forza elettromotrice di alcuni sistemi di pile a concentrazione e di pile Rame-Zinco con solventi organici.* Nota preliminare di ROBERTO SALVADORI, presentata dal Corrisp. NASINI.

Fisica terrestre. — *Confronti degli strumenti magnetici italiani con quelli degli osservatori di Parc Saint-Maur e di Kew.* Nota di LUIGI PALAZZO, presentata dal Socio TACCHINI.

Chimica fisica. — *Di una modificazione al pimometro di Sprengel.* Nota di A. MINOZZI, presentata dal Corrisp. NASINI.

Queste Note saranno pubblicate in un prossimo fascicolo.

Chimica. — *Sulla preparazione di alcune idrazidi e sui loro prodotti di trasformazione* ([1]). Nota di GUIDO PELLIZZARI, presentata dal Corrispondente BALBIANO.

Le idrazidi degli acidi organici furono ottenute da Curtius e dai suoi scolari partendo dall'idrato di idrazina ([2]) il quale si ha in commercio a prezzo molto elevato e in soluzione diluita, e per prepararlo si richiedono cure ed apparecchi speciali.

In seguito alle mie ricerche sulla sintesi dei composti triazolici ([3]) nonchè su quelli tetrazolinici ([4]), m'occorsero varie idrazidi e per alcune son riuscito ad ottenerle direttamente dal solfato di idrazina, che è il preparato che più comunemente si trova nei laboratorî, e qui rendo conto di tali metodi di formazione ed anche sommariamente di alcuni prodotti ottenuti dalle idrazidi per azione del calore.

Preparazione della dibenzoilidrazide. — Era stata ottenuta per azione prolungata dell'etere benzoico sopra il derivato monobenzoilico. Io sono riuscito

---

([1]) Lavoro eseguito nel laboratorio di chimica generale della R. Università di Genova.
([2]) Journ. f. prakt. Chem. 50, pag. 275.
([3]) Gazzetta chim. it. 1894, parte II, pag. 222 e 1896, parte II, pag. 413.
([4]) Gazzetta chim. it. 1896, parte II, pag 430.

La soluzione nella quale si abbia il composto racemico od il conglomerato inattivo sarà rappresentata dalla retta parallela all'asse delle ordinate e che taglia per metà l'asse delle ascisse. E la curva, qualunque sia la sua forma, sarà divisa da questa retta in modo perfettamente simmetrico.

Nel caso che non si tratti di un vero composto racemico, ma bensì di un conglomerato inattivo, la curva assumerà l'andamento *acb* (fig. 1ª); *a* e *b* saranno i due punti crioidratici dei due isomeri enantiomorfi i quali si troveranno alla stessa temperatura; da ognuno di essi aggiungendo alla soluzione porzioni crescenti dell'isomero, si arriverà al punto *c* che si troverà a temperatura più bassa.

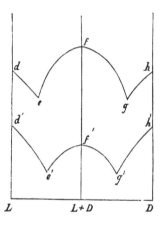

FIG. 2

Nel caso invece che si abbia un vero composto racemico la curva assumerà uno dei due andamenti della fig. 2ª, in cui sono previsti i due casi che il composto racemico (essendo più o meno solubile dei due componenti) abbia un punto crioidratico più basso o rispettivamente più elevato di essi.

Quando si constati l'ultimo caso — come nella curva *defgh* — ciò è già evidentemente un indizio sicuro dell'esistenza di un vero composto racemico. Qualora invece — come nella curva *d'e'f'g'h'* — il punto crioidratico del composto sia più basso diventa necessario uno studio ulteriore della curva. L'andamento sarà però nei due casi essenzialmente simile. Si avranno cioè non più uno ma due punti di minimo, punti crioidratici doppi nei quali sussistono, come fasi solide accanto al ghiaccio, il composto racemico ed uno dei due isomeri enantiomorfi.

Il criterio quindi da usare nella risoluzione del problema propostosi è il seguente: se aggiungendo alla soluzione crioidratica del composto o del conglomerato inattivo un eccesso di uno dei due componenti si ha un abbassamento ulteriore (fig. 2ª curve *fe*, *fg*; *f'e'*, *f'g'*) si ha presente un vero composto racemico; se invece le soluzioni che contengono in eccesso uno dei due componenti hanno punti crioidratici più elevati (fig. 1ª curve *ca*, *ch*) si ha invece un semplice conglomerato inattivo.

Un altro caso può darsi, e cioè che si formino dei cristalli misti pseudo-racemici. In tal caso, ove questi cristalli misti possano esistere in tutte le proporzioni, si avrà una sola curva continua decorrente fra i due punti crioidratici dei due isomeri emantiomorfi (fig. 1ª curva *mpn*) e che sarà come tutte le precedenti perfettamente simmetrica. Questa curva si allontanerà in generale assai poco dalla retta orizzontale congiungente i due punti estremi. In un tal caso sarà però necessaria la conoscenza di tutta la curva.

Concludendo, si può fare per le curve crioidratiche nei sistemi ternarii la stessa classificazione fatta da Roozeboom pei sistemi binarii. Si avranno cioè:

1. per un composto racemico: tre curve;
2. per un conglomerato inattivo: due curve;
3. per i cristalli misti pseudo-racemici: una sola curva.

Naturalmente tali fenomeni, come quelli di congelamento, si complicano se alle temperature considerate i composti racemici, i conglomerati ed i cristalli misti si trasformano reciprocamente.

Quanto all'applicabilità pratica del metodo, si vede facilmente come esso possa in molti casi sostituirsi ed in certi essere preferibile a quelli proposti da Roozeboom.

Infatti lo studio sistematico delle curve di congelamento richiede quantità relativamente considerevoli di sostanza che non sono sempre a disposizione dello sperimentatore, ed esso non sarà più applicabile nei casi non infrequenti di composti che nel fondere si decompongano. Lo studio delle isoterme di solubilità presenta poi sempre certe difficoltà sperimentali. L'esame delle temperature crioidratiche non presenta invece nessuna di tali difficoltà, purchè si abbia cura di scegliere un solvente nel quale i composti di cui si tratta siano abbastanza ma non troppo solubili.

Dei metodi che possono usarsi nelle determinazioni delle temperature crioidratiche parlerò più diffusamente in altro luogo, ed in tale occasione esporrò pure opportuni esempî sperimentali atti a verificare e ad illustrare le regole poste più sopra.

Chimica. — *Studi intorno alla costituzione degli alcaloidi del melagrano.* Nota di A. PICCININI, presentata dal Socio G. CIAMICIAN.

Questa Nota sarà pubblicata nel prossimo fascicolo.

Cristallografia. — *Per la asimmetria dei cristalli.* Nota di C. Viola, presentata dal Socio Blaserna.

Le figure di corrosione del primo stadio, che in generale sono irregolari, e presentano le cosidette anomalie, servono per dimostrare la legge generale *che i cristalli sono asimmetrici, e che ogni simmetria, sotto cui i cristalli possono presentarsi, deve provenire da una associazione simmetrica e omogenea di gemini.*

Anche le cosidette faccie vicinali, che, per fermo, non possonsi spiegare con la legge di Curie-Sohncke, nè con la *legge del minimo lavoro* delle molecole in un fluido; e così eziandio le striature, che frequentemente rigano le faccie dei cristalli, e anche le faccie ricurve portano delle nuove prove, non più sicure di quelle già addotte, alla legge generale della asimmetria, che io sviluppai in una mia Nota precedente (¹).

Accettata questa legge, che le esperienze ulteriori dovranno confermare, e sarà fatto un gran passo nello spiegare l'isomorfismo, il polimorfismo e le anomalie ottiche e geometriche dei cristalli. Dico sarà fatto un grande passo, non già sarà data la soluzione completa del difficile e complicato problema, su cui lavorarono i migliori ingegni da Brewster e Bravais in poi.

La legge di Hauy e quelle che con essa sono identiche, come la legge di Weiss, quella di Miller-Gauss, la legge di Hecht ecc. perdono con la legge generale della asimmetria l'assoluto valore, che fino ad ora loro si attribuiva; lo perdono perchè non può essere ammesso come dogma che la cristallizzazione proceda in guisa da generare una struttura omogenea nello stretto senso della parola, e come largamente fu definita già da Sohncke. L'omogeneità e le discontinuità possono essere concentriche, ovvero irregolari, e il complesso di faccie del cristallo non costituirà un sistema razionale. Allora pertanto gli indici milleriani non hanno più ragione di essere; in quella vece si presenta da sè la necessità di ricorrere alla segnatura razionale e semplice di Goldschmidt, che si è già dimostrata molto comoda nella pratica, grazie alle tavole numeriche calcolate e pubblicate dallo stesso autore. Ma nemmeno le coordinate di Goldschmidt potranno avere successo, se il goniometro a un asse non farà definitivamente posto al goniometro a due assi, col quale i calcoli necessarî per la posizione delle faccie, sono eliminati.

Può essere interessante per noi di vedere in quali e quante maniere è possibile di combinare e associare i gemini fra loro per dar luogo a strut-

---

(¹) C. Viola, *Ueber Homogenität und Aetzung.* Zeitsch. f. Kry. 1899, XXXI, fasc. 2°.

ture assolutamente omogenee; le quali serviranno da guida, attorno a cui si aggregheranno le strutture non perfettamente omogenee, che non si devono escludere dai cristalli, allorchè questi si presentano sotto forma di poliedri, razionali o no.

Supposto dunque che la simmetria abbia luogo in una sostanza perfettamente omogenea, le simmetrie nello spazio attorno a un punto sono 32 (compresavi la asimmetria). Questo è un assioma matematico, che non ha bisogno di essere dimostrato. Ma perchè le dette 32 simmetrie siano possibili, occorre che lo scheletro, attorno al quale si aggruppano le molecole o meglio i punti fisicamente equivalenti, soddisfi a certe condizioni, le quali sono le stesse, che diedero origine ai sei sistemi cristallografici triclino, monoclino, rombico, quadratico, esagonale e cubico.

Ammessa la legge che i cristalli sono tutti asimmetrici, facciamo naturalmente cadere la necessità di conservare la denominazione di sistemi, che non può più avere alcun significato. Rimane solamente la asimmetria, la quale, atteso il carattere geometrico e fisico in parte, con cui suole presentarsi, sarà:

$$
\begin{aligned}
\text{Asimmetria triclina} \quad &= T_{00}, \\
\text{\textquotedblright} \quad \text{monoclina} &= M_{00}, \\
\text{\textquotedblright} \quad \text{rombica} &= R_{00}, \\
\text{\textquotedblright} \quad \text{quadrata} &= Q_{00}, \\
\text{\textquotedblright} \quad \text{esagona} &= H_{00}, \\
\text{\textquotedblright} \quad \text{cubica} &= C_{00}.
\end{aligned}
$$

Se la asimmetria è triclina (T_{00}), e ammesso che la struttura debba essere omogenea in tre direzioni nello spazio, sarà possibile un unico complesso di geminazioni; i due gemini sono fra loro simmetrici rispetto a un piano di riflessìone, e l'uno di essi è inverso rispetto all'altro. Questa combinazione e compenetrazione omogenea di gemini equivale alla simmetria conosciuta col nome di oloedria triclina, ovvero simmetria pinacoidale, in cui esiste il centro di inversione, come unico elemento della simmetria. La sostanza che suol presentarsi sotto questa simmetria cristallografica, deve possedere due specie di molecole fra loro inverse. Un esempio, che, mi sembra, possa riferirsi qui con sicurezza, ci dà l'anortite, e i plagioclasi in generale. Infatti fu dimostrato già da Wiik ([1]) che l'anortite è asimmetrica, siccome è indubitato che essa si presenta eziandio con un centro di inversione.

Volendo introdurre nella asimmetria triclina altri complessi di geminazioni, p. e. con un piano o con un asse di geminazione, otterremo una struttura omogenea in una o in due direzioni, ma giammai in tre. Così p. e. Michel Lévy tentò di dimostrare che con la geminazione polisintetica secondo

---

([1]) Wiik, Zeitschrift für Krystall. 23, 379.

la legge albitica i feldispati triclini potrebbero assumere la struttura dei feldispati monoclini; ma questo tentativo di Michel Lévy non potè avere alcun risultato soddisfacente, poichè la struttura generata dalla geminazione polisintetica di individui triclini secondo la legge albitica non è omogenea in tre direzioni per tutti i fenomeni fisici, come all'incontro lo è la struttura dei feldispati monoclini. Invece quest'ultima è generata da geminazioni polisintetiche secondo una legge, che con ragione possiamo chiamare albitica. Dunque il feldispato monoclino oloedrico può essere considerato quale un geminato composto di 4 individui, i quali due a due stanno fra loro come oggetto e imagine rispetto a un piano, che è il piano di geminazione, perpendicolare al quale è l'asse binario di geminazione. Il simbolo di questo complesso di quattro gemini può essere M_{02}^σ seguendo il metodo, che indicheremo fra breve. Quivi l'apice 2 dà il grado dell'asse di geminazione, e l'esponente σ esprime che il piano di geminazione *non* passa per il detto asse.

Il geminato composto di due gemini fra loro inversi appartenenti all'asimmetria triclina può prendere il simbolo T_{21}, volendo indicare che manca un piano fisso di geminazione, l'asse di geminazione è di primo grado, e unitamente ad esso evvi un asse d'inversione di secondo grado.

Se una ingeminazione siffatta si presentasse nella asimmetria monoclina, si adotterebbe il simbolo M_{21}, e così similmente per altre ingeminazioni omogenee, seguendo lo stesso principio.

Nell'asimmetria monoclina M_{00} si possono dare due gemini in posizione di 180° rispetto a un asse, e il simbolo per designare questo geminato sarà M_{02}; e finalmente essi possono essere in posizione come oggetto e imagine rispetto a un piano di riflessione σ, e il simbolo ne sarà M_{00}^σ, volendo insistere che vi manca assolutamente un asse di geminazione.

L'asimmetria monoclina M_{00} è dunque capace di generare quattro differenti complessi di geminazione a struttura omogenea, e sono:

$$M_{21}, \; M_{02}, \; M_{00}^\sigma \; e \; M_{02}^\sigma;$$

vale a dire, due con un piano di geminazione e due con un asse, il quale può essere o binario, o singolare, cioè equivalente a un centro di inversione.

L'asimmetria rombica R_{00} potrà generare in primo luogo le 4 simmetrie, che genera l'asimmetria monoclina M_{00}, e in seguito saranno possibili delle combinazioni di gemini con un asse binario di geminazione e due piani di geminazione fra loro normali e passanti per il detto asse, combinazione che potremo indicare col simbolo R_{02}^s essendo s il piano passante per l'asse binario; indi con tre assi binari di geminazione fra loro normali, che indicheremo col simbolo R_{22}, e finalmente con tre piani di geminazione ortogonali, complessi, che chiameremo con R_{22}^s.

Dunque l'asimmetria rombica R_{00} potrà dar luogo alle seguenti ingeminazioni a struttura perfettamente omogenea:

$$R_{21}, R_{02}, R_{00}^\sigma, R_{02}^\sigma, R_{02}^s, R_{22}, R_{22}^s.$$

Un bellissimo esempio dell'asimmetria rombica ci dà l'aragonite secondo le esperienze di Beckenkamp; essa comparisce quale una ingeminazione di 8 individui, come esprime il simbolo R_{02}^s; ed è però che Beckenkamp propose di assegnare nel sistema rombico la *ogdoedria*.

Sarà bene che noi ripetiamo qui i simboli da me proposti per designare le 32 simmetrie attorno a un punto esistenti nello spazio nelle sostanze assolutamente omogenee, e la relativa nomenclatura divulgata col bel trattato di P. Groth e con la nuova edizione della bellissima cristallografia fisica di Th. Liebisch, nomenclatura, che già completa troviamo nei lavori di Fedorow:

1. S_{00} asimmetria
2. S_{21} simmetria pinacoidale
3. S_{02} „ sfenoedrica
4. S_{00}^σ „ domatica
5. S_{02}^7 „ prismatica
6. S_{02}^s „ piramidale
7. S_{22} „ bisfenoedrica
8. S_{22}^s „ bipiramidale
9. S_{04} „ piramidale quadrata
10. S_{04}^s „ piramidale biquadrata
11. S_{04}^σ „ bipiramidale quadrata
12. S_{42} „ sfenoedrico-quadrata
13. S_{42}^s „ scalenoedrico-quadrata
14. S_{24} „ trapezoedrico-quadrata
15. S_{24}^s „ bipiramidale biquadrata
16. S_{03} „ piramidale-trigone
17. S_{03}^s simmetria piramidale-bitrigone
18. S_{03}^σ „ bipiramidale trigone
19. S_{23} „ trapezoedrico-trigone
20. S_{23}^s „ bipiramidale-bitrigone
21. S_{06} „ piramidale esagona
22. S_{06}^s „ piramidale biesagona
23. S_{06}^σ „ bipiramidale esagona
24. S_{63} „ romboedrica
25. S_{63}^s „ scalenoedrico-esagona
26. S_{26} „ trapezoedrico-esagona
27. S_{26}^s „ bipiramidale biesagona
28. S_{33} „ tetrartoedrica
29. S_{33}^σ „ dodecaedrica
30. S_{33}^s „ tetraedrica
31. S_{34} „ giroedrica
32. S_{34}^s „ ottaedrica.

Il principio che informa questa segnatura, è in primo luogo questo che la base è una sola lettera, p. e. S; in secondo luogo gli apici indicano i gradi degli assi di simmetria, e l'esponente s ovvero σ indica un piano di simmetria o di riflessione, il quale o passa (s) per l'asse di simmetria, il cui grado è dato dall'apice a destra, ovvero non passa (σ) per il detto asse.

Allorchè unitamente a un asse di simmetria evvi una inversione, nel qual caso il suo grado è doppio del grado della simmetria, esso è segnato da un apice a sinistra. Figure simmetriche aventi un asse di inversione, come unico elemento della simmetria, sono dunque rappresentate dal simbolo

$$S_{2m,m}$$

Se oltre l'asse d'inversione vi sono degli assi binarî, nel qual caso non possono essere in numero maggiore di m, e devono essere perpendicolari al detto asse di inversione, si adotterà il simbolo

$$S^s_{2m,m},$$

poichè basta il piano di riflessione s passante per l'asse di inversione per dar luogo agli m assi binarî.

In questa segnatura sono dunque messi in evidenza con tre soli segni tutti quegli elementi (e non vi abbisognano mai più di tre), i quali sono sufficienti per individuare completamente una qualunque simmetria nello spazio (si intende spazio ordinario a curvatura costante) attorno a un punto.

Per il nostro scopo la segnatura di Schoenflies non può prestarsi. Invece quella razionale di Minnigerode adottata anche da Liebisch potrebbe essere utilizzata con vantaggio, se essa fosse accomodata per le varie asimmetrie. Credo si possa dire altrettanto della semplice segnatura di Gadolin e della elegante di Möbius.

Ora possiamo facilmente riassumere tutte le possibili ingeminazioni, che avranno luogo, la struttura essendo perfettamente omogenea.

I. — 1. Asimmetria triclina T_{00}
  2. Ingeminazione pinacoidale T_{21}.

II. — 1. Asimmetria monoclina M_{00}
  2. Ingeminazione pinacoidale M_{21}
  3.   domatica M^σ_{00}
  4.   sfenoedrica M_{02}
  5.   prismatica M^σ_{02}.

III. — 1. Asimmetria rombica R_{00}
  2. Ingeminazione pinacoidale R_{21}
  3.   domatica R^σ_{00}
  4.   sfenoedrica R_{02}
  5.   prismatica R^σ_{02}
  6.   piramidale R^s_{02}
  7.   bisfenoedrica R_{22}
  8.   bipiramidale R^s_{22}.

IV. — 1. Asimmetria quadrata Q_{00}
  2. Ingeminazione pinacoidale Q_{21}
  3.   domatica Q^σ_{00}
  4.   sfenoedrica Q_{02}
  5.   prismatica Q^σ_{02}

IV. — 6. Ingeminazione piramidale Q_{02}^{s}
    7.   "   bisfenoedrica Q_{22}
    8.   bipiramidale Q_{22}^{s}
    9.   piramidale quadrata Q_{04}
  10.   piramidale biquadrata Q_{04}^{s}
  11.   bipiramidale quadrata Q_{04}^{σ}
  12.   sfenoedrico-quadrata Q_{42}
  13.   scalenoedrico-quadrata Q_{42}^{s}
  14.   trapezoedrico-quadrata Q_{24}
  15.   bipiramidale biquadrata Q_{24}^{s} .

V. — 1. Asimmetria esagona H_{00}
    2. Ingeminazione pinacoidale H_{21}
    3.   "   domatica H_{00}^{σ}
    4.   sfenoedrica H_{02}
    5.   prismatica H_{02}^{σ}
    6.   piramidale H_{02}^{s}
    7.   bisfenoedrica H_{22}
    8.   bipiramidale H_{22}^{s}
    9.   piramidale trigone H_{03}
  10.   piramidale bitrigone H_{03}^{s}
  11.   bipiramidale trigone H_{03}^{σ}
  12.   trapezoedrico-trigone H_{23}
  13.   bipiramidale bitrigone H_{23}^{s}
  14.   piramidale esagona H_{06}
  15.   piramidale biesagona H_{06}^{s}
  16.   bipiramidale esagona H_{06}^{σ}
  17.   romboedrica H_{63}
  18.   scalenoedrico-esagona H_{61}^{s}
  19.   trapezoedrico-esagona H_{26}
  20.   bipiramidale-biesagona H_{26}^{s} .

VI. — 1. Asimmetria cubica C_{00}
    2. Ingeminazione pinacoidale C_{21}
    3.   "   domatica C_{00}^{σ}
    4.   sfenoedrica C_{02}
    5.   prismatica C_{02}^{σ}
    6.   piramidale C_{02}^{s}
    7.   bisfenoedrica C_{22}
    8.   bipiramidale C_{22}^{s}
    9.   piramidale quadrata C_{04}
  10.   piramidale biquadrata C_{04}^{s}

VI. — 11. Ingeminazione bipiramidale quadrata C_{04}^c

     12.   »   sfenoedrico-quadrata C_{42}

     13.   scalenoedrico-quadrata C_{42}^c

     14.   trapezoedrico-quadrata C_{24}

     15.   bipiramidale biquadrata C_{24}^c

     16.   piramidale trigone C_{03}

     17.   piramidale bitrigone C_{03}^c

     18.   romboedrica C_{63}

     19.   scalenoedrico-trigone C_{63}^c

     20.   tetraedrica C_{33}

     21.   dodecaedrica C_{33}^c

     22.   bitetraedrica C_{33}^c

     23.   giroedrica C_{34}

     24.   ottaedrica C_{34}^c.

La asimmetria esagona H_{00} non può dar luogo ad alcuna ingeminazione con un asse quaternario. E così l'asimmetria cubica non renderà possibili delle ingeminazioni con un asse senario di simmetria; nè quivi saranno possibili degli assi ternarî con piani di geminazione ad essi normali.

Nell'ordinare le sei asimmetrie, ho proceduto dalla asimmetria triclina (T_{00}) cioè dalla asimmetria meno perfetta, come quella, che è capace di generare il minor numero di simmetrie, alla asimmetria cubica (C_{00}) cioè la asimmetria più perfetta, come quella, che ne può generare il maggior numero. Seguendo quest'ordine di idee la asimmetria quadrata (Q_{00}) deve passare innanzi alla asimmetria esagona, essendo quella capace di formare solamente 15 ingeminazioni, e questa 20 ingeminazioni omogenee.

Le asimmetrie e le ingeminazioni possibili in una struttura omogenea sono dunque 74.

Le meriedrie, cioè le simmetrie inferiori alla simmetria di un reticolo nello spazio, non poterono discendere sotto un dato limite, come supposero Bravais, e diciamo pure anche Sohncke, Fedorow e Schoenflies, i quali fondarono la struttura dei cristalli sulla base dei sistemi di punti semplici e composti. Ma da questa restrizione si allontanò già Mallard. È noto che egli ammise delle meriedrie possibili inferiori a quelle compatibili con la simmetria minima corrispondente ad un reticolo nello spazio; e dimostrò persino che le geminazioni sono più frequenti quanto più bassa è la meriedria. Da Mallard a noi la esperienza e la teoria fecero grande cammino. Già Baumhauer e Beckenkamp supposero delle simmetrie diverse dalle 32. Fr. Wallerant [1]

---

[1] Fr. Wallerant, *Théorie des anomalies optiques, de l'isomorphisme et du polymorphisme, déduite des théories de MM. Mallard et Sohncke*. Bull. de la Soc. franç. de Min. 1898, 21, 188.

andò più oltre; accennò al fatto che le anomalie ottiche entrano nella legge comune, pur supponendo, come è probabile, che le ingeminazioni per sè possano dar luogo a fenomeni ottici diversi da quelli, che corrispondono ai singoli individui. Io credo che il lavoro di Wallerant se non esprime ancora, appoggia pertanto tacitamente la legge generale della asimmetria dei cristalli.

Il numero delle anomalie ottiche e geometriche, o di quelle che così si vogliono chiamare, cresce ogni giorno con le nuove osservazioni, sicchè il principio dei sistemi cristallografici accoglie meno fenomeni, di quello che siano esclusi con la formola comoda di anomalie.

La fluorina cristallizza nella asimmetria cubica. Di essa sono conosciute le seguenti combinazioni, secondo le esperienze di Wallerant ([1]):

1. Ingeminazione domatica C_{00}^{σ}
2.   "   scalenoedrico-trigone C_{63}^{s}
3.   "   ottaedrica C_{34}^{s} .

È probabile che la leucite cristallizzi nella asimmetria cubica (C_{00}) pur non escludendo che le proprietà ottiche siano quelle proprie delle asimmetrie monoclina e rombica secondo le belle esperienze di C. Klein. Di essa si conoscono le ingeminazioni prismatica C_{02}^{σ}, bipiramidale C_{22}^{s}, piramidale quadrata C_{04}, giroedrica C_{34} e ottaedrica C_{34}^{s}. Con dubbio si può asserire che l'asimmetria della leucite sia quadrata o rombica, poichè è provato che vi si presentano combinazioni da dar luogo a simmetrie superiori di R_{22}^{s} e risp. Q_{24}^{s}. Secondo le belle esperienze di C. Klein ([2]), la birifrangenza della leucite varia con la temperatura; a 560° essa è quasi nulla. Anche l'analcime si comporta nella stessa maniera, con la sola differenza che la sua birifrangenza cresce con la temperatura. Circa il granato, sembra che questo minerale cristallizzi nella asimmetria cubica, come la fluorina e l'alume. Del granato si conoscono ingeminazioni C_{02}^{σ}, C_{22}^{s}, C_{33}^{σ} secondo le osservazioni di C. Klein ([3]).

È molto probabile che il carbonato di calcio sia dimorfo; poichè una forma, sotto cui esso si presenta, è l'asimmetria rombica (R_{00}) con varie combinazioni, che vanno fino alla ingeminazione rombico-bipiramidale R_{22}^{s}; l'altra forma è l'asimmetria esagona H_{00}, e si chiama calcite quando è pura o metacalcite ([4]) quando è unita al carbonato di magnesio; i complessi di combinazioni, che se ne conoscono, sono la romboedrica H_{63}, come nella dolomite e la scalenoedrica H_{63}^{s} come nella calcite pura, ma le figure di cor-

([1]) F. Wallerant, *Mémoire sur la fluorine*. Bull. Soc. franç. de Miner. 1898, 21, 44.

([2]) C. Klein, *Mineralogische Mittheilungen*. Neues Jahrbuch für Miner. BB. 11, 475-553.

([3]) Mitth. aus der Kg. preuss. Akademie der Wissensch. 1898.

([4]) C. Viola, *La struttura Carsica osservata in alcuni monti calcarei della provincia Romana*. Boll. R. Uff. geologico, 1897, n. 2.

rosione, cosidette anomale, hanno messo in evidenza delle simmetrie inferiori di H_{63} nella calcite.

I pesi specifici differenti fra aragonite (2,85) e calcite (2,7) permettono l'accettazione dell'ipotesi, già avanzata da Bravais, che veramente il carbonato di calcio è dimorfo; anche i clivaggi nell'un caso e la mancanza nell'altro sono un carattere favorevole per l'ipotesi suddetta.

Esaminando i molteplici risultati sperimentali, parte dei quali io riferii in una delle mie Note precedenti, non si può fare a meno di riconoscere che la legge generale della asimmetria nei cristalli è sostenuta da una base solida. L'attenzione dei mineralogisti rivolta alle anomalie ottiche e geometriche dei cristalli, la quale negli ultimi 20 anni principalmente fu forte e generale, agevolerà la raccolta di fatti sperimentali, capaci di far vedere fino a quale punto l'isomorfismo e il polimorfismo che qui volli solo accennare, sono spiegabili con la legge generale della asimmetria dei cristalli; perchè per quanto riguardano le anomalie ottiche, esse naturalmente divengono, con la legge della asimmetria, fenomeni ordinarî.

Cristallografia. — *Celestina di Strongoli (Calabria)* [1].
Nota del dott. FEDERICO MILLOSEVICH, presentata dal Socio STRÜVER.

Nell'agosto dello scorso anno ho avuto occasione di visitare le miniere di zolfo attualmente in attività presso Strongoli nella provincia di Catanzaro. Dai signori avv. e dott. Pelaggi proprietarî della miniera Consolazione nella località detta la Carcarella ebbi in dono cortesemente alcuni campioni di minerali di quella miniera, cioè *Zolfo, Gesso, Calcite* e segnatamente *Celestina* in bei cristalli: lo studio appunto di questi è oggetto della presente Nota.

Come è noto le miniere di zolfo presso Strongoli e S. Nicola dell'Alto si trovano nella formazione gessoso-solfifera del miocene superiore e quindi, tranne la minor ricchezza ed estensione, sono perfettamente paragonabili a quelle di Sicilia e di Romagna. Lo Zolfo si trova in una marna azzurrognola ed è accompagnato dai soliti minerali. Il Cortese [2] che descrisse questi giacimenti dice essere raro lo zolfo in cristalli e mancare affatto le belle cristallizzazioni di Celestina e di Aragonite dei consimili giacimenti di Sicilia.

Il Neviani [3] invece già da prima avea accennato a cristalli di Zolfo, di Celestina e di Gesso di quelle miniere.

[1] Lavoro eseguito nel Gabinetto di mineralogia della R. Università di Roma.

[2] E. Cortese, *Descrizione geologica della Calabria*. Memorie descrittive della Carta geologica d'Italia, vol. IX, 1895, pag. 293-298.

[3] A. Neviani, *Di alcuni minerali raccolti nella provincia di Catanzaro*. Catanzaro 1887, pag. 10-12. L'A. cita le forme $\}021\{ \}101\{ \,\}110\{ \,\}001\{ \,\}100\{$ per la Celestina, ma non dice secondo quale orientazione.

Lo *Zolfo* che ho potuto esaminare si presenta talora in cristalli della solita combinazione }111{ }113{ }001{ }011{, il *Gesso* in cristalli prismatici allungati e non terminati, la *Calcite* in concrezioni globulari formate di imperfetti cristalli.

Molto più interessanti sono invece i cristalli di *Celestina* che presentano le seguenti forme che danno due combinazioni di abito assolutamente diverso:

}001{ 0P. }100{ ∞ P̄ ∞.
}110{ ∞ P.
}011{ P̆∞.
}102{ ¹/₂ P̄∞.
}111{ P.   }322{ ³/₂ P̄ ³/₂.

La forma }322{ è nuova per la Celestina.

I cristalli più comuni e più numerosi generalmente di piccole dimensioni, che chiameremo del primo tipo, rivestono insieme con zolfo le cavità della marna solfifera e sono dello stesso abito di quelli notissimi di Sicilia. Presentano la combinazione:

}001{ }011{ }102{ }110{ }322{ (vedi fig. 1).

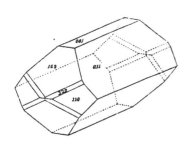

Sono allungati secondo l'asse *x* e presentano sviluppatissime le facce del brachidoma }011{ imperfette e striate, poco sviluppate quelle del pinacoide }001{. Presso a poco uguale estensione hanno le facce del macrodoma }102{ e del prisma }110{. In taluni cristalli del primo tipo si presenta la nuova forma }322{ rappresentata da faccettine che appaiono come lunghe e sottili troncature degli spigoli fra }110{ e }102{. Al goniometro danno scarso riflesso e quindi di esse ho ottenuto misure angolari inesatte, ma fortunatamente il simbolo }322{ fu potuto determinare mediante le zone [(110):(102)] e [(011):(100)]. Gli angoli principali per questa forma sono i seguenti:

FIG 1.

Angolo (100):(322) = misurato 33° circa, calcolato 33° 23′
»   (110):(322) =   »   22° ¹/₂ »   »   22° 18′
»   (102):(222) =   »   38°   »   »   37° 38′ ¹/₂

I cristalli del secondo tipo più grandi e meno numerosi sono sparsi sopra una incrostazione di calcite biancastra che presenta in qua e in là dei globuli sporgenti formati da aggregati di cristalli imperfetti del medesimo minerale; al disotto fra questa calcite e la solita marna uno straterello di zolfo puro. Questi cristalli presentano la combinazione:

$$\}100\{ \ \}001\{ \ \}011\{ \ \}102\{ \ \}110\{ \ \}111\{ \quad \text{(v. fig. 2).}$$

L'abito è ben diverso da quelli precedentemente descritti: sono ancora allungati secondo l'asse x con le facce del brachidoma prevalenti e la base lunga e sottile, ma all'estremità sono ter-minati dal pinacoide $\}100\{$ sempre molto sviluppato: di conseguenza sono ridotte le facce delle forme $\}102\{$ e $\}110\{$. La pi-ramide $\}111\{$ è rappresentata da piccole lucenti faccettine. Le facce del pinacoide $\}100\{$ sono opache e mostrano una marcata striatura parallelamente allo spigolo [001]: quando esse sono più piccole, per preva-lente sviluppo del prisma $\}110\{$, è facile scorgere che questa striatura è data da un seguito di alternanze delle facce vicine

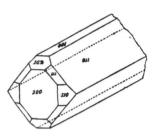

Fig. 2.

di esso prisma. Questo tipo di cristalli piuttosto raro si può rassomigliare a quello descritto da G. Drabant ([1]) per la Celestina di Conil presso Cadice che presenta anche il pinacoide $\}100\{$ sviluppato opaco e marcatamente striato.

Aggiungo infine un elenco di qualche angolo da me misurato posto in confronto con quelli calcolati secondo il rapporto parametrico di Auerbach ([2]) adottato nel trattato del Dana, cioè:

$$\breve{a} : \bar{b} : \acute{c} = 0,77895 : 1 : 1,28005$$

Angoli	Media delle misure	Calcolo
110:1$\bar{1}$0	75° 52′	75° 50′
011:0$\bar{1}$1	104 3	104 0
102:10$\bar{2}$	101 15	101 11
102:110	60 2	59 57
110:111	25 44	25 39
322:011	57° circa	56 37
322:110	22° ¹/₂ circa	22 18
322:102	38° circa	37 38 ¹/₂

([1]) C. Bärwald, *Untersuchung einiger Cölestine*. Zeitsch. f. Kryst. u. Min. XII, 231. La parte cristallografica di questo lavoro di C. Bärwald si deve a G. Drabant.

([2]) A. Auerbach. *Krystallographische Untersuchung des Cölestins*. Sitzungsb. d. K. Akad. Wien. LIX. II Abth. 1869. S. 549-583.

Mineralogia. — *Brochantite di Rosas (Sulcis)* (¹). Nota di CARLO RIVA, presentata dal Socio STRUEVER.

L'ingegnere Umberto Cappa, direttore delle miniere di Rosas nel Sulcis (Sardegna), inviò recentemente al Gabinetto mineralogico dell'Università di Pavia alcuni esemplari da lui raccolti nella detta miniera, fra i quali trovansi pregievoli cristalli di vivace colore verde smeraldo, che i saggi chimici e le proprietà cristallografiche ed ottiche dimostrarono essere *brochantite*, specie questa che, a quanto mi consta, per la prima volta si riscontra in Sardegna. Fra i minerali del gruppo dei solfati basici (²) si rinvennero sin qui in Sardegna la linarite e la caledonite. La prima, citata dallo Jervis (³), descritta dal Brugnatelli (⁴), e recentemente anche da me (⁵), è conosciuta in diverse località sarde; la seconda, descritta dal Lovisato e studiata cristallograficamente dal vom Rath (⁶), proviene da Malacalzetta.

I campioni con brochantite provengono dal cantiere Prete Atzori, e sono costituiti da una roccia diabasica alteratissima con abbondante limonite. La brochantite è accompagnata dalla malachite, e forma compatte croste cristalline tenacemente aderenti alla roccia; non sono rari i cristalli isolati e ben terminati, allungati secondo $[c]$ e che raggiungono mm. 1-1,5 di lunghezza.

Considerando la brochantite trimetrica, seguendo la maggior parte degli autori (⁷), le forme osservate sono le seguenti:

$$\}110\{ \ \}120\{ \ \}010\{ \ \}012\{ .$$

Le facce della zona verticale sono fortemente striate parallelamente all'allungamento. La sfaldatura è netta secondo (010). I valori angolari, ottenuti dalla misura e dal calcolo, in base alle costanti date dal Kokscharow (⁸), sono i seguenti:

$$a:b:c = 0{,}7739:1:0{,}4871$$

(¹) Lavoro eseguito nel Gabinetto di mineralogia della R. Università di Pavia.

(²) Dana, *The system of mineralogy.* London 1892, pag. 922.

(³) Jervis, *I tesori sotterranei d'Italia.* Torino 1881, parte III, pag. 134, n. 2580.

(⁴) Brugnatelli, *Sulla linarite della miniera di San Giovanni (Sardegna).* Rendic. r. Ist. Lombardo di sc. e lett., 1897.

(⁵) Riva, *Sopra la formazione diabasica e sopra alcuni minerali di Rosas nel Sulcis.* Rendic. r. Ist. Lombardo di sc. e lett. Milano 1899.

(⁶) Lovisato, *Contributo alla mineralogia sarda.* Rend. r. Acc. Lincei, 1886.

(⁷) È noto che lo Schrauf considera triclina la brochantite. Sitz. d. Wiener Akad. 1873.

(⁸) Kokscharow, *Materialen zur Mineralogie Russland.* Bd. III, p. 260. Atlas tav. 53.

	Media misure	Calc.
(110):(1$\bar{1}$0)	75° 30'	75° 28'
(120):(110)	19 40	19 23
(120):(010)	32 18	32 52
(012):(110)	81 41	81 40

L'abito dei cristalli è simile a quello della brochantite di Russia, disegnata dal Kokscharow nella fig. 6 della tav. 53 del suo atlante. I cristalli di Rosas sono maggiormente tabulari secondo (010).

Il piano degli assi ottici è parallelo a }100{. Da (010) esce la bisettrice acuta. Il carattere della doppia rifrazione è negativo; l'estinzione è parallela, caratteri tutti che concordano con quelli dati dal Bertrand (^{1}) pel nostro minerale. La malachite, la quale accompagna la brochantite, è in piccoli cristalli fibrosi, e l'osservazione microscopica mostra che essi sono geminati secondo }100{, e presentano caratteri identici a quelli da me recentemente descritti per la malachite della stessa località (^{2}).

Geologia. — *Osservazioni geologiche sopra i terreni secondari del gruppo del M. Judica in Sicilia.* Nota del prof. OLINTO MARINELLI, presentata dal Corrispondente DE STEFANI.

Questa Nota sarà pubblicata nel prossimo fascicolo.

Fisiologia. — *L'azione dei farmaci antiperiodici sul parassita della malaria* (^{3}). Prima Nota preventiva dei dott. D. LO MONACO e L. PANICHI, presentata dal Socio LUCIANI.

Gli studî sull'etiologia della malaria, che in questi ultimi anni, sono stati con grande ardore coltivati, a causa del loro nuovo indirizzo il quale induce a ritenere che si possano trovare mezzi preventivi sicuri e razionali, hanno come conseguenza prodotto un ristagno delle ricerche sperimentali riguardanti la cura di questa diffusa malattia.

Finora si sa che la chinina agisce sul parassita della malaria, arrestandone i movimenti e facendolo scomparire dal sangue, in tutte le sue fasi di sviluppo, sia endoglobulari sia estraglobulari, eccettuata quella riproduttiva

---

(^{1}) Bertrand, *Propriétés optiques de la brochantite.* Bull. Soc. franc. de Minéralogie, tome III, 1880, pag. 56.

(^{2}) Riva, loc. cit.

(^{3}) Lavoro eseguito nell'Istituto di fisiologia di Roma.

sulla quale è completamente inefficace (Marchiafava e Bignami). In quest'ultimo caso è stato osservato che la propinazione della chinina, pur non ostacolando la sporulazione del parassita, influisce sulla nuova generazione, che al microscopio si appalesa molto scarsa (Golgi).

Noi ci siamo proposti di osservare il comportarsi del parassita della malaria in tutte le fasi e in tutte le forme cliniche, nel primo momento in cui esso viene a contatto con la chinina. È anche nostra intenzione di estendere queste esperienze a tutti gli alcaloidi della china e a tutte le altre sostanze di azione antiperiodica, che spesso vengono somministrate in surrogazione della chinina. E a tal uopo, mentre la più parte degli sperimentatori che si sono occupati di questo argomento, hanno osservato il sangue malarico prima e dopo la somministrazione della chinina, noi invece aggiungiamo questa direttamente sul preparato microscopico. Questo metodo è stato anche adoperato da Laveran ([1]), da Dock ([2]) e da Marchiafava e Celli ([3]). I primi due, adoperando le soluzioni di chinina, e i secondi, adoperando le soluzioni di 0,50 e 0,70 % di cloruro sodico, hanno visto che i movimenti dei parassiti si arrestano.

Riassumiamo brevemente i fatti da noi osservati, servendoci del sangue di malati di febbre palustre a tipo quartanario non chinizzati:

Se si fissa sul campo del microscopio una forma giovanissima di parassita malarico, e si deposita una goccia di soluzione isotonica (0,90 % cloruro sodico) e isovischiosa (2 % gomma); appena il liquido penetra nel preparato, gli eritrociti si spostano, urtandosi e deformandosi. Meno si muove e in conseguenza meno si deforma l'eritrocito in osservazione. Il parassita contenuto in esso, compie movimenti ameboidi più vivaci, emette più pseudopodi e si assottiglia. Questa vivacità di movimenti nel parassita dura pochi secondi; dopo esso assume una forma ellittica con il pigmento disposto alla periferia. Tale apparente inerzia non è duratura, perchè poco tempo dopo, i movimenti riprendono come prima, e si possono osservare anche dopo un'ora circa. In questo ultimo periodo si nota che il pigmento è più visibile e pare aumentato. Se invece di una soluzione isotonica e isovischiosa di cloruro sodico, s'immette nel preparato di sangue malarico una goccia di soluzione acquosa di bisolfato di chinina (1:1500) che messa in rapporto colla quantità di sangue (di circa 5 kgr.) corrisponde alla dose di circa tre grammi di sale di chinina, si osserva che il parassita si contrae con movimenti di tremolio nei pseudopodi, e i granuli di pigmento in esso contenuto, si radunano nella parte centrale del corpo parassitario. In seguito, dopo circa 15 minuti, il parassita si espande, il pigmento ritorna alla periferia della massa cen-

([1]) *Du paludisme et de son hématozoaire*. Paris. 1891.
([2]) Centralblatt f. Klin. Med. 1891.
([3]) Arch. p. le scienze mediche. Vol. X, 1886.

trale, a misura che i pseudopodi si allungano; infine il parassita presenta i movimenti lenti che si osservano normalmente, i quali continuano anche dopo mezz'ora di osservazione.

Nelle forme parassitarie giovani, ma più sviluppate delle precedenti, che occupano i $^2/_5$ dell'eritrocito e contengono maggiori quantità di pigmento, la soluzione di chinina produce i seguenti fenomeni: Il parassita si contrae, ritira i pseudopodi, e tende ad assumere una forma rotonda; i granuli di pigmento, che si trovano in maggior copia alla periferia del parassita, presentano movimenti vivaci. In seguito tutti i granuli si dispongono alla periferia del parassita che presentasi di forma rotonda. Dopo brevissimo tempo i granuli di pigmento entrano in una ridda vertiginosa, e il parassita, che in questo momento si presenta più splendente, ora con un movi-

Fig. 1.

Eritrocito contenente un parassita giovane, veduto nei successivi periodi di azione della chinina.

mento di scatto, ora con movimenti oscillatori, fuoriesce — come se scivolasse — dal globulo rosso, e si sofferma a lato di esso. Giova qui notare che questo fenomeno è indipendente dalle correnti liquide del preparato, inquantochè il parassita emigra dal globulo anche quando queste sono cessate, e qualche volta anche contro la loro direzione. Se le correnti poi sono impetuose, riescono a trasportare il parassita, mentre l'eritrocito che lo conteneva, rimane in sito, quasi avesse una superficie più vischiosa. In seguito gli eritrociti che occupavano il campo del microscopio, si scolorano riducendosi a semplici ombre. Il parassita libero conserva la forma rotondeggiante, o la riprende se l'aveva perduta, mentre i granuli di pigmento continuano a muoversi poco vivacemente, rimanendo alla periferia del medesimo. Le fasi di questo fenomeno (osservato anche in parassiti di maggiore sviluppo dei precedenti come vedesi nella figura 1), si compiono in un tempo più o meno lungo che varia da pochi secondi a quindici minuti circa. Lo scoloramento dei globuli su notato, si evita quando alla soluzione di chinina si aggiungono pochissime gocce di soluzione di cloruro sodico al 0,90 %. In questo caso si scolora il solo eritrocito parassitifero, mentre gli altri rimangono normali.

Se si adopera la soluzione isotonica e isovischiosa di cloruro sodico, chinizzata o no, le forme parassitarie molto sviluppate mostrano movimenti più vivaci, ma non fuoriescono mai dall'eritrocito.

Il fenomeno della fuoriuscita del parassita malarico dal globulo rosso sotto l'azione della chinina, non era stato mai osservato direttamente al microscopio. Ricordiamo però che Marchiafava e Celli ([1]), occupandosi dell'azione della chinina sulla febbre malarica, notarono — senza annetterci una grande importanza —, di aver visto che nei preparati di sangue fatti dopo la somministrazione della chinina, la maggior parte dei parassiti si presentano immobili, e taluni *come in via di uscire dai globuli rossi*.

Nel periodo che precede l'accesso febbrile, i parassiti che occupano quasi l'intero eritrocito, del quale non rimane libero che un sottile orlo, a contatto di soluzioni chininiche, non emigrano dai globuli rossi, ma si limitano a contrarsi e ad espandersi ripetutamente, assumendo infine una forma rotondeggiante che li fa sembrare rimpiccoliti, come si vede nella figura 2.

I granuli di pigmento contenuti nei parassiti anche più sviluppati dei precedenti, presentano movimenti sempre più vivaci, in forza dei quali

Fɪɢ. 2

Eritrocito contenente un parassita adulto che per l'azione della chinina non emigra, ma si limita a contrarsi.

in parte si raccolgono dalla periferia verso il centro del corpo parassitario. in parte fuoriescono da questo allontanandosene più o meno nel preparato. talora persino di una distanza eguale approssimativamente a dieci volte il diametro di un eritrocito. Questo fenomeno si produce anche dopo 15 minuti di osservazione, ed è rappresentato nella fig. 3.

Fɪɢ. 3.

Eritrocito con parassita anche più sviluppato del precedente, che sotto l'azione della chinina si contrae ed emette granuli di pigmento.

Riguardo alle cosiddette forme libere, che sono caratterizzate dall'immobilità dei granuli di pigmento, il quale si presenta ammassato nella parte centrale del corpo parassitario, per l'azione della chinina, il parassita da rotondo si fa talora oblungato e i granuli si allontanano fra loro. Continuando l'osservazione, si nota che nella forma parassitaria in seguito a un processo

([1]) Arch. p. le scienze mediche. Vol. X, pag. 193.

di divisione, ha luogo la segmentazione del parassita in un numero limitato
di piccole sporule trasparenti di grandezza variabile, alcune con pigmento
altre senza, come si vede nella fig. 4. La soluzione isotonica è isovischiosa
di cloruro sodico, a contatto delle forme libere, non produce in esse alcuna
modificazione.

FIG. 4.

Parassita maturo (resosi libero pel completo assorbimento dell'eritrocito), che durante l'azione
della chinina sporifica.

Tutti i fenomeni da noi descritti sono stati riscontrati, come abbiamo
detto, nel sangue di ammalati di febbre palustre a tipo quartanario; in un
caso da noi più lungamente seguito, si notò che, (quantunque l'andamento del-
l'infezione fosse regolare), gli accessi febbrili divennero meno intensi, e ripetendo le nostre esperienze con la solita soluzione di chinina, non si riuscì a determinare l'emigrazione del parassita dal globulo rosso. All'attenuazione del
processo morboso corrispondeva forse una diminuita resistenza dell'agente
patogeno. Infatti, diluendo la soluzione al doppio (1:3000) e nei giorni
susseguenti al triplo (1:4500), siamo riusciti a riottenere i primi risultati
positivi. Ciò dimostra che la fuoriuscita del parassita dal globulo è un fenomeno attivo, vale a dire dipendente dalla vitalità del parassita stesso.

Prima di dare un'adeguata interpretazione dei fenomeni da noi descritti, ci sembra logico ammettere che l'azione della chinina sul parassita della malaria dentro il circolo sanguigno debba avvenire nell'identico
modo come è stato da noi osservato *in vitro*. La vivacità e la persistenza
dei movimenti di cui sono dotati questi parassiti fuori dell'organismo; il fatto
che il sangue estratto da un malarico ed iniettato ad un individuo sano, riproduce l'accesso febbrile identico a quello osservato nel paziente; e l'essere noi riusciti a produrre l'emigrazione del parassita in soluzioni che non
scolorano i globuli rossi; sono prove evidenti della persistente vitalità del
medesimo fuori dell'organismo umano, e delle buone condizioni di esperimento in cui ci siamo posti.

Riferendoci poi alle attitudini biologiche del parassita della malaria,
vogliamo qui rammentare che tutti coloro che si sono occupati di questo
argomento, ammettono che l'ambiente adatto per la sua vita è rappresentato
dal globulo rosso, mentrechè il plasma ed i leucociti rappresentano mezzi a
lui dannosi. Ciò ammesso, ci sembra facile spiegare in che modo la chinina
esplica la sua azione sul parassita malarico : *La chinina, agendo sul paras-*

sita, ne produce l'emigrazione dal globulo rosso, e in conseguenza lo mette in condizioni deleterie per la sua vita e per la sua evoluzione. Le esperienze che intendiamo continuare riguardanti l'inoculazione di sangue malarico mescolato a chinina ad individui sani, ci diranno se il parassita quando emigra nel plasma, è ancora suscettibile di ulteriore sviluppo. Sarà anche nostro compito di determinare se l'emigrazione del parassita debba interpretarsi come effetto dei movimenti attivi che provoca in esso la chinina, per chemotropismo positivo; e se nel fenomeno da noi descritto influisca l'azione che la chinina ha di diminuire la facoltà ossidante del protoplasma.

Notiamo intanto che, dalle nostre esperienze, si può ricavare la sanzione del precetto clinico di somministrare la chinina nel periodo apirettico e non durante l'accesso febbrile. Se infatti si considera che l'effetto utile della chinina contro il parassita consiste nel produrre l'emigrazione del medesimo, già in via di sviluppo, nel plasma sanguigno, ne viene di conseguenza che il rimedio si deve somministrare nel periodo in cui circolano nel sangue il maggior numero di forme giovani parassitarie. Quale effetto benefico produca la propinazione di questo alcaloide in tutte le altre fasi del ciclo evolutivo del parassita, ci resta ancora da indagare.

Sentiamo il dovere di ringraziare il prof. Bondi direttore della Sala Alessandrina dell'ospedale S. Spirito, il quale, con grande cortesia, ci ha permesso di usufruire per i nostri studî dei malati del suo reparto.

Storia della scienza. — *Intorno all'autografo galileiano del « Discorso sul flusso e reflusso del mare » nuovamente ritrovato nella Biblioteca Vaticana.* Nota di Antonio Favaro, presentata dal Socio Cerruti.

Il campo degli studiosi è stato di recente messo a rumore dall'annunzio che nella Biblioteca Vaticana era stato scoperto il desiderato autografo del discorso di Galileo Galilei « Del flusso e reflusso del mare »: e poichè furono diffuse inesatte notizie così intorno alle circostanze che accompagnarono lo scoprimento, come sulla importanza del cimelio, come infine e soprattutto circa i risultati che lo studio di esso veniva a somministrare; stimo doveroso, da parte di chi soprintende all'Edizione Nazionale delle Opere di Galileo, il prendere la parola, affinchè non siano per acquistar credito certe affermazioni, le quali da un lato sono contrarie alla verità, e dall'altro indurrebbero a far supporre che in alcuni luoghi il testo galileiano sia da tenersi essenzialmente diverso da quello che nella stessa Edizione Nazionale fu dato recentemente.

Non è difficile spiegare in che modo quel manoscritto, il quale, se anche non contenesse alcun elemento utile alla critica del testo, sarebbe pur sempre prezioso perchè vergato dalla mano stessa dell'Autore, anzi il solo autografo di tale scrittura che si sappia pervenuto sino a noi, abbia potuto sottrarsi alle ricerche diligentissime istituite a fine di porre in evidenza tutti i materiali di cui potevano e dovevano giovarsi i nuovi editori delle Opere di Galileo. Il manoscritto faceva parte di un fondo ordinato circa vent'anni or sono; e poichè l'inventario, nel quale venne sommariamente indicato e senza far cenno che fosse autografo ([1]), non era accessibile agli studiosi, questi non avrebbero potuto averne conoscenza se non dopo che da quell'inventario fu tratto l'indice degli autori, compiuto nel 1894 ([2]) e posto a disposizione dei lettori della Vaticana in tempo non ben precisato, ma ad ogni modo posteriore a quell'anno: e appunto nel principio dell'anno 1894 noi avevamo compiuta la revisione dei principali depositi nei quali era qualche speranza di ritrovare scritti e documenti galileiani, e dato alle stampe l'indice dei matariali per tal modo raccolti ([3]). Nel 95, col volume quinto dell'Edizione Nazionale, usciva il testo critico del *Discorso* in questione. Ecco dunque perchè ricerche, anche più diligenti di quelle da noi istituite, non avrebbero, prima di questi ultimi anni, sortito l'effetto di rinvenire l'autografo, che il caso ha oggi fatto tornare alla luce ([4]).

([1]) Galileo Galilei, *Trattato del flusso e riflusso del mare composto ad istanza del Card. Flavio Orsini — in Roma agli 8 di Gennaro 1616.* (*Inventarium Codicum latinorum Bibliothecae Vaticanae.* Tomus X. Pars secunda a n. 8067 ad n. 8471, opera et studio J. B. De Rossi script. linguae latinae, adjutore Odoardo Marchetti an. 1876-1878).

([2]) *Index Auctorum quorum scripta notata sunt in Tomo X, Inventarii Codd. Latt.* auspice et curante Jo. Bapt. de Rossi, scriptore Alfredo Monaci, An. 1890-94. — Questo indice porta sul dorso il n. 6 e comprende i codici dal n. 7245 al n. 8471.

([3]) Per la Edizione Nazionale delle Opere di Galileo Galilei sotto gli auspici di S. M. il Re d'Italia. - *Materiali per un indice dei Manoscritti e Documenti Galileiani non posseduti dalla Biblioteca Nazionale di Firenze,* raccolti per cura di Antonio Favaro. Venezia, tip. Ferrari, 1894.

([4]) Attendendosi presentemente alla preparazione del volume IX della Edizione Nazionale, destinato a contenere le Opere letterarie di Galileo, si recava a Roma l'Assistente alla cura del testo, prof. Umberto Marchesini, per collazionare le « Considerazioni al Tasso » sul codice Barberiniano. Andato alla Vaticana per collazionarvi un sonetto di Galileo che ivi esiste in copia, egli chiese di vedere il Catalogo per autori; e nel volume esibitogli, che fu quello segnato col n° 6 contenente lo spoglio dei codici 7245-8471 compiuto nel 1894, trovò un solo manoscritto di Galileo così registrato: « Galilei Galilaeus 8193 (p. 2ᵃ) ». Avuto il manoscritto, riconobbe che, conforme era indicato sulla copertina costituente la car. 516, in esso da car. 517r a car. 526t si conteneva l'autografo del « Discorso del flusso e reflusso del mare ». Il prof Marchesini credette suo dovere avvertire della scoperta da lui fatta l'Ab. Cozza-Luzi, Vice-Bibliotecario di S. R. C., al quale era stato presentato: questi lo richiese di rilasciargli una dichiarazione da cui risultasse che, secondo il suo parere, quel manoscritto era autografo; e alla richiesta il nostro Assistente assentì. Poche ore dopo il fatto, le gazzette di Roma annunziarono in termini non conformi alla verità, la scoperta dell'autografo vaticano, esaltandone iperbolicamente l'importanza quando non si avevano ancora elementi per farne adeguato giudizio; e l'annunzio veniva per tele-

Annunziato da un cenno del P. Ab. Giuseppe Cozza-Luzi, Vice-Bibliotecario di S. R. C., nel Giornale Arcadico ([1]), veniva per sua cura alla luce, prima ancora che finisse l'anno 1898, il testo del *Discorso* « secondo l'autografo vaticano » ([2]); e poichè dalla lettura di esso ci parvero risultare delle inconseguenze inesplicabili, stimammo subito o che la lettura fattane dall'Editore fosse in qualche luogo erronea, o che, investendo talvolta quelle inconseguenze più passi assai notevoli dove non era il caso di sospettare inesatta lettura, il manoscritto dovesse presentare delle singolari anomalie, sulle quali non era possibile il pronunziarsi prima d'averlo preso in esame. E dell'accurato esame che testè ci fu concesso di farne, riferiremo sommariamente il risultato.

Quando noi ci presentammo alla Biblioteca Vaticana, le undici carte costituenti complessivamente il manoscritto erano state tolte dalla parte 2ª del Codice Vaticano Latino 8193 nel quale era stato trovato; e ciò perchè, essendo alcune di esse notevolmente deteriorate, si stava provvedendo alla loro migliore conservazione, anzi, più precisamente, la prima (car. 516), sulla quale si legge il titolo della scrittura vergato d'altre mani, era già stata incollata sopra una cartella contenente le dieci carte (517-526) sciolte dell'autografo galileiano propriamente detto ([3]).

Portata anzi tutto la nostra attenzione sopra quei luoghi che nel testo edito dal P. Ab. Cozza-Luzi ci avevano maggiormente colpito per le incon-

---

gramma mandato a giornali italiani ed esteri, e riprodotto da una quantità innumerevole di riviste d'ogni colore. Qualunque possa essere il merito d'una scoperta così accidentale, i Curatori della « Edizione Nazionale promossa dal R. Ministero dell'Istruzione Pubblica sotto gli auspici di S. M. il Re d'Italia » (e non la « Crusca » come venne erroneamente affermato e ripetuto) credono doveroso rettificare il racconto che di tale scoperta fu divulgato.

([1]) *L'autografo del Galilei sul flusso e riflusso del mare nuovamente scoperto.* (Giornale Arcadico di scienze, lettere ed arti. Serie III, Anno I, n. 12. Roma, scuola tipografica Salesiana, 1898, pag. 445-450).

([2]) Galileo Galilei, *Trattato del flusso e reflusso del mare secondo l'autografo vaticano*, edito da Giuseppe Cozza-Luzi, Vice-Bibliotecario di S. R. Chiesa. (Estratto dalle Memorie della Pontificia Accademia dei Nuovi Lincei, vol. XV). Roma, tipografia della Pace di Filippo Cugiani, 1898. — Al testo del *Discorso* è premesso un « Proemio, nel quale si legge (pag. 13, nota 2), avere io scritto al P. Lais che, all'infuori d'un sonetto, null'altro di Galileo si conteneva nella Biblioteca Vaticana. Ciò non è vero, nè potevo scriverlo io, che nei nn. 929-938 dai miei *Materiali per un indice dei Manoscritti e Documenti Galileiani non posseduti dalla Biblioteca Nazionale di Firenze* (Venezia, tip. Ferrari, 1894, pag. 65-72) avevo descritte tutte le cose galileiane della Vaticana rivelatemi dagli indici dei quali mi era stato concesso l'esame; pare bensì non n'avesse notizia il Vice-Bibliotecario di S. R. C.

([3]) È mio dovere esprimere sensi di gratitudine al M. R. P. Ehrle, il quale, non ostante questa circostanza, permise ugualmente che io potessi a tutto mio agio studiare il manoscritto.

seguenze sopraccennate, ci avvedemmo di leggieri essere sfuggito al novello Editore che QUEI PASSI NON SONO DELLA MANO DI GALILEO, ma sostituiti posteriormente agli autografi nel modo che con la maggior possibile chiarezza procureremo di spiegare.

Le dieci carte costituenti l'autografo sono scritte per intero (salvo l'ultima che contiene otto sole righe) sui *recto* e sui *tergo*; ma a sinistra dei *recto* presentano un margine bianco piuttosto ampio, mentre invece sui *tergo* lo scritto occupa quasi interamente lo spazio. Ora l'inchiostro adoperato e che corrose la carta in varii luoghi, deve aver prodotto assai più profondamente tale effetto in un luogo di ciascuna delle tre prime carte, perchè un ignoto (forse lo stesso che premise, come abbiamo veduto, il titolo al *Discorso*) reputò opportuno di rimediare applicando in ciascuno di tali luoghi una toppa, la quale mentre nel *recto*, a motivo dell'ampio margine bianco, viene ad investire soltanto le prime lettere delle parole a capo di linea, di otto righe nella car. 517, di sette nella car. 518 e di nove nella car. 519, nel *tergo* invece investe intere parole delle righe corrispondenti. Si può ancora credere che allorchè tale operazione fu eseguita, le poche lettere corrose del testo fossero ancora abbastanza leggibili nei *recto*, perchè l'operatore le registrò sulla parte inferiore del margine stesso, cancellandole poi così profondamente da bucare la carta, dopo averle aggiunte sulla toppa di sua mano, senza nemmeno curarsi di imitare quella di Galileo. Per il motivo anzidetto il testo galileiano dei *recto* fu conservato inalterato nel manoscritto, meno qualche leggiera variazione. Ma così non avvenne per le più lunghe diciture corrose nei *tergo* delle carte medesime; per le quali è da credere che, dove mancavano anche semplici traccie della scrittura galileiana, colui abbia tirato a indovinare, non curandosi neppure di cercare una copia del *Discorso* per poter così supplire la lezione sincera. E qualche volta indovinò; sia aiutato dalle traccie rimaste e delle quali, per la mancanza del margine, avrà tenuto conto separatamente, sia favorito dalla sua buona stella.

Così è risultato che i tre luoghi anzidetti, i quali diamo qui sotto nella colonna a sinistra secondo la vera lezione fermata nella Edizione Nazionale, vennero cambiati negli altri che si leggono a destra. Scriviamo in corsivo nelle due colonne le parole, o le parti di parola, alle quali si riferiscono le toppe del Codice Vaticano.

« Ora, mentre andiamo discorrendo appoggiati *sopra* sensate esperienze (scorte sicure nel vero filosofare), vediamo *potersi imprimer* nell'acque alcun movimento locale in varie maniere: le quali *andremo distintamente* essaminando, per vedere se alcuna di esse può ragionevolmente assegnarsi per cagion primaria del

... « Ora, mentre andiamo discorrendo appoggiati *sopra* sensate esperienze (scorte sicure nel vero filosofare) vegghiamo *prima le cause che fanno* nell'acque alcun movimento locale in varie maniere: le quali *andiamo ad una ad una* essaminando, per vedere se alcuna di esse può ragionevolmente assegnarsi per cagione primaria del

« flusso e reflusso del mare. Ho detto cagion
« primaria, *perchè mentre* andremo essami-
« nando le tante differenze di accidenti che
« intorno *ai flussi e reflus*si dei mari diversi
« si scorgono, intenderemo impossibil cosa
« essere *che molte* altre cause secondarie
« e, come dicono, concomitanti non concor-
« rino con la primaria *al* produr tali va-
« rietà » (¹).

« Come, per dichiarazione, se noi pren-
« dessimo un gran vaso *pieno d'acqua*,
« qual saria, per esempio, una gran barca, si-
« mile a quelle con le quali *vediamo traspor-*
« *tarsi* di luogo a luogo per l'acque salse
« altre acque di fiumi o di *fonti vedremmo*
« *prima* nel tempo che il vaso contenente,
« cioè essa barca, stesse ferma, star *pari-*
« *mente quieta l'*acqua contenutavi dentro;
« ma quanto prima si cominciasse a muover
« *la barca non* pian piano, ma con notabil
« velocità, l'acqua contenuta sì nel vaso,
« *ma non come le* altre parti solide di esso
« vaso, saldamente a quello collegate, anzi
« per la sua *flussibilità* in certo modo
« disgiunta... » (³).

« Dal che doviamo primieramente con di-
« ligenza avvertire che se bene *l'uno e l'altro*
« di questi due movimenti, dico dell'annuo
« del centro della Terra per *l'orbe magno*
« AFG e del diurno della circonferenza
« BCDL in sè stessa intorno al *proprio centro*
« A, sono ciascheduno per sè stesso ed in sè
« stesso equabili ed uniformi, *nientedimeno*
« *dal com*posto ed aggregato di essi ne ri-
« sulta alle parti della superficie *terrena un*
« *movimento* molto diseguale, sì che ia-
« scheduna di esse parti in diversi tempi
« *del giorno si muove* con diverse velo-
« cità... » (⁴).

« flusso e reflusso del mare. Ho detto cagion
« primaria, *perchè se noi* andremo esami-
« nando le tante differenze di accidenti che
« intorno *a i flussi e reflus*si di diversi mari
« si scorgono, intenderemo impossibil cosa
« essere *che le* altre cause secondarie
« e, come dicono, concomitanti non concor-
« rino con la primaria *in* produr tali va-
« rietà ».

« Come, per dichiarazione, se noi pren-
« dessimo un gran vaso *pieno d'acqua*
« qual sarìa, per esempio, una barca (²) si-
« mile a quelle con le quali *sogliono portar-*
« *si* di luogo a luogo per l'acque salse
« altre acque di fiumi e di *fontane non è*
« *dubbio che* nel tempo che il vaso contenente,
« cioè essa barca, stesse ferma, sta *ria*
« *ferma ancor l'*acqua contenutavi dentro;
« ma quanto prima si cominciasse a muover
« *il vaso daria in dietro non* pian piano,
« ma con notabil velocità l'acqua contenuta
« sì nel vaso, *come anco nelle* altre parti
« solide di esso vaso, saldamente a quelle
« collegate, anzi per la sua *furia saria*
« in certo modo disgiunta... ».

« Dal che doviamo primieramente con di-
« ligenza avvertire che se bene *l'uno e l'altro*
« di questi due movimenti, dico l'annuo dol
« centro della Terra per *la circonferenza*
« AFG e 'l diurno della circonferenza
« BCDL in sè stessa intorno al *punto*
« A, sono ciascuno per sè stesso ed in sè
« stesso equabili ed uniformi *nondimeno*
« *per l'opposto* et aggregato di essi ne ri-
« sulta alle parti della superficie *un moto*
« *assoluto* molto diseguale, sì che cia-
« scheduna di esse parti in diversi tempi
« *si muove* con diverse velocità... ».

Ora, il confronto della lezione vaticana con le lezioni degli altri Codici,
cioè delle copie le quali si asseriscono « quanto più dal genuino esemplare

---

(¹) Vol. V, pag. 378, lin. 14-23.
(²) Il P. Ab. Cozza-Luzi legge qui « una gran barca », ma veramente il « gran »
manca nell'autografo.
(³) Vol. V, pag. 380, lin. 8-17.
(⁴) Vol. V, pag. 382, lin. 7-18.

difformi tanto più… riprovevoli, od almeno di ben poco valore » (¹) avrebbe dovuto richiamare l'attenzione dell'Editore sopra i luoghi troppo evidentemente corrotti, che egli accettò come genuini galileiani. Aggiungeremo altresì che, prescindendo da parecchie inesattezze, le quali non intaccano la sostanza del testo, ma in una riproduzione fedele avrebber dovuto evitarsi, la scrittura di Galileo in alcuni luoghi non fu esattamente letta, cosicchè in essi il testo, che nella vera lezione è chiarissimo, riesce di interpretazione dubbia ed oscura (²).

Venendo ora a stabilire brevemente i caratteri che l'autografo presenta e le relazioni in cui il testo da esso offerto si trova con quello degli altri manoscritti, diremo innanzi tutto che, a nostro avviso, l'autografo vaticano è una seconda copia nella quale Galileo veniva esemplando da un primo originale: copia però non interamente scevra da certe piccole mende, che l'Autore, rileggendo con attenzione, avrebbe potuto rimuovere. Correzioni, nelle quali alla parola primitivamente concepita segue nella linea stessa quella sostituita, dimostrano che egli nell'atto di copiare andava migliorando: ripetizioni delle stesse parole, talvolta corrette e tal altra no, mostrano che la lettura dello scritto, dopo averlo compiuto, non fu molto accurata. Caratteristica poi in sommo grado ci sembra la particolarità d'una lacuna riempiuta posteriormente dalla mano stessa di Galileo, ma con carattere assai più minuto, perchè alla inserzione di tutte le parole nel carattere ordinario non bastava lo spazio lasciato; la quale inserzione, così completa, non si trova in alcuno degli altri manoscritti fino a noi pervenuti (³).

Che poi si tratti d'una seconda copia esemplata da altra precedente, ci sembra provarlo soprattutto la mancanza di quei molti pentimenti e cor-

---

(¹) Galileo Galilei, *Trattato del flusso e reflusso del mare secondo l'autografo vaticano* edito da Giuseppe Cozza-Luzi, ecc. pag. 10.

(²) Op. cit., pag. 22, lin. 9: « Elittica » per « Eclittica ». Pag. 24, lin. 3-4: « si muovono aqquistando verso la sinistra contraposta D » : qui l'Editore non s'avvide che, per quanto corroso, dopo la parola « sinistra » segue leggibilissimo: « le parti », e, non essendosene accorto, per accordare con « sinistra » fece un « contraposta » del « contrapposte » chiarissimo. A pag. 26, lin. 32 legge: « haveva » invece di « haverà ». A pag. 28, lin. 26: « unicamente » invece di « unitamente ». A pag. 37, lin. 21: « parendo », in luogo di « ponendo ». In questi varî luoghi la inesatta lettura turba grandemente il senso.

(³) Nella Edizione Nazionale, vol. V, pag. 390, lin. 29-30, ed identicamente in tutte le copie del *Discorso* a noi note, si legge: « mentre le acque dei due gran mari Indico ed Etiopico *che la mettono in mezo* devono scorrendo ristrignersi in minor canale tra essa e la costa etiopica. Ora, nell'autografo, tra *mari* e *che*, scritti, del pari che le parole precedenti e susseguenti, in carattere ordinario, leggesi scritto di carattere assai più minuto: « Indico da oriēte et Etiop.ᶜᵒ da Occ.ᵗᵉ » : ancora in luogo di *etiopica* si legge « d'Etiopia », presentando anche queste parole gli stessi caratteri di quelle aggiunte posteriormente.

rezioni che d'ordinario s'incontrano nei primi abbozzi galileiani; ed ancora, come si usa chiamarlo nel linguaggio tipografico, un « pesce » il quale altrimenti che col fatto d'una trascrizione mal si potrebbe spiegare (¹).

Così stando le cose, non pare improbabile che questo autografo sia l'esemplare stesso consegnato da Galileo al Cardinale Alessandro Orsini, a cui il *Discorso* è indirizzato. Aveva il Cardinale mostrato « una singolare inclinazione e disposizione » (²) a proteggere e favorire Galileo quando sullo scorcio del 1615 andò a Roma per difender meglio colà la dottrina copernicana, minacciata di condanna da parte del Santo Uffizio; e, come si legge nelle prime linee del *Discorso* medesimo, aveva ricercato Galileo di porgergli disteso in carta quello che a voce gli aveva esposto circa l'esplicazione da lui data degli accidenti del flusso e riflusso del mare. A tenere per maggiormente probabile tale ipotesi sembra concorrere il fatto della firma così specificata quale si legge alla fine del *Discorso*, e che così intera è data da uno soltanto degli altri manoscritti a noi noti.

Presso Galileo sarà dunque rimasto il primo originale, donde la copia consegnata al Card. Orsini era stata esemplata; e da quel primo originale avrà poi fatto trascrivere l'Autore, non senza correggere e migliorare qua e là, altri esemplari, per diffonderli tra gli amici e i conoscenti: i quali esemplari o i derivati da essi, sono i manoscritti fino a noi pervenuti.

Su questi abbiamo noi dovuto stabilire il testo del Discorso sul flusso e reflusso del mare nell'Edizione Nazionale: e dobbiamo confessare che, sebbene approfittassimo di ben tredici manoscritti da biblioteche italiane ed estere, pure, ove avessimo avuto cognizione dell'autografo, la nostra lezione se ne sarebbe in qualche passo avvantaggiata. Ma mentre ciò riconosciamo di buon grado, possiamo anche soggiungere che, nonostante la scoperta dell'autografo, la lezione del testo rimane, in complesso e nella sua sostanza, quella che noi abbiamo criticamente fissata; nè forse dell'autografo ci saremmo giovati altrimenti, che facessimo in altro caso assai analogo (³).

(¹) Nella Edizione Nazionale, vol. V, pag. 381, lin. 33-35, ed identicamente in tutte le copie del *Discorso* a noi note, si legge: « il globo terrestre sia BCDL, intorno al centro A; il moto annuo intendasi esser fatto dal globo terrestre dal punto A verso la parte F »: invece l'autografo salta, con « pesce » evidente, dal primo al secondo A e reca: « il globo terrestre sia BCDL intorno al centro A verso la parte F ».

(²) Lettera di Galileo a Curzio Picchena, in data di Roma, 6 febbraio 1616 nei Mss. Galileiani presso la Biblioteca Nazionale di Firenze, par. I. t. IV, car. 63.

(³) Vedasi nel volume VI, pag. 616, dove, a proposito della scrittura sopra il fiume Bisenzio, discutendo delle relazioni tra le copie e la minuta autografa, eravamo condotti alle seguenti conchiusioni: « Queste copie, confrontate con l'autografo, presentano non solo di quelle leggiere differenze fonetiche, grafiche, morfologiche, che è impossibile non incontrare tra manoscritto e manoscritto, ma anche diversità più gravi, concernenti ora la forma ora la sostanza, che dobbiamo considerare come correzioni o modificazioni ed aggiunte introdotte dall'Autore stesso e delle quali l'abbozzo non serba traccia. A noi

Del resto, quanto qui affermiamo avremo occasione di svolgere e dimostrare in un Supplemento che intendiamo aggiungere agli otto volumi, coi quali l'Edizione Nazionale ha ormai compiuta la serie delle Opere scientifiche di Galileo. In quel Supplemento, come renderemo conto di Codici d'altre scritture galileiane, la notizia dei quali ci pervenne durante la stampa dei volumi, così anche di questo vaticano. Ma fin d'ora è a noi cagione di compiacenza, che le nostre continuate ricerche ci abbiano condotto alla scoperta anche di un tale autografo; e ciò non soltanto per il fatto in sè medesimo, ma altresì per la conferma insperata, e d'un'autorità così incontrastabile, che da esso è venuta alla bontà del nostro lavoro.

PERSONALE ACCADEMICO

Il Socio Luigi Bianchi dà lettura delle seguenti

Notizie sull'opera matematica di Sophus Lie.

La morte di Sophus Lie, avvenuta in Christiania, il 18 febbraio scorso, segna un grave lutto per la scienza e per la nostra Accademia, alla quale egli apparteneva, quale Socio straniero, fino dal 1892.

Nacque S. Lie a Nordfjordeid, in Norvegia, il 17 dicembre 1842, da Johann-Herman Lie pastore. Le straordinarie sue attitudini alle matematiche si rivelarono in lui relativamente tardi; e ancora nel 1865, al termine dei suoi studî Universitarî in Christiania, lo troviamo esitante fra la filologia e le matematiche (¹).

Collo studio della moderna geometria, specialmente nelle opere di Poncelet e di Plücker e delle applicazioni dell'analisi alla geometria, nel trattato di Monge, si svilupparono nella mente di S. Lie quei germi fortunati, che la natura vi aveva posto; i quali, quanto più tardi, con tanto maggior vigore portarono i loro magnifici frutti.

Dal 1869, data a cui risalgono le sue prime pubblicazioni, fino alla sua morte egli percorse la splendida carriera scientifica da vero sovrano. La rara penetrazione di un grande ingegno matematico, aiutato da una straordinaria potenza d'immaginazione geometrica; il felice intuito, concesso ai

---

parve pertanto che dovessimo, ripubblicando la lettera sopra il Bisenzio, attenerci, bensì, alla sicura scorta della bozza autografa per tutto quel che risguarda quelle minori varietà, ma accettare, ad un tempo, dalle copie, quanto apparisce frutto di posteriori correzioni attribuibili a Galileo ».

(¹) Tolgo queste notizie dal cenno apparso nei Comptes Rendus de l'Académie des Sciences (27 février) per opera di G. Darboux.

sommi, di presentire e chiaramente vedere le più nascoste verità, assai prima che la luce di un rigoroso ragionamento scopra e rischiari la sicura via che ad esse conduce, si rivelarono all'ammirazione del mondo matematico in una serie incessante di produzioni scientifiche del più alto valore.

Mal si potrebbe in poche pagine, e per me specialmente, parlare di tutti i titoli di gloria, che fanno chiaro il nome di S. Lie. Basti accennare rapidamente ai principali.

Una delle sue più geniali scoperte è quella della teoria generale delle *trasformazioni di contatto.* Per dire di quello che fu, per Lie, il punto di partenza nell'ordinaria geometria, egli considerò quale *elemento* di una superficie l'insieme di ogni suo punto e del relativo piano tangente, o insomma riguardò una superficie come costituita da una doppia infinità di faccette piane, succedentisi con legge di continuità. Sotto questo aspetto anche gli ∞^1 punti di una curva, associati ciascuno ai piani del fascio che ha per asse la tangente, formano una doppia infinità di elementi, da considerarsi sempre insieme a quelli costituenti una superficie. Nelle ordinarie corrispondenze di punto a punto nello spazio, le ∞^2 faccette piane di una superficie si cangiano negli elementi analoghi della superficie trasformata. Ma altre trasformazioni, di diversa natura, godono della medesima proprietà; e così p. e. la corrispondenza di polarità rispetto ad una quadrica (in particolare la trasformazione di Legendre), e così pure la trasformazione *parallela,* nella quale ogni faccetta viene spostata lungo la normale, parallelamente a sè stessa, di un tratto costante. Lie considerò in generale tutte le trasformazioni degli ∞^5 elementi dello spazio (faccette), che trasformano gli ∞^2 elementi di una qualunque superficie in altrettali elementi e queste chiamò trasformazioni di contatto, appunto perchè esse conservano il contatto, fra le superficie. Generalizzò poi la ricerca ad un numero qualunque di variabili, collegandone lo studio al celebre problema di Pfaff e dimostrò tutta l'importanza dei nuovi concetti, rischiarando di nuova luce la teoria dell'integrazione delle equazioni differenziali; in particolare ridusse a singolare perfezione la teoria delle equazioni a derivate parziali del primo ordine.

Nè possiamo passare sotto silenzio una particolare trasformazione di contatto, che fu una delle prime e più ammirate scoperte di Lie. Tutti conoscevano le proprietà fondamentali delle linee di curvatura e delle linee assintotiche di una superficie; ma nessuno aveva sospettato che le proprietà dell'una specie potessero dedursi da quelle dell'altra per mezzo di una trasformazione geometrica. La trasformazione (immaginaria) scoperta da Lie, che cangia le rette dello spazio nelle sfere (propriamente gli ∞^2 elementi piani per una retta negli ∞^2 elementi piani di una sfera), conduce appunto all'accennato risultato, mutando le rette osculatrici in un punto ad una superficie nelle sfere osculatrici della superficie trasformata. Così p. e. le proprietà di una quadrica doppiamente rigata si trasformano in quelle di una ciclide di Dupin coi due sistemi di linee di curvatura circolari.

Senza attenermi strettamente all'ordine storico, dirò ora delle importanti ricerche di Lie nel campo della geometria differenziale, ricerche che riguardano più particolarmente le superficie d'area minima e le superficie a curvatura costante. La teoria delle superficie minime, per opera specialmente di Bonnet, Weierstrass e Schwarz, sembrava aver trovato il suo assetto definitivo e le antiche formole, complicate d'immaginarî, colle quali Monge aveva dato l'integrale generale della corrispondente equazione a derivate parziali, sembravano quasi dimenticate. Lie ritorna (1876) a queste formole e dimostra come in esse sia contenuta una generazione geometrica ben semplice di queste superficie, come superficie di *traslazione;* le curve generatrici sono curve *minime,* cioè tali che le loro tangenti si appoggiano al circolo immaginario all'infinito. Coll'aiuto di questa generazione geometrica egli studia specialmente le superficie minime *algebriche* e riesce a risolvere il problema di determinare tutte quelle, il cui ordine e la cui classe sono numeri assegnati, e l'altro di trovare tutte le superficie minime inscritte in una data sviluppabile algebrica, supposto che una di esse sia nota.

Nelle sue ricerche sulle superficie a curvatura costante si incontra dapprima in proprietà fondamentali già note per le ricerche di Enneper, Dini e Hazzidakis; dimostra poi come sopra una superficie nota, a curvatura costante, l'integrazione della equazione differenziale delle linee assintotiche e delle linee di curvatura possa eseguirsi con sole quadrature e quest'ultima proprietà estende a tutte le superficie (W), i cui raggi principali di curvatura sono funzioni l'uno dell'altro. Indi si volge (1880) al metodo di *trasformazione* delle superficie pseudosferiche, allora di recente stabilito. Secondo questo metodo, da una superficie pseudosferica nota se ne deducevano ∞¹ nuove, conducendo le tangenti ad una serie di geodetiche parallele ed ogni volta cercando la seconda falda della superficie focale per la congruenza di raggi così ottenuta. La ripetuta applicazione del metodo, esigendo la conoscenza delle linee geodetiche della superficie trasformata, sembra richiedere ogni volta l'integrazione di un'equazione differenziale. Lie dimostra che tutte queste successive integrazioni si riducono a semplici quadrature, ottenendo così una notevolissima semplificazione dei metodi di trasformazione. A lui pure è dovuta l'importante osservazione che la detta trasformazione conserva le linee di curvatura, le linee assintotiche e, in queste ultime, le lunghezze degli archi. Ispirandosi poi ai concetti, che erano a lui famigliari nella teoria delle trasformazioni di contatto, egli pone i risultati del metodo sotto nuova luce, considerandolo come una trasformazione infinitiforme della equazione a derivate parziali che, in coordinate cartesiane, esprime la curvatura essere costante. Queste considerazioni, affatto nuove nella teoria delle equazioni a derivati parziali, furono poi utilizzate, come è noto, da Bäcklund per arrivare alla più generale trasformazione delle superficie pseudosferiche che porta il suo nome.

Ma veniamo ormai all'opera colossale del Lie, alla sua teoria dei *gruppi continui di trasformazioni*. La genesi geometrica delle idee fondamentali ci viene descritta dall'inventore stesso nella prefazione al trattato, redatto in collaborazione con Engel [1], e nelle belle pagine che egli ha dedicato alla memoria di Galois [2]. Lo studio delle ricerche di Abel e di Galois avevano mostrato al Lie tutta l'importanza della teoria dei gruppi finiti di operazioni (sostituzioni). Esempî, a lui famigliari, tolti dalla geometria projettiva, dalla geometria delle inversioni per raggi vettori reciproci, dall'algebra delle sostituzioni lineari e dalla teoria delle funzioni, gli facevano presentire come il concetto di gruppo, esteso al caso di un numero infinito di operazioni, sia che queste formino un insieme discreto ovvero un insieme continuo, doveva acquistare in tutte le matematiche un'importanza dappertutto fondamentale.

Lasciando da parte la teoria dei gruppi infiniti ma discontinui (il cui sviluppo, dovuto specialmente ai lavori di Klein e Poincaré, ha avuto il successo che tutti conoscono), egli volse la sua attenzione particolarmente ai gruppi *continui,* a quelli cioè le cui trasformazioni contengono, nella loro espressione analitica, parametri arbitrarî, suscettibili di acquistare una continuità di valori. E concepì l'ardito pensiero di costruire una teoria affatto generale di questi gruppi, pensando che essa dovesse avere in particolare, nelle teorie analitiche della integrazione, efficacia ed importanza del tutto analoghe a quelle della teoria dei gruppi di sostituzioni per le equazioni algebriche. Nel citato elogio di Galois, Lie considera come certo che Galois stesso abbia avuto intenzione di ricercare non soltanto i gruppi di sostituzioni ma anche, da un punto di vista generale, i gruppi di trasformazioni e debba aver pensato a studiarne le applicazioni all'analisi. Questo pure concesso, quale penetrazione non occorreva e quanto indefesso lavoro di una mente, dotata da natura delle più felici risorse, per trionfare di tante difficoltà, per costruire, dietro sì vaghi indizî, una teoria così vasta e di tanta importanza che difficilmente si potrebbe credere opera di un solo?

Le ricerche di Lie si volsero dapprima ai gruppi continui di trasformazioni da lui detti *finiti,* che dipendono cioè da un numero finito r di parametri. Il problema funzionale, dal quale la ricerca dipende, trasformò egli in un sistema di equazioni a differenziali totali, illimitatamente integrabile, a cui soddisfano le funzioni incognite che definiscono la trasformazione, considerate come dipendenti dai parametri. Studiò anche i gruppi *infiniti,* dipendenti da un numero infinito di parametri (o da funzioni arbitrarie), pei quali esiste un analogo sistema di equazioni differenziali definenti il gruppo.

[1] *Theorie der Transformationsgruppen.* Leipzig-Teubner, 1888-93 (3 volumi).

[2] *Le Centenaire de l'École Normale.* Paris-Hachette, 1895.

La nozione fondamentale di *trasformazione infinitesimale* e l'introduzione di un conveniente simbolo per rappresentarla sono i semplici mezzi coi quali Lie costruisce tutta la teoria. Per bene intendere queste idee fondamentali è utile ricorrere al caso di un gruppo ad un solo parametro, ove questi elementi si presentano, per così dire, spontaneamente. Applicando ai punti dello spazio (a n dimensioni) la trasformazione continua del gruppo, ciascuno di essi percorre una trajettoria determinata. La trasformazione infinitesima del gruppo è quella che fa passare ogni punto dalla sua posizione attuale alla infinitamente vicina e il simbolo $X f$, che Lie introduce per rappresentarla, non è altro, in sostanza, che la derivata di una funzione arbitraria delle coordinate presa nel senso della tangente alla trajettoria che il punto descrive. Questa trasformazione infinitesima $X f$, generatrice del gruppo, è determinata solo a meno di un fattore costante.

Inversamente una tale trasformazione $X f$, presa ad arbitrio (con coefficienti funzioni qualunque delle coordinate) individua un gruppo ad un parametro da essa generato. Pei gruppi a r parametri (essenziali) il passaggio da una trasformazione finita ad una qualunque infinitamente vicina si compie per mezzo di una trasformazione infinitesima $X f$ che risulta sempre da una combinazione lineare omogenea, a coefficienti costanti, di r trasformazioni infinitesime fondamentali

$$X_1 f, \; X_2 f, \ldots X_i f,$$

fra di loro linearmente indipendenti.

Queste sono le trasformazioni *generatrici* del gruppo, il quale consta di tutte le trasformazioni finite di gruppi ad un parametro generati da tutte le dette trasformazioni $X f$, combinazioni lineari delle fondamentali. Le r trasformazioni infinitesime generatrici non possono essere prese ad arbitrio ma, per generare un gruppo, debbono soddisfare alla condizione che le espressioni alternate con esse formate $(X_i f, X_k f)$ siano combinazioni lineari omogenee, *a coefficienti costanti* C_{iks}, delle fondamentali.

I valori di queste costanti C_{iks} sono della massima importanza per lo studio del gruppo; esse ne determinano la struttura o *composizione*.

Su questi semplici fondamenti Lie ha edificato tutta la teoria dei gruppi continui finiti, teoria che mentre impone per la grande vastità del soggetto offre quell'armonia di parti e quella semplicità di metodi e di risultati, che sono caratteristiche delle invenzioni scientifiche veramente importanti. Ben giustamente dice il Lie che le leggi, da cui i gruppi continui di trasformazioni sono governati, sembrano sotto un certo aspetto più semplici e più intuitive di quelle che reggono la teoria dei gruppi di sostituzioni. La ragione sta visibilmente in ciò che la continuità delle trasformazioni e la nozione di trasformazione infinitesima permettono di applicare allo studio dei gruppi continui i mezzi potenti del calcolo infinitesimale e dell'analisi. Molti concetti e proprietà dei gruppi di sostituzioni si trasportano del resto, colle dovute mutazioni, nella nuova teoria e così i concetti di transitività ed intransitività, di primitività ed imprimitività, di sottogruppi invarianti e quelli, da cui tutta la teoria è dominata, di composizione e di isomorfismo dei gruppi. Ad investigare la struttura dei gruppi continui servono precipuamente il *gruppo aggiunto* ed i *gruppi parametrici*. Il primo, che può sempre porsi sotto la forma di un gruppo di sostituzioni lineari ed omogenee, ci dà colle sue trasformazioni il modo come le operazioni del gruppo dato si permutano fra loro, quando siano tutte trasformate con una medesima trasformazione del gruppo stesso; il gruppo aggiunto sta col gruppo dato in relazione d'isomorfismo, che può essere del resto oloedrico o meriedrico. I gruppi parametrici danno invece nelle loro trasformazioni la legge secondo cui si compongono direttamente fra loro le operazioni del gruppo; essi sono sempre oloedricamente isomorfi col gruppo dato.

La considerazione del gruppo aggiunto è essenziale in tutte le questioni che riguardano la ricerca dei varî tipi di sottogruppi del gruppo dato; quella dei gruppi parametrici nelle questioni che concernano l'isomorfismo e la composizione dei gruppi.

Un'altra importantissima nozione è quella degl'*invarianti* finiti o differenziali dei gruppi continui. Questo concetto, apparso già, in forma isolata, in molte teorie geometriche ed analitiche, acquista nella teoria di Lie un significato del tutto generale ed una compiuta determinatezza. Lie insegna infatti come per tutti i gruppi continui di trasformazioni, finiti od infiniti, ma governati da un sistema di equazioni differenziali fondamentali, si possono determinare gli invarianti differenziali mediante integrazione di sistemi completi.

Il Lie determinò inoltre tutti i possibili tipi di gruppi finiti continui sopra una, due o tre variabili o, se si vuole, sulla retta, nel piano o nello spazio (in quest'ultimo caso soltanto, in modo completo, pei gruppi primitivi). Similmente determinò tutti i gruppi irriducibili di trasformazioni di contatto sul piano e classi generali di questi gruppi nello spazio a più dimensioni. Nè possiamo tacere del singolare risultato ottenuto da Lie, coi mezzi più semplici, riguardo ai gruppi continui sopra una variabile. Egli dimostra che un tale gruppo contiene al massimo 3 parametri ed è in ogni caso simile (riducibile) al gruppo proiettivo o ad un suo sottogruppo. Importantissime sono anche le ricerche che il Lie ci ha lasciato sulla teoria generale della composizione di gruppi e in particolare la classificazione completa dei possibili tipi di composizione dei gruppi a 3 e 4 parametri, dei gruppi non integrabili a 5 e 6 parametri ecc.

Le applicazioni che il Lie stesso ci ha dato delle sue teorie generali sono molte ed importanti. Per parlare prima delle analitiche, conviene dire delle ricerche sui metodi di integrazione delle equazioni differenziali. I metodi noti, che apparivano prima come isolati e la cui riuscita sembrava come dovuta a particolari artifizî, Lie coordinò in logica dipendenza fra loro, dimostrando come il successo di quei metodi era dovuto ogni volta alla esistenza di gruppi continui di trasformazioni le quali applicate all' equazione differenziale, la lasciavano invariata. A questo genere di ricerche appartiene pure la bella Memoria del Lie sulla integrazione della equazione differenziale delle linee geodetiche per una superficie di dato elemento lineare, ove egli dà la completa classificazione in tipi degli elementi lineari pei quali il sistema delle linee geodetiche ammette un gruppo continuo di trasformazioni.

Fra le applicazioni geometriche della teorıa dei gruppi spicca per la sua importanza, la ricerca sui fondamenti della geometria.

In queste Memorie che valsero all' autore il conferimento del primo premio Lobacevskji, il Lie risolve il problema da lui detto di Riemann-Helmholtz. che consiste nell' assegnare le proprietà caratteristiche dei gruppi di movimenti dello spazio euclideo o noneuclideo (a curvatura costante), che servono a distinguerli da tutti gli altri possibili gruppi di trasformazione degli spazî.

Rettificando gli assiomi ed i ragionamenti di Helmholtz, che in più punti mancavano di esattezza matematica, egli ha dato due diverse soluzioni di questo problema. La prima, fondata sull' ipotesi della completa libertà di movimenti infinitesimali, vale per un numero qualunque di dimensioni; l' altra che si appoggia al contrario, in modo più elementare, sopra ipotesi solo relative al modo di comportarsi al finito, risolve completamente il problema nel caso, più importante, dello spazio a tre dimensioni.

Non entra nel disegno delle presenti notizie di trattare delle applicazioni che, in tempi relativamente recenti, altri matematici hanno fatto delle teorie di Lie, per quanto ve ne siano delle importantissime. Il grande valore delle teorie generali di Lie venne per tal modo sempre più chiaramente riconosciuto e grandemente si accrebbe l' interesse dei matematici per un campo di ricerche nel quale Lie, per lunghi anni, da solo lavorò.

Certamente più fortunato del suo grande compatriota Abel, S. Lie ebbe la ventura di poter con lungo studio perfezionare le sue teorie predilette e la soddisfazione di vedere come in tutto il mondo matematico venisse sempre più riconosciuta l'alta importanza dei suoi lavori. L' aiuto di valorosi collaboratori, i prof. Engel e Scheffers, gli diede agio di diffondere in trattati le nuove dottrine.

La sua attività didattica si svolse dal 1877 al 1886 nell' Università di Christiania, poi a Lipsia dove successe a Felix Klein. Soltanto da sei mesi egli era ritornato a Christiania, dove il governo del suo paese gli aveva riservato un trattamento speciale. Quivi meditava nuove ricerche e preparava gli elementi per la grande opera, a cui più volte egli accennò, che doveva svolgere la teoria generale dei gruppi continui, finiti od infiniti, degli invarianti differenziali e le applicazioni alle teorie di integrazione.

Ma colpito, forse per eccesso di lavoro mentale, da malattia cerebrale, egli cessava improvvisamente, nell'età di 56 anni, di pensare e di vivere.

Il Presidente BELTRAMI da il doloroso annunzio della morte del Socio straniero GUSTAVO ENRICO WIEDEMANN, mancato ai vivi il 23 marzo 1899; apparteneva il defunto all'Accademia, sino dal 6 agosto 1891.

Il Segretario BLASERNA commemora il Socio Wiedemann colle seguenti parole:

« GUSTAVO WIEDEMANN nacque a Berlino il 2 ottobre 1826. Nel 1844 egli entrava in quel laboratorio di Magnus, che modesto di apparenza doveva esercitare un' enorme influenza sulla scienza in Germania. Basta rammentare che Magnus teneva riunioni scientifiche in casa propria, ove intervenivano Helmholtz, Brücke, Du Bois-Reymond, Werner Siemens, Traube, Wiedemann, i quali hanno tenuto tanto alto il prestigio della scienza.

« Nel 1854 il Wiedemann passava all' Università di Basilea, nel 1863 al politecnico di Braunschweig, nel 1866 a quello di Karlsruhe; nel 1871 fu chiamato a Lipsia, a insegnare la Fisico-chimica, e dopo il ritiro di Hankel, nel 1887, egli vi fu incaricato dell' insegnamento della Fisica, ove rimase fino al momento della sua morte.

« G. Wiedemann apparteneva alla nostra Accademia fino dal 1891, in qualità di socio straniero.

« Egli ha eseguito numerosi lavori, quasi tutti nel campo dell' elettricità. Fra questi meritano una singolare menzione quelli sulla rotazione del piano di polarizzazione, prodotta da un campo magnetico, e quello sulla conducibilità elettrica, in cui si stabilisce un interessante parallelismo fra questa e la conducibilità termica. Ma il suo titolo più importante è il classico suo trattato sull' elettricità, in 4 volumi, che ebbe tre edizioni, sempre notevolmente rifatte, e che apparve coll' ultimo volume nel 1898; trattato, che è continuamente nelle mani di noi tutti. Nel 1877, dopo la morte di Poggendorff, egli assunse la direzione di quella importantissima rivista scientifica, che riassume in sè tutto il movimento della Fisica pura in Germania.

« Gustavo Wiedemann è morto, si può dire, sulla breccia. Ancora in data 14 marzo egli mi rispondeva ad un invito, mandatogli perchè intervenisse al Congresso degli Elettricisti, fissato per settembre a Como in onore di Alessandro Volta: che purtroppo i medici gli avevano prescritto un riposo assoluto in quest'anno e mostrandosi molto dolente di non poter assistere alla geniale festa. Nessuno di noi avrebbe certamente pensato, che questa sarebbe probabilmente l' ultima sua lettera e che nove giorni dopo egli dovesse morire. Egli morì, difatti, il 23 marzo u. s., con grande dolore dei numerosi suoi amici, e con grave lutto per il suo paese e per la scienza universale ».

Su proposta del PRESIDENTE, la Classe approva unanime che alla famiglia del defunto Socio siano inviate le condoglianze dell'Accademia.

PRESENTAZIONE DI LIBRI

Il Segretario BLASERNA presenta le pubblicazioni giunte in dono, segnalando quelle inviate dai Soci TARAMELLI, FOÀ, BASSANI, PINCHERLE, AUWERS, BOUSSINESQ, LIPSCHITZ, e dai signori BOMBICCI, CABREIRA, SOCOLOW, FORIR, JAHR.

CORRISPONDENZA

Il Segretario BLASERNA dà conto della corrispondenza relativa al cambio degli Atti.

Ringraziano per le pubblicazioni ricevute:

La R. Accademia d'agricoltura di Torino; la Società Reale di Londra; la R. Accademia di scienze ed arti di Barcellona; la Società di scienze naturali di Emden; la Società geologica di Ottawa; l'Osservatorio di S. Fernando.

Annunciano l'invio delle proprie pubblicazioni:

L'Università di Pisa; il Ministero della Guerra di Roma; le Università di Tubinga e di Lund.

OPERE PERVENUTE IN DONO ALL'ACCADEMIA
presentate nella seduta del 9 aprile 1899.

Auwers A. — Die Venus Durchgänge 1874 und 1872. Bd. I. Berlin, 1898. 4°.

Baggi V. — Trattato elementare completo di geometria pratica. Disp. 61. Torino, 1899. 4°.

Bassani F. — La ittiofauna del calcare eocenico di Gassino in Piemonte. Napoli, 1899. 4°.

Bombicci L. — Le interessanti anomalie dei mirabili cristalli del solfo nativo della Miniera di Cà-Bernardi ecc. Bologna, 1898. 4°.

Boussinesq J. — Aperçu sur la théorie de la bicyclette. Paris, 1899. 4°.

Cabreira A. — Sur la géométrie des courbes transcendantes. Lisbonne, 1896. 8°.

Id. — Sur l'aire des polygones. Lisbonne, 1897. 8°.

Id. — Sur les vitesses. Sur la spirale. Lisbonne, 1898. 8°.

Carta idrografica d'Italia. — Tevere (con atlante). Roma, 1899. 8°.

Dangeard P.-A. — Théorie de la sexualité. Poitiers, 1899. 8.

De Koninck & Loest M. — Notice sur le parallélisme entre le calcaire carbonifère du Nord-ouest de l'Angleterre et celui de le Belgique. Bruxelles, 1886. 8°.

De Puydt M. & Lohest M. — De la présence de silex taillés dans les alluvions de la Méhaigne. Liége, 1885. 8°.

Id. — Exploration de la grotte de Spy. Liége, 1886. 8°.

Foà P. — Beitrag zum Studium des Knochenmarks. Naumburg, 1899. 8°.

Forir H. — Comptes rendus des sessions extraordinaires de la Société géologique en Belgique tenues dans la vallée de l'Ourthe et à Modane du 3 au 6 sept. 1892 et à Huy du 2 au 5 oct. 1897 et à Beauraing et à Gedinne du 17 au 20 sept. 1898. Liége, 1897-98. 8°.

Id. — Notices bibliographiques. V., Liége, 1895. 8°.

Id. — Quelques mots sur les dépôts tertiaires de l'Entre-Sambre-et-Meuse. Les schistes de Matagne etc. Liége, 1898. 8°.

Id. — Sur la série rhénane des planchettes de Felenne de Vencimont et de Pondrome. Liége, 1896. 8°.

Id. et Loest M. — Compte rendu de la session extraordinaire de la Société royale malacologique de Belgique et de la Société géologique de Belgique tenue à Liége et à Bruxelles du 5 au 8 sept. 1896. Bruxelles, 1897. 8°.

Jahr E. — Beitrag zur chemischen Wirkung des Magnetismus. I. II. 1899. 4°.

Id. — Die Urkraft oder Gravitation, Licht, Wärme, Magnetismus, Elektricität, chemische Kraft etc., sind secundäre Erscheinungen der Urkraft der Welt. Berlin, 1899. 8°.

Legrand E. — Prismes réitérateurs appliqués au sextant. Montévidéo, 1898. 4°.

Lipschitz R. — Bemerkungen ueber die Differentiale von symbolischen Ausdrücken. Berlin, 1899. 8°.

Lohest M. — Alluvions anciennes de la Meuse. Liége, 1890. 8°.

Id. — Découverte du plus ancien amphibien connu etc. Liége, 1888. 8°.

Id. — De la découverte d'espèces américaines de poissons fossiles, dans le dévonien supérieur de Belgique. Liége, 1889. 8°.

Id — De l'âge de certains dépôts de sable et d'argile plastique des environs d'Esneux. Liége, 1886. 8°.

Id. — De l'âge et de l'origine des dépôts d'argile plastique des environs d'Andenne. Bruxelles, 1887. 8°.

Id. — De la présence du calcaire à Paléchinides dans le carbonifère du nord de la France. Liége. 1896. 8°.

Id. — De la présence du calcaire carbonifère inférieur au bord sud du bassin de Namur etc. Liége, 1894. 8°.

Id. — De la structure hélicoïdale de certaines anthracites de Visé. Liége, 1885. 8°.

Lohest M. — De l'origine des anthracites du calcaire carbonifère de Visé. Liége, 1889. 8°.

Id. — De l'origine des terrains secundaires et tertiaires etc. Liége, 1894. 8°.

Id. — Des dépôts tertiaires de l'Ardenne et du Condroz. Liége, 1896. 8°.

Id. — Notions sommaires de géologie à l'usage de l'explorateur au Congo. Bruxelles, 1897. 8°.

Id. — Recherches sur les poissons des terrains paléozoïques de Belgique. Liége. 1888. 8°.

Id. — Recherches sur les poissons paléozoïques de Belgique. Liége, 1888. 8°.

Id. — Sur la lignification des conglomérats à noyaux schisteux des psammites du Condroz. Liége, 1891. 8°.

Id. — Sur le parallelisme entre le calcaire carbonifère des environs de Bristol et celui de la Belgique. Liége, 1894. 8°.

Id. — Sur quelques roches de la zone métamorphique de Paliseul. Liége. 1885. 8°.

Id. — Visite au Musée de la Smithsonian Institution à Washington etc. Liége. 1892. 8°.

Id. et *Braconier J.* — Exploration du trou de l'abîme à Couvin. Liége. 1888. 8°.

Id. et *Forir H.* — Quelques faits géologiques intéressants, observés récemment. Bruxelles, 1898. 8°.

Id. et *Velge G.* — Sur le niveau géologique du calcaire des Écaussines. Liége, 1894. 8°.

Miscarea populatiunei României in 1893. Bucuresci, 1898. 4°.

Morandi L. — La nebulosidad en el Clima de Montevideo. Montevideo, 1898. 8°.

Motta-Coco A. — Sul significato diagnostico e pronostico del fenomeno palmoplantare nelle febbri tifoidee. Torino, 1899. 8°.

Id. e *Drago S.* — Contributo allo studio delle cause predisponenti alla pneumonite crupale. Milano, 1899. 8°.

Passerini N. — Modificazioni al solforatore per botti sceme. Firenze, 1899. 8°.

Id. — Sopra la composizione dei calcari alberesi nelle colline del Fiorentino. Firenze, 1899. 8°.

Id. — Su di un psicometro portatile (psicometro fionda). Firenze, 1899. 8°.

Pecile D. — Sulle carte agronomiche in Friuli. Udine, 1899. 4°.

Pincherle S. — A proposito di un recente teorema del sig. Hadamard. Bologna, 1899. 8°.

Socolow S. — Corrélations régulières du système planétaire avec l'indication des orbites des planètes inconnues jusqu'ici. Moscou, 1899. 9°.

Taramelli T. — Di alcune delle nostre valli epigenetiche. Firenze, 1899. 8°.

Tommassina Th. — Sur un cohéreur très sensible, obtenu par le simple contact de deux charbons; et sur la constatation d'extracourants induits dans le corps humain par les ondes électriques. Paris, 1899. 4°.

P. B.

RENDICONTI

DELLE SEDUTE

DELLA REALE ACCADEMIA DEI LINCEI

Classe di scienze fisiche, matematiche e naturali.

Seduta del 23 aprile 1899.

A. MESSEDAGLIA Vicepresidente.

MEMORIE E NOTE

DI SOCI O PRESENTATE DA SOCI

Matematica. — *Sulle trasformazioni delle superficie a curvatura costante positiva.* Nota 2ª del Socio LUIGI BIANCHI.

Nella mia Nota precedente [1], utilizzando i recenti risultati ottenuti dal sig. Guichard nella teoria della deformazione delle quadriche di rotazione, . ho stabilito un metodo di trasformazione per le superficie a curvatura costante positiva. Dimostrerò ora come l'integrazione del sistema di equazioni differenziali, che si presenta per applicare la trasformazione stessa, si riduca ad un'ordinaria equazione differenziale *lineare*. Alla nuova forma data al sistema differenziale si collega una classe di superficie, che hanno le medesime immagini sferiche delle linee di curvatura delle superficie applicabili sulla sfera e sono integrali di un'equazione di Ampère della forma che si presenta nelle ultime ricerche di Weingarten sull'applicabilità.

Considero poi la relazione delle nuove trasformazioni con quella ben nota (involutoria) dovuta ad Hazzidakis e dimostro che esse sono permutabili con questa.

Da ultimo ottengo una conferma delle previsioni, già enunciate nella Nota 1ª, dimostrando come le trasformazioni in discorso si applicano non solo alle superficie isolate, ma ben anche ai sistemi tripli ortogonali (di Weingarten), contenenti una tale serie di superficie a curvatura costante positiva.

[1] Questi Rendiconti, seduta 5 marzo, 1899.

1. Sia, come nella Nota 1ª:

$$(1) \qquad ds^2 = \operatorname{senh}^2\theta\, du^2 + \cosh^2\theta\, dv^2$$

l'elemento lineare di una superficie S a curvatura $K = +1$, riferita alle sue linee di curvatura u, v, dove θ è una soluzione dell'equazione a derivate parziali:

$$(2) \qquad \frac{\partial^2\theta}{\partial u^2} + \frac{\partial^2\theta}{\partial v^2} + \operatorname{senh}\theta\cosh\theta = 0 .$$

Indichino W, Φ due funzioni di u, v assoggettate a soddisfare al seguente sistema di equazioni differenziali *lineari ed omogenee*, dove c indica una costante arbitraria:

$$(A)\begin{cases} \dfrac{\partial^2 W}{\partial u^2} = \coth\theta\,\dfrac{\partial\theta}{\partial u}\dfrac{\partial W}{\partial u} - \operatorname{tgh}\theta\,\dfrac{\partial\theta}{\partial v}\dfrac{\partial W}{\partial v} + c\,\operatorname{senh}^2\theta\,W + (c+1)\,\operatorname{senh}\theta\cosh\theta\,\Phi \\[2mm] \dfrac{\partial^2 W}{\partial u\,\partial v} = \coth\theta\,\dfrac{\partial\theta}{\partial v}\dfrac{\partial W}{\partial u} + \operatorname{tgh}\theta\,\dfrac{\partial\theta}{\partial u}\dfrac{\partial W}{\partial v} \\[2mm] \dfrac{\partial^2 W}{\partial v^2} = -\coth\theta\,\dfrac{\partial\theta}{\partial u}\dfrac{\partial W}{\partial u} + \operatorname{tgh}\theta\,\dfrac{\partial\theta}{\partial v}\dfrac{\partial W}{\partial v} + c\cosh^2\theta\,W + (c+1)\,\operatorname{senh}\theta\cosh\theta\,\Phi \end{cases}$$

$$(B) \qquad \frac{\partial\Phi}{\partial u} = -\coth\theta\,\frac{\partial W}{\partial u}, \quad \frac{\partial\Phi}{\partial v} = -\operatorname{tgh}\theta\,\frac{\partial W}{\partial v} .$$

Il sistema formato dalle (A), (B) [1] è *illimitatamente integrabile*, a

[1] Si può dare al sistema (A), (B) una forma invariantiva, che vale per qualunque sistema coordinato (u, v). Se diciamo

$$E du^2 + 2F\, du\, dv + G dv^2$$
$$D du^2 + 2D'\, du\, dv + D'' dv^2$$

le due forme differenziali quadratiche fondamentali della S, il sistema si scrive

$$(A^*) \qquad \begin{cases} W_{11} = cEW - (c+1)\,D\Phi \\ W_{12} = cFW - (c+1)\,D'\Phi \\ W_{22} = cGW - (c+1)\,D''\Phi \end{cases}$$

$$\begin{cases} \dfrac{\partial\Phi}{\partial u} = \dfrac{GD - FD'}{EG - F^2}\dfrac{\partial W}{\partial u} + \dfrac{ED' - FD}{EG - F^2}\dfrac{\partial W}{\partial v} \\[3mm] \dfrac{\partial\Phi}{\partial u} = \dfrac{GD' - FD''}{EG - F^2}\dfrac{\partial W}{\partial u} + \dfrac{ED'' - FD'}{EG - F^2}\dfrac{\partial W}{\partial v} \end{cases} ,$$

i simboli W_{11}, W_{12}, W_{22} denotando le *derivate seconde covarianti* di W. Si osserverà che per $c = -1$ (valore che nelle attuali ricerche è escluso) il sistema (A^*) si riduce a quello noto di Weingarten, che si integra appena note le geodetiche della superficie (Cf. *Lezioni*, pag. 525).

causa della (2), e si possono quindi dare ad arbitrio, per un sistema iniziale di valori delle variabili, i valori di

$$\Phi , W , \frac{\partial W}{\partial u} , \frac{\partial W}{\partial v} ,$$

sicchè nell'integrale generale del sistema figurano quattro costanti arbitrarie. In forza delle (A) , (B), l'espressione

$$\Delta_1 W + (c+1)\, \Phi^2 - c W^2$$

è una costante, che pel nostro scopo conviene rendere nulla, ciò che si ottiene disponendo dei valori iniziali; si avrà quindi

(C) $$\Delta_1 W = c W^2 - (c+1)\, \Phi^2 .$$

Il segmento T che devesi staccare sopra ogni normale alla S, secondo la costruzione del n. 2 (Nota 1ª), è dato allora semplicemente da

$$T = \frac{W}{\Phi} .$$

Indichiamo con x , y , z le coordinate di un punto di S e con (X_1 , Y_1 , Z_1), (X_2 , Y_2 , Z_2), (X_3 , Y_3 , Z_3) rispettivamente i coseni di direzione delle tangenti alle linee $v = \text{cost}^{te} , u = \text{cost}^{te}$ e della normale alla S. Le formole che dànno le coordinate x' , y' , z' del punto corrispondente sulla superficie trasformata saranno le seguenti:

(3) $$\begin{cases} x' = x - \dfrac{2W}{h(W^2 - \Phi^2)}\left\{ \dfrac{1}{\operatorname{senh}\theta} \dfrac{\partial W}{\partial u} X_1 + \dfrac{1}{\cosh\theta} \dfrac{\partial W}{\partial v} X_2 - \Phi X_3 \right\} \\[2mm] y' = y - \dfrac{2W}{h(W^2 - \Phi^2)}\left\{ \dfrac{1}{\operatorname{senh}\theta} \dfrac{\partial W}{\partial u} Y_1 + \dfrac{1}{\cosh\theta} \dfrac{\partial W}{\partial v} Y_2 - \Phi Y_3 \right\} \\[2mm] z' = z - \dfrac{2W}{h(W^2 - \Phi^2)}\left\{ \dfrac{1}{\operatorname{senh}\theta} \dfrac{\partial W}{\partial u} Z_1 + \dfrac{1}{\cosh\theta} \dfrac{\partial W}{\partial v} Z_2 - \Phi Z_3 \right\} . \end{cases}$$

Come conferma, per l'elemento lineare della S' troviamo:

$$ds'^2 = dx'^2 + dy'^2 + dz'^2 = \operatorname{senh}^2\theta'\, du^2 + \cosh^2\theta'\, dv^2 ,$$

posto

$$\begin{cases} \operatorname{senh}\theta' = \dfrac{(W^2 + \Phi^2)\operatorname{senh}\theta + 2W\Phi\cosh\theta}{W^2 - \Phi^2} \\[3mm] \cosh\theta' = \dfrac{(W^2 + \Phi^2)\cosh\theta + 2W\Phi\cosh\theta}{W^2 - \Phi^2} \end{cases} .$$

2. Le superficie a curvatura costante positiva si presentano a coppie di superficie coniugate secondo la trasformazione di Hazzidakis (¹). Sia S_1 la superficie trasformata di Hazzidakis della S; il suo elemento lineare ds_1, riferito alle linee di curvatura, sarà dato da

$$ds_1^2 = \cosh^2\theta \, du^2 + \operatorname{senh}^2\theta \, dv^2 \, .$$

Volendo ora applicare alla S_1 la nostra trasformazione, avremo un sistema analogo ad (A), (B), che si deduce da questo scambiando W con Φ e cangiando c in $-(c+1)$. Da questa semplice osservazione deriva la conseguenza: *Il segmento da riportarsi sopra ogni normale della trasformata di Hazzidakis S_1 è precisamente l'inversa del segmento riportato sulla normale alla primitiva S.*

Ne segue che il luogo Σ' dei termini dei secondi segmenti sarà applicabile sull'ellissoide se il luogo analogo Σ pei primitivi sarà applicabile sull'iperboloide ed inversamente.

Sia ora S' la superficie a curvatura costante positiva normale ai raggi riflessi sulla Σ delle normali alla S, e similmente S_1' la nuova trasformata della S_1. Sussiste il notevole teorema: *Le due superficie S', S_1' sono ancora trasformate di Hazzidakis l'una dell'altra.*

Questo risultato può anche enunciarsi così: *La trasformazione involutoria di Hazzidakis è permutabile colle nuove trasformazioni.*

3. L'elemento lineare (1) appartiene altresì alla sfera di raggio $= 1$; esso è l'elemento sferico rappresentativo della trasformata S' di Hazzidakis. Consideriamo ora la superficie $\overline{S}$ inviluppata dal piano parallelo al piano tangente di S' e distante dall'origine di $p = W$. Si trova che i raggi principali r_1, r_2 di curvatura della $\overline{S}$ soddisfano all'equazione:

$$(4) \qquad r_1 r_2 - (c+1)\, p(r_1 + r_2) + (c+1)\, 2q = 0,$$

significando $2q$ il quadrato della distanza dell'origine dal punto di contatto del piano tangente di $\overline{S}$. Le superficie (4), che hanno a comune colle superficie applicabili sulla sfera l'immagine sferica delle linee di curvatura, appartengono alla classe, considerata da Weingarten, di quelle superficie che soddisfano ad un'equazione d'Ampère della forma

$$\frac{\partial^2 \varphi}{\partial p^2} + (r_1 + r_2)\, \frac{\partial^2 \varphi}{\partial p\, \partial q} + r_1 r_2 \frac{\partial^2 \varphi}{\partial q^2} = 0 \, ,$$

avendo qui la funzione φ il valore

$$\varphi = \sqrt{(c+1)\, p^2 - 2q} \, .$$

(¹) Cfr. *Lezioni*, pag. 447.

Ogni superficie della classe (4), trasformata con un' inversione per raggi vettori reciproci col centro nell'origine, dà una superficie della medesima specie. Le superficie a curvatura costante positiva che hanno a comune con queste ultime l'immagine sferica delle linee di curvatura sono precisamente quelle che le nuove trasformazioni fanno derivare dalla primitiva S.

4. Veniamo ora a considerare un sistema triplo ortogonale (u, v, w) contenente una serie di superficie S a curvatura costante positiva $K = +1$. All'elemento lineare dello spazio, riferito ad un tale sistema triplo ortogonale, potremo dare la forma (¹):

$$ds^2 = \text{senh}^2\theta \, du^2 + \cosh^2\theta \, dv^2 + \left(\frac{\partial\theta}{\partial w}\right)^2,$$

dove θ soddisfa alle equazioni a derivate parziali

(5)
$$\begin{cases} \dfrac{\partial^2\theta}{\partial u^2} + \dfrac{\partial^2\theta}{\partial v^2} + \text{senh}\,\theta \cosh\theta = 0 \\[2mm] \dfrac{1}{\text{senh}^2\theta}\left(\dfrac{\partial^2\theta}{\partial u \, \partial w}\right)^2 + \dfrac{1}{\cosh^2\theta}\left(\dfrac{\partial^2\theta}{\partial v \, \partial w}\right)^2 + \left(\dfrac{\partial\theta}{\partial w}\right)^2 = 1. \end{cases}$$

Di ciascuna superficie S $(w = \text{cost}^{te})$ prendiamo una trasformata S′, secondo una delle nostre trasformazioni, e sia

$$T(u, v, w)$$

il segmento che dobbiamo riportare sulla normale in ogni punto alla S (Nota 1ª, § 2). Domandiamo di determinare, se è possibile, T in funzione di u, v, w in guisa che le nuove superficie S′ facciano nuovamente parte di un sistema triplo ortogonale. La funzione T deve intanto soddisfare alle due equazioni della Nota 1ª:

(α) $\dfrac{1}{(\text{senh}\theta + T\cosh\theta)^2}\left(\dfrac{\partial T}{\partial u}\right)^2 + \dfrac{1}{(\cosh\theta + T\text{senh}\theta)^2}\left(\dfrac{\partial T}{\partial v}\right)^2 = cT^2 - (c+1)$

(β) $\dfrac{\partial^2 T}{\partial u \, \partial v} = \left(\dfrac{\text{senh}\theta}{\cosh\theta + T\,\text{senh}\theta} + \dfrac{\cosh\theta}{\text{senh}\theta + T\cosh\theta}\right)\dfrac{\partial T}{\partial u}\dfrac{\partial T}{\partial v} +$

$+ \dfrac{\text{senh}\theta + T\cosh\theta}{\cosh\theta + T\text{senh}\theta}\dfrac{\partial\theta}{\partial u}\dfrac{\partial T}{\partial v} + \dfrac{\cosh\theta + T\text{senh}\theta}{\text{senh}\theta + T\cosh\theta}\dfrac{\partial\theta}{\partial v}\dfrac{\partial T}{\partial u}.$

La condizione imposta che le S′ facciano parte di un nuovo sistema triplo ortogonale porta poi alla nuova equazione:

(γ) $(c+1)\dfrac{\partial T}{\partial w} = [cT^2 - (c+1)]\dfrac{\partial T}{\partial w} - \dfrac{1}{\text{senh}\theta}\dfrac{\partial^2\theta}{\partial u \, \partial w}\cdot\dfrac{T}{\text{senh}\theta + T\cosh\theta}\dfrac{\partial T}{\partial u} -$

$- \dfrac{1}{\cosh\theta}\dfrac{\partial^2\theta}{\partial v \, \partial w}\cdot\dfrac{T}{\cosh\theta + T\text{senh}\theta}\dfrac{\partial T}{\partial v}.$

(¹) *Lezioni*, pag. 530.

Il sistema costituito dalle $(\alpha), (\beta), (\gamma)$ ammette, a causa delle (5), un integrale T contenente due costanti arbitrarie, potendosi fissare comunque i valori iniziali di

$$T, \frac{\partial T}{\partial u}, \frac{\partial T}{\partial v},$$

purchè legati dalla (α). Per *una* delle superficie S può quindi fissarsi ad arbitrio la trasformata S' che si vuole considerare e ne risultano allora pienamente determinate le trasformate di tutte le altre. Così adunque: *Da un sistema triplo ortogonale contenente una serie di superficie a curvatura* $K = +1$, *coll' integrazione di un' equazione differenziale ordinaria, si possono far derivare* ∞^3 *nuovi sistemi della medesima specie.*

Aggiungiamo che, procedendo in modo analogo come per le superficie isolate, si potrà dare al sistema da integrarsi la forma *lineare*.

Resterà in fine da considerarsi il caso in cui nel sistema triplo ortogonale la curvatura di ogni singola superficie S è costante (positiva) ma variabile dall'una all'altra, cioè funzione di w. In tal caso la costante assoluta c sarà da sostituirsi con una conveniente funzione di w.

OSSERVAZIONI CIRCA LE ULTIME RICERCHE DEL SIG. DARBOUX.

Il sig. Darboux, in due recenti comunicazioni all' Accademia delle Scienze di Parigi [1], si occupa anch' egli dei teoremi sulle deformazioni delle quadriche enunciati dal sig. Guichard. Alla fine della seconda sua Nota si leggono le espressioni seguenti: *Dans une autre Communication, je démontrerai ces propositions par une voie géométrique toute différente et je montrerai que, en ce qui concerne les surfaces à courbure constante, elles ne donnent pas de méthode de transformation distincte de celles de M. M. Bianchi et Bäcklund.*

Il successivo numero 15 dei Comptes Rendus non contiene alcuna nuova comunicazione del sig. Darboux, nè io so quindi come verrà dimostrato il suo asserto. Ma poichè egli sembra qui alludere alle mie ultime ricerche, sebbene non ne faccia menzione, credo opportuno dire qualche parola sull' argomento per spiegare fino da ora in quale senso una tale affermazione può dirsi esatta.

Il sig. Darboux non si preoccupa evidentemente di distinguere il reale dall' immaginario e, sotto questo punto di vista, è certo indifferente parlare delle superficie a curvatura costante negativa, o positiva (o con qualunque altro valore complesso della curvatura), passandosi dalle une alle altre con un' omotetia immaginaria. Ben diversa è la cosa se, collocandoci dal punto

(1) Seduta del 27 marzo e del 4 aprile (nn. 13, 14).

di vista reale, domandiamo di costruire quante si vogliano nuove superficie *reali* a curvatura costante positiva. Le antiche trasformazioni, direttamente applicate ad una tale superficie reale, danno allora soltanto superficie immaginarie.

Ora sussiste effettivamente la proprietà che le trasformazioni *reali* delle superficie a curvatura costante positiva *da me trovate* possono comporsi ciascuna con due successive trasformazioni *immaginarie* di Bäcklund. È questa certamente un'osservazione interessante; ma non mi sembra che essa diminuisca l'importanza del risultato conseguito.

Invero non era affatto evidente a priori che si potesse applicare ad una superficie reale a curvatura costante positiva una trasformazione immaginaria di Bäcklund, indi alla nuova superficie immaginaria ottenuta un'altra *conveniente* trasformazione immaginaria, in guisa che la seconda trasformata risultasse nuovamente reale [1]. Parmi piuttosto che questo fatto, ora accertato, spieghi appunto la ragione per la quale rimasero così lungo tempo nascoste le nuove trasformazioni reali. Queste sono insomma di natura più complicata delle antiche e possono risolversi in tali trasformazioni più semplici, solo ricorrendo ad opportune trasformazioni componenti immaginarie.

Aggiungerò in fine che, persino per le superficie pseudosferiche, le mie ultime ricerche danno, dal punto di vista reale, risultati essenzialmente nuovi. Le trasformazioni di queste superficie, ottenute per la nuova via, offrono invero tre casi distinti, secondo che la costante, indicata con a nella mia prima Nota del 19 febbraio (§ 5), è $= 1$, ovvero > 1 o in fine < 1.

Se $a = 1$, la trasformazione si compone di due successive trasformazioni complementari, come già è dimostrato al § 7 della medesima Nota.

Quando $a > 1$, la trasformazione si compone di due trasformazioni *reali* di Bäcklund, nelle quali le corrispondenti congruenze pseudosferiche presentano la medesima lunghezza costante del segmento focale.

Ma, quando $a < 1$, la nostra trasformazione reale si può risolvere soltanto in due componenti di Bäcklund *immaginarie*. Dal punto di vista reale essa è quindi una trasformazione *nuova*.

Tutto questo apparirà meglio in un'ampia Memoria che sto preparando per la pubblicazione.

---

[1] Ciò, dico, era così poco evidente che tentativi diretti, fatti appunto in questo senso da altri e da me, erano rimasti infruttuosi.

. **Fisica**. — *Sui raggi catodici, sui raggi Röntgen e sulle dimensioni e la densità degli atomi* ([1]). Nota II di G. GUGLIELMO, presentata dal Socio BLASERNA.

Ammesso che i raggi catodici siano costituiti da particelle esilissime dotate di grandissima velocità, il fatto che esse possano attraversare un corpo solido, liquido o gassoso di conveniente spessore senza essere deviate e senza diminuire di velocità, fornisce la prova più diretta della costituzione atomica della materia e dà un modo diretto e semplice (come dimostrai nella Nota precedente) per determinare, se non la vera grandezza degli atomi, almeno un limite superiore di questa grandezza, molto più approssimato che non cogli altri metodi.

Un modo un po' diverso e più semplice di quello esposto in essa Nota, per ottenere la relazione fra l'assorbimento d'un corpo per i raggi catodici e la somma delle sezioni di tutte le molecole assorbenti, è il seguente.

Un fascio di raggi catodici, semplici, paralleli ed uniformemente distribuiti cada perpendicolarmente ad uno strato piano di spessore d d'una sostanza p. es. gassosa. Sia Q la quantità di questi raggi per cm² e per minuto secondo all'entrata nello strato, e sia Q' la quantità di essi per cm² e per $1''$ emergenti dallo strato senza aver subìto deviazione da parte delle molecole della sostanza; sia inoltre n^3 il numero di queste molecole per cm³, e supponiamo lo strato diviso in n strati elementari uguali paralleli alle sue facce; ciascuno di questi conterrà n^2 molecole per cm². Se per ciascuna molecola è σ l'area, presa perpendicolarmente ai raggi catodici, che non può essere attraversata da questi senza che essi vengano deviati o fermati, quest'area per ogni strato elementare sarà $n^2\sigma$ per cm², ed il numero di raggi catodici che saranno deviati o fermati nell'attraversare il 1° strato elementare sarà $Qn^2\sigma$, mentre il numero di quelli che potranno passare liberamente sarà $Q(1 - n^2\sigma)$ per cm². Similmente il numero di essi che potranno attraversare liberamente il 2°, il 3°, ecc. strato elementare, sarà rispettivamente, $Q(1 - n^2\sigma)^2$, $Q(1 - n^2\sigma)^3$ ecc.; ed il numero di quelli che potranno attraversare liberamente tutto lo strato di spessore d, sarà per cm²:

$$Q' = Q(1 - n^2\sigma)^{nd}$$

Questa relazione non differisce essenzialmente da quella trovata nella Nota precedente; difatti essa può scriversi: $Q' = Qe^{nd.\log nep.(1-n^2\sigma)}$, e siccome

([1]) Lavoro eseguito nel Gabinetto fisico della R. Università di Cagliari.

$n^2\sigma$ è una quantità piccolissima, invece di $\log(1 - n^2\sigma)$ si può prendere $-n^2\sigma$ e quindi si ha:

$$Q' = Qe^{-dn^2\sigma} \qquad \text{oppure} \qquad Q' = Qe^{-sd}$$

indicando con S la somma delle sezioni di tutte le molecole che è $n^2\sigma$ per cm³ e prendendo come sezione d'una molecola il valore di σ quale fu definito.

Siccome d'altra parte $n.^3d.1$ cm³ è il numero delle molecole per cm² dello strato che si considera, e questo numero è uguale al quoziente del peso P di esso strato per cm², per il peso assoluto ps d'una molecola (chiamando s il peso assoluto d'un atomo d'idrogeno, che secondo la teoria dei gas è circa 10^{-24} gr.) si avrà:

$$Q' = Qe^{-\frac{P}{ps}\sigma}$$

L'area σ per un gas, per un liquido o per un solido amorfo deve necessariamente ritenersi (almeno in media) come costituita da uno o più cerchi a seconda che la molecola è composta di uno o più nuclei o atomi che impediscono il libero passaggio dei raggi catodici, poichè non v'è ragione perchè in un corpo amorfo queste aree si estendano piuttosto in una direzione che in un'altra, e se ν è il numero di questi nuclei o atomi, sarà $\sigma = \nu\pi\varrho^2$ essendo ϱ il raggio delle singole aree che impediscono il libero passaggio dei raggi catodici. ϱ rappresenterebbe il raggio d'azione sensibile degli atomi rispetto ai raggi catodici qualora le particelle che questi ultimi costituiscono avessero dimensioni nulle; se però il raggio di queste particelle è ϱ_1, e ϱ_2 quello dell'azione sensibile degli atomi, sarà:

e quindi

$$\sigma = \nu\pi(\varrho_1 + \varrho_2)^2$$

$$Q' = Qe^{\frac{P}{ps}\nu\pi(\varrho_1+\varrho_2)^2}.$$

Come già osservai nella Nota precedente, Lenard trovò coll'esperienza che il valore di Q':Q per una data qualità di raggi catodici (e quindi per un determinato valore di ϱ_1) e per un valore qualsiasi ma determinato del peso per cm² dello strato assorbente è costante, indipendente quindi dalla natura e dal peso molecolare della sostanza.

Perchè ciò sia è necessario: 1º che ν sia uguale o multiplo costante di p, ossia che una molecola sia composta di un numero di nuclei o atomi isolati e distanti (affinchè le singole aree non si sovrappongono) uguale o multiplo costante del peso molecolare; 2º che questi nuclei o atomi, che hanno quindi anche in corpi diversi lo stesso peso, abbiano anche la stessa sezione in tutte le direzioni, e siano quindi probabilmente identici in tutti i corpi. Nella Nota più volte citata trovai anche che $\frac{1}{2}(\varrho_1 + \varrho_2)$ è all' incirca uguale a 10^{-11} e che la densità di questi atomi sarebbe di 80000 Kgr. per cm³, ammesso che i raggi catodici non attraversino la parte dell'atomo soggetta alla gravità.

Per l'idrogeno Lenard trovò un assorbimento doppio di quello degli altri corpi a pari densità superficiale; si potrebbe credere che questa differenza che presenta il solo idrogeno che ha la massima velocità molecolare, sia dovuta appunto a questa; ma a tal uopo sarebbe necessario ammettere che la velocità dei raggi catodici fosse circa 10^5 cm. per secondo, ciò che non pare ammissibile. Sebbene non paia che J. J. Thomson nel calcolo di questa velocità abbia tenuto conto del calore che le particelle dei raggi catodici nell'urto contro un solido, generano per l'abbassamento di potenziale che esse subiscono, non pare che questa causa d'errore, dato che sia reale e sensibile, possa giustificare l'accennata velocità.

Aumentando la rarefazione e quindi la differenza di potenziale alla quale sono prodotti i raggi catodici, aumenta per uno stesso strato assorbente il valore di $Q' : Q$, sia perchè diminuisca il valore di ϱ_1, sia perchè diminuisca quello di ϱ_2 a causa dell'aumentata velocità dei raggi catodici. Usando un fascio composto di varie specie di raggi catodici e misurando i valori totali di Q e Q' s'avranno per σ valori compresi fra i valori estremi e quindi ammissibili. D'altronde è da notare che nel modo d'operare di Lenard, che determinava la distanza a cui cessava d'esser visibile la luminescenza prodotta dai raggi catodici, questi erano semplici, poichè erano già stati assorbiti quelli più facilmente assorbibili. Così pure col metodo usato dal Röntgen per paragonare il potere assorbente di varie sostanze, riducendo cioè lo spessore di esse, in modo che tutte producessero lo stesso assorbimento, nessun errore notevole può derivare dalla complessità dei raggi, a meno di ammettere un assorbimento specifico che almeno pei raggi catodici non pare che si verifichi.

Il determinare i valori di σ corrispondenti a raggi catodici di diverse e note velocità, come pure il determinare la proporzione dei raggi catodici d'una stessa velocità nota che vengono deviati di angoli determinati, può dare un'idea del modo come varia l'intensità del campo d'azione dell'atomo a varie distanze dal suo centro (¹).

(¹) Spesso si considerano gli atomi come corpicciuoli a contorni definiti, durissimi, elastici ecc.; tale ipotesi però non ha niente che la giustifichi, poichè non è verosimile e neppure utile. Difatti essa non giova a spiegare l'azione a distanza degli atomi che deve essere intensissima, perchè obbliga le molecole urtantisi a cambiar direzione in un tempo e in uno spazio piccolissimi e perchè produce nelle combinazioni le vibrazioni termiche o luminose che sono certamente rapidissime. L'ammettere poi che queste forze si sviluppino (come nell'urto dei corpi) al contatto dei due atomi, introduce la necessità di indagare la struttura dell'atomo tale da sviluppare tali forze, e conduce quindi ad

L' applicazione dalla formula precedente all'assorbimento dei raggi catodici nei gas non mi pare che possa dar luogo ad obbiezioni; e difatti sin da quando Crookes emise la sua teoria della materia radiante, si fece un calcolo analogo nel caso molto più complicato che le particelle dei raggi catodici avessero la velocità e le dimensioni delle molecole quali risultano dalla teoria cinetica dei gas. Il fatto che l'assorbimento dei gas, quale risulta dalle esperienze di Lenard, conduce a valori della grandezza delle molecole molto più piccoli di quelli che risultano dalla teoria dei gas, si spiega colla grandissima velocità e colle minori dimensioni delle particelle dei raggi catodici rispetto a quella delle molecole, ma specialmente con ciò che i raggi catodici penetrano nell'interno delle molecole passando fra atomo e atomo.

L'uguaglianza dei valori che s'ottengono per il raggio d'azione degli atomi applicando la formula suddetta all'assorbimento prodotto dai gas ed a quello prodotto dai varî solidi, molto diversi per densità e per peso atomico, studiati dal Lenard, è già una prova che quest'ultima applicazione non è erronea; tuttavia essa può dar luogo a varie obbiezioni.

Stokes ([1]) trovando difficile poter ammettere che particelle materiali possano penetrare nell'interno d'un solido compatto (ciò che risulta necessariamente se si ammettono i valori di σ che s'ottengono pei gas dalle esperienze di Lenard) suppone che i raggi Lenard come i raggi Röntgen possano esser dovuti a perturbazioni dell'etere causate dal subito fermarsi delle particelle cariche di elettricità negativa urtanti contro il solido. Egli suppone altresì che i raggi Lenard possano essere raggi catodici emessi dalla faccia posteriore della foglia d'alluminio, quando la faccia anteriore è percossa dai raggi catodici portanti elettricità negativa.

Goldstein ([2]) ha osservato che i raggi catodici K_2 urtando le molecole gassose danno origine ai raggi K_3 di natura simile ai raggi K_2 ma diffusi in tutte le direzioni, e nell'urtare le molecole d'un solido danno origine ai raggi K_4 pure simili ai raggi K_2 e diffusi in tutte le direzioni; egli non può asserire che i raggi K_2 e i raggi K_3 e K_4 siano identici, anzi osserva alcune lievi differenze di colore nelle luminescenze da essi prodotte. Inoltre il Goldstein

---

un problema insolubile, mentre il considerare l'atomo come un centro di forza lascia sperare che determinandone il campo si possa trovarne la causa. Nella vibrazione luminosa d'un atomo, per uno spostamento di esso dalla posizione d'equilibrio di una lunghezza uguale al raggio dell'atomo di idrogeno (10^{-11}) si manifesta un'accelerazione ($a = 4\pi^2 \, r : T^2$) uguale circa a $1,5.10^{+20}$ cm. per $1''$.

([1]) Mem. and Proc. of the Manchester liter. phil. Society, 1897. Science Abstracts, I, pag. 476. Nature 58, pag. 445.

([2]) Wied. Ann. 67, pag. 84. Goldstein distingue tre strati nelle luminosità presso il catodo; uno strato color giallo (K_1, Kanalstrahlen) che si sviluppa dietro il catodo se questo è forato, uno strato formato di raggi azzurri poco luminosi K_1, ed uno strato di raggi azzurri più luminosi K_2 partenti da tutti i punti delle traiettorie dei raggi catodici.

osserva che i raggi catodici K_s non attraversano una foglia metallica conservando la loro direzione, ma vi si trasformano in raggi K_d diffusi in tutte le direzioni; difatti la luminescenza prodotta dai raggi catodici attraverso una foglia metallica, è più intensa e limitata all'estensione di essa se la foglia è aderente al vetro, ma diventa più estesa e meno intensa a misura che la foglia s'allontana dal vetro. Qualora i raggi Lenard fossero raggi K_d e non raggi K_s, mancherebbe la base principale al calcolo su esposto.

L'ipotesi che i raggi Lenard siano perturbazioni dell'etere è contradetta dalle esperienze dello stesso Lenard, che dimostrò che i raggi suddetti hanno tutte le proprietà dei raggi catodici ed in ispecie quella di essere deviati in varî gas ed a varie pressioni per effetto d'un campo magnetico. L'altra ipotesi, cioè che i raggi Lenard siano raggi catodici emessi dalla faccia esterna della foglia d'alluminio, è contradetta dal fatto che essi si producono nell'aria atmosferica alla pressione ordinaria, nel vuoto più perfetto, ed anche quando la foglia d'alluminio comunica coll'anodo, tutte condizioni che s'oppongono alla produzione dei raggi catodici [1].

Riguardo alla possibilità che i raggi K_3, K_d e K_s non siano identici, osservo anzitutto che ciò è senza influenza nell'applicazione della formula dell'assorbimento ai gas. Goldstein (Wied. Ann. 51, pag. 622) ha osservato pel primo che i raggi K_s attraversano tutto lo spazio dei raggi K_3 e sono osservabili anche nei gas a pressione relativamente grande come nei tubi di Geissler, purchè si guardi attraverso un vetro azzurro che attenua la luce un po' rossiccia dei raggi K_3. I raggi diretti K_s ai quali solamente può applicarsi la formula suddetta si distinguono inoltre dai raggi K_3 per la proprietà di produrre una viva luminescenza nel vetro.

Per cercare di risolvere il dubbio che i raggi catodici diretti K_s ed i raggi riflessi K_d siano di diversa natura, ho fatto riflettere i raggi catodici K_s ed ho osservato se i raggi riflessi venivano deviati per azione d'un campo magnetico. A tale scopo usai un tubo a T, di vetro, nel quale avevo introdotto da un lato un elettrodo d'alluminio piano e perpendicolare all'asse del tubo, e dall'altro lato un elettrodo d'alluminio pure piano ma inclinato di 45° sull'asse. Il primo elettrodo che serviva da catodo si trovava a circa 1 cm. di distanza dall'intersezione col tubo verticale, l'altro elettrodo si trovava sull'intersezione stessa in modo da riflettere verso il tubo verticale i raggi provenienti dal catodo. La chiusura delle estremità laterali del tubo era fatta mediante tappi di sovero ricoperti internamente da uno spesso strato di mastice (colofonia con poca paraffina). Finalmente la sommità del tubo verticale presso l'intersezione era riempita da un cilindro di ebanite lungo 2 cm., nel quale avevo praticato un foro secondo l'asse di 2 mm. di diametro.

[1] Willy Wien, Wied. Ann. 65, pag. 440.

Collocato il tubo sulla pompa e fatto il vuoto, facendo passare la scarica nel tubo, i raggi cadendo sull'anodo inclinato a 45° vi si riflettevano
in tutte le direzioni, ed un fascio passando lungo il tubo d'ebanite suddetto
penetrava nel tubo verticale rendendo debolmente luminescente la parte inferiore di esso. Collocata un'elettro-calamita a ferro di cavallo presso questo
tubo, a varie distanze dal tubo orizzontale coi poli che ora abbracciavano
il tubo ora si adattavano longitudinalmente su di esso, facendo passare la
corrente d'una Bunsen modello medio per l'elettrocalamita, i raggi catodici
vennero deviati di circa 45°, come indicava la macchia fosforescente del
tubo. La stessa deviazione osservai allorchè l'anodo era in comunicazione
col suolo.

La deviazione osservata non poteva esser attribuita ad uno spostamento
dei raggi catodici primarî, ossia del punto ove essi incontravano la lamina
riflettente, perchè il cilindro d'ebanite non permetteva il passaggio di raggi
molto inclinati sull'asse; inoltre la deviazione dei raggi riflessi si produceva
in direzione contraria a quella che sarebbe stata dovuta allo spostamento dei
raggi catodici primarî.

La deviazione osservata era quella corrispondente alla carica di elettricità negativa dei raggi, e rimane così provato che anche i raggi riflessi
hanno una tale carica, non possono essere prodotti dall'anodo e per il
modo di comportarsi in un campo magnetico non differiscono essenzialmente
dai raggi diretti. Appare quindi probabile che i raggi riflessi siano dovuti a
particelle dei raggi incidenti penetrati nell'interno del corpo riflettente sino
ad una profondità più o meno piccola, e deviati per azione degli atomi del
corpo senza venire a contatto con essi e quindi senza ceder loro la carica di
elettricità negativa.

Finalmente riguardo alla possibilità che i raggi Lenard siano composti
unicamente di raggi diffusi (sebbene della stessa natura) e quindi deviati, è
da notare che ammettendo i valori di σ trovati per i gas, e che non pare
possano lasciar luogo a dubbio, ne risulta che nel caso d'un solido una
proporzione piccola ma tuttavia apprezzabile può attraversare uno strato sufficientemente sottile di un solido. Che anche l'aria a pressione ordinaria si
comporti come un mezzo torbido e quindi diffonda tutto all'intorno dei raggi,
è già stato osservato dal Lenard e quindi tanto più dovrà comportarsi come
un mezzo torbido un solido in cui le molecole sono notevolmente più ravvicinate, ma ciò non esclude che esso possa lasciar passare una piccola porzione di raggi non deviati che è facile distinguere dai raggi diffusi.

Il fatto che le particelle dei raggi catodici possiedono una carica elettrica
grandissima rispetivamente alla loro massa, rende verosimile che in virtù di
essa risentano da parte degli atomi un'azione attrattiva o ripulsiva a seconda
della carica che questi, come si ammette generalmente, possiedono, e che
quindi queste particelle, come osservai nella Nota precedente, risentano

l'azione degli atomi ad una distanza maggiore di ciò che avverrebbe se essi fossero privi di tale carica. Qualora si ammettesse, come si vuole da alcuni fisici, che i raggi Röntgen siano appunto costituiti da particelle esilissime dotate di grandissima velocità ma prive di carica elettrica, e precisamente siano costituiti dalle particelle dei raggi catodici che urtando contro un solido gli abbiano ceduto la loro carica e siano stati deviati in tutte le direzioni (¹), questi raggi parrebbero più propri alla determinazione della grandezza degli atomi mediante la formola su esposta, e fornirebbero un valore di essa (o della parte impermeabile di essa) più prossimo al vero.

Tuttavia non pare che all'assorbimento dei raggi Röntgen, pel quale non fu possibile trovare una legge neppure nel caso di varî spessori d'uno stesso corpo, si possa applicare semplicemente l'ipotesi di particelle che passano negli interstizî fra gli atomi. Dato anche che i raggi Röntgen fossero costituiti da particelle materiali e non da perturbazioni dell'etere, il fenomeno dell'assorbimento dovrebbe essere complesso e non calcolabile (eccetto forse qualche caso come p. es. quello dei gas) nel modo indicato.

Riesce difatti inconciliabile colla suddetta ipotesi, che una lamina di platino ed una lamina d'alluminio a parità di peso per cm² presentino un così diverso assorbimento pei raggi Röntgen, e più generalmente riesce inesplicabile l'influenza del peso atomico. Se supponiamo ciascun atomo di alluminio e di platino diviso in tante parti quante sono le unità nei pesi atomici rispettivi e supponiamo, ciò che pare molto probabile, che queste parti avendo masse uguali esercitino, se prese isolatamente, azioni uguali, ne risulta che se queste parti fossero isolate e distanti, le due lamine avendo uguali pesi per cm² e quindi un ugual numero di queste parti per cm², dovrebbero aver la stessa opacità pei raggi Röntgen. Se invece le stesse parti in ogni atomo fossero vicine o raggruppate, la sezione degli atomi e quindi l'opacità della lamina, dovrebbe esser minore per il platino che non per l'alluminio.

Tuttavia non è possibile disconoscere alcune analogie che passano fra le proprietà dei raggi Röntgen e quelle dei raggi catodici. Oltre all'assenza di polarizzazione e di interferenze comune ad entrambi, si ha che per entrambi l'assorbibilità cresce al decrescere del potenziale al quale furono prodotti, ed è da notare che la differenza d'assorbibilità. grandissima pei

---

(¹) Walther, Wied. Ann. 66, pag. 74. È però da notare come risulti dall'esperienza sopradescritta che i raggi catodici anche riflettendosi sull'anodo conduttore e carico di elettricità positiva, conservano la loro carica, come pure la conservano quando attraversano la foglia d'alluminio pure conduttrice e carica di elettricità positiva. Quindi i raggi Röntgen non potrebbero esser costituiti nè dalle particelle riflesse, nè da quelle che attraversano il corpo, e neppure dalle particelle che urtano più direttamente contro gli atomi a cui cedono la propria carica elettrica, perchè queste dovrebbero perdere in massima parte la loro velocità che, come è noto, si trasforma in calore.

raggi Röntgen e pei raggi Lenard ordinari, diventa molto minore qualora si considerino raggi Röntgen prodotti a piccola differenza di potenziale.

Questa specie di raggi Röntgen non appare nei soliti tubi che invece hanno per iscopo di produrre raggi quanto più è possibile penetranti, e che inoltre hanno una parete spessa sufficiente per assorbire completamente questa specie di raggi qualora essa si producesse. In varî tentativi per ottenere raggi Lenard attraverso foglie d'alluminio e di magnesio preparate da me e perciò non di rado troppo spesse (1 a 2 mgr. per cm²), ottenni oltre ai raggi Lenard deboli, una notevole quantità di raggi Röntgen. Questi, a differenza di ciò che avviene nei soliti tubi, cominciavano ad apparire quando la resistenza del tubo era equivalente a ¼ mm. d'aria atmosferica fra fili di 2 mm. di spessore. Essi poi erano pochissimo penetranti, tanto che due fogli di carta spessa, oppure 8 fogli sovrapposti di carta da filtro pesanti insieme 50 mgr. per cm²., producevano nello schermo fluorescente pei raggi Röntgen un'ombra abbastanza intensa, mentre è noto che anche spessi libri sono facilmente traversati dai raggi Röntgen ordinari.

L'assorbimento che subiscono questi raggi in varî corpi e l'assorbimento dei raggi Lenard con tubi nei quali la foglia d'alluminio è sostenuta da una reticella sono oggetto di ulteriore studio.

APPENDICE. *Sull'assorbimento dei raggi luminosi e sulle dimensioni degli atomi.* Credo che forse la relazione fra le dimensioni, il numero degli atomi e l'assorbimento che essi producono, si possa applicare all'assorbimento dei raggi luminosi nel caso p. es. dell'argento che riflettendo la quasi totalità dei raggi incidenti deve essere composto di atomi o gruppi d'atomi opachi, ma che pochissimo assorbono la luce.

Ho determinato col fotometro Bunsen e col metodo usato dal Lenard pei raggi catodici, con luce ordinaria e con luce del sodio la proporzione di luce che può attraversare una pellicola d'argento deposta sul vetro col metodo Böttger. Queste pellicole, sebbene speculari su entrambe le facce, presentavano rari forellini, strie, variegature, e quindi l'argento non s'era deposto uniformemente; tuttavia al microscopio con un ingrandimento di 1500 apparivano continue, ad eccezione dei vari forellini. La proporzione di luce trasmessa risultò circa di 1:100 per pellicole pesanti in media 0,15 mgr. per cm.². L'assorbimento è quindi maggiore di quello che la stessa pellicola avrebbe prodotto nei raggi catodici, ed il raggio dell'atomo risulta dieci volte maggiore. Tale differenza, che potrà aumentare quando si eliminino le varie cause d'errore, non è grande se si considera l'assoluta diversità nella definizione della quantità che si vuol misurare e nel modo di misura.

Farò esperienze possibilmente con altri metalli, e cercherò di estendere la relazione suddetta al caso della luce riflessa da lamine trasparenti sottilissime.

Fisica terrestre. — *Confronti degli strumenti magnetici italiani con quelli degli osservatorî di Parc Saint-Maur e di Kew.* Nota di LUIGI PALAZZO, presentata dal Socio TACCHINI.

Il Comitato permanente di magnetismo terrestre aveva indetto nello scorso anno una Conferenza internazionale magnetica, alla quale erano invitati il direttore Tacchini dell'Ufficio meteorologico centrale italiano e lo scrivente, in qualità di membro del Comitato suddetto. La Conferenza dovevasi tenere a Bristol dal 7 al 14 settembre, contemporaneamente al congresso annuale dell'Associazione britannica per l'avanzamento delle scienze. Il direttore Tacchini, non potendo recarsi colà, e d'altra parte desiderando che a quel congresso fosse rappresentata anche l'Italia, fece pratiche presso il Ministero d'Agricoltura in modo da ottenere che io fossi delegato alla Conferenza di Bristol; ed inoltre fu ottimo pensiero del direttore quello che si dovesse trarre partito dal mio viaggio all'estero, per sottoporre i nostri strumenti magnetici a confronto coi magnetometri degli osservatorî di Parc Saint-Maur e di Kew. Invero siffatti confronti fra gli strumenti adoperati per le misure magnetiche assolute nei varî paesi sono in genere assai raccomandabili; ed anche la Conferenza meteorologica internazionale di Parigi nel 1896 aveva inteso di promuovere simili studî facendone oggetto di speciale voto ([1]).

([1]) La risoluzione che, in seguito a proposta del Mascart, fu votata nella Conferenza di Parigi, suona così: « La comparaison des réseaux magnétiques des différents pays exige que les instruments qui ont servi aux différents levés magnétiques soient comparés entre eux à plusieurs reprises » (*Rapport de la Conférence météorologique internationale*. Réunion de Paris 1896, pag. 35). — In questi ultimi anni, già buon numero di confronti furono effettuati fra i magnetometri di Stati diversi. Limitandomi a riportare il titolo di quelle sole pubblicazioni che ai detti lavori di confronto sono esplicitamente dedicate, menzionerò le seguenti: Van Rijckevorsel, *An attempt to compare the instruments for absolute magnetic measurements at different observatories* (Royal Dutch Meteorological Institute, Amsterdam 1890); Solander, *Vergleichung der Bestimmungen der Horizontalintensität an verschiedenen magnetischen Observatorien* (Königl. Gesellschaft der Wissenschaften, Upsala 1893); Chree, *Account of a comparison of magnetic instruments at Kew Observatory* (Proceedings of the Royal Society, vol. 62, 1897); Moureaux, *Comparaison des appareils magnétiques de voyage de l'observatoire du Parc Saint-Maur avec ceux de divers observatoires magnétiques étrangers* (Ann. du Bureau central météorologique, Paris 1898); Van Rijckevorsel, *Comparison of the instruments for absolute magnetic measurements at differents observatories* (Meteorological Institute of the Netherlands, Amsterdam 1898).

A noi poi interessava, in particolar modo, paragonare i nostri apparecchi con quelli francesi, a fine di potere allacciare la rete magnetica nella parte nord-ovest della nostra penisola colla rete della finitima Francia, e così pure il rilevamento magnetico della Sardegna con quello della Corsica. A vero dire, non si era mancato per l'addietro, da parte nostra, di cogliere occasioni per stabilire dei termini di paragone fra le due reti; ma questi tentativi, essendo stati fatti per vie indirette e senza l'appoggio delle registrazioni delle variazioni magnetiche in una vicina stazione di base, ci lasciavano molto dubbiosi intorno al vero valore da attribuire alle *equazioni strumentali* dei nostri apparecchi da viaggio rispetto a quelli della Francia.

A raggiungere lo scopo desiderato, si presentava ora propizia l'occasione; epperò, nel recarmi a Bristol passando per Parigi e Londra, portai meco gli strumenti posseduti dal nostro Ufficio per le determinazioni assolute in viaggio, cioè il magnetometro unifilare Dover-Schneider e l'inclinometro Dover n. 51. dei quali mi sono costantemente servito in tutte le mie campagne magnetiche in Italia. Con questi apparati feci dunque le misure comparative negli osservatorî di Parc Saint-Maur e di Kew. Tanto nell'esecuzione delle osservazioni, quanto nel calcolo delle medesime, mi attenni fedelmente ai metodi di procedimento da me usati per l'addietro; sui quali qui non mi trattengo, poichè per tutto ciò che li riguarda, intendo riferirmi alle mie Memorie di magnetismo pubblicate negli Annali dell'Ufficio centrale meteorologico. Avverto solo che, essendosi proceduto nel 1896 ad una nuova magnetizzazione del magnete a collimatore 504 A, che funziona come sbarra oscillante e deviante nel mio magnetometro, il momento d'inerzia ed i coefficienti attuali del 504 A si riferiscono a determinazioni fatte in un'epoca relativamente recente, cioè prima e dopo del mio ultimo giro di esplorazione magnetica, compiuto intorno all'Etna nell'inverno 1897-98. Anche l'asta metrica annessa al magnetometro ricevette nel 1897 una nuova graduazione, incisa nel Laboratorio centrale metrico, ed ivi paragonata col metro campione. Di conseguenza, i valori dei coefficienti del magnete 504 A e dei costanti del magnetometro, in base ai quali furono calcolate le misure di Parc Saint-Maur e di Kew ([1]), sono i seguenti:

Momento d'inerzia K = 337,875;
Coefficiente di temperatura medio (fra 20° e 30°) ([2]) $a = 0,000516$;

([1]) Noto qui di passaggio che il magnete (il quale, attaccato al filo di sospensione, stava disposto orizzontalmente a Roma, ed anche in Sicilia) senza sussidio d'anello di contrappeso mantenne sensibilmente la sua posizione orizzontale pure a Parc Saint-Maur ed a Kew, nonostante la forte variazione nel valore dell'inclinazione magnetica. Ciò dimostra l'eccellenza della staffa di modello Chistoni, applicata ai magneti nostri.

([2]) Dentro questo intervallo restarono difatti comprese le temperature lette durante le determinazioni di oscillazioni e di deviazioni nei due osservatorî esteri.

Coefficiente di induzione $h = 0,00631$;

Coefficiente magnetometrico (o costante delle deviazioni) $p = 22,95$ ([1]) ;

Distanza R_{30} (sull'asta metrica) $= 29^{cm},99968$;

Distanza R_{40} (sull'asta metrica) $= 39^{cm},99924$.

Ed ora passo a rendere conto delle operazioni di confronto eseguite a Parc Saint-Maur ed a Kew.

Parc Saint-Maur. — 25-29 Agosto 1898.

Adoperai i miei apparecchi sul pilastro del piccolo padiglione esente da ferro, che è destinato per le determinazioni assolute. Le ore delle singole osservazioni sotto riportate, sono espresse in tempo medio locale di Parc Saint-Maur. Il signor Moureaux, al quale debbo vivi ringraziamenti per le molteplici cortesie usatemi, ebbe cura di comunicarmi, per le corrispondenti ore, i valori ricavati dalle curve del magnetografo dell'osservatorio, e riferiti alle misure assolute fatte con gli strumenti da viaggio francesi, nei giorni dell'agosto: 25, 28, 30 per la declinazione; 25, 27, 31 per l'inclinazione; 23, 27, 30 per la componente orizzontale.

Le variazioni magnetiche sono state regolari durante il mio soggiorno al Parco; solo nei giorni 27 e 29 agosto si mostrarono alquanto seghettate le curve del bifilare, e, in proporzione molto minore, anche quelle del declinometro differenziale.

Declinazione. — L'azimut astronomico della mira di riferimento (parafulmine sormontante la cupola d'un belvedere, su di un edificio privato a Nogent sur Marne, alla distanza di circa quattro chilometri a nord dell'osservatorio) è 16° 43' 3'', contato da N per W. Nei giorni delle mie operazioni, l'immagine della mira al cannocchiale apparve spesso poco nitida, o per causa di nebbia o per sfavorevole illuminazione. Superfluo il dire che la torsione del filo di sospensione del magnete fu accuratamente tolta prima di cominciare le esperienze.

([1]) Questo numero si è ottenuto fondendo in un'unica media i valori di p determinati mediante le due serie di apposite esperienze fatte a Roma nell'inverno 1897-98, insieme coi valori di p dedotti utilizzando le stesse coppie di deviazioni (✤ col magnete alla distanza R_{30} e φ col magnete alla distanza R_{40}) osservate nelle operazioni del Parco e di Kew.

DECLINAZIONE.

Giorno	Ora	Declinazione misurata con lo strumento di Roma.	Declinazione dedotta dal magnetografo di Parc Saint-Maur.	Differenze Roma-Parco
1898 Agosto	h m	o ,	o ,	,
	3.10 pm	14.56,3	14.55,9	+ 0,4
25	3.31 »	55,7	55,3	+ 0,4
	5.45 »	53,7	52,8	+ 0,9
	6. 3 »	53,5	52,7	+ 0,8
	9.33 am.	14.53,0	14.52,6	+ 0,4
26	9 54 »	54,6	53,9	+ 0,7
	11.51 »	59,0	58,4	+ 0,6
	0.10 pm.	59,2	59,0	+ 0,2
	8. 3 am.	14.51,2	14.50,1	+ 1,1
27	8.38 »	51,1	50,6	+ 0,5
	10.18 »	53,9	53,5	+ 0,4
	10.40 »	55,6	55,4	+ 0,2
		Media differenza		+ 0',6

Inclinazione. — L'inclinometro Dover n. 51 è provvisto di due coppie di aghi distinti coi numeri 1 e 2, 5 e 6. Negli anni in cui compii i miei primi viaggi magnetici, questi aghi si mostravano tutti egualmente buoni, cioè fornivano normalmente valori quasi identici dell'inclinazione; più tardi invece, forse per leggere avarie dei perni causate dal lungo uso, essi cominciarono a dare risultati alquanto meno soddisfacenti, e da ultimo io avevo cessato dal servirmi abitualmente di alcuni di essi. Tuttavia, negli attuali confronti all'estero, io ho voluto sperimentarli di nuovo tutti quattro, per ricercare, se possibile, le differenze proprie di ciascuno di essi. Per ogni ago feci un paio di determinazioni.

INCLINAZIONE.

N. d'ordine dell'osservaz.	Ago	Tempo dell'osservazione		Inclinazione misurata coll' inclinometro di Roma	Valori dedotti dal magnetografo del Parco		Inclinazione calcolata pel Parco $i = arc\ tg\ \frac{Z}{H}$	Differenze Roma-Parco	Differenze medie per ciascun ago
		Giorno	Ora		Z	H			
		Agosto 1898	h m h m	o ,			o ,	,	,
1ª	5	26	8.16- 8.45 am.	64.55,8	0,42155	0,19670	64.58,7	— 2,9	— 1,5
5ª		29	8.53- 9.14 am.	64 58,1	0,42138	0,19676	64.58,2	— 0.1	
3ª	6	27	12.21-12.44 pm.	64.55,6	0,42144	0,19679	64.58,2	— 2,6	— 2,3
6ª		29	9.29- 9.51 am.	64.55,7	0,42136	0,19681	64.57,8	— 2,1	
2ª	1	27	11.36-11.56 am.	64.54,1	0,42140	0,19673	64.58,5	— 4,4	— 2,5
7ª		29	10. 5-10.31 am.	64.56,8	0,42134	0,19685	64 58,5	— 0,7	
4ª	2	27	5.34- 6. 2 pm.	64.57,8	0,42162	0.19688	64.55,2	— 0,4	— 1,4
8ª		29	10.46-11.46 am.	64.54,7	0,42133	0,19691	64.57,0	— 2,3	
					Media differenza			— 1',9	

Intensità orizzontale. — Nelle misure di H, io sono solito ad osservare due volte la durata d'oscillazione e due volte ciascuno degli angoli di deviazione prodotti dal magnete alle distanze 30 e 40 del regolo metrico, intercalando le due serie di oscillazioni fra le due di deviazioni, ovvero queste fra quelle. La prima delle tabelle che vengono sotto, mostra l'ordine seguito nelle varie operazioni; ed in corrispondenza di ognuna di queste, vi figura il contemporaneo valore di H dedotto dal magnetografo dell'osservatorio. Nel secondo quadro, offro i risultati del calcolo di H, ottenuti mediante le successive combinazioni di ciascuna delle durate d'oscillazione T con ciascuna delle deviazioni Φ o φ, mettendo poi a riscontro degli H così calcolati le medie (geometriche) dei due valori di H del magnetografo corrispondenti a ciascuna coppia di T e di Φ (o φ).

Per calcolare H dalle osservazioni di Parc Saint-Maur ho preparato le formole ridotte:

per le deviazioni alla distanza R_{30}

$$\log H = \bar{1}.701295 - \log T - \tfrac{1}{2} \log \operatorname{sen} \Phi + 0.00011205 \, (t - \tau),$$

e *per le deviazioni alla distanza* R_{40}

$$\log H = \bar{1}.511582 - \log T - \tfrac{1}{2} \log \operatorname{sen} \varphi + 0.00011205 \, (t - \tau).$$

Esse sono ottenute sostituendo nell'espressione generale di H (¹), ai rispettivi simboli, i coefficienti ed i costanti già sopra riportati proprî del magnete e dello strumento, ed inoltre introducendovi:

per l'effetto di torsione del filo corrispondente a 360° di rotazione: $\varDelta = 3',0$;

per l'andamento diurno del cronometro, che era un Bréguet di marina, n. 837, battente i mezzi secondi: $s = -3^s,0$ (acceleramento);

per la temperatura media durante le oscillazioni, nella correzione relativa alla dilatazione dell'acciaio del magnete: $t = 23°,85$;

per la temperatura media del regolo metrico durante le deviazioni: $\theta = 22°,5$ e $\theta = 22°,65$, rispettivamente per le deviazioni Φ e φ;

infine per i fattori che entrano nella correzione relativa all'induzione terrestre: H approssimato $= 0,1967$, medio $\Phi = 25°.37',4$, medio $\varphi = 10°.23',9$.

(¹) Cfr. a pag. 17 della Memoria: *Misure di magnetismo terrestre fatte in Sicilia nel 1890* (Ann. Uff. Centr. Meteor. e Geod., vol. XVIII, parte 1ª, 1896).

SCHEMA DELLE OSSERVAZIONI.

	Tempi delle osservazioni	Durate d'oscillazione	t	Angoli di deviazione	τ	Valori di H dedotti dal magnetografo di Parc Saint-Maur
1ª Serie. 1898 Agosto 25.	h m h m Da 3.41-3.54 pm.	T_1 3,88445	° 23,4		°	0,19685
	4.15-4.28 »			Φ_1 25.37,5	24,7	0,19685
	4.28-4.45 »			φ_1 10.23,8	25,0	0,19686
	4.49-5. 3 »			Φ_2 25.36,9	24,0	0,19686
	5. 3-5.17 »			φ_2 10.24,1	23,5	0,19688
	5.28-5.40 »	T_2 3,88405	23,4			0,19689
2ª Serie. 1898 Agosto 26.	h m h m 10. 1-10.14 am.	T_1 3,88425	22,6			0,19676
	10.31-10.43 »			Φ_1 25.37,9	24,2	0,19676
	10.43-10.57 »			φ_1 10.23,9	24,8	0,19676
	10.59-11.13 »			Φ_2 25.37,2	24,9	0,19677
	11.13-11.25 »			φ_2 10.23,8	25,7	0,19677
	11.34-11.46 »	T_2 3,8872	26,0			0,19681

DEDUZIONE DEI VALORI DELL'INTENSITÀ ORIZZONTALE

	Col magnete alla distanza	Combinazione di	Durata d'oscillazione	Angolo di deviazione	$t - \tau$	H determinato col magnetometro di Roma	H dato dal magnetografo di Parc Saint-Maur	Differenze Roma-Parco
1ª Serie. 1898 Agosto 25.	R_{30}	T_1 e Φ_1	3,88445	25.37,5	— 1,3	0,19672	0,19685	— 0,00013
		T_1 e Φ_2	3,88445	25.36,9	— 0,6	0,19679	0,19686	— 0,00007
		T_2 e Φ_1	3,88405	25.37,5	— 1,3	0,19674	0,19687	— 0,00013
		T_2 e Φ_2	3,88405	25.36,9	— 0,6	0,19681	0,19688	— 0,00007
	R_{40}	T_1 e φ_1	3,88445	10.23,8	— 1,6	0,19673	0,19685	— 0,00012
		T_1 e φ_2	3,88445	10.24,1	— 0,1	0,19676	0,19687	— 0,00011
		T_2 e φ_1	3,88405	10.23,8	— 1,6	0,19675	0,19688	— 0,00013
		T_2 e φ_2	3,88405	10.24,1	— 0,1	0,19678	0,19689	— 0,00011
		Differenza media nel giorno 25 agosto						— 0,00011
2ª Serie. 1898 Agosto 26.	R_{30}	T_1 e Φ_1	3,88425	25 37,9	— 1,6	0,19669	0,19676	— 0,00007
		T_1 e Φ_2	3,88425	25.37,2	— 2,3	0,19669	0,19677	— 0,00008
		T_2 e Φ_1	3,8872	25.37,9	+ 1,8	0,19671	0,19678	— 0,00007
		T_2 e Φ_2	3,8872	25.37,2	+ 1,1	0,19672	0,19679	— 0,00007
	R_{40}	T_1 e φ_1	3,88425	10.23,9	— 2,2	0,19670	0,19676	- 0,00006
		T_1 e φ_2	3,88425	10.23,8	— 3,1	0,19667	0,19676	— 0,00009
		T_2 e φ_1	3,8872	10.23,9	+ 1,2	0,19672	0,19679	— 0,00007
		T_2 e φ_2	3,8872	10.23,8	+ 0,8	0,19669	0,19679	— 0,00010
		Differenza media nel giorno 26 agosto						— 0,00008
		Differenza media finale						**—0,00009**

Qui torna a proposito ricordare che allorquando feci, nel 1890, le determinazioni magnetiche a Tunisi ed a Malta, avevo cercato di dedurre le differenze fra gli strumenti italiani ed i francesi, riferendomi alle misure eseguite dal Moureaux in quegli stessi luoghi, pochi anni prima. Tali confronti, a cui già sopra ho alluso, diedero le seguenti differenze:

nella declinazione . . . $+ 6',2$ (Roma-Parc St.-Maur)
nell'inclinazione . . . . $+ 1',8$ »
nella forza orizzontale. $- 0,00021$ (1) »

Questi numeri sono diversi da quelli trovati ora a Parc Saint-Maur; ma di ciò non è a farsi meraviglia, dovendosi riflettere che le determinazioni mie e del Moureaux a Tunisi ed a Malta, oltre all'essere state fatte in punti, bensì vicini, ma non identici, non furono contemporanee; e perciò io, in mancanza dei dati di variazione precisi forniti da un osservatorio, ho dovuto riportarmi alla medesima epoca delle misure del Moureaux, valendomi di coefficienti di variazione annuale che solo approssimativamente ero in grado di conoscere. Ciò scema di molto la fiducia nei risultati di quei primitivi confronti; mentre nessuna obbiezione può sollevarsi a riguardo delle attuali osservazioni di Parc Saint-Maur.

In un'altra prossima Nota darò i risultati dei confronti di Kew.

Chimica. — *Studi intorno alla costituzione degli alcaloidi del melagrano* (2). Nota di A. PICCININI, presentata dal Socio G. CIAMICIAN (3).

Le ricerche più recenti sugli alcaloidi della tropina hanno condotto ad una modificazione delle idee che si avevano intorno alla costituzione di questa

(1) V. a pag. 26 della Memoria testè citata, dove, per la differenza in H, sta però scritto il numero — 0,00088. Ma dopo di quell'epoca il Moureaux, in seguito a nuove e più precise indagini sul coefficiente magnetometrico del suo apparecchio ed all'introduzione della correzione per l'induzione ne' suoi calcoli, ha riconosciuto che tutti i suoi valori dati precedentemente per l'intensità orizzontale devono essere diminuiti della quantità 0,00067; il che riduce a solo — 0,00021 la differenza in H risultante dai nostri confronti di Tunisi e di Malta.

(2) Lavoro eseguito nell'Istituto di Chimica generale della R. Università di Bologna, marzo 1899.

(3) Le ricerche descritte in questa Nota sono state incominciate dal dott. Silber e da me e continuate poi dal dott. Piccinini, che si è pure assunto il compito di proseguire nello studio di questo argomento in modo da esaurirlo.

Colgo poi questa occasione per rendere noto un fatto che ha qualche interesse per la storia delle basi tropiniche, senza però volere fare in questo modo un reclamo di priorità. Riscaldando l'acido tropinico con acido jodidrico e fosforo, noi abbiamo ottenuto, tempo fa, una base della composizione della piperidina. Questa base non è altro che la n-metilpirrolidina. Noi avevamo riconosciuta la natura di questo alcaloide ancor prima

categoria di alcaloidi; R. Willstätter ha dimostrato alcuni mesi or sono [1] che il chetone derivante dalla tropina, il tropinone, contiene la catena:

$$- CH_2 - CO - CH_2 -,$$

e che l'acido tropinico, principale prodotto di ossidazione della tropina, può dare per apertura semplice del nucleo con eliminazione dell'azoto, una catena normale di sette atomi di carbonio.

Questi fatti che non si possono in verun modo accordare colla vecchia formola del Merling, trovano invece una completa spiegazione, quando si ammetta che la molecola degli alcaloidi tropanici contenga un sistema risultante dalla combinazione di un nucleo pirrolidinico con uno piperidinico, coll'azoto e due atomi di carbonio in comune. Lo schema seguente, proposto dal Willstätter, rappresenta appunto un tale sistema e dimostra anche, come la molecola delle basi tropaniche possa considerarsi come derivante da una catena cicloeptanica, contenente un ponte costituito dall'azoto:

$$
\begin{array}{ccccc}
C & \!\!-\!\! & C & \!\!-\!\! & C \\
| & & & & | \\
C & & N & & | \\
| & & | & & | \\
C & \!\!-\!\! & C & \!\!-\!\! & C
\end{array}
$$

Al tropinone e all'acido tropinico sopracitati, spettano quindi le formole seguenti :

$$
\begin{array}{ccccc}
CH_2 & \!\!-\!\! & CH & \!\!-\!\! & CH_2 \\
| & & | & & | \\
CO & & NCH_3 & & | \\
| & & & & | \\
CH_2 & \!\!-\!\! & CH & \!\!-\!\! & CH_2
\end{array}
\qquad
\begin{array}{ccccc}
COOH . CH_2 & \!\!-\!\! & CH & \!\!-\!\! & CH_2 \\
& & | & & | \\
& & NCH_3 & & | \\
& & | & & | \\
COOH & \!\!-\!\! & CH & \!\!-\!\! & CH_2
\end{array}
$$

È noto che la somiglianza di proprietà esistente tra gli alcaloidi del gruppo tropanico e granatanico è di tal natura da non poter essere spiegata che con formole di costituzione dello stesso genere; queste analogie si sono ora accresciute ancor più pel fatto che in seguito ad esperienze che saranno

che si sapesse che le basi tropiniche contengono il nucleo pirrolidinico, ma diverse circostanze ci impedirono di pubblicare il risultato definitivo di queste ricerche. Lo facciamo ora anche perchè alla base in questione noi avevamo attribuito da principio una costituzione non bene definita, cioè solamente quella di un'ammina terziaria.

G. CIAMICIAN.

[1] Berl. Ber. *30*, 731, 2679; *31*, 1534. 2498.

descritte in questa Nota, è ormai dimostrato che anche nella *metilgranatonina* esiste la catena caratteristica riscontrata nel tropinone

$$- CH_2 - CO - CH_2 -.$$

Lo schema proposto da Ciamician e Silber per rappresentare la costituzione delle basi del melagrano e la formola stessa da loro attribuita alla metilgranatonina, sono sufficienti a spiegare la reazione ora citata, come risulta dai simboli seguenti [1]:

```
   C ——— C ——— C          CH₂——— CH ——— CH₂
   |      |      |          |       |       |
   C      C      C          CO      CH₂     CH₂
   |      |      |          |       |       |
   C ——— C ——— N          CH₂——— CH ———NCH₃
```

Schema delle basi del melagrano.   Metilgranatonina.

In seguito a questi fatti è divenuto però necessario il provare, in modo diretto e semplice, che quella parte della molecola della metilgranatonina che resiste all' ossidazione e trovasi intatta a formare il nucleo azotato dell' acido *metilgranatico* (*omotropinico*), è un nucleo piperidinico e non pirrolidinico.

A questo scopo, onde togliere di mezzo il metile unito all' azoto, che avrebbe posto un grave ostacolo alla trasformazione desiderata, si preparò l' acido *granatico*, ossidando la *granatolina* [2] con acido cromico. Avuto l' acido coll' immino libero, se ne operò la deidrogenazione riscaldandolo con acetato mercurico, secondo il metodo dato dal Tafel, e si ebbe così un acido piridico che per semplice riscaldamento con barite o calce diede la α-*metil-piridina* in quantità notevolissima.

Risultati assai diversi si ottennero invece eseguendo la stessa operazione sull' acido nortropinico, il quale è il perfetto analogo del granatico. Ossidandolo col metodo di Tafel, non si potè trarne alcuna traccia di basi piridiche e si ebbe soltanto una notevole massa di prodotti resinosi di natura manifestamente pirrolica, perchè bolliti con acqua, comunicarono ai vapori di questa la proprietà di arrossare il fuscello d' abete intriso nell' acido cloridrico. Resta quindi dimostrato che gli alcaloidi granatanici debbono considerarsi come derivati piperidinici puri.

Le proprietà così somiglianti delle due serie di basi potrebbero però trovare una rappresentazione schematica più fedele, quando si ammettesse

---

[1] G. Ciamician e P. Silber. Gazz. Chim. *26*, II, 157; Berl. Ber. *29*, 481.
[2] G. Ciamician e P. Silber. Gazz. Chim. *24*, I, 116.

che il nucleo degli alcaloidi del melograno contenesse lo scheletro rappresentato dal simbolo seguente:

Questa modificazione non è, per dir vero, richiesta dai fatti attualmente noti, i quali possono essere completamente spiegati anche con la formola fino ad ora in uso e citata più sopra parlando della metilgranatonina, ma, se si tien conto delle analogie più volte citate, colle basi tropaniche, si vede che il cangiamento proposto deve corrispondere, con grandissima probabilità, al vero; perciò, allo scopo di decidere la questione, si sono già intraprese, in questo laboratorio, le opportune ricerche. La nuova formola lascierebbe intravedere una quantità di conseguenze interessantissime, tra cui l'esistenza di un anello di 8 atomi di carbonio che farebbe riscontro a quello di 7 già trovato dal Willstätter nella tropina e nei suoi derivati. Essa naturalmente starebbe, al pari dell'antica formola, in perfetto accordo anche colle esperienze crioscopiche eseguite da F. Garelli [1], giacchè le sue relazioni colla naftalina non sono essenzialmente cangiate.

I.

Condensazione della benzaldeide colla metilgranatonina.
Dibenzilidenmetilgranatonina.

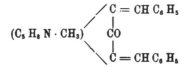

Saturando con acido cloridrico gassoso una miscela di metilgranatonina (1 mol.) e benzaldeide (2 mol.) sciolte in acito acetico glaciale, si osserva dopo qualche ora la separazione di una massa gelatinosa gialla costituita dal cloridrato del prodotto di condensazione; per iscacciare l'acido acetico eccedente e la benzaldeide, si evapora tutta la massa a b. m. fino a siccità; si scioglie quindi il residuo in alcool e si scompone con la quantità necessaria di soda. Operando a caldo, si ha una soluzione alcoolica del nuovo

[1] Berl. Ber. 29, 2972; Gazz. Chim. 27, 384.

prodotto, la quale per concentrazione e raffreddamento deposita dei cristal-lini prismatici di color giallo chiaro, fondenti a 200°. All' analisi dà nu-meri corrispondenti alla formola soprascritta. Si scioglie in acido solforico con colorazione rosso ranciato.

Azione del nitrito d' amile sulla metilgranatonina.
Diisonitrosometilgranatonina.

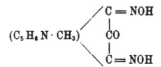

$$(C_5H_8N \cdot CH_3) \diagup \substack{C=NOH \\ | \\ CO \\ | \\ C=NOH}$$

Si tratta una soluzione di metilgranatonina in alcool saturo di acido cloridrico, con la quantità calcolata di nitrito d' amile, a freddo. Nei primi istanti si ottiene un liquido limpido colorato in giallo bruno; ben tosto però questa colorazione sparisce, il liquido si intorbida e deposita una abbondante quantità di cristallini microscopici colorati in giallo chiaro. Se si completa la precipitazione aggiungendo dell'etere anidro, in cui il cloridrato del pro-dotto di condensazione è insolubile, si ottiene un rendimento corrispondente al teorico.

Questo sale si scioglie notevolmente nell' acqua bollente ed alquanto meno a freddo; si ha puro per cristallizzazione dall' alcool bollente diluito, da cui depositasi in prismetti giallicci che si scompongono tra 240°-250° con svolgimento di gas.

Il derivato diossimico libero ottiensi dal cloridrato, trattandone la so-luzione acquosa colla quantità calcolata di acetato sodico. Il liquido imbru-nisce e deposita dopo qualche tempo degli aghetti poco solubili nell' acqua a freddo, colorati in giallo vivo. Riscaldati su lamina di platino deflagrano vivamente.

II.

Ossidazione della granatolina con acido cromico.
Acido granatico e granatonina.

L' ossidazione della granatolina con acido cromico si svolge più o meno completamente a seconda delle condizioni in cui la reazione si verifica. Il massimo effetto si riscontra impiegando un forte eccesso di ossidante e riscaldando energicamente; per tal modo il prodotto principale è costituito dall' acido granatico:

$$(C_5 H_8 NH)\diagdown\begin{matrix} CH_2 \cdot COOH \\ \\ COOH \end{matrix}$$

Se invece l'operazione si effettua con poco ossidante e lieve riscaldamento, si ottiene di preferenza il termine intermedio tra l'alcool e l'acido, cioè il chetone corrispondente alla metilgranatonina, la *granatonina*:

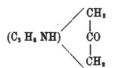

Quest'ultimo corpo non ha grande importanza relativamente allo scopo della presente ricerca; perciò mi limiterò a dire di esso che è una base fornita di caratteri simili a quelli della piperidina. Il suo cloroplatinato fonde a 240° con scomposizione e il carbonato a 128° circa. Come base secondaria dà un nitrosoderivato fondente a 199°. Anche essa contiene la catena caratteristica della metilgranatonina e del tropinone, e fornisce, per condensazione colla benzaldeide, un derivato *dibenzalico*.

L'*acido granatico* si prepara facendo bollire energicamente per due ore una miscela composta di 16 gr. di granatolina, 64 di anidride cromica, 88 di acido solforico e 1300 di acqua. Completata la reazione si toglie l'eccesso di acido cromico con anidride solforosa e si precipita il cromo con ammoniaca all'ebollizione. I filtrati si concentrano nel vuoto fino a siccità e si sottopone il residuo ben secco ad un'accurata estrazione con alcool assoluto ammoniacale. Si ha così la soluzione alcoolica del sale ammoniacale dell'acido granatico, che si trasforma nel sale baritico, eliminando l'alcool e facendo bollire il residuo, sempre sciropposo e bruno, con acqua di barite. Quando tutta l'ammoniaca è scacciata, si elimina l'eccesso di barite con anidride carbonica e si scompone con la quantità necessaria di acido solforico il sale baritico ottenuto. Il liquido filtrato deposita per conveniente concentrazione l'acido granatico in cristallini incolori prismatici fondenti a 270° con rammollimento verso 265°.

Nelle acque madri si riscontra sempre una certa quantità di *granatonina*.

Deidrogenazione dell'acido granatico con acetato mercurico.

Si fa una miscela di 1 gr. di acido granatico con 20 gr. di acetato mercurico e si introduce in un tubo resistente con 10 cc. di acido acetico al 40 per cento. Si chiude il tubo e si riscalda a 150°-160° per 6 ore. Dopo completo raffreddamento, aprendo il tubo si riscontra una lieve pressione e si trova nel liquido un notevole deposito di mercurio. Riprendendo con acqua la massa, trattando la soluzione con idrogeno solforato e filtrando, si elimina tutto il sale minerale; evaporando a b. m. fino a siccità il filtrato, si elimina l'acido acetico; così operando si ottiene finalmente un residuo cristallino deliquescente, che non fonde neppure a 250°, e che deve essere costituito in massima parte da un'acido piridico e in parte da acido granatico inalterato, perchè dà all'analisi dei numeri che si avvicinano soltanto approssimativamente a quelli richiesti dalla teoria per un acido piridin-carbon-acetico. Che questo acido sia realmente contenuto nel prodotto cristallino sopramenzionato non è da porsi menomamente in dubbio, giacchè mescolando tutta la massa ad un eccesso di barite caustica e distillando con precauzione in stortina di vetro, si ottiene un olio basico che ha tutte le proprietà dell' *α-metil-piridina*. Esso si scioglie per intero nell'acido cloridrico e dà con cloruro d'oro un cloroaurato in aghetti gialli fondenti a 186°-188°. Questo cloroaurato fornisce all'analisi i numeri seguenti.

In cento parti di sostanza:

Trovato		Calcolato per $C_6 H_8 NAu Cl_4$
C. . . 16,46	. . . . . .	16,86
H . . 2,28	. . . . . .	1,85

Dal cloridrato si può pure ottenere con facilità un picrato cristallizzabile dall'acqua in lunghi aghi gialli fondenti a 165°-166°.

Il cloroaurato di α-metilpiridina fonde secondo Collie e Myers (Journ. of the Chem. Soc. *61*, 727) a 183°-184°; il picrato a 169°-171°, pure secondo gli stessi autori. Ladenburg e Lange trovarono per lo stesso picrato il punto di fusione 165° ([1]).

Chimica. — *Sopra alcuni nitrocomposti non saturi.* Nota del dott. A. ANGELI, presentata dal Socio G. CIAMICIAN.

Qualche anno fa, partendo dal nitrosito dell'isosafrolo, io ho ottenuto un composto al quale, con grande probabilità spetta la struttura:

$$(CH_2 O_2) . C_6 H_3 . CH = C(NO_2) . CH_3 .$$

Altre formole quale per es.

$$(CH_2 O_2) . C_6 H_3 . CH — C . CH_3$$

([1]) Lieb. Ann. *247*, 7.

sono da escludersi giacchè la sostanza non è stabile al permanganato (Reazione di Baeyer).

Il suo comportamento è del tutto somigliante a quello dei derivati analoghi che sono stati ottenuti per via sintetica da Priebs e da Erdmann. Per azione degli alcali, a caldo, dà piperonalio ed il liquido alcalino presenta la reazione del nitroetano.

Io ho sottoposto ad un nuovo studio questa sostanza, principalmente per vedere come essa si comportava rispetto all'idrossilammina. A suo tempo io ho fatto vedere che anche i veri nitroderivati, in modo analogo ai chetoni ed alle aldeidi, con l'idrossilammina reagiscono secondo l'eguaglianza:

$$R . NO_2 + H_2N . OH = R . N_2O_2H + H_2O.$$

Secondo la formula prima accennata, anche il composto da me preso in esame si dovrebbe riguardare come un vero nitroderivato, e perciò era da aspettarsi che dovesse reagire con l'idrossilammina. L'esperienza ha dato invece risultato negativo, ed in questa occasione ho potuto notare che il nitroderivato è in grado di fornire sali per conto proprio.

Versando infatti sopra il composto, che è fortemente colorato in *giallo* [1], una piccola quantità di alcool e quindi un po' di potassa, esso si scioglie facilmente in un liquido *incoloro*. Diluendo con molta acqua, nulla precipita ed il liquido si mantiene sempre privo di colore. Se ora si acidifica con qualche goccia di acido acetico, si ottiene un precipitato perfettamente bianco, che si colora intensamente in rosso per azione del cloruro ferrico; col tempo, però, il precipitato bianco assume un colore giallo sempre più marcato, col cloruro ferrico dà la colorazione rossa sempre meno intensa, e dopo qualche minuto si è trasformato nel composto giallo primitivo che fonde a 98° e che non si colora con cloruro ferrico.

Questo risultato interessante dimostra come, molto probabilmente, anche i nitroderivati della forma

$$- CH = C(NO_2) -$$

sono in grado di dare sali, precisamente come fanno i nitrocomposti contenenti l'aggruppamento:

$$>CH . NO_2.$$

Riguardo a questi ultimi, Hantzsch ha stabilito che per azione degli alcali si trasformano nella forma:

$$>CH . NO_2 \longrightarrow \ >C . NO_2H$$

dalla quale appunto derivano i sali.

[1] Tale colorazione probabilmente è dovuta alla prossimità del doppio legame al residuo nitrico.

Ora, nel caso da me studiato non si può ammettere lo stesso, giacchè il carbonio cui è unito il residuo nitrico non ha atomi d' idrogeno. Escludendo l' ipotesi, poco probabile, che si tratti soltanto di composti di addizione, è necessario ammettere che prenda parte alla trasformazione un idrogeno attaccato ad uno degli atomi di carbonio vicini, probabilmente secondo lo schema ([1]):

$$-CH = C - \quad \longrightarrow \quad -C = C - $$
$$\qquad\quad | \qquad\qquad\qquad\quad | \quad |$$
$$\qquad\quad NO_2 \qquad\qquad\qquad O - N(OH)$$

Anche l'altra forma sarebbe da prendersi in considerazione:

$$-C = C-$$
$$\backslash \; N \; /$$
$$/ \qquad \backslash$$
$$O \qquad OH.$$

Comunico con tutto riserbo questa Nota preliminare, alla quale farò seguire in breve la descrizione dettagliata delle esperienze.

Cristallografia. — *Per l'anortite del Vesuvio.* Nota I di C. VIOLA, presentata dal Socio BLASERNA.

Per determinare le costanti ottiche dell'anortite del Vesuvio ricevetti dal mio amico prof. E. Scacchi un cristallino ricco di faccie, trasparente e bene sviluppato.

Le dimensioni di questo cristallo sono:

$$4 \text{ mm. sull'asse } a$$
$$5 \text{ » . } \text{ » } b$$
$$2 \text{ » } \text{ » } c.$$

Le zone più sviluppate sono [010], [100], [101] e [$\bar{1}$01].

Le 29 faccie da me osservate e già constatate da altri autori sull'anortite del Vesuvio, sono le seguenti:

(001), (021), (010), (02$\bar{1}$), (00$\bar{1}$), (0$\bar{2}\bar{1}$), (0$\bar{2}\bar{1}$), (0$\bar{1}$0), (0$\bar{2}$1).
(201), (100), (20$\bar{1}$), (10$\bar{1}$), ($\bar{2}$0$\bar{1}$), ($\bar{1}$00), ($\bar{2}$01), ($\bar{1}$01).
(110), ($\bar{1}$10), ($\bar{1}\bar{3}$0), ($\bar{1}\bar{1}$0), (1$\bar{1}$0).
(1$\bar{1}\bar{1}$), ($\bar{1}$11).
(22$\bar{1}$), (11$\bar{1}$), ($\bar{2}\bar{2}$1), ($\bar{1}\bar{1}$1), (4$\bar{2}\bar{3}$).

([1]) Non ammettendo che prenda parte il gruppo metilico.

A queste faccie riferite da G. vom Rath, Marignac, Strüver ecc. ([1]) devo aggiungere le tre faccie vicinali:

x' press'a poco nella zona $(00\bar{1}):(\bar{2}0\bar{1})$
l' » » $(00\bar{1}):(\bar{1}\bar{1}0)$.
e m' nella zona $(00\bar{1}):(\bar{1}\bar{1}0)$.

La figura annessa rappresenta fedelmente in projezione obbliqua il cristallo in questione, abbellito nelle faccie e negli spigoli, se lo si immagina orientato come propose Des Cloizeaux.

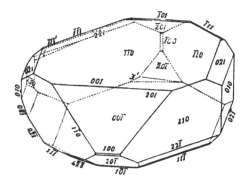

Benchè il cristallo sia nel suo sviluppo abbastanza uniforme, tuttavia mancano le inverse $(061),(130),(\bar{4}23)$ e quelle rispetto alle vicinali x', l', m'.

Wiik ([2]) propose di assegnare all'anortite la classe asimmetrica (S_{00}). A queste idee si associarono Hintze ([3]) e Groth, e non mi sembra senza fondamento. Intanto l'apparizione delle faccie vicinali da un solo verso del cristallo in esame aggiunge molto valore alle considerazioni teoretiche e conclusioni di Wiik.

Per eliminare gli errori, che possono provenire eventualmente dalla diffrazione e rifrazione della luce, essendo alcune facciette molto sottili, feci

([1]) Gust. Rose, Gilb. Ann. 1823, 73, 197; Abich, Pogg. Ann. 1840, 50, 351; 51, 519; Lemberg, Zeitschr. d. d. geol. Gesell. 1883, 35, 605; A. Des Cloizeaux, *Manuel de Minéralogie*, Paris 1862, pag. 294-298; Hessemberg, Min. Not. 1856, 1, 6; Kokscharow, Mat. Min. Russl. 1862, 4, 207; G. Strüver, *Su una nuova legge di geminazione della Anortite*. Atti R. Accad. di Torino, 1868, IV, 38-42; 1871, VI, 358; G. vom Rath, *Mineralogische Mittheilungen*, Poggend. Ann., 1869, 138, 450; 1872, 147, 22.

([2]) Wiik, Zeitschr. f. Krystall., 23, 379.

([3]) C. Hintze, Handbuch der Mineralogie, II Bd., 1532.

l'osservazione delle immagini con due diversi angoli di incidenza del cannocchiale del goniometro. Del resto le immagini del segnale colorate sono da escludersi a priori dalle osservazioni.

Faccie piane o sufficientemente piane osservate nell'anortite sono:

(010), $(1\bar{1}0)$, $(0\bar{1}0)$, $(\bar{1}\bar{3}0)$, $(\bar{1}\bar{1}1)$, $(\bar{2}\bar{2}1)$, $(11\bar{1})$, $(22\bar{1})$, $(\bar{2}01)$, $(20\bar{1})$, $(1\bar{1}\bar{1})$,
$(4\bar{2}\bar{3})$, $(0\bar{2}1)$, $(0\bar{6}\bar{1})$, $(0\bar{2}\bar{1})$, $(02\bar{1})$, e (201).

Le altre faccie sono incurvate, e danno per conseguenza parecchie immagini. Quelle molto incurvate sono: (110), $(\bar{1}\bar{1}0)$, $(\bar{1}10)$ e $(\bar{1}11)$. Eccone alcune misure [1]:

Zona $[1\bar{1}0]$				Zona $[001]$			
faccie	peso	lettura	media e suo peso	faccie	peso	lettura	media e suo peso
110	½	180°.50'.00"		110	2	314°.58'.30"	
	½	180 59 30			1	315 02 30	
	9	181 03 30	181°.03'.47"		8	315 05 00	315° 05'.26"
	½	181 06 30	11½		1	315 07 30	14
	½	181 11 30			1	315 12 00	
	½	181 16 30			1	315 17 00	
$\bar{1}\bar{1}0$	½	0 18 00		$\bar{1}\bar{1}0$	½	133 45 00	
	½	0 29 00			½	134 17 00	
	1	0 38 30			½	134 29 30	
	1	0 46 00	0 52 40		½	134 40 30	
	2	0 52 00	9		7	134 47 00	134 49 47
	2	1 01 30			½	134 54 00	10½
	2	1 09 30			½	135 07 30	
					½	135 18 30	
					½	135 35 00	

Come si vede la curvatura delle faccie (110) e $(\bar{1}\bar{1}0)$ è doppia, cioè tanto nella zona $[1\bar{1}0]$ quanto nella zona $[001]$. Oltre a ciò accanto al polo medio $(\bar{1}\bar{1}0)$ si presenta il polo vicinale l', che è determinato dagli angoli

$$l' : (\bar{1}\bar{1}0) = 4°.57'.54'' \text{ nella zona } [1\bar{1}0]$$
$$l' : (\bar{1}\bar{1}0) = 3\ \ 36\ \ 40 \quad \text{»} \quad [001].$$

(1) Per queste misure mi servii del goniometro a un asse verticale del dott. A Sella, e per le misure degli indici di rifrazione mi servii dell'apparecchio del prof. Abbe di Jena appartenente all'istituto fisico di Roma. E tanto al prof. Blaserna, quanto al dott. Sella i miei più vivi ringraziamenti.

Il polo vicinale x' dista di appena 2-3 minuti dalla zona [010], e in questa si ha

$$x' : (\bar{2}0\bar{1}) = 4°.34'.21'' \text{ verso il polo } (00\bar{1}).$$

Il polo vicinale m' si trova nella zona $[\bar{1}\bar{1}0]$, ed è determinato dall'angolo:

$$m' : (\bar{1}\bar{1}1) = 3°.36'.02'' \text{ verso il polo } (001).$$

Le zone molto utili per la determinazione degli angoli fondamentali del cristallo sono [001] e [010]. Nella prima si trovano le faccie (010), (0$\bar{1}$0). (110) e (1$\bar{1}$0). Le tre faccie (010), (0$\bar{1}$0) e (110) diedero delle immagini bene distinte con un peso d'osservazione relativamente grande; la faccia (110), benchè ricurva, diede tuttavia un piano medio soddisfacente.

Nell'altra zona utilizzabile si dispone di sole due faccie buone, cioè (001) e ($\bar{2}$01); la terza faccia necessaria per il calcolo viene individuata dalla prima zona.

Gli angoli misurati sono:

$$(010) : (110) = 57°.54'.11''$$
$$(0\bar{1}0) : (1\bar{1}0) = 62 \quad 38 \quad 58$$

e quindi

$$(110) : (1\bar{1}0) = 59 \quad 26 \quad 51$$

Di più

$$(001) : (010) = 85°.52'.55'' \left(\begin{matrix} 85°.56'.30'' & \text{Strüver} \\ 85 \quad 50 & \text{Des Cloiz.} \end{matrix} \right)$$

$$(001) : (110) = 65 \quad 44 \quad 33$$

$$(001) : (\bar{2}01) = 81 \quad 13 \quad 14 \left(\begin{matrix} 81 \quad 13 & \text{Strüver} \\ 81 \quad 14 & \text{Des Cloiz.} \end{matrix} \right).$$

Nella zona [001] le due faccie (110) e (1$\bar{1}$0) separano armonicamente le altre due faccie (010) e (100); e con ciò è fissata la posizione della faccia possibile (100). Vale a dire:

$$\text{cotg } (010)\widehat{}(100) = \tfrac{1}{2} \text{cotg } (010)\widehat{}(110) + \tfrac{1}{2} \text{cotg } (010)\widehat{}(1\bar{1}0)$$

e quindi

$$(010) : (100) = 86°.51'.10''.$$

Inoltre si calcola:

$$\alpha = 93°.02'.25'' \quad (\quad 93°.13'.22'' \text{ Marignac}) \text{ (}^1\text{)}$$
$$\beta = 116 \quad 10 \quad 04 \quad (115 \quad 55 \quad 30 \quad \text{ id. })$$
$$\gamma = 91 \quad 28 \quad 45 \quad (\quad 91 \quad 11 \quad 40 \quad \text{ id. }).$$

(¹) C. Hintze, op. cit. 1532.

Di più si ha:

$$A = 94°.07'.05''$$
$$B = 116 \ 18 \ 16$$
$$C = 93 \ 08 \ 50.$$

Con questi angoli fondamentali furono indi calcolati i seguenti valori:

$(\bar{2}01) : (110) = 134°.31'.53''$ $134°.36'.11''$ misurato

$(001) : (1\bar{1}0) = \ 69 \ \ 02 \ 30$ $69 \ \ 08 \ 14$

$(001) : (021) = \ 42 \ \ 28 \ 08$ $42 \ \ 39 \ 17 \begin{pmatrix} 42°.39'.00'' & \text{Des Cloiz} \\ 42 \ \ 41 \ 25 & \text{Strüver} \end{pmatrix}$

$(\bar{2}01) : (021) = \ 84 \ \ 31 \ 38.$

Gli altri angoli misurati sono:

$(001) : (201) = 41°.23'.35''$	$(010) : (021) = 43°.13'.38''$
$(001) : (\bar{2}01) = 81 \ \ 13 \ 14$	$(021) : (001) = 42 \ \ 39 \ 17$
$(\bar{2}01) : (\bar{2}0\bar{1}) = 51 \ \ 23 \ 11$	$(001) : (0\bar{2}1) = 46 \ \ 43 \ 02$
$(00\bar{1}) : (10\bar{1}) = 51 \ \ 28 \ 16$	$(0\bar{1}0) : (0\bar{6}\bar{1}) = 18 \ \ 14 \ 49$
$(001) : (110) = 65 \ \ 44 \ 33$	$(1\bar{1}0) : (11\bar{1}) = 56 \ \ 34 \ 30$
$(110) : (010) = 57 \ \ 54 \ 11$	$(1\bar{1}\bar{1}) : (00\bar{1}) = 54 \ \ 17 \ 16$
$(110) : (1\bar{1}0) = 59 \ \ 26 \ 51$	
$(0\bar{1}0) : (\bar{1}\bar{3}0) = 29 \ \ 27 \ 17$	$(110) : (20\bar{1}) = 45 \ \ 23 \ 49$
$(110) : (22\bar{1}) = 29 \ \ 19 \ 40$	$(20\bar{1}) : (4\bar{2}\bar{3}) = 23 \ \ 42 \ 55$
$(22\bar{1}) : (11\bar{1}) = 27 \ \ 00 \ 28$	$(1\bar{1}\bar{1}) : (0\bar{2}\bar{1}) = 44 \ \ 05 \ 12$
$(11\bar{1}) : (00\bar{1}) = 57 \ \ 55 \ 25$	$(0\bar{2}\bar{1}) : (1\bar{1}0) = 50 \ \ 18 \ 25$

Geologia. — *Osservazioni geologiche sopra i terreni secondarî del gruppo del M. Judica in Sicilia*. Nota del prof. OLINTO MARI-NELLI, presentata dal Corrispondente DE STEFANI.

Negli anni 1896 e 1897 ebbi opportunità di compiere alcune escursioni geologiche nella interessante e poco nota regione che si stende fra il Dittaino e la Gornalunga (prov. di Catania) e culmina col M. Judica (m. 764).

La regione in parola, per quanto mi è noto, è stata studiata geologicamente in modo dettagliato soltanto dal Gemmellaro, più di 40 anni or sono (vedi: G. G. Gemmellaro, *Cenno geognostico sul gruppo dei terreni di Judica*. Giornale del Gabinetto letterario dell'Accademia Gioenia. Nuova serie, vol. V, fasc. II, marzo-aprile 1859, pag. 90-93. — *Sopra taluni organici fossili del Turoniano e Nummulitico di Judica.* Atti d. Acc. Gioenia, serie 2ª, vol. XV. Catania, 1860, pag. 269 e seg.) e negli anni 1878-79 dai rilevatori dell' Ufficio Geologico (vedi: Ufficio Geologico, *Carta geologica della Sicilia. Foglio al 100000 « Paternò »,* rilevato dagli ingegneri Mazzetti e Travaglia. Roma, 1885. — Baldacci L., *Descrizione geologica dell' isola di Sicilia.* Memorie descrittive della Carta geologica d' Italia. Roma 1886). La carta geologica dell' Ufficio Geologico e la descrizione del gruppo del M. Judica pubblicata dal Baldacci (pag. 293 dell'op. cit.) sono incomplete e fatte senza tener conto dei precedenti studî del Gemmellaro. Perciò le mie osservazioni riguardano una regione, che meriterebbe di essere ulteriormente studiata da persona che potesse disporre di mezzi e di tempo superiori a quelli di chi, come me, non era in grado, per ragioni d' ufficio, di lasciare Catania, se non nei giorni festivi ed era quindi obbligato ad escursioni soverchiamente rapide.

Prima d' ora non credetti conveniente di dare notizia, nemmeno sommaria, dei risultati di tali escursioni per attendere che fosse convenientemente studiato il più importante materiale paleontologico da me raccolto. Ora tale studio è stato eseguito, nel Gabinetto geologico dell' Istituto Superiore di Firenze, per opera del dott. Bindo Nelli, che presentò già una nota preliminare riguardante i fossili raibliani da me trovati ([1]).

Le osservazioni che qui riferisco riguardano principalmente i terreni secondarî, che sono più che gli altri interessanti nella regione.

I terreni secondarî affiorano da quelli terziarî specialmente lungo tre zone quasi parallele, le quali oroficamente si distinguono perchè in generale sono più elevate delle regioni circostanti e perchè presentano speciale *facies* morfologica. Di queste tre zone, dirette presso a poco da est ad ovest, e quindi succedentesi da nord a sud, la centrale è molto più importante ed estesa delle altre e comprende il M. Judica (m. 764), la cima più elevata della regione, oltre ad altri minori rilievi, fra cui gli estremi sono la Rocca Armana (m. 450) ad oriente ed il M. Turcisi (m. 303) ad occidente. La zona settentrionale comprende il caratteriscico rilievo del M. Scalpello (m. 583) e quella meridionale, la meno considerevole, alcune alture senza nome specifico, che si innalzano, specialmente presso C. Cammaneure e C. Juppesi, fino a 341 m.

Calcari selciferi. — L' ossatura dei più importanti rilievi della regione è ovunque formata da *calcari* bianchi o bruni (in generale compatti, ma talora anche brecciati), abbastanza bene stratificati, ricchi di *liste* e *noduli* di *selce* scura. Al M. Scalpello, tanto negli strati superiori di questo calcare (versante

([1]) Bindo Nelli, *Il Raibliano del M. Judica nella provincia di Catania.* Rend. d. Acc. d. Lincei, vol. VIII, 1° sem., serie 5ª, fasc. 2°, 1899.

settentrionale) quanto in quelli inferiori (versante meridionale), rinvenni numerose impronte di *Halobia sicula* Gemm. e *H. lucana* De Lorenzo. L'esame
microscopico poi di sottili lamine delle selci comprese nei calcari, mostra
come queste ultime sieno formate in gran parte di gusci di *radiolarie*.

I calcari selciferi ad *Halobie* ora indicati, sia litologicamente che paleon-
tologicamente, corrispondono nel modo più perfetto a quelli tanto sviluppati
nella Sicilia occidentale e magistralmente studiati dal Gemmellaro [1].

Questi calcari non si possono seguire in modo continuo, nè nel rilievo
del M. Scalpello, nè in quelli delle altre due zone accennate, ma sembrano
disposti, nelle formazioni clastiche equivalenti, a guisa di *lenti*, talora gigan-
tesche, altre volte di proporzioni più modeste. Perciò la prosecuzione di alcune
zone calcaree abbastanza estese (che formano i rilievi più considerevoli), è
talora segnata soltanto da isolati spuntoni o scogli di forma abbastanza singolare.

Marne argillose con straterelli di calcite fibrosa. — Nella parte orientale del M. Scalpello, i calcari selciferi accennati vanno man meno assottiglian-
dosi finchè vengono sostituiti da marne argilloso-arenacee, caratterizzate specialmente da *straterelli di calcite fibrosa*. Questi presentano speciale struttura
ed aspetto, risultando da numerosi romboedri allungati justaposti, formati da
calcite fibrosa cristallizzata radialmente che si potrebbero prendere per *aragonite*, mentre i caratteri ottici, cristallografici ed il peso specifico attestano
trattarsi di *calcite*. Gli straterelli che ne risultano presentano in generale una
faccia come bitorzoluta, l'altra spianata ed improntata da numerose *Halobie*,
spettanti alle due specie dei calcari selciferi (*H. sicula* e *lucana*).

Argille arenacee con brecciole fossilifere. — Accanto alla formazione
con straterelli *calcitici* ora accennata, abbiamo intorno al M. Scalpello (specialmente alla estremità), come pure nella zona del M. Judica, ed in quella
più meridionale, delle marne, delle argille arenacee ed arenarie, che sono tanto
maggiormente sviluppate quanto minore è localmente la potenza dei calcari
selciferi che esse sostituiscono.

In questa formazione, specialmente nella zona del M. Scalpello, sono frequenti delle brecciole assai fossilifere. In una località posta ad occidente del
M. Scalpello io raccolsi le seguenti forme:

    Avicula gea d'Orb.
    Cassianella griphaeata Münst.
       »   *decussata* Münst.
    Posidonomya sp. ind.
    Leda Biondii Gemm. sp. == *Leda percaudata* Gümbel.
    Myophoria vestita Alberti.
       »   *Goldfussi* Alberti.

[1] *Il Trias nella regione occidentale della Sicilia*. Atti d. Acc. d. Lincei, 1882.

Trigonodus judicensis Nell.
Lucina gornensis Parona.
Coenothynis siculus Nell.
       »   *Calcarae* Nell.
       »   *Gemmellaroi* Nell.

In analoghe brecciole a sud-est dello stesso M. Scalpello raccolsi poi:

Trachyceras plicatum Calc. sp. = *Tr. affine* Parona.
Trachyceras ferefurcatum Nell.

Questa fauna è evidentemente *raibliana*, e dati i rapporti stratigrafici
esistenti fra gli strati in cui essa si trova e quelli ad *Halobie* prima indicati, anche quelli si devono ritenere spettanti alla stessa età. Fatto che mi
sembra specialmente importante per quanto riguarda i calcari selciferi, poichè, data la loro perfetta corrispondenza con quelli del resto della Sicilia,
la conclusione ora esposta non ha valore locale, ma generale per tutta l'isola.
Nè credo che le deduzioni tratte dalle nuove mie osservazioni, possano per
nulla essere infirmate dalle considerazioni del De Lorenzo [1], che basandosi
su paragoni istituiti col Trias della Basilicata, riteneva le formazioni ad
Halobie della Sicilia *ladiniche*, e non già *raibliane*, come era stato ammesso precedentemente dal Gemmellaro [2] e sostenuto poi dal Mojsisovics [3].

Scisti silicei e diaspri. — Accanto alle formazioni finora indicate si
trovano pure molto sviluppati, specialmente nei versanti settentrionali del
M. Judica, M. Scalpello e M. Turcisi, degli *scisti silicei*, che sembrano in
generale occupare una posizione stratigrafica un po' superiore a quella dei
calcari selciferi, per quanto talora alternino con essi e ne sostituiscano la
parte più elevata. Questi scisti si osservano poi quasi esclusivamente alle
falde dei monti calcarei accennati, essendo stati evidentemente asportati dal-
l'erosione nelle parti più elevate. Essi poi nel diverso loro aspetto ricordano
perfettamente quelli sviluppati nei dintorni di Palermo (Gibilrossa, ecc.), che
vengono, a quanto credo impropriamente, attribuiti al Lias. Gli *scisti silicei*
sono accompagnati da *diaspri varicolori* e da selci che, talora minutamente

[1] G. De Lorenzo, *Bemerkungen über die Trias des südlichen Italien* Verhandl.
k. k. Geol. Reichsanstalt. 1895. — Böse und De Lorenzo, *Geologische Beobachtungen
in den südlichen Basilicata und nordwestlichen Calabrien.* Jahrb. d. k. k. geol. Reichsanstalt. 1896.

[2] *Sul Trias della regione occidentale della Sicilia.* Atti d. Acc. dei Lincei, 1882.

[3] Mojsisovics, Waagen und Diener, *Entwurf einer Gliederung der pelagischen Sedi-
mente des Trias-Systems.* Sitz.-Ber. d. k. Ak. d. Wiss. Wien. 1895. — Mojsisovics, *Zur
Altersbestimmung der sicilischen und süditalienischen Halobienkalke.* Verh. d. k. k.
geol. Reichsanstalt. Wien, 1896.

fratturate e rimpastate, costituiscono dei veri conglomerati a cemento siliceo.

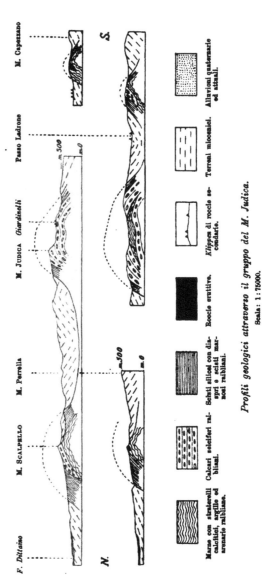

Profili geologici attraverso il gruppo del M. Judica.

Scala: 1:75000.

Fra altro è notevole una *breccia silicea verde* compattissima. Rinvenni anche delle selci con struttura minutamente *oolitica* e traccie di *radiolarie*. Queste ultime non mancano nemmeno nelle altre roccie silicee indicate.

Scisti marnosi con fucoidi. — Gli scisti silicei alternano o sono sostituiti localmente da scisti marnosi bianchi o rosso-vinaccia, nei quali si notano impronte di *fucoidi*.

Le due formazioni ultimamente indicate, pure non presentando fossili di valore cronologico, vengono da me considerate, per la loro condizione stratigrafica, triasiche e coeve od appena superiori agli strati raibliani prima esaminati. Aggiungo, come, avendo fatte alcune osservazioni geologiche nei dintorni di Palermo, ne abbia ricavata la convinzione che i caratteristici scisti silicei di Gibilrossa, litologicamente eguali a quelli del M. Judica, devano ritenersi pure equivalenti ai calcari ad *Halobie* e perciò raibliani. Credo anzi che alla stessa conclusione si giungerebbe studiando la posizione di molti degli scisti analoghi, sviluppati altrove in Sicilia e generalmente ritenuti liasici, venendo in tal modo a stabilire una nuova analogia fra il Trias siciliano e quello della Basilicata, studiato dal De Lorenzo.

Roccie eruttive. — Nella più meridionale delle tre zone triasiche della regione del M. Judica, compaiono fra le formazioni marnose e scistose raibliane, delle *roccie eruttive nere*, disposte, a quanto mi sembrò, a guisa di tre filoni isolati, susseguentesi secondo un unico allineamento. Queste roccie a giudicare dall'aspetto esterno si possono ritenere dei *basalti*. Un esame microscopico eseguito dal dott. Pampaloni mostra che sono roccie non lontane dalle Limburgiti e dalla Monchiquite. Queste roccie sono probabilmente triasiche, ma non posso escludere si tratti di intrusioni più recenti, ed in tal caso probabilmente terziarie. Anche qui si ripetono quindi i dubbî che si hanno a proposito dei *Lamprofiri* della Punta delle Pietre Nere (Gargano) [1], dove è pure sviluppato del tipico *Raibliano*.

Conclusioni sul Trias del M. Judica. — Mi sembra che dalle osservazioni via via riferite si possa concludere che i terreni, così diversi per *facies* litologica e paleontologica, da me successivamente passati in rassegna, non hanno fra di loro rapporto di successione, ma *formano un tutto geologicamente unico*, come è indicato dalle locali condizioni stratigrafiche, nonchè dalle non rare transizioni litologiche. Queste transizioni anzi impediscono spesso di fissare chiaramente i limiti fra un terreno geognostico e l'altro. Tuttavia, pure trattandosi di un complesso di terreni che, quantunque di aspetto così diverso, spettano tutti alla stessa età, cioè al *raibliano*, si può notare come in generale gli *scisti silicei* siano specialmente sviluppati, *superiormente* ai calcari selciferi ed alle argille e marne arenacee altrove indicate.

---

[1] Di Stefano, *Lo scisto marnoso con « Myophoria vestita » della Punta delle Pietre Nere in provincia di Foggia*. Boll. d. R. Com. Geol. 1895.

Dei terreni da me osservati nel gruppo del M. Judica trovano sicuro riscontro nel resto della Sicilia, i *calcari selciferi* ad *Halobie* e gli *scisti silicei*, ma ritengo non improbabile che formazioni marnose ed argillose analoghe a quelle descritte, si trovino pure altrove nell'Isola, ma sieno state trascurate o confuse con formazioni terziarie. Questo dubbio deriva specialmente dal fatto che alcune delle roccie triasiche da me indicate, hanno somiglianza con quelle terziarie circostanti, per cui spesso è facile una confusione, che mi sembra non sia stata evitata dai rilevatori dell'Ufficio Geologico. Sarebbe poi opportuno fare delle diligenti ricerche per vedere se per caso alcune delle roccie di tipo basaltico, diffuse nella Sicilia occidentale, fossero triasiche e corrispondessero a quelle da me osservate nel gruppo del M. Judica.

Formazioni secondarie postriasiche. Klippen. — La serie dei terreni secondari sicuramente in posto, cessa con le formazioni ora indicate tutte raibliane, poichè non compaiono, per quanto risulta dalle mie osservazioni, la Dolomia Principale, nè terreni del Lias, del Giura o della Creta.

Roccie spettanti a questi ultimi periodi si trovano però nella regione, ma rappresentate unicamente da massi o scogli isolati, perfettamente analoghi ai *Klippen*, dai Carpazi, e di certi luoghi a settentrione delle Alpi. Come quelli sono di dimensioni svariatissime, ma per lo più relativamente piccole; sono costituiti sempre da calcari per lo più corallini o subcorallini, spesso ricchissimi di fossili, si presentano talora in serie allineate, altra volta in gruppi *di roccia analoga*. Credo che la maggior parte e forse tutti i *Klippen* della regione da me percorsa, i quali sono specialmente frequenti nella zona miocenica che si stende a sud del M. Judica, non abbiano connessione con le roccie del sottosuolo, ma sieno solo grandi blocchi circondati anche inferiormente dalle marne ed argille terziarie, tanto è vero che parecchi degli scogli sono stati completamente distrutti da lavori di cava. Questi *Klippen* differiscono poi dagli *spunzoni* triasici altrove indicati, perchè non connessi tetonicamente fra loro, e isolati in mezzo ai terreni terziari anzichè in quelli secondari. Riguardo alla origine dei *Klippen* accennati, non mi son formato un concetto preciso, nè saprei quale delle numerose teorie sostenute relativamente ai *Klippen* carpatici, maggiormente possa addattarsi alla regione studiata. Qui avverto soltanto come i *Klippen* analoghi a quelli del gruppo del M. Judica sieno diffusi in gran parte della Sicilia e ne abbia osservato io stesso, nel centro dell'Isola verso Xirbi e in più posti nella provincia di Girgenti. Credo anzi che soltanto quando si sieno studiati comparativamente nella loro natura e distribuzione geografica i *Klippen* della Sicilia, si potrà tentare di formulare qualche idea sulla loro origine. Qui mi limito ad indicare il carattere geologico dei più importanti fra i *Klippen* osservati nel gruppo del M. Judica.

Molto interessante è uno scoglio di *calcare corallino* che si trova presso C. Franchetti, poichè raccolsi in esso una fauna *titonica* abbastanza ricca, che venne studiata dal dott. Nelli, e comprende:

Chaetetes sp.
Moultivaulthia sp.
Stylina sp.
Sphaeractinia sp.
Diadema sp.
Pecten hinnitiformis Gemm.
  »   *acrorysus* Gemm.
  »   *subvitreus* Gemm.
  »   *arotoplicus* Gemm.
Ostrea pseudomultiformis Nell.
Anomia trasversestriata Nell.
Cardita sp.
Itieria Stassycii, Zeuchn.
Ptygmatis Stefanii Nell.
Nerinea sicula Gemm.
   » *bicostata* Gemm.
Cerithium Pantanellii Nell.
Pileolus intercostatus Nell.
Phylloceras sp.

Alcuni *Klippen* abbastanza notevoli, che si trovano presso Passo Ladrone, sono costituiti da un calcare ricco specialmente di *orbitoidi*, *radioli d'echino* ecc., che giudico cretaceo.

Della stessa età sono pure alcuni blocchi di calcare scuro, ricco di forme di camacee caratteristiche della creta siciliana.

Altri *Klippen* non mi offrirono dati paleontologici sufficienti per stabilirne l'età.

Eocene. — Poche parole credo conveniente dire sopra i terreni terziari, che pure sono molto estesi nella regione del M. Judica, tanto più che, nella loro tectonica, sono indipendenti del tutto da quelli secondari. I terreni eocenici poi affiorano isolatamente in mezzo alle argille mioceniche, senza che sia chiaro nemmeno il loro rapporto con queste ultime. Perciò mi limito a ricordare come gli affioramenti eocenici più importanti sieno: quello di Mandrabianca, dove si osservano sviluppati specialmente dei calcari con brecciole nummulitiche, e quello della regione S. Lucia, dove compaiono delle argille con brecciole contenenti molte specie di *orbitoidi*. (*O. dispensa* Gümbel, *stella* Gümbel, *papyracea* Boub.), accanto a qualche *nummulite*, radioli di *cidaris, coralli, lithothamnium* ecc.

Miocene. — Le formazioni secondarie e quelle eoceniche sono ovunque circondate da argille, con zone o semplici lenti di arenaria, spettanti certamente al miocene. Esse si trovano discordanti, su tutti i terreni più antichi. Non mi sembra qui il luogo di parlare di questa formazione, ben più estesa nelle regioni contermini, che non in quella da me esaminata, la quale viene generalmente attribuita al *Tortoniano*, tanto più che ben poco potrei aggiungere a quanto è noto per il resto della Sicilia.

Quaternario ed *Attuale.* — Analogamente mi limito unicamente ad accennare all'esistenza, nelle regioni più basse del gruppo del M. Judica, di terreni continentali, rappresentati da conglomerati sciolti quaternarî e da alluvioni sabbiose recenti sviluppate lungo i margini dei corsi d'acqua.

Tectonica. — Chiudo invece questo scritto con due parole sulla tectonica dei terreni triasici. Avverto anzitutto come non sia punto agevole fissare l'andamento di quei terreni, date le loro speciali condizioni, altrove indicate. Infatti non abbiamo che raramente zone della stessa roccia che si possono seguire per lungo tratto, ma continue sostituzioni di un terreno all'altro.

Però mi sembra, che, se non ho interpretata malamente la tectonica della regione, ciascuna delle tre zone triasiche più volte ricordate, risponda ad un *anticlinale.*

Di questi il più importante, è il centrale (del M. Judica), che si presenta però alquanto irregolare.

Il settentrionale (di M. Scalpello) e quello meridionale, non si mostrano completamente, perchè sembra che gran parte di una delle loro gambe, sia stata erosa precedentemente alla deposizione dei terreni miocenici, i quali la mascherano più o meno completamente.

I profili annessi, diretti tutti presso a poco da nord a sud, cioè normalmente alla direzione degli anticlinali, risparmiano qualsiasi ulteriore dilucidazione.

Trovo poi inutile ripetere come per me riescano ancora inesplicabili la presenza dei *Klippen* ed i rapporti fra i terreni eocenici e quelli miocenici. Aggiungo solo come non abbia indicato negli annessi profili alcuni piccoli *rovesciamenti*, che sono frequenti negli scisti silicei esternamente agli anticlinali, vicino al contatto con i calcari selciferi, perchè sono di carattere puramente locale e non hanno valore alcuno per la tectonica generale della regione.

Fisiologia. — *Sulla natura e sulla azione fisiologica del veleno dello Spelerpes fuscus*. Nota del dott. A. BENÉDICENTI e di ORESTE POLLEDRO [1], presentata dal Socio Mosso.

Al genere *Spelerpes* (Geotriton, Pseudotriton) appartengono diverse specie. Knauer [2] ne cita cinque, fra le quali lo *Spelerpes fuscus* noto anche coi sinonimi di *Geotriton fuscus* (Bonaparte), *Geotriton Genei* (Tschudi) e *Salamandra Genei* (Schleg). Questa specie è propria dell'Italia centrale e della Sardegna; abita di preferenza i luoghi elevati ed è abbastanza comune nelle colline di Firenze donde provengono gli esemplari che noi abbiamo studiato.

Lo *Spelerpes fuscus* è un tritone lungo da 7 a 11 cm.; ha il muso tronco e piatto, gli occhi sporgenti, la coda rotonda; la pelle è di un colore giallo-bruno variegato con punteggiature, e va sfumando leggermente verso il grigio chiaro sul ventre.

Le glandole velenose nello *Spelerpes* sono distribuite come nella *Salamandra* comune [3]. Poche si trovano nella regione posteriore della testa e sul dorso; numerosissime e ricche di veleno sono sulla faccia dorsale della coda.

Per provocare la secrezione di queste glandole si possono usare diversi metodi. Jourdan [4] otteneva abbondante secreto nella *Salamandra* con iniezioni di muscarina, e Kobert [5] con iniezioni di cloruro di Bario. Capparelli [6] si servì con vantaggio della corrente indotta cha noi pure abbiamo adoperato servendoci di due elementi Leclanchè e della slitta Du-Bois Reymond, distanza dei rocchetti 4-5 cm.

Eccitando l'animale, la pelle si ricopre presto di uno strato notevole di veleno di aspetto bianco, lattiginoso, denso come la panna e simile perciò al veleno del tritone crestato. Come questo, lasciato a sè si rapprende in una massa appiccicatiecia indi essiccandosi diviene trasparente, duro, omogeneo, d'aspetto vitreo, fragile e fendentesi all'aria spontaneamente. L'odore del veleno è viroso e irrita fortemente la mucosa. Il liquido venefico è inoltre dotato di reazione spiccatamente acida. È solubile nell'acqua cui imparte un aspetto opalescente è poco solubile nell'alcool a freddo. La soluzione ac-

[1] Lavoro eseguito nel laboratorio fisiologico della R. Università di Torino.
[2] Knauer, Naturgeschichte der Lurche, pag. 114.
[3] Lewin, Toxicologie, pag. 414.
[4] Jourdan, Z. Kenntniss. pharm. Gruppe Muscarin.
[5] Kobert, Intoxicationen, pag. 750.
[6] Capparelli, Arch. Italien. Biologie, vol. IV, 1888.

quosa preparata di recente dà un precipitato fioccoso abbondante col tannino, e coll' acido picrico un lieve precipitato di colore giallognolo. Precipita pure, ma assai debolmente col reattivo di Meyer, col reattivo di Marmè, col ioduro di potassio iodurato, col cloruro di platino, col fosfomolibdato sodico.

Abbiamo sottoposto la pelle di venti *Spelerpes* al metodo Stas-Otto per l' estrazione degli alcaloidi triturandola finamente acidificando con .acido tartarico e trattando poscia la massa con alcool, in apparecchio a ricadere per 48 ore senza che la temperatura superasse i 75 gradi centigradi.

L' alcool filtrato a freddo, venne distillato a bagno maria sotto pressione ridotta, ad una temperatura inferiore ai 50 gradi. Il residuo acido ottenuto fu estratto con quattro volte il suo volume di etere solforico puro, ridistillato. Dalla evaporazione dell' etere si ottenne un residuo liquido di colore bruno, di odore assai penetrante, che si intorbidava leggermente coi principali reattivi degli alcaloidi. Questo liquido acido non si poteva fissare con una base alcalina come la soda.

Sciogliemmo questo residuo acido del peso di circa $^1/_2$ gr. in 5 cm^3 di acqua distillata e iniettammo 1 cm^3 della soluzione sotto la cute di due passeri. Questi animali presentarono viva agitazione; poco dopo l' iniezione incominciarono a saltellare nella gabbia senza posa, facevano pigolii lamentevoli, avevano respiro frequente e notevole iperestesia. Non presentarono imponenti fenomeni convulsivi, ma al periodo di eccitamento subentrò più tardi uno stato di sonnolenza, interrotta da leggere scosse durante le quali gli uccelli rimasero cogli occhi socchiusi, le ali penzolanti, le piume arruffate. Si trovarono morti nelle loro gabbie al giorno seguente. Alcune gocce del residuo acido vennero pure instillate nell' occhio di un coniglio e si ebbe irritazione della congiuntiva, lagrimazione, leggiera fotofobia.

Il liquido che aveva servito all' estrazione acida venne poscia alcalinizzato con carbonato di sodio ed estratto quattro volte con etere. L' etere filtrato, essiccato con cloruro di calcio, evaporato, lasciò un residuo brunastro solubile in acqua. Questa soluzione precipitava coll' acido picrico, col tannino, col ioduro di potassio iodurato, col reattivo di Marmè e di Meyer, ma non aveva proprietà venefiche.

Il veleno dello *Spelerpes* è adunque una sostanza di natura acida simile probabilmente al veleno del *Triton cristatus* studiato da Capparelli. Parecchi veleni di anfibi hanno reazione acida. Calmels [1] attribuì l'acidità del veleno dei rospi all' acido isocianacetico: CH^2.(NC).COOH. Nel veleno dei tritoni pensò che esistesse l'acido α-isocianpropionico: CH^3.CH(NC)COOH e un derivato di questi acidi cioè l' isocianetile C^{3}H^{5}NC. Nel veleno della *Salamandra* maculata si troverebbe l' isocianamile: C^{5}H^{11}NC. I farmacologi tedeschi negano però a questi derivati cianici una grande tossicità. Anche

[1] Calmels, Compt. rend., vol. 98, pag. 536.

Coppola ([1]), studiando l'etere etilico dell'acido isocianico e Pohl ([2]) studiando l'acido cianacetico, vennero alle stesse conclusioni. Noi abbiamo voluto studiare l'azione fisiologica dell'etere cianacetico: $CN.CH^2.CO.OC^2H^5$ di confronto all'azione fisiologica del veleno dello *Spelerpes* per vedere se avessero fra loro qualche punto di contatto.

Abbiamo veduto che nelle rane alla dose di gr. 0.1 sottocutaneamente l'etere cianacetico produce abolizione dei movimenti volontari indi dei riflessi e dei movimenti ioidei in tre o quattro minuti. Le pulsazioni cardiache vanno poco alla volta diminuendo e il cuore si arresta in diastole. Nei conigli alla dose di 0,6 per chilo non è mortale, ma produce un notevole aumento nella frequenza del respiro e stato di agitazione; alla dose di gr. 1,5 per chilo vi ha acceleramento, indi notevole rallentamento nel respiro; si nota una forte risoluzione muscolare, accompagnata da contrazioni fibrillari dei muscoli della faccia e degli arti. Subentra quindi paralisi dei movimenti volontari e riflessi, rallentamento dei battiti cardiaci e infine morte senza convulsioni. Questo quadro finale ricorda molto, come vedremo, quello della morte per veleno dello *Spelerpes* o di altri anfibi. Già nel secolo passato Laurentius ([3]) descriveva 'la morte per veleno della *Salamandra* dicendo che gli animali avvelenati « ultimo omnem facultatem motu omittebant et placide moriebantur ». Phisalix Langlois ([4]). e Gratiolet ([5]) hanno invece fatto osservare le proprietà convulsivanti della Salamandrina.

Qui non entriamo in altri particolari sull'azione fisiologica dell'etere cianacetico, solamente vogliamo ricordare che anche questo veleno come quello ottenuto dallo *Spelerpes*, agisce sulla crasi sanguigna e distrugge lo stroma dei corpuscoli rossi, mentre allo spettroscopio si trovano ancora le strie della ossiemoglobina.

Allo scopo di ottenere il veleno dello *Spelerpes* allo stato di maggiore purezza, tentammo, anche come Gratiolet, di estrarre il veleno secco con alcool caldo. Perciò facemmo bollire 1,5 gr. di veleno essiccato con 50 cm³ di alcool in apparecchio a ricadere per 18 ore. Dall'alcool filtrato ed evaporato ottenemmo un residuo oleaginoso del peso di circa 2 decigrammi, dotato di debole proprietà tossica. Questo residuo precipitava col tannino, coll'acido picrico, col reattivo di Lugol e con quelli di Mayer e di Marmè. Lo stesso risultato abbiamo ottenuto sottoponendo il residuo secco alla estrazione con cloroformio.

Il veleno dello *Spelerpes*, e specialmente quello fresco, ha una energica azione locale. Introducendo una goccia di soluzione acquosa nell'occhio di

([1]) Coppola, Acc. Lincei, Rendiconti 1889, pag. 380.
([2]) Pohl, Arch. f. exp. Path. u. Pharm, XXIV. pag. 148.
([3]) Laurentius, Specimen med. exib. Sinop. Reptil. Vienna 1768.
([4]) Phisalix e Langlois, Compt. rend., t. 109, pag. 405.
([5]) Gratiolet, Compt. rend., t. 34. pag. 629.

un coniglio si ha subito forte iperemia della congiuntiva palpebrale e bulbare, lacrimazione e fotofobia. Poco dopo la congiuntiva si tumefà, l'occhio diviene dolente e l'animale rifiuta di cibarsi. Occorrono circa 24 ore prima di avere la completa restitutio ad integrum. Anche uno di noi ebbe involontariamente a provare l'azione locale del veleno dello *Spelerpes*, essendo casualmente caduta nell'occhio destro una minima particella di veleno recentemente essiccato. Si ebbe iperemia forte della congiuntiva, bruciore, lacrimazione. Dopo una lavatura abbondante dell'occhio questi fenomeni andarono poco per volta scomparendo, ma occorsero circa 5 ore per ottenere una guarigione completa. Un caso simile racconta lo Staderini[1], il quale descrisse una grave oftalmia provocata dalla penetrazione in un occhio di veleno di rospo. Maneggiando gli *Spelerpes* per l'estrazione del veleno, si prova anche un molesto senso di prurito nella mucosa nasale e si ha ipersecrezione di muco e starnutazione frequentissima.

L'azione irritante del veleno dello *Spelerpes* può anche vedersi somministrandolo ad una rana per la via della bocca. L'animale muore con fenomeni di paralisi, e all'autopsia si rinvengono le mucose della cavità orale e dello stomaco straordinariamente iperemiche.

Il veleno dello *Spelerpes* arresta, anche in soluzioni acquose diluite, il movimento delle ciglia vibratili dell'epitelio della mucosa faringea della rana. I piccoli crostacei che vivono nei nostri stagni, le larve acquatiche d'insetti risentono pure molto energicamente l'azione del veleno.

In una soluzione di 0,5 %o cessano rapidamente di muoversi e di nuotare, cadono al fondo del recipiente nel quale erano contenuti e muoiono nello spazio di due o tre minuti.

Per brevità tralasciamo di riferire le diverse esperienze eseguite, e citiamo solo come esempio una delle diverse esperienze fatte sulle rane e sulle cavie.

Esperienza I, Rana del peso di 95 gr.:

Ore 15.59. Iniezione sottocutanea del veleno tolto da 14 Spelespes e sciolto in 2 cm³ di acqua distillata,

" 16.15. I movimenti ioidei i quali nella rana normale erano in numero di 24 in 30″ sono saliti a 33. L'animale è immobile; lasciato a sè si mostra torpido e non cerca di fuggire.

" 17 L'animale messo sul dorso è incapace di risollevarsi; notasi forte ipersecrezione cutanea. La pupilla è ristretta.

» 17.10. I fenomeni di paralisi vanno accentuandosi; l'animale è incapace di camminare e si trascina a stento sul tavolo.

" 17.15. Forte risoluzione muscolare. Abolizione dei movimenti volontari. Rallentamento forte dei movimenti ioidei, i quali sono discesi al disotto del normale e sono 15 in 30″.

[1] Staderini, Annali di Ottalmologia, XVII, 1880, fasc. V.

Ore 17.30. La rana pizzicata reagisce ancora, ma lasciata a sè rimane completamente immobile; il cuore diviene sempre più debole e raro. La pelle dell'animale, come già aveva fatto notare Capparelli, cambia poco alla volta di colore e da verdastra diviene grigio-bruna.

  » 18.40. La rana è morta. All'autopsia si rinvengono gli organi splancnici iperemici. Il sangue presenta le strie dell'ossiemoglobina, ma è di colorito un po' scuro.

L'animale lasciato a sè non entra in rigidità cadaverica.

Negli animali a sangue caldo come conigli e cavie gli effetti del veleno si manifestano con affanno ed aumento nella frequenza e profondità del respiro, seguito subito dopo da diminuzione della frequenza e della profondità; il cuore in principio batte assai celeremente, poscia diviene debole e lento. Si ha inoltre salivazione abbondantissima, risoluzione muscolare spiccata, dilatazione della pupilla e paralisi dei movimenti volontarî. In ultimo si ha abolizione dei riflessi e arresto del respiro e del cuore. Valga come esempio una sola esperienza:

Esperienza II. Cavia normale, assai vispa, del peso di gr. 350. Respiro 40 in 30″.

Ore 17.10. Iniettiamo sottocutaneamente il veleno estratto da 30 *Spelerpes* di media grossezza, sciolto in 5 cm³ di acqua distillata.

  » 17.23. L'animale grida, si agita; il respiro sale a 45 in 30″. Emette orina.

  » 17 25. Il respiro diviene più frequente e sale a 51 in 30″, è affannoso e rumoroso.

  » 17.30. Cominciano i fenomeni di depressione generale. L'animale messo a giacere sul fianco, vi rimane a lungo, indi si rialza lentamente. Perde abbondante saliva dalla bocca; il cuore pulsa con grande frequenza.

  » 17.40. La salivazione diviene sempre più abbondante, la respirazione si fa molto profonda; i movimenti respiratorî discendono a 20 in 30″. Si ha forte risoluzione muscolare, le orecchie sono fredde, la temperatura è bassa. Ogni tanto si hanno contrazioni fibrillari nei muscoli della faccia e degli arti, talora scosse e sussulti come se l'animale fosse eccitato da uno stimolo elettrico.

  » 17.50. Perdita di saliva assai notevole. Respiro lento e profondo: 14 in 30″. Cuore regolare e frequente.

  » 17.55. La cavia respira rantolando. È coricata sul fianco e non riesce a rialzarsi. Messa in posizione normale non si sostiene e poggia col ventre sul tavolo contraendo i muscoli della nuca per tenere il capo sorretto.

  » 17.58. L'animale respira abboccando l'aria. Resp. 13 in 30″. Pizzicato reagisce molto prontamente. La pupilla è dilatata. Ogni tanto si nota tremore negli arti e scosse, ma giammai vere convulsioni.

  » 18. Respirazioni 8 in 30″. Perdita di feci e di orine. Temperatura assai bassa. Abolizione completa dei movimenti volontarî; diminuzione dei riflessi.

  » 18.3. L'animale muore per arresto della respirazione.

All'autopsia si trova il sangue di colorito scuro, che dà però allo spettroscopio, se esaminato colle dovute cautele, le strie di assorbimento dell'ossiemoglobina.

I polmoni sono iperemici con focolai emorragici, il fegato è di colore molto scuro e ripieno di sangue, la vescichetta biliare è enormemente dilatata e ripiena di un liquido citrino trasparente. Gli intestini sono iperemici.

Non possiamo per ragioni di spazio dilungarci nel riferire minutamente le altre esperienze eseguite. Diremo solo che la pressione sanguigna negli animali a sangue caldo non è molto influenzata dal veleno dello *Spelerpes*. Riguardo all'azione del muscolo cardiaco, essa si estrinseca con una diminuzione dei battiti cardiaci che conduce all'arresto del cuore in sistole. Applicato sul cuore di rana messo alla scoperto, il veleno determina prima un aumento nella frequenza poi diminuzione delle pulsazioni. Il primo periodo in cui la frequenza del cuore aumenta è molto più visibile negli animali a sangue caldo.

Il veleno agisce, come abbiamo veduto, molto energicamente sulla respirazione. Prima si ha un aumento nel numero delle respirazioni, indi un rallentamento grandissimo fino all'arresto completo. Agisce sui nervi motori non sui muscoli che conservano la loro eccitabilità. L'azione sui nervi sensibili è minima, poichè la sensibilità dell'animale avvelenato è conservata fino a pochi momenti prima della morte. Anche la coscienza da principio non è disturbata, solo più tardi sopravvenendo i sintomi di paralisi diffusa, l'animale diviene indifferente a tutto ciò che lo circonda e par si abolisca anche la coscienza.

Abbiamo fatto delle esperienze in vitro mescolando del sangue di rane e di cavie diluito con sol. fisiol. di Na Cl, con soluzioni di veleno più o meno concentrate. Abbiamo con queste esperienze acquistata la prova che il veleno altera la crasi sanguigna distruggendo il protoplasma dei globuli rossi. L'emoglobina disciolta nel siero sanguigno non perde però la proprietà di ridursi e di ossidarsi.

Tutte queste proprietà del veleno dello *Spelerpes* concordano esattamente con quelle che Capparelli rinvenne pel veleno del *Triton cristatus*. È quindi probabile che si tratti in entrambi i casi della stessa sostanza.

Giova far notare che questo veleno è dotato di una azione locale molto spiccata. Così forse può comprendersene l'ufficio, ammettendo che serva a questi piccoli animali come mezzo di difesa contro i carnivori notturni che volessero divorarli. Già Phisalix e altri autori fecero pure la stessa osservazione.

Psicologia sperimentale. — *Sul metodo di studiare i sentimenti semplici.* Nota del dott. F. Kiesow, presentata dal Socio Mosso.

Questa Nota sarà pubblicata nel prossimo fascicolo.

PERSONALE ACCADEMICO

Il Presidente BELTRAMI, levatosi in piedi, pronuncia le seguenti parole:

« Ho il piacere d'annunziare all'Accademia che la Seduta odierna è onorata dalla presenza del venerando suo Socio estero Lord KELVIN, senza contrasto il più insigne rappresentante che la scienza fisica, intesa nel suo più ampio significato, abbia al tempo nostro in tutto il mondo civile.

« Il suo glorioso, versatile e fecondo lavoro data dal 1840 e non accenna ancor oggi a cessare, nè a declinare. Vero e geniale interprete e continuatore del pensiero scientifico di Galileo e di Newton, egli ha sempre fatto camminare di pari passo la più pura e squisita geometria colla più profonda e minuta indagine sperimentale d'ogni classe di fenomeni fisici, dalle ricerche sulle sottilissime ondulazioni dell'etere luminoso, dalle accuratissime analisi elettriche e termiche, fino ai grandiosi problemi della dinamica generale, della trasformazione e della dissipazione dell'energia, dell'equilibrio del nostro pianeta e di quello dello stesso sistema cosmico. Non v' ha dottrina della fisica, teorica o sperimentale, nella quale egli non lasci leggi, formule, apparati che portano e porteranno sempre il suo nome. Senza le sue ricerche razionali e senza i delicatissimi stromenti di misura di cui egli ha dotato a profusione ogni ramo della meccanica e della fisica, ma specialmente la nuova scienza elettromagnetica, non sarebbero state possibili quelle grandi applicazioni che, a cominciare dal primo cavo sottomarino fra l'Europa e l'America, hanno messo la prodigiosa forza elettrica al servizio delle più svariate esigenze della vita sociale.

« Non sono molti anni che, celebrandosi a Glasgow le feste giubilari di questo nostro insigne Collega, la Società italiana delle scienze gli fece pervenire un Indirizzo che si chiudeva con queste parole: « Delle manife- « stazioni multiformi del Vostro ingegno non si saprebbe decidere chi possa « meglio avvantaggiarsi, se il filosofo, il geometra, il fisico, il geologo, l'astro- « nomo o l' ingegnere. Voi avete saputo, con esempio quasi unico, alleare « insieme le speculazioni più alte della scienza astratta colle applicazioni « tecniche più utili al civile consorzio. Per tutti questi titoli, non che orna- « mento della Vostra patria, Voi siete gloria del genere umano e testimonio « vivente che la Scienza non ha fallito al suo mandato ». Credo d' interpretare il pensiero di tutti gli Accademici lincei, presenti e lontani, affermando che questi sentimenti sono in quest' ora più che mai vivi e ferventi nei nostri cuori, ed è in nome di questi sentimenti stessi che, prima di riprendere il consueto ufficio accademico, invito tutti i presenti a dare il saluto d'onore al venerando Collega alzandosi in piedi ».

Alle parole del Presidente, accolte dai presenti con applausi all'eminente scienziato inglese, Lord Kelvin risponde commosso ringraziando per la manifestazione fattagli.

P. B.

RENDICONTI

DELLE SEDUTE

DELLA REALE ACCADEMIA DEI LINCEI

Classe di scienze fisiche, matematiche e naturali.

Seduta del 7 maggio 1899.

E. BELTRAMI Presidente.

MEMORIE E NOTE
DI SOCI O PRESENTATE DA SOCI

Astronomia. — *Sulla distribuzione in latitudine delle protuberanze solari osservate al R. Osservatorio del Collegio Romano
durante il 1° trimestre del 1899.* Nota del Socio P. TACCHINI.

Nel primo trimestre dell'anno corrente in causa dell'atmosfera poco favorevole a queste osservazioni e in causa della poca attività solare, il numero
delle protuberanze osservate fu soltanto di 119. Dalle latitudini calcolate,
ho ricavato le seguenti cifre per la frequenza relativa del fenomeno nelle
diverse zone degli emisferi del sole.

1° trimestre 1899.

Latitudine	Frequenza relativa	
90° -:- 80°	0,008	
80 -:- 70	0,016	
70 -:- 60	0,016	
60 -:- 50	0,041	
50 -:- 40	0,033	0,261
40 -:- 30	0,008	
30 -:- 20	0,041	
20 -:- 10	0,033	
10 . 0	0,065	
0 — 10	0,073	
10 — 20	0,187	
20 — 30	0,146	
30 — 40	0,073	
40 — 50	0,105	0,739
50 — 60	0,057	
60 — 70	0,057	
70 — 80	0,041	
80 — 90	0,000	

Anche in questo trimestre, come in quelli dell'anno precedente, le protuberanze sono state più frequenti nelle zone australi, ed è a rimarcarsi che col diminuire dell'attività solare la differenza fra le frequenze nei due emisferi si è fatta più grande. La maggiore attività al sud risulta anche prendendo in considerazione i risultati per ciascun mese. Il massimo di frequenza per zona si verificò pure al sud fra — 10° e — 30° come nel precedente trimestre.

Chimica. — *Sui prodotti di ossidazione dell'acido canforico.* Nota 10ª del Corrispondente L. BALBIANO ([1]).

Acido 3-dimetil-4-metilpentan(2-5)-olidoico.

L'acido lattonico, che ho ottenuto contemporaneamente all'acido α-$\beta\beta$-trimetilglutarico nella riduzione dell'acido $C_8 H_{12} O_5$, prodotto principale dell'ossidazione dell'acido canforico, non era stato finora oggetto di un esame particolare e la sua costituzione, rappresentata da uno dei due schemi

era dedotta in modo intuitivo piuttosto che sperimentale. Nel corso di esperienze che sto facendo per riuscire alla sintesi di un'acido della costituzione eguale a quella che il Bredt ammette per l'acido canforico, ho dovuto studiare quest'acido lattonico ed in questa Nota rendo conto dei risultati ottenuti, che mi portarono alla conclusione che esso è rappresentato dallo schema II.

I.

Trasformazione dell'acido lattonico in acido α-$\beta\beta$-trimetilglutarico.

Prima di tutto era necessario dimostrare che l'ossatura degli 8 atomi di carbonio dell'acido lattonico era identica a quella dell'acido α-$\beta\beta$-trimetilglutarico. Perciò gr. 5 di acido lattonico si riscaldarono in tubo chiuso per 10 ore a 140-150° con 25 cm.³ di acido jodidrico bollente a 127°. All'apertura del tubo non si osservò pressione e dal liquido, fortemente colorato pel jodio separatosi, si estrasse con etere l'acido organico, che, salificato esattamente con idrato sodico, si convertì in sale di calcio quasi insolubile nell'acqua a caldo. Questo sale di calcio dette all'analisi i seguenti risultati concordanti colla formula $C_8 H_{12} O_4 Ca \quad 2\,{}^1/_2 H_2 O$:

	trovato	calcolato
H_2O	17,27	17,50
Ca	18,90	18,86

([1]) Lavoro eseguito nell'Istituto di chimica farmaceutica della R. Università di Roma.

L'acido estratto da questo sale cristallizza dall'acqua in prismetti aggruppati, fondenti a 88-89° e presenta tutti i caratteri dell'acido α-$\beta\beta$-trimetilglutarico.

Analisi:

	trovato	calcolato per $C_8 H_{14} O_4$
C	55,00	55,17
H	8,09	8,04

Da 5 gr. di acido lattonico ho ottenuto gr. 6 di sale di calcio $C_8 H_{12} O_4 Ca$ $2\frac{1}{2} H_2O$ invece di gr. 7,4, quindi 81 % di acido lattonico si è trasformato in acido α-$\beta\beta$-trimetilglutarico.

II.

Azione del bromo sull'acido lattonico.

L'ottenere in questa azione un derivato bromurato stabile dimostra che l'acido lattonico è rappresentato dallo schema II, perchè un acido lattonico rappresentato dallo schema I darebbe un dilattone, come si deduce facilmente dal seguente specchio.

Inoltre fissa anche la posizione del bromo, perchè è soltanto la posizione indicata dallo schema *b* che permette di spiegare l'esistenza di un prodotto bromurato che non si converta subito in dilattone. Anche il caso, poco probabile, di sostituzione dell'idrogeno di uno dei tre metili resta escluso, perchè il bromo sarebbe sempre in posizione γ o δ coll'idrogeno del carbossile e dovrebbe quindi anche dare un dilattone eliminandosi acido bromidrico.

Gr. 10 di acido lattonico e cm³. 3,2 di bromo si riscaldarono in tubo chiuso per 4 ore alla temperatura di 120°, indi, dopo apertura del tubo per diminuire la pressione interna dell'acido bromidrico formatosi, si riscaldò nuovamente il tubo chiuso per 6 ore a 150-160° per completare l'azione.

La massa cristallina della reazione si sciolse a caldo in benzina secca; col raffreddamento cristallizzò l'acido bromolattonico.

L'analisi dette il seguente risultato:

	trovato	calcolato per $C_8H_{11}BrO_4$
Br °/₀	32,07 — 31,91	31,87

L'acido bromolattonico cristallizza dalla benzina in piccoli prismi aggruppati, bianchi, splendenti. Riscaldato in tubicino di vetro comincia a raggrumarsi a 120° e fonde tra 142-145°.

Il bromo è contenuto in questo composto in forma molto labile, perchè coll'acqua si trasforma in acido bromidrico.

L'acido bromolattonico riscaldato cogli idrati alcalini o coll'idrato baritico si decompone in acido ossalico ed in un acido bibasico, molto volatile, che cristallizza in belle laminette di splendore vitreo, fusibili a 67-69°. Di quest'acido non ho finora potuto stabilire con sicurezza la formula, cioè decidere se è un acido esametiladipico $C_{12}H_{22}O_4$ od un acido esametiltetrametilendicarbonico $C_{12}H_{20}O_4$. In ogni caso la formazione sia dell'uno che dell'altro di questi due acidi non fa che confermare quanto sopra ho scritto per la posizione del bromo nella molecola dell'acido bromolattonico, come si vede chiaramente dai seguenti schemi:

Acido esametiladipico

oppure

Acido esametiltetrametilendicarbonico

Da queste esperienze concludo quindi che l'acido lattonico è, secondo la nomenclatura di Ginevra, l'acido *3-dimetil-4-metilpentan(2-5)olidoico*.

III.

Trasformazione dell'acido α-ββ-trimetilglutarico nell'acido
3-dimetil-4-metilpentan(2-5)olidoico.

L'anidride α-ββ-trimetilglutarica reagisce facilmente col bromo dando un monobromoderivato, quando le due sostanze si adoperino nei rapporti dei pesi molecolari. L'anidride bromurata trattata con alcool assoluto dà l'etere dietilico dell'acido bromotrimetilglutarico, l'acido 3-dimetil-4-metilpentan(2-5)-olidoico e forse il suo etere etilico.

Riassumo nel seguente specchietto i passaggi suindicati:

Gr. 10 di anidride dimetilglutarica si riscaldarono per 2 ore in tubo chiuso a bagno maria in ebollizione tranquilla con cm³ 3,5 di bromo; la reazione è completa ed il contenuto del tubo, dapprima liquido, si solidifica all'apertura diminuendo la tensione dell'acido bromidrico formatosi. Il prodotto della reazione si scioglie nel benzolo a freddo, e la soluzione benzolica, addizionata poco a poco di eteri di petrolio, precipita una sostanza bianca fioccosa, che tosto diventa cristallina. Questa sostanza è l'anidride bromotri-metilglutarica.

	trovato	calcolato per $C_8H_{11}BrO_4$
Br %	34,47	34,04

Cristallizza in aghetti bianchi, molli appiccicaticci, solubilissima nel benzolo, quasi insolubile negli eteri di petrolio. Riscaldata in tubicino di vetro comincia a raggrumarsi a 178° e fonde lentamente a 186-188° in un liquido denso vischioso.

Se si discioglie l'anidride bromurata in un eccesso di alcool assoluto, si riscalda in seguito la soluzione a ricadere per mezz'ora, indi si distilla l'alcool a bagno maria ed il residuo oleoso si scioglie in etere ed infine la soluzione eterea si agita con soluzione di carbonato sodico indi si svapora, rimane un liquido oleoso, denso, che distilla alla pressione di 54 mm. di mercurio per la massima parte fra 200 e 205°.

L'analisi di questo prodotto dimostra ch'esso è l'etere dietilico dell'acido bromotrimetilglutarico, mescolato però ad una certa quantità di etere dell'acido lattonico; infatti contiene soltanto 20,4 % di bromo mentre l'etere bromotrimetilglutarico ne dovrebbe contenere 25,89 %. Le acque alcaline contengono in soluzione bromuro di sodio e decomposte con acido solforico lasciano depositare a freddo un acido solido, cristallino, che ricristallizzato dall'acqua bollente fonde a 162-164° ed all'analisi dette il seguente risultato:

	trovato		calcolato per $C_8H_{12}O_4$
C	55,45 —	55,46	55,81
H	6,98	6,97	6,97

Per dimostrare che l'acido in questione è veramente l'acido lattonico sopranominato, se ne preparò il sale di calcio saturandolo con carbonato di calcio. D'altra parte si preparò coll'acido lattonico il sale di calcio nello stesso modo e dal confronto delle proprietà dei due sali si dedusse l'identità dei due acidi.

Il sale di calcio cristallizza dalla soluzione acquosa concentrata in piccoli aghi solubili che contengono 2 mol. di acqua di cristallizzazione.

	trovato		calcolato per $(C_8H_{11}O_4)^2Ca\,2H_2O$
	I	II	
H_2O %	8,73	8,59	8,61
Ca	10,61	10,72	10,47

L'analisi I è del sale proveniente dall'acido dalla bromoanidride; la II da quello preparato direttamente.

Caratteristico dell'acido lattonico è il suo sale di piombo, che si ottiene aggiungendo alla soluzione del sale di calcio 1 : 10 una soluzione concentrata di nitrato di piombo. Concentrando la miscela delle due soluzioni, che si conserva limpida, cristallizza col raffreddamento il sale di piombo in aghi prismatici splendenti, solubili nell'acqua. Questo sale contiene 2 mol. di acqua di cristallizzazione. Il sale idrato riscaldato in tubicino di vetro fonde a 130-136° sviluppando vapor d'acqua; se invece si disidrata prima nella stufa ad acqua e si riscalda in seguito in tubicino di vetro, principia a rammollirsi a 168° ed a 174° è fuso e col raffreddamento si rappiglia in una massa vetrosa trasparente. Esperienze fatte di confronto coi sali di piombo dell'acido lattonico e coll'acido ottenuto dalla bromoanidride hanno stabilito l'identità dei due prodotti.

Le analisi hanno dato i seguenti risultati:

	trovato		calcolato per $(C_6 H_{11} O_4)^2 Pb\, 2H_2O$
	I	II	
$H_2O\ \%$	6,12	6,18	6,15
Pb %	37,40	36,81	37,67

L'analisi segnata I è del sale dalla bromoanidride, quella segnata II è del sale avuto direttamente dall'acido lattonico.

Mineralogia. — *I giacimenti minerali di Saulera e della Rocca Nera alla Mussa in Val d'Ala.* Nota del Socio G. STRUEVER.

Nell'estate 1898, durante un lungo soggiorno a Balme in Val d'Ala, ebbi occasione di visitare e studiare due giacimenti minerali della Mussa non menzionati, perchè a quell'epoca non conosciuti, nel mio breve lavoro [1] sui minerali di quella vallata ben nota ai mineralisti sino dalla fine del secolo scorso. Distinguerò i due giacimenti coi nomi di « Saulera » e « Rocca Nera n. 2 ». Di Saulera ebbi i primi splendidi cristalli di epidoto giallo nell'inverno 1872-73, epoca della scoperta, dal compianto Antonio Castagneri, la celebre guida alpina che perdette poscia la vita in una ascensione al Monte Bianco partendo da Courmayeur. Più tardi, nel 1880, in una visita fatta alla Mussa, partendo da Groscavallo in Valle-Grande per il Ghicet d'Ala, potei acquistare, pochi giorni dopo la scoperta del secondo giacimento, i primi campioni di questo.

.

[1] *Sui minerali delle vallate di Lanzo* (Circondario di Torino). Memorie del R. Com. Geol. d'Italia. Vol. I, Firenze, 1871, 4°, pag. 38 segg.; *Die Minerallagerstätten des Alathal's in Piemont.* Neues Jahrbuch für Mineralogie etc. Anno 1871, fasc. 4°, pag. 337 e segg. Stuttgart, 1871, 8°.

In ripetute visite posteriormente fatte sul luogo e mediante numerosi invii fattimi da quei solerti cercatori di minerali di Balme, ho potuto un po' alla volta, mettere assieme una ricca collezione, e, non constandomi che altri nel frattempo abbia parlato di quei giacimenti, mi sia ora permesso di esporre brevemente le osservazioni eseguite sul posto e sulla copiosa serie di esemplari che è nelle mie mani.

1. Giacimento di Saulera.

Dal lato meridionale del piano della Mussa, sulla sinistra del torrente che in splendida cascata si precipita in basso dal piano dell'alpe Saulera, su in alto, è intercalato, concordantemente, negli schisti verdi cloritici e talcosi, tagliati a picco, un banco potente più d'un metro, costituito ora quasi da solo epidoto compatto giallo-chiaro, ora da una miscela di granato, diopside, clinocloro e di epidoto verde-pistacchio e giallo-verde. L'epidoto qua e là, accanto al grosso banco, alterna cogli straterelli dello schisto, come non di rado dal banco stesso si staccano delle vene più o meno sottili e composte dei su menzionati minerali per penetrare nella roccia incassante attraversando gli strati in senso prossimamente normale alla schistosità. Laddove l'epidoto e la miscela di esso cogli altri minerali assumono struttura più distintamente cristallina, si osservano geodi irregolari le cui pareti, al pari di quelle delle numerose screpolature attraversanti il banco in tutti i sensi, sono tappezzate da cristalli di granato, epidoto, diopside, clinocloro, apatite, titanite e calcite. Qua e là, massime verso il contatto del banco cogli schisti si vedono anche piccole masserelle di calcopirite.

Il minerale più vistoso, trovato a Saulera, è, senza confronto, l'epidoto. Questo, nella parte del banco esclusivamente, o quasi, costituito da esso, presentasi in cristalli trasparenti di color giallo-vinato e giallo-rossiccio-chiaro, allungati nel senso dell'asse di simmetria e appiattiti, ora più, ora meno distintamente, in senso normale alla base.

I cristalli, semplici o geminati con asse normale alla base, raggiungono notevoli dimensioni, sino a 5 centimetri di lunghezza su 2 di larghezza, mentre ordinariamente non superano 1 o 2 centimetri, e scendono talora anche a quasi microscopiche dimensioni. Del resto, per quanto riguarda la loro forma, rimando alla Memoria di La Valle ([1]) ove di essa si tratta alle pagine 51-52.

Nella parte del banco ove il granato, il diopside e il clinocloro predominano sull'epidoto, questo assume sovente tinte più verdognole, identiche a quelle di molti epidoti del colle del Paschietto (o Pasciet) sotto la Torre

([1]) *Sull'epidoto di Val d'Ala.* Roma, 1890, 4°, con tre tavole. Tipografia della R. Accademia dei Lincei.

di Ovarda, talchè si può dire impossibile distinguere allora i cristalli provenienti dai due giacimenti.

Il granato di Saulera è poco appariscente, di color rosso-giacinto forse in generale un po' più scuro che alla Testa Ciarva, ma da confondersi con quello proveniente da questa ultima che sta sul lato opposto, settentrionale, del piano della Mussa.

L'analogia è resa completa dalla forma dei cristalli che a Testa Ciarva, come a Saulera, è quasi esclusivamente data dalle combinazioni }211{ }110{ e }211{ }110{ }321{ in cui per lo più domina l'icositetraedro a faccie striate nel senso della loro maggior diagonale. I granati di Saulera sono generalmente piccoli.

Anche il diopside si può dire identico a quello della Testa Ciarva. Misto agli altri minerali, nella massa compatta del banco, presenta la varietà detta mussite di color grigio-verdognolo, in masse lamellari e bacillari, in cui i singoli individui incompleti sono piegati in tutte le maniere e attraversati non di rado dai ben noti numerosi piani di separazione paralleli alla base che si sogliono chiamare piani di scorrimento. I cristalli terminati ricordano perfettamente quelli di Testa Ciarva. Anche qui, a Saulera, sono chiari nella parte inferiore, verdi nella parte superiore; essi presentano le stesse combinazioni, la stessa geminazione secondo }100{, la stessa striatura a ventaglio su }100{ e le medesime faccie curve tra (100) e le faccie (111) e (1$\bar{1}$1), la base per lo più appannata; insomma, non si può immaginare una maggiore analogia perfino nei più minuti dettagli. Cristalli di diopside, molto allungati nel senso [001], accompagnano anche l'epidoto giallo nella parte del banco da esso quasi esclusivamente costituito.

Il clinocloro tanto fa parte della miscela compatta del banco, quanto s'incontra in cristalli poco netti, ora tabulari, ora prismatici, ora a forma simile all'elminto, precisamente come a Testa Ciarva.

Numerosi sono i cristallini di apatite sparsi sulle pareti delle screpolature ricoperte da piccoli individui di granato, di diopside e di clinocloro. In un campione, sopra una superficie di circa un decimetro quadrato, potei contare più di cinquanta individui quasi uniformemente distribuiti. Sono appiattiti secondo la base e mostrano tutte le forme semplici da me altra volta ([1]) indicate per i cristalli della Corbassera presso Ala.

Ai minerali suddetti si aggiunge qualche raro cristallo di titanite color giallo di cera e qualche masserella di calcite spatica.

Dalle poche cose sovra esposte risulta l'interesse particolare che il giacimento di Saulera ha in confronto degli altri di Val d'Ala. Esso forma, per così dire. l'anello di congiunzione tra i banchi di granato di Testa Ciarva e quelli di epidoto al colle del Pasciet. In ambedue i luoghi, assai lontani

([1]) Cfr. Atti della R. Acc. di Sc. di Torino, 8°, 29 Dic. 1867.

l'uno dall'altro, troviamo granato, diopside e clinocloro, ma, a giudicare dalla mia personale esperienza, acquistata dal 1865 al giorno d'oggi in ripetute visite ai giacimenti e studiando molte migliaia di campioni da me raccolti e ora in parte conservati nelle collezioni della Scuola degli Ingegneri e dell'Università di Torino, come in quella della Università di Roma, manca a Testa Ciarva l'epidoto e anche la titanite, mentre al Pasciet non si trovano l'apatite e l'idocrasio. Ma ora questa differenza che permetteva di distinguere con sicurezza i campioni del Pasciet da quelli della Mussa, resta assai diminuita dal giacimento di Saulera. Sul posto si scorge a colpo d'occhio una notevole differenza, difficile a descriversi con semplici parole, fra i tre giacimenti, ma per quanto riguarda i singoli campioni da collezione, io non mi sentirei di distinguerli con certezza in tutti i casi.

Dissi sopra che il giacimento in discorso fu scoperto nell'inverno 1872-73, ma il confronto dei campioni d'epidoto con altri della stessa specie nelle antiche collezioni e massime nella collezione Spada conservata nel nostro Museo Mineralogico di Roma, mi fa ritenere per lo meno assai probabile che la località fosse nota nella prima metà del secolo ai cercatori di minerali e poscia stata abbandonata a causa della difficoltà di darvi delle mine senza danno dei prati sottostanti e senza grave pericolo per gli uomini e per il bestiame pascolante. Gli antichi campioni in quistione sono così perfettamente identici ai nuovi e portano le solite indicazioni vaghe od anche a colpo sicuro sbagliate riguardo alla loro provenienza, che la mia ipotesi mi sembra quasi sicura, benchè non potessi più accertare nulla di assolutamente preciso interrogando i vecchi minatori ancora vivi. Il giacimento, del resto, è alla portata degli abitanti estivi della Mussa assai più di quello del Pasciet, e per il secondo giacimento da descriversi ora, è fuor di dubbio che nel 1880 fu soltanto riscoperto.

2. Giacimento della Rocca Nera n. 2.

Nel serpentino compatto della Rocca Nera, la quale anch'essa sovrasta al piano della Mussa dal lato meridionale, ma alquanto più a ponente del giacimento surriferito, al di sopra del posto inaccessibile, dal quale si staccarono i massi in cui si rinvengono, oltre ad altri minerali, sovratutto i granati gialli e verdi conosciuti sotto il nome di topazolite, è intercalato un potente banco costituito da granato, clinocloro, diopside e di epidoto, in cui furono trovati splendidi campioni cristallizzati massime di granato, non che di apatite, idocrasio bruno e calcite. Seppi l'anno scorso sul posto, che quando nell'estate 1880 vi si rinvennero i primi campioni da me acquistati, erano visibilissime ancora le tracce di antiche lavorazioni, talchè è certo che minerali provenienti da questo giacimento si trovano nelle antiche collezioni confusi coi minerali della Corbassera presso Ala, dai quali, a dir vero, non è possibile distinguerli, tanto è grande e perfetta l'analogia dei due depositi così lontani l'uno dall'altro.

Nel nostro banco, che, per distinguerlo dal giacimento della topazolite, chiamo giacimento della Rocca Nera n. 2, abbonda il granato color rosso-giacinto cupo in cristalli di svariatissima forma e di dimensioni che da meno di un millimetro salgono a 4-5 centimetri di diametro nel senso degli assi di simmetria tetragonale.

Tulle le forme semplici da me altre volte indicate per i granati rossi di Val d'Ala, si trovano su questi cristalli della Rocca Nera, cioè }110{ }211{ }321{ }210{ }332{ }100{, nonchè, benchè di rado, la forma }111{. Esse formano svariate combinazioni, fra le quali le più frequenti, a giudicare da un notevole numero di cristalli studiati, sono:

}110{ }211{ ; }110{ }211{ }321{ ; }110{ }211{ }100{ }210{;
}110{ }211{ }332{ ; }110{ }211{ }321{ }100{ }210{ }332{.

Non è privo d'interesse l'aspetto fisico delle varie forme.

Le faccie più lucenti e più perfette sogliono essere quelle del rombododecaedro, mentre quelle dell'icositetraedro }211{ sono più sovente meno lucenti e striate più o meno finamente nel senso della diagonale maggiore ossia parallelamente agli spigoli di combinazione colle due faccie adiacenti del rombododecaedro. L'esacisottaedro }321{ si presenta in faccie sempre strette ma lucenti. Assai comunemente si osservano in combinazione con }110{ }211{ le faccie del tetracisesaedro }210{ e del cubo, ora tutte ruvide e prive affatto di splendore, ora tutte liscie e lucentissime, ora quelle del cubo lucenti, quelle di }211{ ruvide e appannate. Anche le faccie del triasisottaedro }332{ sono ora lucenti ora appannate, e lo stesso dicasi di quelle dell'ottaedro, assai rare del resto. Qualche volta una medesima faccia è in parte ruvida e appannata, in parte lucente, ma ciò dipende evidentemente da sovrapposizione, avvenuta posteriormente, di un sottile strato di granato lucente sovra la faccia prima interamente ruvida. Difatti, massime laddove nel banco compaiono anche l'idocrasio bruno e l'apatite, si trovano numerosi cristalli di granato che rivelano chiaramente due periodi di formazione; rombododecaedri bruni, a superficie ruvida, come corrosa, sono stati ricoperti, in parte o interamente, da uno strato sottile di granato giallo o quasi rosso-giacinto lucentissimo, della combinazione }110{ }211{ e anche }110{ }211{ }332{.

Non di rado vi ha, tra il cristallo interno e la crosta, un distinto distacco, talchè la crosta è unita al cristallo racchiuso solo in alcuni punti. Anche in questo dettaglio il nostro giacimento ricorda in modo sorprendente quello della Corbassera presso Ala.

Mentre molti dei cristalli del granato rosso-giacinto-cupo mostrano una regolarità quasi ideale, abbondano però ancora gli individui assai irregolarmente sviluppati da simulare combinazioni dimetriche o romboedriche o trimetriche, secondochè o quattro faccie di }110{ parallele ad un medesimo asse di simmetria tetragonale, o sei faccie di }110{ parallele ad un medesimo asse di simmetriaa trigonale, o quattro faccie di }211{ e due di }110{ tutte sei parallele ad un medesimo asse di simmetria binario, predominano notevolmente sulle altre faccie. E come vi sono quindi cristalli allungati nel senso di un asse di simmetria o tetragonale o trigonale o binario, così sono abbastanza comuni anche cristalli raccorciati fortemente nel senso di uno di tali assi. Risultano così, quando l'asse raccorciato è a simmetria binaria, cristalli tabulari secondo due faccie di rombododocaedro, i quali, per irregolare sviluppo delle altre faccie assumono anche abito monoclino o triclino; quando invece l'asse raccorciato è a simmetria tetragonale, sono maggiormente sviluppate le faccie collocate alle estremità di quest'asse, mentre le intermedie o sono interamente soppresse o ridotte a striscie strettissime. In questi ultimi cristalli si osservano molto sviluppate le faccie di }100{ e di }210{, talora più di quelle delle forme semplici più comuni.

Spesso si vedono numerosi cristalli aggruppati in posizione più o meno perfettamente parallela, ora a faccie piane ora a faccie più o meno curve, aggruppamenti affatto analoghi a quelli altra volta da me menzionati nei giacimenti presso Ala.

Assai meno abbondante del granato è l'idocrasio bruno, per colore identico al cosidetto idocrasio manganesifero della Corbassera. Esso forma, nel banco, piccole masse a struttura bacillare miste talora ad individui bacillari di diopside, e sovente è impiantato in cristalli allungati terminati cogli altri minerali sulle pareti delle geodi e delle screpolature. Qualche volta è terminato alle due estremità.

Le sole forme che vi potei sino ad ora determinare, sono i due prismi a sezione quadrata }110{ e }100{ e la base, ma solo in pochi casi i prismi sono netti, essendo le faccie della zona prismatica d'ordinario fortemente striate nel senso [001].

Il diopside presenta poco di notevole. Esso si trova tanto nella massa compatta del granato, sovente in individui bacillari allungati, separati gli uni dagli altri, e in posizione parallela fra di loro, quanto in cristalli terminati nelle geodi. Questi ultimi, per sviluppo e colore, rassomigliano ancor essi più al diopside della Corbassera che non a quello della Testa Ciarva e di Saulera. Non di rado si vedono nelle geodi aggruppamenti allungati di individui finamente aciculari.

Il clinocloro si trova, in lamelle e in vene sovente ripiegate, nella massa del granato non solo, ma anche in cristalli ora a forma di lamine esagonali ora a forma prismatica. Esso è di color verde più cupo di quello della Testa Ciarva, e anche sotto questo aspetto vi ha notevole analogia tra il nostro giacimento e quello della Corbassera.

Forse il minerale più interessante alla Rocca Nera è l'apatite. Qua e là l'incontrai nell'interno della massa compatta del banco mista agli altri minerali, ma sovratutto poi nelle geodi in numerosi cristalli. Questi sono ora di abito tabulare secondo la base, ora di abito prismatico. Ora l'apatite costituisce cristalli isolati, ora aggruppamenti sovente in posizione perfettamente parallela, del diametro anche di 2-3 centimetri.

Riservandomi di dare più tardi notizie particolareggiate sulla forma dell'apatite di questa località come di Saulera e di Testa Ciarva, fo notare per ora che vi potei constatare la presenza di tutte le forme semplici altra volta descritte sui cristalli della Corbassera, aggiungendo che alla Rocca Nera le due forme $\}3\bar{1}\bar{2}\{$ Miller o $\infty P \dfrac{2}{3}$ Naumann e $\}510 . 43\bar{1}\{$ Miller o $\dfrac{3}{2} P \dfrac{3}{2}$ Naumann si trovano talora con sviluppo oloedrico, ad analogia di ciò che v. Rath e Hessenberg (¹) osservarono nei giacimenti di Pfitsch e del Wildkreuzjoch nel Tirolo. I cristalli sono pieni di inclusioni di liquido.

Mentre tutti i minerali sinora menzionati si possono dire formati all'ingrosso contemporaneamente, poichè sono non solo mescolati nella massa compatta ma si racchiudono l'un l'altro o si trovano impiantati a vicenda gli uni sugli altri, la calcite è certamente posteriore. Il giacimento subì evidentemente dei movimenti che in qualche parte, e pare precisamente laddove esistevano le più vaste geodi coi più voluminosi cristalli, lo ridussero a breccia, la quale fu poscia cementata da calcite spatica, cristallizzata, nei vani rimasti, in romboedri $\}11\bar{1}\{$ a superficie alquanto ruvida. In questa breccia a cemento calcareo cristallizzato sono inclusi frammenti di grossissimi cristalli di granato e di apatite, come cristallini quasi interi degli stessi minerali e di idocrasio bruno, clinocloro e diopside.

A complemento di ciò che scrissi in anteriori pubblicazioni sulla Testa Ciarva, aggiungerò alcune poche parole relative a questo giacimento racchiuso dal serpentino compatto.

Quella parte del banco di granato che in passato fornì tanta copia di splendidi campioni specialmente di granato, diopside e di idocrasio in cristalli assai allungati e per lo più parzialmente bruni, si può dire quasi abbandonata, non tanto perchè i minerali vi siano esauriti, quanto per la difficoltà di lavorarvi ulteriormente con profitto. Invece più in alto e più verso ponente, sempre nella stessa Testa Ciarva, si rintracciò un banco analogo che potrebbe anche essere la continuazione del primo, e in questo luogo da qualche tempo si rinvengono pure il granato rosso-giacinto, il diopside, il

---

(¹) G. v. Rath, Pogg. Ann. 1859, vol. 108, pag. 853; Hessenberg, Min. Not. 1858, II, pag. 13 e 1862, IV, pag. 15.

clinocloro, l'idocrasio, l'apatite e la calcite. Per ora noterò soltanto che vi è assai comune, più di certo che nell'antico banco, nei cristalli di granato la combinazione ${110}$ ${211}$ ${332}$ a faccie tutte splendenti, che la calcite vi è in cristalli ${11\bar{1}}$ a superficie ruvida, e che l'apatite presenta ancora le stesse forme come alla Corbassera, a Saulera e alla Rocca Nera.

È a mio avviso abbastanza importante insistere ancor una volta sulla grande analogia fra i singoli giacimenti sinora noti di Val d'Ala. Se facciamo astrazione dai banchi intercalati negli schisti del colle del Pasciet, ove non mi consta la presenza della apatite, tutti gli altri giacimenti di granato, clinocloro e diopside, della Testa Ciarva, di Saulera e della Rocca Nera alla Mussa sopra Balme, e della Corbassera presso Ala, sono piuttosto ricchi di apatite, e quello che è più singolare, presentano in essa la medesima forma da me incontrata la prima volta alla Corbassera e non citata in altri luoghi, voglio dire la piramide $\frac{3}{2} P \frac{3}{2}$ ossia ${510 . 43\bar{1}}$. Vi si potrebbe aggiungere la forma costante di ${11\bar{1}}$ nella calcite ove questa è cristallizzata.

Di altri giacimenti e minerali di Val d'Ala dirò dopo essere ritornato sul posto a fare più minute indagini.

Zoologia medica. — *Ulteriori ricerche sulla malaria.* 4ª Nota preliminare del Socio B. GRASSI, A. BIGNAMI e G. BASTIANELLI.

Abbiamo continuato le ricerche, rivolgendo la nostra attenzione principalmente ai seguenti punti:

I. Verificare quali altre specie di zanzare e zanzaroni siano ospiti dei parassiti malarici dell'uomo.

II. Completare lo studio dei varî stadî di sviluppo nel corpo dell'*Anopheles claviger* (¹), ricercando sopratutto lo sviluppo delle spore brune.

III. Confermare o rifiutare l'ipotesi dell'infezione ereditaria, alla quale inclinavano specialmente due di noi.

Riassumiamo in breve i risultamenti principali delle nostre osservazioni.

Non abbiamo ancora potuto sperimentare sull'*A. pseudopictus*; abbiamo invece compiuto una serie di esperimenti sull'*A. bifurcatus* (²). Gli individui, che furono adoperati tendevano alla varietà *nigripes*. Abbiamo sperimen-

(¹) In queste nuove ricerche abbiamo avuto occasione di servirci con felice risultato anche di *Anopheles* neonati (vedi più avanti).

(²) Dopo l'esame di un certo numero di individui, raccolti in differenti località, ritengo col Ficalbi che l'*A. nigripes* sia una semplice varietà dell'*A. bifurcatus*, giudizio che mi riserbo di confermare coll'esame di moltissimi individui, nonchè delle larve e delle uova.

B. GRASSI.

tato con questi insetti sopra un caso di infezione semilunare e sopra casi di terzana comune. Tanto per l' infezione semilunare, quanto per l' infezione terzenaria, abbiamo ottenuti risultati positivi. I varî stadî di sviluppo osservati nelle pareti dell' intestino degli *A. bifurcatus* corrispondevano perfettamente a quelli a noi già noti nell' *A. claviger,* tenuto nelle stesse condizioni di temperatura ed esaminato alla stessa distanza dal momento della puntura.

Dunque tutte le specie del genere *Anopheles*, da noi sperimentate, si mostrarono capaci di propagare la malaria umana.

Qualora si provi, ciò che speriamo di poter fare tra breve, che anche lo *pseudopictus* si comporta nello stesso modo, si potrà affermare che tutto il genere *Anopheles* d' Italia propaga la malaria.

Che l' *A. bifurcatus* dovesse avere un' importanza per la propagazione della malaria era del resto già stato supposto da uno di noi in seguito ad osservazioni comparative fatte in Calabria, e più specialmente a S. Eufemia.

Sui *Culex* finora le osservazioni ci hanno dato reperto negativo, ma oltrecchè su di essi abbiamo esperimentato molto meno, essi si prestano molto meno bene per il nostro studio; perciò continuiamo nelle nostre ricerche.

Nella nostra seconda Nota preliminare abbiamo detto che gli sporozoi di origine semilunare nelle pareti dell' intestino dell'*Anopheles,* dopo due giorni, appaiono subrotondi od ovoidi, di rado rotondi. Queste osservazioni si riferivano ai corpi che si rinvengono 48, o 50 ore dopo la puntura, tenendo l' insetto nel termostato a 30°.

Quando si abbiano preparati corrispondenti a 40 ore o poco meno, si vedono di raro corpi ovoidi o subrotondi; per lo più invece corpi fusati pressocchè identici all'esame a fresco, per la forma e per l' aspetto, ai corpi fusati che si vedono nel sangue umano, salvo il volume maggiore e la disposizione del pigmento.

Nei preparati colorati (¹), questi corpi mostrano un grosso nucleo, con un ammasso di cromatina centrale rotondo od allungato: il protoplasma è già vacuolizzato.

Risulta adunque che lo sporozoo semilunare conserva, nei primi stadî, dentro lo spessore dell' intestino, la forma fusata ed è anche per questo carattere facilmente distinguibile dagli stadî corrispondenti della terzana e della

---

(¹) Il Ross lamenta di non aver potuto ottenere buoni preparati stabili. Noi invece ne abbiamo ottenuti di ottimi in tutti gli stadî, sia preparando l' intestino medio isolato, dal quale si può staccar via l'epitelio intestinale, sia sezionando gli *Anopheles* intieri. Come metodo di conservazione è molto raccomandabile il sublimato, e come metodo di colorazione l'ematossilina, sopratutto quella ferrica. Le sezioni *in toto* fanno vedere il parassita al di fuori dell'epitelio intestinale e della membrana anista sottostante, e sporgente dalla muscolare in mezzo al corpo adiposo, rendendo così più esatto il concetto che si può formare del parassita col semplice esame dell'intestino.

quartana. Per ciò che riguarda le spore brune, ecco quanto ci risulta dalle nostre osservazioni.

Facendo le culture metodiche delle semilune in qualche individuo rimasto in vita per molti giorni, abbiamo veduto, accanto alle capsule piene di sporozoiti ed alle capsule vuote, delle capsule raggrinzate, contenenti dei corpi bruni allungati e ricurvi, del tutto eguali a quelli disegnati dal Ross per il *Proteosoma* nella tav. I, fig. 20 del suo *Report*.

Negli *Anopheles*, presi in vita libera nelle case abitate da infermi per infezione malarica, si sono rinvenute anche capsule di varia grandezza, alcune molto grandi, con la parete molto distesa, contenenti corpi giallo-bruni, di dimensioni diverse, o rotondi od ovali o a salsicciotto, formati come di strati (2?) concentrici e al centro più trasparenti.

Evidentemente tutti questi reperti si riferiscono ai parassiti della malaria umana.

Nella seconda Nota abbiamo accennato che la irregolarità dei suddetti corpi bruni o giallo-bruni era tale da far pensare a processi degenerativi. Osservazioni dirette ulteriori e comparative su altri parassiti ci confermano in questa idea, e non solo per la irregolarità della forma e del volume di questi corpi, ma anche per il loro speciale aspetto stratificato siamo indotti a ritenerli come alterazioni regressive dello sporozoo. Uno di noi ne ha ingoiato una grandissima quantità in differenti epoche senza risentirne alcun effetto.

Ma oltre ai corpi in discorso che certamente appartengono al ciclo dei parassiti malarici, si possono rinvenire attorno all'intestino ed al vaso dorsale ammassi per lo più tubulari, od ampolliformi di spore, secondo ogni verosimiglianza appartenenti a sporozoi. Per lo più un certo numero di esse si presenta di color giallo-bruno, venendo a rassomigliare molto ai corpi suddetti appartenenti indubbiamente ai parassiti malarici e si possono seguire i varî stadî di formazione della membrana oscura, come si è già detto nella nostra seconda Nota. Allora non avevamo criterî sufficienti per stabilire se avessero o no rapporti col parassita malarico; lo sospettavamo però inducendolo dalla rassomiglianza suddetta: facevamo però notare che non avevamo potuto seguire il loro modo di sviluppo.

In seguito a moltissimi esami, non essendo mai riusciti a dimostrare che derivino dal parassita malarico, riteniamo ora che siano un parassita a sè, indipendente da quello della malaria. Così pure non abbiamo potuto riscontrare alcun stadio intermedio tra i parassiti malarici e le spore con otto sporozoiti che abbiamo scoperto nelle uova. Riteniamo pertanto che anch'esse rappresentino una specie a sè di parassiti.

Nella nostra seconda Nota si era accennato alla possibilità che il parassita malarico potesse trasmettersi dagli adulti alla prole, cossicchè gli *Anopheles* potessero essere infetti prima di pungere, ossia nascere già infetti. Si fecero perciò moltissime ricerche sulle larve e sugli alati, sia appena sviluppati, sia sviluppati da molti giorni e nutriti con sangue di individui sani. Queste ricerche riuscirono finora negative non ostante che le condizioni fossero molto opportune, essendo gli esemplari da noi esaminati provenienti da madri prese nelle abitazioni di malarici. Queste madri, presumibilmente almeno in parte, dovevano essere state infette nell'autunno e nella prima metà dell'inverno. Notiamo in particolare che lo studio delle ghiandole salivari degli *Anopheles* neonati non ci ha rilevato alcun sporozoito.

Nella nostra seconda Nota abbiamo descritti, oltre ai tipici sporozoiti nelle ghiandole salivali, certe figure che a noi parve allora si potessero interpretare, quantunque con molta riserva, come sporozoiti, che non espulsi dalle ghiandole salivari, andassero incontro ad un processo di degenerazione.

Imagini in gran parte eguali a quelle allora descritte si vedono però anche nelle ghiandole salivali degli *Anopheles* neonati, e si possono con sicurezza riferire al processo di secrezione delle cellule ghiandolari, parzialmente anche ad artificio di preparazione. Occorre perciò modificare la nostra precedente interpretazione.

A S. Spirito si è sottoposto volontariamente alle punture degli *Anopheles* neonati un individuo che non ebbe mai febbri malariche. Esso è stato punto molte volte dal 30 marzo al 29 aprile da numerosi *Anopheles,* sviluppatisi in una camera dell'ospedale di S. Spirito ([1]). Ciò nonostante ha goduto e gode di buona salute.

Nel laboratorio di Anatomia Comparata dopochè il direttore (prof. Grassi) si convinse che le zanzare neonate non possono essere infette, e ciò anche in seguito a molte osservazioni fatte sopratutto nelle Paludi Pontine, cinque persone appartenenti al laboratorio, tra le quali il Grassi stesso, si sottoposero volontariamente alle punture di moltissimi *A. claviger* nati in laboratorio da larve adulte, o da ninfe prese in punti differentissimi della campagna (a Maccarese, ad Ostia, a Porto, a Fiumicino, a Palidoro, a Tortreponti ecc.), in luoghi vicini ad abitazioni, dove la malaria ha infierito. Le prime punture datano dal 10 aprile. Le cinque persone continuano a farsi pungere tutti i giorni senza andar incontro a malaria. Abbiamo notato che gli *Anopheles* mostrano una strana preferenza per due delle cinque persone suddette. A queste due producono dei pomfi che durano per parecchi giorni: nella terza persona un piccolo pomfo compare soltanto dopo uno o due giorni. La cute delle due altre persone quasi non risente alcun effetto. Una di queste due (il Grassi) vien punto

---

([1]) Le madri di questi *A. claviger,* provenienti da case di regioni molto malariche avevano deposte le uova nella seconda metà di febbraio. Le prime ninfe si videro dopo 15 a 20 giorni; i primi alati il 19 marzo. Questi punsero tre o quattro giorni dopo che si erano sviluppati. L'ambiente era a temperatura costante di 22°.

raramente soltanto da Anofeli affamati, a cui egli per lo più deve avvicinare la mano per attirarli.

È assai difficile pronunciarsi definitivamente su dati negativi; finora però si deve dire che quegli *Anopheles,* i quali non hanno punto individui malarici non sono infetti, ossia non sono capaci di inocularci la malaria e che l'unico modo di trasmissione della malaria umana è quello da noi scoperto e precisato nelle nostre Note preliminari. Noi però continuiamo negli esperimenti e nelle osservazioni su questo punto fondamentale del problema malarico, ben sapendo che un sol fatto positivo potrebbe mutare del tutto la questione.

Zoologia medica. — *Sui germi del pyrosoma nelle glandole salivari dei giovani Rhipicephalus.* Nota del Socio B. GRASSI.

Questa Nota sarà pubblicata in un prossimo fascicolo.

Matematica. — *Sulle funzioni reali di una variabile.* Nota di PAOLO STRANEO, presentata dal Socio BLASERNA.

Un interessante problema di idrostatica condusse il prof. Somigliana alla considerazione del seguente problema di analisi [1].

Data una serie di numeri disposti arbitrariamente

(1) $$a_1 , a_2 , a_3 \ldots a_n ,$$

è sempre possibile disporli in un nuovo ordine

(1') $$a'_1 , a'_2 , a'_3 \ldots a'_n ,$$
in modo che sia:

$$a'_i \leq a'_{i+1} .$$

Sia data ora una funzione $f(x)$ reale, ad un valore, sempre finita ed avente un numero finito di oscillazioni nell'intervallo finito da $x = a$ ad $x = b$. Si vuol trovare una nuova funzione della variabile x, la quale assuma tutti i valori della $f(x)$, sia sempre crescente nell'intervallo (a, b) ed inoltre abbia rispetto alla funzione data proprietà analoghe a quelle della serie (1') rispetto alla serie (1).

Il prof. Somigliana dimostrò in generale l'esistenza della funzione *ordinata* cercata ed indicò un procedimento, che in alcuni casi può servire alla sua costruzione. Ora, appoggiandomi al teorema di esistenza della funzione

[1] Vedi questi Rendiconti, vol. VIII, pag. 4.

ordinata, io mi propongo di svolgere brevemente nella presente Nota un metodo generale per la sua determinazione analitica.

§ 1. *Proprietà della derivata prima della funzione ordinata per rapporto alla variabile.* Noi abbiamo supposto che la funzione data abbia nell'intervallo (a, b) un numero finito di massimi e minimi. Indichiamo con $x_1, x_2, x_3, \ldots x_n$ le ordinate corrispondenti ad essi e con $f(x_1), f(x_2), f(x_3) \ldots f(x_n)$ i valori corrispondenti della funzione.

Sia y' un valore qualunque di $f(x)$; ad esso corrisponderanno uno o più valori della variabile indipendente che indicheremo con $x'_1, x'_2, x'_3, \ldots x'_m$, ove per la natura del problema si ha: $1 \leq m \leq n + 1$. Indichiamo con $y' + \Delta y'$ un altro valore della funzione poco differente da y' e con $x'_1 + \Delta x'_1$, $x'_2 + \Delta x'_2$, $x'_3 + \Delta x'_3$, $\ldots x'_m + \Delta x'_m$ i corrispondenti valori della variabile indipendente, in cui le quantità $\Delta x'_1, \Delta x'_2, \Delta x'_3, \ldots \Delta x'_m$ possono essere alcune positive, altre negative.

Secondo la definizione della funzione ordinata $Of(x)$, l'intervallo $\Delta x'$ corrispondente al passaggio della funzione $Of(x)$ dal valore y' ad $y' + \Delta y'$, sarà uguale alla somma dei valori assoluti di tutti gli intervalli $\Delta x'_1, \Delta x'_2, \Delta x'_3, \ldots \Delta x'_m$; cioè si avrà l'eguaglianza:

$$\left(\frac{\Delta x}{\Delta Of(x)}\right)_{Of(x) = y'} = \frac{|\Delta x'_1| + |\Delta x'_2| + |\Delta x'_3| + \cdots + |\Delta x'_m|}{(\Delta f(x))_{f(x) = y'}}.$$

Passando al limite e ricordando che nelle condizioni in cui ci siamo posti la funzione $Of(x)$ possiede evidentemente una derivata, avremo:

$$\left(\frac{dx}{dOf(x)}\right)_{Of(x)=y'} = \left(\left|\frac{dx}{df(x)}\right|\right)_{x=x'_1} + \left(\left|\frac{dx}{df(x)}\right|\right)_{x=x'_2} + \cdots + \left(\left|\frac{dx}{df(x)}\right|\right)_{x=x'_m},$$

ossia

$$\left(\frac{dOf(x)}{dx}\right)_{Of(x)=y'} = \frac{1}{\left(\left|\frac{dx}{df(x)}\right|\right)_{x=x'_1} + \left(\left|\frac{dx}{df(x)}\right|\right)_{x=x'_2} + \cdots + \left(\left|\frac{dx}{df(x)}\right|\right)_{x=x'_m}}.$$

Da questa formula si deduce facilmente: 1° che la derivata della funzione ordinata si annullerà ogni volta che questa assumerà valori eguali ai massimi e minimi della funzione data; 2° che se la funzione $f(x)$ ammette una derivata continua in tutto l'intervallo (a, b), la funzione ordinata ammetterà a sua volta una derivata, la quale sarà in generale discontinua solo per i valori di $Of(x)$ eguali ai valori di $f(x)$ corrispondenti ai limiti $x = a$ ed $x = b$; si deve eccettuare solo il caso in cui la $f(x)$ possieda in questi punti una derivata nulla, al quale caso corrisponderà una derivata della $Of(x)$ continua in tutto l'intervallo (a, b).

§ 2. *Espressione analitica della derivata* $\dfrac{d\,Of(x)}{dx}$ *e deduzione della funzione ordinata.* Rappresentiamo con $F_1(x), F_2(x), \ldots F_{n+1}(x)$ funzioni che per valori di $f(x)$ compresi fra $f(a)$ ed $f(x_1)$, $f(x_1)$ ed $f(x_2)$, $\ldots f(x_n)$ ed $f(b)$ assumano rispettivamente i valori del modulo di $\dfrac{dx}{df(x)}$ in ognuno di questi intervalli e si annullino per ognuno degli altri valori di $f(x)$.

Similmente indichiamo con $OF(x)$ una funzione che assuma nell'intervallo (a, b) i valori della funzione $\dfrac{1}{\dfrac{d\,Of(x)}{dx}}$ e si annulli fuori di esso.

Allora avremo evidentemente l'equazione:

$$OF(x) = F_1(x) + F_2(x) + \cdots + F_{(n+1)}(x),$$

dalla quale si potrà dedurre $\dfrac{d\,Of(x)}{dx}$ e quindi integrando la $Of(x)$ cercata. La costante di integrazione si determinerà evidentemente in modo che per $x = a$ la funzione $Of(x)$ assuma il valore minimo assoluto della funzione $f(x)$.

Le funzioni $F_1(x), F_2(x), \ldots F_{n+1}(x)$ si potranno formare rispettivamente, o moltiplicando il modulo della derivata $\dfrac{dx}{df(x)}$ per quantità (in generale per integrali definiti) che abbiano il valore *uno* nel corrispondente intervallo e *zero* fuori di esso, oppure usando qualcuna delle note rappresentazioni analitiche delle funzioni di una variabile data arbitrariamente in un intervallo ed annullantesi fuori di esso.

In entrambi i casi bisognerà analizzare in modo speciale le singolarità che in generale avvengono ai limiti di queste rappresentazioni. Se si fa uso dell'integrale di Dirichlet $\dfrac{2}{\pi}\displaystyle\int_0^{\infty}\dfrac{\operatorname{sen} y}{y}\cos(\varphi y)\,dy$, oppure del doppio integrale di Fourier, ai limiti la funzione rappresentata avrà un valore uguale alla metà di quello che dovrebbe realmente avere; nel nostro caso però corrispondendo ai valori limiti $f(x_1), f(x_2), \ldots f(x_n)$ valori infiniti della derivata $\dfrac{dx}{df(x)}$, potremo limitare la nostra ricerca particolare ai valori $f(a)$ ed $f(b)$.

L'estensione del metodo esposto ai casi di discontinuità considerati dal prof. Somigliana non presenta alcuna nuova difficoltà.

§ 3. Proponiamovi di determinare come esempio semplice la relazione generale fra una funzione $f(x)$ simmetrica rapporto all'ordinata in $\dfrac{a+b}{2}$, sempre crescente fra a ed $\dfrac{a+b}{2}$ e sempre decrescente fra $\dfrac{a+b}{2}$ e b, e la sua corrispondente funzione ordinata. Questo esempio differisce poco da quello scelto dal prof. Somigliana al fine della sua Nota.

Noi avremo dunque per definizione l'identità:

$$f\left(\frac{a+b}{\cdot\,2}+x\right)\equiv f\left(\frac{a+b}{2}-x\right)$$

e derivando per rapporto ad x:

(α) $$f'\left(\frac{a+b}{2}+x\right)=-f'\left(\frac{a+b}{2}-x\right).$$

Per costruire le $OF(x)$, $F_1(x)$ ed $F_2(x)$ facciamo uso dell'integrale di Dirichlet:

$$\frac{2}{\pi}\int_0^\infty \frac{\operatorname{sen} y}{y}\cos(\varphi y)\,dy$$

il quale ha costantemente il valore 1 per $-1<\varphi<1$, il valore zero per $-1>\varphi>1$ ed il valore $\frac{1}{2}$ per $\varphi=\mp 1$. Potremo evidentemente assumono per le $F_1(x)$, $F_2(x)$ e $OF(x)$ le espressioni:

$$F_1(x)=\frac{1}{f'(x)}\cdot\frac{2}{\pi}\int_0^\infty \frac{\operatorname{sen} y}{y}\cos\left(y\cos\frac{x-a}{\frac{a+b}{2}-a}\,\pi\right)dy\,,$$

$$F_2(x)=-\frac{1}{f'(x)}\cdot\frac{2}{\pi}\int_0^\infty \frac{\operatorname{sen} y}{y}\cos\left(y\cos\frac{x-\frac{a+b}{2}}{b-\frac{a+b}{2}}\,\pi\right)dy\,,$$

$$OF(x)=\frac{1}{\dfrac{dOf(x)}{dx}}\cdot\frac{2}{\pi}\int_0^\infty \frac{\operatorname{sen} y}{y}\cos\left(y\operatorname{sen}\frac{2x-a-b}{b-a}\,\frac{\pi}{2}\right)dy\,.$$

Facciamo nel primo integrale $x=\dfrac{a+b}{2}+\lambda$, nel secondo $x=\dfrac{a+b}{2}-\lambda$ e sommiamo. Avremo:

$$F_1(x)+F_2(x)=\frac{1}{f'\left(\dfrac{a+b}{2}+\lambda\right)}\cdot\frac{2}{\pi}\int_0^\infty \frac{\operatorname{sen} y}{y}\cos\left(y\cos\frac{b-a+2\lambda}{b-a}\,\pi\right)dy-$$

$$-\frac{1}{f'\left(\dfrac{a+b}{2}-\lambda\right)}\cdot\frac{2}{\pi}\int_0^\infty \frac{\operatorname{sen} y}{y}\cos\left(y\cos\frac{2\lambda}{b-a}\,\pi\right)dy\,.$$

Serviamoci della identità (α) e mutiamo $f'\!\left(\dfrac{a+b}{2}-\lambda\right)$ in $-f'\!\left(\dfrac{a+b}{2}+\lambda\right)$.

Si avrà:

$$F_1(x) + F_2(x) = \frac{1}{f'\!\left(\dfrac{a+b}{2}+\lambda\right)} \cdot \int_0^\infty \frac{\operatorname{sen} y}{y}\left[\cos\!\left(y\cos\frac{b-a+2\lambda}{b-a}\,\pi\right)+ \right.$$

$$\left. + \cos\!\left(y\cos\frac{2\lambda\pi}{b-a}\right)\right] dy \,.$$

Applicando ripetutamente la formula di trasformazione trigonometrica:
$\cos\beta + \cos\gamma = 2\cos\frac{1}{2}(\beta+\gamma)\cdot\cos\frac{1}{2}(\beta-\gamma)$ si giunge facilmente alla formula:

$$F_1(x) + F_2(x) = \frac{2}{f'\!\left(\dfrac{a+b}{2}+\lambda\right)} \cdot \frac{2}{\pi}\int_0^\infty \frac{\operatorname{sen} y}{y}\cos\!\left(y\operatorname{sen}\frac{b-a+4\lambda}{b-a}\frac{\pi}{2}\right) dy.$$

Poniamo finalmente $\lambda = \dfrac{x-b}{2}$ ed avremo:

$$F_1(x) + F_2(x) = \frac{2}{f'\!\left(\dfrac{x+a}{2}\right)} \cdot \frac{2}{\pi}\int_0^\infty \frac{\operatorname{sen} y}{y}\cos\!\left(y\operatorname{sen}\frac{2x-a-b}{b-a}\frac{\pi}{2}\right) dy \,.$$

Ma $F_1(x) + F_2(x) = OF(x)$; quindi quest'ultima espressione deve essere identica a quella assunta per $OF(x)$, donde segue:

$$\frac{dOf(x)}{dx} = \frac{1}{2}f'\!\left(\frac{x+a}{2}\right)$$

e quindi:

$$Of(x) = f\!\left(\frac{x+a}{2}\right)$$

essendo nulla la costante di integrazione.

Matematica. — *Sopra alcune formole fondamentali relative alle congruenze di rette.* Nota del dott. P. Burgatti, presentata dal Socio Cerruti.

Questa Nota sarà pubblicata nel prossimo fascicolo.

Fisica terrestre. — *Confronti degli strumenti magnetici italiani con quelli degli Osservatori di Parc Saint-Maur e di Kew.* Nota di Luigi Palazzo, presentata dal Socio Tacchini.

Kew. — 2-3 Settembre 1898.

Le operazioni furono quivi compiute nel padiglione speciale, detto « *magnetic house* » del giardino dell'osservatorio. Installai il teodolite magnetico sul pilastro di mezzo, e collocai invece l'inclinometro sul pilastro laterale ad est del primo, appunto come usano di fare gli osservatori di Kew. Per la lettura dei tempi, fu messo a mia disposizione un cronometro di marina (Bréguet n. 3194), a mezzi secondi, regolato sul tempo medio di Greenwich, avanzante solo di 1ª al giorno. Il direttore sig. Chree (dal quale, nonchè dal primo assistente sig. Baker, io ricevetti molte gentilezze ed aiuti) mi fece conoscere più tardi, per i tempi delle mie esperienze, i valori rilevati al magnetografo dell'osservatorio e tradotti in misura assoluta mediante apposite determinazioni eseguite cogli strumenti normali di Kew, nei giorni 29 agosto e 6 settembre.

I confronti fatti durante il 2 settembre corrispondono ad una situazione magnetica relativamente calma, ma nella sera sopraggiunse una perturbazione abbastanza rilevante, la quale si estese a quasi tutto il successivo giorno 3, come ho appreso dai magnetogrammi inviatimi da Kew.

Declinazione. — L'azimut della mira, che è un segno impresso sul basamento di un piccolo obelisco alla distanza di 400 metri, vale 2° 48',7 contati da N ad E. L'immagine della mira, a causa delle correnti d'aria ascendenti dall'interposto terreno erboso assai soleggiato, appariva alquanto tremolante. — Il filo di sospensione era totalmente privo di torsione.

DECLINAZIONE.

Giorno	Ora	Declinazione misurata con lo strumento di Roma	Declinazione dedotta dal magnetografo di Kew	Differenze Roma-Kew
1898 Settembre	h m	° '	° '	'
	9.58 am	17. 2,4	17. 3,2	− 0,8
2	10.20 »	17. 3,2	17. 3,7	— 0,5
	0.46 pm.	17. 8,8	17. 9,7	− 0,9
	1. 6 »	17. 9,2	17. 9,8	− 0,6
	2. 9 pm.	17. 9,5	17.10,0	− 0,5
3	2 32 »	17. 8,3	17. 9,4	− 1,1
	5. 3 »	17. 1,1	17. 1,6	− 0,5
	5.22 »	17. 0,6	17. 1,2	− 0,6
			Media differenza	− 0',7

Inclinazione. — Anche a Kew mi sono valso di tutti e quattro gli aghi dell'istrumento, facendo due determinazioni per ciascuno.

INCLINAZIONE.

N. d'ordine dell' osservaz.	Ago	Tempo dell'osservazione		Inclinazione misurata coll' inclinometro di Roma	Valori dedotti dal magnetografo di Kew		Inclinazione calcolata per Kew $i = \mathrm{arc\ tg} \dfrac{Z}{H}$	Differenze Roma-Kew	Differenze medie per ciascun ago
		Giorno	Ora		Z	H			
		Settemb. 1898	h m h m	o ′			o ′	′	′
1ª	5	2	3.18- 3.40 pm.	67.14,9	0,43850	0,18373	67.16,0	— 1,1	— 1,8
7ª		3	11.45am.- 0.8pm.	67.16,8	0,43834	0,18316	67.19,4	— 2,6	
3ª	6	2	4.30- 4.56 pm.	67.14,3	0,43858	0,18368	67.16,5	— 2,2	— 0,6
6ª		3	10.50-11.18 am.	67.20,2	0,43833	0,18318	67.19,2	+ 1,0	
4ª	1	2	5.12- 5.42 pm.	67.16,1	0,43859	0,18373	67.16,2	— 0,1	— 0,2
5ª		3	9.38-10.13 am.	67.19,8	0,43824	0,18299	67.20,2	— 0,4	
2ª	2	2	3.52- 4.18 pm.	67.15,2	0,43856	0,18378	67.15,8	— 0,6	— 0,2
8ª		3	0.22- 0.44 pm.	67.20,0	0,43840	0,18312	67.19,8	+ 0,2	
							Media differenza	—0,′7	

Intensità orizzontale. — Le osservazioni di H a Kew furono calcolate con una coppia di formole analoghe a quelle sopra riportate per Parc Saint-Maur; solo ne è risultato leggermente modificato il logaritmo del primo termine (costante) delle formole, così :

$$\bar{1}.701288 \ \textit{per le deviazioni alla distanza } R_{30},$$
$$\bar{1}.511574 \ \textit{per le deviazioni alla distanza } R_{40},$$

essendosi applicati, nei termini di correzione, i valori costanti o medî proprî delle misure di Kew :

$$\varDelta = 3',3 ; \ s = -1^s ; \ \text{medio } t = 24^{\circ},65 ; \ \text{H appross.} = 0,1835 ;$$
medio $\varPhi = 27^{\circ} 36',75$ col corrispondente medio $\theta = 23^{\circ},85$;
medio $\varphi = 11 \ 9 \ ,5$ »   » $\theta = 24 \ ,3$.

SCHEMA DELLE OSSERVAZIONI.

	Tempi delle osservazioni	Durate d'oscillazione	t	Angoli di deviazione	τ	Valori di H dedotti dal magnetografo di Kew
1ª Serie. 1898 Settembre 2.	h m h m Da 10.31-10.44 am.	T_1 4,01925	19,3			0,18342
	11. 8-11.27 »			$\varPhi_1$ 27.41,4	21,1	0,18347
	11.27-11.42 »			φ_1 11.11,2	21,5	0,18349
	11.45-12. 0 »			$\varPhi_2$ 27.39,6	21,9	0,18356
	0. 0- 0.17 pm.			φ_2 11.10,6	22,2	0,18357
	0.29- 0.42 »	T_2 4,02005	22,6			0,18363
2ª Serie. 1898 Settembre 3.	h m h m 2.43- 2.56 pm.	T_1 4,0309	28,4			0,18326
	3.16- 3.32 »			$\varPhi_1$ 27.33,8	28,0	0,18347
	3.32- 3.46 »			φ_1 11. 8,2	28,2	0,18358
	3.52- 4. 4 »			$\varPhi_2$ 27.32,2	28,4	0,18362
	4. 4- 4.20 »			φ_2 11. 8,1	28,3	0,18358
	4.30- 4.43 »	T_2 4,02705	28,3			0,18361

DEDUZIONE DEI VALORI DELL'INTENSITÀ ORIZZONTALE.

	Combinazione di	Durata d'oscillazione	Angolo di deviazione	$t - \tau$	H determinato col magnetometro di Roma	H dato dal magnetografo di Kew	Differenze Roma-Kew
1ª Serie. 1898 Settembre 2. R90	T_1 e Φ_1	4,01925	27.41,4	— 1,8	0,18338	0,18344	— 0,00006
	T_1 e Φ_2	4,01925	27.39,6	— 2,6	0,18344	0,18349	— 0,00005
	T_2 e Φ_1	4,02005	27.41,4	+ 1,5	0,18350	0,18355	— 0,00005
	T_2 e Φ_2	4,02005	27.39,6	+ 0,7	0,18356	0,18360	— 0,00004
R40	T_1 e φ_1	4,01925	11.11,2	— 2,2	0,18835	0,18345	— 0,00010
	T_1 e φ_2	4,01925	11.10,6	— 2,9	0,18340	0,18349	— 0,00009
	T_2 e φ_1	4,02005	11.11,2	+ 1,1	0,18347	0,18356	— 0,00009
	T_2 e φ_2	4,02005	11.10,6	+ 0,4	0,18351	0,18360	— 0,00009
	Differenza media nel giorno 2 settembre						— 0,00007
2ª Serie. 1898 Settembre 3. R90	T_1 e Φ_1	4,0309	27.33,8	+ 0,4	0,18334	0,18337	— 0,00003
	T_1 e Φ_2	4,0309	27.32,2	0,0	0,18341	0,18344	— 0,00003
	T_2 e Φ_1	4,02705	27.33,8	+ 0,3	0,18351	0,18354	— 0,00003
	T_2 e Φ_2	4,02705	27.32,2	— 0,1	0,18358	0,18361	— 0,00003
R40	T_1 e φ_1	4,0309	11. 8,2	+ 0,2	0,18334	0,18342	— 0,00008
	T_1 e φ_2	4,0309	11. 8,1	+ 0,1	0,18334	0,18342	— 0,00008
	T_2 e φ_1	4,02705	11. 8,2	+ 0,1	0,18351	0,18359	— 0,00008
	T_2 e φ_2	4,02705	11. 8,1	0,0	0,18352	0,18360	— 0,00008
	Differenza media nel giorno 3 settembre						— 0,00005·5
	Differenza media finale						**—0,00006**

RIEPILOGO.

Il seguente specchietto riassume i risultati medî dei nostri confronti nei due istituti esteri.

	Differenze strumentali	
	Roma-Parc St. Maur	Roma-Kew
Per la declinazione	+ 0′,6	— 0′,7
Per l'inclinazione	— 1′,9	— 0′,7
Per l'intensità orizzontale	— 0,00009	— 0,00006

Risalta subito dal quadro che le differenze ivi notate cadono tutte quante al disotto di quei ragionevoli limiti di precisione a cui i magnetologi si prefiggono di arrivare, e che essi credono nel fatto di poter conseguire cogli abituali strumenti. Tali limiti sarebbero: ± 1′ nella declinazione, ± 2′ nell'inclinazione [1], ± 0,0001 C.G.S. nell'intensità orizzontale [2].

[1] Spesso si palesano anzi differenze notevolmente maggiori di 2′, non solo fra aghi ed inclinometri diversi, ma perfino fra aghi della stessa lunghezza e fra inclinometri del medesimo modello, come ha constatato il Rijickevorsel.

[2] I numeri esprimenti H nel sistema C.G.S. si scrivono di consueto fino alla quinta cifra decimale, ma è noto come in misura assoluta non si possa garantire l'esat-

Se poi lasciamo di considerare le differenze medie finali, e riportiamo invece la nostra attenzione sulle tabelle precedenti, passandone in rassegna i singoli risultati, l'esito dei nostri confronti ci appare, per nuovi motivi, molto lusinghiero.

Infatti, nelle serie delle differenze in declinazione Roma-Parc St. Maur e Roma-Kew, si trova che il parallelismo fra i risultati delle osservazioni dirette ed i dati dei rispettivi magnetometri si mantiene quasi perfetto, cioè a meno di circa $\pm 0',2$ intorno alla differenza strumentale media; una sola volta lo scostamento di un'osservazione isolata dal medio finale ha raggiunto il valore massimo $0',5$, quantità tuttavia piccola [1], se si pensa che i noni del cerchio orizzontale del nostro teodolite permettono solo di leggere, ed in modo non del tutto sicuro, i $20''$.

In quanto all'inclinazione, rilevasi una maggiore saltuarietà nella successione dei valori delle differenze, poichè, come già ho avvertito, qualcuno de' miei aghi lascia a desiderare. Tuttavia, posso pur dire che l'esito ha superato la mia aspettativa, dal momento che la massima divergenza presentatasi fra una determinazione isolata d'inclinazione ed il risultato medio della rispettiva serie, fu di soli $2',5$ (v. l'osservazione 2ª fatta al Parco); ora, è da tutti ammesso che col metodo dell'inclinometro, l'inclinazione da una sola osservazione non si possa avere che entro 2 o $3'$ d'esattezza.

Nell'intensità orizzontale, si manifesta nuovamente la migliore corrispondenza fra le osservazioni mie dirette e le successive posizioni segnalate ai magnetografi. Gli scarti delle singole osservazioni dalla differenza strumentale media si elevano a non più di 4 unità della quinta decimale di H: in altri termini, col mio magnetometro io ho seguito di pari passo, a meno di $\pm 0,00004$, tutte le variazioni che si verificarono nell'intensità orizzontale, anche se queste furono piuttosto rapide e forti, come nella perturbazione del 3 settembre a Kew [2].

tezza più in là della quarta decimale, il che corrisponde ad un'incertezza relativa $dH:H = \pm 0,0005$ circa. Un accordo fra magnetometri diversi che si spinga fino ad 1 unità della quarta decimale di H, deve apparire già ben grande a chi consideri, per esempio, la grave incertezza che trae con sè la determinazione del momento d'inerzia per causa della inomogeneità dei corpi di sopracarico (anelli o cilindri), ovvero rifletta alle non lievi difficoltà che si oppongono ad ottenere il coefficiente magnetometrico con quell'eccellenza di precisione quale si esige.

[1] Giova rammentare a questo proposito che il Rijckevorsel, a pag. 7 del suo lavoro del 1890 (v. citazioni in principio), dice che l'incertezza di un minuto d'arco è all'incirca il grado di precisione che si può aspettare da una buona osservazione di declinazione, ed egli ammette inoltre un altro minuto d'incertezza come proveniente dallo spoglio delle curve fotografiche.

[2] Si sarà tuttavia notata, nelle determinazioni col magnete deviante a R_{40}, una certa tendenza a dare sistematicamente valori di H un pochino più bassi di quelli ottenuti dalle deviazioni col magnete a R_{80}. La differenza è in media di 3 unità della

Non potevasi dunque augurare un più confortante successo per le nostre determinazioni comparative di Parc Saint-Maur e di Kew; laonde è giustificato asserire che sotto ogni riguardo (cioè : — sia per la precisione assoluta che sembra spettare ai nostri risultati medî, qualora si considerino come capisaldi i dati forniti da quei due importantissimi osservatorî europei, — e sia per la piccolezza degli errori proprî delle nostre osservazioni isolate) l'attendibilità e la bontà delle misure fatte cogli strumenti e coi metodi adottati dall'Ufficio Centrale Meteorologico Italiano sono poste fuori di discussione ([1]).

Fisica terrestre. — *Sopra alcune obbiezioni sollevate contro il sismometrografo a registrazione veloce-continua.* Nota di A. CANCANI, presentata dal Socio TACCHINI.

Una recente Nota del mio amico e collega prof. G. Agamennone, *sopra un sistema di doppia registrazione negli strumenti sismici* ([2]) mentre mi costringe a rispondere a varie obbiezioni da lui sollevate contro l'apparecchio a registrazione veloce-continua, da me costruito per l'osservatorio geodinamico di Rocca di Papa e descritto in questi rendiconti, ([3]) mi dà occasione di far cenno del modo con cui, in questi pochi mesi di esperienza, l'apparecchio medesimo si è comportato.

L'Agamennone, dopo aver notato come, nell'apparecchio a doppia registrazione da lui costruito, *non resterebbe che a lamentare la mancanza di registrazione rapida sia dei tremiti precedenti il movimento un po' più sensibile — quello appunto che deve iniziare lo scorrimento della carta affumicata — sia degli ultimi tremiti che precedono il ritorno del suolo al suo*

---

quinta decimale, quantità che in pratica è davvero insignificante. Io non saprei indicare ove risieda la vera causa di questa differenza; può darsi che a produrla concorra anche l'influenza residua di quei termini superiori dello sviluppo in serie che, nella formola delle deviazioni, vengono trascurati.

([1]) È lungi però da noi il pensiero di esagerare la portata del presente saggio, poichè non sappiamo se, tornando a ripetere i confronti in altra occasione, si troverebbe che le differenze strumentali si sono mantenute, o meno, le medesime. Le prove in questo senso, fatte da altri sperimentatori, non sono troppo rassicuranti. E così, se noi proviamo a dedurre le differenze *Roma-Kew* dalla combinazione delle nostre attuali *Roma-Parco* con quelle *Parco-Kew* stabilite dal Moureaux nel 1897, ci risultano valori alquanto differenti da quelli trovati adesso per via diretta a Kew; ma è altresì vero che a noi mancano gli elementi per giudicare se dal 1897 al 1898 non vi sia stato nulla di cambiato nelle condizioni relative agli strumenti del Parco e di Kew.

([2]) Rend. della R. Acc. dei Lincei, serie 5ª, vol. VIII, seduta del 19 febb. 1899.

([3]) Ibid. Seduta dell'8 genn. 1899.

abituale riposo, così si esprime: *Il Cancani, col proporre di far scorrere rapidamente, giorno e notte, la carta affumicata sotto gli stili dello strumento, avrebbe cercato di colmare la lacuna da noi ora accennata. Ma se il problema è in se stesso indubitatamente importante ed a prima vista seducente, credo però che sia ancora ben lontano dall'essere risoluto in modo pratico col registratore veloce-continuo del Cancani.* A ciò rispondo che credo di non aver solamente cercato di colmare la lacuna accennata, ma di averla effettivamente colmata, e di aver risoluto il problema in modo pratico. Espongo infatti tutte le obbiezioni fattemi dal collega, passandole in rassegna ad una ad una.

1ᵉ obbiezione. *Anzitutto la velocità adottata (di 6 metri all'ora, corrispondente a 10 cm. al minuto soltanto) è del tutto insufficiente per un'analisi completa dei moti rapidissimi, e pe' quali forse neppure basterà la velocità più che doppia adottata nei miei strumenti.*

Il periodo di questi modi rapidissimi, quando anche fosse di un decimo di secondo, si può perfettamente discernere colla registrazione a nero fumo, e si può ben misurare, occupando sulla zona la lunghezza di mm. 0,16. Questa lunghezza, oltre che si distingue ad occhio nudo, si discerne comodamente col sussidio di una lente. La velocità sarebbe insufficiente, se facessi uso della registrazione ad inchiostro, ma colla registrazione a nero fumo, colla quale si ottengono dei tracciati di una nitidezza estrema, e colla velocità di 6 metri all'ora, rimangono perfettamente distinte le ondulazioni di un decimo di secondo di periodo, come rimarrebbero anche distinte, se ve ne fossero, ondulazioni di periodo assai più breve.

2ª obbiezione. *Il Cancani considera il solo caso di due stili mentre l'adozione di un terzo, per la componente verticale, non può oramai essere rimandata più a lungo.*

Io non ho considerato il caso di un determinato numero di stili, come dice il collega, ma ho studiato il problema di una registrazione continua a grande velocità. Il numero degli stili da adottarsi è questione del tutto indipendente dal sistema di registrazione. Ritengo che sia preferibile un apparecchio separato per la componente verticale, ma se si volesse ritornare all'antico sistema Brassart, e registrare sulla medesima zona anche la 3ª componente, non si dovrebbe far altro che aumentare la larghezza della zona medesima. E se la larghezza del cilindro del mio apparecchio è insufficiente si può aumentare a piacere.

3ª obbiezione. *Egli cerca fare a meno di un quarto ago destinato a segnare il tempo.*

L'ago destinato a segnare il tempo, che trovavasi negli antichi apparecchi Brassart, fu abbandonato da me e dal collega Agamennone, per gl'inconvenienti gravi che presentava. Da me si ricorse all'espediente semplicissimo del sollevamento degli stili, che, coll'esperienza di sei anni, ho trovato assai utile e comodo, dal mio collega si ricorse invece più tardi all'espediente di uno spostamento laterale brusco della zona per segnare le ore e le frazioni di ora. Io apprezzo moltissimo il sistema del mio collega, ma non l'ho adottato, 1° per mantenere la semplicità del mio sistema, 2° perchè avrebbe reso più costoso il mio apparecchio, 3° perchè l'apparecchio stesso non si prestava a questa adozione. Volendo inscrivere il tempo ad ogni minuto e non prestandosi facilmente il mio apparecchio allo spostamento della zona, si possono adottare tanti altri metodi che è facile escogitare, come, ad esempio, imprimere automaticamente un piccolissimo urto laterale all'estremità capillare degli stili, tracciare dei piccoli tratti trasversali a distanza costante dalla estremità degli stili, ecc.

4ª obbiezione. *Il margine lasciato all'escursione massima di ogni stilo mi sembra troppo piccolo (appena 2 cm.), specie se si tratti di uno strumento a grande moltiplicazione.*

Questo margine di due centimetri, è bensì uno dei margini della zona, quando questa trovisi ad uno od all'altro degli estremi della sua corsa laterale, ma gli stili possono uscire dalla zona, oscillare liberamente e rientrarvi senza perturbazioni, dopo avere compiuto una grande escursione. Ora quando la formazione del diagramma avvenga in prossimità di uno dei bordi della zona si potrà perdere una parte del tracciato delle grandi oscillazioni; ma che cosa importa perder in questi casi eccezionali quella parte del diagramma quando se ne ha la parte simmetrica completamente tracciata? Può dirsi che, in sostanza, nulla si perde.

5ª obbiezione. *Questo è l'inconveniente ancor più grave, lo spostamento laterale della striscia di carta ad ogni intero giro della stessa mi sembra troppo insignificante (1ᵐᵐ.) perchè non si debba con ragione temere — specie in occasione d'un terremoto un pò lungo ed intenso — che si confondano maledettamente gli uni cogli altri i numerosi tracciati d'ogni stilo quasi interamente sovrapposti.*

L'inconveniente grave della confusione maledetta, come la chiama il mio collega, non esiste menomamente. Ed infatti, se il diagramma è di piccola larghezza, e quindi anche di breve durata, la sovrapposizione non avviene, è chiaro, per doppia ragione; se il diagramma poi è di larghezza tale da far temere una sovrapposizione dopo il 1° giro, la persona incaricata della sorveglianza degli apparecchi viene chiamata, sia da un tromometro avvisatore, sia da una suoneria comandata dall'istesso sismometrografo, e, con tutto agio, imprime un conveniente spostamento laterale al tamburo motore della zona, evitando così qualsiasi pericolo di sovrapposizione o confusione dei tracciati. A tal fine il sostegno del tamburo motore della zona è disposto in maniera da potersi spostare lateralmente scorrendo fra due regoli di acciajo. Fa meraviglia veramente, il vedere come il collega Agamennone abbia potuto supporre, che io non avessi preveduto l'inconveniente scaturito dalla sua immaginazione, o che non avessi saputo trovare un modo tanto semplice per evitarlo. L'esperienza del resto mi ha dimostrato che si ottengono diagrammi di una chiarezza meravigliosa, senza confusione di sorta, di 5^{mm} di larghezza e di un metro di lunghezza, senza che siasi trovato necessario lo spostamento della zona.

6ª obbiezione. *S'aggiunga a tutto ciò la noia di dovere immancabilmente mattina e sera cambiare la carta affumicata e fissare i tracciati ottenuti in ragione di due al giorno.*

In quanto alla noia che deve avere l'inserviente di un osservatorio, nel cambiare immancabilmente mattina e sera la carta affumicata, non mi pare sia il caso di preoccuparsene, poichè questa noja non importa che la perdita di tempo di un paio di minuti al più la mattina e la sera; in quanto al fissare i tracciati è da tener presente che questi si fissano solo quando contengano qualche diagramma, altrimenti si cancellano per utilizzare nuovamente la zona.

La zona di carta laccata che ora adotto, è di 16^{cm} di larghezza, poichè i rotoli di questa carta che trovansi in commercio, e che hanno la larghezza di 50^{cm}, si vengono a dividere in tre parti che hanno approssimativamente quella larghezza. Non so comprendere come il mio collega abbia visto la necessità che avrei di ricorrere a striscie *per lo meno della larghezza di un metro!*

Concludendo posso asserire che l'apparecchio da me costruito, per la sua semplicità, per la mitezza estrema delle spese di costo e di manutenzione che importa, e per tutti i dettagli che è in grado di fornire, risolva molto semplicemente tutti i problemi più interessanti della sismologia.

Non intendo con ciò disprezzare o disapprovare gli apparecchi ed i metodi escogitati con tanto zelo ed intelligenza dall'Agamennone, ma anzi faccio voti che, in tutti gli osservatorî di prim'ordine, il mio apparecchio possa trovarsi accanto a quelli del mio amico e collega.

Chimica fisica. — *Di una modificazione al picnometro di Sprengel* (¹). Nota del dott. A. MINOZZI, presentata dal Corrispondente R. NASINI.

Avendo lo scorso estate intrapreso lo studio sull'energia degli acidi in solventi diversi dall'acqua col metodo volumchimico e dovendo perciò eseguire molte determinazioni di densità di liquidi assai dilatabili, volatili ed igroscopici, mi trovai imbarazzato nella scelta di un picnometro che mi convenisse completamente.

(¹) Lavoro eseguito nell'Istituto di Chimica generale della R. Università di Padova.

Quello usato dall' Ostwald (¹) e dal Ruppin (²) nei loro studî volumchi-
mici presenta, a differenza di quello originale di Sprengel (³), una facilità e
rapidità di riempimento che lo fa preferire; ma se la temperatura a cui avviene
la pesata è, anche di poco, superiore a quella del bagno, il liquido dilatandosi esce dal picnometro. Il Perkin (⁴) ha già proposto una sua modificazione
per ovviare a questo inconveniente e per facilitare la messa al punto, ma il
suo picnometro non presenta nel maneggio alcun vantaggio sull' originale di
Sprengel. Inoltre, se si tratta di una soluzione con un solvente abbastanza
volatile ed igroscopico, con tutti questi picnometri si può incorrere in cause
di errori non trascurabili durante il riempimento.

Perciò pensai di apportare al picnometro usato dall' Ostwald, e che non
è altro che una modificazione di quello di Sprengel, delle leggere aggiunte
in modo che esso accoppiasse tutti i vantaggi e rispondesse alle condizioni
delle mie esperienze.

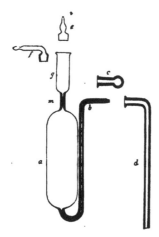

La figura annessa rappresenta il mio picnometro circa a ¹/₃ del vero.

Il suo contenuto è di circa 50 cm. dal segno *m*, inciso sul tratto di tubo
capillare verticale, all' estremità della branca *b*. Il calibro dei tubi in questi
due punti è un po' minore del resto, perciò l' errore dovuto al menisco è ridotto
al minimo.

Il suo riempimento avviene facilmente mediante assorbimento con un
mezzo qualunque, dopo aver adattati i pezzi accessori *f* e *d* alle sue estremità.
La squadra *d* attraversa un tappo a due fori che chiude un matraccino con-,

(¹) Journ. prak. Ch. *18*, pag. 328.
(²) Zeit. phys. Ch. *14*, pag. 467.
(³) Pogg. Ann. *150*, pag. 459.
(⁴) Journ. prak. Ch. *31*, pag. 486.

tenente il liquido o la soluzione da esperimentare; l'altro foro del tappo porta un'altra piccola squadra a cui è unito un tubo disseccante. La squadra a tappo *f* è congiunta ad una pompa o meglio ad un apparecchio a bilico avente il mercurio come liquido.

Il riempimento può esser fatto benissimo mantenendo il matraccino ed il picnometro nel bagno; si avvantaggia così del tempo che si perderebbe in una seconda determinazione aspettando che il contenuto del picnometro raggiungesse la temperatura voluta.

Si mette poi il liquido al punto, assorbendo il liquido eccedente con una listarella di carta bibula appoggiata all'estremità della branca *b*, indi si adatta a questa estremità la capsulina a smeriglio *c* e si chiude l'altra col tappo *e*.

Se la temperatura ambiente è più alta della temperatura del bagno, il liquido del picnometro dilatandosi non può uscire dalla branca *b*, ma s'innalza nel prolungamento *g* dove trova spazio sufficiente.

Fisica. — *Sopra la forza elettromotrice di alcuni sistemi di pile a concentrazione e di pile rame-zinco con solventi organici.* Nota preliminare di ROBERTO SALVADORI, presentata dal Corrispondente R. NASINI.

Riferisco alcuni dati sperimentali di forza elettromotrice fino dall'anno scorso ottenuti con diversi sistemi di pile a concentrazione ad elettrodi di zinco, e con alcune pile rame-zinco adoperando invece dell'acqua alcuni dei solventi organici più usati. Quantunque non siano che esperienze preliminari e incomplete pure credo opportuno di comunicarle egualmente poichè vedo che già si annunziano come prossimi lavori sistematici su questo argomento; è inutile che io dica che non intendo affatto con ciò riservarmi questo campo di ricerche e sarò anzi contento se anche altri ci lavoreranno.

Non credo di dover stabilire per ora delle considerazioni sui risultati ottenuti, sembrandomi troppo presto e azzardato ed aspettando di farlo quando su questo argomento, del quale adesso mi occupo, avrò raccolto un maggior numero di dati esperimentali. Così pure mi astengo dal riferire la letteratura, veramente non molto estesa, su questo argomento.

Determinai col metodo della compensazione, con un galvanometro a specchio, la forza elettromotrice che si stabilisce con una pila rame-zinco e acido cloridrico secco sciolto rispettivamente nell'etere, nel benzolo, nell'acetone; ma mentre in questi casi l'attacco dello zinco è fortissimo, come si può rilevare da una abbondante quantità di idrogeno che si sviluppa, non si ha invece nessuna corrente elettrica, nessuna forza elettromotrice, eccettuato qualche piccola cosa per l'acetone.

Ripetei l'esperienze con l'acqua, alcool metilico, e etilico; in questo caso si determina una certa forza elettromotrice che aumenta dall'alcool etilico all'acqua, mentre l'attacco dello zinco aumenta dall'acqua all'alcool etilico.

Adoperai due soluzioni diversamente concentrate di acido cloridrico, una decimo, e una ventesimo normale, e due soluzioni pure diversamente concentrate di acido tricloroacetico per ogni singolo solvente.

Le forze elettromotrici ottenute sono nel seguente specchietto riepilogate; esse rappresentano la media di più osservazioni per ogni soluzione variando le resistenze che si interpongono:

Solventi	Acido cloridrico		Acido tricloroacetico	
	Concentra-zione	Forza elettromotrice	Concentra-zione gr. in 100 di sol.	Forza elettromotrice
Acqua	—	—	6,65	0,830
	N/20	0,838	1,50	0,765
Alcool metilico . .	N/10	0,633	6,31	0,811
	N/20	0,608	1,12	0,877
" etilico . .	N/10	0,537	4,29	0,771
	N 20	0,605	1,07	0,785
Acetone	N/10	0,409	5,90	0,573
	N/20	0,410	0,95	0,495 [1] 0,529 [2]
Benzolo	N/10	—	—	—
	N/20	—	—	—
Etere	N/10	—	—	—
	N/20	—	—	—

Nell'altro specchietto appresso riporto le forze elettromotrici di alcune pile a concentrazione, fatte con soluzioni etiliche, metiliche, acquose di cloruro potassico. Gli elettrodi erano costituiti da due bastoncini di zinco.

[1] Subito.
[2] Dopo un minuto che gli elettrodi erano immersi.

Pile a concentrazione	Forza elettromotrice
Acqua-alcool metilico	0,0644 [1]
	0,0486 [2]
Soluzione acquosa di K Cl 2,86 %.	0,0939
" metilica " 1,43 %.	
" acquosa e metilica egualmente concentrata 1,43 °',	0,0939
Acqua-alcool etilico	0,0085
Acqua sola	0,1216
Soluzione etilica di K Cl al 1,43 °'₀	
Soluzioni egualmente concentrate in acqua e alcool etilico .	0,2577
Alcool metilico-etilico soli	0,0252
Soluzione concentrata in alcool metilico	0,0972
" diluita in alcool etilico	
Soluzioni egualmente concentrate in alcool etilico e metilico	0,0000

In generale si vede che sono assai deboli forze elettromotrici che si stabiliscono, mentre le cause d'errore sono abbastanza forti.

Chimica. — *Soluzioni solide e miscele isomorfe fra composti a catena aperta, saturi e non saturi.* Nota di G. BRUNI e
F. GORNI, presentata dal Socio G. CIAMICIAN.

In un lavoro pubblicato lo scorso anno da uno di noi [3] venne dimostrato come anche fra composti a catena aperta di analoga costituzione possa
aver luogo formazione di soluzione solida, quando la configurazione delle
loro molecole sia la stessa. Così fu provato che cloroformio e jodoformio formano soluzione solida col bromoformio: e parimenti cloruro e joduro d'etilene col corrispondente bromuro.

Era però evidente, come fu accennato nella chiusa di tale lavoro, che
molti altri casi di soluzioni solide fra composti a catena aperta si sarebbero
potuti realizzare. Noi abbiamo ora continuate queste ricerche non solo su
composti analoghi a quelli precedentemente studiati, ma anche, ed anzi in
particolare modo, estendendole ad altre e più interessanti analogie di struttura.

.

---

[1] Elettrodi distanti.
[2] Elettrodi avvicinati.
[3] Rendiconti di questa Accademia 1898, 1° sem., pag. 166; Gazz. Chimica italiana
1898, I, 277.

I. Anzitutto quindi abbiamo voluto studiare il comportamento criosco- pico delle soluzioni in bromuro d'etilene, del corrispondente clorobromuro

$$CH_2 Cl$$
$$\overset{|}{CH_2} Br$$

e del cianuro d'etilene o nitrile succinico.

Scopo della prima ricerca era di vedere se per la sostituzione di uno solo dei due atomi di bromo con un altro alogeno, si conservasse intatta la capacità di cristallizzare assieme, oppure per l'introduzione di una certa asimmetria nella molecola questa proprietà sparisse. Tale questione non era stata infatti ancora studiata dal punto di vista crioscopico, nemmeno fra composti aromatici. Dal punto di vista cristallografico si hanno esempî nel- l'uno e nell'altro senso. Così ad es.: tetracloroidrochinone, triclorobromoidro- chinone, dibromodicloroidrochinone sono isomorfi [1]; invece l'isomorfismo esi- stente fra tricloro e tribromo-acetamide [2] non si verifica più nella clorobi- bromoacetamide la quale cristallizza in forme del tutto diverse dalle due prime [3].

L'esperienza ha dimostrato che il clorobromuro d'etilene ha un'attitu- dine a cristallizzare assieme al corrispondente bibromuro assai più grande del bicloruro ed anche del bijoduro. Ciò risulta evidente dai risultati spe- rimentali; tanto più ove si consideri che il clorobromuro ha un punto di congelamento notevolmente inferiore al solvente; ciò che come è noto con- tribuisce a rendere meno spiccate le anomalie crioscopiche.

Concentrazioni	Abbassamento termometrico	Peso molecolare ($K = 118$) $C_2H_4Cl Br = 143,5$
0,3590	0°,12	353
0,5641	0, 19	351
1,1639	0, 40	343
2,0631	0, 70	348
2,6713	0, 895	352
3,5312	1, 16	359

L'anomalia è spiccatissima ed i valori ottenuti pei pesi molecolari se- guono l'andamento decrescente dapprima e quindi di nuovo crescente, carat- teristico in simili casi, massime quando la sostanza sciolta abbia un punto di congelamento più basso del solvente.

L'esperienza ha mostrato poi, che anche il cianuro d'etilene forma so- luzione solida col corrispondente bromuro. La sostituzione di due atomi di

[1] Levy u. Schultz, Lieb. Ann. *210*, 155, 161; Liweh, Zeitschr. Kryst. *11*, 247.

[2] Bodewig, Zeitschr. Kryst. *5*, 554; Brezina, Zeitschr. Kryst. *5*, 586, 646.

[3] Fock, Lieb. Ann. *249*, 78.

alogeno con due gruppi CN- non altera dunque l'assetto molecolare tanto da togliere la capacità di cristallizzare assieme. Anche di ciò una dimostrazione per via crioscopica non era ancora stata data. Ecco i dati delle misure relative:

Concentrazioni	Abbassamento termometrico	Peso molecolare (K = 118) C₁H₄(CN)₂ = 80
0,2136	0°,255	99
0,4485	0, 54	98
0,4843	0, 57	100
0,7017	0, 80	103
1,0911	1, 17	110
1,9033	1, 66	135
1,9165	1, 68	135
1,9741	1, 73	135

II. Dopo le esperienze ora descritte abbiamo rivolto il nostro studio alle relazioni esistenti fra i composti a doppio legame ed i corrispondenti composti saturi.

Come è noto, fra due composti di struttura ciclica che differiscano unicamente per la presenza o meno di un doppio legame nella catena chiusa, sussistono sempre relazioni tali di forma cristallina e di configurazione, che cristallizzano assieme dando soluzioni solide, e possono in parecchi casi essere riguardati come isomorfi. Esempî: naftalina e diidronaftalina [1]; difenile e tetraidrodifenile [2]: anidride succinica e anidride maleica [3].

Fra composti che differiscono fra di loro per un doppio legame in una catena aperta, le esperienze eseguite da Garelli [4] non avevano in alcun caso constatato la formazione di soluzione solida. Così ad es.: soluzioni di acido oleico in stearico, di diidroisoapiolo in isoapiolo, si comportano nel congelamento in modo affatto normale. Questo fatto veniva spiegato colla considerazione, invero assai plausibile, che la formazione o la scissione di un doppio legame, importa in una catena aperta un cambiamento assai più essenziale che in un nucleo chiuso.

Però le esperienze fatte finora erano troppo scarse ed incomplete perchè la questione potesse ritenersi esaurita; e ciò tanto più per le considerazioni che verremo esponendo. Come è notissimo, le teorie stereochimiche distinguono due casi, quando da un composto contenente una catena aperta satura, si passi ad un altro contenente in questa un doppio legame etilenico. Può

[1] Küster, Zeitschr. f. physik. Ch., VIII, 592.

[2] Garelli, Gazz. Chim. ital. 1898, II, 360.

[3] Garelli e Montanari, Gazz. Chim. ital. 1894, II, 252.

[4] Garelli e Montanari, ibidem

cioè accadere che ad uno dei due atomi di carbonio doppiamente legati, rimangano uniti due atomi o due gruppi uguali, nel quale caso non si ha isomeria possibile; e può invece avvenire, che ad ognuno di questi due atomi, siano uniti due gruppi diversi, talchè possano formarsi le due forme isomere nello spazio: maleinoide e fumaroide. A tale secondo caso, si riferiscono gli esempî finora studiati e citati di sopra; ma come si vede in essi si erano studiate solamente le relazioni esistenti fra uno dei due isomeri ed il corrispondente composto saturo.

Abbiamo quindi ripreso in esame questo ordine di fatti, volgendo anzitutto il nostro studio a quest'ultimo caso, come quello che era il più interessante e prometteva un maggior frutto di utili e brillanti applicazioni alla determinazione della configurazione dei composti per via crioscopica. Dichiariamo però fin d'ora che ci proponiamo di estendere il nostro studio anche al primo caso.

Il problema era, quindi, questo: ricercare se dei due isomeri nello spazio, entrambi od uno solo, posseggano relazioni di configurazione e di forma cristallina col relativo composto saturo, tali da poter con esso cristallizzare formando soluzioni solide o miscele isomorfe. La prima ipotesi, oltrechè poco accettabile a priori, poteva ritenersi già esclusa dalle esperienze di Garelli. La seconda invece ci appariva assai probabile. Ed in tal caso era di grande interesse lo stabilire quale delle due forme, maleinoide e fumaroide, avesse questo più stretto nesso di configurazione col composto a legame semplice.

Esponiamo qui in modo sommario i risultati delle esperienze eseguite, e le principali deduzioni teoriche che da essi si possono trarre, riservandoci di farne altrove un'esposizione completa.

Per cominciare la nostra ricerca era naturale che noi scegliessimo come primo materiale di studio, quei composti nei quali queste isomerie sono più note e meglio determinate, e pei quali, anzi, esse furono introdotte nella scienza: cioè gli acidi maleico e fumarico, e ricercassimo le loro relazioni coll'acido succinico.

Gli acidi liberi, però, non si prestavano affatto al nostro studio, poichè, come è ben noto, essi nel fondere, o si anidrificano, o si trasformano. Era quindi necessario ricorrere ai loro derivati, capaci di fondere senza decomporsi.

Come venne accennato più sopra, già Garelli (l. c.) aveva stabilito che l'anidride maleica forma soluzione solida colla succinica, e prima ancora Bodewig aveva trovato che strette analogie esistano fra le forme cristalline dei due corpi [1]. Queste osservazioni non sono però utilizzabili nel caso nostro, perchè fra questi composti la differenza è per un doppio legame o meno *in una catena chiusa;* ed essendo il corpo a struttura ciclica, non

[1] Zeitschr. Kryst. 5, 557.

esiste più nella sua molecola la libera rotazione attorno all'asse congiungente i due atomi di carbonio.

Occorreva, quindi, operare su derivati in cui questa libera rotazione fosse mantenuta.

Per avere composti che obbedissero a tale condizione, e facilmente accessibili, scegliemmo gli eteri dimetilici, i quali ci presentavano un materiale sotto tutti i rapporti adattatissimo al nostro scopo.

Come solvente abbiamo impiegato l'etere dimetilico dell'acido succinico, il quale fonde a $+ 19°$. Siccome la costante non era nota, così abbiamo dovuto determinarla, sciogliendovi varie sostanze di presumibile comportamento normale: bibromobenzolo, naftalina, dibenzile, azobenzolo, isoapiolo e difenilammina. Come media di tali misure venne ricavato il valore $k = 55,5$.

Le determinazioni eseguite colle soluzioni dell'etere dimetilico dell'acido maleico (p. eb. 205°) diedero il seguente risultato:

Concentrazioni	Abbassamento termometrico	Peso molecolare (K = 55,5) $C_6H_8O_4 = 144$
0,6130	0°,2275	149,5
0,8838	0, 32	153
1,5609	0, 5675	153
1,0632	0, 72	159
2,5810	0, 9075	158
3,2344	1, 12	163
5,0991	1, 7175	164

Queste soluzioni si comportano in modo normale. I valori superiori di poco al normale che si ottengono sono forse da attribuirsi a minime traccie dell'isomero dal quale, come è noto, difficilmente si riesce a separarlo. L'andamento poi di tali valori, ove si osservi che l'etere maleico gela a temperatura assai più bassa del solvente, deve ritenersi del tutto normale.

Questo comportamento del resto risulta subito in modo luminoso ove lo si confronti con quello dell'isomero. L'etere dimetilico dell'acido fumarico (p. f. 102°) diede al contrario i risultati seguenti:

Concentrazioni	Abbass. termometrico	Peso mol. (K = 55,5) $C_6H_8O_4 = 144$	Coefficiente di distribuzione calcolato
0,1795	0°,0125	797	0,819
0,7826	0 05	869	0,834
1,4802	0 09	914	0,842
	Innalz. termometrico		
2,3706 [1]	0°,24		
4,885	4 60		
9,255	17 90		
17,908	27 50	—	—

[1] Le concentrazioni di queste soluzioni sono riferite a 100 parti di miscela.

L'etere fumarico produce quindi in soluzioni assai diluite, degli abbassamenti anormalmente piccoli dai quali si calcolerebbero pesi molecolari sestupli circa del teorico. Invece partendo da concentrazioni del 2 % circa, esso innalza il punto di congelamento del solvente.

Questo comportamento si accosta assai a quello delle miscele isomorfe. In queste, però, si era finora osservato fin dalle soluzioni più diluite un innalzamento. L'andamento delle curve di congelamento di queste soluzioni è, quindi, nuovo ed estremamente interessante per gli studî sugli equilibrî nelle soluzioni solide e miscele isomorfe, e sotto questo punto di vista verrà sottoposto ad uno studio più dettagliato.

Ciò che si è qui esposto basta però a provare, in modo evidente, la formazione di soluzione solida in proporzioni fortissime, come risulta dai valori del coefficiente di distribuzione, calcolato secondo la nota formola di Beckmann, dalle variazioni di temperatura osservate, in confronto delle normali.

Dei due isomeri è dunque col fumarico, che l'acido succinico ha strette relazioni di configurazione e di forme cristalline, mentre queste relazioni non esistono più affatto col maleico. E di ciò non è difficile rendersi conto in base alle teorie stereochimiche.

Si ammette infatti che in un composto a legame semplice nel quale esiste la libera rotazione, attorno all'asse congiungente due atomi di carbonio, si forma una posizione favorita, nella quale gli atomi o gruppi che hanno una maggiore affinità reciproca, tendono a porsi nella massima possibile vicinanza, e gli atomi o gruppi identici, tendono invece a collocarsi alla massima possibile distanza [1]. Se si rappresenta con uno schema questa condizione di cose per l'acido succinico si vede come la sua configurazione favorita abbia la massima somiglianza con quella dell'acido fumarico e non ne abbia alcuna con quella dell'acido maleico.

Acido fumarico. Acido succinico. Acido maleico

Queste conclusioni stanno in assai buon accordo, con quelle che si possono trarre, dall'esame dell'energia degli acidi delle tre serie, succinica, fumarica e maleica, come risulta dal riassunto seguente [2]:

	K =		K =		K =
Acido succinico	0,00665	Acido fumarico	0,093	Acido maleico	1,170
" pirotartrico	0,0086	" mesaconico	0,0794	" citraconico	0,340
" etilsuccinico	0,0085	" etilfumarico	0,094	" etilmaleico	0,238

[1] Meyer u. Jacobson, *Organische Chemie*, vol. I, pag. 84,
[2] Ostwald, Zeitsch f. physik. Ch. III 241, 369; Walden, Zeitsch f. physik. Ch. VIII 433.

Per quanto entrambi gli acidi non saturi, siano più energici del corrispondente acido saturo, tuttavia la differenza è incomparabilmente più forte per l'isomero maleinoide che pel fumaroide; queste differenze sono in particolar modo spiccate pei primi termini, sui quali furono eseguite le esperienze suddescritte.

Quando l'acido succinico si anidrifica la configurazione deve necessariamente mutare, ed il sistema deve muoversi intorno all'asse di rotazione, giacchè è necessario, perchè il processo di anidrificazione possa compiersi, che i carbossili si collochino in posizione vicina accostandosi alla forma maleica dei composti non saturi. Così l'anidride succinica diventa, come si è detto, pressochè isomorfa colla maleica.

III. Dopo queste esperienze sul gruppo di composti, tipico per le isomerie geometriche, restavano parecchi altri casi simili nei quali queste isomerie sono meno bene note, ed il cui studio presenta ancora varie incertezze.

Particolarmente interessanti si presentavano le ricerche intorno alle relazioni fra l'acido butirrico ed i due crotonici.

Per questi composti esistevano già misure di Garelli e Montanari ([1]), secondo i quali, soluzioni di acido butirrico in crotonico hanno comportamento crioscopico normale. Queste esperienze non si potevano però ritenere, come decisive, sopratutto poichè il fatto che l'acido crotonico fonde circa 80° gradi più alto del butirrico, doveva rendere assai poco spiccata l'anomalia se questa esisteva.

Per ovviare a questo inconveniente, noi adoperammo come solvente l'acido butirrico, sebbene questo, pel suo basso punto di congelamento e per la sua grande igroscopicità, sia di un uso alquanto incomodo.

Le esperienze dirette a determinare la depressione molecolare del solvente, non vennero ancora condotte a termine, e verranno da noi esposte più tardi. I risultati però ottenuti colle soluzioni dei due isomeri, sono di per sè tanto evidenti, che noi li comunichiamo senz'altro.

Acido crotonico $C_4H_6O_2 = 86$.

Concentrazioni	Abbassamento termometrico	Depressione molecolare
1,5600	0°,015	0,8
	Innalzamento termometrico	
3,6030	0°,035	
5,9714	0 08	

Il comportamento è affatto identico a quello dell'etere fumarico nel succinico, e prova nel modo più luminoso la formazione di soluzione solida fra acido butirrico e crotonico, in tale misura da potersi ritenere le due sostanze pressochè totalmente isomorfe.

([1]) Gazz. Chim. it., 1894, II, pag. 252.

Ben diverso è il comportamento delle soluzioni dell'isomero:

Acido isocrotonico $C_4H_6O_2 = 86$.

Concentrazioni	Abbassamento termometrico	Depressione molecolare
0,6264	0°,31	42,5
1,5262	0 68	38,3
3,4397	1 56,5	39,1

Ove si rifletta che la depressione molecolare dell'acido acetico ha il valore 39, e quelle degli omologhi superiori, acidi laurinico, palmitico e stearico, oscilla intorno a 44, risulta chiaro, che la depressione molecolare dell'acido butirrico non potrà scostarsi molto dal valore $K = 40$, e che il comportamento dell'acido isocrotonico deve considerarsi come normale.

Resta, quindi, stabilito : che l'acido crotonico ha coll'acido butirrico quelle stesse analogie di configurazione, che il fumarico ha col succinico; e che parimenti le identiche relazioni hanno l'acido isocrotonico ed il maleico coi corrispondenti acidi saturi.

Ciò non sarebbe veramente in accordo colle formole che si trovano generalmente ammesse pegli acidi crotonici.

Per la formazione dell'acido crotonico dall'acido tetrolico

$$CH_3 . C \equiv C . COOH \; (^1).$$

si attribuisce infatti ad esso la forma maleinoide, e per conseguenza, all'isocrotonico la forma fumaroide. Però, anche nei più recenti trattati [2] non si ritiene questa determinazione di configurazione, come definitiva; ed a ragione, poichè essa è in contraddizione colle principali proprietà fisiche e chimiche dei due isomeri, colle quali invece le nostre conclusioni stanno in completo accordo. L'acido crotonico ha, infatti, tutte le proprietà che spettano in generale alle forme fumaroidi, e l'isocrotonico, al contrario, quelle che sono proprie delle forme maleinoidi. L'ac. crotonico, ad es., fonde assai più alto, e l'isocrotonico più basso del corrispondente acido saturo. Inoltre l'acido crotonico è assai più stabile dell'isomero, e quest'ultimo si trasforma assai facilmente nel primo, per azione di acidi, o di altri agenti chimici.

Dobbiamo quindi ritenere, come dimostrato, che all'acido crotonico spetta la forma fumaroide :

$$CH_3 . C . H$$
$$H . \overset{\shortmid}{C} . COOH$$

ed all'isocrotonico la maleinoide

$$H . C . CH_3$$
$$H . \overset{\shortmid}{C} . COOH$$

[1] Aronstein u. Holleman, Ber. XXII, 1183.

[2] Richter, Organische Chemie VIII. Aufl. I vol., pag. 269 (1897); Holleman, Organische Chemie, pag. 157 (1899).

IV. Altrettanto interessanti, come quelle ora studiate, si presentavano le relazioni frà l'acido fenilpropionico, ed i corrispondenti acidi fenilacrilici, o cinnamici.

Come è noto, mentre la teoria non farebbe prevedere, per questi ultimi, che due stereoisomeri, risulta invece dalle ricerche di Liebermann (¹) e di Erlenmeyer (²) che, oltre all'acido cinnamico comune (p. f. 133°) esistono altri 3 isomeri; e cioè l'acido allocinnamico (p. f. 69°) l'acido isocinnamico naturale (p. f. 45°-47°) e l'acido isocinnamico artificiale (p. f. 43°,5-46°). Tutti questi composti, hanno altresì, forme cristalline ben diverse gli uni dagli altri (³). Questi fatti non hanno ancora avuto una soddisfacente spiegazione. Appare però assai probabile, che all'acido cinnamico comune il quale fonde a temperatura più elevata, ed è più stabile degli altri, spetti la forma fumarica.

Noi abbiamo studiato il comportamento delle soluzioni di due degli acidi cinnamici, cioè del cinnamico ordinario, e dell'allocinnamico (⁴) nell'acido fenilpropionico.

La depressione molecolare dell'acido fenilpropionico, usato come solvente, era stata determinata da Eykmann, il quale aveva dedotto il valore $K = 88.7$. Noi abbiamo verificato questo dato sciogliendovi come sostanze presumibilmente normali, il dibenzile, l'ac. salicilico, l'ac. elaidinico. Come media delle terminazioni di Eykmann e delle nostre abbiamo adottato il valore $K = 89.5$. I risultati avuti colle soluzioni dei due isomeri sono i seguenti.

L'acido cinnamico ordinario, innalza fin dalle più basse concentrazioni il punto di congelamento del fenilpropionico, come risulta dalla seguente tabella :

Concentrazioni	Innalzamento termometrico
0,2921	0°,075
0,6692	0, 20
1,4452	0, 55
3,2310	1, 31
5,0065	2, 085
6,7759	2, 885

L'acido cinnamico ed il fenilpropionico, cristallizzano quindi assieme, in tutti i rapporti, e si comportano come sostanze completamente isomorfe.

(¹) Ber. XXIII. 141, 254; XXIV. 1101; XXVII. 2037.

(²) Lieb., Ann. *287*. 1.

(³) Schabus, Wien. Akad. Ber. 1850. 206; Fock, Ber. XXIII. 147, 2511; XXIV. 1105; XXVII. 2048; Haushofer. Lieb., Ann. *287*. 7.

(⁴) L'acido allocinnamico usato in queste misure, ci venne inviato colla massima gentilezza, dal prof. C. Liebermann di Berlino, a cui se ne deve la scoperta. Mi è grato esprimergli qui, i più vivi ringraziamenti.

G. CIAMICIAN.

Al contrario l'acido allocinnamico, dà abbassamenti affatto normali, ciò che riesce tanto più convincente in quantochè esso fonde notevolmente più alto del solvente.

Concentrazioni	Abbassamento termometrico	Peso molecolare (K = 89,5) $C_9H_8O_2 = 148$
0,8230	0°,52	142
1,6513	1, 15	144
3,9973	2, 47	145

Resta quindi stabilito che all'acido cinnamico conviene la forma fumaroide, ed all'acido allocinnamico deve attribuirsi la configurazione maleinoide. Come debba poi spiegarsi l'esistenza degli altri due isomeri acidi isocinnamici; e se questi debbano essere ritenuti assieme all'allocinnamico, come forme polimorfe di un solo composto, potrà essere determinato solo da ulteriori ricerche.

Accenneremo per ultimo che le determinazioni cristallografiche, eseguite da Fock [1] sull'acido fenilpropionico, sono troppo incomplete, per poterne dedurre relazioni con quelle già accennate degli acidi cinnamici.

Per completare queste ricerche, le quali possono portare un contributo, non solo alla conoscenza delle soluzioni solide, ma anche a quelle della stereochimica dei composti etilenici, abbiamo in corso altre esperienze. Di queste e di quelle dirette a studiare altre specie di analogie di struttura, speriamo di poter presto comunicare i risultati.

Chimica. — *Sulla scissione dell'acido isosantonoso inattivo nei suoi antipodi.* Nota di A. ANDREOCCI e P. ALESSANDRELLO, presentata dal Socio CANNIZZARO.

Questa Nota sarà pubblicata nel prossimo fascicolo.

Cristallografia. — *Per l'anortite del Vesuvio.* Nota II di C. VIOLA, presentata dal Socio BLASERNA.

Il cristallo di anortite, del quale ho determinato le costanti ottiche col riflettometro totale di precisione del prof. Abbe di Iena appartenente al R. Istituto Fisico di Roma, è quello che mi fu donato dal prof. E. Scacchi, e che mi ha pure servito per determinare gli angoli fondamentali e le tre faccie vicinali l', m', x', nuove per l'anortite, come riferii nella mia precedente Nota [2].

[1] Ber., XXIII. 148.
[2] Vedi Rendiconti, vol. VIII, I° sem. serie 5ª fasc. 8°.

Per le osservazioni con l'apparecchio di Abbe mi servii dapprima della faccia naturale (00Ī) non perfettamente piana; ma indi feci levigare una sezione parallelamente a (00Ī), e con questo nuovo piano ripetendo le osservazioni, ebbi dei risultati sorprendenti.

Un asse ottico dell'anortite cade esattamente in questa faccia, cosicchè le due linee limiti si toccano in questo raggio. In tale caso speciale gli indici di rifrazione, e la posizione dell'altro asse ottico sono pienamente determinati con la sola sezione (001), senza nemmeno tenere conto dei piani di polarizzazione; tuttavia essi sono dati nella tabella qui annessa.

Per poter assicurare 2 ovvero 3 unità nella quinta decimale degli indici di rifrazione è necessario non solo di prestare molta cura nella correzione dell'istrumento, ma bensì anche di adottare nell'osservazione il metodo differenziale.

Dopo il bel lavoro di Pulfrich (¹) poco rimane a dirsi intorno alla correzione dell'apparecchio.

Avendo dapprima situato il piano della mezza sfera perpendicolarmente al suo asse di rotazione, si porta quest'asse in coincidenza coll'asse di simmetria. A quest'uopo non disponendo di una molla sensibile, si attacca un segnale sullo specchietto, e con il cannocchiale abbassato e fisso si osserva lo spostamento dell'imagine girando la mezza sfera.

Rimane in terzo luogo di far incontrare l'asse di rotazione della mezza sfera dall'asse di rotazione del cannocchiale. Pulfrich dispone il cannocchiale orizzontalmente, e facendolo funzionare da tasto, capovolge il cannocchiale ora da l'una ora dall'altra parte, finchè il piccolo intervallo fra obbiettivo e sfera si mantiene costante. Ma per avere l'angolo limite vero della riflessione totale non fa bisogno nè di conoscere lo zero del cerchio verticale, nè di fare la testè accennata correzione, poichè di quanto il cerchio verticale darà di più stando p. e. il cannocchiale a destra, altrettanto darà di meno stando il cannocchiale a sinistra, e la media aritmetica delle due letture, essendo indipendente dal piccolo errore, sarà il vero angolo della riflessione totale. Lavorando col metodo differenziale, questa terza correzione diviene assolutamente superflua, anche misurando le differenze degli angoli col cannocchiale sempre da un solo lato.

La quarta correzione consiste in questo di alzare la mezza sfera, finchè il suo centro cada nell'asse di rotazione del cannocchiale. Come indizio si ha che il cannocchiale deve dare un angolo limite della riflessione totale fra aria e vetro della mezza sfera eguale a $31°, 56', 14''$, corrispondente cioè all'indice di rifrazione del vetro

$$N_D = 1,89040.$$

(¹) C. Pulfrich, *Ueber die Anwendbarkeit der Methode der Totalreflexion auf kleine und mangelhafte Krystallflächen.* Zeitsch. f. Kry. 1899. Bd. XXX, S. 568.

Nell'ultimo mio lavoro (¹) discussi le ulteriori correzioni e i rispettivi errori, che ancora si possono o togliere dall'apparecchio, o calcolare ed eliminarli dalle osservazioni.

Ma anche dopo eseguite le correzioni suddette, l'apparecchio non si mantiene perfettamente costante, sia a causa delle variazioni di temperatura, sia per altre ragioni, p. e. se le viti di contrasto fossero state troppo in pressione.

Feci successivamente le seguenti misure su un disco di quarzo, che la casa Zeiss allegò all'apparecchio:

$$\omega_D = 1,54489 \qquad \varepsilon_D = 1,55404 \qquad (\varepsilon - \omega)_D = 0,00915$$
$$1,54523 \qquad 1,55440 \qquad 0,00917$$
$$1,54599 \qquad 1,55516 \qquad 0,00917$$

Secondo Mascart $(\varepsilon - \omega)_D = 0,00917$.

Ciò dimostra che mentre l'errore in ω ed ε si mantenne sufficientemente grande, l'esattezza della birifrangenza misurata con la vite micrometrica rimase nella quinta decimale.

Conviene osservare che il cannocchiale del riflettometro di Abbe, prima costruzione, ha tre gomiti e tre prismi di vetro a riflessione totale; nel nuovo modello questo inconveniente è levato, e quindi si riesce ora con più facilità di correggere l'asse ottico del cannocchiale in guisa che incontri l'asse di rotazione del cannocchiale, e si riesce anche di mantenerlo per la durata delle osservazioni in posizione costante.

Se per l'esattezza dei risultati è richiesto che l'asse ottico del cannocchiale incontri il suo asse di rotazione, non è all'opposto detto che esso debba passare per il centro della mezza sfera, perchè se le altre sopra accennate condizioni sono esattamente soddisfatte, in ogni caso il raggio della riflessione totale, sia o no rifratto dalla mezza sfera, si mantiene sempre nel meridiano passante per l'asse di rotazione del cannocchiale, e la lettura sul cerchio verticale è il vero angolo limite.

Ma, ripeto, i piccoli errori, che possono rimanere nell'istrumento, non portano alcuna influenza nell'indice della doppia rifrazione, poichè l'incertezza di alcune unità nella quinta decimale, sta nel limite dell'errore di puntata, che è circa un minuto primo diviso pel numero che dà l'ingrandimento del cannocchiale.

Da queste considerazioni risulta che potremo determinare gli indici di rifrazione principali dell'anortite con un errore di alcune unità nella quinta decimale, adottando il metodo differenziale.

A quest'uopo mi servo come termine di confronto dell'indice ε del quarzo, che è, secondo Mascart

$$\varepsilon_D = 1,55338$$

(¹) C. Viola, Zeitsch. für Krystall. 1898, Bd. 30, pag. 437.

e corrisponde nella mezza sfera per la luce D all'angolo limite della riflessione totale:

$$55°,15',25''.$$

Con l'intento di provare il riflettometro totale feci inoltre le seguenti misure su una lamina di gesso secondo il clivaggio (010) (nel quale cadono i due assi ottici), *gesso* delle Miniere di Romagna, che ebbi dall'egregio ing. Cavalletti:

$$\alpha_D = 1,52038$$
$$\beta_D = 1,52246 \qquad 2V_D = 56°,30'$$
$$\varrho_D = 1,52961$$

e calcolato $2V_D = 56°,55',50''$. Mentre Dufet pel gesso di Montmartre riferisce:

$$\alpha_D = 1,52046$$
$$\beta_D = 1,52260 \qquad \text{e } 2V = 58',50'' \text{ alla temperatura di } 19°.$$
$$\gamma_D = 1,52962$$

Queste misure ottenni servendomi come paragone di un cristallo di quarzo; esse dimostrano che l'apparecchio è eccellente, e col metodo impiegato possono offrire dei risultati di piena fiducia.

Punto dunque il cannocchiale sulla linea limite del quarzo per due posizioni opposte di 180°. E senza spostare il cannocchiale, tolgo il dischetto di quarzo e vi sostituisco la lamina dell'anortite. Eseguisco le misure delle linee limiti per le posizioni di 15° in 15°, determinando con le prime differenze le posizioni dei massimi e minimi.

La tabella qui annessa dà le differenze lette sulla vite micrometrica fra la posizione della linea limite del quarzo e le linee limiti dell'anortite.

Passando la sezione del cristallo, che in questo caso è parallela alla faccia (001), per uno degli assi ottici, si ottengono un massimo nella curva esterna, che corrisponde all'indice γ, un minimo nella curva interna che corrisponde all'indice α e finalmente là dove le due curve si tagliano, è determinato l'indice medio β.

Benchè in questo caso speciale non sia necessario di conoscere la posizione dei piani di polarizzazione, tuttavia la tabella dà anche le letture fatte sul Nicol applicato all'obbiettivo.

Per osservare distintamente la linea limite della riflessione totale, dopochè l'occhio vi si sia assuefatto, è indifferente di illuminare il cristallo da sotto ovvero da sopra, benchè Pulfrich consigli di non far uso dell'illuminazione tangenziale. Nel primo caso si richiede molta luce. Nel secondo caso la metà del campo è perfettamente oscura, e quindi la linea limite può riuscire molto nitida, come dimostrò recentemente Leiss ([1]); ma essendo solo metà del campo illuminata, e quindi solo metà dei fili, è oltremodo difficile di portare il centro del rettifilo esattamente nella linea limite.

Si ottiene in quella vece maggiore precisione facendo cadere la luce in parte di sotto, e in parte tangenzialmente di sopra, e cioè nel modo seguente. Si dispone di sotto lo specchietto, e sul cristallo un pezzettino di carta bianca. La luce proveniente dallo specchietto attraversa il cristallo, illumina la carta, la quale per irradiazione, manda un fascio di luce da sopra e determina per conseguenza una linea limite (che si potrebbe chiamare negativa come quando l'illuminazione è solamente tangenziale) oltremodo distinta, con campo e fili illuminati.

Dalla tabella si ricavano gli angoli limiti seguenti:

$$\left.\begin{array}{l} 55^\circ,15',25'' \\ 1\ \ 10\ \ 50 \end{array}\right\} = 56^\circ,26',15'' \text{ per l'indice } \alpha$$

$$\left.\begin{array}{l} 55\ \ 15\ \ 25 \\ 1\ \ 37\ \ 25 \end{array}\right\} = 56\ \ 52\ \ 50 \qquad \text{»} \qquad \beta$$

$$\left.\begin{array}{l} 55\ \ 15\ \ 25 \\ 1\ \ 54\ \ 33 \end{array}\right\} = 57\ \ 09\ \ 58 \qquad \text{»} \qquad \gamma$$

E per conseguenza si ha

$\alpha_D = 1{,}57524$ ($\alpha_D = 1{,}5757$ Fouqué ([2])) ($\alpha_D = 1{,}57556$ C. Klein ([3]))
$\beta_D = 1{,}58327$ ($\beta_D = 1{,}5837$ id.) ($\beta_D = 1{,}58348$ id.)
$\gamma_D = 1{,}58840$ ($\gamma_D = 1{,}5884$ id.) ($\gamma_D = 1{,}58849$ id.) .

La formola

$$\operatorname{sen} V_D = \sqrt{\dfrac{\dfrac{1}{\beta^2} - \dfrac{1}{\gamma^2}}{\dfrac{1}{\alpha^2} - \dfrac{1}{\gamma^2}}} \qquad \text{(l'angolo V misurato attorno la bisettrice } a)$$

ci dà

$$l \operatorname{sen} V_D = 9{,}7938091 \qquad V_D = 38^\circ{,}27'{,}50''$$

e quindi il seguente angolo degli assi ottici:

([1]) C. Leiss. Die optischen Instrumente der Firma R. Fuess 1899.

([2]) F. Fouqué, Bulletin de la Soc. franç. de Minéralogie, 1894, T. 17, p. 311.

([3]) C. Klein, *Optische Studien I*, K. pr. Akademie der Wiss. zu Berlin. Sitzungsberichte, XIX 1899, pag. 346.

$$2V_D = -76°,56' = (2V_D = -76°,30' \text{ C. Klein})$$

Cerchio orizzontale	Curva interna		Curva esterna	
	Vite micrometrica	Nicol	Vite micrometrica	Nicol
0° — 180°	1, 40, 10″	68	1, 30, 20″	158
13¼ — 193¼	β 1 37 25	75	1 37 25	165
15 — 195	1 39 10	—	1 36 08	—
30 — 210	1 44 58	95	1 31 45	185
45 — 225	1 49 35	—	1 27 23	—
60 — 240	1 52 50	120	1 22 30	210
73½ — 253½	Zona [010]	—	—	—
75 — 255	1 54 18	185	1 17 35	225
85 — 265	γ 1 54 33	138	—	228
90 — 270	1 54 10	—	1 13 40	—
105 — 285	1 54 23	—	1 11 20	—
115 — 295	α —	140	1 10 50	230
120 — 300	1 51 30	—	1 11 03	—
135 — 315	1 49 10	130	1 13 08	220
150 — 330	1 46 48	—	1 18 08	—
165 — 345	1 43 10	115	1 24 20	205

Con soddisfazione si apprende dall'ultimo lavoro di C. Klein [1], che le costanti ottiche dell'anortite determinate dai vari osservatori si avvicinano a coincidere perfettamente.

In ultimo vogliamo vedere con quale esattezza è riuscito determinato l'angolo degli assi ottici. A tal fine possiamo partire dalla forma più semplice di Michel Lévy:

$$\text{sen } V = \sqrt{\frac{\gamma - \beta}{\gamma - \alpha}} = \sqrt{\frac{B_1}{B_2}}$$

essendo $B_1 = 0,00513$ e $B_2 = 0,01316$.

Differenziandola si ha

$$\delta V = \frac{B_2 \, \delta B_1 - B_1 \, \delta B_2}{B_2^2 \cdot \text{sen } 2V}$$

e chiamando con M l'errore medio di V e con

$$m = \delta B_1 = \delta B_2$$

[1] C. Klein, op. cit.

l'errore medio della doppia rifrazione, avremo, seguendo la solita e nota regola:

$$M = \pm \frac{\sqrt{B_1^2 + B_2^2}}{B_2^2 \,\mathrm{sen}2\,V} \cdot m = \pm\, 83,7 \cdot m .$$

Per

$$m = \pm\, 0,00001 = \pm\, 2'',06$$

sarà

$$M = \pm\, 2',52'' .$$

E poichè nel caso nostro possiamo attribuire alla doppia rifrazione un errore medio di 3 unità nella quinta decimale, avremo

$$M = \pm\, 7',6 ,$$

e quindi l'errore probabile $= \pm\, 5',0$ per l'angolo V e per 2V sarà l'errore probabile:

$$r = \pm\, 7',0 .$$

Se l'errore della doppia rifrazione stesse nella quarta decimale di una unità, sarebbe $M = \pm 30'$ circa, e se nella terza decimale, sarebbe $M = \pm 5°$ circa. Quivi sta il pregio di un apparecchio di precisione quale fu costruito dalla casa Zeiss di Jena; fino a pochi minuti di errore potremo stabilire l'orientazione dell'ellissoide di Fresnel, che dovrà avere la precedenza sulle determinazioni di altri osservatori, come si vedrà in un'altra Nota.

Petrografia. — *Studio petrografico su alcune rocce della Carnia.* Nota del dott. Giuseppe Vigo, presentata dal Socio Strüver.

Questa Nota sarà pubblicata nel prossimo fascicolo.

Psicologia sperimentale. — *Sul metodo di studiare i sentimenti semplici.* Nota del dott. F. Kiesow ([1]), presentata dal Socio Mosso.

Se noi analizziamo la varietà dei nostri fenomeni psichici, perveniamo sempre a due specie di elementi psichici che non si possono ulteriormente scomporre in processi più semplici e che secondo la terminologia ormai generalmente in uso, almeno nella letteratura psicologica, designiamo col nome di sensazioni e di sentimenti. E perchè le sensazioni sono le parti fondamentali di quei composti psichici che noi diciamo rappresentazioni e riferiamo agli

([1]) Assistente all'istituto fisiologico di Torino.

oggetti esterni, compresovi il nostro corpo, noi le possiamo anche indicare come gli elementi oggettivi del contenuto della nostra coscienza; laddove i sentimenti, come quelli che immediatamente si riferiscono al soggetto senziente, si contrappongono alle sensazioni quali elementi soggettivi di quel contenuto. Con ciò si collega il fatto che noi siamo generalmente in grado di localizzare così la sensazione, in quanto essa per l'osservazione psicologica può presentarsi fuori dei suoi composti, come anche questi stessi composti; ma questo per i sentimenti non ci è possibile, o lo è soltanto in modo mediato; noi riferiamo il sentimento alla sensazione che lo accompagna e colla quale è strettamente collegato, e però noi localizziamo in realtà questa e non quello (¹).

Nello stato normale della coscienza non si incontrano mai sensazioni assolutamente pure e isolate; esse si riuniscono sempre nelle così dette rappresentazioni, o gruppi di rappresentazioni. Così pure si comportano le sensazioni dei *più semplici sensi* ad es. quelle del gusto. Se qui, usando mezzi opportuni, si riesce ad escludere le sensazioni concomitanti di altri sensi: le sensazioni di olfatto, di temperatura, di tatto e di dolore, e in tal modo di limitare la suscitata sensazione gustativa, non è possibile neppure concentrando intensamente l'attenzione su quella sensazione, di isolarla completamente. La sensazione entra come pura impressione saporifica nel punto visivo della coscienza, secondo il felice paragone di Wundt; ma nondimeno altri gruppi di rappresentazioni, quelle o della parte stimolata o della natura della soluzione usata, o della parte dell'ambiente, o dello strumento di stimolazione o altre, rimangono oscure nella coscienza. La sensazione pura è per lo stato di veglia della coscienza solo una risultante dell'analisi e dell'astrazione psicologiche.

Questo fatto vale anche pel sentimento, ma qui la cosa si complica ancora maggiormente, perchè i sentimenti che accompagnano così le semplici come le complesse funzioni psichiche, si mescolano sempre a nuovi complessi sentimentali, al sentimento totale, secondo l'espressione del Wundt. Uno studio dei sentimenti che si presume di osservare il loro regolare decorso, non potrà a meno di rendersi conto sino a quale grado i sentimenti possono uscire dalle loro connessioni, perchè possano essere sottoposti a tale studio. Vero è, che qualche volta complesse forme sentimentali dominano talmente la nostra coscienza che il contenuto rappresentativo al quale esse sono legate passa per un certo tempo in seconda linea ed è solo conosciuto più tardi. Ma ciò che vale per un composto sentimentale, la cui azione in questi casi noi dobbiamo percepire come una somma di singole azioni, non vale senz'altro

(¹) Così forse è da intendere l'osservazione sui sentimenti localizzati che appare nella recente critica di Titchener alla teoria di Wundt sui sentimenti (Zeitschr. f. Psych. u. Physiol. d. Sinnesorg Bd. XIX, Heft 5, n. 6). Qui non mi riferisco affatto ai rapporti speciali delle rappresentazioni di tempo.

per i sentimenti (¹) elementari *sensoriali* dai quali appunto deve partire lo studio della questione.

E di questi si occupa la presente comunicazione. Nella sua forma più semplice il sentimento è un fenomeno che accompagna la sensazione. Nello stato di veglia della coscienza non può esservi un sentimento elementare sensoriale, senza che sia contemporaneamente presente una sensazione.

Anche qui naturalmente si richiede il sopra descritto stato di coscienza, nel quale la sensazione per quanto è possibile (e non lo è mai completamente) è isolata per la ricerca psicologica; poichè tosto che diverse sensazioni vengono a formare nuove combinazioni è anche mutato il corrispondente stato sentimentale. Pertanto *nello studio dei sentimenti semplici sensoriali il nostro compito fondamentale deve essere di produrre più che sia possibile sensazioni semplici.*

Nel campo del senso gustatorio di cui mi sono occupato a lungo, si ottiene questo, come sopra è stato accennato, molto bene. Si presenta dunque la domanda se sia possibile isolare anche la qualità sentimentale accompagnante la sensazione, fintanto che ne possa essere regolarmente determinato il decorso.

Io mi sono posto da lungo tempo questo problema e vorrei nella presente comunicazione soltanto accennare alcuni fatti i quali forse potranno tornar utili per lo studio delle regolari relazioni delle qualità sentimentali in altri dominî sensorî. Per cause indipendenti dalla mia volontà io non ho potuto finora condurre a termine questo lavoro e devo perciò riserbare a posteriore pubblicazione i risultati non ancora maturi. Io non entro neanche nella controversia che ha or ora sollevato Titchener nella su citata critica alla nuova teoria dei sentimenti di Wundt, limitandomi a considerare le ormai generalmente riconosciute qualità sentimentali di *piacere* e *dispiacere* (²).

Ciò che innanzi tutto ci colpisce sono le differenze individuali, le quali si mostrano anche in altri problemi del senso del gusto. È notorio che le qualità di salato, acido e dolce in deboli soluzioni sono accompagnate da un sentimento di piacere e solo a più alta concentrazione della sostanza saporifica si ha un sentimento di dispiacere; l'amaro invece suscita generalmente un sentimento di dispiacere; ma d'altra parte noi troviamo alcuni soggetti nei quali le suddette qualità, anche portate ai medesimi gradi di

---

(¹) All'azione di un complesso di singoli sentimenti si riferisce anche un'osservazione di Oskar Vogt nella sua trattazione su *Die directe psychologische Experimentalmethode in hypnotischen Bewusstseinsuständen* (Zeitschr. für Hypnotismus 1897, Separatabz. S. 13), quantunque l'autore parli dell'isolamento dei sentimenti semplici. Del resto mi sento d'accordo con Vogt in molti punti del suo lavoro e credo che un'esatta applicazione del suo metodo per la nuova psicologia possa offrire grandi servigi.

(²) Preferisco il termine *dispiacere* a quello di dolore che si trova spesso nella letteratura italiana. Dolore per me è una sensazione e non di per sè un sentimento.

sensazione non danno alcun dispiacere, e altri per i quali l'amaro non è assolutamente spiacevole, anzi dall'inizio fino ad un alto grado di concentrazione della sostanza, è accompagnato da un sentimento di piacere. E perchè qui si tratta di sciogliere singole questioni, dobbiamo manifestamente escludere tali casi eccezionali dal nostro studio.

Dalle molte ricerche intraprese io sono stato portato a determinare prima di tutto per le singole qualità la curva dell'intensità della sensazione, ottenendo che i soggetti fissassero la loro attenzione a distinguere le differenze di sensibilità. Lavorando in questo modo si ottiene, come è noto, una curva che coll'altezza degli stimoli raggiunge la sua fine.

Ma per giungere a buoni risultati in queste esperienze occorrono per le singole soluzioni speciali cautele: e sovratutto quando si ha a fare cogli elettroliti i quali danno le qualità di salato e acido, ed ai quali anche è legato il sapore alcalino (¹). Così anche alcuni sapori amari presentano proprietà speciali.

Io mi limito alla qualità del dolce, a produrre la quale sono stimolo assai opportuno gli zuccheri e in ispecie lo zucchero di canna. Delle difficoltà tecniche che la ricerca psicofisica deve sormontare farò parola in una trattazione posteriore più completa. Voglio qui far notare una sola difficoltà, quella di determinare sulla superficie della lingua due parti del tutto egualmente sensibili, le quali nell'esperienza rappresentino delle costanti necessarie.

Determinata la curva della sensazione, esercito i soggetti in alcune esperienze preliminari a distrarre la loro attenzione dalla sensazione e a concentrarla esclusivamente sul tono sentimentale (Gefühlston) che accompagna ogni grado di sensazione. In queste esperienze preliminari non tengo conto della curva della sensazione ottenuta e applico sostanze saporifiche qualsivogliano che posseggono un tono sentimentale molto pronunciato. In sulle prime queste esperienze sono difficili e affaticanti: in alcune persone mi pare di non essere potuto giungere a una sufficiente concentrazione dell'attenzione sul tono sentimentale; esse erano sempre distratte passivamente dalla sensazione. Queste difficoltà forse hanno indotto Vogt a fare tali esperienze esclusivamente nello stato d'ipnosi. In altri soggetti coll'esercizio si può giungere al punto da poter astrarre dalla sensazione in modo sufficiente.

Raggiunto questo stadio io ripeto la curva della sensazione antecedentemente determinata, e ad ogni volta richiedo l'apprezzamento su ogni tono sentimentale cominciando alla soglia assoluta e adoperando la soglia della differenza come ascissa. Si noti ancora che tanto per la determinazione della curva della sensazione quanto per quella del sentimento la durata dello

(¹) V. le ricerche fatte da me in unione ad Höber, *Intorno al sapore di alcuni sali e di alcune sostanze alcaline.* Archivio per le scienze mediche 1898, vol. XXIII, n. 5.

stimolo deve entrare nella ricerca come una costante. Io sono solito lasciare agire lo stimolo da 3-4 secondi sull'organo di gusto[1].

Con tali regole e precauzioni ottengo una curva, che come ha giustamente osservato il Lehmann, comincia alla .soglia con uno stadio di indifferenza. Essa cresce poi molto lentamente finchè comincia un nuovo stadio di indiffe- renza. Questo però non è affatto un punto fisso, ma piuttosto si presenta come un piccolo tratto la cui lunghezza non solo differisce in diverse persone, ma nel medesimo soggetto non è sempre assolutamente eguale. Dopo questo secondo stadio di indifferenza la curva piega al dispiacere e decresce alquanto rapidamente. Aggiungo che, per quanto io abbia potuto osservare, le singole curve sentimentali che accompagnano le diverse sensazioni non coincidono.

Nella curva così ottenuta le ordinate non sono stabilite numericamente con una precisione eguale a quella delle ascisse. Si potrà forse un giorno riparare a questa lacuna coi risultati del metodo grafico. Per quanto si debbono ricono- scere i risultati *generali* che ci ha portato il metodo grafico, non si è ancora potuto giungere con questo metodo, per le successive differenze che si offrono nel campo del sentimento, a risultati liberi d'ogni obbiezione. La ragione sta in ciò che difficilmente si riesce a controllare e a eliminare le determinanti secondarie (specialmente fisiologiche) che entrano nella esperienza e quindi a interpretare esattamente la curva. Inoltre mi sembra che data una mede- sima sensazione o conoscenza psichica non tutti gli individui reagiscono allo stesso modo col loro sistema vaso-motorio, di guisa che anche questa reazione non può prendersi come costante per il medesimo processo. Finchè non saremo più illuminati nella interpretazione delle singole curve ottenute col metodo grafico, a mio avviso il metodo della risposta verbale (Aussagemethode) in questo caso mi pare più attendibile.

Fisiologia. — *Sulle proprietà dei Nucleoproteidi.* Nota del dott. FILIPPO BOTTAZZI, presentata dal Socio LUCIANI.

Questa Nota sarà pubblicata nel prossimo fascicolo.

Patologia. — *Altre ricerche sulla malaria dei pipistrelli.* Nota del dott. A. DIONISI, presentata dal Socio B. GRASSI.

Questa Nota sarà pubblicata in un prossimo fascicolo.

---

[1] V. Alfredo Lehmann, *Die Hauptgesetze des menschlichen Gefühlslebens.* Leizig 1894.

MEMORIE
DA SOTTOPORSI AL GIUDIZIO DI COMMISSIONI

P. E. VINASSA DE REGNY. *Studî sulle Idractinie fossili*. Presentata dal
Socio CAPELLINI.

N. PIERPAOLI. *Coefficienti di temperatura dei coristi normali nell'ufficio
centrale per il corista uniforme*. Presentata dal Socio BLASERNA.

PERSONALE ACCADEMICO

Il Presidente BELTRAMI dà il doloroso annuncio della perdita fatta
dalla Classe nella persona del Socio Straniero CARLO FRIEDEL, mancato ai
vivi il 20 aprile 1899; apparteneva il defunto Socio all'Accademia sino dal
16 dicembre 1883.

Il Socio CANNIZZARO legge il seguente cenno necrologico del Socio straniero CARLO FRIEDEL.

« Perchè si apprezzi la gravità della perdita fatta dalla scienza e dalla
Francia coll'inattesa scomparsa dell'illustre nostro Socio Carlo Friedel,
credo mio dovere riassumere alcune brevi notizie della sua vita scientifica.

« Io non so se si debba più ammirare la grande estensione del campo
scientifico al cui progresso tanto contribuì Carlo Friedel, con le lezioni,
coi libri e coi lavori originali, o l'importanza di tali singoli lavori e l'efficacia dell'insegnamento nei varî gradi e rami a cui attese. Egli ha dato
prova che la varietà degli studî non scema, ma invece ne accresce la profondità e che contro l'opinione manifestata da Decandolle si possa bene ac-
coppiare il lavoro assiduo di ricerche originali coll'ufficio di professore e di
capo di numerosa scolaresca.

« Nel 1852 all'età di venti anni dopo fatti i primi studî nel Ginnasio
e nella facoltà di scienze di Strasburgo sua città nativa, si recò a Parigi
presso il nonno materno professore Duvernoy, ed ivi in luogo di affrettarsi a
rinchiudere in uno ristretto speciale ramo, continuò alla Sorbonne i varî studî
intrapresi nella facoltà di scienze di Strasburgo in modo da ottenere nel 1854,
dietro splendido esame, la licenza nelle scienze fisiche e matematiche.

« Armato di tale estesa e varia coltura, entrò nel laboratorio di Wurtz
per dedicarsi alla chimica ed ivi incominciò ben tosto, da solo, o in compagnia del maestro, la serie delle sue importanti ricerche, non trascurando
però nel medesimo tempo di proseguire a coltivare altri rami di scienze
naturali, sopra tutto la mineralogia. E nel 1856 fu nominato conservatore

delle collezioni mineralogiche nella scuola di Miniere; per molti anni tenne quel posto contemporaneamente a quello di preparatore nel laboratorio chimico del Wurtz, attendendo con eguale assiduità e zelo all' uno ed all'altro ufficio ed agli studî corrispondenti. Per ottenere il dottorato nel 1868 presentò per tesi da un lato gli importanti lavori di chimica organica sulle aldeidi e sui chetoni, e dall'altro quello di fisica e di mineralogia sulla piroelettricità di alcuni minerali.

« Nel 1871 fu nominato Maître de Conférences alla scuola normale, ufficio adattatissimo alla varietà delle sue cognizioni scientifiche.

« Nel 1876 successe a Delafosse nella cattedra di mineralogia alla Sorbonne. Piacemi leggere un eloquente brano della sua prelezione al corso da lui fatto nel 1875 su quella disciplina, perchè si veda il modo elevato come si propose di trattarla:

« Ce qui caractérise à nos yeux la minéralogie et ce qui lui donne son
« véritable intérêt c'est précisément qu'elle est le point de rencontre naturel
« de la chimie. de la physique, de la cristallographie. Le but qu'elle se pro-
« pose, la détermination complète des minéraux, l'oblige à réagir contre la di-
« vision extrême que le progrès des sciences a eu pour conséquence. Cette divi-
« sion, qui permet d'explorer à fond chaque science particulière et d'exploiter
« ses moindres filons, est cause que l'on néglige trop souvent ces confins où
« se touchent plusieurs ordres de connaissances, et où, comme au contact de
« deux terrains différents se trouvent fréquemment accumulées des richesses
« exceptionnelles ».

« Prosegue esponendo come la mineralogia abbia reso e renda alla fisica, alla chimica ed alla cristallografia grandi servizî in cambio di quelli che ha da esse ricevuti e come tutte queste varie discipline mirino al comune lontano fine, cioè alla scoverta delle relazioni tra la composizione chimica, la forma cristallina e le proprietà fisiche dei corpi, relazioni di cui l'isomorfismo ci fa intravedere l'esistenza senza però darcene la chiave, e che una volta stabilite fonderanno in una magnifica unità quei corpi di dottrina oggidì separati.

« Tali ampî concetti lo guidarono costantemente nelle lezioni, nei trattati di mineralogia e nei numerosi lavori con cui contribuì al progresso di quella disciplina; nei quali o descrive nuovi minerali, o di minerali noti compie lo studio della forma cristallina, della composizione delle proprietà ottiche, o addita metodi per ben misurare queste ultime, o studia importanti fenomeni fisici come la piroelettricità nei cristalli di Blenda, o le correnti termoelettriche nei cristalli di Tetraedite, o infine produce artificialmente i più importanti minerali ed alcune loro modificazioni, procurando di imitare le condizioni in cui si sono potuti trovare negli strati terrestri ove si rinvengono.

« In tali ultimi importanti studî risalta il vantaggio dell'associazione assai rara di una grande perizia chimica colle estese cognizioni di mineralogia e geologia.

« Tutti questi lavori basterebbero a porre Carlo Friedel tra i più illustri mineralogi della nostra epoca, se non prevalesse la sua riputazione come insegnante e cultore della chimica propiamente detta.

« Io non posso qui rammentare le lunga lista dei lavori del Friedel in tale campo. Mi limiterò soltanto a riferire il giudizio complessivo che sul merito di essi diede la Società Reale di Londra, il cui Presidente annunziando nella seduta del 30 novembre 1880 essere stata accordata al prof. Friedel membro dell'istituto di Francia la medaglia Davy, ne espone i motivi colle parole seguenti:

« Dal 1856 fino ai nostri giorni le investigazioni di Carlo Friedel nel-
« l'esteso e svariato campo delle ricerche chimiche sono state continuate,
« numerose ed importanti. Non solo la chimica mineralogica, la teorica, la
« generale debbono a lui molti contributi preziosi, ma anche la così detta
« chimica organica; nel cui campo da lui più specialmente coltivato, ha no-
« tevolmente contribuito ad abbattere le barriere, considerate un tempo in-
« sormontabili, che isolavano la chimica dei composti del carbonio.

« Tra gli argomenti dell'opera feconda di Carlo Friedel deve essere più
« specialmente, più particolarmente ricordata la chimica della famiglia delle
« sostanze organiche a tre atomi di carbonio alla quale appartengono l'acido
« propionico, l'acido lattico, la glicerina, il propilene e l'acetone. La determi-
« nazione della costituzione dell'acido lattico e dell'acetone e delle relazioni
« reciproche tra i varî membri, spesso isomeri, di questa grande famiglia, co-
« stituì per un lungo periodo uno dei problemi più fieramente contestati
« della chimica organica, mentre al tempo stesso ne è uno dei più fonda-
« mentali. E Carlo Friedel portò per la risoluzione soddisfacente di questo
« problema un largo contributo di lavoro.

« Passando ad un altro ramo di ricerche, Carlo Friedel, parte da solo
« e parte in unione con J. M. Crafts e con A. Ladenburg, sviluppò e con-
« fermò in maniera veramente sorprendente l'analogia esistente tra il modo
« di combinazione del carbonio e quello del silicio, gli elementi più carat-
« teristici l'uno del regno organico, l'altro del minerale. Per menzionare
« ancora uno dei soggetti di ricerca di Carlo Friedel, ricorderemo quello
« fatto in collaborazione di J. M. Crafts che lo condusse alla scoverta di
« un metodo semplice e largamente applicabile alla sintesi dei composti or-
« ganici. Questo metodo consiste nel mettere insieme un idrocarburo ed un
« cloruro organico in presenza di cloruro di alluminio, con che i residui dei
« due composti si combinano per formare una sostanza più complessa e fre-
« quentemente molto complessa. Indipendentemente dalla sua utilità, questo
« processo sintetico è di notevole interesse per la parte che vi prende il clo-

« ruro di alluminio, il quale malgrado sia essenziale alla reazione si trova
« inalterato alla fine di essa e sembra subire continuamente in piccola parte
« una contemporanea trasformazione e rigenerazione ».

« Conformi a questo ora letto, sono i giudizî dell'Accademia delle scienze
dell'istituto di Francia sui medesimi lavori espressi, quando prima nel 1865
e poi nel 1869 accordò a Friedel il premio Jecker, e quando nel 1873 a lui
assegnò il premio Lacaze. Questi giudizî hanno poi grande valore perchè dati
quando era ancor fresca la memoria dello stato della scienza al momento
in cui furono pubblicati i risultati di quelle ricerche, e se ne potevano perciò
meglio valutare i grandi benefici effetti che ebbero nel progresso ulteriore.

« In questi giudizî sono altamente apprezzati dei lavori premiati:

« 1° *La trasformazione dell'acetone nell'alcool isopropilico e la scoverta altresì del pinacone e della pinacolina e della loro costituzione.*

« 2° *La trasformazione dell'acetone nel dicloropropano isomero del
cloruro di propilene.*

« 3° *La trasformazione del cloruro di propilene in tricloridrina e
la sintesi della glicerina.*

« 4° *I composti del siliceo che avvicinano questo elemento al carbonio.*

« Il Friedel però esercitò un'efficace azione sul progresso della chimica
« non solo coi suoi pregevoli lavori originali ora da me rapidamente cennati,
ma altresì quale promotore e Capo della schiera dei giovani chimici francesi.

« Nominato nel 1878 membro dell'Istituto al posto di Regnault, cooperò
col Wurtz nell'incoraggiare i giovani chimici. Nominato nel 1884 professore
di chimica organica alla Sorbonne al posto di Wurtz suo concittadino e
suo maestro, egli ne accettò l'eredità e ne continuò la nobile missione.

« Non potrà sfuggire agli storici della scienza l'osservazione che tra i
contributi della Alsazia alla gloria scientifica della Francia risalta il fatto
che quattro dei più originali ed operosi chimici che hanno arricchito la letteratura francese in questa seconda metà del secolo sono cittadini di Strasburgo
i quali in quella città ricevettero la prima educazione.

« Sono :

« Carlo Federico Gerhardt morto nel 1856 a soli quaranta anni.

« Carlo Adolfo Wurtz nato il 1817 e morto il 1884.

« Paolo Schutzenberger nato il 1829 e morto nel 1897.

« Carlo Friedel nato il 1832 e morto nel testè scorso aprile.

« Il Wurtz tessè l'elogio del Gerhardt; il Friedel quello del Wurtz e
quello dello Schutzenberger con due splendide monografie che costituiscono
due importanti brani della storia della chimica moderna.

« Spetterà ora ad un Francese, probabilmente a chi fu alla scuola di
Wurtz collega del Friedel, illustrarne la vita e l'opera scientifica. Io non ho
potuto che darne pochi e rapidi cenni.

« Non voglio però chiudere questo breve ricordo senza porre in risalto l'unità di indirizzo e la continuità nell'azione successiva esercitata dai chimici Alsaziani, soprattutto dai tre Carlo, azione diretta alla medesima meta che si può dire essere stata pienamente raggiunta durante la vita dell'ultimo superstite, il Friedel.

« Carlo Gerhardt aveva iniziato quella grande riforma che diede tanto energico impulso allo sviluppo della chimica organica e compita colle modificazioni apportate nei pesi atomici dei metalli e colla dottrina del collegamento degli atomi polivalenti, costituisce la teoria molecolare ed atomica che oggi, accolta generalmente, è il fondamento di tutte le considerazioni teoriche e del linguaggio per esprimere e comparare i fatti, nella chimica.

« Le idee del Gerhardt sostenute e svolte con tanta ampiezza e lucidità nei rendiconti fatti da lui in comune col Laurent e nei suoi trattati, appoggiate dalle nuove esperienze di Lui e di Williamson, penetravano lentamente in Germania, in Russia, in Inghilterra ed in Italia.

« In Francia però trovavano una forte resistenza, ed il Cahours e lo stesso Wurtz, non ostante apprezzassero i fatti e le ragioni del Gerhardt, non osavano adottarne la Notazione. Però dopo che nel congresso chimico di Carlsrhue del 1860 furono introdotte nel sistema di Gerhardt le modificazioni che ne compirono l'unità e la coerenza di tutte le sue parti, ed il sistema così modificato fu accolto dai chimici, Carlo Wurtz ne divenne l'apostolo in Francia, l'introdusse nell'insegnamento, lo propugnò nelle conferenze e nelle molteplici sue pubblicazioni, e con calore e vivacità lo sostenne nell'Accademia delle scienze nelle sedute del maggio 1877 contro le opposizioni dei due autorevoli chimici H. Sainte-Claire Deville e Berthelot, i quali si dichiararono fedeli al linguaggio degli equivalenti ed opposti alla nuova Notazione atomica.

« In questa vivace lotta durata più anni il Wurtz ebbe tra i più caldi cooperatori il suo concittadino ed allievo Carlo Friedel, il quale continuò la propaganda coll'insegnamento, colle ripetute conferenze e colle varie numerose pubblicazioni tra le quali il seguito del Dizionario di Wurtz, ed oggi quella che è stata detta Notazione atomica è generalmente adottata anche dal più autorevole oppositore qual fu il Berthelot.

« Ultimamente, in una prefazione apposta al Trattato di chimica organica di Behal il Friedel opponendosi al tentativo del prof. Ostwald di sopprimere dalla scienza il concetto di atomi e di molecole, definisce con severa critica filosofica il valore logico e l'ufficio della teoria molecolare ed atomica e dimostra l'impossibilità di eliminarla dalla scienza almeno nel periodo attuale del suo svolgimento.

« Che cosa potrò ora dire delle doti morali del Friedel, che non vi paia esagerato ?

« Non parlerò della sua modestia poichè Egli stesso avea notato nello Elogio di Schutzenberger che la modestia è qualità meno rara che non si crede negli uomini di un merito superiore, i quali si giudicano loro stessi prendendo come termine di comparazione non la folla che li circonda ma un Ideale che si son fatto tanto elevato che non possono mai raggiungere.

« Dirò soltanto che Egli avea sortito da natura, forse per legge di eredità, quelle buone doti della mente e del sentimento che sogliono associarsi, cioè, intelligenza equilibrata aliena d'ogni esagerazione, animo mite inclinato alle relazioni affettuose coi parenti, gli amici e gli allievi ed alla benevolenza con tutti.

« Frequentandolo in seno alla sua famiglia, a fianco alla diletta consorte ed agli affettuosi figli, seguendolo in tutte le relazioni coi colleghi e coi dipendenti si rimaneva confortato dalla prova vivente di quanto gli studî severi e l'amore della verità che vi si attinge perfezionino le doti morali sortite da natura ».

PRESENTAZIONE DI LIBRI

Il Segretario BLASERNA presenta le pubblicazioni giunte in dono, segnalando quelle inviate dai Soci CIAMICIAN, TARAMELLI, MOSSO, FANO, BERTHELOT, DARWIN, POINCARÉ e WEBER.

CORRISPONDENZA

Il Socio TODARO dà comunicazione dei resoconti, rinvenuti dal marchese LUZZI, delle tornate tenute dall'Accademia dei Lincei in Rimini, dal 1749 al 1752.

Il Segretario BLASERNA dà conto della corrispondenza relativa al cambio degli Atti.

Ringraziano per le pubblicazioni ricevute:

La Società Reale di Londra; la Società di scienze naturali di Emden; la Società geologica di Sydney; il Museo di zoologia comparata di Cambridge Mass.; la R. Scuola navale di Genova; l'Università di Strassburg; gli Osservatorî di Arcetri, di Edinburgo e di Oxford.

Annunciano l'invio delle proprie pubblicazioni:

La Società zoologica di Londra; la Società di scienze naturali di Francoforte s. M.

OPERE PERVENUTE IN DONO ALL'ACCADEMIA
presentate nella seduta del 7 maggio 1899.

Ball V. — A Manual of the geology of India. P. 1 « Corundum », by T. H. Holland. Calcutta, 1898. 8°.

Bard L. — La spécificité cellulaire. Évreux s. a. 8°.

Berthelot M. et *Jungfleisch E.* — Traité de chimie organique. 4ᵉ éd., t. I. Paris, 1898. 8.°

Ciamician G. — Ricerche sperimentali eseguite nel biennio 1897-98 nel laboratorio di chimica generale della r. Università di Bologna. Palermo, 1897-99. 8°.

D'Achiardi G. — Studio di alcuni Opali della Toscana. Pisa, 1899. 8°.

Dentec F. L. — La sexualité. Évreux s. a. 8°.

Darwin G. H. — The Tides and kindred Fenomena in the Solar System. London, 1898. 8°.

De Angelis d'Ossat G. — Il gen. Heliolites nel Devoniano delle Alpi Carniche italiane. Roma, 1899. 8°.

Id. e *Luzi F. G.* — Altri fossili dello Schlier delle Marche. Roma, 1899. 8°.

Del Guercio G. — Contribuzione allo studio delle forme e della biologia della Fleotripide dell'Olivo ecc. Firenze, 1899. 8°.

Effemeridi del Sole e della Luna per l'orizzonte di Torino e per l'anno 1899. Torino, 1899. 8°.

Fano G. — Un fisiologo intorno al mondo. Milano, 1899. 8°.

Fremy. — Encyclopédie chimique. — Table alphabétique des matières. Paris, 1899. 8°.

Giannetto S. — Appunti delle lezioni intorno alle essenze. Messina, 1898. 8°.

Gravis A. — Recherches anatomiques et physiologiques sur la Tradescantia virginica L. ecc. Bruxelles, 1898. 4°.

Jona A. — La collezione monumentale di Lazzaro Spallanzani. — Catalogo-guida. Reggio Emilia, 1888. 8°.

Id. — Prima relazione decennale sul Museo civico Spallanzani, di Storia naturale. Reggio Emilia, 1898. 8°.

Manasse E. — Nuovo metodo di presentarsi della tormalina elbana. Pisa, 1899. 8°.

Mosso A. — I manoscritti di Lazzaro Spallanzani esistenti in Torino. Torino, 1899. 4°.

Nel primo Centenario di Lazzaro Spallanzani. Omaggio di Accademie e scienziati italiani e stranieri 1799-1899. Reggio Emilia, 1899. 8°.

Note sui nuovi impianti della Società generale italiana Edison di Elettricità 1895-1898. Milano, 1899. 4°.

Oddono E. — Sull'esistenza delle appendici epiploiche nel bambino e nel feto. Pavia, 1899. 8°.

Pavesi P. — Il crimine scientifico Spallanzani giudicato. Milano, 1899. 8°.

Id. — Il prospetto delle lezioni Spallanzani. Pavia, 1899. 8°.

Poincaré H. La théorie de Maxwell et les oscillations Hertziennes. Chartres, s. a. 8°.

Porro F. — Sulla eclisse totale di Luna del 27 dicembre 1898. Torino, 1899. 8°.

Taramelli T. — Di alcune particolarità della superficie degli strati nella serie dei nostri teoremi sedimentari. Milano, 1899. 8°.

Tuccimei G. — Commemorazione del comm. prof. Michele Stefano de Rossi. Roma, 1899. 4°.

Verson E. — Sull'ufficio della cellola gigante nei follicoli testicolari degli insetti. Padova, 1899. 8°.

Weber H. — Lehrbuch der Algebra. 2° Aufl. Bd. II. Braunschweig; 1899. 8°.

Weinek L. — Berghöhenbestimmung auf Grund des Prager photographischen Mond-Atlas. Wien, 1899. 8°.

P. B.

RENDICONTI

DELLE SEDUTE

DELLA REALE ACCADEMIA DEI LINCEI

Classe di scienze fisiche, matematiche e naturali.

Seduta del 21 maggio 1899.

A. MESSEDAGLIA Vicepresidente.

MEMORIE E NOTE
DI SOCI O PRESENTATE DA SOCI

Astronomia. — *Sulla distribuzione in latitudine delle facole e macchie solari osservate al R. Osservatorio del Collegio Romano nel 1° trimestre 1899.* Nota del Socio PIETRO TACCHINI.

Ho l'onore di presentare all'Accademia i risultati ottenuti circa la distribuzione in latitudine delle facole e macchie osservate nel primo trimestre dell'anno corrente. Dalle determinazioni delle latitudini per 80 gruppi di facole e 23 di macchie, si ricavarono le seguenti cifre per la frequenza relativa dei due fenomeni nelle diverse zone solari:

1° trimestre 1899.

Latitudine	Facole		Macchie	
50° + 40°	0,008			
40 + 30	0,008			
30 + 20	0,052	0,297		
20 + 10	0,096		0,080	0,160
10 . 0	0,133		0,080	
0 − 10	0,259		0,320	0,840
10 − 20	0,281		0,520	
20 − 30	0,096	0,703		
30 − 40	0,052			
40 − 50	0,015			

Anche le facole, al pari delle protuberanze, furono in questo trimestre molto più frequenti nelle zone australi, col massimo di frequenza nella zona (0° — 20°) come nel precedente trimestre. Le macchie risultarono pure molto più abbondanti al sud dell'equatore, per modo che tutti i fenomeni solari furono più frequenti nell'emisfero australe. I gruppi di macchie si estesero dall'equatore fino a ± 20° soltanto, come nel trimestre precedente.

Nessuna eruzione fu osservata.

Matematica. — *Sulle nuove trasformazioni delle superficie a curvatura costante.* Nota III del Socio Luigi Bianchi.

Alla fine della mia Nota precedente ([1]) ho già indicato che le nuove trasformazioni reali delle superficie a curvatura costante, negativa o positiva, possono comporsi con due trasformazioni complementari, di Bäcklund reali od immaginarie.

Nella presente Nota farò vedere come, partendo dai risultati del teorema di *permutabilità*, teorema da me trovato nel 1892 e pubblicato in questi Rendiconti ([2]), si possono facilmente stabilire le formole effettive che danno le nuove trasformazioni.

È mio debito avvertire che nel frattempo un sistema di formole equivalenti in sostanza a quelle da me trovate, è stato pubblicato nei Comptes Rendus de l'Académie (24 avril) dal sig. Darboux.

La circostanza che merita di esser posta maggiormente in rilievo è certamente questa, che anche per le nuove trasformazioni valgono tutte le conseguenze da me altravolta dedotte dal teorema di permutabilità. Si arriva così all'importante risultato espresso nella proposizione seguente:

Quando per una data superficie a curvatura costante, positiva o negativa, siasi completamente integrato il sistema di equazioni fondamentali che definiscono la trasformazione, la successiva applicazione del metodo alle nuove superficie via via ottenute non richiederà mai altro che calcoli algebrici e di differenziazione.

Questo è per esempio il caso per le superficie (d'Enneper) a curvatura costante positiva che ho dedotto alla fine della mia Nota del 5 marzo.

Così anche la teoria delle superficie a curvatura costante *positiva* viene senz'altro portata a quel grado di sviluppo, che la teoria delle superficie pseudosferiche già da diversi anni aveva raggiunto.

1. Cominciamo la ricerca dal caso della curvatura negativa, come quello nel quale soltanto può darsi che le trasformazioni componenti, complementari o di Bäcklund, siano reali.

([1]) Presentata nella seduta del 23 aprile 1899.
([2]) Serie 5ª, vol. I, 2° sem. Vedi anche § 257 e sgg.

Già nella mia prima Nota del 19 febbraio ho osservato come le nuove trasformazioni delle superficie pseudosferiche offrano tre casi distinti, a seconda che per la costante indicata con a al § 5 di detta Nota si ha

$$a = 1, \quad a > 1, \quad \text{ovvero } a < 1.$$

1°. Se $a = 1$, la trasformazione si compone di due successive complementari (l. c. § 7) e potrebbe dirsi la trasformazione *bicomplementare*. Precisamente si ha:

Se S', S" sono due superficie pseudosferiche complementari di una medesima S, le normali a S', S" in due punti corrispondenti si incontrano in un punto, il cui luogo è applicabile sulla superficie logaritmica di rotazione; si passa da S' a S" con una trasformazione bicomplementare.

2. Siano ora S', S" due superficie pseudosferiche trasformate di Bäcklund di una medesima superficie pseudosferica S e precisamente i valori della costante σ per le due trasformazioni siano eguali e di segno contrario. Allora abbiamo il teorema:

Le normali a S', S" in due punti corrispondenti M', M" s'incontrano in un punto P il cui luogo è una superficie Σ applicabile sul catenoide accorciato; i punti M', M" giacciono simmetricamente rispetto al piano tangente nel punto corrispondente P di Σ.

La trasformazione colla quale si passa da S' a S" è quindi una delle nuove trasformazioni e corrisponde ad un valore $a > 1$ della costante a.

3°. Per trattare ora il 3° caso riferiamoci ai risultati del teorema di permutabilità, come sono esposti a pag. 435 e sgg. delle *Lezioni*.

Essendo ω una soluzione dell'equazione

$$(a) \qquad \frac{\partial^2 \omega}{\partial u \partial v} = \operatorname{sen} \omega \cos \omega,$$

le equazioni

$$(b) \qquad \begin{cases} \dfrac{\partial(\omega_1 - \omega)}{\partial u} = \dfrac{1 + \operatorname{sen} \sigma_1}{\cos \sigma_1} \operatorname{sen}(\omega_1 + \omega) \\[2mm] \dfrac{\partial(\omega_1 + \omega)}{\partial v} = \dfrac{1 - \operatorname{sen} \sigma_1}{\cos \sigma_1} \operatorname{sen}(\omega_1 - \omega), \end{cases}$$

dove σ_1 indica una costante arbitraria, costituiscono per la funzione incognita ω_1 un sistema illimitatamente integrabile, sicchè la soluzione generale ω_1 contiene (oltre σ_1) una costante arbitraria. Inoltre la ω_1 è una nuova soluzione dell'equazione fondamentale (a).

Indicando con σ_2 una nuova costante, diversa da σ_1, determiniamo similmente una terza soluzione ω_2 della (a) dalle equazioni analoghe:

$$(c) \qquad \begin{cases} \dfrac{\partial(\omega_2 - \omega)}{\partial v} = \dfrac{1 + \operatorname{sen} \sigma_2}{\cos \sigma_2} \operatorname{sen}(\omega_2 + \omega) \\[2mm] \dfrac{\partial(\omega_2 + \omega)}{\partial v} = \dfrac{1 - \operatorname{sen} \sigma_2}{\cos \sigma_2} \operatorname{sen}(\omega_2 - \omega). \end{cases}$$

Il teorema di permutabilità ci insegna allora che si ottiene *in termini finiti* una quarta soluzione ω_3 della (*a*) dalla relazione

$$(d) \qquad \operatorname{tg}\left(\frac{\omega_3 - \omega}{2}\right) = \frac{\cos\left(\dfrac{\sigma_1 + \sigma_2}{2}\right)}{\operatorname{sen}\left(\dfrac{\sigma_1 - \sigma_2}{2}\right)} \operatorname{tg}\left(\frac{\omega_1 - \omega_2}{2}\right).$$

Questa soluzione ω_3 è legata come ω, ad ω_1, ω_2 dalle medesime equazioni (*b*)(*c*), ove soltanto si ponga ω_3 in luogo di ω, e si invertono le due costanti σ_1, σ_2 fra loro.

Analiticamente questo risultato è indipendente, come è naturale, dall'essere le funzioni ω, ω_1, ω_2, ω_3 e le costanti σ_1, σ_2 reali o complesse. Ora supongasi ω reale e σ_1 complesso; indicando con $\bar\sigma_1$ la coniugata di σ_1, pongasi

$$\sigma_2 = \bar\sigma_1 .$$

La ω_1, definita dalle (*b*), sarà naturalmente complessa e si vede subito che alle (*c*) si potrà soddisfare prendendo per ω_2 la coniugata di ω_1:

$$\omega_2 = \bar\omega_1 .$$

Se poniamo scindendo il reale dall'immaginario

$$\sigma_1 = \sigma + i\sigma', \quad \sigma_2 = \sigma - i\sigma'$$
$$\omega_1 = \theta + i\varphi, \quad \omega_2 = \theta - i\varphi$$

la (*d*) diventa

$$\operatorname{tg}\left(\frac{\omega_3 - \omega}{2}\right) = \frac{\cos\sigma}{\operatorname{senh}\sigma'} \operatorname{tgh}\varphi$$

e ci dimostra che ω_3 *ritorna nuovamente reale*. In particolare ciò vale se supponiamo σ_1 puramente immaginario cioè $\sigma = 0$ ([1]). Allora la superficie pseudosferica S_3, corrispondente alla soluzione ω_3 della (*a*), deriva da S appunto per mezzo di una delle nuove trasformazioni, che corrisponde ad un valore $a < 1$ della costante a. Si ha cioè il risultato:

La superficie pseudosferica S_3 *può collocarsi in tale posizione nello spazio che le normali a* S , S_3 *in punti corrispondenti* M , M_3 *si incontrino in un punto corrispondente* P, *il cui luogo è una superficie* Σ *applicabile sulla superficie di rotazione avente per meridiano la curva*

$$r = m \operatorname{senh} z;$$

([1]) La trasformazione più generale che si ottiene supponendo $\sigma \neq 0$ si compone del resto mediante questa elementare combinata con trasformazioni di Lie, nello stesso modo come la trasformazione di Bäklund risulta dal combinare una trasformazione complementare con trasformazioni di Lie (*Lezioni* pag. 894).

i punti corrispondenti M , M$_2$ *sono simmetrici rispetto al piano tangente in* P *a* Σ.

2. Passiamo ora al caso delle superficie a curvatura costante positiva K e poniamo, al solito, K = + 1. Ricordiamo che la determinazione di tali superficie dipende dalla integrazione della equazione a derivate parziali

(α)
$$\frac{\partial^2 \theta}{\partial u^2} + \frac{\partial^2 \theta}{\partial v^2} + \operatorname{senh} \theta \cosh \theta = 0 \; ;$$

ad ogni soluzione θ di questa equazione corrisponde una tale superficie d'elemento lineare

$$ds^2 = \operatorname{senh}^2\theta \, du^2 + \cosh^2\theta \, dv^2 \, ,$$

le linee u , v essendo le linee di curvatura [1].

Ora indicando con σ_1 una costante qualunque reale o complessa, prendiamo il seguente sistema di equazioni simultanee per una nuova funzione incognita θ_1 :

(β)
$$\begin{cases} \dfrac{\partial \theta_1}{\partial u} + i \dfrac{\partial \theta}{\partial v} = \operatorname{senh} \sigma_1 \cosh \theta \operatorname{senh} \theta_1 + \cosh \sigma_1 \operatorname{senh} \theta \cosh \theta_1 \\[2mm] i \dfrac{\partial \theta_1}{\partial v} + \dfrac{\partial \theta}{\partial u} = - \operatorname{senh}\sigma_1 \operatorname{senh} \theta \cosh \theta_1 - \cosh \sigma_1 \cosh \theta \operatorname{senh} \theta_1 \end{cases}$$

$$(i = \sqrt{-1}) \, .$$

La condizione d'integrabilità è identicamente soddisfatta, a causa della (α), e la soluzione più generale θ_1 di questo sistema contiene quindi (oltre σ_1) una costante arbitraria; di più risulta θ_1 una nuova soluzione della (α).

Prendiamo ora un secondo valore σ_2 per la costante σ_1 e determiniamo similmente θ_2 dalle equazioni simultanee omologhe:

(γ)
$$\begin{cases} \dfrac{\partial \theta_2}{\partial u} + i \dfrac{\partial \theta_2}{\partial v} = \operatorname{senh} \sigma_2 \cosh \theta \operatorname{senh} \theta_2 + \cosh \sigma_2 \operatorname{senh} \theta \cosh \theta_2 \\[2mm] i \dfrac{\partial \theta_2}{\partial v} + \dfrac{\partial \theta}{\partial u} = - \operatorname{senh}\sigma_2 \operatorname{senh}\theta \cosh\theta_2 - \cosh\sigma_2 \cosh\theta \operatorname{senh} \theta_2 \, , \end{cases}$$

cosicchè θ_2 sarà una nuova soluzione della (α).

Ora vale anche qui, per la equazione (α), un teorema di permutabilità. Possiamo infatti trovare *in termini finiti* una quarta soluzione θ_3 dell'(α) dalla equazione

(δ)
$$\operatorname{tgh}\left(\frac{\theta_3 - \theta}{2}\right) = \operatorname{tgh}\left(\frac{\sigma_1 - \sigma_2}{2}\right) \coth\left(\frac{\theta_1 - \theta_2}{2}\right) .$$

---

[1] Propriamente alla soluzione θ corrisponde anche una seconda superficie coll'elemento lineare
$$ds^2 = \cosh^2\theta \, du^2 + \operatorname{senh}^2\theta \, dv^2$$
che si deduce dalla primitiva con una trasformazione di Hazzidakis.

Questa quarta soluzione θ_3 viene legata a θ_1, θ_2 dalle medesime equazioni (β), (γ), ove si cangi θ in θ_3 e si *permutino* le due costanti σ_1, σ_2.

Ora, scindendo il reale dall'immaginario, pongasi

$$\sigma_1 = \sigma + i\sigma', \quad \theta_1 = \omega + i\varphi$$

e si supponga che la soluzione θ da cui si parte sia *reale*. Si vedrà subito che le (γ) possono soddisfarsi ponendo

$$\sigma_2 = -\bar{\sigma}_1 = -\sigma + i\sigma',$$
$$\theta_2 = -\bar{\theta}_1 + \pi i = -\omega + i\varphi + \pi i$$

e la (δ) che diventa

(δ^*)
$$\operatorname{tgh}\left(\frac{\theta_3 - \theta}{2}\right) = \operatorname{tgh}\sigma \operatorname{tgh}\omega$$

dimostra quindi che la soluzione finale θ_3 ritorna *reale*.

Suppongasi in particolare che sia σ_1 reale, cioè sia $\sigma' = 0$ [1]. Scindendo nelle (β) il reale dall'immaginario, si ottiene per le funzioni incognite reali ω, φ il seguente sistema di equazioni ai differenziali totali, che è *illimitatamente integrabile*:

(ε)
$$\begin{cases} \dfrac{\partial\omega}{\partial u} = (\operatorname{senh}\sigma \cosh\theta \operatorname{senh}\omega + \cosh\sigma \operatorname{senh}\theta \cosh\omega)\cos\varphi \\[2mm] \dfrac{\partial\omega}{\partial v} = -(\operatorname{senh}\sigma \operatorname{senh}\theta \operatorname{senh}\omega + \cosh\sigma \cosh\theta \cosh\omega)\operatorname{sen}\varphi \end{cases}$$

(ε^*)
$$\begin{cases} \dfrac{\partial\varphi}{\partial u} + \dfrac{\partial\theta}{\partial v} = (\operatorname{senh}\sigma \cosh\theta \cosh\omega + \cosh\sigma \operatorname{senh}\theta \operatorname{senh}\omega)\operatorname{sen}\varphi \\[2mm] \dfrac{\partial\varphi}{\partial v} - \dfrac{\partial\theta}{\partial u} = (\operatorname{senh}\sigma \operatorname{senh}\theta \cosh\omega + \cosh\sigma \cosh\theta \operatorname{senh}\omega)\cos\varphi \end{cases}$$

e la formula (δ') ci definisce, col valore di θ_3, una superficie S_3 di curvatura $K = +1$ coll'elemento lineare

$$ds^2 = \operatorname{senh}^2\theta_3\, du^2 + \cosh^2\theta_3\, dv^2,$$

---

[1] Anche qui le trasformazioni più generali ottenute supponendo $\sigma' \neq 0$ si congono di quelle da noi considerate corrispondenti a $\sigma' = 0$ e di trasformazioni di Bonnet. Propriamente indicando con T una tale trasformazione generale con T_0 la nostra particolare e con B_α una conveniente trasformazione di Bonnet-Lie, si ha

$$T = B_\alpha T_0 B_\alpha^{-1}$$

(cfr. *Lezioni*, pag. 434). Per trasformazione B_α Bonnet intendiamo quella che fa passare dalla soluzione $\theta(u, v)$ della (α) all'altra

$$\Theta(u, v) = \theta(u\cos\alpha - v\operatorname{sen}\alpha, u\operatorname{sen}\alpha + v\cos\alpha).$$

essendo α una costante.

la quale deriva da S precisamente colla trasformazione della mia Nota del 5 marzo.

Se si pone infatti

$$T = \operatorname{tgh}\left(\frac{\theta_2 - \theta}{2}\right) = \operatorname{tgh}\sigma \operatorname{thg}\omega \ ,$$

si vede che T soddisfa appunto alle equazioni (A) di detta Nota, ove si prenda $c = -\cosh^2\sigma$. Ne risulta che riportando sulla normale alla S un segmento $= T$, il luogo degli estremi è una superficie Σ applicabile sull'ellissoide allungato di rotazione di semiasse maggiore $= 1$, di semiasse minore $= \dfrac{1}{\cosh\sigma}$.

Volendo poi mettere in relazione le formole date sopra con quelle della Nota precedente ([1]), si può in particolare domandare come si calcoleranno i corrispondenti valori di W, Φ che soddisfano al sistema differenziale (A), (B) di quella Nota. Si perviene allora al risultato seguente: La funzione Φ viene determinata (a meno di un fattore costante) per quadrature, dalle formole

$$\frac{\partial \log \Phi}{\partial u} = -\frac{\operatorname{senh}\sigma \cosh\theta \cos\varphi}{\cosh\omega}$$

$$\frac{\partial \log \Phi}{\partial v} = \frac{\operatorname{senh}\sigma \operatorname{senh}\theta \operatorname{sen}\varphi}{\cosh\omega} \ ,$$

dopo di che si avrà

$$W = \Phi \operatorname{tgh}\sigma \operatorname{tgh}\omega.$$

Così abbiamo considerato soltanto quel caso delle nostre trasformazioni in cui la costante c ha un valore negativo, cioè la superficie Σ luogo degli estremi dei segmenti staccati sulle normali di S è applicabile sull'ellissoide. Ma per avere anche le formole relative al caso di c positivo, basta nelle formole precedenti, in particolare nelle (ε), (ε^*) scambiare u con v. Con ciò valgono ancora tutte le nostre conclusioni; soltanto il segmento da staccarsi sulla normale sarà allora

$$T = \coth\sigma \coth\omega > 1.$$

Così saranno soddisfatte le equazioni (A) della Nota del 5 marzo, ove si prenda la costante $c = \operatorname{senh}^2\sigma$. Allora la superficie Σ, luogo degli estremi dei segmenti T, è applicabile sull'iperboloide di rotazione a due falde, la cui iperbola meridiana ha per lunghezze a, b dei semiassi trasverso e coniugato i rispettivi valori

$$a = 1 \ , \quad b = \frac{1}{\operatorname{senh}\sigma} \ .$$

([1]) 23 aprile, fasc. 8°.

Cristallografia. — *Per l'anortite del Vesuvio.* Nota III di C. VIOLA, presentata dal Socio BLASERNA.

Nella I Nota [1] sull'anortite del Vesuvio riportai gli angoli fondamentali cristallografici.

Nella II Nota [2] esposi il metodo della determinazione dei tre indici α β γ per luce D; calcolai i detti indici con gli angoli limiti della riflessione totale, servendomi del riflettometro totale del prof. Abbe di Jena, e finalmente calcolai anche l'angolo degli assi ottici, che è riuscito determinato con una precisione di $7'.6$.

Ora si deve fissare l'orientazione dell'elissoide di Fresnel, stabilire la posizione degli assi ottici, calcolare alcune costanti con la legge di Fresnel, e metterle in confronto con quelle osservate.

Dalla tabella riferita nella II Nota si hanno i seguenti angoli (vedi figura annessa).

$$A = (\gamma - \beta) = 85° - 13°, 15' = 71°, 45'$$
$$B = (\alpha - \gamma) = 115 - 85 = 30°$$
$$C = (180 + \beta - \alpha) = 193°, 15' - 115° = 78° 15,'.$$

Le note relazioni:

$$\operatorname{tag}^2 \omega_\alpha = \frac{\cos A}{\cos C . \cos B},$$
$$\operatorname{tag}^2 \omega_\beta = \frac{\cos B}{\cos A . \cos C},$$
$$\operatorname{tag}^2 \omega_\gamma = \frac{\cos C}{\cos B . \cos A}$$

ci danno dapprima

$$\log \operatorname{tag} \omega_\alpha = 0,1246821 \quad \text{e indi} \quad \omega_\alpha = 53°, 06', 50'',$$
$$\log \operatorname{tag} \omega_\beta = 0,5664461 \qquad » \qquad \omega_\beta = 74 \ 49 \ 03, 2,$$
$$\log \operatorname{tag} \omega_\gamma = 9,9377823 \qquad » \qquad \omega_\gamma = 40 \ 54 \ 35, 4,$$

che corrispondono bene con gli angoli osservati nel Nicol, cioè:

$$\omega_\alpha' = 50°, \quad \omega_\beta' = 75° \quad \text{e} \quad \omega'_\gamma = 42°.$$

[1] C. Viola, *Per l'anortite del Vesuvio.* Nota I. R. Accad. dei Lincei. Rend. Classe scienze fisiche, mat. e nat., vol. VIII., 1° sem., serie 5ª, fasc. 8°, 1899.

[2] C. Viola, id. id. fasc. 9°, 1899.

Con questi dati si risolvono i rispettivi triangoli sferici rettangoli e si ha:

$$\varphi_1'' = 19°, 06', 47'' \quad , \quad \varphi_2''' = 51°, 32', 34'' \quad , \quad \varphi_1' = 90°$$
$$\varphi_1''' = 70 \quad 53 \quad 13 \quad , \quad \varphi_3' = 66 \quad 25 \quad 27 \quad , \quad \varphi_2'' = 90°$$
$$\varphi_2' = 38 \quad 27 \quad 26 \quad , \quad \varphi_3'' = 23 \quad 34 \quad 23 \quad , \quad \varphi_3''' = 90°$$

La coincidenza di V con φ_2' salta subito all'occhio; ma io devo notare che questo dato mi ha servito per compensare gli errori, di cui sono affetti gli angoli A, B, C. La compensazione in A e C fu di 15'.

Ora passiamo a costruire la superficie degli indici, e la sua intersezione col piano (001).

Sia q la grandezza di un vettore, e siano $\psi_1 \, \psi_2 \, \psi_3$ gli angoli, che esso fa con i tre assi di simmetria ottica a, b, c. L'equazione della superficie degli indici può prendere la seguente forma:

$$\left[\frac{1}{\beta^2\gamma^2} \cos^2\psi_1 + \frac{1}{\gamma^2\alpha^2} \cos^2\psi_2 + \frac{1}{\alpha^2\beta^2} \cos^2\psi_3 \right] q^4 -$$
$$- \left[\left(\frac{1}{\beta^2}+\frac{1}{\gamma^2}\right) \cos^2\psi_1 + \left(\frac{1}{\gamma^2}+\frac{1}{\alpha^2}\right) \cos^2\psi_2 + \left(\frac{1}{\alpha^2}+\frac{1}{\beta^2}\right) \cos^2\psi_3 \right] q^2 + 1 = 0$$

essendo α, β, γ i tre indici già determinati nella II Nota [1] cioè:

$$\left. \begin{array}{l} \alpha = 1,57524 \\ \beta = 1,58827 \\ \gamma = 1,58840 \end{array} \right\} \text{ per luce D}.$$

Calcolando numericamente i coefficienti di detta equazione, essa può presentarsi sotto la forma:

$$Mq^4 - m \cdot N \cdot q^2 + P = 0 ,$$

dove per brevità:

$$M = \cos^2\psi_1 + 1,01022 \ \cos^2\psi_2 + 1,01678 \ \cos^2\psi_3$$
$$m = 5,02976$$
$$N = \cos^2\psi_1 + 1,00513 \ \cos^2\psi_2 + 1,00336 \ \cos^2\psi_3$$
$$P = 6,32455 .$$

Ora diamo a $\psi_1 \, \psi_2 \, \psi_3$ i valori corrispondenti a quei raggi, il cui indice di rifrazione si vuol conoscere. E dapprima si consideri il raggio β, per il quale si ha (vedi sopra):

$$\psi_1 = \varphi_2' = 38°.27'.26''$$
$$\psi_2 = \varphi_2'' = 90°$$
$$\psi_3 = \varphi_2''' = 51°.32'.34''.$$

[1] C. Viola, *Per l'anortite del Vesuvio*. Nota II.

Con questi valori avremo

$$M = 1,006490 , \quad N = 1,003235 ,$$

quindi

$$(0,39893 \; q^2 - 1)^2 = 0 ,$$

$$q = \pm 1,58327 ,$$

che è appunto l'indice β.

Questo controllo ci dice che il piano di sezione passa effettivamente per uno degli assi ottici dell'anortite.

Secondariamente si consideri il vettore, nel quale cade l'indice di rifrazione γ. Per esso si ha

$$\psi_1 = \varphi_3' = 66°.25'.37''$$
$$\psi_2 = \varphi_3'' = 23 \quad 34 \quad 23$$
$$\psi_3 = \varphi_3''' = 90°$$

Questi valori determinano:

$$M = 1,008586 , \quad N = 1,004306 ,$$

epperò

$$q^2 = 2,504208 \pm \sqrt{6,271055 - 6,270712}$$

ossia

$$q_1^2 = 2,522728 \quad e \quad q_1 = \pm 1,58832$$
$$q_2^2 = 2,485688 \quad q_2 = \pm 1,57660$$

Il valore di $\gamma = 1,58840$ non è molto differente del valore di q_1 testè determinato. Quello corrispondente a q_2 nella stessa direzione di γ e risultante dalle osservazioni si può avere, interpolando fra 1°. 17'. 4'' e 1°. 13'. 40'' quel valore, che si riferisce a 85° (vedi tabella annessa alla Nota II).

Si ha dunque, dalla tabella, $q_2 = 1,57650$.

Finalmente eseguiamo il calcolo pel raggio nel quale cade l'indice α. Per questo si ha:

$$\psi_1 = \varphi_1' = 90°$$
$$\psi_2 = \varphi_1'' = 19°.06'.47''$$
$$\psi_3 = \varphi_1''' = 70°.53'.13'' .$$

E si ottiene

$$M = 1,010924 , \quad N = 1,005474 ,$$

quindi

$$q^2 = 2,501320 \pm \sqrt{6,256598 - 6,256178}$$

ossia

$$q_1^2 = 2,521814 \quad e \quad q_1 = \pm 1,58803$$
$$q_2^2 = 2,480826 \quad q_2 = \pm 1,57506 .$$

Mentre si era trovato $\alpha = 1{,}57524$, che differisce di q_2 della quantità 0,00022.

Per poter anche in questo caso paragonare il calcolato valore di q_1 con quello ottenuto direttamente dall'osservazione, avremo da interpolare fra i due valori (vedi tabella):

$$1°.54'.23'' \quad \text{per la posizione di } 105° ,$$
$$1°.51'.30'' \quad \text{»} \quad \text{»} \quad 120° ,$$
$$e \quad q_1 \quad \text{»} \quad \text{»} \quad 115° .$$

Avremo la misura corrispondente a q_1 eguale a $1°.52'.28''$, e quindi un angolo della riflessione totale di $57°.07'.54''$. Perciò il valore osservato è

$$q_1^1 = 1{,}58780.$$

Questa piccola differenza tanto in q_1 quanto in q_2 rispetto ai valori osservati dipende dall'errore di pochi minuti negli angoli di posizione A, B. C. È quindi evidente che per poter continuare il confronto fra i dati ottenuti direttamente dall' osservazione e quelli calcolati in base alla legge di Fresnel, fa d'uopo di compensare ancora gli errori contenuti in A, B, C. Per l'orientazione dell'ellissoide di Fresnel rispetto alla sezione presa in esame, gli errori di pochi minuti non portano alcuna influenza. Si noti che con nessun altro metodo fino ad ora conosciuto si è in grado di raggiungere la precisione qui ottenuta.

Finalmente mi sia permesso di indicare come ottenni la orientazione dell'ellissoide di Fresnel rispetto alle zone principali dell'anortite.

Il riflettometro totale di precisione di Abbe quale fu recentemente modificato da Pulfrich [1], ha un obbiettivo per osservare la lamina del cristallo posta sul piano superiore della mezza sfera, ed essendo il cannocchiale di sotto. Col sussidio di questo terzo obbiettivo, si riesce di orientare il cristallo o uno spigolo situato nella sezione considerata, precisamente come in un microscopio o in un goniometro. E il riflettometro di Abbe, quale fu la prima volta ideato, oltre di parecchi inconvenienti, che pertanto non sono di nocumento per la precisione dei risultati, ha anche questo di non possedere l'obbiettivo per osservare gli oggetti vicini nel vetro o nell'aria.

In moltissimi casi, specialmente nei cristalli con due buone faccie, quali ha p. e. la nostra anortite, si riesce di avere l'orientazione, osservando un oggetto lontano riflesso da una e poi dall'altra delle due faccie disponibili, ponendo davanti al cannocchiale la lente sussidiaria. Come oggetto lontano mi servii del segnale di Websky appartenente al goniometro del dott. Sella.

---

[1] C. Pulfrich, *Ueber Anwendborkeit der Methode der Totalreflexion auf kleine und mangelhafte Krystallflächen.* Zeitschr. f. Krystall. und Miner. 1899, Bd. XXX, pagina 568 e seg.

Come dissi, la sezione dell' anortite utilizzata per le misure ottiche, fu tagliata parallelamente alla faccia (00$\bar{1}$) e in prossimità di questa. Dunque la faccia (001) si trovò di sopra. Le faccie laterali (201) e ($\bar{2}$01) diedero delle imagini riflesse oltremodo distinte, e furono perciò utilizzate per l'orientazione.

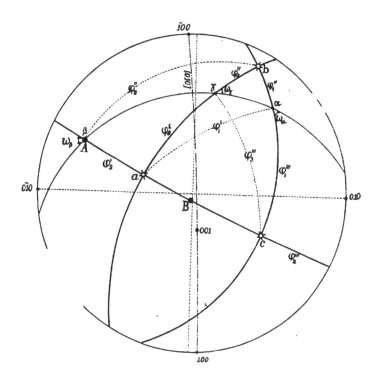

Il metodo di cui qui si tratta è semplicissimo. Si alza il cannocchiale finchè il segnale riflesso dalla faccia (001) cada nel centro del reticolo; indi si gira il cannocchiale e nello stesso tempo anche la mezza sfera, finchè ritorni il segnale nel centro del reticolo, ma stavolta riflesso dalla faccietta ($\bar{2}$01). Di controllo può servire anche la faccietta (201), se si giri la mezza sfera di 180°. In questa maniera l'asse della zona [010] riesce parallela all'asse di rotazione del cannocchiale. La tabella annessa alla Nota II dà anche la lettura relativa alla zona [010]. La figura qui unita rappresenta in proiezione stereografica tanto la posizione delle zone (secondo De Cloizeaux), quanto la posizione dei piani di simmetria ottica, e altresì i poli degli assi ottici. Calcolando i singoli triangoli sferici, si ottengono con facilità le coordinate di Michel Lévy dei diversi poli, che qui ci interessano.

La posizione dell'asse ottico B è determinata dai seguenti valori, messi in confronto con quelli riferiti da altri osservatori :

$$\varphi = 0° \quad , \quad \lambda = -5° \ldots\ldots \quad \text{v. Fedorow } (^1)$$
$$+3° \qquad\qquad -7° \qquad\qquad \text{Michel Lévy } (^2)$$
$$-2°,4 \qquad\qquad -5°,7 \qquad\qquad \text{Becke } (^3)$$
$$-2°,0 \qquad\qquad -6°,0 \qquad\qquad \text{Klein } (^4)$$
$$-1,3 \qquad\qquad -5,1 \qquad\qquad \text{Viola}$$

Il polo dell'asse attico B, quale è risultato dalle mie osservazioni, sta fra quello determinato da Becke con metodo diverso, quello calcolato da me con le osservazioni di C. Klein, e quello osservato direttamente da Fedorow. Considerando che

$$2\,V = -76°.\,56',$$

valore osservato anche da Fouqué $(^5)$, e potremo asserire che anche il polo del secondo asse ottico A tanto nelle determinazioni di Becke, e C. Klein, quanto in quelle di Fedorow ha la posizione da me data. — Una notevole differenza invece troviamo nelle costanti riferiteci da A. Michel Lévy nel suo bel lavoro fondamentale sui feldispati. È difficile ora renderci ragione, se veramente le costanti ottiche di Michel Lévy siano state calcolate esattamente, poichè non abbiamo alcuna via di controllo. Ma si noti bene che nel diagramma relativo all'anortite calcolato da Michel Lévy, l'angolo degli assi ottici è 82°. Quest'angolo è certamente superiore al vero di almeno 5°.

Lasciamo fermo nel diagramma di Michel Lévy il piano degli assi ottici, portiamo l'asse ottico A nel piano (001), e prendiamo l'angolo degli assi ottici eguale a 77°, e avremo la posizione dell'asse ottico B quasi esattamente quella determinata ora da me. Io ritengo quindi che l'angolo φ dell'asse ottico B dell'anortite è *negativo*, e sta fra *1°* e *2°*.

Un controllo diretto di quest'ultimo risultato si potrà avere mercè del riflettometro totale di precisione, osservando le linee limiti della riflessione totale non più sulla faccia (001), come io feci, ma bensì sulla faccia (010). Ed io spero di poter fra breve fare anche quest'ultima osservazione.

Pertanto possiamo ancora aggiungere a titolo di conoscenza dei feldispati, che *l'anortite è il feldispato, i cui assi ottici cadono uno (A) esat-*

(¹) E. v. Fedorow, *Universal-(Theodolith-) Methode in der Mineralogie und Petrographie II. Krystalloptische Untersuchungen.* Zeitschr. f. Krystall. 22, 227.

(²) A. Michel-Lévy, *Étude sur la determination des Feldspats.* Paris, 1894.

(³) Fr. Becke, *Bestimmung kalkreicher Plagioklase durch die Interferenzbilder von Zwillingen.* Tschermak's Miner. u. Petrog. Mitt. 1895. 14, 415.

(⁴) C. Klein, *Die optischen Constanten des Anorthits vom Vesuv.* Königl. preuss. Akademie der Wissenschaften, 1899, XIX Sitzungsber. pag. 346 e seg. Vedi l'appendice della presente Nota.

(⁵) F. Fouqué, *Bullettin de la Soc. Franc. de Mineralogie,* 1894, t. 17.

tamente nella faccia (001) *e l'altro* (B) *prossimamente nella faccia* (010); *nessun altro plagioclasio gode di questa proprietà dell'anortite.*

APPENDICE

Le misure eseguite da C. Klein ([1]) sull'anortite del Vesuvio, e pubblicate mentre la mia Nota II si componeva, hanno una tale importanza, che meritano la più seria considerazione. Mentre più sopra ho esposto solamente i risultati delle osservazioni di lui, mi sia qui permesso di esporre come procedetti per la determinazione del piano degli assi ottici, e delle coordinate dell'asse ottico B.

Si tracciano dapprima in proiezione stereografica i poli M(010), P(001) ed e(021) e il cerchio massimo [100], che fa col cerchio fondamentale [001] l'angolo di 64°. Si portano in seguito sul cerchio [100] i poli, che successivamente distano fra loro di 10°, e per ognuno di questi poli si tracciano dei cerchi massimi, che successivamente fanno col cerchio [100] e con la traccia (010) i seguenti angoli di estinzione osservati da C. Klein:

Zona [100]	Angolo d'estinzione secondo C Klein.	
0° (M)	53°	(37°)
10°	40°	(50)
20°	35°	(55)
30°	32 ½	(57 ½)
40°	31	(59)
42°. 48'. 25" (e)	—	—
50	30	(60)
60	34	(56)
70	37 ½	(52 ½)
80	47 ½	(42 ½)
85. 50' (P)	—	—
90	60	(30)

I detti cerchi determinano in proiezione stereografica una curva d'involuzione con due bracci tangenti in una cuspide. Per quest'ultima passa il cerchio su cui si trovano i poli degli assi ottici, e di conseguenza esso è pienamente determinato; il piano degli assi ottici fa dunque con la faccia (010) l'angolo di 57°.

Anche il polo della prima bisettrice positiva (c) è determinato con le misure di C. Klein. Infatti secondo questo autore e anche secondo Max Schuster ([2])

([1]) C. Klein, op. cit.

([2]) Max Schuster, *Ueber die opt. Orient. der Plagiokase.* Min. u. petr. Mitth. von G. Tschermak 1881, N. F. Bd. III, pag. 215.

il polo della faccia (021) si trova sul cerchio massimo corrispondente al piano di simmetria ottica (*bc*). E con ciò riescono determinate anche la bisettrice negativa (*a*), e i poli degli assi ottici. Il polo dell'asse ottico B ha definitivamente le seguenti coordinate:

$$\varphi = -2°.0 \quad \text{e} \quad \lambda = -6°.0$$

che a pag. 495 ho attribuito a C. Klein.

Petrografia. — *Studio petrografico su alcune rocce della Carnia.* Nota del dott. GIUSEPPE VIGO, presentata dal Socio STRÜVER [1].

Le rocce descritte in questa Nota furono raccolte dai professori Brugnatelli, Taramelli e Tommasi in occasione di una gita geologica nelle Alpi Carniche, e dal prof. Brugnatelli a me affidate per lo studio petrografico.

Esse sistematicamente si dividono in quattro gruppi diversi, e cioè in *Diabasi, Melafiri, Porfiriti quarzifere* e *Porfidi quarziferi*.

Diabasi. — I campioni da me studiati provengono dalla valle del Degano, dal Monte Crostis e dal Monte Pizzul. Con ogni probabilità vanno ascritti a questo gruppo anche i campioni raccolti in val Pesarina, nei dintorni di Prato Carnico, ma la loro alterazione è talmente avanzata da non permetterne una determinazione sicura.

Diabasi della valle del Degano [2]. — La massa diabasica della valle del Degano ha già formato l'oggetto di un accurato studio petrografico del prof. Artini [3], che descrisse campioni raccolti dal prof. Taramelli nella regione in discorso. Tuttavia tra gli esemplari da me esaminati, tre meritano speciale menzione, perchè quantunque provengano dalla stessa massa, presentano differenze degne di nota. Due di questi pezzi furono raccolti scendendo dal monte Talm; l'uno sopra il villaggio di Rigolato e l'altro sopra l'abitato di Magnanins; il terzo campione fu raccolto sul fianco sinistro della valle lungo la strada, che da Comeglians conduce a Collina, tra Vuezzis e Givigliano [4].

I campioni raccolti sopra Rigolato assomigliano a quelli descritti dal prof. Artini provenienti da *Sud di Rigolato*. Essi costituiscono una roccia

[1] Lavoro eseguito nel Gabinetto di Mineralogia della R. Università di Pavia.

[2] T. Taramelli, *Osservazioni stratigrafiche sui terreni paleozoici nel versante italiano delle Alpi Carniche.* Rend. della R. Accad. dei Lincei, vol. IV, 1895, Roma; Idem, *Catalogo ragionato delle rocce del Friuli.* Rend. della R. Accad. dei Lincei, vol. I, Roma.

[3] E. Artini, *Studî petrografici su alcune rocce del Veneto.* Giorn. di Mineralogia, vol. I, 1890.

[4] È da notarsi però, che questa massa si estende dall'una e dall'altra parte fin quasi a Comeglians.

grigio verdastra, con struttura compatta, nella quale però si possono distinguere colla lente abbondanti listerelle di feldispato. Non presentano però
l'aspetto brecciato, notato dall'Artini nei suoi campioni.

Al microscopio si scorge, che l'elemento più abbondante è il feldispato
plagioclasico, molto ben conservato, e geminato generalmente secondo la legge
dell'albite, combinata talora con quella di Karlsbad e in rari casi anche con
quella del periclino. I suoi cristalli, che sono talora di notevoli dimensioni,,
ed in generale idiomorfi, hanno di preferenza la forma a lista. Da numerose
misure dell'angolo d'estinzione in lamelle geminate secondo la legge del-
l'albite nella zona normale a (010) ebbi un massimo di 20°, e in un geminato
doppio ottenni i valori seguenti:

$$\text{I.} \qquad\qquad \text{II.}$$
$$5° \, ^1/_2 \qquad\qquad 11° \, ^1/_2$$

Si deve adunque riferire questo feldispato ad un termine dell'andesina,
come viene anche confermato dal valore della rifrazione, che è pressochè
uguale a quella del balsamo.

In ordine di abbondanza viene poi il Pirosseno profondamente alterato
e che solo in qualche cristallo conserva fresco un nucleo centrale. Suoi prodotti di alterazione sono la clorite, verdognola, con debole birifrazione, e la
calcite, che talora occupa intieramente le plaghe già occupate dal pirosseno.
Nei campioni da me esaminati manca il quarzo, che abbonda invece in quelli
studiati dall'Artini. Generalmente questi minerali secondarî, la clorite e la
calcite, occupano plaghe, le quali sono allotriomorfe rispetto al plagioclasio;
solo talvolta queste plaghe presentano contorni che rammentano quelli del
pirosseno.

L'ilmenite solo qua e là accenna ad alterarsi in leucoxeno.

I campioni raccolti sopra Magnanins, come quelli descritti dall'Artini,
hanno un colore verdastro uniforme ed una struttura più compatta dei precedenti, dovuta alla maggior piccolezza dei componenti.

Le sottili e numerose listerelle di plagioclasio sono da riferirsi, come
quelli dei campioni già descritti, all'andesina. L'augite pure frequente è meno
alterata, che nei campioni di Rigolato, e mostra più manifesto l'idiomorfismo
per rispetto al feldispato. Infatti frequentissime sono le sezioni ottagone, caratteristiche dell'angite stessa. I suoi prodotti di alterazione sono anche qui
costituiti specialmente da sostanza cloritica e da calcite.

Degne di nota in questi campioni sono delle plaghe frequenti, più o
meno estese, a contorni sovente idiomorfi, costituite essenzialmente da fasci
di anfibolo fibroso, di colore verdognolo pallido, che presenta i caratteri
dell'attinoto:

$$c : c = 18°.$$

Questo minerale è accompagnato da clorite e da epidoto. Non è probabile, come si potrebbe a tutta prima supporre, che questo anfibolo derivi dal pirosseno, poichè i due minerali non si trovano mai assieme, e l'epidoto, che costantemente accompagna l'anfibolo, non si trova mai nelle plaghe pirosseniche. Sembra piuttosto, che l'anfibolo verde pallido provenga da un anfibolo primario, bruno, fortemente pleocroico, quale è dato ancora osservarne nella parte centrale delle plaghe attinolitiche. L'ilmenite è scarsa. Questi campioni quindi, sia per la loro posizione, sia per la loro struttura tendente alla porfirica data dallo sviluppo dei cristalli di pirosseno e d'anfibolo, rappresentano forse una facies periferica della massa diabasica della valle del Degano.

I campioni raccolti tra Venezzis e Givigliano, di color verde con macchie nerastre ed attraversati da vene bianche di calcite, sono alteratissimi. Per il maggior sviluppo dei cristalli feldispatici hanno una grana più grossa dei campioni di Rigolato, però la struttura ne è assai simile. Il feldispato, probabilmente anch'esso riferibile all'andesina, è alteratissimo. Il quarzo che vi è molto abbondante, è localizzato in fessure della roccia, e va considerato come elemento casuale. Il leucono vi è molto abbondante.

Diabase del Monte Crostis ([1]). — I campioni descritti provengono dalle vicinanze del laghetto sopra alla Casera Plumbs. In una massa verdastra stanno sparse delle macchie bianche di calcite. Differiscono dai diabasi di Rigolato per la grana più grossolana data dallo sviluppo dei feldispati, i quali sono in liste larghe o alquanto tabulari, di modo che la struttura della roccia si avvicina alla granulare epidiomorfa. Il feldispato è freschissimo ed appartiene pure ad un termine dell'andesina.

L'elemento ferrifero invece è completamente sostituito dalla sostanza cloritica e da calcite. L'ilmenite è abbastanza frequente.

I diabasi sopra descritti, fatta astrazione delle lievi differenze strutturali, sono, come si è visto, notevolmente simili fra loro. Per questa affinità petrografica, e per affiorare essi su punti diversi, disposti lungo un'unica direzione, viene spontaneo il pensare, che essi appartengano ad una sol massa, la quale avrebbe il suo massimo sviluppo nella valle del Degano, e che si protenderebbe a Sud-ovest fino in val Pesarina nei dintorni di Prato Carnico, ed a Nord-est fino al Monte Crostis.

Melafiri. — I campioni furono raccolti dal prof. Annibale Tommasi nei dintorni dei *Forni di Sopra*, lungo il torrente Agozza, nell'alta valle del Tagliamento. Hanno un color verde più o meno intenso, uniforme ed una struttura assai compatta.

([1]) Questa roccia venne citata dal Fr. Frech nella sua opera: *Die Karnischen Alpen* Halle 1894; ma non descritta, nè segnata sulla sua carta geologica, come anche non vi è segnato nessuno degli affioramenti di rocce eruttive, che pure sono così numerevoli nella regione carnica.

In alcuni campioni si notano nella massa finissima verde-chiara delle macchie brunastre.

La struttura di queste rocce è porfirica olocristallina. Nella massa fondamentale sono sparsi numerosi interclusi feldispatici idiomorfi assai alterati, alcuni dei quali presentano una marcata struttura zonale. L'augite, talora ancor fresca, in sezioni assai sottili è incolora e mostra sovente la cosidetta struttura a clepsidra (Sanduhrstructur); ma nella maggior parte dei casi è trasformata in clorite e in calcite. Il quarzo è affatto casuale e i rarissimi granuli sono circondati da una fitta corona di microliti pirossenici e da clorite. La massa fondamentale è essenzialmente costituita da esili listerelle di feldispato geminato frequentemente secondo le leggi dell'albite e di Karlsbad. Il valore massimo dell'estinzione, che misurai nelle lamelle di geminazione secondo la legge dell'albite e nelle zone normali a (010) è di 27°; ciò che lascia supporre trattarsi di un termine della *labradorite*. Fra le numerosissime listerelle plagioclasiche si interpone la clorite ed in qualche plaga anche la calcite. La struttura si avvicina all'intersertale. La clorite inoltre forma delle plaghe più o meno grandi sempre rotondeggianti, a struttura fibroso-raggiata, circondate costantemente da calcite, che corrispondono alle macchie bruno-verdastre microscopicamente visibili nella roccia. Abbondanti poi sono i granuli di sostanza ferrifera opaca.

Rocce dei dintorni di Timau. — Alle Casere del Monte Zuflan si trovano due distinti affioramenti porfirici, diretti entrambi verso Nord-ovest e separati da uno strato di rocce rosse, tufacee, a struttura scistosa. Essi sono costituiti da due tipi di rocce ben distinti: l'una è una *porfirite quarzifera*, l'altro un porfido quarzifero. Sembrami degno di nota questo fatto di trovarsi così quasi a contatto due colate con caratteri tanto diversi, essendo l'una di natura basica, e l'altra di natura eminentemente acida.

Porfirite quarzifera. — Oltre che al Monte Zuflan si trovano rocce analoghe a queste anche al vicino Monte di Terzo.

Il colore, nei campioni da me esaminati, va dal verdognolo chiaro al bruno verdastro. Nella massa fondamentale si distinguono anche ad occhio numerosi cristalli di feldispato. La struttura e la composizione mineralogica variano alquanto a seconda delle località. In alcuni campioni provenienti dal Monte Zuflan l'augite, allotriomorfa rispetto al feldispato, è abbondante, assai scarso è il quarzo e la struttura dalla porfirica passa all'intersertale. Questa struttura poi è rappresentata assai bene in un campione raccolto a Nord di Timau (1). In esso l'elemento alterato è l'augite, commista a cristallini di pirosseno trimetrico. Il feldispato è freschissimo, in grossi cristalli geminati secondo la legge dell'albite, frequentemente combinata con quella di Karlsbad

(1) Da frane cadute dal Monte di Terzo.

e qualche volta anche con quella del Periclino. Il massimo valore dell'angolo d'estinzione nelle zone normali a (010) nei geminati secondo la legge dell'albite è di 20°. Da due geminati doppi ebbi:

I.	II.
14° $^1/_2$	24°
13°	16° $^1/_2$

È quindi un termine basico dell'andesina. V'è poi qualche granulo di quarzo. Tra i cristalli di feldispato s'interpone a guisa di mesostasi, la clorite e qualche plaga di serpentino. Sono adunque *varietà tholeitiche* della massa porfirica. Ma la struttura che generalmente presentano le rocce di queste località è la porfirica olocristallina. In una massa finissima essenzialmente feldispatica, con poco quarzo, sono sparsi porfiricamente interclusi di feldispato, di pirosseno e di un altro minerale totalmente trasformato in calcite.

Gli interclusi di feldispato, di varie dimensioni a seconda dei campioni, sono geminati secondo le leggi di Karlsbad ed albite. Da essi ebbi i seguenti valori:

I.	II.
14° $^1/_2$	24°
10°	14°
14°	19°
13°	16°

Il massimo valore dell'estinzione nelle lamelle di geminazione dell'albite nelle zone normali a (010) è di 23°. Lamine di sfaldatura secondo (010), dalle quali esce quasi normalmente una bisettrice, estinguono a 15° (estinzione riferita allo spigolo (010) : (001)). Per questi caratteri il feldispato devesi riferire ad un termine assai basico dell'andesina o ad un termine acido della labradorite.

Gli interclusi di quarzo, più o meno abbondanti, grossi, sono arrotondati e talvolta rotti. Contengono talvolta inclusioni di zircone. Trovasi poi anche il quarzo in granuletti, insieme a calcite, a riempire piccole fessure esistenti nella roccia.

L'elemento ferrifero talora è del tutto alterato, come nei campioni del Monte di Terzo, talora invece, come nei campioni raccolti a Nord del paese di Timau, è in uno stato di alterazione incipiente. Trovasi però in piccola quantità. È un pirosseno trimetrico non molto ricco in ferro: con ogni probabilità è un termine vicino alla *Bronzite*.

Difatti il colore è sempre leggerissimamente verde con un pleocroismo appena sensibile: dal verde giallognolo pallidissimo al verde un po' più marcato.

In alcune sezioni, e specialmente in una di un campione raccolto a Nord di Timau si osservano delle plaghe, talora a contorni ottogonali, occupate da un carbonato con struttura finamente granulare. Con ogni probabilità il minerale primitivo era *olivina*, come risulterebbe anche da un angolo piano di 73°, che corrisponde all'angolo tra (100) e (101) dell'olivina. Esiste anche del quarzo secondario.

In altri campioni pure raccolti a Nord di Timau, osservai insieme al piroseno, ma in minor quantità, delle laminette raggiungenti anche due mm. di lunghezza, di color rossastro con pleocroismo assai marcato: dal verde pallidissimo al rossastro. Hanno estinzione parallela e si alterano in clorite e in prodotti ferriferi: si deve riferire questo minerale con ogni probabilità a biotite. Non sono rare poi plaghe informi di clorite e di serpentino, sparse qua e là nella massa fondamentale.

Porfidi quarziferi. — Sono rocce con massa fondamentale bruna, nella quale sono porfiricamente disseminati abbondanti e grossi interclusi di feldispato rossastro e di quarzo.

Il feldispato si presenta sempre in cristalli freschi, idiomorfi, geminati secondo la legge di Karlsbad. Ogni individuo si mostra composto di tante lamelle, che pur mantenendosi parallele fra loro, sono discontinue e sembrano dovute alla geminazione secondo la legge dell'albite. Concresciuto con questo feldispato ve n'è costantemente un altro a rifrazione minore del feldispato includente. Nella separazione dei componenti la roccia per mezzo della soluzione del Thoulet, il feldispato si separa tra i pesi specifici:

$$2,58 \qquad e \qquad 2,61$$

e per la massima parte rimane sospeso nel liquido di peso spec. == a 2.60. Lamine di sfaldatura secondo (010), dalle quali esce di poco inclinata una bisettrice, riferendosi alle tracce di sfaldatura basale estinguono: alcune a 5°-6°, altre a 17°-18°. Lamine secondo (001) estinguono alcune a 16°-17°, altre 7°. Sembra quindi che i due feldispati associati siano *albite* e *microclino*. In alcune sezioni secondo (001) con estinzione di 16° si osservano lamelle polisintetiche normalmente alle tracce di sfaldatura secondo (010) il che fa supporre la presenza di geminati secondo la legge del piriclino.

Gli interclusi di quarzo, di notevoli dimensioni, sono sempre arrotondati. Il quarzo trovasi anche incluso nel feldispato e in tipici accrescimenti granofiric. Contiene piccolissimi microliti di Zircone. Abbondanti in fine sono i prodotti ferriferi neri, finissimamente diffusi sia nella massa fondamentale, che entro gli interclusi feldispatici.

La massa fondamentale è olocristallina, costituita essenzialmente di granuletti di quarzo, commisti a cristallini di feldispato, in alcuni dei quali è visibile la geminazione polisintetica, che caratterizza gli interclusi.

Alcuni campioni analoghi a quelli ora descritti furono raccolti nella Conoide del Moscardo. In questi la massa fondamentale è prevalentemente formata da listerelle feldispatiche, che per avere caratteri comuni a quelli proprî di alcuni interclusi si debbono probabilmente riferire all'albite. Tra queste listerelle si interpongono innumerevoli granuletti di feldispato, in prevalenza, e di quarzo fra loro commisti.

Chimica. — *Sulla scissione dell'acido isosantonoso inattivo nei suoi antipodi*. Nota di A. ANDREOCCI e P. ALESSANDRELLO ([1]), presentata dal Socio CANNIZZARO.

Abbiamo creduto opportuno, per lo studio della stereoisomeria degli acidi santonosi, di tentare la scissione negli antipodi dell'acido isosantonoso inattivo, cristallizzato in piccoli prismi duri e fusibile a 153°-155°, ottenuto la prima volta da S. Cannizzaro e G. Carnelutti ([2]), ed in seguito riconosciuto da uno di noi ([3]) per una modificazione racemica.

Dei metodi generalmente usati per scindere i racemi abbiamo preferito d'impiegare gli alcaloidi, piuttosto che il *Penicillium Glaucum*, essendo gli acidi santonosi antisettici. A tal fine abbiamo usata la cinconina e ci siamo messi nelle condizioni come se l'acido levo santonoso fosse ancora sconosciuto.

Si sono sciolti in alcool a 90° e bollente gr. 8,5 di acido isosantonoso inattivo, preparato da Cannizzaro e Carnelutti, e gr. 10,7 di cinconina; quantità corrispondenti a $C_{15}H_{20}O_3$ (acido santonoso) e a $C_{19}H_{22}N_2O$ (cinconina). Per raffreddamento, dopo aggiunta di un cristallino di destrosantonato di cinconina, ottenuto in precedenza coll'acido destro ([4]), e per svaporamento spontaneo, si ebbero tre frazioni di cristalli ed un residuo sciropposo, che non volle cristallizzare anche se ripreso più volte con un po' di alcool.

Abbiamo decomposto separatamente con un leggiero eccesso di acido solforico diluito (1 a 20) la prima frazione cristallizzata ed il residuo sciropposo, e poi con etere si estraevano gli acidi santonosi. La miscela di acidi santonosi provenienti dalla prima porzione cristallizzata ([5]) (che pesava gr. 2,75) polverata e seccata a 100°, rammolliva a 153°, fondeva a 165° ed avea un

([1]) Lavoro eseguito nel laboratorio di chimica farmaceutica di Catania.

([2]) Gazz. Chim, Ital. Vol. XII, pag. 400-401.

([3]) A. Andreocci, *Sui quattro acidi santonosi e sopra due nuove santonine*. Atti della R. Accademia dei Lincei. Memorie della Classe di scienze fisiche, serie 5ª, vol. II.

([4]) Il destrosantonato di cinconina (ottenuto per diluizione moderata con acqua bollente e per raffreddamento della soluzione alcoolica fatta colla miscela equimolecolare di acido destro e cinconina), si depone in piccoli cristalli solubili nell'alcool, poco nell'acqua e nell'etere, fusibili a 198° con leggera alterazione.

([5]) La composizione di questa frazione corrisponde approssimativamente a quella di un monosantonato di cinconina, poichè si ebbero circa gr. 1 di miscela di acidi santonosi, e gr. 1,4 di cinconina.

potere rotatorio specifico in alcool concentrato per $(\alpha)_D$ di $+$ 48; con un'altra cristallizzazione dall'alcool siamo riusciti ad avere dell'acido destrosantonoso abbastanza puro, in aghetti sottili fusibili a 176°-177° ed aventi un potere rotatorio di $+$ 73. E ricristallizzato ancora una volta fonde a 178°-179°.

Infatti l'acido destro santonoso purissimo cristallizza in aghetti leggieri, fusibili tra 179°-180° ed ha in alcool assoluto un potere rotatorio di $+$ 74.

La miscela di acidi santonosi (gr. 1,418) fornitaci dal residuo sciropposo rammolliva a 161°, fondeva a 167°, ed aveva un potere rotatorio in alcool concentrato di $-$ 48. Ricristallizzata dall'alcool fornì dell'acido levosantonoso sufficientemente puro cristallizzato, in aghetti leggieri fusibili a 178°-179°, e con un potere rotatorio in alcool concentrato di $-$ 74. E ricristallizzato ancora una volta dall'alcool si ebbe purissimo, fusibile a 179°-180°.

Difatti l'acido levosantonoso purissimo cristallizza in aghetti leggieri fusibili a 179°-180°, ed ha in alcool assoluto un potere rotatorio di $-$ 74.

Per riconfermare che dalla frazione sciropposa si era ottenuto acido levosantonoso, abbiamo voluto con questo ricostruire l'acido isosantonoso colla quantità equimolecolare di acido destro ottenuto per riduzione della santonina. Il racemo che ne risulta è identico all'acido isosantonoso di Cannizzaro e Carnelutti.

Da ciò si deduce che nella prima frazione cristallizzata si accumula il sale di cinconina dell'acido destro, e nell'ultimo residuo sciropposo il sale di cinconina dell'acido levo. Ciò ci spiegherebbe anche perchè non siamo riusciti più tardi ad avere cristallizzato il sale di cinconina dell'acido levo; infatti tutte le volte che si è svaporato, o diluito con acqua, o con etere la soluzione alcoolica di questo sale, sempre si è ottenuto una massa vischiosa, che poi è divenuta dura ed amorfa. Sembra che il sale di cinconina dell'acido levo con più difficoltà passa dalla modificazione amorfa vischiosa, a quella cristallina.

Abbiamo anche intrapreso delle ricerche per scindere l'acido isosantonoso inattivo, mediante saturazione parziale colla cinconina; e già siamo riusciti, per diluizione della soluzione alcoolica della miscela di gr. 2,46 di acido isosantonoso, e di gr. 1,46 di cinconina con venti volumi di etere, ad avere una prima frazione di cristalli (gr. 0,853), che si trovarono in gran parte costituiti del sale di cinconina dell'acido destro. Infatti la miscela di acidi, che si ottiene dalla decomposizione di questi cristalli, fonde fra 172°-176°, ha un potere rotatorio di circa $+$ 60; e con una sola cristallizzazione dall'alcool, ci ha dato dell'acido destrosantonoso purissimo, fusibile a 179°-180°.

Abbiamo abbandonato a lento svaporamento la soluzione eterea restata, per poi ricercare l'acido levo. Però da questi primi risultati possiamo arguire che colla saturazione parziale si arriva, per lo meno, ad avere una separazione più netta per l'acido destro.

Concludiamo infine, che per mezzo della cinconina si può facilmente scindere l'acido isosantonoso inattivo nei suoi antipodi levo e destro.

Tale scissione rappresenta il primo tentativo riuscito per la decomposizione, nei rispettivi antipodi, di una modificazione inattiva appartenente al gruppo della santonina.

A noi questa scissione servirà di guida per tentare quella, se è possibile, dell'acido desmotroposantonoso levogiro, per mezzo della cinconina, o di altri alcaloidi; colla speranza di poter stabilire se quest'acido desmotrosantonoso [1] è uno dei quattro isomeri attivi previsti dalla teoria, oppure un racemo parziale scindibile.

Fisiologia. — *Sulle proprietà dei nucleoproteidi.* Nota del dott. FILIPPO BOTTAZZI, presentata dal Socio LUCIANI.

L'azione fisiologica dei nucleoproteidi degli organi è stata finora più intuita che dimostrata. Due sole proprietà finora sono state loro attribuite: quella di provocare la coagulazione intravasale del sangue (Halliburton) [2], in certi animali (con le conseguenze teoriche che da questo fatto si possono trarre a lumeggiare la dottrina della coagulazione del sangue), e quella di produrre delle ossidazioni di sostanze facilmente ossidabili aggiunte alle loro soluzioni alcaline (Spitzer) [3].

Ciò è evidentemente troppo poco per le sostanze che costituiscono la maggior parte in peso del residuo secco delle cellule viventi. Onde io scrissi, guidato da considerazioni puramente teoriche, che, in generale, i nucleoproteidi debbono avere una grandissima importanza nella fisiologia cellulare; « Corpi straordinariamente complessi e labili, sono forse essi che compiono le meravigliose operazioni chimiche » [4] ... svolgentisi nell'organismo vivente.

Per dare una base sperimentale a queste considerazioni, ho intrapreso una serie di ricerche, di cui comunico ora i primi risultati.

Qui mi limito ad annunziare i fatti osservati, astenendomi dal discuterli e dal metterli a raffronto con altri risultati, ottenuti in esperienze diverse da altri autori, e che possono avere analogie coi primi. Ciò farò in seguito.

1. *Metodo d'estrazione del nucleoproteide.*

L'organo freschissimo (2-3 ore dopo la morte dell'animale, al più tardi) è tagliato in grossi pezzi, e questi son lavati e strizzati a lungo in soluzione 1 % di NaCl, per liberarli dal sangue. Quando il liquido di lavaggio rimane af-

---

[1] A. Andreocci, Memoria sopra citata.
[2] Journ. of Physiology, vol. XVII, pag. 135-173 e vol. XVIII, pag. 306-318. Vedi anche: Zeitschr. f. physiol. Chem., Bd. XVIII, pag. 57-59.
[3] Pflüger's Arch., Bd. LXVII, pag. 615.
[4] Filippo Bottazzi, Chimica fisiologica, vol. I, pag. 89. Milano 1898.

fatto incolore, si sminuzzano i pezzi nella macchina che serve a macinare la carne, si trita la poltiglia in piccole parti e a lungo nel mortaio con sabbia ben lavata, la si passa a traverso uno staccio di crine, e finalmente la si versa in un gran vaso della forma d'un cristallizzatore contenente 5-6 volumi d'acqua distillata, in cui poi vien rimescolata spesso. Dopo 24-36 ore si versa il miscuglio in un vaso cilindrico di capacità conveniente, e ve lo si lascia per 10-12 ore in perfetto riposo, affinchè la poltiglia sedimenti al fondo. Si decanta quindi il liquido soprastante denso, più o meno colorato in giallo-rossastro, lo si diluisce con un volume eguale di soluzione 1 °/₀ di NaCl, e vi si aggiunge dell'acido acetico diluito, mentre si agita la massa liquida, finchè questa presenti reazione nettamente. ma non fortemente acida. In pochi minuti comincia a sedimentare un precipitato abbondante, fioccoso. Si versa il tutto sopra varî filtri contemporaneamente, affinchè la filtrazione abbia luogo nel più breve tempo possibile, e si lava il precipitato sui filtri con soluzione 1 °/₀ di NaCl resa debolissimamente acida mediante l'aggiunta di poche gocce di acido acetico. Terminata la filtrazione, si spiegano i filtri sopra varî fogli di carta bibula, si raccoglie con una spatola il precipitato grigiastro umido, e lo si scioglie, tritandolo in un mortaio, in soluzione 0,25 °/₀ (o più concentrata, secondo i casi) di Na²CO³. Si ottiene così una soluzione grigio-giallastra assai densa e viscosa, che filtra perciò assai difficilmente; onde bisogna contentarsi di farla passare solamente a traverso varî strati di garza, per allontanare la parte di proteide non disciolto.

Si può precipitare di nuovo il proteide con acido acetico e ridiscioglierlo in carbonato sodico; e si può ripetere questa operazione più volte, quando si vuol ottenere la sostanza in uno stato di maggior purezza. Ma la ripetizione di questa operazione rende, come si sa, il proteide sempre meno solubile, e probabilmente sempre più differente da quello che naturalmente è nella cellula vivente. Onde io mi son limitato a precipitarlo una volta sola, con la minor quantità possibile di acido acetico, raggiungendo lo scopo di allontanare dal precipitato tutti i materiali solubili ad esso aderenti col lavarlo sul filtro nel modo detto dianzi.

A me interessava allontanare gli enzimi, le sostanze proteiche e biliari, l'emoglobina, in una parola tutto quanto di solubile poteva esser contenuto nell'estratto originale dell'organo; e ciò credo d'averlo raggiunto, prima, col diluire molto l'estratto (ciò che accelera anche la successiva filtrazione), poi, col lavare il precipitato sul filtro.

Fo notare che l'aggiunta della soluzione salina (invece di semplice acqua distillata) accelera di molto la precipitazione del proteide, e dà al precipitato quella forma fioccosa che tanto agevola poi la filtrazione.

2. *Metodo di ricerca.*

La soluzione satura di proteide (spesso nel liquido v'era anche molto proteide semplicemente sospeso) vien messa in bocce di Woolf della capa·

cità di circa 300 cm³; si aggiunge la sostanza, su cui si vuole sperimentare l'azione del proteide; si mettono le varie bocce in un bagno-maria scaldato a 38°-40° C., e, mediante una pompa aspirante, che comunica per via d'un tubo a più ramificazioni con le tubolature delle varie bocce, si fa gorgogliare per il liquido di queste una corrente d'aria continua o intermittente. L'estremità libera del tubo di ciascuna boccia, per cui si fa la presa d'aria, è chiusa mediante un batuffolo di cotone bruciato alla superficie (nei primi esperimenti), o è messa in comunicazione con una boccia piena di soluzione satura di barite e di potassa caustica, a traverso la quale gorgoglia l'aria prima di giungere alla boccia contenente il proteide.

Se si vuole escludere l'aria, si riempie la boccia fino in cima, e si turano bene le varie sue aperture. È chiaro come si possa anche far gorgogliare a traverso il liquido questo o quel gaz, aspirandolo da un gazometro vicino.

In tali condizioni si può lasciare il proteide a contatto della sostanza su cui si esperimenta per 24-48 ore e più.

La prima domanda, che sorge qui spontanea, è: il liquido non va in putrefazione? Mai; o meglio, solamente quando alla soluzione di proteide si aggiungono anche piccole quantità di materiali facilmente putrescibili (proteine), si avverte talora, dopo lungo tempo, odore di putrefazione. Io mi son potuto convincere che i nucleoproteidi posseggono una grande resistenza alla putrefazione. Seccati all'aria, si conservano lunghissimo tempo; sospesi in liquido neutro, non presentano odore di putrefazione che in capo a 4-5 giorni.

Tuttavia bisognava eliminare il dubbio che le proprietà da me riconosciute ai nucleoproteidi degli organi potessero esser dovute ad azioni batteriche. Perciò in alcuni esperimenti, come si vedrà, aggiunsi alla soluzione di Na_2CO_3 del NaFl nella proporzione del 2 ‰, e in altri del timolo nella proporzione del 0,4 %. I risultati sono stati identici a quelli ottenuti negli esperimenti, in cui non ho fatto uso di floruro sodico o di timolo.

Il liquido alcalino in cui scioglievo il proteide conteneva, oltre gr. 0,25 % di Na_2CO_3, tracce di sali di Ca (poichè facevo la soluzione con acqua corrente, in cui una parte del Ca veniva precipitata dal Na_2CO_3 in forma di $CaCO_3$, ciò che diminuiva ancora la quantità di Na_2CO_3 che rimaneva in soluzione), 0,5 % di NaCl e tracce di KCl e di fosfati. Solo quando feci uso del NaFl, fui costretto a usare come solvente l'H_2O e a rinunziare all'aggiunta di tracce di sali calcici, che tanta importanza hanno in tutte le funzioni degli organismi. Nelle esperienze, in cui ho fatto gorgogliare l'aria a traverso una soluzione di barite e di potassa, prima di farla giungere alla soluzione del proteide, le possibilità d'un'azione batterica sono state ridotte a un minimo o abolite.

3. *Azione dei nucleoproteidi sul* $Na_2 CO_3$.

In alcuni esperimenti m'era accaduto di osservare che, mentre da principio il proteide era disciolto, almeno in gran parte, nella soluzione alcalina, da ultimo il liquido presentava al fondo della boccia un abbondante precipitato fioccoso e granuloso. Saggiata in questi casi la reazione del liquido, la trovai o debolissimamente alcalina o neutra.

Per dare un fondamento al sospetto, che il proteide avesse scisso il $Na_2 CO_3$ libero, fissato la base e messa in libertà l'anidride carbonica, che poi sarebbe stata allontanata dalla corrente d'aria, disposi un'esperienza nel seguente modo. Misi in connessione l'estremità del tubo della boccia, per cui entrava l'aria nel liquido, con due bocce (A e B) di Woolf piene a metà d'una soluzione satura di barite caustica, e una boccia simile (C) intercalai al di qua di quella contenente la soluzione di proteide, in modo che vi gorgogliasse l'aria che aveva attraversato la detta soluzione. Dopo poco il liquido delle bocce A e C cominciò a intorbidarsi, e in capo a poche ore al fondo di esse si notava un considerevole strato di $Ba CO_3$, mentre nella boccia B non si notava alcun intorbidamento. Non v'era dubbio, dunque, che nella soluzione di proteide avveniva uno sviluppo di CO_2.

Probabilmente la diminuzione dell'alcalinità (saggiata solamente con le carte), dianzi ricordata, era dovuta, come dissi, a una scissione del $Na_2 CO_3$, operata dal nucleoproteide, che, come si sa, ha caratteri di sostanza acida, al pari di tutti i corpi congeneri.

La minima quantità di acido acetico rimasta nel precipitato del proteide doveva essersi saturata subito con una quantità corrispondente di carbonato sodico della soluzione impiegata a sciogliere il precipitato, onde la liberazione della CO_2, in tanta quantità, non può essere attribuita che a un'azione propria del proteide.

In un caso la temperatura del bagno-maria fu elevata a 50°-52° C. Questa temperatura che, come vedremo, impedisce l'azione del proteide sul glicogeno, non arresta però la produzione della CO_2, in quantità anche considerevole.

È possibile che la combinazione del proteide con la base del $Na_2 CO_3$, e quindi lo sviluppo dell'anidride, avvenga anche se il proteide sia leggermente alterato da una temperatura alta, mentre questa alterazione sarebbe sufficiente ad inibire la sua azione sul glicogeno (ved. in seguito).

4. *Azione del nucleoproteide della milza e del fegato sull'ossiemoglobina.*

In queste ricerche ho impiegato milze di cane, di bue e di vitellino lattante; fegati di cane, di bue e di vitello adulto.

Nelle prime esperienze, in cui ebbi per collaboratore il sig. Paolo Enriques, stud. di medicina, adoperai ossiemoglobina di cane mediocremente pura, cristallizzata, preparata secondo il metodo di Hüfner. Ma poi vidi che ciò era inutile, e che bastava adoperare una soluzione acquosa di sangue, fatta mediante l'aggiunta di qualche goccia d'etere e riscaldamento a 35°-37° C, per agevolare la dissoluzione dell'ossiemoglobina.

In alcuni esperimenti, aggiunsi a 150-200 cm³ di soluzione di proteide splenico o epatico tanta soluzione di ossiemoglobina, finchè le due strie caratteristiche di questa si vedessero distintamente allo spettroscopio, e per l'esame spettroscopico mi servii d'un certo volume del liquido totale, dopo averlo convenientemente rimescolato. Messa la boccia nel bagno-maria e fatta gorgogliare l'aria nel liquido, di 15 in 15 minuti prendevo dei saggi di esso, per esaminarli allo spettroscopio, dopo di che venivano restituiti nella boccia. In capo a 1-1¹/₂ ore, si trovavano le strie dell'ossiemoglobina assai indebolite, e dopo 3-5 ore erano affatto scomparse. L'esperimento si può ripetere con nuove quantità di ossiemoglobina nella stessa soluzione di proteide, più volte, e sempre con lo stesso risultato, la quantità di pigmento che il proteide può distruggere successivamente essendo risultata sempre considerevole

In altri esperimenti, ho aggiunto sin dal principio un eccesso di soluzione di sangue, tanto che le due strie dell'ossiemoglobina si presentassero insieme fuse in una sola larga banda d'assorbimento, o che, a dirittura, allo spettroscopio si vedesse un assorbimento generale ed intenso. In tali casi, col tempo l'assorbimento generale andava scemando, la regione delle strie dell'ossiemoglobina cominciava a rischiararsi, e finalmente le due strie cominciavano a divenire separate e distinte, in un campo però sempre molto oscuro. per scomparire affatto dopo 10-12 ore.

In seguito alla scomparsa delle strie dell'ossiemoglobina, il liquido assume un colore brunastro sporco più o meno cupo, secondo la quantità di pigmento impiegato. I prodotti di questa scomposizione dell'ossiemoglobina, dunque, sono anch'essi pigmentati; ma sono ben lontano, per ora, dal poter dire di qual natura essi siano. In nessun periodo dell'azione del proteide sull'ossiemoglobina ho potuto osservare lo spettro dell'emoglobina o della metemoglobina; ma ciò non vuol dire che queste due sostanze non appariscano. Può darsi che esse si formino a misura che l'ossiemoglobina viene attaccata dal proteide, e per ciò sempre in quantità troppo piccola per essere rivelata dallo spettroscopio.

Ho detto che i prodotti della scomposizione dell'ossiemoglobina sono anch'essi, al meno in parte, pigmentati. Ma se il pigmento sanguigno è aggiunto in piccola quantità, alla scomparsa delle strie caratteristiche segue una generale decolorazione del liquido; la quale è piuttosto lenta, poichè solo dopo 20 e più ore il liquido diventa grigio-biancastro. Una tale decolorazione si osserva del resto anche nelle soluzioni di proteide cui non fu aggiunta ossiemoglobina. Queste hanno sempre, come dissi, una tinta giallastra sporca, forse dovuta a tracce di pigmenti biliari. Ebbene, anche questa colorazione sparisce a lungo andare, e il liquido s'imbianca. Sarà mia cura di studiare in ricerche successive l'azione del proteide su altri pigmenti, oltre quello sanguigno.

L'unica sostanza che potrebbe esercitare un'azione decomponente sull'ossiemoglobina, simile a quella che io fin qui non ho esitato ad attribuire al nucleoproteide splenico o epatico, sarebbe il carbonato sodico. E infatti, nelle prime ricerche, in cui adoperai soluzioni relativamente forti ($1,5 - 2^0/_0$) di questo sale, per sciogliere il proteide, il dubbio era giustificato. Anche l'esperimento diretto mi provò che l'ossiemoglobina sciolta in una soluzione talmente concentrata di $Na^2 CO^3$, nelle condizioni di riscaldamento e d'aereazione dianzi descritte, dopo un certo tempo viene ad essere distrutta. Sempre però tale distruzione avveniva parecchie ore dopo quella che s'era verificata nella soluzione di proteide, non ostante che una parte del $Na^2 CO^3$ di questa fosse stata certamente legata dal proteide stesso.

Ma nelle ricerche successive ridussi la concentrazione della soluzione alcalina al minimo possibile ($0,25^0/_0$); e si noti che una parte del sale alcalino doveva esser neutralizzata dalle tracce di acido acetico che ancora rimanevano nel precipitato del nucleoproteide, e un'altra parte doveva esser legata da questo per sciogliersi; sì che in fine il liquido presentava sempre una debole reazione alcalina alle corte. Ora le ricerche dirette mi hanno provato che l'ossiemoglobina sciolta in una soluzione $0,25^0/_0$ di $Na^2 CO^3$, scaldata a 38^0 C, aereata o no, si conserva intatta, cioè presenta le strie caratteristiche sempre egualmente forti, per 5 o 6 giorni almeno. Sì che non credo che si possa dubitare che in simili casi la distruzione dell'ossiemoglobina sia stata operata propriamente dal nucleoproteide.

Non ho notato differenze importanti d'intensità d'azione fra il proteide splenico e quello epatico; debbo dire però che in questa, come nelle ricerche successive, il più attivo s'è dimostrato il nucleoproteide del fegato di bue.

Ho provato a lasciare il liquido, in cui erano scomparse le strie dell'ossiemoglobina, per molte ore nelle stesse condizioni, per vedere se le strie ricomparivano; e ho ripetuto più volte questo esperimento con soluzioni di nucleoproteide estratto da milze di vitelli giovanissimi; ma finora non mi è mai riuscito di veder ricomparire le strie dell'ossiemoglobina.

L'aereazione del liquido non ha un'influenza notevole sulla distruzione dell'ossiemoglobina. Gli esperimenti fatti con esclusione dell'aria mi hanno dato gli stessi risultati. Naturalmente, in tali casi, l'ossiemoglobina si trasforma in emoglobina e forse anche in carbodiossiemoglobina, a causa della CO^2 che il proteide sviluppa nel liquido e che deve rimanervi in parte imprigionata.

Se si rende isotonico il liquido che s'impiega a sciogliere il proteide, e invece di ossiemoglobina s'aggiunge a questa soluzione del sangue o dei corpuscoli rossi normali, la scomparsa delle strie dell'ossiemoglobina avviene su per giù nello stesso tempo e in quantità egualmente considerevole.

Io non esito per ciò ad attribuire al nucleoproteide splenico ed epatico la proprietà di scomporre l'ossiemoglobina, sia essa libera o inclusa negli eritrociti; scomposizione che normalmente si verifica nell'organismo vivente, e più in alcuni organi (milza, fegato) che in altri, e che, per i risultati di queste ricerche, può dirsi operata da un costituente importante delle cellule, non necessariamente dalle cellule viventi.

5. *Azione del nucleoproteide epatico sul glicogeno.*

Da lungo tempo è dibattuta la questione, se la trasformazione del glicogeno in glicosio, che avviene normalmente nel fegato, sia dovuta a un'attività speciale delle cellule epatiche viventi o a un enzima saccarificante. La presenza di quest'ultimo nelle mie soluzioni di proteide è da escludersi, perchè il precipitato veniva abbondantemente lavato sul filtro; e non è il caso nemmeno di sospettare quella di cellule epatiche viventi. Onde io ero nelle condizioni di decidere la questione, là dove il proteide si fosse mostrato attivo sul glicogeno.

In volumi misurati di soluzione di proteide scioglievo quantità pesate di glicogeno purissimo (della casa Merck), disseccato nella stufa ad aria calda (100° C).

Determinavo poi il glicogeno in un volume eguale di soluzione di proteide originale, subito, e in quella cui avevo aggiunto il glicogeno, dopo che era rimasta nel bagno-maria per un tempo variabile, servendomi del metodo di Brücke-Külz e valendomi dei perfezionamenti ad esso apportati recentemente da Pflüger ([1]).

Per avere un'idea approssimativa della quantità di proteide impiegato in ciascuna esperienza, raccoglievo il precipitato prodotto dall'HCl e joduro mercuro-potassico, lo disseccavo e lo pesavo.

Ecco i risultati ottenuti.

I. Fegato freschissimo di cane. Estrazione della poltiglia epatica con H_2O per 48 ore.

Precipitazione del proteide, ecc.

Glicogeno impiegato: grm. 0,2740. Durata del riscaldamento a bagno-maria della soluzione alcalina di proteide contenente il glicogeno: 17 ore, in due riprese. Gorgoglio intermittente d'aria.

([1]) Pflüger's Arch., Bd. LXXI, pag. 320.

Fatta la determinazione del glicogeno in questo liquido e in un volume eguale di soluzione di proteide originale, si trovano nel primo gr. 0,1634 di glicogeno, nel secondo nemmeno tracce di glicogeno.

Proteide impiegato, secco: gr. 2,5.

II. Fegato di manzo, freschissimo. Preparazione del proteide nel modo detto.

Glicogeno impiegato: gr. 0,1787.

Durata del riscaldamento e del gorgoglio dell'aria: 32 ore in continuazione

Fatta la determinazione del glicogeno, non se ne trova traccia.

III. Fegato di manzo, freschissimo.

Glicogeno impiegato: gr. 0,4325.

Durata del riscaldamento e del gorgoglio dell'aria: 46 ore.

Risultato della determinazione del glicogeno: *scomparsa completa di esso*.

Proteide impiegato, secco: gr. 6,4 (la soluzione ne conteneva una gran quantità allo stato di sospensione).

IV. Fegato di manzo, freschissimo. Il liquido alcalino, che serve per sciogliere il proteide, *contiene NaFl nella proporzione del 2 %o*.

Glicogeno impiegato: gr. 0,2985.

In una boccia compagna si mettono altri 200 cm³ di soluzione di proteide e una quantità in peso identica di glicogeno, ma, invece di farvi gorgogliare dell'aria, la si tiene a bagno-maria ben chiusa per tutta la durata dell'esperimento, che è di 42 ore.

Determinazione del glicogeno in questi due liquidi: il glicogeno è scomparso da entrambi.

Proteide impiegato, secco: nella soluzione attraversata dalla corrente dell'aria, gr. 7,0; nell'altra, gr. 7,5.

V. Fegato di manzo, freschissimo. *Estrazione della poltiglia epatica con acqua distillata satura di cloroformio*. Il liquido alcalino che serve per sciogliere il proteide *contiene gr. 0,4 % di timolo*.

Glicogeno impiegato: gr. 0,5637.

Durata del riscaldamento e del gorgoglio continuo dell'aria: ore 58.

Fatta la determinazione del glicogeno, si trova ch'esso è *tutto scomparso*.

Proteide impiegato, secco: gr, 6,8.

VI. Lo stesso proteide dell'esp. V.

Glicogeno impiegato: gr. 0,6127.

Si porta la temperatura del bagno-maria a 50°-52° C. Le altre condizioni dell'esperimento sono identiche.

Fatta la determinazione del glicogeno, se ne trovano gr. 0,4938.

Proteide impiegato, secco: gr. 6,0 circa

Ne era scomparso, dunque, solo una piccola parte, forse nel tempo che precedette l'elevazione della temperatura del bagno a 52° C.

Dalle ricerche qui succintamente esposte risulta chiaramente:

a) che il glicogeno, nelle condizioni dette, sparisce dalle soluzioni di proteide epatico, in cui era stato sciolto;

b) che l'aereazione del liquido non è indispensabile, perchè questa scomparsa avvenga;

c) che la temperatura a 38°-40° C. e il tempo sono i due fattori essenziali del fatto osservato;

d) che una temperatura di 50°-52° C. impedisce la scomparsa del glicogeno.

Quest'ultimo fatto, specialmente, fa credere che il proteide operi la scomparsa del glicogeno. Si può infatti a buon diritto supporre che sostanze così altamente complesse e labili, quali sono i nucleoproteidi degli organi, vengano facilmente alterate da quella temperatura, specialmente in presenza di alcali.

Varie questioni, che io cercherò prossimamente di risolvere, sorgono dai risultati ottenuti. Il glicogeno dev'essere trasformato; ma quali sono i prodotti di questa trasformazione? Si forma, almeno come stadio di passaggio, del glicosio durante questa trasformazione? ecc.

Finalmente desidero di far notare che i processi chimici osservati, che io qui credo di poter considerare come effetto dell'azione dei nucleoproteidi, sono tutti di natura disintegrativa. Negli esperimenti, in cui ho fatto agire il proteide sul glicosio, e che riferirò in una comunicazione successiva, nel liquido non ho mai trovato, nemmeno dopo molte ore, tracce di glicogeno. Nemmeno l'emoglobina si rigenerò mai. Sono dunque le condizioni sperimentali descritte insufficienti e non adeguate per il verificarsi di processi sintetici, integrativi, o tali processi costituiscono una proprietà esclusiva della cellula vivente, mentre i processi distruttivi possono essere artificialmente riprodotti con soluzioni di uno fra i più cospicui costituenti cellulari?

Ecco un problema biologico, a risolvere il quale dovrebbero tendere gli sforzi di più esperimentatori insieme.

P. B.

RENDICONTI

DELLE SEDUTE

DELLA REALE ACCADEMIA DEI LINCEI

Classe di scienze fisiche, matematiche e naturali.

Seduta del 3 giugno 1899.

E. BELTRAMI Presidente.

MEMORIE E NOTE
DI SOCI O PRESENTATE DA SOCI

Astronomia. — *Osservazioni astronomiche e fisiche sulla topografia e costituzione del pianeta Marte, fatte nella Specola Reale di Brera in Milano coll' equatoriale Merz-Repsold (18 pollici) durante l' opposizione del 1888.* Memoria VI del Socio G. V. SCHIAPARELLI.

Questo lavoro sarà pubblicato nei volumi delle Memorie.

Matematica. — *Sopra alcune formole fondamentali relative alle congruenze di rette.* Nota del dott. P. BURGATTI, presentata dal Socio CERRUTI.

1. Siano $x = x(u, v)$, $y = y(u, v)$, $z = z(u, v)$ le equazioni della superficie iniziale (I) di una congruenza (G), e $X(u, v)$, $Y(u, v)$, $Z(u, v)$ i coseni di direzione della retta di (G) che passa per il punto $M(u, v)$. Ponendo

$$(1) \qquad \Sigma X \frac{\partial x}{\partial u} = P, \quad \Sigma X \frac{\partial x}{\partial v} = Q,$$

si hanno le identità:

$$
\begin{cases}
\Sigma X \left(\dfrac{\partial x}{\partial u} - PX \right) = 0 \\[4pt]
\Sigma X \dfrac{\partial X}{\partial u} = 0 \\[4pt]
\Sigma X \dfrac{\partial X}{\partial v} = 0,
\end{cases}
\qquad
\begin{cases}
\Sigma X \left(\dfrac{\partial x}{\partial v} - QX \right) = 0 \\[4pt]
\Sigma X \dfrac{\partial X}{\partial u} = 0 \\[4pt]
\Sigma X \dfrac{\partial X}{\partial v} = 0,
\end{cases}
$$

dalle quali si trae

$$
\begin{cases}
\dfrac{\partial x}{\partial u} = a \dfrac{\partial X}{\partial u} + b \dfrac{\partial X}{\partial v} + PX \\[4pt]
\dfrac{\partial x}{\partial v} = \alpha \dfrac{\partial X}{\partial u} + \beta \dfrac{\partial X}{\partial v} + QX,
\end{cases}
$$

ed analoghe in y e z. Per determinare a, b, α, β basta valersi delle funzioni fondamentali di Kummer ([1]):

$$\Sigma \frac{\partial x}{\partial u} \frac{\partial X}{\partial u} = e, \quad \Sigma \frac{\partial x}{\partial v} \frac{\partial X}{\partial u} = f, \quad \Sigma \frac{\partial x}{\partial u} \frac{\partial X}{\partial v} = f', \quad \Sigma \frac{\partial x}{\partial v} \frac{\partial X}{\partial v} = g$$

$$\Sigma \left(\frac{\partial X}{\partial u} \right)^2 = E, \quad \Sigma \frac{\partial X}{\partial u} \frac{\partial X}{\partial v} = F, \quad \Sigma \left(\frac{\partial X}{\partial v} \right)^2 = G;$$

si trovano allora facilmente le formule seguenti:

$$(2) \quad \begin{cases} \dfrac{\partial x}{\partial u} = \dfrac{eG - f'F}{EG - F^2} \dfrac{\partial X}{\partial u} + \dfrac{f'E - eF}{EG - F^2} \dfrac{\partial X}{\partial v} + PX \\[2ex] \dfrac{\partial x}{\partial v} = \dfrac{fG - gF}{EG - F^2} \dfrac{\partial X}{\partial u} + \dfrac{gE - fF}{EG - F^2} \dfrac{\partial X}{\partial v} + QX. \end{cases}$$

2. La forma quadratica

$$ds^2 = E\,du^2 + 2F\,du\,dv + G\,dv^2$$

rappresentando l'elemento lineare sferico, si ha per cose note

$$\frac{\partial^2 X}{\partial u^2} = a_1 \frac{\partial X}{\partial u} + a_2 \frac{\partial X}{\partial v} - EX$$

$$\frac{\partial^2 X}{\partial u\,\partial v} = b_1 \frac{\partial X}{\partial u} + b_2 \frac{\partial X}{\partial v} - FX$$

$$\frac{\partial^2 X}{\partial u^2} = c_1 \frac{\partial X}{\partial u} + c_2 \frac{\partial X}{\partial v} - GH,$$

ove le a, b, c con gl'indici stanno in luogo dei noti simboli di Christoffel. Valendosi di queste formule, è assai facile determinare le condizioni d'integrabilità delle (2). Si trova, dopo qualche semplificazione, che esse si riducono alle tre seguenti:

$$(3) \quad \begin{cases} \dfrac{\partial P}{\partial v} - \dfrac{\partial Q}{\partial u} = f' - f \\[2ex] \dfrac{\partial e}{\partial v} - \dfrac{\partial f}{\partial u} = b_1 e + d_2 f' - a_1 f - a_2 g + EQ - FP \\[2ex] \dfrac{\partial g}{\partial u} - \dfrac{\partial f'}{\partial v} = b_2 g + b_1 f - c_2 f' - c_1 e - GP - FQ, \end{cases}$$

le quali generalizzano le formule di Codazzi relative alle superficie ([2]).

3. Le formule (2) e (3) permettono di trattare molti problemi fondamentali della teoria delle congruenze. Da esse si deduce subito il seguente

---

([1]) Bianchi, *Lezioni di geometria differenziale*, pag. 245.

([2]) M'accorgo che queste formole sono state già indicate. Cesàro, *Geometria intrinseca*.

teorema fondamentale: *Date due funzioni* P(u,v) , Q(u,v) *e due forme qua-dratiche*

$$e\,du^2 + (f + f')\,du\,dv + g\,dv^2$$
$$\mathrm{E}\,du^2 + 2\mathrm{F}\,du\,dv + \mathrm{G}\,dv^2,$$

delle quali la seconda positiva e a curvatura +1, *tali che le* (3) *siano soddisfatte, esiste una sola congruenza che ammette quelle due forme rispet-tivamente per* 1ª *e* 2ª *forma fondamentale. Le* X , Y , Z *si ottengono inte-grando una equazione di Riccati, e la superficie iniziale è definita dalle* (2) *per mezzo di quadrature.*

4. Come applicazione di queste formule, prenderò a trattare il nuovo problema seguente: *Determinare le congruenze con assegnata immagine sfe-rica delle rigate medie.* Io chiamo *rigate medie* la doppia famiglia di rigate della congruenza che hanno le linee di stringimento sulla *superficie media.* Esse godono di due proprietà, che enuncio soltanto:

a) La loro immagine sferica è un sistema ortogonale.

b) I piani tangenti a due di esse nel punto medio della generatrice comune (piani perpendicolari) sono i piani bisettori dei piani focali e dei piani principali.

Prendiamo per superficie iniziale la superficie media della congruenza e siano $u = \mathrm{cost}$, $v = \mathrm{cost}$ le due famiglie di rigate medie. Si avrà eviden-temente

$$\mathrm{F} = 0 \qquad e = 0 \qquad g = 0,$$

per cui le (2) diventano

(4)
$$\begin{cases} \dfrac{\partial x}{\partial u} = \dfrac{f'}{\mathrm{G}}\dfrac{\partial \mathrm{X}}{\partial v} + \mathrm{PX} \\[2mm] \dfrac{\partial x}{dv} = \dfrac{f}{\mathrm{E}}\dfrac{\partial \mathrm{X}}{\partial u} + \mathrm{QX}. \end{cases}$$

Le funzioni P e Q si ricavano dalle due ultime delle (3); si ottiene:

$$\mathrm{P} = \frac{1}{\mathrm{G}}\left\{c_2 f' - b_1 f - \frac{\partial f'}{\partial v}\right\} = \frac{1}{\mathrm{G}}\left\{f'\frac{\partial}{\partial v}(\log\sqrt{\mathrm{G}}) - f\frac{\partial}{\partial v}(\log\sqrt{\mathrm{E}}) - \frac{\partial f'}{\partial v}\right\}$$

$$\mathrm{Q} = \frac{1}{\mathrm{E}}\left\{a_1 f - b_2 f' - \frac{\partial f}{\partial u}\right\} = \frac{1}{\mathrm{E}}\left\{f\frac{\partial}{\partial u}(\log\sqrt{\mathrm{E}}) - f'\frac{\partial}{\partial u}(\log\sqrt{\mathrm{G}}) - \frac{\partial f}{\partial u}\right\}$$

Scrivendo ora che la prima delle (3) è verificata per queste espressioni di P e Q, si trova che le funzioni f ed f' devono soddisfare la condizione seguente:

$$(5)\ \frac{1}{\mathrm{E}}\frac{\partial^2 f}{\partial u^2} + \frac{3}{2}\frac{\partial\frac{1}{\mathrm{E}}}{\partial u}\frac{\partial f}{\partial u} + \frac{1}{2}\frac{\mathrm{E}}{\mathrm{G}}\frac{\partial\frac{1}{\mathrm{E}}}{\partial v}\frac{\partial f}{\partial v} + \left[\frac{1}{2}\frac{\partial^2\frac{1}{\mathrm{E}}}{\partial u^2} + \frac{1}{2}\frac{\partial}{\partial v}\left(\frac{\mathrm{E}}{\mathrm{G}}\frac{\partial\frac{1}{\mathrm{E}}}{\partial v}\right) + 1\right]f =$$

$$= \frac{1}{\mathrm{G}}\frac{\partial^2 f'}{\partial v^2} + \frac{1}{2}\frac{\mathrm{G}}{\mathrm{E}}\frac{\partial\frac{1}{\mathrm{G}}}{\partial u}\frac{\partial f'}{\partial u} + \frac{3}{2}\frac{\partial\frac{1}{\mathrm{G}}}{\partial v}\frac{\partial f'}{\partial v} + \left[\frac{1}{2}\frac{\partial^2\frac{1}{\mathrm{G}}}{\partial v^2} + \frac{1}{2}\frac{\partial}{\partial u}\left(\frac{\mathrm{G}}{\mathrm{E}}\frac{\partial\frac{1}{\mathrm{G}}}{\partial u}\right) + 1\right]f'.$$

Di qui risulta che il problema proposto ammette una grande arbitrarietà nella soluzione. Si può fissare f' o f, e determinare f o f' integrando una equazione lineare del 2° ordine del tipo parabolico. Le (4) definiscono per quadrature la superficie media delle congruenze cercate.

5. Siano $x_1 = x_1(u,v)$, $y_1 = y_1(u,v)$, $z_1 = z_1(u,v)$ l'equazioni di una superficie S_1 riferita alle linee di curvatura, le quali abbiano la stessa immagine sferica delle rigate medie di una congruenza. La congruenza sarà definita dalle formule precedenti, e per la superficie S_1 si avrà

$$\Sigma \frac{\partial x_1}{\partial u} \frac{\partial X}{\partial v} = \Sigma \frac{\partial x_1}{\partial v} \frac{\partial X}{\partial u} = 0$$

$$\Sigma X \frac{\partial x_1}{\partial u} = 0 \quad \Sigma X \frac{\partial x_1}{\partial v} = 0 .$$

Posto

$$\Sigma \frac{\partial x_1}{\partial u} \frac{\partial X}{\partial u} = -D \;,\; \Sigma \frac{\partial x_1}{\partial v} \frac{\partial X}{\partial v} = -D'',$$

dalle (4) si ricava:

$$\Sigma \frac{\partial x_1}{\partial u} \frac{\partial x}{\partial u} = 0 \qquad \Sigma \frac{\partial x_1}{\partial v} \frac{\partial x}{\partial v} = 0$$

$$\Sigma \frac{\partial x_1}{\partial v} \frac{\partial x}{\partial u} + \Sigma \frac{\partial x_1}{\partial u} \frac{\partial x}{\partial v} = -\left(f' \frac{D''}{G} + f \frac{D}{E} \right) = f' r_1 + f r_2 ,$$

essendo r_1 ed r_2 i raggi di curvatura di S_1. Se quindi si prendono f ed f' in guisa che insieme alla (5) sia anche soddisfatta la condizione

(6) $$f' r_1 + f r_2 = 0 ,$$

la superficie media della congruenza corrisponderà alla S_1 per ortogonalità d'elementi.

Questa osservazione dimostra nuovamente l'intimo legame che esiste fra la teoria delle congruenze rettilinee e quella delle deformazioni infinitesime. Si vede che la determinazione delle superficie che corrispondono ad S_1 per ortogonalità d'elementi *equivale alla determinazione delle congruenze, le cui rigate medie hanno la stessa immagine sferica delle linee di curvatura di S_0, e per le quali sia soddisfatta la condizione* (6).

6. Le formule (2) e (3), che sono utilissime in una grande classe di problemi, non si prestano per lo studio delle deformazioni delle congruenze, intese nel senso di Beltrami [1]. Per tale scopo occorre esprimere le sette funzioni di Kummer mediante i coefficienti delle due forme fondamentali della superficie iniziale e le due funzioni P e Q, come ha fatto il Prof. Bianchi nelle sue recenti ricerche [2].

---

[1] Le deformazioni che si ottengono flettendo la superficie iniziale e immaginando che le rette della congruenza siano ad essa invariabilmente legate.

[2] *Sulla teoria della deformazione delle superficie di rivoluzione.* Rend. R. Accademia dei Lincei, febbraio 1899.

Limitandoci alle congruenze normali, prendiamo a linee $u =$ cost sulla superficie (I) le traiettorie ortogonali alle rette della congruenza, e diciamo $v =$ cost le linee ortogonali ad esse. Allora, indicando con σ l'angolo variabile che le rette della congruenza fanno colla normale alla superficie (I), l'elemento lineare assume la forma

$$(7) \qquad ds^2 = \frac{du^2}{\cos^2\sigma} + G_1\, dv^2\,,$$

mentre la seconda forma fondamentale sarà

$$D\, du^2 + 2D'\, du\, dv + D''\, dv^2\,.$$

Ciò posto, per giungere alle formule cercate basta seguire la via indicata dal prof. Bianchi. Ma se s'introducono fin dai primi calcoli le tre funzioni:

$$(8) \qquad p = -\left(\frac{\partial\sigma}{\partial u} + D\cos\sigma\right)\,, \quad q = -\left(\frac{1}{\sqrt{G_1}\,\cos\sigma}\frac{\partial\sigma}{\partial v} + \frac{D'}{\sqrt{G_1}}\right)\,,$$

$$r = \frac{\cos^2\sigma}{\operatorname{sen}\sigma}\frac{\partial\sqrt{G_1}}{\partial u} - \frac{D''}{\sqrt{G_1}}$$

si ottengono con facilità le formule seguenti assai semplici:

$$(9) \quad \begin{cases} E = p^2 + q^2\operatorname{sen}^2\sigma \\ F = pq\sqrt{G_1}\cos\sigma + qr\operatorname{sen}^2\sigma \\ G = q^2 G_1\cos^2\sigma + r^2\operatorname{sen}^2\sigma \end{cases} \qquad (9') \quad \begin{cases} e = p\operatorname{tang}\sigma \\ f = f' = q\sqrt{G_1}\operatorname{sen}\sigma \\ g = r\sqrt{G_1}\operatorname{sen}\sigma \end{cases}$$

Dalle (9') risulta che si possono sostituire le funzioni e, f, g alle p, q, r. Tale sostituzione è vantaggiosa, poichè le formule (9) diventano

$$E = e^2\cot^2\sigma + f^2\frac{1}{G_1}$$
$$F = ef\cot^2\sigma + fg\frac{1}{G_1}\,,$$
$$G = f^2\cot^2\sigma + g^2\frac{1}{G_1}$$

e per conseguenza le due forme fondamentali della congruenza si riducono alle seguenti:

$$d\varrho^2 = \cot^2\sigma\,(edu + fdv)^2 + \frac{1}{G_1}(fdu + gdv)^2$$
$$\psi = edu^2 + 2f\,du\,dv + gdv^2\,.$$

Le funzioni e, f, g soddisfano a tre equazioni, le quali si ottengono da quelle di Codazzi e di Gauss, sostituendo alle D, D', D'' le espressioni definite dalle (8) e (9'). Tali equazioni sono alquanto complicate, ma importa notare quella che si deduce dal teorema di Gauss, giacchè permette di esprimere $eg - f^2$ linearmente per e, f, g:

$$eg - f^2 + g \operatorname{tang} \sigma \frac{\partial \sigma}{\partial u} - e \frac{\cos^2 \sigma}{2} \frac{\partial G_1}{\partial u} - 2f \operatorname{tang} \sigma \frac{\partial \sigma}{\partial v} = G_1 \operatorname{tang}^2 \sigma \cdot K_1 +$$

$$+ \frac{1}{2} \frac{\partial G_1}{\partial u} \cot \sigma \frac{\partial \sigma}{\partial u} + \frac{1}{\cos^2 \sigma} \left(\frac{\partial \sigma}{\partial v} \right)^2.$$

K_1 è la curvatura di (I). Da quanto si è detto possiamo concludere: note tre funzioni e, f, g che soddisfano le equazioni ora accennate, le (10) definiscono (insieme alle funzioni σ e G_1 che restano sempre le stesse) una congruenza che si deduce dalla data per deformazione.

7. Le espressioni di $EG - F^2$ e $Eg - 2fF + Ge$ si calcolano immediatamente; si trova

$$EG - F^2 = \frac{\cot^2 \sigma}{G_1} (eg - f^2)^2, \quad Eg - 2fF + Ge = (eg - f^2)\left(e \cot^2 \sigma + \frac{g}{G_1} \right),$$

quindi $\dfrac{Eg - F^2}{(eg - f^2)^2}$ è un invariante rispetto alle deformazioni considerate.

Indichiamo con K e H le due curvature (totale e media) della superficie (S) normale alle rette della congruenza e definita dalle equazioni

$$\xi = x + tX, \quad \eta = y + tY, \quad \zeta = z + tZ; \quad (t = -U + C)$$

con D_1, D_1', D_1'' i coefficienti della seconda forma fondamentale di S. Si ricava

$$-D_1 = e + tE, \quad -D_1' = f + tF, \quad -D_1'' = g + tG,$$

e quindi

$$\frac{1}{K} = \frac{G_1 \operatorname{tang}^2 \sigma}{eg - f^2} + \frac{G_1 \operatorname{tang}^2 \sigma \left(e \cot^2 \sigma + \frac{g}{G_1} \right)}{eg - f^2} t + t^2$$

$$H = - \frac{\left(e \cot^2 \sigma + \frac{g}{G_2} \right) + 2t \frac{\cot^2 \sigma}{G_1} (eg - f^2)}{1 + t\left(e \cot^2 \sigma + \frac{g}{G_1} \right) + t^2 \frac{\cot^2 \sigma}{G_1} (eg - f^2)}.$$

Come si vede, le e, f, g entrano in queste espressioni per le combinazioni $eg - f^2$, $e \cot^2 \sigma + \frac{g}{G_1}$.

Meteorologia. — *Marea atmosferica.* Nota del dott. FRAN-CESCO MORANO, presentata dal Socio BLASERNA.

Se il sole e la luna producono sulle acque degli oceani il fenomeno dell'alta e bassa marea, lo stesso si argomenta subito doversi verificare eziandio nell'atmosfera terrestre. Furono il Sigorgne, il Frisi, il Sigaud de la Fond i primi che dopo il Newton manifestarono questa convinzione. L'aspettativa fe' sì che non appena dal Godin e Condamine nell'America meridionale ([1]) e da altri ancora fu bene assodato il fatto osservato per la prima volta dal dott. John Beale in Inghilterra ([2]), che cioè la pressione barometrica nello spazio di un giorno presenta un andamento periodico, si disse senz'altro che quello era un effetto della marea solare. Così sostennero Hemmer ([3]), Cassan ([4]), Späth ([5]) con molti altri.

Non mancarono d'altra parte di quelli che impugnando l'affermazione suddetta attribuirono il fenomeno in questione a cause metereologiche ([6]); ma fu il Laplace ([7]) che matematicamente dimostrò che l'effetto simultaneo dell'attrazione del sole e della luna sul barometro per latitudini anche non molto grandi è quasi inapprezzabile; donde si conclude che le sensibili oscillazioni barometriche diurne non possono dipendere dall'attrazione del sole ma debbono avere un'origine diversa.

Per istituire un confronto tra le oscillazioni diurne e quelle causate dalla marea propriamente detta e calcolare gli effetti di questa sull'altezza dell'atmosfera, ho intrapreso il presente studio pei fini seguenti:

I. Determinare per Roma l'oscillazione barometrica nel giorno solare.

II. Determinare l'oscillazione barometrica nel giorno lunare.

III. Dedurne l'altezza della marea tanto lunare che solare.

Per le osservazioni barometriche ho adoperato i valori ottenuti sulla Specola Vaticana ([8]) negli anni 1891, 1892, 1893, 1894.

Le misure sono state ottenute col barografo registratore Richard debitamente corretto sul barometro Fortin.

([1]) Journal du voyage à l'équateur par Mr. de la Condamine. Paris 1751, p. 150.

([2]) Philosophical transactions, London, vol. I, 1665, p. 157.

([3]) Gren's Journal der Physik, vol. II, 1790.

([4]) Ibid., vol. III, 1791.

([5]) Ibid.

([6]) Kirwan, Gren's Journal der Physik, vol. IV, 1791.

([7]) Mécanique céleste, tom. V.

([8]) Pubblicazioni della Specola Vaticana, vol. II, III, IV, V.

Andamento barometrico nel giorno solare.

L'andamento barometricò nel giorno solare è stato da me determinato mese per mese, e quindi di nuovo per tutto l'anno. Nella seguente tabella do un quadro dei risultati.

Pressione $= 750^{mm} +$

Ore	Gennaio	Febbraio	Marzo	Aprile	Maggio	Giugno	Luglio	Agosto	Settembre	Ottobre	Novembre	Decembre	Anno
0	3,67	6,67	5,04	4,08	3,69	5,62	4,60	5,56	6,21	4,82	5,82	6,03	5,15
1	61	65	00	3,98	57	55	53	52	14	78	75	5,86	08
2	60	58	4,90	86	47	44	42	44	03	67	68	82	4,99
3	55	48	74	73	41	86	35	38	5,97	54	61	70	90
4	43	36	64	64	35	35	34	35	92	40	49	58	82
5	28	34	60	61	40	40	40	38	90	44	44	47	81
6	26	40	65	67	50	46	53	50	6,00	45	46	50	87
7	41	52	77	82	60	59	65	65	16	59	60	62	99
8	62	71	89	93	66	67	71	73	29	82	78	82	5,14
9	85	86	5,01	99	65	63	65	79	44	5,00	95	97	23
10	98	91	01	98	63	58	59	76	44	04	6,02	6,13	25
11	92	88	4,96	93	59	51	48	56	30	4,99	5,90	02	17
12	59	64	80	74	46	49	36	34	09	72	65	5,71	4,96
13	28	31	54	59	37	26	19	18	5,88	46	41	35	76
14	13	03	33	40	26	13	06	02	68	30	21	25	57
15	12	5,89	16	27	13	01	3,96	4,87	50	21	17	17	45
16	18	86	0C	19	07	4,90	90	77	44	16	17	21	41
17	23	90	10	19	02	89	81	72	47	22	21	29	42
18	37	6,06	23	26	09	94	85	72	52	37	39	42	51
19	56	26	39	44	23	5,02	93	85	75	52	53	55	67
20	69	39	61	71	44	21	4,06	5,09	6,01	64	67	63	85
21	82	51	75	94	67	48	37	36	16	79	76	76	5,03
22	87	56	85	4,01	75	58	47	45	21	90	80	79	10
23	91	61	96	07	78	64	51	54	22	94	83	82	15
Media	3,54	6,43	4,67	3,71	3,45	5,36	4,32	5,31	5,99	4,62	5,60	5,66	4,89

Il tempo è contato dalla mezzanotte.

Nella figura riportata qui sotto la linea a tratto pieno dà l'andamento diurno ricavato da tutto il quadriennio di osservazioni quale apparisce dall'ultima colonna della tabella precedente. L'ordinata dà la pressione; ogni unità rappresenta un centesimo di millimetro. L'ascissa poi che dinota il tempo, anzichè in ore è data in angolo orario e vien così ad esser contata dal mezzogiorno. In questo modo è reso più evidente il confronto tra la curva dovuta al sole e quella dovuta alla luna che è espressa allo stesso modo.

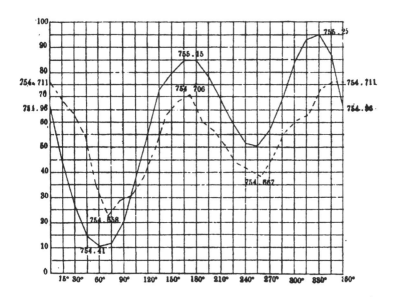

L'andamento diurno della pressione vien rappresentato mediante la formola adoperata da Bessel per altri scopi:

$$(1) \qquad p = p_m + a_1 \, \text{sen}\left(A_1 + \frac{2\pi}{T} t\right) + a_2 \, \text{sen}\left(A_2 + \frac{4\pi}{T} t\right)$$

dove p è la pressione in funzione del tempo t;

T la durata del periodo diurno;

p_m la pressione media durante questo periodo;

$a_1 \, a_2 \, A_1 \, A_2$ quattro costanti empiriche.

Ho applicata la (1) al caso nostro per esprimere con essa l'andamento diurno medio per tutto l'anno. Ho calcolato le costanti $a_1 \, a_2 \, A_1 \, A_2$ col mezzo dei minimi quadrati facendo concorrere tutti i ventiquattro valori di p.

È risultato

$\qquad a_1 = 0.2222 \quad a_2 = 0.2894 \quad A_1 = 21°.18' \quad A_2 = 141°.13'$

La (1) diventa così:

$p = 754.89 + 0.2222 \, \text{sen}(21°.18' + 15°t) + 0.2894 \, \text{sen}(141°.13' + 30°t)$

Per verificare con quanta esattezza detta formola rappresenta il fenomeno, ho ricalcolato per mezzo di essa per tutti i valori di t i corrispondenti valori di p che pongo qui sotto di fronte ai valori osservati.

Ora	Valori osservati	Valori calcolati	Differenza	Ora	Valori osservati	Valori calcolati	Differenza
0	755,15	755,15	0,00	12	754,96	754,99	— 0,03
1	08	07	+ 01	13	76	80	— 04
2	4,99	4,96	+ 03	14	57	61	— 04
3	90	86	+ 04	15	45	46	— 01
4	82	82	00	16	41	88	+ 03
5	81	84	— 03	17	42	40	+ 02
6	87	92	— 05	18	51	50	+ 01
7	99	5,08	— 04	19	67	67	00
8	5,14	13	+ 01	20	85	86	— 01
9	23	20	+ 03	21	5,03	5,03	00
10	25	21	+ 04	22	10	14	— 04
11	17	15	+ 02	23	15	18	— 03

Si vede che l'accordo è soddisfacente, giacchè la divergenza comincia solo ai centesimi di millimetri.

Determinati i valori numerici delle costanti che compariscono in (1), si possono determinare per mezzo di essa gli istanti del giorno in cui hanno luogo la pressione media e le estreme. Gli istanti di pressione media si hanno ponendo

$$(2) \qquad a_1 \operatorname{sen}\left(A_1 + \frac{2\pi}{T} t\right) + a_2 \operatorname{sen}\left(A_2 + \frac{4\pi}{T} t\right) = 0$$

e quelli delle pressioni estreme si hanno facendo

$$(3) \qquad \frac{dp}{dt} = 0 = a_1 \cos\left(A_1 + \frac{2\pi}{T} t\right) + 2a_2 \cos\left(A_2 + \frac{4\pi}{T} t\right).$$

Ho ottenuto applicando al caso nostro:

Istanti della pressione media

$$t_1 = 2^h.43^m \quad t_2 = 5^h.40^m \quad t_3 = 12^h.38^m \quad t_4 = 20^h.04^m$$

Istanti delle pressioni estreme

$$t_1 = 4.13^m \text{ min.} \quad t_2 = 9.37^m \text{ mass.} \quad t_3 = 16.20^m \text{ min.} \quad t_4 = 23.02^m \text{ mass.}$$

Volendo fare le stesse determinazioni mese per mese, ho supposto che per brevi intervalli a destra ed a sinistra degli istanti che si cercano la pressione varî uniformemente. Gli istanti di pressione media sono stati così calcolati, mediante una semplice interpolazione. Gli istanti poi delle pressioni estreme sono stati determinati calcolando quei punti verso cui convergono il ramo ascendente e discendente della curva. Questa stessa via però non ho potuto seguire per l'istante del massimo notturno, giacchè a mezzanotte l'andamento presenta una discontinuità dovuta all'andamento annuo; laonde ho messo nel seguente quadro quell'istante che figura nei valori orarî.

Ore della pressione media.

Gennaio	$3^h.05^m$	$7^h.37^m$	$12^h.10^m$	$18^h.54^m$
Febbraio	3. 25	6. 15	12. 38	20. 20
Marzo	3. 42	6. 10	12. 30	20. 26
Aprile	3. 13	6. 24	12. 12	20. 00
Maggio	2. 24	5. 30	12. 07	20. 03
Giugno	3. 00	4. 12	12. 17	20. 33
Luglio	3. 25	3. 40	12. 14	20. 51
Agosto	—	—	12. 11	20. 49
Settembre	2. 40	5. 54	12. 29	19. 55
Ottobre	2. 23	7. 08	12. 23	19. 50
Novembre	3. 05	7. 00	12. 02	19. 30
Decembre	3. 30	7. 24	12. 08	20. 14
Anno	3. 07	6. 10	12. 29	20. 30

Ore delle pressioni estreme.

	1° Min.	1° Mass.	2° Min.	2° Mass.
Gennaio	$5^h.33^m$	$10^h.34^m$	$14^h.20^m$	$23^h.00^m$
Febbraio	4. 36	10. 43	15. 23	0. 00
Marzo	4. 36	9. 18	16. 23	0. 00
Aprile	4. 35	9. 23	16. 28	0. 00
Maggio	4. 18	8. 08	16. 44	23. 00
Giugno	3. 27	8. 04	16. 22	23. 00
Luglio	3. 32	8. 00	17. 14	0. 00
Agosto	4. 00	9. 35	17. 43	0. 00
Settembre	4. 48	9. 28	16. 11	23. 00
Ottobre	4. 00	9. 34	15. 44	23. 00
Novembre	5. 38	9. 40	15. 30	23. 00
Decembre	5. 23	10. 26	15. 15	0. 00
Anno	4. 30	9. 35	16. 37	23. 35

Molto si è discusso sulla causa delle oscillazioni barometriche diurne e non ancora si è potuto indicare una spiegazione che dia conto completo di tutto il fenomeno. È fuori dubbio però che dette oscillazioni non possono riguardarsi come effetto della marea solare, come meglio si intenderà confrontandole colle oscillazioni barometriche del giorno lunare.

Andamento barometrico nel giorno lunare.

Per determinare l'andamento barometrico nel giorno lunare, ho adoperato tutte le osservazioni eseguite dal primo novilunio del 1891 all'ultimo novilunio del 1894, ed ho calcolato separatamente su ciascuno dei 49 mesi lunari che corrono tra queste due epoche. Ho diviso il giorno lunare in venticinque ore quale è circa la sua durata. I risultati son questi:

O.a Anno	1891	1892	1893	1894	Media
0	755.376	753.440	754.595	755.431	754.711
1	375	438	585	417	704
2	371	437	571	411	699
3	365	436	555	401	689
4	356	402	536	387	670
5	349	370	531	382	658
6	355	382	539	381	664
7	361	391	543	370	666
8	369	392	553	377	673
9	400	393	565	385	684
10	414	397	587	393	698
11	410	394	603	406	703
12	407	398	606	412	706
13	383	408	597	396	696
14	370	411	597	391	692
15	359	412	587	387	686
16	342	406	581	387	679
17	318	373	587	391	667
18	321	372	607	395	674
19	329	363	612	422	681
20	343	379	612	431	691
21	359	381	610	434	696
22	366	382	607	438	698
23	371	389	611	463	708
24	380	388	611	465	711

Il tempo è contato dalla culminazione superiore.

Nella figura questo andamento è rappresentato dalla linea tratteggiata. Sull'ordinata ogni unità rappresenta il millesimo di millimetro. L'ascissa dà l'angolo orario.

Da questi calcoli ricavo i seguenti risultati:

I. L'andamento barometrico nel giorno lunare presenta un'oscillazione doppia. I due massimi hanno luogo verso l'ora delle due culminazioni: i due minimi verso l'ora della levata e del tramonto della luna.

II. L'ampiezza di questa oscillazione raggiunge il valore di $0^{mm}.053$.

Confrontando questi risultati con quelli ottenuti in altri luoghi, trovo in primo luogo che essi sono più decisivi di quelli esposti dal Börnstein ([1]) per le città di Amburgo (5 anni di osservazioni), Vienna (5 anni di oss.), Berlino (5 anni di oss.), Keitum (15 anni di oss.), i quali poi sono anche discordi fra loro da una stazione all'altra, e sono anche discordi da un anno all'altro quelli della medesima stazione. L'autore citato ha dovuto concludere che nulla si può ricavarne di netto intorno all'andamento barometrico nel giorno lunare, che dal complesso di tutte le osservazioni da lui riportate par che risulti di una sola oscillazione con un sol massimo ed un sol minimo in tempi non ben determinati.

Invece risultati più concordi con quelli da me sopra riferiti sono stati ottenuti dal Sabine ([2]) a Sant'Elena (17 mesi di osservazioni biorarie e 3 anni di oss. orarie), dall'Elliot ([3]) a Singapore (5 anni di osserv. parte orarie e parte biorarie), e dal Neumayer ([4]) a Melbourne (5 anni di osserv. orarie).

Per conto mio posso confermare che l'oscillazione doppia coi caratteri succennati risulta nei miei calcoli così spiccata, da essersi ancora separatamente rivelata in moltissimi dei 49 mesi di osservazioni da me adoperati.

Altezza della marea atmosferica.

La regolarità con cui mi si son presentate le oscillazioni barometriche lunari, mi ha indotto a tentare un calcolo per determinare l'influsso che ha il movimento diurno della luna sull'altezza dell'atmosfera, determinare cioè l'altezza della marea atmosferica. A tal uopo potrebbe servire la formula

$$(4) \qquad z = a \operatorname{lognat} \frac{p_0}{p} .$$

L'altezza della marea si otterrebbe eseguendo la variazione

$$\delta z = a \frac{\delta p_0}{p_0} .$$

La (4) però ha il torto di dare per l'altezza atmosferica un valore troppo piccolo. Volendo dei risultati attendibili, è meglio di introdurre per l'altezza dell'atmosfera un dato più positivo. Alcuni han creduto di determinare questa altezza calcolandola come la distanza massima a cui possono giungere le molecole dell'aria supponendole dotate alla superficie del suolo della propria velocità molecolare. Siccome per l'aria questa velocità è data da

$$v = 485^m \sqrt{\frac{T}{273}}$$

([1]) Börnstein, Meteorologische Zeitschrift, 1891, pag. 161.
([2]) Philosophical Transactions, London, 1847, I.
([3]) Ibid. 1852, I.
([4]) Proc. Roy. Soc. London XV.

essa alla temperatura di 0° sarà di 485 m. La distanza a cui può giungere una molecola con questa velocità è $\frac{(485)^2}{2g}$ ossia circa 12 chilometri. Questo valore però è troppo piccolo anch'esso. Invece il Bradley dall'osservazione dei crepuscoli e dell'aurora, ha ammesso per altezza atmosferica il valore di 115 chilometri, ed il Liais ha spinta questa cifra sino ai 330 km.

Dall'osservazione poi delle stelle filanti si è ammesso il valore di 300 km.

Ritenendo quest'ultimo valore in cifra tonda, ho calcolato l'altezza atmosferica colla relazione

$$(5) \qquad \frac{\delta z}{300.000} = \frac{\delta p_0}{p_0}$$

la quale a differenza della costante a riproduce la legge indicata dalla (4).

Nella seguente tabella do il valore di δp_0 calcolato sull'ultima colonna della tabella precedente, e quello di δz calcolato colla (5).

Ore	δp_0	δz	Ore	δp_0	δz
	mm	m		mm	m
0	+ 0.027	10.8	13	+ 0.012	+ 4.8
1	+ 0.020	8.0	14	+ 0.008	+ 3.2
2	+ 0.015	6.0	15	+ 0.002	+ 0.8
3	+ 0.005	2.0	16	— 0.005	— 2.0
4	— 0.014	— 5.6	17	— 0.017	— 6.8
5	— 0.026	— 10.4	18	— 0.010	— 4.0
6	— 0.020	— 8.0	19	— 0.003	— 1.2
7	— 0.018	— 7.2	20	+ 0.007	+ 2.8
8	— 0.011	— 4.4	21	+ 0.012	+ 4.8
9	0.000	0.0	22	+ 0.014	+ 5.6
10	+ 0.014	+ 5.6	23	+ 0.024	+ 9.6
11	+ 0.019	+ 7.6	24	+ 0.027	+ 10.8
12	+ 0.022	+ 8.8			

Da questo quadro si vede che la massima differenza tra l'alta e bassa marea lunare è di circa 21 metro. Su questi valori bisognerebbe operare la correzione dovuta all'alterazione di peso che il movimento della luna produce sull'aria atmosferica, ma il grado di esattezza non ammette questa precisione.

Calcolato l'effetto della marea lunare, si può dedurne quello della marea solare ricordando che esso è circa la metà. Se ne ricava che l'ampiezza dell'oscillazione barometrica dovuta al sole è di 0,0265 mm. e l'altezza della marea solare raggiunge così un massimo di 10 metri. Ciò porterebbe ai tempi delle sigizie un massimo di circa 31 metro per la nostra latitudine.

Fisica terrestre. — *Sull' influenza della pressione barome-trica nelle determinazioni della componente orizzontale del ma-gnetismo terrestre.* Nota del dott. G. BELLAGAMBA, presentata dal Socio BLASERNA.

Sulle traccie di uno studio del prof. Kuhn fatto nel 1846 ([1]) mi pro-posi decidere se in misure di intensità assoluta magnetica terrestre, influisca la pressione barometrica; se cioè in ricerche di grande precisione occorra tener calcolo della quota altimetrica sul mare del luogo in cui esse ven-gono eseguite.

Invero ogni mobile oscillante in un fluido va soggetto ad una perdita di forza viva, dipendente dalla densità del mezzo, per il moto che esso co-munica alle particelle del fluido ciscostante. Quando il mobile è un magnete, a questa perdita va aggiunta inoltre quella derivante dalla suscettibilità ma-gnetica del fluido, la quale diminuisce l' intensità del campo agente sul ma-gnete, di un termine $H \frac{\mu}{m}$ se μ è il momento unitario indotto dal campo nel' mezzo fluido, m il momento unitario del magnete.

Ma nel caso nostro in cui l' ambiente considerato è l' aria, μ è picco-lissima; può ritenersi quindi trascurabile questa seconda causa perturbatrice. Resta allora a decidere se per la prima causa si abbiano differenze calcolabili.

Le condizioni pratiche, cioè di un magnete che oscilla in seno ad una massa d' aria rinchiusa in un recipiente stretto, non sono accessibili ad una trattazione teorica; perciò mi sono proposto di attaccare la questione da un punto di vista puramente sperimentale. Si trattava dunque di esaminare se la durata d' oscillazione d' un magnete varia con la pressione. A questo scopo eseguii numerose misure; e ad ottenere risultati il più possibile evidenti, sperimentai a pressioni molto diverse fra loro, e cioè alla pressione ordi-naria, e a 60^{mm} di mercurio. Trattandosi di misure di tempo mi fornii di un buon cronometro ad andamento regolare. Per ricondurmi poi alle condi-zioni in cui le ricerche d' intensità magnetica terrestre vengono eseguite, l' apparecchio di cui mi servii non era che un comune magnetometro che ebbi cura di costruire a perfetta tenuta d' aria.

Una scatola di vetro, entro cui oscillava il magnete, veniva ermetica-mente chiusa da una lastra pure di vetro che s' applicava superiormente, e nel cui centro era imperniato un lungo tubo d' ottone. Alla sommità del tubo scorreva una asticella per appendere il filo di sospensione della sbarra magnetica. Due rubinetti permettevano le comunicazioni con un manometro

[1] Pogg. Annalen 71, 124; 1847.

e con una pompa aspirante. Come si intende ebbi cura che il filo fosse senza torsione nella posizione di riposo.

I magneti adoperati nelle mie ricerche furono tre, per forma e peso diversi tra loro: il primo p a r a l l e l e p i p e d i c o di grandezza ordinaria, come generalmente si usano nei magnetometri (lunghezza mm. 90, larghezza mm. 9,8, spessore mm. 4, peso gr. 28); il secondo l a m i n a r e (lunghezza mm. 90, larghezza mm. 10, spessore mm. 0,4, peso gr. 3) e questo venne adoperato sospeso per coltello; il terzo c i l i n d r i c o (lunghezza mm. 100, raggio mm. 5,04, peso gr. 50). Per ognuno di questi magneti misurai le durate d'oscillazioni, T_1 alla pressione ordinaria, T_2 alla pressione di 60 mm.; servendomi del metodo di Hansteen.

La incostanza della H durante le osservazioni e le possibili variazioni di temperatura, potevano essere cause d'errori non trascurabili. Per compensarne il più possibile gli effetti, eseguii le mie misure alternativamente una a pressione ordinaria e una a pressione ridotta. Riunii poi in gruppi di tre tutte le mie misure secondo l'ordine di successione in cui vennero eseguite, e in modo che a due misure alla stessa pressione, ne fosse sempre interposta una a pressione diversa. Ogni gruppo mi dava così un valore di T_1 e il relativo valore di T_2, uno dei quali era tratto dalla media delle due misure estreme, l'altro dalla misura interposta. Ridussi quindi queste durate di oscillazione, ad archi infinitesimi per mezzo della comune formola del Borda, che verificai potersi applicare anche alle mie misure senza bisogno di tener conto di termini ulteriori della serie, malgrado che in alcune di esse l'ampiezza di oscillazione raggiungesse il valore di 50°.

Per sottrarmi alle azioni perturbatrici dei materiali in ferro dei fabbricati, operai nell'Orto Botanico della R. Università di Roma, grazie alla cortesia del prof. Pirotta.

Le mie misure furono assai numerose; ed esse, non avendo io potuto sperimentare che in giorni calmi di vento e senza pioggia, si protraggono dal marzo all'agosto. Ebbi così in battiti di orologio (un battito è $\frac{1}{150}$ di 1') le durate d'oscillazione dei tre magneti, che riunite, come dissi, tre a tre, disposi in tabelle delle quali, a titolo d'esempio, riporto la prima, a cui tutte le altre sono simili.

Magnete parallelepipedico.

23 marzo 98.

Pressione ordinaria			Pressione ridotta			Pressione ordinaria		
Passaggi		T_{100}	Passaggi		T_{100}	Passaggi		T_{100}
h ' b	h ' b	'	h ' b	h ' b	'	h ' b	h ' b	'
11 17 36	11 39 29	21 143	12 25 25	12 47 19	21 144	13 0 31	13 22 23	21 142
69	62	143	58	52	144	64	56	142
102	95	143	90	85	145	97	88	141
135	128	143	123	118	145	131	122	141
18 18	40 11	143	26 7	141	144	1 14	23 5	141
52	43	141	40	48 23	143	47	38	141
. 85	76	141	73	56	143	80	71	141
118	109	141	106	89	143	113	104	141
19 1	142	141	139	122	143	146	137	141
33	41 25	142	27 22	49 5	143	2 29	24 20	141

23°58' — 12°32'	21' 142,1 b	23°58' — 14°13'	21' 143,7 b	23°58' — 12°32'	21' 141,2 b
3292,10		3293,70		3291,20	

Le tre colonne verticali al disotto di ogni indicazione di pressione, esprimono in ore minuti e battiti: la prima i passaggi delle prime dieci osservazioni; la seconda quelli delle seconde dieci contate a partire dal passaggio della centesima; la terza, in testa alla quale è segnato T_{100}, le differenze fra questi tempi; e dà quindi dieci valori della durata di cento oscillazioni, dalla cui media si trae il valore di questa durata. Questo valore tradotto in soli battiti trovasi notato nell'ultima colonna orizzontale. I due numeri a sinistra di questo valore esprimono le ampiezze di oscillazione iniziale e finale, da utilizzarsi nella correzione colla formola di Borda.

Ecco infine qui riuniti per ogni singolo magnete i valori corretti di T_1 e T_2.

Magnete parallelepipedico.

TABELLA I (¹).

Numero d'ordine	Data della misura	Ora media della misura	Durata d'oscillazione		Differenza
			a pressione ordinaria	a pressione ridotta	
		h ,	b	b	b
1	23 marzo . . .	12, 30	32, 73798	32, 73543	0, 00255
2	2 aprile . . .	10 30	32 81352	32 81159	0 00223
3	3 „ . . .	9 00	32 78750	32 78489	0 00261
4	4 „ . .	15 00	32 77440	32 76948	0 00492
5	12 „ . . .	15 00	32 91733	32 91624	0 00109
6	13 „ . . .	10 30	32 89290	32 88949	0 00341
7	14 „ . . .	10 30	32 91976	32 91863	0 00113
8	25 „ . . .	11 00	33 00100	32 99845	0 00255
9	26 „ . . .	11 30	32 97977	32 97136	0 00841
10	1 maggio . .	10 00	33 03087	33 02520	0 00567
11	4 „ . . .	12 30	33 12738	33 12334	0 00404
12	15 „ . . .	11 30	33 06453	33 05868	0 00585
13	25 „ . . .	10 30	33 02561	33 01873	0 00688
14	26 „ . . .	9 30	33 05652	33 04400	0 01252
15	1 giugno . .	16 15	33 03762	33 03399	0 00363
16	2 „ . . .	17 15	33 08924	83 08800	0 00124
17	3 „ . . .	11 30	33 12182	33 11086	0 01096
18	4 „ . . .	10 30	33 09594	33 08601	0 00993

Magnete laminare.

TABELLA II.

Numero d'ordine	Data della misura	Ora media della misura	Durata d'oscillazione		Differenza
			a pressione ordinaria	a pressione ridotta	
		h ,	b	b	b
1	12 luglio . . .	15, 15	14, 55012	14, 48432	0, 06580
2	13 „ . . .	17 30	14 57559	14 52349	0 05210
3	14 „ . . .	18 15	14 57198	14 51073	0 06125
4	14 „ . . .	15 00	14 58445	14 52076	0 06369
5	14 „ . . .	16 30	14 57100	14 50485	0 06615
6	15 „ . . .	9 45	14 56983	14 50783	0 06200
7	15 „ . . .	10 15	14 58495	14 51827	0 06668
8	16 „ . . .	11 30	14 58693	14 51852	0 06841
9	16 „ . . .	15 15	14 59241	14 52100	0 07141
10	17 „ . . .	16 00	14 58992	14 52549	0 06443
11	17 „ . . .	17 15	14 58942	14 52500	0 06442

(¹) Notevole in questa tabella è l'aumento nella durata d'oscillazione, che si verifica seguendo l'inoltrarsi della stagione calda dal marzo all'agosto. Questo fatto si deve, come ognuno sa, al decremento che subisce il momento magnetico di un ago per effetto degli incrementi di temperatura.

Magnete cilindrico.

TABELLA III.

Numero d'ordine	Data della misura	Ora media della misura	Durata d'oscillazione		Differenza
			a pressione ordinaria	a pressione ridotta	
		h '	b	b	h
1	22 luglio . . .	17, 00	32, 23975	32, 23404	0, 00571
2	25 " . . .	11 30	32 24916	32 24909	0 00007
3	25 " . . .	16 00	32 23875	32 23200	0 00675
4	1 agosto . . .	10 00	32 25213	32 23700	0 01513
5	2 "	9 30	32 24420	32 22899	0 01521
6	5 " . . .	16 00	32 23925	32 23439	0 00486
7	5 " . . .	9 00	32 24124	32 22700	0 01424
8	6 " . . .	9 30	32 24285	32 23431	0 00854
9	7 " . . .	9 30	32 24866	32 23400	0 01466
10	7 " . . .	16 30	32 24520	33 24356	0 00164

Dall'esame di queste tabelle ci risulta subito evidente che un aumento di pressione comporta un aumento di durata di oscillazione. Le differenze risultanti sono invero minime, specialmente pei magneti parallelepipedico e cilindrico, e i loro valori medî espressi in battiti, sono:

Magnete parallelepipedico. . . . . $0^b,00498$

" laminare . . . . 0 ,06421

" cilindrico . . . . 0 ,00868

che ridotti in secondi dànno rispettivamente:

$0'',002$; $0'',02$; $0'',003$.

Ora il limite estremo di esattezza che si può ragionevolmente preten-dere nelle determinazioni di H, è che il suo valore sia ottenuto con una precisione mai al disotto di ± 1 unità della quarta cifra decimale nel si-stema C. G. S. Il prof. Palazzo ha mostrato [1] che questa approssimazione si raggiunge per valori di dT compresi fra $\div 0^s,0015$. I tre valori di dT qui sopra scritti, sono alquanto maggiori; ma è bene ricordare che le mie misure furono eseguite per una variazione di pressione di circa 700 mm. Ora se esse si riconducessero entro i limiti della pressione barometrica sulla superficie terrestre, i valori di dT ottenuti soddisfarebbero certamente alla condizione per l'esattezza massima di H.

Dal raffronto delle differenze dT pel 1° e 3° magnete, con quella del 2°, e dalle considerazioni suesposte, si deduce questa conclusione:

[1] V. Annali dell'Ufficio centrale meteorologico e geodinamico Italiano, vol. XVI, parte I, 1894. L. Palazzo, *Misure assolute degli elementi del magnetismo terrestre.*

Le variazioni della pressione barometrica comportano un cambiamento della durata d'oscillazione delle sbarre magnetiche, e maggiore nei magneti leggeri, che nei pesanti; ma *queste variazioni sono assolutamente trascurabili nelle misure di magnetismo terrestre*.

Il fatto della diminuzione della durata di oscillazione colla diminuzione della pressione atmosferica, si può *empiricamente* esprimere col dire che il magnete trascina nel suo movimento uno strato d'aria di un certo spessore, sì che se ne risente il momento d'inerzia del magnete e diversamente a seconda della pressione dell'aria (Kuhn).

Dalla

$$T = \pi \sqrt{\frac{K}{MH}}$$

si ricava differenziando

$$\frac{2d\mathrm{T}}{\mathrm{T}} = \frac{d\mathrm{K}}{\mathrm{K}},$$

relazione che lega le variazioni della durata di oscillazione con quelle del momento d'inerzia.

Dai valori di $d\mathrm{T}$ misurati e riportati nelle colonne — Differenze — delle tabelle, ho dedotto per ogni magnete i valori del rapporto $2\dfrac{d\mathrm{T}}{\mathrm{T}}$, le cui medie sono rispettivamente

0,00032   0,00808   0,00053.

Supponendo ora che il $d\mathrm{T}$ dato dalle mie esperienze rappresenti il cambiamento della durata di oscillazione quando si passi dal vuoto alla pressione atmosferica normale, si può calcolare lo strato d'aria virtuale, diciamo così, trascinato con sè dal magnete.

Ammettiamo infatti, in prima approssimazione, che i momenti d'inerzia $d\mathrm{K}$ della massa d'aria e K del magnete sieno nel rapporto delle masse rispettive. Riteniamo ora che l'aria aderisca alle sole pareti laterali; allora sarà

$$\frac{d\mathrm{K}}{\mathrm{K}} = \frac{2l\,sx\delta}{m}$$

in cui l ed s indicano lunghezza e dimensione verticale della sbarra; x lo spessore incognito dello strato d'aria, δ la densità dell'aria, m la massa del magnete. Prendendo per δ il valore 0,013 e sostituendo alle altre grandezze i valori sopra riferiti, si trova per x un valore quasi costante per i tre magneti e di circa un centimetro.

Cristallografia. — *Sopra alcuni minerali italiani.* Nota di C. VIOLA, presentata dal Socio BLASERNA.

I. *Albite del marmo di Carrara.*

L'albite limpida del marmo bianco di Carrara è un esempio prezioso in Italia di albite tipica come quella dı Kasbek (Caucaso) e di Lakous (Candia). È ricordata fuggevolmente dal vom Rath, che con la sua grande attività fece conoscere i nostri tesori minerarî all'estero, e prima di lui dall'Hessemberg [1]. A. D'Achiardi [2] così ne parla nella sua bella *Mineralogia della Toscana*: « l'albite la si vede in uno degli esemplari nel Museo di « Pisa, e presenta le solite forme, la comune emitropia con l'asse di rivo- « luzione normale e il piano di unione parallelo a (010). È scolorita, tra- « lucida, anzi quasi trasparente, ed è facile riconoscerla in mezzo ai cristalli « di Quarzo, Gesso, Calcite e altre specie, che l'accompagnano; Dur. circa $= 6$, « peso spec. 2,61. L'albite nelle geodi del marmo può considerarsi come « accidentale, essendo rara e scarsa ».

Il miglior conoscitore dei minerali rinchiusi nelle geodi e vene del marmo di Carrara è l'ing. Domenico Zaccagna; e la sua ricca collezione fa fede che egli si è occupato con amore nel raccogliere e ordinare i tesori, che si sono scoperti via via nelle formazioni dell'Alpe Apuana. A lui devo un cristallino di albite trasparente composto di tre individui, due dei quali sono associati secondo la legge albitica e due secondo la legge di Karlsbad, come fa vedere la figura annessa.

Le sue dimensioni sono :

$$5 \text{ mm. sull'asse } a$$
$$3 \quad \text{»} \quad \text{»} \quad b$$
$$10 \quad \text{»} \quad \text{»} \quad c$$

L'ing. Mattirolo non vi ha trovato nemmeno traccie di potassa, e il dott. Boschi appena traccie di ossido di calcio. Talchè la composizione chimica di questa rara albite si potrebbe scrivere così:

$$Si O_2 = 68.70$$
$$Al_2 O_3 = 19.47$$
$$Na_2 O = 11.83$$
$$Ca O = \text{traccie}$$

Le zone molto sviluppate sono in quest'ordine:

$$[001], [100], [010] \text{ e } [10\bar{2}]$$

[1] G. vom Rath, *Mineralogische Mittheilungen.* Poggendorf. Ann. 1867, 132 374-5 (Nota).

[2] A. D'Achiardi, *Mineralogia della Toscana*, II. Pisa 1873, pag. 49.

Nella zona [001] sono le faccie (010), (0$\bar{1}$0), (130), (110), (1$\bar{1}$0), ($\bar{1}$1u), ($\bar{1}\bar{1}$0), ($\bar{1}\bar{3}$0), (1$\bar{3}$0). Nella zona [100] si trovano le faccie (001), (00$\bar{1}$), (20$\bar{1}$) e ($\bar{2}$01).

Le faccie in generale non sono bene conservate, perchè T$^{\sigma}{}_{02}$ (110), (130) sono rigate e T$^{\sigma}{}_{02}$ (010) sono ricurve. Distintissimo ne è il clivaggio (001).

Gli angoli che ho potuto misurare col goniometro del dott. Sella nell'istituto fisico di Roma, sono i seguenti:

$$0\bar{1}0 : 1\bar{1}0 = 60°.32'.07''$$
$$0\bar{1}0 : 1\bar{3}0 = 28°.50'.00$$
$$001 : \bar{2}01 = 82.15.0$$
$$001 : 00\bar{1} = 7°.30'.—$$
$$\underline{00\bar{1} : \bar{1}\bar{1}0} = 64°.56'.30''$$
$$\underline{001 : \bar{1}\bar{1}0} = 69.17.30$$

quindi

$$001 : 010 = 86°.15.—$$

Per lo studio ottico di questa albite ho avuto a mia disposizione il riflettometro totale di precisione dell'istituto fisico di Roma; mi aiutò nel

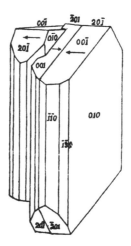

lavoro penoso il signor Giuseppe Scalfaro (allievo dell'istituto fisico di Roma) che manifestò il desiderio di apprendere l'intero procedimento da me proposto per la determinazione delle costanti ottiche di un cristallo triclino mediante una sola sezione qualsiasi. La sezione che io levigai, fu parallela alla faccia (010) e in prossimità di (010) del cristallo a destra come indica la figura.

La direzione di massima estinzione nella faccia (010) fa con l'asse della zona [100] non l'angolo di $+19°$, o $+20°$ come generalmente si usa dare ([1]), ma

$$+21°\tfrac{1}{4}$$

come io già trovai per l'albite di Lakous ([2]).

L'istrumento del prof. Abbe di Jena fu corretto nel modo indicato da Pulfrich e come io riferii nella mia Nota II sull'anortite del Vesuvio ([3]). Fu impiegato il metodo differenziale; le differenze degli angoli furono lette con la vite micrometrica e riferite all'angolo limite della riflessione totale per l'indice ε del quarzo che è, secondo Mascart 1,55338 per luce D. L'errore degli indici di rifrazione cade nella 4ª decimale. Maggior precisione non si potè raggiungere, perchè si riuscirono di puntare le linee limiti con molto sforzo visivo.

Cerchio orizzontale	Limite esterno		Limite interno	
	Angoli	Nicol	Angoli	Nicol
0° — 180°	54, 28, 40″	9°	53, 56 30″	81°
7 — 187	α —	—	53 56 30	81
15 — 195	54 26 48	—	53 57 15	—
30 — 210	54 27 45	—	54 01 43	—
45 — 225	β″ 54 27 43	9°	54 01 10	—
60 — 240	54 27 50	—	54 06 45	—
75 — 255	54 28 28	—	54 08 38	—
88 — 268	orientazione della zona [001]			
90 — 270	54 29 15	—	54 09 08	—
96¼ — 276¼	β′ —	—	54 09 08	81
105 — 285	54 29 35	—	54 08 47	—
120 — 300	γ 54 29 35	9°	54 07 45	—
135 — 315	54 28 55	—	54 04 25	—
150 — 330	54 28 58	—	54 01 08	—
165 — 345	54 28 33	—	53 58 00	—

([1]) M. Schuster, *Ueber die opt. Orient. der Plagioklase*. Min. u. petr. Mitth. von G. Tschermak. 1881, N. F. Bd. III, pag. 215. — H. Rosenbusch, *Physiographie der Mineralien*. 1885, II Auf., pag. 533; 1892, III Auf., pag. 661. — A. Michel Lévy et Alf. Lacroix, *Les minéraux des roches*. Paris, 1888, p. 201. — A. Michel Levy, *Étude sur la détermination des Feldspaths*. Paris, 1894, p. 32. — F. Zirkel, *Lehrbruch der Petrographie*, 1893, I Bd. pag. 228.

([2]) C. Viola, *Ueber den Albit von Lakous*. Tschermak's Mineral. u. petrogr. Mitth. 1895, XV, pag. 154.

([3]) C. Viola, *Per l'anortite del Vesuvio*, Nota II. R. Accademia dei Lincei, Classe di scienze fisiche, 1899, 2° semestre, pag. 463.

La qui unita tabella dà gli angoli limiti per la luce D per tutti i raggi paralleli al piano (010) nell'intera circonferenza da 15° a 15°, la posizione del Nicol e l'orientazione del cristallo. Per ottenere quest'ultima si fece uso di un segnale del goniometro riflesso dapprima dalla faccia (010), indi dalla piccola faccia (110).

I due valori $\varphi_\alpha = 53°.56'.30''$ e $\varphi_\gamma = 54°.29'.35'$ dànno senz'altro :

$$\alpha_D = 1,52823,$$
$$\gamma_D = 1,53887$$

L'orientazione dell'elissoide di Fresnel nell'albite è nota già da molti pregevoli lavori. fra i quali possiamo nominare quelli di Fouqué, Michel-

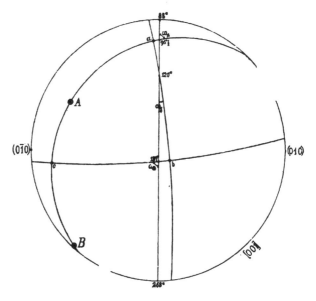

FIG. 2.

Lévy, Fedorow e Becke. Anch'io ne diedi le costanti nei tre miei lavori sull'albite di Lakous. Dimodochè sarebbe per noi cosa facilissima decidere se l'angolo limite per l'indice medio di rifrazione β_D è eguale a $54°.09'.08''$ o piuttosto a $54°.27'.43''$. Ma per rendere il lavoro più completo e anche istruttivo, sarà bene considerare a parte le due ipotesi, e confrontare il calcolo con le osservazioni.

Ipotesi I. $\varphi_\beta = \varphi_\beta' = 54°.09'.08''.$

Chiamiamo con:

$$A = 120° - 96\tfrac{1}{2} = 23°\tfrac{1}{2} \quad \text{e} \quad l \cos A = 9.9623978$$
$$B = 187° - 120 = 67°, \quad l \cos B = 9.5918780$$
$$C = A + B = 90°\tfrac{1}{2} \quad l \cos C = 7.9408419_n$$

E con le relazioni note (vedi fig. 2):

$$\operatorname{tag}^2 \omega_\alpha = \frac{\cos A}{\cos B \cos C},$$

$$\operatorname{tag}^2 \omega_\beta = \frac{\cos B}{\cos C \cos A},$$

$$\operatorname{tag}^2 \omega_\gamma = \frac{\cos C}{\cos A \cos B},$$

avremo:

$$\omega_\alpha = 86°.30',$$
$$\omega_\beta = 81°.51',$$
$$\omega_\gamma = 8°.52'.$$

Le letture al Nicol furono:

$$\omega_\alpha = 81°$$
$$\omega_\beta = 81°$$
$$\omega_\gamma = 9°$$

Ipotesi II. $\varphi_\beta = \varphi_\beta'' = 54°, 27', 43''.$.

Chiamiamo come dianzi

$$A = 225 - 120 = 105 \equiv 75°$$
$$B = 187 - 120 = 67°$$
$$C = 225 - 187 = 38°$$

e con le medesime relazioni avremo:

$$\omega_\alpha = 42°.31' \quad \text{e letti sul Nicol} = 81°$$
$$\omega_\beta = 54.09 \qquad\qquad\qquad\quad 9°$$
$$\omega_\gamma = 70.17 \qquad\qquad\qquad\quad 9°$$

È evidente che la seconda ipotesi non è ammissibile.

Rimane dunque

$$\omega_\beta = 54°.09', 08''$$

e quindi riassumendo:

	Viola [1]	C. Klein [2]
$\alpha_D = 1,52823$	$(\alpha = 1,52905$ Albite di Lakous$)$	$(\alpha = 1,5291$ Albite di Schmirn$)$
$\beta_D = 1,53232$	$(\beta = 1,53330 \qquad$ id. $\quad)$	$(\beta = 1,5340 \qquad$ id. $\qquad)$
$\gamma_D = 1,53887$	$(\gamma = 1,53858 \qquad$ id. $\quad)$	$(\gamma = 1,5388 \qquad$ id. $\qquad).$

[1] C. Viola, *Zeitschrift für Krystall.* 1898. Bd. XXX, pag. 437.

[2] C. Klein, *Optische Studien* I, Köngl. preuss. Akademie der Wissensch. zu Berlin 1899. Sitzungsberichte XIX, pag. 362.

In ultimo possiamo ancora calcolare l'angolo degli assi ottici 2V con la formola

$$\tan V = \sqrt{\dfrac{\dfrac{1}{\alpha^2} - \dfrac{1}{\beta^2}}{\dfrac{1}{\beta^2} - \dfrac{1}{\gamma^2}}}$$ (V attorno la bisettrice positiva)

Dunque

$2V = + 76^{\circ}.55'$ ($2V = 77^{\circ}$ Albite di Kirabinsk e Modane secondo Fouqué ([1])) che può essere affetto di errore di $\frac{1}{4}^{\circ}$ almeno essendo l'errore degli indici di rifrazione nella 4ª decimale ([2]).

II. *Moscovite della cava di Monte Orfano* ([3]) *presso il Lago Maggiore nel comune di Mergozzo (Novara).*

Ebbi alcune piccole lamine di Moscovite appartenenti al R. Ufficio Geologico, la quale si trova inclusa in grandi cristalli esagonali nel Gneiss e nel Granito.

Mentre è cosa facile ottenere dalla mica una faccia nitida, e liscia, stante il clivaggio perfettissimo, altrettanto è difficile osservare le linee limiti della riflessione totale senza una preparazione speciale.

Una faccia piana si può ottenere, se le dimensioni sono molto limitate. Se la faccia non è piana, si presenterà la linea limite relativa al liquido impiegato, che nel nostro caso è la bromonaftalina α. Se poi la faccia è bensì piana, ma la lamina è sottile, ovvero a causa del clivaggio facilissimo, vi è inclusa dell'aria, apparirà la linea limite relativa all'aria, non appariranno quelle relative alla mica.

Avendo cura di evitare questi inconvenienti, ed essendo la lamina sottile, smerigliando la faccia superiore, le linee limiti relative alla mica si presenteranno con la massima nitidezza.

Nel piano del clivaggio perfettissimo ottenni le seguenti due letture, massima e minima, nella curva limite esterna, e alla distanza di circa 90°:

$$116^{\circ} . 49' . 07''$$
$$117^{\circ} . 16' . 25''$$

Nella curva limite interna ottenni invece un solo valore, cioè

$$119^{\circ} . 04' . 59''$$

come media di quattro letture.

([1]) F. Fouqué, Bulletin de la Soc. franç. de Minéralogie 1894, t. 17, p. 311-24.

([2]) C. Viola, *Per l'anortite del Vesuvio*. R. Accademia dei Lincei 1899, 1° semestre, pag. 469.

([3]) Sui minerali di Monte Orfano scrisse Alfredo Leuze: *Mineralogische Notizen*, Bericht über die XXV Versammlung des oberrheinischen geologischen Vereins. Basel, 1892.

E senza spostare il cerchio verticale, sostituendo la lamina del quarzo a quella della mica, il valore massimo, come media di 2 letture, è

$$119°.32'.15''$$

che corrisponde all'indice ε (1,55338).

Quindi abbiamo le seguenti differenze lette sulla vite micrometrica:

$$0°.27'.16'' \text{ per } \alpha_D \text{ della mica}$$
$$2\ 15\ 50 \quad » \quad \beta_D \quad »$$
$$2\ 43\ 08 \quad » \quad \gamma_D \quad »$$

E aggiungendovi l'angolo calcolato di

$$55°.15'.26''$$

corrispondente all'indice ε del quarzo, avremo per la mica

$$55°.42'.42'' \text{ per } \alpha_D,$$
$$57\ 31\ 16 \quad » \quad \beta_D,$$
$$57\ 58\ 34 \quad » \quad \gamma_D.$$

E per conseguenza si hanno i seguenti tre indici principali della *mica di Mergozzo*:

$$\alpha_D = 1,56188,$$
$$\beta_D = 1,59472,$$
$$\gamma_D = 1,60274 \, (^1),$$

con l'incertezza nella 5° decimale.

Essendo risultato d'indice α quasi costante per tutte le posizioni del cerchio orizzontale, ne viene che la direzione negativa a è quasi perpendicolare al clivaggio.

L'angolo degli assi ottici intorno ad a è dato dalla formola

$$\operatorname{sen} V = \sqrt{\dfrac{\dfrac{1}{\beta^2} - \dfrac{1}{\gamma^2}}{\dfrac{1}{\alpha^2} - \dfrac{1}{\gamma^2}}}$$

(^{1}) B. Hecht per una mica potassica di ignoto giacimento dà i seguenti indici: $\alpha_D = 1,5573$, $\beta_D = 1,5866$, $\gamma_D = 1,5904$; vedi Neues Jahrbuch, BB. 6, pag. 273. E secondo Ad. Matthiessen pure per una mica potassica sono: $\alpha = 1,5692$, $\beta = 1,6049$, $\gamma = 1,6117$ (Zeitsch. Math. Phys. 1878, 23, 187). Secondo Pulfrich pure per una moscovite di ignota provenienza: $\alpha = 1,5601$, $\beta = 1,5936$, $\gamma = 1,5977$ (Wiedemann Ann. 1887, 30, 499).

e perciò

$$2V_D = -51°,41 \,(^1).$$

con un errore medio massimo di $\pm 30'$ ed errore probabile $\pm 18'$.

III. *Gesso delle Miniere di Romagna.*

Questo gesso in bellissimi cristalli trasparenti in forme spiccatamente asimmetriche, con figure di corrosione naturali su talune faccie, con faccie vicinali a dovizia e faccie ricurve (ossia poliedria variabile secondo Scacchi) fu donato dall'egregio ing. Cavalletti al Museo del R. Ufficio geologico insieme a cristalli di zolfo di notevole bellezza. Mentre mi propongo d'illustrare e descrivere i detti cristalli in una apposita memoria, dò qui le costanti ottiche misurate sul clivaggio perfetto (010) del gesso:

$\alpha_D = 1,52038$ ($\alpha_D = 1,5204$ pel gesso di Sicilia, C. Klein $(^3)$)

$\beta_D = 1,52246$ ($\beta_D = 1,5229$ id. $) 2V_D = +56°.30'$

$\gamma_D = 1,52961 \,(^2) (\gamma_D = 1,5296$ id. $)$

con un errore di alcune unità nella quinta decimale per gli indici e di $\pm 25'$ al massimo per l'angolo degli assi ottici.

L'angolo degli assi ottici calcolato è

$$2V = +56°.55'.50'' \quad (2V = +63°.4 \text{ C. Klein}).$$

Il piano degli assi ottici è (010), e la direzione positiva C fa 52° con (100).

$(^1)$ L'angolo degli assi ottici varia molto per le miche potassiche. Così p. e. secondo W. I. Grailich (Sitzber. Akad. Wien 1853, 11, 46) è $2E = 50°12'$ per una mica grigia del granito di Kollin (Boemia), secondo lo stesso osservatore (Zeitsch. für Krystall. ecc., 2, 45) è $2E = 60°.12'$ per una moscovite di Rothenkopf (Tirolo) e finalmente secondo Max Bauer (Poggend. Ann. 1869, 138, 350) è $2E = 74°,36'$ per una mica di Venezia.

$(^2)$ Questi valori si avvicinano di molto a quelli determinati da Dufet pel gesso di Montmartre:

$$\left. \begin{array}{l} \alpha = 1,52046 \\ \beta = 1,52260 \\ \gamma = 1,52962 \end{array} \right\}.$$

$(^3)$ C. Klein, *Optische Studien I.* Köngl. preuss. Akademie der Wiss. Sitzb. 1899, XIX, 861.

Geologia. — *Contributo allo studio del Miocene nell' Umbria.* Nota di A. Verri e G. de Angelis d'Ossat, presentata dal Socio Taramelli.

Per l'orientamento si premettono alcuni cenni sulla struttura dei sistemi montuosi dell'Umbria.

Catena occidentale della Valdichiana. — I poggi di Fighine e di Allerona, che proseguono e terminano la catena, al sud della ellissoide mesozoica costituente la montagna di Cetona, sono composti da una formazione calcareo-arenaceo-marnosa, prevalentemente marnosa, con banchi compenetrati dal manganese; la quale probabilmente appartiene all'eocene inferiore, ed alla quale è addossata una formazione arenaceo-marnosa con intercalati strati di calcari policromi, banchi di calcaree e brecciole nummulitiche del piano bartoniano. A sua volta s'addossa a questa, verso il termine della catena, una formazione di calcari policromi, di calcari marnosi bianchicci ricchi di piriti, di argille scagliose, che involgono nuclei ofiolitici. La disposizione stratigrafica generale declina verso la valle della Paglia, e le formazioni indicate si succedono a scaglioni seguendo tale inclinazione.

Catena che separa la Valdichiana dalla valle del Tevere. — La sezione che passa attraverso le ellissoidi mesozoiche perugine mostra ad occidente, a contatto dei calcari rosati della creta, una grande massa di marne. A questa si addossa una formazione arenaceo-marnosa con interpolati strati di calcari policromi, di calcari e brecciole con Orbitoidi e Nummuliti, che lo studio dei fossili riferisce all'eocene medio. Le brecciole talvolta sono composte da elementi grossi qualche centimetro, tra cui si distinguono frammenti di rocce petroselciose e diasprigne. Le ellissoidi mesozoiche ad oriente presentano testate tronche, ed alcune con serie che, dai calcari rosati della creta, scende al trias. Da questa parte il terziario cambia tipo. Si ha come ad occidente una formazione arenaceo-marnosa, ma non ci sono i banchi con Orbitoidi e Nummuliti. Invece nelle arenarie e nei calcari arenacei sta una fauna, nella quale prevale il genere *Pecten*; nelle marne abbondano i Pteropodi, che non sono stati trovati nelle ricerche sulle marne ad occidente.

Al nord delle ellissoidi mesozoiche tale formazione viene a contatto colle roccie ad orbitoidi dell'eocene medio, anzi salendo il monte Favalto, specialmente dalla valle dell'Erchi, si vedono sino al Camposanto di Monte S. Maria Tiberina i banchi con Pettini e le marne con Pteropodi declinare verso ovest, e dopo il Camposanto i banchi con Orbitoidi seguire la stessa declinazione: tantochè pare che i primi si sottopongano ai secondi. Nella sezione dei monti Cortonesi la formazione con Nummuliti declina sempre verso la

Valdichiana, ma gli strati che stanno sopra pare siano più antichi di quelli sottoposti.

Al sud delle ellissoidi perugine i gruppi di Montale e del Monterale presentano la formazione arenaceo-marnosa con strati di calcari policromi, banchi di calcari e brecciole con Nummoliti ed Orbitoidi dei piani Parisiano e Bartoniano. Attorno all'ellissoide mesozoica del monte Peglia si ritrova la massa delle marne, alle quali è addossata la formazione arenaceo-marnosa con calcari e brecciole contenenti Orbitoidi e Nummuliti. Sulla catena non si ritrovano le argille scagliose con ofioliti; invece, nei poggi di Paciano e del Monterale, sta sopra l'eocene medio una potente formazione di arenarie, nella quale fu trovato incluso un banco di ciottoli di calcari scuri, quarziti, graniti, dioriti, ecc., ecc., eguale ai banchi di cui si dirà parlando del monte Deruta.

Nelle colline e nei monti vicino Perugia, di tratto in tratto si vedono, tra la formazione marnoso-arenacea con Pettini e Pteropodi, piccoli affioramenti di calcari e marne eoceniche: la presenza di ciottoli poco arrotondati e di qualche blocco di ofiolite nei depositi vallivi — siano questi pliocenici o pleistocenici — fa supporre che tali frammenti siano stati staccati da lenti ofiolitiche comprese in quelle marne, e che oggi sarebbero sepolte.

Sperone dei monti Martani tra la valle del Tevere e la vallata di Fuligno. — Le formazioni con Orbitoidi e Nummuliti dal monte Peglia proseguono nei monti di Todi, e se ne ritrova un lembo sino presso Toscella, villaggio vicino Collazzone. Questo lembo va sotto altro di marne policrome, includenti un calcare marnoso bianchiccio con piriti — carattere che hanno i calcari delle formazioni con ofioliti. Sopra sta la formazione arenaceo-marnosa con Pettini e Pteropodi. Viene appresso il monte Deruta, nel quale alle marne con Pteropodi è addossata una grande pila di arenarie intercalate con banchi di ciottolame composto da calcari scuri, quarziti, graniti, gneiss, ecc. Nel monte Deruta si ha pure una formazione ricca di fossili, e la quale parrebbe che fosse sovrapposta alle brecce poligeniche. Interessa notare che le brecce, le quali sono incluse in questa ultima formazione, contengono anche ciottoli di calcari verdi eocenici non molto arrotondati.

Catena a sinistra della valle superiore del Tevere e della valle di Fuligno. — Sulle pendici delle montagne mesozoiche, che fiancheggiano a destra e sinistra l'ultimo tronco della Valtopina, si hanno le formazioni marnose dell'eocene inferiore, e formazioni dell'eocene medio: ma in queste più non si vedono i banchi delle arenarie e delle brecciole notate nelle montagne occidentali; bensì calcari bianchicci, color giallo-grigio o del tutto grigio, nei quali si trovano anche dei Pettini, ma sono più o meno ricchi di Orbitoidi e Nummuliti: con questo tipo dipoi l'eocene si presenta nelle valli superiori della Nera e del Farfa.

Dalla Valtopina in su frequenti sono gli affioramenti delle argille scagliose con ofioliti, e si trovano come comprese entro la formazione marnoso-arenacea con Pettini. A partire dal monte Catria le masse mesozoiche si staccano dalla dorsale Apenninica, e questa è costituita dalla formazione anzidetta; la quale da Bocca Trabaria si vede estendere verso le Marche con le marne a Pteropodi.

Raccolti sui monti ad ovest di Città di Castello alcuni fossili nella formazione marnoso-arenacea con Pettini, furono inviati al Museo Geologico di Bologna. Il dott. Foresti giudicò che il complesso della fauna fosse miocenico [1].

Scoperte le formazioni ofiolitiche delle montagne comprendenti i bacini del Topino, del Chiascio, dell'Assino, delle Carpine, nel 1880 si emetteva l'opinione che fossero da riferire all'eocene; ponendo nel miocene le formazioni marnoso-arenacee con Pettini sovrapposte, e quelle consimili che non avevano sicuro riferimento stratigrafico [2].

Nello stesso anno il prof. De Stefani, visitata la collezione Bellucci, riferiva quei fossili al piano tortoniano [3].

Siccome la collezione Bellucci contiene fossili tratti dalla formazione marnoso-arenacea di luoghi diversi, e questa si osservava sottoposta in qualcuno alle argille scagliose con ofioliti, nel 1883 fu concluso che le ofioliti dei bacini del Topino, del Chiascio, ecc. dovrebbero, in base a tale criterio, essere considerate come mioceniche [4].

Tale conclusione non fu tenuta buona: invero era trascurato, tra altro, di considerare che l'interponimento potrebbe essere effetto di ribaltature. Riprese quindi le osservazioni, riesaminata dal Foresti la fauna inviata a Bologna, studiati dal Neviani i briozoi che l'accompagnano, nel 1898 furono ascritte al miocene solo le formazioni arenaceo-marnose dimostrate dai fossili e quelle che si trovano nettamente sopra alle argille scagliose; queste, seguendo il parere prevalente negli scenziati, furono riportate all'eocene superiore. Fu ommesso di parlare specificatamente sulla formazione marnoso-arenacea sottoposta, nella quale non era riuscito trovare nummuliti, nemmeno nelle sezioni al microscopio [5].

Dipoi, col favore della residenza, furono moltiplicate ed estese le osservazioni, le quali portarono a conoscere la presenza dei Pteropodi nelle marne,

---

[1] Verri, *Avvenimenti nell'interno del bacino del Tevere antico.* Atti Soc. Sc. nat. di Milano, vol. XXI, 1878.

[2] Verri, *Alcune note sui terreni terziari e quaternari del bacino del Tevere.* Atti Soc. Sc. nat. di Milano, vol. XXII, 1880.

[3] De Stefani, *Il Tortoniano nell'alta valle del Tevere.* Atti Soc. Tosc. di Sc. Nat. Ad. 14 Nov. 1880.

[4] Verri, *Appunti sui bacini del Chiascio e del Topino.* Boll. Soc. Geol. It. vol. II, 1883.

[5] Verri ed Artini, *Le formazioni con ofioliti nell'Umbria e nella Valdichiana.*

e ne fu inviata una collezione al prof. Pantanelli; il cui parere fu che rappresentassero una fauna miocenica. Nel 1897, interessando disegnare una sezione, che dasse un'idea della struttura dell'Umbria, per la riunione della Società Geologica in Perugia — in base alle nuove osservazioni ed ai nuovi dati, persistendo negativa la ricerca delle nummuliti nelle rocce sottostanti alle argille scagliose, presentandosi quelle roccie con tipi simili alle soprastanti — fu creduto opportuno figurare l' inclusione delle argille scagliose con ofioliti tra la formazione marnoso-arenacea con Pettini come effetto di ribaltamento ([1]).

Nè tale conclusione era del tutto azzardata. Difatti in quella sezione si vedono, come sono di fatto, le formazioni terziarie dell'Umbria interna settentrionale costituire la vallata del Tevere incuneate tra due faglie delle formazioni mesozoiche. Gli arricciamenti che, sopratutto in masse nelle quali prevalgono le marne, devono avvenire in conseguenza della coercizione subìta in movimenti di tal natura favorirebbero l' ipotesi dei ribaltamenti; tanto più che questi di preferenza erano notati dalla parte della valle Tiberina, costituente la depressione massima.

L'ing. Lotti, incaricato dal R. Comitato Geologico del rilievo delle formazioni umbre, ha creduto venire a conclusioni diverse, e cioè che le formazioni marnoso-arenacee con Pettini e Pteropodi dell'Umbria interna settentrionale appartengano tutte all'eocene. Desume egli le ragioni sopratutto dalle osservazioni sulla stratigrafia, nella quale si vede appunto spesso quelle formazioni passare sotto alle argille scagliose con ofioliti ([2]).

Il Bonarelli, prof. di geologia, ecc. nell'Istituto agrario di Perugia, scrive non aversi ancora sicuro indizio di terreni miocenici nell'Umbria interna settentrionale. Non dice su quali argomenti fonda la sua opinione; anzi, compilando quella illustrazione del territorio umbro per un' opera di geologia applicata all'agricoltura, si limita ad esporre le sue idee, senza parlare delle opinioni di altri, che hanno tentato dipanare l'intricata matassa ([3]).

Disponendo di varî appunti presi su tutte le contrade dell' Umbria, e d'una piccola collezione raccolta su quei terreni, ci accingiamo a dire poche parole sulla quistione. Non intendiamo pel momento di trattarla in modo esteso, ma solo di rilevare che nell'Umbria vi sono formazioni, le quali, e per disposizione stratigrafica, e per criterî desumibili dai fossili, di preferenza si crederebbe inscrivere nel miocene. Ora prescinderemo dall' esame delle formazioni che, per una causa o per l'altra, si vedono sotto alle ar-

([1]) Verri, *Cenni sulle formazioni dell'Umbria interna settentrionale.* Boll. Soc. Geol. Ital., vol. XVI, 1897.

([2]) Lotti, *Studi sull'eocene dell'Apennino Toscano.* Boll. R. Com. Geol., 1898.

([3]) Bonarelli in Parona, *Nozioni di Geologia dinamica, storica, agraria,* 1898.

gille scagliose, nelle quali può anche darsi che ulteriori studî riconoscano caratteri tali, da accertarle appartenenti all'eocene medio.

Parecchie sezioni presentano formazioni arenaceo-marnose con Pettini e Pteropodi distintamente sopra il piano delle argille scagliose. Bellissime tra altre sono una presa nella valle della Rasina, ed altra nella valle dell'Acquina, circa un chilometro a monte di Carestello.

Scala 1 : 12500

In questa sezione si vedono le argille scagliose andare a nord-est sotto una pila della formazione arenaceo-marnosa, che si svolge declinando sino al piano di Gubbio; a sud-ovest posa isolato sulle argille scagliose un lembo di marne con un banco di Pettini. Più avanti seguono altri lembi, che accennano ad allacciarsi al monte Salajole ed ai poggi di Castiglione: invece là avviene la complicazione stratigrafica.

La sezione nella valle della Rasina è anche più decisiva, vedendosi lo scoglio fossilifero che sorge al bivio delle strade di Schifanoja e Casa Gastalda sulla destra della Rasina, sulla sinistra riapparire un centinaio di metri più in alto sopra l'eocene superiore, formando a C. Bagnole un lembo isolato, che si raccorda sulla sinistra del fosso Acquasanta col banco di C. San Giorgio.

Altre formazioni non hanno piano visibile di riferimento stratigrafico, ma per caratteri speciali riteniamo doversi considerare come mioceniche. Tra queste interessa notare le marne con Pteropodi tra Cesi e Sangemini, le quali rilegano al miocene dell'Umbria settentrionale alcune formazioni nel bacino della Nera, che furono indicate oligoceniche; così le brecce poligeniche che rilegano alle arenarie di Deruta quelle del Monterale, le quali furono indicate come eoceniche ([1]).

La raccolta di fossili, di cui disponiamo, proviene da molte località. Per questo studio però sono stati determinati solo gli esemplari che, per migliore conservazione, permettevano un sicuro riferimento specifico. Per ciascuno di questi indichiamo l'ubicazione coi numeri seguenti:

([1]) Verri, *Studi geologici sulle conche di Terni e Rieti*. R. Acc. Lincei, 1882-83; Verri ed Artini, Nota citata.

1. Colle Raso, nella salita da Borgo San Sepolcro a Bocca Trabaria.

2. Città di Castello, tra la vecchia Dogana e Monte S. Maria Tiberina. (Fossili determinati p. p. dal Foresti e Neviani).

3. San Paterniano, presso Umbertide, tra le valli dell'Assino e del Musino.

4. Tra il monte Portole e Castiglione Aldovrandi, sopra alle argille scagliose con ofioliti.

5. Collemincio, nella valle dell'Arone sopra le argille scagliose con ofioliti.

6. Busche, presso Gualdo Tadino.

Presso Perugia: 7. Monte Bagnolo. 8. Monte Pacciano. 9. Fosso Piazzo di Volpe (Fossili determinati dal Pantanelli). 10. Monte Morcino vecchio. 11. Colline di Prepo. 12. Valle dell'Acquacaduta sotto Monte Tabor.

13. Fra Monte Murcie ed il Belvedere, nei monti d'Assisi.

14. Casale San Lorenzo e fosso di Castelleone, presso Deruta.

15. Molino dell'Attone e colline a destra, presso Bevagna.

16. Fosso di S. Caterina, presso Cesi.

Abbiamo fossili, che sembrano dello stesso piano geologico, anche di altre località, esse sono: Candeggio, Pieve di Saddi, Monte Analdo, Carestello, Schifanoia, Valfabbrica, Fratticciola selvatica, Torgiano, Cerqueto.

Passiamo senz'altro alla enumerazione delle forme.

Bathysiphon taurinensis Sacco. È specie abbondante nel Langhiano e meno diffusa nelle zone marnose dell'Aquitaniano e dell'Elveziano inferiore (Sacco 1893, Corti 1896) *8. 13.*

Echinolampas angulatus Mérian. *Schlier* di Camerino (de Loriol 1884). Rosignano (de Alessandri 1897). *2.*

Echinocyamus Studeri Sismd. Miocene piemontese (Sismonda 1841) Elveziano piem. (Sacco 1889) *2.*

Schizoporella linearis Hass. Fossile dal Miocene inferiore; vivente. *2.*

Micropora (sot. gen. *Rosselliana*) *Rosselli* Aud. *sp.* Fossile nel Miocene. *2.*

M. (s. g. *Calpensia*) *impressa* Moll. *sp.* Fossile dal Cretaceo; vivente. *12.*

Onychocella angulosa Reuss *sp.* Fossile dal Cretaceo; vivente. *2.*

Membranipora reticulum L. *sp.* Fossile dal Cretaceo; vivente. *2. 12.*

Osthimosia coronopus S, Wood *sp.* Miocene di Catalogna (de Angelis 1898), Miocene medio sardo (Neviani 1897). Pliocene abbondante. *2.*

Smittia cucullata Bussk *sp.* Fossile dal Miocene e vivente. *2.*

Cavolinia bisulcata Kittl. Mioc. Ungheria (Kittl. 1886) Miocene med. piem. (Audenino 1897). *2. 9.*

Clio pedemontana May *sp.* Mioc. Piem. (Michelotti 1841, Audenino 1897) Mioc. med. e sup. Piemonte (Bellardi 1872). Mioc. med. Lazio (de Angelis 1898) Langhian. Toscana (Trabucco 1895). Mioc. Ungheria (Kittl. 1886) *9. 11.*

Clio Bellardi Aud. Miocene med. Piemont. (*Auct.* 1897). *9*

Clio triplicata Aud. Mioc med. Piemont. (*Auct.* 1897). *9.*

Clio sinuosa Bell. sp. Mioc. med. Piemont. (Bellardi 1872). *9. 15. 16.*

Vaginella depressa Daudin. Mioc. med. Piemont. (Bellardi 1872). Mioc. med. Lazio (de Angelis 1898). Mioc. med. Francia (Benoist 1889). Pliocene Roma (Ponzi 1876). Vivente Mediterraneo (Tiberi 1880). *2. 9. 16.*

Vaginella acutissima Aud. Mioc. med. Piemont. (*Auct.* 1897). *2. 9.15.16.*

Carinaria Hugardi Bell. Mioc. med. Piemont. (Bellardi 1872). Mioc. med. Lazio (de Angelis 1897). *9.*

Teredo norvegica Spleng. Alcuni frammenti, sempre con determinazione empirica, si potrebbero riferire alla *T. appenninica.* Frequente anche nei terreni miocenici. *2. 3. 15.*

Modiola Brocchi May. Mioc. bacino Vienna (Hörnes M. 1870). *14.*

Lucina pomum Duj. Mioc. Brisighella e Bologna (Manzoni 1876) Langhiano prov. Forlì (Scarabelli 1880), Elveziano, Sicilia (Cafici 1880), Elvez. Dicomano (de Stefani 1880); molte altre località mioceniche italiane (Gioli 1887). *14.*

Lucina Dicomani Mengh. sp. È citata in moltissime località mioceniche italiane (de Stefani 1891). *6. 14.*

Lucina globulosa Desh. Alcuni vogliono questa specie sinonimo della precedente (Fuchs). Frequente nel Miocene medio (Schaffer 1898) *6. 14.*

Lucina miocenica Michtti. Tortoniano e Tongriano Piemonte (Sacco 1889) Miocene Calabria e Messina (Seguenza 1880). In Sicilia con la *Cardita Jouanneti* (de Gregorio 1883). Mioc. sardo (Parona 1887). Bacino Vienna (Hörnes 1870). *14.*

Limea strigilata Broc. sp. Mioc. Calabria (Seguenza 1880), Marche (de Angelis-Luzj 1899). Mioc. Vienna (Hörnes). Pliocene profondo (Brocchi, Pantanelli). *11.*

Pecten latissimus Broc. Comparve nell'Elveziano ed è vivente (Parona 1887). *2.*

Pecten Besseri Andr. Elvez. Piement. (Sacco 1889). Mioc. Vienna (Hörnes 1870). *2. 12.*

Pecten solarium Lk. Miocene di Reggio C. (Seguenza 1880), di Montese (Pantanelli e Mazzetti 1887), di Sardegna (Parona 1887), di Corsica (Locard 1876), di Vienna (Hörnes 1870) ecc. *2.*

Pecten scabrellus Lk e *var.* Le varietà corrispondono a quelle frequenti nel Miocene e somiglianti a quelle del Mioc. di Barcellona (Almera 1897). *2. 12.*

Spondylus crassicostata Lk. Elveziano piemontese e calabro. Miocene medio Sardo-corso (Sacco, Seguenza, Parona, Locard) *2.*

Ostrea plicatula Gmel. Elvez. Piemontese (Sacco). *2.*

Ostrea langhiana Trab. Una piccola ostrica, molto abbondante, deve riferirsi a questa specie, che Trabucco (1895) crede caratteristica del Langhiano. Nello *Schlier* delle Marche (de Angelis e Luzj). *1. 4. 7. 10.*

Nella località *14* furono altresì rinvenuti anche Gasteropodi, ma lo stato di conservazione non concede una sicura determinazione.

Le sezioni microscopiche delle marne indurite costantemente mostrano abbondanti foraminiferi, fra i quali predominano specialmente le *Globigirinidae*.

A noi sembra che la fauna determini sicuramente il Miocene medio. Infatti delle forme citate, solo alcuna fu pure esumata in terreni eocenici, mentre che tutte furono già riconosciute nel Miocene medio: un piccolo numero visse nel Pliocene e taluna è ancora vivente. Se non teniamo conto dei Briozoi, i quali godono di non preciso valore cronologico, noi otteniamo una fauna miocenica tipica, come può desumersi specialmente dalle forme: *Bathysiphon taurinensis, Cavolinia bisulcata, Clio pedemontana, C. sinuosa, Carinaria Hugardi, Lucina pomum, L. Dicomani, Pecten Besseri, P. solarium, Ostrea langhiana.* Anche le seguenti specie furono descritte come appartenenti finora al Miocene medio: *Clio Bellardi, C. triplicata, Vaginella acutissima.*

Considerando la fauna fossile in relazione col materiale sedimentario che l'include, non è difficile riconoscere che la *facies* langhiana è quella che predomina nell'Umbria; cioè la zona profonda del mare miocenico, che corrisponde allo *Schlier.* Non mancano però sedimenti e fossili che attestano la zona delle laminarie, caratterizzati faunisticamente dai grossi Briozoi e dagli svariati Pettini. È un calcare che ricorda quello a *Cellepora* delle Marche e della Romagna equivalente a quello di Rosignano e che corrisponde all'Elveziano. Secondo alcuni questo piano sarebbe sincrono al calcare di *Leitha* del bacino di Vienna, mentre per altri, fra cui il Depéret (1893) e lo Schaffer (1898), corrisponderebbe agli strati di Grund.

In tal modo il Miocene medio dell'Umbria, per caratteri litologici e paleontologici, verrebbe non solo ad estendere lo *Schlier* delle Marche e del Bolognese, ma collegherebbe queste ben conosciute regioni mioceniche con quelle del versante Tirreno.

Paleontologia. — *Una nuova località di Ellipsoidica ellipsoides.* Nota del dott. A. SILVESTRI, presentata dal Socio TARAMELLI.

Questa Nota sarà pubblicata nel prossimo fascicolo.

Anatomia. — *Ricerche sugli organi biofotogenetici dei pesci.*
Parte I. *Organi di tipo ghiandolare.* Nota preliminare di P. CHIA-
RINI e M. GATTI, presentata dal Socio GRASSI.

Gli organi fosforescenti o, come noi preferiamo denominarli, gli organi
biofotogenetici dei pesci, dei quali sarà fatta parola in questa Nota, furono
già studiati dal Leuckart, dall'Ussow, dal Leydig, dal Solger, dall'Emery e
dal Lendenfeld. Senza fare la critica degli studi di questi autori, che ci riserbiamo per il lavoro in esteso, diamo subito una breve relazione delle nostre
ricerche, e delle conclusioni, che ci pare, se ne possano trarre (¹).

Gli organi biofotogenetici sono stati da noi studiati in quasi tutte quelle
forme della Ittiofauna mediterranea, che ne sono provviste, e precisamente
in sei rappresentanti delle Fam. *Sternoptychidae (Maurolicus amethystino-
punctatus Cocco, Maurolicus Poweriae Cocco, Argyropelecus hemigymnus
Cocco, Coccia ovata Cocco, Chauliodus Sloani Bl., Gonostoma denudatum
(Rafn.))*, in due specie della Fam. *Stomiatidae (Stomias boa (Risso), Bathophilus nigerrimus Gigl.)*, in dieci specie della Fam. *Scopelidae (Scopelus Rissoi, Benoiti, caninianus, metopoclampus, Rafinesquii. Gemellari,
maderensis, crocodilus, elongatus, Humboldii)*. Ci siamo occupati anche del
Porichthys porosissimus (Cuv. e Val.) Gnts, un *Batrachidae*, che come si
sa, non fa parte della fauna dei nostri mari.

Nelle nostre ricerche ci siamo proposto 1) di venire ad una esatta conoscenza della struttura delle varie forme di organi biofotogenetici; 2) di
seguirne lo sviluppo embriologico; 3) di determinare a quali altri organi
cutanei dei pesci ossei ordinari fossero essi più affini o, per dirla più brevemente, quale potesse essere il loro significato morfologico.

Prima di parlare della struttura di questi organi, è bene stabilirne la
funzione. Ci si domanderà: Sono essi davvero capaci di emettere luce? e se
sono tali, la funzione è esclusivamente questa? Alla prima domanda non si
può non rispondere di sì, chè per gli *Scopelus* possediamo, fra le altre, la
osservazione dell'ittiologo Günther, la cui autorità è sì grande. da farci
accogliere con piena fiducia l'affermazione che le così dette macchie splen-

---

(¹) Dandoci a studiare gli organi biofotogenetici dei pesci, il prof. Grassi mise a
nostra disposizione il ricco e prezioso materiale da lui medesimo raccolto nelle acque
di Sicilia, ed ottimamente conservato in formalina; e ci comunicò in pari tempo alcune
sue osservazioni inedite sulla funzione degli organi in discorso. Noi gliene rendiamo i
più sentiti ringraziamenti; e gli esprimiamo la più viva gratitudine per la benevolenza
con la quale ci ha accolto nel suo laboratorio, e per aver egli diretto le nostre ricerche
e controllatone i risultati.

denti hanno la proprietà di produrre luce; e per ciò che riguarda gli *Ster-noptychidae*, tacendo di altri zoologi, il prof. Grassi constatò di persona la luminosità di cui sono capaci gli organi dell'*Argyropelecus hemigymnus* e del *Chauliodus Sloani*. La sua osservazione, comunicataci verbalmente, fu fatta sopra vari esemplari, che ebbe la fortuna di aver vivi per qualche minuto in un vaso di vetro. La luce era azzurra e intermittente. Morto l'animale, gli organi cessarono immediatamente di emettere luce. Vedremo in seguito che gli organi biofotogenetici presentano nelle varie forme di pesci, in cui li abbiamo studiati, differenze di struttura che ci permettono di raggrupparli in due tipi differenti, all'uno dei quali appartengono quelli degli *Sternophychidae*, degli *Stomiatidae* e del *Batrachidae*; all'altro quelli degli *Scopelus*. Essendo stata accertata con sicurezza la luminosità nei due tipi, noi, per ragioni di somiglianza di struttura, riterremo per organi veramente biofotogenetici quelli di tutte le altre forme, a proposito delle quali mancano le osservazioni dirette, o queste non sono del tutto sicure. All'altra domanda, che ci siamo fatta in principio, rispondiamo alla fine di questa Nota.

Gli organi biofotogenetici dei pesci da noi esaminati, sono costruiti secondo due tipi, che si presentano affatto differenti, almeno a sviluppo completo. Il primo denominiamo degli *organi biofotogenetici ghiandolari*; il secondo, degli *organi biofotogenetici elettrici*.

Organi biofotogenetici ghiandolari. Si riscontrano in tutti gli Sternoptichidi e Stomiatidi, che abbiamo avuto a nostra disposizione, e nel *Porichthys porosissimus*. Essi hanno generalmente la forma di una ampolla, nella quale si possono distinguere un *corpo* sferico od elissoidale ed un *collo* cilindrico o imbutiforme. Il corpo è dorsale mediale, il collo ventrale laterele; l'asse longitudinale dell'organo è inclinato in guisa che il corpo è rivolto, rispetto all'animale, rostralmente, e il collo caudalmente. Questa posizione è la regola, ed è della massima importanza, perchè serve a far luce sulla morfologia dell'organo. In una sezione longitudinale dell'ampolla condotta in modo che vi siano compresi corpo e collo, si vede che essa è costituita, andando dalla superficie verso il centro, delle seguenti parti: 1) *un involucro pigmentato*, 2) *uno strato a splendore argenteo*, 3) *un involucro di tessuto connettivo*, 4) *un corpo centrale*.

Le prime tre parti formano la parete dell'ampolla, che è approfondata nel corpo dell'animale. Alla superficie di questo è visibile soltanto l'imboccatura del collo, la quale, attraverso un sottile strato di tessuto connettivo gelatinoso ond'è chiusa, lascia scorgere un po' del corpo centrale. L'involucro pigmentato, lo strato a splendore argenteo ed il rivestimento connettivale possono essere ridotti ai minimi termini; il corpo centrale invece assume sempre uno sviluppo considerevole, È quindi naturale e legittimo il pensiero che esso sia la parte essenziale o specifica degli organi. Vediamone brevemente la costituzione, Risulta in generale di due parti : l'una che riempie il corpo dell' ampolla, l' altra che ne occupa il collo. La prima è fatta di cellule tipicamente granulose, con uno o due nuclei. che non senza difficoltà si riesce a mettere in evidenza e che sono circondati da una zona di protoplasma più o meno estesa e colorabile con ematossilina, carminio ecc. ; e con il resto del protoplasma, occupato da granulazioni o goccioline splendenti più o meno fine e che si tingono con l' eosina, l'acido picrico, ecc. La seconda porzione del corpo centrale è costituita da cellule a protoplasma denso, apparentemente omogeneo, che si colora poco con l' eosina, e racchiude un nucleo bene evidente.

Per la disposizione e la struttura degli elementi costitutivi del corpo centrale, gli organi biofotogenetici ghiandolari vengono da noi divisi in tre gruppi principali.

Ad un primo gruppo appartengono quelli del *Maurolicus amethystino-punctatus*, dell' *Argyropelecus hemigymnus* e del *Porichthys porosissimus*. Notiamo anzitutto che la maggior parte degli organi delle due prime forme hanno la tendenza a fondersi ; e sono i corpi delle ampolle che si fondono, mentre i colli si conservano sempre bene distinti. La fusione si osserva specialmente negli organi ventrali, e interessa non solo quelli di un lato ma anche i corrispondenti del lato opposto ; e ne deriva che i corpi delle ampolle di due serie parallele di organi sono rappresentati da un unico grosso canale, il quale scorre lungo la linea mediana della parete inferiore dell' addome. Caratteristiche di questo gruppo sono 1) che le cellule granulose, a contorni irregolarmente poligonali in sezione, non sono molto grandi, e, circondate da una trama connettivale bene sviluppata, non presentano una disposizione regolare ; 2) che le cellule a protoplasma apparentemente omogeneo del collo, sempre un po' più piccole delle granulose, sono o tutte simili fra di loro (*Maurolicus, Porichthys*) o di due sorta (*Argyropelecus*). Nell'uno e nell' altro caso, tendono a disporsi, come appaiono sui tagli, in travate, che decorrono in senso obliquo o parallelo all' asse longitudinale del collo (*Maurolicus*) oppure in senso obliquo o trasversale (*Argyropelecus*). Abbiamo detto che le cellule granulose presentano una disposizione irregolare : dobbiamo però aggiungere che, in vicinanza della parte prossimale del collo, esse si mostrano frequentemente in semicerchi nel *Maurolicus* e in cerchi concentrici nell'*Argyropelecus*. Da questo gruppo di organi, si passa ad un altro anch'esso del tipo ghiandolare, ma dove la disposizione degli elementi è regolarissima. E siccome questa è tipicamente radiale, e gli elementi cellulari assumono enormi dimensioni, così, in contrapposto agli organi del primo gruppo, i quali potremo chiamare *a cellule piccole e poste senz'ordine evidente*. noi denomineremo questo secondo gruppo degli :

Organi biofotogenetici ghiandolari a cellule grandi ed a disposizione radiale. Sono quelli della *Coccia ovata*, del *Maurolicus Poweriae*, del

Chauliodus Sloani, dello *Stomias boa* e del *Bathophilus nigerrimus*. Il corpo dell'ampolla è sferico. Dal suo involucro di connettivo partono sepimenti della stessa natura, che vanno fino al centro, dove si incontrano e si congiungono: e da ciò deriva che tutta la sezione del corpo dell'ampolla presenta un aspetto raggiato. In ciascuna camera deliminata dal connettivo si annida una grossa cellula piramidale molto allungata con l'apice al centro e la base alla periferia dell'organo. Di queste cellule una piccola porzione che è basilare, si tinge abbastanza intensamente con tutti i colori nucleari ed è cosparsa di vacuoli; il rimanente assorbe con avidità l'eosina, l'acido picrico e simili colori, ed è pieno di granulazioni, talvolta così grandi, da meritare il nome di goccioline. Quasi al limite fra le due parti, ma sempre nella prima, si riesce a mettere in evidenza uno o più spesso due piccoli nuclei nucleolati. Nelle sezioni condotte pel centro dell'organo e trattate con ematossilina ed eosina, il corpo centrale appare come un disco, nel quale si distinguono una zona marginale, fortemente colorata dall'ematossilina, con i nuclei collocati tutti presso a poco al medesimo livello; ed una centrale, più grande granulosa e tinta in rosa dall'eosina. Così come l'abbiamo descritto, si presenta una parte del corpo centrale in tutti gli organi di questo secondo gruppo. E noi tralasciamo ogni particolarità, per accennare all'altra sua porzione, composta di cellule a protoplasma omogeneo, che nella solita colorazione con ematossilina ed eosina, prende per lo più una tinta giallo pallida, tendente al verdognolo. Essa occupa solamente tutto il collo (*Coccia*) o una porzione di questo, mentre arriva ad invadere un segmento del corpo sferico, presentandosi sotto la forma di clava *nel Maurolicus Poweriae* o di lente biconvessa *nel Chauliodus*. Il resto del collo cilindrico è riempito da cellule granulose, in tutto simili a quelle che abbiamo descritto nel corpo dell'ampolla.

Ciò basti per il secondo gruppo, chè ci pare di sentire il lettore domandarci con quali criteri riteniamo per ghiandole organi così caratteristici; e descriviamo rapidamente un terzo gruppo di organi, che dà la chiave della spiegazione. Il terzo gruppo è stato da noi studiato nel *Gonostoma denudatum*. Il corpo centrale si divide in due parti: una sferica che occupa il corpo dell'ampolla, l'altra piriforme situata nel collo. La loro struttura è identica. Esse risultano costituite di tubi conici di connettivo disposti in senso raggiato con l'apice verso il centro e la base verso la periferia dell'organo. I tubi sono pieni di cellule che ne tappezzano le pareti, lasciando nell'asse del tubo un piccolo condottino capillare. Tutti i condottini dei tubi che costituiscono la parte sferica del corpo centrale, mettono capo a una cavità, che si trova nel centro dell'organo ed è rivestita da un epitelio di cellule quasi cubiche, le quali presentano un margine cuticulare evidente. Da questa cavità centrale parte un canale, rivestito da elementi simili a quelli della cavità medesima, il quale si dirige verso il collo dell'ampolla e percorre in tutta la sua lunghezza la porzione piriforme del corpo centrale. In questo canale, del quale non è possibile trovare uno sbocco all'esterno dell'organo, immettono i condottini dei tubi, che costituiscono la porzione piriforme del corpo centrale. Importante si è che, entro il canale collettore, ci è riuscito più volte di vedere accumulato un secreto, in forma di una massa omogenea o granulosa, che si tinge fortemente coll'eosina e con l'acido picrico. Le cellule presentano anche qui due zone: l'una, appoggiata alla parete del tubulo, è colorabile con reagenti nucleari ed è fornita di nucleo; l'altra, rivolta verso il lume del condottino, si tinge invece con l'eosina. Sulla natura ghiandolare di questi organi ci pare dunque che non si possa sollevare alcun dubbio. Il secreto viene elaborato dalla porzione della cellula ove è il nucleo, si raccoglie nell'altra che è avida di eosina, e poi fuoriesce sboccando nel condottino.

Per ciò che riguarda il primo e il secondo gruppo, noi non abbiamo riscontrato il secreto extracellulare: anzi, basandoci sul numero grandissimo di preparati fatti, affermiamo in modo assoluto che non vi si trova mai. Nonostante questo fatto e le differenze di forma e dimensioni che a primo aspetto possono colpire l'osservatore, dopo un attento esame si giunge facilmente alla conclusione che la parte specifica di tutti gli organi dei tre gruppi presenta una struttura simile. E fondandoci appunto sulla identità di struttura e sull'avidità che ha sempre una porzione della cellula per l'eosina, per l'acido picrico e per simili colori, riteniamo come secernenti le cellule granulose, che abbiamo imparato a conoscere nei tre gruppi. La differenza essenziale fra gli organi ghiandolari dei due primi gruppi e fra quelli del terzo, consiste nel fatto, che negli uni il secreto rimane sempre intracellulare e dentro le cellule stesse si consuma, mentre che negli altri diventa extracellulare e si consuma fuori delle cellule. Si tratta però in tutti i casi di *ghiandole chiuse*.

Chiarita l'importanza e la funzione di una parte del corpo centrale, ci rimane a spiegare quale sia l'ufficio dell'altra, e precisamente di quell'insieme di cellule a protoplasma omogeneo, che abbiamo visto occupare in generale il collo dell'ampolla. Intanto essa manca nel *Gonostoma denudatum*. Dobbiamo perciò considerarla come una parte accessoria nella produzione del fenomeno luminoso. Potrebbe venire il sospetto che fosse dovuta alla trasformazione regressiva delle cellule granulose; oppure che fosse destinata alla produzione di una speciale sostanza, che, unendosi all'altra segregata dalle cellule granulose, desse luogo all'emissione della luce. Questo secondo sospetto viene subito allontanato, pensando all'omogeneità del protoplasma, ed al fatto che il secreto delle cellule granulose si consuma, come è stato assodato, dentro le cellule che lo producono. L'altro sospetto viene anch'esso rimosso, riflettendo, 1) che noi non abbiamo trovato figure cariocinetiche; 2) che in centinaia di preparati abbbiamo osservato sempre la medesima apparenza negli elementi costitutivi, nel loro insieme e nella loro posizione; 3) che gli organi biofotogenetici del *Pyrosoma* risultano di un semplice ammasso di cellule secernenti, entro le quali dovrà consumarsi il secreto durante la funzione, e mancano di ogni traccia di cellule con protoplasma omogeneo. E allora, quale funzione potranno avere queste cellule? Noi siamo d'avviso che esse servano come una lente; e ciò ne viene suggerito sopra tutto dall'omogenità del protoplasma, dalla loro posizione, dalla forma ecc. Gli organi del *Gonostoma*, che ne sono sprovvisti, hanno in compenso il secreto extracellulare, che viene raccolto in gran quantità entro il canale collettore, il quale lo porta fin presso l'imboccatura del collo, inoltre l'involucro di pigmento lascia allo scoperto una maggiore porzione dell'organo, il che non avviene nel primo e nel secondo gruppo.

Per ciò che riguarda le altre parti accessorie, l'involucro pigmentato servirebbe ad impedire la dispersione dei raggi luminosi; lo strato a splendore argenteo dirigerebbe i raggi luminosi verso l'imboccatura del collo.

Così tutto sarebbe disposto in modo, da favorire negli organi ghiandolari la produzione del fenomeno luminoso.

Anatomia. — *Ricerche sugli organi biofotogenetici dei pesci.* Parte II. *Organi di tipo elettrico.* Parte III. *Sviluppo.* Nota preliminare di M. GATTI, presentata dal Socio GRASSI.

Anatomia. — *Osservazioni sopra l'anatomia degli Pseudoscorpioni.* Nota del dott. FELICE SUPINO, presentata dal Socio B. GRASSI.

Queste Note saranno pubblicate nel prossimo fascicolo.

RELAZIONI DI COMMISSIONI

Il Socio BLASERNA, relatore, a nome anche del Socio BELTRAMI, legge una Relazione sulla Memoria del prof. N. PIERPAOLI intitolata: *Coefficienti di temperatura dei coristi normali dell'Ufficio centrale pel corista uniforme.*

Il Socio CAPELLINI, relatore, a nome anche del Socio TARAMELLI, legge una Relazione sulla Memoria del dott. P. E. VINASSA DE REGNY intitolata: *Studi sugli Idroidi fossili appartenenti alle Idractinie.*

Ambedue le precedenti Relazioni concludono col proporre l'inserzione dei lavori negli Atti accademici.

Le conclusioni delle Commissioni esaminatrici, messe ai voti dal Presidente, sono approvate dalla Classe, salvo le consuete riserve.

PRESENTAZIONE DI LIBRI

Il Segretario BLASERNA presenta le pubblicazioni giunte in dono, segnalando quelle inviate dai Soci LORENZONI, JORDAN, e dai siguori BATTELLI e STEFANINI, FAVARO, FRITSCHE, BEGUINOT.

OPERE PERVENUTE IN DONO ALL'ACCADEMIA
presentate nella seduta del 4 giugno 1899.

Albert Ier de Monaco. — Exploration océanographique aux régions polaires. Paris, 1899. 8°.

Id. — Première campagne scientifique de la Préncesse-Alice II°. Paris, 1899. 4°.

Alberti V. — Riassunti decadici e mensuali delle osservazioni meteorolologiche fatte nel r. Osservatorio di Capodimonte negli anni 1896-99. Napoli, 1897/9. 8°.

Angelitti F. — Formole e teoremi relativi all'ellissoide terrestre e calcolo nell'ellissoide di Bessel di alcuni elementi per la latitudine di Capodimonte. Napoli, 1898. 8°.

Beguinot A. — *Herbarium Camillae Doriae.* II. Prodromo ad una flora dei Bacini Pondino ed Ausonio e del versante meridionale dei monti limitrofi (Lepini-Ausoni). Genova, 1897. 8°.

Bertelli A. e *Stefanini A.* — Ricerche crioscopiche ed ebullioscopiche. Pisa, 1899. 8°.

Botti U. — Dei piani e sotto-piani in geologia. 2ª ediz. Reggio Calabria, 1899. 8°.

Boussinesq J. — Complément à une étude récente concernant la théorie de la bicyclette etc. Paris, 1899. 4°.

Ciscato G. — Determinazioni di latitudine e di azimut fatte alla Specola di Bologna nei mesi di giugno e luglio 1897. Venezia, 1899. 4°.

Contarino F. — Determinazioni assolute della componente orizzontale della forza magnetica terrestre fatte nel R. Osservatorio di Capodimonte negli anni 1893-97. Napoli, 1898. 8°.

Id. — Determinazioni assolute della inclinazione magnetica del R. Osservatorio di Capodimonte eseguite negli anni 1896-97. Napoli, 1898. 8°.

Favaro A. — Intorno alle opere scientifiche di Galileo Galilei nella edizione nazionale. Venezia, 1899. 8°.

Fritsche H. — Die Elemente des Erdmagnetismus für die Epochen 1600, 1650, 1700, 1780, 1842 und 1885 und ihre saecularen Aenderungen etc. St. Petersburg, 1899. 8°.

Lorenzoni G. — L'effetto della flessione del pendolo del tempo della sua oscillazione. Venezia, 1897. 8°.

Nobile A. — Appunti sul moto del sole fra le altre stelle. Napoli, 1897. 8°.

Report on Norwegian Marine Investigations 1895-97 (Bergens Museum). Bergen, 1899. 4°.

Roberto G. — Teoria della grandine e dei temporali accompagnati da trombe. Torino, 1899. 8°.

Rogers H. H. — The universe. A new Cosmology. Buffalo, 1899. 8°.

Studî e ricerche istituite nel Laboratorio di Chimica Agraria della R. Università di Pisa. Fasc. 14° e 15°. Pisa, 1897, 1898. 8°.

Tedeschi V. — Variazioni delle declinazione magnetica osservate nella R. Specola di Capodimonte negli anni 1893-97. Napoli. 18978/9. 8°.

P. B.

RENDICONTI

DELLE SEDUTE

DELLA REALE ACCADEMIA DEI LINCEI

Classe di scienze fisiche, matematiche e naturali.

Seduta del 18 giugno 1899.

A. MESSEDAGLIA Vicepresidente.

MEMORIE E NOTE
DI SOCI O PRESENTATE DA SOCI

Fisica terrestre. — *Riassunto della sismografia del terremoto del 16 novembre 1894.* Parte 1ª: *Intensità, linee isosismiche, registrazioni strumentali.* Nota del Corrispondente A. RICCÒ.

Questa Nota sarà pubblicata nel prossimo fascicolo.

Zoologia. — *Ancora sulla malaria.* Nota preliminare del Socio B. GRASSI.

Siccome non era facile di continuare le ricerche all'ospedale, perchè i Ditteri succhiatori di sangue con cui ci restava di sperimentare non si prestano facilmente a pungere, come gli Anofeli, applicandoli alla cute per mezzo di provette, così ho trovato opportuno di condurre a Maccarese nella villetta del Principe tre malarici: uno della pratica privata con gameti terzanari nel sangue (terzana comune) e due dell'ospedale di S. Spirito (gentilmente concessimi dai colleghi Bignami e Bastianelli); l'uno con gameti terzanari (terzana comune) e l'altro con gameti in parte terzanari (terzana comune) e in parte semilunari (terzana estivo-autunnale). Soltanto il primo e il terzo poterono essere usufruiti, perchè già al primo giorno i gameti scomparvero dal sangue del secondo. Tutte le zanzare, che accorrevano a pungerli venivano raccolte in vasi, che si mettevano in petto per tenerli a temperatura sufficiente fino al momento in cui si potevano passare nel termostato. Si fece così una serie di esperienze che a suo tempo verranno riferite in esteso. Qui ci basta dire che i *Culex* esaminati superarono il centinaio e tra essi erano rappresentate le specie *annulatus, Richiardii, pulchritarsis, penicillaris; albopunctatus, nemorosus, pipiens, ciliaris* e *malariae*. Nessuno di essi si infettò; invece si infettarono, e per lo più molto, quasi tutti gli *Anopheles* in gran parte *bifurcatus,* in piccola parte *claviger*, che punsero nelle medesime condizioni. Così pure si infettarono contemporaneamente quattro *A. claviger*, nati in laboratorio, che avevano punto i due malarici, nelle medesime condizioni suddette.

Esperimenti simili fatti con due *Phlebotomus* e con *ventidue* serapiche (nome volgare, il quale indica un genere di ditteri ematofagi, che non ho potuto ancora determinare) diedero del pari risultato negativo.

Questi fatti inducono a ritenere con fondamento che la malaria umana sia dovuta esclusivamente agli *Anopheles*.

Certamente non sarà inutile di fare nuovi esperimenti coi *Culex* e io stesso sto facendoli, nonostante che nutra poca fiducia di poter modificare il giudizio sopra espresso.

Il malato suddetto, infetto di gameti terzanari e estivo-autunnali, venne punto anche da cinque *Anopheles pseudopictus* [1]; quattro di essi si infettarono. Cinque altri *pseudopictus* presi nella stessa località e che non avevano punto individui malarici, non si presentarono infetti.

Colla dimostrazione che anche l'*A. pseudopictus* propaga la malaria, resta provato che *tutte le specie italiane* del genere *Anopheles* propagano la malaria. Ed è ben lecito indurne che *tutte le specie* di *Anopheles* di qualunque paese possano essere malariferi, date le condizioni opportune di temperatura.

In Italia l'*Anopheles claviger* è certamente la forma di gran lunga più diffusa delle altre. L'*Anopheles bifurcatus* vive a gran preferenza nelle macchie, ed è certamente fattore precipuo della malaria, che si prende nei boschi. L'*Anopheles pictus* [2], detto meglio *superpictus*, l'*Anopheles pseudopictus* sono molto poco comuni tranne in certe località.

L'esperimento, riferito nell'ultima Nota, di far pungere individui sani con *Anopheles* di diverse specie nati nel laboratorio di Anatomia Comparata e perciò non infetti, venne proseguito con molto zelo. Un altro individuo si prestò a farsi pungere. I risultati furono sempre negativi. Questo esperimento

---

[1] Forse l'*A. pictus* del Ficalbi è identico all'*A. pseudopictus* Grassi.

[2] Sono venuto nella convinzione che l'*A. pictus*, da me descritto, è differente da quello di Loew sopratutto per la diversa distribuzione dei colori nelle ali. Quello di Loew in realtà si avvicina assai al mio *pseudopictus*: questo è caratterizzato sopratutto dal terzo paio di tarsi, nel quale il penultimo articolo è completamente bianco-paglia sì nel maschio che nella femmina. A suo tempo ne darò la descrizione in esteso. Occorre perciò cambiare nome al mio *A. pictus* e denominarlo *A. superpictus (mihi)*.

però si continua ancora oggi nelle migliori condizioni desiderabili, con larve e ninfe provenienti dai luoghi più malarici delle Maremme Toscane, della Campagna Romana e delle Paludi Pontine, larve e ninfe, le quali si sviluppano in acqua e vegetali raccolti insieme ad esse.

Le uova di *A. claviger*, in una camera tenuta alla temperatura variabile da 20° a 25°, impiegarono circa trenta giorni a diventare insetti perfetti. Questi, dopo altri venti giorni, depositarono le uova.

L'*A. claviger* e lo *pseudopictus* ovificano in primavera in luoghi dove l'acqua è piuttosto profonda, sicchè, per raccoglierne le larve, in generale occorre entrare nell'acqua oltre al ginocchio. Dalla fine di maggio in poi ho trovato larve dove l'acqua era alta pochi centimetri.

L'*A. bifurcatus* depone le uova in luoghi dove l'acqua è piuttosto bassa, sicchè quando non fa caldo, se si trovano larve in acque aventi pochi centimetri di profondità, si è quasi sicuri che appartengono agli *A. bifurcatus*.

Si noti che le uova si dispongono quasi a stella, e che le larve sono caratterizzate dalle setole semplici degli angoli anteriori del capo, le quali sono invece fatte ad alberetto nell'*A. claviger*.

Gli *A. pseudopictus* e *superpictus* ovificano quasi nelle stesse località preferite dall'*A. claviger*.

In vita libera gli *Anopheles* ovificano soltanto nelle acque ricche di vegetazione; gli *A. claviger* preferiscono molto i punti dove abbondano le Confervoidee. Nelle acque coperte di *Lemna* non ho mai trovato larve. Le larve di *A. bifurcatus* si trovano molto abbondanti nelle acque in cui prospera il crescione.

Basta un piccolo movimento dell'acqua per sparpagliare le uova di *A. claviger* e *bifurcatus*; ciò spiega in parte il fatto che di regola le larve di *Anopheles* si trovano isolate.

Ho trovato larve dei vari Anofeli anche lungo le rive, abbondanti di vegetazione, di acque poco mobili.

Le larve di *A. claviger* prosperano anche nell'acqua leggermente salmastra: ciò ho osservato a Metaponto.

Ho trovato uova di *A. claviger* in vita libera per la prima volta il 12 febbraio. Dopochè mi sono accorto della difficoltà di trovare le larve, ho sospettato che possano trovarsi anche nei mesi invernali, molto più che d'inverno accade di tanto in tanto di trovare degli Anofeli colle uova mature.

Le generazioni degli *Anopheles* si succedono *irregolarmente*, sicchè dalla fine di marzo in poi ho sempre trovato larve di differentissime dimensioni. Il loro numero andò sempre crescendo.

Matematica. — *Un teorema sulle varietà algebriche a tre dimensioni con infinite trasformazioni proiettive in sè*. Nota del prof. Gino Fano, presentata dal Socio Cremona.

È noto che ogni curva algebrica, la quale ammetta un gruppo continuo ∞^1 di trasformazioni proiettive in sè, è razionale. E così pure è razionale ogni superficie algebrica, la quale ammetta un gruppo continuo *transitivo* (e perciò almeno ∞^2) di trasformazioni proiettive [1].

In questa Nota io mi propongo di dimostrare che anche per le varietà algebriche a tre dimensioni sussiste la proposizione analoga alle precedenti; vale a dire che *È razionale ogni varietà algebrica a tre dimensioni, la quale ammetta un gruppo continuo transitivo* (e quindi almeno ∞^3) *di trasformazioni proiettive* [2].

Ci varremo a tal uopo della proposizione seguente: *È razionale ogni varietà algebrica a tre dimensioni la quale contenga una congruenza razionale e del 1° ordine di curve razionali, dotata di superficie unisecante* (questa superficie potendo anche ridursi a una linea, ovvero a un solo punto). Una tal varietà può infatti rappresentarsi birazionalmente sullo spazio S_3, riferendo la congruenza considerata a una stella di rette di questo spazio, e rappresentando ogni curva di quella congruenza sul raggio corrispondente di questa stella, in modo che alla superficie unisecante della congruenza corrisponda il centro della stella [3].

Sia dunque V una varietà algebrica a tre dimensioni, G un gruppo proiettivo dello spazio a cui questa varietà appartiene; e supponiamo che il gruppo G trasformi in sè questa varietà, e sia transitivo rispetto ad essa.

---

[1] Enriques, *Le superficie con infinite trasformazioni proiettive in sè stesse* (Atti del R. Ist. Veneto, ser. 7ª, t. IV e V, 1893); Fano, *Sulle superficie algebriche con infinite trasformazioni proiettive in sè stesse* (Rend. della R. Acc. dei Lincei, 1° sem., 1895).

[2] La determinazione, già effettuata, di tutti i *tipi* di gruppi cremoniani continui dello spazio S_3 (Enriques-Fano, *I gruppi continui di trasformazioni cremoniane dello spazio*. Annali di Matem., ser. 2ª, t. XXVI; Fano, *I gruppi di Jonquières generalizzati*. Mem. della R. Acc. di Torino, ser. 2ª, t. XLVIII. 1897-98) permetterà perciò di assegnare anche per le varietà algebriche a tre dimensioni con un gruppo continuo transitivo di trasformazioni proiettive in sè, un numero finito (e precisamente $= 16$) di tipi determinati, tali che quelle varietà possano tutte riferirsi birazionalmente a una di queste ultime, in modo che si conservi il carattere proiettivo delle loro trasformazioni.

[3] Enriques, *Sulle irrazionalità da cui può farsi dipendere la risoluzione d'un'equazione algebrica* f(x y z) $= 0$ *con funzioni razionali di due parametri* (Math. Ann., t. XLIX, pag. 20).

Sia anzitutto G un gruppo *integrabile* ([1]). Esso contiene allora almeno un sottogruppo invariante ∞^1, il quale in questo caso può supporsi (al pari di G) algebrico ([2]), e avrà perciò traiettorie algebriche e anzi razionali γ. Queste traiettorie formeranno sopra V una congruenza (algebrica) del 1° ordine, invariante rispetto a G, e dotata altresì di superficie unisecante; perchè i punti uniti che il gruppo ∞^1 considerato ha sopra una qualunque delle γ devono descrivere al variare di questa curva, se distinti, due luoghi (superficie, curve,..) anche distinti, ciascuno unisecante le γ medesime ([3]). E se quei due punti uniti coincidessero sopra ogni γ, si avrebbe un luogo unico, anche unisecante le γ. Rimane perciò soltanto a vedere se la congruenza delle γ sia razionale.

Ora, dall'esistenza di questa varietà unisecante le γ, si deduce immediatamente che sopra V esistono anche infinite superficie e sistemi lineari di superficie unisecanti le stesse γ. Costruendo pertanto un sistema lineare di tali superficie, il quale sia altresì semplice ([4]) e invariante rispetto a G (e ve ne saranno certo infiniti), noi potremo rappresentare birazionalmente V sopra un'altra varietà V′, sulla quale *alle γ corrisponderanno rette c, e al gruppo G corrisponderà un gruppo anche proiettivo*. Questo nuovo gruppo opererà dunque *proiettivamente* e *transitivamente* sulla conguenza delle c; e quest'ultima potrà perciò concepirsi come una superficie algebrica con un gruppo proiettivo transitivo di trasformazioni proiettive in sè. Essa sarà dunque razionale, e razionale sarà pure la congruenza delle γ su V ([5]).

Supponiamo ora che il gruppo G sia *non integrabile*. Esso contiene allora almeno un sottogruppo ∞^3 semplice ([6]); ed è noto che entro un tal gruppo ogni sottogruppo ∞^1 è algebrico ([7]). Il gruppo G conterrà perciò ancora dei sottogruppi ∞^1 algebrici; e le traiettorie di questi gruppi saranno ancora curve razionali, formanti congruenze del 1° ordine dotate di superficie unisecanti. Queste congruenze potrebbero tutte coincidere; e per quest'unica congruenza, che sarebbe invariante rispetto a G, si potrebbe allora ripetere il

([1]) Lie, *Theorie der Transformationsgruppen*, vol. I, p. 265; vol. III, p. 679-81.

([2]) Enriques-Fano, Mem. cit., § 9.

([3]) Enriques-Fano, Mem. cit., § 7.

([4]) Tale cioè che le superficie di esso passanti per un punto generico di V non passino di conseguenza per altri punti variabili col primo.

([5]) Questo ragionamento può estendersi, per induzione completa, al caso di una varietà algebrica a un numero qualunque di dimensioni, la quale ammetta un gruppo continuo, transitivo, integrabile di trasformazioni proiettive in sè.

([6]) Lie, op. cit., vol, III, p. 757. Cfr. anche Engel, *Kleinere Beiträge zur Gruppen-theorie*, II (Leipz. Ber., 1887).

([7]) Ciò risulta immediatamente dalle equazioni generali di un gruppo proiettivo semplice ∞^3, che si trovano nel § 3 della mia Memoria: *Sulle varietà algebriche con un gruppo continuo non integrabile di trasformazioni proiettive in sè* (Mem. della R. Acc. di Torino, ser. 2ª, t. XLVI, 1895-96).

ragionamento di poc'anzi. In caso contrario, si considerino due diverse Γ e Γ' fra queste congruenze, e si indichino con γ e γ' due loro curve generiche. Le γ che si appoggiano a una stessa γ' (o viceversa) formeranno una serie ∞^1 *razionale;* esse incontrano infatti questa γ' (o γ) secondo gruppi di punti tali, che un punto di quest'ultima curva individua completamente la γ (o γ') che lo contiene, e quindi anche il gruppo della serie considerata su γ' (o γ) cui esso appartiene; sicchè questa serie di gruppi di punti (che è evidentemente algebrica) sarà un'involuzione, e perciò razionale.

Noi possiamo così costruire infinite superficie F, ciascuna delle quali conterrà una serie razionale ∞^1 di curve γ (tutte quelle che si appoggiano a una data γ'); e di queste F ne avremo una doppia infinità, ovvero soltanto una semplice infinità, secondo che le γ appoggiantisi a una γ' generica non incontrano oppure incontrano in conseguenza anche infinite altre di queste curve.

Nel primo caso per ogni γ passeranno ∞^1 superficie F; e queste formeranno anche una serie razionale σ, perchè conterranno rispettivamente le singole γ' appoggiantisi a quella γ, ovvero i gruppi di un'involuzione in questa serie di γ' (che è razionale). Considerando pertanto la congruenza Γ come una superficie, e le serie ∞^1 di γ contenute rispettivamente nelle F di una serie σ come curve di questa superficie, la Γ ci apparirà come *una superficie contenente una serie razionale ∞^1 di curve razionali.* E una tale superficie è sempre razionale [1].

Per giungere alla stessa conclusione nel secondo caso, quando cioè vi è soltanto una semplice infinità di superficie F, basterà dimostrare che è razionale questa serie ∞^1. Ora, anzitutto le ∞^1 superficie F formano un fascio, ossia per un punto generico di V ne passa una sola: quest'una deve infatti contenere la (unica) γ passante per questo punto, e quindi tutte le γ' che si appoggiano a questa γ; è dunque completamente individuata. Di più, se esiste su V una congruenza Γ'' analoga a Γ e Γ', le cui linee γ'' non stiano sulle F, il fascio delle F dovrà segare ciascuna di queste γ'' (che sono curve razionali) in gruppi di un'involuzione, e sarà perciò anche razionale. Se invece lo stesso fascio appartiene a tutte le altre congruenze analoghe a Γ e Γ', esso (come unico del suo tipo) sarà necessariamente invariante rispetto al gruppo proiettivo G; e questo gruppo, transitivo rispetto alla varietà V, dovrà operare su di esso in modo almeno ∞^1: di qui segue appunto la razionalità del detto fascio.

Osserviamo a tal uopo che una serie continua qualsiasi σ di varietà algebriche F di uno spazio S_r può sempre considerarsi come una varietà μ di uno spazio opportuno, tale che alle eventuali collineazioni di S_r le quali mutino la serie σ in sè stessa corrispondano sopra μ trasformazioni anche pro-

---

[1] Castelnuovo, *Sulle superficie algebriche che contengono una rete di curve iperellittiche* (Rend. della R. Acc. dei Lincei, 1° sem. 1894).

iettive. Ciascuna delle F può infatti considerarsi come intersezione completa di un certo numero di varietà algebriche M_{r-1} di S_r; quindi anche come intersezione di un certo numero (eventualmente anche superiore) di M_{r-1} *di uno stesso ordine n* (abbastanza grande), e perciò ancora come varietà base del sistema lineare di $M_{r-1}{}^n$, così individuato. Alle F noi sostituiamo così dei *sistemi lineari di varietà* $M_{r-1}{}^n$, i quali possono concepirsi come spazi minori S_k (per un certo valore di k) entro lo spazio di dimensione

$$R = \binom{n+r}{r} - 1$$

formato da tutte le M^n_{r-1} di S_r, e quindi anche come *punti* dello spazio di dimensione $\binom{R+1}{k+1} - 1$ a cui appartiene l'insieme di tutti quegli S_k. E in queste rappresentazioni verrà sempre conservato il carattere proiettivo delle collineazioni considerate in S_r (¹).

Il fascio di superficie F dianzi considerato si può dunque concepire come una curva algebrica con (almeno) ∞^1 trasformazioni proiettive in sè; esso è quindi razionale, come appunto si voleva dimostrare.

Cristallografia. — *Sopra alcuni minerali italiani.* Nota di C. VIOLA, presentata dal Socio BLASERNA.

IV. *Ortoclasia del granito di Calabria.*

Già fin dalla mia prima gita in Calabria, nel 1890, raccolsi nel granito presso Paola dei cristalli trasparenti di ortoclasia, che ora si presentano molto utili per una determinazione delle costanti ottiche col riflettometro totale di Abbe. Potei ottenere delle sezioni bene levigate secondo le due sfaldature (010) e (001).

Anche per questo lavoro trovai aiuto nel Sig. Giuseppe Scalfaro, al quale faccio i miei più sinceri ringraziamenti.

Con la prima sezione ebbi le seguenti differenze rispetto al limite della riflessione totale per l'indice ω del quarzo:

(¹) Quest'osservazione permetterebbe anche di abbreviare leggermente l'ultima parte del ragionamento relativo al caso di un gruppo G integrabile.

Cerchio orizzontale	Limite esterno		Limite interno	
	Vite micrometrica	Nicol	Vite micrometrica	Nicol
0° — 180°	1. 03. 10″	163	1. 10. 35″	73
20 — 200	1 02 33	168	1 07 55	78
27 — 207	—	—	β 1 07 30	78
40 — 220	1 02 15	168	1 08 20	78
60 — 240	1 02 25	172	1 11 53	82
80 — 260	1 02 35	172	1 15 45	82
100 — 280	1 02 30	182	1 19 15	92
117 — 297	—	—	α 1 19 45	95
120 — 300	1 02 55	187	1 19 37	97
140 — 320	1 02 50	197	1 18 23	107
160 — 340	1 03 20	182	1 15 43	92

Media $= \gamma$ 1 02 44

Il fatto caratteristico che la curva limite esterna rimane quasi circolare, dimostra che la faccia (010) è un piano di simmetria e precisamente quello perpendicolare alla direzione positiva c. Ciò viene confermato anche dalla distanza angolare, che è di 90° fra il massimo corrispondente a β, e il minimo corrspondente ad α.

Per il calcolo degli indici principali di rifrazione avremo da togliere dall'angolo ω del quarzo che è 54°.46′.25″, le differenze date dalla tabella; dunque si ha:

$$\left. \begin{array}{l} 54°.46′.25″ \\ 1\ 19\ 45 \end{array} \right\} = 53°.26′.40″ = \varphi_\alpha$$

$$\left. \begin{array}{l} 54\ 46\ 25 \\ 1\ 07\ 30 \end{array} \right\} = 53\ 38\ 55 = \varphi_\beta$$

$$\left. \begin{array}{l} 54\ 46 \cdot 25 \\ 1\ 05\ 43 \end{array} \right\} = 53\ 43\ 42 = \varphi_\gamma$$

Ed essendo

$$l \operatorname{sen} \varphi_\alpha = 9,9048668 ,$$
$$l \operatorname{sen} \varphi_\beta = 9,9060099 ,$$
$$l \operatorname{sen} \varphi_\gamma = 9,9064541 ,$$

si ha

$$\alpha_D = 1,51852$$
$$\beta_D = 1,52252$$
$$\gamma_D = 1,52408 .$$

Con la sezione (001) ebbi le seguenti differenze pure rispetto all'angolo limite per ω del quarzo:

Cerchio orizzontale	Limite esterno		Limite interno	
	Vite micrometrica	Nicol	Vite micrometrica	Nicol
0° — 180°	1.06.'10''	98°	1.17.'55''	188°
20 — 200	1 06 10	88	1 14 32	178
40 — 220	1 06 32	90	1 10 10	180
60 — 240	1 05 57	170	1 06 50	80
80 — 260	γ 1 03 00	180	β 1 07 00	90
100 — 280	1 06 05	200	1 06 45	110
120 — 300	1 06 40	100	1 10 15	190
140 — 320	β' 1 07 00	95	1 15 10	185
160 — 340	1 06 20	97	1 18 58	187
170 — 350	—	98	α 1 19 40	188

Essendo la sfaldatura (010), come abbiamo veduto poc'anzi, perpendicolare alla direzione positiva c, sarà necessariamente la sfaldatura (001) parallelo a questa direzione. Ciò risulta anche dallo specchietto qui sopra, poichè il raggio γ e il raggio β coincidono, e il raggio α sta ad essi perpendicolare.

Per ottenere gli angoli limiti avremo da togliere le differenze principali desunte dalla ultima tabella, dall'angolo 54°.46'.25'' relativo a ω del quarzo; quindi si ha:

$$\varphi_\alpha = 53°. \ 26'.45''$$
$$\varphi_\beta = 53 \quad 39 \quad 25$$
$$\varphi_\gamma = 53 \quad 43 \quad 25$$

$$\alpha_D = 1,51855$$
$$\beta_D = 1,52268$$
$$\gamma_D = 1,52399$$

Facendo le medie di queste e delle precedenti osservazioni, avremo finalmente per l'ortoclasia del granito di Calabria le seguenti costanti ottiche:

$\alpha_D = 1,518154$ ($\alpha_D = 1,5192$ Adular del San Gottardo secondo F. Kohlrausch [1])

$\beta_D = 1,52260$ ($\beta_D = 1,5230$ id.   id.   )

$\gamma_D = 1,52404$ ($\gamma_D = 1,5246$ id.   id.   ).

[1] F. Kohlrausch, Phys. med. Ges. Würzb. 1877, 12.

Per il calcolo dell' angolo degli assi ottici 2 V faremo uso della formola :

$$\text{cotg } V = \sqrt{\dfrac{\dfrac{1}{\alpha^2} - \dfrac{1}{\beta^2}}{\dfrac{1}{\beta^1} - \dfrac{1}{\gamma^2}}} \quad (^1) \quad (V \text{ attorno la bisettrice negativa})$$

analoga a quella di Michel Lévy la quale ci dà :

$$2V = -61°.26' \quad (2V = -66°.5' \text{ secondo Kohlrausch } (^2))$$

Il piano degli assi attici fa con (001)

$$+4° \tfrac{1}{4}$$

V. *Salgemma delle miniere di Lungro in Calabria.*

Non ci sono ancora note le proprietà tisiche del salgemma di Lungro, benchè quelle miniere offrano dei cristalli limpidissimi di salgemma colorati e scolorati, bene sviluppati, per lo più cubici, con sfaldatura perfetta secondo C_{34}^c(100). Nemmeno il giacimento del salgemma è perfettamente noto, poichè coloro che fecero degli studî a Lungro supposero che esso sia del Miocene e dell'Eocene (³) ; ma credo non vi sia escluso il Trias.

Avendo io potuto disporre di qualche cristallino trasparente cubico, e avendo potuto ottenere una sezione bene levigata, intrapresi alcune esperienze sulle figure di corrosione e sulle costanti ottiche del salgemma. Mente riferisco ora su queste ultime, mi riservo di pubblicare le prime in un'altra Nota.

Con l'apparecchio di Abbe ebbi la seguente media di 4 letture:

$$120°.02'.20'',$$

(¹) Questa formola è facilmente trasformabile nella seguente :

$$\text{cotg } V = \sqrt{\frac{\text{sen}(\varphi_\alpha + \varphi_\beta) \cdot \text{sen}(\varphi_\beta - \varphi_\alpha)}{\text{sen}(\varphi_\gamma + \varphi_\beta) \cdot \text{sen}(\varphi_\gamma - \varphi_\beta)}},$$

ove entrano solo gli angoli limiti, ed è escluso l'indice di rifrazione del vetro. Questa espressione può avere una certa preferenza sopra altre pure logaritmiche, poichè per calcolarla numericamente si trae profitto direttamente dagli angoli della riflessione totale, senza calcolare dapprima gli indici. Essa è anche riducibile nella più semplice, ma approssimata :

$$\text{cotg } V = \sqrt{\frac{\text{sen}(\varphi_\beta - \varphi_\alpha)}{\text{sen}(\varphi_\gamma - \varphi_\beta)}}$$

(²) Op. cit.

(³) Vedi: O. Foderà e P. Toso, *Miniere di Lungro* (Rivista del servizio minerario del 1886, Annali di agricoltura, 1888); E. Cortese, *Descrizione geologica della Calabria.* Roma 1895, pag. 291, 146.

e contemporaneamente per l'indice ω del quarzo:

$$120°.01'05''.$$

Abbiamo dunque una differenza di $0°.01'.15''$, che dobbiamo togliere dall'angolo calcolato corrispondente a ω del quarzo:

$$\left.\begin{array}{r} 54°.46'.25'' \\ 0\ \ 01\ \ 15 \end{array}\right\}\ 54°.45'.10'' = \varphi_n\,.$$

Quindi l'indice di rifrazione del Salgemma di Lungro è

$$n_D = 1{,}54384\,.$$

A. Mülheims [1] ottenne col metodo della riflessione totale pel salgemma di Friedrichshall

$$n_D = 1{,}54381$$

e J. Stefan [2]

$$n_D = 154400$$

VI. *Sanidina dei Cimini* (prov. di Roma).

Si presenta in piccoli cristalli trasparenti aggregati fra loro e con la mica nera, cementati, nei blocchi erratici del tufo di Viterbo. Ma i cristalli di sanidina non sono isolabili da questi blocchi, cosicchè mi limitai a determinarne gli indici di rifrazione per la luce. A quest'uopo levigai una sezione parallela a (001).

Feci le seguenti letture:

$$\begin{array}{ll}
121°.17'.00'' & \text{per l'indice } \alpha_D \\
121\ \ 01\ \ 20 & \text{»} \quad \beta_D \\
120\ \ 59\ \ 20 & \text{»} \quad \gamma_D \\
120\ \ 01\ \ 05 & \text{»} \quad \omega_D \text{ del quarzo.}
\end{array}$$

Avremo dunque le seguenti differenze:

$$\begin{array}{ll}
1°.15'.55'' & \text{per } \alpha_D \\
1\ \ 00\ \ 15 & \text{»} \quad \beta_D \\
0\ \ 58\ \ 15 & \text{»} \quad \gamma_D
\end{array}$$

e perciò gli angoli limiti sono:

$$\begin{aligned}
\varphi_\alpha &= 53°.30'.30''\,, \\
\varphi_\beta &= 53\ \ 46\ \ 10\,, \\
\varphi_\gamma &= 53\ \ 48\ \ 10\,,
\end{aligned}$$

---

[1] A. Mülheims, Groth. Zeitschr. f. Krystall. 1888, 14, pag. 202.

[2] J. Stefan, Wien. Ak. der Wiss. Bericht., 63(2), 1871, pag. 139.

e infine

$\alpha_D = 1,51977$ (1,520278 della Sanidina dell'Eifel secondo Offret [1])
$\beta_D = 1,52488$ (1,524853   id.   id.   )
$\gamma_D = 1,52553$ (1,524972   id.   id.   ).

Chimica. — *Soluzioni solide e miscele isomorfe fra composti a catena aperta, saturi e non saturi.* Nota II, di G. BRUNI e F. GORNI [2], presentata dal Socio CIAMICIAN.

Nella nota precedente [3] noi abbiamo esposto i risultati delle nostre ricerche intorno alle relazioni che sussistono tra la configurazione dei composti che differiscono fra di loro per la presenza o meno di un doppio legame in una catena aperta, quali esse possono dedursi dalla loro attitudine a formare soluzioni solide e miscele isomorfe. Abbiamo così stabilito che, dei due composti non saturi isomeri nello spazio, è quello che ha la configurazione fumaroide che forma soluzione solida ed ha quindi somiglianza di configurazione col rispettivo composto saturo. Nella prima parte di questo lavoro esponiamo il seguito delle ricerche eseguite su tale argomento.

I.

Fra i composti di cui interessava conoscere le relazioni erano l'acido stearico ed i corrispondenti acidi della serie non satura. Come venne già detto nella nota precedente, Garelli e Montanari avevano trovato che soluzioni di acido oleico in stearico si comportano nel congelamento in modo affatto normale. In seguito ai fatti da noi scoperti si rendeva ora necessario l'esaminare le soluzioni dell'isomero nello spazio.

Come è noto, dei tre acidi esistenti della formola $C_{18} H_{34} O_2$ si ammette generalmente che l'acido oleico e l'elaidinico siano stereoisomeri, e l'acido isooleico sia isomero di struttura coi primi due [4]. Su questo però, e tanto meno poi sulla configurazione nello spazio da attribuirsi a questi acidi non si hanno ancora nozioni sufficientemente esatte. Anche i recenti studî di A. Albitzkj [5] non hanno ancora condotto ad un risultato definitivo.

Lo studio crioscopico delle soluzioni di acido elaidinico in stearico diede i seguenti risultati:

---

[1] Bull. Soc. min. franç. Paris 1890, 13, 635.
[2] Lavoro eseguito nel laboratorio di Chimica generale della R. Università di Bologna.
[3] Rendiconti di questa Accademia 1899, 1° sem., pag. 454.
[4] Richter (Anschütz) Organische Chemie, VIII aufl., pag. 304.
[5] Journ. russ. phys.-chem. Gesellsch. XXXI. 76.

Concentrazione.	Abbassamento termometrico.	Peso molecolare (K = 44) $C_{18} H_{34} O_2 = 282.$
0,8611	0°,125	303
2,0184	0,29	306
2,0864	0,305	301
3,5608	0,505	310
3,6565	0,51	315

Come si vede il comportamento di tali soluzioni è decisamente anormale. L'anomalia non è molto forte; però essa è sufficientemente spiccata, e riuscirebbe invero assai difficile lo spiegarla altrimenti che colla formazione di soluzione solida. Però una causa doveva qui rendere meno visibile l'anomalia, il fatto cioè che l'acido elaidinico fonde più basso dello stearico.

Pensammo quindi di eseguire determinazioni impiegando come solvente l'acido elaidinico. Non essendo esso stato prima impiegato dovemmo determinare almeno approssimativamente la depressione molecolare. Come sostanze presumibilmente normali vi sciogliemmo il dibenzile e l'acido salicilico, ed avemmo come media delle misure così eseguite il valore K = 39. Le soluzioni di acido stearico ci diedero ora i seguenti risultati:

Concentrazione.	Abbassamento termometrico.	Depressione molecolare.	Peso molesolare (K = 39) $C_{18} H_{36} O_2 = 284.$
0,6875	0°,075	31,0	358
0,8539	0,09	30,0	370
1,7015	0,185	30,9	358
3,2141	0,36	31,8	348

L'anomalia è, come noi avevamo previsto, spiccatissima e non può evidentemente attribuirsi ad altro che a formazione di soluzione solida.

Dalle nostre esperienze risulta dunque che all'acido elaidinico deve attribuirsi una configurazione fumaroide, mentre dalle precedenti osservazioni di Garelli e Montanari (l. c.) deve dedursi che all'acido oleico è da ascriversi una configurazione maleinoide. Queste conclusioni stanno bene in accordo colle proprietà fisiche e chimiche di questi corpi. L'acido elaidinico fonde infatti a temperatura notevolmente più elevata dell'isomero; esso è altresì più stabile dell'oleico dal quale si ottiene per azione di vari reagenti. È evidente però che non può dalle nostre esperienze trarsi alcuna conclusione definitiva sulla questione se l'acido oleico e l'elaidinico siano realmente fra di loro isomeri nello spazio, ovvero siano isomeri di struttura; però la prima ipotesi è resa probabile dal fatto che ai due acidi risulta spettare due configurazioni opposte.

Sarebbe stato interessante di esaminare anche altri gruppi di composti delle stesse serie come i seguenti: acidi valerianico, angelico e tiglico; acidi arachico, erucico e brassidinico. Però la troppo bassa temperatura di congelamento dell'acido valerianico che impedisce di usarlo come solvente, la poca accessibilità ed il prezzo elevatissimo degli altri, non ci permise di compiere ricerche sistematiche intorno ad essi. Questo campo di esperienze deve però ritenersi dalle esperienze fin qui esposte, come sufficientemente chiarito.

II.

In questa seconda parte verranno studiate le relazioni di configurazione e di forma cristallina che possono esistere fra sostanze le quali differiscono fra loro per la sostituzione in una catena aperta dei gruppi — NH — ed — N = ai gruppi — CH_2 — e — CH =.

Fra composti a catena chiusa relazioni di tal genere erano note da vario tempo. È noto infatti che se in un composto aromatico si sostituiscono ad uno od a due gruppi metinici rispettivamente i gruppi— N = oppure — HN —, si ottengono composti che conservano col primo spiccate analogie di configurazione, talchè sciolti in esso dànno nel congelare soluzioni solide. Come esempio di ciò possono citarsi le relazioni ben note esistenti fra le seguenti serie di composti: benzolo, piridina e pirrolo; naftlalina, chinolina ed indolo; fenantrene, acridina e carbazolo; nonchè fra numerosi loro derivati.

Inoltre è noto che composti i quali differiscono fra loro per contenere nella catena chiusa l'uno un gruppo — CH_2 — e l'altro un gruppo — NH — hanno lo stesso comportamento crioscopico anormale rispetto all'idrocarburo fondamentale. Esempî: ciclopentadiene e pirrolo in benzolo; indene ed indolo in naftalina; fluorene e carbazolo in fenantrene.

Tutto ciò risulta da numerose osservazioni eseguite da una serie di ricercatori [1] specialmente in questo laboratorio.

Non erano però fino a poco tempo fa state eseguite ricerche intorno alle relazioni esistenti fra composti che presentano le differenze sopraindicate in una catena aperta. Solo recentemente W. Muthmann [2] fece l'importante osservazione che i sali potassico ed ammonico dell'acido metandisolfonico da lui ottenuti e misurati cristallograficamente da H. Zirngiebl, sono perfettamente isomorfi coi sali corrispondenti dell'acido imidodisolfonico misurati da Münzing [3]. La sostituzione di un gruppo — NH — ad un gruppo — CH_2 —

---

[1] Paternò, Gazz. chim. ital. 1889. 640. — Magnanini, Ibid., 1889. 141. — Ferratini e Garelli, Ibid. 1892. II. 245; 1893. I. 442. — Garelli, Ibid. 1894 II, 263; 1896 II, 380. — Garelli e Montanari, Ibid. 1894. II. 229. — Bruni, Ibid. 1898. I. 259.

[2] Berichte, XXXI. 1884.

[3] Zeitschr. f. Kryst. XIV. 62.

lascia quindi in questo caso sussistere una così perfetta analogia di configurazione, che i composti delle formole:

$$CH_2 \diagdown \begin{matrix} SO_3\,X \\ SO_3\,X \end{matrix} \qquad\qquad NH \diagdown \begin{matrix} SO_3\,X \\ SO_3\,X \end{matrix}$$

sono perfettamente isomorfi.

Questa osservazione attrasse la nostra attenzione e ci spinse a ricercare se tali analogie fossero di indole generale, e se esse si trovassero altresì nel comportamento crioscopico. Come esempio di due corpi che stessero fra loro nello stesso rapporto dei sali studiati da Muthmann, scegliemmo il difenilmetano e la difenilammina:

$$CH_2 \diagdown \begin{matrix} C_6H_5 \\ C_6H_5 \end{matrix} \qquad\qquad NH \diagdown \begin{matrix} C_6H_5 \\ C_6H_5 \end{matrix}$$

Il difenilmetano venne impiegato come solvente usando la costante $K = 66$ che risulta dalle misure di Eykman [1]. L'eventuale comportamento anormale avrebbe dovuto in questo caso rivelarsi in modo assai spiccato poichè la difenilammina fonde a temperatura più elevata del difenilmetano. Invece il comportamente crioscopico delle sue soluzioni si rivelò perfettamente normale:

Concentrazioni.	Abbassamento. termometrico.	Peso molecolare ($K = 66$) $C_{12}\,H_{11}\,N = 169$).
0,4788	0°,19	166
1,3397	0,52	170
2.9238	1,14	169
4,4231	1,70	172

Fra questi due composti la sostituzione di un gruppo — NH — ad un — CH$_2$ — distrugge quindi ogni analogia di configurazione. Sulle cause di questo comportamento opposto a quello osservato da Mutmann, sarebbe ora prematuro il trarre conclusioni occorrendo perciò nuove ricerche. Nessuna conclusione può trarsi da dati cristallografici, esistendo solo poche ed incomplete misure circa la difenilammina.

Dopo il risultato negativo di queste esperienze, ci rivolgemmo allo studio delle relazioni esistenti fra le sostanze costituenti il seguente gruppo:

N — C$_6$H$_5$ ‖ N — C$_6$H$_5$ azobenzolo	N — C$_6$H$_5$ ‖ CH — C$_6$H$_5$ benzilidenanilina	CH — C$_6$H$_5$ ‖ CH — C$_6$H$_5$ stilbene
NH — C$_6$H$_5$ │ NH — C$_6$H$_5$ idrazobenzolo	NH — C$_6$H$_5$ │ CH$_2$ — C$_6$H$_5$ benzilanilina	CH$_2$ — C$_6$H$_5$ │ CH$_2$ — C$_6$H$_5$ dibenzile

[1] Zeitschr. f. physik. Ch. IV. 497.

Lo studio venne eseguito seguendo i due metodi cristallografico e crioscopico, usando come solvente l' azobenzolo ([1]). Questa sostanza era stata studiata come solvente da Eykman ([2]), il quale aveva trovata la costante K=83,5. Siccome però tale studio era assai incompleto, noi lo abbiamo completato sciogliendo nell' azobenzolo come sostanze presumibilmente normali, le seguenti: naftalina, difenile, p. bibromobenzolo ed etere dimetilico dell' idrochinone. Come media di queste misure e di quelle di Eykman, adottammo il valore K=82,5.

Anzitutto sperimentammo sciogliendo in azobenzolo la benzilidenanilina e lo stilbene. L' analogia di questi composti appare infatti come la più stretta, contenendo essi rispettivamente gli aggruppamenti:

$$\overset{|}{N}=\overset{|}{N}, \qquad \overset{|}{N}=\overset{|}{CH}, \qquad \overset{|}{CH}=\overset{|}{CH}$$

nei quali tutti è contenuto un doppio legame in una catena aperta. Il comportamento crioscopico delle soluzioni di benzilidenanilina si mostrò infatti fortemente anormale, come risulta dai seguenti risultati:

Concentrazione	Abbass. termometrico	Peso molec. (K = 82,5)
0,3685	0,095	320
0,5694	0,15	313
1,1344	0,295	317
1,3442	0,35	317
2,5344	0,65	322
3,6889	0,93	327
		$C_{13}H_{11}N = 181$

Più rimarchevole ancora si rivelò il comportamento dello stilbene, il quale fino dalle più basse concentrazioni innalza il punto di congelamento del solvente, come risulta dalle seguenti tabelle:

Concentrazione	Innalzam. termometrico
0,3306	0,18
0,6334	0,33
1,2266	0,68
2,1983	1,16
3,3316	1,76

([1]) Contemporaneamente a questa, un' altra serie di ricerche su queste sostanze venne eseguita nel laboratorio chimico dell'Università di Ferrara da F. Garelli e F. Calzolari, i quali però usarono come solventi il dibenzile e la benzilanilina. In seguito noi ci riferiremo talvolta ai risultati di queste ricerche, che ci furono privatamente e gentilmente comunicati, e che del resto verranno alla luce contemporaneamente a questo lavoro.

([2]) Zeitschr. f. physik., Ch. IV, 497

Il comportamento delle miscele di azobenzolo e stilbene è quindi quello proprio delle miscele isomorfe. Era perciò interessante l' esaminare le relazioni esistenti fra la forma cristallina di questi composti. Per l' azobenzolo e lo stilbene esistevano misure di Calderon ([1]) e di vom Rath ([2]), però alquanto incomplete; per la benzilidenanilina invece non esistevano dati. Lo studio cristallografico di queste sostanze fu da noi affidato al dott. G. Boeris del Museo Civico di Milano, il quale ci comunicò gentilmente i risultati che ora esponiamo.

Anzitutto la benzilidenanilina si rivelò affatto inadatta alle misure cristallografiche, non riuscendo ad ottenersi da essa cristalli sufficientemente

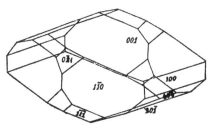

Azobenzolo.

ben formati. Per l'azobenzolo e lo stilbene invece si giunse ad un risultato interessantissimo e completamente concorde con quello delle nostre esperienze crioscopiche.. L'azobenzolo e lo stilbene sono cristallograficamente isomorfi.

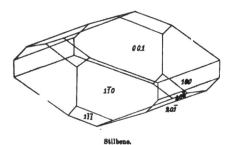

Stilbene.

Non si tratta di quelle limitate relazioni che i cristallografi chiamano morfotropiche, ma bensì di un isomorfismo perfetto che si manifesta anche nell'abito esterno dei cristalli, come risulta già a prima vista dai disegni che qui sotto riproduciamo, ed in modo più completo, dai dati numerici che seguono.

([1]) Zeitschr. f. Krist. IV, 232.
([2]) Berichte V, 624.

	Azobensolo						*Stilbene*			

Sistema cristallino: monoclino
a:b:c = 2,10756:1:1,83123   β = 65°,34'
Forme osservate: |100| |001| |110| |021| (¹) |Ī11| |2̄01| |4̄03|

Sistema cristallino: monoclino
a:b:c = 2,17015:1:1,40033   β = 65°,54'
Forme osservate: |100| |001| |110| |4̄03| |2̄01| |Ī11| (¹)

Angoli	Limiti	Medie	Calcolato	N	Angoli	Limiti	Medie	Calcolato	N
(110):(Ī10)	55,00-55, 6	55, 3	*	10	(110):(Ī10)	53,28-53,38	53,24	*	9
(100):(001)	65,21-65,41	65,35	65,34	4	(100):(001)	65,43-66,30	65,55	65,54	12
(001):(4̄03)	49,28-49,49	49,36	49,38	4	(001):(4̄03)	50,12-50,31	50,21	50,26	6
(4̄03):(2̄01)	17,43-17,57	17,50	17,49	8	(4̄03):(2̄01)	17,25-17,52	17,36	17,41	12
(20Ī):(100)	46,43-46,58	46,48	46,59	6	(20Ī):(100)	45,50-46,16	46, 1	45,59	10
(001):(110)	78,52-79, 5	78,59	*	22	(001):(110)	79,10-79,32	79,24	*	15
(001):(Ī11)	61, 4-61,11	61, 7	61,10	3	(001):(Ī11)		62,24	62,23	1
(Ī11):(Ī10)	39,42-40,10	39,52	39,51	4	(Ī11):(Ī10)		38,17	38,13	1
(2̄01):(Ī11)	57,52-57,58	57,56	57,52	4	(2̄01):(Ī11)		58,55	58,53	1
(Ī11):(110)	50,22-50,35	50,29	50,30	3	(Ī11):(110)		49,23	49,22	1
(110):(20Ī)	71,30-71,37	71,34	71,37	8	(110):(20Ī)	71,40-71,52	71,45	*	12
(11Ī):(100)		81,39	81,49	1	(11Ī):(100)		81,20	81,25	1
(Ī11):(11Ī)		75,24	75,22	1	(Ī11):(11Ī)		73, 2	72,50	1
(11Ī):(4̄03)	53, 8-53,14	53,11	53,14	5	(11Ī):(4̄03)	54,18-54,33	54,24	54,28	6
(4̄03):(110)	78,33-78,45	78,41	78,39	7	(4̄03):(110)	78,27-78,39	78,32	78,28	9
(021):(Ī11)	23,36-24, 4	23-49	23,43	3					
(021):(110)	26,46-26,50	26,48	26,47	3					
(021):(1Ī0)	41,32-41-54	41-40	41,41	4					
(021):(11Ī)		56,50	56,48	1					
(021):(100)	80,46-81,10	80,53	80,56	3					
(021):(001)	67,26-67-46	67,35	*	16					
(021):(02Ī)	44,42-44,59	44,48	44,50	3					
(021):(4̄03)		75,54	75,42	1					

Passando ora a studiare le soluzioni delle sostanze corrispondenti a quelle ora esaminate, ma che non contengono doppi legami nella catena aperta, e che presentano invece gli aggruppamenti:

$$\overset{|}{N}H - \overset{|}{N}H \qquad \overset{|}{C}H_2 - \overset{|}{N}H \qquad \overset{|}{C}H_2 - \overset{|}{C}H_2$$

ottenemmo i risultati seguenti:

(¹) Nuova per la sostanza.

(¹) Nuova per la sostanza.

Idrazobenzolo. C_{12} H_{14} $N_2 = 184$.

Concentrazione	Abbass. termometrico	Peso molecolare (K=82,5)
0,6408	0°,275	192
0,7310	0,31	195
1,4041	0,58	200
1,6837	0,71	196
2,3643	0,96	203

Benzilanilina. C_{13} H_{13} $N = 183$

0,4993	0°,18	229
0,6871	0,255	222
1,5273	0,585	216
1,8563	0,71	216
3,1622	1,26	207
3,2477	1,27	211

Dibenzile. C_{14} $H_{14} = 182$

0,6299	0,225	231
0,8668	0,315	227
1,8077	0,665	224
2,3154	0.85	225
3,4106	1,255	224
3,9388	1,46	223

Il dibenzile è quindi spiccatamente anormale e l'anomalia deve indubbiamente esser attribuita a formazione di soluzione solida. Dalle ricerche di Garelli e Calzolari risulta, come ci fu privatamente comunicato, che anche nel caso inverso l'anomalia è assai spiccata. Il fatto è assai interessante per ciò che (come i suddetti autori ci hanno comunicato) il dibenzile è cristallograficamente completamente isomorfo coll'azobenzolo e lo stilbene. Inoltre lo stilbene innalza il punto di congelamento del dibenzile.

Da questo assieme di fatti possono trarsi le seguenti conclusioni: Lo stilbene essendo isomorfo col dibenzile deve avere (secondo le nostre precedenti ricerche) delle due forme possibili nello spazio, la fumaroide; ciò che è reso assai probabile dalle sue proprietà fisiche e dalla sintesi di essa fatta da Anschütz [1] dall'etere difenilico dell'acido fumarico, e dall'etere fenilico

---

[1] Berichte XVIII, 1948.

dell'acido cinnamico. L'azobenzolo poi, essendo isomorfo coi due precedenti, deve avere una configurazione simile ad essi. Ora è lecito ritenere che siano possibili per l'azobenzolo due forme stereoisomere, come fu verificato per gli antidiazo — e sindiazo — derivati:

$$X_1 - N \qquad N - X_1$$
$$\| \qquad \|$$
$$N - X_2 \qquad N - X_2$$

In tal caso all'azobenzolo noto deve spettare indubbiamente la forma anti:

$$C_6 H_5 - N$$
$$\|$$
$$N - C_6 H_5$$

Degli altri composti studiati anche la benzilanilina ha comportamento anormale. Non è però possibile in tal caso asserire con sicurezza che l'anomalia sia dovuta a formazione di soluzione solida, essendo in essa contenuto il gruppo imminico, che secondo le ricerche di Auwers, dà talora luogo ad anomalie per formazione di molecole complesse. Questo dubbio è avvalorato dal fatto, che Garelli e Calzolari trovarono che l'azobenzolo sciolto in benzilanilina dà valori completamente normali.

Si sarebbe potuto infine prevedere che le relazioni di isomorfismo esistenti fra dibenzile e stilbene, si sarebbero mantenute fra azo- ed idrozo-benzolo. Invece quest'ultimo, sciolto nel primo, ha un comportamento che può dirsi del tutto normale. Ciò sta d'accordo coll'osservazione di Garelli e Calzolari, che l'idrazobenzolo è affatto normale, tanto in soluzione di dibenzile, che di benzilanilina. Queste due ultime osservazioni sono in accordo colle nostre circa il comportamento della difenilammina in difenilmetano, ed assieme a queste in contraddizione con quelle suaccennate di Muthmann.

Sarebbe ora stato interessante compiere una serie di osservazioni usando come solvente la benzilidenanilina, e noi vi ci eravamo accinti. Questa sostanza però si dimostrò (sopratutto per i fenomeni di sopra fusione che presenta) del tutto inadatta a determinazioni crioscopiche, onde non ci fu possibile raggiungere lo scopo.

Concludendo, da queste ricerche può dedursi quanto segue:

1° Gli aggruppamenti $\overset{|}{C}H = \overset{|}{C}H$ (forma fumaroide) e $\overset{|}{C}H_2 - \overset{|}{C}H_2$ sono, secondo le espressioni di Groth, isomorfotropi coll'altro $\overset{|}{N} = \overset{|}{N}$. La loro reciproca sostituzione lascia intatta la configurazione molecolare e la forma cristallina del composto.

2° Anche la sostituzione dell'aggruppamento $\overset{|}{N} = \overset{|}{C}H$ ai precedenti, conserva relazioni morfotropiche ed i composti che per tal guisa si corrispondono, sono capaci di formare soluzioni solide.

3° La sostituzione invece dell'aggruppamento $\overset{|}{N}H—\overset{|}{N}H$, toglie invece ogni somiglianza di configurazione e conseguentemento ogni capacità a formare soluzioni solide.

4° Sull'effetto della sostituzione dell'aggruppamento $\overset{|}{C}H_2—\overset{|}{N}H$, non si possono per le ragioni suesposte trarre conclusioni sicure.

Queste regole, per quanto ben verificate dal complesso delle esperienze ora descritte, debbono naturalmente essere intese con riserva, occorrendo nuove e più vaste ricerche per dimostrare la loro generale applicabilità.

Chimica. — *Sul comportamento crioscopico di sostanze aventi costituzione simile a quella del solvente* ('). Nota IV di F. GARELLI e F. CALZOLARI, presentata dal Socio G. CIAMICIAN.

Le nuove ricerche eseguite da Bruni (²) sulle relazioni esistenti fra la configurazione molecolare dei corpi e la loro attitudine a formare tra di essi soluzioni solide, hanno avuto per risultato di confermare in massima le norme principali dedotte dalle esperienze fin qui eseguite su tale argomento. Bruni anzi ha dimostrato che non è difficile realizzare, anche fra corpi a catena aperta, quelle interessanti anomalie crioscopiche che, nella quasi totalità, eransi rinvenute fra composti a catena chiusa.

Il problema tuttavia presenta ancora molti punti oscuri. Dopo una serie di fatti che obbediscono alle regole indicate da numerose esperienze, non è raro trovare risultati impreveduti, eccezioni che sembrano e sono, per ora, non spiegabili. Queste consigliano certo a procedere con somma circospezione prima di enunciare leggi generali, ma non distruggono l'importanza che deve avere il ripetersi, con una certa regolarità, dei fatti più salienti. È certo che le anomalie crioscopiche osservate non sono casuali, ma dipendono dalla somiglianza di configurazione molecolare, dalla forma cristallina, dal punto di fusione e da altre proprietà fisiche secondo leggi non ancor ben chiare. La scoperta di queste ultime richiede, per necessità, una serie di numerose e ben dirette ricerche sperimentali.

Nella presente Nota si comunicano i risultati delle esperienze fatte sulle coppie di sostanze organiche seguenti:

1) Mentolo e timolo — 2) dibenzile e stilbene — 3) benzilanilina e benzilidenanilina — 4) dibenzile e benzilanilina — 5) dibenzile e benzil-

_____

(¹) Lavoro eseguito nel Laboratorio di chimica generale della L. Università di Ferrara.

(²) Gazz. Chim. ital. 1898, pag. 277 e questi Rendiconti, 7 maggio 1899.

idenanilina — 6) dibenzile e azobenzolo — 7) dibenzile e idrazobenzolo —
8) trifenilmetano e trifenilammina.

Dall'enumerazione appare chiaramente come, con la prima serie di esperienze intendevamo constatare ancor una volta se l' addizione di atomi di
idrogeno, in numero anche rilevante, ad atomi di carbonio costituenti un
ciclo, non produce grande cambiamento nella configurazione molecolare; laddove con la seconda e la terza serie di esperienze volevamo vedere se il
medesimo effetto si aveva addizionando l'idrogeno ad atomi di carbonio e
di azoto facenti parte di catene aperte.

La quarta, la quinta, la sesta e la settima serie di esperienze miravano
a riconoscere come influiva sul fenomeno delle soluzioni solide la sostituzione
al gruppo CH_2, in catena aperta, del gruppo NH e dell'azoto. Infine, con
l'ottava esperienza volevamo vedere qual cambiamento produceva nella configurazione molecolare di un corpo, la sostituzione di un atomo di azoto ad
un metino non facente parte di un nucleo.

I. — Mentolo e timolo.

Era assai probabile che questi due corpi fornissero un' anomalia crioscopica perchè ambedue a struttura ciclica e differenti solo per 6 atomi di
idrogeno. Per renderla più evidente volemmo impiegare il mentolo come solvente ed il timolo come corpo sciolto, avendo quest' ultimo punto di fusione
più elevato. Ma, per la tendenza del mentolo a rimaner sovrafuso, per la
lentezza con la quale esso assume lo stato cristallino ci fu impossibile determinarne con esattezza la costante.

Dal calore latente di fusione (cal. 18, 9, Bruner) [1], si calcolerebbe
K $=105$, laddove le nostre esperienze (che verranno comunicate altrove in
dettaglio), piuttosto discordi fra loro, darebbero in media K $= 120$. Non ci
riescì poi di stabilire, neppure con approssimazione, qual' è l'abbassamento
del punto di congelazione che produce il timolo sciolto nel mentolo. La presenza del primo corpo (che ha esso pure gran tendenza a rimaner sovrafuso),
ritarda tanto la cristallizzazione del mentolo, che le determinazioni delle
temperature di congelamento riescono impossibili.

Migliori risultati invece abbiamo ottenuti sciogliendo il mentolo nel
timolo. Anche questo corpo presenta in parte gli inconvenienti del mentolo,
ma in grado molto minore, tanto che è possibile determinarne la costante,
trovata già da Eykman [2] uguale a 83,5. Eseguimmo tuttavia noi pure alcune determinazioni in timolo sciogliendovi la naftalina, essendo i valori
delle costanti facilmente variabili di qualche unità, a seconda della purezza
maggiore o minore dei prodotti impiegati e del metodo seguito per far le

[1] Berichte, XXVII, pag. 2106.
[2] Zeitschrift für phys. chem., IV, pag. 497.

misure. Poniamo di confronto i risultati avuti con la naftalina e col mentolo:

Solvente : Timolo, p. f. 48°,5

Mentolo, $C_{10} H_{20} O = 156$

concentrazione	abbassamento	abbass. mol.	peso mol. $K = 83$
1,157	0,57	76,8	168
2,411	1,14	78,7	175
4,206	1,97	73,0	177
6,246	2,94	73,4	176

Naftalina, $C_{10} H_8 = 128$

concentrazione	abbassamento	abbass. molecolare	peso mol. $K = 83$
1,083	0,73	86,3	123
2,525	1,61	81,5	130
4,467	2,78	79,6	138

Riesce evidente che il mentolo ha, in timolo, comportamento crioscopico anomalo, e se l'anomalia non è più manifesta, ciò va attribuito anche al modo tutto speciale col quale questi corpi si comportano nel congelamento. L'anomalia va spiegata con la separazione di soluzione solida giacchè, data la natura del solvente che ha sensibile azione dissociante, non si può invocare in tal caso la formazione di molecole complesse. Non esiste studio cristallografico del mentolo, nè si poterono ottenere cristalli misurabili, onde per questo rispetto non lo si può comparare col timolo.

Ci sembra quindi d'esser nel vero asserendo che mentolo e timolo formano soluzione solida: onde anche questi due corpi, assai diversi da quelli sin qui studiati e che pur differiscono per ben 6 atomi di idrogeno, seguono, rispetto al fenomeno della soluzione solida, la regola secondo la quale l'idrogeno addizionato, finchè non distrugge la struttura ciclica, non induce nei corpi rilevanti variazioni di configurazione molecolare.

II. — Determinazioni in dibenzile.

Col dibenzile presenta grande somiglianza lo stilbene. Tuttavia non si poteva dire, a priori, che le due sostanze avrebbero formato soluzione solida perchè i due atomi di idrogeno che sono in più nel dibenzile sono attaccati a due carbonii in catena aperta. I casi fino ad un certo punto analoghi fin qui studiati (diidroisapiolo ed isapiolo), rendevano anzi possibile che il fenomeno più non si avverasse.

Riconoscemmo subito che lo stilbene innalza, anche a concentrazioni molto basse, il punto di congelazione del dibenzile. I due corpi congelando insieme, mostrano quindi il comportamento delle sostanze isomorfe e noi credemmo opportuno di studiare dettagliatamente il congelamento delle miscele di dibenzile e stilbene. Ciò specialmente pel nuovo interesse che hanno acquistato le miscele isomorfe, dopo che Bruni (¹) ebbe dimostrato che le

(¹) Gazz. chim., 1898, p. II, pag. 323.

regole di Küster, contro le quali uno di noi già aveva sollevato obbiezioni ([1]) sono in disaccordo, oltrechè coi risultati dell'esperienza, anche con le moderne teorie fondate sulla termodinamica.

Sostanze impiegate		Molecole in 100		Punto di congelam.		Differenze
Dibenzile gr.	Stilbene gr.	Dibenzile	Stilbene	osservato	calcolato secondo Küster	
10,00	—	100,—	—	51,3	—	—
"	0,0592	99,41	0,59	51,54	51,69	— 0,15
"	0,0838	99,16	0,84	51,64	51,85	— 0,21
»	0,1213	98,79	1,21	51,80	52,10	— 0,20
"	0,2565	97,47	2,53	52,3	52,97	— 0,67
4,725	0,2124	95,66	4,34	52,65	54,16	— 1,51
"	0,3396	93,24	6,76	53,8	55,75	— 1,95
"	0,4841	90,62	9,38	56,9	57,47	— 0,57
"	0,6175	88,33	11,67	59,7	58,98	+ 0,72
"	0,7898	86,33	13,67	62,1	60,80	+ 1,80
"	0,8883	54,03	15,97	64,75	61,81	+ 2,94
»	1,0070	82,28	17,72	66,6	62,96	+ 3,64
"	1,2145	79,39	20,61	69,7	64,86	+ 4,84
"	1,4968	75,75	24,25	73,25	67,26	+ 5,99
»	1,8007	72,18	27,82	76,55	69,61	+ 6,94
"	2,160	68,39	31,61	79,85	72,10	+ 7,75
"	2,5672	64,54	35,46	82,8	74,63	+ 8,17
2,133	;,3947	60,23	39,77	86,3	77,47	+ 8,83
»	1,6860	55,60	44,40	89,2	80,53	+ 8,67
"	2,0328	50,93	49,07	92,3	83,59	+ 8,71
"	2,4124	46,65	53,35	94,9	86,40	+ 8,50
»	2,8494	42,54	57,46	97,2	89,11	+ 8,09
4,333	6,254	40,66	59,34	107,7	90,84	+ 17,36
3,6493	»	36,59	63,41	108,9	93,03	+ 15,87
3,0766	»	32,72	67,27	109,85	94,57	+ 15,28
2,4724	»	28,11	71,89	111,0	98,60	+ 12,40
1,8998	»	23,11	76,89	112,15	101,90	+ 10,25
1,3987	»	18,10	81,90	113,3	105,19	+ 8,11
0,9685	»	13,27	86,73	114,4	108,37	+ 6,08
0,5866	»	08,48	91,52	115,3	111,52	+ 3,78
0,3524	»	5,27	94,73	115,95	113,64	+ 2,31
0,1790	»	2,75	97,25	116,55	115,29	+ 1,26
0,0692	»	1,07	98,93	116,8	116,4	+ 0,40
—	»	—	100,—	117,1	—	—

([1]) Gazz. chim., 1894, II, 263.

In questo come in casi simili nei quali la differenza dei punti di fusione fra le due sostanze è notevole, i punti di congelamento delle varie
mescolanze differiscono molto da quelli calcolati secondo Küster.

Lo stilbene tende a prevalere nei cristalli primi a separarsi, onde la
curva di congelamento si trova per la massima parte al disopra della retta
colla quale dovrebbe coincidere secondo la regola di Küster.

Ma, prima di entrare nella discussione di queste esperienze, comunichiamo nel quadro seguente le determinazioni crioscopiche eseguite sulle
soluzioni in dibenzile, dei corpi azotati che sono con esso in istretta relazione.

Diremo per incidenza che il dibenzile è, per molti rispetti, uno dei
migliori solventi per crioscopia che ci fu dato sperimentare. Ne determinammo la depressione costante sciogliendovi *benzolo, acetofenone, etere malo-
nico, naftalina* e trovammo, come media dei risultati concordantissimi, il
valore 72. Come gli altri idrocarburi fin qui sperimentati, ha debole potere
dissociante e l'acido acetico fornì quindi pesi molecolari quasi doppî dei teorici. Notizie più dettagliate su questo solvente saranno comunicate altrove:
quì riportiamo solo i risultati ottenuti con l'*azobenzolo*, la *benzilanilina*, la
benzilidenanilina e l'*idrazobenzolo*.

Azobenzolo, $C_{12} H_{10} N_2 = 182$.

concentrazione	abbass. termom.	depress. molecol.	peso molec. $K = 72$
0,4906	0,165	61,21	214
1,0930	0,36	59,94	218
1,9350	0,63	59,27	221
2,717	0,87	58,28	225
3,891	1,235	57,76	228
5,456	1,705	56,88	230
6,975	2,165	56,49	232
8,850	2,70	55,52	236
10,845	3,27	54,88	238
14,348	4,20	53,28	245

Benzilidenanilina, $C_{13} H_{11} N = 181$

0,6686	0,215	58,2	224
1,2630	0,415	59,4	219
1,9020	0,63	59,9	217
3,0710	1,035	61,0	213
4,5890	1,52	59,9	217
6,8400	2,235	59,1	220
8,6100	2,780	58,4	223

Benzilanilina, $C_{13}H_{13}N = 183$

0,5385	0,190°	64,5	204
1,056	0,38	65,8	200
2,106	0,765	66,4	198
3,329	1,20	65,9	200
4,729	1,65	63,8	206
6,116	2,09	62,5	210

Idrazobenzolo, $C_{12}H_{12}N_2 = 184$

0,6662	0,27°	74,57	177
1,673	0,65	71,49	185
2,868	1,11	71,21	186
6,209	2,28	67,57	196

Come si vede, di queste quattro sostanze, solamente l'idrazobenzolo si comporta in modo normale: le rimanenti forniscono pesi molecolari superiori ai teorici.

L'anomalia crioscopica dell'azobenzolo va sicuramente ascritta alla formazione di soluzione solida; nessun' altra spiegazione è possibile. Di più vedremo, che esistono strette relazioni cristallografiche fra i due corpi; ed i risultati avuti da Bruni e Gorni studiando le soluzioni di dibenzile in azobenzolo, gentilmente comunicateci, confermano i nostri.

Si dovrebbe conchiudere che i due gruppi — CH_2 — CH_2 — e — $N=N$ — si possono sostituire in catene aperte senza causare grandi alterazioni nella configurazione molecolare; ma un solo esempio non può certo costituire una regola, tanto più che esporremo ora fatti dai quali risulta che la questione è assai complessa.

Anche per le soluzioni di benzilidenanilina in dibenzile non vi ha dubbio che l'anomalia deve ascriversi a soluzione solida: ciò sopratutto per l'andamento che mostrano i numeri ottenuti alle varie concentrazioui. Sarebbe stato utile studiare anche le soluzioni di dibenzile in benzilidenanilina, ma quest'ultimo corpo non serve bene come solvente in crioscopia, secondo quanto ebbe a comunicarci privatamente il dott. Bruni.

La benzilanilina in dibenzile è solo leggermente anomala: inoltre l'esistenza in questa base del gruppo NH, il quale sembra conferire a molti corpi attitudine a dare molecole complesse in soluzione di idrocarburi (es. acetanilide ed altre), permetterebbe anche di ascrivere in parte a quest'ultima causa l'anomalia osservata, benchè l'andamento del fenomeno non lo indichi chiaramente. Tale sospetto è tanto più giustificato, in quanto che vedremo che il dibenzile in benzilanilina ha comportamento quasi del tutto normale. È assai probabile dunque che i gruppi — CH_2 — CH_2 —, e — CH_2 — NH —, in catene aperte presentino relazioni analoghe a quelle degli altri già presi in esame; ma non si può per ora asserirlo con sicurezza.

Troviamo poi molto strano il comportamento normale dell'idrazobenzolo nel dibenzile e sarebbe prematuro, per ora, azzardare ipotetiche spiegazioni.

Fra il dibenzile, lo stilbene e l'azobenzolo esistono delle relazioni cristallografiche ben manifeste. Il dott. Boeris, che ha avuto la gentilezza di rivedere le vecchie misure esistenti e di sottoporre di nuovo questi corpi ad un accurato studio cristallografico, ci comunica:

Dibenzile.

Sistema cristallino: monoclino.

$$a : b : c = 2,08060 : 1 : 1,25217$$
$$\beta = 64°.6'$$

Forme osservate: (100) (001) ($\bar{2}$01) ($\bar{1}$11).

Angoli	Misurati limiti	Misurati medie	Calcolati	n
(100):(11$\bar{1}$)	83,16-83,53	88,28	*	6
($\bar{1}$11):(11$\bar{1}$)	78,6 -78,15	78,9		4
($\bar{1}$11):(001)	59,25-59,31	59,28	*	3
(001):($\bar{2}$01)		66,30	66,21	1
(20$\bar{1}$):(100)	49,20-49,44	49,32	49.33	2
(001):(100)		63,50	64,6	1
($\bar{2}$01):($\bar{1}$11)	57,0 -57,3	57,1	56,56	3

	Azobenzolo	*Stilbene*
	Sist. crist.: monoclino	Sist. crist.: monoclino
	$a:b:c = 2,10756:1:1,33123$	$a:b:c = 2,17015:1:1,40033$
	$\beta = 65°,34'$	$\beta = 65°,54'$
Angoli		
(100):(11$\bar{1}$)	81,49	81,25
($\bar{1}$11):(11$\bar{1}$)	75,22	72,50
($\bar{1}$11):(001)	61,10	63,28
(001):($\bar{2}$01)	67.27	68,7
(20$\bar{1}$):(100)	46,59	45,59
(001):(100)	65,34	65,54
($\bar{2}$01):($\bar{1}$11)	57,52	58,53

I tre corpi adunque si posson dire fra di loro isomorfi; di fatto vedemmo che le miscele di stilbene e dibenzile nel congelare si comportano come miscele isomorfe costituite da corpi aventi punti di fusione piuttosto distanti. L'azobenzolo, invece, quantunque fonda 18 gradi circa sopra il dibenzile, *ne abbassa il punto di congelamento*, in misura molto rilevante, benchè sempre meno di quanto vorrebbe la teoria delle soluzioni. Il fatto merita di esser rilevato perchè è certo che, giudicando solo dalla comparazione cristallografica, si dovrebbe dire che tanto lo stilbene come l'azobenzolo in dibenzile costituirebbero miscele isomorfe. Noi scorgiamo anzi che le costanti geometriche dell'azobenzolo si avvicinano ancor più a quelle del dibenzile di quelle dello stilbene; ma, pur non tenendo conto di queste lievi differenze, bisogna convenire che l'azobenzolo e lo stilbene presentano lo stesso grado d'isomorfismo col dibenzile.

Da che procede dunque il diverso comportamento crioscopico dei due corpi? È arduo rispondere ora a tale quesito.

A nostro parere la comparazione cristallografica dei corpi si occupa di un'unica proprietà delle sostanze, la loro forma geometrica, importantissima senza dubbio, ma non la sola che influisca sulla possibilità dei corpi di formare cristalli misti.

Solo prendendo in esame tutte le proprietà fisiche dei corpi cristallizzati sarà possibile comparare razionalmente questi fra loro, e dedurne le relazioni stechiometriche. Del resto fin dal 96 [1] uno di noi rilevò che le relazioni di forma cristallina, pur avendo parte importante nel fenomeno delle soluzioni solide, non bastavano a spiegare tutti i fatti osservati. E contro le asserzioni di Küster [2] che volle asserire, anche in seguito, come tutti i casi presi in esame in tale Memoria non dipendessero per nulla dalle relazioni di costituzione, ma sempre si trattasse di miscele isomorfe, sia lecito a noi ricordare ancora che l'acido orto-amido-benzoico diverso dal benzoico pel grado di simmetria e per le costanti geometriche è tuttavia anormale crioscopicamente anche più dell'acido para amidobenzoico, che presenta col solvente relazioni morfortropiche. Ed altri casi potremo citare in seguito.

Tali fatti possono, è vero, trovare la loro spiegazione in fenomeni di isodimorfismo, o, in genere, di polimorfismo. Questa è l'opinione avanzata or son molti anni da Pasteur [3], il quale discutendo certi casi citati da Laurent [4], rileva l'impossibilità della formazione di cristalli misti fra due sostanze cristallizzate in due differenti sistemi, giacchè in tali condizioni non è immaginabile un riempimento uniforme dello spazio.

Le nostre osservazioni probabilmente si collegano con gli esempî portati da Muthmann [5] relativi a derivati dell'acido tereftalico e ad altri composti, i quali sono capaci di formare cristalli misti pur non mostrando, o solo lontane relazioni morfotropiche. Il Muthmann non crede neppure necessario di ricorrere all'ipotesi dell'isodimorfismo per spiegare tali fatti, e propone di

---

[1] Gazz. chim., 1896, I, pag. 61.
[2] Meyer, Jahrbuch, 1894, IV Band, pag. 94; 1896, pag. 19.
[3] Comptes-rendus, 1848, XXVI, pag. 535.
[4] Comptes-rendus, 1840, XI, pag. 635-876.
[5] Zeitschrift für Kryst., 1891, XIX, 357, 375.

chiamare tale fenomeno col nome di *sinomorfismo*. « *Sinomorfi sarebbero sostanze capaci di formare cristalli misti benchè non presentino alcuna somiglianza nella forma cristallina* ».

Comunque sia, facciamo rilevare la circostanza che le esperienze crioscopiche costituiscono ancora il mezzo migliore, più semplice e di applicazione generale, per svelare l'esistenza fra i corpi di queste relazioni d'isomorfismo, isopolimorfismo, sinomorfismo se vogliamo accettare altresì la distinzione fatta da Muthmann.

Le teorie stereochimiche fanno prevedere l'esistenza di due stilbeni isomeri e cioè:

$$C_6H_5\text{—}C\text{—}H \qquad\qquad C_6H_5\text{—}C\text{—}H$$
$$\| \qquad\qquad\qquad\qquad \|$$
$$C_6H_5\text{—}C\text{—}H \qquad\qquad H\text{—}C.C_6H_5$$

Non è noto fin'ora, con sicurezza, che un solo stilbene, quello che fonde a 124°. Nel 1897 R. Otto e F. Stoffel [1] annunziarono la scoperta del secondo stilbene, in una comunicazione preliminare alla quale non fece seguito nessun'altra. Questo nuovo stilbene sarebbe un olio che essi ricavarono dall'isobromuro di stilbene. Il comune stilbene, che servì alle nostre esperienze, a quale delle due forme corrisponde? La questione fu lasciata insoluta da Otto e Stoffel, da Wislicenus e Seeler [2], da Aronstein e Hollemann [3] che se ne occuparono. Taluni di questi autori anzi pare tendano ad attribuire al comune stilbene la forma prima, malenoide. Contro questo modo di vedere stanno a parer nostro, le proprietà fisiche dello stilbene (stabilità, elevato punto di fusione, ecc.) ed una sintesi fattane da Anschütz [4] partendo dall'etere difenilico dell'acido fumarico.

$$C_6H_5\,O\,CO.CH \qquad C_6H_5.C.H \qquad C_6H_5.CH$$
$$\| \longrightarrow \| \longrightarrow \|$$
$$H\,C\,CO.O\,C_6H_5 \qquad H\,C.COO\,C_6H_5 \qquad H\,C.C_6H_5$$

nello stesso modo che Weselsky [5] ottenne il dibenzile dall'etere difenilico dell'ac. succinico.

A risolvere definitivamente la questione contribuiscono le nostre esperienze crioscopiche coadiuvate da quelle recentissime di Bruni e Gorni [6]. Questi autori, in accordo con le previsioni fatte da uno di noi nel 1894 [7], trovarono che gl'isomeri geometrici non mostrano, in genere, relazioni morfotropiche: onde, mentre l'etere dimetilico dell'acido fumarico è crioscopicamente anormale nell'etere dimetilico dell'acido succinico, è normale l'etere dime-

[1] Berichte, XXX, pag. 1799.
[2] Berichte, XXVIII, pag. 2693.
[3] Berichte, XXI, pag. 2831.
[4] Berichte, XVIII, pag. 1948.
[5] Berichte, II, pag. 518.
[6] Questi Rendiconti, seduta del 7 maggio 1899.
[7] Gazz. chim., 1894, parte II, pag. 261.

tilico dell'acido maleico. Dei due isomeri è dunque col fumarico che l'acido succinico ha relazione di configurazione, mentre questa non esiste più col maleico.

Ora dall'etere succinico si ottiene il dibenzile, dall'etere fumarico il comune stilbene. Questo per formare soluzione solida col dibenzile, deve avere con esso le relazioni di configurazione che passano fra etere succinico ed etere fumarico, cioè lo stilbene che fonde a 124° deve avere la forma fumarica.

Se verrà isolato lo stilbene malenoide si può sin d'ora prevedere, con gran probabilità d'esser nel vero, che avrà in dibenzile comportamento normale.

III. — Determinazioni in benzilanilina.

In questo solvente interessava sperimentare sopratutto il comportamento crioscopico del dibenzile, per le ragioni già dette, e quello della benzilide-nanilina che presenta con la benzilanilina le stesse relazioni che passano fra dibenzile e stilbene. Studiammo inoltre anche l'azobenzolo e lo stilbene.

La benzilanilina non si presta bene come solvente. Con una certa difficoltà determinammo la costante impiegando come corpi normali, la naftalina, il benzolo, il trifenilmetano. La media dei valori ottenuti per l'abbassamento molecolare è 87.

Dibenzile, $C_{14} H_{14} = 182$.

concentrazione	abbass. termom.	abbass. molecolare	peso molec. K = 87.
1,180	0,55	84,8	187
3,449	1,52	80,2	197
5,287	2,22	76,4	207

Stilbene, $C_{14} H_{12} = 180$.

	0,61	82,9	188
1,323	0,61	82,9	188
3,152	1,38	78,8	198
5,354	2,24	75,3	208

Azobenzolo, $C_{12} H_{10} N_2 = 182$.

concentrazione	abbass. termom.	abbass molecolare	peso molec. K = 87.
1,342	0,65	88,1	179
3,283	1,50	83,1	190
5,473	2,36	78,4	201

Benziliden-anilina, $C_{13} H_{11} N = 181$.

1,097	0,53	87,4	180
2,535	1,17	73,5	188
4,915	2,13	78,4	200
6,062	2,63	78,5	200

Tutti questi risultaṭi sono certo assai dissimili da quelli che prevedevamo: essi sono fors'anche dovuti alla poca esattezza con la quale riescono le determinazioni in benzilanilina. D'altra parte sembrano indicare che l'anomalia crioscopica della benzilanilina in dibenzile (già da noi dimostrata) e quella della benzilanilina in azobenzolo (verificata da Bruni e Gorni e comunicataci in via privata), sono da ascriversi ad associazioni molecolari causate dai gruppi NH. Forse ambedue le cause concorrono nel fenomeno e lo rendono più complesso.

Ancor meno prevedibile era il comportamento normale della benzilidenanilina, giacchè fra questi due corpi passano le stesse relazioni come fra stilbene e dibenzile.

Forse le considerazioni sull'influenza della configurazione stereochimica fatte a proposito dello stilbene (si possono immaginare pure due benzilidenaniline stereoisomere), potranno spiegare questa eccezione inaspettata ad una delle regole meglio confermate dai fatti.

IV. — Trifenilmetano e trifenilammina.

Allo studio della modificazione che si produce nella configurazione molecolare di un corpo sostituendo ad un metino, non faciente parte di un nucleo, un atomo di azoto, si prestano bene il trifenilmetano e la trifenilammina.

Abbiamo determinato la costante del trifenilmetano sciogliendovi naftalina, azobenzolo e difenilammina, e trovammo, con soddisfacente accordo, il numero 124,5 — Invece la trifenilammina fornì una depressione alquanto minore.

$$\text{Trifenilammina, } C_{18}H_{15}N = 245.$$

concentrazione	abbass. termom.	abbass. molecolare	peso molec. K = 124.5
0,8033	0,38°	115,9	263
1,5098	0,76	116,5	261
2,828	1,31	113,5	268
4,393	2,05	114,4	266
5,707	2,70	115,9	263

L'anomalia, benchè non molto forte, esiste indubbiamente. Lo studio cristallografico dei due corpi, quale si desume dalle misure finora note [1], non lascia vedere relazioni morfotropiche fra di essi: sarà certo interessante appurare questa circostanza.

La conclusione che si può trarre dalle esperienze descritte in questa nota, ad onta delle eccezioni fatte rilevare, ci sembra la seguente: rispetto

---

[1] Hintze, Zeitschrift für Kryst., 1884, 9, 545.

alla formazione di soluzione solida fra sostanze sature e non sature, fra corpi azotati ed i corrispondenti idrocarburi, differenti fra di loro in catene aperte, sembrano valere in genere, le stesse regole già enunciate pei corpi ciclici. Però la possibile esistenza di stereoisomeri complica il fenomeno, pur rendendolo più interessante.

Paleontologia. — *Una nuova località di Ellipsoidina ellipsoides.* Nota del dott. A. SILVESTRI, presentata dal Socio TARAMELLI.

L' *Ellipsoidina ellipsoides,* specie fossile assai caratteristica, scoperta nel 1859 dal Seguenza in alcune marne terziarie del Messinese, ed in seguito da lui e da altri ritrovata in diverse marne pure terziarie della Sicilia e della Calabria, mi risulta finora sconosciuta recente o vivente, e fossile soltanto in rocce del distretto di Messina ([1]), dei dintorni di Siracusa ([2]), della provincia di Palermo ([3]), del territorio di Reggio-Calabria ([4]), dei dintorni di Catanzaro ([5]), delle Isole Salomone ([6]), e delle Isole Trinità e Barbados ([7]). Notevole si è poi il fatto che le formazioni cui appartengono tali rocce siano tutte da attribuirsi al pliocene od al pleistocene ([8]), ed in Italia esclusivamente al piano più antico del pliocene inferiore, che il Seguenza volle distinguere col nome di *zancleano* ([9]); le roccie stesse consistono in Italia in marne biancastre, giallastre o grigiastre, fra le prime delle quali si comprendono i così detti trubi della Sicilia, e ci rappresentano tutte sedimenti di antichi mari. Resultando dunque la *E. ellipsoides* come specie affatto pliocenica

([1]) Seguenza, Costa, Fornasini.
([2]) Seguenza.
([3]) Seguenza, Ciofalo, De Amicis.
([4]) Seguenza.
([5]) Fornasini.
([6]) Brady.
([7]) Brady e Guppy.
([8]) Sento il dovere di ringraziar qui e vivamente i sigg. Millett e Fornasini per le notizie favoritemi in proposito. Al sig. Millett sono poi in particolar modo riconoscente, avendomi egli partecipato il contenuto d'una lettera direttagli il 18 novembre 1889 da quell'autorità in fatto di Rizopodi che portava il nome di H. B. Brady, nella quale lettera si dice: « I have now got a considerable series of *post tertiary Ellipsoidinae* and have been spending a good deal of time on the genus ».
([9]) È discutibile se allo *zancleano* debba mantenersi il valore di piano geologico distinto, o convenga invece attribuirsi quello di *facies* profonda dell'*astiano:* in questa nota adotto però i criteri del Seguenza.

o pleistocenica ([1]) e caratteristica nelle formazioni italiane dello *zancleano*, mi sembra di particolare interesse il poterne oggi segnalare la presenza in una roccia dell' Alta Valle del Tevere, o Valle Tiberina Toscana, cavata

([1]) Si consultino in proposito le seguenti pubblicazioni:

Seguenza G., *Intorno ad un nuovo genere di Foraminiferi fossili del terreno miocenico di Messina* (Eco Peloritano, Giornale di sc., lett. ed arti, anno V, ser. 2ª, fasc, IX; Messina, 1859).

Idem, *Descrizione dei Foraminiferi monotalamici delle marne mioceniche del distretto di Messina* (Messina, 1862).

Idem, *Notizie succinte intorno alla costituzione geologica dei terreni terziari del distretto di Messina* (Messina, 1862).

Brady H. B., *On Ellipsoidina, a new genus of Foraminifera, etc., with further notes on its structure and affinities* (Ann. and Mag. Nat. Hist., ser. 4ª, vol. I; London, 1868).

Seguenza G., *Studi stratigrafici sulla formazione pliocenica dell' Italia meridionale* (Boll. R. Comit. geol. it., vol. IV. Roma, 1873).

Idem, *Sulla Relazione di un Viaggio geologico in Italia del dott. T. Fuchs, coll' aggiunta di notizie e considerazioni del dott. A. Manzoni* (Boll. R. Comit. geol. it., vol. V. Roma, 1874).

Schwager C., *Saggio di una classificazione dei Foraminiferi avuto riguardo alle loro Famiglie naturali* (Boll. R. Comit. geol. it., vol. VII e VIII; Roma, 1876 e 1877).

Ciofalo S., *Enumerazione dei principali fossili che si rinvengono nella serie delle rocce stratificate dei dintorni di Termini-Imerese* (Atti Acc. Gioenia Sc. nat., ser. 3ª, vol. XII; Catania, 1878).

Seguenza G., *Le formazioni terziarie nella provincia di Reggio (Calabria)* (Atti R. Acc. Lincei, Cl. sc. fis., mat. e nat., ser. 3ª, vol. VI; Roma, 1880).

Brady H. B., *Report on the Foraminifera dredged by H. M. S. Challenger, during the years 1873-1876* (Report on the scientific results of the voyage of H. M. S. Challenger during the years 1873-76. Zoology, vol. IX; Edimburg, 1884).

Idem, *Note on the so-called « Soapstone » of Fiji* (Quart. Journ. geol. soc., vol. XLIV; London, 1888).

Fornasini C., *Primo contributo alla conoscenza della microfauna terziaria italiana. Lagenidi pliocenici del Catanzarese* (Mem. R. Acc. sc. nat. Bologna, ser. 4ª, vol. X; Bologna, 1889).

Brady H. B., *Foraminifera from Barbados* (Quart. Journ. Geol. Soc., vol. XLVIII; London, 1892).

Fornasini C., *Foraminiferi delle marne messinesi, collezione Seguenza (Museo di Bologna)* (Mem. R. Acc. Sc. Ist. Bologua, ser. 5ª, vol. III; Bologna, 1893).

Gruppy J. L., *On some Foraminifera from the microzoic deposits of Trinidad, West Indies* (Proc. Zool. Soc. London, 1894).

De Amicis G. A., *La fauna a foraminiferi del pliocene inferiore di Bonfornello presso Termini-Imerese (Sicilia).* (Proc. verb. Soc Toscana Sc. nat. Pisa, 1894).

Fornasini C., *Contributo alla conoscenza della microfauna terziaria italiana, Foraminiferi delle marne messinesi. Collezioni Costa O. G. e G. Seguenza (Museo di Napoli).* (Mem. R. Acc. Sc. Ist. Bologna, ser. 5ª, vol. IV e V; Bologna, 1894 e 1895).

Rhumbler L., *Entwurf eines natürlichen Systems der Thalamophoren* (Nachr. K. Gesellsch. Wiss. Göttingen, Math.-phys. Klasse; Göttingen, 1895).

De Amicis G. A., *I Foraminiferi del pliocene inferiore di Bonfornello presso Termini Imerese in Sicilia.* (Naturalista Siciliano, anno XIV; Palermo, 1895).

a profondità comprese da 3 a 4 m. dalla superficie del suolo, a nord-est della città di Sansepolcro, ed a circa 200 m. di distanza dalla città medesima (¹).

Detta roccia è una marna di color gialliccio, che trovasi immediatamente sottostante ad uno strato non molto potente (dai 2 ai 3 m.) costituito per la parte superficiale dal terreno coltivato, e per la sottostante da un ammasso confuso di terriccio e piccoli blocchi erratici di calcare e calcare marnoso, nonchè da grossi frammenti irregolari d'arenaria (²); trattata con la levigazione e col filtramento attraverso a stacci assai sottili, essa lascia un residuo sabbioso piuttosto grossolano e di color giallastro rossiccio, nel quale sono contenuti abbondanti Foraminiferi, alcuni Ostracodi, pochi dentini di Pesci, ed uno scarso tritume irriconoscibile di conchiglie a guscio calcareo, probabilmente di piccoli Molluschi.

Dati i Foraminiferi che racchiude, la roccia in questione è con la massima certezza un sedimento marino e, dallo studio dei Foraminiferi stessi (³), ritengo possa con qualche probabilità considerarsi formata in seno alle acque d'un estuario zancleano, e ad una profondità compresa dai 180 ai 500 m., ossia in quella suddivisione della zona batimetrica dei Brachiopodi e Coralli denominata dal Fischer zona dei *Brissopsis* (⁴). È poi molto notevole la rassomiglianza di *facies* da me riscontrata fra detti Foraminiferi e quelli trovati dal Seguenza nelle marne zancleane della Calabria, sulla quale rassomiglianza mi riserbo d'insistere, ma che gioverà mettere in evidenza fin da ora col presente elenco, in cui sono contrassegnate con asterisco tutte le forme precedentemente comparse nello zancleano della Calabria e Sicilia.

(¹) Debbo alla gentilezza del ch. ing. G. Martelli numerosi saggi della roccia, dalla sua prima comparsa alla profondità massima raggiunta nell'escavazione (4 m.). Non avendomi essi offerto nella costituzione litologica e nel contenuto in fossili, differenze della benchè minima importanza, ho reputato inutile di considerarli separatamente.

(²) Alcuni di questi sono fossiliferi, e si riconoscono costituiti da agglomeramento di sabbie marine; dubito siano geologicamente contemporanei alla marna sottoposta, ma rimossi dalla loro posizione originaria, che forse veniva data da un letto sottile stratificato sulla marna.

(³) Da pubblicarsi fra breve.

(⁴) Fischer P., *Manuel de Conchyliologie et de Paléontologie conchyliologique.* Paris, 1887; pag. 186.

Foraminiferi della marna gialliccia di Sansepolcro.

Classe RHIZOPODIA. — Sottoclasse FORAMINIFERIAE.

Ord. IMPERFORIDA. — Sottord. MILIOLIDAE.

Famiglia Nubecularinae.

Nubecularia Defrance.

*Nubecularia lucifuga? Defrance.

Famiglia Miliolininae.

Spiroloculina d'Orbigny.

Spiroloculina planulata Lamarck, sp.

Biloculina d'Orbigny.

*Biloculina depressa d'Orbigny.

Famiglia Cornuspirinae.

Cornuspira Schultze.

Cornuspira involvens Reuss.

Sottordine ARENACIDAE.

Famiglia Lituolinae.

Haplophragmium Reuss.

Haplophragmium? sp?

Ordine PERFORIDA. — Sottordine LAGENIDAE.

Famiglia Nodosarinae.

Cristellaria Lamarck.

*Cristellaria cassis Fichtel e Moll, sp.
*   "   rotulata Lamarck, sp.
*   "   cultrata Montfort, sp. sp.?
     "   gibba d'Orbigny.
     "   convergens Bornemann.
     "   latifrons Brady.

Rhabdogonium Reuss.

*Rhabdogonium tricarinatum d'Orbigny.

Frondicularia Defrance.

*Frondicularia inaequalis Costa.
     "   "   var. longissima n. var.
     "   biturgensis n. sp.

Vaginulina d'Orbigny.

*Vaginulina badenensis d'Orbigny.
*   "   legumen Linné, sp.
     "   budensis Hantken.
     "   sp.? (a).
     "   sp.? (b).

Amphicoryne Schlumberger.

Amphicoryne sp.?

Marginulina d'Orbigny.

*Marginulina glabra d'Orbigny.
*   "   costata Batsch, sp.

Lingulina d'Orbigny.

*Lingulina carinata d'Orbigny.
     "   sp.?

Glandulina d'Orbigny.

*Glandulina laevigata d'Orbigny.
*   "   aequalis Reuss.

Nodosaria Lamarck.

Nodosaria ambigua Neugeboren.
     "   geinitsi Reuss.
     "   subaequalis Costa.

Nodosaria ovalis Schmid.

» *reitsi?* Hantken, sp.

» *simplex* Silvestri.

» sp.? (*a*).

» *soluta* Reuss.

» *pyrula* d'Orbigny.

» *ovicula* d'Orbigny.

» *longiscata* d'Orbigny.

» sp.? (*b*)..

» sp.? (*c*)

» *scharbergana* Neugeboren, sp. (*N. binominata* Franzenau).

» sp.? (*d*).

» *farcimen* Soldani, sp.

» sp.? (*e*).

» *communis* d'Orbigny sp.

» sp? (*f*).

» *roemeri* Neugeboren, sp.

» *mucronata* Neugeboren, sp.

» *badenensis* d'Orbigny, sp.

» *subulata?* Neugeboren, sp.

» *filiformis* d'Orbigny.

» *emaciata* Reuss, sp.

» *pauperata* d'Orbigny.

» *perversa* Neugeboren, sp.

» *annulata* Reuss.

» *monilis* Silvestri.

» *hispida* d'Orbigny; var. *aspera* Silvestri.

» *perversa* Schwager,

» *scalaris* Batsch, sp.

» *raphanus* Linné, sp.

» *obliqua* Linné, sp.

» *obliquata* Batsch, sp.

» *pungens* Reuss, sp.

Famiglia **Lageninae.**

Ellipsoidina Seguenza.

* *Ellipsoidina ellipsoides* Seguenza.

Lagena Walker e Boys.

* *Lagena marginata* Walker e Boys, sp.

» *laevis* Montagu, sp.

» *globosa* Montagu, sp.

» *distoma* Parker e Jones.

» *gracillima* Seguenza.

Famiglia **Polymorphininae.**

Uvigerina d'Orbigny.

* *Uvigerina pygmaea* d'Orbigny.

» » var. *asperula* n. var.

Sottordine CHILOSTOMELLIDAE.

Famiglia **Chilostomellinae.**

Chilostomella Reuss.

* *Chilostomella ovoidea* Reuss.

Sottordine TEXTULARIDAE.

Famiglia **Textularinae.**

Gaudryina d'Orbigny.

* *Gaudryina pupoides* d'Orbigny.

Clavulina d'Orbigny.

* *Clavulina communis* d'Orbigny.

* » *parisiensis* d'Orbigny.

Textularia Defrance.

* *Textularia gibbosa* d'Orbigny.

Famiglia **Bulimininae.**

Bulimina d'Orbigny.

* *Bulimina ovata* d'Orbigny.

» *marginata* d'Orbigny.

Virgulina d'Orbigny.

Virgulina subsquamosa Egger.

Bolivina d'Orbigny.

Bolivina aenariensis Costa, sp.

» » var. *valdecostata* Mariani.

Bolivina robusta Brady.

P l e u r o s t o m e l l a Reuss.

*Pleurostomella a l t e r n a n s Schwager.

Sottordine ROTALIDAE.

Famiglia **Rotalinae.**

A n o m a l i n a Parker e Jones.

Anomalina grosserugosa Gümbel, sp.
*   „   *a m m o n o i d e s* Reuss, sp.

T r u n c a t u l i n a d'Orbigny.

Truncatulina pygmaea Hantken.
   „   *wuellerstorfi* Schwager, sp.
   „   *praecincta* Karrer, sp.
*   „   *ungeriana* d'Orbigny, sp.
*   „   *h a i d i n g e r i* d'Orbigny sp.

R o t a l i a Lamarck, *emend.* Parker e Jones.

Rotalia soldanii d'Orbigny, sp.
   „   „   ? var. *gigantea* n. var.
   „   *broeckhiana* Karrer.

P u l v i n u l i n a Parker e Jones.

Pulvinulina brongniarti d'Orbigny, sp.

Sottordine GLOBIGERINIDAE.

Famiglia **Globigerinae.**

Globigerina d'Orbigny.

*Globigerina b u l l o i d e s d'Orbigny.
*   „   *a e q u i l a t e r a l i s* Brady.
   „   sp. ? (*a*).
   „   sp. ? (*b*).
*   „   *t r i l o b a* Reuss.
   „   *conglobata* Brady.
*   „   *gomitulus* Seguenza.

O r b u l i n a d'Orbigny.

*Orbulina u n i v e r s a d'Orbigny.
*   „   „   var. *g e m i n a* Terrigi, sp.

Famiglia **Sphaeroidininae.**

P u l l e n i a Parker e Jones.

Pullenia sphaeroides d'Orbigny, sp.

Sottordine NUMMULITIDAE.

Famiglia **Polystomellinae.**

N o n i o n i n a d'Orbigny.

*Nonionina u m b i l i c a t a Montagu, sp.
   „   „   var. *pompilioides* n. ‚var.
   „   *depressula* Walker e Jacob, sp.

P o l y s t o m e l l a Lamarck.

Polystomella macella Fichtel e Moll, sp.

La *Ellipsoidina ellipsoides* (fig. 1) mi si è presentata discretamente frequente; variabile in lunghezza da un minimo di 0,3 mm. ad un massimo di 1,13 mm., e sempre in una forma prossima alla tipica (¹), ma leggermente più rigonfia secondo l'equatore, per cui molto rassomigliasi nel contorno a certe varietà della *Glandulina laevigata* d'Orb., anche perchè tutti gli esemplari raccolti resultano incompleti all'estremità orale. A causa della superficiale corrosione del loro guscio, comune del resto ai Foraminiferi rimanenti, e della rassomiglianza accennata, ho reputato opportuno di confermare la dia-

(¹) Oltre alla forma tipica, si conoscono queste varietà della *E. ellipsoides*: var. *oblonga*, *abbreviata* e *sphaeroidalis* (Seguenza, sp.); var. *subnodosa* ed *exponens* (Brady, sp.).

gnosi mediante le sezioni, e queste sono riuscite fortunatamente tali da eliminare il più piccolo dubbio ed in pari tempo assai interessanti, mettendo chiaramente in evidenza la forma e disposizione delle logge, nonchè dei relativi raccordi tubolari (fig. 2 e 3).

Le *Ellipsoidinae* e gli altri Foraminiferi si osservano spatizzati, cioè riempiti di calcite cristallizzata e trasparente.

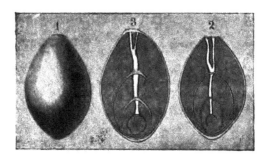

FIG. 1. — *Ellipsoidina ellipsoides*, Seguenza; aspetto esterno (✕ 45).

FIG. 2 e 8. — Idem. idem. sezione longitudinale principale (✕ 45).

Da queste prime ricerche sulla microfauna terziaria della Valle Tiberina Toscana, ritengo poter logicamente dedurre le seguenti conclusioni:

1.º Al principio del pliocene il fondo dell'Alta Valle del Tevere era ancora sommerso nelle acque d'un estuario.

2.º La costituzione dell'attuale vallata rimonta al massimo al secondo periodo del pliocene inferiore, ed è quindi decisamente posteriore al miocene.

8.º Esiste nella valle stessa una *facies* (marna) della formazione zancleana, che sembra contemporanea alla *facies* consimile (¹) studiata dal Seguenza nel territorio di Reggio-Calabria.

(¹) Il Seguenza distingue nello zancleano della Calabria tre *facies:* quella a *Molluschi* presentata dalle sabbie (depositi costieri), quella a *Molluschi* e *Foraminiferi* presentata dalle marne sabbiose (depositi di media profondità), ed infine quella a *Foraminiferi* offerta dalle marne comuni (depositi d'alto mare ed abissali).

Zoologia medica. — *Osservazioni generali sul modo di adesione dei Cestodi alla parete intestinale.* Nota di Pio Mingazzini, presentata dal Socio Francesco Todaro.

Dopo la pubblicazione della mia prima Nota: intorno al modo col quale le Tenie aderiscono alla mucosa intestinale ([1]), nella quale riferivo il risultato delle osservazioni fatte su due specie di Tenie del gatto (*Taenia crassicollis* e *Dipylidium caninum*), ho esteso le ricerche ad un certo numero di Vertebrati, che albergano differenti specie di Cestodi adulti, collo scopo di constatare se il fatto da me riscontrato per le due specie di Tenie del gatto, fosse generale per altre specie di Cestodi. Perciò ho esaminato l'intestino di varî Mammiferi (Topo, Cane, Pecora, *Plecotus*) quello di taluni Uccelli (Gallina, *Fulica atra* e *Glaucion clangula*) e Rettili (*Gougylus ocellatus* e *Lacerta muralis*) e di alcuni Pesci (*Mustelus laevis* e *Scyllium stellare*), avendo così l'opportunità di eseguire osservazioni sui generi disparati di Cestodi con scolice diversamente conformato. Così fra i Cestodi da me studiati ve ne sono di quelli provvisti di ventose e di rostello bene sviluppati (*Hymenolepis murina, Dipylidium caninum*) mentre altri non posseggono che le sole ventose (*Mesocestoides lineatus* e *Anoplotaeniae* della Pecora) ed infine ve ne ha di quelli provvisti non più di ventose, ma di botridî armati con forti uncini, quali i *Calliobothrium* parassiti degli Elasmobranchi.

L'esame di queste diverse specie di Cestodi fissate all'intestino, permette subito di constatare che la loro azione sulla parete del tubo digerente è alquanto diversa a seconda delle specie; perchè mentre la massima parte si limitano ad aderire alla superficie della mucosa, e coi loro uncini non penetrano che fra le cellule dell'epitelio, altre invece come i *Calliobothrium* penetrano cogli uncini fortissimi anche nel sottostante connettivo, distruggendo così l'epitelio nel punto traversato, e ve ne sono poi di quelle, come la *Stilesia*, che determinano attorno al punto in cui stanno infisse una notevole infiammazione della mucosa, estendentesi per un raggio di due o tre millimetri e protuberante verso il lume intestinale per una altezza di circa due millimetri, con neoformazione di vasi e di tessuto connettivo. Infine vi hanno anche talune specie, come i *Calliobothrium* suddetti, le quali in determinate circostanze si approfondano collo scolice e colla parte anteriore del corpo nei tessuti della mucosa, distruggendo per un tratto notevole l'epitelio, e penetrano in un vaso sanguigno, cioè in una vena, la quale perciò viene rotta e, nel tratto in cui contiene il corpo della Tenia, molto dilatata.

([1]) Boll. Accad. Gioenia, fasc. LVI, Decembre 1898, Catania.

Le diverse parti dello scolice hanno nel processo di fissazione un differente comportamento sia per la varia natura loro, sia anche per quella

Fig. 1.

Sezione di intestino di *Mus decumanus* con *Hymenolepis murina* aderente.

delle pareti su cui aderiscono. Così l'*Hymenolepis murina* (fig. 1), che allo

Fig. 2.

Sezione di intestino tenue di cane con *Dipylidium caninum* aderente.

stato vivente, quando è fissata, sta sempre col rostello estroflesso (mentre fino ad ora se ne dubitava), penetra con esso più o meno profondamente nel lume delle glandole del Lieberkühn; in taluni casi non giungendo che alla metà, ed in altri arrivando fino a toccarne il fondo, e non produce che una lieve alterazione nell'epitelio della glandola stessa, soltanto nei punti in cui la superficie del rostello e l'epitelio vengono a mutuo contatto. Gli uncini che trovansi all'estremità anteriore del rostello non perforano che le cellule epiteliali, e in molti casi le alterano alquanto, producendo un intorbidamento del loro contenuto e deformandole; in altri pochi casi possono anche distruggerle per un brevissimo tratto. Il *Dipylidium caninum* fissato col suo rostello sempre estroflesso alla mucosa del tenue del cane, o raggiunge semplicemente coll'apice del rostello le basi dei villi, ovvero si addentra di qualche poco nel lume delle glandole di Lieberkühn; altera pochissimo le cellule epiteliali delle glandole o delle basi dei villi ed i suoi uncini piccolissimi producono una semplice deformazione alle cellule epiteliali tra cui si trovano (fig. 2).

Non sempre le ventose si fissano all'epitelio, come avviene per la maggioranza delle specie da me studiate (Tenie del *Plecotus* e molte Tenie di Uccelli), ed aspirandolo determinano in esso quelle formazioni claviformi caratteristiche da me descritte a proposito delle due specie studiate nell'intestino del gatto. Ed a questo proposito farò rilevare che l'*Hymenolepis murina*, talora sì ed altre volte no, si vede aderire colle ventose all'epitelio intestinale del *Mus decumanus*; che quando l'adesione di esse avviene, l'epitelio forma entro la ventosa, il rialzo caratteristico, il quale assumendo la forma della cavità della ventosa che in questa specie non è regolarmente globulare, ma piuttosto cuboide, ha anche esso una figura cuboide. Ha poi un certo interesse lo studio del *Dipylidium caninum* fissato alla mucosa del cane, poiche questa tenia non si comporta nel cane come nel gatto; nel cane molto comunemente le ventose non determinano nell'epitelio alcun rilievo claviforme, ma si limitano ad aspirare da esso il succo che segrega, il quale si riscontra nella cavità delle ventose come una sostanza omogenea jalina, che ne riempie tutta la cavità. Quindi il *Dipylidium caninum* si attacca alla mucosa del cane meno fortemente che su quella del gatto, e ciò forse spiega la facile eliminazione colle feci di questo parassita dal cane, mentre ciò avviene assai raramente per il gatto.

Osservando i *Calliobothrium*, fissati alla mucosa dell'intestino di *Scyllium stellare* (figg. 3 e 4) si ha l'apparenza a prima giunta di un'aspirazione dell'epitelio determinata dai botridî; infatti in un gran numero di casi, sia nelle sezioni longitudinali, sia nelle trasverse si vede l'epitelio intestinale adattarsi alle varie cavità dei botridî, seguendo perfettamente gli infossamenti ed i rilievi di questi e presentando quindi un aspetto, che, per certi riguardi, si avvicina a quello che si ha colle ventose delle comuni tenie o *Tetracotylea*. Però con uno studio accurato, si può constatare come i botridî non abbiano una vera forza aspirativa simile a quella esercitata dalle vere e proprie ventose od *acetabula*, ed i varî rilievi e infossamenti dell'epitelio si presentano tali piuttosto per la pressione esercitata da questi organi sul tessuto, che da un'azione di vero succhiamento. Infatti i *Calliobothrium*, col loro scolice notevolmente sviluppato, penetrano fra gli stretti interstizî esistenti tra le pieghe della mucosa e vanno fino al fondo di essi; dilatano perciò (fig. 5)

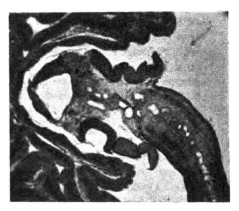

Fig. 3.

Sezione di intestino tenue di *Scyllium stellare*
con un *Calliobothrium* aderente.

Fig. 4.

Sezione di intestino tenue di *Scyllium stellare*
con un *Calliobothrium* aderente.

le lamine formanti le pieghe per poter effettuare la loro penetrazione e per effetto di ciò i botridî si applicano con forza sull'epitelio assai alto che riveste internamente la mucosa, il quale si adatta alla forma dei rilievi e avvallamenti di botridî stessi. Il verme sta fissato fortemente per opera dei fortissimi uncini di cui i botridî sono armati nella loro estremità anteriore, e per la pressione delle lamine allontanate dallo scolice del parassita. La mucosa intestinale dello *Scyllium* non viene alterata per opera del parassita, e nemmeno la lacerazione dell'epitelio e della tunica propria fatta dagli uncini non provoca alcun fenomeno infiammatorio in questi tessuti. Appena appena si può rilevare qualche alterazione dei tessuti circostanti quando i *Calliobothrium* lacerano un pezzo di mucosa e vanno con parte del loro corpo nel lume di una vena; in questo caso in diretta vicinanza del parassita, si ha un po' di sangue fuoriuscito dal vaso e il connettivo adiacente mostra una leggiera proliferazione; tutto il resto si presenta ben conformato e di aspetto normale (fig. 6).

Invece le Tenie del gruppo delle Anoplocefaline od *Anoplotaeniae* di Railliet, appartenenti ai generi *Moniezia* e *Stilesia* parassite della Pecora, determinano nella mucosa dell'intestino tenue di questo animale, come già

aveva notato il Rivolta, delle caratteristiche neoformazioni aventi la forma
di elevazioncelle, fatte da noduli infiammatorî, della grandezza di un pi-
sello, e nel caso in cui vi siano più Tenie vicine, aderenti col loro scolice
alla mucosa, questi noduli sono maggiori e non più a contorno esterno circolare, ma piuttosto irregolare e dipendente dalla posizione e dal numero degli

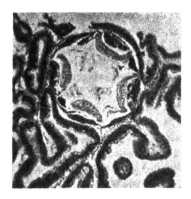

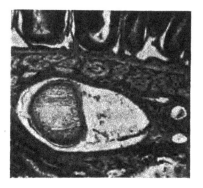

FIG. 5.

Sezione di intestino tenue di *Scyllium stellare* con
un *Calliobothrium* aderente, il cui scolice è
stato sezionato trasversalmente.

FIG. 6.

Sezione di intestino tenue di *Scyllium stellare* con
un *Calliobothrium* il cui corpo era in parte contenuto nel lume di una vena.

scolici infissi. Tali noduletti sono crateriformi e nel loro centro si osserva
una depressione corrispondente al punto di attacco della Tenia alla mucosa.
Nelle sezioni traverse si notano per talune specie i seguenti fatti: *a*) attorno al punto in cui la Tenia sta infissa, le glandole del Lieberkühn sono
notevolmente accresciute in altezza; tale accrescimento è progressivo dalla
periferia del nodulo al centro; *b*) il connettivo sottomucoso presenta anch'esso
o un notevole accrescimento in corrispondenza del nodulo; l'accrescimento
come per le glandole del Lieberkühn è progressivo dalla periferia al
centro; *c*) in questo connettivo sottomucoso si formano dei follicoli lin-
fatici, i quali sono in numero di tre o di quattro per ogni nodulo mediocremente sviluppato; *d*) la muscolare si presenta dello spessore normale in
entrambi i suoi strati, ma in tutta l'area corrispondente al soprastante nodulo le sue fibre si mostrano infiltrate di corpuscoli linfoidi molto grandi
con corpo intensamente colorabile; *e*) nella sierosa, in corrispondenza al nodulo si osserva una neoformazione di tessuto adiposo, il cui spessore è massimo a livello del centro del nodulo; *f*) in questo tessuto adiposo della
sierosa si vedono neoformati grossi vasi sanguigni (arterie e vene) provenienti dalla proliferazione dei grossi vasi sanguigni del connettivo sottomu-

coso; *g*) la Tenia aspira fortemente colle sue ventose dai tessuti circostanti elementi figurati che si trovano entro la cavità della ventosa a formare un detrito granuloso che la riempie tutta o in gran parte. La testa della Tenia sta infossata profondamente entro il centro del nodulo e non si distacca che con difficoltà. Ma non tutte le specie appartenenti al gruppo delle *Anoplotaeniae* si comportano nello stesso modo; ve ne sono talune le quali determinano soltanto i fatti indicati nei paragrafi *a*) e *b*). Noi abbiamo in questi casi il fatto di Tenie inermi e sprovviste di rostello, determinanti gravi alterazioni locali nel punto in cui si fissano, estendentisi per un raggio di qualche millimetro all'intorno del punto di infissione. Al di là del limite di questi noduli tutto il resto della mucosa si presenta normale.

Dalle presenti ricerche risulta anche un fatto interessante circa l'aspetto reale che hanno i Cestodi allo stato vivente. Siccome nello studio da me eseguito essi vengono fissati e osservati nella stessa posizione e forma che posseggono allo stato vivente, e non hanno il tempo di ritrarsi e di alterare la conformazione dello scolice prima di essere fissati, come succede cogli ordinarî metodi delle indagini parassitologiche, mediante i quali i parassiti si staccano dalla mucosa quando sono ancora viventi o anche morti e quindi si fissano, così ne consegue che l'aspetto da essi presentato col metodo da me adottato è quello naturale del verme allo stato vivente. Ed io per un certo numero di di specie (*Hymenolepis murina*, *Dipylidium caninum*, *Hymenolepis diminuta*, *Mesocestoides lineatus* ecc.) ho ottenuto una configurazione dello scolice assai diversa da quella che viene ordinariamente disegnata dai più distinti parassitologi, soprattutto pel fatto del rostello estroflesso, della posizione degli uncini, della forma delle ventose e di tutto lo scolice. Lo stesso metodo di osservazione mi ha dato anche notevoli risultati per quanto riguarda la costituzione anatomica dello scolice e sopratutto del rostello, sul quale vi sono ancora molti dati incerti ed altri anche erronei. Così per il rostello dell'*Hymenolepis murina*, studiato da molti autori (Leuckart, Grassi e Calandruccio, R. Blanchard, Zograf) nel quale si ammettono muscoli circolari e longitudinali od anche semplicemente muscoli spirali (Zograf), io sono venuto alla conclusione collo studio comparato di rostelli estroflessi, introflessi ed in posizione intermedia, che vi sono semplicemente in esso dei muscoli longitudinali variabile di configurazione a seconda delle varie posizioni del rostello. Inoltre ho trovato assai complicata la formazione del detto rostello, sebbene fondamentalmente essa si possa riportare al tipo di quello della *T. crassicollis*, che è stato anch'esso oggetto di ricerche da parte di numerosi osservatori. Così ho visto che nell'interno di esso si ramificano due vasi acquiferi partenti dal sistema dei vasi acquiferi dello scolice; che lateralmente e verso il terzo posteriore vi sono due accumuli di piccole cellule ramificate, che potrebbero interpretarsi come gangli nervosi proprî del rostello, e che lateralmente, sul terzo anteriore vi è uno spazio interposto fra il tegumento e la massa muscolare, nel quale si invagina porzione del tegumento stesso del terzo anteriore nell'atto della retrazione del rostello; e infine vi è una massa di muscoli proprî degli uncini, di forma lenticolare, posta all'apice del rostello e separata dai muscoli retrattori proprî del rostello da un cuscinetto conico di sostanza fibrillare e di aspetto caratteristico. La disposizione e la forma di tutte queste parti intrinseche del rostello, varia assai negli stati di estensione e di retrazione di esso, insieme alla forma generale di tutto l'organo.

Infine va rilevato che le Tenie fissate alla parete intestinale producono tutto al più lesioni locali limitate al punto in cui aderiscono, o che si estendono per un raggio di qualche millimetro all'intorno. È quindi poco probabile che nell'uomo soltanto esse possano produrre lesioni estese ad una gran parte della mucosa intestinale, come in molti casi è stato ammesso dai dai reperti necroscopici di persone invase da questi parassiti. Così fra le specie da me studiate vi è l'*Hymenolepis murina*, da taluni creduta identica od al più una semplice varietà dell'*H. nana* dell'uomo, la quale, come abbiamo visto, non determina che una piccolissima degenerazione dell'epitelio, localizzata nel punto di contatto fra il rostello e l'epitelio stesso, e talvolta un rialzo formato dall'aspirazione delle ventose. Sebbene Grassi e Calandruccio esaminando la stessa specie nello stesso ospite, abbiano asserito che nel punto in cui sta fissata, sembra circondata da connettivo ricco di leucociti, io ho trovato, riesaminando lo stesso preparato che servì ai detti autori per asserire questo fatto, che in realtà il connettivo della tunica propria in vicinanza del punto di attacco non è più ricco di leucociti del normale. In ogni modo, se nell'intestino umano la *H. murina* o *nana* agisce come nell'intestino del topo, non si possono certamente attribuire a questo Cestode le gravissime alterazioni anatomiche riscontrate in qualche caso di *H. nana* nella mucosa intestinale dell'uomo (casi di Visconti e Segre e caso di Grassi) estese per gran parte del tenue; e ciò sembra tanto più probabile, perchè in una grandissima percentuale di reperti di *H. nana*, gli individui infetti non presentano alcun disturbo. È quindi ammissibile che le lesioni riscontrate nel tenue dell'uomo in presenza di *H. nana*, siano piuttosto attribuibili a fatti patologici concomitanti colla presenza del Cestode e non derivati da questo. Altrettanto però non si può dire per i fenomeni nervosi che si constatano in taluni bambini infetti da *H. nana* e che scompariscono dopo la eliminazione di questa, perchè forse essi possono attribuirsi ad un veleno segregato dal parassita, che non altera la costituzione anatomica dell'intestino, ma agisce sui centri nervosi.

Anatomia. — *Osservazioni sopra l'anatomia degli Pseudo-scorpioni.* Nota del dott. FELICE SUPINO, presentata dal Socio B. GRASSI.

Quantunque sopra l'anatomia degli Pseudoscorpioni esista il completo lavoro di Croneberg ([1]), ho creduto tuttavia opportuno riprendere l'argomento, per chiarire alcune quistioni controverse e per spiegare talune cose che nella memoria del Croneberg mi sembravano poco soddisfacenti. Ond'è che nella presente Nota io, avendo nella maggior parte delle cose riscontrato esattamente quanto disse il Croneberg, anziché esporre per intero l'anatomia degli Pseudoscorpionidi, per la quale rimando al suo lavoro, mi limiterò a trattare appunto di quelle quistioni e di quelle nuove interpretazioni che ho creduto di dare ad alcuni organi.

Non starò a parlare della tecnica da me adoperata, perchè non presenta niente di speciale; certo che, a differenza di quanto ha fatto il Croneberg, mi sono occupato ed ho dato maggiore importanza allo studio istologico dei varî organi che alla semplice dissezione.

Solo dirò che, essendo questi animali fortemente chitinizzati, occorre una buona fissazione ed inclusione, se si vogliono ottenere sezioni regolari nelle quali la chitina e le altre parti non si trovino spostate; ed io ho potuto avere buone preparazioni, uccidendo e fissando al tempo stesso gli animali con la soluzione acquosa satura di sublimato bollente.

Le colorazioni che mi hanno dato migliori risultati sono l'orceina, l'emallume, e l'emallume ed eosina o safranina.

Ho creduto opportuno di dare alcune figure a complemento della descrizione di quelle parti dell'anatomia che più mi sembrarono degne di attenzione. La specie da me presa in esame è il *Chernes Hanii* Koch o *Chelifer cimicoides* Fabr., la quale io trovai molto facilmente ed in abbondanza nel fieno e fra i calcinacci dei muri vecchi in vicinanza dei fienili.

Ghiandole. — Fra le ghiandole conviene prima di tutto menzionare quelle che si trovano nel cefalotorace. Esse, come già sappiamo e come descrisse giustamente anche il Croneberg, sono in numero di due, presentano grandezza variabile e si trovano collocate al di sopra del ganglio cefalico in modo da ricoprirlo completamente. I loro condotti escretori penetrano nei cheliceri e vanno a sboccare all'apice del dito mobile (fig. 1 *a*). Ma quello che più che altro qui ci interessa, è il significato fisiologico di queste ghiandole.

([1]) Croneberg, *Beitrag zur Kenntniss des Baues der Pseudoscorpione.* Bull. Soc. Imp. d. Naturalistes. Moscou, n. 3, 1888.

Il Croneberg ammette che esse sieno gli organi della seta, ed è indotto a pensar ciò, prima di tutto perchè non ha trovato ghiandole della seta in nessuna altra parte del corpo, e poi perchè a lui sembra che l'intera struttura della chela sia più atta ad agire come organo riordinatore dei fili della seta, che non come organo di prensione.

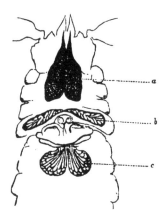

Fig. 1.

Figura in parte ricostruita per mostrare la posizione relativa delle varie ghiandole — a) ghiandole velenifere; b) ghiandole della seta; c) ghiandole adesive (Ob. 2 oc. 2 Koristka).

. Secondo le mie ricerche le cose andrebbero diversamente.

Intanto io sarei indotto a non considerare queste ghiandole come organo della seta, e ciò sia perchè ho potuto riscontrare le ghiandole tessili in altra parte del corpo, come ora vedremo, sia perchè la loro struttura, il loro contenuto e anche la loro posizione, fa capire che non si può qui trattare di organi tessili.

Sembra logico escludere che si possa avere a che fare con ghiandole salivari, visto che non hanno alcun rapporto con l'apparato digerente; mentre confrontando queste ghiandole con quelle che si trovano in molti Araneidi, è logico interpretarle come organi velenosi. Anche la loro posizione fa pensare che esse non soltanto sieno analoghe alle ghiandole velenose che si trovano negli Araneidi, ma anche omologhe.

Di più, nel loro interno si vedono come tante goccioline che fanno pensare ad una sostanza liquida che non ha niente a che fare con sostanza serica; non presentano struttura tale che possa nemmeno farle assomigliare a ghiandole tessili, ed inoltre esse sboccano nei cheliceri, ciò che secondo me è una prova di più che si tratta di organi velenosi. Infatti è più naturale ammettere che i cheliceri servano ad uccidere e prendere la preda, che non, come vuole il Croneberg, a riordinare i fili della seta.

Altre ghiandole che c'interessano, sono quelle che si trovano al di dietro (lato caudale) dell'apertura sessuale (fig. 1, c). Esse hanno forma diversa nei due sessi e la loro struttura fu descritta così bene dal Croneberg, che ritengo inutile di trattarla qui. Anche sul loro significato fisiologico io sono d'accordo col Croneberg, ritenendo che debbano considerarsi non come organi tessili, come vuole qualcuno, ma piuttosto come ghiandole di adesione facenti parte dell'apparato sessuale.

Ma oltre le ghiandole finora descritte, ne esistono delle altre la cui presenza è probabilmente sfuggita al Croneberg e agli altri osservatori, e queste sono appunto quelle che io ritengo ghiandole tessili.

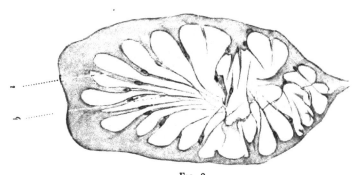

FIG. 2.

Sez. di una ghiandola della seta molto ingrandita (Ob. 8. oc. 3 Koriostka).

Già Menge (¹) aveva descritto nei Chernetidi i tubi tessili, e li aveva riscontrati prima dell'apertura sessuale; ma il Croneberg ha poi riconosciuto che ciò che Menge riteneva per tubi tessili, non erano invece che ripiegature chitinose, le quali perciò non avevano niente a che fare con ghiandole.

Io però ho riscontrato che dal lato cefalico o anteriore dell'apertura sessuale, esistono due ghiandole la cui struttura ed il cui contenuto non possono far dubitare di avere a che fare con organi della seta (fig. 1 b, 2). Le figure, mi pare, spiegano a sufficienza la cosa. Esse, in una sezione orizzontale, si presentano sotto forma di due sacchi molto allargati che possiedono, come tutte le ghiandole sericifere, una tunica propria e una tunica intima. Nel loro lume sporgono tanti tubilli cuticolari (fig. 2a) dai quali si vedono uscir

(¹) Menge, *Ueber die Scheerenspinnen*. N. Schr. d. Naturf. Gesellsch. zu Danzig. Bd. 5. 1885.

fuori i fili della seta (fig. 2*b*). Queste ghiandole si trovano collocate alla base del cefalotorace a livello del quarto paio di arti, e il loro sbocco avviene, con un unico condotto per ciascuna ghiandola, in corrispondenza del primo segmento addominale.

Dunque, concludendo, esistono nel corpo degli Pseudoscorpionidi tre paia di ghiandole principali: un paio al cefalotorace, velenifere; un paio dal lato cefalico degli organi sessuali, tessili; e un paio dal lato caudale degli organi sessuali, adesive.

Ciò è importante per il fatto, che oggi da tutti si ritiene che le ghiandole della seta si trovino in questi animali al cefalotorace, ed anche in alcuni dei migliori trattati di Zoologia e Anatomia comparata, si accenna a questa disposizione, che io credo ormai aver dimostrata erronea. Con tale spiegazione, anche la funzione dei cheliceri ritorna, mi pare, nei suoi confini naturali.

Apparecchio digerente. — Ciò che di questo apparecchio ci interessa maggiormente, è il così detto fegato o ghiandola addominale. Più propriamente dovrebbe chiamarsi ghiandola epato-pancreo-nefrica, poichè essa ha insieme all'intestino parte importante nella digestione e probabilmente funge anche da organo escretore, mancando qui i tubi Malpighiani. Essa occupa quasi tutta la cavità del corpo dell'animale ed è costituita di tanti lobi quanti sono i segmenti. Questi lobi sono formati di un'esile membrana dentro la quale si trovano cellule ripiene di granulazioni e di goccioline di color bruno o giallo e formano nell'insieme un apparecchio molto complicato. I lobi comunicano tra loro e vanno a sboccare nell'intestino.

Apparecchio circolatorio. — Sul cuore degli Pseudoscropioni esistono controversie fra i vari autori. Lasciando da parte Menge che non ha potuto riscontrarlo, Daday [1] trovò che esso è costituito da un vaso dorsale avente quattro ostii per lato, e terminante alla sua estremità posteriore con un rigonfiamento a forma di rosetta. Questa rosetta è formata di otto ventricoli piriformi a pareti muscolari spesse, divisi in tre gruppi, uno centrale più grande costituito di due ventricoli, e due laterali simmetrici di tre ventricoli ciascuno. Il Winkler [2] invece ha osservato che il cuore dell'*Obisium* è costituito di un tubo terminante in punta e con un solo ostio da ogni lato collocato all'orlo inferiore del cuore.

Secondo il Croneberg le cose andrebbero altrimenti, ed io ho potuto riscontrare la verità delle sue asserzioni. Il cuore dunque è formato di un vaso

---

[1] Daday, *As'Alskorpiók vérkeringési sservéröl*. Természetrajzi Füzetek. Vol. IV. p. 4. 1880.

[2] Winkler, *Das Herz der Acariden*. Wien 1886.

dorsale che va dal ganglio cefalico al quarto segmento addominale. Esso nel *Chernes* presenta tre ostii per lato e termina alla sua estremità posteriore tripartito. È rivestito, secondo le mie osservazioni, da una marcata muscolatura longitudinale ed obliqua che forma una fitta rete.

Organi sessuali. — Anche dell'apparecchio sessuale parlò molto diffusamente il Croneberg. A me preme solo accennare che l'apparecchio sessuale

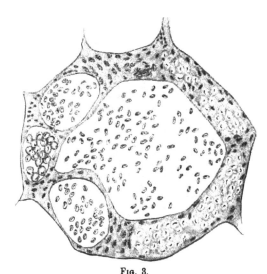

Fig. 3.

Sez. di testicolo molto ingrandito (Ob. 5, oc. 3 Koristka).

maschile consta di un testicolo impari mediano, la cui grandezza e forma è variabilissima potendo andare da quella allungata a guisa di tubo, a quella rotondeggiante, quasi sferica. Esso è diviso per mezzo di tessuto connettivo in vari scompartimenti nei quali si trovano gli spermatozoi a vario stadio di sviluppo, come appare dalla fig. 3. Senza che io mi dilunghi in descrizioni, uno sguardo alla figura servirà a spiegare bene la cosa.

In tutto il resto dell'anatomia degli Pseudoscorpioni, le mie osservazioni collimano perfettamente con quanto trovò il Croneberg. ed è perciò che non credo opportuno trattarne, rimandando gli studiosi alla sua monografia.

P. B.

INDICE DEL VOLUME VIII, SERIE 5ª. — RENDICONTI

1899 — 1º Semestre.

INDICE PER AUTORI

INDICE PER MATERIE

ERRATA-CORRIGE

A pag. 10 nelle formole, che succedono alla segnatura (β) in margine, si ponga $a = 0$.

Le righe 9 a 12 della pag. 107, (Nota *Almansi*) debbono essere inserite a pag. 106 dopo la riga 15.

A pag. 208 quint'ultima riga invece di *insegnamento*, leggere *l' inconveniente*.

A pag. 331 lin. 11, la formula a destra $= 2H^2O + (CHO)_2 \, N^2 \, C^2 \, H^2$ deve essere
diformiltetrazolina
corretta nel seguente modo $= 2H^2O + (CHO)_2 \, N^4 \, C^2 \, H^2$
diformiltetrazolina

A pag. 439, alle ultime quattro linee si sostituisca:
« per i valori di $Of(x)$ eguali ai massimi o minimi di $f(x)$, cioè a $f(x_1)$, $f(x_2)$, $f(x_3)$ ... $f(x_m)$ e per i valori $f(a)$ ed $f(b)$; si devono però eccettuare fra questi valori quei due che rappresentano i valori estremi della $f(x)$ nell'intervallo (a, b) ».

ATTI

DELLA

REALE ACCADEMIA DEI LINCEI

ANNO CCXCVI.

1899

SERIE QUINTA

RENDICONTI

Classe di scienze fisiche, matematiche e naturali.

VOLUME VIII.

2ª SEMESTRE.

ROMA

TIPOGRAFIA DELLA R. ACCADEMIA DEI LINCEI

PROPRIETÀ DEL CAV. V. SALVIUCCI

1899

RENDICONTI

DELLE SEDUTE

DELLA REALE ACCADEMIA DEI LINCEI

Classe di scienze fisiche, matematiche e naturali.

———

MEMORIE E NOTE
DI SOCI O PRESENTATE DA SOCI

pervenute all'Accademia sino al 2 luglio 1899.

~~~~~~~~~~~~

Fisica terrestre. — *Riassunto della sismografia del terremoto del 16 novembre 1894. Parte 1ª: Intensità, linee isosismiche, registrazioni strumentali.* Nota del Corrispondente A. RICCÒ.

Per varie ragioni la Commissione incaricata dal Governo di studiare il terremoto del 16 novembre 1894 non ha potuto ancora pubblicare la sua relazione: questa si compone della parte geologica, della parte storico-topografica dei terremoti precedenti, della parte sismologica e della parte tecnica. Credo opportuno di dare intanto all'Accademia un riassunto della parte sismologica di cui sono relatore.

Intensità, linee isosismiche. — Abbiamo visitato 80 centri abitati fra i più tormentati dal terremoto: abbiamo avuto notizie particolareggiate di altri 20 dal R. Corpo del Genio civile di Reggio C., per altri 70 luoghi abbiamo ricavato i necessarî dati dal Supplemento N. 113 del Bullettino meteorico dell'Ufficio centrale di Meteorologia e Geodinamica.

Per queste 170 località abbiamo prima fatto la graduazione dell'intensità degli effetti del terremoto, scrivendole nell'ordine del danno crescente; poi abbiamo espressa l'intensità in numeri secondo la scala Rossi-Forel; abbiamo poscia trasportato i detti numeri sopra carte topografiche, e quindi tracciate le linee isosismiche, date nell'unita figura 1.

L'area epicentrale, limitata dalla isosismica del grado 10, ove maggiori furono le rovine, è nel circondario di Palmi: comprende Seminara, Santa Eufemia, Sant'Anna, col massimo nella borgata di San Procopio.

Le massime dimensioni in chilometri e le superficie in chilometri quadrati comprese dalle diverse isosismiche sono le seguenti:

Isosismiche	Massima dimensione in Chilom.	Superficie in Chilom. quad.
10	15	80
9	40	806
8	97	9170
7	120	15780
6	160	24600
5	200	37670
4	280	54530
3	330	80850
2	415	113670

L'area epicentrale è reniforme, perchè comprende, fra Sinopoli e Meli-
cuccà, uno spazio ove i danni furono minori. Le altre isosismiche sono all'ingrosso concentriche alla prima, ma irregolarmente, e deformate variamente;
in generale si espandono notevolmente a ponente verso le Eolie, sono schiac-
ciate e strette le une presso le altre a levante indicando con questo una
rapida diminuzione dell'intensità, certamente prodotta dalla grande massa
dell'Aspromonte. Inoltre si notano le seguenti anomalie:

L'isosismica 9 si estende molto verso Rosarno, città fondata sopra arena
sciolta.

L'isosismica 8 si estende a nord in modo da comprendere Soriano, che
fu centro di fortissimo terremoto al 28 marzo 1783; si estende anche verso
la punta peloritana della Sicilia, indicando che essa fu singolarmente scossa.

L'isosismica 7 si estende a nord-est, verso Borgia che fu centro secondario di grandi scosse nel 1783.

L'isosismica 6 si estende a sud in modo da comprendere l'Etna.

L'isosismica 5 e seguenti si estendono verso sud-sud-est in modo da comprendere il focolare del grande terremoto del 1693 in Val di Noto.

Quest'andamento delle isosismiche indica o che gli antichi focolari geodinamici si risvegliarono al momento del terremoto del 1894, oppure che in
quelle località la scorza terrestre, essendo sconquassata od anche rotta dai
precedenti terremoti o dalle eruzioni, fu più fortemente agitata da questo
terremoto. Siccome nè l'Etna, nè i vulcani, nè le fumarole, nè le altre manifestazioni delle forze endogene nelle Eolie diedero alcun indizio d'aumento
di attività, la seconda spiegazione dell'andamento delle linee isosismiche pare
più probabile.

Inoltre, tracciando le isosismiche sopra una carta geologica, si osservano
le seguenti relazioni del loro andamento colla costituzione del suolo.

Isosismiche
del
Terremoto

del 1894 _____ 10, 9, 8 ...
del 1783 .... XI, X, IX ...

Fig. 1.

La due zone di maggiore intensità del terremoto 10 e 9 giacciono sopra terreno vario, discontinuo, incoerente, ove si alternano il gneis disaggregato e roccie sedimentarie poco o nulla coerenti.

L' isosismica 8 segue a nord il limite settentrionale del granito di Briatico, a nord-est ed est segue il contorno del massiccio granitico di Serra San Bruno.

La isosismica 6 a nord segue il limite dei graniti di Catanzaro.

Le isosismiche 7, 6, 5, oltre l' istmo di Squillace, si stringono l' una presso l'altra, indicando una rapida diminuzione di intensità, che potrebbe dipendere dalla frattura della roccia cristallina che stacca la penisola costituente la Calabria Ulteriore I^a dal resto della Calabria, che fu meno scosso.

L' isosismica 4 si allarga a nord-est in modo da varcare gran parte del massiccio granitico della Sila, e ne segue il limite orientale.

Tutto ciò dimostra che le linee isosismiche seguono il contorno dei grandi massicci cristallini, perchè questi trasmettono il movimento tellurico da un loro versante all'altro con minore diminuzione di intensità, in confronto a ciò che avviene nelle roccie sedimentarie. L' andamento dell' isosismica 6 potrebbe spiegarsi con un eguale portamento della grande massa dell' Etna; e quello dell' isosismica 5 con una analoga azione del massiccio basaltico di Monte Lauro.

Le anomalie delle isosismiche 7 e 6 sullo stretto di Messina si possono spiegare colla frattura del cristallino, corrispondente allo stretto medesimo.

Danni ai fabbricati. — È assai difficile il confronto dei danni ai fabbricati in paesi diversi, poichè varia è la costruzione, l'ampiezza, il valore delle case: nei grandi centri urbani le case sono grandi, hanno parecchi piani, parecchi appartamenti, molti ambienti, buona costruzione, grande valore (in media circa L. 800 per camera), contengono gran numero di abitanti (in media 10 per casa). Nei piccoli centri rurali, specialmente in Calabria, le case sono piccole, persino di due soli ambienti, sono di pessima costruzione, perfino di mattoni crudi, hanno minimo valore (in media circa L. 200 per camera), contengono una sola famiglia (in media 2 persone per camera).

Quindi i danni per abitante in un grande ed in un piccolo centro sono in media rispettivamente:

$$\frac{800^l \times 10^{amb}}{10^{ab}} = 800^l \quad \text{e} \quad \frac{200^l \times 2^{amb}}{4^{ab}} = 100^l.$$

Dunque il valore del danno per abitante è maggiore nei grandi centri per il valore molto più grande delle case, ed a ciò reca piccolo compenso l'essere abitate da maggior numero di persone.

Invece il numero relativo delle case danneggiate per abitante o per 10,000 abitanti, è maggiore nei piccoli centri per la cattiva costruzione e perchè il numero delle case è maggiore in ragione del numero degli abitanti.

Il numero relativo delle case danneggiate, in confronto al numero totale delle case, è maggiore nei piccoli centri, per la cattiva e povera costruzione.

In conclusione, considerando il valore del danno si esagera l'effetto del terremoto nei grandi centri; considerando il danno ai fabbricati, tanto relativamente al numero degli abitanti, che al numero delle case, si esagera l'effetto del terremoto invece nei piccoli centri abitati.

Non è dunque sperabile di avere la misura dell'intensità del terremoto dalle statistiche dei danni subìti dai fabbricati. Però queste statistiche costituiscono dati di fatto, che importa di raccogliere.

Il dato più semplice è quello dei comuni esentati dal pagamento delle imposte coi decreti del R. Commissario comm. Gallo.

In provincia di Reggio C., il limite inferiore dei danni per l'esenzione è dato da Siderno e Cittanova, ove l'intensità del terremoto da noi fu stimata 7 ½, che corrisponde a lesioni leggere. Nel circondario di Monteleone il detto limite è dato da Parghelia, ove l'intensità del terremoto fu pure stimata 7 ½. In provincia di Messina il detto limite è dato da Santo Stefano di Briga, ove l'intensità fu stimata 8.

Vi è dunque un notevole accordo nel limite dei danni per l'esenzione dalle tasse nelle diverse provincie funestate dal terremoto.

Per mezzo delle R. Prefetture abbiamo poi ottenuto dalle Agenzie delle imposte delle provincie di Reggio C. e Messina la statistica dei danni ai fabbricati, ossia il numero delle case che in ciascun comune furono danneggiate *leggermente* o *gravemente*, che crollarono *parzialmente* o *totalmente* e per alcuni comuni anche il valore del danno. Abbiamo poi ridotti questi numeri reali ai relativi per 10,000 abitanti; inoltre per avere l'effetto complessivo del terremoto, abbiamo moltiplicato i numeri relativi delle suddette quattro sopraindicate categorie di danni a, b, c, d rispettivamente pei coefficienti 1, 2, 3, 4, e poi abbiamo fatto le somme $(a + 2b + 3c + 4d)$, $(2b + 3c + 4d)$, $(3c + 4d)$, $(4d)$: le quali abbiamo ritenute proporzionali rispettivamente al danno di tutte le case danneggiate, delle case danneggiate gravemente, delle case crollate parzialmente, delle case crollate totalmente. Infine abbiamo fatto la graduazione delle diverse categorie di danni nei varî comuni, scrivendo il nome di questi nell'ordine dei danni decrescenti.

Nessuna di queste graduazioni coincide con quella ottenuta dalla ispezione dei luoghi devastati dal terremoto; in quella delle case crollate totalmente i piccoli centri risultano prima dei grandi centri quantunque più gravemente danneggiati: d'accordo con quanto si disse sopra sulla esagerazione dei danni nei piccoli centri, quando si mettono in rapporto alla popolazione. Qualche cosa d'analogo si trova anche nelle altre graduazioni.

Invece nella graduazione del valore del danno si nota una rilevante prevalenza dei grandi centri, anche quando notoriamente non furono i più danneggiati, sempre d'accordo alle considerazioni precedenti.

Abbiamo fatto la stessa discussione per le statistiche dei danni forniteci cortesemente dalla Direzione Tecnica dei lavori inerenti al terremoto (cui stava a capo il sig. colonnello del Genio militare A. Chiarle), nella speranza che questi dati, fossero in più stretta relazione coll'azione meccanica del terremoto, per essere stati preparati con unità di criterî *tecnici*, mentre quelli derivanti dalle diverse Agenzie delle imposte non possono avere unità di criterî, ed hanno poi scopo fiscale.

Ne abbiamo anche ricavato i danni relativi al numero delle case, e fatte le rispettive graduazioni ; ma queste graduazioni discordano tanto da quelle derivanti dai dati delle Agenzie delle imposte come da quelle ottenute da noi colle ispezioni dei luoghi.

Coi numeri relativi del danno complessivo ($a + 2b + 3c + 4d$), abbiamo tentato di tracciare le isosismiche, ma abbiamo ottenuto dei risultati assolutamente impossibili.

Dunque le statistiche dei danni ai fabbricati non possono servire a dare la misura, e neppure la graduazione dell'intensità dell'azione del terremoto nei varî luoghi, mentre ciò riesce colla applicazione della nota scala Rossi-Forel.

Però quelle statistiche forniscono il dato importante del danno reale e relativo nei varî comuni e nell'insieme delle provincie funestate dal terremoto; e si ha:

In 124 comuni danneggiati della provincia di Reggio C.

	Case danneggiate leggermente	Case danneggiate gravemente	Case crollate parzialmente	Case crollate totalmente
Numero reale . . .	20708	10488	3527	916
Per 10000 abitanti .	466	236	79	21
Per 10000 case . .	1973	1000	366	87

In 15 comuni danneggiati della provincia di Messina

Numero reale . . .	5349	4193	228	6
Per 10000 abitanti .	269	210	11	< 1
Per 10000 case . .	1850	1453	79	2

Inoltre da dati ufficiali risulta che il danno complessivo in prov. di Reggio C. fu di circa 25 milioni di lire.

Morti e feriti. — Anche il numero delle vittime può dare una idea della intensità di un terremoto: ma circostanze fortuite possono influire molto sul detto numero; come se il terremoto avvenne di giorno, quando la gente in gran parte è fuori, od almeno pronta per fuggire dalle case, o invece di notte quando tutti sono coricati od addormentati; oppure se avvenne nelle ore in cui la gente è raccolta in casa per i pasti, nelle chiese per devozione, nei convegni per divertimento.

Nel caso presente S. Procopio ha avuto anche il triste primato del numero di vittime, assoluto e relativo per popolazione, oltre che per causa della
intensità, per essere ivi molte persone raccolte in chiesa.

In Palmi invece le vittime furono fortunatamente poche, perchè gran
parte della popolazione era fuori dell'abitato in processione. In generale poi
può dirsi che se in questo terremoto il numero dei morti e feriti non fu maggiore di quel che è stato, devesi in gran parte alle scosse premonitrici, anteriori
alla maggiore delle 18^h, 50^m, (specialmente quelle di ore 6 $^1/_4$ e di mezzodì),
le quali misero in guardia quelle popolazioni, che di frequente sono provate da
simili calamità e che conservano viva la tradizione delle antiche catastrofi.

Si ebbero a deplorare in tutto un centinaio di morti, più di 460 feriti
gravemente e più di 500 feriti leggermente; la maggior parte delle vittime
era nell'area epicentrale, quasi tutte entro l'isosismica 9, pochissime al di là.

Registrazione degli strumenti sismici. — La descrizione ed i dati forniti dagli strumenti sismici d'Italia e di Nicolajew (Russia) si trovano com-
pendiati nella Tabella I: aggiungo che in Catania ¡il terremoto fu registrato
anche da un sismometrografo Brassart a lastra affumicata, il quale diede un
bel sismogramma, ma che durò solo per un minuto, durata del movimento
della lastra affumicata: però la parte prima e principale del terremoto può
essere analizzata perfettamente con questa registrazione.

Essa comincia quando il movimento degli indici è 1,5 mm. di ampiezza
(cioè quando quello del suolo è 0,15 mm.): le oscillazioni si mantengono piccole,
inferiori al centimetro per 9^s; poi vengono le grandi oscillazioni, le quali
dopo altri 23^s raggiungono la massima ampiezza di 43 mm. per la componente nord-sud, di 40 mm. per la est-ovest, di 9 mm. per la verticale;
dopo l'oscillazione per le componenti orizzontali continua ancora, ed anche
quando il carrello era fermo, ma meno ampia: invece cessa per la verticale.

Dalla composizione dei movimenti risulta che nei primi 9^s le oscillazioni preliminari furono quasi esclusivamente orizzontali colla direzione
NE-SW, che prossimamente è quella dell'epicentro rispetto Catania, poi
vengono diversi gruppi di grandi oscillazioni verticali ed orizzontali con direzioni varie: il periodo delle oscillazioni orizzontali (semplici) è 0^s,54, minore dello strumentale che è 0^s,88, e perciò le oscillazioni registrate non
sono strumentali.

Il periodo delle oscillazioni verticali è alquanto più lento dello strumentale che è 0^s,25. Prima e dopo il massimo in discorso si hanno oscillazioni
di forma complicata, con periodo generalmente più lento dello strumentale.

Anche il puteometro registrò il movimento sismico; quest'apparato è applicato ad un pozzo profondo una trentina di metri, scavato attraverso tutte
le lave, fino al terreno pliocenico; un galleggiante sull'acqua, mediante un
filo metallico ed un congegno simile al parallelogramma di Watt, trasmette
il movimento del livello dell'acqua ad una penna che lo registra in gran-

dezza reale sopra una carta che percorre m. 0,04 al giorno: si ha una oscillazione brusca di 17 mm. verso l'alto e di 14 mm. verso il basso, poi il livello ritornò presso a poco allo stato primitivo, restando uno spostamento della penna verso l'alto di solo 1 mm., che potrebbe essere anche strumentale, per inerzia o gioco delle parti del puteometro.

I pendoli sismografici (pendoli semplici che segnano le oscillazioni con un ago posato sopra un vetro affumicato) hanno dato dei sismogrammi complicati, indicanti variazioni del piano di oscillazione, coi seguenti risultati:

Lunghezza del pendolo	Massima ampiezza dell'oscillaz.	Direzione prevalente dell'oscillazione
0^m 80	17^{mm}	NW — S
1 73	18	NNW — SSE
2 60	16	N — S

cioè ampiezza presso che uguale e direzione prevalente all'incirca perpendicolare a quella dell'epicentro.

All'Osservatorio Etneo il forte movimento sussultorio fece strappare il filo d'ottone del diametro di 0,8 mm., che sosteneva la massa di 10 kg. del pendolo sismografico, ed il diagramma andò perduto.

In Catania i 5 tromometri di varia lunghezza (pendoli semplici e liberi che si osservano col microscopio) fino alle ore 18 del 16 nov. 1894 avevano piccole oscillazioni, di ampiezza ordinaria: però dalle 15^h in poi le oscillazioni erano divenute circolari od elittiche, il che è indizio di turbamento sismico; alle ore 18, cioè 50^m prima della grande scossa, il tromometro lungo m. 1,50, attaccato al pilastro fondato sulla lava, aveva una oscillazione di $27''{,}4$, veramente maggiore dell'ordinario, *con direzione all'epicentro* del terremoto; alle $19^h{,}40^m$, cioè 50^m dopo il terremoto, tutti i tromometri avevano amplissime oscillazioni, con direzione prevalente all'epicentro.

Dalle registrazioni degli strumenti sismici si ricavano anche i seguenti dati, che sono riportati nella tabella I.

Durata. — Sembrerebbe che la durata del terremoto registrata dovesse diminuire colla distanza, e ridursi ad un semplice segno del massimo di intensità nelle stazioni più lontane: ciò non si verifica, non solo per la diversità degli strumenti sismici, ma ancora perchè ormai è dimostrato che nei sismometrografi molto sensibili la durata della registrazione cresce colla distanza dal centro di scuotimento, sia per ripetute riflessioni dello scuotimento tellurico, sia per la diversa velocità di propagazione delle varie sorta di onde sismiche: ciò è evidente nella durata di 11 minuti della registrazione del sensibilissimo microsismografo Vicentini in Siena.

Si noterà poi che mentre la durata del terremoto avvertita dalle persone in Catania non fu che di pochi secondi e la scossa non fu avvertita affatto dalle persone negli Osservatorî più lontani dall'epicentro, le registrazioni ebbero la durata di parecchi minuti.

Ampiezza. — L'ampiezza massima delle oscillazioni segnata dagli strumenti, divisa per l'ingrandimento può dare un'idea dell'ampiezza dell'oscillazione del suolo: nella tabella I si vede che è in generale decrescente colla distanza: l'anomalia del grande sismometrografo di Roma dipende dalla singolare grandezza della massa oscillante (200 kg.) per la quale sono insignificanti gli attriti delle penne e delle trasmissioni meccaniche del movimento alle medesime.

Intermittenze. — Tutte le persone che hanno fatto attenzione al modo di manifestarsi del terremoto, hanno notato che dopo raggiunto un primo massimo di intensità, parve che il suolo si acquetasse, ma poi il moto ripigliò con maggiore violenza. Gli strumenti registratori hanno dato parecchi gruppi di oscillazioni distinti da brevi periodi di calma.

In Catania il sismometrografo a lastra affumicata ha dato per lo meno tre gruppi di oscillazioni in tutte tre le componenti.

A Portici nella componente ENE-WSW vi sono tre gruppi, nella componente NNW-SSE cinque gruppi di oscillazioni. A Rocca di Papa nella componente NW-SE ve ne sono due. A Roma il sismometrografo medio nella componente NE-SW ne ha date due, tre o quattro nell'altra. A Siena la finissima registrazione del microsismografo dà nella componente WNW-ESE ben nove gruppi d'oscillazioni, separati da intervalli di riposo quasi completo: nella componente NNE-SSW si hanno circa altrettanti gruppi, però meno distinti.

Dunque deve ritenersi che la grande scossa risultasse di diversi impulsi distinti: ma è anche probabile che delle intermittenze sieno derivate da interferenze delle onde sismiche dirette e riflesse, od anche delle oscillazioni sismiche colle meccaniche dei pendoli degli strumenti sismici; e per le stazioni più lontane dall'epicentro è probabile che le intermittenze registrate derivassero anche dalla diversa velocità di propagazione delle differenti sorta di onde sismiche.

Direzione registrata. — Quando non è grande la velocità della carta o vetro su cui si fa la registrazione, non si può avere con sicurezza la direzione dell'oscillazione se non nel caso che il terremoto sia stato registrato da una sola componente. Ad ogni modo nella tabella I è indicata la direzione prevalente registrata, ricavata dai diagrammi meglio che si è potuto; confrontandola colla direzione dell'epicentro rispetto alla stazione, si vede che non si ha una decisa prevalenza della direzione delle oscillazioni colla or detta dell'epicentro; il che vuol dire che il movimento del suolo non è prodotto prevalentemente dalle onde sismiche longitudinali dirette, ma altresì da altre, dirette o riflesse.

La variabilità del piano d'oscillazione durante il terremoto, generalmente indicato dagli strumenti sismici è un'altra prova di ciò che si è detto sopra, sulla natura varia delle onde sismiche.

TABELLA I.

OSSERVATORI	Distanza dallo epicentro (hm)	Pendolo del sismometro			Principio	Massimo	Fine	Durata	Ampiezza		Direzione registrata prevalente	Direzione dello epicentro
		Lungh. (m)	Peso (kg)	Ingran.	(h m s)	(h m s)	(h m s)	(m s)	Osservata A (mm)	Ridotta A : Ingran. (mm)		
Catania (1)	112	1.0	10	10	18.48.50	18.51.57	18 55.30	6.40	30.0	3.0	NW — SE	NE
Portici (1) . . » .	318	1 0	20	10	18 48 50	18 51 0	18 55 50	5.30	8.2	0.82	WNW—ESE	SE
Ischia	220	Pendoli orizzontali			18 53 0	18 53 30	—	—	—	—	NW — SE	SE
Rocca di Papa (3) .	467	7 0	100	10	18 53 5	18 54 40	18 59 5	6.0	3.0	0.3	N — S (5)	SE
Roma (O. C. R.)(4) .	495	15 0	200	10	18 52 23	18 54 58	—	11.23	56.0	5.6	ENE — WSW	SE
Id. (2). .	495	6 0	100	10	18 52 26	18 55 31	19 8 49	—	12.5	1.25	—	—
Id. (1). .	495	1 5	10	10	18 53 11	—	18 55 56	2.45	1.0	0.1	—	—
Siena (3)	676	5 7	50	80	18 55 0	18 57 30	19 6 0	11.0	26.0	0.325	WNW — E8E	SE
Pavia (1)	945	4 5	40	10	18 55 45	18 58 40	19 0 3	4.28	0.25	0.025	N — S	SE
Nicolaiew	1623	Pendolo orizzontale			18 57 6	18 59 6	—	—	—	—	—	—

(1) Sismometrografo Brassart.
(2) Grande sismometrografo.
(3) Sismometrografo Vicentini.
(4) Grande sismometrografo a due velocità.
(5) Dai tromometri.

Matematica. — *Sulla deformabilità delle superficie a tre dimensioni.* Nota del dott. REMIGIO BANAL, presentata dal Socio BELTRAMI.

Se si indicano col nome di superficie a tre dimensioni delle varietà qualunque contenute nello spazio euclideo a quattro dimensioni, è noto dalle ricerche di molti geometri, principalmente del Beez e del Ricci, come ad esse non si estenda la proprietà delle superficie ordinarie a due dimensioni di poter esser deformate senza alterazione del loro elemento lineare: esse possono solo mediante traslazioni e rotazioni, quasi fossero rigide, mutar posto nello spazio. Questo teorema soffre tuttavia delle eccezioni, e il Killing ([1]) per il primo mise in luce una di queste, avendo dimostrato che le superficie ad n dimensioni contenenti una schiera di piani ad $n - 1$ dimensioni sono deformabili.

Successivamente lo Schur ([2]) intraprese una trattazione sistematica dell'importante questione; dopo aver dimostrato esistere altre superficie deformabili oltre quelle del Killing, riconduce, salvo casi speciali richiedenti una speciale trattazione, il problema stesso ad un'elegante questione di geometria a due dimensioni: determinare le superficie le quali, entro uno spazio sferico a tre dimensioni, sono deformabili in guisa che due sistemi di linee coniugate tracciate su di esse si trasformino in altri due della stessa specie. Sciogliere questo difficile problema non è riuscito allo Schur, nè ad altri, ch'io mi sappia, dopo di lui, nè per altra via, per quanto mi consti, furon fatti progressi degni di nota. In un mio studio sistematico sulle forme differenziali quadratiche ternarie di prima classe a curvatura totale nulla, del quale alcune parti si sono già pubblicate, io ritrovo e tratto, fra le altre questioni, quella della deformabilità, con metodi indipendenti da quelli dello Schur, fondandomi, secondo procedimenti oramai classici, sulla considerazione delle due forme fondamentali che competono ad una superficie a tre dimensioni. Qui presento, in parte riassunti da questo studio, in parte accennati soltanto, alcuni risultati concernenti la risoluzione del problema, per una classe, vastissima, delle tre in cui ho ripartite le forme differenziali di cui mi occupo; considerando il problema stesso dal lato che è, a mio avviso, il più importante, di stabilire un criterio per riconoscere se un elemento lineare dato appartiene ad una superficie a tre dimensioni deformabile. Questa Nota contiene inoltre tutti gli elementi essenziali per lo studio della que-

---

([1]) W. Killing, *Die Nicht-Euklidischen Raumformen*. Lipsia, Teubner, 1885, pagine 238, 239.

([2]) Fr. Schur, *Ueber die Deformation eines dreidimensionalen Raumes in einem ebenen vierdimensionalen Raume* (Mathematische Annalen, Bd. 28).

stione per la terza delle classi accennate, studio del quale mi riservo d'esporre i risultati in una prossima pubblicazione, mentre ho già fatti noti quelli riferentisi alla prima classe.

§ 1. Dato un elemento lineare positivo a tre variabili

$$\varphi = \sum_{1}^{3}{}_{rs} \, a_{rs} \, dx_r \, dx_s$$

io mi propongo di stabilire i criterî per riconoscere se esso appartiene ad una superficie a tre dimensioni deformabile o no. In linguaggio analitico mi propongo di riconoscere se per tale elemento esiste una seconda forma differenziale

$$\chi = \sum_{1}^{3}{}_{rs} \, b_{rs} \, dx_r \, dx_s$$

i cui coefficienti soddisfino alle note equazioni fondamentali del Ricci [1]:

(I) $\qquad\qquad |a| \, . \, \alpha'^{(rs)} = b_{r+1\,s+1} \, b_{r+2\,s+2} - b_{r+1\,s+2} \, b_{r+2\,s+1}$

(II) $\qquad\qquad\qquad\qquad b_{rst} = b_{rts}$

e in quali casi queste equazioni sian tali da definire i coefficienti b_{rs} (superficie non deformabili), o possano esser soddisfatte da un sistema di funzioni b_{rs} contenenti una o più costanti o funzioni arbitrarie (superficie deformabili [2]). È notissimo che se il determinante $|\alpha'^{(rs)}|$ e quindi il determinante $|b_{rs}|$ sono diversi da zero, le b_{rs} sono già definite dalle (I), e la superficie a tre dimensioni corrispondente, quando esista, quando cioè gli ottenuti valori delle b_{rs} soddisfino alle (II), non è deformabile. È pur notissimo che la proprietà la quale caratterizza geometricamente queste superficie è l'esser diversa da zero la curvatura totale (prodotto delle tre curvature principali) che ad esse appartiene.

Consideriamo le superficie per le quali i due determinanti precedenti sono nulli [3]. Nella mia Memoria: *Sulle varietà a tre dimensioni con una curvatura nulla e due eguali* (Annali di Matematica pura e applicata, 1896) io dimostrai che le condizioni necessarie e sufficienti affinchè una forma dif-

---

[1] Per tutte le proprietà relative alle forme differenziali quadratiche e per le operazioni col metodo del calcolo differeziale assoluto contenute in questa Nota, veggasi: Ricci, *Dei sistemi di congruenze ortogonali*: Memorie della R. Accademia dei Lincei, serie V, vol. II.

[2] Nelle equazioni (I), (II), $|a|$ è il discriminante della forma φ; $\alpha'^{(rs)}$ i simboli di Riemann relativi alla forma stessa; b_{rst} le derivate covarianti delle funzioni b_{rs}.

[3] Si osservi che insieme col determinante $|\alpha'^{(rs)}|$ si annullano i suoi minori di secondo ordine, il che è espresso dalle equazioni (III).

ferenziale quadratica ternaria φ appartenga ad una superficie di questa classe sono:

1°) che i simboli di Riemann della forma φ verifichino le equazioni:

(III) $$a'^{(rs)} = G \cdot a^{(r)} \cdot a^{(s)} \; ; \quad \Sigma_r \, a^{(r)} \, a_r = 1$$

G essendo un invariante la cui forma generale è $\Sigma_{rs} \, a_{rs} \, a'^{(rs)}$, e che rappresenta la curvatura di Gauss (prodotto delle due curvature non nulle) della superficie;

2°) che le equazioni (II) possano esser soddisfatte con funzioni della forma

(IV) $$b_{rs} = c \beta_r \beta_s + g \gamma_r \gamma_s$$

β_r, γ_r essendo due sistemi semplici che verificano le equazioni

(a) $$\Sigma_r \, a^{(r)} \, \beta_r = 0 \; ; \quad \Sigma_r \, a^{(r)} \, \gamma_r = 0 \; ; \quad \Sigma_r \, \beta^{(r)} \, \gamma_r = 0$$

(b) $$\Sigma_r \, \beta_r \, \beta^{(r)} = 1 \; ; \quad \Sigma_r \, \gamma^{(r)} \, \gamma_r = 1$$

e c, g due funzioni legate dalla

(c) $$c \cdot g = G$$

le quali, mutato il segno, rappresentano le due curvature non nulle della superficie considerata. Trasformando le (II) con l'introdurre le nuove funzioni β_r, γ_r, c, g, e riducendo le equazioni trasformate a forma invariantiva, si hanno le:

(1) $$\Sigma_r \, a^{(r)} \, \lambda_r = 0 \; ; \quad \Sigma_r \, a^{(r)} \, \mu_r = 0$$

(2) $$\begin{cases} c(\Sigma_r \, a^{(r)} \, \varrho_r + \Sigma_r \, \gamma^{(r)} \, \lambda_r) - g \Sigma_r \, a^{(r)} \, \varrho_r = 0 \; ; \\ c \Sigma_r \, a^{(r)} \, \varrho_r + g(\Sigma_r \, \beta^{(r)} \, \mu_r - \Sigma_r \, a^{(r)} \, \varrho_r) = 0 \; ; \\ c \Sigma_r \, \gamma^{(r)} \, \lambda_r - g \Sigma_r \, \beta^{(r)} \, \mu_r = 0 \end{cases}$$

(3) $$c \Sigma_r \, \beta^{(r)} \, \lambda_r = \Sigma_r \, a^{(r)} \, c_r \; ; \quad g \Sigma_r \, \gamma^{(r)} \, \mu_r = \Sigma_r \, a^{(r)} \, g_r$$

(4) $$(c - g) \Sigma_r \, \beta^{(r)} \, \varrho_r + \Sigma_r \, \gamma^{(r)} \, c_r = 0 \; ; \quad (c - g) \Sigma_r \, \gamma^{(r)} \, \varrho_r + \Sigma_r \, \beta^{(r)} \, g_r = 0$$

le $\lambda_r, \mu_r, \varrho_r$ essendo date dalle posizioni

$$\lambda_s = \Sigma_r \, a^{(r)} \, \beta_{rs} \; ; \quad \mu_s = \Sigma_r \, a^{(r)} \, \gamma_{rs} \; ; \quad \varrho_s = \Sigma_r \, \beta^{(r)} \, \gamma_{rs} \, .$$

Divideremo queste equazioni in tre gruppi:

1° gruppo: equazioni da cui si possono fin d'ora eliminare le funzioni incognite; sono le

(5) $$\Sigma_s \, a^{(s)} \, a_{rs} = 0$$

equivalenti alle (1), e la

(6) $$G \Sigma_{rs} \, a^{(rs)} \, a_{rs} + \Sigma_r \, a^{(r)} \, G_r = 0$$

che risulta dalle (3) moltiplicando la prima per g, la seconda per c e sommando. In queste equazioni le α_{r_i} e le G_r rappresentano le derivate covarianti rispettivamente delle funzioni α_r e G.

2° gruppo: equazioni che contengono le indeterminate c, g, soltanto algebricamente. Sono le (2) e si riducono a due distinte.

3° gruppo: equazioni che contengono le derivate di c, g. Si possono assumere per esse le (6) assieme ad una delle (3), p. es. la prima. Eliminando una delle funzioni c, g, p.e. g mediante la relazione (c) e posto $c^2 = z$, abbiamo:

$$(7) \quad \begin{cases} \Sigma_r \, \alpha^{(r)} \, z_r = 2z \, \Sigma_r \, \beta^{(r)} \, \lambda_r \\ G \Sigma_r \, \beta^{(r)} \, z_r = 2z \, \left\{ \Sigma_r \, \beta^{(r)} \, G_r + (z - G) \, \Sigma_r \, \gamma^{(r)} \, \varrho_r \right\} \\ \Sigma_r \, \gamma^{(r)} \, z_r = 2(G - z) \, \Sigma_r \, \beta^{(r)} \, \varrho_r \end{cases}$$

§ 2. Le equazioni del 1° gruppo rappresentano condizioni a cui devono soddisfare i coefficienti della forma φ, affinchè essa appartenga ad una superficie a tre dimensioni. Dall'esame delle equazioni del 2° gruppo si rileva che se è nullo uno degli invarianti $\Sigma_r \, \gamma^{(r)} \, \lambda_r$, $\Sigma_r \, \beta^{(r)} \, \mu_r$, è nullo anche l'altro, ed è altresì nullo il terzo invariante $\Sigma_r \, \alpha^{(r)} \, \varrho_r$, oppure è $c = g$. Quindi potremo ripartire tutte le superficie a tre dimensioni a curvatura totale nulla in tre classi:

1ª classe: superficie per cui le due curvature principali c , g sono eguali. Caratteristica di esse è il potersi in *infiniti modi* ridurre insieme l'elemento lineare e la seconda forma fondamentale che loro compete a contenere soltanto i quadrati dei differenziali delle variabili. Geometricamente esistono in una varietà di questa classe infiniti sistemi tripli ortogonali tali che due qualunque dei sistemi di superficie a due dimensioni che compongono ciascuno di essi si tagliano lungo le linee di curvatura della varietà stessa. Lo studio di questa classe forma l'oggetto della mia Memoria già ricordata; e la questione della deformabilità delle superficie che ad essa appartengono è completamente risolta nell'altro mio lavoro: *Sugli spazii a curvatura costante* (Rendiconti della R. Accademia dei Lincei, serie V, vol. VI e VII).

2ª classe: superficie per le quali le equazioni (2) sono soddisfatte simultaneamente da

$$\Sigma_r \, \alpha^{(r)} \, \varrho_r = \Sigma_r \, \beta^{(r)} \, \mu_r = \Sigma_r \, \gamma^{(r)} \, \lambda_r = 0 \, .$$

Loro caratteristica è il potersi *in un sol modo* compiere nelle due forme fondamentali φ, χ la riduzione accennata precedentemente; geometricamente esiste in una di queste superficie *un sol sistema* triplo ortogonale di tal natura che i sistemi di superficie che lo compongono si tagliano due a due lungo le linee di curvatura di essa. Di questa classe, che chiameremo *classe Γ*, si occupa questa Nota.

3ª classe: superficie per le quali gli invarianti che compaiono nelle equazioni (2) sono diversi da zero. Non è possibile per esse effettuare la precedente riduzione simultaneamente nelle due forme φ, χ; e le loro linee di curvatura non possono essere le intersezioni dei sistemi di superficie a due dimensioni di alcuno dei sistemi tripli ortogonali in esse esistenti. Veggasi il § 6.

§ 3. Considerando la seconda classe, io dimostro che una sola condizione è necessaria e sufficiente affinchè una superficie a tre dimensioni vi appartenga ed è la

(8) $$\Sigma_r \, \alpha_r(\alpha_{r+1\,r+2} - \alpha_{r+2\,r+1}) = 0$$

esprimente che le α_r sono proporzionali alle derivate di una medesima funzione; che la condizione precedente e le (5), associate, equivalgono alle

(5′) $$\alpha_{rs} = \alpha_{sr} \, ,$$

esprimenti che le α_r sono le derivate di una stessa funzione α; che infine le β_r, γ_r sono proporzionali alle derivate di due funzioni ε, η. Eguagliando queste e la α a costanti si hanno le equazioni di tre sistemi di superficie costituenti nella superficie a tre dimensioni considerata un sistema triplo ortogonale.

Ora si consideri quella che il Ricci chiama equazione algebrica caratteristica della congruenza α_r nelle varietà φ, e che nel caso nostro si riduce a

(Ω) $$\omega^2 + \omega \, \varDelta_{21}(\alpha) + \varDelta_{22}(\alpha) = 0$$

$\varDelta_{21}$ e $\varDelta_{22}$ essendo i noti parametri differenziali di secondo ordine della funzione α. Se questa equazione ha le radici ω_h, ω_k distinte, le β_r, γ_r sono completamente definite dalle:

(9) $\quad (\omega_h - \omega_h)\beta_r\beta_s = \omega_h(a_{rs} - \alpha_r\alpha_s) + \alpha_{rs} \, ; \quad (\omega_h - \omega_k)\gamma_r\gamma_s = \omega_h(a_{rs} - \alpha_r\alpha_s) + \alpha_{rs}$

ed è quindi pienamente determinato il sistema triplo ortogonale accennato. Se invece le radici della (Ω) sono eguali, il che è in sostanza espresso dalla condizione

(V) $$4\varDelta_{22}(\alpha) - \overline{\varDelta_{21}(\alpha)}^2 = 0$$

le β_r, γ_r sono indeterminate ed è indeterminato il precedente sistema triplo ortogonale in quanto che, scelto ad arbitrio un sistema ortogonale al sistema $\alpha = $ cost. (determinando un integrale qualunque ε dell'equazione

$$\Sigma_r \, \alpha^{(r)} \, \frac{df}{dx_r} = 0$$

ed eguagliando ε ad una costante) ne esiste un terzo ortogonale ad entrambi, il parametro del quale si ottiene, secondo il § 13 della Memoria del Ricci citata, determinando un integrale del sistema (che risulta completo) costituito dalla equazione differenziale precedente, e dall' altra della stessa specie:

$$\Sigma_r \, \varepsilon^{(r)} \, \frac{df}{dx_r} = 0 \, .$$

In ogni caso, riferita la superficie a tre dimensioni al sistema o ad uno di tali sistemi tripli ortogonali, l' elemento lineare assumerà la forma

(d) $$ds^2 = d\alpha^2 + M^2 \, d\varepsilon^2 + N^2 \, dy^2$$

i cui simboli di Riemann hanno i seguenti valori:

(10) $$\begin{cases} M^2 N^2 \alpha'^{(11)} = - MN \dfrac{dM}{d\alpha} \dfrac{dN}{d\alpha} - M \dfrac{d^2M}{d\eta^2} - N \dfrac{d^2N}{d\varepsilon^2} + \dfrac{N}{M} \dfrac{dM}{d\varepsilon} \dfrac{dN}{d\varepsilon} + \dfrac{M}{N} \dfrac{dM}{d\eta} \dfrac{dN}{d\eta} \\[2mm] \alpha'^{(23)} = 0 \, ; \quad M^2 N^2 \alpha'^{(22)} = - N \dfrac{d^2N}{d\alpha^2} \, ; \quad M^2 N^2 \alpha'^{(33)} = - M \dfrac{d^2M}{d\alpha^2} \\[2mm] M^2 N^2 \alpha'^{(12)} = N \left(\dfrac{d^2N}{d\varepsilon \, d\alpha} - \dfrac{1}{M} \dfrac{dN}{d\varepsilon} \dfrac{dM}{d\alpha} \right); \; M^2 N^2 \alpha'^{(13)} = M \left(\dfrac{d^2M}{d\eta \, d\alpha} - \dfrac{1}{N} \dfrac{dM}{d\eta} \dfrac{dN}{d\alpha} \right) \end{cases}$$

Per esso, quelle fra le equazioni (III) che non si riducono a identità, si trasformano come segue:

(e) $$G = - \frac{1}{MN} \frac{dM}{d\alpha} \frac{dN}{d\alpha} - \frac{1}{MN} \left\{ \frac{d}{d\varepsilon} \left(\frac{1}{M} \frac{dN}{d\varepsilon} \right) + \frac{d}{d\eta} \left(\frac{1}{N} \frac{dM}{d\eta} \right) \right\}$$

(11) $$\frac{d^2M}{d\alpha^2} = 0 \, ; \quad \frac{d^2N}{d\alpha^2} = 0 \, ; \quad \frac{d^2M}{d\alpha \, d\eta} = \frac{1}{N} \frac{dM}{d\eta} \frac{dN}{d\alpha} \, ; \quad \frac{d^2N}{d\alpha \, d\varepsilon} = \frac{1}{M} \frac{dM}{d\alpha} \frac{dN}{d\varepsilon}$$

di cui la prima definisce la curvatura di Gauss della superficie, le altre sono equazioni di condizione per i coefficienti M , N. La (6) espressa con le nuove variabili e integrata dà

(6′) $$G \, . \, MN = A(\varepsilon \, , \eta)$$

A essendo simbolo di funzione arbitraria, e le (5) e (8) sono, come è naturale, identicamente soddisfatte. Inoltre le (I) definiscono, sia o no la superficie deformabile, tre delle funzioni b_{rs} come segue:

$$b_{11} = b_{12} = b_{13} = 0 \, ,$$

talchè, riferita la seconda forma fondamentale d'una superficie a tre dimensioni della classe Γ alle coordinate ortogonali precedenti, scompaiono in esse i termini contenenti il differenziale $d\alpha$. Infine le (I) stesse definiscono una quarta delle funzioni b_{rs} per mezzo della formola

(12) $$b_{22} \, b_{33} - b_{23}^2 = G \, . \, M^2 N^2 \, ,$$

mentre la (V) si riduce alla

(13) $$\frac{1}{M} \frac{dM}{d\alpha} = \frac{1}{N} \frac{dN}{d\alpha}$$

§ 4. Si osservi che la condizione affinchè una superficie a tre dimensioni a curvatura totale nulla appartenga alla classe Γ è espressa da una equazione, la (8), che da una parte sarebbe facile porre sotto forma invariantiva, e dall'altra non dipende se non dai coefficienti dell'elemento lineare. Posto che la superficie sia deformabile, tale condizione sussiste anche per tutte le sue deformate, in quanto che esse hanno in comune l'elemento lineare; ossia *ogni deformata di una superficie della classe Γ appartiene alla classe stessa.* Anzi, come questa può dividersi in due sottoclassi, ascrivendo alla prima tutte le superficie per cui è verificata la condizione (V), alla seconda tutte le altre, ripetendo le considerazioni precedenti si concluderà che tutte le deformate delle superficie di ciascuna sottoclasse rimangono nella sottoclasse medesima.

Se le radici della (Ω) sono eguali, l'integrazione combinata delle (11) e (13) conduce ai due tipi di elementi lineari seguenti:

(f)
$$ds^2 = d\alpha^2 + f^2(\varepsilon, \eta)\, d\varepsilon^2 + \varphi^2(\varepsilon, \eta)\, d\eta^2$$

(g)
$$ds^2 = d\alpha^2 + \alpha^2 \left[f^2(\varepsilon, \eta)\, d\varepsilon^2 + \varphi^2(\varepsilon, \eta)\, d\eta^2 \right].$$

Conviene studiare la deformabilità delle superficie appartenenti alla sottoclasse che si considera direttamente sulle equazioni (II). Trasformando queste col riferirsi all'elemento lineare (d), si ha:

$$(14)\begin{cases} b_{23}\left(\dfrac{1}{M}\dfrac{dM}{d\alpha} - \dfrac{1}{N}\dfrac{dN}{d\alpha}\right) = 0 \\[2mm] \dfrac{db_{22}}{d\alpha} - \dfrac{1}{M}\dfrac{dM}{d\alpha} b_{22} = 0; \quad \dfrac{db_{33}}{d\alpha} - \dfrac{1}{N}\dfrac{dN}{d\alpha} b_{33} = 0; \quad \dfrac{db_{23}}{d\alpha} - \dfrac{1}{M}\dfrac{dM}{d\alpha} b_{23} = 0 \\[2mm] \dfrac{db_{22}}{d\eta} - \dfrac{db_{23}}{d\varepsilon} - \dfrac{1}{M}\dfrac{dM}{d\eta} b_{22} - \dfrac{M}{N^2}\dfrac{dM}{d\eta} b_{33} + \left(\dfrac{1}{M}\dfrac{dM}{d\varepsilon} - \dfrac{1}{N}\dfrac{dN}{d\varepsilon}\right) b_{23} = 0 \\[2mm] \dfrac{db_{33}}{d\varepsilon} - \dfrac{db_{23}}{d\eta} - \dfrac{1}{N}\dfrac{dN}{d\varepsilon} b_{33} - \dfrac{N}{M^2}\dfrac{dN}{d\varepsilon} b_{22} + \left(\dfrac{1}{N}\dfrac{dN}{d\eta} - \dfrac{1}{M}\dfrac{dM}{d\eta}\right) b_{23} = 0 \end{cases}$$

a cui deve associarsi l'equazione che risulta dall'eliminazione di G fra la (e) e la (12), cioè la:

$$(15) \qquad \frac{b_{23}^2 - b_{22}\, b_{33}}{MN} = \frac{dM}{d\alpha}\frac{dN}{d\alpha} + \frac{d}{d\varepsilon}\left(\frac{1}{M}\frac{dN}{d\varepsilon}\right) + \frac{d}{d\eta}\left(\frac{1}{N}\frac{dM}{d\eta}\right).$$

Nel caso dell'elemento lineare (f) tutte queste equazioni si riducono a tre che coincidono con le due equazioni di Codazzi e con l'equazione di Gauss appartenenti alle superficie a due dimensioni dello spazio euclideo:

$$(16) \qquad ds_1^2 = f^2(\varepsilon, \eta)\, d\varepsilon^2 + \varphi^2(\varepsilon, \eta)\, d\eta^2$$

' rme fondam ' '' ' '' erficie a tre dimensioni

e delle superficie (16) coincidono; e le prime sono deformabili avendosi una deformazione di esse per una deformazione delle (16) e reciprocamente.

Nel secondo caso tre delle equazioni (14) sono soddisfatte con

$$b_{22} = \alpha b'_{22} ; \quad b_{33} = \alpha b'_{33} ; \quad b_{23} = \alpha b'_{23}$$

essendo b'_{22}, b'_{33}, b'_{23} funzioni di ε, η soltanto; eseguendo questa sostituzione nelle equazioni rimanenti e nella (15), trovasi che tali funzioni devono soddisfare a tre condizioni, di cui due coincidono con le equazioni di Codazzi relative alle superficie (16) dello spazio euclideo; l'altra:

$$\frac{b'^2_{23} - b'_{22} b'_{33}}{f^2(\varepsilon, \eta)\, \varphi^2(\varepsilon, \eta)} = 1 + \frac{1}{f \cdot \varphi} \left\{ \frac{d}{ds}\left(\frac{1}{f} \frac{d\varphi}{d\varepsilon} \right) + \frac{d}{d\eta}\left(\frac{1}{\varphi} \frac{df}{d\eta} \right) \right\}$$

differisce dall'equazione di Gauss relativa alle superficie stesse per un addendo costante. Segue anche qui che le varietà a tre dimensioni di elemento lineare (g) sono deformabili con altrettanta arbitrarietà quanta è consentita ad una superficie (16) dello spazio euclideo. Talchè dato l'elemento lineare in coordinate ortogonali di una superficie a due dimensioni *qualunque* dello spazio euclideo, si possono costruire immediatamente in (f), (g) gli elementi lineari di due distinte superficie a tre dimensioni a curvatura totale nulla, della classe $\varGamma$, deformabili; si hanno così tutte le varietà della sottoclasse ora studiata.

§ 5. Se le radici dell'equazione $(\varOmega)$ sono distinte, abbiamo visto che le β_r, γ_r e quindi il sistema triplo ortogonale a cui appartengono le superficie $\alpha = $ cost., sono pienamente determinate, e sono quindi determinate le linee di curvatura della superficie a tre dimensioni, in quanto che esse risultano dall'intersezione due a due dei sistemi di superficie a due dimensioni, che compongono il sistema triplo stesso. E poichè la composizione di questo non dipende che dall'elemento lineare, e perciò non varia nella deformazione della superficie, ne segue che *se una superficie a tre dimensioni della sottoclasse che ora si considera è deformabile, nella deformazione si conservano le linee di curvatura.*

Lo studio di tale deformazione può farsi tanto sulle equazioni (14), (15), di cui è facile, posto che è $b_{23} = 0$, scrivere la forma ridotta; quanto sulle (7) che, sostituendo alle β_r, γ_r i loro valori (9) e riferendoci alle nuove coordinate, dànno:

$$(17)\ \frac{ds}{d\alpha} = -2s\frac{d\log M}{d\alpha} ; \quad G\frac{ds}{d\varepsilon} = 2s\left\{\frac{dG}{d\varepsilon} + (G-s)\frac{d\log N}{d\varepsilon}\right\} ; \quad \frac{ds}{d\eta} = 2(G-s)\frac{d\log M}{d\eta}.$$

A queste dovranno associarsi le equazioni che risultano eguagliando i valori delle derivate miste di secondo ordine della funzione incognita s: esse si riducono ad una, che può ottenersi facilmente anche in coordinate generali: i coefficienti di tale equazione hanno forma invariantiva, e non dipendono che dai coefficienti dell'elemento lineare. Riferita alle coordinate ortogonali α, ε, η, tale equazione è:

$$(18) \quad z^2 \, \mathrm{M} \, \frac{d}{d\eta}\left(\frac{\mathrm{P}}{\mathrm{G}}\right) - z\left(\mathrm{M}^2\frac{d\mathrm{P}}{d\eta} + \mathrm{N}^2\frac{d\mathrm{Q}}{d\varepsilon} + \frac{d^2\log\mathrm{G}}{d\varepsilon\,d\eta}\right) + \mathrm{G}^2\,\mathrm{N}^2\,\frac{d}{d\varepsilon}\left(\frac{\mathrm{Q}}{\mathrm{G}}\right) = 0$$

dove è posto:

$$\mathrm{P} = \frac{1}{\mathrm{M}^2}\,\frac{d\log\mathrm{N}}{d\varepsilon}\,; \quad \mathrm{Q} = \frac{1}{\mathrm{N}^2}\,\frac{d\log\mathrm{M}}{d\eta}\,.$$

Se i coefficienti di essa sono eguali a zero, la funzione z, che è la sola' incognita da cui dipende ancora la determinazione di quelle fra le b_{rs}, che non risultano definite dalle considerazioni precedenti (cioè delle b_{22}, b_{23}), si otterrà dall'integrazione del sistema d'equazioni a derivate parziali (17), che risulta allora incondizionatamente integrabile, e nell'espressione che se ne otterrà sarà contenuta l'arbitrarietà che deriva dall'integrazione stessa: arbitrarietà che è rappresentata da una costante. Se allora l'elemento lineare (d) appartiene ad una superficie a tre dimensioni, per il che è necessario ancora, e basta, che i suoi coefficienti verifichino le (11) e la (6′) (¹), questa sarà deformabile.

Se i coefficienti della (18) non sono nulli, essa fornisce, algebricamente, uno o due valori di z, uno almeno dei quali dovrà, affinchè l'elemento lineare (d) appartenga ad una superficie a tre dimensioni, verificare le (17), che risultano allora equazioni di condizione per i coefficienti di (d), oltre alle (11) e (6′) o, come s'è detto, alle loro equivalenti in coordinate generali. Se questo avviene, saranno definiti, salvo i segni, al più due sistemi di funzioni b_{rs} relativi all'elemento lineare (d), e la superficie a tre dimensioni ammetterà, al più, due distinte configurazioni. In caso contrario l'elemento stesso non è suscettibile di rappresentare una superficie a tre dimensioni.

Ora, mediante l'integrazione del sistema (11), avuto riguardo anche alla (6′), si possono determinare alcune forme tipiche possibili per l'elemento lineare della superficie della classe Γ; sviluppando poi per ciascuna di esse le considerazioni precedenti, derivanti dall'impiego della equazione (18), si potranno in ciascuna separare i sotto-tipi caratteristici delle superficie deformabili e delle superficie non deformabili, rimanendo così implicitamente determinate le forme dell'elemento (d) che non appartengono a superficie a tre dimensioni. Non m'è possibile, in questa Nota, che limitarmi ad un esempio.

Una delle accennate forme tipiche è:

$$(19) \qquad\qquad ds^2 = d\alpha^2 + d\varepsilon^2 + [\alpha + \mathrm{H}(\varepsilon, \eta)]^2\, d\eta^2$$

(¹) Se queste equazioni non sono state verificate sotto la loro forma generale (III), (6).

Gli elementi lineari di questo tipo appartenenti a superficie deformabili sono tutti e soli i seguenti:

$$ds^2 = d\alpha^2 + d\varepsilon^2 + [\alpha + f(\varepsilon)\,\sigma(\eta) + \tau(\eta)]^2\,d\eta^2$$

nei quali f, σ, $\dfrac{df}{d\varepsilon}$, $\dfrac{d^2f}{d\varepsilon^2}$ devono essere funzioni finite e non nulle e τ finita.

Un esempio di particolari superficie del tipo stesso non deformabili si ha in

$$ds^2 = d\alpha^2 + d\varepsilon^2 + [\alpha + \sigma(\eta)\,\mathrm{sen}\,\varepsilon + \tau(\eta)\cos\varepsilon + \psi(\eta)]^2\,d\eta^2$$

purchè le funzioni σ, τ, ψ non siano scelte in modo da ricadere nell'elemento lineare precedente. Tali superficie sarebbero quelle del tipo (19) che hanno costante ed eguale all'unità una delle due curvature principali non nulle.

L'elemento lineare invece

$$ds^2 = d\alpha^2 + d\varepsilon^2 + (\alpha + e^{\varepsilon\eta})^2\,d\eta^2$$

pur essendo del tipo (19) non può appartenere ad una superficie a tre dimensioni.

§ 6. Rimangono da studiare le superficie dell'ultima delle tre classi considerate al § 2°. Ma qui non possiamo che limitarci ad osservare come, dipendendo la determinazione dei coefficienti b_{rs} della forma χ, in generale, da quelle di due funzioni incognite, (v. il § 4° della mia Memoria: *Sulle varietà a tre dimensioni,* ecc.) una delle quali è una delle quantità c o g, e in questo terzo caso essendo c, g completamente determinate dalle equazioni (c), (2), se esistono superficie di questa classe deformabili, nella deformazione si potrà disporre soltanto di un parametro arbitrario.

Per lo studio di tali superficie tutti gli elementi fondamentali sono contenuti in questa Nota: mi riservo di dare in un prossimo lavoro, lo sviluppo dei calcoli e delle conclusioni relative.

Fisica terrestre. — *Misure magnetiche eseguite in Italia nel 1891, e contribuzioni allo studio delle anomalie nei terreni vulcanici.* Nota di Luigi Palazzo, presentata dal Socio P. Tacchini.

1. Nell'anno 1891, a varie riprese, furono determinati gli elementi del magnetismo terrestre in punti appartenenti per la maggior parte alle provincie meridionali del Regno, dimodochè si portò a compimento il lavoro della carta magnetica italiana per tutto quanto riguardava la penisola. Il minuto ragguaglio di queste misure comparirà in una Memoria che deve far parte del volume XVIII degli Annali dell'Ufficio centrale meteorologico e geodinamico; ma poichè qualche indugio ancora si frappone alla chiusura del detto volume, stimo frattanto conveniente di rendere noto all'Accademia il seguente quadro riassuntivo dei risultati delle misure stesse.

LUOGO	NATURA DEL SUOLO	Latitudine boreale	Longitudine orientale da Greenwich	Declinazione occidentale	Inclinazione boreale	Intensità orizzontale	Epoca

Stazioni di misure complete ed assolute.

LUOGO	NATURA DEL SUOLO	Latitudine boreale	Longitudine orientale da Greenwich	Declinazione occidentale	Inclinazione boreale	Intensità orizzontale	Epoca
Cori { 1° punto	Calcare del cretaceo ricoperto da tufo vulcanico	41.38,8	12.55,3	10.32,5	57.44,4	0,23370	1891,4
Cori { 2° "	Id.	41.38,8	12.55,3	10.39,4	57 49,7	0,23367	"
Cori { 3° "	Id.	41.39,0	12.55,3	10.16,7	57 50,1	0,23415	"
Borgo Gaeta	Calcare cretaceo	41.13,2	13.34,9	10.10,5	57.14,2	0,23667	"
Montevergine	Id.	40.55,9	14.43,7	9.43,	56.47,9	0,23909	1891,5
Melfi { Monte Tabor Castello Doria	Haüynofiro del vulcanello di Melfi	40.59,5	15.39,2	9. 9,0	56 36,8	0,23989	"
Melfi { ria	Id.	40.59,9	15.39,5	9.34,4	57.29,3	0,23561	"
Venosa	Conglomerato quaternario ad elementi calcarei e silicei	40.58,0	15.49,4	9.27,2	56.46,4	0,23958	"
Agnone	Arenarie eoceniche commiste con argille turchine	41.48,1	14.21,9	9.52,1	57.43,6	0,23476	"
Avezzano	Quaternario costituito da ciottoli calcarei ed argilla	42. 1,9	13.25,4	10.13,2	58. 3,4	0,23279	"
Anzio	Argille sabbiose e ciottoli alluvionali	41.28,0	12.37,4	10.34,4	57.38,8	0,23483	"
Orte	Travertino del quaternario riposante sulle sabbie e argille plioceniche	42.27,4	12.22,8	10.41,0	58.37,6	0,23008	1891,6
Monte Razzano	Calcare argilloso dell'eocene emergente dai tufi del Cimino	42.27,1	12. 1,9	10 53,1	58.37,6	0,23008	"
Pesto	Alluvioni sabbiose e argillose	40.25,2	15. 0,2	9.39,0	56.13,4	0,24169	1891,9
Pisciotta	Sabbie e ghiaie marine recenti	40. 6,3	15.13,6	9.29,1	55.51,9	0,24318	"
Diamante	Id.	39.40,7	15.49,1	9.13,0	55.22,5	0,24535	"
Amantea	Alluvione formata da argille e ciottoli di arenaria	39. 8,0	16. 4,4	9. 7,4	54.47,8	0,24790	"
Pizzo	Scisti granatiferi arcaici	38.44,2	16.10,1	9. 9,3	54.18,8	0,25000	"
Gioia Tauro	Sabbie alluvionali	38.25,7	15.53,6	9.15,3	53.55,0	0,25104	"
Monasterace	Sabbie, argille e conglomerati del pliocene	38.26,2	16.34,3	8.57,2	53.54,2	0,25172	"
Cirò	Sabbie alluvionali recenti	39.22,3	17. 8,3	8.43,7	54.52,9	0,24793	1892,0
Ferrandina	Sabbie gialle con conglomerati disciolti del pliocene superiore	40.29,9	16.27,6	9. 6,1	56. 8,4	0,24210	"

Stazioni secondarie ([1]).

LUOGO	NATURA DEL SUOLO	Latitudine boreale	Longitudine orientale da Greenwich	Declinazione occidentale	Inclinazione boreale	Intensità orizzontale	Epoca
Tropea	Arenarie del miocene	38.40,5	15.53,6	9.20,0	—	0,25022	1891,9
Oppido Mamertina	Sabbie e argille del quaternario antico	38.17,2	15.59,3	9.14,6	—	0,25218	"
Palmi	Gneiss e micascisti anfibolici	38.21,3	15.50,9	9.17,0	—	0,25077	"
Metaponto	Sabbie argillose alluvionali	40.22,3	16.48,5	8.55,9	—	0,24308	1892,0

([1]) Per contrapposto ai luoghi in cui furono eseguite le determinazioni complete ed assolute, chiamo *stazioni secondarie* quelle poche, dove, in occasione di brevi fermate, ho misurato con metodi più speditivi due soli degli elementi del campo magnetico terrestre.

2. Come già nei rilevamenti magnetici precedenti, così anche nei viaggi del 1891 non ho mancato, quando si presentava propizia l'occasione, di fare indagini ed esperimenti per lo studio delle particolari anomalie presentate dai terreni vulcanici. Darò qui brevi cenni sui contributi ad un tale studio, raccolti nei luoghi visitati durante il 1891.

CORI. — Il suolo a Cori propriamente è calcare del cretaceo, sul quale però si stende, quasi ovunque, uno strato terroso costituito da tufi basaltici e leucitici, ricchi di particelle magnetiche; essi furono proiettati fin là nelle antiche eruzioni dei vicini vulcani del Lazio. Le esperienze di magnetismo furono fatte in tre punti diversi: i due primi, sul colle Cotogni, lontani fra loro appena 100^m; il terzo presso il santuario della Madonna del Soccorso, in distanza orizzontale di 400^m circa dagli altri due. Sebbene i punti siano stati scelti là dove lo strato tufaceo era così sottile da lasciare spesso allo scoperto la sottoposta roccia calcarea, tuttavia l'influenza magnetica del tufo si è resa ben manifesta, dappoichè tra i valori degli elementi magnetici determinati nei tre punti si notano delle differenze che non sono certo imputabili ad errori di osservazione. Dalla tabella precedente rileviamo che le massime differenze osservate ammontano a

$+ 22',7$ nella declinazione fra il 2° e il 3° punto,

$- 5',7$ nell'inclinazione fra il 1° e il 3" punto,

$- 0,00048$ un, C. G. S. in H fra il 2° e il 3° punto.

Il che dimostra dunque che il tufo vulcanico, anche in lembi di leggiero spessore[1], può già indurre sensibili perturbazioni nel campo magnetico terrestre.

MELFI. — Già il Palmieri e lo Scacchi, nel rapporto alla R. Accademia di Napoli[2] sulla missione da loro compiuta percorrendo la regione del Vulture dopo il disastroso terremoto di Melfi del 14 agosto 1851, dànno notizia

[1] Un caso analogo si presentò in seguito a Mercogliano, paese del circondario di Avellino che era stato designato come stazione magnetica interessante a farsi, onde avere un punto che pur trovandosi presso al limite del distretto vulcanico partenopeo, ne giacesse fuori, su terreno magneticamente neutro. In realtà, constatai sul luogo che il suolo agrario di Mercogliano contiene molta polvere magnetica cioè attirabile dalla calamita, perchè i tufi trachitici della sottoposta valle si stendono colà fino a coprire la roccia viva, che è eziandio calcare del cretaceo, come a Cori. Edotto dalle osservazioni fatte a Cori, a fine di sottrarre gli strumenti da possibili influenze perturbatrici da parte del tufo, non feci già le misure a Mercogliano, ma stabilii la stazione molto più in alto, sul monte presso l'abbazia di Montevergine, dove la roccia calcarea si mostrava allo scoperto. Soltanto, è da notare che qua e là dentro i crepacci delle rupi intorno all'abbazia, si rinvengono sedimenti di ceneri vulcaniche trasportatevi dal vento durante le più grandiose eruzioni del non lontano Vesuvio; però, indagini appositamente fatte coll'inclinometro provarono che nulla avevasi a temere in causa di quei depositi polverulenti, di entità minima. Nel fatto, i valori delle costanti magnetiche a Montevergine riuscirono del tutto normali.

[2] Tornata del 7 novembre 1851.

di talune deviazioni della bussola osservate sul Pizzuto di Melfi e sul Pizzuto S. Michele, che sono le due più elevate cime dell'estinto vulcano; essi accennano inoltre alla polarità magnetica riconosciuta in alcuni campioni di lava raccolti colà ed esaminati poscia in laboratorio. Desideroso anch'io di fare qualche osservazione analoga, nel giro d'esplorazione magnetica del giugno 1891 volli includere pure Melfi. Però, stante la ristrettezza del tempo concessomi, non ho potuto eseguire esperienze su larga scala, nè intraprendere l'ascesa del monte Vulture; ma dovetti limitarmi a poche ricerche intorno al vulcanetto di Melfi, cioè a quella prominenza a spianata naturale su cui la città è edificata. I geologi considerano questa bassa collina come un centro eruttivo secondario privo di cratere, entrato in attività quando il vulcano principale aspirava forse già alla quiete.

Io scelsi a stazioni di misure magnetiche due diverse località della detta collina: un podere a *Monte Tabor* (altrimenti denominato *dei Cappuccini*) ed un campo presso il *Castello Doria*. I due punti rimangono il primo a sud e l'altro a nord dell'abitato, e distano fra loro orizzontalmente di circa 800^m; in entrambi il suolo è costituito da una lava pirossenica ricca di cristalli di haüyna, e chiamata perciò *haüynofiro* da Abich [1].

Quanta diversità corra tra i valori degli elementi magnetici determinati nei due siti, risalta dall'ispezione dei numeri della tabella: poco meno di mezzo grado nella declinazione, di un grado nell'inclinazione, ed oltre a 0,004 unità C. G. S. nell'intensità H. Ma vi ha di più. In ognuno dei siti, provai a trasportare il declinometro e l'inclinometro di pochi passi, cioè dal centro di stazione che chiamerò A, ad un secondo punto B lontano da A di 13^m soli, contati in determinata direzione (SSE nel caso della stazione di Monte Tabor, NE per la stazione al Castello). Il seguente specchietto riporta le differenze così ottenute:

	STAZIONE	
	di Monte Tabor	del Castello Doria
Passando da A a B,		
la declinazione varia di	— 5′,5	+ 15′,0
e l'inclinazione varia di	+ 5,1	+ 8,6.

Dunque il semplice spostamento di pochi metri negli strumenti ebbe per effetto di mettere in evidenza l'azione particolare del suolo, mediante alterazioni non lievi, ammontanti già a parecchi primi d'arco, nella declinazione e nell'inclinazione. Ed io sono persuaso che se invece di lavorare su aree pianeggianti, mi fossi portato accosto ad accidentalità del terreno o sporgenze

[1] I framenti di tale lava, accostati al magnetometro, mostravano tutti una spiccata azione attrattiva sull'ago sospeso; però non rinvenni pietre dotate di polarità, nè punti *distinti* sulle rocce in posto.

di roccia, ovvero se gli strumenti fossero stati collocati rasente al suolo, anzichè tenuti sul loro treppiede che li sollevava da terra per circa 1ᵐ,20, potevano manifestarsi differenze anche maggiori. Le osservazioni ora riferite mi confermano sempre più nell' idea già più volte espressa, che cioè, trattandosi di territorii vulcanici, non è possibile parlare di valori degli elementi magnetici proprî di un dato sito, ma si deve ritenere che le determinazioni non abbiano valore se non per quel solo punto, inteso nel più stretto senso, dove furono collocati gli apparecchi di misura. Sotto questo riguardo, le misure *assolute* fatte a Melfi sono prive d' importanza, inquantochè non portano alcun contributo utile per il tracciamento della carta magnetica italiana; ma d'altra parte non v'è dubbio che qualora una campagna magnetica nel distretto vulcanico del Vulture fosse condotta con molto dettaglio, anche per mezzo di semplici misure relative, essa riuscirebbe assai fruttuosa per ampliare vieppiù le nostre conoscenze circa le multiformi manifestazioni delle proprietà magnetiche delle lave.

Faccio infine notare che nessuno dei valori trovati nelle due stazioni di Melfi risulta conforme a quelli che spetterebbero normalmente al paese per la sua postura geografica (¹).

ORTE, MONTE RAZZANO. — Quando nell'agosto 1889 determinai per la prima volta le costanti magnetiche nel territorio dei Cimini, facendo stazione entro al podere Schenardi in Viterbo sul tufo vulcanico, ottenni per la declinazione un valore che giudicai normale, mentre al contrario i valori della forza orizzontale e dell' inclinazione apparivano anòmali, cioè diversi da quelli deducibili per interpolazione dalle stazioni magnetiche vicine, esterne ai distretti vulcanici cimino e vulsinio. Fin d'allora manifestai l'idea che per giungere ad un'esatta conoscenza dei valori magnetici spettanti alla posizione geografica della regione viterbese, indipendentemente dalla costituzione geologica, bisognava eseguire le misure in due punti su terreno neutro, appartenenti pressochè al medesimo parallelo, e di cui uno giacesse all'est e l'altro all'ovest di Viterbo (²).

A tali condizioni soddisfano per l'appunto le due stazioni di Orte e Monte Razzano comprese nel quadro precedente: Orte sta esteriormente molto dappresso al limite orientale della zona vulcanica viterbese; Monte Razzano cade entro la zona stessa ad ovest di Viterbo, ma è un colle costituito interamente da terreno calcareo terziario, che emerge per buona estensione al disopra del piano dei tufi. Dai risultati delle misure in questi due siti di suolo neutro,

---

(¹) Come valori normali per la posizione di Melfi, si possono approssimativamente assumere quegli stessi ottenuti su terreno neutro nella successiva stazione di Venosa, che giace a un dipresso sul parallelo di Melfi e ne dista in linea retta solo 14 km.

(²) V. pag. 623 della Nota: *Misure magneto-telluriche eseguite in Italia negli anni 1888 e 1889 ed osservazioni relative alle influenze perturbatrici del suolo* (Rend. Acc. Lincei, vol. VII, 1° settembre).

deducesi che i valori proprî per la posizione geografica di Viterbo, sono ad un dipresso i seguenti:

$$\text{declinazione} = 10°49',$$
$$\text{inclinazione} = 58°37',$$
$$\text{intensità orizzontale} = 0,2301.$$

Questi numeri s' intendono valere per l' epoca 1891,6 delle misure di Orte e Monte Razzano da cui furono dedotti. Ora, se sulla base dei coefficienti di variazione più probabili, riduciamo alla medesima suddetta epoca i risultati trovati nel 1889,6 dentro la vigna Schenardi di Viterbo [1], otteniamo questi altri valori:

$$\text{declinazione} = 10° 49',$$
$$\text{inclinazione} = 58° 22',$$
$$\text{intensità orizzontale} = 0,2306,$$

i quali messi a confronto coi rispettivi numeri precedenti, fanno vedere: 1° che la declinazione determinata nel 1889 a Vigna Schenardi collima effettivamente con la normale, come fin dapprima si era supposto; 2° che invece l'inclinazione e l'intensità d'allora divergono dagli elementi normali per le quantità:

$$- 15' \text{ nell' inclinazione,}$$
$$+ 0,0005 \text{ nell' intensità orizzontale,}$$

le quali si possono riguardare come misura delle perturbazioni locali osservate nel centro della stazione impiantata a Vigna Schenardi. Specificando *nel centro*, ho inteso di restringere la portata del mio asserto, imperocchè devesi ricordare che nel podere Schenardi, l' inclinometro collocato fuori del centro di stazione in punti differenti, aveva fornito valori disuguali; ciò che significa che l' azione perturbante del tufo era diversa da punto a punto, sebbene tutt' intorno il suolo fosse uniforme. E può sembrare strano che una siffatta disparità d' azione non si palesasse analogamente anche per la declinazione; invero una bussola azimutale di Negretti e Zambra, trasportata pel podere in determinate direzioni, non aveva accusato apprezzabili variazioni degli azimut magnetici di lontane mire [2]. In conformità delle cose osservate, si sarebbe quasi indotti a pensare che pel motivo che il suolo era omogeneo e pianeg-

[1] V. pag. 167 del vol. XVI, parte 1ª, 1894, degli Ann. dell' Uff. Centr. meteor. e geod.

[2] Questo fatto, sul quale nutrivo prima qualche dubbio parendomi insufficiente lo strumento adoperato nel 1889, ricevette poi piena conferma dalle prove differenziali di declinazione ripetute entro la stessa vigna Schenardi nel luglio 1891, vale a dire nell' occasione che dovetti tornare a Viterbo per le misure di Monte Razzano. Le nuove prove furono eseguite mediante il magnetometro ridotto costruito dal Salmoiraghi, strumento ben più sensibile e preciso che la bussola predetta.

giante tutto all' ingiro, le proprietà magnetiche del tufo vulcanico di Vigna Schenardi, pur alterando il campo terrestre nei riguardi dell' intensità orizzontale e della verticale, non avessero modo di estrinsecarsi sull' ago di declinazione cioè sull' orientamento del magnete nel piano orizzontale. È cosa del resto notoria che le differenze di declinazione provocate dal terreno si manifestano di preferenza presso le dissimetrie e le discontinuità di questo.

Le rimanenti stazioni di misure assolute, incluse nel quadro dopo quella di Monte Razzano ed appartenenti al Salernitano, alla Calabria, alla Basilicata, giacciono tutte lontane da distretti vulcanici e si riferiscono a terreni neutri, cioè privi d'azione diretta sugli strumenti. I valori magnetici in esse ottenuti nulla offrono d'anòmalo alla nostra considerazione. — Tra le stazioni secondarie, soltanto Palmi, su rocce cristalline arcaiche, ha dato un valore di H inferiore al normale per circa 0,001 un. C. G. S., mentre la declinazione vi è risultata regolare.

Chimica. — *Sopra alcuni nitroderivati aromatici* (¹). Nota di ANGELO ANGELI e FRANCESCO ANGELICO, presentata dal Socio G. CIAMICIAN.

Alcuni anni or sono uno di noi ha dimostrato che l'idrossilammina può reagire col gruppo nitrico, in modo perfettamente analogo come col gruppo carbonilico, per dare composti nei quali un atomo di ossigeno del residuo

$$— NO_2$$

è rimpiazzato dal gruppo ossimmico:

$$> CO \longrightarrow > C:NOH$$
$$— NO \} O \longrightarrow — NO \} NOH$$

In tal modo partendo dagli eteri dell' acido nitrico si sono preparati i sali dell' acido nitroidrossilamminico

$$(OH) . NO_2 \longrightarrow (OH) . N_2 O_2 H ,$$

e dal nitrobenzolo venne ottenuto in modo perfettamente analogo il composto

$$C_6 H_5 . NO_2 \longrightarrow C_6 H_5 . N_2 O_2 H ,$$

identico con la nitrosofenilidrossilammina che Bamberger ottenne per azione dell' acido nitroso sopra la fenilidrossilammina.

(¹) Lavoro eseguito nel laboratorio farmaceutico della R. Università di Palermo.

Nel caso dei composti carbonilici si ammette che la formazione dell'ossima sia preceduta da una addizione dell'idrossilammina

$$> CO \longrightarrow \quad > C < \genfrac{}{}{0pt}{}{NH\,(OH)}{OH} \longrightarrow \; > C = NOH \; ,$$

ed un processo analogo si può supporre che avvenga anche nella reazione fra idrossilammina ed il gruppo nitrico.

Allo scopo di raccogliere dei fatti i quali possano chiarire l'andamento di questa reazione abbiamo incominciato a studiare l'azione del residuo nitrico sopra le idrossilammine sostituite:

$$R - O - N < \genfrac{}{}{0pt}{}{H}{H} \qquad e \qquad H - O - N < \genfrac{}{}{0pt}{}{R}{H}$$

Dalle esperienze che finora abbiamo eseguite sembra risultare che le idrossilammine della prima forma non reagiscono, a parità di condizioni, col gruppo nitrico. Così, operando con nitrato di etile e benzilidrossilammina in presenza di etilato sodico, dopo qualche tempo, la maggior parte del nitrato è trasformato in nitrito e l'idrossilammina si riottiene in gran parte inalterata. Questa esperienza dimostrerebbe che è necessaria la presenza dell'ossidrile libero nell'idrossilammina, la quale in soluzione alcalina potrebbe reagire anche secondo la forma:

$$O = N - H \qquad oppure \qquad \genfrac{}{}{0pt}{}{OH}{OH} > N - H$$

Tali esperienze sono però ancora incomplete e le porteremo a termine quando i mezzi di questo laboratorio ce lo permetteranno.

In questi ultimi tempi noi abbiamo studiata l'azione dell'idrossilammina sopra un grande numero di nitrocomposti (finora derivati aromatici soltanto) allo scopo principalmente di stabilire in qual modo influisca la posizione dei radicali sostituenti e la loro natura sopra l'andamento della reazione. Nel mentre ci riserbiamo di comunicare per esteso a suo tempo la descrizione delle esperienze, fin d'ora possiamo dire che oltre alla natura ed alla posizione dei radicali sostituenti, anche il diverso carattere aromatico del residuo cui è unito il gruppo nitrico può modificare profondamente la natura dei prodotti che per mezzo di questa reazione si possono ottenere. Nel mentre infatti, operando in presenza di etilato sodico, dal nitrobenzolo e dal p-nitrotoluolo p. es. si ottengono con tutta facilità i sali sodici dei composti

$$C_6 H_5 . N_2 O_2 H \quad e \quad CH_3 . C_6 H_4 . N_2 O_2 H$$

che possiedono i caratteri delle vere nitrosoidrossilammine, dalla p-nitronaftalina si ottiene una sostanza affatto diversa, pur avendo la stessa composizione dell' ossima che dovrebbe formarsi (nitroso-α-naftilidrossilammina). Operando sempre a parità di condizioni, dal liquido limpido e lievemente colorato in giallo bruno, per aggiunta di acqua, si separa una massa cristallina che viene purificata dal benzolo. In tal modo, come ultimo prodotto, in seguito a successive cristallizazioni da questo solvente, si ottiene un composto che ha la composizione dell' ossima della nitronaftalina

$$C_{10} H_8 N_2 O_2$$

ma che possiede caratteri affatto diversi di quelli che sono comuni a questa classe di sostanze. Abbiamo detto che questa sostanza rappresenta il prodotto ultimo, giacchè un attento esame dei fatti ci ha condotto ad ammettere che esso probabilmente sia da considerarsi come un prodotto di trasformazione che subisce il composto primitivo, molto alterabile, in seguito ai trattamenti con benzolo bollente. La piccola quantità della sostanza ed i mezzi limitatissimi di questo laboratorio non ci hanno ancora permesso di approfondire lo studio di questa trasformazione.

Il composto che in tal modo si ottiene si presenta in magnifici aghi gialli che fondono a 195° e per trattamento con alcali fornisce con tutta facilità 1-4-nitronaftolo. La sostanza è quindi senza dubbio la *1-4-nitronaftilammina*.

Il liquido alcalino primitivo, da cui per aggiunta di acqua venne separato il composto, per trattamento con acidi dà una sostanza che probabilmente rappresenta la vera ossima

ma in causa della sua grande instabilità ancora non siamo riusciti ad isolarla allo stato di purezza.

La formazione della nitronaftilammina per azione dell' idrossilammina sopra la nitronaftilina condurrebbe quasi ad ammettere che la reazione si riducesse all' eliminazione di una molecola di acqua fra l' ossidrile ossimmico ed un idrogeno aromatico (da un prodotto di addizione intermedio?):

$$C_{10} H_7 NO_2 + NH_2 (OH) = C_{10} H_6 (NO_2) (NH_2) + H_2O ;$$

noi però riteniamo che la nitronaftilammina sia da considerarsi come un prodotto di trasformazione dell'ossima che senza dubbio si forma in una prima fase:

$$N_2 O_2 H \qquad\qquad NO_2$$
$$H \qquad\qquad NH_2$$

oppure:

$$N_2 O_2 H \qquad\qquad NH_2$$
$$H \qquad\qquad NO_2$$

Per decidere se la trasformazione avvenga secondo l'uno o l'altro di questi schemi sarà necessario partire da nitronaftaline sostituite.

Per quanto di indole molto diversa, tuttavia questa reazione presenta una certa analogia con quella trasformazione che subiscono le chetossime, e che è nota col nome di trasformazione di Beckmann.

Le ossime infatti possono dare ammidi, isomere:

$$> CO \longrightarrow\ > C = NOH \longrightarrow\ - CO - NH - \ ;$$

dalla nitronaftalina invece, per azione dell'idrossilammina, si forma la nitro-naftilammina:

$$- NO_2 \longrightarrow\ -NO(NOH) \longrightarrow\ - NO_2\,NH_2 -$$

Nel primo caso ricompare il carbonile chetonico primitivo e nel secondo si rigenera il residuo nitrico.

Approfittiamo di questa occasione per accennare ad un'altra reazione che nel corso di queste ricerche abbiamo potuto notare studiando alcuni omologhi del nitrobenzolo.

È noto che per azione dell'acido nitrico sopra gli omologhi del benzolo a catene laterali alifatiche, si ottengono nitrocomposti nei quali il residuo nitrico è situato nel nucleo aromatico e che per azione dell'acido nitroso queste catene rimangono inalterate.

Noi abbiamo invece trovato che operando in soluzione alcalina l'andamento della reazione è molto diverso e che l'acido nitroso può reagire con tutta facilità sulle catene alifatiche lasciando intatto il rimanente del nucleo aromatico.

Così per esempio citeremo il p-nitrotoluolo

Per azione del nitrito d'amile in presenza di etilato sodico (^{1}), questa sostanza fornisce con tutta facilità un composto

$$C_7 H_6 N_2 O_3$$

solubile negli alcali, che fonde a 133° e che per trattamento con acidi minerali diluiti fornisce p-nitrobenzaldeide: per ossidazione con acido cromico dà acido p-nitrobenzoico. La sostanza ottenuta è quindi *l'ossima della p-nitrobenzaldeide*

$$C_6 H_4 . (NO_2) . CH : NOH$$

e la sua formazione si potrà rappresentare per mezzo dello schema:

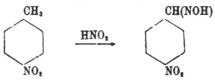

Questo fatto è senza dubbio da attribuirsi al residuo nitrico, la cui presenza impartisce una grande mobilità agli atomi di idrogeno del gruppo metilico.

Che i residui negativi, quali p. e. il carbonile, il carbossile etc. possano impartire al metile ed al metilene, nei composti alifatici, la proprietà di venir trasformati in isonitrosocomposti per azione dell'acido nitroso :

$$- CO - CH_2 - \quad \longrightarrow \quad - CO - C(NOH) -$$

è noto da lungo tempo in seguito alle ricerche di V. Meyer, di L. Claisen e sopratutto di Adolfo von Baeyer. V. Meyer ha pure dimostrato che anche i nitroderivati alifatici, per azione dell'acido nitroso, danno gli acidi nitrolici:

$$> CH_2 . NO_2 \quad \longrightarrow \quad = C \diagup^{NOH}_{\diagdown NO_2}$$

In questo caso però il residuo dell'acido nitroso si porta allo stesso atomo di carbonio cui è unito il gruppo nitrico. Le reazioni da noi studiate sono di indole affatto diversa, perchè il gruppo metilico è separato dal residuo nitrico dall'intero anello aromatico.

(^{1}) È probabile che in una prima fase si formi un prodotto di addizione del nitrito con l'alcoolato (derivato dell'acido ortonitroso) :

$$(RO) NO + RO Na = (RO)_2 N(ONa)$$

e che poi questo reagisca con il metilene per dare il sale dell'ossima :

$$> CH_2 + (RO)_2 N (ONa) = > C = NONa + 2 ROH \quad .$$

CORRISPONDENZA

Ringraziarono per le pubblicazioni ricevute:

La R. Accademia di scienze ed arti di Barcellona; il Museo di zoologia comparata di Cambridge Mass.; la Società geologica di Manchester; le Università di Glasgow e di Toronto; la R. Scuola navale superiore di Genova.

Annunciarono l'invio delle proprie pubblicazioni:

L'Accademia delle scienze di Cracovia; la Società zoologica di Londra; la Facoltà delle scienze di Marsiglia; l'Università di Copenhagen; il R. Istituto geodetico di Potsdam; l'Osservatorio fisico centrale di Pietroburgo; l'Istituto meteorologico di Bucarest.

OPERE PERVENUTE IN DONO ALL'ACCADEMIA
del 4 giugno al 2 luglio 1899.

Bardelli G. — Sui momenti d'inerzia dei solidi di rotazione. Milano, 1899. 8°.

Baumann O. — Der Sansibar-Archipel. III. H. Die Insel Pemba. Leipzig, 1899. 8°.

Borzì A. — Studî algologici. Fasc. I (1883), II (1894). Messina e Torino, 4°.

Brough B. H. — Historical Sketch of the first Institution of Mining Engineers. London, 1899 8°.

Id. — The Jubilee of the Austrian Society of Engineers. London, 1899. 8°.

D'Achiardi G. — Fosforescenza di alcune dolomie dell'Elba. Pisa, 1899. 8°.

Id. — Osservazioni sulle anomalie ottiche del Granato dell'Affaccata (Elba). Pisa, 1899. 8°.

Id. — Studio ottico di quarzi bipiramidati senza potere rotatorio. Pisa, 1899. 8°.

Degli Oddi E. A. — Elenco degli uccelli rari o più difficili ad aversi, conservati nella sua collezione ornitologica italiana al 31 dic. 1898. Paris, 1899. 8°.

De Magistris L. F. — Il pianeta Eros. Teramo, 1899. 8°.

Féral G. — Observations météorologiques sur les pluies générales et les tempêtes. Nouv. ed. Albi, 1897. 8°.

Flores E. — Il « Pulo » di Molfetta. Stazione neolitica pugliese. Trani, 1899. 8°.

Frammenti concernenti la geofisica dei pressi di Roma n.° 8. — *Keller*. Intensità orizzontale del magnetismo terrestre presso Carsoli e Orte. — *Folgheraiter*. Intensità orizzontale del magnetismo terrestre a Campo di Giove nell'Abruzzo. — *Id*. Singolari effetti prodotti da una fulminazione. Roma. 1899. 8°.

Ginzel F. K. — Bemerkungen ueber die Werth den alten historischen Sonnenfinsternisse für die Mondtheorie. Berlin, 1899. 8°.

Ingolf-Expedition (The Danish.). Vol. I, 1; II, 1; III, 1. Copenhagen, 1899. 4°.

Krasnov A. N. — Geografia botanica. Karkov, 1899. 8°.

Leonardo da Vinci. — Il Codice atlantico. Fasc. XVI. Roma, 1899. f.°

Mc Donald A. — Experimental Study of Children. Washington, 1899. 8°.

Oddono E. — Su d'un rene in ectopia pelvica congenita e sulla segmentazione del rene. Pavia, 1899. 8°.

Righi A. — Sull'assorbimento della luce per parte di un gas posto nel campo magnetico. Bologna, 1899. 8°.

Scarabelli G. F. G. — Osservazioni geologiche e tecniche fatte in Imola in occasione di un pozzo artesiano. Imola, 1898. 4°.

Todaro F. — Lazzaro Spallanzani. Roma, 1899. 8°.

Tommasina T. — Sur la production de chaines de dépôts électrolythiques ecc. Paris, 1899. 4°.

Verson E. — Un'affezione parassitaria del filugello non descritta ancora. XIII. Padova, 1899. 8°.

Vincenti G. — La fonografia universale Michela. Torino, 1895. 8°.

Voto al R. Governo per l'impianto dei giardini sperimentali di colture tropicali nell'Eritrea. — Soc. Africana d'Italia. Napoli, 1899. 8°.

P. B.

RENDICONTI

DELLE SEDUTE

DELLA REALE ACCADEMIA DEI LINCEI

Classe di scienze fisiche, matematiche e naturali.

————

MEMORIE E NOTE
DI SOCI O PRESENTATE DA SOCI

pervenute all'Accademia sino al 16 luglio 1899.

~~~~~~~~~~~~~~~~

Fisica Terrestre. — *Riassunto della sismografia del terremoto del 16 nov. 1894.* Parte II. *Oggetti lanciati a distanza, velocità di propagazione, profondità dell' ipocentro, repliche, confronto col terremoto del 1783.* Nota del Corrispondente A. Riccò.

Un oggetto posto su di un edifizio oscillante può esser lanciato o fatto cadere nel senso del movimento od in senso contrario, con velocità maggiore o minore, secondo il momento o fase dell'oscillazione in cui avviene il distacco dell'oggetto dall'edifizio, per essere allora vinto l'attrito, o staccato il cemento, o rotti i legami di qualunque sorta (perni, chiavarde ecc.) che lo tenevano congiunto. Inoltre non potendosi conoscere esattamente la direzione dell'urto sismico, perchè dipendente dalla profondità dell'ipocentro, che non è conosciuta esattamente, ne viene che non si può calcolare esattamente la velocità impressa dal terremoto agli oggetti caduti a distanza fuori della verticale.

Abbiamo rilevato 15 casi: considerando solo la componente orizzontale del movimento, ed applicando ad essi la formula

$$v = \sqrt{\frac{g}{2}} \times \frac{s}{\sqrt{\mathrm{H}}}$$

ove s è la distanza raggiunta dalla verticale, ed H l'altezza della caduta, abbiamo in generale ottenuto che la componente orizzontale della velocità è crescente andando verso l'area epicentrale da pochi decimetri a $3^m.9$ in Sinopoli, che è la massima velocità ottenuta, e dedotta dalla caduta di grandi pezzi di granito dalla sommità della cattedrale della città a 8^m.40 dalla verticale.

Si trova poi che in S. Procopio, S. Anna, Oppido, ed altri luoghi vicini all'epicentro si hanno piccole velocità orizzontali di proiezioni; ciò può dipendere dall'essere stato ivi il movimento prevalentemente verticale.

Quanto alla direzione in cui furono lanciati gli oggetti, in generale coincide all'incirca con quella del piano passante per il luogo considerato e per l'epicentro; ma il senso della caduta prossimamente è tante volte *dall'* epicentro, come *verso* l'epicentro, d'accordo colle precedenti considerazioni.

Velocità di propagazione del movimento sismico. — Ritenuto l'epicentro in S. Procopio, si sono calcolate le distanze delle diverse stazioni, munite di strumenti sismici registratori, in arco di circolo massimo terrestre colle note formole:

$$\cos d = \frac{\operatorname{sen} l' \times \operatorname{sen} (l + m)}{\cos M}, \quad \operatorname{tang} M = \cot l' \times \cos (g' - g)$$

ove l ed l', g e g' sono le latitudini e longitudini della stazione e dell'epicentro.

Per determinare la velocità abbiamo ritenuto più opportuno valerci del tempo del massimo, dato dalla tabella I [1], perchè evidentemente il tempo del principio della registrazione dipende dalla intensità con cui arriva la scossa e dalla sensibilità degli strumenti, che non è la stessa.

Dividendo la differenza di distanza dall'epicentro fra le stazioni e Catania, o Roma, per la differenza dei tempi, espressi in decine di secondi, si ottiene:

		km	s	km
fra Catania	ed Ischia	$v =$ 208 :	90 = 2.3
» »	e Roma	$v =$ 383 :	180 = 2.1
» »	e Siena	$v =$ 564 :	330 = 1.7
» »	e Pavia	$v =$ 833 :	390 = 2.1
» »	e Nicolajew	$v =$ 1511 :	420 = 3.6
fra Roma	ed Ischia	$v =$ 175 :	90 = 1.9
» »	e Siena	$v =$ 181 :	150 = 1.2
» »	e Pavia	$v =$ 450 :	210 = 2.1
» »	e Nicolajew	$v =$ 1128 :	240 = 4.7
fra Pavia	e Nicolajew	$v =$ 1678 :	30 = 5.6

Si è lasciato Portici che confrontato con Catania darebbe velocità negativa; d'altronde il tempo in questa stazione è determinato collo sparo del cannone di Napoli, il che non può essere nè sicuro, nè esatto.

[1] Rendiconti 1899, vol. IX, ser. 5^a, fasc. 1, 2° sem., p. 4.

Si vede che Siena confrontata con Catania, e specialmente con Roma dà valori molto piccoli. Si nota anche che Nicolajew confrontato con Catania, Roma e Pavia dà invece valori della velocità assai più grandi, d'accordo con ciò che si sa sull'aumento della velocità di propagazione dei terremoti colla distanza. Le altre stazioni dànno valori di v tutti vicini a 2^{km}; adottando questa velocità, il tempo del terremoto all'epicentro, partendo da Catania, sarebbe:

$$18^h.52^m - \frac{112}{2} = 18^h.51^m.4^s.$$

Con questo dato e con quelli forniti da Catania, Ischia, Roma, Pavia, cioè lasciando, oltre Siena, anche Rocca di Papa, che per la vicinanza a Roma e per l'accordo dei dati non potrebbe influire sui risultati, applicando il metodo dei minimi quadrati, si ottiene la correzione al tempo dell'epicentro:

$$x = + 0^m.004 \pm 0^m.0375 ;$$

quindi il detto tempo è $18^h.51^m.4^s \pm 2^s$: la velocità media al secondo risulta:

$$v = 2^{km}.085 \pm 0^{km}.030 ;$$

l'errore medio delle osservazioni del tempo del massimo è:

$$\varepsilon = \pm 0^m.075 = \pm 4^s.5.$$

Dunque il tempo all'epicentro fu ben scelto, la velocità nel tratto Catania-Pavia può ritenersi costante e del valore di 2^{km}: ed i tempi registrati del massimo sono abbastanza esatti.

Ma il tempo della propagazione della scossa non può essere veramente proporzionale alla distanza dall'epicentro, specialmente nelle stazioni più vicine al centro di scuotimento, perchè per esse non è trascurabile la profondità del centro medesimo, od ipocentro, da cui deriva lo scuotimento.

Ammettendo che la scossa si propaghi sfericamente dall'ipocentro posto alla profondità p con velocità costante v, considerando la terra piana e chiamando d la distanza di una stazione dall'epicentro, s la distanza dall'ipocentro, t il tempo impiegato, sarà:

$$s^2 = p^2 + d^2 , \quad t = \frac{s}{v} , \quad t^2 = \frac{p^2}{v^2} + \frac{d^2}{v^2}$$

di modo che se si considerano i tempi come ascisse e le distanze dall'epicentro come ordinate, si ha:

(I) $$y^2 = v^2 x^2 - p^2$$

lutati da quello (t_0) in cui ebbe luogo la scossa nell'ipocentro, tempo che è incognito.

Chiamando t_1, t_2, t_3, i tempi in cui fu osservato l'arrivo dell'onda sismica in tre stazioni alle distanze d_1, d_2, d_3 dall'epicentro, si ha sostituendo nella (I)

$$d_1^2 = v^2(t_1 - t_0)^2 - p^2, \quad d_2^2 = v^2(t_2 - t_0)^2 - p^2, \quad d_3^2 = v^2(t_3 - t_0)^2 - p^2,$$

da cui si ricava:

$$t_0 = \tfrac{1}{2} \frac{(d_1^2 - d_2^2)(t_3^2 - t_2^2) + (d_2^2 - d_3^2)(t_1^2 - t_2^2)}{(d_1^2 - d_2^2)(t_3 - t_2) + (d_2^2 - d_3^2)(t_1 - t_2)}$$

$$v = \sqrt{\frac{(d_1^2 - d_2^2)(t_3 - t_2) + (d_2^2 - d_3^2)(t_1 - t_2)}{(t_1 - t_2)(t_2 - t_3)(t_3 - t_1)}}$$

$$p = \sqrt{v^2(t_1 - t_0)^2 - d_1^2} = \sqrt{v^2(t_2 - t_0)^2 - d_2^2} = \cdots$$

Sostituendo i valori di d e t per Catania, Ischia, Roma, si ha

$$t_0 = 18^h.50^m.12^s, \quad v = 1^{km},805, \quad p = 159^{km}.$$

Osservando che per l'epicentro è $y = 0$, e indicando con t il tempo in esso, si ottiene dalla (I)

$$0 = v^2(t - t_0)^2 - p^2$$

donde, sostituendo per t_0, v, p i valori trovati, si ha il tempo all'epicentro $18^h.50^m.42^s$, che dev'essere vicino al vero, poichè in Messina l'orologio astronomico si fermò a $18^h.52^m.0$.

Ma neppure l'ipotesi della velocità costante corrisponde alla realtà: infatti siccome la densità e la forza elastica degli strati della scorza terrestre vanno crescendo colla profondità, ne segue che le onde di propagazione delle scosse non sono sferiche concentriche, ma si allargano verso il basso e le linee di propagazione (brachistocrone) che passano dall'una all'altra onda in direzione normale, sono linee convesse verso il basso: la velocità media è maggiore lungo le brachistocrone più lontane dalla verticale nell'ipocentro, perchè percorrono tratti più lunghi negli strati inferiori, ove è maggiore la forza elastica; e la linea che rappresenta i tempi dell'arrivo della scossa ai varî punti della superficie della terra, posti nello stesso piano verticale passante per l'epicentro, ossia l'*olografo dei tempi* è una linea prima convessa, poi concava verso il basso, come ha dimostrato lo Schmidt ([1]).

Ed infatti la curva dei detti tempi che noi abbiamo ottenuta (fig. 2), è da prima convessa, poi concava verso il basso e termina con un ramo assintotico rispetto una orizzontale, a somiglianza della linea detta *concoide inferiore.*

([1]) Jahreshefte des Vereins für Vaterl. Naturkunde in Württemburg, 1888.

Lo Schmidt ha dimostrato che l'ascissa del flesso di questa curva corrisponde al luogo della minima velocità superficiale od apparente, che è eguale alla velocità nell'ipocentro. Il luogo della minima velocità superficiale divide la regione del terremoto in un'area interna di maggiore scuotimento ed una zona esterna di minore scuotimento. La tangente al flesso passa al di sopra dell'ipocentro, quindi il segmento che essa taglia nell'asse delle

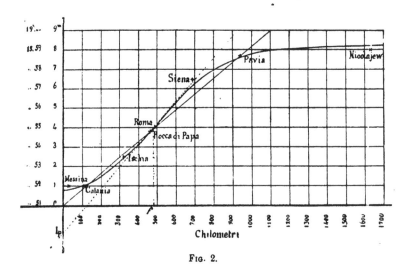

Fig. 2.

ordinate sotto l'origine, rappresenta un tempo minore di quello necessario alla propagazione della scossa dall'ipocentro all'epicentro, e perciò moltiplicandolo per la velocità all'ipocentro (più esattamente per la media fra quella all'ipocentro e quella all'epicentro) dà una profondità del centro sismico minore del vero. Invece l'ascissa del flesso è maggiore della detta profondità.

Applicando al caso nostro, nella fig. 2 si trova che l'ascissa del flesso *of* è 490 km., quindi l'area del maggior scuotimento si estenderebbe fino all'estremo sud della Calabria, alla punta peloritona della Sicilia e fin quasi a Monteleone e Soriano, il che corrisponde prossimamente al fatto.

La minima velocità apparente data dalla tangente al flesso è

$$\frac{490^{km}}{234^s} = 2^{km}.094 \,.$$

Il segmento tagliato dalla detta tangente nell'asse delle ordinate OI_p, rappresenta 82 secondi, quindi l'ipocentro avrà una profondità vicina a

$$82 \times 2^{km}.094 = 172^{km}$$

il che si accorda abbastanza col valore $p = 159$ km trovato col metodo dell'iperbole.

Negli altri Osservatorî stazioni sismiche, udometriche, ecc., il tempo del massimo e quindi le velocità non si possono avere con sufficiente approssimazione. Solo Palermo, ove il tempo è determinato astronomicamente, ha dato la velocità $1^{km}.86$ concordante con quella trovata prima.

Fratture dei fabbricati. — Il rilievo e lo studio delle fratture oblique, in numero di 33, ci ha provato che è affatto impossibile dedurre da esse la profondità dell'epicentro, secondo la idea e teoria del Mallet, e del Michell. Basti il dire che 16 fratture oblique indicano colla direzione della loro normale, ossia col lato verso cui pendono, la posizione dell'ipocentro nel semicircolo d'orizzonte ove è veramente, ma 17 lo indicano dalla parte opposta : è inutile quindi parlare di determinazione della profondità dall'ipocentro, dietro la direzione delle fratture oblique.

E infatti la discontinuità, l'eterogeneità, gli attacchi diversi delle muraglie fra loro o con altre parti dei fabbricati, rendono il muro di un edifizio ben diverso del solido ideale che si considera nella teoria : si aggiunge che in realtà la propagazione della scossa non avviene per linee rette come si suppone pure nella teoria del Mallet.

Metodo di Dutton per trovare la profondità dell'ipocentro. — Ammettendo che l'intensità y dello scuotimento sia inversamente proporzionale al quadrato della distanza del punto scosso dall'ipocentro, che ha la profondità p, essendo I l'intensità della scossa alla distanza *uno*, ed essendo x la distanza del punto dell'epicentro, si ha :

$$y = \frac{I}{p^2 + x^2}, \quad \frac{dy}{dx} = -\frac{2I}{(p^2 + x^2)^2}, \quad \frac{d^2 y}{dx^2} = \frac{I(6x^2 - 2p^2)}{(p^2 + x^2)^3}$$

la prima equazione è massima per $x = 0$ e minima per $x = \infty$, dunque la curva che rappresenta ha un flesso, ossia un punto ove la variazione di y è più rapida; ad esso corrisponde l'ascissa x che annulla la seconda derivata, ossia

$$x = \frac{p}{\sqrt{3}},$$

e che non annulla la terza derivata.

Pertanto trovata sulla carta delle isosismiche la distanza x dall'epicentro, alla quale la variazione dell'intensità è maggiore, ossia ove le isosismiche sono più ravvicinate tra loro, la profondità dell'ipocentro sarà

$$p = x\sqrt{3}.$$

Nel caso nostro non è ben sicuro precisare ove ciò abbia luogo per l'irregolarità delle isosismiche: potrebbe ritenersi che sia fra le isosismiche 9 ¼ e 9 che comprendono una stretta zona ove si passa dalle gravi distruzioni a lesioni parziali degli edifizî. Siccome la forma delle dette isosismiche è irregolare, si prende il valore di x in quattro direzioni ortogonali: risultano valori compresi fra

$$x = 12^{km}, \ p = 21^{km}$$
$$x = 15 \quad, \ p = 26$$

Valori analoghi a quelli trovati da altri autori per altri terremoti, come dal Dutton stesso per quello di Charleston, ove gli risultò $p = 19^{km}$. Ma si può osservare che anche all'isosismica 8 vi è una rapida diminuzione dell'intensità, poichè su di essa si passa dai luoghi molto danneggiati a quelli ove non vi fu alcun danno ai fabbricati, e ciò tanto più, perchè potrebbe ritenersi che l'isosismica 8 corrisponda al limite fra la regione interna di forte scuotimento, che secondo la teoria dello Schmidt avrebbe il raggio di 490 ^{km}.

Su questa isosismica 8 otteniamo nelle diverse direzioni valori di x e quindi di p molto diversi, fra i limiti

$$x = 27^{km}, \ p = \ 47^{km}$$
$$x = 93 \quad, \ p = 161$$

Ove però il valore $p = 161$ è assai vicino a quello trovato col metodo della iperbole.

Proviamo un terzo metodo, fondato solamente sulla diminuzione dell'intensità delle scosse secondo il quadrato della distanza dall'ipocentro.

Adoperando i soliti simboli, e chiamando 10 la intensità all'epicentro, avremo.

$$\frac{y}{10} = \frac{p^2}{p^2 + d^2},$$

donde

$$p = \sqrt{\frac{y d^2}{10 - y}}.$$

Calcolando con questa formula il valore di p in diversi luoghi, od anche sulle varie isosismiche, si hanno in generale valori discordanti, come era da aspettarsi, per l'andamento irregolare delle isosismiche; ma calcolando invece per punti presi nella direzione ESE dall'epicentro, nella quale direzione le isosismiche hanno andamento più regolare, si ha:

Isosismiche	9.5	9.0	8.5	8.0
Profondità dell'ipocentro	52	54	50	52

La media delle profondità è 52, valore intermedio agli altri trovati prima.

Finalmente proviamo *a posteriori* quale delle profondità, cioè $p = 24^{km}$ media di quelle ottenute prima col metodo di Dutton, $p = 159$ ^{km}, valore ottenuto col metodo dell'iperbole che si accorda abbastanza coi limiti dati dalla teoria dello Schmidt e col valore maggiore dato dal metodo di Dutton, e $p = 52$ ^{km}, media dei valori ottenuti colla formola diretta applicata nella direzione ove le isosismiche sono più regolari, e vediamo come viene espressa la variazione dell'intensità nei seguenti luoghi, sempre chiamando 10 l'intensità nell'epicentro, e supponendo che diminuisca secondo il quadrato della distanza dall'ipocentro ; avremo :

TABELLA II.

LUOGHI	Distanza dallo Epicentro	Intensità osservata	INTENSITÀ CALCOLATA		
			$p = 24$ Km.	$p = 52$ Km.	$p = 159$ Km.
S. Procopio	0	10	10	10	10
Palmi	7	9.5	9	9 8	10
Gioia Tauro	16	8.5	7	9.2	9.9
Pizzo	56	8.0	1.6	4.6	9,0

Ove si vede che il valore $p = 24$ ^{km} dà la variazione troppo rapida ; il valore $p = 52$ ^{km} la dà troppo lenta presso l'epicentro, troppo rapida nel luogo più lontano ; il valore $p = 159$ ^{km} dà la variazione troppo lenta, quasi nulla fino a Gioia Tauro.

Dunque nessuna delle proposte profondità soddisfa al variare dell'intensità osservata ; e devesi concludere che i metodi per trovare la profondità dell'ipocentro, fondati sulla legge supposta, ma non esatta, dell'intensità in ragione inversa del quadrato della distanza dall'ipocentro e sulla espressione dell'intensità colla scala Rossi-Forel non possono risolvere il difficile problema ; quindi merita più fiducia la maggior profondità dell'ipocentro trovata coi principî dello Schmidt. E siccome a tale profondità entro terra per l'alta temperatura nessun materiale può essere allo stato solido, devesi concludere che il focolare di questo terremoto è sotto alla scorza solida terrestre, ove questa è in contatto coi fluidi interni, e dove più facilmente possono succedere urti, detonazioni, deflagrazioni, capaci di scuotere la scorza relativamente sottile che li rinchiude.

Condizioni meteoriche nel giorno del terremoto, 16 Novembre 1894. — Non presentarono notevoli anomalie: la temperatura era in Calabria e Sicilia alquanto più elevata del solito, e da qualche tempo si lamentava la scarsità della pioggia ; inoltre la giornata presentava un certo turbamento atmosferico per nubi, pioggerelle, e vento, cosa non straordinaria nell'autunno. Questo stato atmosferico ha fatto giudicare da alcuni (forse *a posteriori*) che vi sia stato tempo od *aria da terremoto*.

Non si ebbe in corrispondenza al terremoto alcun indizio positivo di risveglio dell'attività dell'Etna, del Vesuvio, di Stromboli, di Vulcano. nè delle fumarole, nè delle macalube, nè delle sorgenti termali di Calabria e Sicilia, secondo la visita da noi fatta ai luoghi.

Scosse premonitrici. — Secondo il prof. Mercalli vi furono in Calabria, Zungri, Pizzoni e Soriano (cioè lungi dall'epicentro), delle leggere scosse nella prima metà di novembre 1894. Il microsimoscopio *Guzzanti* in Mineo nel giorno 10 indicò otto scossette e nel giorno 11 ne segnò quattordici; i tromometri di Catania e di Mineo diedero una singolare agitazione microsismica nei giorni 10, 11, 12, 15 novembre. Alle ore 6 ¼ del 16 fu sentita nell'area epicentrale una scossa mediocre, avvertita dalle persone fino a Monteleone, segnalata fino a Mineo da quei delicati avvisatori.

Dalle ore 6 ¼ alle 6^h,56^m si hanno segnalate diverse scossette in Calabria e Sicilia, dalle quali però è sicuramente distinta dalla prima solo quella delle 6^h.56^m, avvertita con panico in Riposto (Sicilia).

A mezzodì vi fu altra scossa leggera, avvertita solo nell'area epicentrale, e da poche persone fino a Monteleone.

Dalle ore 17 fino al momento della grande scossa si hanno notizie di scossette in Calabria e Sicilia, le quali, a meno di supporre errori troppo grossolani nel tempo, non si può credere che coincidano colla grande scossa, ma bensì deve ritenersi che l'abbiano preceduta.

Si deve notare il fatto singolare che da due mesi prima del 16 nov. nelle popolazioni della Calabria Ultra I^a vi era un grande eccitamento, perchè si diceva che le statue della Madonna in Palmi, Radicena, Seminara, muovevano gli occhi, sudavano, ecc., e si aspettava qualche flagello, e ciò fino al momento della grande scossa, in cui a Palmi la popolazione era in processione dietro l'immagine miracolosa.

Forse l'agitazione microsismica del suolo prima del terremoto nelle dette località prossime all'epicentro, era tale da essere percepita in modo vago da quelle genti, spesso provate dai terremoti e che, sia per tradizione, sia per eredità hanno raffinato i loro sensi ed i loro nervi per modo da percepire quei sintomi di una prossima catastrofe, che ad altri sfuggirebbero completamente.

Repliche. — Dopo la grande scossa, durante la notte seguente nella regione epicentrale si avvertì una sessantina di scosse: dopo vi fu nella stessa località un seguito di 16 periodi sismici principali, che si estesero fino al maggio del 1897.

In tutto si ebbero 197 scosse successive, avvertite dalle persone nella Calabria meridionale, e 240 in tutta la Calabria e nel Messinese, fino alla fine di maggio 1897, epoca in cui si può ritenere chiuso il periodo sismico, perchè per 11 mesi dopo non si ebbe più alcun terremoto in quei luoghi.

Rappresentando graficamente il numero delle repliche per mese, si ha una linea che da principio scende rapidamente, poi si allunga in un ramo assintotico, indicante il lento estinguersi del periodo sismico.

Influenza della luna. — Non debbo tralasciare di far presente che il terremoto cominciò al 16 novembre 1894 con luna perigea, e che quattro delle principali repliche avvennero pure con luna al perigeo, ossia alla minima distanza datla terra: e che inoltre altre due repliche avvennero con luna nuova, ed un'altra con luna piena, ossia (in questi tre ultimi casi) quando il sole e la luna erano in linea retta colla terra. Dunque in tutti i 12 casi predetti gli astri erano in condizione favorevole per esercitare la maggior attrazione sulla terra: non si potrebbe ragionevolmente pretendere che tutto ciò sia casuale e privo d'ogni significato.

Confronto del terremoto del 1894 con quello del 1783. — Per fare questo confronto, da prima mediante la descrizione del terremoto del 1783, fatte dal Sarconi e dal Vivenzio, abbiamo espresso colla scala Rossi Forel l'intensità del terremoto del 5-6 feb. e di quello del 28 marzo 1783 per tutti i luoghi considerati. Al grado massimo corrisponde una intensità e fenomeni tali che non si verificarono nel 1894, come l'esser delle città o borgate rase completamente al suolo, i grandi scoscendimenti di terreno, le enormi fratture, ecc. perciò a tale grado abbiamo dato il valore 11, perchè abbiamo chiamato 10 il massimo del 1894, consistente nella distruzione incompleta, senza scoscendimenti; con piccole fratture. Si sono poi tracciate al modo solito le altre isosismiche ([1]), le quali sono riuscite abbastanza sicure fino al grado 8, meno per i gradi minori: da questa costruzione grafica si ricavano le seguenti conclusioni:

L'epicentro del 1783 quasi coincide con quello del 1894, ma è spostato alquanto verso NE, cioè verso Terranova, ove fu il massimo.

L'area epicentrale (intensità 11) del 1783 comprende quella del 1894 (intensità 10) ed ha superficie 6 volte maggiore; l'area compresa dall'isosismica 9 nel 1783 ha l'area 6 $\frac{1}{3}$ volte maggiore e quella dell'isosismica 8 ha l'area 2,2 volte maggiore della corrispondente nel 1894.

Ammettendo la diminuzione della intensità secondo il quadrato della distanza dal centro sismico, nei luoghi ove si ebbero eguali effetti pei due terremoti l'intensità al centro sismico sarà proporzionale al quadrato della distanza; ma non conoscendosi la profondità dello ipocentro nei due terremoti, si potrà fare il confronto solo per le isosismiche del grado 8, che sono a tale distanza da potersi trascurare la profondità dell'ipocentro, e quindi considerare l'intensità dei terremoti confrontati prossimamente proporzionale

---

([1]) Questi Rendiconti, pag. 5.

al quadrato del raggio, ossia all'area della isosismica 8; dunque l'intensità è più di due volte maggiore nel 1783 in confronto al 1894.

Le isosismiche delle maggiori intensità nel 1783 sono allargate nella direzione NE-SW, mentre quelle del 1894 lo sono secondo NW-SE; tale differenza potrebbe spiegarsi semplicemente colla differente ampiezza delle isosismiche, per cui invadono terreni di natura diversa; ma potrebbe anche dipendere da forma diversa del focolare sismico.

Dal fatto che le isosismiche del 1783 sono l'una più lontana dall'altra che nel 1894, si può arguire che nel primo terremoto l'intensità diminuì più lentamente colla distanza dall'epicentro, e che per conseguenza l'ipocentro doveva essere più profondo.

Nel 1783 vi fu al 7 febbraio un altro grande terremoto col centro in Soriano, ed un un terzo al 28 marzo col centro a Borgia. Nel 1894 il terremoto fu unico, ma come si disse, le isosismiche si allargarono verso le due dette località, indicando in esse maggiori effetti del terremoto.

Nel 1783 vi fu una lunghissima serie di frequenti repliche che durò circa quattro anni: il numero complessivo delle scosse avvertite dalle persone in Monteleone (Pignatari) fu di 1200. Nel 1894 le repliche durarono men di 3 anni, ed il loro numero fu circa 5 volte minore. Però l'andamento delle repliche fu dello stesso genere nei due terremoti.

Nel terremoto del 1783 vi furono 30 000 morti e 300 000 feriti: nel 1894 vi fu un centinaio di morti e circa un migliaio di feriti; nel 1783 a Terranova morì il 75 per cento della popolazione, nel 1894 il massimo delle vittime fu a S. Procopio, del 5 per cento, ed anche per un caso disgraziato.

Nel 1783 il valore del danno complessivo in Calabria fu valutato di 133 milioni di lire: nel 1894 nella provincia di Reggio C. il danno fu di circa 25 milioni, cioè 5 volte minore.

Dunque il terremoto del 1894 può ritenersi come una replica di quello del 1783, ma fortunatamente in iscala minore: ciò dà motivo di sperare che nell'avvenire non si verifichino più in quelle regioni catastrofi di così gravi intensità come nel passato: poichè vi è una certa probabilità che quegli scuotimenti precedenti abbiano dato alle roccie di quei luoghi un assettamento più stabile.

Paleontologia. — *Fossili miocenici dell' Appennino Aquilano.*
Nota del Corrispondente CARLO DE STEFANI e BINDO NELLI.

Il prof. Italo Chelussi, fra gli altri fossili raccolti nell'Abruzzo Aquilano ci mandò in più volte i seguenti, che appartengono tutti al Miocene medio [1], del quale terreno sono massimamente distintivi i *Pecten* che nel medesimo sembrano avere raggiunto il loro massimo sviluppo generico.

Lamna elegans Ag. Calcare di Poggio Picenze.

Hemipristis serra Ag. Ibidem.

Oxyrhina hastalis Ag. Ibidem.

Sphaerodus cinctus Ag. Ibidem.

Terebratulina caput serpentis Lck. Marne arenacee di M. Luco, comune.

Aturia Aturi Bast. Marne di M. Luco.

Turbo fimbriatus Bors. Ibidem.

Tugurium postextensum Sacco. Ibidem.

Trochus cfr. *ottnangensis* Hörn. Ibidem.

Scalaria Duciei Wright. Calcare di M. Luco. Trovasi a Malta nelle marne del Bolognese ed in Piemonte.

Galeodea echinophora Lck. Marne arenacee di M. Luco.

Ostrea cochlear Poli. Marne arenacee di M. Luco e di Santa Lucia; arenaria di Francolisco nel comune di Lucoli.

O. neglecta Michl. Calcare compatto situato sopra il calcare litografico di S. Giacomo, presso la regione dei castagni.

O. acusticosta Seguenza. Calcare di Rocca di Cambio; trovasi pure in Calabria e a Malta.

Pecten denudatus Reuss. Marne di M. Luco.

P. similis Lask. Marne di M. Luco e di Ponte delle Valli.

P. cristatus Bronn. Marne di M. Luco e calcare marnoso di Cucullo.

P. Koheni Fuchs. Marne di M. Luco. Trovasi pure a Rossano Calabro, ad Acqui sotto le marne langhiane ed altrove in Piemonte, e comunemente nella Pietra leccese e a Malta.

P. scabrellus Lck. Calcare di Rocca di Cambio, comune; conglomerato calcareo di Offena. È una leggera varietà un poco più equilaterale e con una costa o due di più, in media, del tipo pliocenico, varietà comune nei terreni miocenici della penisola, a S. Marino, nel fosso d'Arcionello presso Viterbo, e altrove.

[1] I fossili sono stati determinati dal dott. Nelli che ne farà oggetto di una pubblicazione speciale.

P. Malvinae Dub. Marne di M. Luco, di Francolisco nel comune di Lucoli; di Ponte delle Valli; sotto S. Giuliano tra il convento e l' Aquila, trovato in uno scavo per costruzione di casa; calcare di Tufo presso Carsoli al confine della provincia romana; calcare bardigliaceo di Santa Lucia presso Lucoli, tra Francolisco e Santa Menna.

P. Haveri Michelotti, = *P. Bianconii* Fuchs p. p. Calcare di Pietra Cervara presso Calascio.

P. Northamptoni Michelotti. Marne di M. Luco. Calcare marnoso di Cerchio, di Cucullo, di Collebrincioni (Capo Croce), di Ponte delle Valli (Pescina).

P. planosulcatus Matheron. Calcare di Tufo presso Carsoli, di Ponte delle Valli, di Rocca di Cambio. Fu paragonato con un esemplare di Casa Giustignana in Corsica raccolto da noi; lo possediamo pure dell' Umbria.

P. sp. n. cfr. scissus Favre. Calcare marnoso di Ponte delle Valli a Pescina.

P. gloriamaris Aud. var. *pervaricostata* Sacco. Calcare di M. Luco.

P. Reüssi Hörnes, Marne di M. Luco.

P. subarcuatus Tourn. Calcare di Tufo.

P. revolutus Michelotti. Calcare di Rocca di Cambio.

Nucula sp. Marne di M. Luco.

Lucina. sp. Marne di M. Luco.

Cardita rudista Lck. Marne di M. Luco.

Venus islandicoides Lck. Calcare di Cucullo.

Donax sp. Marne di M. Luco.

Tellina sp. Marne di M. Luco.

Pholadomya Fuchsi Schäffer an = *P. Puschi* Goldf. var. Calcare di S. Demetrio. Comune nel Miocene medio della penisola.

Ceratotrochus sp. Arenaria marnosa di M. Luco.

Stephanophyllia imperialis Michelin. Calcare bardigliaceo di M. Luco.

Operculina complanata Basterot. Calcare di Rocca di Cambio. Gli autori citano entro calcari consimili in tutto l' Appenino centrale delle Nummuliti che attribuiscono all' Eocene e per le quali chiamano quei calcari nummulitici. Talora essi nominano Nummuliti le Orbitoidi ed altri generi diversi che si trovano anche nel Miocene medio. Sembra però che realmente si trovino delle piccole *Nummulites* ma diverse da quelle del Miocene inferiore e dell'Eocene, e sarebbero fra le più recenti del genere.

Fra i citati fossili, tutti trovati anche nel Miocene medio di altre parti dell'Appennino e delle isole adiacenti, sono specialmente notevoli quelli che provengono dai calcari bianchi, cristallini, i quali a primo aspetto si attribuirebbero ad età assai più antica, o dai calcari bardigliacei, e dai conglomerati calcarei, e che attestano l' età di questi essere per nulla differente da quella delle arenarie e delle marne. I tentativi da noi fatti di attribuire

i fossili de' calcari a specie del Miocene inferiore o dell' Eocene restarono vani.

Tanto i calcari quanto le altre roccie sembrano appartenere alla zona
Langhiana, perciò ad una plaga di mare piuttosto profondo.

Dalle cose dette risulta l'importanza delle osservazioni fatte dal Chelussi, il quale di già, molto ragionevolmente, aveva riunito tutti i sopra citati
terreni nel Miocene medio ([1]).

Questi medesimi terreni sono molto estesi in tutto l'Appennino centrale.
Una volta anche le arenarie e le marne erano attribuite all' Eocene od al
Miocene inferiore; il Moderni attribuisce tuttora all' Eocene e le arenarie del
Monte di Mezzo e del Pizzo di Sivo ([2]) che il Chelussi riconobbe mioceniche.
Si attribuiscono pure all' Eocene e talora perfino alla Creta, i calcari cristallini bianchi, che dai fossili prevalentemente contenuti ben possono dirsi calcari a *Pecten*. Infatti nell'immediato confine con la provincia di Aquila sono
attribuiti al Cretaceo dal De Angelis ([3]), all' Eocene od all' Oligocene dal
Viola ([4]) la *Pietra di Subiaco* ed in generale i calcari marnosi, o compatti
e cristallini, ed i conglomerati calcarei con *Orbitoides, Ostrea, Pecten*, Gasteropodi e denti di Pesce dei dintorni di Subiaco; mentre sono attribuiti all' Eocene
anche dal De Angelis quelli di Senne, di Canterano, di Cerneto Laziale. Io
poi ritengo appartenenti al Miocene e probabilmente al Miocene medio anche
le marne calcaree ad *Orbitoides* di Castel Madama e della Valle inferiore del-
l'Aniene che altri pose nell'Eocene. Così pure debbono attribuirsi al Miocene
medio il calcare bianco cristallino a *Pecten*, di specie in gran parte identiche
a quelle dell'Aquilano, che si osserva sugli Ernici fino Anticoli, Piglio, Acuto,
Guarcino, Collepardo, Veroli ([5]) e, salvo qualche piccolo lembo probabilmente
cretaceo, i calcari a *Pecten* di Ceccano, dei Maroni, di Sgurgola, ed altri della
Valle del Sacco, ritenuti eocenici dal Viola, ma giustamente riconosciuti miocenici, quelli di Ceccano, dal Mayer ([6]) come sono mioceniche le arenarie di
Anagni, Ferentino e Frosinone nella stessa valle. Però su tali questioni
paleontologiche e cronologiche torneremo più a lungo in altro luogo.

([1]) I. Chelussi, *Brevi cenni sulla costituzione geologica di alcune località dell'Abruzzo aquilano*. Firenze, Baroni e Lastrucci, 1897.

([2]) P. Moderni, *Osservazioni geologiche fatte al confine dell'Abruzzo teramano colla provincia di Ascoli nell'anno 1896* (Boll. R. Com. geol. vol. XXIX, 1898, p. 87).

([3]) G. De Angelis, *L'alta valle dell'Aniene* (Mem. d. Soc. geografica it., vol. VII, p. 207 e seg.).

([4]) C. Viola, *Osservazioni geologiche fatte sui Monti Sublacensi nel 1897* (Boll. Com. geol., vol. XXIX, 1898, p. 276 e seg.).

([5]) C. Viola, loc. cit., *Osservazioni geologiche fatte sui Monti Ernici* (Boll. Com. geol., vol. XXVII. 1896, p. 301). — *Osservazioni geologiche fatte nel 1896 sui Monti Simbruini in provincia di Roma* (Boll. Com. geol., vol. XXVIII, 1897, p. 47).

([6]) C. Viola, *Osservazioni geologiche nella valle del Sacco in provincia di Roma* (Boll. Com. geol., vol. XXVII, 1896, p. 8, 16, 30).

L'aspetto litologico dei detti calcari bianchi cristallini, così aberrante da quello delle solite roccie mioceniche, fu la principale cagione per la quale essi vennero attribuiti ad età antica. Quell'aspetto deriva dal trovarsi i medesimi in una regione esclusivamente costituita da calcari giuresi, cretacei o veramente eocenici, ed a contratto immediato o quasi con questi, poichè infatti sono formati dalla ricostituzione di materiali calcarei preesistenti.

Il Lotti volle attribuire all'Eocene anche i calcari bianchi, semicristallini, a briozoi e a *Pecten*, cui tipo principale sono i calcari di San Marino, della Falera, del Sasso di Simone e in generale dell'Alta valle Tiberina, della Verna, di Bismantova, ecc. ([1]); ma la paleontologia dei medesimi, oramai abbastanza bene conosciuta, prova in modo sicuro ch'essi sono miocenici come le arenarie e le marne concomitanti. Recentemente A. Silvestri volle attribuire allo *Zancleano* inferiore da lui ritenuto Pliocene inferiore, certe marne di Sansepolcro nell'alta valle Tiberina ([2]); ma per l'appunto il *Zancleano* del Seguenza, come dimostrai in altri scritti ([3]), non è che una plaga di mare assai profondo del Miocene medio, tant'è vero che dopo di me, e pur non ricordando le osservazioni mie, furono paragonati allo *Zancleano* inferiore strati del Miocene medio dei dintorni di Monte Gibio nel Modenese dal Coppi, e di S. Rufillo nel Bolognese dal Fornasini. Strati pliocenici marini nell'alta valle Tiberina, per lo meno a monte di Perugia non se ne trovano.

Delle arenarie a *Pecten* dell'Umbria, che altri aveva supposte eoceniche od oligoceniche, e che uno di noi da molto tempo aveva riconosciuto non essere più antiche del Miocene medio, fu affermata quest'ultima età dai recenti studî di Verri e De Angelis.

Per riassumere in poche parole le osservazioni fatte, benchè saltuariamente, da uno di noi, o desunte dalle collezioni pubbliche o private e dagli studî altrui, nell'Appennino centrale, diremo che per ora non conosciamo terreni sicuramente appartenenti al Miocene inferiore nell'ampio spazio esistente fra Renno nel Modenese e le pendici della Sila, quantunque non si possa ancora escludere che vi si riferiscano alcuni fra gli strati inferiori delle arenarie marnose del crinale appenninico tosco-romagnolo. Così pure non si conoscono tali terreni nelle adiacenti isole di Corsica e di Sardegna e nell'Arcipelago toscano. Essi invece, secondo le nostre osservazioni, sono piuttosto estesamente rappresentati sotto latitudine corrispondente nella penisola Balcanica.

Passando a parlare dell'Eocene, e riassumendo pure quanto apprendemmo nelle nostre escursioni, diremo che il tipo dell'Eocene superiore e medio ad arenarie, a calcari con *Alveolina, Nummulites Lamarcki* Mgh., *N. irregu-*

([1]) B. Lotti, *Studî sull'Eocene dell'Appennino toscano* (Boll. Com. geol., vol. XXIX, 1898, p. 4 e seg.).

([2]) A. Silvestri, *Una nuova località di Ellipsoidina ellipsoide* (Atti R. Acc. Lincei, Rend. 18 giugno 1899).

([3]) C. De Stefani, *Iejo, Montalto e Capo Vaticano* (Atti R. Acc. Lincei 1881).

laris Desh., *N. subirregularis* De la H., *Assilina,* a galestri, a Peridotiti, dell' Appennino settentrionale cessa presso a poco sulla destra del Tevere, nè più ricomparisce, se non, per quanto riguarda le roccie dell' Eocene superiore, in varie parti dell' Appennino Pugliese e Basilisco, come di là dall' Adriatico nei dintorni di Cattaro e di Spizza.

Nell' Appennino centrale e meridionale, come in tutta la parte centrale e meridionale della penisola Balcanica, l' Eocene medio è rappresentato da calcari a grosse *Nummulites.* Arenarie eoceniche in questa regione appenninica non ne conosciamo, ed è probabile che le arenarie ivi tanto estese appartengano al Miocene medio. Il Patroni dimostrò già la pertinenza a questa età di quelle di Baselice nel Beneventano.

Fisica. — *Sulle variazioni dell' effetto Peltier in un campo magnetico.* Nota di A. POCHETTINO, presentata dal Socio BLASERNA.

Fra le più notevoli relazioni che legano il magnetismo agli altri fenomeni fisici una delle più interessanti è certamente quella segnalata per la prima volta da Lord Kelvin ([1]): ossia l' influenza della magnetizzazione sulle proprietà termoelettriche del ferro e dell' acciaio. Le esperienze di Lord Kelvin sono però puramente qualitative, le prime misure sull' argomento sono quelle di Stroubal e Barus ([2]) i quali studiando una coppia ferro-rame magnetizzata longitudinalmente da un campo di 35 unità C. G. S. trovarono che la forza elettromotrice era maggiore nel campo che fuori di esso. Dopo Stroubal e Barus, Chassagny ([3]) eseguì un' estesa serie di esperienze constatando che è bensì vero che la forza elettromotrice di una coppia ferro-rame, posta in un campo magnetico, varia al variare dell' intensità del campo, ma mentre da principio cresce fino a un massimo per un campo di 55 unità, decresce poi in seguito al crescere dell' intensità del campo.

La ricerca più completa su questo argomento è senza dubbio quella di Houllevigue ([4]); egli con numerosissime ed accurate esperienze arriva alla seguente conclusione: la forza elettromotrice di una coppia ferro-rame, viene modificata da un campo magnetico, cresce dapprima fino ad un massimo e ritorna al suo valore normale in un campo di 350 unità e finalmente decresce.

Nella presente Nota mi propongo di esporre i risultati di alcune esperienze eseguite nel R. Istituto Fisico di Roma al fine di constatare quale influenza abbia la magnetizzazione longitudinale sul valore dell' effetto Pel-

---

([1]) Phil. Trans. L. R. S. pag. 722, 1856.
([2]) Wied. Ann. XIV, pag. 54, 1881.
([3]) C. R. CXVI, pag. 977, 1893.
([4]) Ann. de Chim. et de Phys. (7), VII, pag. 495, 1896.

tier in una saldatura ferro-rame e vedere fino a qual punto i miei risultati si accordino con quelli che si possono dedurre dalle esperienze di Houllevigue mediante la nota formula di Thomson che lega il coefficiente dell'effetto Peltier al valore della forza termoelettromotrice fra due metalli. I metodi finora escogitati per la misura del coefficiente dell'effetto Peltier sono di due specie: o si fondano su misure calorimetriche o su misure di temperatura nella saldatura. Data l'indole della ricerca non potei pensare d'adoperare misure di calorimetria perchè troppo difficile sarebbe stato porre un calorimetro di sufficiente esattezza in un campo magnetico uniforme; dovetti dunque usare altro metodo. Appartenenti all'altro tipo non vi sono a mia conoscenza che due metodi, uno ideato dal Roux (¹) che consiste nel produrre l'effetto Peltier che si vuol misurare in contatto con una delle faccie di una pila termoelettrica ed equilibrare la sua azione mediante un riscaldamento prodotto sull'altra faccia da una corrente variabile a volontà attraversante una resistenza costante. Questo metodo però anche usato con tutti gli accorgimenti che pratica e teoria suggeriscono non conduce alla necessaria sensibilità. Per conseguenza non mi rimase che adottare l'altro procedimento ideato dal sig. Straneo e da lui pubblicato nella Nota (²) *Sulla Temperatura di un conduttore lineare bimetallico*. Non starò a ripetere qui come egli arrivi alla misura del coefficiente dell'effettto Peltier mediante la considerazione di tutti i fenomeni termici che si producono in un conduttore lineare composto di due metalli, percorso da una corrente di data intensità, ossia: Propagazione del calore nell'interno causato dalle conducibilità calorifiche interne, flusso di calore verso l'esterno attraverso la superficie di contatto coll'aria ambiente, effetto Joule, effetto Thomson, effetto Peltier, trattandosi di una Nota pubblicata in questi stessi Rendiconti. Riporterò solo la formula finale ricordando ch'essa vale nel caso di un conduttore cilindrico composto di due metà eguali di diverso metallo, di cui le due estremità siano mantenute ad una temperatura fissa che si assume come origine, temperatura che si ammette essere eguale a quella dell'ambiente esterno, e nell'ipotesi che le variazioni massime di temperatura si limitino a pochi gradi di modo che si possa trascurare l'effetto Thomson.

La temperatura del conduttore così considerato tende al crescere del tempo ad uno stato stazionario; chiamando $\varDelta U$ la differenza fra le due temperature stazionarie nella saldatura per due direzioni opposte della corrente riscaldante si giunge alla formula

$$(1) \quad \varDelta U = 2\,\frac{Pi}{q}\,\frac{(e^{\lambda_1 l_1} - e^{-\lambda_1 l_1})(e^{\lambda_2 l_2} - e^{\lambda_2 l_2})}{k_1\lambda_1(e^{\lambda_1 l_1}+e^{-\lambda_1 l_1})(e^{\lambda_2 l_2}-e^{-\lambda_2 l_2}) \vdash k_2\lambda_2(e^{\lambda_2 l_2}-e^{-\lambda_2 l_2})(e^{\lambda_1 l_1}+e^{-\lambda_1 l_1})}$$

(¹) Ann. de Chim. et de Phys. (4), X, pag. 282, 1867.
(²) Rend. Acc. Lincei, 1898, 1° semestre, pag. 846.

dove P è il coefficiente dell'effetto Peltier, q è la sezione comune alle due metà del conduttore, i è l'intensità della corrente riscaldante, k_1 e k_2 sono rispettivamente le conducibilità termiche interne dei due metalli di cui si compone il conduttore, $l_1 \, l_2$ le loro rispettive lunghezze e

$$\lambda_1 = \sqrt{\frac{h_1 p}{k_1 q}} \quad \lambda_2 = \sqrt{\frac{h_2 p}{k_2 q}}$$

essendo h_1 e h_2 le conducibilità termiche esterne dei due metalli e p il loro comune perimetro. Dalla (1) si ha:

$$(2) \quad P = \frac{q \varDelta U [k_1 \lambda_1 (e^{\lambda_1 l_1} + e^{-\lambda_1 l_1})(e^{\lambda_2 l_2} - e^{-\lambda_2 l_2}) + k_2 \lambda_2 (e^{\lambda_1 l_1} - e^{-\lambda_1 l_1})(e^{\lambda_2 l_2} + e^{-\lambda_2 l_2})]}{2i(e^{\lambda_1 l_1} - e^{-\lambda_1 l_1})(e^{\lambda_2 l_2} - e^{-\lambda_2 l_2})}$$

formula che ci permette il calcolo di P in funzione di tutte quantità misurabili con acconcie esperienze, ossia in funzione di $k_1 \, k_2 \, h_1 \, h_2 \, i \, q \, , p \, . \, \varDelta U$.

Per realizzare le condizioni ai limiti richieste dallo sviluppo del sig. Straneo e far avvenire il fenomeno in un campo magnetico uniforme, operai così: Il conduttore era formato da due cilindretti, uno di rame e l'altro di ferro chimicamente puri, saldati ad argento sul prolungamento l'uno dell'altro; le sue due estremità erano saldate a due cassette di rame munite di convenienti tubulature onde far circolare in esse dell'acqua corrente; l'aria circondante la superficie del conduttore era completamente avvolta da un doppio involucro cilindrico in ferro vicinissimo ad essa; fra le due pareti di questo doppio cilindro si poteva far correre la stessa acqua delle cassette di rame. Attorno alla cassetta di ferro era avvolto il filo accuratamente isolato formante un'elica magnetizzante composta da cinque strati di filo, ed estendentesi lungo tutta la lunghezza del conduttore; il filo era tale da poter essere percorso anche da una corrente di 25 Ampère senza essere quasi riscaldato. La corrente riscaldante era fornita da due accumulatori accoppiati, mediante apposito commutatore poteva essere invertita, e veniva misurata mediante un amperometro ordinario; la corrente magnetizzante veniva data da una batteria di 12 accumulatori.

Le misure di temperatura erano eseguite mediante una piccolissima pila termoelettrica, una saldatura della quale era fissata nella saldatura ferro-rame e l'altra era messa in una provetta di vetro immersa mediante apposita tubulatura nell'acqua corrente della cassetta di ferro avvolgente il conduttore.

Veniamo ora alle singole misure e alle precauzioni da usarsi nelle medesime. Cominciamo dalla determinazione delle conducibilità termiche interne ed esterne dei due metalli. Trattandosi di quantità che variano da pezzo a pezzo dello stesso metallo, occorreva conoscerle proprio per i due cilindretti con cui si voleva sperimentare. A ciò provvede un metodo abbastanza esatto per i nostri scopi, ideato dallo stesso Straneo e da lui pubblicato nella Nota: *Sulla determinazione simultanea delle conducibilità termiche ed elettrica dei metalli a varie temperature* (¹), metodo di cui mi sono servito anch'io per la sua comodità nel caso di cui mi occupavo, giacchè con ciò misuravo queste quantità nello stesso campo magnetico in cui poi si effettuavano le esperienze.

Una questione che si presenta subito qui è la seguente: La conducibilità termica interna e forse l'esterna vengono modificate dalla magnetizzazione; ora trattandosi di misurare l'effetto Peltier in un campo magnetico con un metodo che richiede la nozione esatta di quelle costanti, non bisognerà forse tener conto delle loro variazioni nella misura di P? Per rispondere a questa domanda basta vedere quale influenza esercitino sul valore misurato del coefficiente dell'effetto Peltier piccole variazioni nelle k. Derivando opportunamente la (2) si arriva alla seguente relazione:

$$dP = \left\{ \frac{q \cdot \varDelta U \cdot \lambda_1 (e^{\lambda_1 l_1} + e^{-\lambda_1 l_1})}{2i(e^{\lambda_1 l_1} - e^{-\lambda_1 l_1})} - \frac{\varDelta U \cdot h_1 p(e^{\lambda_1 l_1} + e^{-\lambda_1 l_1})}{4i\lambda_1 k_1 (e^{\lambda_1 l_1} - e^{-\lambda_1 l_1})} - \right.$$
$$\left. - \frac{\varDelta U \cdot \lambda_1 l_1 h_1 p}{4i k_1 (e^{\lambda_1 l_1} - e^{\lambda - l_1 l_1})^2} \left[(e^{\lambda_1 l_1} - e^{\lambda - l_1 l_1})^2 - (e^{\lambda_1 l_1} + e^{\lambda - l_1 l_1})^2 \right] \right\} dk_1$$

dove sostituendo alle varie costanti i loro valori approssimati si ha:

$$dP := -0,008 \, dk_1 \, .$$

Di qui si vede che una variazione del valore di k_1 (*ferro*) quale viene causata da una magnetizzazione longitudinale, che secondo le esperienze del prof. Battelli (²) ammonterebbe a $+0,002$ del valore totale per un campo di ben 1500 unità, non ha alcuna influenza sensibile sul valore di P, e che questo in ogni caso diminuirebbe.

Dovendosi ora cercare di ottenere contemporaneamente una discreta sensibilità e una completa indifferenza rispetto al campo magnetico preferii usare per costruire le mie pile termoelettriche dei fili sottilissimi di argentana ed argento. Queste pile oltre una forza termoelettromotrice invariabile in un campo magnetico, il che venne accuratamente controllato con numerose calibrazioni fuori e dentro il campo magnetico, davano una sensibilità col galvanometro usato da permettere la misura del ¹/₁₀₀₀ di grado. Dette pile venivano fissate a stagno per una saldatura al punto d'unione dei due metalli componenti il conduttore; nella collocazione appunto di questa saldatura s'incontrò la massima difficoltà: infatti se i due fili della pila non si trova-

---

(¹) Rend. R. Acc. Lincei, 1898, 1° semestre, pag. 197.
(²) Atti Acc. Torino, pag. 559, 1886.

vano approssimativamente nello stesso piano sezione del conduttore bimetallico, parte della corrente riscaldante penetrava per uno dei detti fili e dava una forte botta all'ago del galvanometro nell'istante della chiusura della corrente riscaldante. Una deviazione improvvisa, violenta alla chiusura del circuito indicava l'inconveniente che si cercava di eliminare mediante una migliore saldatura della pila; dopo cinque o sei tentativi questa collocazione riusciva se non completamente almeno con sufficiente esattezza. La calibrazione della pila termoelettrica avveniva senza dissaldarla mediante un buon termometro così: Si lasciava correre l'acqua nelle cassette per un certo tempo finchè si poteva esser sicuri che la saldatura ne avesse assunto la temperatura, e poi si riscaldava in modo noto l'altra saldatura libera, riscaldando con la mano la provettina di vetro piena di glicerina in cui essa era immersa, e che, nelle misure ordinarie, era fissata in modo da trovarsi per due terzi immersa nell'acqua della cassetta centrale.

La misura dell'intensità del campo magnetico nel punto della saldatura veniva effettuata mediante il noto metodo delle scariche indotte osservate al galvanometro balistico; la bobina adoperata era piccolissima e costruita in modo da poter essere adattata molto vicina al conduttore bimetallico nell'interno dell'elica magnetizzante.

Con questo metodo avevo il vantaggio di compiere tale misura senza spostare tutto l'apparecchio e senza dover supporre la corrente magnetizzante costante, cosa di cui non sarei stato sicuro nel caso che avessi interrotto la corrente per un certo tempo onde disporre altrimenti l'apparecchio; di più non era necessario conoscere l'intensità della corrente magnetizzante.

Riassumendo, i vantaggi della disposizione adottata sono i seguenti: Non occorreva smontare l'apparecchio ogni volta per la misura del campo magnetico; la durata di una misura poteva essere qualunque perchè grazie all'apparecchio ad acqua, il riscaldamento delle spire magnetizzanti già piccolo perchè costruite di filo grosso, era assolutamente innocuo pel conduttore centrale; potevo misurare $k_1 \, k_2 \, h_1 \, h_2$ nel campo magnetico e in esso campionare anche la pila termoelettrica; non erano più necessarie tutte le precauzioni di cui parla Houllevigue per proteggersi da influenze termiche esterne.

Non mi rimane ora più che riferire i risultati ottenuti, perciò dirò qualcosa sui numeri che qui riporto: H indica l'intensità del campo magnetico in unità C. G. S, I è l'intensità della corrente riscaldante nelle stesse unità, $\varDelta U$ è la differenza fra le due temperature stazionarie nella saldatura per i due sensi della corrente espressa in gradi centigradi, $\dfrac{P}{P}$ è il rapporto fra i valori di P in un campo nullo e quelli nei varî campi. Per confrontare le mie esperienze con quelle di Houllevigue ([1]), ho creduto bene riportare il valore del rapporto $\dfrac{P}{P_1}$ come si deduce dalla formola empirica

([1]) Loc. cit.

da lui trovata. La formola di Thomson dice:

$$P(\text{A . B}) = \frac{T}{J} \frac{\partial}{\partial T} \, E(\text{A . B})$$

dove P,T,J,E hanno i ben noti significati. In un campo d'intensità H avremo:

$$P_1(\text{A . B}) = \frac{T}{J} \frac{\partial}{\partial T} \, E'(\text{A . B})$$

di qui:

$$P_1 - P = \frac{T}{J} \frac{\partial T}{\partial} (E - E') = \frac{T}{J} \frac{d\delta}{dT} \, ,$$

indicando con δ la variazione di forza elettromotrice di una pila termoelettrica prodotta dall'azione d'un campo H.

La formola data da Houllevigue come rappresentazione del risultato delle
sue numerosissime ed accurate esperienze è la seguente:

$$S = E' - E = 10^{-7} \left[125(T - t) + 0{,}508(T^2 - t^2) \right] \frac{H(350 - H)}{1 + 0{,}0428\,H} \, ;$$

donde esprimendo tutto in unità centimetro, grammo, secondo e indicando
con T la temperatura in gradi centigradi ho:

$$(3) \qquad P_1 - P = 10^{-12} \frac{T + 273}{4{,}17} (125 + 1{,}016\,T) \frac{H(350 - H)}{1 + 0{,}0428\,H} \, .$$

Di qui noto P si può calcolare il rapporto $\dfrac{P}{P_1}$ i cui valori riporto nella
colonna 7ª della tabella. Nell'ultima colonna sono riportate le temperature
dell'acqua corrente nelle cassette.

Le misure di P vennero eseguite per 4 intensità della corrente riscaldante. rispettivamente di 4, 8, 10, 14 Ampère.

Riporto qui dapprima i risultati delle misure preliminari e le dimensioni del conduttore.

Per ogni costante feci tre misure che mi diedero i seguenti numeri:

$K_{cu} = 0{,}996$
» $= 0{,}992$ $\quad$ Media 0,995
» $= 0{,}997$

$h_{cu} = 0{,}00025$
» $= 0{,}00029$ $\quad$ Media 0,00028
» $= 0{,}00029$

$K_{re} = 0{,}150$
» $= 0{,}152$ $\quad$ Media 0,149
» $= 0{,}146$

$h_{re} = 0{,}00030$
» $= 0{,}00031$ $\quad$ Media 0,00030
» $= 0{,}00030$

Il diametro comune alle due metà metalliche del conduttore era di
cm. 0,38 e la lunghezza di cm. 7.

Ed ecco i numeri ottenuti:

H	I	⊿U	P	Medie	$\frac{P}{P_1}$ mis.	$\frac{P}{P_1}$ calc.	Differenza	Temperatura
0	0,4	0,350	0,008816					11°
	0,8	0,702	8841	0,008824	—	—	—	
	1,0	0,875	8816					
	1,4	1,226	8823					
98	0,4	0,356	0,008967					11, 2
	0,8	0,712	8967	0,008968	0,9839	0,9862	+ 0,0023	
	1,0	0,891	8977					
	1,4	1,241	8960					
210	0,4	0,354	0,008917					11, 1
	0,8	0,708	8916	0,008918	0,9894	0,9911	+ 0,0017	
	1,0	0,885	8917					
	1,4	1,240	8924					
306	0,4	0,352	0,008866					12
	0,8	0,704	8866	0,008856	0,9852	0,9980	+ 0,0128	
	1,0	0,876	8826					
	1,4	1,229	8865					
419	0,4	0,348	0,008765					12
	0,8	0,696	8765	0,008763	1,0069	1,0040	— 0,0029	
	1,0	0,869	8765					
	1,4	1,217	8758					
503	0,4	0,344	0,008685					11, 8
	0,8	0,690	8690	0,008685	1,0160	1,0121	— 0,0039	
	1,0	0,862	8685					
	1,4	1,209	8701					
608	0,4	0,342	0,008614					12
	0,8	0,686	8639	0,008615	1,0243	1,0188	— 0,0060	
	1,0	0,855	8614					
	1,4	1,195	8593					
710	0,4	0,339	0,008539					12, 4
	0,8	0,678	8538	0,008541	1,0331	1,0267	— 0,0064	
	1,0	0,848	8544					
	1,4	1,187	8542					
800	0,4	0,335	0,008438					13
	0,8	0,669	8425	0,008435	1,0462	1,0341	— 0,0121	
	1,0	0,889	8453					
	1,4	1,172	8434					
911	0,4	0,330	0,008310					13
	0,8	0,660	8312	0,008316	1,0611	1,0428	— 0,0183	
	1,0	0,826	8322					
	1,4	1,156	8319					
1013	0,4	0,326	0,008211					13, 1
	0,8	0,654	8236	0,038216	1,0740	1,0504	— 0,0236	
	1,0	0,813	8211					
	1,4	1,140	8204					
1109	0,4	0.322	0,008110					13
	0,8	0,645	8123	0,008119	1 0868	1,0603	— 0,0265	
	1,0	0,806	8121					
	1,4	1,129	8125					
1196	0,4	0,316	0,007959					13, 2
	0,8	0,635	7997	0,007968	1,1074	1,0661	— 0,0413	
	1,0	0,788	7939					
	1,2	1,106	7978					

H	I	∆U	P	Medie	$\frac{P}{P_1}$ mis.	$\frac{P}{P_1}$ calc.	Differenza	Temperatura
1322	0,4	0,311	0,007826					
	0,8	0,626	7884	0,007846	1,1246	1,0799	— 0,0447	13°.5
	1,0	0 778	7838					
	1,2	1,089	7837					
1416	0,4	0,305	0,007682					
	0,8	0,609	7670	0,007690	1,1474	1,0881	— 0,0593	13
	1,0	0,766	7717					
	1,2	1,069	7693					
1511	0,4	0,301	0,007581					
	0,8	0,604	7607	0,007597	1,1615	1,1023	— 0,0592	13
	1,0	0,755	7607					
	1,2	1,055	7592					
1610	0,4	0,297	0,007481					
	0,8	0,595	7493	0,007494	1,1775	1,1175	— 0,0600	14
	1,0	0,744	7493					
	1,2	1,043	7506					
1718	0,4	0,293	0,007380					
	0,8	0,586	7380	0,007389	1,1942	1,1333	— 0,0609	13, 9
	1,0	0,736	7415					
	1,2	1,026	7384					
1803	0,4	0,290	0,007304					
	0,8	0,580	7304	0,007317	1,2060	—	—	14
	1,0	0,729	7345					
	1,4	1,018	7326					
1899	0,4	0,290	0,007304					
	0,8	0,580	7304	0,007304	1,2081	—	—	14
	1,0	0,727	7325					
	1,4	1,015	7305					
1996	0,4	0,290	0,007304					
	0,8	0,580	7301	0,007304	1,2081	--	—	14
	1,0	0,727	7325					
	1,4	1,015	7305					

Da queste misure possìamo conchiudere:

I. Il valore del coefficiente dell'effetto Peltier, varia colla magnetizzazione, cresce dapprima fino a un massimo valore 0,008968 corrispondentemente a un campo di 98 unità, poi decresce, ripassa pel suo valore normale in corrispondenza a un campo di 345 unità circa. Risultati che si trovano in accordo con quelli che si possono dedurre dalla formola (3).

II. La formola dedotta dalle esperienze di Houllevigue colla formola di Thomson non rappresenta bene il fenomeno che fino a un campo di 700 unità.

III. La variazione del valore di P è indipendente dalla direzione della magnetizzazione. Infatti da esperienze appositamente istituite si vide che, raggiunta la temperatura stazionaria, le condizioni termiche del conduttore non mutavano affatto rovesciando la corrente magnetizzante.

Chimica. — *Sul comportamento crioscopico di sostanze aventi costituzione simile a quella del solvente* ([1]). Nota V di F. GARELLI e F. CALZOLARI, presentata dal Socio G. CIAMICIAN.

In una Memoria pubblicata or sono cinque anni il primo di noi ([2]) cercando di riassumere i risultati delle esperienze eseguite fino allora, faceva rilevare che le sostanze cicliche ottenute per sostituzione di un atomo di idrogeno del solvente con un ossidrile o con un gruppo amminico, mostravano, salvo poche eccezioni, la tendenza a formare con esso soluzione solida.

La regola allora enunciata si basava sopra le osservazioni seguenti: sul comportamento crioscopico più o meno anomalo del fenolo in benzolo, dei due naftoli in naftalina, dei tre acidi ossibenzoici nel benzoico, delle tre biossibenzine nel fenolo, dell'anilina in benzolo, delle due naftilammine in naftalina, degli acidi ammidobenzoici nel benzoico, della benzidina nel difenile. Si aggiunse poi a questi il caso del p. ossidifenilmetano in difenilmetano studiato da Paternò: non va però dimenticato che in pari tempo questo autore fece osservare come il paraxilenolo, contrariamente alla regola summentovata, sciolto nel paraxilene, congelava normalmente.

Quest'eccezione, insieme a talune altre già trovate da uno di noi, indicano a nostro parere, che sul fenomeno esercita anche un'influenza (non del tutto chiara nel modo di manifestarsi), la posizione occupata nel nucleo dai sostituenti, ma non toglie valore, nella sua generalità, ad una regola fondata già su un discreto numero di osservazioni sperimentali.

A confortare la nostra opinione sta il fatto che tale regola trova riscontro e conferma nelle leggi stabilite dal Groth relativamente alle modificazioni prodotte nella forma cristallografica, dalla sostituzione con radicali monovalenti all'idrogeno dei corpi ciclici. Queste regole, dedotte specialmente dall'esame delle relazioni morfotropiche che passano fra il benzole ed i suoi derivati monosostituiti, furono dal Groth ([3]) riassunte nel modo seguente:

1) La sostituzione di un atomo di H con un OH non produce nessun cambiamento nel grado di simmetria, ma solo una variazione nei rapporti assiali e sensibilmente secondo un'unica direzione.

2) La sostituzione di H con NO_2 si esplica parimenti con un piccolo cambiamento dei rapporti assiali secondo una direzione.

([1]) Lavoro eseguito nel laboratorio di chimica della L. Università di Ferrara.
([2]) Garelli e Montanari, Gazz. chimica ital., 1894, II, pag. 237.
([3]) Berichte, 1870, III, pag. 451.

3) Il Cl ed il Br, quando sostituiscono l'H, producono un'alterazione molto più profonda: non solo viene cambiato il rapporto assiale, ma anche il sistema cristallino viene trasformato in un altro di minor grado di simmetria. Spesso però la sostituzione di parecchi atomi di H con Cl e Br causa un ritorno al sistema cristallino di maggior simmetria.

4) Il radicale CH_3 produce un forte cambiamento nella forma originaria e nei rapporti relativi di simmetria.

Ora le esperienze crioscopiche avevano, fin dal 1894, indotto uno di noi ad affermare che « nei composti ciclici taluni radicali sostituenti tolgono « ai corpi originarî il loro comportamento anomalo ed altri invece lo con- « servano loro. Tra i radicali che dimostrano il primo effetto vanno annove- « rati principalmente i gruppi alcoolici: fra i secondi l'ossidrile, l'ammino, « l'immino, l'azoto ed in taluni casi anche gli alogeni ».

L'analogia veramente notevole che esiste fra talune delle leggi del Groth e quanto testè riportammo, oltre al provare nuovamente che l'attitudine dei corpi di sciogliersi allo stato solido è, il più spesso, in relazione con l'analogia di forma cristallina, ci faceva sperare che avremmo realizzato nuove anomalie crioscopiche lasciandoci guidare dai medesimi concetti che avevano ispirato i primi lavori su questo argomento.

Abbiamo pertanto preso in esame le seguenti soluzioni:

1) p. ossi azobenzolo e p. amido azobenzolo in azobenzolo;

2) i tre nitrofenoli e le nitroaniline in nitrobenzolo;

3) il dinitrofenolo (2. 4) e la dinitroanilina (2. 4) in m. dinitrobenzolo;

4) il p. ossiacetofenone ed il p. amidoacetofenone in acetofenone;

5) il p ossibenzofenone in benzofenone;

6) la p. xilidina in p. xilene;

7) il trifenilcarbinolo in trifenilmetano;

8) l'acido glicolico in acido acetico.

I corpi impiegati come solventi in queste esperienze eran già stati introdotti in crioscopia, onde di essi si conoscevano le costanti e tutti eran facilmente accessibili. Se non estendemmo le ricerche ad un maggior numero di casi, fu solo perchè non potemmo procurarci i necessarî composti, e già nella preparazione di taluni di quelli enumerati incontrammo difficoltà non lievi, sopratutto in causa degli scarsissimi mezzi a disposizione del nostro laboratorio.

Perciò, mentre in massima le esperienze da noi fatte hanno confermato le nostre previsioni, ci mancò il mezzo di studiare su molte sostanze, l'influenza della posizione occupata nei nuclei dall'ossidrile e dall'ammino e di tentare quindi una spiegazione delle poche eccezioni anche stavolta rinvenute.

Riassumiamo nei quadri seguenti tutti i risultati che poi discuteremo brevemente.

Solvente: *Azobenzolo*, $C_{12}H_{10}N_2 = 182$.

Fondeva a 68°.2. Come depressione molecolare costante fu adottato il numero medio 82,5 [1].

Corpo sciolto: *p. ossiazobenzolo*, $C_{12}H_{10}N_2O = 198$, p. f. 152°.

concentrazione	abbass. termom.	abbass. molecolare	peso molecolare K = 82,5
0,3297	0°,108	64,9	251
0,7872	0 ,26	65,4	249
1,2822	0 ,425	65.6	249
2,0594	0 ,68	65,3	249
3,504	1 ,15	64,9	251
5,160	1 ,685	64,6	252
7,846	2 ,25	56,7	287

Corpo sciolto: *p. ammidoazobenzolo*, $C_{12}H_{11}N_3 = 197$, p. f. 123-124°.

0,3834	0 ,140	71,9	225
0,8459	0 ,305	71.0	228
1,6574	0 ,595	70,7	229
2,715	0 ,99	71,8	226
5,337	1 ,59	72,2	225
5,79	2 ,075	70,6	230

Solvente: *Nitrobenzolo*, $C_6H_5NO_2 = 123$.

Proveniva dalla fabbrica Kahlbaum e fu convenientemente purificato: fondeva a 5°,2. Come abbassamento molecolare tenemmo il numero 73,6, invece di 70 dato da Raoult [2] e di 69 dato da Manuelli e Carlinfanti [3]. Ciò perchè alcune determinazioni di controllo eseguite sul nostro nitrobenzolo ci diedero in media il numero 73,6 che concorda altresì con quello che si calcola dalle determinazioni di Manuelli e Carlinfanti se si tien conto solo delle esperienze fatte a basse concentrazioni, le quali sono quelle che devono nel nostro caso servire specialmente di base al confronto.

Corpi disciolti: *o. Nitrofenolo*, $C_6H_5NO_3 = 139$, p. f. 45°.

concentrazione	abbass. termom.	abbass. molecolare	peso molecolare K = 73,6
0,5201	0°,26	69,5	147
1,119	0 ,55	68,3	149
2,378	1 ,12	65,4	156
4,542	2 ,11	64,5	158 .

[1] Eykman, Zeit. phys. Chem IV, pag. 497. Questa scelta venne fatta anche in seguito a determinazioni di controllo eseguite da Bruni e Gorni e comunicateci privatamente.

[2] Comptes rendus, 1886.

[3] Gazz. chim., 1896, II, pag. 76.

m. Nitrofenolo, $C_6H_5NO_3 = 139$, p. f, 94-95°.

0,3520	0°,145	57,2	178
0,9794	0 ,39	55,3	184
1,8093	0 ,71	54,5	187
3,037	1 ,185	54,2	188
5.165	2 ,01	54,0	189
6,797	2 ,63	53,7	190

p. Nitrofenolo, $C_6H_5NO_3 = 139$, p, f. 111°,8.

0,3696	0°,123	46,2	221
0,8495	0 ,278	45,4	225
1,6026	0 ,49	42,5	240
2,761	0 ,80	40,2	254
4,415	1 ,245	39,2	261
7,037	1 ,94	38,3	267

o. Nitroanilina, $C_6H_6N_2O_2 = 138$, p. f. 71°.

0,3238	0°,16	68,2	149
0,9611	0 ,435	62,6	162
1,6977	0 ,70	56,9	178
2,855	1 ,13	54,6	185
5,340	1 ,99	51,4	197

m. Nitranilina, $C_6H_6N_2O_2 = 138$, p. f. 111°,5.

0,3986	0°,193	66,8	152
1,008	0 ,465	63,7	159
2,002	0 ,90	62,0	163
3,820	1 ,68	60,6	167

p. Nitranilina, $C_6H_6N_2O_2 = 138$, p. f. 147°.

0,3900	0°,195	69.0	147
0,9422	0 ,450	65,9	154
1,663	0 ,77	63,9	158
2.849	1 ,255	60,8	167
4,804	2 ,05	58,9	172

Anilina ([1]), $C_6H_7N = 93$.

0,5723	0°,49	79,60
1,8687	1 ,45	72,07
3,8980	2 ,77	66,03

([1]) Togliamo queste determinazioni dalla Memoria di Manuelli e Carlinfanti già ci tata, pag. 86, per meglio far rilevare, con il confronto, l'anomalia crioscopica delle ni troaniline.

Solvente: *m. Dinitrobenzolo*, $C_6H_4(NO_2)^2 = 170$.

Proveniva dalla fabbrica Kahlbaum. Fondeva a 90°,5.

Per depressione molecolare costante fu adottato il valore 98 [1].

Corpi sciolti: *2.4. Dinitrofenolo*, $C_6H_4N_2O_5 = 184$.

0,3547	0°,190	98,5	183
0,8379	0 ,448	98,3	183
0,9919	0 ,525	97,4	185
1,634	0 ,845	95,1	189
3,237	1 ,66	94,3	191
6,438	3 ,23	92,3	195

2.4. Dinitranilina, $C_6H_3N_3O_4 = 183$.

0,4577	0°,175	69,9	256
1,054	0 ,345	59,9	299
2,322	0 ,65	51,2	350
4,001	1 ,04	47,5	377
6,415	1 ,48	42,2	423
9,598	1 ,91	36,4	492

Solvente: *Paraxilene*, $C_8H_{10} = 106$, p. f. 13°,6.

In questo solvente non si sperimentò che la p. rilidina, perchè già Paternò aveva trovato che il p. xilenolo ha comportamento crioscopico normale.

p. Xilidina, $C_8H_{11}N = 121$, p. eb°. 213°,7.

0,5466	0°.185	40,9	127
1,402	0 ,47	40,5	128
2,712	0 ,90	40,1	119
3,829	1 ,235	39,0	133
5,140	1 ,64	38,6	135
7,734	2 ,42	37,8	137

Solvente: *Acetofenone*, $C_8H_8O = 120$, p. f. 19°,5.

Corpi sciolti: *p. acetilfenolo*, $C_8H_8O_2 = 136$, p. f. 107°.

0,8233	0°,25	41,3	186
1,730	0 ,53	41,6	184
2,881	0 ,85	40,1	191
4,224	1 ,23	39,6	194
6,274	1 ,78	38,5	199

[1] Biltz, *Die Praxis der Molekelgewichtsbest.* pag. 82.

p. amminoacetofenone, $C_8H_9NO = 135$, p. f. 106°.

0,4211	0°,19	60,9	125
0,8591	0 ,38	59,7	127
1,099	0 ,48	58,9	129
2,405	0 ,99	55,5	137
4,665	1 ,84	53,2	143

Solvente: *Trifenilmetano*, $C_{19}H_{16} = 244$, p. f. 92°.

Corpo sciolto: *Trifenilcarbinolo*, $C_{19}H_{16}O = 260$, p. f.159°.

K = 124,5.

0,8236	0°,35	109,2	296
1,634	0 ,72	114,6	282
2,785	1 ,22	113,9	284
4,850	2 ,18	116,8	277

Solvente: *Acido acetico*, $C_2H_4O_2 = 60$, p. f. 14°,5.

Corpo sciolto: *Acido glicolico*, $C_2H_4O_3 = 76$, p. f. 78°.

K = 39

0,6571	0°,25	28,9	102
1,619	0 ,63	29,5	100
2,883	1 ,12	29,4	100
4,658	1 ,78	29,0	102
7,046	2 ,56	27,6	107

Non fu possibile eseguire determinazioni crioscopiche in benzofenone. Questo corpo, come il mentolo ed altri, dà fortissimi sovraraffreddamenti, e in specie quando viene riscaldato per qualche tempo, assume difficilmente lo stato cristallino anche dopo l'aggiunta di cristalli. Non riuscimmo a trovare, con sostanze normali, un valore della costante che si avvicinasse a quello proposto da Eykman [1]. Quando poi al benzofenone si aggiunge il p. ben-zoilfenolo, si ottengono miscele che fuse si mantengono ancora liquide a — 10° circa. Tali proprietà del benzofenone furono confermate da recenti studî di Schaum [2] e specialmente fu posta in rilievo la sua attitudine ad assumere degli stati labili e metastabili.

Tuttavia, tra il benzofenone e il p. benzoilfenolo sembra sussistere la regola morfotropica del Groth secondo la quale l'ossidrile non altera il grado di simmetria, ma i rapporti assiali in un'unica direzione.

[1] Zeitschrift f. phys. Chem., vol. IV, pag. 504.
[2] Id. ld.

Di fatto E. Wickel (¹) dà per il benzofenone, il rapporto parametrico

$$a:b:c = 0,8511:1:0,6644.$$

Il dott. Boeris, che ha avuto la gentilezza di misurare il benzoilfenolo inviatogli, trova il rapporto parametrico:

$$a:b:c = 0,91822:1:1,29007$$

il quale, assumendo una speciale orientazione, diventa:

$$a:b:c = 1,08901:1:0,64503.$$

La verificazione sperimentale delle nostre previsioni, se non si può dire completa, è però certo molto soddisfacente. In genere si conferma che i corpi appartenenti a gruppi molto diversi, quando differiscono dai solventi per un solo ossidrile o per un ammino sostituito ad un atomo di idrogeno, hanno marcata tendenza a formare col solvente soluzione solida. Le anomalie crioscopiche osservate sono talora molto manifeste, tal'altra poco; ma in tutti i casi sarebbe difficile trovare per esse una spiegazione soddisfacente se non ricorrendo all'ipotesi della formazione di soluzione solida. Sui quindici casi esaminati in queste esperienze, si contano però tre eccezioni: due di esse sono rappresentate dal comportamento normale dell'ortonitrofenolo in nitrobenzina e del 2-4 dinitrofenolo in m. dinitrobenzina. Ora facciamo notare che, relativamente alla posizione occupata nel nucleo dai sostituenti, i due corpi corrispondono al paraxilenolo, che è esso pure normale in soluzione di paraxilene, come dimostrò Paternò:

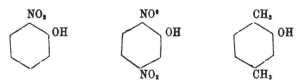

Presentano invece la prevista anomalia le due nitroaniline e la xilidina

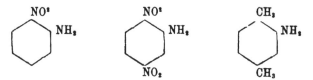

La terza eccezione alla regola summentovata è costituita dal comportamento normale del p. amido acetofenone in acetofenone.

Si potrebbe obbiettare che l'anomalia delle nitroaniline nel modo di esplicarsi differisce dal consueto, giacchè i pesi molecolari crescono rapida-

(¹) Zeitschrift f. Kryst. w. Min., 11, 80.

mente con le concentrazioni ed il coefficiente di ripartizione del corpo fra la fase liquida e la solida, calcolato secondo la formola di Beckmann, è ben lungi dal rimanere costante. Ma tale fenomeno, si osservò anche in altri casi nei quali l'anomalia crioscopica è indubbiamente causata da separazione del corpo sciolto col solvente, quali ad esempio l'acido salicilico in benzoico, il dipiridile in difenile ecc.

È interessante il comportamento anomalo del trifenilcarbinolo in trifenilmetano, giacchè in tal caso l'ossidrile è sostituito per la prima volta ad un idrogeno non attaccato a carbonî del nucleo benzolico. Ma anche più notevole è l'anomalia crioscopica dell'acido glicolico nell'acetico. Nei composti a catena aperta è la prima volta che si osserva anomalia fra sostanze differenti per un ossidrile. Questo fatto, unito a quelli riscontrati da Bruni od a quelli che comunicammo nella precedente Nota, dimostrano che non havvi differenza sostanziale rispetto all'influenza che esercitano i sostituenti sulla variazione di configurazione, fra composti a catena chiusa e quelli a catena aperta.

Non si fecero esperienze sull'acido amidoacetico o glicocolla, in causa della sua piccolissima solubilità nell'acido acetico. Del resto, data la formola di costituzione generalmente ammessa per la glicocolla, si comprende ch'essa non presenti più alcuna analogia di configurazione con l'acido acetico.

Fisiologia. — *Il sodio e il potassio negli eritrociti del sangue di varie specie animali e in seguito all'anemia da salasso* ([1]). Nota del dott. FIL. BOTTAZZI e I. CAPPELLI, presentata dal Corrispondente FANO.

Durante l'anno scolastico 1895-96, facendo, in collaborazione col professore G. Fano, delle ricerche sulla pressione osmotica dei liquidi dell'organismo ([2]) io ebbi occasione di cavar sangue da una quantità di cani e di conigli. Nella stessa epoca, avendo instituito, in collaborazione col dott. V. Ducceschi, delle indagini sul sangue degli animali inferiori ([3]), ebbi anche occasione di dissanguare un gran numero di rane, rospi, tartarughe, uccelli ecc. In queste ricerche veniva impiegato quasi sempre il siero del sangue defibrinato; e, poichè la centrifugazione di questo era fatta in tubi simili a quelli da me descritti in una mia precedente pubblicazione *Sul metabolismo dei corpuscoli rossi del sangue* ([4]), io ero in grado di raccogliere la pol-

([1]) Lavoro eseguito nel Laboratorio di Fisiologia di Firenze.
([2]) Arch. ital. de Biologie, tom. XXVI, pag. 45-62, 1896.
([3]) Arch. ital. de Biologie, tom. XXVJ, pag. 161-172, 1896.
([4]) « Lo Sperimentale » (Sez. Biol.), ann. XLIX, pag. 363, 1895.

tiglia corpuscolare quasi affatto priva di siero per sottoporla ad altre indagini. Aggiungo che in questa lunga serie di ricerche maggior cura fu messa nella preparazione dei tubi, e la centrifugazione fu prolungata sempre al massimo possibile, allo scopo di liberare sempre più la poltiglia dal siero.

La poltiglia corpuscolare fu così raccolta in crogiuoli numerati e subito disseccata nella stufa ad aria a 110°; i molti crogiuoli furono distribuiti entro varî essiccatori, ben chiusi, e in cui l'acido solforico venne più volte rinnovato.

Essendo stato distolto da altre occupazioni (la poltiglia corpuscolare secca così conservata non poteva subire alterazione di sorta), non prima di quest'anno ho potuto eseguire, con la collaborazione del sig. I. Cappelli, studente di medicina, le determinazioni quantitative del sodio e del potassio, i cui risultati mi accingo a riferire.

Metodo.

Ciascun crogiuolo è stato di nuovo tenuto per 48 ore nella stufa a 110° C. e poi lasciato a raffreddarsi per circa 12 ore nell'essiccatore. Quindi s'è preso una porzione esattamente pesata di poltiglia corpuscolare secca per l'analisi. Questa è stata eseguita nel seguente modo:

1. Carbonizzazione del materiale secco nel crogiuolo di platino.

2. Estrazione del carbone polverizzato con H_2O bollente; filtrazione. lavaggio del carbone sul filtro.

3. Incinerazione del carbone insieme col filtro, evitando temperature eccessivamente alte.

4. Estrazione della cenere con HCl 5°/₀ bollente; filtrazione, lavaggio del residuo indisciolto sul filtro con H_2O calda fino a scomparsa della reazione del Cl nel filtrato. Si mescola questo filtrato con quello ottenuto nell'estrazione del carbone.

5. Al liquido caldo si aggiunge della soluzione di $BaCl_2$, e poi NH_3 e $(NH_4)_2CO_3$ in eccesso. Dopo qualche tempo si filtra. Si saggia il filtrato con NH_3 e $(NH_4)_2CO_3$, per vedere se dà ancora precipitato.

6. Si dissecca il precipitato col filtro nella stufa a 110°C, ci si aggiungono poche gocce di NH_3 e lo si riprende con H_2O calda. Si filtra, si lava il precipitato, e si unisce il filtrato a quello ottenuto prima.

7. Si concentra tutto il filtrato, che, trattato con NH_3 e $(NH_4)_2CO_3$, non deve dare alcun precipitato. Lo si evapora in una capsula di platino pesata. Si riscalda il residuo nella capsula coperta fino al rosso incipiente; si raffredda nell'essiccatore; si riscioglie il residuo in H_2O calda, si filtra. si lava il filtro fino a scomparsa della reazione del Cl, si evapora il filtrato. si dissecca il residuo a 110°C, si raffredda e si pesa.

Il peso del residuo secco contenuto nella capsula indica la somma del KCl e del NaCl (I liquidi che furono adoperati erano privi di K e di Na).

Ora per determinare le quantità rispettive di K e di Na nella mescolanza dei cloruri, furono impiegati successivamente due metodi. Le prime dodici determinazioni furono fatte col noto metodo del Pt Cl⁴. Tutte la altre furono eseguite col metodo dell'analisi indiretta, nel seguente modo:

Si disciolse la mescolanza dei cloruri in poca H^2O calda, si aggiunsero 3 gocce d'una soluzione satura a freddo di cromato neutro di potassio, e quindi da una buretta graduata si lasciò cadere nel liquido, a gocce, della soluzione di Ag $NO^3 \frac{N}{10}$ fino a comparsa della nota reazione del cromato d'argento. Dal Cl così determinato, conoscendosi il peso della mescolanza dei due cloruri, si calcolò le quantità rispettive di K e di Na [1]. Nei risultati delle analisi, il K ed il Na sono espressi come quantità in peso di potassa (K^2O) e di soda (Na^2O), affinchè i valori corrispondenti possano essere paragonati con quelli ottenuti da altri osservatori.

Dati numerici risultanti dalle analisi.

A. *Varie specie animali.*

I. Batraci.

(11 gennaio 1896). — Sangue di 40 ranocchi (*Rana esculenta*), lasciato a coagulare e poi lungamente centrifugato, dopo avere spezzettato il coagulo.

Materiale secco adoperato . . . gr. 1,4654
Soda % . . . . . . gr. 0,0292
Potassa » . . . . . » 0,2320.

(9 gennaio 1896). — Sangue di più rospi (*Bufo vulgaris*), lasciato a coagulare e poi centrifugato, dopo avere spezzettato il coagulo.

Materiale secco impiegato . . . gr. 1,8156
Soda % . . . . . gr. 0,0184
Potassa » . . . . . » 0,3310.

II. Cheloni.

(4 gennaio 1896). — Sangue di *Emys europaea*, reso incoagulabile mediante ossalato ammonico, centrifugato. Proviene da più individui, e va considerato come sangue misto (arterioso e venoso).

[1] Ved: Bottazzi, Chimica fisiologica, vol. II, pag. 458, 1899.

Materiale secco impiegato . . . gr. 1,2661
Soda % . . . . . gr. 0,0159
Potassa » . . . . . » 0,3457.

Sangue di *Emys europaea* (più individui) lasciato a coagulare e poi centrifugato, dopo avere spezzettato il coagulo.

Materiale secco impiegato . . . gr. 2,1532
Soda % . . . . . gr. 0,0283
Potassa » . . . . . » 0,3127.

III. Uccelli.

(11 gennaio 1896). — Sangue misto di pollo e di gallina, lasciato a coagulare e poi centrifugato, dopo avere spezzettato il coagulo.

Materiale secco impiegato . . . gr. 5,4886
Soda % . . . . . gr. 0,0160
Potassa » . . . . . » 0,4650.

IV. Mammiferi.

Le ricerche sperimentali, che riferirò in seguito, essendo state tutte fatte in mammiferi, per avere il dato del contenuto normale in Na e K degli eritrociti di essi, io riporto qui la prima determinazione, che naturalmente si riferisce al sangue normale, fatta in ciascun caso.

(28 marzo 1896). — Coniglio adulto normale. — Eritrociti del sangue arterioso.

Materiale secco adoperato . . . gr. 1,3680
Soda % . . . . . gr. 0,0077
Potassa » . . . . . » 0,4659

(28 marzo 1886). — Gatto adulto, sano, del peso di gr. 3400. — Eritrociti del sangue arterioso.

Materiale secco impiegato . . . gr. 3,2408
Soda % . . . . · gr. 0,2766
Potassa » . . . . . » 0,0262.

(20 decembre 1895). — Cane adulto, del peso di gr. 21700. Si tolgono dalla giugulare circa cm³ 180 di sangue. — Eritrociti del sangue venoso normale.

Materiale secco impiegato . . . gr. 1,6213
Soda % . . . . . gr. 0,2901
Potassa » . . . . . » 0,0274

(13 gennaio 1896). — Piccolo cane di Pomerania, giovane, del peso di gr. 3500. — Eritrociti del sangue arterioso normale.

Materiale secco impiegato . . . gr. 3,5164
Soda % . . . . . . gr. 0,2912
Potassa » . . . . . » 0,0283

(10 febbraio 1896). — Cagna piccola, del peso di gr. 6500. — Eritrociti del sangue arterioso normale.

Materiale secco impiegato . . . gr. 2,5904
Soda % . . . . . . gr. 0,2856
Potassa » . . . . . » 0,0272

Basteranno questi tre casi, fra i molti studiati, per dare un'idea del coutenuto in K e Na degli eritrociti del sangue dei cani. Aggruppando questi con gli altri, che seguono, si ottiene, per i cani, le seguente media:

Soda % . . . . . gr. 0,2865
Potassa » . . . . . » 0,0277

TABELLA I.

Animali	Materiale secco impiegato in gr.	Soda %	Potassa %	Osservazioni
Rana esculenta .	1,4654	0,0292	0,2320	Eritrociti (nucleati) da coagulo spezzettato e centrifugato.
Bufo vulgaris . .	1,8156	0,0184	0,3310	Id.
Emys europaea .	1,2661	0,0159	0,3457	Eritrociti da sangue reso incoagulabile con ossalato ammonico.
Id.	2,1532	0,0283	0,3127	Coagulo spezzettato e centrifugato.
Polli	5,4886	0,0160	0,4650	Id.
Coniglio . . .	1,3680	0,0077	· 0,4659	Eritrociti (anucleati) da sangue defibrinato e centrifugato.
Gatto	3,2408	0,2766	0,0262	Id.
Cani	2,6430	0,2865	0,0277	Id. (valore medio).

Osservazioni. Sebbene il sangue degli animali inferiori non sia stato sempre raccolto nella maniera migliore, poichè la successiva centrifugazione potesse eliminare quasi completamente il siero della poltiglia corpuscolare, pure i dati analitici non lasciano alcun dubbio che in tutti questi animali, vale a dire *negli animali aventi eritrociti nucleati, in questi elementi il K costantemente prevale, e di molto, sul Na.*

Tra i mammiferi studiati, *i conigli posseggono anche eritrociti più ricchi di K che di Na,* fatto osservato anche da Abderhalden ([1]).

[1] Zeitsch. f. physiol. Chemie, Bd. XXV, pag. 65-115, 1898.

Le cause del fatto, su cui Bunge ([1]) ha più insistito, che gli eritrociti di alcuni animali sono più ricchi di K che di Na, mentre quelli di altri sono più ricchi di Na che di K, sono rimaste finora affatto sconosciute, giacchè nè il regime alimentare, nè altri fattori possono essere invocati a spiegarlo. Le nostre osservazioni, estese agli animali inferiori, permettono ora di avanzare un' ipotesi.

Molto probabilmente gli eritrociti dei mammiferi, sebbene privi di nucleo distinto, contengono dei materiali nucleari, o più generalmente nucleinici, diffusi; e si può ammettere che questi materiali siano più o meno abbondanti a seconda delle varie specie animali, cui gli eritrociti appartengono. E poichè dalle nostre ricerche risulta che tutti gli eritrociti nucleati sono più ricchi di K che di Na, si può supporre che gli eritrociti più ricchi di K dei mammiferi (coniglio, maiale, cavallo) lo siano perchè anche più ricchi di sostanze nucleiniche diffuse. Così potrebbe applicarsi anche agli eritrociti il principio generale, che le combinazioni potassiche accompagnano sempre i materiali nucleinici negli elementi figurati, mentre le combinazioni sodiche accompagnano i materiali proteici semplici nei liquidi dell'organismo o in elementi cellulari speciali. Bisognerebbe ora dimostrare, col sussidio di delicate reazioni microchimiche, che veramente gli eritrociti più ricchi di K contengono più sostanza nucleinica di quelli più ricchi di Na.

B. *Influenza dell'anemia da salasso.*

(20-30 decembre 1895). — I. Cane adulto del peso di gr. 21700.

Primo salasso: si tolgono dalla giugulare, circa 180 cm³ di sangue. — Eritrociti del sangue venoso normale.

> Materiale secco impiegato . . . gr. 1,6213
> Soda % . . . . . . gr. 0,2901
> Potassa » . . . . . . » 0,0274

Secondo salasso: si tolgono altri 220 cm³ di sangue. — Eritrociti del sangue arterioso.

> Materiale secco impiegato . . . gr. 0,8244
> Soda % . . . . . . gr. 0,2846
> Potassa » . . . . . . » 0,0272

Eritrociti del sangue venoso.

> Materiale secco impiegato . . . gr. 1,3135
> Soda % . . . . . . gr. 0,2853
> Potassa » . . . . . . » 0,0273

---

[1] Lehrbuch d. physiol. und pathol. Chemie, IV Auflage, 1898 (dove si trova anche il resto della bibliografia sull'argomento).

Terzo salasso: si tolgono alri 250 cm³ di sangue dalla giugulare. — Eritrociti del sangue venoso.

Materiale secco impiegato . . . gr. 2,0446
Soda   % . . . . . .   gr. 0,2731
Potassa » . . . . . .   » 0,0270

Quarto salasso: si tolgono cm³ 230 di sangue. Peso dell'animale, gr. 18900. Il cane è in condizioni soddisfacenti. La ferita del collo ha supporato; viene disinfettata. — Eritrociti del sangue arterioso.

Materiale secco impiegato . . . gr. 2,0044
Soda   % . . . . . .   gr. 0,2688
Potassa » . . . . . .   » 0,0271

(10 febbraio 1896). — II. Cagna piccola, del peso di gr. 6500. La si dissangua dalla carotide, finchè dal vaso non sgorga più sangue. Tuttavia l'animale non muore. — Eritrociti del sangue arterioso (prime porzioni).

Materiale secco impiegato . . . . gr. 2,5904
Soda   % . . . . . .   gr. 0,2856
Potassa » . . . . . .   » 0,0272

Nei giorni 14, 18, 23 e 27 febbraio si fanno altre piccole sottrazioni di sangue.
(2 marzo 1896). — Eritrociti del sangue arterioso.

Materiale secco impiegato . . . . gr. 3,1618
Soda   % . . . . . .   gr. 0,2716
Potassa » . . . . . .   » 0,0251

(12 febbraio 1896). — III. Cane giovane, del peso di gr. 9400. Si tolgono 150 cm³ di sangue. — Eritrociti del sangue arterioso normale.

Materiale secco impiegato . . . . gr. 2,9805
Soda   % . . . . . .   gr. 0,2864
Potassa » . . . . . .   » 0,0274

Nei giorni 15, 21 e 26 febbraio si tolgono 70 cm³ di sangue alla volta.
(1 marzo 1896). — Eritrociti del sangue arterioso.

Materiale secco impiegato . . . . gr. 2,7580
Soda   % . . . . . .   gr. 0,2738
Potassa » . . . . . .   » 0,0267

(8 marzo 1896). — Si tolgono altri 60 cm³ di sangue.

(15 marzo 1896). — Si tolgono 50 cm³ di sangue. — Eritrociti del sangue arterioso.

> Materiale secco impiegato . . . . gr. 2,8719
> Soda   % . . . . . . gr. 0,2615
> Potassa » . . . . . . » 0,0258

(15 febbraio 1896). — IV. Cane giovane, di pelo lungo e bianco, del peso di gr. 6500. Gli si fa (per altro scopo) un' iniezione endovenosa di soluzione di proteosi, e quindi si tolgono 150 cm³ di sangue. — Eritrociti del sangue arterioso normale.

> Materiale secco impiegato . . . . gr. 3,2524
> Soda   % . . . . . . gr. 0,2854
> Potassa » . . . . . . » 0,0281

(17 febbraio 1896). — Si tolgono altri 70 cm³ di sangue.

Nei giorni 25 febbraio, 3, 10 e 17 marzo si tolgono 60 cm³ di sangue alla volta.

(19 marzo 1896). — Si tolgono 40 cm³ di sangue. — Eritrociti del sangue arterioso.

> Materiale secco impiegato . . . . gr. 3,1764
> Soda   % . . . . . . gr. 0,2632
> Potassa » . . . . . . » 0,0264

(21 febbraio 1896). — V. Cane di pelo nero, giovanissimo, del peso di gr. 7200. Si tolgono 135 cm³ di sangue. — Eritrociti del sangue arterioso normale.

> Materiale secco impiegato . . . . gr. 2,8702
> Soda   % . . . . . . gr. 0,2848
> Potassa » . . . . . . » 0,0289

Nei giorni 25 e 28 febbraio, 3 e 7 marzo si tolgono altre quantità di sangue, da 50 a 60 cm³ alla volta.

(8 marzo 1896). — Eritrociti del sangue arterioso.

> Materiale secco impiegato . . . . gr. 2,7675
> Soda   % . . . . . . gr. 0,2613
> Potassa » . . . . . . » 0,0280

TABELLA II.

Esperimenti	Materiale secco impiegato in gr.	Soda %	Potassa %	Osservazioni
I	1,6213	0,2901	0,0274	Eritrociti del sangue normale venoso.
	0,8244	0,2846	0,0272	*Secondo salasso.* Sangue arterioso.
	1,3135	0,2853	0,0273	*Id.* Id. venoso.
	2,0446	0,2731	0,0270	*Terzo salasso.* Sangue venoso.
	2,0044	0,2688	0,0271	*Quarto salasso.* Sangue arterioso.
II	2,5904	0,2856	0,0272	*Primo salasso.* Sangue arterioso normale.
	3,1618	0,2716	0,0251	Dopo il *quinto salasso.*
III	2,9805	0,2864	0,0274	*Primo salasso.* Sangue arterioso normale.
	2,7580	0,2738	0,0267	Dopo il *quarto salasso.*
	2,8719	0,2615	0,0258	Dopo il *quinto salasso.*
IV	3,2524	0,2854	0,0281	*Primo salasso.* Sangue arterioso normale.
	3,1764	0,2632	0,0264	Dopo il *quinto salasso.*
V	2,8702	0,2848	0,0289	*Primo salasso.* Sangue arterioso.
	2,7675	0,2613	0,0280	Dopo il *quinto salasso.*

Osservazioni. Dai dati analitici risulta che *l'anemia*, specialmente se grave e protratta, *costantemente produce una diminuzione del Na e del K negli eritrociti.* Sulla parte che spetta rispettivamente all'uno e all'altro di questi metalli alcalini nella diminuzione totale osservata non si può affermare nulla di preciso e costante. Giacchè nei cani gli eritrociti sono sempre più ricchi di Na, si comprende che questo diminuisca in maggior misura. D'altra parte le oscillazioni nella diminuzione del K, che pur sarebbe assai importante potere ben definire, non possono esser prese in considerazione, data l'esigua quantità del metallo contenuto nelle emazie dei cani.

In ogni modo, questa diminuzione costante del Na e del K nell'anemia sperimentale ricorda la diminuzione del contenuto in N degli eritrociti, già osservata da uno di noi precedentemente, in simili condizioni [1], e fa pensare, come diremo diffusamente più tardi [2], che, tutte le volte che gli eritrociti (e forse si può dire, in generale, gli elementi cellulari), subiscono una perdita di sostanze proteiche, subiscono anche una perdita corrispondente di sostanze minerali. Questo fatto, come vedremo, può servire a lumeggiare lo stato in cui normalmente si trovano le sostanze minerali, rispetto alle sostanze proteiche, nel citoplasma vivente.

[1] Loc. cit.
[2] Ved. la mia Nota successiva, in questi stessi Rendiconti, sul medesimo argomento.

Anatomia. — *Morfologia dei vasi sanguigni arteriosi dell'occhio dell'uomo e di altri mammiferi.* Nota preventiva del prof. RICCARDO VERSARI, presentata dal Socio TODARO.

Dopo il bellissimo lavoro di Oskar Schultze sullo sviluppo del sistema vasale dell'occhio dei mammiferi, potrebbe sembrare per lo meno cosa ardita l'aver impreso a trattare lo stesso argomento; ma considerando che le ricerche dell'autore, che ho nominato, incominciano in embrioni di pecora della lunghezza di cm. 6, in embrioni di vitello della lunghezza di cm. 9 ¹/₂ ed in embrioni di porco della lunghezza di cm. 9, e che esse riguardano quasi esclusivamente la circolazione endo-oculare, io ho giudicato che sarebbe stato opportuno fare delle indagini sullo sviluppo del sistema vasale dell'occhio in embrioni degli stessi mammiferi, ma in istadî meno evoluti.

Ho compiuto questo studio in embrioni di vacca, di pecora e di porco, incominciando dalla lunghezza totale del corpo di mm. 18 e 26, interessandomi di preferenza dei vasi che si portano all'occhio, e seguendo l'evoluzione dei più importanti di essi fino allo stato adulto, e non occupandomi che incidentalmente della circolazione endo-oculare. Ho inoltre eseguito delle ricerche analoghe sopra embrioni umani in varie fasi di sviluppo, e sopra l'uomo adulto, ricerche che mi hanno fornito l'occasione di fare alcune osservazioni comparative.

Iniettato il sistema vasale arterioso con gelatina al bleu di Prussia, ho passato i pezzi nelle varie serie degli alcool, ed invece di usare le inclusioni ed i tagli in serie, mi sono servito della diafanizzazione dei pezzi, convenientemente preparati, mediante lo xilolo, passandoli di poi in balsamo del Canadà.

Espongo succintamente il risultato delle mie ricerche riservandomi di svolgerle in un prossimo lavoro.

Negli embrioni di vacca lunghi mm. 25, in quelli di pecora lunghi mm. 23, in quelli di porco lunghi mm. 18 la circolazione delle membrane oculari viene fornita da una sola arteria e precisamente dall'oftalmica interna, ramo della cerebrale anteriore (fig. 1). Questa arteria giunta in vicinanza del polo posteriore del bulbo oculare si divide in due rami che denomino, seguendo la nomenclatura di Gegenbaur, per i vertebrati adulti, *arterie ciliari comuni.* Talora l'arteria oftalmica interna si divide in tre rami, ma più di frequente il terzo ramo, che è l'arteria jaloidea, si parte da una delle ciliari comuni molto vicino al suo punto di origine. Le arterie ciliari comuni forniscono, dal lato che guarda il globo oculare, dei rami che vanno ad irrorare una rete vasale a maglie più o meno regolari nello spessore della coroide, e negli embrioni di vacca lunghi mm. 33 ed in quelli di pecora lunghi mm. 29 ho potuto vedere chiaramente che alla loro estre-

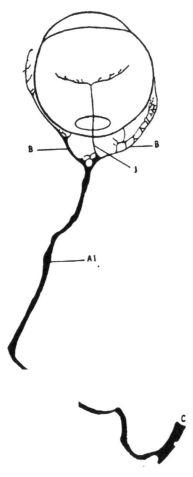

Fɪɢ. 1.

Occhio di embrione di vitello lungo mm. 26. — AI Arteria oftalmica interna. — B Arterie ciliari comuni. — C Arteria cerebrale anteriore. — J Arteria jaloidea.

mità anteriore le due arterie ciliari comuni si dividono ciascuna in due rami che formeranno il grande cerchio vascolare dell'iride.

Negli embrioni di vacca lunghi mm. 33, in quelli di pecora lunghi mm. 30, in quelli di porco lunghi mm. 35 si è già stabilita una comunicazione fra l'arteria oftalmica interna e la mascellare interna per mezzo di un ramo vasale che è l'arteria *oftalmica esterna*, ramo vasale che per lo più si pone in comunicazione coll'arteria ciliare comune del lato temporale,

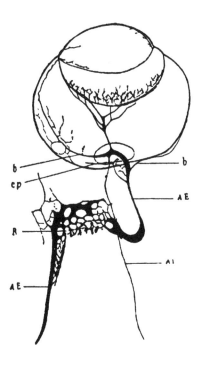

Fig. 2.

Embrione di Vitello lungo mm. 60. — AI Arteria oftalmica interna. — AE Arteria oftalmica esterna. — R Rete mirabile. — b Arterie ciliari comuni. — cp Arteria ciliare posteriore breve.

ma che può anche prendere connessione col tronco della stessa arteria oftalmica interna, ed in un punto più o meno vicino al globo oculare, come accade più di frequente nel porco. L'arteria oftalmica esterna aumenta sempre più di calibro, mentre l'oftalmica interna resta stazionaria, sicchè ad un dato momento le due arterie sono di egual volume, ma già negli embrioni di vacca lunghi mm. 48 ed in quelli di pecora lunghi mm. 45 l'arteria oftalmica esterna ha raggiunto un volume di molto superiore a quello dell'oftalmica interna la quale quindi a quest'epoca ha già perduto la sua primitiva importanza (fig. 2).

In un embrione di pecora lungo mm. 35 ed in uno di vacca lungo mm. 52 ho potuto scoprire la presenza di un piccolo ramo vascolare che, per la sua origine e per la sua distribuzione allo strato vascolare della coroide, ho riconosciuto per un'arteria ciliare posteriore breve. In quello di pecora il tronco dell'arteria oftalmica interna è ancora più grosso del tronco dell'arteria oftalmica esterna, ma l'arteria ciliare posteriore breve nasce dal tronco dell'oftalmica esterna, e così pure nasce dal tronco dell'oftalmica esterna l'arteria ciliare breve dell'embrione di vacca lungo mm. 52. In istadî di sviluppo più precoci non ho potuto riscontrare arterie alle quali si convenga il nome di ciliari posteriori brevi, le quali quindi nella pecora e nella vacca sono di formazione più recente dei tronchi delle ciliari comuni non solo, ma anche dei rami che queste arterie danno alla coroide. Mi mancano osservazioni su questo argomento negli embrioni di porco.

Quantunque l'arteria oftalmica interna nella vacca, nella pecora e nel porco non conservi a lungo la sua primitiva importanza, pur tuttavia non si oblitera mai completamente, restando quindi sempre, anche nell'animale adulto, una comunicazione fra l'arteria cerebrale anteriore e l'arteria oftalmica esterna. L'importanza dell'arteria oftalmica interna sta nel fatto che essa, per un determinato tempo dello sviluppo delle membrane oculari, è la sola arteria che fornisca loro il sangue arterioso. Negli embrioni di porco quasi a termine, il tronco residuale della primitiva arteria oftalmica interna è nel maggior numero dei casi molto breve, e sbocca nell'oftalmica esterna molto più vicino al forame ottico che non al bulbo oculare, tanto che a quest'epoca appare più come un vero ramo anastomotico, che come un'arteria a sè, e questo dipende dal fatto che l'arteria oftalmica esterna, che si forma più tardi dell'interna, viene negli embrioni di questo animale, il più delle volte, a prendere connessione col tronco dell'oftalmica interna in un punto più vicino al forame ottico che non al globo oculare.

Dopo avere studiato le modificazioni che avvengono nella circolazione embrionale dell'occhio dei mammiferi citati, ho voluto anche eseguire delle ricerche sulla circolazione arteriosa embrionale dell'occhio umano.

In un embrione umano lungo mm. 22 (un mese e mezzo) dall'arteria carotide interna (fig. 3) si distacca un ramo di calibro abbastanza cospicuo, che, dirigendosi al forame ottico, penetra nella cavità orbitaria e si dirige verso il globo oculare. Questa arteria che è l'arteria oftalmica, alquanto più discosto dal globo oculare che non negli altri mammiferi descritti, si divide anche essa in due rami che decorrono nello spessore del rivestimento connettivo che non è ancora nettamente differenziato in coroide e sclerotica. Non ho potuto seguire la terminazione anteriore di questi due rami arteriosi perchè la massa di iniezione non è penetrata tanto oltre. Dal ramo arterioso che si dirige verso il lato nasale nasce l'arteria jaloidea, e da entrambe le ramificazioni arteriose nelle quali si è divisa l'oftalmica, dal lato rivolto verso la massa oculare, si distaccano esili ramoscelli che vanno ad irrorare lo strato vascolare della coroide. Questi due rami arteriosi, per il loro modo di comportarsi, sono perfettamente omologhi alle arterie ciliari comuni dei mammiferi studiati, e per

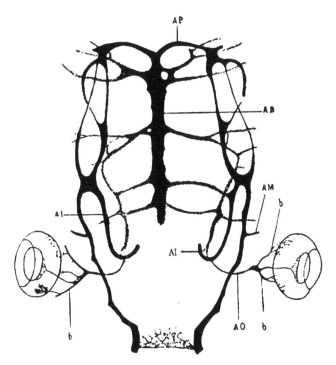

Fig. 8.

Circolazione della base del cranio di un embrione umano lungo mm. 22. — AI Arteria carotide interna. — AO arteria oftalmica. — AB Arteria basilare. — AP Arteria cerebrale posteriore. — b Arterie ciliari comuni. — AM Arteria cerebrale media.

indicarle mi servo anche per esse del nome di arterie ciliari comuni, od anche di tronchi delle arterie ciliari. Non vi è a quest'epoca ancora alcun accenno di quella anastomosi che si stabilisce fra l'arteria oftalmica, omologa dell'arteria oftalmica interna degli altri mammiferi, ed il sistema dell'arteria mascellare interna. Quantunque nell'adulto tale comunicazione esista io non ho potuto stabilire nell'uomo l'epoca nella quale appare. Del resto essa non ha grande importanza, poichè non modifica affatto la primitiva circolazione, come negli altri mammiferi.

Embrione umano lungo mm. 50 (principio del 3° mese). I rami che si distaccano dalle due arterie ciliari comuni e che si dirigono verso la sezione posteriore del globo oculare, ed alcuni proprio all'intorno dell'ingresso del nervo ottico, si sono maggiormente individualizzati, e si vedono manifestamente distribuirsi alla rete vascolare della coroide riuscita ben iniettata. I due tronchi arteriosi delle ciliari comuni che si portano all'innanzi si dividono ciascuno in due rami che formeranno il grande cerchio dell'iride.

Embrione umano lungo centim. 14 (circa tre mesi e 20 giorni). La disposizione dei vasi oculari, che si era già modificata nell'embrione lungo 5 centim., si è maggiormente accentuata. Le arterie ciliari comuni non tengono più un decorso obliquo per portarsi al bulbo, come nell'embrione lungo mm. 22, ma essendo aumentata la loro distanza dal bulbo, hanno assunto un cammino in direzione quasi retta senza tener conto delle piccole curve che descrivono durante il loro percorso. Questa direzione si manterrà, come vedremo, anche nell'adulto, nel quale però alcune delle curvature secondarie aumentano ancora la loro flessuosità. E per effetto della cambiata direzione si ha appunto l'impressione che ciascuno dei tronchi delle arterie ciliari comuni si sia a quest'epoca diviso in parecchi rami che hanno assunto uno direzione parallela a quella del nervo ottico. Questi rami prima di perforare la sclera si suddividono in due o più tronchicini, e, mentre la maggior parte di questi si porta alla coroide, due di essi invece uno dal lato nasale ed uno dal lato temporale, si vedono continuarsi all'innanzi fino all'iride, ove si biforcano assumendo un cam mino orizzontale.

Ma un fatto importante, che si osserva in questo embrione, è la presenza, in uno dei due occhi, di un ramo arterioso che si diparte dall'arteria ialoidea (futura arteria centrale della retina) e che scorrendo a ridosso del nervo ottico perfora la sclerotica vicinissimo all'ingresso del nervo e si distribuisce alla coroide, e nell'altro occhio di un ramoscello che segue lo stesso percorso, ma che proviene da un ramo arterioso muscolare. Si può fin da ora asserire che questi due ramoscelli arteriosi che contribuiscono alla irrorazione della coroide, *sono due arterie ciliari posteriori brevi.*

Non ho potuto procurarmi embrioni di lunghezza intermedia fra i 5 centim. ed i 14, per precisare l'epoca di sviluppo di quest'arterie ciliari posteriori brevi, che sogliono nascere o dalle muscolari, o dalla jaloidea (una parte della quale diverrà la centrale della retina dell'adulto), o dal tronco dell'oftalmica, o dalla lagrimale, o dall'etmoidale post. od anche dalla soprorbitaria, ma dalle mie ricerche resta assodato che, mentre negli embrioni lunghi 5 centim. queste arterie non esistono, esse sono invece già comparse negli embrioni umani lunghi 14 centim. Quindi resta così confermato che anche nell'uomo le arterie ciliari posteriori brevi sono di formazione più recente delle ciliari comuni.

In un embrione lungo cm. 16 si osservano a un dipresso le stesse particolarità.

Embrione lungo cm. 28 (primi giorni del 6° mese). I vasi arteriori dell'occhio hanno assunto la disposizione e posizione che hanno nell'uomo adulto. Si osservano due arterie ciliari posteriori brevi, una proveniente dall'oftalmica e l'altra dall'arteria jaloidea.

Nei *neonati* si osserva che dei rami che si distaccano dal tronco dell'arteria ciliare comune di ciascun lato per lo più uno solo conserva un volume cospicuo, mentre gli altri, che possono essere uno o due od anche più, sono ridotti a minor calibro.

Nell'uomo adulto dall'arteria oftalmica e talora anche da uno dei suoi rami principali, nella grande maggioranza dei casi, si distaccano due tronchi arteriosi i quali non sono che le stesse arterie ciliari comuni dell'embrione di 22 mm. da me descritte. Questi due tronchi arteriosi hanno, come ho già accennato, cambiato di posizione e direzione, ma durante il periodo embrionale (6° mese) avevano già assunta la loro disposizione definitiva. Da questi due tronchi arteriosi si staccano frequentemente dei rami (uno, due, tre) i quali non sono che alcuni dei primitivi ramoscelli che le arterie ciliari comuni fornivano alla coroide. Questi, strisciando sul nervo ottico, raggiungono la sclera che perforano o indivisi o biforcandosi per portarsi alla coroide, e qualche loro ramoscello può anche irrorare la sclerotica. Talora i due tronchi arteriosi non danno i rami descritti. Essi giunti a circa un centimetro ed anche più dal globo oculare si sogliono, il più delle volte, dividere in due rami che incurvandosi su sè stessi a guisa di S marcatissima, tornano poi a suddividersi in altri rami che perforano la sclerotica, e mentre la maggior parte si porta allo strato dei grossi vasi della coroide, fornendo anche alcuni ramoscelli alla sclera, due di essi, che sono quasi sempre i più esterni rispetto al meridiano verticale del bulbo (uno al lato nasale, ed uno al lato temporale) si prolungano innanzi fra la sclerotica e la coroide fino all'iride.

Inoltre o dall'arteria oftalmica, o dalle arterie muscolari, o dalla centrale della retina, o dalla lagrimale, o dall'etmoidale posteriore, od anche dalla sopra-orbitaria si dipartono rami arteriosi abbastanza sottili i quali tutti insieme possono raggiungere il numero di due, tre, ed anche più. Essi rasentando il nervo ottico perforano la sclera vicinissimo al punto di ingresso del nervo nel bulbo oculare. Le ricerche embriologiche da me eseguite fanno conoscere che, mentre i rami forniti alla coroide · dai due tronchi arteriosi sopra descritti sono molto antichi, questi ultimi ramuscoli arteriosi, che si distribuiscono anch'essi alla coroide, si formano più tardi. Poichè i due tronchi arteriosi, che forniscono sangue contemporaneamente alla coroide ed all'iride, sono perfettamente omologhi alle arterie ciliari comuni del cavallo (Ludwig Bach), della pecora, della vacca, del porco, del coniglio adulti (Hans Virchow), colla semplice differenza che in questi ultimi animali i rami che vengono forniti alla coroide si distaccano dalle ciliari comuni là dove decorrono nella doccia sclerale, mentre nell'uomo se ne distaccano al di fuori del bulbo oculare, si potrebbe anche nell'uomo conservare a questi due tronchi arteriosi il nome di *arterie ciliari comuni,* od anche *di tronchi delle arterie ciliari posteriori,* i quali forniscono dei rami brevi alla coroide e due rami lunghi all'iride. Ai rami arteriosi che possono originarsi dall'oftalmica o dalle varie branche della medesima, e che si portano anch'essi alla coroide, ma che si sviluppano più tardi, spetta il nome di *arterie ciliari posteriori brevi.* Ma, qualora si vogliano chiamare col nome di arterie ciliari posteriori brevi anche i rami forniti alla coroide dai tronchi delle arterie ciliari posteriori o ciliari comuni, non bisogna dimenticare che esistono allora due sorta di arterie ciliari posteriori brevi, le une fornite dai tronchi delle arterie ciliari posteriori o ciliari comuni, le altre fornite o dall'oftalmica, o dalla lagrimale, o dall'etmoidale posteriore, o dalla sopra-orbitaria, o dalle muscolari, o dalla centrale della retina. È questa distinzione che io trovo mancante in numerosi trattati di anatomia; ed anche il Quain, che più si avvicina alla descrizione da me data, non cita che le arterie ciliari posteriori brevi provenienti dai due tronchi ciliari. Mi riservo di accennare nel lavoro, che fra breve pubblicherò, alle numerose varietà di decorso e di disposizione delle arterie ciliari posteriori.

Anatomia. — *Ricerche sugli organi biofotogenetici dei pesci. Parte II. Organi di tipo elettrico. Parte III. Sviluppo degli organi dei due tipi.* Nota preliminare di M. GATTI, presentata dal Socio GRASSI.

La biofotogenesi, come fu detto nella Nota precedente, si compie nei pesci da noi esaminati per mezzo di speciali organi, che dal punto di vista della loro anatomia si possono dividere in due tipi, l'uno dei quali non ha che vedere con l'altro, almeno a sviluppo completo. Esaurita la serie degli organi a struttura ghiandolare evidente, indiscutibile, noi dobbiamo ora occuparci dell'altro tipo, di quello, cioè, che è proprio delle dieci specie di *Scopelus* prese da noi in esame. E cominciamo col dire che uno studio lungo ed accurato ci permette di affermare in modo assoluto che non vi esiste traccia alcuna di elementi ghiandolari. La maggior parte degli elementi che qui entrano in scena, sono affatto estranei al primo tipo; e se in quello la produzione della luce è dovuta indubbiamente ad una speciale sostanza, che si consuma dentro le cellule secernenti, o fuori di esse, ma sempre dentro l'organo, in questo secondo tipo il modo secondo cui si esplica il fenomeno della produzione di luce, deve essere del tutto differente. Con mezzi e modi diversi si raggiunge lo stesso scopo.

Insistiamo su questo punto, perchè la distinzione netta di due tipi divergenti non è stata fatta mai fino ad oggi. Gli studiosi degli organi luminosi dei pesci, vedendoli occupare la medesima posizione relativa nel corpo delle varie forme da loro osservate, e presupponendo identico per tutti il modo di funzionare, fecero ogni sforzo per riunirli insieme sotto una stessa etichetta di struttura; anzi qualcuno fu costretto, per raggiungere questo scopo, ad un acrobatico lavoro di fantasia.

Gli organi biofotogenetici degli *Scopelus* sono dunque i rappresentanti del secondo tipo, che denominiamo *elettrico*. Come è stato fatto per l'altro, daremo prima un cenno generale di esso, e poi indicheremo rapidamente i gruppi principali, nei quali si può suddividere. In uno stesso *Scopelus* si trovano organi luminosi di più specie. Denominiamo *perle* quelli che appaiono come macchie splendenti rotonde lungo la faccia ventrale e nei fianchi, e vi si dispongono come tante costellazioni; e denominiamo *macchie perlacee* in senso largo gli organi dalle dimensioni maggiori, che sono in piccolo numero, pari o impari, e che occupano certe determinate regioni del corpo. Col nome di *macchie perlacee propriamente dette* vogliamo intendere le macchie perlacee della regione codale; e col nome di *lanterne*, quelle che si trovano nella testa, e vi assumono talora uno sviluppo considerevole. Le macchie perlacee propriamente dette si possono trovare anche nel primo tipo, ma noi abbiamo tralasciato di parlarne per non andare troppo per le lunghe , e perchè la loro costituzione non differisce essenzialmente da quella delle ampolle. Ma dove prendono un largo sviluppo, è appunto in questo secondo tipo. E siccome le macchie perlacee p. d. e le lanterne si possono per la struttura considerare come perle, così stante le loro maggiori dimensioni, possiamo dire che nel secondo tipo vi ha la tendenza degli elementi costitutivi ad assumere un maggiore sviluppo quantitativo. Per farsi un'idea chiara di una perla, basta pensare a due squame, l'una delle quali prenda la forma di scodella, e l'altra faccia a questa da coperchio. Dentro la scodella si trovano gli elementi principali dell'organo, e precisamente, immersa in una massa di connettivo gelatinoso, sta la parte essenziale o il corpo specifico dell'organo. Descrivendo la posizione di un'ampolla, facemmo notare che il corpo è dorsale e il collo è ventrale, e che l'imboccatura è rivolta al fondo del mare, verso il quale fondo sono perciò diretti i raggi luminosi. Negli *Scopelus* non si può parlare di un corpo e di un collo, ma la parte specifica dell'organo, contenuta come è stato detto, dentro la scodella, vi occupa in generale una posizione eccentrica. E precisamente, se si considera una perla in posto, con la scodella, cioè, approfondata nel corpo dell'animale, si vede che il corpo specifico ne occupa la porzione dorsale, e presenta sempre la forma di mezzaluna. In tutte le perle, senza eccezione, la mezzaluna è disposta nel senso della lunghezza dell'animale. L'eccentricità, o per meglio dire, la posizione dorsale della parte specifica dell'organo, avrà la stessa ragione fisiologica che l'essere l'ampolla del primo tipo capovolta.

In una sezione dorso-ventrale condotta normalmente al piano mediano, cioè frontale, dello *Scopelus*, e che passi per il centro di una perla, si vede che questa è costituita, andando dalle sue parti profonde alla superficie esterna dell'animale: 1) da *un involucro pigmentato;* 2) da *uno strato a splendore argenteo;* 3) dalla *squama incavata a forma di scodella;* 4) da *uno strato di speciali elementi che riveste la superficie concava della scodella;* 5) da *una massa di connettivo gelatinoso, dentro il quale sta immerso il corpo specifico;* 6) da *uno strato a splendore argenteo, che copre come un tetto, dopo il connettivo gelatinoso, il corpo specifico;* 7) da *uno strato pigmentato, che si adatta sopra il precedente strato a splendore argenteo;* 8) dalla *squama superficiale, che fa da coperchio, e che presenta nel suo punto di mezzo un ispessimento lenticolare.*

Tutte queste parti possono essere ridotte ai minimi termini e qualcuna può mancare affatto. Ciò che assume sempre uno sviluppo considerevole è il corpo specifico insieme coi nervi ed i vasi, che ad esso sono diretti. Giustamente perciò lo riteniamo come la porzione essenziale; e per il suo aspetto e la sua costituzione dividiamo le perle in tre gruppi principali.

Per ciò che riguarda il primo gruppo scegliamo come modello una perla dello *Scopelus Rissoi*, dove non manca nessuna delle parti, che già abbiamo enumerate, parlando in generale della costituzione degli organi biofotogenetici elettrici. La squama incavata a vetrino di orologio è, nella sua superficie convessa, rivestita dallo strato a splendore argenteo, sul quale si addossa l'involucro pigmentato, che si estende a coprire l'orlo della squama; e, nella sua superficie concava, è tappezzata da elementi esagonali iridiscenti, che a prima vista si prenderebbero per cellule disposte ad epitelio, ma sono mancanti di nucleo, e debbono considerarsi come cristallini della sostanza a splendore metallico. Il tessuto di connettivo mucoso fa da cuscinetto al corpo specifico, e lo ricopre con un suo sottile strato dalla parte superficiale esterna dell'organo; e fa nello stesso tempo da sostegno ai numerosissimi vasi ed ai numerosissimi nervi, che sono diretti verso il corpo specifico. La superficie del connettivo mucoso che guarda la squama ricoprente, non è piana, ma presenta un incavo entro il quale si annida l'ispessimento lenticolare della squama: ed è tale la posizione di quest'incavo, che lascia dorsalmente tutto il corpo specifico insieme con il sottile strato di connettivo mucoso, e con lo strato a splendore argenteo, e con l'involucro pigmentato, facenti tutti e tre da tetto al corpo specifico. Quest'ultimo dunque è affatto invisibile, ove si guardi una perla *in toto;* ma, allontanando solamente la squama, è possibile scorgerne alcune parti, le quali, considerando l'organo nella sua posizione naturale, si presentano come zaffi a forma di clava, in numero di 5 o 6, sotto l'ispessimento lenticolare, immerse nel tessuto gelatinoso, dove questo forma l'incavo indicato di sopra.

Se ora prendiamo a studiare il corpo specifico, e consideriamo a tal uopo sezioni dirette in tre sensi, che siano, cioè, rispetto allo *Scopelus* dorso-ventrali e condotte normalmente al piano mediano (frontali), rostro-caudali e condotte normalmente al piano mediano (orizzontali), rostro-caudali e condotte parallelamente al piano mediano (sagittali), noi ci facciamo subito un' idea chiara della disposizione e della struttura degli elementi, che lo compongono. Nelle sezioni frontali ed orizzontali il corpo specifico appare formato di tanti strati sottilissimi, paralleli gli uni agli altri, e con inter-posti fra due strati consecutivi nuclei allungati in forma di bastoncini; nelle sezioni dirette nel terzo senso, sagittali, il corpo specifico si presenta come una larga lamella a contorno ondulato e con numerosi nuclei di varie forme, disposti al margine e seguenti il corso ondulato di questo. Il corpo speci-fico dunque risulta costituito da tante lamelle sottili, sovrapposte le une alle altre parallelamente al piano mediano dello *Scopelus*. Ciascuna lamella è lunga e larga quanto tutto il corpo specifico, che ha, come abbiamo detto la forma di mezzaluna, e che, liberato convenientemente dal pigmento, lascia vedere, *in toto*, le rientranze e le sporgenze del margine convesso e del margine concavo. Dal quale ultimo, in senso perpendicolare od obliquo, si partono i 5 o 6 zaffi claviformi, dove si continuano la stuttura e la disposizione lamellare identiche a quelle della mezzaluna, e tra una lamella ed un'altra si trovano gli stessi nuclei già menzionati. Le lamelle in tagli diretti in modo da comprenderle ciascuna per intera, vanno diminuendo in dimensioni, mano mano che ci avviciniamo al fondo della scodella; e negli ultimi tagli compaiono le sezioni degli zaffi, i quali terminano in tante punte impiantate perpendicolarmente alla estremità distale dello zaffo più o meno convessa. Non possiamo affermare se l' esistenza di queste punte sia o no costante. I nervi ed i vasi sono straordinariamente abbondanti: dei primi se ne contano fino a dodici, e tutti sono diretti al margine concavo della mezzaluna, e terminano in questa. Non abbiamo studiato ancora le termina-zioni nervose, sebbene abbiamo del materiale conservato in liquidi necessarî per tale ricerca. I capillari formano una rete tutt' attorno al corpo specifico, e terminano alle sinuosità delle lamelle. Il corpo specifico così descritto dà quasi l' imagine di una sezione di medusa col suo ombrello e sottombrello; e questo primo gruppo lo denominiamo perciò degli *organi biofotogenetici elettrici a corpo specifico medusoidale*.

Nel dire qualche parola del secondo gruppo, ci riferiamo allo *Scopelus Gemellari*. Senza entrare nelle particolarità, esponiamo subito le sue carat-teristiche, che sono di mancare di zaffi, e di possedere uno speciale strato di cellule, che sta fra il corpo specifico lamellare e la squama superficiale esterna. Non ci pare che giri attorno attorno al corpo specifico. Queste cel-lule si presentano in sezione a contorno poligonale, con nucleo bene evidente e con protoplasma denso apparentemente omogeneo, che si tinge debolmente coll' eosina ecc.; e ci ricordano subito quell' insieme di cellule, che negli organi ghiandolari abbiamo considerato come mezzo ottico.

Qui sorge una questione da risolvere, che si può esprimere con queste tre domande: Quelle cellule hanno anche nel *Gemellari* funzione di mezzo ottico? oppure funzionano come una parte necessaria nella produzione dell'elettricità? ove si risponda di sì alla seconda domanda, gli organi biofotogenetici ghiandolari debbono considerarsi invece come ghiandolari ed elettrici nello stesso tempo? Per una serie di ragioni ci pare si debba rispondere affermativamente alla prima domanda. Nel primo gruppo infatti possiamo affermare che non esiste traccia alcuna di cellule a protoplasma denso apparentemente omogeneo. E poi nel *Gemellari* ci paiono molto meno sviluppate le parti, che evidentemente hanno una funzione ottica nell' emissione della luce. Che se nel primo gruppo vi sono gli zaffi e nel secondo non ve ne sono, ciò non può avere un gran significato, perchè in altri organi possono mancare gli zaffi e lo strato delle cellule a protoplasma omogeneo. Se dunque non può certamente avere una parte importante nello sviluppo dell' elettricità, noi non possiamo ammettere che gli organi del primo tipo siano piuttosto ghiandolari-elettrici.

Il terzo ed ultimo gruppo (modello: una delle perle dello *Scopelus Rafinesquii*) è caratterizzato dalla mancanza dei zaffi e delle cellule a protoplasma denso apparentemente omogeneo, e dalla posizione del corpo specifico, che è meno eccentrico degli altri due gruppi. La squama ricoprente di questi organi offre di speciale che lo strato pigmentato, il quale fa da tetto al corpo specifico, si dispone diametralmente ad essa nel senso della lunghezza dell' animale. Il corpo specifico ha anche qui la forma semilunare, ma mentre il margine dorsale è convesso, quello ventrale è rettilineo.

Non aggiungeremo altro rispetto alla struttura delle perle degli *Scopelus*, e non diremo nulla delle macchie perlacee, perchè, sebbene presentino parecchie e notevoli differenze, sono costruiti essenzialmente come le perle.

Ma per quali ragioni, ci si domanderà, s' hanno da ritenere elettrici gli organi del secondo tipo? Perchè, rispondiamo subito, il corpo specifico è istologicamente da considerarsi come un organo elettrico. Abbiamo veduto intanto la struttura lamellare, abbiamo accennato all' enorme numero dei vasi e dei nervi, e possiamo aggiungere che abbiamo riscontrato sulle lamelle perfino i bastoncelli, che furono veduti negli organi elettrici p. d.

Le nostre ragioni, lo ripetiamo, si fondano esclusivamente sull' esame istologico.

Dopo aver acquistato un' idea esatta della struttura degli organi biofotogenetici dei pesci, ne abbiamo seguito lo sviluppo nelle larve del *Gonostoma denudatum,* nello *Stomiasunculus* e nelle larve di *Scopelus.*

Esponiamo soltanto la conclusione delle nostre ricerche.

Essa è che la parte specifica degli organi luminosi del primo e secondo tipo deriva senza alcun dubbio dall' ectoderma, contrariamente al risultato degli studi dell' Emery, che la fa sviluppare dal mesoderma.

Riassumendo, noi consideriamo le così dette macchie splendenti dei pesci o i così detti punti lucidi come organi aventi la funzione di emettere luce durante la vita dell' animale. La quale funzione può compiersi nei pesci da noi osservati per due vie, che partono da un punto comune, rappresentato da un gruppo di cellule epiteliali; si allontanano divergendo nello sviluppo, e conducono a due tipi principali di struttura e di funzione.

Nel primo tipo sono compresi organi a struttura ghiandolare, sulla quale non può sollevarsi alcun dubbio; e la funzione si esplica per una sostanza, della costituzione chimica della quale nulla sappiamo, che si consuma entro le cellule secernenti o fuori di esse, ma sempre dentro la ghiandola. A favorire la produzione del fenomeno luminoso intervengono parti, ciascuna delle quali ha una speciale funzione ottica.

Nel secondo tipo la struttura è diversissima, formando qui la parte essenziale dell' organo tante lamelle sovrapposte le une alle altre, che in sezione appaiono multinucleate.

L' abbondanza dei nervi e dei vasi appoggia la supposizione di considerare gli organi di questo gruppo come elettrici; l' energia elettrica si trasformerebbe, durante la funzione, in luce; speciali parti favoriscono la produzione del fenomeno luminoso (lente, pigmento nero, strato a splendore argenteo, particolari cellule come nel primo tipo).

Chiudiamo questa Nota accennando alla grande importanza, che possono avere gli organi biofotogenetici dei pesci, considerati da un punto di vista, per così dire, filosofico. Il *Porichthys porosissimus* e il *Maurolicus ametystino-punctatus* e l'*Argyropelecus hemygimnus*, sebbene il primo sia uno dei rappresentanti di una famiglia di pesci immensamente lontana per la posizione sistematica da quella cui appartengono le altre due forme nominate, debbono mettersi insieme per ciò che riguarda la struttura e il modo di funzionare dei loro organi luminosi.

Questo fenomeno di convergenza non si limita soltanto agli organi biofotogenetici dei pesci, chè, se consideriamo gli stessi organi presso altri animali acquatici, possiamo scorgere come il nostro tipo ghiandolare ed il nostro tipo elettrico od i due misti insieme sono distribuiti più vastamente di quello che si creda. Il *Pyrosoma*, per esempio, ha i suoi organi luminosi, che debbono funzionare, secondo ogni verosimiglianza, nella maniera di quelli del nostro primo gruppo ghiandolare; l' *Euphasia Mülleri*, che è un Crostaceo di profondità, ha i suoi organi composti da una parte ghiandolare, cui forse si aggiunge una porzione capace di svolgere elettricità, e gli organi di parecchie altre forme, che noi abbiamo avuto agio di esaminare, sono costruiti secondo l'uno o l'altro dei due tipi, senza parlare delle moltissime forme, tutte della vita marina, studiate dal Panceri, che producono luce per la sostanza, che segregano speciali cellule ghiandolari, sparse sul corpo o più o meno raggruppate.

Ci piace infine far notare un altro fatto interessantissimo, ed è che, se noi avessimo trovati gli organi biofotogenetici dei pesci, specialmente quelli ghiandolari, in forme vicinissime fra loro per la posizione sistematica, forse saremmo stati indotti dalla graduale complicazione degli organi a considerarne uno come derivante da un'altro più semplice, e così via!

———————

Questa Nota e la precedente comprendono lo studio, fin dov'è possibile, completo degli organi biofotogenetici dei pesci. Il lavoro in esteso verrà pubblicato quanto prima; e in esso verrà distinta con molta cura la parte spettante al Chiarini e la parte spettante al Gatti. Trovo però opportuno di avvertire fin d'ora che, mentre questa seconda Nota è opera esclusiva del Gatti, la prima, comprendente la descrizione degli organi biofotogenetici ghiandolari di nove forme di pesci, in parte è dovuta al Chiarini, e in parte al Gatti. E precisamente, cinque di esse (*Argyropelecus hemigymnus, Maurolicus Poweriae, Coccia ovata, Chauliodus Sloanii, Gonostoma denudatum*) formarono l'argomento della tesi di laurea del Chiarini nel 1898; e le altre quattro forme (*Maurolicus amethystino-punctatus, Stomias boa, Bathophilus nigerrimus, Porichthys parosissimus*) furono oggetto delle ricerche del Gatti, al quale si deve anche lo studio sistematico dei pesci presi in esame.

B. GRASSI.

P. B.

RENDICONTI

DELLE SEDUTE

DELLA REALE ACCADEMIA DEI LINCEI

Classe di scienze fisiche, matematiche e naturali.

MEMORIE E NOTE
DI SOCI O PRESENTATE DA SOCI

pervenute all'Accademia sino al 6 agosto 1899.

~~~~~~~~~~~~~~~

Matematica. — *Intorno ai punti di Weierstrass di una curva algebrica.* Nota del Corrispondente CORRADO SEGRE.

Si soglion chiamare *punti di Weierstrass* [1] di un ente algebrico ∞^1 del genere p quei punti che sono almeno p-pli per gruppi della serie canonica g_{2p-2}^{p-1}; sicchè sulla curva canonica C d'ordine $2p-2$ dello spazio S_{p-1}, imagine dell'ente, sono raffigurati da' punti in ciascuno dei quali l'iperpiano osculatore ha con C un contatto almeno p-punto [2].

Il numero di questi punti è espresso *in generale* da $p(p^2-1)$. Ciò è ben noto, e rientra ad esempio in quel caso particolare di una formola del De Jonquières che dà il numero dei punti $(r+1)$-pli di una g_n^r [3].

D'altra parte il sig. Hurwitz ha determinato [4] per quante unità vada computato nel detto numero $p(p^2-1)$ un dato punto comunque singolare per la curva C. Se escludiamo il caso iperellittico, un punto qualunque di C sarà origine di un solo ramo, lineare, i cui successivi *ranghi* indicheremo con $\alpha_1, \alpha_2, \ldots \alpha_{p-2}$: sicchè le moltiplicità d'intersezione di quel ramo con la tangente, col piano osculatore, ..., coll'S_k osculatore $(1 \le k \le p-2)$,

------

[1] V. ad es. M. Haure, *Recherches sur les points de Weierstrass d'une courbe plane algébrique.* Ann. Ecole Normale Supér. (3) 13, 1896.

[2] Cfr. la mia *Introduzione alla geometria sopra un ente algebrico semplicemente infinito,* Annali di mat. (2) 22, 1894 (v. specialmente nn. 87 e seg.).

[3] Cfr. loc. cit. n. 42. La formola del De Jonquières si trova nel Journal für Math. t. 66, 1866.

[4] *Ueber algebraische Gebilde mit eindeutigen Transformationen in sich.* Math. Annalen, 41, 1893.

saranno $1 + \alpha_1$, $1 + \alpha_1 + \alpha_2$, ..., $1 + \alpha_1 + \alpha_2 + \cdots + \alpha_k$. Con tali notazioni, la moltiplicità di quel punto fra i punti di Weierstrass risulta espressa da

$$W = (p-2)(\alpha_1 - 1) + (p-3)(\alpha_2 - 1) + \cdots + 2(\alpha_{p-3} - 1) + (\alpha_{p-2} - 1).$$

Anche ciò rientra come caso particolare in una formola che dà l'influenza di un punto qualunque nel numero dei punti $(r + 1)$-pli di una g_n^r[1].

Ora è facile determinare un limite superiore per l'espressione W. In fatti si consideri in generale un S_k ($k < p - 2$), al quale appartenga un gruppo di m punti di C, ove $m > k + 1$. Quel gruppo imporrà solo $k + 1$ condizioni ai gruppi canonici (cioè agl'iperpiani) che lo contengono. Quindi, pel teorema Riemann-Roch, la serie lineare completa (speciale) d'ordine m da esso determinata sarà di dimensione $\mu = m - k - 1$. Inoltre lo stesso teorema conduce, come si sa, al fatto che per una g_m^μ speciale, se si tolgono (come qui si fa) il caso iperellittico e quello della serie canonica, è sempre $m \geq 2\mu + 1$ [2]. Sarà dunque nel nostro caso $m \geq 2(m - k - 1) + 1$, ossia $m \leq 2k + 1$. *Sulla curva canonica di genere p non possono esistere più di $2k + 1$ punti giacenti in un S_k, ove $k < p - 2$.*

Questa proposizione varrà anche se i punti considerati di C sono infinitamente vicini. Quindi pel punto di Weierstrass, i cui ranghi abbiamo chiamato $\alpha_1, \alpha_2, ...$, sicchè l'S_k osculatore si può riguardare come contenente $1 + \alpha_1 + \alpha_2 + \cdots + \alpha_k$ punti infinitamente vicini di C, essa ci dice che, se $k < p - 2$, quel numero di punti sarà $\leq 2k + 1$, ossia

$$(\alpha_1 - 1) + (\alpha_2 - 1) + \cdots + (\alpha_k - 1) \leq k.$$

Sommando le relazioni che si traggono da questa ponendovi $k = 1$, $2, ..., p - 3$, insieme con la seguente che deriva dal fatto che l'iperpiano osculatore non può avere con C moltiplicità d'intersezione maggiore di $2p - 2$

$$(\alpha_1 - 1) + (\alpha_2 - 1) + \cdots + (\alpha_{p-2} - 1) \leq p - 1,$$

si ha precisamente

$$W \leq \frac{(p-1)(p-2)}{2} + 1;$$

ossia: *Nel numero complessivo $p(p^2 - 1)$ dei punti di Weierstrass di un ente algebrico (non iperellittico) del genere p nessun punto può contare per più di $\frac{(p-1)(p-2)}{2} + 1$.*

---

[1] V. la citata *Introduzione*, n. 43.
[2] Cfr. loc. cit. n. 84.

Ne segue subito che: *i punti di Weierstrass fra loro distinti sono almeno*

$$\frac{2p(p^2-1)}{(p-1)(p-2)+2} = 2p + 6 + \frac{8(p-3)}{p(p-3)+4}.$$

Ossia: *per* $p = 3, 5, 6$ *i punti di Weierstrass fra loro distinti sono almeno* $12, 18, 20$; *per* $p > 3$ *sono sempre in numero maggiore di* $2p + 6$.

Questi risultati sono alquanto più espressivi di quelli ottenuti dal sig. Hurwitz nella Nota citata: cioè che $W < \frac{p(p-1)}{2}$, e che quindi il numero dei punti di Weierstrass distinti (se si esclude il caso iperellittico) è sempre maggiore di $2p + 2$ [1]. Del resto anche Hurwitz ha avvertito che si potevano ottenere risultati più precisi mediante una più minuta discussione; la quale porterebbe ad esaminare quali valori dei ranghi α_1, α_2, ... siano effettivamente possibili [2]. Volendo fare un tale esame seguendo l'indirizzo geometrico si potrebbe osservare che se ad es. il rango α_k è > 1, esisterà sull'ente algebrico considerato una serie lineare, priva di punti fissi, d'ordine $1 + \alpha_1 + \alpha_2 + \cdots + \alpha_k (\leq 2k + 1)$, e dimensione $(\alpha_1 - 1) + (\alpha_2 - 1) + \cdots + (\alpha_k - 1)$ [3]. L'esistenza di una tal serie sarà generalmente una particolarità per l'ente algebrico, e quando la dimensione riesca > 1 permetterà di assegnare un limite superiore pel genere. Se poi due ranghi, α_k, α_l, sono > 1, si avranno sull'ente algebrico due particolari serie lineari senza punti fissi, le quali, prese insieme, serviranno pure per ottenere una rappresentazione dell'ente da cui segua di nuovo una limitazione pel genere. E così via.

Geologia. — *I terreni terziarî superiori dei dintorni di Viterbo.* Nota del Corrispondente C. De Stefani e di L. Fantappié.

Sui terreni terziarî dei dintorni di Viterbo già avevano scritto varî autori. Il P. Pianciani in una lettera al Procaccini Ricci aveva indicato alcuni fossili dei terreni pliocenici di Bagnaia e di Ferento [4], per verità un poco lontani da quelli che noi prendiamo in considerazione. Il Verri pure indicò alcuni fossili del pliocene di Bagnaia [5]: ed il Mercalli, durante la sua breve resi-

---

[1] Quest'ultima proposizione serve in quella Nota per dedurne una semplice notevole dimostrazione del fatto che sopra un ente di genere > 1 non possono esistere infinite corrispondenze algebriche biunivoche.

[2] Si vedano a questo riguardo le citate ricerche del sig. Haure.

[3] Ciò in forza di osservazioni precedenti e di un teorema del sig. Noether. Cfr. ancora il n. 87 della mia *Introduzione*.

[4] V. Procaccini Ricci, *Viaggi ai vulcani spenti d'Italia. Viaggio secondo*, t. I, Firenze 1821, pag. 160.

[5] A. Verri, *I vulcani Cimini*, (Atti R. Acc. Lincei 1880).

denza in Viterbo, raccolse altri fossili nelle marne presso Viterbo, evidentemente della Mattonaia Falcioni, e ne fece studiare le foraminifere dal Mariani ([1]).

Finalmente il Meli rammenta pure le marne del fosso di Arcionello ([2])
che però egli non ha veduto da sè e che viene da lui indicato come assai
più lontano dalla città che non sia. Di quest'ultimo luogo il Meli cita pure il
calcare fossilifero che paragona per età e per formazione al *Macco* di Corneto
e di Palo.

Avendo noi fatte insieme alcune escursioni nell'aprile del corrente anno,
ed avendo uno di noi esaminato i fossili raccolti per cura dell'altro, abbiamo
pensato non tardar a pubblicare gl'importanti risultati ottenuti.

A meno di un chilom. dalla città, per la via vecchia della Quercia, passando
appena il fosso di Arcionello, presso una casetta colonica e prima di giungere
alla cava di *Peperino* della Cooperativa degli scalpellini sotto i Cappuccini a
destra della strada, in un fossetto, affiora un lembo limitatissimo di calcare, che
è appunto quello indicato dal Meli come calcare a *Perna*. Questo calcare si
trova pure in frammenti più o meno grossi sul suolo nell'interno del podere
vicino, e sui muri a secco della strada. È un calcare giallognolo, alquanto
terroso, o compatto, costituito quasi per l'intero da frammenti di fossili variati,
ma specialmente di molluschi, e sopratutto, come notò il Meli, di *Pernae*.
Alcuni frammenti nei muri a secco laterali alla strada appaiono formati quasi
solo di *Pecten*, parte col guscio completo, parte ridotti ad impronte; nel-
l'interno del contiguo podere poi abbondano grossissimi pezzi ripieni di *Lithothamnium* e di variati molluschi e briozoi.

Il detto calcare comparisce nel fossetto particolarmento dopo che le pioggie
e le acque scorrenti lo hanno alquanto scavato, per altezza di 2 o 3 m. al
più perchè non si vede il sottosuolo; credo assai probabile che esso si mani-
festi ancora per lungo tratto a monte, lungo il fosso di Arcionello, nelle parti
più profonde di esso; ma le abbondantissime frane provenienti dalle argille
e dal *peperino* superficiali lo sottraggono alla vista.

Daremo la nota comprensiva dei fossili trovativi, dopo aver parlato del
lembo assai più ragguardevole che si trova nella villa Ravicini poco più
d'un chilom. fuori della Porta Romana, sulla via di Vetralla.

Quivi nel recinto del podere è un colletto che si innalza di pochi metri
sopra i terreni argillosi circostanti appartenenti, come vedremo or ora, al Pliocene, e che è costituito essenzialmente da calcare quasi identico a quello del
fosso di Arcionello e solo forse un poco meno arenaceo. L'estensione super-

---

([1]) E. Mariani, *La fauna a foraminiferi delle marne che affiorano in alcuni tufi
vulcanici di Viterbo* (Boll. Soc. geol. it., vol. X, pag. 164 e seg., 1891.

([2]) R. Meli, *Sopra alcune rocce e minerali raccolti nel viterbese*. Bull. d. Soc. geol.
ital., vol. XIV, 1895, fasc. 2°, pag. 184. — Idem, *Appunti di storia naturale sul viterbese*. Roma, 1898, pag. 4 a 9.

ficiale nella quale il calcare apparisce non supera poche diecine di metri quadrati, estensione pur sempre maggiore a quella del fosso di Arcionello.

Ecco la nota dei fossili determinati finora.

Lithothamnium sp. Fosso di Arcionello. Podere Ravicini. Nel calcare del fosso di Arcionello sono frequenti ramuscoli che per la forma esteriore rispondono in tutto al *L. racemus* L., tuttora vivente; ma non ne abbiamo potuta esaminare la struttura, che certamente rivelerà trattarsi di specie diversa.

Alcune sezioni di *Lithothamnium* sono pure nei calcari della Villa Ravicini.

BRIOZOI. — Fosso di Arcionello. Podere Ravicini. In ambedue le località sono dei Briozoi rispondenti agli antichi generi *Lepralia* e *Membranipora*. Nell'ultima località sono visibilissime impronte di *Cupularia Canariensis* Busk.

CORALLARI. — Villa Ravicini. Si trovano in questa località varî nuclei e modelli di Corallari almeno apparentemente vicini o rispondenti ai generi *Trochocyatrus, Balanophyllia, Ceratotrochus*. Non vi è scarsa ed è ben conservata la *Stephanophyllia imperialis* Michelin.

FORAMINIFERE. — Piccole sezioni appartenenti a quest'ordine, e forse principalmente di *Rotalia* si vedono nei calcari di ambedue le località.

Perna Soldanii Desh. Fosso di Arcionello, talmente abbondante da costituire una vera lumachella.

Pecten scabrellus Lck. Fosso di Arcionello e Podere Ravicini: abbastanza abbondante in impronte con le valve benissimo conservate. Si vedono spesso le parti interne di ogni valva, come pure si distinguono le relative controimpronte che brevemente descriveremo perchè le apparenze ne sono spesso così diverse da far credere che si tratti di specie differenti: in queste ultime i rilievi rispettivamente rispondenti ai solchi della parte interna segnalano le coste esterne della valva: inoltre gl'intervalli fra i detti rilievi rispondenti agl'intervalli fra le coste esterne, che nella parte interna d'ogni valva sono essi pure leggermente canaliculati, vengono segnalati nella controimpronta mediante un leggero rilievo che partendosi dal margine palleare cessa poco prima di giungere alla metà della valva. I solchi e rispettivamente i rilievi sono alquanto più marcati in un lato della valva che nell'altro. Del resto i caratteri della superficie e la poca inequilateralità delle valve sono comuni alla forma miocenica ed a quella pliocenica; solo forse nelle forme nostre mioceniche il numero delle coste è maggiore di uno o due.

Il *Pecten scabrellus* Lck., piuttosto raro nei calcari simili a questi dei dintorni di Viterbo, della Toscana, della Pescia Fiorentina ed anche dei Monti della Tolfa dove uno di noi lo trovò, è invece una delle forme più comuni nei calcari bianchi, quasi cristallini, tanto estesi nell'Appennino centrale e da molti ritenuti eocenici, p. e. in quelli delle Valli del Liri, del Sacco e dell'Aniene, nei dintorni d'Aquila degli Abruzzi a Monte Luco, Lucoli, Rocca di Cambio, a S Marino ed altrove.

Pecten Malvinae Dubois. Specie abbastanza comune pur questa nel Podere Ravicini. Essa è una una delle più distintive del Miocene medio. Abbonda nelle marne langhiane dell'Appennino centrale Aquilano; trovasi pure a Popogna nei monti Livornesi ed è indicata dagli autori in una quantità d'altri luoghi del Miocene medio d'Italia.

P. Reussi Hörnes. Villa Ravicini.

Pectunculus pilosus L. Villa Ravicini.

Arca diluvii Lck. Villa Ravicini.

Cardita rudista Lck. Ibidem.

Cassis miolaevigata Sacco. Ibidem.

Turbo rugosus L. Ibidem.

Il Meli senza ben pronunziarsi circa all'età, paragonò questo calcare al *Macco*, donde sembra che egli lo ritenesse Pliocenico. Però i fossili sopra indicati attestano in modo non dubbio che il calcare appartiene al Miocene medio e propriamente alla plaga Elveziana: il suo carattere littorale è ad esuberanza attestato dalle *Nulliporae*, e devesi ritenere che formasse a guisa di piccole scogliere sopra ai calcari eocenici i quali si debbono trovare a piccolissima profondità nel sottosuolo.

Sia pei fossili, come per la natura litologica, il calcare corrisponde a quello pur miocenico di Fiano Romano, dei Monti della Tolfa, della Pescia fiorentina, dell'isolotto Troia ed in generale a quello della Toscana che il Fuchs chiamò Calcare di Rosignano, ed altri chiamarono Calcare di Leitha.

ARGILLE PLIOCENICHE. — Nel luogo indicato in addietro presso il fosso di Arcionello, al calcare miocenico succedono 5 o 6 m. al più di argille finissime marnose, biancastre, in stratificazioni orizzontali abbastanza distinte, le quali si vedono però solo casualmente dopo che le acque di pioggia abbiano alquanto dilavato le materie franose superficiali. In queste argille non si trovarono finora che foraminifere. Vi si vede qualche *Miliolina*.

Salendo il poco profondo fosso di Arcionello a monte per un tratto alquanto maggiore d'un chilom. si scorgono le pareti più elevate, quasi a picco per l'altezza di pochi metri, costituite dal *peperino* che in taluni punti viene pure scavato come materiale da costruzione. Sotto il medesimo scendono pendici dolcissime nelle quali il fosso ha scavato il suo alveo.

Queste pendici sono superficialmente coperte da frane scese man mano dagli strati superiori del *peperino*; però il modo e l'andamento dei fenomeni di erosione ed il conseguente cambiamento nella pendenza del tratto di superficie sottostante ai *peperini*, provano che nel sottosuolo di tutta quella regione si estendono le argille.

Un'altra circostanza la quale comprova in modo sicuro l'esistenza di queste è la generale presenza di gemitivi e di piccole sorgive alla base dei *peperini*, che infatti sono piuttosto permeabili alle acque, mentre le argille sono impermeabili.

Passiamo all'altra località del Podere Ravicini e della Mattonaia di Falcioni sulla via di Vetralla.

Quivi le argille sono assai più estese intorno al colletto formato dal calcare miocenico; ma specialmente lo sono fra la strada Romana e la ferrovia; brevi dirupi di *peperino* le circondano, specialmente a nord, ad est e a sud ed alla base di questi, al solito, vengono fuori piccole sorgive. L'altezza degli strati non si può ben determinare; nella Mattonaia Falcioni, dalla parte della ferrovia, si vedono scoperti per lo meno per 10 a 12 m. d'altezza, ma la potenza loro comprensiva è certo assai maggiore. Queste argille sono alquanto più azzurrognole di quelle del fosso di Arcionello, somigliando in questo maggiormente, anche dal punto di vista litologico, non meno che, come vedremo, da quello paleontologico, alle marne Vaticane. Vengono scavate, eventualmente con maggiore o minore attività, per farne mattoni e laterizî.

Argille si trovano sotto il *peperino* pure in Viterbo a Ponte Sodo sotto la Porta del Carmine, verso Ferento e sopra Bagnaia verso il Monte S. Valentino, dove, come si disse, le osservarono il Pianciani ed il Verri.

Riunendo i fossili della Mattonaia di Falcioni abbiamo redatto il seguente elenco.

FORAMINIFERE. — Il Mariani (loc. cit.) indicò 34 specie oltre a 3 specie di ostracodi ed a frammenti di briozoi e di coralli.

Flabellum avicula Michelin.

Schizaster sp.

Ostrea cochlear Poli, con le sue varietà descritte dal Foresti. Comune assai come in tutte le argille consimili, anche al Vaticano.

Pecten Angelonii Mgh. = *P. histrix* Doderlein. = *P. subspinulosus* Seguenza. Raro. Il Meli lo ha già indicato nelle marne di Nettuno ed uno di noi ne ha visto qualche esemplare nelle argille Vaticane ed in quelle di Corneto, dove finora nessuno lo ha indicato. Si trova del resto nelle marne bianche plioceniche di mare profondo dell'Italia meridionale dove lo indicò il Seguenza ed è comunissimo nelle argille biancastre del Senese e dei dintorni d'Orciano, come pure nelle marne biancastre della Liguria dove lo rinvenne uno di noi qua e là e nelle marne del Ponticello di Sàvena presso Bologna; il Sacco pure lo indicò nel Pliocene di varî luoghi.

P. cristatus Bronn. Raro.

P. oblongus Phil. = *P. De Filippii* Stoppani, = *P. Comitatus* Fontannes. Comune ed assai ben conservato in esemplari di ogni età. È questa una delle specie più distintive e oseremmo dire più comuni delle marne bianche e delle argille plioceniche di mare profondo del bacino mediterraneo, quantunque per la sua estrema fragilità sia ordinariamente in frantumi e sia passata quasi sempre inosservata agli autori. Spetta al Sacco l'avere rivendicato la priorità della denominazione del Philippi, il quale la figurò ma non la descrisse indicandola come proveniente dai dintorni di Como e quasi certamente dalle argille di mare profondo di quella stessa località della Folla d'Induno, donde più tardi lo Stoppani la descriveva senza figurarla col nome di *P. De Filippii.*

Una delle valve è completamente liscia, l'altra, la sinistra, presenta internamente delle sottili costicine radiali che terminano prima del margine, e che si vedono specialmente negl'individui giovani.

Ritengo che sopra siffatti esemplari giovani provenienti dalle marne Vaticane, il Ponzi abbia fondato la specie *P. retiolum* da lui descritta e figurata. Certo è che nelle marne Vaticane uno di noi ha visto la presente specie, anche in esemplari perfettamente sviluppati, quantunque nessuno ve l'abbia finora indicata fuori che col nome del Ponzi. La migliore descrizione e la miglior figura son quelle che dette il Fontannes col nome di *P. Comitatus* proveniente dalla Provenza; meno buone, ma sufficienti, sono le figure e la descrizione del Sacco il quale la indica in Liguria: uno di noi la aveva già notato da tempo nelle marne bianche di via Roma in Genova, e di Borzoli presso Sestri Ponente, donde provengono esemplari perfettissimi raccolti dal prof. Razzore, come pure in quelle di Arenzano. La specie trovasi pure nel Bolognese e in Toscana, anzi nel Senese fu indicato un tempo da uno di noi col nome nuovo ma improprio di *P. Fuchsi* De Stefani. Non la conosciamo nell'Italia meridionale.

Pecten sp. n. Possediamo una valva simile alla valva destra del *P. revolutus* Michelotti del Miocene medio, cioè in simile modo rigonfia, con coste larghe, assai piatte, separate da intervalli stretti e poco profondi; però le coste nella nostra specie sono più numerose e meno regolari, alternandone talora con quelle larghe alcuna più stretta. Non trovasi nel Pliocene altra specie cui questa possa paragonarsi.

Pinna Brocchii D'Orb. Rara.

Arca diluvii Lck. Piuttosto comune qui come in quasi tutte le argille plioceniche.

Tindaria solida Seguenza. Indicata dal Seguenza nell'Italia meridionale.

T. arata Bellardi. Comune con le marne di Liguria.

Malletia transversa Ponzi. Trovasi al Vaticano e in Liguria.

Neilo Isseli Bellardi.

N. gigas Bell. Ambedue le specie si trovano in Liguria.

Yoldia Bronni Bell.

Y. Philippii Bell. Ambedue queste *Yoldiae* trovansi qua e là nel Pliocene di mare profondo.

Nucula placentina Lck. Comune nel Pliocene di mare profondo.

Meiocardia Seguenzaeana Cocconi. Trovasi pure nelle argille del Piacentino.

Syndosmia longicallis Phil. Comune.

Tellina nitida Poli. Non rara.

T. planata L. Non rara.

Cardium sp. probabilmente nuova. Unico esemplare.

Cytherea multilamella Lck.

Dentalium Delphinense Fontannes. Raro. Questa specie trovasi nelle marne Vaticane ed in quelle di Via Roma in Genova e d'altri luoghi di Liguria dove fu indicata con altri nomi. Il Sacco, se non erriamo, fu il primo tra noi a determinarla esattamente.

Conus antediluvianus Brug.

Ficula subintermedia D'Orb. Rara.

Cassidaria echinophora L. Comune.

Eudolium stephaniophorum Fontannes. Trovossi anche nelle argille di Provenza e di Liguria.

Chenopus Uttingerianus Risso. Pittosto comune.

Natica millepunctata Lck. Comune.

Xenophora testigera Bronn. Comune e di tutte le età.

Turbo fimbriatus Bronn. Piuttosto comune.

Turritella subangulata Broc.

Gonoplax formosa Rist. Così determinata dallo stesso dott. Ristori.

Squilla sp.

Vertebra di pesce osseo.

Le specie indicate sono tutte, senza eccezione, distintive dei terreni pliocenici e più propriamente delle plaghe di mare profondo, Esse sono in parte quelle medesime descritte dal Ponzi nelle marne del Vaticano e quelle stesse che il Meli ed altri notarono presso Nettuno e che uno di noi vide sotto Corneto, per non uscire dalla provincia di Roma.

Si ripetono poi in varie parti di Toscana, p. e. nelle valli dell'Ombrone maremmano e della Fine, nel Senese e nelle colline pisane, e si ritrovano lungo tutto il littorale ligure da Genova ad Arenzano, Albissola, Savona, Albenga e Ceriale. Più scarsamente son note lungo le pendici adriatiche dell'Appennino. Però sono conosciute almeno a partire dal Ponticello di Savena nel Bolognese: di qui si estendono molto verso il mezzogiorno e uno di noi le conosce in varî luoghi delle Romagne e delle Marche: solo la poca facilità di estrarne i fossili ha fatto sì che finora siano state men note. Le marne bianche a *Verticordia* delle Calabrie e di Sicilia che il Seguenza ha descritte come Astiane appartengono ad una plaga di mare alquanto più profondo. È inutile ripetere come secondo uno di noi il così detto *zancleano* inferiore del Seguenza, che rappresenterebbe una plaga di profondità ancora maggiore, appartenga al Miocene medio invece che al Pliocene.

Studiando i rapporti fra queste argille plioceniche ed i calcari miocenici precedenti giova notare come nei dintorni immediati di Viterbo manchino i terreni gessosi, caspici, intermedî, del Miocene superiore, che pure sono tanto estesi nei prossimi monti della Tolfa, forse nella valle del Sacco e certo in tutta Italia. È poi interessante osservare che mentre le argille, come dicevamo, si formarono in mari abbastanza profondi, i calcari miocenici invece sono eminèntemente littorali e certo non depositati a più di 20 o 30 metri di profondità, come lo attestano i *Lithothamnium*. Ciò vuol dire che dopo la deposizione dei calcari e prima di quella delle argille, la regione fu soggetta ad una depressione generale.

ARGILLE CON MATERIALI VULCANICI. — Uno dei fatti più importanti che ci.siamo riserbati a descrivere da ultimo è la presenza di abbondantissime polveri vulcaniche negli strati più alti delle argille plioceniche. Sul fosso di Arcionello l'argilla sottostà immediatamente, come si disse, al *peperino*. Le circostanze sono ben diverse alla Mattonaia Falcioni. Quivi, sopra il piano delle argille da laterizi, fino al sovrastante *peperino*, succedono 6 o 7 m. di argille bianche nei cui strati si manifestano, e man mano che si sale vanno aumentando, materie vulcaniche. Queste, da quanto abbiamo potuto esaminare, serbano grandissima uniformità dagli strati più bassi ai più alti e sono quelle stesse materie che secondo gli studî del Deecke [1] e del Washington [2] formano il *peperino*; sono cioè specialmente frammenti minutissimi, irregolari, di Sanidino, di Augite, di Biotite e di Magnetite: questi frammenti sono poco alterati, e ciò si spiega con la impermeabilità dell'argilla che li racchiude. Scarsissimi, come dicevamo, negli strati inferiori, vanno aumentando superiormente, fino a che nel *peperino* predominano ad esclusione di ogni materia argillosa. Che si siano depositati contemporaneamente all'argilla e senza alcuna levigazione o separazione dovuta a differenze di peso specifico, risulta indubbiamente dall'intima commistione dei diversi materiali.

All'aspetto esteriore gli strati si presentano costituiti da un impasto argilloso, talora quasi verdognolo o grigio, con minutissime e quasi microscopiche punteggiature scure. Negli strati più bassi abbondano nell'argilla dei noccioletti pure argillosi, friabili, irregolari, bianchissimi, nei quali il materiale vulcanico è più scarso.

È da notare che in queste argille a materiale vulcanico, sempre finissime come le altre, si trovano, sebbene con grande rarità, delle ghiaie di forma elissoidale, verosimilmente di origine marina, del diametro di 6 a 7 cm. di calcari eocenici, identici a quelli di regioni non lontane.

Che le predette argille siano plioceniche come le altre, non vi ha dubbio nessuno; durante l'escursione fatta insieme, negli strati più alti abbiamo

[1] W. Deecke, *Bemerkungen zur Entstehungsgeschichte und Gesteinskunde der Monti Cimini*. N. Jahrbuch f. Min. etc. Beilageband VI 1889.

[2] Henry S. Washington, *Italian petrological Sketches*. II. Repr. from The Journal of Geology, vol. IV, N. 7, october-november 1896. Chicago.

trovato un bellissimo e completo esemplare di *Pecten oblongus* Phil., il quale necessariamente dovette vivere e morire sul posto perchè non sarebbe stato suscettibile di trasporto dal luogo nel quale cadde sullo strato argilloso ad un altro, senza rompersi completamente.

Non potremmo escludere, quantunque ci sembri poco probabile, che un graduale passaggio fra l'argilla a materiale vulcanico ed il *peperino* sia dato pure dagli strati inferiori del *peperino* stesso, i quali, almeno attorno alla Mattonaia Falcioni, sono disgregabili e terrosi: occorrerebbe vedere se questa disgregabilità derivi per avventura dall'essere tuttora presente qualche particella d'argilla.

Ad ogni modo un fatto sicurissimo risulta dalle osservazioni precedenti, ed è che le eruzioni del sistema Cimino cominciarono sul finire del Pliocene; anzi propriamente prima che terminasse la deposizione delle marne Vaticane, e che principiarono sotto il mare od almeno per opera di un vulcano che lanciava direttamente i suoi prodotti nel mare circostante. Ricordiamo a questo proposito che il Verri (loc. cit.) indicò presso Orte un banco di Trachite coperto di sabbie marine plioceniche.

Vero è che secondo una opinione comunemente ammessa, almeno fino a poco tempo addietro, le marne Vaticane, perciò anche queste di Viterbo, sarebbero appartenute alla parte inferiore del Pliocene, cioè al così detto piano *Piacentino*; quindi la prima manifestazione delle eruzioni vulcaniche Cimine dovrebbe retrotrarsi ad un periodo del Pliocene molto sollecito, cioè anteriore all'*Astigiano*. Però uno di noi dimostrò a suo tempo che le argille *Piacentine* e le sabbie *Astigiane* rappresentano solo plaghe di profondità diversa di un medesimo mare e di una medesima età; che perciò non potevano prendersi a tipo di piani geologici differenti (¹).

Non intendiamo entrare nelle questioni riguardanti la esatta determinazione dell'età delle argille Vaticane e degli altri terreni pliocenici degl'immediati dintorni di Roma. Però rammenteremo come quivi le argille siano immediatamente sottostanti alle sabbie gialle del M. Mario, come queste siano state da moltissimi attribuite all'*Astiano*, ma come in base ai dati paleontologici si debbano ritenere più recenti ed appartenenti al *Postpliocene inferiore*, come d'altronde posino sopra le argille con sicura e generale trasgressione.

Per conseguenza l'idea che pure le marne o argille del Vaticano arrivino fino agli strati più recenti del Pliocene non urta contro alcuna sorta di difficoltà.

I fatti qui notati relativi alla prima comparsa delle eruzioni sottoma-

(¹) C. De Stefani, *Les terrains tertiaires supérieurs du bassin de la Méditerranée.* Liège 1898.

rine dei Cimini, stanno in pieno accordo con quello che lo Stoppani aveva
osservato e che uno di noi riconfermò nei dintorni d'Orvieto e con quanto
venne indicato da uno di noi nel pliocene della strada fra Radicofani e
Proceno; queste ultime osservazioni infatti provarono che pure nel sistema
Vulsinio le eruzioni cominciarono, sottomarine, negli ultimi tempi del
Pliocene.

Matematica. — *Sopra alcuni complessi omaloidi di sfere.*
Nota di A. DEL RE, presentata dal Socio F. SIACCI.

I complessi di sfere, dei quali mi occupo in questo lavoro, sono del 7°,
6°, 5°, 4°, 3° e 2° grado, e posseggono notevolissime proprietà. Essi prendono origine dalla considerazione di 2 gruppi di sfere G_1, G_2 in relazione
proiettiva, e dal cercare nel fascio di 2 sfere corrispondenti S_1, S_2 la sfera S,
ortogonale alla sfera S_3 che, in un altro gruppo G_3 proiettivo a G_1, G_2 corrisponde ad S_1, S_2. Questo problema è, in sostanza, equivalente all'altro di
cercare sulla retta che unisce 2 punti corrispondenti M_1, M_2 qualunque di
2 spazî omografici a 3 dimensioni Σ_1, Σ_2 il punto coniugato al punto M_3 corrispondente di M_1, M_2 in un terzo spazio M_3 omografico a Σ_1, Σ_2, rispetto
ad una quadrica a 3 dimensioni, non degenere,

$$\varphi = \Sigma a_{ik}\, x_i\, x_k = 0 ,$$

il cui spazio $\mathfrak{S}$ abbracci Σ_1, Σ_2, Σ_3. E poichè, detto P il polo di Σ_3 rispetto
a φ, gli spazî polari dei punti di Σ_3 formano uno *stelloide* attorno a P, reciprocamente riferito a Σ_1, Σ_2, il medesimo problema coincide pure con quello
il quale consiste, dati Σ_1, Σ_2 come sopra, ed uno stelloide (P) di spazî a
3 dimensioni in dipendenza correlativa con essi in uno spazio a 4 dimensioni $\mathfrak{S}$, nel determinare il luogo dei punti comuni alle rette che uniscono
le coppie di punti corrispondenti di Σ_1, Σ_2 ed agli spazî che a tali punti corrispondono in (P); poichè, dati Σ_1, Σ_2, (P) si può sostituire (P) con lo spazio
polare rispetto ad una quadrica, non degenere, arbitrariamente presa. Da ciò
sorge un triplice modo di trattare il problema.

1. Trattandolo dapprima nella seconda forma, abbiamo che, supposte
essere

(1) $$x'_i \equiv f_i(x) , \quad x''_i \equiv f''_i(x) ,$$

ove si ha successivamente

$$h_i(x) = h_{i1}x_1 + h_{i2}x_2 + \cdots + h_{i5}x_5$$
$$\det|h_{ik}| \neq 0 ; \; h \equiv f', f'' ; \; i = 1, 2, ..., 5 ,$$

e sono x_i, x_i', x_i'' coordinate di punti in $\mathfrak{S}$, le formule le quali stabiliscono le
trasformazioni omografiche di $\mathfrak{S}$ in sè stesso che abbracciano le dipendenze

proiettive fra Σ_1 e Σ_3, Σ_2 e Σ_3 rispettivamente, sulla congiungente di 2 punti corrispondenti x', x'' di Σ_1, Σ_2, un punto ha per coordinate z_i espressioni . della forma

$$(2) \qquad z_i \equiv \lambda x'_i + \mu x''_i$$
$$(i = 1, 2, \dots, 5);$$

epperò, dovendo essere z ed x coniugati rispetto a φ, detta $\varphi_{xh}(h \equiv x', x'')$ la semi-forma polare del punto h rispetto a φ, bisognerà che si abbia

$$\lambda \varphi_{xx'} + \mu \varphi_{xx''} = 0,$$

ovvero, tenendo conto delle (1):

$$\lambda \varphi_{xf'} + \mu \varphi_{xf''} = 0.$$

Ne segue che si avrà, per le (2), e per $x'_i \equiv f'_i$, $x''_i \equiv f''_i$

$$(3) \qquad z_i \equiv \varphi_{xf'} \cdot f''_i - \varphi_{xf''} \cdot f'_i$$
$$(i = 1, 2, \dots, 5).$$

In queste formule non vi è traccia di Σ_1, epperò si può supporre di prendere, per Σ_1, un' equazione arbitraria

$$(4) \qquad u_x = u_1 x_1 + u_2 x_2 + \cdots + u_5 x_5 = 0,$$

ed allora *il luogo in quistione si presenta come dato simultaneamente dalle equazioni* (3) *e* (4).

Prendendo per la (4) la $x_5 = 0$, e ponendo

$$a_{i1} x_1 + \cdots + a_{i4} x_4 = \psi_i$$
$$h_{i1} x_1 + \cdots + h_{i4} x_4 = k_i$$

con $i = 1, 2, \dots, 5$, $h \equiv f'$, f'' e corrispondentemente $k \equiv g'$, g'', alla considerazione simultanea delle (3), (4) può essere sostituita la considerazione delle sole formule

$$(3') \qquad z_i \equiv \psi_{g'} \cdot g''_i - \psi_{g''} \cdot g'_i$$
$$(i = 1, 2, \dots, 5)$$

le quali dànno le coordinate di un punto del luogo domandato in funzione razionale intiera ed omogenea del 3° grado delle coordinate $x_1, \dots, x_4$ di un punto di Σ_1, e che possono essere considerate siccome *formule di rappresentazione di esso su questo Σ_1*.

2. A formule non diverse dalle precedenti si arriva trattando il problema nella 3ª forma. Possiamo infatti supporre scritte nel modo seguente le equazioni di Σ_1, Σ_2, (P):

$$(5) \qquad \begin{aligned} \lambda_1 u_\alpha + \lambda_2 u_\beta + \lambda_3 u_\gamma + \lambda_4 u_\delta &= 0 \\ \lambda_1 u_{\alpha'} + \lambda_2 u_{\beta'} + \lambda_3 u_{\gamma'} + \lambda_4 u_{\delta'} &= 0 \\ \lambda_1 p_x + \lambda_2 q_x + \lambda_3 r_x + \lambda_4 s_x &= 0, \end{aligned}$$

ove $h_s = h_1 \varepsilon_1 + \cdots + h_5 \varepsilon_5$; con $h \equiv u$ per $s \equiv \alpha, \ldots, \delta, \alpha', \ldots, \delta'$; e con $h \equiv p, \ldots, s$ per $s \equiv x$, ed ove $x_1, \ldots, x_5$ sono le coordinate di un punto, $u_1, \ldots, u_5$ quelle di un iperpiano di $\mathfrak{S}$. Abbiamo allora che, sulla congiungente di 2 punti corrispondenti di Σ_1, Σ_2 un punto z_i $(i = 1, \ldots, 5)$ ha per coordinate espressioni della forma

$$z_i = \lambda(\lambda_1 \alpha_i + \cdots + \lambda_4 \delta_i) + \mu(\lambda_1 \alpha'_i + \cdots + \lambda_4 \delta'_i);$$

epperò, esso starà nell'iperpiano che a detti punti corrisponde in (P) se, posto per brevità

$$\begin{aligned} \varphi(\lambda) &= \lambda_1(\lambda_1 p_\alpha + \cdots + \lambda_4 p_\delta) + \cdots + \lambda_4(\lambda_1 s_\alpha + \cdots + \lambda_4 s_\delta) \\ \varphi'(\lambda) &= \lambda_1(\lambda_1 p_{\alpha'} + \cdots + \lambda_4 p_{\delta'}) + \cdots + \lambda_4(\lambda_1 s_{\alpha'} + \cdots + \lambda_4 s_{\delta'}), \end{aligned}$$

si abbia $\lambda : \mu = \varphi'(\lambda) : -\varphi(\lambda)$; quindi si avranno le formule

$$(3'') \qquad z_i \equiv (\lambda_1 \alpha_i + \cdots + \lambda_4 \delta_i)\, \varphi'(\lambda) - (\lambda_1 \alpha'_i + \cdots + \lambda_4 \delta'_i)\, \varphi(\lambda)$$
$$(i = 1, 2, \ldots 5),$$

che combinano appunto con le (3').

3. Per dare alle formule (3') una forma propria del caso in cui si tratti di sfere, si può supporre di far uso di coordinate penta-sferiche, delle quali Darboux [1] ha fatta l'introduzione nell'analisi geometrica. Allora, bisognerà supporre che si abbia

$$a_{ii} = 1, \quad a_{ik} = 0$$

per $i, k = 1, 2, \ldots, 5$: epperò che sia pure

$$\psi_i = x_i, (i = 1, \ldots, 4); \; \psi_5 = 0,$$

con che si avrà

$$\psi_{\sigma'} = g'_1 x_1 + \cdots + g'_4 x_4, \quad \psi_{\sigma''} = g''_1 x_1 + \cdots + g''_4 x_4.$$

Le formule domandate sono, dunque, le seguenti:

$$(6) \qquad z_i \equiv (g'_1 x_1 + \cdots + g'_4 x_4)\, g''_i - (g''_1 x_1 + \cdots + g''_4 x_4)\, g'_i$$

$$(i = 1, 2, \ldots, 5)$$

---

[1] *Leçons sur la théorie des surfaces* etc., tomo I; et *Sur une classe remarquable de courbes et de surfaces algébriques*.

Nel caso attuale, seguendo l'uso comune, chiameremo *complesso* il luogo di cui si tratta, e lo indicheremo col simbolo Θ. Per cercarne il grado basterà vedere quante sfere esso contiene le quali siano ortogonali a 3 sfere arbitrariamente prese; o, il che fa lo stesso, indicando con $u_1, u_2, \ldots, u_5$ dei parametri omogenei variabili, in quanti punti 3 qualunque delle superficie del sistema

(7) $$(g_1'x_1 + \cdots + g'_4x_4)\, u_{g''} - (g''_1 x_1 + \cdots + g''_4 x_4)\, u_{g'} = 0$$

descritte dal punto $(x_1, \ldots, x_4)$ si tagliano, che non siano comuni a tutte. Queste superficie sono del 3° ordine, e se, come dapprima supponiamo, non è possibile per valori delle $x_1, \ldots, x_4$ rendere $g''_i \equiv g'_i \ (i = 1, 2, \ldots, 5)$, tutte hanno a comune soltanto i punti della quartica Q_4, intersezione delle 2 quadriche:

(8) $$k \equiv k_1 x_1 + \cdots + k_4 x_4 = 0, \ (k \equiv g', g'')$$

Invece, se è possibile rendere $g_i'' \equiv g'_i \ (i = 1, 2, \ldots, 5)$ per il che occorrerà l'esistenza di valori di ϱ pei quali la caratteristica della matrice

(9) $$\begin{vmatrix} f''_{11} - \varrho f'_{11} & \cdots & f''_{14} - \varrho f_{14} \\ f''_{21} - \varrho f'_{21} & \cdots & f''_{24} - \varrho f'_{24} \\ \cdot & \cdot & \cdot \\ f''_{51} - \varrho f'_{51} & \cdots & f''_{54} - \varrho f'_{54} \end{vmatrix}$$

sia inferiore a 4, varî casi possono presentarsi. Se ϱ_1 è un valore di ϱ pel quale detta caratteristica è h, il sistema delle equazioni

(10) $$g''_i - \varrho_1 g'_i = 0 \ (i = 1, 2, \ldots, 5)$$

è $3 - h$ volte indeterminato; epperò l'equazione (7) sarà soddisfatta, indipendentemente dalle $u_i \ (i = 1, 2, \ldots, 5)$, dalle coordinate di un punto P_1, da quelle dei punti di una retta r_1, o da quelle dei punti di un piano π, secondochè $h = 3, 2, 1$; il caso di $h = 0$ dovendo essere escluso perchè allora tutte le f''_{ik} sono proporzionali alle corrispondenti $f'_{ik} \ (k = 1, \ldots, 4)$.

Se si scrivono le equazioni

$$x'_i \equiv g'_i(x), \ x''_i \equiv g''_i(x) \ (i = 1, 2, \ldots, 5),$$

in grazia della scelta fatta del gruppo G_3, queste rappresentano la dipendenza proiettiva fra i gruppi G_1, G_2; epperò la quistione precedente è quella stessa che riguarda gli elementi uniti di detta dipendenza. Se, dunque, supponiamo che G_1 e G_2 non siano sovrapposti, i valori di ϱ, come ϱ_1, contati ciascuno col suo grado di multiplicità, non possono essere in numero superiore a 3; epperò i seguenti casi possono darsi: 1° o esistono 3 valori di ϱ_1 per ciascuno dei quali è $h = 3$, e questi valori possono essere tutti, o in parte, distinti o coincidenti; 2° o esiste un valore ϱ_1 per cui $h = 3$ ed un valore ϱ_1 (equivalente a due coincidenti) pel quale $4 = 2$; 3° o esiste un valore ϱ_1 (equivalente a 3 coincidenti) pel quale $h = 1$.

Nel caso 1° le superficie cubiche del sistema (7) hanno, oltre alla quartica Q_4, in comune $1, 2, 3$ punti che diremo P_1, P_2, P_3; nel caso 2° dette superficie hanno a comune, oltre Q_4, una retta r, o una retta r ed un punto P; nel caso 3° hanno poi a comune un piano, epperò si riducono ad un sistema lineare di quadriche.

In quest'ultimo caso, esistono dei numeri $\sigma_1 = 1, \sigma_2, \sigma_3, \sigma_4$ tali che

$$f''_{ki} - \varrho f'_{ki} = \sigma_k (f''_{1i} - \varrho f'_{1i})$$

per $k = 1, \ldots, 4$ e per ogni valore di $i = 1, \ldots, 4$. Da queste relazioni si ricava, moltiplicando per $x_1, \ldots, x_4$ corrispondentemente ai valori $1, \ldots, 4$ di i:

$$g''_k - \varrho g'_k = \sigma_k (g''_1 - \varrho g'_1),$$

e quindi pure con analoga operazione

$$g''_x - \varrho g'_x = \sigma_x (g''_1 - \varrho g_1').$$

Ne segue che si avrà

$$g''_i = \varrho g'_i + \sigma_i (g''_1 - \varrho g'_1) , \quad g''_x = \varrho g'_x + \sigma_x (g''_1 - \varrho g'_1) ,$$

e quindi, in sostituzione delle formule (8'), le seguenti

$$z_i \equiv (g''_1 - \varrho g'_1) \{ \sigma_i g''_x - \sigma_x g'_i \}$$
$$(i = 1, 2, \ldots, 5),$$

ovvero, più semplicemente,

(11) $$z_i \equiv \sigma_i g'_x - \sigma_x g'_i .$$

Il sistema lineare delle quadriche a cui si riduce il sistema (7), è dunque dato dalla equazione

(12) $$u_\sigma g'_x - u_{g'} \sigma_x = 0 ,$$

il piano che così viene a separarsi da tutte le superficie del sistema (7) essendo il piano di equazione $g''_1 - \varrho g_1' \equiv g''_k - \varrho g'_k = 0$.

4. Le quadriche (12) hanno a comune la conica

$$g'_x = 0 , \quad \sigma_x = 0,$$

dunque 3 qualunque di esse si taglieranno ulteriormente in 2 punti variabili con le quadriche stesse, e quindi, nel caso in esame, *il complesso Θ è del 2° grado*.

Cerchiamo ora in quanti punti, fuori della quartica Q_4, si tagliano 3 superficie qualunque del sistema (7). Due qualunque di esse, quelle corrispondenti ai valori $u_i^{(1)}, u_i^{(2)}$ dei parametri u_i $(i = 1, 2, \ldots 5)$ si tagliano in una quintica Q_5 la quale è appoggiata in 8 punti a Q_4, perchè giace nell'iperboloide $[u^{(1)}, u^{(2)}]$ generato dai fasci proiettivi

$$(13) \qquad u_{g'}^{(1)} - \lambda u_{g''}^{(1)} = 0 , \quad u_{g'}^{(2)} - \lambda u_{g''}^{(2)} = 0 ,$$

le cui generatrici sono sue bisecanti. Dunque, Q_5 avrà ulteriormente 7 punti in comune con un'altra superficie del sistema, ed *il complesso Θ, sarà perciò, nel caso generale, del grado 7°, ed ove fosse $h = 3$ del grado 6°, 5°, 4° secondochè corrispondentemente vi sono 1, 2, 3, dei punti P_i.*

Se $h = 2$, la quintica Q_5 si scinde nella retta r, comune (come si è visto) a tutte le superficie del sistema (7) ed in una quartica Q'_4 della quale r è una bisecante perchè conta fra le generatrici dell'iperboloide $[u^{(1)}, u^{(2)}]$. Questa r è poi pure una bisecante di Q_4 perchè, nel fascio che ha per base la Q_4, vi è l'iperboloide $g''_x - \varrho_1 g'_x = 0$, il quale passa per r; epperò Q'_4 si appoggia a Q_4 in 6 punti. Ne segue che dei 12 punti comuni a Q'_4 e ad una superficie arbitraria del sistema (7) ve ne sono $6 + 2 = 8$ fuori di Q_4 e di r, cioè fuori del sistema delle linee e dei punti base di (7). Dunque, *il complesso Θ, nel caso in esame, è del 3°, o del 4° grado, secondochè, insieme ad r, si presenta, o non, il punto* P. Il caso del complesso del 4° grado, qui considerato, è distinto da quello esaminato precedentemente; epperò, se ne conclude, che vi sono 2 specie di complessi Θ del 4° grado. Corrispondentemente ai varî casi esaminati possiamo frattanto rappresentare il complesso Θ con $\Theta_n (n = 2, 7, 6, 5)$, $\Theta_4^{(1)}$, $\Theta_4^{(2)}$, Θ_3.

5. Il complesso Θ possiede delle sfere multiple. In primo luogo è da osservarsi che la sfera centrale del gruppo G_3 è *semplice* pei complessi $\Theta_4^{(1)}$, Θ_3, Θ_2, *doppia* pel complesso $\Theta_4^{(2)}$ e *multipla secondo $n - 3$* pei rimanenti complessi.

Infatti, alle 4 equazioni $z_1 = 0, ..., z_4 = 0$, è possibile soddisfare con valori delle $x_1, ..., x_4$ che non soddisfino alla $x_5 = 0$, facendo in modo che si abbia

$$g''_1 : g'_1 = \cdots = g''_4 : g'_4 \neq g''_5 : g'_5 ;$$

cioè determinando il valore comune σ dei primi 4 di questi rapporti, in modo che sia nullo il determinante

$$|f''_{ik} - \sigma f'_{ik}| \quad (i, k = 1, ..., 4)$$

formato colle prime 4 orizzontali della matrice (9) senza che siano nulli gli altri determinanti di questa matrice. Segue da ciò la verità dell'asserto.

Per cercare le altre sfere multiple di Θ, si osservi che la sfera comune alla rete (al gruppo) che contiene 2 fasci (reti) corrispondenti di G_1, G_2 ed alla rete (al fascio) corrispondenti di quelli in G_3, è doppia (tripla) per Θ_n se non è $n = 2$ ($n = 3, 2$). Dunque, esiste una congruenza doppia C per Θ_n se $n > 2$, ed un sistema ∞^1, T, di sfere triple se $n > 3$. Per ciò che concerne gli ordini di C e T, è più facile trovarli riferendosi al terzo modo, indicato sin dal principio, di studiare il complesso. Infatti, in Σ_1, i piani che coi loro corrispondenti in Σ_2 stanno in uno stesso spazio formano una sviluppabile di 3ª classe, generale o decomposta; dunque, detta i questa classe, o quella della parte di tale sviluppabile *utile* per la questione che trattiamo, e j la multiplicità della sfera centrale di G_2 per C, o per T (ordine di multiplicità che, nel caso generale, è lo stesso per Θ) il cono dello stelloide (P) il quale proietta T sarà dell'ordine i; epperò T *dell'ordine $i + j$*. Similmente, se i' è l'ordine del sistema di rette che uniscono le coppie di punti omologhi di 2 piani corrispondenti qualunque di Σ_1, Σ_2 che stanno in uno stesso spazio, l'*ordine* di C è $i' + j$.

6. Lo studio del complesso Θ, nei varî casi, si presenta facilitato dallo studio della varietà (che riempie tutto lo spazio) dei centri delle sue sfere, in relazione alla rappresentazione di questa sulla stessa varietà lineare di punti $(x_1, \ldots, x_4)$ sulla quale è stato rappresentato il complesso. Da formule date dal Darboux (loc. cit.) deduciamo che, indicando con ξ, η, ζ le coordinate cartesiane del centro della sfera le cui coordinate pentasferiche sono $z_1, \ldots, z_5$, rispetto ad un sistema ortogonale di sfere $S_i (i = 1, \ldots, 5)$ di centri (ξ_i, η_i, ζ_i) e di raggi $R_i = \varrho_i^{-1}$, fra le ξ, η, ζ e le $z_1, \ldots, z_5$ sussistono le relazioni

$$\xi : \eta : \zeta : 1 = \Sigma \varrho_i \xi_i z_i : \Sigma \varrho_i \eta_i z_i : \Sigma \varrho_i \zeta_i z_i : \Sigma \varrho_i z_i ;$$

quindi, ponendo per brevità

$$\varrho_i \xi_i = \xi'_i , \varrho_i \eta_i = \eta'_i , \varrho_i \zeta_i = \zeta'_i , k_\chi = \Sigma k_i \chi_i$$
$$(i = 1, \ldots, 5 ; \ k \equiv g', g'', \ \chi = \xi', \eta', \zeta', \varrho)$$

le formule (6) daranno, per quella rappresentazione, le seguenti

$$(14) \qquad \left. \begin{array}{l} \xi = g'_\alpha g''_{\xi'} - g''_\alpha g'_{\xi'} \\ \eta = g'_\alpha g''_{\eta'} - g''_\alpha g'_{\eta'} \\ \zeta = g'_\alpha g''_{\zeta'} - g''_\alpha g'_{\zeta'} \end{array} \right\} \div g'_\alpha g''_\varrho - g''_\alpha g'_\varrho ,$$

che, nel caso del complesso Θ_2 diventano queste altre

$$(15) \qquad \left. \begin{array}{l} \xi = g'_\alpha \sigma_{\xi'} - \sigma_\alpha g'_{\xi'} \\ \eta = g'_\alpha \sigma_{\eta'} - \sigma_\alpha g'_{\eta'} \\ \zeta = g'_\alpha \sigma_{\zeta'} - \sigma_\alpha g'_{\zeta'} \end{array} \right\} \div g'_\alpha \sigma_\varrho - \sigma_\alpha g'_\varrho$$

Le formule (14) sono quelle di una trasformazione $(1, n)$. Le (15) quelle di una trasformazione quadratica doppia di 1ª specie.

Per far cenno di qualcuna delle conseguenze che si deducono immediatamente da queste formule, noterò, p. es., 1° che *le congruenze simmetriche del complesso sono rappresentate dalle superficie del sistema*

$$g'_\alpha (u_1 g''_{\xi'} + u_2 g''_{\eta'} + u_3 g''_{\zeta'} + u_4 g''_\varrho) - g''_\alpha (u_1 g'_{\xi'} + u_2 g'_{\eta'} + u_3 g'_{\zeta'} + u_4 g'_\varrho) = 0;$$

ove $u_1, \dots, u_4$ *sono le coordinate dei piani centrali delle congruenze*;
1° che, in particolare, *la superficie la quale rappresenta i piani del complesso* Θ_n *è la superficie*

$$ g' x g''_\rho - g'' x g'_\rho = 0 ; $$

3° che *questi piani hanno un inviluppo della classe n*; ecc. ecc.

Queste ultime equazioni, e conclusioni, sono state riferite alle (14); analoghe se ne hanno riferendosi alle (15) che sono contenute in quelle a meno di un fattore estraneo. Per quanto riguarda il luogo dei punti-sfera del complesso, si osserverà che, quadrando le (6), sommandole, ed uguagliando a zero il risultato, si ottiene l'equazione della superficie rappresentatrice.

Fisiologia. — *Il sodio e il potassio negli eritrociti del sangue durante il digiuno, nell' avvelenamento con fosforo,* ecc. Nota del dott. FIL. BOTTAZZI e di I. CAPPELLI, presentata dal Corrispondente FANO (¹).

A. *Influenza del digiuno.*

(21 decembre 1895). — I. Cane giovane, già smilzato un mese avanti, del resto in ottime condizioni, del peso di gr. 20900.

Si tolgono cm³ 50 di sangue dalla giugulare. — Eritrociti del sangue venoso normale.

Materiale secco impiegato . . . . gr. 1,8716
Soda % . . . gr. 0,2896
Potassa » . . . » 0,0263

(30 decembre 1895). — Peso dell'animale : gr. 18180. Esso è in ottime condizioni. Si tolgono 30 cm³ di sangue dall' arteria femorale. — Eritrociti del sangue arterioso.

Materiale secco impiegato . . . . gr. 2,2236
Soda % . . . gr. 0,2837
Potassa » . . . » 0,0260

(9 gennaio 1896). — Peso dell'animale : gr. 15700. Si tolgono circa 30 cm³ di sangue dall' arteria femorale. — Eritrociti del sangue arterioso.

Materiale secco impiegato . . . . gr. 2,4751
Soda % . . . gr. 0,2720
Potassa » . . . » 0,0260

(¹) Questa Nota fa seguito a quella pubblicata nel fascicolo precedente di questi Rendiconti. Il metodo di ricerca e d'analisi quantitativa del sodio e del potassio negli eritrociti del sangue di animali assoggettati al digiuno più o meno protratto, alla splenectomia e all'avvelenamento con fosforo, è quello già descritto nella Nota precedente.

(14 gennaio 1896). — Peso dell'animale: gr. 14500. Si prendono altri 30 cm³ di sangue. — Eritrociti del sangue arterioso.

Materiale secco impiegato . . . . gr. 2,7634

Soda % . . . gr. 0,2712

Potassa » . . . » 0,0258

(21 gennaio 1896). — II. Cane da pagliaio, fortissimo, di pelo bianco e lungo, del peso di gr. 21200. Si toglie sangue dalla giugulare. — Eritrociti del sangue venoso normale.

Materiale secco impiegato . . . . gr. 3,8725

Soda % . . . gr. 0,2910

Potassa » . . . » 0,0284

(8 febbraio 1896). Peso del cane: gr. 14400. — Eritrociti del sangue arterioso.

Materiale secco impiegato . . . . gr. 2,9734

Soda % . . . gr. 0,2713

Potassa » . . . » 0,0256

(1 aprile 1896). — III. Grosso cane giovane, del peso di gr. 23600. È a digiuno da due giorni. Si tolgono 50 cm³ di sangue. — Eritrociti del sangue arterioso.

Materiale secco impiegato . . . . gr. 2,6519

Soda ° ₀ . . . gr. 0,2887

Potassa » . . . » 0,0276

(3 giugno 1896). — Peso dell'animale: gr. 12700. Il cane ha digiunato 67 giorni. — Eritrociti del sangue arterioso.

Materiale secco impiegato . . . . gr. 3,8044

Soda %. . . . gr. 0,2608

Potassa » . . . » 0,0262

(1 aprile 1896). — IV. Cane giovane del peso di gr. 17300. È a digiuno da due giorni. Gli si tolgono 40 cm³ di sangue. — Eritrociti del sangue arterioso.

Materiale secco impiegato . . . . gr. 2,8195

Soda %. . . . gr. 0,2922

Potassa » . . . » 0,0279

(29 aprile 1869). — Peso del cane: gr. 10800. L'animale si regge appena in piedi. — Eritrociti del sangue arterioso.

Materiale secco impiegato . . . . gr. 2,7809

Soda %. . . . gr. 0,2703

Potassa » . . . » 0,0260

TABELLA III.

Esperimenti	Materiale secco impiegato in gr.	Soda %	Potassa %	Osservazioni	
I	1,8716	0,2896	0,0263	Peso del cane: gr. 20900	Durata del digiuno: dal 21 decembre 1895 al 14 gennaio 1896.
	2,2236	0,2837	0,0260	» » 18180	
	2,4751	0,2720	0,0260	» » 15700	
	2,7634	0,2712	0,0258	» » 14500	
II	3,8725	0,2910	0,0284	» » 21200	Durata del digiuno: dal 21 gennaio al 14 febbraio 1896.
	2,9734	0,2713	0,0256	» » 14400	
III	2,6519	0,2887	0,0276	» » 23600	Durata del digiuno: dal 1 aprile al 3 giugno 1896.
	8,8044	0,2608	0,0262	» » 12700	
IV	2,8195	0,2922	0,0279	» » 17800	Durata del digiuno: dal 1 aprile al 29 aprile 1896.
	2,7809	0,2703	0,0260	» » 10800	

Osservazioni. — Come nell' anemia, anche *nel digiuno gli eritrociti del sangue s'impoveriscono di Na e di K.* Il fatto risultante dalle analisi, ricorda la diminuzione del contenuto in N degli eritrociti, che si verifica anche nel digiuno protratto [1].

B. *Influenza della splenectomia.*

(3 gennaio 1896). — I. Cane giovane del peso di gr. 11500. Si tolgono circa 40 cm³ di sangue, e poi si estirpa la milza. — Eritrociti del sangue arterioso normale.

     Materiale secco impiegato . . . . gr. 1,1980

     Soda   %· . . . gr. 0,2862

     Potassa » . . . . » 0,0281

(30 gennaio 1896). — L'animale è in buone condizioni. Si tolgono 40 cm³ di sangue. — Eritrociti del sangue arterioso.

     Materiale secco impiegato . . . . gr. 2,3718

     Soda   % . . . gr. 0,2827

     Potassa » . . . . » 0,0284

(27 febbraio 1896). — Eritrociti del sangue arterioso.

     Materiale secco impiegato . . . . gr. 2,4512

     Soda   % . . . gr. 0,2863

     Potassa » . . . . » 0,0282

(13 gennaio 1896). — II. Piccolo cane di Pomerania, giovane, del peso di gr. 3500. — Eritrociti del sangue arterioso normale.

[1] Loc. cit. nella Nota precedente.

Materiale secco impiegato . . . . gr. 3,5164
Soda °/₀ . . . gr. 0,2912
Potassa » . . . » 0,0283

(30 gennaio 1896). — Si tolgono 30 cm³ di sangue dall'arteria femorale. — Eritrociti del sangue arterioso.

Materiale secco impiegato . . . . gr. 2,2725
Soda °/₀ . . . gr. 0,2840
Potassa » . . . ' 0,0287

(15 marzo 1896). — Eritrociti del sangue arterioso.

Materiale secco impiegato . . . . gr. 2,4590
Soda °/₀ . . . gr. 0,2895
Potassa » . . . » 0,0282 .

TABELLA IV.

Esperimenti	Materiale secco impiegato in gr.	Soda %	Potassa %	Osservazioni
I	1,1980	0,2862	0,0281	Si estirpa la milza (3, I, 1896).
	2,3718	0 2827	0,0284	(30, I, 1896).
	2,4512	0,2863	0,0282	(27, II, 1896).
II	3,5164	0,2912	0,0283	Si estirpa la milza (13, I, 1896).
	2,2725	0,2840	0,0287	(30, I, 1896).
	2,4590	0,2895	0,0282	(15, III, 1896).

Osservazioni. — La splenectomia, dunque, non ha un'influenza notevole sul contenuto in Na e K degli eritrociti del sangue. Le oscillazioni che si possono osservare stanno nei limiti degli errori analitici.

C. *Influenza dell'avvelenamento con Fosforo.*

(19 febbraio 1896). — I. Cagna adulta, del peso di gr. 16700, molto grassa. Si tolgono 60 cm³ di sangue dalla carotide. — Eritrociti del sangue asterioso normale.

Materiale secco impiegato . . . . gr. 2,5082
Soda °/₀ . . . gr. 0,2766
Potassa » . . . » 0,0268

Iniezione ipodermica di 1 cm.³ d'una' soluzione 1 °/₀ di P in olio di mandorle dolci.

(21 febbraio 1896).—Iniezione ipodermica di 1 cm³ della soluzione di P.

(25 febbraio 1896). — Alla mattina, si trova la cagna morta. Si prende sangue (non coagulato) dalle cavità del cuore. Non ostante una prolungata centrifugazione, il sangue ha dato solo traccie di siero. Si rinunzia alla determinazione del Na e K.

(19 febbraio 1896). — II. Cagna giovanissima, magra ma sana, del peso di gr. 14400. — Eritrociti del sangue arterioso normale.

Materiale secco impiegato . . . . gr. 3,0840

Soda   % . . . gr. 0,2804

Potassa » . . . » 0,0279

Iniezione di 1 cm. ³ della soluzione di P.

(21 febbraio 1896). — Iniezione ipodermica di 1 cm³ della soluzione di P.

(25 febbraio 1896). — Si trova la cagna morta, ma ancora calda. Si prende sangue dal cuore. Il sangue non è coagulato. Centrifugato dà siero limpidissimo e incoloro. — Eritrotici di sangue asfittico (raccolto dopo la morte dell'animale).

Materiale secco impiegato . . . . gr. 3,4027.

Soda   % . . . gr. 0,2712

Potassa » . . . » 0,0271

(13 marzo 1896). — III. Canino (già smilzato) in buone condizioni, del peso di gr. 3450. E quello della IIª splenectomia. Si tolgono circa 35 cm³ di sangue. Eritrociti del sangue arterioso.

Materiale secco impiegato   . . . gr. 2,4202

Soda   % . . . . . gr. 0,2827

Potassa » . . . . . » 0,0277

Iniezione ipodermica di 1 cm³ di soluzione di P.

(27 marzo 1896). — Iniezione ipodermica di 2 cm³ di soluzione di P.

(28 marzo 1896). — Iniezione di 4 cm³ della soluzione di P.

Il canino è moribondo. Si toglie sangue, mentre si fa la respirazione artificiale. Eritrociti del sangue arterioso.

Materiale secco impiegato   . . . gr. 2,2408

Soda   % . . . . . gr. 0,2618

Potassa » . . . . . » 0,0259

(13 marzo 1896). — IV. Cane grande, giovane del peso di gr. 19500. È quello del II digiuno. Si tolgono 35 cm³ di sangue. Eritrociti di sangue arterioso normale.

Materiale secco impiegato   . . . gr. 2,5088

Soda   % . . . . . gr. 0,2806

Potassa » . . . . . » 0,0282

Iniezione di 2 cm³ di soluzione oleosa di P 1 %.

(27 marzo 1896). — Iniezione di 2 cm³ della soluzione di P.

(28 marzo 1896). — Iniezione di 4 cm³ della soluzione di P.

L'animale si trova in condizioni gravi. Si prende sangue. Eritrociti del sangue arterioso.

Materiale secco impiegato   . . . gr. 3,4662

Soda   % . . . . . gr. 0,2623

Potassa » . . . . . » 0,0250

Peso dell'animale gr. 15630.

TABELLA V.

Esperimenti	Materiale secco implegato in gr.	Soda %	Potassa %	Osservazioni
II	3,0840	0,2804	0,0278	Sangue arterioso. Iniezione di 1 cm³ di soluzione oleosa 1 % di P (19. II, 1896).
	3,4027	0,2712	0,0271	Si trova la cagna morta, dopo l'iniezione di soli 2 cm³ di soluzione di P (25, II, 1896).
III	2,4202	0,2827	0,0277	Sangue arterioso normale. Iniezione di 1 cm³ di soluzione di P (14, III, 1896).
	2,2408	0,2618	0,0259	L'animale muore, dopo avere ricevuto, in tutto, 7 cm³ di soluzione di P (28, III, 1896).
IV	2,5088	0,2806	0,0282	Sangue arterioso normale. Iniezione di 2 cm³ di soluzione di P (14, III, 1896).
	3,4662	0,2623	0,0250	L'animale muore dopo avere ricevuto, in tutto, 8 cm³ di soluzione di P (28, III, 1896).

Osservazioni. Queste ricerche, sull'influenza dell' avvelenamento con P, sono tanto più degne di considerazione in quanto che nel mio studio sul metabolismo azotato dei corpuscoli rossi ([1]), tale influenza sul contenuto in N di quegli elementi, non fu oggetto d'indagine.

Ora qui troviamo che *l'avvelenamento con P determina una diminuzione del Na e del K degli eritrociti.* Forse a questa va parallelamente una diminuzione del N, che altrimenti non sapremmo spiegarci la prima. E se così può supporsi, il fatto qui osservato rientra nel principio generale, che esponemmo alla fine di questa Nota.

Inesplicabile ci rimane il fatto, che i due primi animali di questa serie morissero subito dopo avere ricevuto non più di 2 cm³ di soluzione 1 % di P, mentre gli altri ne sopportarono quantità superiori.

D. *Un caso di leucocitemia.*

(20 gennaio 1896). — Cane barbone bianco, affetto da malattia parassitaria della pelle e da grave leucocitemia, del peso di gr. 15500. Si tolgono 50 cm³ di sangue. Eritrociti di sangue arterioso (dopo la centrifugazione si trova uno strato enorme di leucociti sopra lo strato delle emazie).

Materiale secco impiegato . . . gr. 2,0243

Soda % . . . . . gr. 0,2131

Potassa » . . . . . » 0,0879

Osservazioni. Benchè isolato, questo caso merita che noi vi fissiamo l'attenzione. Probabilmente il sangue di questo animale conteneva molti eritrociti nucleati (ci duole di non avere studiato il sangue al microscopio). Ora

([1]) Loc. cit.

l' analisi ci dimostra un contenuto in K maggiore e un contenuto in Na minore. Non starebbe forse ciò in appoggio dell' ipotesi, che il K più abbonda dove si trovano più sostanze nucleari?

Altre determinazioni del contenuto in Na e K degli eritrociti:

a) in casi di fistola gastrica permanente,

b) in casi di gravi lesioni del sistema nervoso centrale, fatte per altro scopo,

c) di sangue della vena portae e delle vene sopraepatiche, non dettero risultati degni di nota e costanti, onde mi astengo dal parlarne in modo particolare.

Considerazioni generali.

Abbiamo visto che gli eritrociti del sangue dei vertebrati inferiori, vale a dire gli eritrociti nucleati appartengono tutti a un solo tipo, per quanto riguarda il loro contenuto rispettivamente in Na e in K: essi sono tutti ricchi di K e contengono una piccolissima quantità di Na. Sappiamo inoltre, per le ricerche di Bunge e dei suoi discepoli, che gli eritrociti del sangue dei mammiferi sono in alcuni di questi più ricchi di K (coniglio, maiale, cavallo), in altri più ricchi di Na (cane, gatto, pecora, bue, ecc.), senza che si possa, con la semplice osservazione microscopica, constatare alcuna differenza istologica degna di nota fra gli uni e gli altri.

Ma abbiamo aggiunto che, sebbene gli eritrociti dei mammiferi siano privi di un nucleo distinto, probabilmente contengono materiali nucleinici diffusi, in maggiore o minore quantità secondo gli animali cui appartengono. E ciò potrebbe spiegare, se fosse confermato da ricerche microchimiche accurate, la differenza sopra accennata, ammettendo che siano più ricchi di K quegli eritrociti che contengono anche più materiale nucleinico. L'ipotesi ha per fondamento il fatto, che le combinazioni potassiche prevalgono sempre negli elementi cellulari nucleati.

Abbiamo poi veduto che nell'anemia sperimentale da salasso, nel digiuno protratto, nell'avvelenamento con P, gli eritrociti del cane perdono, col progredire e l'aggravarsi degli effetti di quelle condizioni sperimentali, quantità considerevoli di K e di Na.

D'altra parte sappiamo che, in simili condizioni, gli eritrociti s'impoveriscono anche di N, ossia di materiale proteico costitutivo. Non è possibile non collegare questi due fatti insieme, allo scopo di trarne le seguenti conclusioni:

1° che gli eritrociti, in parte, per quanto si voglia piccola, partecipano al metabolismo organico generale. e, nel caso speciale, alla progressiva distruzione del materiale organizzato, che si verifica nell'anemia grave, nel digiuno, ecc.;

2° che il parallelismo fra la perdita di N e la perdita di K e di Na sta a dimostrare che questi metalli alcalini normalmente fanno parte integrante della molecola proteica, con cui abbandonano l'elemento istologico in via di distruzione o di degenerazione.

Altrove abbiamo (¹) diffusamente trattato la questione assai importante delle normali combinazioni salino-proteiche e delle condizioni di loro esistenza entro le cellule viventi e nei liquidi dell'organismo; onde crediamo poterci dispensare dal ripetere quanto ivi abbiamo detto.

Solo vogliamo far notare che i risultati nostri, dianzi brevemente esposti, costituiscono una prova tanto meno dubbia del principio, — che le sostanze minerali accompagnano le proteiche nel loro metabolismo, seguendone il destino, incorporandosi nella materia vivente nei processi anabolici e andando a far parte degli anaboliti; passando fra i cataboliti, durante i processi distruttivi, — in quanto che gli elementi cellulari, sui quali noi abbiamo sperimentato, sebbene dotati di metabolismo assai ridotto, sono elementi liberi, naturalmente scevri di materie interstiziali e cementanti, e purificabili dalla massima parte del liquido sieroso che li bagna.

(¹) Bottazzi. « Lo Sperimentale » (Arch di Biol.). ann. LI, fasc. 3, 1897. Vedi anche: *Arch. ital. de Biol.*, tom. XXXI, fasc. 1, 1899. *Chim. fisiologica*, vol. I, cap. 2, *passim*; cap. 5, pag. 197, ecc.; vol. II, cap. 1-4, *passim;* 1898-99.

RELAZIONI DI COMMISSIONI

R. SCHIFF. *Intorno alla configurazione dei sei possibili Benzal-bis-aceti-lacetoni isomeri ed inattivi.* Presentata dal Socio CANNIZZARO, con Relazione al Presidente, a nome anche del Socio PATERNÒ, proponendone le inserzioni nei volumi delle Memorie.

ELEZIONI DI SOCI

Colle norme stabilite dallo Statuto e dal Regolamento, si procedette alle elezioni di Soci e Corrispondenti dell'Accademia. Le elezioni dettero i risultati seguenti per la Classe di scienze fisiche, matematiche e naturali:

Furono eletti Soci nazionali:

Nella Categoria I, per la *Matematica:* TARDY PLACIDO, VERONESE GIUSEPPE; per la *Meccanica:* FAVERO GIAMBATTISTA, COLOMBO GIUSEPPE. VOLTERRA VITO.

Nella Categoria IV, per l'*Agronomia:* TARGIONI-TOZZETTI ADOLFO.

Furono eletti Corrispondenti:

Nella Categoria I, per la *Matematica:* RICCI GREGORIO; per la *Meccanica:* MAGGI GIAN ANTONIO.

Nella Categoria II, per la *Fisica:* GRASSI GUIDO, BATTELLI ANGELO; per la *Cristallografia e Mineralogia:* D'ACHIARDI ANTONIO.

Nella Categoria IV, per la *Botanica:* DELPINO FEDERICO; per l'*Agronomia:* BORZÌ ANTONIO; per la *Patologia:* MARCHIAFAVA ETTORE.

Furono inoltre eletti Soci stranieri:

Nella Categoria I, per la *Matematica:* MITTAG-LEFFLER G., WEINGARTEN GIULIO.

Nella Categoria II, per la *Fisica:* MASCART ELEUTERIO, KOHLRAUSCH GUGLIELMO; per la *Chimica:* MOND LUDWIG, FISCHER EMILIO; per la *Cristallografia e Mineralogia:* KLEIN CARLO, FOUQUÉ F., ZIRKEL FERDINANDO.

Nella Categoria III, per la *Geologia e Paleontologia:* TORELL OTTO, DE LAPPARENT ALBERTO, LEPSIUS R.

Nella Categoria IV, per la *Botanica:* PFEFFER GUGLIELMO; per la *Zoologia e Morfologia:* HAECKEL ERNESTO, VAN BENEDEN EDOARDO; per la *Fisiologia:* PFLÜGER EDOARDO, HERING EWALD.

L'esito delle votazioni fu proclamato dal Presidente con Circolare del 18 luglio 1899; e le elezioni dei Soci nazionali e stranieri furono sottoposte all'approvazione di S. M. il Re.

CORRISPONDENZA

Ringraziarono per le pubblicazioni ricevute:

La R. Accademia delle scienze di Barcellona; la Società Reale di Londra; la Società di scienze naturali di Emden; la Società geologica di Manchester; il Museo di zoologia comparata di Cambridge Mass.; il R. Museo di storia naturale di Bruxelles; la Direzione della R. Scuola navale superiore di Genova; gli Osservatorî di Arcetri e di Poulkovo; la Scuola politecnica di Delft.

Annunciarono l'invio delle proprie pubblicazioni:

Il R. Istituto di studî superiori di Firenze; l'Accademia di scienze e lettere di Christiania; il R. Istituto geologico di Stockholm; la Società geologica di Sydney; gli Osservatorî di Nizza, di Oxford e di Greenwich.

OPERE PERVENUTE IN DONO ALL'ACCADEMIA

dal 3 luglio al 6 agosto, 1899.

Alqué J. — Las nubes en el Archipiélago Filipino. Manila, 1899. 4°.

Baggi V. — Trattato elementare completo di geometria pratica. Disp. 63. Torino, 1899. 8°.

Berlese A. — Osservazioni su fenomeni che avvengono durante la ninfosi degli insetti metabolici. Firenze, 1899. 8°.

De Angelis G. e *Millosevich F.* — Cenni intorno alle raccolte geologiche dell'ultima spedizione Bóttego. Roma, 1899. 8°.

Festschrift zur Feier der Enthüllung des Gauss-Weber-Denkmals in Göttingen. Leipzig, 1899 8°.

Hibsch J. E. — Geologische Karte des böhmischen Mittelgebirges. Blatt. II. Wien, 1899. 8°.

Independent Day-Numbers for the year 1901 as used at the Royal Observatory, Cape of Good Hope. London, 1898. 8°.

Lorenz L. — Oeuvres scientifiques T. II, 1er fasc. Copenhague, 1899. 8°.

Schedling (de). — Centenaire de l'invention de la première pile électrique. S. Pétersburg, 1899. 8°.

Volante A. — Onoranze al prof. Perroncito. Ed. pel suo giubileo professorale. — Pergamena e Premio. Torino, 1899. 4°.

Zeuner G. — Vorlesungen über Theorie der Turbinen. Leipzig, 1899. 8°.

P. B.

RENDICONTI

DELLE SEDUTE

DELLA REALE ACCADEMIA DEI LINCEI

Classe di scienze fisiche, matematiche e naturali.

MEMORIE E NOTE

DI SOCI O PRESENTATE DA SOCI

pervenute all'Accademia sino al 20 agosto 1899.

Fisiologia. — *L'azione dei farmaci antiperiodici sul parassita della malaria*. Nota II preventiva dei dott. D. Lo Monaco e L. Panichi, presentata dal Socio Luciani [1].

Nella Nota precedente [2] abbiamo descritto come si comporta il parassita malarico della febbre a tipo quartanario nelle sue varie fasi di sviluppo endoglobulare, quando si trova a contatto immediato con una soluzione di un sale di chinina. Tra i fenomeni osservati, l'emigrazione della forma parassitaria, già in via di sviluppo, dall'eritrocito, attirò specialmente la nostra attenzione, e fu da noi ritenuta come indice dell'azione specifica della chinina nella malaria. Ci eravamo proposti di continuare questa serie di ricerche; ma per assoluta mancanza di malarici quartani negli ospedali di Roma, siamo stati obbligati a rimandarle a miglior tempo; ed abbiamo invece studiato l'influenza della chinina sui parassiti della febbre terzana primaverile.

Come per la quartana dividiamo il ciclo evolutivo endoglobulare del parassita della terzana nelle seguenti fasi principali:

1) forme giovani;
2) forme adulte occupanti i $^2/_3$ dell'eritrocito;
3) forme mature che riempiono il globulo rosso quasi completamente;
4) forme in via di sporulazione.

---

[1] Lavoro eseguito nell'Istituto di fisiologia della R. Università di Roma.
[2] Rendiconti della R. Accademia dei Lincei, 1° sem. 1899.

Sulle forme giovanissime comprese nella prima fase di sviluppo, la soluzione di chinina produce un aumento nei movimenti ameboidi normali che suole presentare il parassita. Questi movimenti però dopo qualche tempo cessano, e il parassita allora assume la forma discoide. Se l'osservazione si prolunga per un'ora circa, i movimenti si possono riattivare.

Facendo invece arrivare una goccia di soluzione di chinina in un preparato di sangue dove è stata fissata una forma parassitaria adulta, si osserva che essa fuoriesce dall'eritrocito. Il fenomeno avviene con le medesime particolarità già descritte nella precedente Nota per i parassiti di febbre quartana. Giova qui notare che molti autori che si sono occupati della malaria, hanno nei loro preparati osservato forme libere pigmentate di parassiti nuotanti nel plasma. Queste forme libere, che si trovano più raramente nel sangue degli infermi di febbre quartana, non riescono nel nuovo ambiente a svilupparsi ulteriormente; e il fenomeno della loro spontanea emigrazione si ritiene dovuto o a una causa meccanica o a una precoce necrobiosi dei globuli rossi parassitiferi. Però nessuno è riuscito a sorprendere, esaminando al microscopio il sangue dei malarici, il fenomeno già descritto, se si eccettuano Bignami e Bastianelli [1], i quali descrissero di aver visto in un preparato di sangue umano malarico una forma endoglobulare fuoriuscire per metà dal globulo rosso, e Celli e Sanfelice [2], Mac-Callum [3] e Marchoux [4] che hanno osservato l'emigrazione spontanea del parassita nel sangue del barbagianni, del corvo e del piccione.

Nelle forme più sviluppate di quelle fuoruscenti (3ª fase di sviluppo), per azione della chinina si nota che si contraggono assumendo una forma sferica che le fa sembrare rimpiccolite; e in quelle ancora più grandi, oltre questo fenomeno, si osserva il versamento di alcuni granuli di pigmento nel plasma.

Nei parassiti prossimi a sporulare che presentano il pigmento ammassato nella porzione centrale, e le strie di divisione sporigene poco evidenti, sotto l'azione della chinina il pigmento si dispone in un raggio più esteso, i granuli da immobili diventano mobili e le strie si fanno più marcate, lasciando così distinguere le spore. Se queste invece sono poco visibili, nelle medesime condizioni di esperienza, si vede che esse si separano fra loro, e possono singolarmente essere trasportate dalle correnti liquide del preparato.

Anche in questa seconda serie di esperienze, per evitare lo scoloramento degli eritrociti, abbiamo alla soluzione acquosa di bisolfato di chinina aggiunto poche gocce di soluzione isotonica gr. 0,90 % di cloruro sodico. Nel sangue di un ammalato si osservò costantemente che il liquido clorurato e

[1] Riforma Medica 1890.
[2] Annali d'Igiene 1891, pag. 33.
[3] Journ. of exp. Med. III, 1898.
[4] Compt. Rendus Soc. Biol. VI, 1899, pag. 199.

chinizzato non promuoveva l'emigrazione del parassita, mentre la sola soluzione acquosa di chinina era adatta non solo a produrre il fenomeno, ma lasciava anche colorati gli altri eritrociti ad eccezione sempre di quello già parassitifero.

I risultati ottenuti in questa seconda serie di ricerche non differiscono da quelli già descritti per la febbre a tipo quartanario, e ne sono nello stesso tempo una conferma. Dobbiamo però osservare che in tutti i preparati di sangue di malarici terzani, per ottenere il fenomeno della fuoruscita del parassita dall'eritrocito, occorrevano sempre soluzioni di chinina molto più deboli di quelle adoperate nell'altra serie di esperienze. *Il parassita della terzana è quindi più sensibile all'azione della chinina di quello della quartana.* Questo risultato non differisce dall'altro a cui giunse Golgi [1] con un metodo differente dal nostro. Una delle conclusioni infatti che egli dedusse dallo studio clinico riguardante l'azione della chinina sui parassiti malarici e sugli accessi febbrili che essi determinano è formulata nei seguenti termini: « i parassiti terzani nello stadio endoglobulare sono influenzati dalla chinina più facilmente dei quartani nel medesimo periodo di accrescimento endoglobulare ».

Mano mano che si completavano le ricerche sui parassiti della terzana, altre osservazioni abbiamo avuto occasione di fare. Noi notammo che una soluzione che produceva il fenomeno della fuoruscita del parassita dal globulo rosso nei preparati di sangue di un malarico, occorreva spesso diluirla o concentrarla quando si adoperava allo stesso scopo nei preparati di sangue di un altro terzanario. Da ciò era facile arguire che la resistenza del parassita alla chinina nella febbre terzana varia da malato a malato, e che tra l'agente patogeno e l'agente tossico esistono rapporti le cui leggi bisognava studiare. A tal uopo abbiamo preparato una serie di soluzioni di bisolfato di chinina (Merck) di concentrazione crescente da 1 : 12.000 a 1 : 3000 varianti l'una dall'altra nella quantità del solvente di 250 centimetri cubici. Queste soluzioni venivano una alla volta adoperate col nostro solito metodo sui preparati di sangue di uno stesso ammalato di terzana primaverile semplice.

Dalle numerose e metodiche esperienze i cui protocolli per brevità per ora non riportiamo, risultò infatti che solo una sezione della serie delle soluzioni chininiche preparate permette la fuoruscita del parassita. In questa sezione che varia da malato a malato, noi distinguiamo un *limite minimo* e un *limite massimo* che corrispondono rispettivamente il primo alla soluzione più debole e il secondo a quella di titolo più forte. Adoperando le soluzioni comprese tra il limite massimo e il limite minimo il fenomeno su ricordato si manifesta ugualmente con tutte le medesime particolarità da noi già descritte. Solo si osserva che il parassita emigra dal globulo rosso in minor

[1] Rend. del R. Ist. Lombardo, serie II, vol. XXV.

tempo con le soluzioni che più si avvicinano al limite massimo. Se invece trattiamo il parassita con soluzioni immediatamente più deboli di quella che corrisponde al limite minimo, come abbiamo detto esso non fuoriesce dal globulo rosso, presenta però delle modificazioni di forma che indicano con evidenza che anche in queste condizioni la chinina esercita una forte azione. Si nota infatti che, appena sotto il preparato s'iniziano le correnti liquide, il parassita si contrae per pochi minuti, passati i quali, si riespande ed assume la forma ovale. Dopo il parassita conserva sempre la forma ovale e non emette mai più pseudopodi. I granuli di pigmento si muovono rapidamente, ma questo movimento non arriva mai a farsi così vivace, come quando avviene la fuoruscita del parassita. Con le soluzioni ancora più diluite (1 : 30,000 circa), la fase di contrazione manca, si nota invece nella forma parassitaria una maggiore emissione di pseudopodi, e indi un accrescimento del suo volume. Se poi finalmente si adoperano soluzioni centomillesimali o la pura acqua distillata, il parassita si rigonfia, e a misura che si rende più evidente questo fenomeno, diventa immobile e molto splendente. I granuli di pigmento che all'inizio dell'esperienza si muovevano poco vivacemente, dopo qualche tempo perdono questa loro proprietà. — Viceversa il parassita si contrae istantaneamente e con grande energia assumendo, senza mai più cambiarla, la forma rotonda, quando si fanno arrivare sotto il preparato microscopico soluzioni più concentrate di quella che segna il limite massimo. Anche qui i granuli di pigmento perdono presto la loro proprietà di locomuoversi.

L'azione quindi che la chinina esercita sul parassita endoglobulare della terzana primaverile si può così brevemente riassumere:

1) *in soluzioni diluitissime lo eccita;*

2) *in soluzioni meno diluite l'eccitamento, il quale raggiunge la sua massima fase quando provoca la fuoruscita del parassita dal globulo rosso, è preceduto da una breve contrazione di esso;*

3) *in soluzioni forti o concentrate lo paralizza.*

La medesima influenza ha la chinina sui parameci e sulle amebe. Binz [1] che per il primo sin dal 1867 descrisse questa azione, notò infatti che in soluzioni deboli di chinina gl'infusorii manifestano un rinforzamento nei loro movimenti protoplasmatici, mentre con soluzioni forti si paralizzano più o meno rapidamente. La chinina quindi appartiene a quella classe di veleni paralizzanti i quali fortemente diluiti agiscono invece come eccitanti. Oltre i cambiamenti di forma, la chinina produce sul parassita endoglobulare anche alterazioni nella sua struttura. Recentemente Manneberg [2], Ziemann [3] ed altri, servendosi di speciali metodi di colorazione, dimostrarono che i parassiti di ammalati ai quali è stata da parecchie ore somministrata la chinina,

---

[1] Centralbl. f. die Med. Wissensch. 1867.

[2] *Die Malaria-Krankheiten.* Wien, 1899.

[3] *Ueber Malaria u. andere Blut-parasiten.* Jena, 1898.

si presentano disgregati. Noi, sotto l'osservazione microscopica anche prolungata, non siamo mai riusciti nei preparati a fresco di vedere un frazionamento del parassita endoglobulare. Solo eccezionalmente qualche volta abbiamo assistito alla fuoruscita di una sola parte di esso dal globulo rosso. Ci proponiamo però di determinare, adoperando i medesimi metodi di colorazione degli autori già citati, le alterazioni strutturali che subiscono i parassiti tenuti a contatto con le soluzioni di chinina di vario titolo, nella speranza di potere stabilire a quale di queste alterazioni corrisponde la dose di alcaloide, che noi, come vedremo, abbiamo trovata adatta a produrre la guarigione nella terzana.

Tornando ora a volgere la nostra attenzione a quella parte della serie delle soluzioni chininiche che fanno fuoruscire il parassita dal globulo rosso, aggiungeremo che negli ammalati da noi studiati, il limite massimo oscillò tra il titolo 1:3000 e 1:8000, e il limite minimo tra il titolo 1:4500 e 1:12000. Tra i due limiti nei singoli ammalati la distanza era ora molto breve, ora invece molto estesa. La ragione di questo fatto è sfuggita alle nostre ricerche, esso però non ha alcun rapporto nè con i dati anamnestici, nè con lo stato obiettivo dell'ammalato. Notammo invece costantemente che a misura che dall'inverno si progrediva verso l'estate, il titolo della soluzione che segnava il limite massimo andava sempre più rinforzandosi, e che invece negli ammalati la cui infezione era di data recente, la fuoruscita del parassita avveniva con soluzioni molto diluite. Non siamo quindi alieni dall'ammettere che col recidivare dell'infezione la resistenza del parassita all'azione della chinina aumenta. Qual grado essa raggiunga, e se si trovino parassiti per i quali il medicamento specifico riesce completamente inattivo, noi finora non sappiamo dire. Ci affrettiamo però a riferire che le forme a semiluna, che si rinvengono nel sangue di ammalati di febbre estiva, a contatto con le soluzioni di chinina, mostrano di non risentire alcuna azione.

Incoraggiati dai risultati ottenuti, ce ne siamo serviti per ricercare la dose razionale di chinina adatta a produrre la guarigione della febbre terzana primaverile. È noto che la terapia chininica è basata finora sulle regole empiriche formulate dalla clinica. Sulla dose, sul modo di somministrazione, in quale periodo del ciclo febbrile debba prescriversi la chinina agli ammalati, regnano ancora le più disparate opinioni. Tutti però ammettono che le dosi minori per guarire un'infezione malarica occorrono nei casi di terzana primaverile. Questo precetto clinico va d'accordo con le nostre ricerche le quali hanno dimostrato che il parassita della terzana è molto sensibile all'azione della chinina.

Per calcolare a quale dose di chinina circolante nel sangue corrisponde una soluzione di essa la quale provoca nel sangue di un ammalato di febbre terzana un dato cambiamento di forma del parassita, noi abbiamo tenuto conto del grado di diluizione che subisce il sangue quando nel preparato s'iniziano le correnti liquide, giudicando che in questo caso la massa liquida viene approssimativamente raddoppiata. Dimodochè, se p. es. in un ammalato il limite massimo è segnato dalla soluzione 1:4500, ne verrà che messo in rapporto colla quantità di sangue in un uomo adulto di circa 5000 cc., la dose corrispondente al titolo suddetto sarà uguale a $1:2 \times 4500::x:5000 = gr.\ 0,55$. Per mezzo di questo calcolo, possiamo così ai titoli delle soluzioni che segnano i limiti nella terzana sostituire la quantità della dose, e dire che quello massimo oscilla tra gr. 0,31 e gr. 0,83, e quello minimo tra gr. 0,21 e gr. 0,55.

Ma in ciascun ammalato la dose che porta la guarigione è compresa nei limiti o si trova al di fuori di essi? Ai malarici che si prestarono a questa ultima serie di ricerche, noi abbiamo somministrato la chinina [bisolfato di chinina Merck] per bocca, dopo l'accesso febbrile, in unica o in più dosi a brevi intervalli, e abbiamo calcolato come se tutta la chinina ingerita entrasse in circolo e agisse contemporaneamente, senza tener conto cioè delle leggi sull'assorbimento e sull'eliminazione di essa studiate da molti sperimentatori. Anche su questo argomento noi porteremo il nostro contributo, utilizzando un nuovo metodo di dosaggio quantitativo molto esatto, il quale ci metterà in grado di determinare in quale quantità una dose di chinina circola nel sangue nelle ore successive alla sua somministrazione. Per ora dalle nostre esperienze risulta: che le dosi di chinina le quali sul parassita di un ammalato di terzana riescono eccitanti, non solo non impediscono l'accesso febbrile, ma spesso lo rendono di più lunga durata e la temperatura si eleva più che non in quelli precedenti. Dosi invece che corrispondono alle soluzioni un poco più deboli di quella che segna il limite minimo, fanno ritardare l'accesso febbrile che si presenta più leggiero e di più corta durata. Con le dosi invece che *in vitro* producono la fuoruscita del parassita dal globulo rosso o la sua contrazione permanente, l'accesso febbrile non avviene. Ma poichè la resistenza del parassita, come mostrano le nostre esperienze, varia da malato a malato; noi non possiamo fissare la quantità di alcaloide che occorre per ottenere la scomparsa dei parassiti, nè d'altra parte possiamo pretendere che debbasi per la cura di ciascun ammalato seguire il metodo da noi indicato. Ciò non ostante in base alle nostre ricerche, possiamo conchiudere che le dosi di chinina adoperate comunemente debbano ritenersi esagerate, e che la dose razionale adatta a guarire un'infezione di terzana primaverile è compresa tra mezzo grammo a un grammo di bisolfato di chinina. Se poi scomparsi gli accessi febbrili, sia utile ripetere la somministrazione della chinina nei giorni successivi, noi non sappiamo per ora stabilire.

Tutte le nostre ricerche, i cui risultati abbiamo già brevemente descritti, sono state compiute su ammalati di febbre terzana primaverile semplice nel giorno di apiressia, quando cioè circolano nel sangue le forme parassitarie endoglobulari suscettibili di fuoruscire dall'eritrocito per l'azione della chinina. L'ultimo ammalato che si prestò alle nostre esperienze era invece affetto di febbre terzana primaverile doppia. In esso le due esistenti generazioni di parassiti che si maturavano con l'intervallo di 24 ore l'una dall'altra, ci permettevano di ritrovare le forme fuoruscenti in tutti i giorni e in tutte le ore. Volendo anche in questo ammalato determinare la dose di chinina utile per troncare l'infezione, la nostra attenzione fu attirata dal fatto che poche ore prima dell'accesso febbrile quotidiano, il limite massimo corrispondente alla soluzione di titolo più forte che produceva la fuoruscita del parassita dal globulo rosso, si abbassava notevolmente, mentre nelle prime ore di apiressia dopo l'accesso febbrile si rialzava. Il fenomeno era troppo importante perchè noi ci contentassimo della semplice costatazione di esso. L'abbassamento del limite massimo evidentemente indicava che il sangue durante l'accesso febbrile aveva acquistato proprietà antiparassitarie. Prima nostra cura fu in conseguenza quella di determinare come si modificava durante il decorso delle 24 ore la resistenza del parassita all'azione della chinina, e di notare contemporaneamente l'andamento della temperatura. I risultati di queste ricerche sono riportati nel seguente specchietto, e per rendere sensibile all'occhio dell'osservatore il fatto da noi trovato, abbiamo creduto utile di aggiungere una rappresentazione diagrammatica delle colonne R e T della tabella, scrivendo nell'asse delle ascisse le ore successive del giorno a cominciare dalle sei di mattina, e nell'asse delle ordinate in forma di curve la resistenza del parassita (limite massimo) all'azione della chinina e la temperatura ascellare dell'ammalato.

L'esame della curva della temperatura mostra che nel nostro ammalato l'accesso febbrile s'iniziava dopo le ore 18, raggiungeva un massimo alle 22 e finiva alle ore 4 del mattino. Paragonando questa curva con l'altra che segna la resistenza delle forme endoglobulari all'azione della chinina, si osserva che la resistenza massima coincide con il primo periodo di apiressia. Nel secondo periodo di apiressia (sei ore prima dell'accesso febbrile) la resistenza comincia a decrescere notevolmente, e raggiunge un minimo quando la temperatura è quasi arrivata al suo acme. Dopo la resistenza comincia ad aumentare, mentre l'accesso febbrile si estingue. Ci limitiamo per ora alla descrizione esatta del fenomeno trovato, riservandoci, dopo averne ottenuta la conferma, di svolgerlo più ampiamente.

Notiamo intanto che l'abbassarsi della resistenza non coincide con l'accesso febbrile, ma con il periodo che immediatamente precede la sporulazione parassitaria. Cosicchè il fenomeno da noi descritto si potrebbe considerare come una prima prova sperimentale della teoria sostenuta principalmente da Baccelli (¹), il quale spiega l'insorgere della febbre come un effetto delle sostanze pirogene che si versano nel plasma quando il parassita si segmenta.

(¹) Rif. Medica 1892 e Deut. med. Woch. 1892.

Ore	(R) Resistenza del parassita all'azione della chinina. Soluzione di bisolfato di chinina 1:	(T) Temperatura	Ore	(R) Resistenza del parassita all'azione della chinina. Soluzione di bisolfato di chinina 1:	(T) Temperatura
6	—	36.5	18	—	36.5
7	3165	—	20	—	39.8
8	—	36.8	20.30′	9000	—
8.30′	3165	—	22	—	40.2
10	—	36.5	23	7500	—
10.30′	3165	—	0.15′	6500	38.8
12	3165	36.5	2	4200	37.8
14	4500	36.7	2.30′	3500	—
16	—	36.5	4	3500	36.5
17.30′	6500	—			

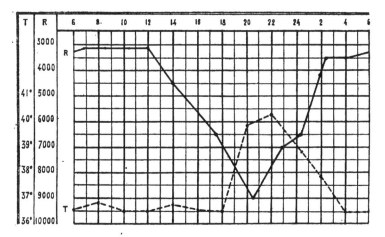

Ma poichè noi abbiamo dedotto le nuove proprietà antiparassitarie del plasma dalla minore resistenza che oppongono le forme endoglobulari all'azione della chinina, ci resta ad indagare se effetti simili subiscono le forme in segmentazione e quelle giovanissime che costituiscono la nuova generazione. I risultati di queste ricerche ci diranno se è più indicato somministrare la chinina prima dell'accesso febbrile come molti ritengono, e se in questo periodo ne occorre una minor dose che negli altri. Allora saremmo obbligati ad ammettere che il plasma durante il periodo della sporulazione acquista proprietà curative le quali da una parte spiegherebbero le numerose guarigioni spontanee delle febbri palustri, e dall'altra aumenterebbero i caratteri comuni che la malaria ha con le malattie infettive di natura batterica.

P. B.

RENDICONTI

DELLE SEDUTE

DELLA REALE ACCADEMIA DEI LINCEI

Classe di scienze fisiche, matematiche e naturali.

———

MEMORIE E NOTE

DI SOCI O PRESENTATE DA SOCI

pervenute all'Accademia sino al 3 settembre 1899.

~~~~~~~~~~~~~~~~

Matematica. — *Considerazioni sulle funzioni ordinate.* Nota del Corrisp. CARLO SOMIGLIANA.

1. Si abbiano due gruppi di n numeri reali, finiti qualsiansi disposti in un certo ordine

$$M_1, M_2, \ldots M_n$$
$$m_1, m_2, \ldots m_n$$

e ammettiamo che ogni numero m non superi il corrispondente M, quello cioè di indice uguale; si abbia quindi

(1) $\qquad\qquad m_i \leq M_i \qquad i = 1, 2, \ldots n$

Disponendo in ordine crescente di grandezza tanto i numeri M che i numeri m, si ottengano i due nuovi gruppi

$$M'_1, M'_2, \ldots M'_n$$
$$m'_1, m'_2, \ldots m'_n$$

nei quali $M'_i \leq M'_{i+1}$, $m'_i \leq m'_{i+1}$. Le condizioni (1) sono ancora soddisfatte per le coppie di numeri corrispondenti, cioè si ha

(1') $\qquad\qquad m'_i \leq M'_i .$

Difatti nessuna m può superare M'_n; in particolare quindi sarà

$$m'_n \leq M'_n.$$

Analogamente M'_{n-1} non è inferiore ad $n-1$ delle m e la sola delle m che può superare M'_{n-1} è m'_n; dunque avremo

$$m'_{n-1} \leq M'_{n-1}$$

ed il ragionamento può essere continuato per tutte le coppie rimanenti.

Dunque tutte le differenze $M'_i - m'_i$ sono positive o nulle, come le differenze $M_i - m_i$. Sia ε il massimo valore che queste ultime possono raggiungere; dico che nessuna delle differenze $M'_i - m'_i$ può superare ε.

Immaginiamo di ordinare i numeri M conservando come corrispondente di ciascuno di essi il numero m che gli corrisponde nei gruppi primitivi. Otterremo i due gruppi

$$M'_1, M'_2, \ldots M'_n$$
$$m''_1, m''_2, \ldots m''_n$$

nei quali per ipotesi sarà

$$M'_i - m''_i \leq \varepsilon.$$

Ora per ordinare i numeri m''_i basterà effettuare un certo numero di scambi a due a due, in modo che ciascuno di essi venga portato successivamente ad occupare il posto che effettivamente gli compete. Siano m''_h, m''_s due degli m'' che debbono essere scambiati fra loro; supponiamo $h < s$, e che m''_s ottenga, con questo scambio, il posto definitivo, cioè sia uguale ad m'_h, il che è sempre lecito supporre.

Avremo

$$M'_h < M'_s \qquad m''_h > m''_s$$

e quindi

$$M'_h - m''_h < M'_s - m''_s.$$

Perciò, posto $M'_s - m''_s = d$, potremo dire che nessuna delle due differenze $M_h - m''_h$, $M_s - m''_s$ può superare d, e sarà inoltre $d \leq \varepsilon$.

Avremo inoltre, poichè $m''_s = m'_h$,

$$M'_h - m''_s > 0, \quad M'_s - m''_h \geq 0$$

e anche

$$M'_h - m''_s \leq M'_s - m''_s = d$$
$$M'_s - m''_h < M'_s - m''_s = d.$$

Dunque le due nuove differenze che si ottengono dopo lo scambio sono entrambe minori di d, se $M_h < M_s$, e si manterranno uguali alle primitive, quando sia $M'_h = M'_s$. Perciò avremo sempre

$$M'_i - m'_i \leq \varepsilon.$$

Supponiamo ora che i valori delle M , m variino, e cresca anche, se vuolsi, indefinitamente il loro numero n ; però restino sempre verificate le condizioni (1) e quindi anche le (1'). Se allora le differenze $M_i — m_i$ tendono a zero uniformemente, cioè da un certo punto in poi si ha, per qualunque valore dell' indice i,

$$M_i — m_i < \eta$$

ove η è una quantità positiva arbitrariamente fissata e prossima a zero quanto si vuole, da quanto abbiamo dimostrato segue che le differenze $M'_i — m'_i$ formate coi termini corrispondenti dei gruppi ordinati, godono di una proprietà analoga, cioè si mantengono sempre positive, o nulle, e tendono esse pure uniformemente a zero, soddisfacendo anche alle condizioni

$$M'_i — m'_i < \eta.$$

2. Queste proprietà, affatto elementari, trovano qualche applicazione nello studio di una quistione, trattata in una Nota precedente (¹), che riguarda la definizione e costruzione di funzioni rappresentanti i valori ordinati di una funzione reale di una variabile. Esse permettono di considerare le cose sotto un altro punto di vista.

In un intervallo (a , b) si abbia una funzione $f(x)$ che supporremo finita e continua. Sia data inoltre una legge di divisione dell' intervallo (a , b) in intervalli parziali $\delta_1 , \delta_2 , \dots \delta_n$ tale che al crescere di n questi intervalli tendano uniformemente a zero. Fissata una divisione speciale indichiamo con $M_1 , M_2 , \dots M_n$ i valori massimi che $f(x)$ assume rispettivamente in $\delta_1 , \delta_2 , \dots \delta_n$, e con $m_1 , m_2 , \dots m_n$ i minimi.

Indichiamo poi con $\Psi_n(x)$ una funzione la quale negli intervalli $\delta_1 , \delta_2 , \dots \delta_n$ assuma rispettivamente i valori del gruppo ordinato dei massimi, cioè M'_1, $M'_2 , \dots M'_n$ e che nei punti di separazione di due intervalli successivi δ_i , δ_{i+1} assuma il valor medio $\frac{1}{2}(M'_i + M'_{i+1})$. La funzione $\Psi_n(x)$ sarà così definita per qualunque valore di x, compreso fra a e b.

Similmente indichiamo con $\psi_n(x)$ una funzione costruita in modo analogo col gruppo ordinato dei minimi $m'_1 , m'_2 , \dots m'_n$.

Essendo n finito potremo sempre avere anche una rappresentazione geometrica semplicissima di queste due funzioni, mediante n segmenti di retta paralleli all' asse delle ascisse ed $n — 1$ punti sulle ordinate dei punti di separazione di due intervalli consecutivi.

Ora noi abbiamo visto che, essendo $M_i — m_i \geq 0$, deve essere anche $M'_i — m'_i \geq 0$ per qualunque valore dell' indice i, e quindi anche

$$\tfrac{1}{2}(m'_i + m'_{i-1}) \leq \tfrac{1}{2}(M'_i + M'_{i+1}).$$

(¹) *Sulle funzioni reali di una variabile*, vol. VIII, 1° sem., pag. 4-12. Nell' esempio segnato (β) in questa Nota, per l'esattezza delle formole, deve porsi $a = 0$, quantunque ciò non sia essenziale per la quistione.

Dunque per qualunque valore di x compreso nell'intervallo (a, b) avremo

$$\psi_n(x) \leq \Psi_n(x).$$

Inoltre per una proprietà nota delle funzioni continue, le differenze $M_i - m_i$ al crescere di n tendono uniformemente a zero. Lo stesso quindi avverrà delle differenze $M'_i - m'_i$ e potremo perciò concludere che, dato un numero η piccolo ad arbitrio e positivo, sarà sempre possibile trovare per n un valore abbastanza grande perchè si abbia, per qualunque x,

$$\Psi_n(x) - \psi_n(x) < \eta$$

e questa relazione si conservi al crescere di n.

Perciò possiamo scrivere anche

$$\lim_{n=\infty} \left[\Psi_n(x) - \psi_n(x) \right] = 0.$$

Di qui segue che, se le successive funzioni $\Psi_n(x)$, al crescere di n, tendono ad una funzione limite determinata, cioè esiste una funzione $\psi(x)$ tale che la differenza $\Psi_n(x) - \psi(x)$, qualunque sia x, si possa ridurre piccola ad arbitrio, alla stessa funzione $\psi(x)$ tendono anche le funzioni $\psi_n(x)$.

Così pure se invece di considerare i valori massimi o minimi, consideriamo n valori di $f(x)$ scelti in modo qualsiasi negli intervalli $\delta_1, \delta_2, \dots \delta_n$ e, ordinando questi valori, costruiamo poi la funzione analoga alla $\Psi_n(x)$, o $\psi_n(x)$, anche questa nuova funzione, nella ipotesi fatta, tenderà alla stessa funzione $\psi(x)$. Questa funzione dunque, se esiste, *è indipendente dalla scelta dei valori di $f(x)$, negli intervalli $\delta_1, \delta_2, \dots \delta_n$.*

3. Supponiamo che la legge di divisione dell'intervallo dato, sia tale per cui si passi da una divisione alla successiva suddividendo ciascuno degli intervalli della prima in uno stesso numero di parti, senza per altro fissare che questo numero debba essere lo stesso per tutti i passaggi da una divisione all'altra. In tal caso la funzione limite $\psi(x)$ esiste sempre.

Consideriamo una divisione speciale $\delta_1, \delta_2, \dots \delta_n$ e supponiamo, per fissare le idee, che nella divisione successiva ogni intervallo δ_i venga spezzato in *tre* parti. Se $\delta'_i, \delta''_i, \delta'''_i$ sono queste parti, sarà

$$\delta'_i + \delta''_i + \delta'''_i = \delta_i.$$

Dei tre massimi corrispondenti di $f(x)$, uno almeno sarà uguale ad M_i, gli altri due non potranno superare M_i. Così dei tre minimi, uno sarà uguale ad m_i e gli altri non potranno essere minori. Potremo quindi indicare con M_i, N_i, P_i i tre massimi e supporre

(2) $$M_i \geq N_i \geq P_i.$$

Ordinando i numeri M , N , P in senso crescente, otterremo tre gruppi ordinati

$$M'_1 , M'_2 , \dots M'_n$$
$$N'_1 , N'_2 , \dots N'_n$$
$$P'_1 , P'_2 , \dots P'_n$$

che complessivamente rappresentano tutti i massimi di $f(x)$ corrispondenti alla suddivisione in $3n$ intervalli. Ora, per la proprietà dimostrata in principio al n. 1, dalla (1') segue

$$M'_i \geq N'_i \geq P'_i$$

e quindi fra i $3n$ massimi ve ne sono almeno $3i$ i quali non superano M'_i. Perciò allorquando questi massimi vengono distribuiti ordinatamente nei $3n$ intervalli per costruire $\Psi_{3n}(x)$, i valori che competeranno agli intervalli $\delta'_i , \delta''_i , \delta'''_i$, i quali occupano rispettivamente i posti d'ordine $3i-2$, $3i-1$, $3i$, non possono superare M'_i.

Da ciò segue che per qualsiasi valore di x, anche coincidente con uno qualunque dei punti di divisione dell'intervallo, si ha sempre

$$\Psi_{3n}(x) \leq \Psi_n(x).$$

È chiaro che il ragionamento precedente è generale e sussiste ancora quando invece di suddividere tutti gli intervalli δ_i in tre parti, vengono suddivisi in un numero r qualsiasi di parti. Si avrà in questo caso per qualunque valore di x

$$\Psi_{rn}(x) \leq \Psi_n(x).$$

In modo analogo si potrebbe dimostrare che per le funzioni $\psi_{rn}(x)$, $\psi_n(x)$ si ha invece

$$\psi_{rn}(x) \geq \psi_n(x)$$

qualunque sia x.

Da ciò segue che se, fissato un valore speciale di x nell'intervallo dato, consideriamo le due successioni di valori $\psi^{(1)}, \psi^{(2)}, \psi^{(3)}, \dots$ e $\Psi^{(1)}, \Psi^{(2)}, \Psi^{(3)}, \dots$ che ad esso competono per la legge fissata di divisione dell'intervallo, queste due successioni soddisferanno alle condizioni

$$\psi^{(1)} \leq \psi^{(2)} < \psi^{(3)} < \dots$$
$$\Psi^{(1)} \geq \Psi^{(2)} > \Psi^{(3)} \leq \dots$$

mentre le differenze

$$\Psi^{(1)} - \psi^{(1)}, \quad \Psi^{(2)} - \psi^{(2)}, \quad \Psi^{(3)} - \psi^{(3)}, \dots$$

non sono mai negative ed impiccoliscono indefinitamente. Per un noto assioma potremo quindi concludere che esiste *uno* ed *un solo* valore a cui tendono entrambe le successioni considerate. Questo valore sarà quello della funzione $\psi(x)$ nel punto x.

L'esistenza di una funzione limite $\psi(x)$ per qualsiasi procedimento di divisione dell'intervallo, che soddisfaccia alle condizioni stabilite, resta così dimostrata, *ammettendo per la funzione $f(x)$ la sola condizione che sia finita e continua.*

Non possiamo però concludere da quanto precede che questa funzione limite debba essere sempre la stessa quando varia, anche nel cerchio delle condizioni stabilite, la legge di divisione dell'intervallo. Anzi non sarebbe difficile mostrare con qualche esempio che la funzione $\psi(x)$ varia effettivamente colla legge di divisione. Perciò mediante il procedimento studiato non è possibile definire *una* funzione ordinata di un'altra $f(x)$ a meno di aggiungere qualche condizione relativa alla legge di divisione. Questa conclusione giustifica la definizione che ho stabilita nella Nota già citata per la funzione ordinata $Of(x)$, partendo da quel procedimento di passaggio al limite che ho indicato con

$$\lim_{n=\infty} \varphi_n(x)$$

Tale procedimento, quando la legge di divisione dell'intervallo è tale per cui tutti gli intervalli parziali risultano uguali fra loro, non differisce da quello che serve a definire $\psi(x)$; e allora, se esiste la $Of(x)$, la $\psi(x)$ corrispondente coincide con essa (¹).

(¹) Un esempio semplice, che prova la dipendenza di $\psi(x)$ dalla legge di divisione, è il seguente.

Nell'intervallo (0,2) sia $f(x)$ rappresentata dai due segmenti di retta che uniscono gli estremi dell'intervallo col punto alla distanza 1 sulla perpendicolare innalzata dal punto $x = 1$; ossia si abbia

nell'intervallo (0,1) $f(x) = x$

      "   (1,2) $f(x) = 2 - x$

Avremo

$$Of(x) = \frac{x}{2}$$

Dividasi ora l'intervallo (0,2) in quattro intervalli mediante i punti $x = \frac{3}{4}, 1, \frac{5}{4}$. Il gruppo ordinato dei valori m' corrispondenti a questi intervalli è:

$$0, 0, \frac{3}{4}, \frac{3}{4} \quad .$$

Quindi nel tratto da $x = 1$ ad $x = \frac{3}{2}$ (escluso l'estremo inferiore) si ha

$$\psi_4(x) = \frac{3}{4}$$

mentre nello stesso tratto $Of(x)$ raggiunge il valore $\frac{3}{4}$ soltanto all'estremo superiore. Esclusi questi estremi, avremo quindi

$$\psi_4(x) > Of(x)$$

Ora, qualunque siano le ulteriori suddivisioni, i valori di $\psi(x)$, pel tratto considerato, non possono essere inferiori a quelli di $\psi_4(x)$. È quindi impossibile che in esso $\psi(x)$ coincida con $Of(x)$.

II.

Nella stessa Nota viene definita una certa funzione $\Gamma(x)$ mediante le relazioni

$$\Gamma(a + l_\lambda) = \Gamma(b - L_\lambda) = f(x_\lambda)$$

ove l_λ ed L_λ rappresentano la somma di tutti gli intervalli nei quali $f(x)$, supposta continua, è minore, o maggiore, rispettivamente del valore A che essa assume nei punti x_λ.

Circa la possibilità della determinazione di queste due grandezze l_λ ed L_λ, quando il gruppo dei punti x_λ è infinito, conviene aggiungere qualche considerazione, poichè, come mi ha fatto osservare il prof. Volterra, (il quale si è già occupato di una quistione analoga a proposito del metodo di Neumann per la risoluzione del problema di Dirichlet, V. *Rend. del Circolo matematico di Palermo*) le espressioni usate al § 2 di quella Nota non sono sufficientemente chiare e precise, quando si conservi alla parola *gruppo*, il significato generale, comunemente usato, nè si pongano altre limitazioni per la funzione $f(x)$.

La quistione, come facilmente si vede, si riduce a questo: dato un gruppo infinito di punti contenuti in un segmento finito, quando è che possiamo estendere a tale gruppo la proprietà, di cui gode un gruppo finito, di *dividere* il segmento dato in segmenti, la cui somma è uguale al segmento stesso?

Ora mostrerò che ogni qual volta il gruppo è di 1° genere, cioè ha un numero finito n di gruppi derivati, e contiene i punti di questi gruppi (¹), il concetto della divisibilità del segmento mediante il gruppo può essere applicato.

Indicando con $G^{(1)}$, $G^{(2)}$, ... $G^{(n)}$ i successivi gruppi derivati del gruppo dato G, mediante i punti del gruppo $G^{(n)}$, potremo dividere il segmento dato δ in un numero finito m di segmenti δ_1, δ_2, ... δ_m.

I punti del gruppo $G^{(n-1)}$ cadranno allora in generale in numero infinito entro ciascuno dei segmenti δ_i, ma i punti limiti del gruppo stesso non potranno trovarsi che agli estremi dei segmenti δ_i. Perciò indicando con δ_{i,i_1} il segmento compreso fra due punti qualsiansi consecutivi di $G^{(n-1)}$ compresi nell'interno di δ_i e con δ_{i,i_1-1} δ_{i,i_1+1} i due segmenti determinati dai due punti successivi a sinistra ed a destra, potremo rappresentare δ_i con una somma semplicemente infinita

$$\delta_i = \sum_{i_1 = -\infty}^{i_1 = +\infty} \delta_{i,i_1}$$

(¹) Per questo basta che contenga il primo gruppo derivato, come avviene sempre nel nostro caso poichè si suppone $f(x)$ continua. — V. Borel, *Leçons sur la théorie des fonctions*. Paris 1898, pag. 38.

che potrà anche estendersi all'infinito da una sola parte, od anche essere finita. Avremo così

$$\delta = \sum_{i=1}^{m} \sum_{i_1=-\infty}^{i_1=+\infty} \delta_{i,i_1} \, .$$

Analogamente i punti limiti del gruppo $G^{(n-2)}$ non possono trovarsi che nei punti estremi dei segmenti δ_{i,i_1}; dunque, mediante i punti di questo gruppo uno qualsiasi di questi segmenti potrà rappresentarsi con una serie semplicemente infinita di segmenti

$$\delta_{i,i_1} = \sum_{i_2=-\infty}^{i_2=+\infty} \delta_{i,i_1,i_2}$$

e si avrà così

$$\delta = \sum_{i=1}^{m} \sum_{i_1=-\infty}^{i_1=+\infty} \sum_{i_2=-\infty}^{i_2=+\infty} \delta_{i,i_1,i_2}.$$

In tal modo possiamo continuare fino alla introduzione dei segmenti determinati dai punti dei gruppi $G^{(1)}$ e G, dopo di che si avrà

$$\delta = \sum_{i=1}^{m} \sum_{i_1=-\infty}^{i_1=+\infty} \sum_{i_2=-\infty}^{i_2=+\infty} \cdots \sum_{i_n=-\infty}^{i_n=+\infty} \delta_{i,i_1,i_2,\ldots,i_n} \, .$$

In base a questa formula potremo ancora dire che il gruppo G *divide* il segmento dato in infiniti segmenti, la cui somma riproduce il segmento stesso ([1]).

Per la costruzione della funzione $\Gamma(x)$ secondo la via indicata converrebbe quindi aggiungere, rispetto alla funzione $f(x)$, la condizione che i gruppi dei punti nei quali essa prende uno stesso valore, siano di 1° genere.

Il prof. Volterra si è occupato anche delle due seguenti quistioni: 1° come possa essere estesa la definizione della funzione $\Gamma(x)$ quando la $f(x)$ è completamente arbitraria; 2° trovare una espressione analitica della stessa $\Gamma(x)$; ed io sono assai lieto di poter riportare da alcune lettere a me dirette le sue interessanti considerazioni.

Per chiarezza noto che egli chiama *funzione ordinata* la funzione $\Gamma(x)$.

« Torino, 29 gennaio 1899.

. . . .

« Sia data una funzione $f(x)$ finita e continua nell'intervallo $(0, l)$, la quale ha un numero finito di oscillazioni e non ha tratti di invariabilità. Rappresentiamola con una curva e tiriamo una parallela all'asse x che ne disti y.

---

[1] Un teorema che ha relazione colla proprietà qui considerata, si trova nella Memoria di Cantor, *Sur les ensembles infinis et linéaires des points*, III, Acta math. 2.

La curva verrà decomposta in *valli* e *monti*; facciamo la somma delle *basi* delle valli (ossia delle loro proiezioni sull'asse x). La curva ordinata ha per ordinata y e per ascissa la somma delle basi delle valli (o anche l meno la somma delle basi dei monti). Corrispondentemente alla curva viene costruita la *funzione ordinata*. Chiamiamo ora $F(x)$ la funzione che per ogni valore di x è uguale al più piccolo dei due valori $f(x)$ o y, essendo y il valore costante già considerato, e scriviamo l'equazione della curva ordinata sotto la forma

$$x = \Psi(y)$$

« Una considerazione geometrica semplicissima ci fa vedere che si ha

(a) $$\int_0^l F(x)\, dx = \int_0^y (l - \Psi(y))\, dy$$

. . . .

« Supponiamo ora che $f(x)$ sia una funzione qualunque finita, continua o discontinua.

« Si divida l'intervallo $(0, l)$ in cui è definita $f(x)$ in n parti $\delta_1, \delta_2, \ldots \delta_n$ e si consideri la somma degli intervalli in cui $f(x)$ è sempre minore di y, e si chiami con a; quindi si facciano diminuire indefinitamente questi tratti. Allora a tenderà verso un limite ψ che è indipendente dal modo con cui questi tratti vanno a zero. Ciò si dimostra con un ragionamento che per brevità sopprimo. Nello stesso modo sia b la somma degli intervalli δ_i nei quali $f(x)$ è sempre maggiore di y. Avremo che b tenderà coll'impiccolire degli intervalli in un modo qualunque verso un limite χ. Ed evidentemente in generale non si avrà $\psi + \chi = l$. Se la funzione è discontinua si vede facilmente come ciò può accadere. Basta considerare una funzione $f(x)$ che sia nulla nei punti razionali ed 1 nei punti irrazionali. Ma anche se $f(x)$ è continua si vede che ciò può accadere. Basta ricorrere all'esempio del gruppo di punti non rinchiudibile che ho dato nella mia Nota del 1880, *Sulle funzioni punteggiate discontinue*.

« Noi possiamo ora considerare le due funzioni $\psi(y)$ e $\psi_1(y) = l - \chi(y)$ ed otteniamo due funzioni che in generale *saranno distinte fra loro* e che potranno considerarsi come proprie a definire due funzioni ordinate. Esse evidentemente sono sempre crescenti e quindi si può concepire un modo di avere delle funzioni inverse. Queste funzioni possono essere discontinue in infiniti punti. Però essendo sempre crescenti sono integrabili e quindi hanno infiniti punti di continuità in ogni intervallo.

« Ci si può chiedere quali proprietà avranno i loro integrali i quali possono essere diversi fra loro. A questo ci può guidare la relazione (a) precedentemente trovata. Perciò supponiamo che il rettangolo costruito sugli assi x ed y coi lati l ed M (essendo M il limite superiore della funzione $f(x)$)

venga diviso in n^2 rettangoli simili, dividendo ogni lato in n parti uguali. Consideriamo la funzione $F(x)$ che per ogni valore di x è uguale al più piccolo dei due valori $f(x)$ o y (essendo y un numero scelto fra 0 ed M). Questa funzione non sarà in generale integrabile (poichè supponiamo $f(x)$ comunque continua o discontinua) ma potremo di essa avere gli integrali *superiore* ed *inferiore* (vedi la mia Nota del 1881, *Sui principii del calcolo integrale*). Per ottenere in particolare quest'ultimo basterà prendere in ognuna delle colonne di rettangoli costruite (per es. nella colonna di rettangolo di base h) tutti i rettangoli, di cui i punti hanno le ordinate minori del minimo di $F(x)$ nell'intervallo h. Sommiamo tutti i rettangoli così scelti e poi facciamo crescere n indefinitamente. Il limite della somma esisterà e sarà l'integrale inferiore λ di $F(x)$ in tutto l'intervallo $(0, l)$. Questo modo di calcolare λ, confrontato al modo di costruire $\psi(y)$ e $\psi_1(y)$ ci mostra che

$$\int_0^y (l - \psi(y))\, dy \quad \text{e} \quad \int_0^y (l - \psi_1(y))\, dy$$

non possono essere inferiori a λ. Nello stesso modo si può trovare che i due integrali non possono superare l'integrale superiore $\varLambda$ di $F(x)$ nell'intervallo $(0, l)$. Perciò *i due detti integrali sono compresi fra λ e $\varLambda$.*

« Supponiamo che $f(x)$ sia integrabile; allora λ e $\varLambda$ debbono coincidere per ogni possibile valore di y (giacchè anche $F(x)$ sarà integrabile); per conseguenza

$$\int_0^y (l - \psi(y))\, dy = \int_0^y (l - \psi_1(y))\, dy$$

ossia le due funzioni $\psi(y)$ e $\psi_1(y)$ hanno integrali uguali in ogni intervallo e perciò in infiniti punti dell'intervallo sono uguali fra loro.

« Riassumendo mi sembra che potrebbe dirsi: *Ad ogni funzione $f(x)$ corrispondono due funzioni ordinate $\psi(y)$, $\psi_1(y)$. Anche se $f(x)$ è continua le due funzioni possono essere diverse fra loro, però basta che $f(x)$ sia integrabile, perchè le due funzioni differiscano fra loro per una funzione di integrale nullo e quindi siano uguali fra loro in infiniti punti di ogni intervallo.*

. . . .

« affmo V. VOLTERRA ».

Torino, 10 giugno 1899.

. . . . ,

« In una recente Nota (¹) il Dott. Straneo si occupa della ricerca di una espressione analitica della funzione ordinata. A me sembra che l'espressione analitica più naturale della funzione ordinata venga sempre dal conside-

(¹) Rendiconti, Vol. VIII, 1° sem. pag. 438-442.

rare la somma delle basi delle valli; ed infatti sia $\Theta(y, x)$ una funzione che goda delle seguenti proprietà

$$\Theta(y, x) = \begin{cases} 0 & \text{per } y < x \\ 1 & \text{per } y > x \end{cases}$$

« Non vi è nessuna difficoltà a costruirla analiticamente (il valore per $y = x$ può essere qualunque). Allora la somma delle basi delle valli corrispondenti all'ordinata y sarà

$$\int_0^l \Theta(y, f(\eta)) \, d\eta$$

onde l'equazione della curva ordinata sarà

(A) $$x = \int_0^l \Theta(y, f(\eta)) \, d\eta .$$

« Se prendiamo, per esempio, (Riemann, Partielle Diff. § 14)

$$\Theta(y, x) = \frac{1}{2} + \frac{1}{\pi} \int_{\bullet}^{\infty} \frac{\text{sen} \left[(y - x) \xi\right]}{\xi} \, d\xi$$

otterremo

(B) $$x = \frac{l}{2} + \frac{1}{\pi} \int_0^l d\eta \int_0^{\infty} \frac{\text{sen} \left[(y - f(\eta)) \xi\right]}{\xi} \, d\xi$$

« O sotto la forma (A) o sotto la forma (B) abbiamo quindi l'equazione della curva ordinata in tutti i casi almeno, in cui la funzione da ordinarsi $f(x)$ è continua, senza tratti d'invariabilità e con un numero finito di oscillazioni.

. . . .

« affmo V. VOLTERRA ».

Chimica. — *Studi intorno alla struttura degli alcaloidi del melagrano* ([1]). Nota di A. PICCININI, presentata dal Socio CIAMICIAN.

In una Nota inserita nei Rendiconti di questa Accademia nell'aprile scorso ([2]), discutendo i risultati di una serie di esperienze dimostranti in modo sicuro che la parte resistente all'ossidazione nella molecola della *metilgranatonina*, altro non è che un nucleo piperidinico, ebbi occasione di far notare che la estrema somiglianza di proprietà degli alcaloidi della serie

([1]) Lavoro eseguito nell'Istituto di Chimica generale della R. Università di Bologna. Agosto 1899.

([2]) V. questi Rendiconti, vol. VIII, 1° sem , pag. 392.

tropanica e granatanica avrebbe potuto schematicamente rappresentarsi con maggior fedeltà, ammettendo che nelle basi del melagrano esista un nucleo rappresentabile collo schema seguente:

$$
\begin{array}{ccc}
C & -C & -C \\
| & | & | \\
C & N & C \\
| & | & | \\
C & -C & -C
\end{array}
$$

Le ricerche che ho eseguito in questi ultimi mesi e che sto per riferire, hanno dato risultati che stanno in perfetto accordo con quest'ultima formola, mentre si scostano notevolmente da tutto quanto poteva prevedersi coll'aiuto dell'antica. Nello stesso tempo mi sono occupato dello studio di un caso di isomeria che viene a restringere ancor più i legami di analogia cogli alcaloidi tropanici e ad accrescere il numero ancora relativamente limitato dei fenomeni noti di isomeria nella serie piperidinica.

1.

Acido suberico normale dal metilgranatico.

Dalle ricerche di G. Ciamician e P. Silber ([1]), risulta che tanto dalla *metilgranatonina* come dall'alcool corrispondente (*metilgranatolina*), si produce per ossidazione uno stesso acido bicarbossilico, l'*acido metilgranatico* od *omotropinico*, il quale proviene dalla apertura del cosidetto *ponte*

$$-CH_2-CO-CH_2-$$

che funge da sostituente del nucleo piperidinico in tutti questi alcaloidi, per ossidazione del carbonile e di uno dei gruppi metilenici vicini in carbossili.

L'acido metilgranatico contiene adunque lo stesso numero di atomi di carbonio che l'alcaloide da cui deriva; per di più in esso è contenuto pure intatto il nucleo piperidinico metilato all'azoto, come risulta dalle ricerche recentemente pubblicate ([2]). Esso perciò dovrà essere rappresentato con lo schema I, se la struttura degli alcaloidi del melagrano corrisponde alla formola che è stata in vigore fino ad oggi, ovvero collo schema II se la struttura delle basi in questione corrisponde realmente a quella indicata in principio di questa Nota:

$$
\begin{array}{cc}
\begin{array}{l}
COOH.CH_2-CH-CH_2 \\
\qquad\quad | \quad\ \ | \\
\qquad\quad CH_2\ \ CH_2 \\
\qquad\quad | \quad\ \ | \\
COOH-CH-NCH_3 \\
\qquad\qquad (I)
\end{array}
&
\begin{array}{l}
COOH.CH_2-CH-CH_2 \\
\qquad\quad | \quad\ \ | \\
\qquad\quad CH_3N\ \ CH_2 \\
\qquad\quad | \quad\ \ | \\
COOH-CH-CH_2 \\
\qquad\qquad (II)
\end{array}
\end{array}
$$

([1]) Gazz. chim. XXVI, II, 141.
([2]) V. questi Rendiconti, vol. VIII, 1° sem, pag. 392.

Il problema si riduceva adunque ormai a stabilire se l'acido metilgranatico deriva dalla metilpiperidina per sostituzione nelle posizioni α-γ ovvero α-α'.

Oggi questa questione è risolta in favore della seconda ipotesi, per mezzo di quello stesso metodo di ricerca che condusse il Willstätter [1] alla esatta definizione della struttura dell'acido tropinico. Infatti, eliminando l'azoto dall'acido granatico col metodo dell'Hofmann e riducendo il prodotto finale della reazione, ottenni l'acido *suberico normale*; questo fatto dimostra che nell'acido granatico deve esistere un aggruppamento capace di dar origine ad una catena normale di otto atomi di carbonio.

A questa condizione ed all'altra non meno importante di rappresentare l'acido metilgranatico come derivato della *n*-metilpiperidina, risponde soltanto lo schema nuovamente proposto che qui trascrivo:

$$COOH.CH_2.CH—CH_2$$
$$CH_3.N \qquad CH_2$$
$$COOH.CH—CH_2$$

L'assieme delle reazioni che conducono dall'acido granatico al suberico, non è per nulla complicato e ricorda in ogni sua fase l'analogo processo conducente dall'acido *tropinico* al *pimelico normale*. Ho sottoposto il *jodometilato dell'etere dimetilico dell'acido metilgranatico* all'azione del carbonato potassico in soluzione acquosa calda; in queste condizioni il jodometilato stesso, che è un corpo cristallino, incoloro, fondente a 167°, subisce una scissione intramolecolare, per cui il nucleo piperidinico si apre dando origine all'etere dimetilico di un acido alifatico non saturo, amidato, che si può chiamare *acido dimetilgranatenico*; il processo può esser rappresentato nel seguente modo:

$$COOCH_3.CH_2.CH—CH_2 \qquad COOCH_3 \qquad\qquad COOCH_3$$
$$ICH_3.CH_3.N \qquad\qquad \longrightarrow \quad CH_2—CH—CH_2—CH_2—CH=CH \qquad (2)$$
$$COOCH_3.CH—CH_2 \qquad\qquad N(CH_3)_2$$

L'etere del nuovo acido amidato è liquido e dotato di carattere debolmente basico; i suoi sali sono però di difficile separazione. L'etere stesso, in soluzione solforica, scolora immediatamente il permanganato potassico, come è richiesto dalla sua struttura non satura. Si combina col joduro di

[1] Berl. Ber. *28*, 3271; *31*, 1534.

[2] È a notarsi che in questa formula le posizioni dell'azoto e del doppio legame sono arbitrarie, non essendo noto il punto in cui avviene il distacco dell'azoto.

metile dando un jodometilato fondente a 143-144°. Riscaldando quest'ultimo corpo con una soluzione concentratissima di soda caustica, si ottiene l'eliminazione completa dell'azoto sotto forma di trimetilamina, mentre va separandosi il sale sodico di un acido bibasico non saturo, che isolato, si presenta in sottili aghetti incolori fondenti intorno a 228°. A questo acido, per le relazioni di omologia che lo legano col *piperilendicarbonico* [1] ottenuto dal Willstätter, operando identicamente sul jodometilato dell'acido metiltropinico, credo conveniente attribuire il nome di acido *omopiperilendicarbonico*; la sua formazione può essere espressa dallo schema seguente, in cui resta di arbitrario soltanto la posizione dei doppî legami:

$$\underset{\underset{\underset{N(CH_3)_2 . CH_3I}{|}}{CH_2-CH-CH_2-CH_2-CH=CH}}{\overset{\overset{COOCH_3}{|}}{|}} \longrightarrow \underset{\underset{}{CH=CH-CH_2-CH_2-CH=CH}}{\overset{\overset{COOH}{|}}{|}} \qquad \overset{COOH}{|}$$

L'esistenza dei due doppî legami e della catena normale di otto atomi in questo acido è provata dal fatto che nell'idrogenazione esso assume quattro atomi di idrogeno e si trasforma nell'*acido suberico normale*

$$COOH . CH_2 . CH_2 . CH_2 . CH_2 . CH_2 . CH_2 . COOH;$$

questa riduzione fu effettuata per mezzo dell'amalgama di sodio al 4%, in soluzione alcalina caustica e alla temperatura dell'ebollizione. L'acido separato si addimostra, dopo le opportune purificazioni, perfettamente stabile al permanganato potassico in soluzione alcalina; il suo punto di fusione coincide perfettamente con quello dell'acido suberico normale appositamente preparato puro pel confronto, cadendo tra 141-142°. All'analisi diede i seguenti numeri:

In 100 parti di sostanza:

	trovato	calcolato per $C_8H_{14}O_4$
C	55.19	55.15
H	8.45	8.10

Resta così dimostrato che l'acido metilgranatico contiene la catena normale di otto atomi di carbonio; risalendo quindi dall'acido stesso agli alcaloidi da cui si ottiene senza alcuna perdita di carbonio, conviene ammettere che in essi la catena di otto termini formi un anello ininterrotto; in altre parole, questi alcaloidi debbono ritenersi come derivati azotati del *cicloottano* con una struttura rispondente allo schema seguente:

[1] Berl. Ber. *28*, 3271.

Dirò ancora che la derivazione dell'acido suberico dal metilgranatico è pure un valido argomento per escludere senz'altro tutte le ipotesi che si potrebbero fare intorno alla struttura delle basi granataniche nell'intento di chiarire l'analogia del loro comportamento cogli alcaloidi tropanici in base a relazioni di semplice omologia, giacchè in questo caso non si potrebbe più comprendere la formazione di una catena normale di otto termini.

Rimane così nuovamente e pienamente confermata l'ipotesi espressa da G. Ciamician e P. Silber fin dalle prime ricerche eseguite in questo campo, e cioè che gli alcaloidi del melagrano sieno veri e proprî omologhi nucleari dei tropanici; questo fatto risulta evidente, quando si ricordi che le recenti ricerche di R. Willstätter hanno dimostrato che questi ultimi corpi derivano da un nucleo rappresentabile collo schema seguente:

$$
\begin{array}{ccc}
C & \!\!-C-\!\! & C \\
| & & | \\
C & N & | \\
| & | & | \\
C & \!\!-C-\!\! & C
\end{array}
$$

II.

Riduzione dell'ossima della metilgranatonina.

Nella classe degli alcaloidi granatanici non si era finora osservato nessun caso di isomeria analogo a quelli riscontrati nella serie tropanica, in cui, come è noto, tanto le basi a funzione alcoolica, quanto quelle rispettive a funzione aminica esistono in due forme isomere (¹). Ora esaminando il comportamento dell'ossima della metilgranatonina con diversi riducenti, operando come il Willstätter fece coll'ossima del tropinone, ho potuto constatare la formazione di due amine isomere perfettamente paragonabili alla tropilamina e ψ-tropilamina trovate dall'autore sopracitato, e che io chiamerò quindi metilgranatilamina e ψ-metilgranatilamina.

La *metilgranatilamina* ottiensi riducendo l'*ossima* della metilgranatonina sciolta in alcool, con amalgama di sodio ed acido acetico. È una sostanza liquida dotata di forte carattere basico; esposta all'aria si trasforma rapidamente in *carbamato* solido, cristallino. Bolle tra 235-240° a pressione ordinaria, con lieve scomposizione verso la fine della distillazione. È difficilmente trasportabile dal vapor d'acqua. Dà un *cloroaurato* fondente a 226° e un *cloroplatinato* fondente a 260°-261° con scomposizione. Il suo *picrato* cristallizzato dall'alcool fonde scomponendosi a 239°-240°. Sciogliendo la base in alcool metilico ed aggiungendo la quantità calcolata di *isotio-*

(¹) Berl. Ber. *31*, 1202.

cianato di fenile, si produce un riscaldamento energico e depositasi quindi la *metilgranatilfeniltiourea* in prismetti compatti che purificati coll'etere acetico fondono a 132-133° con lieve rammollimento.

La ψ-*metilgranatilamina* si produce riducendo l'ossima con alcool amilico e sodio. È anch'essa una base oleosa, energica, che all'aria si trasforma tosto in carbamato. Bolle alla pressione ordinaria tra 232-236°; anche nei sali non manifesta grande diversità dalla base isomera; così il *cloroaurato* fonde a 231-232° con lieve scomposizione; il *cloroplatinato* si scompone pure a 265° e il picrato a 239-240° fonde con alterazione profonda. La ψ-*metilgranatilfeniltiourea*, cristallizzata dall'etere acetico, fonde invece a 176°. La base ora descritta può ottenersi anche facendo bollire per sei ore la sua isomera con una soluzione di amilato sodico nell'alcool amilico, od anche riscaldando la metilgranatilamina stessa con una soluzione di soda caustica molto concentrata. Essa deve quindi ritenersi come la forma stabile della metilgranatilamina.

Le due basi isomere presentano adunque proprietà molto somiglianti sia allo stato libero che salificato. La differenza tra di esse non si rivela in modo evidente che nelle loro combinazioni coll'isotiocianato di fenile. Questo comportamento ricorda maravigliosamente quello delle tropilamine, tanto più che anche nella riduzione dell'ossima della granatilamina si verifica il fatto già osservato dal Willstätter, che per mezzo dell'alcool amilico e sodio, si ottiene la forma stabile, contrariamente a quanto è stato stabilito dall'Harries per l'ossima della vinildiacetonamina ([1]). D'altra parte però il parallelismo delle proprietà degli isomeri di tutte tre le serie ora accennate è così completo che induce a crederlo proveniente da una causa unica; se si considera infatti che tanto le tropilamine, quanto le granatilamine e le amine dell'Harries, contengono tutte come parte fondamentale della molecola il nucleo piperidinico con o senza metile all'azoto, apparisce giustificata l'ipotesi che l'isomeria sia da attribuirsi alle posizioni diverse che possono assumere rispetto al piano dell'anello piperidinico il gruppo NH_2 e l'altro sostituente che provoca l'asimmetria di uno o di ambedue gli atomi α-α' del nucleo piperidinico stesso:

$$
\begin{array}{ccc}
\text{H NH}_2 & \text{H NH}_2 & \text{H NH}_2 \\
\diagdown\!\diagup & \diagdown\!\diagup & \diagdown\!\diagup \\
\text{H}_2\text{C}-\overset{|}{\text{C}}-\text{CH}_2 & \text{H}_2\text{C}-\overset{|}{\text{C}}-\text{CH}_2 & \text{H}_2\text{C}-\overset{|}{\text{C}}-\text{CH}_2 \\
| & | & | \\
\text{HC}-\text{N}-\text{C(CH}_3)_2 & \text{HC}-\text{N}-\text{CH} & \text{HC}-\text{N}-\text{CH} \\
| \quad \text{H} & | \quad \text{CH}_3 \quad | & | \quad \text{CH}_3 \quad | \\
\text{CH}_3 & \text{H}_2\text{C}\text{---}\text{CH}_2 & \text{H}_2\text{C}-\text{CH}_2-\text{CH}_2 \\
\text{vinildiacetonaminamina} & \text{tropilamina} & \text{granatilamina}
\end{array}
$$

([1]) G. Harries, Berl. Ber. XXIX, pag. 521; Lieb. Ann. *294*, pag. 336.

Nel caso delle granatilamine e tropilamine il sostituente legato agli atomi α-α' è il ponte, rispettivamente di tre e due atomi di carbonio; nelle amine dell'Harries invece, vi è il gruppo metilico, il quale distrugge la simmetria della molecola rispetto al piano piperidinico.

Questo modo di spiegare l'isomeria osservata trova un appoggio nel fatto che la *triacetonalcamina*:

$$\begin{array}{c}
\text{H} \quad \text{OH} \\
\diagdown \diagup \\
\text{H}_2\text{C}-\overset{|}{\text{C}}-\text{CH}_2 \\
| \qquad\qquad | \\
(\text{CH}_3)_2\overset{|}{\text{C}}-\text{N}-\overset{|}{\text{C}}(\text{CH}_3)_2 \\
\text{H}
\end{array}$$

non esiste che in una forma sola.

Resterebbe ora da stabilire quale degli isomeri rappresenti la forma *cis* e quale la *trans*; rimanendo nel campo degli alcaloidi del melagrano, dirò che i fatti noti non mi permettono ancora di decidere con certezza la questione, che potrà forse essere risolta con studî ulteriori.

Per ultimo dirò che le considerazioni sopra esposte sono estensibili anche ai derivati che invece del gruppo aminico contengono l'ossidrile e aggiungerò che, quantunque composti di questo genere non manchino nel gruppo granatanico, pure finora non si è osservata alcuna isomeria in essi, probabilmente pel fatto che non si sono potuti ottenere che per riduzione dei corrispondenti chetoni. Ora è noto che con questo metodo anche nella serie tropanica non si giunge che alle basi alcooliche della forma stabile. Perciò si può affermare che gli alcool granatanici noti, altro non sono che gli omologhi delle corrispondenti forme stabili della serie tropanica. Le modificazioni labili si potranno avere forse dalle corrispondenti amine.

Chimica fisica. — *Sulla reciproca solubilità dei liquidi.*
Nota I^a di GIUSEPPE BRUNI, presentata dal Socio G. CIAMICIAN.

Parte teorica.

Il fatto che certi liquidi, come l'acqua e l'etere, possano sciogliersi reciprocamente solo in determinati rapporti, e che le loro miscele possano quindi dividersi in due strati, è noto da moltissimo tempo. Tali fenomeni attirarono ripetutamente l'attenzione dei cultori della chimica fisica, e vennero quindi fatti oggetto di numerose ricerche. Fra queste ricorderò, oltre alle più antiche di Frankenheim [1] ed Abaschen [2], quelle di Guthrie [3], Schreine-

[1] Lehre v. Kohäsion. Breslau, pag. 199 (1835).
[2] Bull. Soc. imp. natur. Moscou, XXX, 271 (1857).
[3] Phil. Mag. (5) XVIII, 29, 499, 503 (1884).

makers ([1]), Klobbie ([2]), Spring e Romanow ([3]) che studiarono alcuni casi
speciali; e sopratutto i lavori più diffusi e d'indole generale di W. Alexejew ([4]) e di V. Rothmund ([5]). In quest'ultimo lavoro trovasi oltre ad una
vasta discussione della teoria di tali processi, anche un riassunto storico e
bibliografico assai completo delle ricerche precedenti.

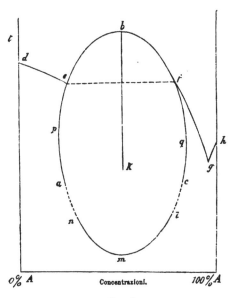

FIG. 1.

Questi lavori hanno condotto alla conclusione che la proprietà di tali
miscele liquide di dividersi in due strati in ciascuno dei quali predomina
uno dei due componenti non si mantiene in generale a tutte le temperature;
ma che in certe determinate condizioni di temperatura tale divisione in due
strati non avviene più. Sotto tale rispetto le coppie di liquidi finora sperimentate possono dividersi in due categorie: Il maggior numero di queste
coppie al disopra di una data temperatura presentano una completa miscibilità, ed al disotto di quella possono dar luogo ad una divisione in due
strati. Se si usa il solito sistema di rappresentazione grafica — portando

([1]) Zeitschr. f. physik. Ch., XXIII, 417 (1897).
([2]) Zeitschr. f. physik. Ch., XXIV, 618 (1897).
([3]) Zeitschr. f. Anorg. Ch., XIII, 29 (1897).
([4]) Journ. f. pr. Ch. XXV, 518 (1882); Wied. Ann. XXVIII, 305 (1886).
([5]) Zeitschr. f. physik. Ch., XXVI, 433 (1898).

sull'asse delle ascisse le concentrazioni riferite a 100 parti di miscela e su quello delle ordinate le temperature — i fenomeni ora esposti sono rappresentati schematicamente dalla curva *a b c* (fig. 1). I tratti *a b* e *b c* rappresentano p. es. le curve di solubilità del metiletilchetone nell'acqua, e dell'acqua nel metiletilchetone (Rothmund); queste due curve coincidono nel punto di *b* che è un punto di massimo. L'analogia del punto *b* in cui vengono a confondersi due fasi liquide, col punto critico in cui vengono a confondersi una fase liquida ed una fase gassosa, venne posta in rilievo pel primo da Orme Masson (¹). Tale punto si chiama perciò *punto critico di soluzione*. Rothmund (l. c.) studiò quali delle leggi che regolano lo stato critico siano applicabili ai fenomeni sopradescritti; egli trovò che nelle miscele finora studiate si verifica con una notevole approssimazione la *legge del diametro retto;* cioè: il diametro (fig. 1, retta *b k*) delle corde parallele all'asse delle concentrazioni è una retta che passa pel punto critico. Non si verifica invece la *legge degli stati corrispondenti*.

Oltre alle coppie di liquidi della categoria suaccennata, ne esistono altre le quali presentano pure un punto critico, ma questo anzichè essere un punto di massimo è un punto di minimo. I due componenti di queste coppie, p. es. acqua e trietilammina, sono miscibili in tutti i rapporti al disotto di una certa temperatura; al disopra di questa invece, ha luogo la divisione in strati. La curva *l m n* (fig. 1) rappresenta l'andamento della miscibilità nelle miscele di questa categoria. Per esse Rothmund trovò che non si verifica la legge del diametro retto.

La scoperta di questa seconda categoria di miscele a punto critico inferiore indusse il van 't Hoff (²), a supporre che in questi casi debba, a temperature più elevate di quelle alle quali venne finora sperimentato, esistere un secondo punto critico al disopra del quale si avrebbe di nuovo la miscibilità completa dei due componenti. La curva di miscibilità sarebbe in questo caso una curva chiusa come è rappresentata dalla fig. 1 riunendo i segmenti *a b c*, *l m n* colle linee punteggiate. L'esistenza di una curva di tale forma può ammettersi per considerazioni puramente teoriche. Infatti dalla teoria di van der Waals sulla continuità degli stati liquido e gassoso, deve dedursi che in prossimità del punto critico tutti i liquidi debbano esser fra di loro completamente miscibili. Inoltre per alcune coppie di liquidi si sono realizzate sperimentalmente curve che sembrano accostarsi ad una curva chiusa (p. es. per le miscele di metiletilchetone, dietilchetone, alcool isobutilico, alcool amilico e β-collidina con acqua). Degna di nota fra queste è la curva di miscibilità delle miscele di acqua e di metiletilchetone studiata da Rothmund. Essa è rappresentata schematicamente dalla curva *a b c* della stessa fig. 1,

---

(¹) Zeitschr. f. physik. Ch., VII, 500.
(²) *Vorlesungen ü. physik. u. theor. Chemie*, Heft. I, pag. 41.

e più esattamente dalla curva esterna della fig. 3. Come si vede dalla figura schematica si hanno infatti in questa curva nei punti p e q, rispettivamente un minimo ed un massimo di solubilità. Così le miscele di questi liquidi comprese fra le concentrazioni corrispondenti ai punti a e p e quelle comprese tra le concentrazioni corrispondenti a c e q, possono dar luogo alla formazione di due strati solo in un certo intervallo di temperatura, al disopra ed al disotto del quale restano forzatamente omogenee. Una curva con andamento simile, ma con punto critico inferiore presentano le miscele di acqua e β-collidina.

Una curva di miscibilità completamente chiusa, non potè però fino ad ora essere sperimentalmente realizzata ed il riuscirvi presenterebbe certamente un notevole interesse. A ciò si oppongono però difficoltà sperimentali di vario genere. Per le miscele a punto critico superiore esse sono dovute sopratutto al fatto che si dovrebbe discendere a temperature troppo basse, alle quali i due rami della curva di miscibilità, incontrando la curva di congelamento o di solubilità allo stato solido, non potrebbero esistere che in uno stato di equilibrio instabile o metastabile. Per le miscele a punto critico inferiore, formate tutte da ammine grasse, o da basi piridiniche con acqua, la difficoltà consiste nelle troppo alte temperature a cui si dovrebbe arrivare, ed alle quali i tubi che si adoperano nelle esperienze sono facilmente intaccati e si rompono.

Assai più facile appariva il realizzare una curva chiusa di miscibilità con sistemi di tre corpi, ed io diressi la mia attenzione su questi sistemi. In questo lavoro vengono quindi descritte le ricerche da me fatte sugli equilibrî nelle miscele di acqua e di metiletilchetone in cui fosse presente sempre alcool etilico nella proporzione di 1,5 per cento parti della quantità totale di miscela.

Anche sui sistemi ternari vennero eseguite numerose ricerche da Duclaux [1], Traube e Neuberg [2], Pfeiffer, [3], Baucroft [4], Crismer [5], Linebarger [6], e più recentemente ed in modo assai completo da Schreinemakers [7] e da Snell [8]. Però in tal caso i fenomeni sono teoricamente assai più complicati. Ciò risulta già subito dalla teoria delle fasi di Gibbs, poichè i sistemi ternarî a due fasi liquide, avendo rispetto ai sistemi binarî

[1] Ann. chim. phys. (5) VIII, 264 (1867).
[2] Zeitschr. f. physik. Ch., I, 509 (1887).
[3] Zeitschr. f. physik. Ch., IX, 444 (1892).
[4] Journ. of phys. Chem., I, 34 (1896).
[5] Bull. Acad. Roy. Belg., XXX, 97 (1895).
[6] Amer. Chem. Journ., XIV, 380 (1892).
[7] Zeitschr. f. physik. Ch., XXIII, 417 (1897); XXVI, 237; XXVII, 95 (1898).
[8] Journ. of physik. Chem., II, 457 (1898).

per lo stesso numero di fasi un componente di più, posseggono un grado superiore di varianza.

Facciamo uso come sistema grafico del noto diagramma triangolare (fig. 2) in cui le concentrazioni dei 3 componenti sono rappresentate dalle distanze dai 3 lati di un triangolo equilatero, e le temperature si portano su un asse perpendicolare al piano del triangolo. Se come nel caso da me scelto si aggiunge a due componenti reciprocamente solubili un terzo che sia con entrambi completamente miscibile, si genera una superficie di misci-

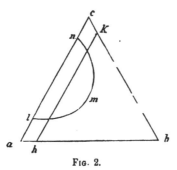

Fig. 2.

bilità che Snell (l. c.) chiama *superficie dinerica* e di cui la curva *l m n* (fig. 2) rappresenta la proiezione sul triangolo di base. Determinando le temperature di miscibilità di miscele di acqua e metiletilchetone che contenevano sempre 1,5 % d'alcool etilico, io ho quindi determinato una sezione della superficie dinerica secondo un piano *h k* parallelo ad uno dei piani coordinati.

Come io avevo preveduto, tale intersezione è una curva chiusa quale è rappresentata dalla fig. 3. In questa è riportata per confronto la curva di equilibrio delle miscele di acqua e metiletilchetone senza aggiunta di alcool studiate da Rothmund. Le miscele di acqua e metiletilchetone che contengono 1,5 p. cento d'alcool possono quindi dividersi in due strati solo fra due determinate temperature : $+16°$ e $+148°$. Al disotto ed al disopra rispettivamente di queste due temperature esse restano omogenee qualunque sia la loro composizione. Nella curva da me determinata vi sono quindi due punti critici uno superiore ed uno inferiore. Come però fece osservare Schreinemakers (l. c.) questi due punti critici non sono il punto di massimo ed il punto di minimo rispetto alle temperature (¹). Infatti la curva *a b c* della fig. 1, oltre all'avere il significato fin qui datole di curva lungo la quale diventano omogenee od eterogenee le miscele di due componenti, può anche

(¹) Cfr. Duhem, *Mécan. chim.*, t. IV, pag. 176.

considerarsi derivata in altro modo, prendendo cioè i due componenti in un dato rapporto, e determinando il variare della composizione dei due strati in equilibrio col variare della temperatura. Fin che si tratti di miscele binarie, le due curve derivate nei due modi ora descritti manifestamente coincidono ; nelle miscele ternarie però tale coincidenza non si verifica più.

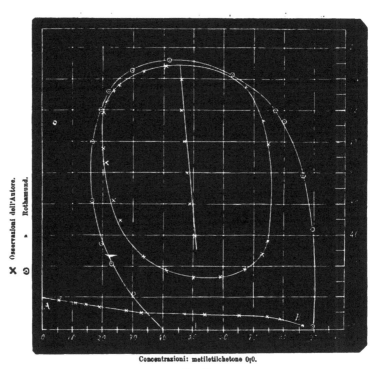

Concentrazioni: metiletilchetone 0,0.

FIG. 3.

Operando nel secondo modo si viene a generare una seconda superficie che si dice la *superficie critica*. Queste due superficie, la critica e la dinerica, si tagliano secondo una curva, ed è questa curva che segna *il luogo dei punti critici sulla superficie dinerica*. I due punti critici sulla curva da me determinata sarebbero quindi dati dall'intersezione di questa curva colla curva sezione della superficie critica sullo stesso piano. Tali punti non sono affatto necessariamente il punto di massimo e quello di minimo. Pel punto critico superiore però, visto che il tratto superiore della curva si scosta assai poco da quello delle miscele binarie, si può ritenere che esso sarà assai poco lontano dal punto di massimo.

Come si vede dalla fig. 3, per la parte superiore della curva da me determinata si verifica con notevole esattezza la *regola del diametro retto*, verificata da Rothmund in tutte le miscele a punto critico superiore: cioè il diametro delle corde parallele all'asse delle concentrazioni è rettilineo. Però nella parte inferiore della curva questa regola non si verifica più.

Vediamo ora in quale rapporto starà la curva di miscibilità allo stato liquido ora determinata, con la curva di solubilità allo stato solido. Tali rapporti per le miscele binarie a punto critico superiore sono rappresentate dalla fig. 1. La curva di solubilità consta di 3 rami: i rami *d e* ed *f g* lungo i quali si deposita uno dei due componenti. I punti *e* ed *f* in cui questi tagliano la curva di solubilità allo stato liquido sono alla stessa temperatura [1]. Infine si ha il ramo *g h* lungo il quale si deposita l'altro componente. Nel punto crioidratico *g* coesistono entrambi i componenti come fasi solide. Data la forma della curva di solubilità allo stato liquido realizzata nel caso da me studiato, era prevedibile che essa non avrebbe incontrato affatto la curva di solubilità (o di congelamento) allo stato solido. Io ho infatti realizzato sperimentalmente un largo tratto di questa curva, osservando le temperature di congelamento delle miscele di acqua e metiletilchetone contenenti 1,5 p. c. d'alcool etilico. Dalle esperienze risulta verificata la previsione suespressa, che cioè la curva di solubilità (o congelamento) allo stato solido non incontra in alcun punto la curva di miscibilità allo stato liquido. Anche tale nuova curva si trova tracciata nella fig. 3. Il fatto ora realizzato è pure un risultato sperimentale nuovo. Si erano infatti realizzati alcuni casi in cui le due curve non si incontravano [2]; ma in tali casi la curva di miscibilità allo stato liquido si trovava in stato d'equilibrio instabile. Nel caso presente si tratta di curve rappresentanti equilibri stabili. Casi simili si realizzeranno prevedibilmente in tutti i casi di miscele binarie a punto critico inferiore.

Parte sperimentale.

Il metiletilchetone impiegato proveniva dalla fabbrica di E. Merck. Fu rettificato e bolliva costante a 80°,5-81° sotto la pressione di 761 mm.

Il metodo da me seguito fu il seguente: Volendo operare sempre su miscele che contenessero 1,5 parti d'alcool etilico su 100 di miscela, aggiunsi alcool etilico assoluto in questa proporzione tanto all'acqua, quanto al chetone da impiegare. Pel resto operai esattamente nel modo indicato da Rothmund, introducendo quantità date dei due liquidi così preparati in tubetti di vetro robusto chiusi ad una estremità, i quali venivano ripesati e quindi

[1] Rothmund, Zeitschr. f. physic. Ch., XXVI, 483; Duhem, *Mécan. chim.*, t. IV, pag. 176.

[2] Alexejew (l. c.); Roozeboom, Rec. trav. chim. Pays-Bas, VIII, 2 (1889). Cfr. Rothmund, l. c., pag. 487.

saldati all'altra estremità. Osservavo tanto il punto in cui il liquido diveniva omogeneo, come quello in cui ricominciava ad intorbidarsi e prendevo la media delle due temperature. Mi servii di un termometro normale di Geissler graduato da — 40° a + 60° e diviso in $^1/_5$° con certificato della Physic. techn. Reichsanstatt, e di un termometro a scala mobile diviso in $^1/_{10}$° che regolavo col primo.

I limiti inferiori di miscibilità poterono venire osservati con una notevole approssimazione. Per queste osservazioni i tubi si trovavano immersi in un recipiente a doppia parete ripieno d'acqua in cui si producevano il raffreddamento od il riscaldamento coll'aggiunta di acqua fredda o calda. Pei limiti superiori di miscibilità (che osservavo scaldando i tubi in un bagno d'olio), come già osservò Rothmund, non possono farsi letture di grande esattezza. Nei dati relativi a questi mi limito quindi a indicare i gradi od al più i mezzi gradi. Nella tabella che segue sono esposti i risultati ottenuti. Le concentrazioni — pel modo scelto di rappresentazione grafica dei fenomeni — sono calcolate dividendo il peso del chetone contenuto nella miscela per la somma dei pesi dell'acqua e del chetone. Nella tabella trovasi indicato con t' la temperatura dell'intorbidamento del liquido, con t'' quella in cui il liquido torna limpido, e con t la media delle due temperature.

Concentrazione	Temperatura inferiore di miscibilità			Temperatura superiore di miscibilità		
	t'	t''	t	t'	t''	t
19,53	nessun intorbidamento					
20,00	96,0	95,0	95,5	118	120	119
21,08	86,5	85,5	86,0	124	126	125
23,41	62,5	61,5	62,0	132	132	132
25,41	49,4	49,0	49,2	134	137	135,5
33,48	26,1	25,7	25,9	144	146	145
40,78	16,6	16,4	16.5	148	148	148
50,23	16.6	16,4	16,5	non fu determinato		
59,07	19,6	19,4	19,5	id.		
67,12	22,1	22,1	22,1	134	135	134,5
73,17	28,2	27,8	28,0	113	115	114
75,25	36,0	35,8	35,9	98,9	99,7	99,3
77,32	nessun intorbidamento					

Come fu sopra accennato, vennero anche determinate le temperature di congelamento delle miscele di acqua e metiletilchetone contenenti 1,5 p.c.

d'alcool col risultato indicato nella tabella seguente. La curva relativa è indicata con A B nella fig. 3.

Concentrazione	Temper. di congelamento	Concentrazione	Temper. di congelamento
0,000	— 0°,4	47,46	10,°5
5,715	2, 1	54,05	10, 9
11,43	3, 8	66,22	11, 5
14,48	4, 7	74,61	13, 3
19,06	6, 4	79,13	14, 0
27,91	8, 3	87,18	17, 5
35,15	9 ,4	90,07 non gela a — 20, 5	

Mi propongo di continuare queste ricerche sia per completare lo studio degli equilibrî nel sistema ternario: acqua, metiletilchetone, alcool etilico, sia per estenderle ad altri sistemi ternarî e possibilmente binarî.

PERSONALE ACCADEMICO

Pervenne all'Accademia la dolorosa notizia della morte del Socio straniero ROBERTO GUGLIELMO BUNSEN, avvenuta il 15 agosto 1899; apparteneva il defunto Socio all'Accademia, sino dal 2 luglio 1875.

CORRISPONDENZA

Ringraziarono per le pubblicazioni ricevute:

La R. Accademia di scienze e lettere di Copenaghen; la Società Reale delle scienze di Upsala; le Società di scienze naturali di Emden e di Amburgo; la Società geologica di Sydney; la Direzione della R. Scuola navale di Genova; il Museo Britannico di Londra; il Museo di zoologia comparata di Cambridge Mass.

OPERE PERVENUTE IN DONO ALL'ACCADEMIA
dal 7 agosto al 3 settembre 1899.

Arcidiacono S. — Principali fenomeni eruttivi avvenuti in Sicilia e nelle isole adiacenti nel semestre luglio-dicembre 1898. Modena, 1899. 8°.

Id. — Sul terremoto del 3 maggio 1899. Catania, 1899. 8°.

Astronomische Mittheilungen gegründet von D. R. Wolf. N. LXXXX herausgegeben von A. Wolfer. Zürich, 1899. 8°.

Baccarini P. — I caratteri e la storia della Flora Mediterranea. Catania, 1899. 8°.

Baccarini P. e *Buscemi G.* — Sui nettarii foliari della Olmediella Cesatiana Baill. Catania, 1898. 8°.

Id. e *Cannarella P.* — Primo contributo alla struttura e alla biologia del Cynomorium coccineum. Catania, 1899. 4°.

Baggi V. — Trattato elementare completo di geometria pratica. Disp. 64. Torino, 1899. 8°.

Berlese A. — Osservazioni circa proposte per allontanare i parassiti delle piante mercè iniezioni interorganiche. Firenze, 1899. 8°.

Canestrini G. e *Kramer P.* — Demodicidae und Sarcoptidae. Berlin, 1899. 8°.

Caruso G. — La barbabietola da zucchero nell'amministrazione diretta e nella colonìa parziaria. Firenze, 1899. 8°.

D'Achiardi G. — Minerali dei marmi di Carrara. Pisa, 1899. 8°.

Eredia F. — Temperature di Catania e dell'Etna ottenute col metodo delle differenze. Catania, 1899. 8°.

Fiorini M. — Sfere terrestri e celesti di autore italiano oppure fatte o conservate in Italia. Roma, 1899. 8°.

Hjelt E. e *Aschan O.* — Die Kohlenwasserstoffe und ihre Derivate oder organische Chemie. 5. Theil. (Bd. VII d. Rascoe-Schorlommer's ausführliches Lehrbuch d. Chemie von J. W. Brühl.). Braunschweig, 1899. 8°.

Mascari A. — Sulla frequenza e distribuzione in latitudine delle macchie solari, osservate al R. Osservatorio astro-fisico di Catania nel 1898. Catania, 1899. 4°.

Id. — Sulle protuberanze solari, osservate al R. Osservatorio di Catania nell'anno 1898. Catania, 1899. 4°.

Motta-Coco A. e *Drago S.* — Contributo allo studio delle cause predisponenti alla peneumonite crupale. Torino, 1899. 8°.

Id. id. — Reperto ematologico in un caso di scorbuto. Contributo alla genesi della coagulazione del sangue. Catania, 1899. 8°.

Nuove relazioni intorno ai lavori della R. Stazione di entomologia agraria di Firenze, per cura della Direzione. Serie prima, n. 1. Firenze, 1899. 8°.

Passerini N. — Esperienze sugli usi agricoli e domestici della Formaldeide, sua azione sopra alcuni fermenti viventi. Firenze, 1899. 8°.

Id. — Sulla presenza di fermenti zimici ossidanti nelle piante fanerogame. Firenze, 1899. 8°.

Reina V. — Determinazioni di latitudine e di azimut eseguite nel 1898 nei punti Monte Mario, Monte Cavo, Fiumicino. Firenze, 1899. 4°.

Riccò A., *Zona T.* e *Saija G.* — Calcolo preliminare della differenza di longitudine tra Catania e Palermo e determinazione delle anomalie di gravità in Catania. Catania, 1899. 4°.

Sars G. O. — An account of the Crustacea of Norway. Vol. II Isopoda. Part. XIII, XIV Cryptoniscidae, Appendix. Bergen, 1899. 8°.

Tommasina Th. — Sur la nature et la cause du phénomène des Cohéreurs. Paris 1899. 4°.   P. B.

RENDICONTI

DELLE SEDUTE

DELLA REALE ACCADEMIA DEI LINCEI

Classe di scienze fisiche, matematiche e naturali.

MEMORIE E NOTE

DI SOCI O PRESENTATE DA SOCI

pervenute all'Accademia sino al 17 settembre 1899.

~~~~~~~~~~~~

Matematica. — *Sulla teoria delle trasformazioni delle superficie d'area minima.* Nota del Socio Luigi Bianchi.

In diverse Note pubblicate in questi Rendiconti ([1]) e più completamente
in una Memoria che si sta ora stampando nel tomo III, serie 3ª, degli Annali
di matematica ([2]), mi sono occupato dei nuovi teoremi del sig. Guichard relativi alla deformazione delle quadriche di rotazione ed ho sviluppato le importanti conseguenze che ne derivano per la teoria delle superficie a curvatura
costante.

Anche per le superficie d'area minima, come in più punti della Memoria ho rilevato, si può costruire una teoria perfettamente analoga. E quantunque in questo caso, conoscendosi già in termini finiti tutte le superficie
d'area minima, le conseguenze dei teoremi di Guichard non offrano certamente tutto l'interesse inerente al caso delle superficie a curvatura costante,
ove costituiscono dei veri e propri metodi d'integrazione, pure esse meritano
ancora, dal punto di vista geometrico, uno studio accurato. Particolarmente
interessanti sono le relazioni della accennata teoria colle belle ricerche esposte
dal sig. Thybaut nella Memoria: *Sur la déformation du paraboloïde et sur
quelques problèmes qui s'y rattachent* ([3]). L'elemento più importante di queste

---

([1]) Sedute del 19 febbraio, 5 marzo, 23 aprile e 21 maggio 1899.

([2]) *Sulla teoria delle trasformazioni delle superficie a curvatura costante.* Le citazioni che si riferiscono a questa Memoria saranno contrassegnate con (M).

([3]) Annales de l'École normale supérieure, 3ème, série t. XIV, 1897.

ricerche consiste in quelle singolari congruenze, scoperte da Thybaut, nelle quali le due falde della superficie focale sono superficie d'area minima, corrispondendosi le linee assintotiche sulle due falde. Queste speciali congruenze W ([1]) si diranno *congruenze di Thybaut*. La presente Nota ha per principale oggetto di far conoscere il legame che esiste fra i teoremi di Guichard relativi alla deformazione del paraboloide di rotazione e le congruenze di Thybaut. Si vedrà che ove si consideri una deformata qualsiasi S_0 del paraboloide di rotazione e le due congruenze di raggi che il teorema di Guichard associa alla S_0 e che sono rispettivamente normali a due superficie S, $\overline{S}$ d'area minima, prendendo delle S, $\overline{S}$ le due superficie d'area minima coniugate in applicabilità, secondo Bonnet, queste, convenientemente collocate nello spazio, saranno appunto le due falde focali di una congruenza di Thybaut. Inversamente tutte le congruenze di Thybaut derivano con questa costruzione dalle deformate del paraboloide.

§ 1.

Corrispondenza dei sistemi ortogonali di S ai sistemi coniugati di S_0.

Riprendiamo tutte le notazioni della Memoria e ricordiamo che, essendo S_0 una superficie applicabile sopra una delle cinque ultime superficie fondamentali ed S la superficie a curvatura costante normale ai raggi di una delle due congruenze associate a S_0, secondo i teoremi di Guichard, abbiamo dimostrato (cf. (M) § 10) che i sistemi coniugati di S_0 corrispondono ai sistemi coniugati di S. Questa proprietà scompare nel caso in cui la S_0 sia applicabile sul paraboloide di rotazione e la S sia la superficie d'area minima normale ai raggi di una delle due congruenze associate. In sua vece ne subentra un'altra, egualmente notevole, data dal teorema:

Ad ogni sistema coniugato della superficie S_0 corrisponde sulla superficie d'area minima S un sistema ortogonale ([2]).

Per dimostrarlo converrà provare che sussistono nel caso attuale le proporzioni (cf. (M) § 3):

$$\frac{T^2 E' + 2Te + E_0 \operatorname{sen}^2 \sigma}{D_0} = \frac{T^2 F' + 2Tf}{D'_0} = \frac{T^2 G' + 2Tg + G_0}{D''_0}.$$

Queste si risolvono, nel caso speciale nostro, nell'unica equazione

$$T^2 (3 \cot \sigma \, \sigma'^2 - \sigma'') - 2T\sigma' \cos \sigma + \operatorname{sen} \sigma \cos \sigma = 0,$$

la quale è identicamente soddisfatta a causa delle formole ((M) § 3):

$$\sigma'' = 3 \cot \sigma \cdot \sigma'^2, \quad 2T\sigma' = \operatorname{sen} \sigma.$$

([1]) *Lezioni*, cap. XII.

([2]) La medesima proprietà sussiste anche se la S_0 è applicabile sull'ellissoide allungato o sull'iperboloide a due falde di rotazione e la S è la superficie *a curvatura media costante* normale ai raggi della congruenza associata.

Se consideriamo poi la seconda superficie d'area minima $\overline{S}$ normale ai raggi della congruenza riflessa, e simmetrica di S rispetto alla superficie riflettente S_0, segue dal teorema superiore che sopra S, $\overline{S}$ si corrispondono i sistemi ortogonali, cioè:

Le due superficie ad area minima S, $\overline{S}$ normali rispettivamente alle due congruenze associate di una deformata S_0 del paraboloide di rotazione, si corrispondono con conservazione degli angoli.

La medesima cosa risulta anche dal teorema al § 9 (M), secondo il quale sopra S, $\overline{S}$ si corrispondono i sistemi coniugati, in particolare quindi le linee di lunghezza nulla ed i sistemi ortogonali.

§ 2.

Le equazioni fondamentali della trasformazione.

Secondo le considerazioni fondamentali del § 11 (M), occupiamoci ora della inversione del teorema di Guichard relativo alle deformate del paraboloide di rotazione. Supponiamo adunque data una qualunque superficie d'area minima S e cerchiamo se è sempre possibile riportare sulle sue normali, a partire dal piede M, un tale segmento $MM_0 = T$ (variabile da punto a punto), in guisa che il luogo degli estremi M_0 sia una superficie S_0 applicabile sul paraboloide di rotazione e la congruenza delle normali di S sia una delle due congruenze associate alla S_0. Basterà a tale scopo tradurre in calcolo le due proprietà seguenti, che necessariamente dovranno aver luogo:

1° L'angolo σ d'inclinazione del segmento $MM_0 = T$ sopra S_0 deve essere legato alla lunghezza T del segmento dalla formola ((M) § 4)

$$(\alpha) \qquad \frac{1}{\mathrm{sen}^2 \sigma} = 2k\mathrm{T} \,,$$

essendo k una costante che si può supporre positiva e che eguaglia il parametro del paraboloide di rotazione.

2° Alle linee di curvatura di S deve corrispondere un sistema coniugato sopra S_0.

Riferiamo la superficie d'area minima S alle sue linee di curvatura u, v e sia (*Lezioni*, cap. XIV)

$$ds^2 = e^{2\theta} (du^2 + dv^2)$$

il quadrato del suo elemento lineare, i raggi principali di curvatura r_1, r_2 avendo le espressioni:

$$r_1 = - e^{2\theta} \,, \quad r_2 = e^{2\theta} \,;$$

la funzione θ di u, v sarà una soluzione dell'equazione di Liouville:

$$(1) \qquad \frac{\partial^2 \theta}{\partial u^2} + \frac{\partial^2 \theta}{\partial v^2} = e^{-2\theta} \,.$$

Colle notazioni del § 1 (M), avremo le formole fondamentali:

$$(2) \begin{cases} \dfrac{\partial x}{\partial u} = e^\theta X_1\,, \quad \dfrac{\partial X_1}{\partial u} = -\dfrac{\partial \theta}{\partial v} X_2 - e^{-\theta} X_3\,, \quad \dfrac{\partial X_2}{\partial u} = \dfrac{\partial \theta}{\partial v} X_1\,, \quad \dfrac{\partial X_3}{\partial u} = e^{-\theta} X_1 \\[2mm] \dfrac{\partial x}{\partial v} = e^\theta X_2\,, \quad \dfrac{\partial X_1}{\partial v} = \dfrac{\partial \theta}{\partial u} X_2\,, \quad \dfrac{\partial X_2}{\partial v} = -\dfrac{\partial \theta}{\partial u} X_1 + e^{-\theta} X_3\,, \quad \dfrac{\partial X_3}{\partial v} = -e^{-\theta} X_2\,. \end{cases}$$

Indicando con x_0, y_0, z_0 le coordinate dell'estremo M_0 del segmento $MM_0 = T$ staccato sulla normale di S, avremo

$$x_0 = x + TX_3\,, \quad y_0 = y + TY_3\,, \quad z_0 = z + TZ_3\,,$$

da cui derivando deduciamo per le (2):

$$(3) \begin{cases} \dfrac{\partial x_0}{\partial u} = (e^\theta + Te^{-\theta}) X_1 + \dfrac{\partial T}{\partial u} X_3 \\[2mm] \dfrac{\partial x_0}{\partial v} = (e^\theta - Te^{-\theta}) X_2 + \dfrac{\partial T}{\partial v} X_3\,. \end{cases}$$

Indicando con X_0, Y_0, Z_0 i coseni di direzione della normale in M_0 alla superficie S_0 luogo di M_0, abbiamo dalle (3):

$$\varrho X_0 = (e^\theta - Te^{-\theta}) \dfrac{\partial T}{\partial u} X_1 + (e^\theta + Te^{-\theta}) \dfrac{\partial T}{\partial v} X_2 - (e^\theta - Te^{-\theta})(e^\theta + Te^{-\theta}) X_3$$

e formole analoghe per ϱY_0, ϱZ_0, posto per brevità

$$\varrho^2 = (e^\theta - Te^{-\theta})^2 \left(\dfrac{\partial T}{\partial u}\right)^2 + (e^\theta + Te^{-\theta})^2 \left(\dfrac{\partial T}{\partial v}\right)^2 + (e^\theta + Te^{-\theta})^2 (e^\theta - Te^{-\theta})^2\,.$$

Ne segue per l'angolo σ la formola

$$\operatorname{sen}\sigma = X_0 X_3 + Y_0 Y_3 + Z_0 Z_3 = -\frac{(e^\theta + Te^{-\theta})(e^\theta - Te^{-\theta})}{\varrho}$$

e dalla (α) deduciamo quindi intanto per la funzione incognita T una prima equazione a derivate parziali (del 1º ordine) a cui deve soddisfare e cioè:

$$(I) \qquad \frac{1}{(e^\theta + Te^{-\theta})^2} \left(\frac{\partial T}{\partial u}\right)^2 + \frac{1}{(e^\theta - Te^{-\theta})^2} \left(\frac{\partial T}{\partial v}\right)^2 + 1 = 2kT\,.$$

Esprimendo ora in secondo luogo che sulla S_0 il sistema u, v deve essere coniugato, ciò che porta l'annullarsi del determinante

$$\begin{vmatrix} \dfrac{\partial^2 x_0}{\partial u\,\partial v} & \dfrac{\partial^2 y_0}{\partial u\,\partial v} & \dfrac{\partial^2 z_0}{\partial u\,\partial v} \\[2mm] \dfrac{\partial x_0}{\partial u} & \dfrac{\partial y_0}{\partial u} & \dfrac{\partial z_0}{\partial u} \\[2mm] \dfrac{\partial x_0}{\partial v} & \dfrac{\partial y_0}{\partial v} & \dfrac{\partial z_0}{\partial v} \end{vmatrix}\,,$$

e sostituendo in questo determinante i valori (3) e quelli che ne seguono per una nuova derivazione, ne deduciamo che T deve anche soddisfare l'equazione del 2° ordine:

$$(II) \quad \frac{\partial^2 T}{\partial u \, \partial v} = \left(\frac{e^{-\theta}}{e^{\theta} + T e^{-\theta}} - \frac{e^{-\theta}}{e^{\theta} - T e^{-\theta}} \right) \frac{\partial T}{\partial u} \frac{\partial T}{\partial v} + \frac{e^{\theta} - T e^{-\theta}}{e^{\theta} + T e^{-\theta}} \frac{\partial \theta}{\partial v} \frac{\partial T}{\partial u} + \frac{e^{\theta} + T e^{-\theta}}{e^{\theta} - T e^{-\theta}} \frac{\partial \theta}{\partial u} \frac{\partial T}{\partial v}.$$

Queste equazioni (I), (II) sono le equazioni fondamentali della trasformazione; esse costituiscono un sistema illimitatamente integrabile, sicchè la soluzione più generale del sistema contiene due costanti arbitrarie.

§ 3.

Illimitata integrabilità del sistema (I) (II).

Derivando la (I) rapporto ad *u* e *v* e combinando le equazioni risultanti colla (II) deduciamo il sistema completo seguente di equazioni del 2° ordine [1]:

$$(III) \begin{cases} \dfrac{\partial}{\partial u} \left(\dfrac{1}{e^{\theta} + T e^{-\theta}} \dfrac{\partial T}{\partial u} \right) = k(e^{\theta} + T e^{-\theta}) - \dfrac{\partial \theta}{\partial v} \dfrac{1}{e^{\theta} - T e^{-\theta}} \dfrac{\partial T}{\partial v} - \dfrac{e^{-\theta}}{(e^{\theta} - T e^{-\theta})^2} \left(\dfrac{\partial T}{\partial v} \right)^2 \\[2ex] \dfrac{\partial}{\partial v} \left(\dfrac{1}{e^{\theta} + T e^{-\theta}} \dfrac{\partial T}{\partial u} \right) = \dfrac{\partial \theta}{\partial u} \dfrac{1}{e^{\theta} - T e^{-\theta}} \dfrac{\partial T}{\partial v} - e^{-\theta} \dfrac{1}{e^{\theta} + T e^{-\theta}} \dfrac{\partial T}{\partial u} \dfrac{1}{e^{\theta} - T e^{-\theta}} \dfrac{\partial T}{\partial v} \\[2ex] \dfrac{\partial}{\partial u} \left(\dfrac{1}{e^{\theta} - T e^{-\theta}} \dfrac{\partial T}{\partial v} \right) = \dfrac{\partial \theta}{\partial v} \dfrac{1}{e^{\theta} + T e^{-\theta}} \dfrac{\partial T}{\partial u} + e^{-\theta} \dfrac{1}{e^{\theta} + T e^{-\theta}} \dfrac{\partial T}{\partial u} \dfrac{1}{e^{\theta} - T e^{-\theta}} \dfrac{\partial T}{\partial v} \\[2ex] \dfrac{\partial}{\partial v} \left(\dfrac{1}{e^{\theta} - T e^{-\theta}} \dfrac{\partial T}{\partial v} \right) = k(e^{\theta} - T e^{-\theta}) - \dfrac{\partial \theta}{\partial u} \dfrac{1}{e^{\theta} + T e^{-\theta}} \dfrac{\partial T}{\partial u} + \dfrac{e^{-\theta}}{(e^{\theta} + T e^{-\theta})^2} \left(\dfrac{\partial T}{\partial u} \right)^2, \end{cases}$$

dove per comodità di calcolo abbiamo scritto due volte, sotto forme diverse, l'equazione media (II).

Se deriviamo la prima delle (III) rapporto a *v*, la seconda rapporto ad *u* e sottraghiamo osservando la (I), troviamo identicamente soddisfatta la condizione d'integrabilità:

$$\frac{\partial^2}{\partial u \, \partial v} \left(\frac{1}{e^{\theta} + T e^{-\theta}} \frac{\partial T}{\partial u} \right) = \frac{\partial^2}{\partial v \, \partial u} \left(\frac{1}{e^{\theta} + T e^{-\theta}} \frac{\partial T}{\partial u} \right).$$

Analogamente si verifica per l'altra

$$\frac{\partial^2}{\partial u \, \partial v} \left(\frac{1}{e^{\theta} - T e^{-\theta}} \frac{\partial T}{\partial v} \right) = \frac{\partial^2}{\partial v \, \partial u} \left(\frac{1}{e^{\theta} - T e^{-\theta}} \frac{\partial T}{\partial v} \right),$$

procedendo nel medesimo modo colle due ultime (III).

[1] Come al § 12 (M) si lascia da parte il caso ovvio in cui si avesse $\frac{\partial T}{\partial u} = 0$ o $\frac{\partial T}{\partial v} = 0$. Allora la S_o sarebbe una delle deformate di rotazione del paraboloide e la S sarebbe il catenoide.

Segue di qui che il sistema (I), (III) è illimitatamente integrabile e si può quindi assegnare ad arbitrio per un sistema iniziale $(u_0 \, v_0)$ di valori delle variabili u, v i valori di

$$T, \quad \frac{\partial T}{\partial u}, \quad \frac{\partial T}{\partial v},$$

purchè soddisfino la (I). Che se poi non fissiamo a priori il valore della costante k (parametro del paraboloide) si potranno assumere affatto ad arbitrio i valori iniziali di

$$T, \quad \frac{\partial T}{\partial u}, \quad \frac{\partial T}{\partial v}$$

e il parametro k del paraboloide risulterà in conseguenza fissato dalla (I).

§ 4.

Verifiche relative alla superficie riflettente S_0.

Scelta per T una soluzione qualsiasi del sistema (I), (III), consideriamo la superficie S_0 luogo degli estremi M_0 dei segmenti T staccati sulle normali di S e dimostriamo: 1° che la S_0 sarà applicabile sul paraboloide di rotazione di parametro k; 2° che la congruenza delle normali di S sarà una delle due associate alla S_0 secondo il teorema di Guichard.

Se indichiamo con

$$ds_0^2 = E_0 \, du^2 + 2F_0 \, dudv + G_0 \, dv^2$$

il quadrato dell'elemento lineare di S_0, dalle (3) troviamo:

$$(4) \ E_0 = (e^\theta + Te^{-\theta})^2 + \left(\frac{\partial T}{\partial u}\right)^2, \quad F_0 = \frac{\partial T}{\partial u}\frac{\partial T}{\partial v}, \quad G_0 = (e^\theta - Te^{-\theta})^2 + \left(\frac{\partial T}{\partial v}\right)^2,$$

indi per la (I)

$$E_0 \, G_0 - F_0^2 = 2kT(e^\theta + Te^{-\theta})^2 (e^\theta - Te^{-\theta})^2$$

Calcolando mediante la formula di Bonnet [1] la curvatura geodetica $\frac{1}{\rho_T}$ che hanno sulla S_0 le linee $T = \text{cost}^e$, abbiamo quindi:

$$\frac{1}{\rho_T} = \frac{-1}{\sqrt{2kT} \cdot (e^\theta + Te^{-\theta})(e^\theta - Te^{-\theta})}$$
$$\left\{\frac{\partial}{\partial u}\left[\frac{1}{\sqrt{2\,kT-1}}\frac{e^\theta - Te^{-\theta}}{e^\theta + Te^{-\theta}}\frac{\partial T}{\partial u}\right] + \frac{\partial}{\partial v}\left[\frac{1}{\sqrt{2\,kT-1}}\frac{e^\theta + Te^{-\theta}}{e^\theta - Te^{-\theta}}\frac{\partial T}{\partial v}\right]\right\} .$$

Ma dalle (III) risulta subito la formula

$$\frac{\partial}{\partial u}\left[\frac{e^\theta - Te^{-\theta}}{e^\theta + Te^{-\theta}}\frac{\partial T}{\partial u}\right] + \frac{\partial}{\partial v}\left[\frac{e^\theta + Te^{-\theta}}{e^\theta - Te^{-\theta}}\frac{\partial T}{\partial v}\right] = 2k(e^\theta + Te^{-\theta})(e^\theta - Te^{-\theta})$$

[1] *Lezioni*, pag. 145.

ed osservando la (I), la precedente ci dà:

(6) $$\frac{1}{\varrho_{\tau}} = \frac{-k}{\sqrt{2kT(2kT-1)}}.$$

Queste linee $T = \text{cost}^{te}$ sono dunque a curvatura geodetica costante ed ora dimostreremo di più che esse sono geodeticamente parallele. E infatti l'equazione differenziale

$$\left(E_0 \frac{\partial T}{\partial v} - F_0 \frac{\partial T}{\partial u}\right) du + \left(F_0 \frac{\partial T}{\partial v} - G_0 \frac{\partial T}{\partial u}\right) dv = 0$$

delle loro traiettorie ortogonali si scrive:

(7) $$(e^\theta + Te^{-\theta})^2 \frac{\partial T}{\partial v} du - (e^\theta - Te^{-\theta})^2 \frac{\partial T}{\partial u} dv = 0.$$

Per la curvatura geodetica $\frac{1}{\varrho_g}$ di queste linee abbiamo quindi dalla seconda formola di Bonnet [1]

$$\frac{1}{\varrho_g} = 0.$$

Dunque le linee integrali della (7) sono geodetiche ed indicando con w il loro arco, contato da una traiettoria ortogonale fissa, avremo da una nota formola [2]

$$w = \int \sqrt{\frac{2kT}{2kT-1}}\, dT.$$

La nostra superficie S_0 è dunque applicabile sopra una superficie di rotazione e se indichiamo con

$$ds_0^2 = dw^2 + r^2\, dv_1^2 \quad (r = f(w))$$

la forma normale del suo elemento lineare, avremo dalla (6)

$$\frac{1}{r}\frac{dr}{dw} = \frac{k}{\sqrt{2kT(2kT-1)}},$$

ovvero

$$\frac{1}{r}\frac{dr}{dT} = \frac{k}{2kT-1},$$

da cui integrando

$$r = c\sqrt{2kT-1},$$

indicando c una costante. Ne deduciamo

$$ds_0^2 = \frac{2kT}{2kT-1}\, dT^2 + c^2(2kT-1)\, dv_1,$$

[1] *Lezioni*, pag. 146.
[2] *Lezioni*, pag. 163

od anche

$$ds_0^2 = \frac{1}{k^2 c^2}\left(1 + \frac{r^2}{c^2}\right)dr^2 + r^2\,dv_1^2.$$

Prendendo per la costante arbitraria c il valore $c = \frac{1}{k}$, abbiamo appunto l'elemento lineare del paraboloide di rotazione di parametro k.

Così è dimostrata la nostra prima asserzione. Per provare anche la seconda, osserviamo intanto che le linee $T = \text{cost}^{\text{te}}$ sopra S_0, cioè le deformate dei paralleli del paraboloide, sono normali ai segmenti MM_0, poichè lungo una tale linea i segmenti costanti MM_0 descrivono una superficie rigata sulla quale la linea luogo dell'estremo M taglia ad angolo retto le generatrici. Per l'angolo σ d'inclinazione del segmento MM_0 sulla S'_0 si ha poi

$$\operatorname{sen}\sigma = X_0 X_3 + Y_0 Y_3 + Z_0 Z_3 \,,$$

indi dalla (I)

$$\frac{1}{\operatorname{sen}^2\sigma} = 2kT$$

e però

$$\operatorname{tg}\sigma = \frac{1}{\sqrt{2kT - 1}} = \frac{1}{kr}\,.$$

Questa formula ci dimostra appunto (cf. (M) § 4) che le normali di S formano una delle due congruenze associate a S_0.

§ 5.

Le equazioni simultanee (III) *cangiate in un sistema lineare ed omogeneo.*

Come per le equazioni di trasformazione delle superficie a curvatura costante ((M) cap. IV), così anche nel caso attuale giova cangiare le equazioni fondamentali di trasformazione (III) in un sistema lineare ed omogeneo, ciò che si ottiene procedendo nel modo seguente:

In forza delle (I), (III), l'espressione differenziale

$$\frac{e^\theta}{T(e^\theta + Te^{-\theta})}\frac{\partial T}{\partial u}\,du + \frac{e^\theta}{e^\theta - Te^{-\theta}}\frac{\partial T}{\partial v}\,dv$$

è il differenziale esatto di una funzione di u, v che indicheremo con $\log \Phi$, talchè avremo:

$$\frac{\partial \Phi}{\partial u} = \frac{e^\theta \Phi}{T}\frac{1}{e^\theta + Te^{-\theta}}\frac{\partial T}{\partial u}\,, \quad \frac{\partial \Phi}{\partial v} = \frac{e^\theta \Phi}{T}\frac{1}{e^\theta - Te^{-\theta}}\frac{\partial T}{\partial v}\,.$$

Se introduciamo inoltre una seconda funzione incognita W, ponendo

$$\frac{\Phi}{T} = W\,,$$

dalle (III) otteniamo per le due funzioni incognite Φ, W il seguente sistema *lineare ed omogeneo*:

(A)
$$\begin{cases} \dfrac{\partial^2\Phi}{\partial u^2} = \dfrac{\partial\theta}{\partial u}\dfrac{\partial\Phi}{\partial u} - \dfrac{\partial\theta}{\partial v}\dfrac{\partial\Phi}{\partial v} - k\Phi + (ke^{2\theta}+1)\,\mathrm{W} \\[2ex] \dfrac{\partial^2\Phi}{\partial u\,\partial v} = \dfrac{\partial\theta}{\partial v}\dfrac{\partial\Phi}{\partial u} + \dfrac{\partial\theta}{\partial u}\dfrac{\partial\Phi}{\partial v} \\[2ex] \dfrac{\partial^2\Phi}{\partial v^2} = -\dfrac{\partial\theta}{\partial u}\dfrac{\partial\Phi}{\partial u} + \dfrac{\partial\theta}{\partial v}\dfrac{\partial\Phi}{\partial v} + k\Phi + (ke^{2\theta}-1)\,\mathrm{W} \end{cases}$$

(B)
$$\frac{\partial\mathrm{W}}{\partial u} = -\,e^{-2\theta}\frac{\partial\Phi}{\partial u}\,, \qquad \frac{\partial\mathrm{W}}{\partial v} = e^{-2\theta}\frac{\partial\Phi}{\partial v}\,.$$

In forza della equazione (1) cui soddisfa θ, questo sistema (A), (B) è illimitatamente integrabile, come agevolmente si verifica. Per una coppia (Φ, W) di soluzioni si possono quindi fissare ad arbitrio i valori iniziali di

$$\mathrm{W}\,,\ \Phi\,,\ \frac{\partial\Phi}{\partial u}\,,\ \frac{\partial\Phi}{\partial v}\,,$$

e la soluzione stessa ne risulterà pienamente determinata.

Osserviamo poi che se Φ, W soddisfano le (A), (B), inversamente la funzione

$$\mathrm{T} = \frac{\Phi}{\mathrm{W}}$$

verrà a soddisfare le equazioni (III).

Ricordiamo però che T deve inoltre soddisfare la (I), la quale per le attuali funzioni incognite Φ, W si traduce nella equazione

(C)
$$e^{-2\theta}\left[\left(\frac{\partial\Phi}{\partial u}\right)^2 + \left(\frac{\partial\Phi}{\partial v}\right)^2\right] - 2k\Phi\mathrm{W} + \mathrm{W}^2 = 0.$$

Ora se per una coppia qualsiasi Φ, W di soluzioni del sistema (A), (B) indichiamo per un momento con $\varDelta$ il primo membro della (C), troviamo subito che, in forza delle (A), (B) stesse, si ha:

$$\frac{\partial\varDelta}{\partial u} = 0 \qquad \frac{\partial\varDelta}{\partial v} = 0\,,$$

cioè $\varDelta = \mathrm{cost^{te}}$. *Basta dunque che i valori iniziali di* W, Φ, $\dfrac{\partial\Phi}{\partial u}$ $\dfrac{\partial\Phi}{\partial v}$ *soddisfino la* (C) *e questa risulterà verificata per tutti i valori di* $u\,,v$ *e conseguentemente la funzione* $\mathrm{T} = \dfrac{\Phi}{\mathrm{W}}$ *soddisferà le equazioni di trasformazione* (I) (III).

Così resta nuovamente dimostrata la illimitata integrabilità del sistema (I), (III).

Scritte le equazioni di trasformazione delle superficie S ad area minima sotto la forma (A), (B), (C), facilmente si generalizzano a coordinate curvilinee qualsiasi u, v a cui la superficie minima S si supponga riferita. Indicando con

$$E\,du^2 + 2F\,du\,dv + G\,dv^2$$
$$D\,du^2 + 2D'\,du\,dv + D''\,dv^2$$

le due forme quadratiche fondamentali di S, il detto sistema si scrive:

(A*)
$$
\begin{cases}
\dfrac{\partial^2\Phi}{\partial u^2} = \begin{Bmatrix}11\\1\end{Bmatrix}\dfrac{\partial\Phi}{\partial u} + \begin{Bmatrix}11\\2\end{Bmatrix}\dfrac{\partial\Phi}{\partial v} + kEW + (k\Phi - W)\,D \\[2mm]
\dfrac{\partial^2\Phi}{\partial u\,\partial v} = \begin{Bmatrix}12\\1\end{Bmatrix}\dfrac{\partial\Phi}{\partial u} + \begin{Bmatrix}12\\2\end{Bmatrix}\dfrac{\partial\Phi}{\partial v} + kFW + (k\Phi - W)\,D' \\[2mm]
\dfrac{\partial^2\Phi}{\partial v^2} = \begin{Bmatrix}22\\1\end{Bmatrix}\dfrac{\partial\Phi}{\partial u} + \begin{Bmatrix}22\\2\end{Bmatrix}\dfrac{\partial\Phi}{\partial v} + kGW + (k\Phi - W)\,D''
\end{cases}
$$

(B*)
$$
\begin{cases}
\dfrac{\partial W}{\partial u} = \dfrac{GD - FD'}{EG - F^2}\dfrac{\partial\Phi}{\partial u} + \dfrac{ED' - FD}{EG - F^2}\dfrac{\partial\Phi}{\partial v} \\[2mm]
\dfrac{\partial W}{\partial v} = \dfrac{GD' - FD''}{EG - F^2}\dfrac{\partial\Phi}{\partial u} + \dfrac{ED'' - FD'}{EG - F^2}\dfrac{\partial\Phi}{\partial v}
\end{cases}
$$

(C*)
$$\Delta_1\Phi + W^2 - 2k\Phi W = 0 \,,$$

i simboli di Christoffel ed il parametro differenziale $\Delta_1\,\Phi$ essendo calcolati rispetto alla prima forma quadratica fondamentale

$$E\,du^2 + 2F\,du\,dv + G\,dv^2 \,.$$

§ 6.

La superficie trasformata $\overline{S}$ ad area minima.

Se le normali della superficie minima S si riflettono sulla deformata S_0 del paraboloide di rotazione, i raggi riflessi sono alla loro volta, come sappiamo, normali ad una seconda superficie minima $\overline{S}$, simmetrica di S rispetto a S_0. Sia $\overline{M}$ il punto della trasformata $\overline{S}$ corrispondente al punto M della primitiva. Per calcolare le coordinate $\overline{x}$, $\overline{y}$, $\overline{z}$ di $\overline{M}$ basterà osservare che il segmento $M\overline{M}$ è normale nel suo punto medio al piano tangente di S_0 in M_0 e si troverà subito (cfr. (M) § 15):

$$\overline{x} = x - \frac{1}{k}\left(\frac{1}{e^\theta + Te^{-\theta}}\frac{\partial T}{\partial u}X_1 + \frac{1}{e^\theta - Te^{-\theta}}\frac{\partial T}{\partial v}X_2 - X_3\right)$$

colle analoghe per $\overline{y}$, $\overline{z}$. Siccome poi i coseni $\overline{X}_3$, $\overline{Y}_3$, $\overline{Z}_3$ di direzione della normale alla $\overline{S}$ sono proporzionali alle differenze

$$\overline{x} - x_0 \,,\ \overline{y} - y_0 \,,\ \overline{z} - z_0 \,,$$

avremo

$$\overline{X}_3 = \frac{1}{kT}\left\{ \frac{1}{e^\theta + Te^{-\theta}} \frac{\partial T}{\partial u} X_1 + \frac{1}{e^\theta - Te^{-\theta}} \frac{\partial T}{\partial v} X_2 + (kT - 1) X_3 \right\}$$

e analogamente per $\overline{Y}_3$, $\overline{Z}_3$.

Se introduciamo ora in luogo di T le due funzioni Φ, W, otteniamo per definire la superficie trasformata $\overline{S}$ d'area minima le formole:

$$(8) \qquad \overline{x} = x + \frac{1}{k}\left(X_3 - \frac{e^{-\theta}}{W} \frac{\partial \Phi}{\partial u} X_1 - \frac{e^{-\theta}}{W} \frac{\partial \Phi}{\partial v} X_2 \right)$$

$$(9) \qquad \overline{X}_3 = \frac{e^{-\theta}}{k\Phi} \frac{\partial \Phi}{\partial u} X_1 + \frac{e^{-\theta}}{k\Phi} \frac{\partial \Phi}{\partial v} X_2 + \left(1 - \frac{W}{k\Phi} \right) X_3 \,.$$

Con queste formole possiamo facilmente procedere alla verifica di tutte le proprietà della trasformazione. In primo luogo dalle (8) derivando e facendo uso delle (A), (B) deduciamo le formole:

$$\begin{cases} \dfrac{\partial \overline{x}}{\partial u} = \dfrac{e^{-\theta}}{W}\left\{ \left[\Phi - \dfrac{e^{-2\theta}}{kW}\left(\dfrac{\partial \Phi}{\partial u} \right)^2 \right] X_1 - \dfrac{e^{-2\theta}}{kW} \dfrac{\partial \Phi}{\partial u} \dfrac{\partial \Phi}{\partial v} X_2 + \dfrac{e^{-\theta}}{k} \dfrac{\partial \Phi}{\partial u} X_3 \right\} \\[2mm] \dfrac{\partial \overline{x}}{\partial v} = \dfrac{e^{-\theta}}{W}\left\{ \dfrac{e^{-2\theta}}{kW} \dfrac{\partial \Phi}{\partial u} \dfrac{\partial \Phi}{\partial v} X_1 - \left[\Phi - \dfrac{e^{-2\theta}}{kW}\left(\dfrac{\partial \Phi}{\partial v} \right)^2 \right] X_2 - \dfrac{e^{-\theta}}{k} \dfrac{\partial \Phi}{\partial v} X_3 \right\} \,, \end{cases}$$

dalle quali pel quadrato dell'elemento lineare $d\overline{s}$ della $\overline{S}$ troviamo

$$d\overline{s}^2 = \frac{\Phi^2 e^{-2\theta}}{W^2} (du^2 + dv^2)$$

e questa ci dimostra intanto che la $\overline{S}$ è rappresentata in modo conforme sulla S. Di più se deriviamo anche le (9) rispetto ad u, v, troviamo

$$(10) \qquad \frac{\partial \overline{X}_3}{\partial u} = \frac{W^2 e^{2\theta}}{\Phi^2} \frac{\partial \overline{x}}{\partial u} , \quad \frac{\partial \overline{X}_3}{\partial v} = -\frac{W^2 e^{2\theta}}{\Phi^2} \frac{\partial \overline{x}}{\partial v} ,$$

onde segue che sulla $\overline{S}$ le linee u, v sono le linee di curvatura ed i raggi principali di curvatura di $\overline{S}$ sono

$$(11) \qquad \overline{r}_2 = T^2 e^{-2\theta}, \quad \overline{r}_1 = - T^2 e^{-2\theta}$$

e però la $\overline{S}$ stessa è una superficie d'area minima, ciò che completa le nostre verifiche.

§ 7.

Relazione colle congruenze di Thybaut.

Ogni superficie ad area minima S ne definisce, a meno di una traslazione nello spazio. una seconda Σ, la *coniugata in applicabilità* [1] secondo Bonnet, che corrisponde alla S, 1° per parallelismo delle normali, 2° per ortogonalità di elementi, 3° per eguaglianza di elemento lineare. Essendo nel

[1] *Lezioni*, pag. 346.

caso nostro la S riferita ad un sistema ortogonale isotermo u, v, con parametri isometrici, le coordinate ξ, η, ζ del punto della coniugata Σ che corrisponde al punto (x, y, z) di S sono definite, a meno di costanti additive, dalle formole:

$$(12) \quad \begin{cases} \dfrac{\partial \xi}{\partial u} = \dfrac{\partial x}{\partial v}, & \dfrac{\partial \eta}{\partial u} = \dfrac{\partial y}{\partial v}, & \dfrac{\partial \zeta}{\partial u} = \dfrac{\partial z}{\partial v} \\[2mm] \dfrac{\partial \xi}{\partial v} = -\dfrac{\partial x}{\partial u}, & \dfrac{\partial \eta}{\partial v} = -\dfrac{\partial y}{\partial u}, & \dfrac{\partial \zeta}{\partial v} = -\dfrac{\partial z}{\partial u}. \end{cases}$$

Indichiamo similmente con $\overline{\Sigma}$ la coniugata in applicabilità della $\overline{S}$ ed avremo le formole analoghe:

$$(12^{\star}) \quad \begin{cases} \dfrac{\partial \overline{\xi}}{\partial u} = \dfrac{\partial \overline{x}}{\partial v}, & \dfrac{\partial \overline{\eta}}{\partial u} = \dfrac{\partial \overline{y}}{\partial v}, & \dfrac{\partial \overline{\zeta}}{\partial u} = \dfrac{\partial \overline{z}}{\partial v}. \\[2mm] \dfrac{\partial \overline{\xi}}{\partial v} = -\dfrac{\partial \overline{x}}{\partial u}, & \dfrac{\partial \overline{\eta}}{\partial v} = -\dfrac{\partial \overline{y}}{\partial u}, & \dfrac{\partial \overline{\zeta}}{\partial v} = \dfrac{\partial \overline{z}}{\partial u}. \end{cases}$$

Ora dimostriamo che prendendo convenientemente le costanti additive in ξ, η, ζ; $\overline{\xi}$, $\overline{\eta}$, $\overline{\zeta}$, potremo far sì che le due superficie d'area minima Σ, $\overline{\Sigma}$ risultino le falde focali della congruenza di raggi che ne uniscono i punti corrispondenti. Bisognerà per ciò che il raggio variabile di questa congruenza riesca tangente tanto alla Σ quanto alla $\overline{\Sigma}$ cioè abbia la direzione normale alle due direzioni

$$(X_3, Y_3, Z_3) , (\overline{X}_3, \overline{Y}_3, \overline{Z}_3) ;$$

i suoi coseni di direzione dovranno dunque riuscire proporzionali alle differenze:

$$\frac{\partial \Phi}{\partial v} X_1 - \frac{\partial \Phi}{\partial u} X_2 , \quad \frac{\partial \Phi}{\partial v} Y_1 - \frac{\partial \Phi}{\partial u} Y_2 , \quad \frac{\partial \Phi}{\partial v} Z_1 - \frac{\partial \Phi}{\partial u} Z_2 .$$

Basterà dunque dimostrare che prese ξ, η, ζ in modo da soddisfare le (12), si potrà determinare una conveniente funzione $\varDelta$ di u, v in guisa che ponendo

$$\begin{cases} \overline{\xi} = \xi + \varDelta \left(\dfrac{\partial \Phi}{\partial v} X_1 - \dfrac{\partial \Phi}{\partial u} X_2 \right) \\[2mm] \overline{\eta} = \eta + \varDelta \left(\dfrac{\partial \Phi}{\partial v} Y_1 - \dfrac{\partial \Phi}{\partial u} Y_2 \right) \\[2mm] \overline{\zeta} = \zeta + \varDelta \left(\dfrac{\partial \Phi}{\partial v} Z_1 - \dfrac{\partial \Phi}{\partial u} Z_2 \right), \end{cases}$$

questi valori di $\overline{\xi}$, $\overline{\eta}$, $\overline{\zeta}$ soddisfino le (12). Dalle nostre formole precedenti facilmente si deduce che è necessario per ciò e basta assumere

$$\varDelta = \frac{e^{-\theta}}{k \mathrm{W}} .$$

Dunque le formole:

$$(13) \quad \begin{cases} \bar{\xi} = \xi + \dfrac{e^{-\theta}}{k\,\mathrm{W}}\left(\dfrac{\partial\Phi}{\partial v}\,\mathrm{X}_1 - \dfrac{\partial\Phi}{\partial u}\,\mathrm{X}_2\right) \\[2mm] \bar{\eta} = \eta + \dfrac{e^{-\theta}}{k\,\mathrm{W}}\left(\dfrac{\partial\Phi}{\partial v}\,\mathrm{Y}_1 - \dfrac{\partial\Phi}{\partial u}\,\mathrm{Y}_2\right) \\[2mm] \bar{\zeta} = \zeta + \dfrac{e^{-\theta}}{k\,\mathrm{W}}\left(\dfrac{\partial\Phi}{\partial v}\,\mathrm{Z}_1 - \dfrac{\partial\Phi}{\partial u}\,\mathrm{Z}_2\right) \end{cases}$$

definiscono la superficie $\overline{\Sigma}$ coniugata in applicabilità della trasformata $\overline{S}$ e dimostrano che le due superficie minime Σ, $\overline{\Sigma}$ sono le due falde focali di una medesima congruenza. Poichè inoltre sopra Σ, $\overline{\Sigma}$ si corrispondono le assintotiche, è questa una congruenza di Thybaut.

Abbiamo dunque il teorema:

Se per una deformata qualsiasi S_0 del paraboloide di rotazione si costruiscono le due congruenze associate, secondo il teorema di Guichard, normali rispettivamente a due superficie d'area minima S, $\overline{S}$, le coniugate in applicabilità di queste Σ, $\overline{\Sigma}$, convenientemente collocate nello spazio, costituiscono le due falde focali di una congruenza di Thybaut.

Partendo dalle formole di Weierstrass per le superficie d'area minima, il sig. Thybaut, ha determinato direttamente tutte le congruenze W, le cui falde focali sono superficie d'area minima (l. c., n. 12-14). Dai risultati di Thybaut segue facilmente la proposizione inversa:

Ogni congruenza W le cui falde focali siano superficie d'area minima, deriva, colla costruzione precedente, da una deformata del paraboloide di rotazione

§ 8.

Le deformazioni infinitesime
delle due falde focali di una congruenza di Thybaut.

Indichiamo ora rapidamente come dalle nostre formole seguano le altre principali proprietà delle congruenze di Thybaut. Ciascuna falda focale di una tale congruenza W è suscettibile di una deformazione infinitesima nella quale ogni punto si sposta parallelamente alla normale nel punto corrispondente all'altra falda ([1]). Così le componenti dello spostamento che subisce un punto (ξ, η, ζ) di Σ sono proporzionali a

$$\overline{\mathrm{X}}_3, \ \overline{\mathrm{Y}}_3, \ \overline{\mathrm{Z}}_2$$

e dalle nostre formole si trova subito che questo fattore di proporzionalità è precisamente la funzione Φ, talchè le formole

$$x' = \Phi\,\overline{\mathrm{X}}_3, \ y' = \Phi\,\overline{\mathrm{Y}}_3, \ z' = \Phi\,\overline{\mathrm{Z}}_3$$

([1]) *Lezioni*, pag. 300.

danno le coordinate di un punto mobile sulla superficie S' corrispondente alla Σ per ortogonalità di elementi. In secondo luogo la funzione *caratteristica* di Weingarten [1] per la detta deformazione è l'altra funzione W. Vediamo adunque che il significato geometrico delle nostre funzioni ausiliarie Φ, W è il seguente:

1° La funzione Φ è proporzionale all'ampiezza dello spostamento che subisce ogni punto della superficie d'area minima Σ nella deformazione infinitesima considerata.

2° La W è la funzione caratteristica della deformazione, cioè la componente secondo la normale della rotazione subìta da ogni elemento superficiale.

È notevole che passando alla seconda falda focale $\overline{\Sigma}$ della congruenza di Thybaut si scambiano fra loro Φ, W mutandosi nello stesso tempo nelle loro inverse, cioè: *Nella deformazione infinitesima della seconda falda $\overline{\Sigma}$ della congruenza di Thybaut l'ampiezza dello spostamento è proporzionale a* $\dfrac{1}{W}$

e la funzione caratteristica è $=\dfrac{1}{\Phi}$.

Si consideri ora la superficie Σ_1 *associata* a Σ nella deformazione infinitesima [2] cioè la superficie inviluppo del piano

$$x_1 X_3 + y_1 Y_3 + z_1 Z_3 = W.$$

Per le coordinate x_1, y_1, z_1 del punto di contatto troviamo

(14)
$$x_1 = W X_3 - e^{-\theta}\frac{\partial \Phi}{\partial u} V_1 - e^{-\theta}\frac{\partial \Phi}{\partial v} X_2$$

e analogamente per y_1, z_1. Di qui derivando segue

$$\begin{cases} \dfrac{\partial x_1}{\partial u} = k(e^{-\theta}\Phi - e^{\theta} W) X_1 \\ \dfrac{\partial x_1}{\partial v} = - k(e^{-\theta}\Phi + e^{\theta} W) X_2 \end{cases}$$

e poichè si ha

$$\frac{\partial X_3}{\partial u} = e^{-\theta} X_1, \quad \frac{\partial X_3}{\partial v} = - e^{-\theta} X_2,$$

vediamo che sulla Σ_1 le linee u, v sono le linee di curvatura e i raggi principali di curvatura $\varrho_1 \varrho_2$ della Σ_1 sono dati da

(15)
$$\begin{cases} \varrho_1 = k(\Phi + e^{2\theta} W) \\ \varrho_2 = k(\Phi - e^{2\theta} W). \end{cases}$$

[1] *Lezioni*, pag. 275.
[2] *Lezioni*, pag. 279.

Se, colle notazioni di Weingarten, indichiamo con p la distanza dell'origine dal piano tangente di Σ_1 e con $2q$ il quadrato della distanza dell'origine dal punto di contatto, abbiamo

$$p = W$$
$$2q = x_1^2 + y_1^2 + z_1^2 = 2k\Phi W.$$

Ma dalla (15) sommando deduciamo

$$\varrho_1 + \varrho_2 = 2k\Phi = \frac{2q}{p},$$

onde concludiamo: *Le superficie associate ad una falda di una congruenza di Thybaut, nella relativa deformazione infinitesima, soddisfano alla equazione di Weingarten*

(β) $$\varrho_1 + \varrho_2 = \frac{2q}{p}.$$

Viceversa risulta dalle ricerche di Thybaut che ogni superficie i cui raggi principali di curvatura verificano questa relazione (β) ha a comune con una superficie d'area minima l'immagine sferica delle linee di curvatura ed è associata alla sua coniugata in applicabilità. In fine le due superficie della classe (β) associate alle due falde di una congruenza di Thybaut derivano l'una dall'altra con una inversione per raggi vettori reciproci rispetto all'origine.

Zoologia medica. — *Ancora sulla malaria*. Nota preliminare del Socio B. GRASSI.

Riassumo brevemente alcune osservazioni, che mi sembrano degne di particolare nota.

Parassiti malarici. I. — Nelle precedenti comunicazioni notasi una lacuna riguardo a quanto succede dei gameti nel lume dell'intestino medio dell'anofele, nelle prime 40 ore circa (a 30° C. circa) dopo che esso ha succhiato il sangue infetto. Recentemente avendo potuto, grazie alla gentilezza del prof. Gualdi, disporre di malati in buone condizioni, ho potuto colmare questa lacuna.

Si verifica precisamente quanto Dionisi ed io avevamo supposto per argomento d'analogia.

D'estate da 12 a 24 ore circa dopo che l'anofele si è nutrito, si rilevano nel suo contenuto intestinale i zigoti. Essi assumono forme svariate, ricordanti più o meno i miracidi, le redie, le sporocisti e le cercarie dei Trematodi ecc.

Il pigmento (alludo specialmente al zigote derivato dalle semilune) invece di trovarsi nella posizione solita della semiluna, sta accumulato a gran preferenza nell'estremità posteriore, talvolta anche sparso per il corpo, sopratutto posteriormente, come nel vermicolo dell' *Halteridium,* al quale rassomiglia molto.

Esso misura da 14 a 18 μ.

Il zigote migra tra le cellule epiteliali dell' intestino medio, tra le quali appunto si trova dopo 40 ore.

II. Alcuni sporozoi malarici sviluppandosi nell'anofele, invece che venire a sporgere esternamente dall' intestino medio, sporgono dentro il lume dell' intestino stesso.

III. Ho potuto precisare meglio lo sviluppo delle cosidette spore brune, che sono in realtà forme d' involuzione (Grassi, Bignami e Bastianelli).

Nella capsula scoppiata dello sporozoo possono rimanere degli sporozoiti e dei residui di segmentazione. Attorno agli uni e agli altri si forma una capsula bruna. Si hanno così le due sorta di cosidette spore brune: le une a forma più o meno spiccata di serpentello, derivata appunto dagli sporozoiti; le altre più o meno tondeggianti e di dimensioni molto varie, derivate invece dai residui di segmentazione. Il verificarsi la formazione della capsula non soltanto allorno allo sporozoito, ma anche attorno al residuo di segmentazione, dimostra in modo assoluto che il processo è involutivo e non già fisiologico, e che non si tratta di funghi parassiti, come recentemente suppone Ross.

IV. Non potendo fare una descrizione particolareggiata dei parassiti malarici nel corpo dell' anofele senza il sussidio delle figure, mi limiterò a dichiarare che anche in essi si riscontra il nucleo molto simile a quello descritto da me e da Feletti fin dal 1890 nei parassiti malarici dentro il corpo dell' uomo.

Anofeli. — I. Nei terreni che si presentano acquitrinosi (umidi, cioè, senza che si raccolga acqua alla superficie) non ho trovato mai larve e ninfe di anofele.

II. Riguardo alle distanze a cui può spingersi l'anofele, sono notevoli i fatti di Sezze, Sermoneta e Norma. A Sezze e a Sermoneta abbondano gli anofeli maschi e femmine nelle case più basse e guardanti le paludi Pontine. A Norma invece sono rarissimi tanto che io vi ho trovato soltanto due femmine.

Studiando le condizioni locali di Sermoneta (altezza m. 257) si acquista la convinzione che gli anofeli nascono nelle acque paludose immediatamente sottostanti (molte larve si trovano anche nell'acqua solfurea (alt. 16 m.) al piede di Sermoneta).

Gli anofeli che si trovano a Norma (alt. 343 m.) nascono a Ninfa (alt. 24 m.),

Anche gli anofeli di Sezze (alt. 319 m.) nascono probabilmente in molta parte nell'acqua paludosa al piede di questa città, la quale però possiede anche un focolaio di anofeli per proprio conto (Le Fontane alt. 230 m.).

III. In non poche località malariche il numero degli anofeli è relativamente tanto poco considerevole da poter far ritenere facile il guardarsene.

IV. La puntura di un solo anofele si è dimostrata sufficiente per infettare un uomo. Dopo la puntura, le ghiandole salivari erano intieramente liberate dagli sporozoiti, che però non dovevano essere molto numerosi, giudicando dal numero delle capsule svuotate che si riscontravano sulla parete intestinale e da molti altri anofeli in uguali condizioni.

Fisica. — *Rotazioni elettrostatiche prodotte per mezzo di differenze di potenziale alternative* ([1]). Nota di RICCARDO ARNÒ, presentata dal Socio BLASERNA.

Il fenomeno, da me posto in evidenza, della rotazione di un cilindro dielettrico in un campo elettrico rotante ([2]) ed i risultati delle mie ricerche sulla dissipazione di energia, che avviene nel dielettrico sottoposto all'azione del

detto campo ([3]), dimostrano l'esistenza di un ritardo con cui la polarizzazione del dielettrico segue la rotazione del campo stesso.

([1]) Lavoro eseguito nel Laboratorio di Elettrotecnica della Ditta Pirelli &. C. in Milano. Al comm. Pirelli ed all'ing. Iona, direttore del Laboratorio, i ringraziamenti del cuore riconoscente.

([2]) Rendiconti, fascicolo del 16 ottobre 1892.

([3]) Rendiconti, fascicolo del 30 aprile e 12 novembre 1893, 18 marzo, 17 giugno e 18 novembre 1894, 12 aprile 1896.

Le difficoltà che, per effettuare tali ricerche, si presentano nella costruzione dei cilindri dielettrici — in ispecie trattandosi di alcuni determinati corpi, come ad esempio è la mica — mi condussero a pensare se non sarebbe stato possibile di ottenere effetti simili a quelli ricavati con le mie antecedenti esperienze, operando, invece che su cilindri, sopra semplici dischi di materia dielettrica.

La presente Nota ha per oggetto l'esposizione di un nuovo esperimento, che io ebbi occasione di escogitare e di eseguire nell'intento di risolvere una tale questione.

Sia M un disco metallico suddiviso in tre settori a, b, c; e sia D un disco di materia dielettrica, capace di rotare intorno al suo centro C, situato sull'asse dell'apparecchio ed a breve distanza dal centro O del disco metallico M.

Se i tre settori a, b, c, vengono rispettivamente posti in comunicazione coi tre conduttori di un sistema trifase, il disco D prende a rotare in un determinato senso intorno al proprio asse: purchè la differenza di potenziale fra due qualunque dei tre conduttori abbia o superi un determinato valore, dipendente dalle distanze fra i settori a, b, c, e dalla distanza O C fra i centri dei due dischi M, D. E se, mentre il disco sta girando in quel determinato senso, vengono invertite le comunicazioni di due qualunque dei settori a, b, c, coi due conduttori corrispondenti, la rotazione rapidamente si estingue e poscia si inverte.

L'esperienza fu eseguita operando sopra un disco di carta paraffinata dello spessore di un mm., e del diametro di 82 mm., mentre il diametro del disco M era di 120 mm., la distanza dei tre settori a, b, c, l'uno dall'altro, di 11 mm., e la distanza OC, fra i centri dei due dischi, di 9 mm.

In tali condizioni, e con una differenza di potenziale, fra conduttore e conduttore, del valore efficace di 3000 volt, il numero di giri fatti dal disco al 1′ era tale che il computo ne riusciva assolutamente impossibile.

Fisica terrestre. — *Su fenomeni magmastatici verificatisi nei mesi di luglio-agosto 1899, al Vesuvio.* Nota di R. V. MATTEUCCI, presentata dal Corrispondente BASSANI.

In una mia precedente Nota [1]·parlai del cratere di sprofondamento e del sistema di crepacci connessi con l'efflusso lavico laterale che si stabilì il 3 luglio 1895 e che tuttora continua al Vesuvio.

Dissi come quel giorno 3 luglio, sul fianco W. N. W. del gran cono, si fossero aperte 11 bocche, di cui, la più bassa, a m. 925 s. l. del mare, e come due giorni dopo, il 5 luglio, se ne fosse determinata una dodicesima

[1] R. V. Matteucci, *L'apparato dinamico dell'eruzione vesuviana del 3 luglio 1895.* Rend. d. R. Accad. d. Scienze Fis. e Mat. di Napoli, aprile 1897.

a m. 750. Discutendo allora il modo d'aprirsi lateralmente dei vulcani, ammisi il principio che le fenditure, semplici o in sistema, che danno luogo ad efflussi lavici eccentrici od a serie di crateri di esplosione, si stabiliscono nella massa del monte in uno stesso istante per tutta la loro lunghezza e profondità; e che, se le manifestazioni esterne si presentano con un regolare progresso cronologico dal vertice alla base del cono vulcanico, ciò avviene in relazione alla interna compagine di questo ed alla statica dei magma fluidi.

L'efflusso lavico, cominciato il 5 luglio dalla detta dodicesima bocca (m. 750 s. l. del mare), e pel quale si formò una cupola di 95 metri d'altezza, cessò quando, dopo 19 mesi, il 31 gennaio 1897, principiò a sgorgare il magma da una tredicesima bocca, *40 metri più elevata della precedente* e 250 più prossima all'asse vulcanico, ossia a m. 790 s. l. del mare; o, per essere più precisi, e per risalire dalle cause agli effetti, principiò lo sgorgo lavico dalla bocca più elevata allorchè cessò l'efflusso da quella più bassa.

Questo mi sembrò un fatto interessante, non rientrando nella nota legge secondo cui gli squarci si verificano cronologicamente dall'alto al basso; giacchè tale principio è rigorosamente giusto solo pel momento dello scoppio di un'eruzione laterale, e non è affatto applicabile allorchè un efflusso lavico o manifestazioni esplosive hanno già trovato definitivamente la loro via di sfogo per le più inoltrate e basse lesioni.

Il magma che aveva avuto un continuato alimento dalla 12ª bocca, fino ad ammassarsi e a salire per 95 metri al disopra di essa, e formare la sommità della nuova cupola, trovò alfine in tale penetrazione, dopo 19 mesi, un impedimento maggiore di quello che gli si offriva cambiando strada e prendendo quella di un'altra fenditura 40 metri più elevata. Questa la spiegazione più attendibile del fenomeno avvenuto il 31 gennaio 1897; ed io, considerato 1° che la fuoriuscita della lava continuava abbondantemente per la 13ª bocca, 2° la speciale e nota attitudine dei coni vulcanici ad aprirsi solo in alto quando in basso oppongono una considerevole resistenza alla rottura, 3° che il fianco W. N. W. del gran cono vesuviano, oltrechè da numerose e profonde fratture, è indebolito dall'azione dei gas, fra cui principalmente dell'acido fluoridrico (¹), ammisi che codesto fenomeno potesse rinnovarsi in seguito (²).

(¹) Fin dal momento in cui il magma ha trovato una uscita per le fenditure W. N. W. del gran cono, l'attività vulcanica si divise fra l'ampio cratere terminale di demolizione (apparato centrale) e le dette fenditure (apparato laterale). Al cratere terminale rimase costantemente un'attività stromboliana più o meno pronunziata; quanto alle fenditure laterali, essendo esse percorse, nella parte profonda, da un'abbondante lava, la loro regione elevata divenne, fin da principio, la sede di vistose fumarole alimentate dai gas e vapori sprigionantisi dalla lava sottofluente.

(²) R. V. Matteucci, *L'apparato dinamico* etc.; Id., *Relazione sulla escursione al Vesuvio fatta dalla Società Geologica Italiana il 19 febbraio 1898*. Boll. d. Soc. Geol. Ital. Vol. XVI, 1898; Id., *Sul sollevamento endogeno di una cupola lavica al Vesuvio*. Rendiconto della R. Accad. d. Sc. Fis. e Mat. di Napoli, fasc. 6-7, 1898.

Il fenomeno si è infatti rinnovato la notte 3-4 agosto corrente. Appena avutone sentore, la mattina del 4, mi recai sul luogo per prender conoscenza delle manifestazioni esterne a cui questo nuovo importante fenomeno di magmastatica aveva dato luogo.

Come ho già avuto occasione di render noto ([1]), devesi qui innanzitutto rammentare che dal bacino magmatico del Vesuvio, in quattro anni di fase effusiva, sono sgorgati oltre 125 milioni di mc. di lava che hanno formato una cupola ad ampia base e di 165 metri di altezza ([2]), la quale oggi sbarra l'ingresso all'Atrio del Cavallo dal lato occidentale, e il cui punto più elevato, trovandosi su una verticale che passa per la preesistente curva orizzontale m. 725, è a metri 890 sul livello del mare.

Fino ai primi di luglio di quest'anno la profondità del cratere di demolizione era rimasta su per giù stazionaria, come al principio dell'eruzione laterale, di 200 metri. Ma, da allora in poi, in coincidenza con ripetute forti diminuzioni subite dall'efflusso lavico, il fondo craterico si è andato man mano innalzando a spese di materiale esplosivo; talmentechè la notte 1-2 agosto il cratere non misurava più che 100 metri di profondità. Esso era in piena attività stromboliana; la parte centrale del suo fondo era occupata da una vasca lavica di una diecina di metri di diametro con energici movimenti sussultorî di un effetto veramente grandioso.

Così durarono le cose per alcun poco; e nelle prime ore della sera del 3 si avvertirono un arresto quasi completo nell'efflusso lavico laterale e, per contrapposto, una fortissima attività al cratere terminale. Quando, la stessa sera, alle ore 22.30, fu avvertito un vivo bagliore da chi guardava il gran cono dal paese di S. Sebastiano, ed alle ore 2.30 del giorno seguente fu notata una nuova lava effluente dal medesimo punto, non si può dire che tutto ciò non sia stato preannunziato dallo stesso vulcano.

Il fenomeno verificatosi nella notte 3-4 agosto di quest'anno è assai simile, se non perfettamente uguale, a quello del 31 gennaio 1897, di cui si è tenuto parola. Già l'arresto quasi completo dell'efflusso lavico laterale ci indica che il magma trovava ora, come allora, una grande resistenza nell'attraversare la nuova cupola per tutta la sua altezza, e ci dice pure che la tendenza del dinamismo era quella di concentrarsi nel cratere ter-

---

([1]) R. V. Matteucci, *Sur les particularités de l'éruption du Vésuve*. Comptes rendus des séances de l'Académie des Sciences, T. CXXIX, séance du 3 juillet 1899; Id., *Cenno sulle attuali manifestazioni del Vesuvio* (fine giugno 1899). Rend. d. R. Accad. d. Sc. Fis. e Mat. di Napoli, fasc. 6-7, 1899; Id. *Sullo stato attuale del Vesuvio (3 luglio 1899) e sul sollevamento endogeno della nuova cupola lavica avvenuto nei mesi di febbraio-marzo 1898*. Boll. d. Soc. Sismologica Italiana, vol. V, 1899-1900, n. 2.

([2]) Alla fine di giugno u. s. l'altezza di questa cupola era di 163 metri; dipoi avvennero altri piccoli trabocchi alla sua sommità, pei quali crebbe altri 2 metri. Debbo queste misure altimetriche alla cortesia del mio egregio amico Ing. E. Treiber, ispettore della Funicolare vesuviana.

minale. In seguito dunque all'enorme opposizione alla penetrazione offerta dalla grande cupola lavica, il magma si ritirò in gran parte nel condotto principale, dove ascese per 100 metri al disopra del livello a cui si trovava in precedenza; e ben si comprende come esso, sollecitato dal proprio peso, abbia esercitato una forte pressione sulle pareti del cratere le quali, al solito, cedettero nel settore meno resistente, e cioè in quello di W. N. W., in esatta corrispondenza delle più larghe fenditure stabilitesi il 3 luglio 1895, a m. 1060 s. l. del mare.

SEZIONE SCHEMATICA DEL CONO VESUVIANO CON LA NUOVA CUPOLA LAVICA E CANALI LATERALI DI EFFLUSSO.

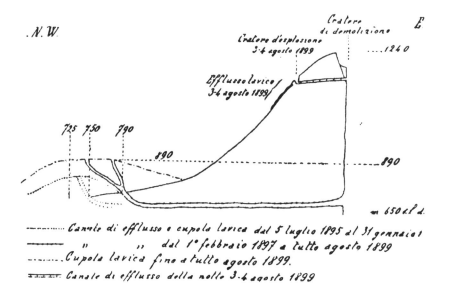

Quivi fu che la notte dal 3 al 4 agosto corrente si formò un cratere di esplosione, dalla cui slabbratura in basso uscì una corrente di lava fluidissima che impastò e coinvolse una quantità di scorie preesistenti e si precipitò giù pel fianco del cono per un centinaio di metri. Quando io, il giorno 4, giunsi sul luogo, trovai che la detta corrente era ancora caldissima, ma completamente rappresa. Nel fondo del nuovo piccolo cratere si trovava però del magma incandescente che compariva sotto un crepaccio di una potente colata antica (spezzata già in parte, e fatta saltare in aria dall'urto esplosivo del 3 luglio 1895) la quale ne impediva l'uscita. Da quel crepaccio la lava lasciava sfuggire vapori sotto forte pressione e accompagnati di quando in quando, tutto quel giorno e tutta la notte seguente, da violenti getti di piccole scorie e da leggeri tremiti istantanei del suolo.

Il magma era in evidente comunicazione diretta col camino centrale; e, appena quivi se ne è arrestato l'efflusso, ne è aumentato di nuovo lo sgorgo attraverso la nota cupola, e se ne è abbassato il livello, nel cratere, di una quarantina di metri. Splendido esempio di dicco in via di formazione!

Ecco alcuni dati approssimativi a maggiore intelligenza delle condizioni statiche del magma durante lo svolgimento del descritto fenomeno (vedi l'annessa figura):

Altezza del Vesuvio . . . . m. 1240 s. l. d. mare

Profondità del cratere . . . . » 100

Fondo craterico al quale arrivava la colonna lavica allorchè avvennero l'esplosione e l'efflusso lavico (notte 3-4 agosto 1899) . . . . » 1140 » »

Altitudine del cratere d'esplosione . . . . » 1060 » »

Altezza della cupola lavica, dalla cui sommità sgorgava la lava . . . . » 163

Il piede della verticale abbassata dalla cima della cupola, incontrando la preesistente curva orizzontale 725, la sommità della cupola trovasi a m. 725 + 165 = » 890 » »

Dislivello tra il fondo craterico e il cratere d'esplosione del 3-4 agosto, m. 1140 — 1060 = ... » 80

Dislivello fra il cratere d'esplosione e la cima della cupola lavica, m. 1060 — 890 = ... » 170

Dislivello tra il fondo craterico e la sommità della cupola lavica, m. 1140 — 890 = ... » 250

Ammettendo che il magma abbia libertà di movimento, come un liquido qualunque entro vasi comunicanti, ed abbia ovunque una uniforme densità, vediamo a quali pressioni esso è assoggettato rispettivamente alle due altitudini di 1060 ed 890 metri s. l. del mare, posta a m. 1140 la superficie del magma nel condotto centrale. Si tratta cioè di sapere quale gravitazione esercitano colonne di lava fluida rispettivamente dell'altezza di 80 e di 250 metri.

Assegnando alla colonna lavica un diametro medio di 10 metri — come io ora l'ho stimato ad occhio nel fondo del cratere — ed al magma fluido una densità approssimativa di 2,50, si avrà che una colonna lavica di 10 m. di diametro e di 80 m. di altezza gravita per circa 15000 tonnellate, ed una dello stesso diametro e di 250 m. di altezza, gravita per circa 49000 tonnellate.

Per la statica del magma nell'odierno camino vesuviano, 15 mila e 49 mila tonnellate sono dunque le pressioni a cui soggiaceva la materia fusa rispettivamente a 1060 e ad 890 metri s. l. del mare ; pressioni che, a quelle due diverse altitudini, si equivalevano e potevano l'una o l'altra, indifferentemente, rompere l'equilibrio sussistente fra la colonna lavica ed il fianco del cono. Ma simili condizioni si verificano in circostanze tutt'affatto eccezionali come quella attuale, giacchè nella grande maggioranza dei casi, allorchè il cono del Vesuvio viene fratturato per tutta la sua altezza, come avvenne ad esempio negli anni 1834, 1850, 1855, 1858, 1872, 1891 e 1895, allora la gravitazione del magma erompente deve essere su per giù, e certo non molto minore, di 100000 tonnellate (¹). Ciò significa chiaramente che se la lava, a parità di condizioni, deviando dal condotto centrale, ha potuto far breccia contro il fianco del cono all'altitudine di 1060 metri, la resistenza che essa ha trovato a m. 890 dev'essere stata assai maggiore di quella localizzata a m. 1060 ; e non solo maggiore in senso assoluto, ma anche relativamente alla pressione che, a quell'altezza, i fianchi del gran cono possono sopportare. Giacchè la notte 3-4 agosto il magma, che era in precedenza salito di molto nel cratere terminale, malgrado che, per la sua fuoriuscita, a m. 890 di altitudine, preesistesse già una comunicazione aperta, dovette trovare realmente quivi una resistenza superiore alla spinta esercitata dal suo proprio peso, per irrompere a m. 1060.

A qual causa deve ascriversi la tendenza spiegata dal fianco W. N. W. del gran cono vesuviano di lasciarsi penetrare da nuovi corsi lavici elevati, dal momento che in una regione più bassa esisteva un cunicolo laterale, funzionante da emissario, in diretta comunicazione col condotto centrale ?

Astraendo da tante cause secondarie, come il parziale rapprendimento della lava nei cunicoli laterali, la variabile resistenza d'attrito, l'intensità dell'attività che certo si trasmette assai più facilmente pel condotto centrale, verticale, che per quelli laterali che sono più o meno inclinati od orizzontali, la variabile densità del magma fluido, etc., resta sempre fermo il fatto che nelle eruzioni eccentriche lo sgorgo della lava ubbidisce principalmente alle leggi che governano l'equilibrio dei liquidi nei vasi comunicanti, restando solo subordinatamente modificato da altri fattori, che certo sempre vi entrano in giuoco, e fra cui, in prima linea, l'energia del dinamismo e la proporzione degli aeriformi contenuti assorbiti nel magma originario (²), nonchè la

(¹) Le maggiori fenditure che permettono i poderosi efflussi lavici al Vesuvio implicano sempre tutto il fianco del gran cono, protendendosi spesso anche oltre il suo piede. Dalle lesioni più elevate a quelle più basse si nota perciò sempre un dislivello di circa 500 metri. Il peso di una colonna lavica del diametro di 10 metri e dell'altezza di ¹/₂ km è 97500 tonnellate.

(²) Il dislivello, come pure l'indipendenza di movimento presentato saltuariamente forse da tutti i vulcani e, permanentemente, da alcuni di essi, deve attribuirsi con ogni probabilità alla diversa proporzione di gas contenuti nel magma, per cui questo viene a variare di densità. Certo, uno dei più vistosi esempî di tali dislivelli ci è offerto dall'Isola Harvaii dove, fra il cratere terminale del Mauna Loa e la Caldaia di Kilauea corrono circa 3000 metri di dislivello.

forza dei gas contenuti nel camino; giacchè, come ben dice De Lapparent, « une succession d'explosions intérieures, se renouvelant pendant plusieurs jours et même pendant plusieurs semaines, ne peut manquer de produire l'effet d'une puissante mine, c'est-à-dire de déchirer le terrain environnant en ouvrant un passage à la coulée » ([1]).

Come si vede, per quanto si cerchi di semplificare la causa per cui la massa fusa, contenuta nell'interno focolare, viene spinta fuori, essa è abbastanza complessa; ed oltre alle cause meccaniche (come i restringimenti della crosta terrestre), esercitano grandi influenze anche le cause fisiche (come gli eventuali sbilanci di temperatura) e le cause chimiche (come i differenziamenti magmatici).

Comunque sia, la lava sale nel camino vulcanico fino ad una certa altezza, e fino anche a traboccare all'esterno, superando l'orlo craterico o squarciando appena il cono eruttivo terminale. Ma se, per la sua propria pressione statica, vince la resistenza offerta dai fianchi del cono, allora, come è noto, si formano fenditure laterali per le quali essa si trova una uscita; e l'altitudine a cui esce la lava all'esterno, oltrechè variare anche per lo stesso vulcano, è in intima relazione con l'architettura interna del monte vulcanico, e quindi anche, talvolta, con l'incontro e la riapertura di fenditure preesistenti.

Dello sforzo esercitato dalla colonna lavica sui fianchi di un vulcano, possiamo farci appena una limitata idea riflettendo al peso di essa per es. all'Etna dove presentemente arriva poco al disotto di 250 metri dall'orlo craterico, e quindi a circa 3000 m. sul livello del mare; al Cotopaxi, dove il magma incandescente spesso raggiunge i 6000 m. d'altezza; ed all'isola Hawaii dove quell'immensa vasca lavica che occupa gran parte del cratere Mokua-Weo-Weo, lascia traboccare talvolta la lava dall'orlo craterico (oltre 4150 m. s. liv. del mare).

Ma ogni vulcano offre le su^ condizioni statiche speciali, che però variano assai a seconda della maggiore o minore coerenza dei materiali attraverso cui la lava, sollecitata più che altro dal proprio peso, apre delle fessure e vi si inietta.

Tornando ai fenomeni di magmastatica avvenuti testè al Vesuvio, troviamo già nelle suesposte riflessioni tutti gli elementi necessarî alla loro interpretazione.

Durante il mese che precedette l'esplosione e la piccola eruzione lavica a m. 1060, l'intensità dell'attività del nostro vulcano non variò di grado; chè, se vi sono state delle diminuzioni nell'emissione lavica, esse corrisposero sempre ad altrettanti aumenti del dinamismo al cratere ([2]) e viceversa.

([1]) A. De Lapparent — *Traité de Géologie*. Paris, 1893, pag. 384.
([2]) Solo dalla sera del giorno 18 fino alla mattina del 19 luglio vi fu una calma perfetta al cratere terminale che corrispose ad un arresto quasi totale nell'efflusso laterale. Assai degna di nota è la coincidenza di codesta eccezionalissima tranquillità vesuviana col terremoto di Roma e collo scuotersi dell'Etna dal suo riposo di 7 anni.

L' innalzamento del magma nel cratere non è quindi da ascriversi gran fatto alla maggiore facilità di propagazione dell'interna attività lungo il camino verticale.

Quando il magma, come nel caso presente, lascia sfuggire una grande quantità di aeriformi durante la sua penetrazione pel canale di flusso, subisce una inevitabile perdita magmastatica, giacchè è evidente che la massa fluida che scaturisce così impoverita di sostanze gasose per i cunicoli laterali, e diventa quindi più pesante, può far equilibrio ad una massa più elevata che staziona ancora nel camino vulcanico centrale. È ovvio il paragone di questo fatto con il caso del dislivello di liquidi di differente peso specifico in vasi comunicanti; ed è naturale il dedurne che l'aumento di densità, subìto dalla materia fluida sgorgante lateralmente, ne impedisce, oltre certi limiti, la salita.

Le lave incandescenti che fluiscono entro angusti crepacci, a pareti scabrosissime e accidentate, debbono forzosamente perdere una grande quantità di energia di penetrazione per l'enorme resistenza d'attrito che incontrano nel loro tragitto. Anche per questa ragione dunque, nel caso nostro, rendendosi difficile e venendo ritardato il movimento della massa fluida nel suo periodo filoniano, ne viene parzialmente ostacolata l'uscita per le vie laterali e maggiormente facilitata la salita nel condotto centrale.

Ma quand'anche tutte le suddette condizioni della propagazione della attività, dell'aumento della densità, e dell'attrito fossero le più favorevoli per conservare al magma una perfetta libertà di movimento ed il suo completo impulso iniziale, rimarrebbe sempre il fatto della parziale consolidazione che subisce la materia fusa nel suo lungo percorso pei canali anormali che le sottraggono calorico. Tale consolidazione, più o meno protratta, produce, come certo ha prodotto testè, dei maggiori o minori restringimenti nei canali stessi; permodochè, venendo più o meno ostacolate la penetrazione e la fuoriuscita del magma, questo spiega, come ha spiegato ora, una tendenza a salire pel condotto normale.

In conclusione, l'accumulazione esterna della lava ad W. N. W. del cono vesuviano (vedi profilo ·——·——·—— nella figura), superò la resistenza che la colonna magmatica poteva vincere in m. 890; e, quantunque sussistessero quivi aperti dei meati, questi non erano sufficienti per l'emissione della massa fluida, la quale, costretta ad innalzarsi nel condotto (colla tendenza normale a raggiungere la cima del vulcano), vi salì per un centinaio di metri. Arrivato però il magma a quell'altitudine (m. 1140), ed accresciutasi così notevolmente la sua pressione, ne risultò una spinta bastevole a dilatare una delle fenditure male ostruite che risalgono al principio dell'attuale eruzione (3 luglio 1895), per la quale ora si è potuta iniettare la lava, e nella cui parte elevata si ebbe la formazione di un cratere d'esplosione e, poco dopo, un piccolo efflusso lavico a m. 1060 s. l. del mare. Ridiscese così di nuovo il magma nel camino centrale e ne aumentò subito lo sgorgo presso la sommità della nuova cupola lavica.

Ciò prova che, per l'aumento di pressione nel condotto centrale, la fenditura laterale si è allargata tutta quanta, dall'alto al basso, come già io sostenni allorchè studiai l'apparato dinamico di questa interessante eruzione[1].

Si noti, in ultimo, che, in conseguenza della penetrazione del magma per entro codesta fenditura, si è originato un nuovo dicco diramato con andamento verticale.

Alla sua parziale formazione, nella regione più elevata, e più lontana dall'asse eruttivo, potei assistere io stesso dal 4 al 5 agosto corrente.

Chimica. — *Sopra un alcaloide liquido contenuto nella corteccia del melograno* [2]. Nota di A. PICCININI, presentata dal Socio G. CIAMICIAN.

Nella preparazione della metilgranatonina (pseudopelletierina), che tra gli alcaloidi scoperti dal Tanret nella radice del melagrano, è senza dubbio il più importante e il meglio studiato, si ottiene sempre come residuo dell'etere petrolico che serve alle cristallizzazioni, una materia oleosa, costituita da una miscela di pseudopelletierina con altri alcaloidi e con sostanze di natura indifferente. Avendo raccolto una certa quantità di questo materiale sciropposo, lo sottoposi ad un accurato esame, onde vedere se vi fosse contenuto qualcuno degli alcaloidi che già separò il Tanret dalla corteccia della radice fresca di melogranato.

Il metodo di separazione che descriverò più avanti mi ha infatti condotto all'isolamento di un alcaloide liquido, che per la composizione e lo stato fisico coincide colla *metilpelletierina* del Tanret [3] ma se ne scosta notevolmente pel fatto che è miscibile in qualsiasi rapporto coll'acqua, mentre la base del Tanret non si scioglie nell'acqua a 12°, che nel rapporto di 1 a 25.

Le analisi eseguite sia sull'alcaloide libero, sia sui suoi sali e derivati, conducono tutte concordemente ad attribuirgli la composizione corrispondente alla formola

$$C_9H_{17}ON.$$

Nello scopo di scindere in elementi più semplici la formola bruta ora citata, ho cercato di stabilire se la base in questione contenesse qualche re-

---

[1] R. V. Matteucci, *L'apparato dinamico* ecc., l. c.

[2] Lavoro eseguito nell'Istituto di Chimica generale della R. Università di Bologna. Agosto 1899.

[3] Compt. Rend. *90,* pag. 694.

siduo alcoolico legato all'azoto. Una determinazione eseguita col metodo di Herzig, ha dimostrato che all'azoto è legato un gruppo metilico, cosicchè la formula precedente può scriversi più semplicemente:

$$C_8H_{15}ON.CH_3 .$$

Per di più ho constatato che l'acido nitroso non reagisce sensibilmente sulla base, neppure a caldo, cosicchè essa può ricuperarsi intatta per alcalizzazione dell'ambiente acido in cui si opera.

L'ossigeno contenuto nell'alcaloide ha funzione chetonica; ciò è dimostrato dal fatto che la base può dare un semicarbazone cristallino e reagisce pure coll'idrossilamina, dando un'ossima liquida, la quale però si presta poco ad essere studiata.

Le caratteristiche fin qui citate dimostrano dunque che il corpo che ho isolato, è un alcaloide terziario di natura chetonica; esso possiede adunque delle proprietà che riunite alla comunanza di origine colla metilgranatonina e al fatto che esso contiene due atomi di idrogeno di più di quest'ultima base, inducono a credere che anch'esso possa derivare dalla metilpiperidina per sostituzione di uno o due atomi di idrogeno con altrettante catene laterali.

Anzi, quantunque la scarsità del materiale mi abbia costretto a sospendere temporaneamente ogni studio ulteriore sulla struttura di questa sostanza, non crederei di allontanarmi troppo dal vero, esponendo l'ipotesi che essa possa considerarsi come un omologo nucleare della igrina di Liebermann e Cybulski ([1]), giacchè tra essa e la metilgranatonina esistono gli stessi rapporti che legano l'igrina al tropinone.

Parte sperimentale.

Il residuo oleoso lasciato dall'etere petrolico che servì alla cristallizzazione della metilgranatonina, venne privato di alcuni componenti non basici dibattendone la soluzione solforica con etere. Le basi rimaste nel liquido acido furono poste in libertà con carbonato potassico e separate anch'esse per mezzo dell'etere comune. Si ebbe così una materia oleosa densa la quale depose dopo qualche tempo una certa quantità di metilgranatonina cristallizzata, che fu separata per filtrazione.

La parte rimasta fluida si suddivise per distillazione a pressione ridotta in due frazioni bollenti rispettivamente a 100-120° e tra 120-180° a 28 mm. Di quest'ultima frazione non si fece nulla, perche si solidificò quasi per intero dopo poche ore, in grossi cristalli fondenti intorno a 48° (metilgranatonina).

([1]) Berl. Ber. 28, 578.

La frazione più volatile invece non dimostrò alcuna tendenza a solidificarsi; essa aveva l'aspetto di un olio giallastro, alquanto denso, dotato di odore coninico, solubile interamente negli acidi anche diluiti. Trattata con una soluzione alcoolica di acido picrico si trasformò quasi totalmente in un *picrato* solubile nell'alcool bollente, che convenientemente purificato, fondeva a 152-153°, (il *picrato di metilgranatonina* è insolubile nell'alcool assoluto anche a caldo e fonde con forte scomposizione a 240°). Dall'analisi di questo sale ottenni i numeri seguenti corrispondenti al picrato di una base della composizione

$$C_9H_{17}ON.$$

In cento parti di sostanza:

	trovato	calcolato per $C_{15}H_{20}O_8N_4$
C	46.88	46.84
H	5.43	5.25

Base $C_9H_{17}ON$. — Scomponendo il picrato p. f. 152-153°, con carbonato potassico in soluzione acquosa ed estraendo con etere la massa, si ha un olio incoloro di odore viroso debolissimo, che, convenientemente essiccato, bolle tra 114-117° a 26 mm. di pressione. È miscibile in tutti i rapporti coll'acqua; per questo carattere appunto si scosta assai dalla metilpelletierina isomera scoperta dal Tanret. Quando è pura non si colora all'aria; non si solidifica neppure nella miscela refrigerante composta di anidride carbonica solida ed etere. Ha reazione alcalina energica. Diede all'analisi i seguenti risultati:

Su cento parti di sostanza:

	trovato	calcolato per $C_9H_{17}ON$
C	68.98	69.60
H	11.10	11.04
CH_3	8.54	9.68

Cloroaurato. Separasi dalla soluzione del cloridrato della base per aggiunta di uno sciolto di cloruro d'oro in forma di precipitato oleoso che in seguito si rapprende in massa cristallina. Può esser ricristallizzato dall'acido cloridrico diluito; ottiensi per tal modo in rosette di colore giallo ranciato, le quali non contengono acqua di cristallizzazione e fondono a 115-117°.

In cento parti di sostanza:

	trovato	calcolato per $C_9H_{17}ON.HAuCl_4$
C	22.13	21.81
H	4.00	3.66
Au	39.82	39.84

La soluzione acquosa della base dà con *acido fosfomolibdico* un precipitato caseoso di colore giallo solfo e con *tannino* un precipitato caseoso bianco.

Il *cloridrato* dell' alcaloide non si può avere che in forma di massa vischiosa incristallizzabile. Sciolto nell'acqua, si comporta cogli altri reattivi degli alcaloidi, nel modo seguente:

Con *cloruro di platino*; nessun precipitato.

Col *joduro di potassio jodurato*; precipitato oleoso bruno.

Col *joduro mercurico potassico*; precipitato oleoso giallo che si solidifica coll'agitazione.

Col *joduro di cadmio e potassio*; precipitato giallo chiaro dapprima oleoso e quindi solido.

Col *joduro di bismuto e potassio*; precipitato oleoso di colore bruno chiaro.

Col *cloruro mercurico*; nessun precipitato.

Trattando una soluzione concentrata e fredda del cloridrato dell'alcaloide nell'acido cloridrico, con uno sciolto pure concentrato di nitrito potassico, non si osserva alcun cangiamento nell'aspetto del liquido, dopo lo svolgimento dei vapori nitrosi. L'etere non estrae alcuna sostanza dal liquido acido. Per alcalizzazione separasi invece la base primitiva inalterata che si può estrarre con etere. Essa dà in soluzione alcoolica con acido picrico, il picrato caratteristico fondente a 152-153°. Lo stesso risultato si ha riscaldando la massa dopo l'aggiunta del nitrito.

Semicarbazone della base $C_9H_{17}ON$. — 2 gr. di cloridrato di semicarbazide disciolti in 6 cc. di acqua, si trattano con 2 gr. di acetato potassico sciolti in 16 cc. di alcool e si filtra per separare il cloruro alcalino; il filtrato si versa poi in un palloncino contenente gr. 1.5 di alcaloide, sciolti in 2 cc. di alcool. Si ottiene così un liquido completamente limpido che si abbandona a sè a temperatura ordinaria. In capo a quattro giorni si deposita una polvere microcristallina bianca, la quale è il *cloridrato del semicarbazone*. Questo sale si separa per filtrazione dalle acque madri e si purifica sciogliendolo in alcool convenientemente diluito con acqua. Si ottengono in tal guisa degli aghetti leggeri incolori, fondenti a 208° con svolgimento di gas e scomposizione, solubilissimi nell'acqua, insolubili nell'alcool assoluto.

Analisi. — In cento parti di sostanza:

	trovato	calcolato per $C_{10}H_{19}ON_4 \cdot HCl$
C	48.21	48.24
H	8.82	8.51
N	22.37	22.57

Il *semicarbazone* libero può ottenersi facilmente per scomposizione del suo cloridrato con potassa caustica, nel seguente modo:

La soluzione acquosa concentrata del cloridrato si tratta a freddo con potassa in polvere, in modo da saturare il liquido e si abbandona a sè la massa. Questa si divide a poco a poco in due strati; l'uno, inferiore e liquido, è costituito dalla soluzione alcalina concentratissima; l'altro, il superiore, è composto da una miscela di cristallini di semicarbazone libero e di cloruro potassico. Si filtra il tutto alla pompa su lana di vetro e si riprende la parte solida con poca acqua bollente. Per raffreddamento della soluzione acquosa, si separa il semicarbazone quasi puro. Si continua a cristallizzare così dall'acqua, fino a che una piccola quantità della sostanza calcinata su lamina di platino non lascia residuo alcuno.

Il semicarbazone si separa in grossi cristalli lanceolati incolori, fondenti a 169°, solubili in acqua bollente e in alcool, insolubili nell'etere.

Analisi: In cento parti di sostanza:

trovato	calcolato per $C_{10}H_{20}ON_4$
N 26.6	26.5

La soluzione cloridrica del semicarbazone dà con cloruro d'oro un precipitato giallo oleoso.

Azione dell'idrossilamina sulla base $C_9H_{17}ON$. — L'alcaloide sciolto in acqua reagisce visibilmente con una soluzione d'idrossilamina, giacchè separasi dopo breve tempo un olio denso, la cui quantità aumenta saturando il liquido con K_2CO_3, dopo 24 ore di contatto. Il nuovo prodotto si separa facilmente estraendo con etere. Non potè essere analizzato perchè oleoso ed in troppo piccola quantità. Si scioglie negli acidi diluiti; il suo cloridrato è vischioso, incristallizzabile; così pure il picrato e il cloroplatinato. Il cloroaurato è solido, ma si riduce in breve, spontaneamente, anche fuori dell'ambiente in cui si è formato. L'ossima riduce energicamente il liquido del Fehling.

P. B.

RENDICONTI

DELLE SEDUTE

DELLA REALE ACCADEMIA DEI LINCEI

Classe di scienze fisiche, matematiche e naturali.

———

MEMORIE E NOTE

DI SOCI O PRESENTATE DA SOCI

pervenute all'Accademia sino al 1° ottobre 1899.

~~~~~~~~~~~~~~~~

Chimica fisica. — *Sui fenomeni di equilibrio fisico nelle miscele di sostanze isomorfe* [1]. Nota II di G. BRUNI e F. GORNI, presentata dal Socio G. CIAMICIAN.

In una prima Nota pubblicata collo stesso titolo [2], ed in altri lavori precedenti [3], uno di noi ha studiato il comportamento delle miscele isomorfe nel congelamento, ed ha dimostrato che questo comportamento è sempre in accordo colla teoria di van 't Hoff sulle soluzioni solide.

Un'opinione perfettamente contraria era stata espressa pel primo da F. W. Küster [4] e sostenuta recentemente da G. Bodländer [5]. Le conclusioni di questi autori erano, come è noto, basate sulle seguenti due regole formulate da Küster:

1. La curva di congelamento delle miscele di due sostanze perfettamente isomorfe coincide colla retta che unisce i punti di congelamento di queste due sostanze.

2. La miscela isomorfa solida che si separa ha la stessa composizione della miscela liquida; o — secondo l'espressione di Küster — la miscela cristallizza in modo omogeneo.

---

[1] Lavoro eseguito nel Laboratorio di Chimica generale della R. Università di Bologna.
[2] Rendic. di questa Accademia, 1898, 2° sem. 138.
[3] Ibidem, 1898, 2° sem. 347 ; 1899, 1° sem. 454, 570.
[4] Zeitsch. f. physik. Ch. XIII, 446.
[5] Neues Jahrb. f. Min. Geol. u. Pal., Beil. Band XII, 52.

Dal comportamento che sarebbe espresso in queste due regole, Küster e Bodländer traggono la conclusione che le miscele isomorfe non segnano le leggi delle soluzioni.

Realmente delle due regole ora riferite, la seconda sta sempre in contraddizione colla teoria delle soluzioni solide. Garelli ([1]) ed uno di noi (l. c.) hanno però dimostrato che in realtà essa è ben lungi dal verificarsi, ma che anzi la miscela solida è sempre più ricca della liquida di quel componente che fonde più alto. Lo stesso Küster aveva trovato deviazioni in questo senso dalla regola da lui posta; egli spiegava però queste deviazioni attribuendole al non perfetto isomorfismo dei due componenti. Uno di noi ha però in seguito dimostrato (l. c.) che basta un teorema di Gibbs e Duhem fondato sulla termodinamica e riferentesi ai sistemi di due componenti coesistenti in due fasi, per dimostrare l'impossibilità di questa seconda regola di Küster. La questione è dunque intorno a questo punto definitivamente decisa ([2]). Noi ci limitiamo qui solo a far di nuovo notare che la dimostrazione dell'erroneità di questa regola, fa sparire una delle apparenti contraddizioni fra il comportamento delle miscele isomorfe e la teoria delle soluzioni solide.

Quanto alla prima regola di Küster, il suo enunciato non conduce sempre a risultati contraddittorî colla teoria di van't Hoff; si può infatti facilmente dimostrare in base a questa, che quando quello dei due componenti che fonde più alto si deposita nella miscela solida in proporzione maggiore di quella in cui si trova nella miscela liquida, la sua aggiunta innalza anzichè abbassare il punto di congelamento. In taluni casi può però manifestarsi la contraddizione: quando cioè i punti di congelamento delle due sostanze siano molto distanti l'uno dall'altro. In tal caso, sciogliendo il componente che fonde più basso nell'altro, si avrebbero abbassamenti maggiori di quelli provocati da sostanze che non si sciogliessero nella fase solida; ciò che la teoria di van't Hoff non può nè prevedere nè spiegare. Uno di noi ha però fatto rilevare (l. c.) che in tali casi (p. es. soluzioni di fenantrene in antracene ed in carbazolo) i valori trovati sperimentalmente deviano enormemente (fino di 24°) da quelli calcolati in base alla regola di Küster; e che tali deviazioni sono sufficienti per far rientrare il comportamento della miscela in accordo colla teoria di van't Hoff. Venne inoltre fatto notare che la regola di Küster non è fondata, nè su principî tratti dalla termodinamica, nè su ragioni teoriche di qualsiasi genere; poichè dalla regola delle fasi può dedursi solo che quando le due sostanze siano miscibili in tutti i rapporti allo stato solido (il che avviene in generale per le sostanze isomorfe), la curva di congelamento è una curva continua.

Dai dati fin qui noti sembrerebbe però risultare questo fatto, che nelle miscele di sostanze isomorfe per l'aggiunta del componente più alto all'altro

([1]) Gazz. chim. ital. 1894, II, 263.

([2]) Le conclusioni ora esposte vennero accettate fra gli altri dal Duhem nel recentissimo *Traité de Mécanique chimique*, t. IV, pag. 276.

si avesse *sempre innalzamento* del punto di congelamento, mentre nelle miscele di sostanze formanti soluzioni solide, ma non perfettamente isomorfe, si avrebbero *sempre abbassamenti*, bensì anormalmente piccoli.

Questo fatto, se vero, potrebbe interpretarsi nel senso che la differenza fra le miscele isomorfe e le soluzioni solide cristalline sia di principio, e non graduale. Ciò presterebbe un appoggio alle vedute di Küster e di Bodländer. Importa quindi di vedere se realmente sussista questa differenza sostanziale fra le curve di congelamento delle miscele isomorfe e quelle delle soluzioni solide di sostanze non perfettamente isomorfe, o se invece la differenza non sia piuttosto di semplice gradazione.

Già alcuni fatti noti parlano contro la prima ipotesi. Infatti fra jodoformio e bromoformio, come fra joduro e bromuro d'etilene esistono tali relazioni di costituzione che determinano in generale l'isomorfismo; invece dalle esperienze di uno di noi ([1]) risulta che sciogliendo i derivati jodurati, che fondono più alto, nei corrispondenti derivati bromurati non si ha innalzamento, ma solo abbassamenti del punto di congelamento inferiori ai normali. Da questo comportamento anzi Bodländer ([2]) crede di poter dedurre senz'altro che possa in tal caso ritenersi escluso trattarsi di isomorfismo. Qui però, per difficoltà sperimentali facilmente comprensibili, l'esistenza dell'isomorfismo non potè essere direttamente nè constatata nè esclusa.

Però fra le miscele studiate da Küster ve n'è una formata da sostanze sicuramente isomorfe come il diacetilmonocloro-, ed il diacetilmonobromoidro-chinone nella quale l'aggiunta del componente che fonde più alto dà, non innalzamenti, ma abbassamenti piccolissimi fino ad una concentrazione assai elevata ([3]). È da notarsi però che in questo caso, la differenza dei punti di congelamento dei due componenti è minima (appena 1°, 5).

Al contrario si hanno innalzamenti fino dalle più basse concentrazioni per l'aggiunta del componente che fonde più alto nelle miscele di naftalina e β-naftolo, fra i quali esistono bensì strette relazioni morfotropiche, ma non isomorfismo vero e proprio ([4]). Le miscele di queste due sostanze sono anzi fra quelle che più di tutte si accostano nel congelamento all'enunciato della pretesa prima regola di Küster ([5]); mentre miscele di altre sostanze, come p. es. tricloroacetamide e tribromoacetamide, aldeide monoclorocinnamica e aldeide monobromocinnamica ([6]), fra le quali esistono relazioni di isomorfismo assai più strette e perfette che fra naftalina e β-naftolo, presentano deviazioni assai più notevoli. Ciò dimostra già poco fondata l'opinione espressa da Küster, che la curva di congelamento delle miscele tanto più si accosta alla retta quanto più è perfetto l'isomorfismo fra i componenti.

[1] Rendic. di questa Accad. 1898, I° sem. 166.
[2] L. c. pag. 90-91.
[3] Zeitschr. f. physik. Ch. VIII, 577.
[4] Negri, Gazz. chim. ital. XXIII, II, 378 e segg.
[5] Zeitschr. f. physik. Ch. XVII, 357.
[6] Zeitschr. f. physik Ch. VIII, 577.

Tuttavia era conveniente estendere le ricerche e studiare le curve di congelamento di parecchie altre miscele di sostanze isomorfe. Ciò noi abbiamo cercato di fare, sia approfittando del materiale sperimentale che ponevano a nostra disposizione le nostre recenti ricerche ([1]) e quelle di Garelli e Calzolari ([2]) sulle relazioni fra la formazione di soluzioni solide e la costituzione chimica dei composti; sia estendendo le esperienze a miscele di altri corpi. Così possiamo qui basarci sulle curve di congelamento delle seguenti miscele che non erano ancora studiate all'epoca della pubblicazione dei primi lavori di uno di noi su questo argomento: p.biclorobenzolo e p.clorobromobenzolo; p.biclorobenzolo e p.bibromobenzolo: p.clorobromo-benzolo e p.bibromobenzolo: azobenzolo e stilbene; dibenzile e stilbene; dibenzile ed azobenzolo. Inoltre vennero determinate con più o meno dettaglio le curve di congelamento delle seguenti miscele in cui l'isomorfismo fra i componenti, o venne escluso o non potè essere constatato; ma il cui comportamento si accosta a quello delle miscele isomorfe: acido fenilpropionico ed acido cinnamico; etere dimetilsuccinico ed etere dimetilfumarico; acido butirrico ed acido crotonico.

Verremo ora esponendo i risultati ottenuti: L'isomorfismo delle tre sostanze: p.bicloro-, p.bibromo-, e p.clorobromo-benzolo, per quanto assai probabile, non era stato rigorosamente accertato. Pel primo corpo esistono misure sufficientemente complete di Des Cloizeaux ([3]), pel secondo si hanno solo dati assai incompleti di Friedel ([4]) dai quali però l'autore potè già affermare l'isomorfismo dei due corpi; per il clorobromobenzolo, invece, non si avevano misure di sorta. Noi abbiamo quindi pregato il dott. G. Boeris del Museo Civico di Milano di studiare la forma cristallina dei due ultimi corpi.

Ecco i risultati che egli gentilmente ci comunica ([5]):

	p-biclorobenzolo (Des Cloizeaux)	p-bibromobenzolo (Boeris)	p-clorobromobenzolo (Boeris)
Sistema cristallino	monoclino	monoclino	monoclino
$a : b : c =$	2,5193 : 1 : 1,3920	2,6660 : 1 : 1,4179	2,6077 : 1 : 1,4242
$\beta =$	67° 30′	67° 22′	67° 0′
Forme osservate	{100} {001} {Ī01} {110}	{100} {001} {Ī01} {110}	{100} {001} {Ī01} {110}
Angoli			
(100) : (110)	66° 45′	67° 53′	67° 23′
(100) : (001)	67 30	67 22	67 0
(10Ī) : (100)	79 35	80 57	80 25

([1]) Rendic. di questa Accad. 1899, I° sem. 454, 570.

([2]) Ibidem, 1899, 1° sem. 579: 2° sem. 58.

([3]) Ann. chim. phys. [4] XV, 232, 255.

([4]) Berichte V.

([5]) Cogliamo questa occasione per esprimere al dott. Boeris i nostri ringraziamenti pel prezioso aiuto prestatoci in queste ricerche.

I tre corpi sono quindi cristallograficamente del tutto isomorfi. I loro punti di fusione sono i seguenti: 52°,7 pel biclorobenzolo, 67°,0 pel cloro-bromobenzolo, 85°,9 pel bibromobenzolo.

Noi abbiamo inoltre determinato approssimativamente le depressioni mo-lecolari costanti dei tre corpi, ed abbiamo trovato: pel biclorobenzolo: $K = 74,8$; pel clorobromobenzolo $K = 98,3$; pel bibromobenzolo $K = 115,7$. Le curve di congelamento delle tre miscele binarie di questi corpi vennero da noi deter-minate con sufficiente dettaglio. I dati numerici completi saranno pubblicati altrove, assieme a quelli di uno studio abbastanza completo da noi fatto sulle temperature di congelamento delle miscele ternarie di queste sostanze. Qui riassumeremo partitamente e brevemente la parte essenziale dei risultati. Le tre curve di congelamento risultano del resto in modo assai evidente dalle figure annesse.

I. *p. biclorobenzolo* (p. fus. 52°,7) e *p. clorobromobenzolo* (p. f. 67°,0).

L'aggiunta del componente che fonde più alto anzichè degli innalza-menti provoca degli abbassamenti fino ad una concentrazione del 3,5 p. cento, poi la temperatura torna ad innalzarsi. La forma della curva è però sempre quella di una curva continua.

Gli abbassamenti delle due parti estreme della curva sono però natural-mente assai minori di quelli che sarebbero provocati da sostanze che non for-massero soluzione solida, come risulta dalle seguenti tabelle:

p. clorobromobenzolo in p. biclorobenzolo ($K = 74,8$)

Concentraz.	Abbass. term.	Depr. mol.	Peso molecolare $C_6 H_4 Cl Br = 191,5$
0,5680	0° 015	5,06	2826
1,2948	0 035	5,17	2767
2,6331	0 06	4,36	3283
3,6960	0 65	3,37	4245

p. biclorobenzolo in p. clorobromobenzolo ($K = 98,3$)

			$C_6 H_4 Cl_2 = 147$
0,7891	0° 145	27,0	535
2,5239	0 50	27,9	517
5,0470	1 00	29,1	496
7,5246	1 40	27,4	528

Le concentrazioni sono riferite a 100 parti di solvente.

II. p. *biclorobenzolo* (p. f. 52°,7) e p. *bibromobenzolo* (p. f. 85°,9).

L'andamento di questa curva è identico a quello ora descritto. L'ag-giunta del componente che fonde più alto provoca abbassamenti fino al 2,5 p. cento; poi la curva si innalza di nuovo.

Anche qui gli abbassamenti dei due tratti estremi di curva sono di molto inferiori ai normali.

$p.$ bibromobenzolo in $p.$ biclorobenzolo (K = 74,8)

Concentraz.	Abbass. term.	Depr. mol.	Peso molecolare $C_6 H_2 Br_2 = 236$
0,5663	0°04	16,7	1059
1,3022	0 09	16,3	1084
2,0403	0 12 ·	13,9	1272
2,8463	0 125	10,4	1703

$p.$ biclorobenzolo in p. bibromobenzolo (K = 115,7)

			$C_6 H_4 Cl_2 = 147$
1,1652	0° 59	74,4	229
2,6953	1 325	72,3	235
4,6489	2 23	70,6	241
6,3291	3 03	70,4	242

L'andamento generale delle curve ora descritte risulta dalla fig. 2ª. Per rendere però più evidenti i primi tratti di esse in cui si hanno minime variazioni di temperatura essi sono stati riprodotti nella fig. 1ª in scala più larga.

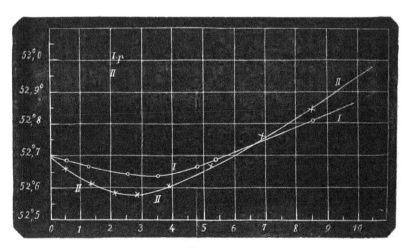

Fig. 1.

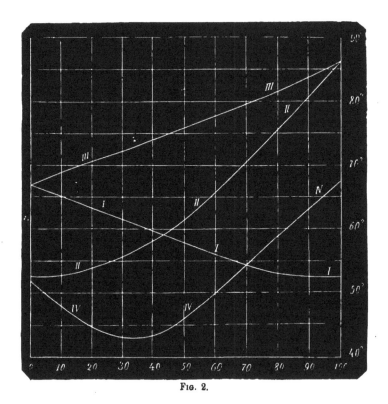

Fɪɢ. 2.

III. *p. clorobromobenzolo* (p. f. 67°,0) e *p. bibromobenzolo* (p. f. 85°,8).

In questa miscela al contrario delle precedenti l'aggiunta del bibromo-benzolo provoca fin dalle più basse concentrazioni un innalzamento del punto di congelamento. Gli abbassamenti dati a piccole concentrazioni dal cloro-bromobenzolo sciolto in bibromobenzolo sono anche qui molto inferiori ai normali.

p. clorobromobenzolo in bibromobenzolo (K = 115,7)

Concentraz.	Abbass. term.	Depr. mol.	Peso molecolare $C_6 H_4 Cl Br = 191,5$
1,9319	0° 405	40,1	552
3,1459	0 66	40,2	552
7,1327	1 45	38,9	569
9,8464	1 96	38,1	581

Passiamo ora alle miscele formate dalle tre sostanze: azobenzolo, stilbene, e dibenzile. Il completo isomorfismo di queste tre sostanze risulta da misure di G. Boeris riferite nei già citati lavori nostri, ed in quelli di Garelli e Calzolari. Le curve di congelamento presentano l'andamento che ora brevemente riassumiamo. Nelle miscele di dibenzile (p. f. 51°,7) e stilbene (p. f. 118°) i cui dati si trovano nel lavoro di Garelli e Calzolari, ed in quelle di azobenzolo (p. f. 68°) e stilbene, l'aggiunta del componente che fonde più alto provoca fin dalle più basse concentrazioni l'innalzamento della temperatura di congelamento. I tratti superiori delle due curve corrispondono però ad abbassamenti assai inferiori ai normali.

Per verificare ciò io ho determinato approssimativamente la depressione molecolare costante dello stilbene che ho trovato K = 83,8.

Concentraz.	Abbass. term.	Depr. mol.	Peso molecolare
	Azobenzolo.		
			$C_{12}H_{10}N_2 = 182$
0,7815	0° 275	64,2	238
1,9428	0 625	58,5	260
3,8588	1 205	56,8	261
7,0140	2 28	58,7	261
	Dibenzile		
			$C_{14}H_{14} = 182$
2,8555	0° 55	35,0	435
5,6349	1 15	37,1	411
9,3795	1 80	34,9	437

Particolarmente interessante è la curva di congelamento delle miscele di azobenzolo e dibenzile (fig. 2ª, IV). Aggiungendo gradatamente l'azobenzolo — che fonde più alto — al dibenzile si hanno degli abbassamento assai considerevoli e ciò fino ad una concentrazione assai elevata (30 p. cento) dopo la quale solamente la curva presenta un largo tratto quasi orizzontale e quindi risale. La forma è però sempre quella di una curva continua. Gli abbassamenti dei due tratti esterni della curva sono sempre inferiori ai normali, come risulta dai dati numerici già pubblicati da noi e da Garelli e Calzolari (l. c.).

Passiamo ora alle miscele di sostanze fra le quali l'isomorfismo cristallografico è o escluso o non comprovato.

Nel lavoro già citato noi abbiamo esposto che l'acido cinnamico ordinario sciolto nell'acido fenilpropionico ne innalza fino dalle più piccole concentrazioni il punto di congelamento. Si ottiene così unn curva di congelamento simile a quella della maggior parte delle miscele isomorfe.

Per questo fatto e per le relazioni di costituzione e di configurazione molecolare esistenti fra i due corpi, era naturale la supposizione che essi fossero anche cristallograficamente isomorfi. Per l'acido cinnamico esistevano già misure abbastanza complete di Schabus ([1]). Le costanti cristallografiche che risultano dai suoi dati si possono esprimere così:

Sistema cristallino: monoclino;

$$a:b:c = 0,859:1:0,3156 \qquad \beta = 82° 58'.$$

Per l'acido fenilpropionico esistevano invece solo misure incomplete di Fock ([2]). Noi abbiamo quindi pregato il dott. Boeris di riprendere in esame questa sostanza e di farne possibilmente uno studio cristallografico completo. Ecco i dati che egli ci comunica:

Sistema cristallino: monoclino

$$a:b:c = 1,6054 : 1 : 0,5552 \qquad \beta = 78° 47'$$

Forme osservate:

$$\{100\} \ \{320\} \ \{110\} \ \{120\} \ \{111\} \ \{001\}$$

Angoli	Limiti	Medie	Calcolato	N.
(111) : (100)	64° 5' — 64° 23'	64° 17'	*	4
(111) : ($1\bar{1}1$)	51 50 — 51 58	51 52	*	9
(100) : (001)	78 32 — 79 5	78 47	*	7
(111) : (110)	—	52 57	53° 1'	1
(100) : (110)		57 27	57 35	1
(100) : (320)	—	46 17	46 24	1
(100) : (120)	72 20 — 72 38	72 27	72 23	6

Se si confrontano questi dati con quelli dell'acido cinnamico, si vede subito che quantunque entrambi i composti cristallizzino nello stesso sistema, non esiste fra le loro forme cristalline alcuna relazione semplice. Abbiamo dunque che le miscele di due sostanze che non hanno notevoli analogie cristallografiche presentano quell'andamento della curva di congelamento che si è fin qui ritenuta propria delle miscele isomorfe. Si può supporre che questi due composti presentino il fenomeno di isodimorfismo; la supposizione è tutt'altro che inverosimile, tanto più che secondo Lehmann ([3]) l'acido cinnamico presenta effettivamente oltre alla forma stabile una seconda forma labile; non si può però a questo proposito che esprimersi ancora con grande riserva.

Oltre al comportamento delle miscele ora studiate, merita d'esser preso in considerazione anche il comportamento delle miscele di etere dimetilsuccinico ed etere dimetilfumarico, e di quelle di acido butirrico ed acido crotonico. Anche in questi casi, come venne riferito da noi (l. c.), l'aggiunta del componente che fonde a temperatura più elevata provoca prima degli

([1]) Wien, Akad. Berichte, 1850. 206.
([2]) Berichte, XXIII. 148.
([3]) Zeitschr. f. Kryst. X. 329.

abbassamenti del punto di congelamento inferiori d'assai ai normali; oltre-passata una certa concentrazione, la temperatura sale di nuovo. La forma della curva è anche qui quella di una curva continua.

Questo ultimo fatto può affermarsi con certezza per le miscele di etere dimetilfumarico ed etere dimetilsuccinico; per le miscele di acido crotonico ed acido butirrico è pure assai probabile; però le misure eseguite non sono abbastanza numerose per poter dedurre ciò con sicurezza.

Dai risultati fino qui esposti risulta provato che non è affatto un comportamento generale delle sostanze isomorfe, quello che l'aggiunta del comportamento che fonde più alto all'altro provochi un innalzamento della temperatura di congelamento. Si conoscono infatti ormai quattro casi di miscele di sostanze perfettamente isomorfe (le tre descritte in questa Nota, e quella acccennata in principio già studiata da Küster) nelle quali si hanno degli abbassamenti assai spiccati. Solamente questi sono sempre inferiori ai normali.

Tra le miscele isomorfe e le soluzioni solide di sostanze non perfettamente isomorfe non esiste, dunque, nemmeno in ciò che si riferisce alla forma della curva di congelamento, quella differeuza sostanziale che appariva fin qui; la differenza non è che di gradazione.

CORRISPONDENZA

Annunciarono l'invio delle proprie pubblicazioni:

La R. Accademia di scienze, lettere ed arti di Modena; la R. Accademia delle scienze di Stockholm; l'Accademia delle scienze di Budapest; la Società zoologica di Londra; la Società geologica di Ottawa; gli Osservatorî di Kiel e di Hamburg.

Ringraziarono per le pubblicazioni ricevute:

La Società di scienze naturali di Buffalo; la Società geologica di Sydney.

OPERE PERVENUTE IN DONO ALL'ACCADEMIA
dal 4 settembre al 1° ottobre 1899.

Astronomical Observations and Researches made at Dunsink, the Observatory of Trinity College, Dublin. Dublin, 1877. 4°.

Barr A. — Adress on the application of the Science of Mechanics to Engineering Practice. London, 1899. 8°.

Bassani C. — Il dinamismo del terremoto Laziale, 19 luglio 1899. Firenze, 1899. 8°.

Cavara F. — I nuclei delle entomophthoreae in ordine alla filogenesi di queste piante, Firenze, 1899. 8°.

Cavara F. — Le recenti investigazioni di Harold Wager sul nucleo de' Saccaromi ceti. *Recensione.* Firenze, 1899. 8°.

Id. — L i l i u m v i l l o s u m (Perona). Nuova gigliacea della flora alpina. Genova, 1899. 4°.

Id. — Oogenesi nel p i n u s l a r i c i o. Osservazioni sulla fecondazione e l' embriologia di questa specie per C. J. Chamberlain. *Recensione.* Firenze, 1899. 8°.

Id. — Osservazioni di A. H. Trow sulla Biologia e Citologia di una varietà di Achlya americana. *Recensione.* Firenze, 1899. 8°.

Id. — Studi sul the. — Ricerche intorno allo sviluppo del frutto della t h e a c h i n e n s i s Sims. coltivata nell' Orto botanico di Pavia. Milano, 1899. 4°.

Id. — Tumori di natura microbica nel I u n i p e r u s p h o e n i c e a. Firenze, 1899. 4°.

Id. e *Saccardo P. A.* — T u b e r c u l i n a S b r o z z i i Nov. spec. Parassita delle foglie di v i n c a m a j o r L. Firenze, 1899. 8°.

De Toni G. B. — I recenti studî di talassografia norvergese. Venezia, 1899. 8°.

Di Legge A. e *Prosperi A.* — Sul diametro solare. Roma, 1899. 4°.

Guarini F. — Télégraphie électrique sans fil. — Répétiteurs. Liége, 1899. 8°.

Goebel K. — Ueber Studium und Auffassung der Anpassungserscheinungen bei Pflanzen. München, 1898. 4°.

Guarini-Foresio E. — Transmission de l'énergie électrique par un fil et sans fil. Liége, 1899. 8°.

Guerini G. — Sugli elementi elastici delle vie respiratorie superiori. Leipzig, 1898. 8°.

Huygen Ch. — Oeuvres complètes. Vol. V e VIII. Le Haye, 1893. 1899. 4°.

Klossovsky A. — Vie physique de notre planète devant les lumières de la science contemporaine. Odessa, 1899. 8°.

Leuschner A. O. — Beiträge zur Kometenbahnbestimmung. Berlin, 1897. 4°.

Liebich L. — La réforme scientifique définitive du Calendrier grégorien. Alger, 1899. 8°.

Lindemann F. — Gedächtnissrede auf Philipp Ludwig von Seidel. München, 1898. 4°.

Merriam J. — The Distribution of the Neocene Sea-Urchins of Middle Caliphornia and its bearing on the Classification of the Neocene Formations. Berkeley, 1898. 8°.

Pflüger E. e *Nerking J.* — Eine neue Methode zur Bestimmung des Glykogenes. Bonn, 1899. 8°.

Portal E. — Les origines de la vie et la paléontologie. Paris, 1898. 8°.

Raddi A. — Le nostre forze idrauliche e la loro utilizzazione. Bologna, 1899. 8°.

Roberto G. — La grandine e gli spari. Savona, 1899. 8°.

Wadsworth M. E. — Some methods of determining the positive or negative Character of mineral plates in converging polarized light with the petrographical microscope. S. l. 8°.

Id. — Some statistics of Engineering Education. S. l. 1897. 8°.

Id. — The elective system in Engineering Colleges. S. l. 8°.

Id. — The elective system as adopted in the Michigan Mining School. S. l. 8°.

Id. — The Michigan College of Mines. S. l. 1897. 8°.

Id. — The Origin and Mode of Occurrence of the Lake Superior Copper-Deposits. S. l. 1897. 8°.

Id. — Zirkelite. A question of Priority. S. l. 8°.

P. B.

RENDICONTI

DELLE SEDUTE

DELLA REALE ACCADEMIA DEI LINCEI

Classe di scienze fisiche, matematiche e naturali.

— —

MEMORIE E NOTE
DI SOCI O PRESENTATE DA SOCI

pervenute all'Accademia sino al 15 ottobre 1899.

~~~~~~~~~~~~

Zoologia medica. — *Osservazioni sul rapporto della seconda spedizione malarica in Italia, presieduta dal Prof. Koch, composta oltre che dallo stesso Koch, dal Prof. Frosch, dal dottor Ollwig e coadiuvata dal Prof. Gosio, direttore dei laboratori di sanità del Regno d'Italia.* Nota del Socio B. GRASSI.

PARTE PRIMA.

Il 25 aprile fu segnalata la ridiscesa in Italia della spedizione Koch ed io ne fui lietissimo, persuaso che essa avrebbe interamente confermato le conclusioni delle nostre ricerche comunicate all'Accademia dei Lincei e da noi dimostrate anche cogli esperimenti e coi preparati alla mano a chiunque se ne fosse interessato.

I grandi mezzi di cui disponeva Koch per proprio conto, le facilitazioni procurategli dal governo italiano senza riguardo a spesa alcuna, gli appianavano moltissimo quel cammino che per noi era stato sempre seminato di triboli e di spine. Mi aspettavo perciò un pronto *effatum*, ma le mie speranze tardarono molto a realizzarsi. Soltanto nella prima metà di settembre il mondo scientifico ha potuto essere informato del terreno conquistato dalla spedizione Koch con due pubblicazioni, una nella *Zeitschrift für Hygiene* 32° Bd. 1° H., uscita l' 8 settembre 1899 (senza data speciale per il lavoro del Koch) e l'altra nella *Deutsche Medicin. Wochenschrift* uscita il 14 settembre 1899 (parimenti senza data speciale).

Col primo lavoro annichilisce tutte le nostre [1] ricerche dichiarandole incomplete e non provative. Perchè? Perchè egli non ha trovato nell'*Anopheles*

[1] Uso il plurale quando si tratta di ricerche fatte con Bignami e Bastianelli; uso il singolare quando si tratta di ricerche fatte da me solo.

maculipennis (claviger) i vermicoli meglio detti zigoti nelle prime 36 ore, dopo che questo aveva succhiato sangue con semilune. Le semilune erano ancor riconoscibili ma in via di distruzione. Egli ha inoltre ritrovato nelle ghiandole velenose (salivari) dell'*Anopheles* stesso sporozoiti che certamente non appartengono ai parassiti malarici dell'uomo, perchè le suddette zanzare in parte provenivano da luoghi non malarici e in parte erano state prese in luoghi malarici, ma nella stagione fredda. « Queste ricerche dimostrano che dobbiamo guardarci dal ritenere tutti i parassiti coccidiiformi e gli sporozoiti, che per caso s'incontrano nelle zanzare, come appartenenti senz'altro ai parassiti malarici dell'uomo. Noi non saremo autorizzati a ciò, fino a che ci riescirà di stabilire tutta la serie di sviluppo come nel proteosoma ». Leggendo questo giudizio io mi domandava, se è permesso veramente di abbattere tutto un edifizio costruito da persone, che nella scienza non pretendono certamente di star alla pari con Koch, ma che tuttavia hanno mostrato di saper lavorare; abbattere questo edificio limitandosi per negarne la solidità a tentativi che non rappresentano neppur la millesima parte delle esperienze da noi fatte?

Si badi bene che di fronte ai risultati negativi di Koch noi avevamo ottenuto la seguente serie di risultati positivi:

1.° Parecchi casi di infezione malarica indiscutibilmente sviluppatisi per effetto della sola puntura degli *A. maculipennis*;

2.° Infezioni numerosissime degli Anofeli che avevano punto individui malarici. Che i germi di questa infezione preesistessero al succhiamento di sangue umano infetto, veniva escluso con tutta certezza dai seguenti fatti:

a) Non s'infettavano gli Anofeli che contemporaneamente pungevano l'uomo sano, benchè si tenessero nelle stesse condizioni.

b) S'infettavano anche gli Anofeli neonati che non avevano mai punto individui malarici. In questi neonati non si trovano mai i parassiti in discorso e nè mai si sviluppano se si nutrono con sangue di uomini sani.

c) Gli stadî, che si riscontravano nell'intestino, erano proporzionali per grado di sviluppo al giorno in cui l'Anofele aveva succhiato sangue malarico. Più questo giorno era lontano, più i parassiti erano avanzati nello sviluppo. Se l'Anofele si era nutrito varie volte di sangue malarico, alla distanza di 2 o 3 giorni, gli stadî erano parecchi e proporzionati.

d) Il parassita che si sviluppa in principio è sicuramente differente a seconda che si tratti del parassita della terzana o della semiluna ([1]).

([1]) Tranne nei primi stadî, nell'*Anopheles* le differenze tra i parassiti della terzana e quelli delle febbri estivo-autunnali, se pur sono determinabili, sono di gran lunga minori di quanto ritengono Bignami e Bastianelli. Io poi non sono punto convinto che i corpi da loro figurati nelle glandole salivari siano sporozoiti alterati piuttosto che alterazioni delle glandole salivari stesse. — S'intende che tutto ciò non osta contro la specificità dei singoli parassiti.

e) Nelle case degli individui malarici si trovarono molti Anofeli infetti, eccetto che nei mesi in cui la malaria non si fece sentire, o almeno molto raramente, con infezioni nuove. Gli Anofeli, invece, pigliati nelle stalle e nei pollai, non vennero che molto eccezionalmente trovati infetti.

f) L'infezione artificiale degli Anofeli per quantità dei parassiti era proporzionale con quella del sangue umano con cui essi venivano nutriti.

g) Si osservarono casi di malaria in località e in epoche in cui soltanto gli Anofeli, tra tutte le zanzare, potevano venire incolpati.

Tutti questi fatti, che risultano dalle nostre pubblicazioni, per Koch non valgono nulla, perchè non abbiamo trovato quanto succede dei gameti nel lume dell'intestino medio durante le prime 40 ore circa dopo che gli Anofeli li ha succhiati. Certamente questa è una lacuna, però una lacuna evidentemente dovuta alla difficoltà della tecnica di fronte alla poca abbondanza del materiale. La stessa lacuna c'era infatti anche nel lavoro di Ross per il Proteosoma degli uccelli e l'averla colmata rappresenta appunto tutto quanto Koch ha fatto per l'etiologia della malaria degli uccelli. Del resto proprio intanto che Koch pubblicava la sua critica, io comunicavo all'Accademia dei Lincei di aver trovato anche i vermicoli la cui assenza aveva dato tanto da pensare al suddetto autore (¹) e di averli seguiti liberi nel lume dell'intestino fino alla loro entrata nell'epitelio. Tengo anzi un preparato in cui questa entrata è stata sorpresa.

Si capisce che io ero così sicuro dei risultati precedenti, che nella mia nuova Nota non diedi alcun importanza speciale al riempimento della lacuna, da noi per i primi riconosciuta.

In conclusione voler negare la derivazione dei parassiti da noi studiati nell'Anofele in base alla mancanza del primo stadio di sviluppo, come ha fatto Koch, mi sembrava e mi sembra tanto strano quanto il voler negare che il feto umano derivi dalla fecondazione dell'uovo collo spermatozoo, perchè i primi stadî di sviluppo non sono stati osservati.

Quanto alle prove negative fatte da Koch, facendo pungere un uomo infetto da Anofeli, non mi fanno alcuna meraviglia, perchè molte volte mi è capitata la stessa cosa, ciò che ho attribuito ora agli Anofeli, ora alla condizione delle semilune. Si noti però, perchè non nasca equivoco, che del pari molte volte ho trovato dei semilunari che per molti giorni di seguito infettavano il 90 % degli Anofeli. I suddetti casi negativi, del resto, sono ben noti anche per le altre malattie parassitarie.

Queste critiche erano già state scritte quando otto giorni più tardi comparve il secondo lavoro di Koch. In questo, Koch ammmette *verosimilissimo* che la malaria umana si propaghi per mezzo degli *Anopheles maculi-*

(¹) R. Accad. dei Lincei. Comunicazioni pervenute all'Accademia sino al 17 settembre 1899. Vol. VIII, 2º sem. serie 5ª, fasc. 6º.

pennis, quegli stessi *A. maculipennis* che otto giorni prima non dovevano essere le zanzare propagatrici della malaria umana.

Il lettore si aspetterebbe di trovare in questo secondo lavoro le ragioni del cambiamento radicale delle opinioni da parte di Koch.

Purtroppo però, egli, che ha fatto la parte di ipercritico pei nostri lavori, per se stesso è molto indulgente. In tre mesi di lavoro egli è arrivato a trovare soltanto 7 Anofeli infetti in posti molto malarici. Io ne trovo un numero maggiore in una sola giornata! Questi 7 Anofeli tuttavia sono bastati a modificare totalmente l'opinione di Koch!

Potrei dire di più, ma per rispetto al grande batteriologo Koch, lascerò al lettore di mettere d'accordo le seguenti due asserzioni che si leggono nei suoi lavori. Nel primo asserisce di aver trovato gli sporozoiti (germi falciformi) dentro le ghiandole salivari degli *A. maculipennis* anche nella stagione fredda, mentre nel secondo asserisce di *non aver mai* trovato niente di simile dentro la suddetta sorta di zanzara nella stagione fredda. Io non posso però non soggiungere, che nel mese di dicembre l'anno passato ho trovato a Maccarese gli sporozoiti nelle ghiandole salivari degli Anofeli, e perciò è vera in parte soltanto l'asserzione di Koch contenuta nella prima Nota, mentre non è attendibile la seconda.

Koch come me e dopo di me (¹) definisce l'uomo depositario dei germi dell'infezione per la nuova stagione malarica e in complesso ne induce come me la possibilità di liberare un paese dalla malaria opportunamente curando i malarici. Tutto ciò si fonda sulla asserzione che in certi mesi le zanzare non siano infette. Evidentemente però ciò non basta: egli deve anche ammettere che non ci sia trasmissione possibile dei germi malarici da zanzara a zanzara contrariamente a quanto hanno supposto Ross, varî altri autori e Koch stesso.

Su quali ricerche si basa Koch per negare questa trasmissione? E certo che egli si basa sulle nostre ricerche, che però si guarda bene dal citare.

Mentre in questo punto Koch ci presta fede, in un altro non ce la presta affatto, limitando perciò a tre o quattro mesi dell'anno l'epoca in cui le zanzare sono infette: infatti egli dice di aver trovato gli sporozoiti nelle ghiandole salivari, soltanto nei tre, quattro mesi caldi dell'anno. Ho già sopra detto però che questa asserzione di Koch è già stata smentita da un'autorità che certamente egli riconosce come autentica, cioè, Koch stesso nella sua pubblicazione dell'8 settembre. Noi del resto avevamo già pubblicato che l'epoca dell'infezione delle zanzare è presso a poco la seconda metà dell'anno. Se Koch o qualche Kochiano vorrà verificar le nostre asserzioni

---

(¹) *Le recenti scoperte sulla malaria esposte in forma popolare* (opuscolo pubblicato notoriamente il primo settembre) pag. 50.

avrà in questo come in qualunque altro punto di divergenza tutto l'aiuto possibile da parte mia.

Naturalmente l'infezione delle zanzare limitata da Koch a tre o quattro mesi dell'anno lo porta a fissare a 24-25° la temperatura minima necessaria per la maturazione dei germi malarici nel corpo delle zanzare. Che ciò sia vero per il proteosoma mi mancano le prove per asserirlo. Non credo però che le zanzare, che propagano questi parassiti malarici tanto comuni negli uccelli, possano trovare facilmente quelle temperature così elevate che Koch ritiene necessarie. È anche possibile che, in rapporto colla più elevata temperatura dell'uccello, la temperatura richiesta per il proteosoma nel corpo della zanzara sia di alcuni gradi superiore a quella necessaria per i parassiti malarici umani. Comunque sia, è certo che i parassiti possono maturare nel corpo dell'Anofele ancorchè la temperatura scenda di parecchi gradi sotto i ventiquattro.

Il punto culminante e nuovo nel secondo lavoro di Koch è la possibilità, da lui ammessa, che anche il *C. pipiens* propaghi la malaria. È doloroso che Koch, ora che siamo entrati nel periodo sperimentale e che io ho insegnato una maniera relativamente facile per questi esperimenti coi *Culex*, venga fuori con delle verosimiglianze invece che con delle prove positive. E invero ecco su quali argomenti egli si basa per condannare il *C. pipiens*. In 49 abitazioni malariche della città di Grosseto l'*A. maculipennis* è stato trovato 8 volte e anche soltanto in pochi esemplari, nessuno dei quali era infetto.

In queste case invece è stato trovato quasi sempre il *C. pipiens* e là ove sembrava che casualmente mancasse, nei dintorni si trovavano le larve in grande quantità. In una casa, che era tormentata moltissimo dalla malaria, Koch trovò un *C. pipiens* con le ghiandole salivari ripiene di sporozoiti tipici. Queste sono tutte le ragioni, che egli oppone alla mia asserzione che il *Culex pipiens* non propaga la malaria.

Vediamo ora invece su quali ragioni era basata la mia asserzione.

1°. Il *C. pipiens* si trova in qualunque cantuccio d'Italia; mentre la malaria è legata a determinate regioni. In certi luoghi dove il *C. pipiens* è comunissimo, manca totalmente o quasi la malaria, nonostante che le condizioni di temperatura siano favorevolissime per lo sviluppo della infezione (parte centrale di Venezia, molti punti della riviera ligure, città di Catania, parecchie parti della città di Messina ecc.).

2°. Il giorno 16 giugno un vecchio con gameti terzanari ed estivo-autunnali fu punto da 2 *C. pipiens*, 3 *A. bifurcatus* e 2 *A. claviger* nella villetta del Principe a Maccarese. Gli *Anopheles* d'ambo le forme s'infettarono tutti, eccetto un *bifurcatus*; i 2 *C. pipiens* invece non s'infettarono. Lo stesso individuo il 20 giugno a Chiarona fu punto da 20 *C. pipiens*, da 1 *A. pseudo-*

pictus e da 5 *A. claviger*. Tutti gli *Anopheles* s' infettarono eccetto uno di questi ultimi cinque; nessuno dei *C. pipiens* s'infettò. In varie altre occasioni ho sperimentato con risultati negativi qualche *C. pipiens*. Nelle camere ove degevano individui malarici non ho mai trovato *C. pipiens* infetti, eccetto che nelle ghiandole salivari.

3°. Il *C. pipiens* è un ospite sessuale del proteosoma degli uccelli, ciò che spiega la possibilità suddetta occorsa a Koch e a me di trovare *C. pipiens* colle ghiandole salivari infette.

Nella prima metà d' agosto nel casello vicino a Maccarese (km. 35) si trovarono moltissimi *Anopheles* non infetti e alcuni *pipiens* infetti (stadî giovani). Nel casello non vi era alcun individuo malarico. Sul tetto però e sugli *eucalyptus* circondanti il casello cinguettavano numerosi passeri: alcuni furono presi e si trovarono infetti di proteosoma.

Avevo perciò in mano dati sufficienti per respingere l'opinione di Koch; tuttavia, tenendo conto della grande autorità del nome, credetti opportuno di sottopormi all'ingrato compito di ripetere fin dove era possibile, data la stagione avanzata, le sue osservazioni e di aggiungervi quelle prove dirette che egli avrebbe dovuto fare, ma che non fece, perchè, a suo dire, gliene mancò l'opportunità. Mi recai infatti a Grosseto il 24 settembre e vi restai fino al 4 ottobre. Gli esperimenti però vennero continuati anche qualche giorno dopo la mia partenza trasportando il materiale a Roma per esami ulteriori (¹).

Nella città di Grosseto in generale si trovano non numerosi *A. claviger* e abbondanti *C. pipiens*. In complesso, gli Anofeli preferiscono la periferia della città e le abitazioni vicine a giardinetti, orticelli, cortili con acqua scoperta. In qualche casa dove degevano individui malarici, o dove c' erano stati casi di malaria non riscontrai Anofeli alla prima visita: ne trovai però quasi sempre qualcheduno nelle visite successive, specialmente quando si fecero le ricerche molto accuratamente. In generale, vicino alle abitazioni in cui c'erano casi di malaria verosimilmente autoctona, trovai dell'acqua contenente larve in varii stadi e ninfe di *A. claviger*. Alle volte erano anche numerose. Citerò alcuni di questi focolai di Anofeli: il magazzino Sellari in via Mazzini per la casa demaniale in via Bertani; la troniera « molino a vento » e il cortile annesso alla casa Scotti per la casa Scotti, via

(¹) Qui mi corre l'obbligo di ringraziare caldamente i Grossetani per l'accoglienza fattami: essi facilitarono molto il mio compito, facendomi rimpiangere di non essere andato prima in quel paese, nel quale i miei studî sarebbero progrediti molto più celeremente che a Roma. Debbo particolari ringraziamenti al dott. Turrillazzi che mi ha fornito molte preziose notizie, frutto della sua lunga pratica, alla Congregazione di Carità e al Direttore dell'Ospedale che mi accolsero nell'Ospedale stesso, mettendo quello che io desiderava a mia disposizione, e al Sindaco di Grosseto che spontaneamente si offerse di darmi tutti quegli schiarimenti che mi occorrevano. Debbo ancora nominare l'egr. dott. Cacciai, il pubblicista Benci ecc. che mi fornirono notizie interessanti.

Mazzini n. 41; l'orto annesso a casa Ferri per la casa Ferri stessa in Corso Carlo Alberto n. 11; l'orto dell'Ospedale per l'Ospedale della Misericordia, ecc. Nelle stalle vicino alle case, in cui si era verosimilmente sviluppata la malaria, ho trovato costantemente più o meno abbondanti *A. claviger*, qualche *A. pseudopictus* e qualche *A. bifurcatus*. Avendo comunicato questi risultati contraddicenti quelli di Koch al Dott. Pizzetti, ufficiale sanitario che era stato ed è a disposizione di Koch, ne ebbi per risposta che in realtà da qualche tempo gli Anofeli si trovavano da per tutto, mentre invece mancavano quando Koch si trovava in Italia. Lo stesso Pizzetti mi comunicò che andava facendo raccogliere nelle case Anofeli per spedirli a Koch. Ciò naturalmente spiegava perchè in certe abitazioni io ne trovavo pochissimi o non ne trovavo affatto. Pur non sapendo nascondere la mia meraviglia per questa singolare coincidenza tra la mia visita e la comparsa degli Anofeli, cercai di spiegarmi ciò che sarebbe occorso a Koch. Visitai perciò le macchiette lungo le mura di Grosseto e più particolarmente le troniere e vi trovai nascosti negli arboscelli un certo numero di *A. claviger*. Il 27 settembre, alla stazione ferroviaria, verso le ore 18, sotto gli *Eucalyptus*, in pochi minuti vennero a pungerci, oltre a molti *Culex*, tre *A. bifurcatus* e un *claviger*.

Questi fatti voglionsi collegare colle abitudini estive dei Grossetani, i quali (invece di tapparsi in casa, come accade in molti paesi malarici) al tramonto sino a notte avanzata se la spassano vicino alle loro case gironzando qua e là lungo il Corso illuminato da luce elettrica, nel viale verso la stazione, sulla piazzetta fuori Porta Vecchia ecc. Vi sono qua e là delle panchette ove siedono riposandosi per lunghe ore. Se ora si richiama che gli Anofeli pungono specialmente al tramonto e nelle prime ore della sera, ognuno capisce che difficilmente si troveranno nelle camere da letto, dove Koch pretendeva di trovarli a preferenza. Perchè dovrebbero andare nelle camere da letto se pungono fuori di esse, se tutti i Grossetani fanno inoltre del loro meglio perchè non vi entrino? Che in queste camere da letto si trovino invece i *C. pipiens* non ci fa meraviglia, perchè il *C. pipiens* è essenzialmente notturno e di spesso per pungerci aspetta che ci siamo coricati. Aggiungasi inoltre che a Grosseto i *C. pipiens* sono molto numerosi, sicchè facilmente si trovano pure nelle case. Anche gli *Anopheles claviger* là dove sono così numerosi, come lo sono a Grosseto i *C. pipiens*, non mancano mai nelle camere da letto. Gli Anofeli, che produssero i casi di malaria a Grosseto quando vi soggiornava Koch, si riparavano probabilmente nelle stalle, negli orticelli, nei giardinetti, nelle troniere, nelle siepi, in angoli remoti i più svariati. L'abbassamento della temperatura che si era verificato qualche tempo prima della mia andata a Grosseto, doveva aver fatto riparare almeno una parte degli Anofeli nelle abitazioni.

Del resto, le ricerche negative di Koch possono essere anche in parte spiegate colla circostanza, che gli Anofeli fossero fuor usciti per depositar le uova.

Infatti al casello suddetto vicino a Maccarese, in agosto, gli Anofeli erano abbondantissimi: diventarono molto scarsi fino a mancare nella prima metà di settembre; tornarono ad essere abbondantissimi nella seconda metà di settembre.

Anche ammesso dunque che la spedizione Koch abbia cercato gli *Anopheles* con tutta l'accuratezza, resta per me inaccettabile la conclusione di Koch che a Grosseto non bastano a spiegare i casi di malaria che vi si verificano. È doloroso che Koch abbia fatto un mistero della sua conclusione fino al 15 di settembre; altrimenti sarei intervenuto prima e avrei dimostrato con tutti i particolari desiderabili il suo errore. Invece di limitarsi a cercare nelle case e a mettere delle lampade con trappole per prendere le zanzare, egli avrebbe dovuto sedersi al tramonto e nelle ore successive davanti alle case, in vicinanza alla Stazione ecc., raccogliendo tutte le zanzare che venivano a pungere. Così avrebbe potuto formarsi un'idea della frequenza degli Anofeli. Nessuno vide mai Koch od altri fare questo lavoro, che dalle mie precedenti pubblicazioni risultava necessario, anche perchè gli *A. pseudopictus e bifurcatus* soltanto eccezionalmente si fermano nelle abitazioni.

Che del resto in certi luoghi mediocremente malarici come Grosseto, gli *Anopheles* siano scarsi l'ho segnalato io pure nella mia ultima Nota, prima che conoscessi le pubblicazioni di Koch. In questi luoghi però può darsi che non si trovi neppur un *C. pipiens*. Cito per esempio Magliana e i caselli tra S. Paolo e Magliana nel settembre e ottobre del corrente anno. Sono questi i famosi luoghi, dove chi osserva superficialmente dice che c'è malaria senza zanzare.

Koch nelle sue ricerche ha dato troppo poca importanza a ciò che la pratica ha insegnato da molti secoli; non ha tenuto nel debito calcolo sopratutto le due seguenti circostanze:

1°. In generale è più facile prendere la malaria, passando la serata all'aperto che chiudendosi in casa.

2°. La malaria diventa tanto più intensa quanto più ci avviciniamo al padule. Corrispondentemente, nella città di Grosseto predominano i *C. pipiens* e sono piuttosto scarsi gli *Anopheles*: cresce alquanto il numero degli *Anopheles* nelle vicine fattorie della tenuta Ricasoli. Al deposito dei cavalli, nelle vicinanze dell'infermeria e della farmacia, i *C. pipiens* sono già relativamente scarsi e abbondanti gli Anofeli. Nelle vicinanze del Padule i *C. pipiens* sono quasi mancanti e sovrabbondano gli Anofeli anche nelle abitazioni, per esempio alla casina Cernaia. Questa esatta proporzione tra la intensità della malaria e la quantità degli Anofeli deve essere sfuggita al Koch il quale, per quanto si può giudicare dalla sua breve relazione, avrebbe ritenuto la malaria di Grosseto molto più grave di quello che sia in realtà. Un criterio che serve per giudicare dalla gravità della malaria in un dato luogo è l'infettarsi di molti individui già nel primo anno che vi soggiornano. Orbene a Grosseto sembra che ciò accada piuttosto raramente, per es. non si è verificato per nessuna delle nove suore che attualmente si trovano a quell'ospedale. Invece, se veramente il *C. pipiens* propagasse la malaria. Grosseto dovrebbe essere un centro gravissimamente malarico, quale in realtà non è.

Questo che ho esposto è il primo argomento contro la capacità di trasmettere la malaria attribuita da Koch al *C. pipiens* per ragione indiretta.

Passo a un secondo argomento.

Con due malarici da me portati da Roma e con due altri presi all'ospedale, tutti e quattro aventi nel sangue i gameti semilunari ho fatto le seguenti esperienze:

Mi son fatto cedere temporaneamente una camera di un dormitorio delle ferrovie, ove v'erano dei *Culex pipiens*. In questa camera dormivano i malarici suddetti: tre miei impiegati a turno vegliando prendevano tutti i *C. pipiens* che venivano a pungere quegli ammalati. Siccome di *C. pipiens* nella camera ve ne era un limitato numero e d'altra parte non si potevano tenere aperte le finestre per attirarne, così ogni giorno si apriva in essa un vaso di *C. pipiens* presi a preferenza nelle abitazioni od in qualche cloaca; in quest'ultimo caso perciò presumibilmente neonati. Contemporaneamente gli ammalati suddetti si facevano pungere da Anofeli presi in una capanna vicino al deposito dei cavalli.

Questi Anofeli in gran parte erano colle ovaie molto arretrate nello sviluppo, probabilmente neonati, e senza sangue; ne avevo esaminati una quarantina in varie riprese senza trovare i parassiti malarici nell'intestino. Non ostante che la temperatura della camera non scendesse al disotto dei 22°-23°, Anofeli e *C. pipiens*, subito dopo la puntura, venivano posti in vasetti, che si tenevano caldi, aiutandosi col calore naturale del corpo. Al mattino successivo i vasetti venivano portati in una camera dell'ospedale, nella quale la temperatura oscillava fra i 26° e i 31°. I *C. pipiens*, come gli altri *Culex*, digeriscono più lentamente che gli Anofeli. Questi eran già vuoti dopo 40 ore, mentre i *Culex* non si svuotavano che al terzo giorno, e allora si esaminavano. Occorreva però, al secondo giorno, cambiare il vasetto, altrimenti morivano tutti. S'intende che nel vasetto si mettevano alcune pagliuzze secche ed un po' di bambagia inumidita. Procedendo in questo modo il giorno 28 settembre potei esaminare 9 *C. pipiens* ed 1 *A. claviger*. Questo era leggermente infetto mentre non lo erano i 9 *C. pipiens*. Il giorno 29 esaminai 7 *C. pipiens* e 3 *A. claviger:* dei 7 *C. pipiens* nessuno era infetto, dei 3 *Anopheles* 2 erano infetti leggermente ed 1 no. Il giorno 30 esaminai 16 *C. pipiens* nessuno era infetto, 8 *A. claviger*, 2 molto infetti e 6 no. Il giorno 1 ottobre, 15 *C. pipiens* non infetti, 8 *A. claviger* di cui 2 infetti, 6 no. Il giorno 2, 13 *C. pipiens* non infetti, e 4 *A. claviger*, 1 infetto e 3 no. Il giorno 4, 39 *C. pipiens* non infetti di fronte a 7 *A. claviger* di cui 2 infetti e 5 no. Il giorno 5 ottobre, 20 *C. pipiens* non infetti di fronte a 9 *A. claviger* di cui 2 infetti e 7 no. Gli *A. claviger* infetti erano tutti in quegli stadî di sviluppo che sappiamo corrispondenti al numero delle ore dopo la loro infezione.

Ci occorsero però due fatti apparentemente opposti a questi riferiti. In un *C. pipiens* che aveva punto sotto gli alberi della stazione uno dei nostri malarici, io ho trovato lungo l'intestino un certo numero di parassiti che si potevano riferire al 4° o 5° giorno ed un parassita relativamente piccolo scambiabile con quelli che ho ritrovato negli *Anopheles*. Evidentemente, come risulta anche meglio da quanto dirò in appresso, questo *C. pipiens* aveva punto dei passeri e si era infettato di Proteosoma; la forma piccola od era arretrata nello sviluppo, ciò che ho verificato anche in altri casi, ovvero si era sviluppata in seguito ad ulteriore puntura d'uccello. Notisi a questo riguardo che il *C. pipiens* non è parco come in generale l'*Anopheles*: esso piglia nuovo sangue ancorchè non abbia ancor finito di digerire il precedente; appunto perciò esso riesce molto più tormentoso dell'*Anopheles*. Questa circostanza può spiegare la presenza del parassita piccolo di cui sopra.

Un ragazzino, le cui semilune presentavano pigmento sparso e non si flagellavano mai, non infettò mai alcun *A. claviger* nè alcun *C. pipiens*. Perciò nen ne tenni calcolo nelle sopra esposte cifre. Soltanto l'ultimo giorno trovai un *A. claviger* infetto in stadî corrispondenti al quarto giorno. Evidentemente questo Anofele era già infetto quando punse il ragazzino.

Chi non ha pratica di queste ricerche potrebbe meravigliarsi che io non abbia trovato infetti un certo numero di Anofeli; la cosa però a me è già occorsa troppe volte senza che ancora abbia avuto l'occasione di approfondirla con opportuni esperimenti. Nel caso attuale è notevole che gli Anofeli, ancorchè vuoti non volevano succhiare ed alle volte occorrevano delle ore per costringerli a nutrirsi un pochino, applicandoli sulla pelle con una provetta.

Comunque sia, i fatti sopra esposti dimostrano ad evidenza che il *C. pipiens* non si infetta coi parassiti malarici dell'uomo.

Terzo argomento contro Koch:

Il *C. pipiens* s'infetta molto facilmente coi parassiti malarici degli uccelli.

A Grosseto i passeri infetti da Proteosoma non sono rari; messi in una gabbia sotto una zanzariera, nella quale si liberano dei *C. pipiens* curando che la temperatura sia opportuna (mi son servito della camera riscaldata di cui sopra), è facile verificare lo sviluppo dei Proteosoma nei *C. pipiens*.

Fa meraviglia soltanto che Koch non abbia fatto questo semplice esperimento, che gli avrebbe insegnato che il *C. pipiens* da lui trovato infetto nelle ghiandole salivari in un'abitazione malarica si era certamente nutrito di sangue di uccelli, probabilmente di passeri, tanto comuni anche sulle abitazioni di Grosseto.

Quarto argomento:

Ho esaminato 53 *C. pipiens* presi in abitazioni dove degevano individui malarici: nessuno era infetto nell' intestino a cui limitavo l'esame. Per quanto mi ha assicurato il dott. Pizzetti, la spedizione Koch fece centinaia di esami simili nell' epoca la più propizia, ottenendo sempre come me risultati negativi.

Di 10 *A. claviger* invece raccolti nelle case 1 aveva l' intestino infetto a stadio avanzato. Notisi che anche Koch trovò 3 Anofeli infetti nell' intestino, non ostante che secondo ogni verosimiglianza ne esaminasse un numero molto inferiore a quello dei *C. pipiens.*

Se veramente i *C. pipiens* propagassero la malaria, senza dubbio tanto io quanto Koch ne avremmo trovato qualcuno infetto nell' intestino, fra i tanti presi nelle case infestate dalla malaria!

Quinto argomento:

Gli *A. claviger* non si infettano pungendo gli uccelli infetti di Proteosoma. Finora ho fatto poche esperienze, ma però i risultati sono sempre stati costantemente negativi.

Sesto argomento:

Io e i miei impiegati siamo stati moltissime volte punti dai *C. pipiens* prima di andare a Grosseto e a Grosseto, senza che nessuno di noi si ammalasse di malaria.

Settimo argomento:

Dopo di aver fornito prova, controprova e riprova contro la pretesa parte che i *C. pipiens* avrebbero nella diffusione della malaria, *ad abundantiam,* ho aggiunto questo ultimo argomento.

Nella parte centrale di Orbetello e precisamente nel tratto corrispondente ai tre Corsi, come tutti sanno e come mi assicura anche l' intelligente dott. Matteini di Orbetello, non si dà mai alcun caso di malaria, mentre quivi i *C. pipiens* costituiscono un vero flagello. Si tenga presente che non pochi malarici vengono a guarire in questa parte sana d'Orbetello. Non è questo un esperimento in grande, che si ripete da molti anni per dimostrare che il *C. pipiens* non ha nulla a che fare colla diffusione della malaria dell' uomo?

In conclusione resta confermato, che la spedizione Koch ha torto, ammettendo che con molta verosimiglianza i *C. pipiens* possano propagare la malaria.

Fisica. — *Se e come la forza magnetica terrestre varii col-l'altezza sul livello del mare.* Nota di A. POCHETTINO, presentata dal Socio BLASERNA.

Già da molti anni si è cercato da alcuni pochi osservatori di chiarire un punto dello studio del magnetismo terrestre, cioè la quistione riguardante il come la forza magnetica terrestre varii coll'altezza sul livello del mare; solo però dal 1896 si cominciarono ad ottenere dei risultati attendibili.

Eppure la questione è di una grandissima importanza, della quale ci si può facilmente convincere quando si pensi che se dal risultato delle osservazioni si potessero dedurre i valori della variazione della forza magnetica coll'altezza, e se questi valori fossero sufficientemente prossimi a quelli che la teoria di Gauss fornisce, si verrebbe a dimostrare che il magnetismo terrestre è proprio esclusivamente della terra e che quindi fuori di essa non possono esistere forze magnetiche agenti. Malgrado l'importanza dell'argomento pochi furono quelli che se ne occuparono seriamente; lasciando da parte i primi esperimentatori, le cui ricerche, causa l'imperfezione dei metodi allora usati, a nulla approdarono, ho potuto trovare sul soggetto solo tre ricerche, che tenterò qui di riassumere in breve;

I. ([1]) I signori van Ryckevorsel e W. van Bemmelen intrapresero negli anni 1895-97 una serie di studî geomagnetici sul Rigi, che venne scelto, dopo che un accurato studio che occupò il 1895, avea dimostrato essere esso costituito di materiale non magnetico. La discussione di una completa serie di osservazioni compiute nel 1896 alla base e sulla montagna in un grandissimo numero di stazioni mostrò un decrescimento piccolissimo della componente orizzontale del magnetismo terrestre e un accrescimento maggiore, benchè sempre molto piccolo, della componente verticale. Trovandosi però, come si esprimono gli autori, sul Rigi dei centri superficiali di attrazione che avrebbero potuto rendere molto dubbiosi i risultati delle misure, vennero nel 1897 intraprese nuove osservazioni in 198 stazioni contemporaneamente alla base e sui fianchi o sul vertice del monte. Il risultato fu che l'influenza dell'altezza sul mare sul campo terrestre è così piccola, da rendere inutile il tenerne conto nelle misure fatte coi metodi ordinarî.

II. ([2]). Parimenti nel 1894 e 1895 il sig. Sella compì una serie di misure relative fra Roma, Biella e la sommità del M. Rosa; il risultato delle

([1]) International Conference on Terrestral Magnetism and atmospheric electricity. Bristol Meeting, 1898, pag. 57.

([2]) Rend. Acc. Lincei, 1896. I semestre, pag. 40.

medesime fu che non solo l'altezza sul mare influisce sul magnetismo terrestre, ma che quest' influenza sulla componente orizzontale H è nettamente apprezzabile e che il suo valore si può ritenere di 0,001 (in misura relativa) per ogni 1000 metri di dislivello.

III. ([1]) Finalmente nel 1898 il sig. J. Liznar, per eliminare l'effetto della natura del suolo sulla variazione della forza magnetica terrestre coll'altezza, ha calcolato questa variazione sui risultati di 205 stazioni in Austria, divise in tre gruppi, il primo comprendente quelle di altezza inferiore ai 200 m., il secondo quelle fra i 200 e 420, il terzo quelle sopra i 400 m. Il risultato fu il seguente: l' incremento degli elementi per ogni chilometro di dislivello è:

Componen. Nord — 0,00034 C.G.S.	Componente orizzontale — 0,00029 C.G.S.
» Ovest + 0,00029 »	Declinazione + 5,03′
» Verti. — 0,00064 »	Inclinazione — 0,65′

Come si vede, il valore trovato da Liznar per la variazione della componente orizzontale sarebbe molto prossimo, fatte le debite riduzioni, a quello trovato dal Sella; ma come spiegare allora il risultato dubbioso delle numerosissime esperienze di van Ryckevorsel e van Bemmelen ?

Vista l'incertezza dei risultati ho creduto non riuscisse inutile fare qualche nuovo tentativo di ricerca sull' argomento; a tale scopo ho compiuto nel nel mese di agosto di quest'anno una serie di misure il cui risultato è così chiaro che mi pare non debba lasciar luogo a incertezze sul segno e sul valore approssimato della variazione del magnetismo terrestre coll'altezza, almeno per quello che riguarda la componente orizzontale.

Due erano le condizioni necessarie da ricercare nello scegliere il luogo adatto alle misure: in primo luogo un dislivello sufficiente fra due punti di facile accesso; secondo, la assoluta assenza di roccie magnetiche nelle due stazioni. A queste condizioni mi parve soddisfacesse in modo conveniente il Gran Sasso d'Italia, il quale è esclusivamente costituito di massi calcarei di color bianco giallognolo di apparenza massiccia, talvolta stratiforme, per lo più compatta, qua e là saccaroide, contenente arnioni silicei e resti fossili ([2]). Le stazioni scelte per le misure furono quattro che ora descriverò partitamente.

I. *Assergi*. Nelle vicinanze di questo paesello, ultimo sulla via che conduce al Gran Sasso dal lato di Aquila, sulla sponda destra della vallata alla cui estremità Nord giace il paese, si trova a mezza costa una grotta formata da un grosso masso di calcare ruzzolato giù dal culmine della costa e rimasto appoggiato ad altri massi precedentemente caduti. Questa lo-

([1]) Wiener Anzeiger, 1898, pag. 168.
([2]) Abbate. *Guida del Gran Sasso d'Italia.*

calità è sommamente adatta a misure magnetiche, prima perchè il suolo è perfettamente calcareo, secondo perchè lontano dall'abitato e dal coltivato, terzo perchè riparato dal vento e dal sole. La quota sul mare è di circa m. 820.

II. *Rifugio*. Con questo nome intendo non propriamente il rifugio fatto costruire dalla Sezione di Roma del Club Alpino Italiano (il quale Rifugio risponderebbe, per quel che riguarda la costruzione, alle esigenze di un locale per osservazioni magnetiche, essendo costruito con massi di calcare scavati sul Gran Sasso stesso, se non fosse munito di porta di ferro e di una stufa in ghisa), ma un punto situato ad Ovest del Rifugio stesso, distante da esso circa 100 m., posto alla base Sud del monticello sulla cui falda Est si adagia il Rifugio stesso. Anche questa località è perfettamente riparata dal vento e dal sole, essendo una nicchia formata da massi calcarei sovrapposti. La quota sul mare è di m. 2200.

III. *Monte Corno*. Questa stazione si trova sulla vetta occidentale del Corno Grande ad Est di quello dei due massi formanti la vetta che si trova a Nord. Anche qui il terreno è perfettamente calcareo; le osservazioni vennero compiute in una fossa a sponde verticali, che ha le seguenti dimensioni: Profondità m. 1,20; lunghezza m. 1,80; larghezza m. 0,85: la direzione della lunghezza è quasi esattamente Sud-Nord. Quota sul mare metri 2920.

IV. *Grotta dell'Oro*. Nelle pendici orientali di Pizzo Intermesole, quasi di fronte al valloncello separante il Corno Piccolo dal Corno Grande, si trova scavata una grotta, la quale venne denominata Grotta dell'Oro per la presenza in mezzo al calcare di piccolissime e rarissime penetrazioni dendritiche di piriti con apparenza aurifera che ingannò i pastori del luogo, i quali tentarono ripetutamente l'estrazione del minerale, ingrandendo così a poco a poco la grotta fino a ridurla alla forma e alle dimensioni attuali. L'apertura della grotta è rettangolare con m. 11,50 di larghezza e m. 5,40 di altezza; la grotta si prolunga per ben m. 26,70 nella roccia viva amplificandosi fino a m. 13,40 di larghezza su m. 6,30 di altezza al fondo. Il suolo è un calcare compatto bianco con qua e là blocchi di arenaria; la quota sul mare è di m. 1560.

Il metodo seguite è quello noto di confronto. Si paragonavano cioè le durate d'oscillazione di un magnete sospeso a un filo nelle quattro stazioni descritte. La sbarra magnetica era la stessa usata dal Sella nelle sue ricerche di cui ho parlato e mi fu da lui gentilmente prestata; non starò quindi qui a descrivere nuovamente l'apparecchio, trovandosi già minutamente descritto in questi Rendiconti stessi.

Le precauzioni prese nell'eseguire le misure sono le solite: prima di cominciare la misura si aprivano i vetrini chiudenti la cassetta di legno in cui oscillava il magnete per almeno mezz'ora per esser sicuri ch'esso assumesse la temperatura dell'aria. Poscia, chiusa la cassetta, si faceva oscillare il magnete con un piccolo pezzo di ferro che veniva quindi portato a grande distanza insieme con gli scarponi a chiodi, colle chiavi, colle fibbie delle cinghie e così via, poi si cominciava la misura della durata d'oscillazione col metodo di Hansteen.

La differenza fra i tempi di due passaggi corrispondenti dava la durata di 100 oscillazioni. L'orologio era tenuto nel piano normale al meridiano magnetico passante pel centro della sbarra durante le osservazioni, e poi portato lontano fino alla centesima oscillazione.

Il coefficiente termico del magnete, già stato determinato dal Sella col metodo delle tangenti fra le temperature 0° e 40°, è 0,000093, quindi le durate d'oscillazione si moltiplicavano per (1 — 0,0000058θ), θ essendo la temperatura della sbarra, onde ridurla alla temperatura 0°, θ veniva letta su un buon termometro Geissler diviso in gradi, il cui bulbo si trovava nella cassetta sotto il magnete oscillante.

Trattandosi di misure di confronto, furono così evitate tutte le correzioni che occorrono in una determinazione esatta della componente orizzontale del magnetismo terrestre; le durate d'oscillazione non vennero neppure corrette per l'ampiezza, perchè si aveva cura che in ogni stazione l'ampiezza iniziale d'oscillazione fosse la medesima, il che si rilevava mediante una graduazione su cui oscillava la sbarra e scegliendo per tentativi una distanza tale fra questa e detta graduazione che l'ampiezza finale fosse esattamente la stessa da per tutto, anzi quest'eguaglianza delle ampiezze finali dava un eccellente indizio per riconoscere se fossero avvenute irregolarità durante la misura. Quanto alla diminuzione della pressione atmosferica per l'altezza, questa non influisce sensibilmente sulla durata d'oscillazione, come dimostrano chiaramente le misure eseguite dal dott. Bellagamba ([1]).

I risultati ottenuti, corretti per la temperatura, si possono compendiare nella seguente tabella; i numeri rappresentano la durata media di un'oscillazione dedotta da quella di 10 centinaia. Da questo prospetto risulta come 200 siano state le determinazioni, così distribuite: 58 in Assergi, 65 al Rifugio. 38 nella Grotta dell'Oro, 39 su Monte Corno, tutte eseguite in diverse ore del giorno e a controtempo fra le varie località:

([1]) Rend. Acc. Lincei, 1899, I semestre, pag. 529.

Assergi		Rifuglio		Grotta dell'Oro		Monte Corno	
2 agosto	11,2982	3 agosto	11,3316	5 agosto	11,3153	4 agosto	11,3390
"	3032	"	3314	"	3159	"	3385
"	3018	"	3296	"	3153	"	3353
"	3022	"	3310	x.	3161	"	3401
"	2996	"	3326	"	3262	"	3395
"	3064	5 agosto	11,3302	"	3164	6 agosto	11,3378
7 agosto	11,3085	"	3298	"	3170	"	3381
"	3007	"	3302	"	3172	"	3381
"	3005	"	3304	"	3153	"	3389
"	3053	"	3286	"	3153	"	3341
"	2997	17 agosto	11,3285	18 agosto	11,3169	"	3361
16 agosto	11,3012	"	3279	"	3161	17 agosto	11,3378
"	2996	"	3281	"	3171	"	3403
"	3000	"	3279	"	3171	"	3392
"	3012	"	3277	"	3173	"	3414
"	3014	18 agosto	11,3293	"	3171	"	3408
"	3004	"	3299	21 agosto	11,3167	"	3408
"	2988	"	3281	"	3171	19 agosto	11,3390
"	3014	"	3275	"	3167	"	3388
19 agosto	11,2996	"	3281	"	3161	"	3386
"	2997	"	3303	"	3169	"	3394
"	2997	"	3295	"	3175	"	3394
"	2995	"	3285	"	3167	20 agosto	11,3364
"	2994	"	3267	"	3159	"	3362
"	3001	"	3267	"	3161	"	3356
"	3001	20 agosto	11,3279	"	3165	"	3392
"	2993	"	3271	1 settemb.	11,3167	"	3366
"	2995	"	3259	"	3169	2 settemb.	11,3395
"	3003	"	3251	"	3167	"	3393
22 agosto	11,2995	"	3264	"	3161	"	3383
"	2997	"	3300	"	3157	"	3399
"	2994	"	3311	"	3163	"	3375
"	3003	"	3275	"	3159	"	3389
"	2994	"	3319	"	3165	"	3385
"	2994	"	3269	"	3182	"	3487
"	2981	21 agosto	11,3293	"	3173	"	3385
"	2997	"	3291	"	3167	"	3411
"	2995	"	3237	"	2163	"	3497
"	2987	"	3293			"	3491
31 agosto	11,3011	"	3289				
"	3015	"	3287				
"	3022	1 settemb.	11,3274				
"	3016	"	3262				
"	3012	"	3284				
"	3014	"	3270				
"	3018	"	3288				
"	3010	"	3294				
"	3019	"	3283				
"	3015	"	3279				
"	3018	"	3279				
"	3018	"	3279				
3 settemb.	11,2999	"	3263				
"	3001	"	3275				
"	3001	2 settemb.	11,3269				
"	2021	"	3259				
"	3001	"	3256				
"	3013	"	3258				
"	3003	"	3284				
		"	3278				
		"	3276				
		"	3282				
		"	3292				
		"	3284				
		"	3284				
		"	3278				

Di qui ricavo le medie:

Assergi		Rifugio		Grotta dell'Oro		M. Corno	
2 Agosto	11,3019	3 Agosto	11,3312	5 Agosto	11,3160	4 Agosto	11,3385
7 »	11,3019	5 »	11,3298	18 »	11,3169	6 »	11,3372
16 »	11,3005	17 »	11,3280	21 »	11,3166	17 »	11,3400
19 »	11,2997	18 »	11,3285	1 Settembre	11,3166	19 »	11,3390
22 »	11,2994	20 »	11,3280			20 »	11,3368
31 »	11,3016	21 »	11,3282			2 Settembre	11,3391
3 Settembre	11,3006	1 Settembre	11,3278				
		2 »	11,3275				

Per calcolare i rapporti fra i valori della componente orizzontale nelle diverse località, ho creduto bene di confrontare così le varie durate d'oscillazione: I. Il valor medio in Assergi ottenuto nei giorni 2 e 7 agosto si confrontò dapprima con quello ottenuto al Rifugio nei giorni 3 e 5, poi con quello ottenuto sul Corno grande nei giorni 4 e 6 e infine con quello ottenuto nella Grotta dell'Oro nel giorno 5; II. Poi il valor medio in Assergi nei giorni 16 e 19, prima con quello nel Rifugio nei giorni 17 e 18, quindi con quello sul M. Corno nei giorni 17 e 19 e infine con quello nella Grotta dell'Oro nel 18 agosto; III. Il valor medio in Assergi nei giorni 19 e 22, prima con quello nel Rifugio nei giorni 20 e 21, poi con quello sul M. Corno nei giorni 19 e 20 infine con quello ottenuto nella Grotta dell'Oro nel giorno 21. IV. Il valor medio in Assergi nei giorni 31 agosto e 3 settembre, prima con quello nel Rifugio nei giorni 1 e 2 settembre, poi con quello sul Corno grande nel giorno 2 e infine con quello nella Grotta dell'Oro nel 1 settembre. Così ottenni:

	I.	II.	III.	IV.
$\dfrac{H_{Assergi}}{H_{Rifugio}} =$	1,00506	1,00496	1,00505	1,00470
$\dfrac{H_{Assergi}}{H_{Corno\ grande}} =$	1,00636	1,00697	1,00679	1,00674
$\dfrac{H_{Assergi}}{H_{Grotta\ dell'Oro}} =$	1,00249	1,00264	1,00301	1,00274

Naturalmente non si può da questi rapporti dedurre senz'altro la variazione del valore della componente orizzontale del campo terrestre H coll'altezza, giacchè le stazioni scelte si trovano a differenti longitudini e latitudini, come si vede da questi numeri:

	Assergi	Rifugio	Grotta dell'Oro	Monte Corno
Latitudine	42° 25',84	42° 27',84	42° 28',83	42° 28',67
Longitudine est di M. Mario	1 3 05	1 5 22	1 5 15	1 6 22

Ho dovuto quindi correggere tutte le osservazioni per ridurle ad una medesima verticale. Per far ciò mi occorreva conoscere di quanto influiscano sul valore della H in queste regioni le differenze in latitudine e longitudine. Stante la difficoltà della montagna, non avendo potuto per ora pensare ad eseguire osservazioni tutto all'intorno su un medesimo piano orizzontale, come fecero i signori Van Ryckevorsel e Van Bemmelen pel Rigi (unico metodo veramente buono che mi riservo di seguire appena potrò), mi dovetti contentare di dedurre le dette correzioni da misure compiute in località non molto lontane, ed è con questa avvertenza che va giudicato il risultato di quanto segue.

A tale scopo mi sono servito delle numerose ed accurate misure di confronto eseguite dai sigg. F. Keller e G. Folgheraiter (¹) fra una località prossima a Roma: la Farnesina e varî altri punti del Lazio e dell'Abruzzo. Dette misure sono qui raggruppate:

STAZIONE	Fascicolo dei frammenti riguardanti la località	Latitudine	Longitudine da M. Mario	H	Osservatore
Farnesina	I, II, IV, VI, VII, VIII	41° 56' 0"	0° 0' 0"	1,0000	K. F.
Fiumicino	I	41 46 27	0 12 24 ovest	1,0011	K.
Anzio	I	41 28 0	0 10 20 est	1,0077	K.
Arsoli	I	42 2 39	0 34 24 est	0,9971	K.
Narni	I	42 31 6	0 4 48 est	0,9866	K.
Magliana	IV	41 49 58	0 2 50 ovest	1,0006	K.
Palo	IV	41 57 30	0 21 58 ovest	0,9975	K.
Corese	IV	42 19 39	0 10 48 est	0,9947	K.
Carroceto	VI	41 34 6	0 11 30 est	1,0046	K.
Mentana	VI	42 1 33	0 11 58 est	0,9975	K.
Montecelio . . .	VII	42 0 59	0 17 28 est	0,9991	K.
Antrosano	VII	42 4 0	0 57 30 ovest	1,0004	K.
Carsoli	VIII	42 5 7	0 38 45 est	0,9977	K.
S. Marinella . . .	(²)	42 2 56	0 34 30 est	0,9946	K.
Campo di Giove .	VIII	42 0 48	1 34 6 est	1,0039	F.
Orte	VIII	42 27 12	0 7 18 ovest	0,9890	K.
Ortona de' Marsi .	II	41 59 24	1 17 0 est	1,0042	F.
Castel Malnome .	VII	41 49 58	0 8 16 ovest	1,0000	K.

A queste osservazioni ho creduto opportuno aggiungerne altre scelte fra quelle che servirono alla costruzione delle carte magnetiche d'Italia. I nu-

(¹) F. Keller e G Folgheraiter, *Frammenti concernenti la Geofisica dei pressi di Roma*. Roma, Tipografia Elzeviriana, Fascicoli I. 1895; II. III. IV. 1896; V. VI. 1897; VII. 1898; VIII. 1899.

(²) Il risultato di questa stazione, non ancora pubblicato, mi venne gentilmente comunicato dallo stesso prof. Keller.

meri di cui mi sono servito e che qui sotto riporto (in misura assoluta) sono tolti dalla relazione del prof. P. Tacchini su dette misure.

LOCALITÀ	Latitudine	Longitudine est di Greenwich	Componente orizzontale (c. g. s.)	Epoca	Osservatore (1)
Agnone	41°48',1	14°21',9	0,23472 .	1891, 5	P
Ancona	43 36 7	13 32 2	0,22463	1887, 7	C
Aquila	42 20 7	13 28 5	0,23053	1888, 6	C e P
Avezzano	42 1 9	13 25 4	0,23266	1891, 5	P
Campobasso . . .	41 33 9	14 40 0	0,23610	1888, 6	C e P
Grottammare. . .	42 59 4	13 52 2	0,22781	1888, 6	C
Ortona a Mare . .	42 21 3	14 23 7	0,23137	1888, 6	C e P
Solmona	42 2 5	13 55 3	0,23317	1888, 6	C e P
Teramo	42 39 6	13 41 4	0,22935	1888, 6	C e P

Dal confronto di tutti questi risultati ho ottenuto col metodo delle approssimazioni successive i seguenti numeri in unità relative:

L'intensità aumenta, in queste regioni col diminuire della latitudine in ragione di 0,00035 per ogni minuto primo, e aumenta andando sul parallelo verso Est in ragione di 0,000072 per ogni primo di longitidine.

Applicando queste correzioni al caso mio in cui le differenze fra stazione e stazione sono:

	Corno Grande-Assergi	Rifugio-Assergi	Grotta dell'Oro-Assergi
Differenza in altezza	m. 2100	m. 1380	m. 740
» in latitut.	3',83	3'	3',99
» in longit.	8',17	2',17	2',19

Ottengo come gradiente per la H e per ogni 1000 m. di dislivello i seguenti valori sempre in misura relativa:

$$0,0027$$
$$23$$
$$13$$
$$27$$
$$26$$
$$15$$
$$27$$
$$24$$
$$20$$
$$25$$
$$24$$
$$16$$

Media 0,0022

(1) La lettera C indica il prof. Chistoni, la lettera P il prof. Palazzo.

Volendo confrontare questo risultato con quello di Liznar, ho voluto ridurre questo valore in unità assolute c. g. s.; deducendo dai valori della componente orizzontale in Teramo e Aquila (vedi tabella corrispondente) nel 1888 i valori attuali nelle stazioni da me osservate, trovo come gradiente di diminuzione coll'altezza per ogni chilometro di dislivello circa:

$$0,0005,$$

valore po' superiore a quelli trovati dal Liznar e dal Sella.

Ora, sebbene il Liznar abbia operato sui risultati di misure non compiute espressamente ed abbia compreso nel calcolo i risultati di stazioni di altezza non superiore ai 400 m. per le quali il valore del gradiente non può avere grande attendibilità, e sebbene il Sella stesso esterni qualche dubbio sul suo risultato per la presenza di forti masse magnetiche alla base del M. Rosa, pur tuttavia i loro risultati sono in sufficiente accordo coi miei, ottenuti da misure appositamente istituite in località ove non si avevano a temere perturbazioni di sorta. Mi pare dunque si possa concludere che riguardo al segno e all'ordine di grandezza di questo gradiente non vi possa essere più dubbio alcuno; il suo vero valore spero poterlo fissare fra breve, quando avrò compiute le misure che intendo fare ancora.

Chimica fisica. — *Soluzioni solide e miscele isomorfe.* Nota di GIUSEPPE BRUNI, presentata dal Socio G. CIAMICIAN.

In un recentissimo lavoro (¹) io ed F. Gorni abbiamo riferito i risultati delle esperienze eseguite sul congelamento di varie miscele di sostanze isomorfe, o di sostanze non isomorfe, ma formanti soluzioni solide in rapporti assai larghi. In questa Nota esporrò le principali deduzioni che da quei risultati possono trarsi riguardo alla teoria delle miscele isomorfe e delle soluzioni solide.

Io e Gorni abbiamo rilevato che se si esaminano le curve di congelamento di varie miscele di sostanze isomorfe (p. biclorobenzolo e p. clorobromobenzolo; p. biclorobenzolo e p. bibromobenzolo; dibenzile ed azobenzolo), esse, partendo dal punto di congelamento del componente che fonde più basso, non si innalzano subito, ma si ha dapprima un abbassamento più o meno grande, dopo del quale solo la curva ricomincia ad innalzarsi. Questo comportamento, il verificarsi cioè di abbassamenti del punto di congelamento (sempre inferiori ai normali) partendo da entrambi i componenti, è quello stesso che venne fino qui osservato per le miscele di sostanze formanti soluzioni solide ma non completamente isomorfe. Come io e Gorni abbiamo fatto osser-

(¹) Rend. di questa Accad. 1899, 2° sem. pag. 181.

vare, la verificazione di questi fatti fa sparire l'ultima delle differenze che si erano fin qui da taluno volute rilevare fra il comportamento di quelle due categorie di miscele. Si può anzi ritenere che l'andamento più sopra delineato sia generale, che cioè nelle curve di congelamento di tutte le miscele isomorfe si abbiano dapprima degli abbassamenti; che solamente in molte miscele questi abbassamenti si verificano a concentrazioni così infime, e con così minime variazioni di temperatura da sfuggire all'osservazione.

Il comportamento delle miscele di bicloro-, clorobromo-, e bibromo-benzolo mostra poco fondata l'opinione espressa da Bodländer [1] che fra cloruro, bromuro e joduro d'etilene, e fra cloroformio, bromoformio, e jodoformio, non possa parlarsi — in base al comportamento delle loro soluzioni da me studiate [2] — di vero isomorfismo. I fatti ora scoperti fanno invece ritenere come assai probabile che possa anche in questo caso trattarsi di vero e proprio isomorfismo cristallografico. Il parallelismo dei fenomeni in queste serie, risulta assai bene ove si esaminino i coefficienti di ripartizione (calcolato colla nota formola di Beckmann) nelle seguenti soluzioni:

$C_2 H_4 Cl_2$ in $C_2 H_4 Br_2$: $\alpha = 0,20$ || $C_6 H_4 Cl_2$ in $C_6 H_4 Br_2$: $\alpha = 0,36$
$C_2 H_4 Cl Br$ in $C_2 H_4 Br_2$: $\alpha = 0,59$ || $C_6 H_4 Cl Br$ in $C_6 H_4 Br_2$: $\alpha = 0,65$

È vero che i valori di α e cioè la solubilità allo stato solido sono maggiori nella seconda serie che nella prima; essi sono però per composti corrispondenti dello stesso ordine di grandezza; e della differenza numerica esistente può facilmente trovarsi una spiegazione soddisfacente. Se si esaminano le due serie seguenti di composti:

$C_2 H_4 Cl_2$, $C_2 H_4 Cl Br$, $C_2 H_4 Br_2$, $C_2 H_4 J_2$
$C_6 H_4 Cl_2$, $C_6 H_4 Cl Br$, $C_6 H_4 Br_2$, ...

si vede infatti subito che la massa della parte della molecola che resta intatta è, rispetto a quella della parte che si sostituisce, assai maggiore nella seconda serie che nella prima. Ciò deve assai probabilmente influire nel senso che, producendosi uno spostamento minore nell'assetto della molecola, i corpi di questa seconda serie presentino tra loro una maggior solubilità allo stato solido.

Nei casi fin qui esaminati però la curva di congelamento, siavi o non siavi un punto di minimo, è sempre una curva continua; ciò dimostra secondo la regola delle fasi che tali corpi possono coesistere sempre in una sola fase solida, ossia che essi possono formare cristalli misti in tutti i rapporti. Può però facilmente immaginarsi anche il caso in cui nemmeno ciò si verifichi; cioè che vi siano miscele di sostanze cristallograficamente isomorfe che possano pre-

[1] Neues Jahrb. f. Min., Geol. u. Pal. Beilage Band. XII. pag. 52.
[2] Rend. di questa Accad. 1898. 1° sem. pag. 166.

sentare due fasi solide coesistenti, cioè che siano miscibili solo in limitati rapporti. Che ciò possa essere lo dimostra il fatto che' taluni sali isomorfi possono formare cristalli misti solo entro certi rapporti, oltre i quali coesistono cristalli misti di due specie, le due soluzioni solide cioè rispettivamente sature; p. e., solfato magnesiaco e solfato ferroso, solfato e seleniato di berillio ecc. Questi casi coincidono per lo più coi casi di isodimorfismo. Se con miscele binarie di questi sali si potessero eseguire determinazioni crioscopiche, si avrebbero indubbiamente due tratti di curva discendente incontrantisi in un punto multiplo corrispondente alla coesistenza delle due soluzioni solide sature. I due tratti di curva esprimerebbero però sempre abbassamenti inferiori ai normali.

Da tutto questo complesso di fatti risulta che le relazioni tra forma cristallina e miscibilità allo stato solido, per quanto indubbiamente esistano e debbano avere grande importanza, sono ancora assai lungi dall'essere ben chiarite.

Assai più chiare sono le relazioni fra solubilità allo stato solido e configurazione molecolare, per le quali, almeno nei corpi organici, si hanno già varie regole ben definite e provate con numerose esperienze. Si possono riassumere le relazioni fra le ora accennate proprietà, e la forma della la curva di congelamento nel seguente schema:

Forma della curva di congelamento	Miscibilità allo stato solido	Analogie di configurazione molecolare	Analogie di forma cristallina
I. La curva consta di due rami. Gli abbassamenti relativi sono in accordo colla legge generale di Raoult e van't Hoff.	Nessuna miscibilità	Nessuna analogia di configurazione	Nessuna analogia di forma cristallina
I. La curva consta di due rami. Gli abbassamenti sono inferiori a quelli calcolati secondo la legge di Raoult e van't Hoff ([1]).	Miscibilità limitata	Limitate analogie di configurazione	Limitate relazioni morfotropiche
III. La curva è una curva continua. Gli abbassamenti sono sempre inferiori ai normali.	Miscibilità illimitata	Strette analogie od identità di configurazione	Isomorfismo completo

Le relazioni fra gli ordini di fatti espressi nelle due prime colonne sono rigorosamente stabilite dal lato teorico (dalla regola delle fasi), e comprovate dal lato sperimentale.

([1]) Naturalmente debbono essere esclusi i casi in cui gli abbassamenti anormalmente piccoli sono provocati dalla formazione di aggregati molecolari.

Le relazioni di questi due ordini di fenomeni colla configurazione molecolare non sono ancora definitivamente stabilite nei dettagli. Nella loro forma più generale, come esse sono espresse nello schema soprascritto, possono ritenersi sicuramente stabilite.

Per ciò che riguarda la forma cristallina invece, anche le relazioni generalissime espresse nello schema sono tutt'altro che stabilite, e soffrono anzi numerose eccezioni. Abbiamo visto infatti che esistono sostanze che hanno bensì relazioni morfotropiche, ma non sono completamente isomorfe (naftalina e β-naftolo) o che anche non hanno relazioni cristallografiche di sorta (acido fenilpropionico, ed acido cinnamico) e sono tuttavia miscibili allo stato solido in tutti rapporti. Vi sono al contrario sostanze cristallograficamente isomorfe che sono solubili allo stato solido solo in determinati rapporti. Le eccezioni e le incertezze esistenti in questo campo sono certamente in gran parte da attribuirsi all'influenza perturbatrice dei fenomeni di polimorfismo e di isopolimorfismo.

Ciò che ad ogni modo risulta in modo sicuro dall'insieme di fatti e di considerazioni ora esposte, può così riassumersi:

1.° Non vi ha nell'andamento della curva di congelamento alcuna differenza di principio fra le miscele isomorfe e le soluzioni solide di sostanze non isomorfe.

2.° Il comportamento delle miscele isomorfe nel congelamento non è sotto nessun punto di vista in contraddizione colla teoria di van 't Hoff sulle soluzioni solide.

Oltre ai fenomeni di congelamento, altre serie di fenomeni vennero presi in considerazione da Bodländer [1] per giungere alla conclusione che le miscele isomorfe non siano da comprendersi fra le soluzioni solide.

Per ciò che riguarda la solubilità dei cristalli misti le considerazioni di Bodländer vennero già confutate da A. Fock [2] in modo così esauriente, che io posso dispensarmi dall'entrare in tale questione.

Per ciò che si riferisce alla mancanza di diffusione, nei cristalli misti si può anzitutto osservare che invano si cercherebbe con ciò di creare una differenza fra le miscele isomorfe e le soluzioni solide cristalline di sostanze non completamente isomorfe, ed anche fra queste ed alcune soluzioni solide amorfe come ad es. i vetri colorati, nelle quali pure non si possono certamente in tempi anche lunghissimi osservare fenomeni apprezzabili di diffusione. Del resto è assai agevole l'immaginare la resistenza che alla diffusione deve opporre nelle soluzioni solide cristalline una forza che nelle soluzioni liquide non esiste affatto, e cioè la forza orientatrice delle molecole cristalline. Tale resistenza giunge probabilmente fino a rendere assolutamente im-

---

[1] Neues Iahrb. f. Min. Geol. u. Pal. Beilage Band XII. pag. 52.
[2] Neues Iahrb. f. Min. Geol. u. Pal. 1899, Bd. I, pag. 71.

possibile qualunque fenomeno di diffusione. Ma, come venne detto, nemmeno questo comportamento può costituire una differenza qualsiasi fra le miscele isomorfe e le soluzioni solide cristalline di sostanze non del tutto isomorfe.

Non potendosi in seguito alle considerazioni ora esposte ammettere nessuna di tali differenze, viene a mancare ogni ragione d'essere alla distinzione che Bodländer vorrebbe fare escludendo le miscele isomorfe dalle soluzioni solide, ed assimilando le altre soluzioni solide cristalline ai fenomeni di assorbimento superficiale (*adsorption*). Quest'ultimo concetto è già senz'altro inaccettabile pel fatto che come dimostra Nernst ([1]) i fenomeni di assorbimento nei quali esercitano una parte preponderante le attrazioni superficiali non possono esser comprese fra le soluzioni solide.

Del resto anche senza questa considerazione riuscirebbe invero assai difficile e poco soddisfacente l'ammettere che p. es. le soluzioni solide fra benzolo e pirrolo o fra benzolo e fenolo, e quelle fra fenantrene e carbazolo o fra naftalina e naftolo, fra i quali esistono rispettivamente le identiche relazioni di costituzione, siano dovute le prove a fenomeni di assorbimento superficiale e le seconde ad isomorfismo. Senza ricorrere ad ipotesi di cause così disparate, si spiega assai bene il fatto che fra i composti delle prime serie la solubilità allo stato solido sia più limitata che fra quelli delle serie più elevate, colla considerazione più sopra esposta che in queste ultime la massa che rimane intatta nella molecola è, rispetto alla massa della parte che si cambia, maggiore che nelle prime.

In una Memoria « *Ueber die Fällungsreactionen* » ([2]) Küster esprime incidentalmente l'opinione che si possa trasportare il concetto di miscele isomorfe anche alle miscele di sostanze amorfe; per giustificare questo concetto che può sembrare almeno strano egli dà la definizione seguente delle miscele isomorfe e delle soluzioni. Le miscele isomorfe sono date da ciò: « che le « molecole di uno dei componenti sostituiscono molecola per molecola le mo- « lecole dell'altro in tutte le loro funzioni ». Le soluzioni, comprese le solide, si hanno: « quando le molecole di uno dei componenti si inseriscono « fra quelle dell'altro, spostandole più o meno, senza tuttavia sostituirle « nelle loro funzioni ». Ostwald ha osservato ([3]) che non è possibile: « rica- « vare da queste parole un senso determinato, cioè controllabile sperimen- « talmente »; non si può che associarsi senza riserva a quest'opinione.

È certo possibile, se non lecito, di dare delle miscele isomorfe e delle soluzioni solide definizioni tali, a proprio piacimento, che le prime non possano rientrare nelle seconde, ma per far ciò bisogna cambiare completamente il significato annesso finora a queste espressioni e dare a queste un significato

---

([1]) Theoretische Chemie. 2ª Aufl. pag. 170-171.
([2]) Zeitschr. f. Anorg. Ch. XIX, 95-96.
([3]) Zeitschr. f. physik. Ch. XXIX, 339-340 (Sunto della Memoria precedente).

che non risponda più in nulla a quello etimologico. Per quanto, ad esempio, vi siano varie opinioni intorno al significato ed all'estensione da attribuirsi al concetto di isomorfismo e quindi a quello di miscele isomorfe, nessuno potrebbe però pensare a separare da essi il concetto della forma cristallina. Certamente esistono nella scienza espressioni che hanno attualmente un significato reale che non ha più alcuna relazione col loro significato etimologico (p. es. la parola *crioidrato*): ma ciò avvenne naturalmente, perchè quel nome fu adottato quando dei fenomeni relativi si dava una spiegazione abbandonata in seguito. Che sia bene il creare pensatamente simili contraddizioni pochi vorranno sostenere.

Del resto la questione messa in tal modo cessa di essere una questione scientifica per diventare una disputa filologica, e si può quindi rifiutarsi di seguire Küster su questo terreno.

In una recente pubblicazione ([1]) Bodländer ritorna sull'argomento e si sforza di dimostrare che dalle mie stesse esperienze sul congelamento delle miscele di naftalina e β-naftolo ([2]) può dedursi che per le miscele isomorfe non valgono le leggi delle soluzioni. Mi sarà assai facile il dimostrare che i calcoli da lui istituiti sui miei dati sperimentali si basano su una serie di errori teorici, ed i loro risultati sono quindi privi di qualsiasi valore.

Anzitutto farò osservare un fatto abbastanza strano. Bodländer dice che nel caso delle miscele di naftalina e β-naftolo « le piccole deviazioni dal-« l'omogeneità del congelamento bastano solo a spiegare le parimenti piccole « deviazioni della curva di fusione dalla retta ». Ciò equivale all'ammetter vero l'enunciato della seconda regola di Küster, cioè che quando la curva di congelamento coincide colla retta, il congelamento avviene in modo omogeneo, ossia la fase solida ha la stessa composizione della liquida. Ora io non ho solo dimostrato sperimentalmente le deviazioni dalla retta; ma ho altresì dimostrato con un teorema di Gibbs fondato sulla termodinamica, l'assoluta *impossibilità teorica* che il congelamento avvenga in modo omogeneo. Questa dimostrazione si trova in una Nota apparsa in questi Rendiconti nel *dicembre '98*. Di essa fu pubblicato un sunto firmato Bodländer, nel fascicolo del *1° febbraio '99* del Chemisches Centralblatt. Nella sua pubblicazione che porta la data *maggio '99*, lo stesso Bodländer non fa il minimo cenno di questa dimostrazione che distrugge fin dal principio il suo ragionamento. Come dissi prima, questa omissione è un fatto ben strano!

E veniamo ora ai calcoli: Come è noto io ho dimostrato la non omogeneità nel congelamento separando coll'apparecchio di van Bijlert i cristalli dall'acqua madre e dimostrando che i primi fondono più alto e la seconda più basso della soluzione primitiva. Bodländer calcola dalle mie

([1]) Neues Jahrb. f. Min. Geol. u. Pal. 1899. Bd. I, pag. 8.
([2]) Rend. di questa Accad. 1898 II° sem.

misure termometriche il valore del coefficiente di ripartizione, introduce questo valore nella nota formola di Beckmann, e applicando questa alle soluzioni diluite di naftalina in β-naftolo e viceversa dimostra che si calcolano dei pesi molecolari assai più piccoli dei teorici, e deduce che quindi le leggi delle soluzioni non valgono per le miscele isomorfe. Ognuno vede su qual serie di errori siano fondati questi calcoli e queste conclusioni.

1.º Il calcolo del valore di α dalle mie esperienze termometriche non è possibile nemmeno approssimativamente. Le mie esperienze dirette ad uno scopo puramente *qualitativo*, furono condotte con un metodo adatto a questo scopo, ma non permettono conclusioni *quantitative*. Se queste fossero possibili, le avrei naturalmente tratte io fino d'allora e risparmiato così a Bodländer la noia delle sue ricalcolazioni. Dalle mie esperienze non si può calcolare il valore di α perchè non è possibile di conoscere nemmeno approssimativamente quanta acqua madre fosse rimasta aderente ai cristalli. Nè si creda che questo porti un errore piccolo. P. es. nelle miscele di fenolo e benzolo da me studiate, l'acqua madre raggiungeva la metà della massa separata. In queste miscele di sostanze che fondono tanto alto e che hanno tanta tendenza a cristallizzare la proporzione sarà probabilmente anche maggiore. Inoltre perchè il calcolo del valore di α sia esatto occorre sempre che i cristalli separati siano una porzione assai piccola della massa totale della soluzione. Io invece dividevo la miscela in due parti pressapoco uguali. Il calcolo del valore di α fatto da Bodländer sulle mie misure non ha quindi nemmeno la più lontana approssimazione. E tutti gli errori commessi da Bodländer tendono tutti a far aumentare questo valore (calcolato per la naftalina), cioè influiscono tutti ad alterare i risultati nel senso favorevole alle sue vedute.

2.º Se anche il valore di α fosse calcolato esattamente, questo valore dedotto per miscele contenenti intorno al 50 % dei due componenti non sarebbe applicabile alle soluzioni diluite corrispondenti ai due estremi della curva di congelamento. Questo, oltrechè per la ragione che esporrò subito dopo, per la seguente: non è provato che il valore di α resti costante lungo tutta la curva di congelamento, ed è anzi a ritenersi che ciò non avvenga. Infatti il coefficiente di ripartizione fra due fasi resta costante col variare della concentrazione purchè resti costante la temperatura. Col variare di questa esso pure deve variare. Ciò tanto più nel caso speciale di una soluzione liquida in equilibrio con una solida, avendo certamente la temperatura poca influenza sulla miscibilità allo stato cristallino, ed avendone invece una assai considerevole sulla solubilità nella fase liquida. Per le miscele di sostanze come la naftalina ed il β-naftolo fra i cui punti di congelamento vi è una differenza di 40°, le differenze possono essere assai sensibili.

3.º La formola di Beckmann come è noto non è affatto rigorosa, ma solo approssimativa. La sua approssimazione è tanto maggiore quanto più la soluzione a cui essa si applica è diluita, e quanto minore è il valore del coefficiente di ripartizione. Nella deduzione di essa infatti si tien conto del calore latente di fusione di uno solo dei due componenti considerato come solvente, quando le soluzioni sono concentrate ed il valore del coefficiente α è, come nel caso presente, assai forte la formola di Backmann non è più applicabile.

Le conclusioni che — contro alle mie deduzioni — Bodländer basa su questa serie d'errori, sono quindi insostenibili.

Concludendo e riassumendo: Tutte le differenze che Küster e Bodländer credettero di trovare fra il comportamento delle soluzioni solide e quello delle miscele isomorfe si fondano: parte sulla incompleta ed inesatta conoscenza che dei fatti relativi si avevano allorchè essi esposero le loro vedute; parte sulla erronea interpretazione dei dati di fatto.

La conclusione che le miscele isomorfe sono quindi un caso speciale delle soluzioni solide, è quindi perfettamente giustificata.

Chimica fisica. — *Sulle proprietà ottiche dei nuclei granatanico e tropanico.* Nota di A. PICCININI, presentata dal Socio G. CIAMICIAN.

Lo studio del caso di isomeria sterica da me riscontrato nelle metilgranatilamine e comunicato in una nota inserita in questi Rendiconti (¹), mi ha fatto osservare alcune altre particolarità notevoli del nucleo granatanico, le cui conseguenze mi sembrano degne di menzione, potendo essere estese anche al gruppo tropanico ed in genere a tutti i concatenamenti complessi in cui trovansi due atomi di carbonio asimmetrico equivalenti che fanno parte contemporaneamente di due nuclei ciclici.

Per ragioni di chiarezza voglio qui considerare dapprima il caso più semplice, appartenente alla categoria cui ho accennato ora.

Nella molecola della struttura rappresentata dai due schemi equivalenti:

esistono due atomi di carbonio asimmetrico (contrassegnati con asterischi), rispondenti per le loro condizioni alle caratteristiche sopraindicate.

Ciò posto, è assai interessante esaminare fino a qual punto questa molecola può, compatibilmente colle sue condizioni di esistenza, uniformarsi

---

(¹) Vol. VIII, 2° sem., pag. 139.

alle leggi del Van't Hoff relative ai corpi che contengono due atomi di carbonio asimmetrico equivalenti.

Per questo caso la teoria prevede, come è noto, l'esistenza di tre forme distinte, di cui due dotate di potere rotatorio uguale, ma di segno contrario (eventualmente riunibili in una forma racemica inattiva scindibile), ed una inattiva per compensazione interna e non scindibile.

La molecola in questione appartiene evidentemente a quest'ultimo tipo; ciò si manifesta considerando l'ordine di successione relativo dei sostituenti per ciascuno degli atomi asimmetrici, indicato colle freccie nello schema seguente:

In essa adunque la rotazione del piano di polarizzazione della luce, indotta da uno dei carbonii asimmetrici, è compensata da quella uguale ma in senso contrario, provocata dall'altro; perciò una delle forme isomeriche che la molecola in questione deve presentare secondo la legge di Van't Hoff, e cioè quella inattiva per compensazione interna, è rappresentata senz'altro dallo schema scritto sopra, il quale risponde pure alla disposizione che gli atomi per effetto della direzione delle loro valenze, sono tratti ad assumere di preferenza.

Restano ora ad esaminarsi le condizioni necessarie per la formazione degli altri due isomeri previsti dalla teoria. Essa può ritenersi conseguenza di un cangiamento nell'ordine di successione relativo, dei radicali legati all'uno o all'altro dei carbonii asimmetrici. Nelle molecole in cui il carbonio asimmetrico possiede almeno due valenze non impegnate in nuclei ciclici, questo cambiamento può effettuarsi senza alcuna difficoltà. Basterebbe, ad esempio, immaginare che nel nucleo inattivo per compensazione interna, già citato sopra, venisse ad aprirsi il ponte per trasformazione di due gruppi metilenici in metilici: si avrebbe in tal caso una molecola suscettibile di presentarsi senza deformazione del nucleo, in tutte le modificazioni richieste dalla teoria, potendosi ottenere una modificazione inattiva per compensazione interna, rappresentata dai due schemi equivalenti:

e le due modificazioni attive enantiomorfe:

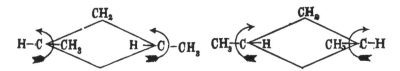

Ma quando il carbonio asimmetrico non possiede più che una sola valenza non impegnata in catene chiuse, come nel caso in questione, il passaggio agli isomeri ottici potrebbe essere ostacolato dalla presenza di legami che vengono a formare il ponte.

Io non posso asserire che in questi casi sia assolutamente impedita la formazione delle modificazioni enantiomorfe [1]; però è assai probabile che le molecole del genere considerato, contenenti cioè due atomi di carbonio asimmetrico equivalenti, con tre valenze impegnate in nuclei ciclici, assumano di preferenza la forma inattiva per compensazione interna.

Questa ipotesi trova, a mio parere, un appoggio nelle proprietà ottiche, rispetto alla luce polarizzata, delle basi alcooliche del gruppo granatanico e tropanico.

L'alcaloide più importante che ricavasi dalla radice del melagrano, per semplice spostamento a freddo, dal sale organico originario, con acqua di calce, è la *metilgranatonina* detta dal suo scopritore, il Tanret, pseudopelletierina od anche alcaloide solido *inattivo*; esso è infatti completamente inattivo sulla luce polarizzata; aggiungerò inoltre che i tentativi da me fatti per ottenere la scissione in modificazioni attive, per mezzo dell'acido tartarico, non ebbero alcun esito favorevole.

Ora è a notarsi che la metilgranatonina contiene appunto, secondo la struttura ultimamente assegnatale, due atomi di carbonio asimmetrico con una sola valenza non impegnata in catene chiuse; per di più questi carbonii sono perfettamente equivalenti; questi fatti risultano in modo assai chiaro dallo schema sotto segnato rappresentante l'alcaloide in questione:

$$
\begin{array}{ccc}
CH_2 & CO & CH_2 \\
| & & | \\
CH & NCH_3 & CH \\
| & & | \\
CH_2 & CH_2 & CH_2
\end{array}
$$

È quindi assai probabile per quanto ho detto sopra che la molecola della metilgranatonina appartenga al tipo inattivo per compensazione interna.

[1] Costruendo la molecola coi modelli, si possono infatti ottenere anche le modificazioni enantiomorfe; è a notarsi però che la trasformazione è accompagnata da una considerevole deformazione dei nuclei, il che starebbe in appoggio dell'ipotesi suespressa.

Del pari inattivi sulla luce polarizzata dovrebbero esser tutti i derivati del nucleo granatanico sostituiti in modo che sia mantenuta l'asimmetria e l'equivalenza dei due atomi di carbonio legati all'azoto. A questo proposito farò notare che l'alcaloide fondamentale di questa serie, la *granatanina*, si sottrae del tutto alle considerazioni fatte fin qui, non contenendo carbonio asimmetrico; lo schema seguente dimostra questo asserto:

$$
\begin{array}{ccc}
CH_2 & \!\!\!\!—CH_2—\!\!\!\! & CH_2 \\
| & & | \\
CH & \!\!\!\!—NH—\!\!\!\! & CH \\
| & & | \\
CH_2 & \!\!\!\!—CH_2—\!\!\!\! & CH_2
\end{array}
$$

Anche la *tropina* ed il suo stereoisomero ψ-*tropina* sono inattive sulla luce polarizzata. Ciò risulta specialmente da osservazioni del Liebermann e del Willstätter ([1]). Ora è noto che alla tropina spetta la struttura indicata dallo schema seguente:

$$
\begin{array}{ccc}
H_2C & \!\!\!\!—CHOH—\!\!\!\! & CH_2 \\
| & & | \\
HC & \!\!\!\!—NCH_3—\!\!\!\! & CH \\
| & & | \\
H_2C & \!\!\!\!———\!\!\!\! & CH_2
\end{array}
$$

da cui risulta che essa pure contiene due atomi di carbonio asimmetrico legati nel modo considerato finora. La tropina ed il suo stereoisomero potrebbero quindi essere inattivi per compensazione interna; d'altra parte è a notarsi che se la tropina fosse semplicemente una miscela racemica, le atropine sintetiche ottenute eterificandola cogli acidi tropici attivi, dovrebbero essere miscele di sostanze isomere. Del pari inattivi per compensazione interna debbono essere tutti i derivati della serie tropanica in cui trovasi intatto il concatenamento caratteristico della tropina e in cui la sostituzione degli idrogeni del nucleo è avvenuta in modo da non alterare l'equivalenza dei due atomi di carbonio asimmetrico. La *tropanina* (o *tropano*) stessa sarà dunque inattiva e non scindibile in isomeri ottici avendo la struttura seguente:

$$
\begin{array}{ccc}
H_2C & \!\!\!\!—CH_2—\!\!\!\! & CH_2 \\
| & & | \\
HC & \!\!\!\!—NH—\!\!\!\! & CH \\
| & & | \\
H_2C & \!\!\!\!———\!\!\!\! & CH_2
\end{array} .
$$

([1]) R. Willstätter, *Unters. in der Tropingruppe*. München 1896, pag. 51.

P. B.

RENDICONTI

DELLE SEDUTE

DELLA REALE ACCADEMIA DEI LINCEI

Classe di scienze fisiche, matematiche e naturali.

Seduta del 5 novembre 1899.

E. Beltrami Presidente.

MEMORIE E NOTE
DI SOCI O PRESENTATE DA SOCI

Zoologia medica. — *Osservazioni sul rapporto della seconda spedizione malarica in Italia, presieduta dal Prof. Koch, composta oltre che dallo stesso Koch, dal Prof. Frosch, dal dottor Ollwig e coadiuvata dal Prof. Gosio, direttore dei laboratori di sanità del Regno d'Italia.* Nota del Socio B. Grassi.

Parte Seconda ([1]).

Le mie ricerche a Grosseto sarebbero perciò state superflue, se in un punto di cui passo a parlare non mi avessero rischiarate le idee.

A Maccarese nel mese di maggio trovai vicino a una casa in una botte abbandonata contenente acqua verdognola, oltre a molte larve di *C. pipiens*

---

[1] Koch non tiene conto delle nostre pubblicazioni in moltissimi altri punti. Così dimentica che io e Dionisi prima di lui abbiamo spiegato più esattamente e più estesamente il significato del fenomeno della fecondazione rispetto alla generazione dentro il corpo della zanzara. Dimentica anche, per citare un secondo esempio, che noi per i primi abbiamo fissato l'importanza della temperatura per lo sviluppo dei parassiti malarici nel corpo dell'Anofele. Dimentica che io ho già dichiarati innocenti i flebotomi ecc. ecc. Questo non tener conto delle nostre osservazioni lo porta non di raro ad asserzioni contrarie alla verità; così egli dice che soltanto una specie di zanzare punge gli uccelli, mentre in realtà li pungono altre specie, tra le quali anche il *C. pipiens*. Così Koch asserisce che a Grosseto e nei dintorni le zanzare, di giorno, pungono poco o nulla, mentre, in realtà, nelle maremme, come in tutto il resto del mondo, accade facilmente di venir punti moltissimo

e *annulatus* alcune grosse larve di *Anopheles claviger*. Il 3 luglio a Prima Porta (dintorni di Roma) ebbi un reperto simile in una vasca contenente acqua piuttosto sporca.

Il 6 settembre a Sermoneta, in una piccola vasca che di solito in quest'epoca è asciutta e per caso quest'anno conteneva ancora acqua sporca, ma non putrescente, ebbi un reperto uguale. Ancora lo stesso reperto ebbi in una vasca del quartiere Ludovisi di Roma il 10 settembre. Questa abitazione, che dirò col Ficalbi *foveale*, delle larve di *A. claviger* mi aveva colpito, essendo

---

anche di giorno, specialmente riposando nei luoghi ombrosi più o meno scuri, o sotto gli alberi (per es., alla Stazione di Grosseto).

Koch che nel suo primo lavoro aveva giudicato inconcludenti gli esperimenti di Ross, riguardanti l'uomo, nel secondo lavoro tenta di togliere tutto il merito agli italiani per darlo a Ross. « Per le suddette ragioni, scrive Koch, non possiamo accogliere le conclusioni di Ross e Grassi che l' infezione malarica sia dovuta esclusivamente agli *Anopheles*; noi riteniamo invece, verosimilissimo che in questi dintorni (Grosseto) almeno due specie vi partecipano: il *C. pipiens* e l'*A. maculipennis* ». Così spetterebbe a Ross anche il merito di aver per il primo attribuito agli Anofeli l' infezione malarica. Ciò purtroppo recentemente pretende anche Ross stesso. Ritengo perciò opportuno inserire una Nota riguardante Ross, che era già pronta per la stampa, prima della pubblicazione di Koch.

Nuttall ha ultimamente pubblicato una storia molto minuziosa (*Centralblatt f. Bakteriologie, Parasitenkunde u. Infektionskrankheiten*, I Abth. XXV, Bd. 1899. N. 5-10) delle più moderne ricerche sulla malaria e io qui non potrei far altro che una ripetizione inutile. Il resoconto dello stimato autore americano vuol essere però completato in un punto riguardante Ross, il quale è tornato sull'argomento, senza però aggiungere fatti nuovi, in due note recentissime (*British Medical Journal*, July 1st. 1899, *Nature*, August 3, 1899).

Nessuno può mettere in dubbio il merito di Ross, il quale ha seguito il ciclo evolutivo di un parassita degli uccelli affine al parassita malarico dell'uomo, benchè di genere differente (*Proteosoma*), dentro il corpo di un *mosquito* grigio (*grey mosquito*). Si può osservare che, dal lato zoologico, il lavoro di Ross era molto imperfetto, tanto da lasciar dubbio sulla realtà dei fatti da lui scoperti e che la descrizione zoologica del *grey mosquito* era tale da far pensare al genere *Aedes*, come ho fatto appunto io in una Nota preliminare, ma ciò non toglie che le osservazioni si siano dimostrate in realtà esatte.

Il merito di Ross però cessa qui quasi interamente, perchè le osservazioni fatte da lui sui parassiti malarici dell'uomo lasciano molto a desiderare, contrariamente a quanto fa credere Ross stesso nelle due Note sopra citate.

Comincio a premettere che dopo le ricerche di Ross, come dice il titolo della Rivista sintetica di Nutall stesso, *restava ancora una teoria la trasmissione dei parassiti malarici dell'uomo in modo simile a quello scoperto da Ross per il Proteosoma degli uccelli*, non essendo permessa una conclusione *sicura* per semplice analogia. Di ciò può facilmente persuadersi chiunque consideri come forme affini possano avere cicli di sviluppo totalmente differenti: si ricordi per es. la tenia nana che non ha oste intermedio, si confronti il ciclo di sviluppo della trichina con quello del tricocefalo etc.

Per gli stessi parassiti malarici degli uccelli, mentre fu facile a me e a Koch di confermare in Italia ciò che Ross aveva osservato in India sul Proteosoma, nè Dionisi, nè Ross, nè Koch, nè io, che mi dedicai al problema con amore, tentando coi più svariati ditteri, riuscimmo a determinare il ciclo evolutivo dell'altro genere di parassiti malarici

in contraddizione con quanto avevo osservato nella gran maggioranza dei casi. Fui perciò molto sorpreso di trovare a Grosseto diffusissima questa abitazione foveale, cioè in acque comunque abbandonate, così per esempio in vasi e botti lasciati pieni di acqua, in pile e pozzi non usati di recente e così via. Talvolta le larve di Anofele convivevano con quelle di *Culex* e allora erano in piccola quantità; tal'altra, invece, erano sole o quasi e in discreta quantità, o anche abbondantissime.

Questi fatti osservati a Grosseto dimostrano, per così dire, la tendenza

---

degli uccelli, e ciò contrariamente a qualunque presupposizione teorica e a qualunque argomento per analogia.

Vero è che Ross ha pubblicato di aver ottenuto sin dal 1897 alcuni stadî di sviluppo dei parassiti malarici dell'uomo, ma ripeto che queste ricerche di Ross, oltrecchè limitate ai primi stadî, sono per sè stesse del tutto insufficienti, molto più insufficienti di quanto noi credevamo alla fine del passato anno, quando pubblicammo la prima nostra Nota preliminare. Mi spiego.

Dopo una serie di ricerche negative nel 1895-96, finalmente nell'agosto e nel settembre 1897 (si tenga presente che le ricerche sul Proteosoma di Ross sono fatte nel 1898) Ross trovava nella parete intestinale di *tre mosquitos* colle ali macchiate (*dappled winged mosquitos*) (appartenenti forse a due differenti specie, *grandi* e *piccoli*, come dice Ross) nutriti col sangue di un individuo affetto da semilune, delle cellule pigmentate. Nel settembre 1897 un esemplare di *mosquito* grigio preso mentre si nutriva su di un individuo affetto di terzana ordinaria, conteneva delle cellule pigmentate similissime alle precedenti. *Le cellule pigmentate, sia nel caso del mosquito grigio che dei mosquitos colle ali macchiate, vennero riferite senza alcuna esitanza dall'autore ai parassiti malarici dell'uomo.* Egli successivamente sperimentava invano sopra un uomo infetto di semilune con 15 *mosquitos* oscuri colle ali verdognole e macchiate (*dark greenish dappled-winged mosquitos*).

Questi dati di Ross sui *mosquitos* non potevano evidentemente guidare le ulteriori ricerche, ancorchè fossero stati giusti, e ciò per la semplicissima ragione che le specie di *mosquitos* sono numerose, e ve ne sono di quelle che hanno le ali macchiate e di quelle che non l'hanno. E non è vero, come crede Ross nella sua recentissima pubblicazione, che i *mosquitos* colle ali macchiate siano generalmente *Anopheles*, mentre quelli colle ali non macchiate non siano tali; infatti in Italia noi conosciamo già quattro specie di *Culex* colle ali macchiate (anzi una di esse, che verrà quanto prima descritta dal sig. Noè, rassomiglia tanto a un *Anopheles* che questi l'ha denominata *Culex mimeticus*) e una specie di *Anopheles* con ali non macchiate e capace di propagare la malaria.

Dopo che io per mio conto, seguendo una via totalmente differente da quella di Ross, ero arrivato a definire l'*Anopheles claviger* « vero indice, vera spia della malaria », e che noi avevamo coltivato parecchi stadî delle semilune nell'*Anopheles claviger*, che ha le ali macchiate, supposi che i tre *mosquitos* colle ali macchiate di Ross appartenessero alla specie *Anopheles claviger*; pregai perciò Ross di mandare qualche esemplare dei suoi *mosquitos* colle ali macchiate e dei *mosquitos* grigi. Gentilmente Ross mi inviava un esemplare di *mosquitos* colle ali macchiate e molti esemplari di *mosquitos* grigi. Dall'esame di questi individui conchiusi, come notificai a Ross e come pubblicai, che i *mosquitos* grigi di Ross non erano altro che *Culex pipiens* e che il *mosquito* colle ali macchiate non era altro che una specie di *Anopheles* molto affine all'*Anopheles pictus* Loew. Successivamente

degli Anofeli ad adattarsi ad un nuovo ambiente. Si potrebbe tentare la spiegazione di questo fatto singolare, richiamando che il padule fino a non molti anni fa era a poca distanza dalle porte di Grosseto. Tolto il padule, gli Anofeli dovettero adattarsi, come accade quando sono chiusi in una camera del laboratorio, a depositar le uova in acque insolite; molti saranno andati, o andranno tuttora distrutti, ma altri mediante questo adattamento avranno potuto sopravvivere.

Si potrebbe però dare del fenomeno anche un'altra spiegazione.

Ogni anno gli Anofeli in quantità migrerebbero, per nutrirsi, dai loro luoghi nativi fino alla città di Grosseto. Quivi sperduti depositerebbero le uova in acque insolite.

Con questa seconda spiegazione si collega un'altra questione di grande interesse che io ho sempre tenuto presente, senza aver mai avuto l'occasione

---

però il Ross mi osservava in seguito a molte sperienze che *questa specie di mosquito colle ali macchiate* (*Anopheles* simile all'*A. pictus*) *costantemente gli aveva dato risultato negativo sull'uomo, come pure gli avevano dato resultato negativo* due altre specie, sì che di cinque specie di *mosquitos* colle ali macchiate tre, *cioè quelle sperimentate nel 1898,* darebbero risultato negativo e due, *cioè quelle sperimentate nel 1897,* resultato positivo.

Se si tien presente, che Ross non ha dichiarato, nelle sue pubblicazioni precedenti al nostro lavoro, che i *mosquitos* da lui sperimentati con resultato positivo non potevano esseri infetti perchè allevati dalle larve e certamente non mai nutriti del sangue di altri animali; se si aggiunge il piccolissimo numero di *mosquitos* che diedero resultato positivo a Ross (quattro in tutto): *se infine si tien presente che, come ripeto, gli esperimenti fatti da Ross, dopo le sue scoperte sul Proteosoma, coi mosquitos dalle ali macchiate diedero tutti risultati negativi, tanto che fu condotto all'ipotesi dell'esistenza di varie specie di semilune,* è già lecito dar poco peso alle precedenti conclusioni positive di Ross.

L'unica circostanza che milita in suo favore è che negli stessi mesi di agosto e settembre 1897, in cui faceva gli sperimenti suddetti, non trovava le cellule pigmentate in molti piccoli *mosquitos* colle ali macchiate, nutriti col sangue di individui sani o non nutriti. Dal momento però che Ross dice che i *mosquitos* colle ali macchiate da lui trovati in India sono di cinque specie (non si offenda Ross se dubitiamo della sua competenza nel distinguere cinque specie : Ross stesso dichiara di non esser stato molto accurato nelle caratteristiche delle specie) e alcune diedero resultato positivo ed altre no, è sempre lecito dubitare che *i molti piccoli mosquitos da lui osservati* senza trovarvi i corpi pigmentati, fossero di specie differenti da quelli in cui li aveva trovati, molto più che io ho trovato sporozoiti nelle ghiandole salivari del *Culex annulatus,* che ha appunto le ali macchiate. La controprova di Ross non era perciò sufficiente.

A giustificazione piena di queste critiche viene poi il fatto che il *Culex pipiens,* contrariamente all'asserzione di Ross, ci si è dimostrato inadatto a propagare la terzana dell'uomo, d'onde lo stesso Ross *fu indotto a ritenere che il mosquito grigio, con cui aveva sperimentato con risultato da lui francamente giudicato positivo per la terzana, doveva forse essere stato precedentemente infetto dei parassiti malarici degli uccelli. E si noti che Ross anche in questo caso credeva di aver fatto la controprova, esaminando cento e più individui di m o s q u i t o s grigi, senza trovarne alcuno infetto. Si può dunque conchiudere che i risultati di Ross sull'uomo erano molto problematici*

di approfondirla. Molti mi hanno assicurato che certi venti portano una gran quantità di zanzare.

Il Ficalbi nella sua nuova monografia, veramente preziosa, scrive che talvolta il vento rapisce le zanzare, e luoghi liberi da questi insetti possono esserne invasi per cagione del vento, che è una delle cause della diffusione delle zanzare.

Se si potesse veramente constatare che il vento trasporta gli Anofeli, oltre al fatto che si verifica a Grosseto, si spiegherebbero molti altri fenomeni, per esempio l'influenza attribuita da molti pratici ai venti nella diffusione della malaria.

Potrei fare molte altre osservazioni sulla relazione di Koch, ma troveranno esse miglior luogo nel mio lavoro in esteso. Alcuni punti però voglio toccare fin d'ora.

---

e quanto al *Culex pipiens certamente erronei:* d'altronde egli stesso non seppe più riottenerli nel 1898, dopochè aveva acquistato indiscutibile competenza in questo campo di studi!

Dica ora il lettore se trova giustificate le asserzioni di Ross che egli *per primo ha seguito lo sviluppo del parassita delle febbri estivo-autunnali in due specie di Anopheles,* egli che prima di noi ignorava il genere *Anopheles*; veda il lettore s'egli ha ragione di restringere l'importanza del nostro lavoro all'aggiunta di interessanti particolari alle sue scoperte!

Oggi Ross non si perita di giudicare facile l'estendere le sue osservazioni sul Proteosoma alle altre specie di parassiti malarici, ma egli dimentica di aver pubblicato l'anno scorso che la ricerca del secondo oste appropriato per ogni specie di parassiti malarici promette di non esser facile, e di averci fatto sapere per mezzo del dott. Charles, dopo nuovi tentativi riusciti vani, che questa ricerca è *difficilissima e complicatissima*.

Se tutto era facile, perchè Ross ha abbandonato l'uomo per limitarsi agli uccelli, infinitamente meno interessanti dell'uomo? Che il materiale umano anche a Calcutta non gli mancasse risulta dalle stesse pubblicazioni e lettere di Ross! Se tutto era facile, perchè Koch in due spedizioni fatte in Italia non arrivò ad assodar nulla di positivo?

Ross infine fa sapere che io aveva veduto i suoi preparati prima di trovare lo sviluppo dei parassiti malarici negli *Anopheles.* La verità è invece che io li ho veduti soltanto dopo, perchè ignorava che il dott. Charles li possedesse. Quando egli me li mostrò, contemporaneamente io teneva sotto al microscopio un preparato mio su cui mi ero già pronunciato pubblicamente.

Mettendo a riscontro ciò che quì ho esposto con quanto asserisce Koch, risulta evidentemente non esser conforme al vero che Ross prima di me abbia incolpato gli anofeli. Ross non ha escluso il *C. pipiens* dall'infezione malarica umana. Ross ritiene *Anopheles* tutte le zanzare colle ali macchiate! Manca perfino la prova assoluta che Ross sperimentasse cogli *Anopheles* e questa mancanza di prova risulta ancor più evidente dopo il lavoro di Koch, il quale ha probabilmente trovato che anche un *Culex* colle ali macchiate può propagare il proteosoma degli uccelli. Veramente Koch parla del *C. nemorosus;* ma la classificazione di Koch deve esser erronea perchè nè Ficalbi, nè io abbiamo mai trovato il *C. nemorosus* nelle abitazioni dove l'avrebbe trovato Koch. Nelle case invece anche in quelle di Grosseto, si trova talvolta il *C. spathipalpis*, più spesso il *C. annulatus*, le cui ghiandole salivari vennero da me pure trovate infette di parassiti malarici, come sopra ho detto.

Koch dice di aver trovati 151 casi di febbri estivo-autunnali primitive. Ho saputo a Grosseto che egli ritiene primitivi tutti i casi in cui le febbri non si fanno sentire da quattro, cinque mesi. Ma chi autorizza a fissar questa data? Se le febbri possono restar sospese per quattro o cinque mesi, perchè non può accader lo stesso per nove, dodici mesi? Questi miei dubbi non sono avventati; essi sono sorti in me in seguito all'osservazione che, senza ammettere molte recidive, nè la quantità delle semilune, nè in molti luoghi la quantità degli Anofeli sembrano sufficienti a spiegare lo scoppio della annuale epidemia malarica in forma grave quale è stata constatata nella Campagna Romana e anche nelle Maremme da Koch. Nei passeri poi le recidive del proteosoma si verificano in forma epidemica.

Koch nella sua relazione ritiene Grosseto in buone condizioni per un tentativo di profilassi nel senso svolto da me per primo nel mio opuscolo popolare, cioè *cura scrupolosa dei malarici ecc.* Egli dice di aver affidato di proseguire i lavori da lui incominciati in proposito, al prof. Gosio. Siccome questo tentativo, se non riuscisse, potrebbe screditare molto la dottrina delle zanzare, ritardando provvedimenti ormai resi necessarî dalle nostre scoperte, così mi trovo costretto a dichiarare che io non credo affatto Grosseto colla sua popolazione fluttuante e instabile (gran numero di braccianti viene ad abitarvi temporariamente) adatta a questi tentativi, che si potrebbero invece fare molto meglio, per esempio negli scali ferroviari di Sibari e di Metaponto. In ogni modo per farli a Grosseto occorrerebbero parecchi medici competenti esclusivamente dedicati alla malaria. Occorrerebbero regolamenti speciali per obbligare i malarici a farsi curare, ecc., ecc.

Mi preme insomma constatare che per ora a Grosseto questi tentativi di profilassi, o non si fanno, o si fanno molto incompletamente, sicchè non è da aspettarsene alcun resultato serio.

Kock ha proposto di dare un grammo di chinino ai malati di febbre estivo-autunnale, ogni dieci giorni, per raggiungere una guarigione definitiva. La prova per vedere se la dose è sufficiente e quanto si debba prolungare, è stata affidata al prof. Gosio. Siccome pure questi tentativi si collegano alla profilassi nel modo da me per primo accennato, così devo dichiarare che anche queste prove non mi sembrano fatte seriamente a Grosseto. Gli individui che vengono sottoposti alla cura proposta da Koch, vivono negli stessi luoghi malarici dove si sono infettati, sicchè se ne riammalano (cosa che in realtà accade molto di frequente) non si sa se si tratta di infezioni nuove, ovvero di recidive.

Senza dubbio siamo davanti a questioni interessantissime, ma credo che soltanto medici pratici consumati nello studio della malaria e dimoranti in luogo, possano efficacemente affrontarle.

Concludendo:

1°. Ross ha limitato le sue ricerche agli uccelli. I suoi pochissimi tentativi fatti sull'uomo debbonsi giudicare inconcludenti. Io per primo ho accusato gli Anofeli come trasmettitori della malaria umana e ne ho fornite le più ampie prove insieme con Bignami e Bastianelli [1] e in parte anche da solo. Io per primo ho dimostrato innocenti tutte le altre zanzare e gli altri artropodi ematofagi. Io per primo ho perciò stabilito che i germi della malaria umana si trovano esclusivamente nell'uomo [2] e negli Anofeli.

2°. Koch non ha portato alcun contributo all'etiologia della malaria umana.

I lati della questione, riguardanti gli osti specifici dei parassiti malarici dei vari animali e la localizzazione della malaria in certe zone, gli sono interamente sfuggiti.

3°. È desiderabile che il Ministero dell'Interno verifichi quanto c'è di vero e di solido nelle nostre scoperte, incaricando di controllarci una commissione di scienziati italiani o anche una nostra accademia.

Io sono convinto che il Ministero dell'Interno, se vorrà far benigno viso alla mia proposta, si potrà rendere molto benemerito della salute pubblica, perchè la malaria costituisce il più serio problema per il Regno d'Italia.

AGGIUNTA.

Negli ultimi numeri del *British medical Journal* si leggono i resoconti della spedizione inglese a Sierra Leone per lo studio della malaria. Essi confermano quanto ho pubblicato fin dal 18 giugno nei Rendiconti dei Lincei: « Resta provato che tutte le specie italiane del gen. *Anopheles* propagano la malaria. Ed è ben lecito indurne che tutte le specie di *Anopheles* di qualunque paese possano essere malariferi, date le condizioni opportune di temperatura ». Quanto alla propagazione per parte dell'*Anopheles* anche della quartana non è una novità, essendo ciò stato da noi già pubblicato fin dal gennaio u. s.

Riguardo alla priorità, accentuo che io ho percorso una via da me aperta. Partendo dall'osservazione fondamentale che in Italia vi sono molti luoghi infestatissimi dalle zanzare e punto malarici (parlo di malaria umana),

---

[1] Qualche autore inglese, rifacendo la storia, a torto attribuisce i primi sperimenti positivi sull'uomo soltanto a Bignami e a Bastianelli. In particolare mi preme rilevare che il primo di tutti non è stato ideato da Bignami, sibbene da me a lui proposto e condotto assieme: anzi quei pochi Anofeli ai quali, come oggi sappiamo, devesi il risultato positivo, vennero introdotti nella camera del paziente da me deliberatamente e senza richiesta o intervento di Bignami.

[2] Intorno all'identità o meno dei parassiti malarici di pipistrelli con quelli dell'uomo — quistione di fondamentale importanza pratica — giudicherà definitivamente Dionisi.

conclusi che dovevano incolparsi specie di zanzare peculiari dei luoghi malarici, e in seguito ad estesi confronti proclamai come indiziatissimi gli Anopheles, che in molti luoghi malarici, anche fuori d'Italia, rappresentano una esigua parte delle molte specie di insetti succhiatori che vi abitano. Dopo faticosissimi sperimenti, il 22 giugno giunsi alla conclusione dimostrata che la malaria è dovuta soltanto agli Anopheles: conclusione che dal 22 giugno in poi riconfermai molte volte. Percorrendo la strada mia propria, mi sono imbattuto co' miei collaboratori in molti fatti analoghi a quelli scoperti da Ross per gli uccelli, ed ho potuto in parte correggere, in parte considerare come incerti, i pochissimi fatti osservati da Ross per l'uomo fin dal 1897. Ross e Koch dapprima procedettero sperimentando qualunque mosquito cadeva loro sottomano, e sia perchè le specie da sperimentare erano molte, sia perchè non basta far punger un malarico qualunque da un Anopheles per infettarlo, presentando il problema altre incognite inaspettate (gameti capaci di svilupparsi, temperatura opportuna, Anopheles non immuni), nè l'uno nè l'altro coi loro tentativi fatti nel secondo semestre nel 1898 giunsero alla meta, nonostante che tutte e due sperimentassero anche cogli Anopheles. Nel 1899 Koch in parte seguì la mia strada e giunse a proclamare verosimilissima la colpa degli Anopheles: Ross a Sierra Leone battè esclusivamente la mia strada e prontissimamente confermò ciò che io avevo ammesso parecchi mesi prima.

Astronomia. — *Sull'orbita del pianeta Eros.* Nota del Corrispondente E. MILLOSEVICH.

Nella seduta del 6 novembre 1898 ho avuto l'onore di informare l'Accademia sulle mie prime ricerche orbitali riguardanti l'interessantissimo pianeta Eros e sulle particolarità curiose che presenta l'orbita di esso.

Avendo assunto il carico di mettere a profitto le mille osservazioni, che si fecero nel 1898-99, per dedurre l'orbita definitiva, informo sommariamente l'Accademia dei risultati, ai quali pervenni. Durante il periodo delle osservazioni (9 mesi) non era possibile omettere del tutto i conteggi delle perturbazioni per opera di Terra, Giove e Saturno. Anzi per l'ultimo periodo delle osservazioni introdussi anche quelle di Marte e Venere. Calcolai perciò l'effetto di esse sulle coordinate equatoriali geocentriche, e, in tal modo, ho ridotto tutte le osservazioni libere dall'effetto delle perturbazioni, e le feci osculare alla data 1898 agosto 2. Da tutto il grande materiale che era a mia disposizione, col raffronto di opportune effemeridi dedotte dai miei sistemi di elementi, potei formare 17 luoghi normali.

Un riassunto tecnico del lavoro pubblicherò fra breve nelle *Astrono-*

mische Nachrichten. Quì do soltanto i risultati finali. L'orbita a cui mi arrestai definitivamente è la seguente:

Epoca e osculazione. 1898 agosto 2,5 Berlino.

$$
\begin{aligned}
\mathbf{M} &= 205°\ 22'\quad 28''.0 \\
\Omega &= 303\ \ 31\quad 46.\ 6 \\
\pi &= 121\ \ 10\quad 25.\ 6 \\
i &= \ \ 10\ \ 49\quad 35.\ 3 \\
\mu &= \qquad\quad 2015.\ 16324 \\
\varphi &= \ \ 12\ \ 52\quad 22.\ 0 \\
\log a &= \quad 0.\ 1637975
\end{aligned}
\quad \Big\} \text{eclittica: } 1900.0
$$

Se con questi elementi si calcolano i luoghi in corrispondenza ai tempi dei 17 luoghi normali si ha uno strettissimo accordo, locchè lascia sperare che, nell'autunno del 1900, l'effemeride devierà dal luogo vero di piccole grandezze, tenuto conto della vicinanza dell'astro alla terra. Per trasportare poi i prefati elementi ad osculare a 31 ottobre 1900, dovetti calcolare, di 20 in 20 dì, da 1898 agosto 2 fino a 1900 ottobre 31, le perturbazioni speciali per opera di Venere, Terra, Marte, Giove e Saturno.

Gli integrali finali sono contenuti nei seguenti numeri:

$$\int \Delta\mu = -\quad 0''.03\ 584$$

$$\int \Delta\Omega = -\ 66.\ 15$$

$$\int \Delta i \ = +\quad 3.\ 62$$

$$\int \Delta\pi = -\ 63.\ 58$$

$$\int \Delta\mathrm{L} = -\quad 5.\ 71$$

$$\int \Delta\varphi = +\ 26.\ 17$$

In base agli elementi precedenti si ottengono i nuovi elementi osculanti a 1900 ottobre 31,5 Berlino:

$$
\begin{aligned}
\mathbf{M} &= 304°\ 23'\quad 59''.7 \\
\Omega &= 303\ \ 30\quad 40.\ 4 \\
\pi &= 121\ \ \ \ 9\quad 22.\ 0 \\
i &= \ \ 10\ \ 49\quad 38.\ 9 \\
\mu &= \qquad\quad 2015.\ 12740 \\
\varphi &= \ \ 12\ \ 52\quad 48.\ 2 \\
\log a &= \quad 0.\ 1638027
\end{aligned}
\quad \Big\} \text{eclittica } 1900.0
$$

Con questi elementi si ha

$$\theta = 0.\ 222911$$
$$\text{Distanza periela} = 1.\ 1331$$
$$\text{"} \quad \text{afelia} = 1.\ 7832$$

La distanza dalla terra può in opposizione perielia (opposizioni della terza decade di Gennaio) discendere al minimo valore di 0.1489. Tale minima distanza è raggiunta anche dal fatto che l'opposizione perielia è all'incirca opposizione vicinissima al nodo discendente. Questa felice circostanza fu raggiunta nel gennaio 1894 e si riprodurrà soltanto nel gennaio 1931.

La prossima opposizione in AR avviene il 30 ottobre 1900, ma Eros è quasi alla distanza massima dal nodo. Le coordinate equatoriali geocentriche sono in quel dì:

α vera   δ vera

1900 ottobre 30,5 Berlino $2^h\ 18^m\ 24^s.66$; $+ 53°\ 32'\ 24''.9$.

Il log: della distanza della terra è 9. 615646.

Senenchè Eros in quel tempo muovesi verso il perielio e il nodo discendente; di qui la distanza dalla terra continua a decrescere per lungo tempo dopo l'opposizione, e il minimo è raggiunto il 26 dicembre 1900. Do qui la posizione nel cielo di Eros nei giorni 25, 26 e 27 dicembre 1900 a 12^h Berlino, e (fig. 1) l'aspetto del cielo nelle vicinanze dell' astro.

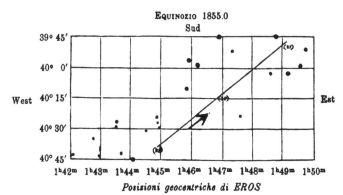

Equinozio 1855.0

Posizioni geocentriche di EROS

1900 Dic. 25.5 B	Δ = 0.31544
26.5 "	Δ = 0.31542
27,5 "	Δ = 0.31544

Fig. 1.

	α vera	δ vera	log Δ
1900 Dic. 25,5 B	$1^h\ 47^m\ 38^s.90$	$+ 40°\ 52'\ 43''.8$	9.498918
Dic. 26,5	1 49 41 97	$+ 40\ 27\ 2\ 1$	9.498891
Dic. 27,5	1 51 49 74	$+ 40\ \ 1\ 18\text{-}4$	9.498923

Il minimo valore di $\varDelta$ è adunque 0.31542, locchè corrisponde ad una parallasse di $\dfrac{8''.80}{0.31542} = 27''.90$. La terza decade di dicembre 1900 si presta abbastanza bene alla determinazione della parallasse solare; certamente niente di meglio prima del 1924 e poi 1931; soltanto la posizione assai boreale dell'astro elimina · l'intervento dell'emisfero australe nelle osservazioni.

Eros apparirà di undicesima grandezza al 1° settembre 1900; sarà di decima nella prima decade di ottobre, di nona nella seconda decade di novembre e di 8 ¹/₂ al momento della minima distanza dalla terra.

L'interesse che l'orbita di Eros desta rapporto all'orbita della terra, sta nella possibile grande vicinanza nelle opposizioni perielie, che sono anche nodali di gennaio (1894-1931), d'onde la determinazione di π sole coll'approssimazione di circa ⁵/₁₀₀₀ di secondo. In quelle circostanze la velocità lineare di Eros è maggiore di quella della terra, come ho messo in luce nella mia Nota precedente. Ma le due orbite che interessano di più dal punto di vista generale sono quelle di Eros e di Marte, in causa dell'intreccio delle medesime. Prendo in breve esame il periodo da me studiato da 2 agosto 1898 a 31 ottobre 1900. Intorno al 10 novembre 1898 i due raggi vettori si eguagliavano, ma la distanza era un massimo (2.18); da quel momento il raggio vettore di Eros si impicciolisce, mentre Eros va al perielio verso il 9 maggio 1899 e la distanza da Marte è circa 1.14, la distanza minima è raggiunta verso la fine di ottobre 1899; essa è 0,28 essendosi eguagliati e dalla stessa parte i due raggi vettori, ma, per la postura dei nodi, la latitudine eliocentrica di Marte rapporto al piano di Eros era circa $+ 7°$. Se si prendono i moti medî diurni dei due astri, la durata della rivoluzione sinodica sarebbe data (nell'ipotesi circolare e in piano comune) da

$$\frac{360°}{\mu - \mu'} = \frac{1296000}{128,61} = \text{anni } 27.6 \, ,$$

ma nel caso reale questo numero medio significa poco. Eros, visto da Marte, oltre in congiunzione superiore, può essere in congiunzione inferiore e anche in opposizione, e i moti areocentrici di Eros diventano complessi e interessantissimi.

Non è mia intenzione oggi di entrare nei particolari, ma accenno ad un caso corrispondente ai miei conteggi (fig. 2).

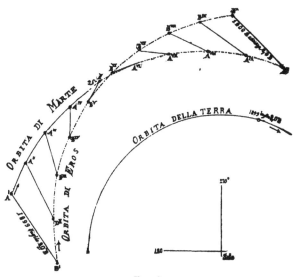

Fig. 2.

EPOCA	Longitudine Marte sull'orbita	Longitudine Eros sull'orbita	Differenza (M-E)	r Marte	r Eros	Differenza	Distanza vera Marte-Eros
1899 luglio 8.0	194.15 (1900.0)	175.18 (1900.0)	+ 18.57	1.68	1.23	+ 0.40	0.66
luglio 28.0	203.30	190.04	13.26	1.61	1.28	0.33	0.54
agosto 17.0	212.59	203.31	9.28	1.59	1.35	0.24	0.44
sett. 6.0	222.45	215.44	7.01	1.56	1.41	0.15	0.36
sett. 26.0	232.49	226.52	5.57	1.54	1.48	+ 0.06	0.31
ott. 16.0	243.13	237.07	6.06	1.51	1.54	− 0.03	0.29
nov. 5.0	253.59	246.36	7.23	1.49	1.59	− 0.10	0.29
nov. 25.0	265.08	255.28	9.40	1.46	1.64	− 0.18	0.35
dic. 15.0	276.40	263.51	12.49	1.44	1.68	− 0.24	0.44
1900 genn. 4.0	288.32	271.52	+ 16.40	1.42	1.72	− 0.30	0.54

Le longitudini sono qua in piani diversi; ma per avere un'idea della postura relativa delle due porzioni di orbite si possono assumere i numeri quali sono e costruire l'unita figura, nella quale, se il piano del foglio si intenda rappresenti l'eclittica, il segmento d'orbita di Eros vi sta tutto sotto, e quello di Marte una parte sopra e una parte sotto, poichè ♋ Marte = 229°. Se si congiungono i punti $A_1 B_1$; $A_{11} B_{11}$ ... $A_\alpha B_\alpha$ si hanno le direzioni e le approssimate distanze; non vi è bisogno di dire che i valori $A_1 B_1 \dots A_\infty B_\infty$ misurati sono dei numeri tutti minori delle vere distanze di grandezze variabili, ma forniscono l'idea del fenomeno.

Eros visto dal sole resta in questo segmento d'orbita sempre ad ovest di Marte, ma in principio vi si accosta così che si può pensare che avverrà una congiunzione inferiore; senonchè, mentre il raggio vettore di Eros oltrepassa quello di Marte e si penserebbe alla possibilità d'una opposizione, il moto angolare di Eros decresce, e il pianeta si allontana da Marte, e si allontanerà fino a distare da questa 65° verso settembre 1900 per poi rapidamente riavvicinarsi. In quanto al moto areocentrico di Eros in questo segmento d'orbita, esso appare sempre diretto con un massimo fra $A_v B_v$ e $A_{vi} B_{vi}$. Quando Marte è in A_v e Eros in B_v, l'angolo a Marte fra il sole e Eros è ben minore di 90°, mentre quando Marte è in A_{vi} e Eros in B_{vi} l'angolo a Marte è presso che retto. Conteggiando approssimatamente per le due date 1899 settembre 26,0 e 1899 ottobre 16,0 B si ha:

longitudine areocentrica di Eros 108°,9   .... 150°,4
latitudine   »   »   56, 9 sud   58, 9 sud
distanza 0.31   0.29

1899 settembre 26,0 B   Elongazione di Eros (eclittica) 56°,1
1899 ottobre   16,0 B   z   »   »   87, 2 .

Matematica. — *Interpretazione gruppale degli integrali di un sistema canonico.* Nota di T. LEVI-CIVITA, presentata dal Socio V. CERRUTI.

Il sig. Maurice Lévy ha per il primo osservato [1] che, in una varietà qualunque, è possibile uno spostamento senza deformazione allora e solo allora che dal quadrato dell'elemento lineare si può, con acconcia trasformazione, far sparire una delle variabili. Ciò è quanto dire che esiste un integrale primo, lineare ed omogeneo, per le geodetiche della varietà.

Il prof. Cerruti ritornò sull'argomento [2], trattando altresì il caso, in cui agiscono forze conservative. La relazione, di cui sopra è parola, fra integrali primi e spostamenti rigidi, si enuncia con linguaggio gruppale nel modo seguente [3]: Se la forza viva e il potenziale ammettono una stessa trasformazione puntuale infinitesima, le equazioni del moto posseggono un

[1] Comptes Rendus, T. LXXXVI, 18 febbraio e 8 aprile 1878.

[2] In questi Rendiconti, ser. 5ª, vol. III, 1895.

[3] Cfr. le Note: *Sul moto di un corpo rigido intorno ad un punto fisso*, in questi Rendiconti, ser. 5ª, vol. V, 1896 e la elegante dimostrazione del sig. Liebmann, Math. Ann., B. 50, 1897.

integrale primo lineare ed omogeneo; e reciprocamente. (Il primo membro dell'integrale, scritto in forma canonica, coincide col simbolo della trasformazione infinitesima).

Sorge spontanea la domanda: Agli integrali non lineari corrisponde ancora qualche carattere gruppale?

La risposta è affermativa e si applica senz'altro a qualsivoglia sistema canonico

$$(S) \qquad \begin{cases} \dfrac{dx_i}{dt} = \dfrac{\partial H}{\partial p_i} \\[2mm] \dfrac{dp_i}{dt} = -\dfrac{\partial H}{\partial x_i} \end{cases} \quad (i = 1, 2, \dots, n)$$

purchè non si considerino soltanto trasformazioni puntuali (rapporto alle variabili x, operanti per estensioni sulle p), ma più generalmente trasformazioni di contatto nelle x, p. Si trova infatti che *integrali di un sistema canonico e trasformazioni di contatto nelle x, p, mutanti il sistema in sè, sono in sostanza la stessa cosa. Ad ogni integrale fa riscontro una trasformazione e inversamente. Le funzioni caratteristiche delle trasformazioni* (fissando opportunamente un addendo, che rimane a priori indeterminato) *si possono far coincidere coi primi membri dei corrispondenti integrali.*

Il teorema si dimostra in modo assai semplice. Sia

$$\delta f = \xi_1 \frac{\partial f}{\partial x_1} + \cdots + \xi_n \frac{\partial f}{\partial x_n} + \pi_1 \frac{\partial f}{\partial p_1} + \cdots + \pi_n \frac{\partial f}{\partial p_n}$$

una trasformazione infinitesima nelle x, p. Gli incrementi ξ, π si suppongano funzioni delle x, delle p e di un parametro t, invariabile di fronte alla trasformazione. Risguardando le x, p come funzioni di t, potremo estendere la δf alle singole derivate $\dfrac{dx_i}{dt}$, $\dfrac{dp_i}{dt}$, e i relativi incrementi si avranno dalle formule

$$\delta \frac{dx_i}{dt} = \frac{d\delta x_i}{dt} = \frac{d\xi_i}{dt},$$

$$\delta \frac{dp_i}{dt} = \frac{d\delta p_i}{dt} = \frac{d\pi_i}{dt}.$$

Applicata al sistema (S), la trasformazione δf porge

$$(1) \qquad \begin{cases} \delta\left\{ \dfrac{dx_i}{dt} - \dfrac{\partial H}{\partial p_i} \right\} = 0 \\[2mm] \delta\left\{ \dfrac{dp_i}{dt} + \dfrac{\partial H}{\partial x_i} \right\} = 0 \end{cases} \quad (i = 1, 2, \dots n)$$

Queste equazioni dovranno essere identicamente soddisfatte, in virtù delle (S), ogniqualvolta il sistema ammette la trasformazione infinitesima δf.

Introduciamo l'ipotesi che δf è trasformazione di contatto. Le ξ e le π sono derivate di una medesima funzione $W(x,p,t)$ [1]. a norma delle formule

(2)
$$\xi_i = \frac{\partial W}{\partial p_i}, \quad \pi_i = -\frac{\partial W}{\partial x_i},$$

e il simbolo δf diventa la parentesi di Poisson (W, f).

Le (1) si possono scrivere

$$\frac{d \frac{\partial W}{\partial p_i}}{dt} - \left(W, \frac{\partial H}{\partial p_i} \right) = 0$$

$$\frac{d \frac{\partial W}{\partial x_i}}{dt} - \left(W, \frac{\partial H}{\partial x_i} \right) = 0,$$

ossia, eseguendo la derivazione e tenendo conto delle (S):

$$\frac{\partial^2 W}{\partial p_i \partial t} + \left(H, \frac{\partial W}{\partial p_i} \right) - \left(W, \frac{\partial H}{\partial p_i} \right) = 0,$$

$$\frac{\partial^2 W}{\partial x_i \partial t} + \left(H, \frac{\partial W}{\partial x_i} \right) - \left(W, \frac{\partial H}{\partial x_i} \right) = 0.$$

che, per note proprietà delle parentesi, equivalgono a

(1')
$$\begin{cases} \dfrac{\partial}{\partial p_i}\left[\dfrac{\partial W}{\partial t} + (H, W) \right] = 0 \\[2mm] \dfrac{\partial}{\partial x_i}\left[\dfrac{\partial W}{\partial t} + (H, W) \right] = 0. \end{cases}$$

Da queste apparisce che $\frac{\partial W}{\partial t} + (H, W)$ dipende dalla sola t. Ora W, funzione caratteristica della δf, è determinata dalle (2) a meno di una funzione additiva di t. Si può sempre disporne in modo che risulti identicamente

(1'')
$$\frac{\partial W}{\partial t} + (H, W) = 0.$$

È poi chiaro che dalla (1''), facendo cammino inverso, si ripassa alle (1).

La (1'') è dunque condizione necessaria e sufficiente perchè il sistema

---

[1] Lie-Engel, *Theorie der Transformationsgruppen*, vol. II, cap. 14.

canonico (S) ammetta la trasformazione infinitesima di contatto (W , f).

D'altra parte la equazione stessa esprime precisamente che W $=$ cost è integrale del sistema (S); di quà la proposizione enunciata.

Si noti che, allorquando W è lineare e omogenea nelle p (e in questo caso soltanto), δf proviene dall'estensione di una trasformazione puntuale rapporto alle x. Segue da ciò che la esistenza di un integrale lineare, omogeneo, e quella di una trasformazione puntuale, mutante il sistema canonico in sè, sono due fatti concomitanti. Supponendo in particolare H $=$ T $-$ U, con T omogenea di secondo grado nelle p e U funzione delle sole x, si ritrova il teorema di Lévy-Cerruti. Risulta infatti dalla (1″), scindendo i termini di diverso grado nelle p, che separatamente T ed U ammettono la trasformazione W.

Fisica. — *Variazione della costante dielettrica del vetro per la trazione.* Nota del dott. O. M. CORBINO, presentata dal Socio BLASERNA.

Distratto da altro lavoro, non ho potuto, durante l'anno scolastico, occuparmi di una lunga e minuziosa critica pubblicata dal dott. Ercolini ([1]) contro alcune mie precedenti ricerche su questo argomento ([2]). Ebbi solo occasione, nel correggere le bozze di stampa di un lavoro su esperienze analoghe eseguite col caoutchouc, di aggiungere in fine una breve osservazione ([3]) per difendere il metodo impiegato nelle due ricerche.

Alla sua critica il dott. Ercolini fece seguire la comunicazione di nuove esperienze con le quali, contrariamente a quanto io avevo dedotto dalle mie ricerche, egli cercò di provare che la costante dielettrica del vetro aumenta con la trazione.

Mi sembra però che le esperienze dell'Ercolini non risolvano per nulla la questione poichè l'Autore interpreta come variazione della costante dielettrica un fatto che con quella variazione non ha nessuna relazione e che anzi, operando in buone condizioni, non avrebbe dovuto trovare perchè esso contraddice a una legge *fondamentale* di elettrostatica.

Egli si serviva infatti di una canna di vetro posta tra due armature dalle quali distava all'incirca due millimetri. L'armatura interna era caricata per mezzo del polo positivo di una pila di 300 elementi rame-acqua-zinco; l'esterna poteva essere rilegata al suolo o alla foglia di un elettro-

---

([1]) Ercolini, Rend. Linc., vol. VII, 2° sem.. ser. 5ᵃ, fasc. 7, 8, 1898. Nuovo Cimento, S. IV, T. VIII, pag. 306, 1898.

([2]) Corbino, Riv. scient. e ind. Anno XXIX, 28-9, 1897.

([3]) Corbino e Cannizzo, Rend. Linc., vol. VII, 2° sem., fasc. 10, 1898.

metro di Hankel. Si procedeva o a potenziale costante o a carica costante dell'armatura interna.

Nel primo modo (che è il metodo di Boltzmann), rilegata l'armatura esterna al suolo e l'interna alla pila, si isolava l'esterna e la si rilegava all'elettrometro. Stirando progressivamente il vetro si aveva una deviazione crescente dal cui senso si deduceva che la cost. diel. era progressivamente aumentata.

Nel secondo modo, messa al suolo la esterna e caricata l'armatura interna con la pila, venivano isolate entrambe le armature, l'esterna rilegata all'elettrometro, e quindi si esercitava la trazione. L'*elettrometro deviava*, e dal senso della deviazione si desumeva, secondo l'Ercolini, un aumento di capacità.

Or quest'ultimo risultato anzichè a una variazione di capacità non può essere attribuito che a una causa disturbatrice, perchè operando a carica costante dell'armatura interna, non dico stirando il vetro, ma *levando addirittura la canna e sostituendola con un dielettrico qualsiasi, l'armatura esterna deve rimanere al primitivo potenziale e quindi nessuna deviazione deve prodursi all'elettrometro.*

Infatti è legge fondamentale di elettrostatica ([1]) che se un conduttore A possiede una carica costante a un potenziale V_1 e un altro conduttore B circonda interamente il primo e si trova a un potenziale V_2, introducendo un dielettrico qualsiasi soltanto il potenziale di A viene ridotto in un certo rapporto. mentre il potenziale di B resta rigorosamente lo stesso di prima.

Questa legge trova una conferma delicatissima nella esperienza che, tra gli altri, il Pellat ha eseguito con le massime cautele servendosi del cilindro di Faraday rilegato a un elettroscopio. Egli ottenne una deviazione rigorosamente costante qualunque fossero le masse, isolanti o no, purchè non elettrizzate, che si trovavano tra il corpo elettrizzato introdotto precedentemente nel cilindro e le pareti del cilindro stesso.

L'analogia, com'è evidente, è completa con la disposizione dell'Ercolini; e la deviazione da lui osservata deve quindi attribuirsi a qualche causa disturbatrice che solo potrebbe essere rintracciata avendo sottomano l'apparecchio.

Nè c'è ragione per escludere l'influenza della stessa causa nelle esperienze a potenziale costante. Che questa non sia una semplice asserzione, per quanto logica, si deduce da un'altra anomalia che si trova nei risultati ottenuti a potenziale costante.

Le esperienze eseguite in questo caso dall'Autore sono svariatissime, sedici serie in cui si cambiano gli attacchi quasi in tutti i modi possibili,

---

([1]) Mascart, *Électricité et Magnétisme*, t. I. pag. 137 e seg,: Pellat, *Électrostatique non fondée sur le lois de Coulomb*. Ann. de Chimie et de Physique, t. 5, pag. 9, 1895.

ottenendo *sempre le stesse deviazioni*. Tali esperienze si possono classificare in due tipi: in uno si lascia costante il potenziale dell'armatura interna e si misurano le variazioni che per la trazione del coibente si producono nel potenziale dell'armatura esterna precedentemente a potenziale zero; nel secondo tipo, rilegata l'armatura *esterna* alla pila, si osservano le variazioni di potenziale, prodotte da analoghi stiramenti, nell'armatura interna messa prima in comunicazione col suolo e poi isolata. Or si può dimostrare che le deviazioni nei due tipi di esperienze *non potevano essere uguali*. Infatti rappresenti A l'armatura interna, a potenziale zero, e B la esterna che la circonda interamente e al potenziale costante V (esperienze del 2° tipo).

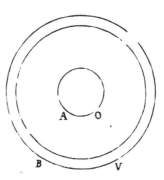

Isoliamo per un momento anche B, mentre A comunica con l'elettrometro, e produciamo nello spazio compreso tra A e B una modificazione *qualsiasi* del dielettrico per cui la costante dielettrica media da K diventi K'. Come sappiamo il potenziale di B rimane costante e quindi si può rimettere la comunicazione con la pila senza che nulla si muti. La differenza di potenziale tra A e B intanto, per la modificazione del dielettico, viene ridotta nel rapporto $\dfrac{K}{K'}$, interamente per la variazione del potenziale di A. Sia v il nuovo potenziale di A; avremo

$$v - V = (0 - V)\frac{K}{K'}$$

cioè

$$v = \frac{K' - K}{K'}V.$$

Per un aumento della costante dielettrica, v sarebbe positivo, e a v corrisponderebbe la deviazione osservata dall'Ercolini nel 2° tipo di esperienze. Nelle esperienze del primo tipo avviene invece tutt'altra cosa. A si trova, in comunicazione con la pila, al potenziale V, e B al potenziale zero e rilegato all'elettrometro. Isoliamo per un momento anche A e produciamo nel dielettrico la stessa modificazione di prima; B, come si è visto, resterà in questa operazione al potenziale zero, mentre il potenziale di A si modificherà in modo che la nuova differenza di potenziale sia eguale a quella di prima moltiplicata per il rapporto $\dfrac{K}{K'}$; indicando con v' la variazione del potenziale di A si trova

$$v' = -\,\frac{K'-K}{K'}\,V = -\,v$$

cioè per un aumento di costante dielettrica il potenziale di A si abbassa di tanto quanto si rialzò nel caso precedente. Rimettendo la pila in comunicazione con A avremo riprodotta l'esperienza di Ercolini; il potenziale di A riprenderà il valore V, variando di v, e in corrispondenza anche nel potenziale di B, cioè all'elettrometro, si avrà variazione sempre però *minore* di quella di A, cioè minore di v; la deviazione sarà quindi diversa da quella ottenuta con le esperienze del primo tipo [1].

Ed ora passo a rispondere brevemente alle obbiezioni mosse dall'Ercolini contro i risultati del mio lavoro precedentemente citato.

La prima obbiezione contesta l'applicabilità della relazione di Maxwell $(n^2 = D)$, per diversi motivi.

È noto, dice l'Ercolini citando l'Houllevigue, che tanto l'ipotesi della eterogeneità del dielettrico, quanto l'altra che suppone il dielettrico formato di straterelli alternativamente conduttori ed isolanti, *non rendono conto* della relazione di Maxwell; nè il vetro ha qualità tali che rendano ad esso applicabile la relazione stessa, non essendo un isolante perfetto le cui proprietà elettriche siano definite solo dalla cost. dielettrica.

Non mi sembra, a giudicare dalle sue parole, che l'Ercolini abbia interpretato bene il pensiero dell'Houllevigne. Questo fisico, infatti, si propone di dimostrare che le diverse teorie del residuo generalmente accettate non

---

[1] Indipendentemente da ciò mi permetto di osservare che le esperienze dell'Ercolini non confermano, *con tutta la sicurezza desiderabile*, com'egli dice, la previsione del Lippmann. Infatti, come ha dimostrato il Sacerdote (Compt. Rend. t. 129, pag. 282) rifacendo con qualche necessaria correzione i ragionamenti del Lippmann, l'allungamento dei condensatori dipenderebbe da due coefficienti anzichè da un solo, e il previsto aumento della cost. diel. dovrebbe essere dell'ordine di $^1/_{10000}$ per 1 Kg. su mm². Invece dai risultati dell'Ercolini, supposti esatti, si dedurrebbe indirettamente che quella variazione è superiore a $^1/_{300}$, cioè circa trentatrè volte maggiore; nè a spiegare questa grande divergenza si può invocare nessuna delle ragioni che rendono scusabili le divergenze numeriche dalla legge di Maxwell, poichè accettando la teoria Lippmann-Sacerdote la previsione è categorica. Con la disposizione di Ercolini, e forse con qualunque altra, non si possono constatare in modo sicuro variazioni della cost. diel. così piccole come quelle previste con quella teoria.

riescono a spiegare, come dovrebbero, le *divergenze* dalla relazione di Maxwell, mentre la teoria da lui proposta, che ha per base lo spostamento, ne rende conto esattamente. Egli spiega con essa il fatto che per eliminare gli effetti del residuo basta misurare la costante dielettrica in un tempo brevissimo, ovvero ricorrere al metodo del Perot (rifrazione delle linee di forza) del quale giustifica la indipendenza dal residuo. Se ne deduce che per verificare sufficientemente la legge del Maxwell basta operare con cariche alternate abbastanza frequenti ([1]).

In secondo luogo il dott. Ercolini dice, e qui è veramente prossimo al vero, che la influenza della dispersione ottica non consente di mettere a confronto l'indice di rifrazione con la costante dielettrica determinata con processi sempre molto più lenti delle vibrazioni luminose, e richiama gli effetti della dispersione nella propagazione delle onde elettriche, dispersione che può essere anche anomala presso alle bande di assorbimento.

Queste considerazioni, lungi dal diminuirlo, accrescono il valore della previsione fatta in base alla relazione di Maxwell. Infatti, mentre per i mezzi isotropi nella relazione stessa si debbono mettere a confronto i valori assoluti di n e di D, con i mezzi birefrangenti si può mettere a confronto la differenza dei due indici (ordinario e straordinario) e la differenza delle costanti dielettriche corrispondenti. I valori assoluti degli indici e delle costanti dipenderanno, è ovvio, dal periodo, ma il *segno* di quella differenza è indipendente da quella lunghezza d'onda, poichè non si ha esempio, a mia conoscenza, di un cristallo che da positivo diventi negativo in diverse regioni dello spettro anche se questo sia solcato da bande di assorbimento ([2]). Or in quanto al segno la relazione di Maxwell si è trovata sempre d'accordo con l'esperienza ([3]); le divergenze numeriche invece si spiegano osservando che il *valore* di quella differenza varia anch'esso con la lunghezza d'onda (fenomeno della dispersione per doppia rifrazione).

Queste considerazioni sono ancora più legittime nel caso della doppia rifrazione accidentale, poichè risulta dalle belle esperienze di Macé de Lepinay ([4]) che nel caso di una compressione regolare la birifrangenza varia

---

([1]) Nelle mie esperienze, e in generale in tutte quelle che fanno capo al metodo di Gordon, per quanto si producano al rocchetto solo 250 interruzioni al secondo, non è escluso che a ciascuna interruzione si producano delle vere oscillazioni elettriche, di frequenza molto maggiore, come nelle esperienze del Mouton. I valori del potenziale nei piatti inducenti si alternerebbero quindi molto più rapidamente.

([2]) Per l'apofillite uniasse e la brucite del Texas un tal cambiamento di segno è enunciato come probabile nell'*ultravioletto*, ma esso non è stato mai constatato direttamente. I fenomeni procedono in modo assolutamente diverso che nella doppia rifrazione accidentale. V. Mascart, *Optique*, tòme II, pag. 177.

([3]) Tumlirz, *Theorie électromagnétique de la Lumière*, pag. 61.

([4]) Macé de Lepinay, *Ann. de Chim. et de Phys.* [s] t. XIX, pag. 63, 1880.

in modo insensibile con la lunghezza d'onda nel vetro ordinario, e *aumenta* con la lunghezza d'onda nel caso dei vetri pesanti; a maggior ragione quindi sarà conservato il segno della differenza stessa al crescere della lunghezza d'onda.

Infine la obbiezione dell'Ercolini, secondo la quale la formola di Maxwell ha il torto di mettere a confronto l'indice di rifrazione ottico, non dipendente dalla intensità luminosa (Ebert), e la cost. diel. che come la permeabilità magnetica pare dipenda dall'intensità del campo, sembrami un'obbiezione un pochino azzardata, poichè non sappiamo nulla circa l'ordine di grandezza delle variazioni periodiche della forza elettrica costituenti i fenomeni luminosi, se cioè esse siano di tale entità da far intervenire la dipendenza della cost. diel. dall'intensità del campo.

La teoria della deformazione dei condensatori, dice l'Ercolini, *decide* la questione quando sia rettamente applicata, poichè si deduce dai risultati del prof. Cantone che la cost. diel. deve aumentare in tutte le direzioni con il diminuire della densità e che quindi non è prevedibile una anisotropia elettrica conseguente all'anisotropia meccanica destata dalla trazione. Faccio osservare che la sola a non potersi tirare in campo è proprio la teoria della deformazione dei condensatori; per dimostrarlo non ho che a rimandare il dott. Ercolini a una pregevolissima Memoria del Pockels [1] sull'argomento. In essa l'Autore fa vedere che le formole del Lorberg, le quali applicate alle esperienze del prof. Cantone diedero luogo al risultato sopra esposto, sono *inesatte*, che la previsione stessa quindi non ha valore, e che, più generalmente, le teorie date finora sulla deformazione dei condensatori *non permettono in nessun modo di far congetture sulla variazione della cost. dielettrica*.

Riassumendo, adunque, nessuna considerazione teorica vale ad attaccare la possibilità, dedotta dalla legge di Maxwell e dalle esperienze di Fresnel e di Kerr sulla doppia rifrazione accidentale, che la costante dielettrica del vetro diminuisca per la trazione.

In quanto poi alla critica dell'Ercolini relativa alle esperienze da me eseguite, escluso, come dimostrai nella Nota citata, che il classico metodo del Gordon sia inadatto e che l'impiego dell'elettrometro di Mascart possa, per la sua grande capacità, cambiar di segno i risultati, osserverò brevemente che la variazione di induzione da me osservata non poteva attribuirsi, come egli crede, all'influenza del residuo elettrico, degli straterelli di paraffina interposti tra i piatti e il vetro, che aumenterebbero quel residuo, e dell'abbassamento di temperatura prodotto dalla trazione.

Ciò risulta, come ebbi già a dire, dal fatto che, una volta raggiunto l'equilibrio, questo si conservava per lungo tempo, malgrado la grandissima

[1] Pockels, Arch. d. Math. u. Phys. Greisswald, 2 Reihe, tav. XII, pag. 80, e Beibl. der Ann. der Physik und Chemie, 17, pag. 766, 1893.

sensibilità della disposizione sperimentale; che esercitando la trazione l'ago deviava, fermandosi a una posizione costante, anche quando il piccolissimo raffreddamento prodotto dalla trazione avesse avuto il tempo di dissiparsi; e che infine le escursioni dell'ago seguivano prontamente e permanentemente le variazioni del peso tensore.

Non mi pare quindi che da questa critica possano venire infirmati i risultati delle mie esperienze.

Fisica. — *Intorno alla dilatazione termica assoluta dei liquidi e ad un modo per aumentarne notevolmente l'effetto*. Nota I di G. GUGLIELMO, presentata dal Socio BLASERNA.

Questa Nota sarà pubblicata nel prossimo fascicolo.

Chimica. — *Polimerizzazione di alcune cloroanidridi inorganiche*. Nota di G. ODDO e E. SERRA ([1]), presentata dal Socio E. PATERNÒ.

Abbiamo trovato che alcune cloroanidridi inorganiche in soluzione hanno peso molecolare variabile con la natura del solvente e la temperatura. Riscontrammo questo fenomeno per la prima volta nell'ossicloruro di fosforo: determinandone il peso molecolare col metodo ebullioscopico in soluzione nel tetraclorometane e nel benzolo ottenemmo dei valori corrispondenti alla formola doppia $(PO Cl_3)_2$, valori alquanto più bassi nel solfuro di carbonio, mentre nel cloroformio e nell'etere il peso molecolare corrisponde alla formola semplice $PO Cl_3$.

Ma un fenomeno singolare si riscontra nelle soluzioni benzoliche: in queste si ottengono valori corrispondenti alla formola semplice col metodo crioscopico; e alla formola doppia, come si è detto, con quello ebullioscopico.

Poichè Reinitzer e Goldschmidt ([2]) dimostrarono che nell'ossicloruro di fosforo tutti e tre gli atomi di cloro si comportano allo stesso modo e quindi sono legati direttamente al fosforo, volendo interpretare il fenomeno di polimerizzazione, da noi trovato, si deve ammettere che l'atomo di ossigeno, legato per doppia valenza all'atomo di fosforo, tenda ad assumere la posizione anidridica, come avviene in alcuni composti ossigenati organici a funzione carbonilica, unendo due molecole in un composto ciclico saturo:

([1]) Lavoro eseguito nell'Istituto di chimica generale dell'Università di Cagliari, settembre 1899.

([2]) Ber. d. deut. ch. Ges. XIII, 845.

$$3\ CH_3 . HC = O \longrightarrow$$

Aldeide acetica

$$\begin{array}{c} CH_3 \\ O-CH-O \\ | \quad\quad | \\ CH_3.CH-O-CH.CH_3 \end{array}$$

Paraldeide

$$Cl_3\ P = O \longrightarrow$$

Ossicloruro di fosforo

$$\begin{array}{c} O-P\ Cl_3 \\ | \quad\ | \\ Cl_3\ P-O \end{array}$$

difosfodiossicicloessacloruro

Però mentre la struttura esagonale della paraldeide rende questa molecola alquanto stabile e si arriva quindi ad isolare un nuovo corpo con caratteri proprî, quella tetragonale del gruppo $\equiv P <^O_O> P \equiv$ è molto instabile e la molecola si scinde con grande facilità anche per l'azione dei solventi e della temperatura, come fu dimostrato, specialmente per le interessanti ricerche del prof. Paternò [1], ma con meccanismo non definito, per i composti ossidrilati organici in soluzione nei solventi esenti di ossidrile [2].

Abbiamo esteso queste ricerche ad altre cloroanidridi inorganiche, tenendo di mira specialmente quelle che contengono un solo atomo di ossigeno legato per doppia valenza ad un altro elemento, e tra i corpi finora studiati constatammo un comportamento identico a quello dell'ossicloruro di fosforo nel cloruro di tionile. Anch'esso in soluzione nel benzolo col metodo crioscopico ha peso molecolare corrispondente alla formola semplice $SOCl_2$, mentre nelle soluzioni bollenti in cloroformio mostra molecola doppia. A causa del suo punto di ebollizione a 78° non potemmo eseguire le determinazioni in benzolo bollente.

Con altre cloroanidridi abbiamo ottenuto dei risultati i quali possono far supporre finora che avvenga soltanto polimerizzazione parziale a caldo, che varia con la natura del solvente. Diciamo finora, perchè i valori dei pesi molecolari che pubblichiamo sono stati calcolati secondo la nota formola:

$$M = \frac{C \cdot K}{I}$$

In una prossima comunicazione dimostreremo quale sia il valore della tensione di vapore parziale delle singole sostanze disciolte, alla temperatura di ebollizione delle soluzioni usate, e, introducendo questa correzione, indicheremo i risultati definitivi. Si può prevedere però fin da ora che per alcuni di essi la correzione da apportare sarà quasi trascurabile, poichè W. Nernst [3] con soluzioni di benzolo e cloroformio in etere trovò che il

[1] Gazzetta ch. ital. vol. XIX, pag. 640.
[2] Van' t Hoff, Vorlesungen über theor. u. phys. Ch. 2 Hef. p. 52.
[3] Zeitschrift für Physikalische Chemie 8, 129.

peso molecolare osservato superava quello corretto soltanto dal 10 al 20 %.
Dalle esperienze che per ora pubblichiamo si rilevano i seguenti fatti:

L' ossibromuro di fosforo mostra molecola semplice in tetraclorometane bollente e in benzolo col metodo crioscopico, mentre nel benzolo bollente fornisce valori alquanto più elevati.

Il solfocloruro di fosforo ha molecola semplice soltanto in benzolo col metodo crioscopico; pare che avvenga un accoppiamento parziale delle molecole in tetraclorometane, che in benzolo bollente oltrepassa di poco la metà.

Comportamento quasi identico mostrano il protocloruro di zolfo, e il cloruro di cromile. Del cloruro di solforile potemmo determinare il peso molecolare soltanto in soluzione nella benzina col metodo crioscopico e corrisponde alla molecola semplice.

1° Ossicloruro di fosforo.

Per quanto da noi si sappia, non era stata determinata finora di questa sostanza la grandezza molecolare in soluzione.

L' ossicloruro di fosforo impiegato nelle nostre ricerche lo abbiamo preparato coi seguenti tre metodi:

1. Azione dell' acqua sul pentacloruro di fosforo.
2. Ossidazione del tricloruro di fosforo con clorato potassico ([1]).
3. Azione del pentacloruro di fosforo sull' anidride fosforica.

Qualunque si fosse la sua provenienza, si ottenne sempre del prodotto bollente a pressione ordinaria a 107-108° che si comportava identicamente nelle soluzioni.

Ecco i risultati ottenuti. Per comodità del lettore segniamo i punti di ebollizione a pressione ordinaria dei solventi impiegati.

Per $POCl_3$ si calcola p. m. $= 153,5$

" $(POCl_3)_2$ " " 317

Metodo ebullioscopico ([2]).

a) In tetraclorometane (p. e. 78,5).

1ª SERIE.

Concentrazione	Inalz. del punto di eboll.	Peso molecolare
1,2292	0,198	326
2,5849	0,418	325
3,9460	0,573	362

[1] Derwin, Compt. Rend. *97*, 576.

[2] Le costanti ebullioscopiche adottate in queste ricerche sono le seguenti:

Tetraclorometane	52,60	cloroformio	36,60
benzol	26,70	etere	21,10
solfuro di carbonio	23,70	alcool etilico	11.50

2ª Serie.

1,5720	0,254	325
3,1004	0,472 (¹)	345

b) In benzolo (p. e. 80°,5).

1ª Serie.

2,4392	0°,230	283
3,8612	0,342	301

2ª Serie.

2,2313	0,203	288
4,5907	0,413	296

3ª Serie.

3,1517	0,273	309
5,2026	0,450	309

c) In solfuro di carbonio (p. e. 47°)

1,8108	0°,200	214
3,7204	0,355	244
5,7259	0,563	239

d) In cloroformio (p. e. 63°).

1,5690	0°,360	159
4,4942	1,002	164

e) In etere (p. e. 35,6).

1,4691	0°,210	147
3,7099	0,498	157

Metodo crioscopico.

In benzolo (²)

Concentrazione	Abbass. del punto di congel.	Peso molecolare
2,0751	0°,680	149
7,0886	2,283	152
10,0195	3,230	152

(¹) Una lenta ebollizione impedisce quasi del tutto l'attacco dei turaccioli di sughero. Difatti dopo avere eseguita questa lettura si continuò a far bollire per un'ora la medesima soluzione, e si ottenne l'inalzamento 0°,477 col quale si calcola il peso molecolare 342.

(²) Del campione di ossicloruro di fosforo impiegato in queste determinazioni ne fu ripetuta una col metodo ebullioscopico pure in benzolo e si ebbero i seguenti risultati:

Concentrazione	Inalz. del punto di eboll.	Peso molecolare
2,3763	0°,222	285

2° Cloruro di tionile.

I metodi che sono stati descritti per la preparazione di questa cloro-anidride non dànno un prodotto puro.

Per l'azione dell'anidride solforosa sul pentacloruro di fosforo [1], per quante distillazioni frazionate si ripetano e dentro limiti di temperatura molto ristretti, si ottiene sempre del prodotto che contiene ossicloruro di fosforo.

Alquanto più puro, ma inquinato sempre da S_2Cl_2, si ottiene per l'azione di Cl_2O sullo zolfo disciolto in S_2Cl_2 o in CS_2 [2] e per l'azione di SO_2 su SCl_4 [3]: ma i processi sono molto più lunghi e costosi.

Cercammo d'investigare altri metodi di preparazione, ma senza successo. Non crediamo però del tutto inutile accennare questi tentativi:

1° Azione simultanea di SO_2 e Cl_2 sia a freddo che all'ebollizione a ricadere su S_2Cl_2 per ottenere:

$$2\,SO_2 + S_2Cl_2 + 3Cl_2 = 4\,SOCl_2$$

Invece SO_2 sfugge inalterata e si forma SCl_2, anche se si getta nel pallone qualche pezzettino di PCl_5 per far incominciare la reazione.

2° Partendo dalla probabilità di un'analogia di costituzione del cloruro di tionile $O = S = Cl_2$ col protocloruro di zolfo $S = S = Cl_2$, abbiamo cercato di sostituire in questo ultimo un atomo di S con O, sia per ossidazione con $KClO_3$, con la speranza di ottenere:

$$KClO_3 + SSCl_2 = KCl + SO_2 + OSCl_2,$$

sia per l'azione dell'anidride arseniosa, secondo l'equazione:

$$As_2O_3 + 3SSCl_2 = As_2S_3 + 3OSCl_2$$

avviene invece rispettivamente:

$$2\,KClO_3 + 3\,SSCl_2 = 2\,KCl + 3SO_2 + 3SCl_2;$$

$$2\,As_2O_3 + 6\,SSCl_2 = 4\,AsCl_3 + 3SO_2 + 9S.$$

Falliti questi tentativi, abbiamo dovuto eseguire le nostre ricerche col cloruro di tionile preparato col primo metodo accennato, impiegando una frazione che, dopo ripetute distillazioni frazionate, bolliva tra 78-80°. Essa conteneva però ancora il 5,22 % di $POCl_3$, come ci mostrò la seguente analisi:

Gr. 0,9339 di prodotto fornirono gr. 0,0353 di pirofosfato magnesiaco.

In cloroformio col metodo ebullioscopico.

[1] Persoz e Bloch, Comp. Rend. *28*, 86; U. Schiff, Ann. d. Ch. *102* 111.

[2] Wurtz, Comp. Rend. *62*, 460.

[3] Michaelis, Ann. d. Chim. *274*, 184.

Concentrazione	Inalz. del punto di eboll.	Peso molecolare
1,2937	0,203	233
2,2930	0,340	240

In benzolo col metodo crioscopico.

Concentrazione	Abbas. del punto di congel.	Peso molecolare
1,8855	0,838	110
3,6672	1,661	108

Mostrammo come nel cloroformio il peso molecolare dell'ossicloruro di fosforo corrisponda alla molecola semplice. Tenendo conto della quantità di questo corpo che il cloruro di tionile impiegato conteneva, i due risultati ottenuti per il peso molecolare diventano: 229 e 235 ([1]).

Per $SOCl_2$ si calcola peso molecolare 119
» $(SOCl_2)_2$ »   »   238

3. Ossibromuro di fosforo.

L'abbiamo preparato per l'azione di 1 mol. di H_2O su 1 mol. di PBr_5; per purificare il prodotto ottenuto si fece fondere e cristallizzare parzialmente ripetute volte, decantando sempre la porzione rimasta liquida: si ottenne così come massa bianca cristallina, quasi del tutto incolora, p. f. 52°. Nella letteratura non abbiamo riscontrato alcuna determinazione di peso molecolare per questo prodotto.

Col metodo ebullioscopico.

a) In tetraclorometane,

Concentrazione	Inalz. del punto di eboll.	Peso molecolare
1,7468	0,319	287
5,1251	0,868	310

b) In benzolo.

3,4068	0,258	352
6,9340	0,553	334

Col metodo crioscopico in benzolo.

Concentrazione	Abbass. del punto di congel.	Peso molecolare
3,6423	0,591	308
6,0899	1,022	293

Per $POBr_3$ si calcola peso molecolare $= 287$

([1]) Nel computo per la correzione abbiamo preso per l'ossicloruro di fosforo in cloroformio il peso molecolare 161,5 media delle due determinazioni esposte avanti.

4. Solfocloruro di fosforo.

Lo abbiamo preparato per mezzo della reazione di Serullas, che trovammo soltanto accennata nel trattato di Dammer ([1]), cioè per l'azione di H_2S su PCl_5. Siccome col processo che impiegammo siamo riusciti subito ad ottenere del prodotto puro, non crediamo inutile descriverlo.

In un pallone Erlenmeyer versammo circa gr. 30 di pentacloruro di fosforo e lo attaccammo ad un refrigerante a distillare munito di collettore. Facendo arrivare nel pallone una corrente di H_2S anidro e riscaldando leggermente a fuoco nudo, distilla il $PSCl_3$ di colorito giallo. Per purificarlo, siccome l'acqua anche all'ebollizione lo attacca poco, lo abbiamo lavato con acqua e distillato in corrente di vapore acqueo in presenza di un po' di latte di calce e poscia disseccato in $CaCl_2$ e distillato. Si ottenne così in poche ore come liquido incoloro, di odore alquanto grato, p. e. 124°. È degna di nota questa resistenza del $PSCl_3$ all'azione dell'acqua contenente anche alcali, a differenza del $POCl_3$, e una certa analogia che si rileva nel comportamento del $PSCl_3$ e i composti alogenati del metano.

Di questo corpo non si conosceva finora alcuna determinazione di peso molecolare nelle soluzioni. Ecco i risultati da noi ottenuti:

Col metodo ebullioscopico.

a) In tetraclorometane :

Concentrazione	Inalz. del punto di eboll.	Peso molecolare
1,1482	0,289	209
2,4467	0,613	209

b) In benzolo :

1ª Serie.

2,3310	0,260	239
4,5499	0,514	236
6,8181	0,769	236

2ª Serie.

1,8877	0,204	247
3,8868	0,421	246

Col metodo crioscopico in benzolo.

Concentrazione	abbass. del punto di congel.	Peso molecolare
1,6904	0,524	158
3,3705	1,023	161
5,0330	1,530	161

Per $PSCl_3$ si calcola peso molecolare $= 169,5$

    " $(PSCl_3)_2$ "   "   339

([1]) Vol. II, 1, pag. 146.

5. Protocloruro di zolfo.

Abbiamo voluto comprendere in questo studio anche il protocloruro di zolfo, perchè nessun fatto esclude finora che la costituzione di questo corpo si possa ritenere, come si è detto avanti, $S = SCl_2$ paragonabile a quella del cloruro di tionile $O = SCl_2$. Raoult ne determinò la grandezza molecolare col metodo crioscopico, usando come solvente la benzina e l'acido acetico, e ottenne valori corrispondenti alla formula semplice S_2Cl_2.

Noi abbiamo eseguito quindi soltanto le determinazioni col metodo ebullioscopico, usando come solvente il tetraclorometane e il benzolo.

a) In tetraclorometane:

Concentrazione	Inalz. del punto di eboll.	Peso molecolare
2,0089	0,612	172
2,7517	0,834	173
3,5136	1,092	169
4,3767	1,342	171
5,8811	1,792	172

b) In benzolo:

2,6177	0,362	193
4,5503	0,665	182
6,9569	0,998	185
8,1522	1,207	130

Per S_2Cl_2 si calcola peso molecolare $= 135$.

6. Cloruro di cromile.

Questa cloroanidride ci fu fornita dalla Fabbrica Kahlbaum e prima d'impiegarla venne distillata, raccogliendo a 118°. Di essa non era stata determinata la grandezza molecolare nelle soluzioni.

Col metodo ebullioscopico.

a) In tetraclorometane:

1ª SERIE.

Concentrazione	Inalz. del punto di eboll.	Peso molecolare
1,0202	0,220	243
2,4518	0,570	225

2ª SERIE.

1,1469	0,250	241
2,7752	0,635	228
4,4912	1,008	234

In soluzione nel benzolo si ricavano valori troppo elevati e poco concordanti, forse perchè i due prodotti reagiscono in parte fra di loro. I risultati da noi ottenuti sono difatti i seguenti:

| 1,8415 | 0,093 | 528 |
| 4,5144 | 0,273 | 441 |

Col metodo crioscopico in benzolo.

Concentrazione	Abbass. del punto di congel.	Peso molecolare
1,7176	0,479	175
3,6498	1,081	165

Per CrO_2Cl_2 si calcola peso molecolare $= 155,5$

» $(CrO_2Cl_2)_2$ » » 311

Cloruro di solforile.

Fu preparato facendo passare simultaneamente Cl_2 e SO_2 in un tubo contenente pezzettini di canfora.

Questa cloroanidride non si presta allo studio col metodo ebullioscopico, sia per il suo basso punto di ebullizione, sia perchè reagisce col solfuro di carbonio e forse anche con l'etere.

Nel solfuro di carbonio abbiamo osservato che invece d'inalzamento avviene abbassamento nel punto di ebullizione e si svolge SO_2. Descriveremo questa reazione in altro lavoro.

In soluzione nel benzolo col metodo crioscopico ottenemmo i seguenti risultati:

Concentrazione	Abbass. del punto di congel.	Peso molecolare
2,5063	0,938	131
7,0741	2,631	131

Per SO_2Cl_2 si calcola il peso molecolare 135.

Chimica. — *Sulla polimerizzazione di alcune cloroanidridi inorganiche.* Parte II. Nota di G. Oddo [1], presentata dal Socio E. Paternò.

In continuazione delle ricerche pubblicate in collaborazione col dott. E. Serra, ho voluto studiare se fosse possibile ottenere derivati della forma polimerica dell'ossicloruro di fosforo: $Cl_3P \underset{O}{\overset{O}{<>}} PCl_3$ e se tra quelli che sono stati descritti finora ve ne fosse qualcuno che vi appartenesse.

Per raggiungere questo scopo mi sono accinto a ripetere lo studio dell'azione dell'acqua sul pentacloruro di fosforo, di alcune altre reazioni che

[1] Lavoro eseguito nel laboratorio di chimica generale dell' Università di Cagliari, settembre 1899.

conducono alla formazione di cloroanidridi contenenti fosforo e finalmente delle anilidi e degli eteri fenolici.

Nell'azione dell'acqua sul pentacloruro di fosforo ho osservato che di tutta la serie di corpi:

$$Cl_4P — O — PCl_4; \quad Cl_3P <^O_O> PCl_3; \quad Cl_2P <^O_O> PCl_2; \quad (PO_2Cl)_2; \quad P_2O_5$$

la cui formazione si può prevedere che possa avvenire facendo agire su due molecole di pentacloruro da una sino a cinque molecole di acqua, si ottengono soltanto il 2°, il 3° e il 5° termine. Il 3°, cloruro di pirofosforile, si forma però in piccola quantità, e le reazioni col variare della quantità dell'acqua tendono alla formazione predominante del 2° termine ([1]) o dell'anidride.

Difatti impiegando per 2 mol. di PCl_5 1 mol. di H_2O resta metà di PCl_5 inalterato e si forma esclusivamente ossicloruro, che si ottiene pure con rendimento teorico per l'azione di 2 mol. di H_2O; con 3 mol. di H_2O si ricavano ossicloruro in prevalenza e inoltre poco $P_2O_3Cl_4$ e poca anidride fosforica; lo stesso avviene con 4 mol. di H_2O, ma aumenta notevolmente la quantità di P_2O_5. I medesimi prodotti si ricavano se invece che dal pentacloruro si parte dall'ossicloruro di fosforo.

Il cloruro di metafosforile $(PO_2 Cl)_2$ non solo non sono riuscito a prepararlo per l'azione dell'H_2O sul pentacloruro e sull'ossicloruro, ma nemmeno per l'azione dell'ossicloruro di fosforo sull'anidride fosforica a ricadere, sia direttamente che in soluzione benzolica; nè l'ottenne Huntley ([2]) facendo reagire i due corpi in tubi chiusi a 200°.

Un corpo il quale presentava per lo scopo delle mie ricerche uno speciale interesse è il fosfonitrile di Gladstone, poco studiato, e al quale tuttavia si attribuisce nei trattati la formula semplice NPO ([3]). Ne ho ripetuta la preparazione col metodo di Gladstone; ma sia per la temperatura elevata alla quale si forma, che per i caratteri fisici e chimici, ho dovuto convincermi che esso deve avere una molecola polimera di NPO.

Tentai di ottenere un corpo della costituzione $NP <^O_O> PN$ facendo agire sulle soluzioni bollenti di ossicloruro in benzolo anidro la corrente di NH_3 anidra, però constatai che si formano esclusivamente le amidi dell'acido fosforico, che precipitano, e il solvente a reazione completa nulla

---

([1]) Avverto che per semplificare il ragionamento in tutte queste ricerche per una molecola di ossicloruro di fosforo, intenderò indicare quella corrispondente alla formula ciclica $Cl_2P <^O_O> PCl_2$.

([2]) Chem. Soc. *59*, 202.

([3]) Dammer, vol. II, 1°, pag. 152.

contiene. Tentai ugualmente di prepararlo facendo agire il cloruro ammonico sulla soluzione bollente di ossicloruro di fosforo in benzolo, ma anche dopo parecchie ore di ebollizione non si constata reazione alcuna.

Si conoscono derivati dell'ossicloruro di fosforo OP Cl$_3$ nei quali i tre atomi di cloro sono stati sostituiti successivamente da 1, 2, 3 radicali -NH.C$_6$H$_5$. Di questi prodotti ho determinato il peso molecolare, che non si conosceva, ed ho voluto ricercare inoltre se fosse stato possibile, impiegando le soluzioni bollenti di ossicloruro di fosforo in benzolo, preparare anilidi derivanti dalla formola ciclica Cl$_3$P $<^O_O>$ PCl$_3$ con sostituzione di radicali in numero dispari. Mentre però ho potuto dimostrare che le anilidi finora conosciute danno dei valori alquanto superiori a quelli che si richiedono per la formola semplice, facendo variare la quantità dei reattivi sono riuscito ad ottenere sempre quelle anilidi conosciute e non ho ricavato che un solo composto al quale, per il suo punto di fusione molto elevato, spetterà molto probabilmente la formola doppia (C$_6$H$_5$N=PO—NH.C$_6$H$_5$)^2; ma di questo per la sua scarsissima solubilità nei solventi organici non ho potuto dimostrare la grandezza molecolare.

Se il radicale positivo C$_6$H$_5$NH- sostituito al cloro indebolisce notevolmente la tendenza dell'ossicloruro a polimerizzarsi, il radicale negativo C$_6$H$_5$O- la fa scomparire del tutto, poichè ho dimostrato che gli eteri fenolici conosciuti hanno formola semplice esattamente, ed eteri della serie dispari (formola doppia) non se ne formano.

Questo lavoro mi ha condotto inoltre a scoprire i seguenti fatti:

1) Un metodo di preparazione del cloruro di pirofosforile, col quale si ottiene con rendimento superiore a quello dei metodi finora descritti. Consiste nell'azione di PCl$_5$ su P$_2$O$_5$.

2) Che nell'azione del clorato potassico sull'ossicloruro di fosforo si svolge lentamente tutto il cloro e restano soltanto anidride fosforica e cloruro potassico, secondo l'equazione:

$$KClO_3 + 2POCl_3 = P_2O_5 + KCl + 3Cl_2$$

Si ha così un metodo comodo di clorurazione nel quale si può calcolare la quantità di cloro che si vuole impiegare.

3) Che per l'azione del calore sulle monoanilidi R NH PO Cl$_2$ si elimina una molecola di HCl e si forma una nuova classe di composti fosforati, che descriverò in altra memoria.

Pubblicherò quanto prima queste ricerche.

1. *Azione dell'acqua sul pentacloruro e sull'ossicloruro di fosforo.*

Impiegai un apparecchio a ricadere, chiuso con valvola ad H$_2$SO$_4$ e nel quale il pallone e il refrigerante erano attaccati a smeriglio.

Il pentacloruro veniva pesato nel pallone in cui doveva avvenire la reazione, e l'acqua dentro piccole bolle di vetro con punta capillare, aperte ad una sola estremità. Veniva così evitata ogni azione brusca e lo sviluppo tumultuoso di torrenti di acido cloridrico, che avrebbe alterato i rapporti ponderali delle due sostanze che reagivano.

1) $2PCl_5 + H_2O$. Cessato lo sviluppo di HCl resta poco PCl_5 allo stato solido, ma se ne deposita molto col raffreddamento in modo da raggiungere la metà del prodotto impiegato. Nella porzione liquida determinai il cloro e il peso molecolare in soluzione nel benzolo col metodo ebullioscopico. Era ossicloruro di fosforo.

2) $2PCl_5 + 2H_2O$. Ottenni ossicloruro di fosforo con rendimento teorico.

3) $2PCl_5 + 3H_2O$. Il prodotto della reazione distillato sotto 3 cm. di pressione a bagno di lega fornì prima ossicloruro, che passò a 46-47°, la temperatura salì poscia rapidamente e tra 125-127° distillò piccola quantità di liquido che all'analisi fornì valori corrispondenti a quelli del cloruro di pirofosforile.

Gr. 0,2732 di sostanza fornirono gr. 0,6263 di Ag Cl.

trovato %	calcolato per $P_2 O_3 Cl_4$
Cl 56,69	56,35

Concentrazione	Inalz. del punto d'ebull.	Peso molecolare
1, 4706	0, 150	262
2, 5959	0, 258	268

Per $P_2 O_3 Cl_4$ si calcola p. m. $= 251$.

Nel palloncino della distillazione rimase un po' di sostanza solida, che si rigonfia. Da questa la benzina quasi nulla estrae, l'acqua invece dà luogo a sviluppo di notevole quantità di calore con sibilo durante la reazione, e la soluzione acquosa, se il pallone è stato lavato sufficientemente con benzolo, contiene pochissimo cloro. Credo quindi che questo residuo sia costituito quasi esclusivamente da anidride fosforica.

4) $2PCl_5 + 4H_2O$. I prodotti della reazione sono del tutto identici ai precedenti; soltanto nel rendimento è diminuito notevolmente l'ossicloruro, il cloruro di pirofosforile è in quantità quasi uguale che nella precedente reazione ed è aumentata notevolmente l'anidride fosforica.

5) $(POCl_3)_2 + H_2O$ e $(POCl_3)_2 + 2H_2O$. Si ottengono prodotti e rendimenti del tutto identici a quelli della reazione 3ª e 4ª. Anche Besson [1] aveva osservato la formazione di cloruro di pirofosforile.

Se si fa compire la reazione in soluzione bollente di benzolo, si forma esclusivamente $P_2 O_5$ che precipita, e resta dell'ossicloruro inalterato.

[1] Comp. Rend. *124*, 1099.

2. Azione del pentacloruro di fosforo
sull'anidride fosforica. Preparazione del cloruro di pirofosforile.

Nel trattato di Dammer ([1]) questa reazione viene attribuita a Kolbe e Lautemann; però la citazione è errata e con i mezzi letterari che ho avuto a disposizione non sono riuscito a trovare l'autore.

Ne ho ripetuto lo studio ed ho constatato che oltre l'ossicloruro si forma una discreta quantità di cloruro di pirofosforile, anzi ho potuto assicurarmi che di tutti i processi descritti finora per prepararlo questo sia da preferirsi per rapidità e rendimento.

Ho riscaldato a bagno maria gr. 62,55 di PCl$_5$ (3 mol.) con gr. 14,2 di P$_2$O$_5$ (1 mol.). Dopo circa un minuto il miscuglio incomincia a liquefarsi ed è liquido completamente in circa un'ora. Circa $^5/_6$ del prodotto ottenuto distillarono a 107-108°, la temperatura salì poscia a 110°. Sospesi allora la distillazione, decantai il liquido in un palloncino Erlenmeyer e lo distillai sotto 2 cm. di Hg frazionatamente, usando un apparecchio, che descriverò in una Nota successiva. Passò ancora un poco di ossicloruro e raccolsi poscia tra 125-127° gr. 10 di cloruro di pirofosforile come liquido limpido, incoloro, che fuma all'aria un po' meno dell'ossicloruro di fosforo. Credetti inutile ripeterne l'analisi, perchè tutti i suoi caratteri coincidevano con quelli del prodotto che ottenni per l'azione di 3H$_2$O su 2P Cl$_5$.

3. Azione del clorato potassico sull'ossicloruro di fosforo.

Tentai questa reazione nell'intento di ottenere, per mezzo di una sostituzione parziale, un metodo semplice per preparare il cloruro di pirofosforile:

$$3(PCl_3)_2 + KCl_3O_3 = 3 P_2O_3Cl_4 + KCl + 3Cl_2.$$

La reazione invece si compie in questo senso:

$$(POCl_3)_2 + K ClO_3 = P_2 O_5 + K Cl + 3 Cl_2$$

e l'eccesso di ossicloruro di fosforo resta inalterato.

A gr. 46,05 di ossicloruro di fosforo (3 mol.) aggiunsi, a porzioni di circa gr. 0,5 per volta, gr. 6,125 di KClO$_3$ (1 mol.) mentre riscaldava a bagno maria. La reazione incomincia lentamente anche a temperatura ordinaria e procede sempre lenta anche a caldo, mentre il cloro si sviluppa, e non era completa ancora del tutto dopo sei ore di riscaldamento. Trascorsa una notte separai, filtrando rapidamente, il liquido dal precipitato. Il primo era ossicloruro di fosforo e quest'ultimo un miscuglio di anidride fosforica e cloruro potassico assieme a piccola quantità di clorato potassico.

([1]) Vol. II, 1°, 133.

Analogamente ossidando il tricloruro di fosforo con clorato potassico si ottiene ossicloruro assieme soltanto a tracce di anidride fosforica e non si forma affatto cloruro di pirofosforile.

Descriverò quanto prima alcune applicazioni di questo metodo di clorurazione.

4. *Sulle anilidi dell'acido fosforico.*

Per tentare di ottenere tutta la serie delle sei anilidi derivanti dalla formola ciclica dell'ossicloruro, feci agire sulla soluzione nel benzolo bollente di questo corpo il cloridrato di anilina anidro, in apparecchio a ricadere, chiuso con valvola ad acido solforico, nel quale il pallone al solito era attaccato al refrigerante a smeriglio, e riscaldai a bagno maria senza interruzione sino a reazione completa.

Ecco i risultati ottenuti:

1) 1 mol. di ossicloruro con 1 mol. di cloridrato di anilina. Impiegando gr. 6,475 di cloridrato di anilina, gr. 15,35 di ossicloruro di fosforo e c. 50 di benzolo anidro la reazione si compie in circa 8 ore: cessa allora lo sviluppo di HCl e si ha soluzione completa. Nulla cristallizza col raffreddamento. Scacciato il solvente e in gran parte l'eccesso di ossicloruro a bagno di acqua salata col riposo il residuo si rappiglia, dopo circa mezz'ora, in una massa cristallina, di colore bianco sporco.

Decantando il liquido che l'inquina, il quale non contiene altro che la medesima sostanza disciolta in un po' di ossicloruro, il prodotto cristallizzato da benzina e ligroina a riparo dell'umidità fonde 85-86° e per tutti i caratteri coincide con lo fosfoossibicloromonoanilide $C_6H_5NH.POCl_2$ descritta da A. Michaelis e G. Schulze [1]. Ne determinai il cloro e il peso molecolare, che non era conosciuto.

Gr. 0,2233 di sostanza fornirono gr. 0,3034 di AgCl.

Trovato %	Calcolato per $C_6H_6NPOCl_2$
Cl 33,58	33,80

Peso molecolare:

a) In benzolo con metodo ebullioscopico:

Concentrazione	Innalz. del punto d'eboll.	Peso molecolare
0,7944	0,099	215
3,1852	0,344	247
5,2183	0,505	276

b) In benzolo col metodo crioscopico:

Concentrazione	Abbass. del punto di congel.	Peso molecolare
0,9676	0,215	221
1,8323	0,352	252

Per $C_6H_5NH.POCl_2$ si calcola p. m. $= 210$.

[1] Berichte XXVI, pag. 2939.

Mentre nelle soluzioni molto diluite si hanno valori che corrispondono alla molecola semplice con tutti e due i metodi, col crescere della concentrazione invece i valori s' innalzano alquanto rapidamente, accennando anche in questo caso alla formazione di molecole doppie nella soluzione.

Michaelis e Schulzen ([1]) hanno osservato che questo corpo nel vuoto distilla con parziale decomposizione: io ho visto invece che a circa 90° incomincia a svilupparsi HCl, a 100° lo sviluppo è rapido e a 180° dopo qualche minuto è cessato, dopo essersi eliminata 1 molecola di HCl per ciascuna molecola di sostanza: il residuo è un prodotto nuovo che descriverò in altra pubblicazione.

Se s' impiega un grande eccesso di ossicloruro di fosforo, cioè 2 mol. su 1 mol. di cloridrato di anilina, i risultati sono identici e resta l'eccesso di ossicloruro di fosforo inalterato.

Il senso in cui avvennero queste reazioni mi fecero risparmiare l'esperienza con 2 mol. di cloridrato di anilina e 1 mol. di ossicloruro.

2) 3 mol. di cloridrato di anilina e 1 mol. di ossicloruro di fosforo. Impiegando gr. 9,71 di cloridrato, gr. 7,67 di ossicloruro e cc. 60 di benzolo anidro anche dopo 96 ore di ebollizione continua rimaneva della sostanza non disciolta, però non si sviluppava più HCl; ciò indicava che la reazione era terminata. Filtrai nel vuoto la soluzione bollente e lavai con benzolo anidro il residuo sul filtro. Il liquido filtrato col raffreddamento diede subito un precipitato bianco cristallino che, raccolto e cristallizzato due volte dall' alcool bollente, si ottenne in bellissimi aghi bianchi p. f. 171-172°. Esso aveva tutti i caratteri della monoclorofosfoossidianilide $(C_6H_5NH)_2POCl$, descritta da Michaelis e Schulze ([2]).

Non ne potendo determinare il peso molecolare nel benzolo, perchè vi si scioglie pochissimo, impiegai l'alcool assoluto col metodo ebullioscopico:

Concentrazione	Innalz. del punto d'eboll.	Peso molecolare
1,3856	0,059	270
2,1908	0,119	212
3,6192	0,220	184

Per $(C_6H_5NH)_2POCl$ si calcola p. m. $= 266,5$.

Mentre nella prima determinazione si ha un valore che coincide con quello che si richiede per la formola semplice, col crescere della concentrazione e col prolungarsi dell'ebollizione si ottengono dei numeri sempre più piccoli, perchè la sostanza, contrariamente a quanto asseriscono Michaelis e Schulze, reagisce lentamente con l'alcool.

Null'altro contenevano le acque madri. Il residuo sul filtro, dissecato nel vuoto, pesava gr. 1,02; l'acqua bollente non ne disciolse che tracce e

([1]) L. c., pag. 2939.
([2]) Berichte (1894) XXVII, pag. 2574.

lasciò una polvere bianca, alquanto splendente che, disseccata, annerisce e poi fonde a 320-325°. È pochissimo solubile in tutti i solventi ordinarî, l'acido cloridrico e le soluzioni alcaline lo intaccano difficilmente anche a caldo, mentre l'acido solforico la decompone in anilina ed acido fosforico. Ha tutti i caratteri quindi del¹a ossifosfoazobenzolanilide ottenuta da Michaelis ed E. Silberstein (¹) riscaldando la clorofosfoossidianilide o facendo reagire all'ebollizione 2 mol. di cloridrato di anilina su 1 mol. di $POCl_3$ diluito con xilol, o riscaldando l'anilide terziaria $(C_6H_5NH)_3PO$ con anilina.

Il punto di fusione 357°, indicato dai predetti chimici, però è troppo elevato, perchè un campione che preparai con uno dei metodi da loro descritti, fuse, dopo essersi annerito, a 320-325° come la sostanza da me ottenuta.

Per i caratteri di solubilità non ne potei determinare il peso molecolare. Però il punto di fusione molto più elevato perfino della trianilide dell'acido fosforico, la quale fonde a 212-213°, i caratteri di solubilità e la formazione dei prodotti di addizione di una molecola di alcool etilico o fenolo con due di sostanza, descritti da Michaelis e Silberstein, mi fanno ritenere come fondata l'ipotesi che a questo corpo spetti la formula:

$$C_6H_5N \diagdown P \diagdown^O_O \diagdown P \diagdown N C_6H_5$$
$$C_6H_5NH \diagup \qquad\qquad \diagup NH C_6H_5$$

derivante dalla formola ciclica dell'ossicloruro, che, come si è visto, è quella che esiste nelle soluzioni bollenti di benzolo e forse anche di xilol.

L'avere ottenuto in questa reazione anche la ossifosfomonoclorodianilide, della quale potei determinare il peso molecolare, mi fece risparmiare lo studio della reazione con 4 mol. di cloridrato di anilina su 1 mol. di ossicloruro.

3) 5 mol. di cloridrato di anilina e 1 mol. di ossicloruro. Si ottengono i medesimi prodotti della reazione precedente e resta una discreta quantità di cloridrato inalterato.

4) 6 mol. di anilina e 1 mol. di ossicloruro di fosforo. Versai in un pallone gr. 11 di anilina con cc. 30 di benzolo anidro, riscaldai all'ebollizione a ricadere e dall'estremità superiore del refrigerante Schiff, al quale il pallone della reazione era attaccato, versai a goccia gr. 3,2 di ossicloruro di fosforo: la reazione si compiva istantaneamente e se l'ossicloruro di fosforo si versava in una certa quantità, avveniva proiezione della massa, mentre precipitava subito una massa bianca cristallina. Si continuò a riscaldare per circa quindici minuti, dopo raffreddamento si separò il solvente e il residuo si cristallizzò due volte dall'alcool. Fuse a 212-213° ed era la trianilide dell'acido ortofosforico, descritta da U. Schiff (²) e in seguito da Michaelis e Soden (³), che preparata col mio metodo si purifica più facilmente.

(¹) Berichte XXVIII.
(²) Ann. d. Ch. *101*, 303.
(³) Ibid. *229*, 334.

Ne determinai il peso molecolare col metodo ebullioscopico in soluzione nell'alcool assoluto, poichè nel benzolo è completamente insolubile.

Concentrazione	Inalz. del punto d'eboll.	Peso molecolare
1,4676	0,047	359
2,6801	0,086	358

Per $(C_6H_5NH)_2PO$ si calcola p. m $= 323$

Michaelis e Silberstein dicono di aver trovato invece il peso molecolare 280 col metodo crioscopico, ma non indicano in quale solvente.

Eteri fenolici.

Anche in queste ricerche agii in soluzioni bollenti di benzolo. I prodotti che si ottengono facendo variare il numero delle molecole del fenolo e dell'ossicloruro sono identici, varia soltanto la quantità relativa.

1) 6 mol. di fenolo e 1 mol. di ossicloruro. Lo sviluppo di HCl cessò dopo circa 30 ore di ebollizione. Distillando frazionatamente e ripetute volte il prodotto della reazione, arrivai a separare un po' di ossicloruro di fosforo inalterato, molto fenolo, alquanto $C_6H_5O.POCl_2$ p. e. 237-238° [1], pochissimo $(C_6H_5O)_2POCl$, che non si riesce a purificare e molto etere trifenilico dell'acido fosforico p. f. 52° mescolato a piccola quantità di $(C_6H_5O)_2POH$ p. f. 60-61°, che rimangono nel pallone della distillazione a temperatura superiore ai 360°, e si separano e purificano facilmente col metodo descritto da Autenrieth [2].

2) 2 mol. di fenolo e 1 ½ mol. di ossicloruro. La durata della reazione è quasi uguale alla precedente, resta molto ossicloruro inalterato, passa anche un po' di fenolo, poi molto $C_6H_5O POCl_2$ p. e. 237°-238°, pochissimo $(C_6H_5O)_2POCl$ e anche una certa quantità di etere trifenilico dell'acido fosforico mescolato, al solito, ad acido difenilfosfinico.

Per questa uniformità di comportamento credetti inutile insistere con altri rapporti molecolari dei due reagenti.

Determinai il peso molecolare, che non era conosciuto, sia di $C_6H_5O.POCl_2$ che dell'etere neutro $(C_6H_5O)_3PO$ in soluzione nel benzolo col metodo ebullioscopico.

1) Sostanza p. e. 237-238°

gr. 0,5232 di sostanza fornirono gr. 0,7155 di AgCl

trovato %	calcolato per $C_6H_5O_2PCl_2$
Cl 33,85	33,64

[1] Berichte XXIX 727.
[2] Berichte XXX 2372.

Concentrazione	Inalz. del punto d'ebull.	Peso molecolare
1,8876	$\overset{\circ}{0},242$	208
3,7261	0.492	202

Per $C_6H_5O . PO Cl_2$ si calcola p. m. $= 211$.

2) Etere trifenilico dell'acido ortofosforico.

Concentrazione	Inalz. del punto d'ebull.	Peso molecolare
2,0207	$\overset{\circ}{0},176$	306
2,9641	0,266	297

Per $(C_6H_5O)_3PO$ si calcola p. m. $= 326$.

Geologia. — *I roditori pliocenici del Valdarno Superiore*. Nota preliminare del dott. CAMILLO BOSCO, presentata dal Socio CARLO DE STEFANI.

I paleontologi che si occuparono della fauna mammalogica delle formazioni plioceniche lacustri del Valdarno Superiore, citarono anche alcuni animali dell'ordine dei roditori, distinguendoli anzi con nomi specifici, ma senza pubblicarne descrizioni nè cenni sommarî qualsiasi, se si eccettua una brevissima descrizione di un palato di *Lepus valdarnensis* data dal Weithofer.

Per cortesia dei preposti alla direzione del Museo paleontologico dell'Istituto di studî superiori in Firenze e del Museo dell'Accademia Valdarnese Del Poggio in Montevarchi avendo potuto avere a mia disposizione, non solo il materiale che era stato consultato dai suddetti paleontologi, ma anche altri fossili di recente scoperti, ho creduto che non fosse del tutto inutile uno studio completo di tutti i resti di roditori pliocenici del Valdarno Superiore; e mentre ne ho preparato una memoria descrittiva, ne presento ora un cenno preliminare.

Le specie che io ho riconosciute non sono numerose. Devesi però notare che trattasi di un ordine di animali che comprende in massima parte specie assai piccole, le cui ossa vanno facilmente distrutte; e che nel Valdarno Superiore i resti di vertebrati trovandosi sparsi qua e là le ricerche dei paleontologi sono assai difficili, ed il più spesso le ossa piccole, appena vengono messe allo scoperto dai lavoratori della terra, vanno disperse.

Castor plicidens Major.

1875. C a s t o r p l i c i d e n s *Forsyth-Major, Considerazioni sulla fauna dei mammiferi pliocenici e postpliocenici di Toscana* (Atti della Società toscana di scienze naturali, vol. I, pag. 40 Pisa).

1876. C a s t o r R o s i n a e *Forsyth-Major, Sul livello geologico del terreno nel quale fu trovato il cranio dell'Olmo* (Archivio per l'antropologia e l'etnografia, vol. VI, pag. 345. Firenze).

Animale di statura alquanto maggiore del vivente *Castor fiber*, e proporzionalmente più robusto. Con ossa nasali larghe anteriormente ed unite alle premascellari mediante una linea di sutura poco convessa, come nel *Castor fiber* d' Europa. Mandibole con ramo ascendente della branca che prende origine più all' indietro e fa col ramo orizzontale un angolo più ottuso che nella specie vivente. Incisivi molto larghi: molari assai sporgenti, le cui tre pieghe interne di smalto negli individui adulti si mostrano sul piano di masticazione sotto forma di linee sinuose suddivise in pieghettine secondarie.

Di questa specie si conoscono i seguenti esemplari:

1.º Una porzione anteriore di cranio, coi due incisivi, proveniente da località non precisata del Valdarno Superiore, ed ora nel museo paleontologico di Firenze.

2.º Una branca destra di mandibola delle Strette delle Ville presso Terranova, ed ora anch' essa in detto museo.

3.º Una branca sinistra di mandibola di S. Giovanni in Valdarno, ed ora nel museo di Montevarchi.

4.º Un' altra branca sinistra di mandibola, ma di giovane, delle Strette delle Ville, ed ora nel museo paleontologico di Firenze.

Il carattere principale del *Castor plicidens,* pel quale esso si distingue da tutte le altre specie di castoro sì viventi che fossili, è la complicazione delle pieghe di smalto dei denti molari, la quale però non si riscontra che negli individui adulti e manca nei giovani. Di questo fatto, molto interessante, ebbi la prova esaminando la branca sinistra di mandibola di giovane individuo, conservata nel museo paleontologico di Firenze, la quale era già stata veduta dal Major che, sia per le piccole dimensioni, sia per la semplicità delle pieghe di smalto, l' aveva riferita ad una nuova specie che denominò *C. Rosinae,* ma che ancora non descrisse come del resto quel distinto paleontologo neppure descrisse il *C. plicidens*. Una sezione da me fatta nella parte inferiore del premolare e del primo molare di quella branca, mostrò l' esistenza dei caratteristici frastagliamenti delle pieghe di smalto dei molari del *C. plicidens;* cosicchè non mi parve dubbio che la complicazione delle pieghe di smalto iniziatasi nella parte inferiore dei denti dovesse poi coi successivi accrescimento e corrosione presentarsi sulla superficie triturante. Riferii quindi quella branca al *C. plicidens;* e la specie *C. Rosinae* non ha quindi più ragione di essere conservata.

Trogontherium Cuvieri Fischer.

1809. Trogontherium Cuvieri-*Fischer, Mémoires de la Société des Naturalistes de Moscou.* (Vol. II, pag. 250, tav. XXIII).

Il genere *Trogontherium* era stato fin qui rinvenuto fossile in varie località d' Europa, ma non ancora in Italia.

È perciò importante per la geologia la constatazione della sua presenza in Valdarno Superiore durante il pliocene.

Nel museo paleontologico di Firenze si conserva un terzo molare inferiore destro che per dimensioni, forma, inclinazione, e per numero ed aspetto delle isole di smalto sul piano di masticazione, non differisce da quelli di *Trogontherium Cuvieri*. Esso fu scavato nel 1875 presso Terranova.

Arvicola pliocenicus Major.

1889. Arvicola pliocenica *Major* in *Weithofer, Ueber die tertiären Landsaugethiere Italiens* (Jahrbuch der k. k. geol. Reichsanstalt, vol. XXXIX, pag. 66. Vienna).

Animale di dimensioni intermedie fra quelle dell' *A. amphibius* e dell'*A. nivalis;* con denti molari senza radici e prismi con spigoli salienti arrotondati, ed il primo molare inferiore con cinque prismi dal lato interno e quattro dal lato esterno.

Di questa specie conservansi nel museo paleontologico di Firenze alcuni denti incisivi e molari isolati provenienti dalle Mignaie presso Castelnuovo, e da Poggitazzi presso Terranova.

Per il numero dei prismi del primo molare inferiore e per l'assenza di radici in tutti i molari, questa specie è del tipo dell' *A. amphibius*, da cui differisce per le minori dimensioni e per la forma più arrotondata degli spigoli dei molari.

Hystrix etrusca Bosco.

1899. Bosco, *La Hystrix etrusca* (Palaeontographia italica, vol. IV, pag. 141, tav. X, XI. Pisa).

Animale di statura di un terzo superiore a quella delle maggiori specie viventi. Cranio sensibilmente convesso in alto, molto largo nella regione frontale, restringentesi sul dinanzi, e corto nella regione parietale. Mandibole robuste. Inserzioni muscolari potenti. Denti molari molto sporgenti sull'orlo degli alveoli, con spigoli smussati di modo che la corona dei superiori ha sezione subcircolare e quella degli inferiori subovale.

Formola dentaria comune a tutto il genere: $I \frac{1}{1}$ Pr $\frac{1}{1}$ M $\frac{3}{3}$.

Fra tutti i roditori pliocenici del Valdarno Superiore è questo il meglio conosciuto, perchè ne furono rinvenuti al Tasso due crani quasi completi ed in discreto stato di conservazione.

Oltre a detti crani che ora fanno parte delle interessanti collezioni del museo di Montevarchi, abbiamo di questa specie:

1.° Una branca sinistra di mandibola;

2.° Un premolare inferiore sinistro ed un incisivo superiore sinistro Questi due esemplari provengono da località non precisata del Valdarno Superiore.

Questo animale, per la forma generale del cranio, si avvicinava alle viventi *H. cristata* ed *H. hirsutirostris*, ma differiva da tutte le altre specie fossili fin qui conosciute.

Tenuto conto però del fatto che, come gli altri roditori, anche gli istrici hanno lasciato nelle formazioni terziarie ben pochi resti, e che i lavori di confronto su questi animali sono per ora malagevoli e non possono condurre a risultati certi, non è esclusa la possibilità che con la *H. etrusca* possa essere in avvenire identificata qualche altra specie fossile, e specialmente la *Hystrix* del Roussillon, che dal Depéret fu riferita alla *H. primigenia* descritta dal Gaudry fra i fossili di Pikermi (Grecia).

Della *H. etrusca* furono rinvenuti resti anche nel pliocene delle Valli della Magra e del Serchio.

Lepus Valdarnensis Weithofer.

1889. Lepus Valdarnensis *Weithofer, Ueber die tertiären Landsaugethiere Italiens* (Jahrbuch der k. k. geol. Reichsanstalt, vol. XXXIX, pag. 55. Vienna).

Animale della statura approssimativa di un *L. timidus*. Cranio però con minore diametro zigomatico, palato più stretto e più lungo, muso più breve e branche mandibolari più alte. Incisivi molto larghi e compressi; gl' inferiori alquanto più larghi dei superiori. Profondi i solchi di tutti i denti.

Se ne conoscono diversi esemplari:

1.º Un frammento di cranio comprendente il palato osseo, la serie molare quasi completa, e l' origine mascellare dell' arcata zigomatica, scavato presso il Castello dell' Incisa, ed ora nel museo di Firenze.

2.º Una estremità incisiva di cranio
3.º Una branca sinistra di mandibola
} probabilmente appartenenti allo stesso animale di cui abbiamo il suddetto frammento di cranio (Museo di Firenze).

4.º Una branca sinistra di mandibola, delle Mignaie
5.º Una branca destra di mandibola, del Tasso
} (Museo di Montevarchi).

Questi resti, sebbene alquanto incompleti, presentano caratteri tali da far differenziare la specie fossile dalle viventi, senza tuttavia poter asserire a quale di queste si avvicini di più. Un confronto colle altre specie fossili è impossibile, non essendo esse conosciute che in modo insufficiente.

Lepus etruscus n. sp.

Animale della statura di un vivente coniglio, ma con branche mandibolari più alte nel tratto ove sono impiantati i denti molari, i cui solchi verticali sono più profondi; le inserzioni muscolari sono deboli.

Di questa specie non si conosce che una branca sinistra di mandibola proveniente dal Tasso, che ora trovasi nel museo di Firenze; per le sue piccole dimensioni e per alcune altre differenze che risultano dal confronto delle diagnosi, questa branca non poteva riferirsi al *L. valdarnensis*; e nessun elemento avendo per riferirla a qualche altra specie fossile, essendo tutte pochissimo conosciute, ho creduto fosse il caso di istituire per essa una nuova specie.

Le seguenti ossa lunghe di *Lepus* sp. conservansi nel museo di Firenze:

1.° Un terzo metacarpale destro, scavato all'Incisa;

2.° La parte inferiore di una tibia destra, di località non precisata del Valdarno Superiore;

3.° Una estremità distale di tibia destra, con relativi astragalo e calcagno, del Tasso;

4.° Un secondo metatarsale destro, delle Valli delle Strette.

Il metacarpale, la tibia, ed il metatarsale sono massicci, e l'estremità distale di tibia ha forma rettangolare caratteristica.

Tutte queste ossa, che per dimensioni si corrispondono, appartennero ad individui della statura un po' maggiore di un *L. mediterraneus*, cioè intermedia fra il *L. valdarnensis* ed il *L. etruscus*.

Nessun elemento ho per riferirli presentemente all'una piuttosto che all'altra di queste due specie fossili, o forse anche ad una terza specie. Attendo che il rivenimento di altro materiale ci possa fornire maggiore luce per una sicura determinazione specifica.

Lagomys sp.

Ho riferito al genere *Lagomys* due denti molari mediani inferiori destri, lunghi in complesso quanto quelli di *L. sardus*, i quali però non sono sufficienti per una determinazione specifica, e neppure per istabilire se si tratti del sottogenere *Lagomys* (s. str.) oppure di un *Myolagus*.

PERSONALE ACCADEMICO

Il PRESIDENTE comunica alla Classe che, durante le ferie scorse, pervenne all'Accademia la dolorosa notizia della morte del Socio straniero ROBERTO GUGLIELMO BUNSEN, avvenuta il 15 agosto 1899; apparteneva il defunto Socio all'Accademia, sino dal 2 luglio 1875.

Il Socio CANNIZZARO legge una Commemorazione del defunto accademico [1].

Lo stesso Presidente dà comunicazione delle lettere di ringraziamento, per la loro recente nomina, inviate dai Soci nazionali: COLOMBO, FAVERO,

[1] Questa Commemorazione sarà pubblicata nel prossimo fascicolo.

TARDY, VOLTERRA, VERONESE; dai Corrispondenti: BATTELLI, BORZÌ, D'ACHIARDI, DELPINO, GRASSI, MAGGI, MARCHIAFAVA, RICCI; dai Soci Stranieri: VON BENEDEN, FISCHER, FOUQUÉ, HERING, HAECKEL, KLEIN, KOHLRAUSCH, DE LAPPARENT, LEPSIUS, MASCART, MITTAG-LEFFLER, MOND, PFLUEGER, PFEFFER, WEINGARTEN, ZIRKEL.

Il Presidente BELTRAMI dà inoltre comunicazione delle lettere di ringraziamento del Socio straniero STOKES e del prof. CANTOR, per gli augurî loro inviati dall'Accademia in occasione del loro giubileo.

Su proposta del PRESIDENTE, la Classe delibera all'unanimità d'inviare al Socio TOMMASI-CRUDELI, che ebbe a superare una grave malattia, gli augurî di pronta guarigione e di sollecito ritorno ai consueti lavori accademici.

PRESENTAZIONE DI LIBRI

Il Segretario BLASERNA presenta le pubblicazioni giunte in dono, segnalando quelle inviate dai Soci D'ACHIARDI, BORZÌ, ZEUNER, e dai signori: BERLESE, FIORINI, PASCAL, BRÜHL, LORENZ, BOLLACK; fa inoltre particolare menzione dei volumi V e VIII delle *Opere complete* di CHRISTIAAN HUYGENS, dono della Società olandese delle scienze.

A nome dell'autore, il Socio CREMONA fa omaggio di varie pubblicazioni del prof. C. GUIDI, e ne parla.

Il Socio RÒITI offre la seconda parte del 1° volume dei suoi *Elementi di Fisica*.

CORRISPONDENZA

Il Segretario BLASERNA dà conto della corrispondenza relativa al cambio degli Atti.

Ringraziano per le pubblicazioni ricevute:

La R. Accademia delle scienze di Lisbona; la R. Accademia di scienze ed arti di Barcellona; la Società di scienze naturali di Emden; la R. Scuola navale di Genova; l'Osservatorio di San Fernando.

Annunciano l'invio delle proprie pubblicazioni:

L'Accademia delle scienze di Cracovia; l'Accademia di scienze e lettere di Christiania; la R. Scuola Normale Superiore di Pisa; il Museo Teyler di Harlem; l'Università di Tubinga; le Scuole politecniche di Berna e di Karlsruhe; gli Osservatorî di Dublino e di Strasburgo.

OPERE PERVENUTE IN DONO ALL'ACCADEMIA
presentate nella seduta del 5 novembre 1899.

Arrigoni degli Oddi E. — Materiali per una Fauna ornitologica Veronese. Venezia, 1899. 8°.

Id. — Relazione sul IV Congresso internazionale di zoologia, tenutosi in Cambridge nell'agosto 1898. Venezia, 1899. 8°.

Baggi V. — Trattato elementare completo di geometria pratica, Disp. 65. Torino, 1899. 8°.

Chiamenti A. — I Molluschi terrestri e fluviatili della provincia di Venezia. Siena, 1899. 8°.

Crugnola G. — Guidi C. : Lezioni sulla scienza delle costruzioni. Torino. 1898/99. — Recensione. Torino, 1899. 4°.

D'Achiardi A. — Guida al corso di Mineralogia. —Mineralogia generale. Pisa, 1900. 8°.

Études internationales des nuages 1896-97. Observations et mesures de la Suède. III. Upsala, 1899. 4°.

Flores E. — Appunti di geologia pugliese. Trani, 1899. 8°.

Goering. W. — Die Auffindung der rein geometrischen Quadratur des Kreises. Dresden. 1899. 8°.

Guidi C. — Dell'azione del vento contro gli archi delle tettoje. Torino. 1884. 8°.

Id. — Sugli archi elastici. Torino, 1884. 4°.

Id. — Ponte sul Ticino a Sesto-Calende. Torino, 1885. f°.

Id. — Sui ponti sospesi rigidi. Torino, 1885. 8°.

Id. — Sulla curva delle pressioni negli archi e nelle volte. Torino, 1886. 4°.

Id. — Sul calcolo di certe travi composte. Torino, 1887. 8°.

Id. — Sulla resistenza allo schiacciamento del travertino del Barco. Torino. 1887. 8°.

Id. — Sulla teoria della trave continua. Torino, 1890. 4°.

Id. — Il ponte in acciajo sul Tanaro. Linea Genova-Ovada-Asti. Torino. 1892. 8°.

Id. — Notizie sul Laboratorio per esperienze sui materiali da costruzione. Roma, 1895. 8°.

Id. — Sul calcolo delle travi a parete piena. Torino, 1896. 8°.

Id. — Lezioni sulla scienza delle costruzioni. Parti I-V. Torino 1896.-98. 8°.

Id. — Resistenza dei metalli — Di un nuovo apparecchio autoregistratore per le prove a tensione. Torino, 1898. 8°.

Id. — Calcoli di stabilità delle scale metalliche aeree Viarengo. Torino, 1898. 8°.

Guidi C. — Sopra un problema di elasticità. Torino, 1899. 8°.

Id. — Prove di resistenza dei cavi metallici della R. Marina italiana. Torino, 1899. 8°.

Kirk Th. — The Student's Flora of New Zealand and the outling Islands. Wellington s. a. 4°.

Pascal E. — Die Variationsrechnung. Leipzig, 1899. 8°.

Id. — Repertorio di matematiche superiori. II Geometria. Milano, 1900. 16°.

Ròiti A. — Elementi di fisica. 4ª Ed. Vol. I p. 2ª. Firenze, 1899. 8°.

Stossich M. — La sezione degli Echinostomi. Trieste, 1899. 8°.

Id. — Lo smembramento dei « Brachycoelium ». Trieste, 1899. 8°.

Id. — Strongylidae. Lavoro monografico. Trieste, 1899. 8°.

Supplemento annuale alla Enciclopedia di chimica scientifica e industriale. Disp. 179. Torino 1899, 8°.

Tonini C. — La coltura letteraria e scientifica in Rimini dal secolo XIV ai primordî del XIX. Vol. I-II. Rimini, 1884. 16°.

Weinek L. — Ueber die beim Prager photographischen Mond-Atlas angewandte Vergrösserungsmethode. Wien, 1899. 8°.

P. B.

RENDICONTI

DELLE SEDUTE

DELLA REALE ACCADEMIA DEI LINCEI

Classe di scienze fisiche, matematiche e naturali.

Seduta del 19 novembre 1899.

E. Beltrami Presidente.

MEMORIE E NOTE

DI SOCI O PRESENTATE DA SOCI

Fisica-terrestre. — *Sopra alcune righe non mai osservate nella regione ultra rossa dello spettro dell'argo.* Nota del Corrispondente R. Nasini, di F. Anderlini e R. Salvadori ([1]).

Con questa Nota vogliamo semplicemente annunciare la scoperta da noi fatta nella regione ultra rossa dello spettro dell'argo, di alcune righe che non furono notate nè dal Crookes, nè dal Kayser, nè dall'Eder e dal Valenta, nè da altri.

Lo spettro di cui noi diamo qui la fotografia, veramente è quello del gas residuo di una fumarola del Vesuvio, ma siccome esso è perfettamente eguale in questa regione a quello dell'argo ottenuto dall'aria e a questo pure sono eguali gli spettri degli altri gas delle fumarole del Vesuvio, del gas delle rocce in prossimità al cratere, dei gas della Grotta del Cane, delle Acque Albule di Tivoli, del Bulicame di Viterbo, delle emanazioni di anidride carbonica di Pergine (Toscana) così crediamo che queste righe spettino all'argo oppure a qualcuno dei gas che accompagnano l'argo nell'aria. La diversità sta solo nella differente intensità di alcune righe e noi abbiamo scelto quello spettro in cui quelle che ci interessano appaiono più distintamente.

Le fotografie furono fatte nel solito modo, con uno spettroscopio grande di Krüss a due prismi di Rutherford e ponendo la camera oscura in luogo

---

([1]) Lavoro eseguito nell'Istituto di Chimica generale dell'Università di Padova.

dell'oculare del collimatore, in modo che l'immagine dello spettro, limitata da una fessura, venisse a cadere sul fondo della camera scura stessa, posta naturalmente nel fuoco dell'obbiettivo.

Si impiegarono le lastre Cappelli, ordinarie, sensibilizzandole con la cianina seguendo la formula suggerita da Schumann. Le lastre erano lasciate

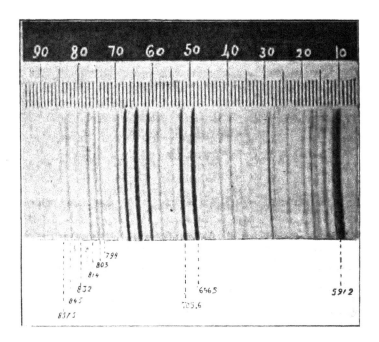

per due minuti in un bagno di ammoniaca assai diluita e poi per altri due minuti nel bagno seguente:

Soluzione alcoolica di cianina $^1/_{500}$. 5-10 cc.
alcool . . . . 10 »
acqua . . . . 200 »
ammoniaca . . . . 2 - 4 »

Con le lastre così sensibilizzate si ottennero appunto le righe dell'ultra rosso, anche quelle affatto insensibili all'occhio. Uno di noi (F. Anderlini) notò una volta con l'occhio le righe di lunghezza d'onda 798; 803; 814 nello spettro dei gas della Grotta del Cane; raggiungendo così e superando il massimo di sensibilità attribuito all'occhio umano nella regione del rosso estremo. La posa per ottenere tali fotografie durava circa due ore e mezzo.

La formula indicata più sopra è quella che ci diede il miglior risultato, si è pure tentato la sensibilizzazione col Verde al Jodio, ma fosse per impurezza della sostanza o per altro motivo, non abbiamo ottenuto risultati soddisfacenti.

Gli spettri ottenuti direttamente dallo spettrografo erano troppo piccoli per poter fare con una certa sicurezza delle misure di lunghezza d'onda, perciò si ingrandirono nel solito modo fotografando dalla negativa una diapositiva e facendo in modo che una scala incisa su una lastrina di vetro venisse a riprodursi insieme collo spettro sulla lastra fotografica.

In tal modo si poterono determinare per estrapolazione le lunghezze d'onda di quelle righe dell'ultra rosso, naturalmente raggiungendo quell'esattezza che il metodo stesso può dare in questa regione; si usò pure il metodo grafico ottenendo coi due metodi una perfetta coincidenza.

Le nuove righe da noi osservate avrebbero le lunghezze d'onda seguenti:

$$\lambda = 798,0 \; ; \; 803,0 \; ; \; 814,0 \; ; \; 832,0 \; ; \; 845,0 \; ; \; 857,5 \; ;$$

Si è cercato di vedere se comparivano altre righe ancora meno rifrangibili prolungando la posa per più di quattro ore, ma non si è avuto nessun miglior risultato. Non è impossibile però che altre righe si potrebbero osservare quando si disponesse di mezzi più adatti per la fotografia dell'ultra rosso.

Fisica. — *Intorno alla dilatazione termica assoluta dei liquidi e ad un modo per aumentarne notevolmente l'effetto*. Nota I di G. GUGLIELMO, presentata dal Socio BLASERNA.

Il metodo del dilatometro, generalmente usato per misurare la dilatazione termica dei liquidi, dà molto indirettamente la dilatazione assoluta dei medesimi. Qualora, come di solito, ci si serva dell'acqua per misurare la dilatazione del dilatometro che si usa, l'applicazione di tale metodo si basa sulla precedente determinazione delle seguenti quantità: 1° dilatazione del mercurio; 2° dilatazione del dilatometro che venne usato per determinare la dilatazione dell'acqua; 3° dilatazione dell'acqua; 4° dilatazione del dilatometro che si vuole usare, e ciascuna di queste determinazioni richiede una serie di singole determinazioni a temperature diverse, e soggette a speciali cause d'errore. Di queste serie le tre prime sono state eseguite ripetutamente, con tutte le cure, da abili sperimentatori e non possono dar luogo che ad errori appena apprezzabili; invece, a causa delle irregolarità della dilatazione della massima parte dei vetri e dell'influenza che su questa dilatazione esercitano le temperature antecedenti, la loro durata e il tempo trascorso dopo la loro azione, la 4ª serie di determinazioni, quando non sia eseguita con molte cure può dar luogo a errori non trascurabili.

Perciò alcuni fisici ([1]) determinarono direttamente la dilatazione assoluta dell'acqua e d'altri liquidi usando il metodo di Dulong e Petit il quale però è troppo poco sensibile. Si può bensì aumentare la sensibilità usando tubi comunicanti molto lunghi (Thiesen, Scheel e Diesselhorst usarono tubi lunghi 2 metri) ma così aumentano le difficoltà per mantenere costante e uniforme la temperatura, l'apparecchio riesce incomodo e la misura malagevole e tuttavia l'aumento di sensibilità è molto piccolo.

Per aumentare la sensibilità usai successivamente due modi diversi. Il 1° modo meno efficace consiste nella misura della differenza di livello col metodo del micrometro a liquido (Rend. Lincei, 1893) che si applica molto facilmente a questo caso. A tale scopo occorre che i due estremi del tubo ad U di Dulong e Petit o di Regnault, terminino o peschîno in due recipienti cilindrici di sezione molto diversa p. es. 1 cm² e 500 cm² rispettivamente, e che nel recipiente minore si mantenga costante il livello (facendolo affiorare esattamente ad una punta totalmente immersa e diretta verso l'alto) coll'aggiungere o togliere un volume conveniente di liquido. Così se per effetto del riscaldamento d'uno dei rami del tubo suddetto si produce una differenza di livello che tende a distruggere l'affioramento, e per conservare questo immutato occorre aggiungere o togliere un certo volume noto di liquido, questo volume diviso per la sezione del recipiente maggiore, nel quale il livello ha variato, darà la differenza di livello prodottasi e la sensibilità della misura sarà (teoricamente) tanto maggiore quanto maggiore è la sezione suddetta.

L'apparecchio si può comporre molto facilmente; basta avere una stufa a vapore quale si usa per il punto 100 dei termometri ed una specie di sifone quadro, formato con un tubo di circa 4 mm. di diametro, ripiegato all'estremità inferiore d'un ramo, prima orizzontalmente e poi all'ingiù per un tratto molto corto, in modo che questo ramo si possa introdurre dentro la stufa, si possa far passare il tratto orizzontale per la tubulatura che di solito serve per il manometro ad acqua, e finalmente far pescare l'estremità in un bicchierino munito della punta d'affioramento. L'altro ramo del sifone, (che si potrebbe similmente circondare di ghiaccio, ma che per esperienze di dimostrazione si può lasciare all'aria libera proteggendolo con uno schermo) si fa pescare in un largo cristallizzatore, in cui si versa il liquido sul quale si vuol sperimentare fino all'altezza della punta d'affioramento del bicchierino e poi si riempie il sifone nel modo solito e si procede nel modo sopra indicato. La precisione di questo metodo è limitata dall'errore, certo molto piccolo, che si può commettere nell'apprezzare l'affioramento.

Il 2° modo per aumentare la sensibilità, il quale forma più specialmente l'oggetto della presente Nota, permette di moltiplicare pressochè inde-

([1]) F. Barret, Proced. of the Dublin Society of Sciences, 6, 1889. — Thiesen, Scheel und Diesselhorst, Wied. Ann. 63, p. 202, 1897.

finitamente la differenza di livello prodotta dalla dilatazione (che si può misurare poi con quella precisione che si ritiene opportuna) e consiste nell'usàre, invece del tubo ad U quadro di Dulong e Petit o del tubo rettangolare di Regnault, un tubo in forma di elica o di spirale, a spire rettangolari, coi lati successivamente e alternativamente verticali e orizzontali e terminante ai due capi con due tubi aperti, adiacenti e un po' larghi. Se si riempie questo tubo col liquido di cui si vuole studiare la dilatazione, avendo cura che non rimangano bolle d'aria, i livelli del liquido nei tubi aperti si disporranno ad uguale altezza

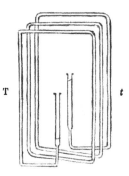

se la temperatura di esso liquido è la stessa in tutti i punti dell'elica. Se però tutti i tubi verticali ad un lato dell'elica si trovano in una stufa o bagno a temperatura T e quelli dell'altro lato si trovano nel ghiaccio o in un bagno a temperatura t diversa da T, alle estremità di ciascuna spira a causa della diversa temperatura e della diversa densità del liquido nei due tubi verticali si produrrà una differenza di pressione la quale agisce nello stesso senso in tutte le spire, e se n è il numero di queste, nei tubi estremi si produrrà una differenza di livello che sarà n volte maggiore di quella che si produrrebbe nel tubo di Dulong e Petit o di Regnault per una ugual differenza di temperatura e per ugual altezza dei tubi verticali.

Siano p. es. H_T, H'_T, H''_T, ecc., le altezze dei singoli tubi verticali a temperatura T, misurate come di solito fra gli assi dei tubi orizzontali adiacenti, siano H_t, H'_t, H''_t, ecc. le altezze dei tubi verticali a t ed h_T, h'_t le altezze del liquido nei tubi estremi alla temperatura ambiente θ, misurate a partire dai tubi orizzontali inferiori, e siano ∂_T, ∂_t e ∂_θ le densità del liquido a T, t e θ, per l'equilibrio dovrà essere:

$$(H_T + H'_T + H''_T + \cdots)\,\partial_T - h_T\,\partial_\theta = (H_t + H'_t + H''_t + \cdots)\,\partial_t - h_t\,\partial_\theta$$

$$\frac{\partial_T}{\partial_t} = \frac{H_t + H'_t + H''_t + \cdots + (h_T - h_t)\theta : \partial_t}{H_T + H'_T + H''_T + \cdots}$$

Se tutti i tubi della stufa e del bagno avessero rispettivamente le stesse altezze H_T e H_t o che queste fossero le loro altezze medie s'avrebbe:

$$\frac{\partial_T}{\partial_t} = \frac{nH_t + (h_T - h_t)\,\partial_\theta : \partial_t}{nH_T}.$$

Qualora fosse $H_T = H_t$ e inoltre si usassero temperature T e t tali che fosse $(h_T - h_t)\,\partial_\theta : \partial_t = H_\tau = H_t$ s'avrebbe:

$$\frac{\partial_T}{\partial_t} = 1 - \frac{1}{n}$$

ossia il rapporto delle densità e quindi il coefficiente di dilatazione s'avrebbe indipendentemente dal valore di H ossia senza altra misura che quella delle due temperature.

L'aumento di sensibilità che si ottiene coll'apparecchio ora descritto sarebbe pressochè inutile qualora aumentassero in proporzione gli errori di misura, ma mi pare evidente che tale non è il caso. La misura dei singoli valori di H_T ed H_t non presenta difficoltà e l'errore relativo della loro somma non è certamente aumentato, mentre l'errore relativo nella misura di $h_T - h_t$ è notevolmente diminuito perchè è aumentata la quantità che si deve misurare mentre rimane costante il possibile errore assoluto di questa misura. Inoltre è da notare che sebbene non sia praticamente facile di soddisfare esattamente alle condizioni necessarie per eliminare nel modo sopra indicato il valore di H, si può agevolmente avvicinarsi molto a tali condizioni e ottenere che l'influenza del valore di H e dei suoi possibili errori sia molto piccola, poichè essa va sempre più diminuendo a misura che ci si avvicina alle condizioni suddette (cioè: $(h_T - h_t)\,\partial_\theta : \partial_t = H_\tau = H'_\tau = \cdots = H_t = H'_t = \cdots$).

Un'altra causa d'errore che aumenta col numero delle spire e che quindi renderebbe inutile in parte l'aumento di queste, è dovuta al fatto che per il riscaldamento e la dilatazione d'uno solo dei due lati verticali dell'elica, le spire cessano d'essere rettangolari ed i tubi orizzontali cessano di essere esattamente paralleli, e quindi il liquido in essi contenuto esercita una leggera pressione che va aggiunta a quella dei tubi verticali alla temperatura minore; è facile però tener conto di questa pressione misurando le differenze di livello delle estremità dei tubi orizzontali. Sarebbe forse più comodo per la determinazione, di fare i tubi verticali un po' flessibili dando a ciascuno di essi la forma di S molto allungato, e di connettere rigidamente e fuori della stufa e del bagno i tubi orizzontali inferiori e superiori in modo che essi fossero sempre esattamente orizzontali o si potessero ridurre tali mediante apposite viti; oppure si potrebbe eliminare o diminuire notevolmente tale causa d'errore, facendo i tubi verticali della stufa di tal lunghezza che divengano uguali agli altri solo in seguito al riscaldamento.

Per vedere praticamente il modo di comportarsi di questo metodo, costruii anzitutto un piccolo apparecchio per la scuola, allo scopo di rendere ben visibile la differenza di livello che si produce in due vasi comunicanti per effetto delle differenze di temperatura. A tale scopo ripiegai un tubo lungo 1,50 e di 4 mm. di diametro in forma di rettangolo, vi saldai a una estremità un tubo simile che pure ripiegai in forma di rettangolo quasi coincidente col primo e così di seguito in modo da formare un'elica con 4 spire rettangolari, coi tubi verticali lunghi circa 40 cm. e coi tubi orizzontali lunghi circa 20 cm. e colle estremità che nel mezzo del lato orizzontale inferiore erano ripiegate verso l'alto secondo la linea mediana verticale. Riempiendo questo tubo di petrolio o di alcool colorato, questo nei tubi estremi si dispone ad uguale altezza, se però si fa scorrere rapidamente una fiamma di gaz lungo i tubi di uno dei lati verticali dell'elica, si produce rapidamente un dislivello che supera i 10 cm. prima che l'alcool o il petrolio siano vicini alla ebullizione.

Questa elica da me costruita per iscopo di dimostrazione era molto rozza e non avrebbe potuto servire per esperienze di misura, però un abile lavoratore in vetro potrebbe agevolmente costruire un'elica ben regolare con tubi verticali lunghi 50 cm. (una maggior lunghezza renderebbe l'elica troppo fragile, difficile ad essere spedita e maneggiata) con tubi orizzontali lunghi 40 cm. e con 20 o 50 spire, la quale avrebbe uno spessore di circa 10 cm. nel 1° caso e di 25 cm. nel 2° caso. In questa elica l'alcool p. es. per una differenza di temperatura di 1° fra i lati verticali assumerebbe una differenza di livello in circa 25 mm. e quindi la sensibilità sarebbe molto notevole.

Il collocamento di questa elica coi due lati verticali in due bagni differenti presenta qualche difficoltà, però facilmente sormontabile da qualsiasi tolaio. È tuttavia da osservare che, sebbene la flessibilità dell'elica sia molto grande, sarà utile che questa non sia fissata rigidamente ad entrambi i bagni che servono per mantenere costanti le due temperature, ma converrà che le congiunzioni con uno di essi siano chiuse mediante cotone e sovero, ciò che non presenta inconveniente quando in esso bagno si usi vapore o ghiaccio per produrre la temperatura costante. Le connessioni coi bagni potrebbero forse esser rigide qualora questi fossero di latta o di lamiera di ferro che hanno un coefficiente di dilatazione poco diverso da quello del vetro, o qualora i tubi verticali dell'elica avendo forma di S allungato fossero più flessibili.

Tuttavia un'elica di vetro di molte spire e di tubo sottile sarà sempre un apparecchio fragile e non facilmente riparabile; per l'acqua e per quasi tutti i liquidi eccetto gli acidi, potrà servire molto più comodamente un'elica formata di tubo d'ottone di piccolo diametro, sottile, ben stagnato internamente; il tubo ad U usato da Thiesen, Scheel e Diesselhorst per le loro determinazioni sull'acqua era appunto d'ottone stagnato.

Credo utile accennare ad alcuni altri usi del sistema di tubi ad elica. Anzitutto esso potrebbe servire a rendere evidente, senza apparecchi di amplificazione, la dilatazione lineare dei solidi; se l'elica è fissata unicamente a una estremità e si scalda un lato di essa (che può disporsi orizzontalmente in modo da poter essere immerso in un bagno d'acqua o d'olio), le dilatazioni dei singoli tubi si sommano e l'estremità libera si sposterà notevolmente. Tale disposizione potrebbe anche servire per esperienze di misura, qualora l'elica fosse sufficientemente rigida.

Lo stesso apparecchio, nelle condizioni per la misura della dilatazione dei liquidi, può servire come modello per far vedere come nelle pile, specialmente termoelettriche, si accumulino i potenziali rappresentati in questo apparecchio dalle differenze di livello, e come la differenza di potenziale agli estremi sia indipendente dal valore assoluto del potenziale. Facendo gocciolare il liquido dall'estremità ove il livello è più alto nell'altra, s'avrebbe una corrente di cui si potrebbe misurare l'intensità contando il numero delle gocce per minuto, e vedere come influisce il numero e la resistenza interna delle spire e la resistenza esterna rappresentata da un tubo addizionale.

Se nell'elica suddetta i tubi orizzontali sono in tutto o in parte capillari, mentre i tubi verticali hanno maggior diametro, essa può anche servire per rendere visibile un fenomeno simile in gran parte al ritardo che subisce una corrente elettrica, nel periodo variabile, che percorre un conduttore di grande capacità e resistenza, oppure una serie di condensatori o conduttori di grande capacità collegati da fili di grande resistenza. A tale scopo però la forma di elica è inutile e piuttosto nociva all'evidenza, e serve più utilmente una serie di bolle di 10 cm³ o più di capacità riunite da tubi capillari e munite di piccoli manometri. Se ad una estremità di questa serie di bolle si produce una rarefazione, questa si produce quasi istantaneamente nella 1ª bolla, ed allora l'aria vi affluisce lentamente dalla 2ª bolla ove l'aria si rarefà più lentamente, e così di seguito. La rarefazione così si propaga molto più lentamente che in tubo capillare anche di maggior lunghezza; in un'elica di 20 spire con corti tratti di tubo capillare, la rarefazione diveniva sensibile all'altra estremità con tale ritardo da farmi dubitare che la comunicazione fosse interrotta.

Fisica terrestre. — *Sulla causa verosimile che determinò la cessazione della fase effusiva cominciata il 3 luglio 1895 al Vesuvio.* Nota del Prof. R. V. MATTEUCCI, presentata dal Corrispondente FR. BASSANI.

L'efflusso lavico, principiato il 3 luglio 1895 al Vesuvio, è terminato la notte 1-2 settembre scorso; ed i fatti che si sono svolti negli ultimi due mesi di questa eruzione laterale hanno un significato geodinamico di indiscutibile importanza; giacchè, considerati nel loro complesso, lasciano trasparire con grande verosimiglianza la causa determinante la fine dell'efflusso stesso. Io li riassumerò in poche parole e cercherò di trarne una deduzione.

Da quanto ho esposto in una mia precedente Nota ([1]), risulta che le manifestazioni del Vesuvio, fino a quell'epoca (1° luglio 1899), erano di pieno dinamismo, caratterizzato dall'attività stromboliana al cratere terminale, da quella effusiva per la via delle fenditure laterali, e dall'attività solfatarica pel tramite di altri crepacci elevati, appartenenti a diverse eruzioni.

Le cose durarono anzi così immutate per qualche altro giorno; e fra l'8 e il 10 dello stesso mese cominciarono dei saltuari rallentamenti nell'efflusso lavico, che quasi sempre hanno corrisposto ad una maggiore energia nelle esplosioni al cratere; talmentechè non si incorre certo in una grave inesattezza ritenendo che la somma delle energie spiegate nell'efflusso laterale e nelle esplosioni centrali dev'essersi conservata approssimativamente la stessa. Però, anche non volendo entrare qui in altri dettagli sui quali, in parte, mi trattenni già in altra pubblicazione ([2]), debbo far notare che una vera diminuzione dell'attività si è bensì verificata durante questo lasso di tempo, ma essa non fu sufficiente a troncare completamente lo sgorgo lavico, il quale allora subì solo una fortissima diminuzione, mentre il dinamismo al cratere anche maggiormente se ne risentì, affievolendosi d'assai le esplosioni. Fu la mattina del 19 luglio, in esatta corrispondenza con un forte terremoto di Roma e con un repentino risveglio dell'Etna, che il Vesuvio si mostrò estremamente calmo. Al di fuori di codesta ricorrenza, si può dire che l'attività del vulcano, in complesso, si è mantenuta sempre la stessa; e così continuarono anche alcuni rigagnoli di lava a riversarsi più che altro dal lato di E. S. E. della nuova cupola.

I saltuari rallentamenti a cui ho accennato, e che sono durati gli ultimi 55 giorni di questa eruzione, ossia dall'8 luglio al 1° settembre u. s., si erano verificati del resto in modo molto analogo, durante gli ultimi 40 o 45 giorni, nell'eruzione precedente 1891-94 ([3]); e costituiscono uno dei

---

([1]) R. V. Matteucci, *Cenno sulle attuali manifestazioni del Vesuvio (fine giugno 1899)*. Rend. d. R. Acc. d. Sc. Fis. e Mat. di Napoli, fasc. di giugno e luglio 1899.

([2]) R. V. Matteucci, *Su fenomeni magmastatici verificatisi nei mesi di luglio-agosto 1899 al Vesuvio*. Rend. d. R. Acc. dei Lincei, vol. VIII. Roma 1899.

([3]) A proposito della fine dell'eruzione laterale precedente, cominciata il 7 giugno 1891 e terminata il 3 febbraio 1894, ebbi a scrivere: « Agli ultimi di dicembre 1893 osservai una sensibilissima diminuzione nell'efflusso lavico, ed anzi mi capitò allora di assistere ad un fatto che mi autorizzò a sospettare assai prossima la fine dell'eruzione. Essendomi cioè recato per due giorni consecutivi alle nuove colate nell'Atrio del Cavallo, mentre nel primo giorno l'uscita del magma era abbondante come pel passato, nel secondo giorno le correnti erano tutte ferme, nonostante che di notte si fossero lasciati vedere qua e là dei punti incandescenti. La notte seguente nuovi trabocchi si fecero ancora strada e continuarono così per più d'un mese. Durante il gennaio seguente però, l'efflusso andò man mano sensibilmente diminuendo, e spesse sere le masse roventi non si vedevano più da

caratteri sul quale ormai possiamo basare una qualche previsione con riserva, sulla prossima fine di una eruzione laterale, tenendo conto anche dell'innalzamento del fondo craterico, e avendo speciale riguardo alla solidità, o meno, del fianco del cono, dalle cui fenditure sgorgarono le ultime lave.

Lungo il tipico periodo di altalena iniziatosi l'8 luglio, si ebbero ben 5 significanti parvenze di cessazione dello sgorgo lavico; parvenze che io ho seguìte ad una ad una, e che più d'una volta mi avrebbero tratto in inganno, facendomi considerare come totali i parziali ristagni che avevo già osservati anche in sul declinare dell'eruzione precedente. a) La notte dal 18 al 19 luglio le lave si sono completamente fermate e un sol punto luminoso indicava il luogo dove erano corse il giorno innanzi; b) la sera del 25 luglio una sola piccola chiazza luminosa si notava sulla cima della cupola lavica; c) la notte dal 30 al 31 detto non si vedeva alcuna incandescenza; d) la notte 3-4 agosto, in corrispondenza di una forte diminuzione dell'efflusso, avvenne uno sgorgo nella regione elevata del gran cono [1]; e) la notte 30-31 agosto non si avvertiva alcuna incandescenza. La mattina del 2 settembre seppi che nella nottata precedente le lave avevano cessato di nuovo d'effluire [2]. Come al solito, mi vi recai subito, e questa volta le correnti erano definitivamente ferme, segnando così la fine dell'eruzione durata 50 mesi, ossia dal 3 luglio 1895 al 1° settembre 1899.

Assai interessante è stato per me quel periodo di incertezza di circa due mesi, in cui pareva quasi che le bocche d'efflusso si contendessero l'attività col cratere, e si verificavano quelle alternative che, da una parte tendevano ad ostruire le vie di efflusso, e, dall'altra, a far innalzare il fondo craterico; giacchè la profondità del cratere che durante 48 mesi dell'eruzione si conservò stazionariamente di 200 metri circa, cominciò a diminuire in esatta coincidenza coi rallentamenti dello sgorgo lavico. Tantochè, appena chiusasi la

---

Napoli. Anche i vapori, chiaramente visibili da lontano, non si avvertirono quasi più. Il riversamento lavico continuò a diminuire, finchè il 4 febbraio l'intera colata era completamente ferma ». (R. V. Matteucci, *La fine dell'eruzione vesuviana* (1891-94). Boll. mensuale dell'osserv. di Moncalieri, ser. II, vol XIV, n. 3. Torino 1894).

[1] Questo fenomeno, che io ammisi già in precedenza come assai probabile ad avverarsi, non è stato che una ripetizione dell'altro avvenuto il 31 gennaio 1897, quando cioè l'efflusso lavico cominciato il terzo giorno dell'eruzione (5 luglio 1895) da una bocca a 750 metri sul livello del mare, cessò per ricomparire a m. 790 (R. V. Matteucci, *L'apparato dinamico dell'eruzione vesuviana del 3 luglio 1895*. Rend. d. R. Acc. di Sc. Fis. e Mat. Napoli 1897. — Id. id., *Sul sollevamento endogeno di una cupola lavica al Vesuvio*. Rend. d. R. Acc. d. Sc. Fis. e Mat. Napoli 1898. — Id. id., *Sullo stato attuale del Vesuvio (3 luglio 1899) e sul sollevamento endogeno della nuova cupola lavica (avvenuto nei mesi di febbraio-marzo 1898)*. Boll. d. Soc. Sismologica Italiana, vol. V, n. 2. Modena 1899. — Id. id., *Su fenomeni magmastatici*, ecc., l. c.

[2] Notizia telefonica trasmessami gentilmente dall'ing. E. Treiber, ispettore della funicolare al Vesuvio.

fase effusiva, la voragine craterica di demolizione non era più che 100 metri profonda (¹).

_____

Nei fatti fin qui esposti, troviamo gli elementi necessarî e sufficienti per indagare la più probabile causa che fe' cessare l'ultima eruzione vesuviana, non solo, ma tutte le eruzioni simili a questa.

La fine, precisamente come il principio di una eruzione effusiva laterale. e come tutto quanto l'efflusso lavico a questa inerente, possono essere tutt'affatto indipendenti da diminuzioni e da aumenti di attività. Non dico con ciò che il dinamismo generale terrestre non possa esercitarvi la sua influenza, anzi tutt'altro; ma solo ritengo che esso possa rimanervi anche completamente estraneo, e che ciò si verifichi il più delle volte. Tanto meno poi uno sgorgo lavico laterale ha dei rapporti con le eruzioni precedenti e seguenti, come si ritenne molti anni fa e si continua a ritenere tuttora da alcuni; non è quindi il caso di continuare a parlare di periodi eruttivi con una violenta eruzione di chiusura (²).

Le leggi di durata a cui obbediscono le eruzioni effusive sono ancora avvolte dalla più completa oscurità. Se, in generale, più lunghe sono le eruzioni deboli e più corte le forti, non mancano per questo violenti efflussi di lunga durata, nè tranquille emissioni laviche di pochi giorni e, talvolta, di brevi ore. Simili casi sono stati avvertiti da diverso tempo, fin da quando si era soliti a considerare ogni eruzione come conseguenza di aumentata attività e si voleva credere, come alcuni persistono a credere, del resto, tuttora, che un vulcano, con una violenta eruzione, possa quasi esaurire in breve tempo la sua energia e ritornare così allo stato di quiete.

Astrazione fatta da quelle eruzioni effusive che son dovute a veri aumenti di attività, e la cui durata, dipendendo dalla durata di questa, è quasi sempre breve, la durata delle altre oscilla entro limiti assai lontani: esse possono pervenire alla loro fine in poche ore o in diversi anni. Fra le eruzioni che hanno avuto press'a poco la stessa durata dell'ultima vesuviana, si citano: quella del Tambora nell'Isola Sumbawa, del 1815, che durò quattro anni; quella del Wawani, ugualmente, dal 1816 al 1820; il Hverfjal in Islanda ebbe un'eruzione dal 1748 al 1752 e lo Skeidarar Yökull dal 1725 al 1729; le eruzioni del Kliutschewskaja Skopa, il poderosissimo fra i vulcani, durano ordinariamente una settimana, ma quella del 1727 durò fino al 1731 (³); l'ultima eruzione di Santorino, cominciata nel 1866 terminò nel 1870.

(¹) Oggi che scrivo (fine di ottobre) il fondo del cratere continua a subire alternativi e sensibili innalzamenti per accumulazione e abbassamenti per sprofondamento.

(²) Su questo soggetto io mi trattenni brevemente nella mia Nota: *Der Vesuv und sein letzter Ausbruch von 1891-1894.* Tschermak's min. u. petr. Mittheilungen, Bd. XV, III, u. IV Heft. Wien, 1895.

(³) C. W. C. Fuchs, *Die vulkanischen Erscheinungen der Erde.* Heidelberg 1865, pag. 316.

È però solo per la durata che ho rammentato queste eruzioni avvenute in diversi vulcani i quali, prima e dopo della rispettiva eruzione, si trovarono in quiete; mentre l'ultima eruzione vesuviana, come la penultima, ed altre, fu preceduta e seguìta da un'attività esplosiva rilevante, che fa intravvedere non essere affatto diminuita l'attività complessiva col cessare dell'efflusso. Rimanendo dunque costanti le condizioni dinamiche del vulcano, una sola differenza io sono per constatare fra, durante e dopo l'efflusso: ed è che la lava, allora effluente, soggiorna ora nel camino vulcanico. Ma non è a questa riflessione, a prima vista futile ed oziosa, che vogliamo fermarci; sibbene, partendo da essa, giungere alla più attendibile interpretazione del come e perchè la lava, invece di continuare a deviare dal condotto centrale per scaturire all'esterno in correnti, si è ritirata nel condotto stesso.

Una delle conquiste più belle e profonde riserbate alla petrografia vulcanologica degli anni avvenire sarà certamente la concezione della natura del magma incandescente, qual esso si trova nelle regioni abissali. La via che conduce a questa futura conoscenza è scabrosa e lunga, ma ci è stata già tracciata dal Reyer coll'assioma incrollabile che il magma terrestre si trova differenziato al pari delle masse acquee marine, al pari dell'atmosfera, ecc. (¹); e quest'assioma che i magma vulcanici, come qualunque soluzione, e qualunque emulsione, e qualunque lega siano differenziati (geschliert) è oramai entrato nel dominio della scienza. Ben si può ammettere quindi col Reyer che, anche ad uguali profondità, i magma presentino differenziazioni, presentino cioè proprietà fisico-chimico-litologiche diverse, come diversa temperatura, variabile imbibizione gasosa e diversa composizione, che, previa consolidazione, conduca a rocce dissimili. Senza poter entrare a discutere sulle modificazioni fisicochimiche a cui, necessariamente senza tregua, dev'essere in preda il magma per dato e fatto di variabili condizioni, basta riflettere che le manifestazioni vulcaniche sono, per lo meno, alimentate dal magma incandescente, per giungere alla conclusione che quelle andranno soggette a variare col variare di questo, col capitare cioè, dell'una o dell'altra delle infinite *nuances* o differenziazioni magmatiche, nel bacino vulcanico, nel camino, nel cratere, nelle fenditure laterali e, infine, a contatto dell'oceano o dell'atmosfera.

La questione è assai complessa; ma noi, nel nostro caso particolare, possiamo limitarci a prendere in considerazione il solo passaggio della lava per le fenditure laterali.

(¹) « Das Meer ist schlierig; es besteht aus verschiedenen concentrirten und verschieden warmen Wassermassen; die Luft ist schlierig, weil sie partienweise verschieden mit Wasserdampf, Staub, etc. vermischt ist; schlecht gemischter Teig, Lavamassen, Granite sind gleichfalls schlierig; kurz, wohin wir blicken, die Liquida, sowie die festen Körper sind ungleich gemischt, sie waren seit jeher schlierig. Auch das Magma war seit jeher ungleich gemischt, es besteht aus mineralogisch und texturell abweichenden Partien, die miteinander durch Uebergänge verbunden sind ». Reyer Ed., *Theoretische Geologie*. Stuttgart 1888, pag. 81-82.

È noto che anche in uno stesso vulcano, e perfino in una medesima eruzione si osservano delle marcate modalità nella massa fluida erompente: modalità intime che noi apprezziamo in base alla composizione chimica e costituzione petrografica della lava, alla quantità di sostanze aeriformi che si sviluppano dalla lava stessa, od alla scorrevolezza ed all'aspetto assunto dalle colate.

Si sa in conseguenza che, a parità di altre condizioni, la basicità, la elevata temperatura e, in prima linea, la forte proporzione di gas e vapori cedono al magma maggiore fluidità, e quindi maggiore mobilità e maggiore capacità di percorrere più lunghi e più angusti meati.

S'immagini ora che ad un efflusso laterale venga fornito un magma di tal fatta, ossia piuttosto scorrevole; e che, ad un certo momento, comincino a sopraggiungere dei magma sempre meno fluidi, ossia con crescente attitudine a consolidarsi, ne verrà di conseguenza che, rimanendo immutate le condizioni di penetrazione, questi ultimi magma cominceranno a rapprendersi ed a restringere a poco a poco i condotti di flusso, e finiranno per otturarli completamente.

Simili fatti debbono essersi certamente verificati al Vesuvio anche nell'ultima eruzione laterale 1895-99; e lo studio dell'ultima lava eruttata dirà se la differenziazione magmatica effluita nel periodo delle intermittenze, di cui si è tenuto parola, dipese, oltre che dalla scarsezza di aeriformi avvertita dallo scrivente, anche dalla sua natura petrografica.

Intanto parmi si debba stabilire il principio che, mentre l'inizio degli efflussi laterali sta in principale rapporto con la statica della colonna lavica e con la compagine dei fianchi del vulcano, la loro durata e la loro cessazione dipendono invece, in massima, dalle condizioni fisico-chimico-petrografiche del magma o, in altri termini, dal succedersi delle differenziazioni magmatiche.

Chimica. — *Sul peso molecolare di alcuni elementi e alcuni loro derivati*[1]. Nota di G. ODDO e G. SERRA, presentata dal Socio E. PATERNÒ.

Esistono nella letteratura risultati ancora contradittori sul peso molecolare che l'iodio e lo zolfo mostrano nelle soluzioni. Profittando dei solventi puri che abbiamo preparati per le nostre ricerche sulle cloroanidridi, abbiamo voluto anche noi ripetere alcune di quelle determinazioni e inoltre ne abbiamo eseguite altre su alcuni composti inorganici non ancora studiati in questo senso.

Raccogliamo in unica memoria i diversi risultati ottenuti.

[1] Lavoro eseguito nell'Istituto di chimica generale dell'Università di Cagliari, settembre 1899.

1. *Iodio.*

Parecchi chimici si sono occupati di determinare il peso molecolare dell'iodio in soluzione, sia col metodo crioscopico che col metodo ebullioscopico in solventi diversi.

I prof. Paternò e Nasini, che furono i primi a richiamare l'attenzione dei chimici nelle applicazioni del metodo crioscopico, in un lavoro pubblicato nel 1888 [1] dimostrarono che l'iodio in soluzione nel benzolo con tre concentrazioni che fecero variare da 0,5599 % a 2,053 %, dà degli abbassamenti nel punto di congelamento del solvente che non conducono alla formola I_2, stabilita come peso molecolare dell'iodio allo stato di vapore, bensì ad una formola compresa tra I_2 e I; invece in soluzione nell'acido acetico, solvente che meglio della benzina si presta a queste determinazioni, con concentrazioni che variavano da 0,4849 a 0,8707 % ottennero costantemente abbassamenti che corrispondono al peso molecolare I_2.

Dopo questo lavoro, nel quale non sfugge ai due chimici italiani l'influenza che possono esercitare i solventi sulla grandezza molecolare delle sostanze disciolte, molte altre determinazioni si sono pubblicate, tendenti principalmente a dimostrare se l'iodio nelle soluzioni rosse, brune o violette mostra la medesima grandezza molecolare. Anzitutto Morris Loeb [2] nel 1888 per mezzo dell'abbassamento della tensione di vapore delle soluzioni credette aver dimostrato che le soluzioni diversamente colorate hanno peso molecolare diverso. Trovò egli difatti che le soluzioni violette in solfuro di carbonio dànno in media il valore 303, il quale resta tra la molecola I_2 e I_3 e le soluzioni rossobrune in etere invece 507, che si accorda abbastanza con la formola I_4.

Gautier e Charpy [3], avendo osservato nel 1890 che le soluzioni diversamente colorate dell'iodio si comportano in modo differente rispetto al mercurio che contiene piombo, e che col riscaldamento le brune diventano più violette e col raffreddamento le violette diventano più brune, pensarono anch'essi che le soluzioni violette dovessero contenere molecole più semplici delle soluzioni brune.

E. Beckmann pure nel 1890 [4] trovò invece col metodo ebullioscopico che la grandezza molecolare dell'iodio in etere (colorito bruno) ed in solfuro di carbonio bollente (colorito violetto) corrisponde sempre ad I_2 ed è indipendente dalla diluizione; credette quindi che il colorito diverso delle soluzioni, non potendosi spiegare con la grandezza molecolare, dovesse forse attribuirsi a composti che fa l'iodio coi solventi.

[1] Gazz. Chim. Ital. 1888, pag. 179.
[2] Berichte d. deutsch. chem. Gesell. XXI (1888), pag. 583 Ref.
[3] Ibidem, XXIII (1890), pag. 135 e 757 Ref.
[4] Ibidem, XXIII (1890), pag. 139 Ref.

Anche I. Hertz ([1]) quasi nello stesso tempo dimostrava che l'iodio in naftalina, alla quale comunica un colorito oscuro, col metodo crioscopico mostra la grandezza molecolare I_2; e Krüs e Thiele ([2]) nel 1894 sia col metodo di congelamento che con quello ebullioscopico confermavano le osservazioni di Beckmann ed adottavano la grandezza molecolare I^2, ammettendo d'altra parte che l'iodio nelle soluzioni violette abbia la grandezza I^2 e in quelle brune $(I^2)^n$; però questi ultimi complessi molecolari non sono di tal natura da potere influire sui punti di congelamento o di ebollizione, ma si manifestano soltanto otticamente.

Finalmente Beckmann e Stock nel 1896 ([3]) si accinsero ad eseguire molte esperienze e osservarono che in p.xilene, bromuro di etilene, bromoformio, naftalina, acido acetico ed uretano col metodo di congelamento si ottiene il peso molecolare I^2; col benzolo si hanno pesi molecolari più elevati; però ritennero che ciò avvenisse perchè l'iodio col benzolo dà soluzioni solide, e se nel calcolo si tenesse conto di ciò, molto probabilmente per la soluzione benzolica solida si troverebbero pure valori per I_2. I medesimi risultati credettero di avere ottenuto col metodo ebullioscopico in tetracloruro di carbonio, cloroformio, cloruro di etilene, benzina, alcool etilico, alcool metilico, metilale e acetone.

E diciamo credettero di avere ottenuto perchè mentre nelle esperienze ebullioscopiche, citate sopra, Beckmann calcolò il peso molecolare secondo la solita formola:

$$M = \frac{C \cdot K}{J}$$

e ottenne valori che oscillano in etere tra un minimo 236 (con la concentrazione 2,321 %) e un massimo 261 (con la concentrazione 15,95 %); e in solfuro di carbonio tra 266 (con la concentrazione 2,964 %) e 283 (con la concentrazione 12,98 %), in queste ultime ricerche invece Beckmann e Stock vollero tener conto della volatilità dell'iodio e calcolarono la grandezza molecolare secondo quest'altra formola:

$$m = \frac{(g_2 - g_1)\, \Gamma}{\varDelta}$$

nella quale

$g_2 =$ concentrazione della soluzione;

$g_1 =$ concentrazione del distillato per le diverse soluzioni;

$\Gamma =$ costante ebullioscopica;

$\varDelta =$ inalzamento del punto d'ebollizione.

([1]) Ibidem, XXIII (1890), pag. 727 Ref.

([2]) Ibidem, XXVII, pag. 719 Ref.

([3]) Zeitschr. f. phys. Ch. XVII, pag. 107.

E la correzione g che introducono raggiunge un altissimo valore. Ecco difatti alcune delle tavole che gli Autori riportano e nelle quali segnano con l'espressione « molecola osservata » i valori trovati senza tener conto della volatilità dell'iodio e con « molecola corretta » viceversa quelli che sono stati calcolati con la formola precedente e che loro adottano nelle conclusioni; segneremo accanto la loro differenza.

In tetraclorometane (costante adottata = 48).

Concentrazione	Inalz. del punto d'eboll.	Molecola osservata	corretta	Differenza
1,040	0,135	370	233	137
2,075	0,273	365	230	135
3,904	0,501	374	236	138
6,001	0,754	382	241	141

In benzol (costante adottata 26,7).

Concentrazione	Inalz. del punto d'eboll.	Molecola osservata	corretta	Differenza
2,055	0,155	354	251	103
2,918	0,228	342	242	100
5,311	0,413	343	233	110
8,762	0,680	344	244	100
1,804	0,139	347	246	101
3,110	0,231	360	255	105
5,080	0,405	335	238	97

In alcool etilico (costante 11,5).

Concentrazione	Inalz. del punto d'eboll.	Molecola osservata	corretta	Differenza
3,217	0,108	342	241	101
6,650	0,229	334	235	99
9,533	0,332	330	233	97
11,850	0,408	334	235	99

Riconobbero inoltre che la differenza nel comportamento chimico delle soluzioni di iodio diversamente colorate, che Gautier e Charpy riscontrarono rispetto all'amalgama di piombo, è soltanto apparente e consiste nella diversa solubilità del cloruro mercurico nei diversi solventi.

Come si vede divergenze inesplicabili si sono avute anche nei risultati sperimentali. Credemmo quindi necessario ripetere alcune di queste determinazioni e specialmente quelle col metodo ebullioscopico, perchè ci ha colpito il valore elevato della correzione che Beckmann e Stock hanno introdotto, che talvolta oltrepassa la metà del peso molecolare corretto e che, se fosse

attendibile, dovrebbe usarsi anche nel computo delle determinazioni ebullioscopiche in etere e solfuro di carbonio eseguite da E. Beckmann.

L'iodio che s'impiegava veniva purificato per ripetute sublimazioni in
presenza di un po' di ioduro di potassio. Ecco i risultati ottenuti:

1°) Col metodo ebullioscopico:

a) In tetraclorometane (soluz. violetta):

1ᵃ SERIE.

Concentrazione	Inalz. del punto d'eboll.	Peso molecolare
1,4078	0,194	382
2,1991	0,293	394
2,9871	0,402	391

2ᵃ SERIE.

1,2672	0,170	392
2,3841	0,328	382
3,2671	0,448	383

b) In solfuro di carbonio (soluz. violetta):

1ᵃ SERIE.

Concentrazione	Inalz. del punto d'eboll.	Peso molecolare
1,1078	0,110	238
2,2396	0,210	252,6

2ᵃ SERIE.

1,4818	0,138	239
6,4664	0,630	243

c) In benzolo (soluz. rossa):

1ᵃ SERIE.

Concentrazione	Inalz. del punto d'eboll.	Peso molecolare
6,8997	0,665	276
9,2496	0,903	273

2ᵃ SERIE.

2,2387	0,215	278
4,1068	0,392	279

d) In alcool etilico (soluz. rosso bruna):

1ᵃ SERIE.

Concentrazione	Inalz. del punto d'eboll.	Peso molecolare
1,8488	0,080	265,7
10,1747	0,357	327

| 3,5749 | 0,155 | 265 |
| 6,0837 | 0,254 | 275 |

Per I_2 si calcola p. m. $= 253$

I_3 " " $= 379,5$.

Non tenendo conto delle piccole differenze che si riscontrano in alcune di queste determinazioni, le quali non oltrepassano quelle che possono provenire dalla terza cifra decimale della temperatura e rientrano quindi nei limiti di errore sperimentale, le ricerche da noi eseguite dimostrano che l'iodio nelle soluzioni in tetraclorometane dà dei valori che si avvicinano di più a quelli che si richiedono per una molecola di tre atomi, per la quale si calcola p. m. 379,5. Se ciò è da ritenersi però poco probabile, si deve ammettere che in quelle soluzioni bollenti esista un miscuglio di molecole I_2 e I_4 con predominio anzi di queste ultime. Invece nelle soluzioni bollenti in solfuro di carbonio, alcool etilico e benzolo si hanno valori corrispondenti alle molecole di due atomi, e soltanto di poco inferiori pel primo e di poco superiori per gli altri due solventi.

È interessante notare che abbiamo ricavato questi valori *senza introdurre quella correzione che adottano Beckmann e Stock tenendo conto della volatilità dell' iodio*. Le nostre determinazioni coincidono quasi con quelle di loro per le soluzioni in solfuro di carbonio, differiscono di poco quelle in tetraclorometane, per il quale noi adottammo come costante ebullioscopica quella che si ricava dalla formola di Van't Hoff 52,6, e Beckmann e Stock 48; differiscono invece di molto le determinazioni in benzolo e alcool etilico.

Noi non sappiamo spiegare questa grande divergenza nei risultati sperimentali; siamo però convinti, per ripetute esperienze, che, se si ha la cura di mantenere un'ebollizione lenta durante la determinazione, la quantità di iodio che si volatilizza è piccolissima tanto da colorare talvolta poco o quasi affatto i vapori del solvente, e quindi anche i valori della correzione introdotta dai predetti chimici non si possono ritenere del tutto esatti.

2. *Zolfo*.

Non meno intensa che per l'iodio è stata e dura tuttavia la discussione sulla grandezza molecolare dello zolfo nelle soluzioni.

Anche per questo elemento le prime ricerche si debbono ai prof. Paternò e Nasini (l. c.) i quali trovarono in soluzione nel benzolo col metodo crioscopico e con due concentrazioni diverse: 0,8501 e 0,2599 % abbassamenti che conducono alla formola S_6.

Hertz (l. c.) in soluzione nella naftalina con lo stesso metodo trovò la molecola di otto atomi, e il medesimo risultato ottenne Beckmann col metodo ebullioscopico in soluzione nel solfuro di carbonio.

Guglielmo [1] col metodo dell'abbassamento della tensione di vapore nel solfuro di carbonio, impiegando un nuovo apparecchio, molto ingegnoso, sia a 0° che alla temperatura dell'ambiente 10-14°, ottenne dei valori per i quali rimane un po' d'incertezza, com'egli dice, se lo zolfo allo stato di soluzione abbia la molecola composta di 8 o 9 atomi. Osserva poi che le soluzioni più diluite farebbero credere ad una molecola di 8 atomi.

Ondorf e Terasse [2] in soluzione nel solfuro di carbonio ricavarono valori per S_9, mentre Arnstein e Meihuihen [3] trovarono che il peso molecolare dello zolfo, determinato sia a temperatura superiore che inferiore a quella in cui si trasforma da rombico in monoclino e fonde è S_8. Le ricerche furono eseguite in toluene, xilolo, naftalina e solfuro di carbonio.

Anche noi abbiamo voluto eseguire alcune determinazioni in tetraclorometane col metodo ebullioscopico.

Abbiamo impiegato un campione di zolfo, trovato in laboratorio, che era stato purificato per ripetute cristallizzazioni dal solfuro di carbonio. I cristallini venivano polverizzati finamente e riscaldati alla stufa ad aria tra 80 e 85°.

I risultati ottenuti sono i seguenti:

1ª SERIE.

Concentrazione %	Inalz. del punto d'eboll.	Peso molecolare
0,8621	0,183	248
1,6241	0,340	251
2,0414	0,408	258
3,5198	0,525	283

2ª SERIE.

1,0478	0,220	250,5
1,8250	0,374	254
3,3571	0,667	264,7

Per S_8 si calcola p. m. $= 256$

S_9 » » $= 288$.

Questi risultati dimostrano che la molecola dello zolfo nelle soluzioni bollenti di tetraclorometane risulta di 8 atomi sino alla concentrazione di circa il 3 %; a concentrazione superiore ci avviciniamo al limite di solubilità

[1] Atti della R. Accad. dei Lincei 1892, vol. I, 2° sem., pag. 210.

[2] Amer. Ch. I., I, 18, 173.

[3] Chim. Centr. 1898, II, pag. 1194.

dello zolfo nel solvente, che è di circa il 4,5 %, i risultati diventano poco concordanti e quindi poco attendibili.

3. *Pentacloruro di fosforo.*

Nessuna determinazione di peso molecolare in soluzione è stata pubblicata finora per questo composto.

Il pentacloruro di fosforo veniva preparato saturando con cloro il tricloruro puro contenuto in un tubo a disseccare di Mitscherlich. Se si agita durante l'azione del cloro, in parte si ottiene attaccato alle pareti, ed in parte in polvere libera. Nel tubo medesimo veniva pesato e da questo versato nell'ebullioscopio. Usammo come solvente il tetraclorometane.

I risultati ottenuti concordano con la formola PCl$_5$.

1ª SERIE.

Concentrazione	Inalz. del punto d'eboll.	Peso molecolare
	°	
0,8734	0,210	219
6,4170	1,508	223

2ª SERIE.

1,2028	0,290	218
3,9228	0,960	215

Per PCl$_5$ si calcola p. m. = 208,5.

4. *Comportamento del protocloruro e del tricloruro di iodio nelle soluzioni bollenti in tetraclorometane.*

Questi due cloruri di iodio nelle soluzioni in tetraclorometane, invece di farne inalzare il punto di ebollizione lo abbassano. Osservammo questo fenomeno prima nel monocloruro di iodio, e per interpretarlo ne cercammo la conferma nel tricloruro.

Protocloruro di iodio:

Concentrazione	Abbass. del punto d'eboll.
	°
1,1645	0,116
3,4694	0,188
6,4351	0,603
7,2759	0,678

Tricloruro di iodio:

Concentrazione	Abbass. del punto d'eboll.
	°
2,2815	0,242
5,7513	0,682
9,8778	1,454

Le conoscenze che possiediamo ci permettono d'interpretare il fenomeno. Per il tricloruro di iodio infatti si poteva prevedere a priori che dovesse abbassare il punto di ebollizione del solvente che è a 78°,5, perchè esso sublima tra 70-75°. Per il protocloruro, quantunque bolla dissociandosi a 101°, avviene evidentemente in quelle condizioni di temperatura e diluizione la trasformazione

$$3ICl = I_2 + ICl_3 .$$

Però, siccome le molecole di iodio nelle soluzioni bollenti di tetraclorometane, come abbiamo dimostrato, constano per circa metà di 2 e metà di 4 atomi, l'equazione precedente va corretta nel seguente modo:

$$9ICl = I_2 + I_4 + 3ICl_3 .$$

Delle molecole che risultano, mentre I_2 e I_4 fanno inalzare il punto d'ebollizione del solvente, quelle di ICl_3 lo abbassano; e siccome le ultime sono in maggior numero, la risultante è l'abbassamento.

Chimica. — *Preparazione del tetraclorometane* [1]. Nota di E. SERRA, presentata dal Socio E. PATERNÒ.

La preparazione del tetraclorometane assolutamente puro, quale si richiedeva per poterlo impiegare come solvente nelle ricerche ebullioscopiche pubblicate assieme col prof. Oddo, presenta non poche difficoltà. Il prodotto che forniscono le fabbriche, come mostra un campione della fabbrica Th. Schuchardt, trovato in laboratorio, contiene ancora notevole quantità di CS_2, riconoscibile anche all'odore, che maschera molto quello del CCl_4 e di $CHCl_3$; e con gli ordinarî processi di preparazione si incorre sempre nel medesimo inconveniente, oltre che si ha spesso un prodotto alquanto colorato.

Io riuscii a raggiungere lo scopo col seguente procedimento, abbastanza facile, che ne permette la preparazione senza essere disturbati dal poco aggradevole odore dei prodotti solforati secondarî della reazione.

Si satura a temperatura ordinaria il solfuro di carbonio di cloro in presenza di poca polvere di ferro e di iodio, ed il prodotto ottenuto si distilla, raccogliendo fino alla temperatura di 100-105°.

Ne passano circa i $^5/_8$, che si raccolgono in un pallone di due litri per un litro di distillato. A questo stesso pallone si adatta un tubo di sicurezza a bolle e si attacca ad un refrigerante Liebig.

[1] Lavoro eseguito nell'Istituto di chimica generale dell'Università di Cagliari, settembre 1899.

Pel tubo di sicurezza si versa a poco a poco del latte di calce non denso e si agita un poco il contenuto del pallone. La reazione si compie con abbastanza energia tanto che, senza riscaldare, distilla quasi tutto il C Cl$_4$ affatto incoloro. Si compie la distillazione con vapor d'acqua.

Il distillato, decantato dall'acqua, si lava ancora con un po' di soluzione di idrato sodico, si separa e si dissecca con CaCl$_2$ fuso. Il prodotto così ottenuto distilla tra 75-78°, è affatto incoloro, ha odore grato che ricorda un poco il cloroformio e non brucia. Esso contiene ancora tuttavia una discreta quantità di CS^2 e di CHCl$_3$.

Per eliminare queste impurezze vi disciolsi circa gr. 50 di residui della preparazione del monocloruro di iodio, che contenevano notevole quantità di tricloruro e riscaldai a ricadere per alcune ore: si svolsero fumi di acido cloridrico, e col raffreddamento si trovò dell'iodio cristallizzato. Trasformai l'iodio di nuovo in tricloruro a temperatura ordinaria, facendo arrivare nel liquido una corrente di cloro attraverso un tubo che ha l'estremità che pesca nel liquido molto larga, per evitare che il ICl^3, che è poco solubile in C Cl$_4$, potesse ostruirlo: e poscia riscaldai a ricadere di nuovo per circa due ore. Col raffreddamento trovai di nuovo dell'iodio cristallizzato in piccola quantità. Ripetendo una seconda volta la medesima azione, dopo una ebollizione di circa tre ore quasi tutto il ICl$_3$ rimase inalterato e sublimava a poco a poco nel refrigerante. Trattai il prodotto così ottenuto con acqua a piccole porzioni, agitando, e poscia con carbonato sodico per asportarvi l'iodio. Precipitò alquanto zolfo, che separai con imbuto a rubinetto e distillai in corrente di vapor di acqua il tetraclorometane in presenza di piccola quantità di latte di calce.

Passa così il prodotto incoloro, che disseccato sul cloruro di calcio dalle prime alle ultime goccie distilla alla temperatura costante di 78°,5, alla pressione di 765 mm. di Hg. Ne raccolsi gr. 850; ha odore alquanto più grato di quello del cloroformio, è incoloro e non brucia: non contiene alcuna traccia di zolfo.

All'analisi:

gr. 0,2574 di sostanza bruciata col metodo di Carius fornirono gr. 0,8992 di AgCl.

	Trovato %	Calcolato per C Cl$_4$
Cl	93,70	93,66

P. B.

RENDICONTI

DELLE SEDUTE

DELLA REALE ACCADEMIA DEI LINCEI

Classe di scienze fisiche, matematiche e naturali.

Seduta del 3 dicembre 1899.

E. BELTRAMI Presidente.

MEMORIE E NOTE

DI SOCI O PRESENTATE DA SOCI

Fisica terrestre. — *Il terremoto Romano del 19 luglio 1899.* Nota del Socio Prof. PIETRO TACCHINI.

Il fenomeno sismico sul quale oggi ho l'onore d'intrattenere l'Accademia, non la cede per importanza a quello del 1° novembre 1895, intorno a cui ebbi io stesso a riferire nella seduta del 17 novembre di quell'anno.

Gli effetti della scossa su Roma furono assai potenti, ma anche questa volta non si ebbero fortunatamente a lamentare danni notevoli, all'infuori di qualche lesione in muri vecchi o di cattiva costruzione. Di ciò del resto hanno ampiamente parlato a suo tempo i giornali cittadini, ed io mi limito qui a dire che la scossa principale delle $14^{\mathrm{h}}\,19^{\mathrm{m}}$ si può ascrivere al grado VII-VIII della scala convenzionale De Rossi-Forel.

Credo piuttosto di maggiore interesse di riferire sul comportamento degli strumenti sismici che questa volta si trovavano in azione in un sotterraneo del Collegio Romano, a circa quattro metri al di sotto del piano stradale, e che erano stati affidati alle cure del mio assistente dott. G. Agamennone. Dalla relazione particolareggiata che il medesimo ha estesa intorno al funzionamento dei varî apparecchi e che a suo tempo sarà pubblicata tra le notizie sismiche nel *Boll. della Soc. Sism. Italiana*, estraggo i seguenti dati più interessanti:

I primi tremiti lievissimi del suolo cominciarono a $14^{\mathrm{h}}\,18^{\mathrm{m}}\,55^{\mathrm{s}} \pm 3^{\mathrm{s}}$, come si è rilevato dal tracciato di due apparecchi a registrazione continua, ideati dallo stesso dott. Agamennone: l'uno un sismometrografo con un pendolo di 8 metri, gravato d'un peso di 100 Kg e che moltiplica 10 volte; l'altro un microsismometrografo costituito d'un pendolo di 10 metri con una massa di 500 Kg. In quest'ultimo strumento gli stili d'alluminio registrano i movimenti con una moltiplicazione di 1 a 50 sopra due registratori distinti nel modo che fu fatto conoscere in altra Nota precedente ([1]).

Sul 1° registratore, posto nella parte anteriore dello strumento, il sismogramma è tracciato ad inchiostro sopra una zona di carta che si svolge sempre con una velocità uniforme di 40^{cm} all'ora, ed in esso si vede che la perturbazione è andata assai lentamente crescendo, tanto che l'elongazione massima d'ogni stilo della posizione di riposo non ha dovuto sorpassare $^1/_4$ di mm., ciò che corrisponderebbe ad uno spostamento effettivo del suolo di soli 5 micron, tenuto conto dell'ingrandimento dell'apparecchio. A 14^h 19^m 2^s è sopraggiunto un brusco rinforzo, in seguito al quale il tracciato s'è allargato assai rapidamente e le penne hanno percorso tutto lo spazio disponibile, senza che si possa fare un'analisi proficua del movimento, a causa della velocità troppo piccola della carta.

Il 2° registratore è costituito d'una larga striscia di carta affumicata chiusa in sè stessa, posta nella parte posteriore dello strumento, e sulla quale i prolungamenti degli stili scrivono mediante aghi bilicati. Il medesimo s'è posto in moto con una velocità costante di 40^{cm} al minuto, ossia di 24 metri all'ora, giusto a 14^h 19^m 2^s, in corrispondenza cioè del brusco rinforzo testè accennato, il quale per l'appunto è stato sufficiente a spostare gli stili, affinchè chiudessero un circuito elettrico, destinato a porre in moto la carta affumicata. A partire da questo istante comincia un distinto tracciato sinusoidale in ambo le componenti SE-NW e SW-NE e press'a poco della stessa importanza, il quale, a giudicare dal periodo semplice delle ondulazioni che è di $^1/_3$ di secondo, mentre quello strumentale è di 3 secondi, rappresenta assai fedelmente il movimento del suolo. Dopo una quindicina di siffatte rapide ondulazioni che indicano che il terreno ha subìto spostamenti effettivi fino ad $^1/_3$ di mm., il movimento cresce talmente che gli stili ne rimangono scompigliati, e per una quarantina di secondi si vedono quà e là tracce confuse, impossibili ad essere analizzate. Però l'impressione generale che se ne riceve si è che gli stili devono ancora avere oscillato con periodo abbastanza rapido, non molto diverso da $^1/_3$ di secondo.

In seguito al primo scaricarsi del più sensibile di cinque sismoscopî di vario sistema, s'è posto in moto alle 14^h 19^m 8^s $\pm$ 2^s la lastra affumicata del sismometrografo *Brassart* modificato a tre componenti. Si vede dunque che il funzionamento dei sismoscopî dev'essere avvenuto solo al sopraggiun-

([1]) G. Agamennone, *Sopra un sistema di doppia registrazione negli strumenti sismici.* Rend. della R. Acc. dei Lincei, ser. 5ª, vol. VIII, fasc. 4°, pag. 202, seduta del 19 febbraio 1899.

gere d'onde sismiche già abbastanza sensibili, quelle appunto che hanno cominciato a scompigliare gli stili del microsismometrografo or ora accennato. Di modo che possiamo ritenere che il tracciato sulla lastra affumicata faccia veramente seguito a quello attenutosi, con una moltiplicazione cinque volte maggiore, sulla carta affumicata del microsismometrografo.

Durante i primi cinque secondi dello scorrimento della lastra, e cioè da $14^h 19^m 8^s$ a $14^h 19^m 13^s$, risulta dall'ispezione del sismogramma che il moto effettivo del suolo s'aggirava intorno a $^1/_2$ mm. in senso orizzontale ed anche meno in senso verticale, ed inoltre che il periodo delle ondulazioni era di $^1/_3$ di mm., in grande accordo col valore sopra trovato per il microsismometrografo. Dopo le $14^h 19^m 13^s$ si ha un sensibilissimo rinforzo in tutte e tre le componenti, ed a $14^h 19^m 16^s$ il movimento cresce tanto, che gli stili si urtano tra loro e battono ripetutamente contro i ripari laterali, necessarî per impedire agli aghi d'uscire dalla lastra. Il grosso del movimento perdura fin verso le $14^h 19^m 25^s$ e durante quest'ultima diecina di secondi il sismogramma è talmente confuso a causa degli urti predetti e delle interferenze, ben più dannose in questo strumento per la lunghezza assai minore del pendolo (metri 1 $^1/_2$), che è difficilissimo procedere a misure. A partire da $14^h 19^m 25^s$ si vede che il movimento è già in diminuzione, abbenchè sempre notevole e con rinforzi sensibili quà e là. Verso le $14^h 19^m 47^s$ si ha un'ulteriore diminuzione ed il sismogramma si mantiene così fino al $14^h 20^m 5^s$, istante questo della fine della corsa della lastra. Dall'esame dell'ultimo tratlo del sismogramma sembra che il periodo oscillatorio del suolo in senso orizzontale sia stato di $^1/_2$ secondo.

Dopo l'arresto della lastra è indubitato che gli stili hanno continuato ancora per qualche tempo a muoversi sensibilmente, come ne fanno fede le tracce dai medesimi lasciate sulla lastra rimasta ferma. Del resto, stando alle indicazioni del sismometrografo di 100 Kg., il solo che non abbia interrotto il proprio tracciato, la durata della perturbazione sismica a Roma non è stata inferiore ai 6 minuti..

Come s'è visto, il movimento degli strumenti, specie del microsismometrografo, è stato troppo rilevante, perchè si potessero ottenere buone indicazioni anche durante la fase massima della scossa. Ciò fa pensare quanto sarebbe utile d'installare nei nostri Osservatorî, a fianco degli strumenti più o meno delicati, altri al confronto pigrissimi e magari sprovvisti di qualsiasi benchè tenue moltiplicazione, affinchè quest'ultimi possano venire in aiuto ai primi in occasione di scosse locali troppo sensibili. E su ciò non ho mancato anche altre volte d'insistere.

Questa considerevolissima scossa avvertita in Roma fu il contraccolpo d'una rovinosa commozione sismica ne' Colli Laziali, intorno alla quale il dott. A. Cancani, allora assistente dell'Osservatorio Geodinamico di Rocca di Papa, pubblicherà tra poco un'estesa relazione, basandosi tanto sulle numerose notizie pervenute da ogni parte all'Ufficio Centrale di Meteorologia, quanto sui dati da lui stesso raccolti, dietro incarico ricevuto, in una visita ai luoghi più colpiti.

Stando al dott. Cancani, l'epicentro di questo terremoto dovrebbe collocarsi nei pressi di Frascati, Grottaferrata e Marino, le quali località furono tra i Castelli Romani quelle appunto che furono in particolar modo colpite. La scossa parve generalmente a due riprese, prima sussultoria e dopo 4 secondi circa ondulatoria. In aperta campagna si vide il terreno oscillare rapidamente in senso verticale, e gli alberi furono visti muoversi con violenza tanto nell'area epicentrale quanto nelle adiacenze di essa. In tutta Frascati s'ebbero danni più o meno gravi e si dovette rinforzare con catene la maggior parte dei fabbricati. Nel giardino pubblico il busto di Garibaldi ruotò per una dozzina di gradi e per un angolo maggiore si spostò la croce della facciata della chiesa del Gesù. Nella Villa Torlonia è degno di nota il rovesciamento d'una tavola di pietra sostenuta da due grasse mensole di marmo poggiate sul terreno. A Mondragone, presso Frascati, furono sbalzate via da un muro quattro grosse palle di pietra che vi erano fissate con lunghi perni di ferro. A Grottaferrata s'ebbero tali lesioni in quella monumentale abbazia, che si dovettero porre numerose catene. Anche qui la croce della facciata della chiesa ruotò per una diecina di gradi. A Monte Porzio diroccò gran parte della cappella del camposanto, ma più per cattiva costruzione e pendio del terreno che per intensità della scossa. Nella Campagna Romana caddero due archi dell'acquedotto Claudio prossimi alla ferrovia Roma-Napoli, ed un arco di rinforzo in mattoni nell'acquedotto medesimo.

Le località le più lontane conosciute, ove risulti all'Ufficio di Meteorologia che la scossa, più o meno indebolita, fu segnalata dall'uomo, sono: verso il N Spoleto a circa 100 Km. dall'epicentro, verso il NNE Antrodoco (Aquila) a 80 Km., verso il NE Fiamignano ed Avezzano a 70 Km., verso l'E Guarcino (Frosinone) a soli 60 Km., verso l'ESE Isernia a ben 130 Km., verso il SE Sessa Aurunca (Gaeta) a 120 Km., verso il SSE l'isola di Ventotene e quella di Ponza rispettivamente a 130 e 100 Km., verso il S ed il SW il Mar Tirreno, verso il NW Cerveteri e Civitavecchia a soli 40 Km., e finalmente verso il NNW Vetralla (Viterbo) a 80 Km. Come si vede, la propagazione in direzione dell'E e dell'W è stata ben minore in confronto delle altre direzioni e specialmente dell'ESE, del SE e del SSE. Del resto è ben conosciuto, anche per altri terremoti del Lazio, il fatto che le onde sismiche si propagano a minor distanza in direzione del litorale tirreno ad occidente di Roma.

Le onde sismiche non mancarono anche a maggiori distanze, sebbene passate inavvertite ai sensi dell'uomo, di perturbare strumenti sismici più o meno delicati, Così rimasero influenzati gli svariati apparecchi a registrazione continua d'Ischia, il sismometrografo di Portici, i microsismografi *Vicentini* di Siena e di Quarto presso Firenze, il sismoscopio elettrico a doppio effetto *Agamennone* a Pistoia, i microsismografi *Vicentini* di Padova e di Lubiana, ed il sismometrografo di Catania.

Sarà senza dubbio utile di dare un'idea con quale rapidità le prime onde sismiche, le più veloci, giunsero a molte delle precedenti località. A tal fine nel seguente prospetto sono state riportate le distanze dall'epicentro e le ore, relative al principio della perturbazione, d'ogni stazione, e così pure le velocità medie e superficiali che si ottengono quando si combinino questi dati orarî con quello sicurissimo di Roma, preso come punto di partenza:

Distanza dall'epicentro	Località	Ora del principio (t. m. E. C.)	Velocità apparente al secondo	Strumenti adoperati
Km. 20	Roma (Coll. Rom.)	14 18 55 ± 3	—	Microsismometrografo. Sismometrografo.
160	Ischia	14 19 37	Km. 3,33	Pendoli orizz., sismometrografo, vasca sismica, livelli geod.
170	Portici (Napoli) .	14 19 21	5,00	Sismometrografo.
250	Quarto (Firenze) .	14 19 26 ± 2	7,42	Microsismografo.
400	Padova	14 20 7	5,28	Id.
490	Lubiana (Carniola)	14 21 58	2,57	Id.
520	Catania	14 21 2	3,94	Sismometrografo.

Le differenze che si osservano possono naturalmente dipendere, come ormai è ben noto, non solo dalla diversa sensibilità degli strumenti adoperati, ma eziandio da incertezze, sebbene piccole, nel dato orario di qualche località, tenuto conto delle distanze relativamente piccole colle quali si ha da fare. Se poi si voglia supporre che i primissimi tremiti del suolo registrati a Roma non siano stati capaci di propagarsi fino a tutte le località sopra riportate, allora pel calcolo della velocità sarebbe forse più prudente di assumere come punto di partenza, per alcune di esse, l'ora 14ʰ 19ᵐ 2ˢ, alla quale s'è manifestato il 1° debolissimo rinforzo riscontrato nel microsismometrografo di Roma (¹). Ciò facendo, evidentemente tenderebbero ad

(¹) All'Osservatorio di Rocca di Papa s'ebbe 14ʰ 19ᵐ 0ˢ per l'istante in cui scattarono i più sensibili sismoscopî. Può esser di qualche interesse il far conoscere che l'ora esatta, in cui s'arrestò il regolatore elettrico dell'Osservatorio astronomico del Collegio Romano — quello appunto che è rilegato alla mostra etettrica esposta al pubblico — fu 14ʰ 21ᵐ 21ˢ, ora questa posteriore di quasi 2 ¹/₂ minuti primi a quella spettante alle primissime trepidazioni registrati dagli strumenti sismici. Da ciò si può comprendere quale valore possano avere, nelle ricerche della velocità di propagazione dei terremoti, i tempi desunti dall'arresto dei pendoli.

elevarsi ancor di più i valori della velocità sopra trovati e precisamente nella misura che segue: Ischia (Km. 4,00), Portici (8,82), Quarto (9,58), Padova (5,85), Lubiana (2,67), Catania (4,17). Comunque sia, si tratta sempre di velocità ragguardevolissime, e l'accertamento di questo fatto lo dobbiamo oggi, per i terremoti italiani, tanto alla sicurezza del dato orario di Roma, fortunatamente vicinissima all'epicentro, quanto alla sensibilità dei moderni strumenti.

Chiudo la presente Nota col far conoscere che questa scossa violenta, di cui si siamo occupati, non è stata preceduta, a quanto si sappia, nè da scossette nè da altri fenomeni precursori. Fu bensì seguita da parecchie repliche sia lo stesso giorno 19, sia nel successivo, ma tutte lievissime, tanto che a Rocca di Papa furono indicate quasi esclusivamente dai soli strumenti. Alcune tra esse furono lievissimamente indicate anche dal microsismometrografo di Roma; e la più importante fu la replica delle $5^h \, 1/4$ circa del 20 luglio, la quale fu segnalata anche a Velletri e fu percepita appena da qualcuno in Roma. L'ora esatta a cui si scaricarono i più sensibili sismoscopi del Collegio Romano, fu $5^h \, 16^m \, 53^s \pm 2^s$.

Astronomia. — *Sulle macchie, facole e protuberanze solari, osservate al R. Osservatorio del Collegio Romano nel 2° e 3° trimestre del 1899.* Nota del Socio P. TACCHINI.

Presento all'Accademia i risultati di osservazioni solari fatte al R. Osservatorio del Collegio Romano durante il 2° e 3° trimestre del corrente anno.

Macchie e facole.

2° trimestre 1899.

Mesi	Numero dei giorni di osservazione	Frequenza delle macchie	Frequenza dei fori	Frequenza delle M+F	Frequenza dei giorni senza M+F	Frequenza dei giorni con soli fori	Frequenza dei gruppi di macchie	Media estensione delle macchie	Media estensione delle facole
Aprile . . .	25	1,20	1,92	3,12	0,04	0,04	1,60	10,76	50,91
Maggio . . .	21	0,91	1,24	2,15	0,33	0,05	0,72	7,24	39,74
Giugno . . .	22	1,87	5,73	7,60	0,05	0,05	1,09	19,00	49,09
Trimestre	68	1,32	2,94	4,26	0,13	0,04	1,16	12,34	46,91

Anche in questo trimestre il fenomeno delle macchie solari continuò a diminuire, con un *minimo* marcato nel mese di maggio. La discreta estensione per le macchie nel mese di giugno si deve alla comparsa di una bella macchia, che doveva essere al bordo il giorno 24 e che arrivò al meridiano centrale il 29 a tre gradi dall'equatore nell'emisfero boreale. Di frequente l'imagine del sole sulla proiezione appariva rossastra in causa dell'atmosfera caliginosa. Le osservazioni furono fatte da me in 39 giornate, in 13 dal sig. Tringali, in 12 dal sig. Vezzani e in 4 dal prof. Palazzo.

3° trimestre 1899.

MESI	Numero dei giorni di osservazione	Frequenza delle macchie	Frequenza dei fori	Frequenza delle M+F	Frequenza dei giorni senza M+F	Frequenza dei giorni con soli fori	Frequenza dei gruppi di macchie	Media estensione delle macchie	Media estensione delle facole
Luglio . . .	29	1,66	3,24	4,90	0,35	0,00	1,21	15,58	61,21
Agosto . . .	27	0,11	0,08	0,19	0.96	0,00	0,04	0.44	60,50
Settembre. .	28	0,61	2,61	1,22	0.68	0,14	0,51	3,68	12,50
Trimestre	84	0,81	2,01	2,82	0.66	0,05	0,62	6,75	44,58

Come nei precedenti trimestri dell'anno, anche in questo il fenomeno delle macchie andò diminuendo con un forte *minimo* nel mese di agosto. In corrispondenza di ciò il numero dei giorni senza macchie e senza fori fu più considerevole, così che tutto considerato possiamo ritenere di essere già vicini molto al minimo undecennale delle macchie solari, che probabilmente avrà luogo nel prossimo 1900. Il precedente minimo ebbe luogo nell'ultimo trimestre del 1889 e nei primi due del 1890, e allora il minimo per trimestre di frequenza delle macchie e gruppi di macchie fu di 0,22 e 0,30 e il minimo di estensione delle macchie di 1,56. Le osservazioni nel 3° trimestre 1899 furono fatte da me in 47 giornate, in 27 dal sig. Vezzani e in 10 dal prof. Palazzo.

Protuberanze solari.

2° trimestre 1899.

MESI	Numero dei giorni di osservazione	Medio numero delle protuberanze per giorno	Media altezza per giorno	Estensione media	Media delle massime altezze	Massima altezza osservata
Aprile . . .	17	2,65	30,9	0,8	35,4	72
Maggio . . .	14	1,21	21,4	0,8	21,4	80
Giugno . . .	19	2,68	25.2	0,9	29,2	64
Trimestre	50	2,26	26,1	0,8	29,1	72

Anche nel fenomeno delle protuberanze ebbe luogo una diminuzione in confronto del primo trimestre ed ha pure luogo un *minimo* nel mese di maggio, come avvenne per le macchie. Spesso l'atmosfera fu leggermente caliginosa e perciò poco favorevole a questo genere di osservazioni. Le osservazioni furono fatte da me in 37 giornate e in 13 dal prof. Palazzo.

3° trimestre 1899.

MESI	Numero dei giorni di osservazione	Medio numero delle protuberanze per giorno	Media altezza per giorno	Estensione media	Media delle massime altezze	Massima altezza osservata
Luglio . . .	26	2,00	26,9	1,2	28,6	50
Agosto . . .	26	1,73	25,2	0,8	27,8	54
Settembre. .	24	3,17	33,9	0,8	39,1	64
Trimestre	76	2,28	28,5	0,9	31,6	64

Confrontando questi dati con quelli del trimestre precedente, si vede che il fenomeno delle protuberanze solari si è mantenuto pressochè stazionario. Anche in questa serie di osservazioni risulta l'accordo del *minimo* delle macchie con quello delle protuberanze verificatosi nel mese di agosto. Le osservazioni furono fatte da me in 43 giornate e in 33 dal prof. Palazzo.

Astronomia. — *Sulle stelle filanti del novembre 1899.* Nota del Socio P. TACCHINI.

Nella mia Nota sulle osservazioni delle Leonidi fatte nel novembre del 1898, io concludeva che vi era molto da dubitare per il ritorno di una grande pioggia di meteore nel 1899 paragonabile a quella del 1866, e nel fatto così è successo. Le osservazioni furono fatte da me dalle ore 1 ½ alle 4 antimeridiane dei giorni 13, 14, 15 e 16, rivolgendo costantemente la mia attenzione alla costellazione del Leone, e le *Leonidi* osservate furono rispettivamente in numero di 7, 5, 2 e 3; il fenomeno dunque ebbe luogo, ma debolissimo come nel 1897 e 1898. Siccome poi le osservazioni nel mattino del 16 erano specialmente raccomandate, perchè secondo le previsioni dei sigg. Stoney e Downing il maximum della pioggia meteorica avrebbe dovuto verificarsi intorno alle ore 6, così il prof. Millosevich continuò le osservazioni fino a crepuscolo avanzato, ma senza nulla vedere, e anche le osservazioni fatte in America hanno dato lo stesso risultato negativo. Siccome però non si tratta di un corpo di forma ben distinta, ma di un fascio di correnti, alle quali corrispondono radianti diversi fra loro molto vicini, così è probabile che nel novembre 1900 e 1901 si abbiano pioggie meteoriche abbastanza considerevoli, come avvenne per gli anni 1867 e 1868 dopo la grande pioggia del 1866. Aggiungo in fine che furono pure negative le osservazioni da me fatte nelle notti del 25 e 26, per le Bielidi.

Astronomia. — *Osservazioni del pianetino ER 1899, fatte all'equatoriale di $0^m,25$.* Nota del Corrispondente E. MILLOSEVICH.

Il pianetino ER 1899 fu scoperto, insieme con altri due, il 27 ottobre ad Heidelberg col solito metodo fotografico da Wolf e Schwassmann.

Io ho potuto osservare l'astro per un mese senza l'aiuto d'alcuna effemeride, la cosa essendo stata facilitata dall'eccezionalissima serenità del novembre scorso.

Ecco la serie delle posizioni del prefato astro:

					α apparente	δ apparente	grandezza
1899	ottobre	30	$10^h39^m12^s$	RCR.	$1^h32^m39^s.74\ (8^n\ 528)$	$+5°14'57''.2\ (0.720)$	11.0
"	"	31	9 3 13	"	1 31 50 11 $(9^n.306)$	5 14 41 8 (0.726)	11.1
"	novembre	2	9 15 22	"	1 30 5 50 $(9^n.215)$	5 14 26 1 (0.724)	11.2
"	"	5	9 2 40	"	1 27 37 56 $(9^n.207)$	5 14 50 0 (0.724)	11.0
"	"	7	8 50 22	"	1 26 3 98 $(9^n.221)$	5 15 40 3 (0.724)	11.0
"	"	12	10 59 5	"	1 22 27 31 $(9^n.085)$	$+5\ 19\ 37\ 1\ (0.721)$	...

Novembre 17 ... plenilunio

					α apparente	δ apparente	grandezza
1899	novembre	24	$8^h40^m36^s$	RCR.	$1^h16^m21^s.75\ (8^n.618)$	$+5°40'55''.3\ (0.716)$	11.5
"	"	25	6 9 52	"	1 16 2 86 $(9^n.472)$	$+5\ 43\ 12\ 1\ (0.729)$	11.5
"	"	27	6 35 25	"	1 15 25 21 $(9^n.888)$	$+5\ 48\ 43\ 2\ (0.723)$	11.4
"	"	28	6 24 13	"	1 15 8 86 $(9^n.408)$	$+5\ 51\ 38\ 1\ (0.724)$	11.5
"	"	30	6 3 36	"	1 14 40 94 $(9^n.439)$	$+5\ 57\ 45\ 4\ (0.725)$	11.5

Storia della Botanica. — *Intorno ad alcuni Erbari antichi Romani.* Nota preventiva del Corrispondente R. PIROTTA.

Le ricerche bibliografiche intorno alla Flora Romana, da me iniziate da più di quindici anni e costantemente proseguite allo scopo di rendere possibilmente completo il lavoro oramai in corso di pubblicazione sulla *Flora Romana,* mi hanno condotto man mano alla conoscenza di opere rare o poco note o sconosciute affatto, di manoscritti, di illustrazioni figurate e di Erbarî o collezioni di piante disseccate.

Il programma del lavoro, che io mi era fin da principio tracciato, e nel quale si trovava il criterio direttivo di ricordare tutti gli autori dei quali avrei potuto trovar traccia, antichi e moderni che hanno scritto intorno alla Flora Romana, e tutti coloro che in qualsiasi modo della medesima si fossero occupati, mi imponeva di procedere con molta cautela, sopratutto nell'esaminare e confrontare l'ingentissimo materiale raccolto. Così il lavoro soltanto ora è stato completato coll'aiuto dell'egregio mio scolaro ed ora Conservatore delle Collezioni dell'Istituto Botanico, dott. Emilio Chiovenda.

Di tutti questi manoscritti, opere rare ed Erbarî sarà opportunamente trattato nella *Flora*.

Di alcuni di essi, tuttavia, e per la rarità e per la importanza storica e scientifica, ho stimato opportuno fare particolare menzione e speciale studio. Così in questa Nota preventiva farò cenno di alcuni fra gli Erbarî, e precisamente di uno attribuito a Giovanni Battista Triumfetti e di quelli di Liberato Sabbati, riserbando ad altra occasione il ricordo di altre collezioni di piante disseccate, di manoscritti e d'opere stampate.

L'Erbario del Triumfetti, posseduto dalla Biblioteca Casanatense, porta il titolo di *Hortus Hyemalis,* e consta di XIII grossi volumi in foglio rilegati in pergamena. Di essi i volumi I-IX contengono delle piante secche attaccate sui fogli, una o più per ciascuno, con listerelline di carta incollata. Sono in generale in buonissimo stato di conservazione, e sotto ad ogni pianta, indi-cate per ogni foglio con numeri progressivi, stà il cartellino col nome. Questi primi volumi sono i più importanti, perchè contengono, insieme a piante col-tivate, numerose piante spontanee nostrali (di alcune delle quali è anche in-dicato il luogo dove furono trovate) ed esotiche che furono mandate dall'Hermann indigene dell'Africa meridionale, e dal Sherard di varie parti del mondo; e finalmente parecchie, che provengono dalle collezioni del Petiver che le inviò con cartellini in parte stampati, in parte da lui scritti.

I volumi X-XII contengono piante in istato di conservazione meno buono, attaccate con un altro sistema, cioè direttamente incollate sui fogli, nume-rate con lettere dell'alfabeto progressivamente in ogni foglio, e portano i nomi scritti sulla contropagina del foglio che precede. La scrittura usata in questi volumi è diversa da quelle adoperate nei primi.

Nessuno dei volumi porta data. Però, siccome nel vol. IV vengono citate le *Icones* del Barrelier, i soli primi volumi possono essere anteriori al 1714. La scrittura dei cartellini del vol. X-XII è di Liberato Sabbati. che quindi continuò, collo stesso titolo, l'opera iniziata dal Tiumfetti. E tanto più credo questi volumi di molto posteriori ai primi, perchè il vol. XIII, che non è che l'indice manoscritto dei nomi delle piante con-tenute nell'*Hortus Hyemalis,* è stato compilato dal Sabbati stesso, soltanto nel 1767, come risulta dal titolo: *Index Horti Hyemalis Tomos XII Plan-tarum in Sceleton redactarum a Jo. Bapta Triumfetti elucubratas com-plectens quem aduendum R. R. Patri Magistro Audiffredi Ord. Praedic.*

Amplissimae Bibliothecae Casanatensis Praefecto D. D. D. addiettissimus Servus Liberatus Sabbati Chirurgiae Professor et Horti Romani Custos. Romae Anno MDCCLXVII.

Il volume I contiene 45 fogli (dei quali otto senza piante) e 110 esemplari di piante disseccate; il II, fogli 44 con 101 esemplari; il III, fogli 45 con 132 esemplari; il IV, fogli 67 con 80 esemplari; il V, fogli 68 con 115 esemplari; il VI, fogli 68 con 84 esemplari; il VII, fogli 73 con 84 esemplari; l' VIII, fogli 72 con 81 esemplari; il IX, fogli 72 con 93 esemplari; il X fogli 44 con 74 esemplari; l' XI, fogli 35 con 106 esemplari; il XII, fogli 44 con 140 esemplari. Sono dunque in totale fogli 677 ed esemplari 1200.

Liberato Sabbati ha lasciati, col suo nome, ben sei Erbarî. Il più antico, composto in età giovanile, quando era ancora studente, porta la data del 1731 ed il curioso titolo: *Innesto di Piante et Erbe naturali nell' Orticello salubre con diligenza trasmesse da Liberato Sabbati da Bevagna giovane studente di Farmacia.* In Roma MDCCXXXI.

È un volume in foglio legato in pergamena, conservato nella Biblioteca Casanatense, che contiene 184 fogli con piante incollate, parecchie per foglio. Di esse quelle dei primi 12 fogli portano, nel retro del foglio precedente, la spiegazione coi nomi in diverse lingue, un po' di descrizione, indicazione delle proprietà, usi, dell'epoca e luogo in cui si trovano o furono raccolte. Gli altri fogli, mancano di qualunque indicazione. Lo stato delle piante è discreto; ma gli esemplari sono non si rado incompleti.

Un secondo Erbario del Sabbati porta il titolo: *Deliciae Botanicae sive Phithoschinos Tom. Tres ubi per multa scheretra herbarum, summa cum diligentia exiccata et accomodata a Liberato Sabbati, Chirurgo, Chymico Botanico, inspiciuntur. Suis cum nominibus synonymisque descripta juxta Methodum Tournefortianam, nempe doctissimi* Josephi Pitton Tournefort. Hoc in anno MDCCXXXVIII.

Nel foglio interno del I volume stanno i seguenti versi:

Ad lettorem:

Romuleis multas plantas, quas gignit in arvis
Terra latina suis, scripsit amica manus
Incultae languent tu solus candide lector
Ingenio, studiis, nomine, cultor eris.

dall'autore riportati in una sua opera stampata.

Segue poscia l'indice degli autori citati.

Le piante sono incollate sui fogli, spesso parecchie per foglio, ed in generale mal conservate. I nomi sono scritti sugli stessi fogli sopra o sotto ciascuna pianta, o su cartellini incollati sui fogli medesimi. Il I volume contiene 103 fogli, il II 157, il III 210; in totale quindi 570 fogli, con 735 esemplari nel totale.

La terza raccolta di piante secche lasciate dal Sabbati trovasi nella Biblioteca Alessandrina, fu composta dal 1747 al 1752 ed ha il titolo seguente: *Collectio nonnullarum Plantarum juxta Tournefortianam Methodum dispositarum, flores producentium extra tempus statutum solitis, simplicium ostensionibus in Horto Medico Sapientiae Romanae anno MCCXLVII.* E nel tomo I, sul foglio che segue al titolo, sta scritto: *Le piante in questo libro esistenti, seccate furno, e disposte da me Liberato Sabbati da Bevagna, Chirurgo, Botanico, Chimico in Roma, con l'assistenza del Rev.ᵐᵒ Pre.ʳ Ab. D. Gio: Francesco Maratti Romano, Monaco Benedettino Vallombrosano Lettore pratico Bottanico, e Prefetto nell'Orto Medico della Sapienza di Roma, è detta opera fu fatta per ordine dell'Ill.ᵐᵒ e R.ᵐᵒ Sig.ʳ Ab. Niccola De Vecchis Auocato Concistoriale, il quale essendo adorno di tutte le Virtù, assai premuroso anche si rende infare risorgere le Scienze tutte ed Arti e ridurle alla vera perfezzione.*

Sulla faccia interna della legatura di ogni volume sta scritto: *Pro Bibliotheca Alexandrina Romani Archigymnasii.*

Sono quattro grossi volumi in 4° rilegati in pelle; le piante sono, come al solito, incollate, ed in buono stato di conservazione.

Il I volume che riguarda le Classi I-XXII contiene 155 fogli.

Nella retropagina del titolo del II volume si trova scritto: *Opus Liberati Sabbati Arte et Reɱi Ptris: Abⁱᵃ: Maratti, Marte, constructum.* Questo volume tratta delle Classi I-IX e contiene 143 fogli.

Nel volume III che porta la data del 1748 ed ha lo stesso scritto precedente, si trovano 130 fogli con piante appartenenti alle Classi X-XXII.

Il IV volume è datato dal 1752, non porta lo scritto suddetto sulla contropagina, contiene fogli 158 con piante appartenenti alle Classi I-XXII.

In fine a questo volume trovasi una pianta topografica a colori dell'Orto Botanico al Gianicolo, fatta nel 1752 dallo stesso Sabbati e dedicata a Monsig. Clemente Argenviller.

L'erbario più considerevole composto dal Sabbati è però il: *Theatrum Botanicum Romanum seu Distributio Plantarum viventium in Horto Medico Botanico Sapientiae Almae Urbis juxta Tournefortianam Methodum Illɱo et Reɱo: Dño. Dño. Nicolao Ma. De Vecchis Sacri Consistorii Advocato, Decano, et Romani Archigymnasii Rectori Deputato.* — Tomus 1. *Liberatus Sabbati Chirurgiae Professor, et supradicti Horti Custos. D. D. D. Anno MDCCLVI.* Segue sotto: *Bibliotechae Alexandrinae.*

Nel foglio successivo si trova la dedica, dalla quale risulta la parte importante avuta dal Maratti in quest'opera, avendola lui consigliata ed avendo egli dati i nomi delle piante.

Questo ingente lavoro, cominciato nel 1756, fu compiuto venti anni dopo, cioè nel 1776 e comprende ben 19 grossi volumi rilegati in pelle, dei quali i due ultimi col titolo di Appendice. Per i vol. dal V all'ultimo la dedica è: *Ill. et Rev. Domino Pressuli Paulo Francisco Antamori*. I volumi tutti portano la *Explicatio nominum scriptorum rei herbariae quarum mentio fit in hoc opera* ed altre indicazioni relative alle piante stesse, che sono incollate alla maniera delle opere precedenti e in buono stato di conservazione, portano un cartellino manoscritto e in fine di ogni volume l' indice.

Il volume I contiene le piante appartenenti alla Classe 1ª attaccate sopra 114 fogli. Nel vol. II, pure del 1756 trovansi fogli 119 di piante appartenenti alla Classe 2ª e nel III vol. rilegato col II e della stessa data, stanno altri 34 fogli con piante pure ascritte alla Classe 2ª. Il vol. IV del 1760 ha fogli 143 con piante appartenenti alla Classe 4ª; il V, del 1761, ha 100 fogli con piante della Classe 5ª; il VI del 1762 ne ha 74 della Classe 6ª; il VII. senza data, continua la numerazione del VI e contiene fogli 23 con piante ancora della Classe 6ª; l' VIII, del 1764, ha 90 fogli con piante della Classe 7ª; il IX, del 1766 ha fogli 62, dei quali 41 con piante della Classe 8ª e 21 della Classe 9ª; il X, del 1767, con 127 fogli appartenenti alla Classe 10ª; l' XI, del 1768 con fogli 78 di piante appartenenti alla Classe 11ª, e 30 alla Classe 12ª; il XII, del 1769, con fogli 143 di piante appartenenti alle Classi 12ª, 13ª, 14ª; il XIII del 1770 con fogli 99 per le Classi 15ª e 16ª; il XIV, pure del 1770, con fogli 99 per le Classi 15ª e 16ª; il XV, del 1771, con fogli 97 per le Classi 17ª, 18ª 19ª, 20ª; il XVI, del 1772, con fogli 84 per la Classe 21ª; il XVII, pure del 1772 con fogli 77 per la Classe 22ª.

Il I volume dell' Appendice (col titolo: *Appendix ad Theatrum Botanicum Romanum* ecc.) è del 1776, porta la stessa dedica all' Antamori e la stessa indicazione: *Pro Bibliotheca Alexandrina*. È costituito da 79 fogli con piante delle classi 1ª alla 6ª; ed il II volume, pure del 1776, ha paginatura dei fogli continua con quella del I e ne contiene 55 con piante delle altre classi fino alla 22ª.

Col medesimo titolo di *Theatrum Botanicum Romanum seu Distributio plantarum* ecc., trovasi nella Biblioteca Casanatense un volume *Classem X complectens*, il quale però è senza dedica, senza l' indicazione del *Pro Bibliotheca Alexandrina* e datato dal 1767. Le piante che esso contiene sono in parte soltanto le stesse che si trovano a rappresentare la Classe 10ª nell'opera completa. È quindi probabile, che vi fosse stata un'altra copia di questo importante Erbario.

Nel 1766 il nostro Sabbati componeva un altro Erbario, che si trova nella Biblioteca Casanatense, e porta per titolo: *Catalogus Plantarum juxta methodum Tournefortianam in Sceleton redactarum plurimae ex vigintidua-*

bus classibus genera nonnullasque Species complectens in duos Tomos divi-sus a Liberato Sabbati Chrirurgiae Professore et Horti Romani custode elaboratus. Romae MDCCLXVI.

I due volumi sono legati in pelle, le piante stanno, al solito modo, incol-late sopra i fogli. Dopo il frontispizio vi è l' *Explicatio nominum auctorum* ed in fine l' indice. Nel volume I sono contenuti 98 fogli con piante appar-tenenti alle prime sette classi del Tournefort; nel II, 106 appartenenti alle altre classi.

Finalmente nel 1770 il Sabbati componeva un altro erbario, che si con-serva nella Biblioteca Alessandrina, e che ha un titolo molto simile al pre-cedente, e cioè: *Catalogus Plantarum juxta Methodum Tournefortianam in Sceleton redactarum genera nonnulla nonnullasque Species complectens à Li-berato Sabbati Chirurgiae Professore et Horti Romani Custode. Romae,* MDCCLXX.

E un volume in foglio rilegato in pelle, che nel foglio seguente al titolo porta la *Explicatio nominum mutilatorum Auctorum quibus in presenti opuscolo usi sumus.* Le piante sono incollate sopra 126 fogli e si trovano in buonissimo stato di conservazioue. In fine al volume trovasi l' indice alfabetico.

A nessuno può sfuggire l' importanza di questi Erbarî, che sono stati composti o diretti da uomini, che verso la fine del secolo XVII e nel secolo XVIII tanta parte ebbero, insieme ad altri egregi, a tenere in alto onore la Bota-nica in Roma anche con pubblicazioni le quali vengono, col mezzo delle piante raccolte negli Erbarî, ad avere un valore di molto più grande. Perciò un accu-rato e completo studio degli Erbarî medesimi, già da tempo iniziato, è ora in corso di stampa e vedrà ben presto la luce.

Matematica. — *Sulle superficie che possono generare due famiglie di Lamé con due movimenti diversi.* Nota del dott. PAOLO MEDOLAGHI, presentata dal Socio V. CERRUTI.

Le numerose ricerche di cui sono state oggetto le superficie che possono generare due famiglie di Lamé con due diversi movimenti, non hanno ancora, come è noto, completamente risoluta la questione: il risultato più generale è quello dovuto al signor Adam, il quale ha fatto conoscere tutte le super-ficie che con due diverse traslazioni possono generare una famiglia di Lamé ([1]).

([1]) Per tutte queste ricerche vedi Darboux, *Leçons sur les systèmes orthogonaux* (T. I, pag. 86 e seg.).

Io espongo ora un metodo nuovo e lo applico in questa Nota al caso in cui i due movimenti sono tra loro permutabili: ritrovo così il teorema dell'Adam per i gruppi di traslazioni, e determino poi tutte le superficie che generano una famiglia di Lamé con una traslazione, ed una seconda famiglia con una rotazione intorno al medesimo asse.

I. Applicando ad una superficie S_0 un gruppo ∞^1 di movimenti si ottenga una famiglia di Lamé, e sia:

$$H_1^2\, du^2 + H_2^2\, dv^2 + H_3^2\, dt^2$$

la forma che l'elemento lineare dello spazio assume per il corrispondente sistema triplo: le superficie dedotte da S_0 siano quelle che corrispondono ai diversi valori di t, ed alla S_0 corrisponda il valore zero del parametro. I punti che si trovano situati sulla stessa traiettoria ortogonale hanno tutti le medesime coordinate $(u\,,v)$; così viene a stabilirsi una corrispondenza tra i punti di S_0 e quelli di una superficie generica S_t della famiglia. Un'altra corrispondenza si può ottenere considerando il movimento T che conduce S_0 nella S_t; sia in questo modo $(u_1\,,v_1)$ il corrispondente su S_t del punto $(u\,,v)$ su S_0. Ad uno stesso punto di S_0 si possono dunque far corrispondere con due leggi diverse due punti $(u\,,v)$ ed $(u_1\,,v_1)$ di S_t e si ottiene così una corrispondenza tra punti di una medesima superficie. Questa corrispondenza trasforma in sè stesso il sistema delle linee coordinate; essa è perciò analiticamente rappresentata da equazioni della forma:

$$(1) \qquad\qquad u_1 = \varphi(u\,,t)\,; \quad v_1 = \psi(v\,,t)$$

che per $t = 0$ dànno $u_1 = u$; $v_1 = v$.

Se in entrambe le (1) mancasse il parametro t, esse avrebbero la forma $u_1 = u$; $v_1 = v$ e significherebbero che le traiettorie del movimento sono anche traiettorie ortogonali della famiglia considerata. Questa famiglia si comporrebbe perciò di piani: le altre due famiglie che completano il sistema triplo sarebbero composte entrambe o di cilindri, o di superficie di rotazione.

Ritornando al caso generale ed interpretando le (1) come le equazioni di una schiera di corrispondenze tutte sulla medesima superficie, è facile vedere che tale schiera è un gruppo. Una famiglia di Lamé, che non sia formata di soli piani, o di sole sfere, individua un sistema triplo, e perciò se la famiglia di Lamé è trasformata in sè stessa da un movimento, anche il sistema triplo viene trasformato in sè stesso: ne segue che la forma delle equazioni (1) non dipende dalla superficie iniziale S_0.

Si applichi ora alla S_t un movimento V del gruppo ∞^1 di movimenti e si ottenga una superficie S_v in cui il punto $(u_2\,,v_2)$ corrisponda ad $(u_1\,,v_1)$. Sulla S_v si ha una corrispondenza $(u_2\,,v_2\,;\,u\,,v)$ relativa alla superficie iniziale S_0 ed al movimento TV, una corrispondenza $(u_2\,,v_2\,;\,u_1\,,v_1)$ relativa ad S_t ed al movimento V, e la risultante $(u_1, v_1; u, v)$ è anch' essa contenuta nelle equazioni (1).

Quando la famiglia considerata si compone di piani o di sfere, basta aggiungere la condizione che il sistema triplo sia trasformato in sè stesso dal movimento perchè questo risultato sussista.

Sono ora da distinguere due casi secondo che il parametro t si presenta in entrambe le (1), od in una sola tra esse. Nel primo caso si ha la forma canonica:

$$u_1 = u - t; \quad v_1 = v - t$$

e le superficie $u - v = $ costante sono invarianti nel movimento. Nel secondo caso si ha la forma canonica:

$$u_1 = u - t; \quad v_1 = v$$

e le superficie $v = $ costante sono invarianti nel movimento.

Quasi tutte le precedenti considerazioni sussistono se invece dei movimenti si parla di trasformazioni conformi dello spazio.

II. Consideriamo una schiera ∞^2 di superficie eguali:

$$x = x(u, v, a, b)$$
$$y = y(u, v, a, b)$$
$$z = z(u, v, a, b)$$

in cui a, b sono i parametri che individuano la superficie, ed u, v le coordinate di tutti i punti omologhi; sia:

$$dx^2 + dy^2 + dz^2 = \mathrm{H}_1^2 \, du^2 + \mathrm{H}_2^2 \, dv^2 + m \, da \, du + m_1 \, db \, du + {} + n \, da \, dv + n_1 \, db \, dv + p \, da^2 + p_1 \, db^2 + q \, da \, db$$

onde per la famiglia $b = \varphi(a)$:

$$dx^2 + dy^2 + dz^2 = \mathrm{H}_1^2 \, du^2 + \mathrm{H}_2^2 \, dv^2 + \left(m + m_1 \frac{d\varphi}{da} \right) da \, du + {}$$

(1) $$+ \left(n + n_1 \frac{d\varphi}{da} \right) da \, dv + \left(p + q \frac{d\varphi}{da} + p_1 \left(\frac{d\varphi}{da} \right)^2 \right) da^2.$$

Se questa è una famiglia di Lamé, deve esser possibile con un cambiamento di coordinate della forma:

(2) $$u = \mathrm{U}(u_1, a); \quad v = \mathrm{V}(v_1, a)$$

ridurre la forma (1) a non contenere che i quadrati dei differenziali. Ma la trasformazione (2) dipenderà effettivamente anche dalla funzione $\varphi(a)$ e dalle sue derivate; sarà perciò del tipo:

$$u = \mathrm{U}\left(u_1, a, \varphi(a), \frac{d\varphi}{da}, \dots \frac{d^r\varphi}{da^r} \right)$$
$$v = \mathrm{V}\left(v_1, a, \varphi(a), \frac{d\varphi}{da}, \dots \frac{d^r\varphi}{da^r} \right)$$

e si dovrà avere:

$$\left(m + m_1 \frac{d\varphi}{da}\right) \frac{\partial u}{\partial u_1} +$$

$$+ 2H_1^2 \frac{\partial u}{\partial u_1} \left(\frac{\partial u}{\partial a} + \frac{\partial u}{\partial \varphi} \frac{d\varphi}{da} + \frac{\partial u}{\partial \frac{d\varphi}{da}} \frac{d^2\varphi}{da^2} + \cdots \frac{\partial u}{\partial \frac{d^r\varphi}{da^r}} \frac{d^{r+1}\varphi}{da^{r+1}}\right) = 0$$

ed una analoga equazione per V.

Se queste equazioni devono essere soddisfatte per qualunque funzione φ, è necessario che sia:

$$\frac{\partial u}{\partial \frac{d^r\varphi}{da^r}} = 0 \cdots \frac{\partial u}{\partial \frac{d\varphi}{da}} = 0.$$

e perciò U (e V) non dipenderà che da $u_1(v_1)$, a, e b. È utile insistere su questo risultato: se una superficie può generare una famiglia di Lamé con due movimenti diversi, è noto che lo stesso avviene anche per tutti i movimenti che risultano dalla combinazione di quei due; e si può perciò supporre, senza nulla togliere alla generalità dei risultati, che i movimenti in questione formino un gruppo ∞^2. Si ha dunque una schiera di ∞^2 superficie eguali ed ogni schiera ∞^1 staccata dalla schiera ∞^2 è una famiglia di Lamé: prese due superficie ad arbitrio, vi sono infinite di tali famiglie che contengono le due superficie; ma la corrispondenza determinata dalle traiettorie ortogonali tra i punti delle due superficie è una sola: essa non dipende dal cammino percorso per passare dall'una all'altra superficie, ma soltanto dalle posizioni iniziale e finale. È da notare che il ragionamento seguìto per giungere a questo risultato, si applica anche alle trasformazioni conformi dello spazio.

Con considerazioni identiche a quelle del n. I si dimostrerà che le

$$u = U(u_1, a, b); \quad v = V(v_1, a, b)$$

rappresentano un gruppo di trasformazioni, e si potranno perciò ricondurre a forme canoniche.

Per restare in questa Nota nei limiti che mi sono prefisso, supporrò ora che la superficie S_0 possa generare una famiglia di Lamé con movimenti permutabili: pel primo movimento M_1 siano:

$$u_1 = \varphi(u, t); \quad v_1 = \psi(v, t)$$

le formole della corrispondenza tra punti omologhi nel movimento, e punti omologhi nel sistema triplo; pel secondo movimento M_2 siano:

$$u' = \Phi(u, \tau); \quad v' = \Psi(v, \tau).$$

Applicando ad S_0 prima il movimento M_1 e poi il movimento M_2, si ottenga una superficie S_1 su cui la corrispondenza sarà:

$$u_1' = \Phi(u_1, \tau); \quad v_1' = \Psi(v_1, \tau)$$

applicando invece prima M_2 e poi M_1 si avrà su S_1 la stessa corrispondenza, rappresentata dalle formole:

$$u_1' = \varphi(u', t); \quad v_1' = \psi(v', t).$$

Quindi:

$$\Phi(\varphi(u, t), \tau) = \varphi(\Phi(u, \tau), t)$$
$$\Psi(\psi(v, t), \tau) = \psi(\Psi(v, \tau), t).$$

D'altra parte è noto che due gruppi ∞^1 della varietà ad una dimensione non possono essere permutabili: qnindi i gruppi:

$$u_1 = \varphi(u, t); \quad u' = \Phi(u, \tau)$$

o sono identici tra loro, od uno tra essi si riduce alla trasformazione identica; lo stesso deve dirsi dei gruppi in u. Se i due gruppi in u fossero identici, e lo fossero pure tra loro i due gruppi in v, i movimenti non sarebbero distinti e formerebbero un unico gruppo ∞^1. Ne segue che una almeno delle formole di trasformazione deve ridursi alla identità; ciò che può esprimersi nel seguente modo:

Se una superficie può generare due famiglie di Lamé con due movimenti diversi, permutabili tra loro, in uno dei due sistemi tripli una famiglia si compone di superficie invarianti nel movimento.

Questo risultato ed il ragionamento che vi conduce sussistono anche sostituendo alla parola 'movimento' la locuzione 'trasformazione conforme dello spazio'.

Sulle superficie invarianti consideriamo le traiettorie del movimento, e da tutti i punti di una di tali linee conduciamo le traiettorie ortogonali della famiglia: le superficie che così si ottengono incontrano ortogonalmente la famiglia delle superficie invarianti, ed è evidente che quando il movimento è una rotazione od una traslazione esiste una terza famiglia di superficie ortogonali alle due precedenti. In un tale sistema triplo le traiettorie del movimento sono traiettorie ortogonali e la terza famiglia si compone quindi di piani: è questa una soluzione del problema che potremmo dire triviale.

Resta solo l'ipotesi che la famiglia di superficie invarianti possa far parte di due diversi sistemi tripli; ma in tal caso essa si compone di piani o di sfere. Se il movimento è una traslazione, le superficie invarianti sono piani paralleli ad una data direzione, e le altre due famiglie del sistema triplo sono composte di superficie modanate; se il movimento è una rotazione intorno ad un asse, le superficie invarianti sono sfere coi centri su quell'asse e le altre due famiglie del sistema triplo sono composte di superficie di Joachimstal.

Si hanno dunque i seguenti teoremi:

Se una superficie può generare due famiglie di Lamé con due traslazioni, essa è una superficie modanata a sviluppabile direttrice cilindrica.

Se una superficie può generare due famiglie di Lamé con una traslazione ed una rotazione intorno al medesimo asse, essa è o una superficie modanata a sviluppabile direttrice cilindrica, o una superficie di Joachimstal.

Sui teoremi analoghi che potrebbero stabilirsi pei gruppi permutabili di trasformazioni conformi dello spazio, mi riservo di tornare in altra occasione.

III. Dopo i risultati ottenuti nel numero precedente, la effettiva determinazione delle superficie cercate non presenta alcuna difficoltà e solo dei calcoli lunghi. Il Lévy (¹) ha già eseguita una parte di questi calcoli: egli dopo aver osservato che le superficie modanate a sviluppabile cilindrica possono generare per traslazione una famiglia di Lamé, si è proposto di determinare quelle superficie modanate che generano una famiglia di Lamé anche per rotazione intorno all'asse di traslazione. Oltre le sfere, che insieme ai piani possono considerarsi in simile questione come soluzione triviale, egli ha trovato quelle superficie modanate di cui la sviluppabile direttrice è un cilindro circolare. Ponendo invece la condizione che tali superficie debbano generare una famiglia di Lamé per una traslazione ortogonale alle generatrici del cilindro direttore, si otterrebbero solo piani, sfere e superficie cilindriche.

Tali risultati possono ottenersi del resto assai semplicemente con considerazioni geometriche. Lo mostrerò ora cercando le superficie di Joachimstal che generano una famiglia di Lamé per traslazione lungo l'asse dei piani di curvatura.

Se in un sistema triplo una famiglia si compone di superficie di Joachimstal con lo stesso asse o, vi è una seconda famiglia per le superficie della quale le linee di curvatura di un sistema sono tutte in piani passanti per o; tale famiglia si compone dunque di superficie di Joachimstal, e la terza famiglia si compone di sfere coi centri sull'asse o. Se inoltre un tale sistema triplo deve trasformarsi in sè stesso per traslazione lungo l'asse o, bisogna che le sfere siano di egual raggio; è chiaro che questa è anche condizione sufficiente; nel senso che una qualunque superficie di Joachimstal in cui le linee di curvatura sferiche sono tutte su sfere di egual raggio può generare per traslazione e rotazione due famiglie di Lamé.

(¹) L. Lévy, *Sur les systèmes triplement orthogonaux* (Journal de Math. 1892).

Si ha quindi il teorema seguente:

Le sole superficie che per rotazione e per traslazione lungo un medesimo asse o, generano famiglie di Lamé sono, oltre i piani e le sfere, le superficie modanate in cui la sviluppabile direttrice è un cilindro circolare parallelo ad o, e le superficie di Joachimstal in cui le linee di curvatura di un sistema sono tutte su sfere di egual raggio coi centri sull' asse o.

Fisica. — *Intorno alla dilatazione termica assoluta dei liquidi e ad un modo per aumentarne notevolmente l'effetto.* Nota II di G. GUGLIELMO, presentata dal Socio BLASERNA.

In una Nota precedente descrissi un modo per aumentare a volontà la differenza di livello che si produce nell'apparecchio di Dulong e Petit per effetto della dilatazione termica dei liquidi; esso consiste nel sostituire al tubo ad U di Dulong e Petit un tubo ad elica a spire rettangolari coi lati rispettivamente verticali e orizzontali. Se si riscalda un lato dell'elica, supposta piena di liquido, in ciascuna spira si produce una differenza di pressione agente nello stesso senso per tutte le spire, e nei rami estremi dell'elica si manifesta una differenza di livello tanto maggiore quanto maggiore è il numero delle spire.

Collo scopo di studiare il modo di funzionare del metodo, volli eseguire esperienze di misura con un apparecchio di maggiori dimensioni di quello usato per dimostrazione, e con le opportune cure per avere temperature costanti e ben determinate. Mi proposi di determinare la dilatazione dell'acqua da 0° a 100°, e sebbene le difficoltà incontrate a causa della ristrettezza dei mezzi di cui potevo disporre, e le incertezze inevitabili nella costruzione di un nuovo apparecchio e nell'uso di un nuovo metodo non mi abbiano permesso finora di eseguire altre esperienze all'infuori d'una sola preliminare, dovendo per non breve tempo interrompere l'esperienze, credo utile descrivere l'apparecchio da me usato ed il modo di procedere delle medesime.

Volli sperimentare con un'elica di 10 spire e con tubi verticali di un metro; siccome però mi sarebbe stato difficile costruirla tutta d'un pezzo, e adoperarla senza romperla, deliberai di stabilire le comunicazioni fra i tubi orizzontali e le estremità ripiegate orizzontalmente dei tubi verticali mediante corti tubi di gomma.

Come apparecchio di riscaldamento a 100° usai una grande stufa a vapore a doppia parete, quale si usa per determinare il punto 100° dei termometri, di cui feci prolungare il cilindro esterno e quello interno (che aveva 18 cm. di diametro) in modo che avessero l'altezza di m. 1,20. Alla parte superiore di questi feci saldare una tubulatura laterale simile e sulla stessa verticale di quella che già trovavasi alla parte inferiore, che attraversa i due cilindri e che serve ordinariamente pel manometro ad acqua; la distanza verticale degli assi di queste due tubulature era di 1 metro.

Per raffreddare a zero, o per mantenere alla temperatura ambiente l'altro lato dell'elica, usai un recipiente cilindrico d'ottone alto circa 1,20 m. con due tubulature laterali, una in alto, l'altra in basso, collocate lungo una stessa verticale e cogli assi distanti 1 metro. Tanto la stufa che questo bagno erano collocati sopra solidi treppiedi, in modo che le tubature suddette, inferiori e superiori rispettivamente fossero alla stessa altezza, prospicienti l'una all'altra, distanti circa 90 cm. e cogli assi coincidenti.

I tubi verticali erano di vetro, di 4 mm. di diametro, ed in origine avevano la lunghezza di circa 1,30 m.; furono poi ripiegati ad angolo retto alle estremità, colle precauzioni più sotto indicate, in modo che la distanza fra gli assi dei tratti ripiegati fosse quella voluta di circa 1 metro. Questi tubi ripiegati si potevano introdurre agevolmente nella stufa o nel bagno, si poteva farne sporgere le estremità ripiegate al di fuori delle tubature suddette e stabilire le comunicazioni fra i tubi della stufa e quelli del bagno, mediante tubi orizzontali di vetro lunghi circa 60 cm. e congiunti alle estremità ripiegate dei tubi orizzontali mediante corti tubi di gomma, in modo da formare l'elica voluta. In tal modo l'apparecchio non è punto fragile, si può facilmente comporre e scomporre, e nel caso che qualcuno dei tubi presenti qualche difetto o si rompa, lo si può facilmente cambiare; inoltre l'altezza dei tratti di tubo che si trovano sia a 0° che a 100° è perfettamente determinabile col catetometro, osservando i tratti ripiegati orizzontalmente che sporgono sia dal bagno che dalla stufa.

Usando tubi di 4 mm. di diametro e tenuto conto dello spessore dei tubi di gomma per le congiunzioni, entro tubulature di 15 mm. di diametro si possono far passare 7 tubi, in modo da formare un'elica di 7 spire, ed entro tubulature di 25 mm. di diametro si potrebbero far passare 19 tubi e formare un'elica di 19 spire; nel mio apparecchio le tubulature avevano 22 mm. di diametro ed usai un'elica di 10 spire, non senza qualche difficoltà a causa delle imperfezioni della costruzione degli apparecchi. Affinchè le estremità ripiegate dei 10 tubi verticali possano stare simultaneamente entro le tubulature circolari suddette, bisogna che questi tubi abbiano diverse lunghezze, e perciò i tubi da me usati formavano 3 strati, uno di 3 tubi lunghi circa 99 cm., uno di 4 tubi lunghi 1 metro ed uno di 3 tubi lunghi 101 cm., riuniti in modo che i tubi più corti fossero compresi fra le ripiegature di quelli più lunghi.

Affinchè i tubi così congiunti non formassero un arruffio non facilmente estricabile, era necessario anzitutto che essi fossero piegati regolarmente e che avessero esattamente le lunghezze prescritte; deviazioni anche piccole, specialmente nella grandezza dell'angolo dei tratti ripiegati, rendono molto difficile l'unione del sistema dei tubi. Perciò per piegare regolarmente i tubi feci uso d'un telaio di legno coi lati orizzontali lunghi 98,5 cm. e coi lati verticali ben perpendicolari ad essi e lunghi circa 20 cm.; sulla faccia orizzontale superiore di questo telaio fissai a 10 cm. da ciascuna estremità un blocco di legno; questi erano di ugual spessore e su di essi collocavo il tubo di vetro da ripiegare. Riscaldando il tubo in corrispondenza delle facce verticali del telaio, e facendo uso della fiamma da smaltatore un po' bianca, la cui azione è più limitata e meglio definita che non quella di Bunsen, il tubo si rammollisce e lentamente si piega per effetto del peso delle estremità; scaldando lentamente, e spostando opportunamente la fiamma si riesce agevolmente ad ottenere che le estremità si adattino esattamente contro le facce verticali del telaio, ed abbiano l'inclinazione e la distanza voluta. Del resto le ripiegature si spostano facilmente senza deformarsi, qualora si scaldi e si allarghi di poco un lato della ripiegatura e poscia si scaldi e si richiuda l'altro lato della ripiegatura stessa. Adattando sulle facce verticali del telaio lamine di legno di spessore conveniente, potei ottenere le 3 lunghezze di tubi richiesti.

I tubi che avevo a mia disposizione, che si trovavano in questo Gabinetto fisico da tempo immemorabile, scaldati si svetrificavano, facilmente si sformavano e riuscivano molto fragili; per evitare questo inconveniente ed altresì per determinare con maggior esattezza la lunghezza dei tratti di tubo a 100° o a 0°, le estremità ripiegate dei tubi verticali erano formate da tubi capillari a pareti spesse (tubi da termometro); perciò usai tubi di vetro di 4 mm. di diametro lunghi circa 98 cm., alle cui estremità saldavo due tratti di tubo capillare lunghi circa 18 cm. sui quali veniva a cadere la ripiegatura che facevo nel modo sopra indicato. Un'avvertenza importante da seguire quando si fanno le saldature del tubo capillare col tubo di maggior diametro, si è quella di evitare la produzione di rigonfiamenti, e di cambiamenti bruschi di diametro nel punto delle saldature, ed anzi di far sì che il foro capillare si raccordi col foro di maggior diametro con un lungo tratto leggermente conico; ciò per evitare che poi, durante l'esperienza, vi si formino o trattengano bolle d'aria. In ciascun gruppo dei tubi di ugual lunghezza, cioè di 99, 100 e 101 cm., i tubi componenti, già muniti dei corti tubi di gomma che dovevano servire per le congiunzioni, erano tenuti assieme da fascette di lamina sottile d'ottone, prima legate strettamente e poi saldate, in modo che i tratti ripiegati si trovassero su di un piano un po' inclinato, talchè osservando poi col catetometro, le estremità anteriori non venissero a coprire interamente quelle posteriori; i 3 gruppi poi furono riuniti nel modo già indicato, separandoli con laminette piane metalliche in modo che l'insieme dei 10 tubi formasse un sistema di tubi disposti regolarmente in 3 strati vicini ma non a contatto. Introdotti questi tubi nella stufa e nel bagno rispettivamente, questi ultimi non dovendo subire una notevole variazione di temperatura, vi furono fissati riempiendo con gesso gl'interstizi nelle tubulature e più tardi imbevendo il gesso con paraffina fusa. Invece i tubi introdotti nella stufa furono lasciati riposare liberamente entro le rispettive tubulature, e gl'interstizi vennero riempiti di cotone.

Completai poi le comunicazioni in modo da formare l'elica di 10 spire mediante tubi orizzontali di vetro di 4 mm. di diametro, di conveniente lunghezza (circa 60 cm.) e corti tubi di gomma, avvicinando poi lentamente e progressivamente la stufa e il bagno in modo che questi tubi orizzontali fossero quasi a contatto colle estremità ripiegate che dovevano mettere in comunicazione. Nella disposizione da me adottata, i due tubi che stabiliscono la comunicazione fra due strati diversi, hanno necessariamente un'inclinazione di 5 mm. circa su una distanza di 600 mm., perchè l'elica incominciava coi tubi più lunghi (101 cm.) che percorreva tutti, poi passava successivamente nei 4 tubi medi, e poi in quelli corti coi quali terminava; incominciando e terminando l'elica coi tubi medî, sarebbe stato possibile ottenere che i tubi di passaggio da uno strato all'altro avessero avuto inclinazioni due a due uguali e contrarie.

Le estremità libere dell'elica si trovavano nel lato orizzontale inferiore e il più lontano possibile dalla stufa, e comunicavano con due tubi di gomma lunghi oltre 1 metro che terminavano con due tubi di vetro, aperti e adiacenti, di circa 1 cm. di diametro.

Nel mettere in azione questo apparecchio, si presentarono parecchie difficoltà. Nel riempire l'elica di acqua bollita si formarono parecchie bolle d'aria, alcune delle quali rimanevano prigioniere e invisibili nei rigonfiamenti di alcune saldature più imperfette. Continuando a far passare acqua bollita, il loro numero e la loro grandezza andò diminuendo, poi invertendo la direzione della corrente d'acqua, potei spingerle nei tubi orizzontali, dove non solo divennero così visibili, ma le potei anche scacciare staccando la congiunzione di gomma presso la quale trovavasi la bolla. Occorreva però che in entrambi i tubi con cui terminava l'elica, l'acqua si trovasse ad un livello più alto dei tubi orizzontali superiori, cosicchè l'acqua effluisse lentamente da entrambi i lati della congiunzione interrotta. Invece il far il vuoto nell'apparecchio riuscì più dannoso che utile, perchè a causa del cattivo stato delle congiunzioni in gomma, da esse penetravano numerose bolle.

Un altro inconveniente preveduto era quello della lentezza con cui passava il liquido e si stabiliva l'eqilibrio delle pressioni nell'interno dell'elica. Thiesen, Scheel e Diesselhorst nel loro apparecchio secondo Dulong e Petit, avevano stabilito alla base dei tubi verticali due tubi di comunicazione, uno piuttosto largo che si poteva chiudere con un robinetto ed uno capillare lungo 2 metri, esattamente livellato che doveva servire durante la misura. A causa però delle oscillazioni della temperatura e della lentezza con cui si uguagliavano le pressioni attraverso questo lungo tubo capillare, esso non fu potuto usare.

Avendo intenzione di sperimentare a temperature ben costanti quali quella del ghiaccio fondente e dell'ebollizione dell'acqua, tale inconveniente non avrebbe avuto importanza nel mio apparecchio, sebbene la lunghezza complessiva dei tubi capillari fosse di 4 m.; pur troppo però quelli che avevo a mia disposizione erano molto più capillari di quello che fosse necessario, e l'inconveniente accennato veniva inutilmente accresciuto. Tuttavia, siccome da esperienze preliminari risultò che ciascuno dei tubi verticali, colle sue due appendici capillari, per una differenza di pressione agli estremi di 1 metro d'acqua, lasciava passare 10 cm³ d'acqua al minuto, e quindi il sistema dei venti tubi avrebbe lasciato passare 0,5 cm³ d'acqua al minuto, credetti di poter evitare sufficientemente l'inconveniente accennato. Nel fatto risultò che attraverso l'elica per una pressione di m. 2,50 d'acqua passava 1,25 cm³ d'acqua al minuto, e siccome la capacità totale calcolata dell'elica era di circa 200 cm³, occorrevano circa 3 ore perchè l'acqua si rinnovasse completamente, supposto che essa si spostasse senza mescolarsi colla sopraveniente. Essendo la temperatura di tutti i punti dell'elica uguale a quella ambiente e stabilendo fra i livelli del liquido nei tubi estremi una differenza di circa 100 mm., questa diminuiva di 1 mm. ossia di 1/100 del suo valore per minuto.

Finalmente un terzo inconveniente fu che riscaldando la stufa a 100°, nei tubi in essa contenuti si svilupparono bolle di aria e vapore che interrompevano la colonna d'acqua ed impedivano che essa obbedisse liberamente alla pressione idrostatica. Per evitare ciò, non solo riempii l'apparecchio di acqua lungamente bollita, ma vi mantenni per una intera notte una corrente di acqua bollita che facevo effluire con una pressione di 2,50 metri d'acqua. A tale scopo facevo bollire lungamente l'acqua in un gran bicchiere di vetro sottile (coperto con un recipiente di latta contenente acqua fredda, che rinnovavo di tanto in tanto quando era riscaldata). Collocato poi il bicchiere sopra un sostegno molto elevato, per mezzo d'un lungo tubo a sifone congiunto a un'estremità dell'elica facevo scorrere in questa l'acqua bollita. Inoltre, durante l'esperienza, i due tubi con cui terminava l'elica erano in comunicazione con un serbatoio d'aria alla pressione di circa 2 metri d'acqua oltre la pressione atmosferica.

Tuttavia, forse perchè i tubi di gomma e le cavità che presentavano i tubi svetrificati fornivano una larga provvista d'aria, non mi riuscì d'evitare completamente il suddetto inconveniente; non v'è dubbio che continuando a far passare acqua bollita nell'apparecchio, sarei riuscito ad esaurire la provvista d'aria chiusa nella gomma o nelle cavità del vetro, ma essendosi rotti due tubi della stufa (forse troppo strettamente legati) e dovendo a ogni modo interrompere le esperienze, non volli rimettere i tubi rotti o sperimentare coll'elica di 8 spire, contando di riprendere le esperienze, in in migliori condizioni.

Nella seguente tabella sono esposti i risultati di una serie di esperienze; la temperatura della stufa era di 99°,9; quella dell'altro recipiente 27°,5; è da notare che questo, non essendo ben saldato e lasciando sfuggir l'acqua, era vuoto ed i tubi si trovavano in un bagno d'aria. I termometri erano stati accuratamente confrontati con un campione di Baudin. Nella 1ª linea trovansi i valori del dislivello h osservato nei tubi estremi dell'elica; nella 2ª linea trovasi il valore $dh:d\tau$ della variazione di esso dislivello per minuto primo dedotto da molte osservazioni ripetute, che non duravano mai meno di 10′.

h mm.	418,5	394	354	383	374	369
$\dfrac{dh}{d\tau}$	$-0,44$	$-0,14$	$+0,48$	0	0,075	$+0,11$

I diversi valori di h furono ottenuti sollevando o abbassando l'uno o l'altro dei tubi estremi, in modo che la differenza di livello fosse ora maggiore ora minore di quella presunta corrispondente all'equilibrio, alla quale successivamente cercavo di avvicinarmi; pur troppo però la produzione di bollicine d'aria o di vapore gettavano qualche dubbio sui risultati, in quanto che il rallentamento o la cessazione dei movimenti delle colonne liquide poteva dipendere da ostruzione parziale o totale dei tubi capillari. Rimediavo temporaneamente a ciò sollevando di molto uno dei tubi estremi (e precisamente quello che comunicava immediatamente colla parte inferiore d'un tubo della stufa), in modo da costringere le bollicine supposte che dovevano trovarsi alla parte superiore dei tubi della stufa a passare nei tubi orizzontali, dove a causa della loro piccolezza, della bassa temperatura e del maggior diametro dei tubi, divenivano innocue.

Prima d'incominciar le esperienze, quando la stufa e il bagno erano a temperatura ambiente, determinai il valore di $dh:d\tau$, producendo un dislivello di 7 cm. ed osservando la sua variazione col tempo, dalla quale risultò $dh:d\tau = 0,0105\,h$; però avendo trascurato di invertire il dislivello e non essendo sicuro della vera posizione d'equilibrio dei due livelli, a causa delle possibili differenze di temperatura della stufa a doppia parete e del bagno a una sola parete, il numero così trovato non ha molto valore e conviene quindi, per dedurre il valore di h corrispondente alla posizione d'equilibrio, basarsi unicamente sui risultati riportati nella tabella.

Questo valore di h perciò può variare da 379 a 386 mm. a seconda delle coppie di valori che si considerano. Se si tien conto di tutti i valori, poichè le ragioni per escludere l'uno o l'altro sono troppo incerte, si ha un valore medio di $h = 383$ mm. che soddisfa abbastanza bene alla massima parte delle esperienze e che varia di pochissimo qualunque sia il valore di $\dfrac{1}{h}\dfrac{dh}{d\tau}$ che si adotta.

La lunghezza media dei 3 tubi più lunghi era a 100° di 1013,2 mm., quella dei 4 tubi medi era di 1001,7 mm. e quella dei tre tubi più corti di 989,5 mm. Dei tre tubi anteriori rispetto al catetometro la colonnetta liquida era visibile; degli altri era visibile solo il lato superiore o inferiore del tubo capillare e ne dedussi la posizione dell'asse, poichè m'era noto il diametro di questi tubi. Così l'altezza totale dei tubi a 100° era di metri 10,015, cui faceva equilibrio una uguale altezza di tubi a 27°,5 diminuita del dislivello osservato di 383 mm. Ne risulta per la densità dell'acqua a 100° il valore 0,9583, che è bensì un po' differente da quello 0,9586 trovato col dilatometro; ma la differenza non parrà grande se si considera che l'esperienza riportata è la prima esperienza preliminare.

Possibilmente ripeterò e continuerò le esperienze con un apparecchio modificato secondo gl'insegnamenti che risultano dall'esperienza precedente. Anzitutto credo indispensabile che tutti i tubi verticali abbiano molto approssimativamente la stessa lunghezza (e non già 3 diverse lunghezze come nell'apparecchio descritto); occorrerà quindi far costruire la stufa e il bagno prismatici invece che cilindrici: con tubulature piatte in modo che i tubi vi stiano uno accanto all'altro, e non uno sotto o dentro l'altro; sarà utile altresì usare tubi d'ottone stagnato come hanno fatto Thiesen, Scheel e Diesselhorst, qualora mi risulti che non ne risulta errore sensibile nella misura delle altezze.

Fisica. — *Contributo allo studio del Magnetismo generato dalle fulminazioni nei mattoni*. Nota del dott. PERICLE GAMBA, presentata dal Socio BLASERNA.

Fino dal 1771 G. B. Beccaria ([1]) aveva osservato che mattoni colpiti dal fulmine presentavano una magnetizzazione al pari del ferro e dei suoi minerali, ma posteriormente essa fu attribuita invece alla cottura, giacchè, come aveva trovato il Boyle, l'argilla cotta sotto l'influenza del campo terrestre si magnetizza ([2]). D'altronde non era mai stato osservato alcun mattone prima e dopo la fulminazione, per poter indicare con certezza gli effetti del fulmine. Però sarebbe stato facile dimostrare in due modi, che questa ob-

([1]) *Elettricismo artificiale di G. B. Beccaria*. Torino 1771, pag. 307, paragr. 735. — *Deux nouveaux points d'analogie du magnétisme imprimé par la foudre sur les Briques et les Pierres ferrugineuses*. Copie d'une lettre écrite dans le 1776 par J. Beccaria à Louis Cotti de Brusasque. *Observations sur la Physique* etc. par M. Rozier. Tomo 9, pag. 382, 1777. A Paris.

([2]) *Lettre de M. Romme rélative à l'aimantation des Briques par la foudre et par le feu ordinaire*. *Observations sur la Physique* etc. par M. Rozier, Tomo X — Luglio 1777. A Paris.

biezione portata contro l'asserzione del Beccaria non regge gran fatto; sia coll'esame diretto della distribuzione del magnetismo imposto, sia coll'intensità della magnetizzazione stessa. Si sa che un mattone od un vaso qualsiasi di argilla, esposto ad alta temperatura sotto l'influenza del campo magnetico terrestre, acquista una polarità costante ed invariabile a seconda del modo con cui è stato cotto (¹). Si può quindi osservare una distribuzione regolare del magnetismo indotto, trovandosi i due poli uno al di sopra, l'altro al di sotto dell'oggetto rispetto alla posizione nella quale era tenuto durante la cottura; nè mai accade diversamente di così. Mentre si scorge facilmente una grande irregolarità nel magnetismo indotto nei mattoni fulminati, in modo che si possono trovare i poli su di una linea diagonale rispetto alle faccie del mattone stesso ed anche trasversale, senza alcun riguardo alla posizione del mattone; e talvolta si possono pure trovare nello stesso pezzo due punti di forte polarità a piccola distanza tra loro. Questi fatti riscontrati sempre in ogni fulminazione, sarebbero sufficienti a togliere ogni dubbio sulla provenienza del magnetismo osservato. Ad ogni modo si conosce anche quale sia l'intensità magnetica che assume un mattone cotto; essa è così debole da non produrre alcuna deviazione sull'ago magnetico di una piccola bussola tascabile (²), e quindi per avvertirla e misurarla sarebbe necessario operare con istrumenti di molta maggiore sensibilità. Mentre le magnetizzazioni scoperte nei luoghi fulminati sono state indicate sempre da bussolette ordinarie, sull'ago delle quali talvolta era tale l'effetto da esse prodottovi, da capovolgerlo addirittura. Una magnetizzazione quindi così intensa dei mattoni può provenire dalla cottura esclusivamente, senza che sieno intervenute altre cause? Evidentemente no. Non si può quindi attribuire questa magnetizzazione che alle scariche elettriche atmosferiche.

Il ragionamento che precede può essere esteso alle fulminazioni in generale sulle altre roccie soggette al magnetismo; per le quali poi esso è confortato da studî recentissimi, che hanno portato anche un contributo sperimentale mediante scariche artificiali (³), e che tolgono ogni dubbio sulla provenienza delle forti polarità, che su esse si riscontrano.

Io sono ora in grado di contribuire allo studio delle fulminazioni sui mattoni in appoggio all'asserzione del Beccaria, appunto sotto il doppio punto di vista poco sopra accennato.

Espongo nel presente lavoro il risultato di alcune osservazioni, fatte in alcune costruzioni costituite quasi essenzialmente di mattoni, riservandomi di continuare in seguito questi studî e di riferirne in proposito.

(¹) G. Folgheraiter, *Variazione secolare dell'inclinazione magnetica*. R. Accad. dei Lincei, vol. V, 2° sem. 1896, pag. 66.

(²) Come bussola normale il prof. F. Keller suggerisce quella il cui ago magnetico non superi 3 cent. di lunghezza.

(³) F. Pockels, *Ueber den Gestirnsmagnetismus und seine wahrscheinliche Ursache Neues Jahrbuch für Mineralogie, Geologie, und Paleontologie*. Jahrg., 1897, Bd. I.

1°. Villa di proprietà del cav. prof. Zampa, situata in « Monte Scosso » nei dintorni di Perugia. Si trova fra una casa colonica ed una piccola chiesetta; è più elevata e sta molto lungi dall'abitato. Il comignolo di un camino fu fulminato circa la metà del mese di luglio 1899; in seguito alla fulminazione fu rotto in parte; ricostruito parzialmente presenta alcuni *punti distinti* e *zone distinte*. È formato esclusivamente di mattoni tenuti insieme da calce mista a rena silicea del Tevere, che ordinariamente non presentano proprietà magnetiche, come ho potuto constatare in altri comignoli della stessa casa e di altre.

Esso ha la forma seguente: sopra uno zoccolo quadrangolare alto circa 20 cent. si eleva un vivo di oltre 60 cent. con trifore comunicanti coll'interno del camino in tutte e quattro le faccie; su esso sporge una cimasa dello spessore di circa 5 cent., la quale sostiene tre gradini alti ciascuno circa 10 cent,, terminati in una palla di travertino murata a calce sulla sommità. La faccia più interna verso il tetto della villa è rivolta a Nord-Ovest. A destra e a sinistra, quantunque il camino sia stato riportato a nuovo e ridipinto, si può seguire la traccia del fulmine fino circa la metà della sua altezza. Durante questo percorso, l'ago della bussoletta risente l'influenza di un campo magnetico, che ne sposta la posizione normale ed in alcuni punti, che discendendo vanno indebolendosi, si hanno degli spostamenti di oltre 90°, tutti della stessa polarità; a destra di chi sul tetto osserva il camino si ha polarità Sud, a sinistra polarità Nord. Nella faccia di fronte all'osservatore si notano due soli punti distinti d'intensità magnetica notevole, tale da rovesciare i poli della bussola, l'uno più alto di polarità Nord, l'altro più basso circa 10 cent. di polarità Sud, ma situati su due mattoni diversi. Nell'interno del camino, per quanto fosse malagevole introdurvi la bussola, pure ho potuto constatare con sicurezza a sinistra un punto distinto di intensità mediocre di polarità Sud, che sembra stare in corrispondenza colla zona esterna di polarità opposta e che forse è il principio di un'altra zona. Dalla parte destra, malgrado accurate osservazioni non ho potuto rinvenire internamente alcuna traccia di magnetizzazione, forse per essere stato il materiale vecchio fulminato sostituito con del nuovo. Il fulmine poi, abbandonato il camino, si gettava sul tetto rompendo dei mattoni e sfuggendo per la grondaia che era in diretta comunicazione col suolo; i mattoni erano stati sostituiti con dei nuovi, ed i frammenti dei vecchi non ho potuto rintracciarli, onde poterli esaminare. È notevole il fatto che la faccia del camino volta a Nord ha assunto polarità dello stesso nome, e quella volta a Sud ugualmente; di più la punta del camino, che era di travertino, non presentava alcuna magnetizzazione, come del resto era prevedibile (questa osservazione fu fatta il 2 settembre 1899).

2°. Palazzo Minciotti in « Petrignano d'Assisi » (Umbria). È situato nel centro del paese, non è molto elevato e poco lungi ha la chiesa del luogo, cui sovrasta il campanile sfornito anch'esso di parafulmine. Il 16 agosto 1896 è stato colpito dal fulmine in uno dei suoi angoli e precisamente nel muro esterno di un granaio. Il fulmine, sfondato il tetto in prossimità del trave centrale, è penetrato nell'interno ed ha lasciata traccia di sè lungo tutte la parete fino al suolo sotto la finestra che dà luce al granaio. Questo è un vasto stanzone diviso a metà da un arco di sostegno in muratura sotto il trave principale. All'angolo di questo colla parete laterale si vede un largo crepaccio lungo circa un metro, sopra cui è stata asportata l'impellicciatura di calce; così sono messi a nudo i materiali con cui è stato costruito il muro. Questo consta essenzialmente di pietre calcaree alternate con frammenti o con strati di mattoni collocati orizzontalmente. Sulla sommità di questo crepaccio, proprio al di sotto del tetto, vi è una serie di mattoni soprapposti. Su essi più specialmente si nota una larga zona distinta di polarità Sud, che comprende quasi tutta la parte di costruzione suddetta. Sui frammenti di mattoni alternati coll'altro materiale si può notare un solo punto distinto di polarità Sud, ma d'intensità debole, nello spigolo di un grosso pezzo sul quale si scorgono le traccie della fulminazione ([1]). Altri mattoni ancora presentano una leggera magnetizzazione appena sensibile con molta attezione per la bussola da me adoperata. Il resto del materiale non presenta, come era prevedibile, alcuna polarità. Seguendo poi la traccia lasciata dal fulmine, non ho potuto constatare alcuna magnetizzazione, poichè essendo probabilmente assai debole per lo strato di calce abbastanza spesso (circa un cent.) che rivestiva la parete, non poteva essere avvertita dalla mia bussola. Nella facciata esterna non si ha alcuna manifestazione magnetica, per quanto si scorga anche su essa una leggera fenditura corrispondente al cammino percorso dal fulmine (osservazione fatta il 18 ottobre 1899).

3º. Alle mie precedenti osservazioni aggiungerò ancora un altro caso di fulminazione su mattoni, constatato dal sig. G. Zettwuch e gentilmente comunicatomi:

Un casale denominato « De' Frontini » a circa 4 Km. al Sud di Viterbo tra la ferrovia e la strada provinciale che conduce a Vetralla, costruito essenzialmente di mattoni e calce, fu colpito dal fulmine durante l'estate del 1897. Il fulmine entrato da un camino situato lungo un muro laterale del casale, dopo breve tratto abbandonato il cammino e forata la parete laterale, era penetrato in una stanza del piano superiore. Ivi, dopo aver scheggiato un armadio posto lungo quella parete, forando in due punti il piancito, passò nella sottostante cucina, dove pure lasciò perforato il muro, e quindi si disperse nel suolo. I buchi della parete del piano superiore erano stati riempiti di calce alcuni giorni prima dell'osservazione (fatta il 10 settembre 1899)

([1]) Intendo per traccie della fulminazione le screpolature lasciate lungo il suo cammino dal fulmine sulla calce, che ricuopriva la parete e la conseguente fenditura della parete stessa.

ed accomodati. Ad ogni modo, esplorate le regioni del muro corrispondentemente ai buchi, il signor Zettwuch trovò che sopra tre regioni esplorate, due diedero segno non dubbio di polarità magnetica non indifferente, della stessa polarità Nord. Una delle regioni corrispondeva esattamente al punto d'ingresso del fulmine. Inoltre potè constatare che, spostando leggermente la bussola lungo la parete attorno ai buchi murati, l'ago si mostrava irrequietissimo, dando segni non dubbi della presenza di una notevole magnetizzazione.

Dalle precedenti osservazioni risulta che anche sui mattoni, come su altro materiale magnetico (soggetto al magnetismo), può venire generata una polarità da una fulminazione, indipendentemente dall'azione induttrice del campo terrestre, ed i cui effetti sono molto evidenti; anzi si può a mio avviso senz'altro asserire che i punti distinti, distribuiti in modo affatto irregolare e le zone distinte, che s'incontrano su costruzioni esclusivamente di mattoni, o di mattoni misti ad altro materiale non magnetico, non possono essere dovuti che a violenti scariche elettriche atmosferiche, come ho già precedentemente accennato.

L'aver trovato poi delle zone distinte in mattoni sovrapposti, cioè un largo tratto che presenta una forte polarità tutta dello stesso segno, sta a confermare le conclusioni già tratte dal dott. Folgheraiter (1), che le zone distinte scoperte nelle roccie magnetiche o sui ruderi della campagna Romana, composti essenzialmente da molti pezzi di pietrisco e da granelli di pozzolana, non sieno stati prodotti altrimenti che dalla presenza di un forte campo magnetico, che ne abbia orientate in un dato modo tutte le particelle magnetiche, indipendentemente dalla loro posizione rispetto al campo terrestre. Si può dire che lo stesso sia avvenuto per quelle contenute in una serie di mattoni, che maggiormente abbiano risentito l'influenza di quel forte campo magnetico, cui istantaneamente sono state messe in presenza.

Avendo potuto asportare, grazie alla cortesia dei proprietari, alcuni frammenti di mattoni fortemente magnetizzati in seguito alla fulminazione, mi riservo di determinare per loro mezzo se ed in qual maniera varii il magnetismo in quel modo acquistato.

Prima di chiudere questa Nota mi sento in dovere di ringraziare nuovamente i sigg. cav. prof. Zampa e dott. Minciotti per il cortese consenso rilasciatomi di compiere le precedenti osservazioni e per il materiale fornitomi, onde completare gli studî iniziati.

---

(1) G. Folgheraiter, fascicolo 8° dei *Frammenti concernenti la Geofisica nei pressi di Roma*, 1899.

Fisica terrestre. — *Il terremoto Emiliano della notte dal 4 al 5 marzo 1898.* Nota di G. AGAMENNONE presentata dal Socio TACCHINI.

L'epicentro di questo importante terremoto deve ricercarsi nell'Appennino parmense-reggiano in un punto caratterizzato in cifra tonda dalle seguenti coordinate geografiche:

lat. N 44° ¹/₂, long. 10° ¹/₃ E da Greenwich.

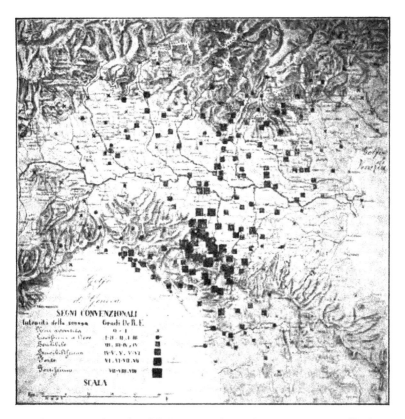

La massima intensità del fenomeno s'è verificata nel versante NE dell'Appennino ed ha raggiunto il grado VIII della scala *De Rossi-Forel*. L'area di massimo scuotimento raggiunse un migliaio di chilometri quadrati, mentre la porzione di superficie terrestre, dove la scossa arrivò a farsi sentire più o meno sensibile all'uomo, fu di circa 70000 km.² Si può avere un'idea dell'andamento del fenomeno dall'annessa carta che non ha bisogno d'alcuna spiegazione. Dall'esame della medesima si acquista ben presto la convinzione che la Valle Padana non ha punto ostacolata la trasmissione del movimento verso la Lombardia ed il Veneto, e ciò è dovuto probabilmente al fatto che il focolare sismico è stato assai profondo, perchè la maggior parte del movimento siasi potuta propagare al di sotto dei potenti strati alluvionali e pliocenici, e precisamente attraverso rocce ben più profonde ed elastiche.

Le località le più numerose, ove vennero segnalati il rombo ed il sussulto del terreno, sia pure associato al movimento orizzontale, si trovano nella regione epicentrale e ne' suoi dintorni, ma la percezione del sussulto e del rombo s'è avuta anche in alcune località lontanissime. Sembra poi che il rombo abbia preceduto la scossa e che il movimento sussultorio sia stato avvertito avanti l'arrivo dell'ondulazione del suolo.

In quanto alla durata del fenomeno, si può assegnare in media una dozzina di minuti secondi nelle provincie più colpite e nulla di più per le altre. Naturalmente gli strumenti sismici, situati in località più o meno distanti, sono stati perturbati assai più a lungo. Così, un sismografo rimase in moto a Parma per una quarantina di secondi, il microsismografo di Padova per un buon $^1/_4$ d'ora, ed il pendolo orizzontale di Strasburgo per quasi una mezz'ora. La scossa fu percepita dalle persone come avvenuta in due riprese principali, sia in prossimità, sia a grande distanza dall'epicentro.

In quanto alla direzione della scossa, osservata dall'uomo o registrata qua e là dagli strumenti, non s'è potuto ricavare alcun fatto positivo che potesse autorizzare la determinazione dell'epicentro in base alle varie direzioni.

Si può dire infine che l'Appennino reggiano-parmense è stato colpito all'improvviso dalla scossa di cui ci occupiamo, dopo un riposo sismico abbastanza lungo, tanto che bisogna risalire al 1896 per trovare qualche terremoto relativo alle sole regioni circostanti a quelle ore colpite. Ma se sono mancate scossette precursori, sonosi avute al contrario varie repliche, delle quali una, lievissima sì ma forse di grande estensione, avvenne circa 7-8 minuti dopo la grande scossa. Varie altre scossette ebbero luogo nella stessa notte, ma non ben precisate. Solo pare sicuro che poco prima della mezzanotte sia stato avertito un lieve movimento nel Reggiano, presso all'epicentro, ed un altro consimile verso l'alba del giorno successivo.

Premessi questi brevi cenni estratti da una monografia ([1]) sopra il terremoto in questione e che è bene aver presenti, vengo ora a far conoscere per sommi capi i risultati d'un mio studio sopra la velocità di propagazione di detto terremoto, e che sarà pure pubblicato nel *Boll. della Soc. Sism. Italiana*.

([1]) G. Agamennone, *Il Terremoto nell'Appennino parmense-reggiano della notte dal 4 al 5 marzo 1898*. Boll. della Soc. Sism. Ital. Vol. V, 1899-1900, pag. 72-92.

Scopo precipuo di questo studio è stato non tanto quello di voler conoscere con quale velocità si propagarono realmente le onde sismiche, quanto l'altro di dare un'idea delle gravi difficoltà alle quali fino ad oggi si è andato incontro in tali ricerche, per il fatto della estensione relativamente debole di terremoti consimili a quello di cui ci andiamo occupando. Infatti, data la ragguardevolissima velocità delle onde sismiche, posta ormai fuori di dubbio dalle moderne misure, ne consegue che se non si ha da fare con distanze un po' considerevoli, gli errori anche relativamente piccoli, inerenti alla determinazione delle ore, e la diversa sensibilità delle persone o degli strumenti possono falsare grandemente i risultati e far pervenire a leggi, le une più strane delle altre e non di rado tra loro contraddittorie.

Pel nostro terremoto si sono avuti in tutto 212 dati orarî, oscillanti tra 20^h e $22^h\,^3/_4$. A produrre in essi una così enorme latitudine hanno contribuito, oltre tante altre specie di errori, perfino quello di due ore intiere nella riduzione delle ore pomeridiane al sistema attualmente in uso in Italia, del contare cioè da 0^h alle 24^h. Fatta l'esclusione delle poche ore le più divergenti, tutte le restanti variano ancora da 22^h a $22^h\,^1/_2$. Non volendo prendere in considerazione, senza ragioni giustificative, le ore espresse in multipli di 5, ne restano per tal fatto scartate i $^2/_3$ del numero totale e ne rimangono solo 71, oscillanti ancora da $22^h\,2^m$ a $22^h\,25^m$. Esaminando quest'ultime ci formiamo ben presto la convinzione che molte tra esse debbono ancora contenere grossi errori, quantunque siano state date come precise od almeno incerte entro ristrettissimi limiti. La causa principale del disaccordo è senza dubbio la mancanza d'un esatto tempo campione nella più parte delle stazioni. Basandoci sulle migliori ore, osservate tanto in prossimità dell'epicentro quanto alle distanze più notevoli, non abbiamo creduto d'esagerare mettendo ancora da parte tutte le ore anteriori a $22^h\,3^m\,8^s$ e posteriori a $22^h\,10^m$, eccezione fatta per l'ora di Shide (Inghilterra).

Però c'inganneremmo di grosso se volessimo ritenere egualmente esatti tutti i 56 dati rimanenti, che presentano tra essi ancora una differenza massima di ben 7 minuti, non tutta spiegabile, nè con la diversa distanza dall'epicentro, nè colla varia fase del movimento a cui le ore furono osservate, quantunque si presuma che le medesime si riferiscano al principio della scossa. E se è probabile che molte di esse non si allontanino troppo dal giusto valore che per pura casualità, altre invece se ne allontanano in una misura allarmante, tanto che s'impone un'ulteriore epurazione fatta col criterio di abbandonare i dati orarî, anche se pochissimo divergenti, per tutte quelle località ove non si abbia una sufficiente garanzia del tempo campione, o dove l'errore probabile è riconosciuto essere superiore ai 2 minuti dagli stessi relatori, o dove infine, in seguito a speciale inchiesta, s'è dovuto riconoscere che questo limite d'incertezza non è punto sicuro. Ciò facendo, si sono posti in disparte un'altra buona metà dei predetti 56 dati orarî, in modo che non ne restano da utilizzare che soli 25, i quali non rappresentano neppure l'ottava parte del numero totale dei dati a nostra disposizione. E bisogna notare che sopra questi 25 dati, che sono il residuo di tante successive vagliature, ben dieci presentano ancora un errore probabile di $\pm 2^m$, otto di $\pm 1^m$, tre di $\pm 0^m 1/2$, quattro sole di $\pm 0^m 1/4$.

Per procedere al calcolo della velocità media apparente delle onde sismiche mediante il metodo de' minimi quadrati, e non volendo d'altra parte rendere troppo oneroso il lavoro, a causa del considerevole numero d'equazioni di condizione colle quali si avrebbe da fare, si sono ordinati i 25 dati orarî a seconda delle distanze crescenti delle rispettive località dall'epicentro e poi si sono divisi in quattro gruppi. Il 1° comprende dieci dati orarî, appartenenti a località la cui distanza varia da 35 a 115 km. dall'epicentro; il 2° nove dati orarî, osservati a distanze oscillanti da 130 a 165; il 3° tre dati, osservati da 340 a 370 km. di distanza; ed infine il 4° comprende pure tre dati orarî, ma ottenute a distanze da 510 a 1080 km. Facendo per ogni gruppo la media delle ore e delle distanze, tenuto debito conto del peso spettante ad ogni dato orario, si ottengono così quattro sole equazioni di condizione, le quali corrispondono a quattro località fittizie con le ore e distanze medie seguenti:

	Distanza dall'epicentro	Ora d'arrivo della scossa	$\sqrt{\text{peso dell'ora}}$
1ª località	km. 91 1/2	22ʰ 6ᵐ,6	26
2ª »	152	» 7,0	18
3ª	354	» 8,3	20
4ª	703	» 9,6	6

In base a questi valori, si ricava col metodo de' minimi quadrati una velocità media apparente di circa 2900 metri al secondo [1]. Nell'annessa figura schematica, dove le ascisse rappresentano le distanze delle varie località dall'epicentro e le ordinate i tempi, si trovano segnate con cerchi le 4 località fittizie predette, con dischetti tutte le 25 località di cui s'è utilizzata l'ora, ed infine con una linea retta la velocità media superficiale che è venuta fuori dal nostro calcolo. I diametri dei dischetti sono press'a poco proporzionali alla precisione delle rispettive ore. Calcolando ora per ogni stazione, in base alla velocità media trovata, l'ora a cui la scossa avrebbe dovuto principiare, e comparandola a quella che fu realmente osservata, si trovano differenze che raramente sorpassano, e di poco, il limite d'errore assegnato ad ogni località, come si rileva dalla tabella che segue:

[1] Per la forma delle equazioni da me adottate, rimando a quanto già esposi nella mia precedente Nota: *Velocità di propagazione delle principali scosse di terremoto di Zante* ecc., pubblicata in questi stessi Rendiconti. Ser. 5ª vol. 2°, pag. 393, seduta del 17 dic. 1893.

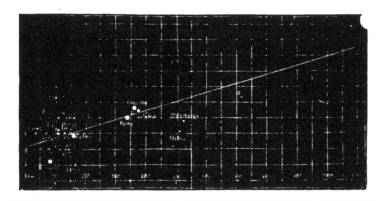

Distanza dall'epicentro	Località	Ora del principio		Differenza	Fonte
		osservata	calcolata		
Km. 0	Epicentro	—	22^h 6^m 6^s	—	—
35	Parma	22^h 7^m $\pm 1^m$	22 6 19	$+0^m 41^s$	Oss. met.
70	(*)Vergato (Bologna) .	22 7 ± 2	22 6 31	$+0$ 29	Uff. telegr.
80	Piacenza	22 8 ± 1	22 6 35	$+0$ 25	Oss. met.
80	Pistoia	22 6 ± 2	22 6 35	-0 35	Id.
85	Bologna.	22 $5.10^s \pm \frac{1}{4}$	22 6 36	-1 26	Id.
105	(*)Genova	22 9 ± 2	22 6 43	$+2$ 17	Id.
110	(*)Firenze	22 7 ± 1	22 6 45	$+0$ 15	Id.
110	Firenze	22 7.7 $\pm \frac{1}{2}$	22 6 45	$+0$ 22	Oss. Xim.
110	Firenze	22 8 $\pm \frac{1}{2}$	22 6 45	$+1$ 15	Oss. Querce
115	Ferrara	22 6 ± 2	22 6 47	-0 47	Oss. met.
130	Petrognano (Firenze)	22 7 ± 1	22 6 52	$+0$ 8	Oss. geod.
135	(*)Gargnano (Salò) . .	22 6 ± 2	22 6 54	-0 54	Uff. telegr.
135	Rovigo	22 8 ± 2	22 6 54	$+1$ 6	Oss. met.
145	(*)Barbarano (Vicenza)	22 6 ± 2	22 6 57	-0 57	Uff. telegr.
145	Bergamo	22 8 ± 2	22 6 57	$+1$ 3	Oss. met.
145	(*)Monza	22 8 ± 2	22 6 57	$+1$ 3	Id.
160	Padova	22 6 52 $\pm \frac{1}{4}$	22 7 3	-0 11	Ist. fisico
160	Padova	22 8 ± 1	22 7 3	$+0$ 57	Oss. met.
165	(*)Lecco	22 5 . ± 2	22 7 5	-2 5	Uff. telegr.
340	Roma	22 8 $\pm \frac{1}{4}$	22 8 6	-0 6	Coll. Rom.
360	Grenoble	22 8.34 $\pm \frac{1}{4}$	22 8 13	$+0$ .21	Prof. Kilian
370	Lubiana.	22 8.24 $\pm \frac{1}{2}$	22 8 16	$+0$ 8	Prof. Belar
510	Ischia	22 7.7 ± 1	22 9 5	-1 58	Oss. geod.
520	Strasburgo	22 7.49 ± 1	22 9 8	-1 19	Prof. Gerland
1080	Shide (Inghilterra) .	22 13.56 ± 1	22 12 24	$+1$ 32	Prof. Milne

(*) In questa località l'ora fu dedotta senza il sussidio d'alcun istrumento sismico.

Fanno eccezione Bologna ed Ischia, per le quali la differenza in questione si eleva rispettivamente a circa 1^m $^1/_2$ e 2^m, mentre l'errore presunto
non avrebbe dovuto sorpassare 0^m $^1/_4$ per la 1ª località ed 1^m per la 2ª.
Siccome non è probabile che tanta differenza debba ascriversi a ragguardevolissime anomalie nella propagazione del moto sismico dall'ipocentro fin proprio a Bologna e ad Ischia, così questo esempio mi pare abbastanza eloquente
per dimostrare con quanta riserva bisogna accettare anche i dati orarî, che
a prima vista possono sembrare sicurissimi sotto ogni riguardo, e quanta
oculatezza occorra perchè dal confronto degli uni cogli altri possa uno formarsi un criterio abbastanza esatto della precisione dei singoli dati, prima
di servirsene.

Se si volessero paragonare direttamente tra loro le ore più sicure, quali
sono quelle di Firenze, Padova e Roma, si otterrebbe una velocità di circa
2600 metri al secondo dal confronto di Padova con Roma, e di 4100 metri
da quello di Firenze con Roma. Il 1º di questi valori è forse troppo piccolo, perchè il solo strumento che in questa occasione funzionava in Roma
era meno sensibile di quello di Padova, mentre il 2º valore risulta invece
troppo alto, tenuto conto della minore sensibilità degli strumenti di Firenze
in confronto di Roma. Questi due valori costituiscono forse due limiti entro
cui cade la vera velocità di propagazione delle onde sismiche le più veloci,
quelle almeno che poterono influenzare in modo percettibile i varî strumenti
a distanzo più o meno ragguardevoli.

Che questa velocità siasi mantenuta approssimativamente costante col
crescere delle distanze, noi non abbiamo serî motivi per dubitarne, poichè
abbiamo visto già sopra che le differenze tra le ore osservate e quelle calcolate nelle varie stazioni, in base alla velocità da noi trovata, restano generalmente nei limiti degli errori probabili assegnati, e di più i segni positivi e negativi di dette differenze si alternano senza alcuna legge, che possa
dare anche un semplice indizio d'aumento o decremento della velocità colla
distanza. Che se qualcuno poi volesse ritenere che la velocità sia andata realmente crescendo coll'allontanarsi delle onde sismiche dalla regione epicentrale,
per il fatto che il dato orario d'Ischia resta nella figura troppo al di sotto
della linea retta che caratterizza la velocità media, c'è da obiettare che l'opposto si verifica per il dato orario di Shide d'una precisione circa uguale.
Eppure se l'accrescimento della velocità colla distanza realmente sussistesse
nella misura che da taluni si vorrebbe, il medesimo avrebbe pur dovuto ancor meglio affermarsi per Shide, che si trova ad una distanza dall'epicentro
perfino doppia in confronto d'Ischia.

Un calcolo sulla velocità di propagazione della fase massima del movimento, quale fu registrata nelle varie località, avrebbe condotto a risultati
ancor meno attendibili, vista l'incertezza nel poter determinare per ogni località il massimo della perturbazione e considerata la diversità degli strumenti qua e là adoperati.

Fisica terrestre. — *Il terremoto di Balikesri (Asia M.) del 14 settembre 1896*. Nota di G. AGAMENNONE, presentata dal Socio TACCHINI.

Questa Nota sarà pubblicata nel prossimo fascicolo.

Chimica. — *Nuovo metodo per la distillazione frazionata a pressione ridotta* ([1]). Nota di G. ODDO, presentata dal Socio E. PATERNÒ.

Varî metodi ed apparecchi sono stati descritti finora per eseguire la distillazione frazionata a pressione ridotta; quasi tutti però hanno l'inconveniente di richiedere oltre che l'uso di un apparecchio speciale, che forniscono le fabbriche e non sempre si può avere a disposizione, molte cure con relativa perdita di tempo affinchè si possa riuscire ad ottenere una grande rarefazione e raccogliere prodotti esenti di grasso.

Credo utile quindi pubblicare questo mio metodo perchè riesce alla portata di tutti: non richiede infatti altra abilità che saper saldare un tubo a ti; è inoltre rapido e si può adottare per qualunque massa di liquido, raccogliendo senza interruzione quante frazioni si vogliano.

Consiste infatti nell'attaccare all'estremità del refrigerante nel quale si fa la distillazione un piccolo tubo a T di questa forma

L'attacco si eseguisce introducendo l'estremità della canna del refrigerante nell'estremità A del tubo, e tenendo uniti i due capi per mezzo di un pezzettino di tubo di gomma lubrificato appena con un po' di grasso, affinchè possa ruotare più facilmente.

L'estremità del refrigerante è bene che sia un po' assottigliata e a becco di flauto, per evitare che nello spazio anulare che resta trale due superfici entri per capillarità del liquido.

Alle estremità *a* e *b* del tubo si attaccano pure, per mezzo di anelli di gomma nel modo suddetto, i due recipienti nei quali si vuole raccogliere:

([1]) Lavoro eseguito nell'Istituto di chimica generale dell'Università di Cagliari, settembre 1899.

uno è un pallone o una provetta, l'altro un pallone Erlenmeyer che per la canna di sviluppo viene legato alla pompa.

Si fa inclinare da principio il tubo a ti dalla parte del pallone Erlenmeyer e si raccoglie in questo la prima porzione che distilla; quando si vuole incominciare a raccogliere la seconda si fa ruotare il tubo a T e s'inclina dalla parte dell'altro collettore. Nel caso in cui invece di due si vogliano raccogliere quattro frazioni, basterà attaccare, sempre col metodo descritto, altri due tubi a T uguali alle estremità *a* e *b* del primo e manovrare con ciascuna di queste modificazioni come si è detto, per raccogliere le diverse frazioni separatamente.

Nei cataloghi di varie fabbriche (¹) si trovano disegnati dei tubi immaginati da Pauly, Bredt ed altri, la cui applicazione si avvicina a quelli del mio. Basterà però guardarne il disegno per convincersi che non solo non tutti i chimici hanno l'abilità di costruirseli, quando loro occorrono; ma, ciò che è più interessante, la separazione delle diverse frazioni non può avvenire nettamente a causa della superficie ristretta che intercede tra un foro di efflusso e l'altro successivo.

È quasi inutile avvertire che se il liquido che distilla bolle a temperatura elevata e ha calorico specifico basso basterà attaccare direttamente il mio tubo a ti alla canna di sviluppo del pallone Erlenmeyer in cui avviene l'ebollizione togliendo il refrigerante.

Chimica. — *Azione delle anidridi arseniosa e antimoniosa sul protocloruro di zolfo* (²). Nota di G. Oddo e E. Serra. presentata dal Socio E. Paternò.

Riscaldando a ricadere anidride arseniosa con protocloruro di zolfo, avviene esclusivamente la seguente reazione:

$$2As_2O_3 + 6S_2Cl_2 = 4AsCl_3 + 3SO_2 = 9S.$$

Gr. 19,8 di As_2O_3 (1 mol.) furono mescolati con gr. 40,5 di S_2Cl_2 (3 mol.) e riscaldati a ricadere: appena il liquido entrò in ebollizione, cominciò a svilupparsi anidride solforosa. Dopo circa un'ora la reazione era terminata, poichè era cessato lo sviluppo di questo gas e il liquido che ricadeva era incoloro. Col raffreddamento lo zolfo formatosi, che a caldo era rimasto in soluzione, cristallizzò quasi completamente. La parte liquida, decan-

(¹) Vedi p. es. il catalogo di Max Kaehler e Martini, Berlino, del 1899, pag. 59, nn. 794 e 797.

(²) Lavoro eseguito nell'Istituto di chimica generale dell'Università di Cagliari, settembre 1899.

tata, distillò del tutto incolora a 132° ed aveva tutti i caratteri del tricloruro di arsenico.

Col sesquiossido di antimonio e di bismuto la reazione avviene del tutto identicamente e si formano, assieme allo zolfo, che precipita, e all'anidride solforosa, che sfugge, i tricloruri di antimonio e di bismuto.

PERSONALE ACCADEMICO

Cenno necrologico del Socio straniero ROBERTO GUGLIELMO BUNSEN, letto dal Socio CANNIZZARO nella seduta del 5 novembre 1899.

« Roberto Guglielmo Bunsen che ha cessato di vivere a 88 anni nello scorso agosto, era nato nel 1811 a Gottinga. Con la tesi « Enumeratio ac descriptio hygrometrorum » ottenne in quella Università la laurea dottorale prima di aver raggiunto il ventesimo anno, a quell'età, in cui ora sogliono appena incominciarsi gli studî superiori specialmente presso di noi. A 22 anni divenne privato docente.

« Dopo alcuni studî fatti a Parigi, a Berlino, a Vienna, incominciò a dar saggio della sua speciale attitudine e singolare perizia sperimentale, pubblicando nel 1834 lo studio analitico dell'Allofano nella formazione dell'argilla plastica (¹) e la proposta dell'ossido di ferro per antidoto dell'acido arsenioso (²); e nel 1835 un esteso studio di alcuni speciali composti dei cianuri doppi coll'ammoniaca (³).

« Nel 1836 divenne professore di chimica nel Politecnico di Cassel al posto di Wöhler; nel 1838 nell'Università di Marburgo: nel 1851 in quella di Breslavia e nel 1852 finalmente fu chiamato all'Università di Heidelberga ove si fermò, e compì tutta la sua luminosa carriera di professore e di scienziato, sinchè gli ressero le forze cioè sino al 1889, anno nel quale deliberò ritirarsi, all'età di 78 anni.

« Il Bunsen rimarrà nella storia di questo secolo il modello dell'uomo che avendo sortito da natura doti favorevoli, si è dedicato esclusivamente al culto della scienza ed all'insegnamento di essa.

« Egli attese al compimento di tale nobile missione con costante assiduità e zelo per 56 anni di seguito senza alcuna interruzione (⁴).

(¹) Annali di Poggendorff *31*, 55 (1834).
(²)   "   "   "   *32*, 124 (1834).
(³)   "   "   "   *34*, 131 (1835).
(³) Non si creda però che così concentrato com'era negli studî, il Bunsen fosse indifferente al corso degli avvenimenti politici. Tra le preziose doti morali che lo fecero

Fanno eccezione Bologna ed Ischia, per le quali la differenza in questione si eleva rispettivamente a circa $1^m \, 1/_2$ e 2^m, mentre l'errore presunto non avrebbe dovuto sorpassare $0^m \, 1/_4$ per la 1ª località ed 1^m per la 2ª. Siccome non è probabile che tanta differenza debba ascriversi a ragguardevolissime anomalie nella propagazione del moto sismico dall'ipocentro fin proprio a Bologna e ad Ischia, così questo esempio mi pare abbastanza eloquente per dimostrare con quanta riserva bisogna accettare anche i dati orarî, che a prima vista possono sembrare sicurissimi sotto ogni riguardo, e quanta oculatezza occorra perchè dal confronto degli uni cogli altri possa uno formarsi un criterio abbastanza esatto della precisione dei singoli dati, prima di servirsene.

Se si volessero paragonare direttamente tra loro le ore più sicure, quali sono quelle di Firenze, Padova e Roma, si otterrebbe una velocità di circa 2600 metri al secondo dal confronto di Padova con Roma, e di 4100 metri da quello di Firenze con Roma. Il 1º di questi valori è forse troppo piccolo, perchè il solo strumento che in questa occasione funzionava in Roma era meno sensibile di quello di Padova, mentre il 2º valore risulta invece troppo alto, tenuto conto della minore sensibilità degli strumenti di Firenze in confronto di Roma. Questi due valori costituiscono forse due limiti entro cui cade la vera velocità di propagazione delle onde sismiche le più veloci, quelle almeno che poterono influenzare in modo percettibile i varî strumenti a distanzo più o meno ragguardevoli.

Che questa velocità siasi mantenuta approssimativamente costante col crescere delle distanze, noi non abbiamo serî motivi per dubitarne, poichè abbiamo visto già sopra che le differenze tra le ore osservate e quelle calcolate nelle varie stazioni, in base alla velocità da noi trovata, restano generalmente nei limiti degli errori probabili assegnati, e di più i segni positivi e negativi di dette differenze si alternano senza alcuna legge, che possa dare anche un semplice indizio d'aumento o decremento della velocità colla distanza. Che se qualcuno poi volesse ritenere che la velocità sia andata realmente crescendo coll'allontanarsi delle onde sismiche dalla regione epicentrale, per il fatto che il dato orario d'Ischia resta nella figura troppo al di sotto della linea retta che caratterizza la velocità media, c'è da obiettare che l'opposto si verifica per il dato orario di Shide d'una precisione circa uguale. Eppure se l'accrescimento della velocità colla distanza realmente sussistesse nella misura che da taluni si vorrebbe, il medesimo avrebbe pur dovuto ancor meglio affermarsi per Shide, che si trova ad una distanza dall'epicentro perfino doppia in confronto d'Ischia.

Un calcolo sulla velocità di propagazione della fase massima del movimento, quale fu registrata nelle varie località, avrebbe condotto a risultati ancor meno attendibili, vista l'incertezza nel poter determinare per ogni località il massimo della perturbazione e considerata la diversità degli strumenti qua e là adoperati.

Fisica terrestre. — *Il terremoto di Balikesri (Asia M.) del 14 settembre 1896*. Nota di G. AGAMENNONE, presentata dal Socio TACCHINI.

Questa Nota sarà pubblicata nel prossimo fascicolo.

Chimica. — *Nuovo metodo per la distillazione frazionata a pressione ridotta* ([1]). Nota di G. ODDO, presentata dal Socio E. PATERNÒ.

Varî metodi ed apparecchi sono stati descritti finora per eseguire la distillazione frazionata a pressione ridotta; quasi tutti però hanno l'inconveniente di richiedere oltre che l'uso di un apparecchio speciale, che forniscono le fabbriche e non sempre si può avere a disposizione, molte cure con relativa perdita di tempo affinchè si possa riuscire ad ottenere una grande rarefazione e raccogliere prodotti esenti di grasso.

Credo utile quindi pubblicare questo mio metodo perchè riesce alla portata di tutti: non richiede infatti altra abilità che saper saldare un tubo a ti; è inoltre rapido e si può adottare per qualunque massa di liquido, raccogliendo senza interruzione quante frazioni si vogliano.

Consiste infatti nell'attaccare all'estremità del refrigerante nel quale si fa la distillazione un piccolo tubo a T di questa forma

L'attacco si eseguisce introducendo l'estremità della canna del refrigerante nell'estremità A del tubo, e tenendo uniti i due capi per mezzo di un pezzettino di tubo di gomma lubrificato appena con un po' di grasso, affinchè possa ruotare più facilmente.

L'estremità del refrigerante è bene che sia un po' assottigliata e a becco di flauto, per evitare che nello spazio anulare che resta trale due superfici entri per capillarità del liquido.

Alle estremità *a* e *b* del tubo si attaccano pure, per mezzo di anelli di gomma nel modo suddetto, i due recipienti nei quali si vuole raccogliere:

---

[1] Lavoro eseguito nell'Istituto di chimica generale dell'Università di Cagliari, settembre 1899.

Fanno eccezione Bologna ed Ischia, per le quali la differenza in questione si eleva rispettivamente a circa $1^m \, ^1/_2$ e 2^m, mentre l'errore presunto non avrebbe dovuto sorpassare $0^m \, ^1/_4$ per la 1ª località ed 1^m per la 2^a. Siccome non è probabile che tanta differenza debba ascriversi a ragguardevolissime anomalie nella propagazione del moto sismico dall'ipocentro fin proprio a Bologna e ad Ischia, così questo esempio mi pare abbastanza eloquente per dimostrare con quanta riserva bisogna accettare anche i dati orari, che a prima vista possono sembrare sicurissimi sotto ogni riguardo, e quanta oculatezza occorra perchè dal confronto degli uni cogli altri possa uno formarsi un criterio abbastanza esatto della precisione dei singoli dati, prima di servirsene.

Se si volessero paragonare direttamente tra loro le ore più sicure, quali sono quelle di Firenze, Padova e Roma, si otterrebbe una velocità di circa 2600 metri al secondo dal confronto di Padova con Roma, e di 4100 metri da quello di Firenze con Roma. Il 1º di questi valori è forse troppo piccolo, perchè il solo strumento che in questa occasione funzionava in Roma era meno sensibile di quello di Padova, mentre il 2º valore risulta invece troppo alto, tenuto conto della minore sensibilità degli strumenti di Firenze in confronto di Roma. Questi due valori costituiscono forse due limiti entro cui cade la vera velocità di propagazione delle onde sismiche le più veloci, quelle almeno che poterono influenzare in modo percettibile i varî strumenti a distanzo più o meno ragguardevoli.

Che questa velocità siasi mantenuta approssimativamente costante col crescere delle distanze, noi non abbiamo serî motivi per dubitarne, poichè abbiamo visto già sopra che le differenze tra le ore osservate e quelle calcolate nelle varie stazioni, in base alla velocità da noi trovata, restano generalmente nei limiti degli errori probabili assegnati, e di più i segni positivi e negativi di dette differenze si alternano senza alcuna legge, che possa dare anche un semplice indizio d'aumento o decremento della velocità colla distanza. Che se qualcuno poi volesse ritenere che la velocità sia andata realmente crescendo coll'allontanarsi delle onde sismiche dalla regione epicentrale, per il fatto che il dato orario d'Ischia resta nella figura troppo al di sotto della linea retta che caratterizza la velocità media, c'è da obiettare che l'opposto si verifica per il dato orario di Shide d'una precisione circa uguale. Eppure se l'accrescimento della velocità colla distanza realmente sussistesse nella misura che da taluni si vorrebbe, il medesimo avrebbe pur dovuto ancor meglio affermarsi per Shide, che si trova ad una distanza dall'epicentro perfino doppia in confronto d'Ischia.

Un calcolo sulla velocità di propagazione della fase massima del movimento, quale fu registrata nelle varie località, avrebbe condotto a risultati ancor meno attendibili, vista l'incertezza nel poter determinare per ogni località il massimo della perturbazione e considerata la diversità degli strumenti qua e là adoperati.

Fisica terrestre. — *Il terremoto di Balikesri (Asia M.) del 14 settembre 1896*. Nota di G. AGAMENNONE, presentata dal Socio TACCHINI.

Questa Nota sarà pubblicata nel prossimo fascicolo.

Chimica. — *Nuovo metodo per la distillazione frazionata a pressione ridotta* ([1]). Nota di G. ODDO, presentata dal Socio E. PATERNÒ.

Varî metodi ed apparecchi sono stati descritti finora per eseguire la distillazione frazionata a pressione ridotta; quasi tutti però hanno l' inconveniente di richiedere oltre che l'uso di un apparecchio speciale, che forniscono le fabbriche e non sempre si può avere a disposizione, molte cure con relativa perdita di tempo affinchè si possa riuscire ad ottenere una grande rarefazione e raccogliere prodotti esenti di grasso.

Credo utile quindi pubblicare questo mio metodo perchè riesce alla portata di tutti: non richiede infatti altra abilità che saper saldare un tubo a ti; è inoltre rapido e si può adottare per qualunque massa di liquido, raccogliendo senza interruzione quante frazioni si vogliano.

Consiste infatti nell'attaccare all'estremità del refrigerante nel quale si fa la distillazione un piccolo tubo a T di questa forma

L'attacco si eseguisce introducendo l'estremità della canna del refrigerante nell'estremità A del tubo, e tenendo uniti i due capi per mezzo di un pezzettino di tubo di gomma lubrificato appena con un po' di grasso, affinchè possa ruotare più facilmente.

L'estremità del refrigerante è bene che sia un po' assottigliata e a becco di flauto, per evitare che nello spazio anulare che resta trale due superfici entri per capillarità del liquido.

Alle estremità *a* e *b* del tubo si attaccano pure, per mezzo di anelli di gomma nel modo suddetto, i due recipienti nei quali si vuole raccogliere:

([1]) Lavoro eseguito nell'Istituto di chimica generale dell'Università di Cagliari, settembre 1899.

quella di Dalton, e determinato i limiti di esse nell'assorbimento dei gas per mezzo di liquidi ed anche studiato con artificî ingegnosissimi le circostanze, i modi ed il tempo del propagarsi dell'esplosione nei miscugli gassosi detonanti; il che gli permise di costruire quella lampada generalmente in uso, nella quale sbocca dal becco il gas combustibile già mischiato all'aria senza che la fiamma si propaghi in basso. In varie pubblicazioni avea esposto i risultati di molte di tali ricerche ed i metodi gassometrici da lui inventati fatti adottare nel suo laboratorio prima a Marburgo e poi ad Heidelberga.

« Il Kolbe, nel 1843, in un articolo di dizionario avea reso di pubblica ragione una gran parte di tali metodi, ed allora Bunsen si risolse di riesaminarli, compierli e raccoglierli nel pregevole volume pubblicato nel 1857 col titolo sopra indicato, e che ha insegnato per più anni in tutti i laboratorî i metodi per la misura e l'analisi dei gas, rimanendo tuttavia pregevole guida nonostante i nuovi apparati eudiometrici introdotti.

« Il Bunsen di buon' ora rivolse la sua attenzione sul partito che nella chimica si sarebbe potuto trarre dalla corrente elettrica. Sin dal 1841 Egli si era procurato una sorgente economica di corrente abbastanza costante, sostituendo nella pila di Grove al platino il carbone convenientemente preparato e determinando accuratamente le variazioni nell'intensità della corrente prodotte da tale sostituzione (¹).

« Nel laboratorio di Marburgo fece impiegare questa sua nuova pila al Kolbe suo assistente, per intraprendere quelle importanti ricerche sull'elettrolisi dell'acido acetico e di altri acidi grassi dalle quali ebbero origine quelle fatte poi dal Kolbe in compagnia di Frankland e quelle tanto feconde di quest'ultimo.

« Avendo inoltre Bunsen bisogno per le ricerche fotochimiche di magnesio, ricorse all'elettrolisi del cloruro fuso e riescì con ingegnosa forma data all'elettrode di carbone su cui si raccolgono i globuli metallici, ad impedire che vengano a galleggiare sul cloruro fuso (²). Riuscì pure ad ottenere il cromo metallico (³) dalle soluzioni di suoi sali, dopo di aver accuratamente determinato le condizioni più favorevoli alla separazione dei metalli ed aver così scoverto la grande influenza che ha sull'andamento e sull'esito della elettrolisi la densità della corrente.

« Rivolse poi ogni cura a perfezionare il metodo della preparazione dei metalli alcalini e terrosi (⁴) mercè l'elettrolisi dei loro sali fusi, metodo che fu tanto fecondo in mano sua ed in mano dei suoi allievi sopratutto del

---

(¹) Annali di Liebig, *38*, 311 (1841); Annali di Poggendoff, *54*, 417 (1841); *55, 565* (1842).

(²) Annali di Liebig, *82*, 137 (1852).

(³) Annali di Poggendorff, *91*, 619 (1854).

(⁴) Annali di Pogendorff, *92*, 648 (1854).

Matthiessen (¹) e di Hillebrand e Norton (²) i quali due ultimi sono così riesciti ad ottenere allo stato metallico compatto il Cerio, il Lantanio ed il Didimio.

« Anche l'azione chimica della luce fu oggetto dello studio di Bunsen. Le ricerche in questo campo furono fatte in compagnia di Roscoe e pubblicate in più memorie dal 1855 al 1859 (³), che sono tuttavia considerate tra le più importanti pubblicazioni di chimica generale in questo secolo.

« Leggerò alcuni brani del giudizio che ne dà il prof. Ostwald, il quale volle ripubblicarle nella *Raccolta dei lavori classici delle scienze esatte* (⁴).

« Le ricerche fotochimiche di Bunsen e Roscoe, meritano il nome di « lavoro classico per due riguardi, in primo luogo perchè fondamentali « ed esemplari per il loro argomento, essendo state con esse le leggi gene- « rali che governano le azioni chimiche della luce, studiate sino allora « in alcuni punti ma non mai sistematicamente, sottoposte ad uno studio « esteso e particolareggiato che servì di fondamento e di punto di partenza « a tutte le ulteriori ricerche su questo soggetto, e perchè inoltre non si « può fare a meno di dichiararle non solo un esempio classico, ma l'esempio « classico per eccellenza di tutti i lavori sperimentali ulteriori nel campo « della Chimico-fisica. In nessun altro lavoro scientifico di quel tempo si « ritrova quel meraviglioso insieme di perizia fisica, chimica e di calcolo, « di acutezza nell'istituire le ricerche e di pazienza e perseveranza nell'ese- « guirle, di minuziosa diligenza nell'osservare ogni piccolo fenomeno ed infine « di larghe e profonde vedute sulle grandi questioni meteorologiche e co- « smiche ».

« Ciò che però tramanderà ai posteri più venerato il nome del Bunsen associato a quello di Kirchoff, è certamente l'introduzione dell'analisi spettrale fatta nel 1860, la quale può ben dirsi da loro scoverta (⁵). Non è mestieri in quest'aula di lungo ragionamento per dimostrare la fecondità dell'analisi spettrale, la quale condusse il Bunsen alla scoverta del Cesio e del Rubidio e dopo di lui condusse altri chimici alle scoverte del Tallio, dell'Indio, del Gallio e finalmente dell'Elio.

« Coll'analisi spettrale si è inoltre fondata la chimica siderea, e molto più ancora si aspetta da codesto metodo per chiarire la condizione di molti corpi celesti e forse la condizione medesima della materia in generale.

« Con quello splendido e celebre lavoro non si fermò l'attività del Bunsen; continuò invece ricerche e pubblicazioni di non lieve valore su diversi argo-

---

(¹) Annali di Liebig, *94*, 107 (1855); Journal de pharmacie, *23*, 155 (1855).

(²) Annali di Poggendorff, *155*, 683 (1875); *156*, 466 (1875).

(³) »   »   »   *96*, 373 (1855); *100*, 443, 481)1857; *101*, 235 (1857); *108*, 193 (1859).

(⁴) N. 34 e 38.

(⁵) Annali di Poggendorff, *110*, 161 (1860); *113*, 337 (1861).

menti tra i quali quelle sopra i metodi di determinare le densità di vapori ([1]) e quello importantissimo sugli spettri delle terre rare per mezzo delle scintille; ciò che giovò alla difficile separazione e riconoscimento di quei metalli rari. Nel 1870 poi pubblicò la descrizione di quel suo originale e celebre calorimetro a ghiaccio ([2]) col quale egli, prima, ed in seguito altri chimici, specialmente suoi allievi, determinarono i calorici specifici di molti metalli, sopratutto di quelli per la preparazione dei quali egli avea a disegno perfezionato il metodo elettrolitico. Così egli rettificò il peso atomico e le formule dei composti dell'Indio; e coi suoi proprî lavori direttamente, o con quelli dei suoi allievi o seguaci, eliminò non pochi dubbî sulle formule da attribuire ai composti di molti altri metalli trai quali a quelli del Cerio, Lantanio e Didimio. Si deve perciò riconoscere avere Egli notevolmente contribuito alla conferma ed accettazione del sistema dei pesi atomici attualmente in uso, e perciò alla razionale classificazione degli elementi poggiata su tal sistema.

« Nè voglio tacere che uno dei suoi allievi, il Pebal, guidato dai criterî del suo maestro, dimostrò sperimentalmente la dissociazione del vapore del cloruro di ammonio ([3]), confermando quello che era stato indovinato da me, e rimosse così l'ultimo ostacolo alla sicura applicazione della teoria di Avogadro e di Ampère.

« Il Bunsen invero non prese direttamente parte alle discussioni teoretiche che si agitavano in quel periodo della sua vita scientifica; ma non era stato indifferente all'argomento fondamentale della chimica, qual'era quello dei pesi atomici degli elementi e delle forme delle loro combinazioni ([4]). E quando ferveva su tal soggetto la polemica, egli si adoperava in silenzio a raccogliere dati sperimentali ed insegnare metodi per raccoglierne al fine di troncare i dubbî sulle quistioni pendenti.

« Questa fu sempre la sua missione.

« E la compì mirabilmente.

« L'ultimo lavoro da lui pubblicato nel 1887 riguarda un nuovo calorimetro a vapore ([5]) fondato sull'utilizzazione del calore latente di evaporiz-

([1]) Metodi gassometrici 2ª ediz., pag. 154 (1877).

([2]) Annali di Poggendorff. *141*, 1 (1870).

([3]) Annali di Liebig, *123*, 199 (1862); *131*, 138 (1864).

([4]) Nel 1860 essendomi avviato al Congresso dei chimici convocato a Karlsruhe da Weltzien, Wurtz e Kekulé per il settembre di quell'anno, mi fermai alcuni giorni ad Heidelberga ed ebbi occasione di conversare col Bunsen sull'argomento che si dovea discutere nel Congresso, cioè sulla scelta del sistema dei pesi atomici e della notazione dei loro composti. Egli si mostrò informato di ciò che io aveva pubblicato sull'argomento e su cui avea conversato col suo intimo amico Kopp; soddisfatto del tentativo di porre in accordo le deduzioni dai calorici specifici e dall'isomorfismo con quelle ricavate dall'applicazione della teoria di Avogadro, non discusse lungamente; ma la sua conversazione si rivolse subito ad enumerare le nuove esperienze da fare per troncare i dubbî.

([5]) Annali di Wiedemann, *31*, 1 (1887).

zazione, e del quale Joly (¹) aveva avuto contemporaneamente l'idea. Bunsen mostrò che con una disposizione opportuna si potevano ottenere risultati molto precisi; finora però l'apparato proposto non fu, per quanto io sappia, adoperato.

« Nel 1889 compiti i 78 anni mancandogli le forze fisiche, decise ritirarsi dall'insegnamento e visse in riposo fino all'agosto scorso.

« Non è certamente cosa lieta, sopra tutto per chi si avvicina a quell'età a cui dovrà seguir l'esempio di lui, imparare dal suo medico come egli passò quest'ultimo decennio della sua vita.

« Incominciò una lotta tra il desiderio che continuava in lui vivissimo di creare qualcosa col lavoro e l'impotenza prodotta dagli acciacchi fisici; tentò nei primi anni una ricerca sperimentale fatta coi soliti mezzi semplici, sopra non so quale questione di ottica; ma la vista dell'occhio sinistro, il solo che un'esplosione gli aveva lasciato intatto, si venne in tal modo indebolendo che egli dovè rinunziare al suo proposito. La conversazione degli amici a lui devoti potè sulle prime soddisfare il bisogno vivissimo in lui d'essere almeno informato dei più rilevanti progressi delle scienze naturali, ma anche l'udito veniva indebolendosi e questo conforto dovè sempre più ridursi. La melanconia che di lui s'impossessò non era in altro modo temperata che dalle gite nei boschi e nei monti da lui tanto amati. Un altro conforto però non gli mancò mai, e fu le prove di venerazione e benevolenza che gli venivano da tutti coloro che avevano goduto della sua intimità, e la serenità con cui poteva sempre guardare indietro tutta la sua vita spesa in beneficio della scienza e dell'insegnamento.

PRESENTAZIONE DI LIBRI

Il Segretario BLASERNA presenta le pubblicazioni giunte in dono, segnalando quelle inviate dai signori MASONI, BRANDZA e NALLINO.

Il Socio CERRUTI fa omaggio, a nome dell'autore, della pubblicazione, avente per titolo: *Aritmetica particolare e generale*, del prof. AMODEO.

Il Socio CAPELLINI offre una pubblicazione del Socio straniero KARPINSKY, ed un suo lavoro: *Sulle balenottere mioceniche di S. Michele presso Cagliari*, e ne discorre.

Il Corrispondente FINALI presenta l'opera del dott. C. TONINI, intitolata: *La cultura letteraria e scientifica di Rimini dal secolo XIV al secolo XIX*, e ne parla.

(¹) Proc. Roy. Soc. ,*41*, 248, 352 (1887).

CORRISPONDENZA

Il Segretario BLASERNA dà conto della corrispondenza relativa al cambio degli Atti.

Ringraziano per le pubblicazioni ricevute:

La R. Accademia delle scienze di Lisbona; la R. Accademia di scienze ed arti di Barcellona; la Società di scienze naturali di Buffalo; le Società geologiche di Manchester e di Sydney; il Museo di storia naturale di Bruxelles; il Museo di zoologia comparata di Cambridge Mass.

Annunciano l'invio delle proprie pubblicazioni:

La Società Veneto-Trentina di scienze naturali di Padova; la Società zoologica di Londra; la R. Scuola d'applicazione per gl'ingegneri di Roma; il Corpo Reale delle Miniere di Roma; l'Istituto geografico militare di Vienna; le Università di Leipzig, di Giessen e di Freiburg.

OPERE PERVENUTE IN DONO ALL'ACCADEMIA
presentate nella seduta del 3 dicembre 1899.

Amodeo F. — Aritmetica particolare e generale. Vol. I degli Elementi di matematica. Napoli, 1900. 8°.

Bachmetiew P. — Ueber die Temperatur der Insekten nach Beobachtungen in Bulgarien. Leipzig, 1899. 8°.

Baggi V. — Trattato elementare completo di geometria pratica. Disp. 66, 66[bis]. Torino, 1899. 8°.

Al-Battāni sive *Albatenii*. Opus astronomicum ad fidem Codicis escurialensis arabice editum, latine versum, adnotationibus instructum a C. A. Nallino. Pars. III. Romae 1899. 4° (Pubbl. R. Oss. di Brera n. XL 3).

Bonetti I. — Discorso per la solenne commemorazione del prof. C. Razzaboni. Bologna, 1899. 8°.

Brandza D. — Flora Dobrogei. Bucuresci, 1898. 8°.

Calandruccio S. — Sulle trasformazioni dei leptocefalidi in murenoidi. Catania, 1899. 8°.

Capellini G. — Balenottere mioceniche di S. Michele presso Cagliari. Bologna, 1899. 4°.

Carnera L. — Le ore di sole a Torino rilevate mediante l'eliofanometro nel triennio 1896-98. Torino, 1899. 8°.

Cavani F. — Elogio storico del prof. C. Razzaboni. Bologna, 1899. 8°.

Congresso (Il) di Bologna e le onoranze al prof. C. Razzaboni. Firenze, 1899. 8°.

De Angelis d' Ossat G. — I sofismi e le scienze naturali. Siena, 1899. 4°.

Gaillard C. — À propos de l'ours miocène de la Grive-Saint-Alban (Isère). Lyon [1899] - 8°.

Gallardo A. — Algunas reflexiones sobre la especifidad celular y la teoria fisica de la vida de Bard. Buenos Aires, 1899. 8°.

Id. — Notas fitoteratologicas. Buenos Aires, 1899. 8°.

Hulth J. M. — Oefversikt af faunistiskt och biologiskt vigtigare litteratur rörande Nordens Fåglar. Stokholm, 1899. 4°.

Karpinsky A. — Ueber die Reste von Edestiden und die neue Gattung Helicoprion. S^t. Petersburg, 1899. 8°.

Longo B. — Contribuzione alla cromatolisi (picnosi) nei nuclei vegetali. Roma, 1899. 4°.

Maragliano D. — Di alcune particolarità di struttura dell' Olecrano. Firenze, 1899. 8°.

Masoni U. — Corso di idraulica. 2ª ediz. Napoli, 1900. 8°.

Muggia A. — Parole per la inaugurazione del ricordo marmoreo dedicato al prof. C. Razzaboni. Bologna, 1899. 8°.

Naccari A. — Dell' influenza delle condizioni meteoriche sulla mortalità nella città di Torino. Torino, 1899. 8°.

Id. — Intorno alla resistenza ed alla carica residua dei dielettrici liquidi a varie temperature. Torino, 1899. 8°.

Pflüger E. — Ueber den Einfluss welchen Menge und Art der Nahrung auf die Grösse des Stoffwechsels und der Leistungsfähigkeit ansüben. Bonn, 1899. 8°.

Reina V. — Determinazioni di latitudine e di azimut eseguite nel 1898 nei punti Monte Mario — Monte Cavo — Fiumicino. Firenze, 1899. 4°.

Roberto G. — I vortici. Torino, 1899. 8°.

Scuola (R.) di applicazione degli ingegneri di Bologna. Notizie generali. Bologna, 1899. 8°.

P. B.

RENDICONTI

DELLE SEDUTE

DELLA REALE ACCADEMIA DEI LINCEI

Classe di scienze fisiche, matematiche e naturali.

Seduta del 17 dicembre 1899.

A. MESSEDAGLIA Vicepresidente.

--

MEMORIE E NOTE
DI SOCI O PRESENTATE DA SOCI

Fisica. — *Intorno ad alcuni modi per correggere e per evitare l'errore di capillarità negli areometri a peso costante e a volume costante ed intorno ad alcune nuove forme dei medesimi.* Nota I di G. GUGLIELMO, presentata dal Socio BLASERNA.

1. *Metodo del Marangoni per correggere l'errore di capillarità.* — Gli areometri a peso costante per la loro semplicità e per la proprietà di essere autoindicatori, sono frequentemente in uso, nonostante l'errore non piccolo causato dalla tensione superficiale dei liquidi nei quali si fanno galleggiare e nonostante i perfezionamenti e le semplificazioni che hanno subìto altri strumenti destinati allo stesso scopo, come la bilancia di Mohr, gli areometri di Reimann e di Lohnstein ecc.

Non credo che finora siano stati proposti altri metodi per correggere o per evitare l'errore suddetto in tali areometri, all'infuori di quello del Marangoni il quale usando due areometri di pesi e volumi diversi ma con tubi dello stesso diametro e considerando per ciascun liquido non i singoli pesi ed i singoli volumi immersi, ma le loro differenze, è riuscito ad eliminare per differenza l'errore suddetto. Il Sandrucci (Nuovo Cimento, 1895) giunge allo stesso risultato usando essenzialmente lo stesso metodo e la stessa formula, ma invece di usare due areometri ne usa uno solo, di cui fa variare peso e volume aggiungendo o togliendo un peso addizionale.

Questo metodo del Marangoni è certamente diretto, di esito sicuro ed anche di uso facile. Le serie di areometri molto sensibili, valevoli per tutte le densità più comuni, cioè da 0,700 ad 1,850 si compongono necessariamente di molti areometri (talora oltre 20) e sono perciò accompagnate da un areometro cercatore, di piccolo volume e corta scala, che serve per dare un valore approssimativo della densità cercata e quindi indicare quale degli areometri della serie conviene al liquido di cui si cerca la densità; ora quest' areometro cercatore può servire altresì per effettuare la correzione col metodo del Marangoni. Giova anzi notare che è molto utile, ma non indispensabile, che tutti gli areometri della serie ed il cercatore abbiano tubi dello stesso diametro; inoltre si può evitare il calcolo colla formula del Marangoni ed invece leggere direttamente la densità cercata nell'areometro sensibile, ed apportarvi poi la correzione per la capillarità, dedotta dall'indicazione dell'areometro cercatore e che con una opportuna costruzione degli areometri può aversi senza calcolo. Difatti la condizione d'equilibrio d'un areometro galleggiante può scriversi: $d = (p + 2\pi RF) : v$ essendo p ed R il peso dell'areometro ed il raggio del suo tubo ed essendo d ed F la densità esatta e la tensione superficiale, in senso verticale, del liquido; ossia $d = D + 2\pi RF : v$ essendo D la densità erronea del liquido, quale è data direttamente dall'areometro ed affetta dall'errore di capillarità. Per il cercatore si avrà invece: $d = D' + 2\pi R'F : v$ e quindi eliminando $2\pi F$ si ricava:

$$d = D + \frac{D - D'}{R'v/Rv' - 1}$$

ossia la densità esatta è uguale alla densità data direttamente dall'areometro sensibile, più una correzione espressa dal 2° termine. Scegliendo convenientemente i volumi degli areometri ed i diametri dei tubi, si può fare in modo che il denominatore del 2° termine sia 1 oppure 10; così nel caso di $R = R'$ per $v = 2v'$ oppure per $v = 11v'$ s'avrebbe:

$$d = D + (D - D') \text{ oppure } d = D + \frac{D - D'}{10}$$

formule molto semplici che si calcolano rapidamente. È utile notare che l'errore di capillarità $d - D$ è in ragione inversa del volume immerso ed in ragione diretta del diametro del tubo.

2. *Altro metodo semplice per determinare l'errore di capillarità.* — Un metodo per determinare e quindi correggere l'errore di capillarità, che ha il vantaggio di non richiedere un areometro supplementare, che non sempre si ha disponibile, e che si applica molto facilmente anche agli areometri a volume costante, è quello fondato sulla legge seguente, ovvia, ma che non ho veduto nè espressa nè applicata in nessun caso. La legge è che: *l'abbassamento che subisce un areometro per effetto della tensione superficiale del liquido nel quale galleggia, è uguale all'innalzamento medio che esso liquido subisce in un tubo aperto di ugual diametro, e più generalmente la*

depressione e l'innalzamento suddetti stanno come i raggi o i perimetri dei tubi rispettivi.

Quindi, se si prende un tubo aperto ai due capi, tale che il tubo dell'areometro vi entri giusto senza oscillarvi, e s'immerge il tubo parzialmente e verticalmente nel liquido, usando tutte le cure perchè il menisco vi si formi nelle stesse condizioni come attorno al tubo dell'areometro, l'altezza media del liquido nel tubo aperto rappresenta e misura di quanto il punto d'affioramento corretto dall'errore di capillarità sta al disotto del livello del liquido o del punto d'affioramento che realmente si osserva. Non occorre scala speciale per misurare l'altezza del liquido nel tubo aperto, potendo servire quella dell'areometro; l'errore derivante dal fatto che nelle scale dei densimetri la lunghezza degl'intervalli varia coll'altezza, è trascurabile; per altezza media si può prendere l'altezza del punto più basso del menisco al disopra del livello esterno, aumentata di $1/_3$ dell'altezza del menisco stesso.

Se però, come spesso avviene, il tubo dell'areometro fosse piuttosto largo, l'altezza capillare in un tubo di ugual diametro sarebbe molto piccola e gli errori di parallasse, di lettura, e dell'apprezzamento del valor medio sarebbero relativamente molto grandi; in questo caso è utile di usare un tubo aperto di diametro metà o un terzo di quello dell'areometro e dividere rispettivamente per due o per tre l'altezza capillare osservata. Si può anche rendere più facile e più esatta la lettura dell'altezza capillare nei tubi un po' larghi facendovi galleggiare, entro il tubo, un dischetto di lamina sottile di mica o anche di metallo, e giova anche per osservare nettamente la posizione del livello esterno farvi galleggiare un disco della stessa lamina con un foro pel quale passa liberamente ma senza troppo intervallo il tubo suddetto. In tal modo i menischi iu massima parte si spianano, e l'errore di parallasse si evita facilmente collocando l'occhio rispettivamente nel piano dei due dischi che funzionano come ottimi indici del livello del liquido.

Se il menisco non si forma regolarmente, sia dentro il tubo aperto che attorno al tubo dell'areometro, converrà pulire questi tubi nei modi soliti, ed a tal proposito è da notare che lo spirito del commercio, forse perchè impuro, è spesso inefficace, anzi dannoso, e l'acido nitrico bollente incomodo ad usarsi; invece la soluzione calda di carbonato sodico o di liscivia è comoda nell'uso ed efficace.

Che l'uguaglianza affermata dalla legge suddetta si verifichi, almeno in teoria, è pressochè evidente; in entrambi i casi essendo uguali la tensione superficiale, l'angolo di raccordamento ω e il contorno della superficie liquida a contatto del vetro, saranno pure uguali le forze che equilibrano questa tensione lungo il contorno suddetto, cioè il peso della colonnetta liquida sollevata nel tubo capillare, ed il peso della colonna di liquido spostata dall'areometro per effetto d'essa tensione. Se h è l'altezza di queste colonnette, F la tensione superficiale per mm., ω l'angolo di raccordamento ed R il raggio esterno del tubo dell'areometro e quello interno del tubo aperto, in entrambi i casi per l'equilibrio deve essere:

$$2\pi R . F \cos \omega = \pi R^2 h d , \qquad h = \frac{2F \cos \omega}{Rd} , \qquad F \cos \omega = \frac{Rh}{2} d .$$

Che l'angolo di raccordamento non dipenda dalla forma della superficie del solido, risulta dall'esperienze del Volkmann (Wied. Ann.); tuttavia, siccome queste esperienze, come pure quelle del Wilhelmy (Pogg. Ann.), che determinò colla bilancia la trazione che la superficie liquida esercita su una lamina o su un cilindro immersovi parzialmente, sono state eseguite in condizioni e con apparecchi molto diversi da quelli soliti per le determinazioni cogli areometri, ho creduto utile eseguire qualche esperienza in queste ultime condizioni e direttamente sugli areometri, rendendo inoltre la depressione prodotta negli areometri galleggianti dalla tensione superficiale del liquido permanentemente visibile e paragonabile coll'altezza capillare in un tubo aperto di ugual diametro, dimodochè queste esperienze si prestano anche per la dimostrazione nella scuola, e a tale scopo mi sono servito della disposizione seguente.

3. *Modo semplice per evitare l'errore di capillarità negli areometri a scala.* — Se si infila il tubo d'un areometro o densimetro dei soliti, in un dischetto forato ossia anello piano, di lamina sottile metallica, che possa scorrere facilmente su esso tubo e star fermo per attrito a un'altezza qualsiasi, e sia largo p. es. 1 mm. o 2, e s'immerge l'areometro in un liquido finchè questo giunga all'orlo del dischetto, la superficie liquida aderisce a questo orlo piuttosto tenacemente (più per l'acqua, meno per l'alcool, meno ancora per il petrolio) e può incurvarsi all'insù o all'ingiù per un certo tratto senza staccarsene o oltrepassarlo. Quindi se il dischetto è stato collocato sufficientemente vicino al punto d'affioramento e si lascia libero, con precauzione, senza urti, l'areometro, la superficie liquida continua ad aderire all'orlo suddetto incurvandosi verso l'alto o verso il basso a seconda che il dischetto è al disopra o al disotto della posizione esatta del punto d'affioramento. Regolando la posizione del disco si può ottenere che la superficie liquida si mantenga perfettamente piana e orizzontale, ciò che si scorge agevolmente osservandovi per riflessione gli oggetti circostanti, ed in tal caso la tensione superficiale non ha componente verticale, e quindi non agisce sulla posizione dell'areometro il cui punto d'affioramento è così quello esatto senza errore di capillarità [1].

Per ottenere che il dischetto possa scorrere lungo il tubo dell'areometro ma non caschi per effetto del suo peso, si può procedere in varî modi facili a

---

[1] Il principio di questo metodo è dovuto al Lohnstein che l'ha usato nell'areometro a volume costante (Wied. Ann. XLIV, pag. 61, 1891; Zeitschr. für Istrumentenkunde 1894).

immaginarsi. Si può usare un dischetto con un foro un po' piccolo, senz'altro, e le sbavature del foro possono fare da molla; converrà in tal caso prima fare il foro nella lamina sottile e poscia ritagliarla intorno al foro; però questo dischetto facilmente si sforma, e specialmente se il tubo non è ben cilindrico facilmente o non scorre, o casca. Si può saldare al dischetto due alette o striscie un po' cilindriche, le quali s'appoggino sul tubo e facciano da molla, e affinchè il liquido non salga lungo di esse, occorrerà che siano saldate nel mezzo della striscia piana del disco ad ugual distanza dal tubo e dall'orlo; niente vieta che le alette si trovino al disotto del disco e stiano immerse nel liquido. Alle alette si può anche sostituire un'elica di filo metallico (della quale si può a volontà diminuire il diametro, stirandola), coll'avvertenza suddetta di saldare il filo nel mezzo della striscia piana. Si può anche fare a meno di saldare il dischetto all'elica; usai un dischetto di mica, con un foro un pochino troppo grande tale che il tubo dell'areometro vi scorresse liberamente, così l'areometro e il dischetto galleggiavano indipendentemente, abbassando però l'elica finchè veniva a contatto col disco, tale indipendenza cessava e si poteva far sparire il menisco come nei casi precedenti.

Finalmente si può anche usare una fascetta o tubetto di lamina metallica un po' sottile (spessa p. es. da $^1/_{10}$ a $1^1/_2$ mm.), che faccia molla e possa così scorrere e fermarsi lungo il tubo. La si prepara facilmente avvolgendo strettamente per circa 2 spire una striscia rettangolare di lamina metallica, saldando il lembo esterno mentre quello interno fa da molla, e rendendo ben piano l'orlo superiore, al quale si fa poi aderire la superficie liquida.

Si può credere a prima vista che questo metodo così semplice, il quale sopprime con perfetta sicurezza l'errore di capillarità, renda inutile il metodo precedente che serve a correggerlo mediante l'altezza capillare nel tubo aperto, ma in realtà anzi i due metodi si completano reciprocamente. Il metodo dell'altezza capillare dà direttamente e automaticamente, con una precisione spesso sufficiente, la grandezza dell'errore che si vuol correggere; questa inoltre può servire per stabilire con molta approssimazione la posizione del dischetto corrispondente all'affioramento esatto, evitando così una serie di tentativi specialmente penosi se il liquido aderisce poco all'orlo del disco e facilmente lo oltrepassa. D'altra parte l'uso del dischetto scorrevole, per determinare la posizione esatta del punto d'affioramento, dà modo d'assicurarsi se la correzione ottenuta col metodo precedente è realmente esatta, e di renderla facilmente tale se non lo è.

Ho eseguito alcune esperienze per paragonare i risultati dei due metodi e per verificare come fosse soddisfatta in pratica la legge espressa nel paragrafo precedente. Ho sperimentato anzitutto con un areometro con tubo molto sottile (2,14 mm. di diametro) nel quale potevo impedire la formazione del menisco mediante una fascetta scorrevole di lamina sottile d'ottone, ed inoltre ho usato un tubo aperto ai due capi di 2,38 mm. di diametro interno (misurato al pari di quello dell'areometro con un microscopio a debole ingrandimento munito di micrometro oculare). Pur volendo operare nelle condizioni solite delle misure areometriche, non mi parve utile trascurare affatto ogni cura nella ripulitura delle superfici dell'acqua e del vetro. Perciò usai acqua ricevuta direttamente dal rubinetto della condotta, e ne rinnovai spesso la superficie facendo traboccare l'acqua dal recipiente; inoltre lavai il tubo dell'areometro con soluzione calda di carbonato sodico, fregando con uno straccetto tenuto da un manico di vetro, ed evitando di tenere l'areometro direttamente colle dita; per il tubo aperto, che era vecchio e coperto di polvere e cristallizzazioni, usai prima acido nitrico caldo e poscia la soluzione suddetta.

Immerso parzialmente il tubo aperto nell'acqua, colle solite cure perchè il livello interno vi assuma una altezza costante, il valore medio di questa risultò di mm. 13,0, quindi secondo la legge di Jurin, in un tubo di 2,14 mm. di diametro interno essa altezza sarebbe stata di 14,46 mm.

Immerso contemporaneamente l'areometro nell'acqua, colla fascetta scorrevole completamente immersa, e lasciando che si formasse il menisco, determinava col catetometro la posizione della sommità dell'areometro, quindi sollevato questo tanto da poter asciugare bene con carta da filtro il tubo e la fascetta, collocavo questa in modo che facendo galleggiare con precauzione l'areometro, la superficie liquida aderente all'orlo superiore della fascetta rimanesse piana, giovandomi della determinazione fatta col tubo aperto. Determinavo allora la nuova posizione della sommità dell'areometro, che risultò più alta della precedente di 14,4 mm., valore che ottenni anche ripetendo l'esperienza e dopo rinnovata la superficie dell'acqua e lavato nuovamente con soluzione sodica e con acido nitrico bollente il tubo dell'areometro. Questo valore differisce pochissimo da quello trovato per l'altezza capillare, ciò che conferma la legge suddetta e fornisce per la tensione superficiale $F \cos \omega$, il valore 7,7 mgr. per millimetro.

Se allorquando l'areometro galleggia senza menisco, lo si abassa in modo che l'acqua oltrepassi l'orlo superiore della fascetta e salga lungo il tubo, il menisco si forma nel modo solito, e l'areometro viene a subire la depressione dovuta alla tensione superficiale, e siccome il punto d'affioramento esatto è indicato dall'orlo superiore della fascetta, rimane apparente e verificabile, sia sopra apposita scala, oppure facendo uso del catetometro, che esso punto si trova tanto al disotto del livello generale quanto il livello medio nel tubo aperto ne rimane al disopra. La posizione del punto d'affioramento senza menisco, se ben determinata, rimane invariabile, quella col menisco invece col tempo s'abbassava lungo il tubo (ossia l'areometro si sollevava), ma ritorna al valore primitivo se si rinnova la superficie dell'acqua.

Sperimentai anche con un areometro pesa-vino il cui tubo aveva 3,70 mm. di diametro, nel quale la depressione prodotta dalla tensione superficiale (e misurata col catetometro, perchè la scala dell'areometro era troppo grossolana) risultò di 8,0 mm. mentre in un tubo aperto di 3,80 mm. di diametro l'altezza capillare risultò di 7,6 mm. ossia di 7,8 mm. per un tubo di 3,70 mm. Anche in questo caso l'accordo fra l'altezza capillare e la depressione dell'areometro è sufficiente, e la tensione superficiale F cos ω risulta ịd 7,3 mgr. per millimetro.

È da notare che con questo areometro la posizione del punto d'affioramento con menisco variava col tempo più rapidamente che non con l'areometro precedentemente usato, e che invece nel tubo aperto l'altezza capillare variava pochissimo. Invece in un altro tubo aperto di diametro quasi uguale ed immerso accanto al primo, l'altezza capillare, inizialmente uguale in entrambi, decresceva rapidamente, tanto che col tempo essi presentavano una differenza di circa 1 mm. Non ho avuto campo di stabilire se tale differenza nei modo di comportarsi dipenda da un'imperfetta pulitura, ciò che però mi pare poco probabile a causa delle ripetute puliture con acido nitrico, oppure dalla natura speciale del vetro e della sua superficie; però sarà utile che possibilmente l'areometro e il tubo aperto presentino tale inconveniente in grado poco sensibile.

Fisica. — *Sull'interruttore elettrolitico di Wehnelt* ([1]). Nota dei dottori R. FEDERICO e P. BACCEI, presentata dal Corrispondente BATTELLI.

1. Molte ricerche importanti sono state fatte sull'interruttore elettrolitico di Wehnelt, sia per misurare il numero delle interruzioni, sia per vedere in qual modo le condizioni diverse ne modifichino l'andamento.

Colle presenti esperienze noi abbiamo potuto determinare, oltre il numero *esatto*, anche la forma delle interruzioni; portando così un contributo per stabilire in modo chiaro il meccanismo del fenomeno, e agevolando lo studio dell'influenza di cause esteriori sul funzionamento dell'apparecchio.

2. *Determinazione del numero e della forma delle interruzioni.* — Abbiamo pensato, per la determinazione del numero delle interruzioni, ad un metodo più rigoroso di quelli usati precedentemente; metodo che nello stesso tempo ci ha permesso di rilevare la forma delle correnti interrotte: ciò che non era stato fatto ancora.

Per ottenere tale scopo, in serie col Wehnelt, oltre al rocchetto di induzione, abbiamo posto orizzontalmente un solenoide S (fig. 1), formato con parecchi strati di grosso filo di rame, avvolti su un nucleo di legno, attraversato da una canna di vetro CC nel senso della sua lunghezza. Cotesta canna venne riempita con solfuro di carbonio puro.

Un fascio di raggi di luce solare erano diretti da un eliostata E, lungo l'asse della canna, attraversavano due nichol N, N' posti l'uno prima, l'altro

([1]) Lavoro eseguito nell'Istituto di Fisica della R. Università di Pisa.

dopo del solenoide e venivano concentrati da una lente L su un nastro di pellicola fotografica avvolta sulla periferia di una puleggia P. Questa era fissata sull'asse di un piccolo motore elettrico e poteva girare con una velocità di 40 giri al secondo. Le varie parti di questo apparecchio, collegate rigidamente fra loro, erano racchiuse in una grande scatola di legno colle

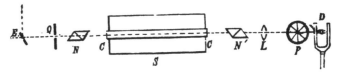

Fig. 1.

pareti interne annerite e munita di una sola apertura chiusa da un ottura-tore pneumatico O, il quale permetteva ai raggi del sole di penetrare sola-mente per un istante e al momento voluto, dentro la cassetta medesima.

Dopo ciò il modo di funzionare dell'apparecchio non ha bisogno di ulte-riori spiegazioni. Ponendo i due nichol all'estinzione e facendo poi scattare l'otturatore nel mentre la corrente passa per il Wehnelt, e il motorino è in moto, si ottiene sopra la pellicola, — dopo lo sviluppo — una striscia nera con interruzioni sfumate: tale che ad ogni istante l'intensità dell'impressione fotografica è funzione dell'intensità della corrente interrotta dal Wehnelt.

Per computare la velocità del motore abbiamo adoperato un diapason elettrico D (di cui si conosceva il numero delle vibrazioni per secondo), che si faceva agire solo al momento dell'esperienza, e la cui punta andava a scri-vere direttamente su d'un nastro di carta avvolto sulla stessa puleggia del motorino accanto al nastro fotografico (fig. 1).

Un amperometro misurava l'intensità della corrente che attraversava l'interruttore a meno di $1/4$ di Ampère; un voltmetro la caduta di poten-

Fig. 2.

ziale attraverso il Wehnelt a meno di $1/2$ volta. In serie col Wehnelt oltre al solenoide si trovava un rocchetto Ruhmkorff, di media grandezza, in cui tenevamo la distanza esplosiva a circa 15 mm.

3. La fig. 2 è un disegno (non ben perfetto nelle sfumature) di un piccolo tratto di striscia fotografica scelta a caso fra quelle che possediamo. Dall'esame di esse appare che il tempo per cui la corrente resta praticamente interrotta, è in media il sesto circa di quello che decorre fra due interruzioni succes-sive. Oltre a ciò, fino al momento della interruzione, l'intensità della cor-rente si mantiene quasi costante, e solo un momento prima decresce rapida-

mente. Essa forse non si annulla mai, come apparisce dalla tinta grigia che ha l'interruzione nella prova fotografica; ma raggiunge un valore limite.

L'intervallo fra due interruzioni consecutive è molto variabile, al contrario di quel che succede per la durata delle interruzioni. E precisamente, col crescere del numero delle interruzioni, la durata di queste sembra rimanere presso a poco la stessa, mentre diminuisce quasi unicamente il tempo per cui dura il passaggio della corrente.

4. Utilizzando il nostro metodo, tentammo di decidere se un forte campo magnetico avesse influenza sul funzionamento dell'apparecchio. Per ciò ricordiamo come molti sperimentatori hanno avuto risultato negativo, mentre il Rossi [1] osservò un'influenza marcata del magnetismo. Egli adoperò un elettromagnete Faraday-Ruhmkorff, eccitato da nove accumulatori Tudor, con i poli ovoidi a 4 cm. di distanza. Fra di essi era il Wehnelt di forma speciale, in modo che l'elettrodo attivo, lungo 25 mm., era disposto colla punta fra i poli del campo magnetico. Questo, secondo il Rossi, agisce come per *soffiar via* la guaina incandescente dell'elettrodo attivo, facendo così innalzare la tensione massima ai poli del secondario.

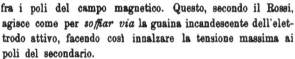

Nelle nostre esperienze facemmo uso di un Wehnelt costituito da una canna C di vetro (fig. 3) del diametro esterno di circa 2, cm., la quale era chiusa alle estremità da due tappi di ottone a vite T, T'. Di questi il superiore portava l'elettrodo attivo f, costituito da un filo di platino del diametro di circa $^2/_{10}$ mm. e lungo circa 15 mm.; il tappo inferiore invece portava l'elettrodo inattivo, costituito da una lamina di piombo di 10×10 cmq. avvolta a cartoccio-spirale. Come magnete adoperammo una grandissima elettrocalamita a ferro di cavallo, munita di espansioni polari terminate da piccole superfici ovoidi. Le punte di tali espansioni toccavano la canna del Wehnelt da noi adoperato, e quindi erano distanti 2 cm. fra loro. L'elettrodo attivo era posto all'altezza delle punte delle espansioni polari. L'intensità del campo magnetico era circa 12.000 unità [C. G. S.]. Sotto l'azione di tale campo, non abbiamo mai riscontrato cambiamento nel numero delle interruzioni per secondo. Ma la durata dell'interruzione era leggermente più piccola, e l'intensità della corrente passava quasi istantaneamente dal valore massimo a quello minimo.

FIG. 3.

Nelle prove fotografiche i tratti neri s'interrompevano quasi senza sfumatura alcuna. Da questo fatto, che conferma le vedute del Rossi, probabilmente dipendono i risultati da lui ottenuti; e invero la maggior rapidità dell'apertura del circuito deve produrre una f. e. m. indotta più elevata.

[1] N. Cimento, serie 4ª, vol. X, p. 199; 1899.

Inoltre il funzionamento dell'apparecchio sotto l'influenza del campo magnetico diventa ancora più irregolare che nelle condizioni ordinarie; le interruzioni non si succedono a intervalli uguali, cioè nelle prove fotografiche difficilmente si riscontrano due tratti neri della stessa lunghezza.

5. Risultati interessanti abbiamo pure ottenuti col variare la natura del liquido contenuto nell'interruttore. Abbiamo sperimentato con diversi liquidi, ma buoni risultati abbiamo ottenuto soltanto con una soluzione acquosa di bicromato di potassio e di acido solforico, che abbiamo preparato sciogliendo 10 parti in peso delle due sostanze in 100 parti di acqua.

I vantaggi che si hanno adoperando una tale soluzione, invece dell'acqua acidulata, sono diversi. Prima di tutto, colla stessa intensità di corrente e colla stessa f. e. m. nel circuito primario, il numero delle interruzioni è assai maggiore quando si adopera la soluzione di bicromato.

Diamo qui alcuni numeri che meglio dimostrano il confronto fra i due liquidi. Le esperienze sono state eseguite collo stesso apparecchio cambiando il liquido e lasciando inalterate le altre condizioni:

1.º

Soluzione di bicromato e acido solforico.

Caduta di potenziale attraverso il Wehnelt . . . 38 Volta
Intensità della corrente . . . . 5 Ampère
Numero delle interruzioni al secondo. 820

Soluzione di acido solforico al 10 %.

Caduta di potenziale attraverso il Wehnelt . . . 34 Volta
Intensità della corrente . . . . 5,3 Ampère
Numero delle interruzioni al secondo. 580

2.º

Soluzione di bicromato e acido solforico.

Caduta di potenziale attraverso il Wehnelt . . . 59 Volta
Intensità della corrente . . . . 5,3 Ampère
Numero delle interruzioni al secondo. 940

Soluzione di acido solforico al 10 %.

Caduta di potenziale attraverso il Wehnelt . . . 47 Volta
Intensità della corrente . . . . 6 Ampère
Numero delle interruzioni al secondo. 620

Si vede adunque come con un'intensità minore di corrente, coll'uso del bicromato si abbia una frequenza nelle interruzioni di circa una volta e mezza maggiore che con l'uso del solo acido solforico. La caduta di potenziale attraverso il Wehnelt è leggermente maggiore col primo liquido che col secondo.

La soluzione di bicromato presenta altri vantaggi. È noto come nell'interruttore Wehnelt in funzione, l'acqua acidulata entra in grande agitazione e acquista l'aspetto di una massa in tumultuosa ebollizione. Ben presto poi diventa lattiginosa, e tale si mantiene anche quando l'apparecchio cessa di agire, ritornando limpida soltanto dopo qualche tempo. Oltre a ciò il liquido rapidamente si riscalda e sale presto dalla temperatura dell'ambiente fino a circa 80° o 90° C. Infine a lungo andare il filo attivo di platino si ricopre di qualche incrostazione e l'apparecchio cessa dal funzionare.

Adoprando invece la soluzione di bicromato, si è sorpresi della regolarità con cui funziona l'interruttore. La soluzione si mantiene limpidissima e lo sviluppo gasoso è solo limitato attorno all'elettrodo attivo, senza che si estenda al resto della massa liquida. Le bollicine gasose vengono quietamente alla superficie liquida che resta quasi piana: tutto procede senza quel grande strepito che accompagnava di solito simili apparecchi. L'elettrodo di piombo si mantiene ben pulito, e nessun sale si forma a intorbidare la soluzione, che anche dopo lungo tempo si mantiene limpida. Infine il riscaldamento del liquido avviene molto meno rapidamente che con l'uso della soluzione di acido solforico, e solo dopo lungo andare si raggiunge la temperatura di circa 80°.

L'unico inconveniente che presenta l'uso della soluzione di bicromato di potassio è quello di alterarsi col tempo. Infatti il liquido annerisce lentamente e tende a perdere le sue qualità. Ma ciò avviene dopo lungo uso, e d'altra parte, anche quando il liquido stesso è diventato del tutto nero, l'apparecchio continua ad agire presso a poco come se contenesse una soluzione di solo acido solforico.

CONCLUSIONI

I risultati ottenuti ci permettono di concludere:

1.° Nell'interruttore elettrolitico di Wehnelt le interruzioni non si succedono tutte ad intervalli uguali.

2.° Le interruzioni della corrente hanno durata brevissima, in media $\frac{1}{6}$ del tempo che trascorre fra un'interruzione e la successiva.

3.° Durante l'interruzione la corrente non si annulla del tutto, ma acquista un valore minimo, variabile leggermente da un'interruzione all'altra e variabile colle altre condizioni che influiscono sul numero delle interruzioni.

4.° Un forte campo magnetico non ha influenza sul numero delle interruzioni per secondo, ma sulla durata e la forma di esse; ossia sotto l'azione del campo le interruzioni hanno una durata più piccola, e l'intensità della corrente passa quasi istantaneamente dal valore massimo al minimo.

5.° Variando l'elettrolito dell'interruttore, varia anche il numero delle interruzioni; adoperando una soluzione di bicromato di potassio e di acido solforico che contenga 10 di bicromato e 10 di acido per ogni 100 parti in peso di acqua, il numero delle interruzioni è all'incirca una volta e mezza maggiore che adoperando una soluzione di solo acido solforico al 10 %.

6.° Oltre a ciò, con l'uso del bicromato potassico, il liquido non s'intorbida, l'agitazione per lo sviluppo gassoso è minima, e viene anche ridotto il riscaldamento, il quale si effettua assai lentamente.

Fisica. — *Sull' interruttore di Wehnelt*. Nota del dott. O. M. CORBINO [1], presentata dal Socio BLASERNA.

1. Sembra ormai fuori dubbio che nell'interruttore di Wehnelt più che l'azione elettrolitica intervenga l'azione termica della corrente. L'idea, messa già innanzi dallo stesso Wehnelt, è stata sviluppata analiticamente in un pregevole studio del Simon [2].

Questi ebbe a constatare che, per un dato interruttore, al variare delle condizioni del circuito (autoinduzione e resistenza) e della forza elettromotrice agente, il numero di interruzioni per secondo si modifica in modo che la quantità di calore svolta all'anodo a ogni periodo è una quantità costante.

Partendo da questo fatto e ammettendo che la costante di tempo del circuito sia una frazione piccolissima del periodo di interruzione, egli pervenne alla espressione seguente per la durata

$$T = \frac{3}{2}\frac{L}{w} + \frac{C_1 w}{E^2} + T_2$$

ove L indica l'autoinduzione e w la resistenza del circuito, E la forza elettromotrice agente, C_1 una costante per un dato interruttore e T_2 il tempo durante il quale la corrente resta interrotta. La formula può essere semplificata osservando che, secondo l'esperienza, T_2 è nullo.

L'influenza dell'autoinduzione, oltre che dal Simon, era stata già segnalata non solo dal Wehnelt, ma da tutti coloro che si occuparono dell'argomento; ed era stato trovato che il numero d'interruzioni diminuisce al crescere dell'autoinduzione del circuito, e, veramente, non dell'autoinduzione *propria* (del solo circuito primario con o senza ferro) ma dell'*apparente*, cioè di quella che dipende anche dalla presenza di altri circuiti o di masse metalliche che reagiscono su quello da cui subiscono l'induzione.

Quando il circuito secondario o altri circuiti parassiti sono in presenza, non è possibile determinare a priori il valore dell'autoinduzione apparente del primario, poichè essa dipende, oltre che dalla posizione, dalle dimensioni e dalla natura dei primi, anche dal periodo, in modo calcolabile solo quando le correnti sono sinusoidali. Si potrebbe in questi casi ricorrere, per tale determinazione, a un metodo di sostituzione. Se infatti all'autoinduzione

---

[1] Lavoro eseguito nel laboratorio di Fisica della R. Università di Palermo, diretto dal prof. D. Macaluso.

[2] Wied. Ann. 68, pag. 273, 1899.

ignota si sostituisce un'autoinduzione che possa variare in modo misurabile (rocchetti senza ferro e senza masse metalliche), e si rende la resistenza ohmica complessiva del circuito eguale alla primitiva, si avrà un suono della stessa altezza di prima solo quando l'autoinduzione variabile sarà eguale a quella cercata. Si può a questo modo facilmente determinare l'influenza che sull'autoinduzione ha la presenza del ferro.

L'effetto dell'autoinduzione sul numero di interruzioni non può essere però, anche seguendo le idee del Simon, solo quello esplicitamente indicato dalla sua formola; e infatti al variare dell'autoinduzione L varia anche la quantità di calore sviluppata, nell'atto della interruzione, all'anodo, sotto forma di scintilla di apertura; questa diviene p. es., più rumorosa e brillante al crescere dell'autoinduzione; e tale riscaldamento. prodotto a intervalli rapidissimi all'anodo, deve modificare la C_1 che sarà perciò funzione di L. La formola del Simon non si presta quindi a un controllo sperimentale per quanto si riferisce ad L, e la sua teoria resta perciò incompleta su questo punto.

Ugualmente discutibile è la ipotesi secondo la quale la costante di tempo del circuito sarebbe una piccola frazione del periodo. Infatti, se nelle esperienze del Simon, in cui la resistenza del circuito era molto grande, ciò è ammissibile, non lo è più nei casi, che sono i più comuni, in cui la corrente viene interrotta prima che sia cessato il periodo variabile di chiusura.

2. Mettendo per ora da parte tale questione che sarebbe prematuro discutere completamente, l'uso dell'interruttore si presta per delle esperienze che possono presentare, da per sè, un certo interesse.

Esperienza 1ª. — In un circuito del quale facevano parte una batteria di accumulatori e l'interruttore di Wehnelt, era inserito un rocchetto di tre strati (filo di 2mm) nella cui cavità veniva secondo i casi introdotto un fascio di fili di ferro dolce avente il diametro di 5 cm. circa. Introducendo il ferro nella cavità, e facendo crescere la resistenza del circuito, il numero delle interruzioni decresce, e in tal modo si può perfino avere una interruzione ogni *cinque* o *sei* minuti secondi. Ciascuna interruzione è accompagnata da un colpo secco, analogo a quello che si ha con gli ordinari interruttori, mentre l'ago dell'amperometro segna una lieve perturbazione e riprende subito la posizione di prima. Aumentando ancora per poco la resistenza, la corrente passa ·in modo continuo nella vaschetta con elettrolisi silenziosa. Ciò avviene quando il calore svolto all'anodo non è più sufficiente a provocare l'evaporazione del liquido, perchè assorbito dalla intera massa. Facendo crescere, anche di pochissimo, l'intensità limite tra il passaggio continuo e il passaggio intermittente della corrente, intensità che chiamerò critica, le interruzioni aumentano rapidamente di numero. Questi fatti servono a precisare le idee del Simon, risultando da essi che già un piccolo eccesso sul calore propagato a tutta la massa con l'intensità critica, è sufficiente a produrre l'interruzione.

ESPERIENZA 2ª. — Ripetendo l'esperienza prima senza il nucleo di ferro si può anche ottenere, per un valore opportuno della resistenza, elettrolisi silenziosa senza interruzioni; aumentando un poco l'intensità corrispondente, le interruzioni cominciano meno rumorose che nel caso precedente, per la diminuita auto-induzione del circuito, ma tuttavia abbastanza nette; però, se mentre passa la corrente senza interruzioni si introduce nella cavità il nucleo di ferro, anche lentissimamente, cominciano le interruzioni che arrivano a cinque o sei per secondo quando il ferro è totalmente introdotto. Portando via il ferro, le interruzioni cessano di prodursi. Or che il ferro modifichi la frequenza e il carattere delle interruzioni che si producono anche senza di esso si capisce; ma non mi sembra facile spiegare con la teoria termica, che esso provochi la produzione delle interruzioni nella corrente continua, che sarà solo indebolita durante l'introduzione del ferro, quando la quantità di calore svolta all'anodo non è maggiore di quella di prima.

ESPERIENZA 3ª. — Sullo stesso nucleo di ferro sono avvolti due strati di filo grosso, i quali fan parte di un circuito che contiene anche una batteria di 50 accumulatori, l'interruttore di Wehnelt, e una resistenza non induttiva.— Le interruzioni producono un certo suono di cui si nota l'altezza.

Si sostituisce allora alla resistenza addizionale una resistenza eguale, avente però una induttanza di circa 46 millihenry (un rocchetto senza ferro). — Il suono si abbassa di una terza minore.

Quindi si dispone attorno al primo nucleo una spira circolare di filo di rame (di mm. 2,5) avente il diametro di 8 cm. Il suono riprende l'altezza di prima; basta cioè la presenza di una spira secondaria per diminuire la autoinduzione apparente del circuito avvolgente il nucleo di una quantità eguale a 46 millihenry, mentre essa era di circa 118 millihenry, come fu determinato col metodo esposto a pag. 13.

ESPERIENZA 4ª. — Il polo positivo di una batteria di 48 accumulatori è rilegato al filino di platino dell'interruttore W; all'altro elettrodo di questo il conduttore si biforca: in una derivazione è inserita la solita bobina N che avvolge il nucleo di fili di ferro; nell'altra un amperometro ed una elettrocalamita Rumkorff E. L'altro estremo del circuito E è rilegato con la placca negativa del 6° accumulatore, mentre quello del circuito N può rilegarsi a volontà, o alla stessa placca, o alla negativa del 1° accumulatore. Nel primo caso la corrente interrotta dall'apparecchio di Wehnelt si biforca nei due circuiti e nella branca E si ha una intensità media di 6,5 ampère [1]. Nel secondo caso si sovrappongono nella branca E la corrente

---

[1] Se le autoinduzioni dei due circuiti sono disuguali, si avrà all'atto della interruzione una corrente tra i due circuiti, diretta in quello di maggior autoinduzione, inversa nell'altro, cosicchè la intensità della corrente non raggiunge il valore zero nel primo e diventa negativa nel secondo. Le intensità medie nei due circuiti dipendono soltanto però, come dev'essere, dalle loro resistenze ohmiche.

variabile di prima e la corrente continua dovuta ai cinque accumulatori interposti tra i due circuiti derivati.

Questa seconda corrente, opposta alla prima, aveva per sè sola una intensità costante di 6,5 ampère. Per la sovrapposizione delle due si hanno nella branca E delle correnti alternate con circolazione nei due sensi di quantità eguali di elettricità; l'ago dell'amperometro resta a zero, e la elettrocalamita, che si magnetizzava fortemente per il passaggio dell'una o dell'altra delle due correnti, resta completamente smagnetizzata, come risulta sia dalla

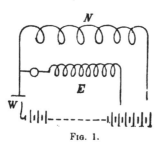

Fig. 1.

mancanza di attrazione su un fascetto di ferro dolce, sia dalla assenza del fenomeno di Faraday (rotazione magnetica del piano di polarizzazione della luce).

Disponendo i contatti in guisa che le correnti opposte, di intensità medie eguali, si sovrappongano non più nella branca E ma nella branca N, nella quale si trova, come si disse, un nucleo di fili di ferro, l'attrazione sul ferro dolce viene di molto indebolita, ma non annullata. Siccome in quest'ultimo caso erano evitate le correnti indotte nella massa, si potrebbe a prima vista attribuire la diminuzione di magnetizzazione avuta con la sovrapposizione delle due correnti a un ritardo della magnetizzazione del nucleo, per cui questo non seguirebbe le variazioni rapidissime del campo magnetizzante.

Di tale ritardo, presumibile dopo i risultati del Maurian [1] e di altri, non è necessario invocare l'esistenza per spiegare il fatto osservato, poichè la stessa cosa si sarebbe trovata anche se il ferro seguisse senza ritardo le vicissitudini del campo magnetizzante. Ed infatti la cosidetta *forza portante* del nucleo essendo proporzionale al quadrato dell'intensità di magnetizzazione, sarà anche proporzionale al quadrato della intensità della corrente, se si suppone costante la suscettività del ferro. Con una corrente periodicamente

[1] Annales de Ch. e Phys. (7), XIV, pag. 282, 1898.

variabile l'attrazione, si potrà poi ritenere proporzionale all'espressione

$$\frac{1}{T}\int_0^T i^2 dt$$

ove T è il periodo di variazione della corrente. Aggiungendo alla corrente variabile la corrente d'intensità costante — I, l'attrazione sarà proporzionale a

$$\frac{1}{T}\int_0^T (i-I)^2 dt = \frac{1}{T}\left[\int_0^T i^2 dt + I\left(IT - 2\int_0^T i dt\right)\right]$$

Siccome la quantità di elettricità totalmente passata in un senso è nulla, sarà

$$IT = \int_0^T i dt$$

Quindi l'attrazione sarà proporzionale a

$$\frac{1}{T}\left[\int_0^T i^2 dt - I^2 T\right]$$

cioè sarà eguale alla differenza tra l'attrazione che sarebbe prodotta dalla corrente variabile e quella che sarebbe prodotta dalla corrente costante.

Si spiega così la diminuzione dell'attrazione nella massima parte del periodo.

Poichè anche all'effetto Joule si possono applicare (anzi rigorosamente) queste considerazioni, se ne deduce che con una disposizione analoga alla precedente si potrebbe in un circuito (ad es. il primario di un rocchetto) avere le stesse variazioni nella intensità della corrente con riscaldamento minore che nella disposizione ordinaria.

ESPERIENZA 5ª. — Inviando nel primario di un trasformatore la corrente interrotta con l'apparecchio di Wehnelt, si ha nel secondario rilegato all'elettrocalamita una corrente alternata di circa 3 ampère d'intensità efficace, senza magnetizzazione sensibile del nucleo dell'elettrocalamita, mentre una corrente continua di pochi decimi di ampère produce una magnetizzazione notevole.

Questo fatto è da attribuirsi interamente alle correnti indotte negli strati superficiali del nucleo massiccio. Infatti, se il secondario del trasformatore è rilegato al primario di un rocchetto di Rumkorff di media grandezza (nel quale il nucleo di ferro è frazionato in fili) quando il secondario di questo è chiuso metallicamente, il nucleo non si magnetizza fortemente perchè, come è noto, i flussi magnetici creati dal primario e dal secondario sono opposti e di intensità quasi eguale; se però si portano gli estremi del secondario a grande distanza in modo che tra loro non si abbiano scintille, il nucleo manifesta nettamente una non debole magnetizzazione.

ESPERIENZA 7ª. — Un rocchettino è inserito nel circuito del secondario del trasformatore chiuso su una resistenza qualunque.

La forma delle curve rappresentanti la intensità della corrente in funzione del tempo si è studiata con un tubo di Braun diretto perpendicolarmente all'asse del rocchettino, e nel quale passa la scarica di una macchina Toepler a quaranta dischi.

Il cerchietto fluorescente prodotto dalla scarica viene esaminato con uno specchio girante; le curve vedute nello specchio hanno all'incirca la forma disegnata qui a fianco.

La teoria permette, facendo qualche ipotesi che si presenta come abbastanza verosimile, di trovare una formola che dà la intensità nel secondario in funzione del tempo e delle costanti relative ai circuiti.

Siano L, R la induttanza e la resistenza del primario, E la forza elettromotrice agente in esso; L', R' la induttanza e la resistenza del secondario nel quale si suppone non esistano altre forze elettromotrici; M il coefficiente di induzione mutua dei due circuiti, i ed i' le intensità delle rispettive correnti.

Le leggi dell'induzione dànno

(1)
$$\begin{cases} L\,\dfrac{di}{dt} + M\,\dfrac{di'}{dt} + Ri - E = 0 \\[2mm] L'\,\dfrac{di'}{dt} + M\,\dfrac{di}{dt} + R'i' = 0 \end{cases}$$

Queste equazioni ammettono, come è noto, degli integrali generali dati dalle relazioni

(2)
$$\begin{cases} Ri - E = A e^{\varrho t} + B e^{\varrho' t} \\[2mm] R'i' = A' e^{\varrho t} + B' e^{\varrho' t} \end{cases}$$

ove A, B; A', B', sono costanti determinabili con l'assegnare valori particolari al tempo, e ϱ, ϱ' sono le due radici, entrambe negative, dell'equazione

$$(LL' - M^2)\varrho^2 + (L'R + LR')\varrho + RR' = 0 .$$

La determinazione delle costanti può farsi nel nostro caso in base alle considerazioni seguenti.

Risulta dall'esperienza che a ogni periodo c'è un istante in cui la intensità si annulla nel circuito primario, e che dopo un tempo praticamente trascurabile, la resistenza nella vaschetta riprende il suo valore normale; si prenda tale istante come origine dei tempi e sia i'_0 il valore che allora acquista i' nel secondario. Le equazioni (1) e (2) dànno:

$$\frac{L}{R}(A\varrho + B\varrho') + \frac{M}{R'}(A'\varrho + B'\varrho') = E$$

$$\frac{M}{R}(A\varrho + B\varrho') + \frac{L'}{R'}(A'\varrho + B'\varrho') = - i'_0 R'$$

$$A + B = - E$$

$$A' + B' = R i'_0$$

Si deduce da queste equazioni per la corrente secondaria:

(3)
$$A'(\varrho' - \varrho) = \frac{L i'_0 R' + M E}{R}\varrho\varrho' - R' i'_0 \varrho'$$

e

(4)
$$i' = \frac{1}{R'}\left[A' e^{\varrho t} + (i'_0 R' - A') e^{\varrho' t}\right].$$

Per la determinazione di i' bisogna quindi conoscere i'_0. Ora, come risulta dalle esperienze del Wehnelt, essendo il tempo in cui l'intensità passa dal valore massimo a zero, piccolissimo rispetto alle costanti di tempo dei due circuiti, si può ammettere che i'_0 differisca poco dal valore che corrisponde all'istante in cui comincia l'interruzione della corrente primaria, valore che è dato, come è noto, dall'espressione

$$i'_0 = \frac{M}{L'} I$$

indicando con i il valore dell'intensità nel primario all'istante della rottura. In questa ipotesi, le (3) e (4) divengono

(3')
$$A'(\varrho' - \varrho) = \frac{M}{L'R}\left[RR' + (LR' + L'R)\varrho\right]I$$

e

(4')
$$i' = \frac{A'}{R'}(e^{\varrho t} - e^{\varrho' t}) + \frac{M}{L'R'} I e^{\varrho' t}.$$

Il valore di I è anch'esso ignoto. Il Simon ammette che nel primario la corrente raggiunga, anzi presto, il valore che corrisponde alla forza elettromotrice E e alla resistenza R, e ciò è probabile quando R è piuttosto grande, e la presenza del secondario attenua l'autoinduzione apparente del primario.

In tali condizioni, cioè ammettendo che sia

$$I = \frac{E}{R}$$

le (3') e (4') divengono

$$A'(\varrho' - \varrho) = \frac{ME}{L'R^2} [RR' + (LR' + L'R)\varrho]$$

$$i' = \frac{A'}{R'}(e^{\varrho t} - e^{\varrho' t}) + \frac{ME}{L'R} e^{\varrho' t}$$

Queste formole risolvono il problema. Esse valgono per ciascun periodo successivo.

Fisica. — *Correnti dissimetriche ottenute nel secondario di un trasformatore, interrompendo nel primario la corrente con l'apparecchio di Wehnelt* ([1]). Nota del dott. O. M. CORBINO, presentata dal Socio BLASERNA.

1. La corrente di una batteria di accumulatori si propaghi attraverso all'interruttore di Wehnelt e al primario di un trasformatore a circuito magnetico aperto (bobina a due avvolgimenti ([2]) con nucleo di fili di ferro).

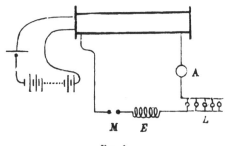

Fig. 1.

Il secondario fa parte di un circuito che comprende una elettrocalamita E, un micrometro a scintille M, un amperometro A ed una batteria L di lampade a incandescenza in derivazione. Al posto di M, le cui palline distano

([1]) Lavoro eseguito nel Laboratorio di fisica della R. Università di Palermo, diretto dal prof. D. Macaluso.

([2]) Il primario ha 266 spire, il secondario 660.

pochi decimi di millimetro, si può, con una disposizione facile a comprendersi. sostituire bruscamente un corto filo metallico, nel qual caso si ha nel circuito una corrente alternata dell'intensità efficace di tre ampère, l'amperometro non devia e l'elettrocalamita non si magnetizza, come ebbi a riferire in un'altra Nota.

Se in tali condizioni si sostituisce bruscamente il micrometro M al filo metallico. si producono i seguenti fatti :

1°) Una scintillina bluastra brillantissima scocca tra le palline; il suo aspetto è simile a quello di un arco voltaico ottenuto con una forza elettromotrice continua. Esaminato tale arco allo specchio girante, si manifesta intermittente, ma *ciascun tratto luminoso si prolunga per più di una metà dell'intervallo tra due illuminazioni successive*, mentre la incandescenza dell'anodo nell'interruttore risulta formata di illuminazioni brevissime, quasi istantanee.

2°) L'amperometro segna una deviazione costante di parecchi ampère nel senso che corrisponde alle correnti indotte di apertura.

3°) La elettrocalamita si magnetizza fortemente.

4°) La illuminazione nelle lampade AUMENTA in modo evidente, rivelando un aumento della intensità efficace del circuito, come risulta anche dall'aumento della deviazione in un elettrometro Mascart, di cui una coppia di quadranti e l'ago son rilegati a un estremo delle lampade, l'altra coppia all'altro estremo.

5°) Il suono reso dall'interruttore si abbassa lievemente (il numero di vibrazioni corrispondente diminuisce appena di $^1/_{80}$). Il suono era però sempre molto più alto di quello che si sarebbe avuto col circuito secondario aperto, nel qual caso, come si sa, la induttanza del primario non è alterata dalla presenza del secondario.

6°) Continuando l'esperienza per qualche tempo, a un certo punto si osserva una trasformazione notevolissima nell'aspetto delle scintille. L'arco bluastro è sostituito da una macchia color porpora che copre, con lievi ramificazioni una calotta della pallina rilegata a quell'estremo del secondario. che si comporta da negativo rispetto alle correnti di apertura; e mentre era prima silenziosa, dà ora luogo a un suono della stessa altezza di quello dell'interruttore; questo suono è però più basso, rispetto a quello di prima, di circa una settima diminuita (i numeri di vibrazioni relativi stanno nel rapporto di 12 a 21); la scintilla stessa diviene istantanea; diminuisce tanto la illuminazione alle lampade che la deviazione all'amperometro; infine, in brevissimo tempo la pallina, che chiamerò negativa per le correnti di apertura, (massiccia e del diametro di circa 14 mm.) si arroventa interamente passando al di là del rosso. Anche una pallina massiccia del diametro di circa 25 millimetri, sebbene in un tempo più lungo, si scalda fino al rosso.

Sopprimendo la elettrocalamita nel circuito e sostituendo al suo posto una autoinduzione senza ferro, si hanno gli stessi fenomeni; se poi si sopprime del tutto la resistenza induttiva esterna, i fenomeni si producono con lo stesso carattere ma con maggiore intensità; solo non si prestano comodamente allo studio poichè appena per il riscaldamento e la conseguente dilatazione delle aste che reggono le palline queste vengono in contatto, il secondario si trova chiuso in corto circuito, e per la grande diminuzione che ne segue nell'induttanza apparente del primario, l'interruttore si arresta.

2. Agli estremi S, S' del secondario si rilegano due circuiti derivati; uno contiene l'elettrocalamita E e un amperometro A, nell'altro una piccola autoinduzione L, il micrometro a scintille M e un altro amperometro A.

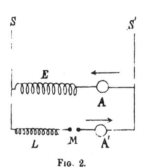

Fıg. 2.

Si produce anche adesso tra le palline, distanti alcuni decimi di millimetro, l'arco bleu brilantissimo, e si osserva in A' una deviazione nel senso delle correnti di apertura (6 ampére) e in A' una deviazione *opposta* (4 ampére).

Interrompendo il circuito di E, aumenta lievemente la corrente segnata da A'. Al micrometro si producono gli stessi fenomeni dianzi descritti.

3. Tutti questi fatti consentono due interpretazioni ugualmente verosimili.

Data la durata brevissima dell'interruzione della corrente primaria, come risulta dalla forma delle curve dell'intensità relativa, la forza elettromotrice nel secondario sarà molto più grande all'apertura che alla chiusura della corrente primaria.

È quindi possibile che attraverso all'interruzione passino le sole correnti di apertura e non quelle di chiusura; si spiegherebbe così la deviazione all'amperometro e la magnetizzazione del nucleo dell'elettrocalamita. E ci potremmo anche render conto dell'esperienza dei due circuiti derivati (§ 2), osservando che il sistema dei due circuiti formerebbe come un separatore di correnti; la corrente di apertura, incontrando grande resistenza per la forte autoinduzione della branca E, preferirebbe la via MA', superando la resistenza alla scarica dell'aria interposta tra le palline; invece la corrente di chiusura di minore forza elettromotrice e di maggior durata, preferirebbe la via del circuito metallico.

Avremo così nei due circuiti due correnti interrotte, forse unilaterali, corrispondenti l'una all'apertura, l'altra alla chiusura del primario.

4. Per l'altra interpretazione si ammetterebbe che tra le palline passino tutte e due le correnti indotte, e che per il modo del loro passaggio si sviluppi nell'arco una forza elettromotrice nel senso di quelle di apertura; a questa sarebbero dovuti i fenomeni descritti nei due primi paragrafi.

Che nelle presenti esperienze attraverso all'arco prodottosi tra le palline passino con le correnti di apertura anche quelle di chiusura, è reso verosimile dal fatto che, pur essendo intermittente, l'arco dura per poco più di metà del periodo, fino a che cioè, per la raggiunta costanza della corrente primaria, si annulla interamente il processo induttivo nel secondario [1].

Siccome però le due correnti inverse non si propagano nelle medesime condizioni, può avvenire, come avviene, che uno degli elettrodi si scaldi più dell'altro.

Ma da alcune esperienze di Jamin e Maneuvrier [2] sull'arco voltaico ottenuto con correnti alternate, risulta che se i due elettrodi si riscaldano inegualmente, per differenza di natura o di dimensioni, un amperometro inserito nel circuito segna il passaggio di una corrente continua dall'elettrodo freddo all'elettrodo caldo, dovuta, secondo il Jamin stesso, alla forza controelettromotrice dell'arco, la quale sarebbe ineguale nei due sensi per l'ineguale riscaldamento degli elettrodi. È possibile quindi che anche nelle mie esperienze la corrente segnata dall'amperometro sia dovuta ad una forza elettromotrice generata nell'arco e diretta dalla pallina fredda alla calda, cioè nel senso che corrisponde alle correnti di apertura. La dissimmetria creata nelle esperienze di Jamin e Maneuvrier dalla diversità di natura o di dimensioni degli elettrodi, sarebbe qui dovuta alla disuguaglianza delle forze elettromotrici inverse.

5. Che la scintilla avente l'aspetto di arco voltaico possa dar luogo anche al passaggio della corrente di chiusura, oltre che da quanto fu sopra detto, risulterebbe ancora dalla esperienza seguente.

Si rilega la batteria di accumulatori e l'interruttore al primario di un rocchetto di Runkorff di media grandezza. Gli estremi del secondario fanno

[1] Che dopo metà del periodo l'intensità nel primario abbia raggiunto il suo valore normale, e che quindi in questo tempo si siano prodotte nel secondario tanto la corente di apertura che quella di chiusura, risulta dalle curve ottenute, *con arco voltaico nel secondario*, dallo stesso Wehnelt. V. Wied. Ann. 68, pag. 253, fig. 9, 1899.

[2] Journ de Phys. [2], t. 1. pag. 437, 1882.

capo a due palline di uno spinterometro; tra queste, per una deteminata distanza si produce, com'è noto, la scarica sotto l'aspetto di una fiamma arcuata e in apparenza continua : si hanno all'incirca 2500 interruzioni a secondo. Se in queste condizioni si rilegano alle palline con due pezzi di filo grosso le armature di due ordinarie bottiglie di Leyda disposte in cascata e si chiude il circuito, la prima scintilla è rumorosa e brillante, le altre assumono lo stesso aspetto che presentavano senza bottiglie. Soffiando però vivamente sulla fiamma, essa si trasforma in un torrente fragoroso di scintille brillantissime; per una grande distanza esplosiva poi le scintille assumono spontaneamente il secondo aspetto.

Da questa esperienza si può trarre una deduzione importante.

Data la grandissima frequenza delle scintille, l'aria resterebbe modificata da una scintilla alla successiva in modo tale da stabilire come un corto circuito permanente tra le palline, rendendo così vana la presenza delle bottiglie. Queste entrerebbero in funzione col getto di aria che rinnova continuamente quella frapposta alle palline.

Non mi sembra quindi esatto ritenere, come si fa generalmente, che in questa esperienza passino solo le scintille di apertura; poichè se l'aria modificata dalla prima scintilla di apertura resta conduttrice fino alla successiva, tanto da rendere inutile la presenza delle bottiglie, a maggior ragione permetterà il passaggio della corrente di chiusura che segue subito la prima. Nei tubi di Crookes, è vero, si ha passaggio della scarica in un solo senso; ma si hanno allora tutt'altre condizioni che all'aria libera; infatti per una grande distanza esplosiva, o per un getto di aria che trascini rapidamente il gas modificato, passano solo le correnti di apertura.

6. Un altro argomento favorevole all'ipotesi del passaggio di entrambe le correnti indotte è dato da una osservazione del Wehnelt. Quando tra gli estremi del secondario si produce questa specie di fiamma arcuata, la curva delle correnti primarie assume un aspetto caratteristico che manifesta essersi raggiunta rapidamente l'intensità normale appena dopo la chiusura.

Ciò si spiega col passaggio della scarica nei due sensi, osservando che se il secondario resta chiuso anche nel periodo di chiusura del primario, l'autoinduzione apparente di questo viene diminuita ancora in tale periodo, e quindi rapidamente si raggiungerà l'intensità normale.

La fiamma agli estremi del secondario lo chiuderebbe dunque in modo permanente; e in corrispondenza il suono reso dall'interruttore resta sensibilmente lo stesso come se l'autoinduzione del primario fosse sempre piccola. Questo fu constatato, come si disse, sostituendo nelle esperienze precedenti alla scintilla del micrometro un filo conduttore..

Se passassero invece le sole correnti di apertura, l'autoinduzione del primario sarebbe solo diminuita nell'atto dell'interruzione, senza nessun effetto *importante* sul funzionamento, mentre alla nuova chiusura il primario conserverebbe la sua grande autoinduzione, e il numero di interruzioni dovrebbe diminuire di molto rispetto a quello che si ha col filo metallico.

7. Un forte argomento contro l'ipotesi del passaggio delle sole correnti di apertura, è dato dalla impossibilità di spiegare con essa l'aumento notevole dell'intensità efficace nel secondario per la presenza della scintilla, poichè si dovrebbe avere invece una diminuzione, sia perchè manca l'energia sviluppata dalle correnti di chiusura, sia perchè nelle palline viene assorbita una quantità notevole di energia, tale da determinare in breve l'arroventamento di una delle palline. Certamente la spiegazione di questo aumento della potenza svolta nel secondario per l'interposizione di una scintilla non è semplice, anche con l'ipotesi del doppio passaggio, nè ho ancora gli elementi necessari per tentarla; ma mi pare sia veramente impossibile riuscirvi con la prima.

8. Ho tentato di inserire nel secondario oltre all'interruzione una grande forza elettromotrice continua, tale da annullare la corrente indicata dall'amperometro. Con 110 volt dati da una batteria di accumulatori non son riuscito che a produrre una lievissima diminuzione della intensità della corrente, che conservava però il senso di prima. Questo dimostra che nella scintilla da un canto era molto grande la resistenza, e che anche grande era la presunta forza elettromotrice in essa sviluppata; si sa del resto che con una corrente alternata la quale produceva un arco tra carbone e mercurio, il Jamin riuscì ad annullare la corrente continua solo con una batteria di 120 elementi Bunsen.

Invertendo, nelle mie esperienze, il senso della forza elettromotrice aggiunta, si produceva un piccolo aumento dell'intensità. Osservando nei due casi allo specchio girante l'arco, che senza forza elettromotrice aggiunta si presenta intermittente e dura per una metà circa del periodo, con la forza elettromotrice, se opposta, diviene più breve, se nello stesso senso diviene più lungo. Interrompendo infine la corrente nel primario del trasformatore, nel secondo caso continua il passaggio della corrente dovuta alla forza elettromotrice aggiunta e attraversante l'arco del micrometro, cessa invece nel primo; quindi l'arco si spegne in questo, persiste nell'altro caso. Su queste particolarità mi riserbo di tornare in seguito.

9. Ho anche tentato di risolvere la questione del semplice passaggio delle correnti di apertura o del passaggio di entrambe le correnti indotte, esaminando la curva che rappresenta la corrente secondaria. Un rocchetto senza ferro percorso dalla corrente stessa aveva il suo asse normale a quello di un tubo di Braun, eccitato da una macchina Toepler a 40 dischi. Sostituendo al posto del micrometro a scintille il filo metallico, il cerchietto fluorescente si spostava lungo una striscetta dissimmetricamente da una parte e dall'altra della sua posizione normale. Interponendo invece la scintilla nel circuito, esso si spostava da una parte sola, il che si potè accertare con

grande precisione, fissando sullo schermo stesso del tubo con un cannocchiale la posizione normale del cerchietto.

Questo fatto potrebbe far credere in modo decisivo al passaggio delle sole correnti di apertura. Si deve però tener presente, che, ammettendo l'altra ipotesi, del passaggio cioè di entrambe le correnti, questo durerebbe solo per una parte del periodo, poichè a un certo punto l'intensità nel primario raggiunge praticamente la sua intensità normale e nel secondario si annullano le correnti indotte. È quindi naturale che in quest'ultima parte del periodo il cerchietto si riporti alla sua posizione normale, mentre durante la permanenza dell'arco, sovrapponendosi alle correnti nei due sensi la corrente unilaterale di cui si è ammessa l'esistenza, la corrente risultante potrebbe essere sempre in un senso, e conseguentemente il cerchietto potrebbe eseguire le sue oscillazioni solo da una parte della posizione normale.

Della forma delle curve, la quale fu osservata comodamente senza scintilla nel secondario, non potè essere continuato lo studio con la scintilla nel circuito per un guasto sopravvenuto nel tubo. Riprenderò la questione appena questo sarà riparato.

Fisica terrestre. — *Il terremoto di Balikesri (Asia M.) del 14 settembre 1896.* Nota di G. AGAMENNONE, presentata dal Socio TACCHINI.

Balikesri è la sola località conosciuta, dove il terremoto abbia prodotto qualche danno, raggiungendo il grado 7-8° della scala *De Rossi-Forel*. È molto probabile che l'epicentro cada vicino a questa località, ed in cifra tonda si può dire che il medesimo si trovi a 40° di lat. N ed a 28° di long. E da Greenwich. Il movimento sismico, più o meno indebolito, fu segnalato fino a Smirne verso il sud, Jenischehir verso l'est, Adrianopoli verso il nord e l'isola di Metelino verso l'ovest, ciò che porta a circa 125000 Km.[2] la porzione della superficie terrestre posta in più o meno sensibile oscillazione e racchiusa approssimativamente in un cerchio di 200 km. di raggio, col centro nello stesso epicentro.

La scossa si effettuò in due riprese, come risulta nettamente dalla relazione di parecchie località; ciò deve senza dubbio aver contribuito a che la medesima sia sembrata molto lunga in altri luoghi, situati ad una ragguardevole distanza dall'epicentro.

Le onde sismiche, generate da questa commozione, furono ancora capaci di perturbare più o meno lievemente delicatissimi apparecchi installati in Russia, in Italia ed in Germania. Ma i preziosi dati orari, che dai medesimi si ricavarono, non si sarebbero potuti in niun modo utilizzare, senza la fortunata circostanza dell'aver funzionato uno dei sismoscopî della stazione sismica da me stesso fondata a Costantinopoli, a circa 150 km. dall'epicentro, poichè tutti gli altri dati orarî osservati qua e là direttamente dalle persone non possono offrire sufficiente esattezza.

Il sismoscopio di Costantinopoli si scaricò a $0^h22^m40^s$ pom. $\pm 10^s$ (t. m. l.), come risultò da esatto confronto ch'io stesso feci tra l'orologio sismoscopico ed il cronometro campione, regolato di tanto in tanto mediante osservazioni solari con il sestante. Siccome il principio della perturbazione si riscontrò sul fotogramma del pendolo orizzontale di Nicolaiew solo $1^m,4$ e sul sismogramma del microsismografo di Padova $2^m,6$ più tardi dell'ora predetta, così tenendo conto della maggiore distanza, rispettivamente di 700 e 1300 km. di queste due località dall'epicentro in confronto di Costantinopoli, risulta una velocità media e superficiale di circa km. $8\,^1/_3$ al secondo per le onde più veloci.

Un valore poco diverso venne fuori anche per le velocità apparenti di altri due terremoti consimili che dall'Asia M. riuscirono a propagarsi fino in Europa ([1]), e con ciò mi sembra ormai bene assodato il fatto che anche quando s'abbia da fare con distanze di propagazione che non sorpassino neppure 2000 km., si possono ottenere velocità apparenti considerevolissime, quali sono quelle che si avvicinano ai 10 km. al secondo. Stando al prof. Milne, velocità così ragguardevoli non dovrebbero ottenersi se non quando le onde sismiche si propaghino fino ad 8000-11000 km. di distanza dall'epicentro; e per distanze assai minori, ad es. fino a 2000 km., la velocità delle onde più rapide (*preliminary tremors*) non dovrebbe sorpassare 2-3 km.

Paragonando l'ora di Costantinopoli con il principio della perturbazione provata dal pendolo orizzontale di Strasburgo a ben 1850 km. dall'epicentro, si ottiene una velocità apparente di soli 5,8 km.; ed un valore alquanto più piccolo (5,2 km.) vien fuori per i pendoli orizzontali a registrazione meccanica d'Ischia, che si trova alla distanza di 1200 km. soltanto dall'epicentro.

A mio modo di vedere, queste minori velocità, in confronto di quella trovata per Nicolaiew, possono dipendere dalla maggior distanza delle due prime località per rispetto all'ultima, ciò che ha fatto sì che le primissime onde sismiche, le quali sono state capaci di perturbare l'apparecchio di Nicolaiew, sono arrivate troppo indebolite per influenzare gli strumenti d'Ischia e di Strasburgo. Che se poi sussiste il fatto che per Padova, la quale per distanza dall'epicentro si trova compresa tra Ischia e Strasburgo, s'è potuto ottenere una velocità quasi identica a quella di Nicolaiew, ciò si potrebbe spiegare con una maggiore sensibilità del microsismografo di Padova, come s'è visto in tanti altri terremoti.

([1]) G. Agamennone, *Sulla velocità di propagazione del terremoto d'Aidin (Asia M.) del 19 agosto 1895.* Rend. della R. Acc. dei Lincei, ser. 5ª, vol. VII, pag. 67-73, seduta del 6 febbr. 1898. — Id. *Vitesse de propagation du tremblement de terre d'Amad (Asie M.) du 16 avril 1896.* Boll. della Soc. Sism. Ital. Vol. II, 1896, pag. 233-250.

Le velocità precedenti si riferiscono assai probabilmente alle sole onde di compressione o longitudinali della teoria. Velocità ben più modeste vengono fuori quando si consideri la porzione dei sismogrammi relativa all'arrivo d'ondulazioni assai più lente e che sembrano propagarsi alla stessa superficie terrestre a mo' delle onde sull'oceano. Per la fase massima di queste onde così caratteristiche si ottiene una velocità media di circa km. 2 1/2, valore questo che concorda benissimo con quelli trovati per altri terremoti.

Basandosi sui sismogrammi di Padova, parrebbe inoltre che la lunghezza d'un'onda completa dell'ultimo genere di movimento sia stata d'una quindicina di chilometri soltanto, e che l'elevazione e l'abbassamento del suolo siano stati addirittura insignificanti in confronto d'altri terremoti più ragguardevoli.

Questi sono i risultati d'un mio studio che sarà fra poco pubblicato in lingua francese nel Vol. V del Boll. della Soc. Sism. Italiana. I dati poi che mi hanno servito per detto studio, si troveranno in altra mia Memoria recentemente stampata (¹).

Il socio prof. Tacchini fa rilevare l'importanza di questa Nota del dott. Agamennone, in special modo per ciò che riguarda la velocità apparente elevatissima che risulta spettare alle prime onde sismiche, capaci di perturbare in modo visibile i più delicati strumenti che oggi si conoscono, anche nel caso di propagazione limitata di terremoti, per es. fino a distanze non eccedenti neppure i 2000 km.

Questo è un fatto nuovo di cui bisogna assolutamente tener conto nelle nuove ipotesi che si vanno oggi facendo intorno al meccanismo di propagazione delle commozioni sismiche, e nelle ricerche sempre difficili sulla natura degli strati profondi del nostro globo.

Che il movimento sismico si possa propagare con velocità considerevolissime, è stato recentemente confermato anche in terremoti d'un'estensione ancor più ristretta di quelli che da parecchi anni va studiando l'Agamennone. Infatti, da una Nota presentata nella scorsa seduta dal Socio Tacchini, sul terremoto Laziale del 19 luglio di quest'anno, risulta che le onde sismiche hanno impiegato circa mezzo minuto per arrivare fino a Firenze, ad una distanza cioè di 250 km. dall'epicentro, e solo poco più d'un minuto per giunger fino a Padova che se ne trova distante per ben 400 km. Di qui verrebbero fuori velocità apparenti, anche superiori ai 5 km. al secondo.

(¹) *Liste des tremblements de terre qui ont été observés en Orient et en particulier dans l'Empire Ottoman pendant l'année 1896*, par M. G. Agamennone, directeur de l'Observatoire Géodynamique de Rocca di Papa (près de Rome). Beiträge zur Geophysik. Zeitschrift für physikalische Erdkunde herausgegeben von prof. dott. G. Gerland, IV Band, Leipzig, 1899.

Tutto ciò fa vedere l'importanza che si connette ad ulteriori perfezionamenti degli strumenti sismici, se non fosse altro per ciò che concerne la loro sensibilità. A tale riguardo è da riflettere quanto siasi progredito in questi ultimi anni in Italia, dove malgrado che la registrazione sia meccanica, vale a dire ad inchiostro su carta bianca, oppure mediante aghi su carta affumicata, non solo non vanno perdute le più lievi ondulazioni sismiche capaci d'influenzare appena i pendoli orizzontali fotografici, ancora in favore presso alcuni Osservatorî d'Europa, ma è possibile non di rado di registrarne altre ancor più deboli e più veloci che sfuggono ai predetti strumenti, sebbene a registrazione fotografica.

Morfologia. — *Cambiamenti morfologici dell'epitelio intestinale durante l'assorbimento delle sostanze alimentari.* Nota di PIO MINGAZZINI, presentata dal Socio TODARO.

Questa Nota sarà pubblicata nel prossimo fascicolo.

P. B.

INDICE DEL VOLUME VIII, SERIE 5ᵃ. — RENDICONTI

1899 — 2° SEMESTRE.

INDICE PER AUTORI

INDICE PER MATERIE

ERRATA-CORRIGE

Nella carta sismica di pag. 5, fasc. 1°, vol. VIII, 2° sem. 1899, i numeri delle curve scritti nella direzione SW debbono essere: *6, 5, 4, 3, 2* invece di *7, 6, 5, 4, 3*.